Technische Mechanik

computerunterstützt
mit 3 1/2"-HD-Diskette

Von Prof. Dr.-Ing. Helga Dankert
und Prof. Dr.-Ing. habil. Jürgen Dankert

Fachhochschule Hamburg

2., überarbeitete und erweiterte Auflage

B. G. Teubner Stuttgart 1995

Weder die Autoren noch der Verlag übernehmen eine Gewähr dafür, daß die Programme der beiliegenden Diskette frei von Fehlern sind. Eine Haftung für Schäden, die aus der Benutzung der Programme resultieren, wird ausgeschlossen. Die Programme sind urheberrechtlich geschützt, eine Weitergabe an Dritte ist untersagt.

Die Deutsche Bibliothek – CIP-Einheitsaufnahme

Technische Mechanik : computerunterstützt mit 3 1/2"-HD-
Diskette / von Helga Dankert und Jürgen Dankert. 2., überarb. und erw. Aufl. –
Stuttgart : Teubner, 1995
ISBN 3-519-16523-6
NE: Dankert, Helga; Dankert, Jürgen

Printed in Germany
Gesamtherstellung: Druckhaus Beltz, Hemsbach/Bergstraße
Umschlaggestaltung: Peter Pfitz, Stuttgart

Vorwort

In keinem anderen Fach muß dem Studenten so früh und so umfassend der gesamte schwierige Weg der Lösung von Ingenieur-Aufgaben zugemutet werden wie in der Technischen Mechanik. Er muß Probleme analysieren, das Wesentliche erkennen und ein reales Objekt in ein physikalisches Modell überführen. Das sich daraus ergebende mathematische Problem muß gelöst werden, und die Deutung der Ergebnisse, die wieder den Zusammenhang zum realen Objekt herstellt, schließt den Kreis.

Auf einem besonders schwierigen Teilstück dieses Weges ist der Computer zu einem außerordentlich starken Helfer geworden. Die Zeit, die früher dem mühsamen Einüben von Lösungsalgorithmen geopfert werden mußte, steht heute für die Problemanalyse und das Studium des Grundlagenwissens zur Verfügung, das Trainieren der (so eleganten wie aufwendigen) graphischen Verfahren gehört der Vergangenheit an. Bei der angemessenen Aufbereitung der Ergebnisse (Diagramme, Funktionsverläufe, Verformungsbilder, ...) ist der Computer ohnehin konkurrenzlos.

Aber der Computer bleibt für den Ingenieur nur ein Werkzeug. Die eigentlichen Schwierigkeiten, die im Erfassen der Zusammenhänge, dem Beherrschen von Methoden zur Analyse und Lösung von Problemen liegen, kann er ihm nicht abnehmen. Er kann ihn aber von dem Ballast befreien, dessen Bewältigung früher häufig so dominierend war, daß der Lernende nicht mehr zum Kern des Problems vordringen konnte. Der Ingenieur in der Praxis mit den "nicht-akademischen Problemen" stand sogar oft vor unüberwindlichen Schwierigkeiten.

Das Konzept, das diesem Buch zugrunde liegt, wurde in Vorlesungen an den Fachhochschulen in Frankfurt/Main und Hamburg über viele Jahre erfolgreich erprobt. Der Leser wird sehr schnell merken, daß nicht etwa das Verstehen der Zusammenhänge durch das Erlernen des Umgangs mit der Benutzeroberfläche eines Rechenprogramms ersetzt werden kann oder soll, im Gegenteil: Die Benutzung des Computers schafft Zeitgewinn gerade für die intensive Auseinandersetzung mit den häufig nicht ganz einfachen Problemen.

Die Auswahl der Programme für die beiliegende Diskette wurde deshalb von der Absicht geleitet, genau dort zu helfen, wo nach der Analyse der mechanischen Probleme und der Formulierung des physikalisch-mathematischen Modells der aufwendige, aber formale Teil der mathematischen Lösung abgearbeitet werden muß. Ein angenehmer Nebeneffekt ist, daß der Zwang zur Beschränkung auf die einfachen Probleme, die der Handrechnung zugänglich sind, entfällt. Der Student kann praxisnahe Probleme lösen, dem Ingenieur in der Praxis wird damit unmittelbar geholfen.

Schwierig bleibt es allemal, aber die Mühe lohnt sich. Problemanalyse und Modelldefinition, Mathematisierung, Anwendung eines Schnittprinzips sind nur wenige Beispiele für Strategien, die der Ingenieur universell anwendet und nicht intensiv genug trainieren kann.

Die Erfahrungen in der Vermittlung des Stoffes sprechen eindeutig für die gewählte induktive Darstellung, die wir auch in den Gebieten (zugunsten des Lernenden) durchgehalten haben, wo die Versuchung groß ist, die Verständlichkeit der häufig eleganter erscheinenden deduktiven Methode zu opfern. Komplett vorgeführte Beispiele sind durchgängig zu finden.

Unsere Erfahrungen zeigen, daß der Anreiz für den Studierenden, die Grundlagen der Technischen Mechanik zu erlernen und sich gleichzeitig mit dem Computer auseinandersetzen zu können, um von dieser Seite Entlastung zu erfahren, den Erfolg seiner Bemühungen nachhaltig fördert. Der Ingenieur in der Praxis wird feststellen, daß sich durch die Einbeziehung des Computers die inhaltlichen Schwerpunkte doch leicht verschoben haben.

Den Fachkollegen, die die Technische Mechanik lehren, können wir die Erfahrung weitergeben, daß die Akzeptanz der computerunterstützten Verfahren bei den Studenten außerordentlich groß ist. Der Zeitanteil, der bei diesen Verfahren für formale, nicht das Verständnis fördernde Arbeit anfällt, ist deutlich geringer als bei den klassischen Verfahren, von denen viele wirklich mit gutem Gewissen geopfert werden können.

Für die 2. Auflage wurde der Text überarbeitet, natürlich mußten auch einige Fehler beseitigt werden. Den Wunsch vieler Leser nach weiteren komfortablen Programmen erfüllen wir mit dem Angebot, die CAMMPUS-Version der beiliegenden Diskette ständig durch die jeweils aktuelle Version ergänzen zu können, die über den Internet-Dienst WWW ("World Wide Web") zu beziehen ist. Die bei Drucklegung der 2. Auflage aktuelle Version bietet zusätzlich komfortable Finite-Elemente-Programme zu den im Buch besprochenen Themen (im Anhang C sind einige Beipiele zusammengestellt, die mit diesen Programmen berechnet wurden), ein Programm zur Lösung großer Matrix-Eigenwertprobleme und einen "Matrix-Rechner". Eine ausführliche Dokumentation ist über den gleichen Weg zu beziehen.

Die in einem Vorwort übliche Danksagung kann auch für die 2. Auflage kurz ausfallen. Der Inhalt entstammt unseren eigenen Vorlesungen, wir haben Text und Zeichnungen eigenhändig in den Computer gebracht und jede Programmzeile selbst geschrieben. Bleibt eigentlich nur ein herzlicher Dank an die Studenten, die die Programme getestet haben, an die Fachkollegen, die sich mit zahlreichen Hinweisen zur 1. Auflage geäußert haben, und an Herrn Dr. J. Schlembach vom Teubner-Verlag für seine Geduld und sein Engagement dafür, daß das Buch in dieser Form erscheinen kann.

Jesteburg, Sommer 1995

Helga und Jürgen Dankert

e-mail: dankert@rzbt.fh–hamburg.de
oder CompuServe 100430,3712
(aus dem Internet:
100430.3712@compuserve.com)

Die jeweils aktuelle CAMMPUS-Version (einschließlich der Ergänzungen zur Programm-Dokumentation) ist über WWW ("World Wide Web") zu beziehen. Die Seite

http://www.fh–hamburg.de/rzbt/dnksoft/cammpus

ist der Einstiegspunkt für das Kopieren der Programme und der Dokumentationen sowie Hinweise auf Kopiermöglichkeiten des Quellcodes für den Finite-Elemente-Baukasten FEMSET in den Programmiersprachen C und FORTRAN.

Inhalt

Programme auf der beiliegenden Diskette:

"Taschenrechner" MCALCU: Auswerten von Formelsätzen, Analyse von Funktionen (Wertetabelle, Nullstellen, Extremwerte, Polstellen, graphische Darstellung, numerisches Differenzieren, Interpolation äquidistanter Wertetabellen), numerische Integration, numerische Lösung von Differentialgleichungssystemen (Anfangswertprobleme).

MLINEQ: Lösung linearer Gleichungssysteme und Determinantenberechnung für voll besetzte Matrizen und bandförmige Matrizen.

FEM-"Baukasten" FEMSET: Berechnung ebener Fachwerke und ebener biegesteifer Rahmenkonstruktionen, Quelltext und Bausteine für den Zusammenbau beliebiger Finite-Elemente-Programme.

1 Grundlagen der Statik

Die ***Statik*** ist die Lehre vom Gleichgewicht der Kräfte.

1.1 Die Kraft

Der Begriff ***Kraft*** wird aus der Erfahrung gewonnen: Die "Muskelkraft", mit der man der ***Gewichtskraft*** einer ***Masse*** entgegenwirkt, um sie am Herabfallen zu hindern – sie im ***Gleichgewicht*** zu halten – gibt ein "Gefühl" für diesen Begriff. Jede Größe, die mit einer Gewichtskraft ins Gleichgewicht gesetzt werden kann, ist eine Kraft.

Nach dem NEWTONschen Gravitationsgesetz übt eine Masse auf eine andere Masse eine ***Anziehungskraft*** aus. Dies bewirkt, daß eine auf einer Unterlage ruhende Masse $\boldsymbol{m}$ auf diese infolge der Anziehungskraft der Erdmasse eine Kraft (Gewichtskraft) ausübt. Die Unterlage reagiert auf die Gewichtskraft mit einer gleich großen Gegenkraft und stellt auf diese Weise einen ***Gleichgewichtszustand*** her. Wenn keine solche Gegenkraft wirkt, bewegt sich die Masse $\boldsymbol{m}$ infolge ihrer Gewichtskraft $\boldsymbol{F_G}$ mit einer Beschleunigung, die in der Nähe der Erdoberfläche den Wert $\boldsymbol{g \approx 9{,}81\ m/s^2}$ (Erdbeschleunigung) hat. Nach dem 2. NEWTONschen Axiom gilt

$$F_G = m\,g$$

(Kraft = Masse · Beschleunigung,
hier: Gewichtskraft = Masse · Erdbeschleunigung).

Die physikalische Einheit für die Masse ist das Kilogramm (***kg***), festgelegt durch das in Paris aufbewahrte "Urkilogramm". Die Einheit für die Kraft ist das Newton (*N*), es gilt:

$$1\ N = 1\ kg\ m/s^2\ .$$

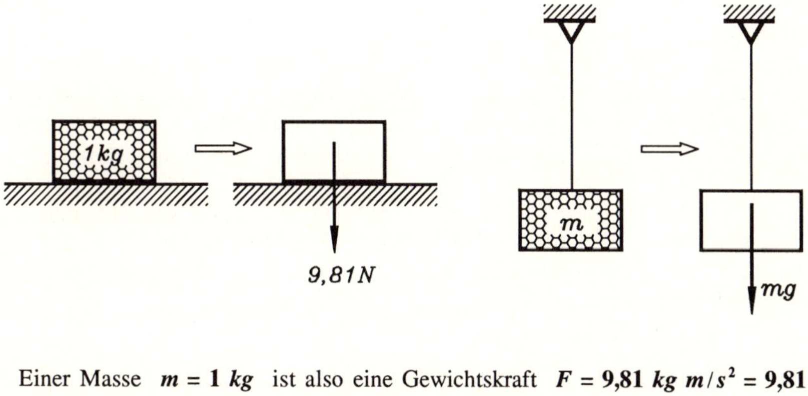

♦ Einer Masse $\boldsymbol{m = 1\ kg}$ ist also eine Gewichtskraft $\boldsymbol{F = 9{,}81\ kg\ m/s^2 = 9{,}81\ N}$ zuzuordnen. Wenn bei einem Statikproblem die Masse $\boldsymbol{m}$ gegeben und die Gewichtskraft $\boldsymbol{F_G}$ zu berücksichtigen ist, so gilt (auf der Erdoberfläche): $\boldsymbol{F_G = m\,g}$.

- Die Gewichtskraft ist ein Spezialfall der Gravitationskraft. Nach dem NEWTONschen Gravitationsgesetz gilt für die Anziehungskraft zweier Massen m_1 und m_2, deren Mittelpunkte sich im Abstand r voneinander befinden:

$$F_G = \frac{m_1\, m_2}{r^2}\, G \tag{1.1}$$

mit der Gravitationskonstanten $G = 6{,}672 \cdot 10^{-11}\ Nm^2/(kg)^2$.

Beispiel: Für eine Masse m_1 auf der Erdoberfläche (Abstand zum Erdmittelpunkt $R = 6373\ km$, Erdmasse $m_2 = 5{,}97 \cdot 10^{24}\ kg$) errechnet man

$$F_G = \frac{m_1 \cdot 5{,}97 \cdot 10^{24}\ kg \cdot 6{,}672 \cdot 10^{-11}\ Nm^2}{6373^2 \cdot 10^6\ m^2\,(kg)^2} = m_1 \cdot 9{,}81\ \frac{m}{s^2} \quad . \tag{1.2}$$

Die Wirkung der stets zum Erdmittelpunkt gerichteten Gewichtskraft kann durch eine Umlenkrolle beeinflußt werden, so daß sie an einem anderen Körper in beliebiger Richtung angreift:

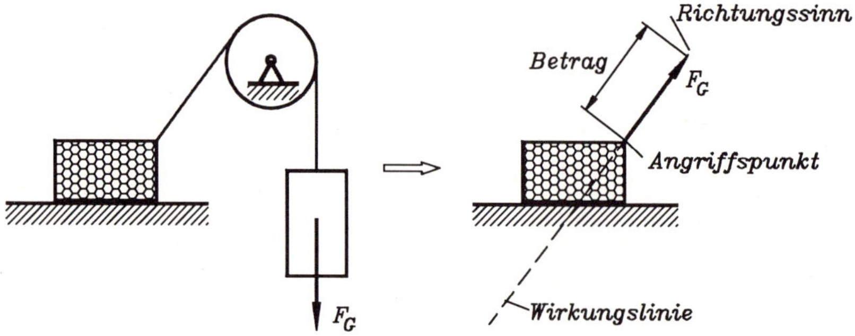

Die ***Masse*** ist eine ***skalare Größe***, die durch die Angabe eines ***skalaren Wertes*** (einschließlich physikalischer Einheit) ausreichend bestimmt ist.

Die ***Kraft*** ist eine ***gerichtete Größe*** (ein Vektor), die erst ausreichend bestimmt ist durch Angabe

- eines ***skalaren Wertes*** (einschließlich physikalischer Einheit),
- einer ***Richtung***, gekennzeichnet durch die sogenannte ***Wirkungslinie***,
- eines ***Richtungssinns***, gekennzeichnet durch die Pfeilspitze,
- eines ***Angriffspunktes***.

1.2 Axiome der Statik

Axiome sind Lehrsätze, die eine Theorie begründen, ohne bewiesen werden zu müssen. Mit ihnen wird die theoretische Basis eines Wissenschaftszweiges gelegt. Ein praxisorientiertes Gebiet wie die Technische Mechanik muß seine Axiome natürlich an der Übereinstimmung mit der Realität messen lassen.

Die Statik kommt mit den nachfolgenden vier Axiomen aus, die die gesamte theoretische Grundlage für dieses Gebiet darstellen. Ob die Probleme der technischen Praxis damit ausreichend genau erfaßt werden, muß im Einzelfall an der Übereinstimmung mit den Idealisierungen, die der Theorie zugrunde liegen, überprüft werden. Die wichtigste Idealisierung, auf der die Axiome der Statik aufbauen, ist die

Definition des starren Körpers:

Ein ***starrer Körper*** ist ein fiktives Gebilde, das sich unter der Einwirkung von Kräften nicht verformt.

Damit ist auch der Rahmen der Gültigkeit für alle Untersuchungen abgesteckt, die nach den Regeln der Statik angestellt werden. Wenn für ein Problem die Idealisierung "Starrer Körper" nicht zu rechtfertigen ist (und in der Realität gibt es ein solches Gebilde ja nicht), können die Fragestellungen nicht mehr allein nach den Regeln der Statik behandelt werden. Für sehr viele praktisch sehr wichtige Aufgaben kann man jedoch (bei ausgezeichneter Übereinstimmung mit der Realität) die zu untersuchenden Körper als starr ansehen.

Die folgenden vier Axiome sind die Basis für die ***Statik der starren Körper***, wozu bemerkt werden muß, daß in der technischen Literatur weder die Anzahl noch die Reihenfolge (im Gegensatz zu den NEWTONschen Axiomen der Mechanik) einheitlich gehandhabt werden.

1. Axiom (Linienflüchtigkeit der Kräfte):

Die Wirkung einer Kraft auf einen starren Körper bleibt unverändert, wenn man sie entlang ihrer Wirkungslinie verschiebt.

Es ist leicht einzusehen, daß dieses Axiom nur für den starren Körper gelten kann: In der nachfolgenden Skizze sei der Hebel ohne Belastung im Gleichgewicht. Werden nun zwei Kräfte $\boldsymbol{F}_1$ und $\boldsymbol{F}_2$ aufgebracht, so daß

$$F_1\, a = F_2\, b$$

gilt, bleibt der Hebel im Gleichgewicht, unabhängig davon, ob beide am oberen Holm angreifen (Fall a) oder aber die Kraft $\boldsymbol{F}_1$ entlang ihrer Wirkungslinie verschoben ist und am unteren Holm angreift (Fall b). Aus der Sicht der Statik unter der Annahme, daß der Hebel starr ist, sind die beiden Fälle äquivalent. Ein deformierbarer Hebel würde sich aber in beiden Fällen unterschiedlich verformen (für eine Verformungsuntersuchung darf eine Kraft also

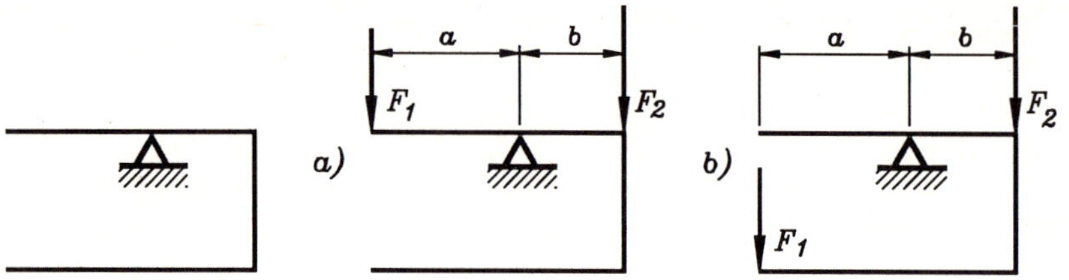

nicht verschoben werden), sogar das Gleichgewicht könnte (durch Veränderung der Hebelarme bei großer Verformung) gestört werden.

2. Axiom (Kräfteparallelogramm):

> Die Wirkung zweier Kräfte $\boldsymbol{F}_1$ und $\boldsymbol{F}_2$, die an einem gemeinsamen Punkt angreifen, ist gleich einer Kraft $\boldsymbol{F}_R$, die sich als Diagonale eines mit den Seiten $\boldsymbol{F}_1$ und $\boldsymbol{F}_2$ gebildeten Parallelogramms ergibt.

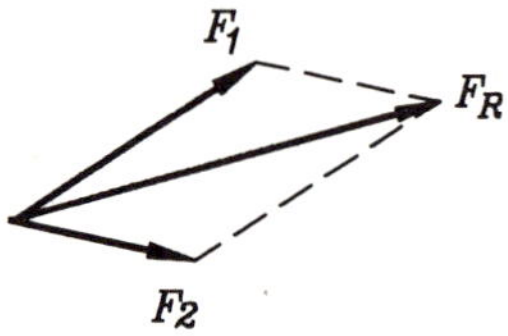

Sonderfall: Wenn $\boldsymbol{F}_1$ und $\boldsymbol{F}_2$ auf der gleichen Wirkungslinie liegen, entartet das Parallelogramm, und der Betrag von $\boldsymbol{F}_R$ ergibt sich aus der Summe bzw. der Differenz der Beträge von $\boldsymbol{F}_1$ und $\boldsymbol{F}_2$.

3. Axiom (Gleichgewicht):

> Zwei Kräfte sind im Gleichgewicht (und heben damit ihre Wirkung auf den starren Körper auf), wenn sie auf der gleichen Wirkungslinie liegen, den gleichen Betrag haben und entgegengesetzt gerichtet sind.

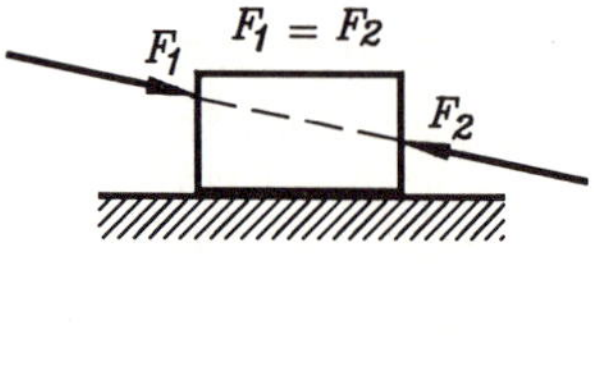

Man beachte, daß dieses Axiom auch nur für den starren Körper gelten kann, weil deformierbare Körper sich natürlich auch bei Einwirkung einer Gleichgewichtsgruppe verformen und außerdem durch die Verformung die Voraussetzung für den Gleichgewichtszustand zweier Kräfte (gleiche Wirkungslinie) verlorengehen kann.

4. Axiom (Wechselwirkungsgesetz):

> Wird von einem Körper auf einen zweiten Körper eine Kraft ausgeübt, so reagiert dieser mit einer gleich großen, auf gleicher Wirkungslinie liegenden, aber entgegengesetzt gerichteten Kraft (NEWTON: ***actio = reactio***).

Das 2. und das 4. Axiom sind nicht an die Voraussetzung des starren Körpers gebunden und sind auch über die Statik starrer Körper hinaus gültig.

Obwohl Kräfte Vektoren sind, wird in der Technischen Mechanik im allgemeinen nur mit den Beträgen der Vektoren gerechnet, wobei natürlich die in der Vektordarstellung enthaltenen Informationen (Richtung und Richtungssinn) bei Addition und Subtraktion von Kräften beachtet werden müssen. Die Richtung wird durch das (im Kapitel 2 erstmalig behandelte) Arbeiten mit Komponenten, der Richtungssinn durch das Vorzeichen berücksichtigt.

Beispiel: Beim 3. Axiom wird die Gleichheit der Beträge von F_1 und F_2 bei entgegengesetztem Richtungssinn gefordert:

$$F_1 = F_2 \quad , \qquad \textit{aber vektoriell:} \qquad \vec{F}_1 = -\vec{F}_2 \quad .$$

Bei Rechnung mit den Beträgen muß bei der Addition der unterschiedliche Richtungssinn berücksichtigt werden:

$$F_1 + (-F_2) = F_1 - F_2 = 0 \qquad \text{(Gleichgewicht).}$$

1.3 Das Schnittprinzip

Um die zwischen zwei Körpern wirkenden Kräfte sichtbar zu machen, führt man (gedanklich) an der Berührungsstelle einen Schnitt und trägt an den beiden ***Schnittufern*** unter Beachtung des Wechselwirkungsgesetzes (4.Axiom) die ***Schnittkräfte*** an, die auf diesem Wege von inneren zu äußeren Kräften werden.

Nur durch konsequente Anwendung solcher Schnittführungen (konsequent heißt, so oft zu schneiden, daß **alle** äußeren Bindungen eines Körpers gelöst werden → Schnitt**prinzip**) kann erreicht werden,

- daß **alle** am Körper angreifenden Kräfte sichtbar werden und
- komplizierte Probleme auf überschaubare Teilprobleme reduziert werden können.

Die an den beiden Schnittufern anzutragenden Kräfte treten stets **paarweise** auf (an jedem Schnittufer eine Kraft), liegen auf der gleichen Wirkungslinie, haben den gleichen Betrag, sind aber **entgegengesetzt** gerichtet.

Dabei repräsentiert die an einem Körper anzutragende Kraft immer die Wirkung, die der **weggeschnittene Teil** auf den Körper ausübt. Vielfach wird der Richtungssinn dieser Schnittkräfte nicht mit Sicherheit vorauszusagen sein. In diesen Fällen darf man den Richtungssinn willkürlich festlegen. Die anschließende Rechnung korrigiert ihn gegebenenfalls über das Vorzeichen des Ergebnisses.

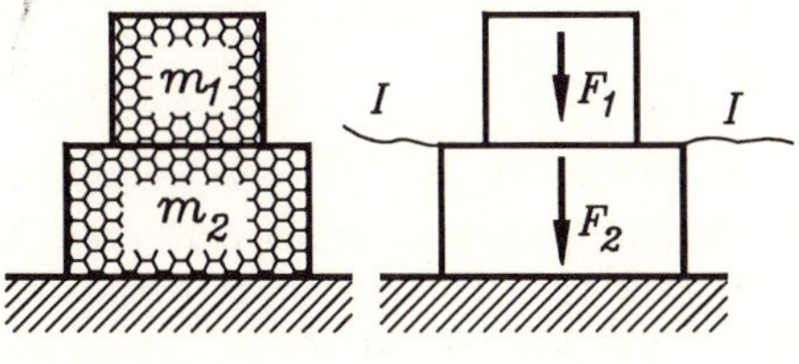

Beispiel 1: Die beiden auf einer Unterlage gestapelten Massen m_1 und m_2 belasten diese durch ihre Gewichtskräfte F_1 und F_2. Um die Frage nach den zwischen m_1 und m_2 bzw. zwischen m_2 und der Unterlage wirkenden Kräfte zu beantworten, wird zunächst der Schnitt ***I-I*** geführt. An den beiden Schnitt-

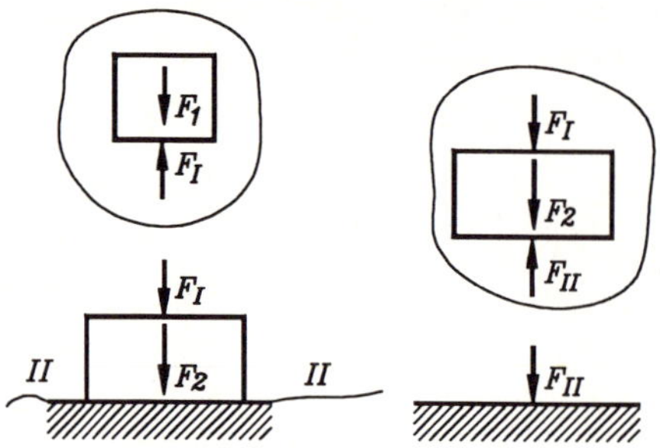

Freischneiden der Einzelmassen

ufern werden die Kräfte $\boldsymbol{F}_I$ angetragen (entgegengesetzt gerichtet, jedoch gleicher Betrag und gleiche Wirkungslinie).

Damit ist die Masse $\boldsymbol{m}_1$ von allen äußeren Bindungen gelöst, alle an ihr angreifenden Kräfte ($\boldsymbol{F}_1$ und $\boldsymbol{F}_I$) sind angetragen, das "Teilsystem 1" kann nach dem 3. Axiom nur bei

$$\boldsymbol{F}_I = \boldsymbol{F}_1$$

im Gleichgewicht sein, womit die Frage nach der zwischen den beiden Massen wirkenden Kraft beantwortet ist.

Um die Kraft zwischen $\boldsymbol{m}_2$ und der Unterlage zu ermitteln, wird der Schnitt ***II-II*** gelegt, die beiden Schnittkräfte $\boldsymbol{F}_{II}$ werden angetragen, und damit ist auch Teilsystem 2 von äußeren Bindungen befreit. Die gegebene Kraft $\boldsymbol{F}_2$ und die am System 1 berechnete Kraft $\boldsymbol{F}_I = \boldsymbol{F}_1$ können (2. Axiom) zu $(\boldsymbol{F}_I + \boldsymbol{F}_2)$ zusammengefaßt werden, und diese resultierende Kraft kann mit $\boldsymbol{F}_{II}$ nur im Gleichgewicht sein (3. Axiom), wenn

$$\boldsymbol{F}_{II} = \boldsymbol{F}_I + \boldsymbol{F}_2 = \boldsymbol{F}_1 + \boldsymbol{F}_2$$

ist.

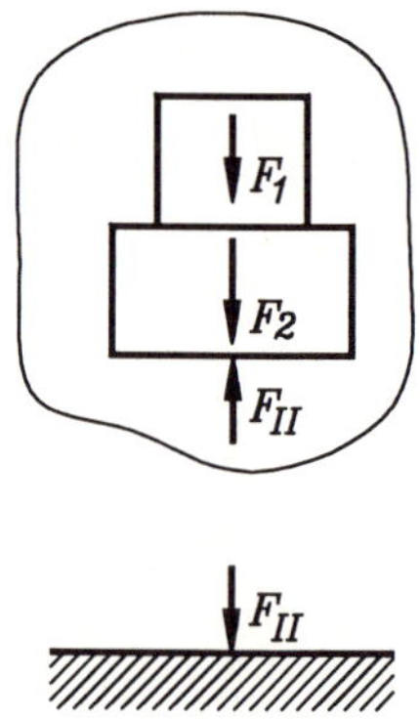

Wäre nur die Frage nach der Kraft $\boldsymbol{F}_{II}$ zu beantworten gewesen, hätte der nebenstehend skizzierte Schnitt genügt, um das "System $\boldsymbol{m}_1$ und $\boldsymbol{m}_2$" von allen äußeren Bindungen zu lösen, und man wäre mit entsprechenden Überlegungen wie oben zum gleichen Ergebnis gekommen (Zusammenfassen von $\boldsymbol{F}_1$ und $\boldsymbol{F}_2$ nach dem 2. Axiom, Gleichgewicht, wenn $\boldsymbol{F}_{II} = \boldsymbol{F}_1 + \boldsymbol{F}_2$ entsprechend Axiom 3).

In diesem Fall wären die zwischen den Massen $\boldsymbol{m}_1$ und $\boldsymbol{m}_2$ wirkenden Kräfte nicht in die Betrachtung einzubeziehen, weil sie "innere Kräfte des Systems" sind und als solche paarweise auftreten und sich in ihrer Wirkung aufheben.

Die Art einer sinnvollen Schnittführung ist also auch von der Fragestellung abhängig. Von besonderer Wichtigkeit ist aber die Beachtung der Regel:

Wenn **Gleichgewichtsbetrachtungen** angestellt werden, müssen **alle** an einem System (oder Teilsystem) **wirkenden Kräfte** einbezogen werden. Dazu ist das **Freischneiden von allen äußeren Bindungen** und das Antragen der Schnittkräfte erforderlich.

Es ist sinnvoll, zwischen ***eingeprägten Kräften*** (vorgegebene Belastung, Gewichtskräfte) und den durch sie hervorgerufenen (und mit dem Schnittprinzip sichtbar gemachten) ***Reaktionskräften*** zu unterscheiden, obwohl eigentlich auch die eingeprägten Kräfte als Schnittkräfte interpretierbar sind: Wenn man das Schnittprinzip auch auf die sogenannten "Fernkräfte" (z. B. die Gravitationskräfte) ausdehnt, kann die Gewichtskraft als durch das "Wegschneiden der Erde", an die die entsprechende Gegenkraft anzutragen wäre, angesehen werden. Eine solche Betrachtungsweise ist in der Technischen Mechanik allerdings nicht üblich.

Bemerkungen zu dem behandelten Demonstrationsbeispiel:

- Der Weg, auf dem die Ergebnisse unter konsequenter Anwendung des Schnittprinzips gefunden wurden, erscheint dem Anfänger möglicherweise recht umständlich: "Daß die obere Masse auf die untere mit ihrer Gewichtskraft drückt und beide gemeinsam auf die Unterlage mit der Summe ihrer Gewichtskräfte, kann man sich ja wohl auch ohne Schnittprinzip vorstellen."

  Diese Aussage ist richtig. Wenn die Probleme jedoch auch nur etwas komplizierter werden (folgendes Beispiel), kommt man ohne Anwendung des Schnittprinzips nicht mehr aus.

- Die Anwendung des Gleichgewichtsaxioms nach vorheriger Zusammenfassung der Kräfte mit Hilfe des Kräfteparallelogramms, so daß nur zwei Kräfte auf einer Wirkungslinie übrig sind, ist tatsächlich umständlich. In den nächsten Kapiteln werden dafür effektivere Verfahren behandelt. Da es in diesem Abschnitt aber auf das Verständnis des so wichtigen Schnittprinzips ankommt, soll auch die folgende Aufgabe ausschließlich unter formaler Anwendung der Axiome gelöst werden.

Beispiel 2: Auf einer Palette mit der Masse m_2 (einschließlich des Bügels) liegt die Masse m_3. Die Palette ist über den Bügel an dem Seil 1 aufgehängt, das über zwei Rollen geführt wird und an der Masse m_3 befestigt ist.

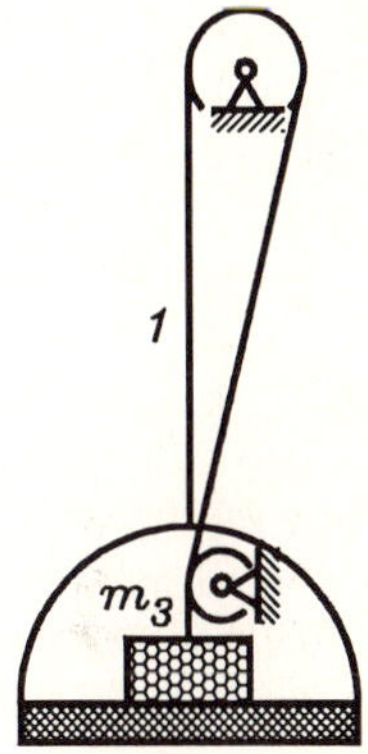

Gegeben: $m_2 = 20\ kg$; $m_3 = 50\ kg$.

Die Gewichtskraft des Seils kann vernachlässigt werden.

Man ermittle: a) die Seilkraft F_S im Seil 1,

b) die Kraft F_N zwischen den Massen m_2 und m_3.

Hinweis: Man beachte, daß die Seilkraft durch die beiden Rollen nur umgelenkt wird und in **gleicher Größe** auch an der Masse m_3 angreift.

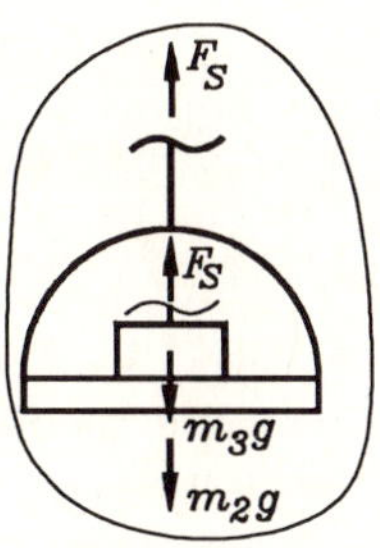

Gesamtsystem
m_2 und m_3

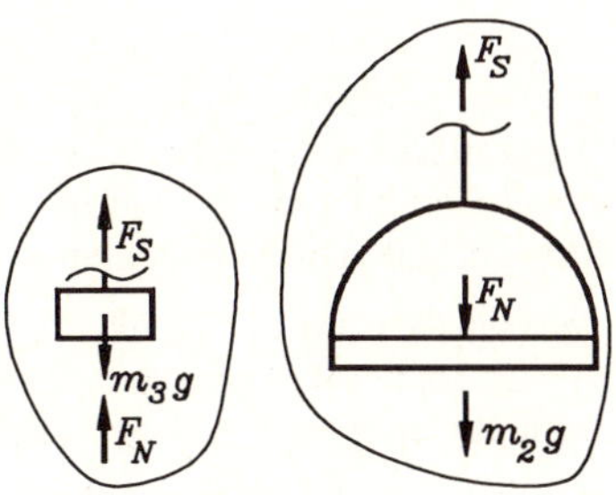

Teilsysteme

Wäre bei dieser Aufgabe nur die Seilkraft gefragt, würde entsprechend nebenstehender Skizze die Betrachtung des "Gesamtsystems m_2 und m_3" genügen. Unter Nutzung sämtlicher Axiome (Wechselwirkungsgesetz für das Freischneiden, Verschieben von Kräften entlang ihrer Wirkungslinien, Zusammenfassen der Kräfte und Gleichgewicht) kommt man zu

$$2\,F_S = m_2 g + m_3 g \quad .$$

Zur Beantwortung beider Fragestellungen müssen in jedem Fall zwei Systeme bei einer zusätzlichen Schnittführung (Schnitt zwischen m_2 und m_3) betrachtet werden, entweder das Gesamtsystem zur Berechnung von F_S und eines der beiden Teilsysteme zur Bestimmung von F_N bei dann bekanntem F_S, oder man betrachtet nur die beiden Teilsysteme mit den beiden Unbekannten F_S und F_N:

$$F_S + F_N = m_3 g$$
$$F_N + m_2 g = F_S$$

Das allgemeine Ergebnis für die Kraft zwischen m_2 und m_3

$$F_N = \frac{1}{2}\,(m_3 - m_2)\,g$$

liefert nur für $m_3 > m_2$ positive Werte für F_N (nach der in der Schnittskizze angenommenen positiven Richtung für F_N: Masse m_3 **drückt** auf die Palette, da die Schnittkraft immer die Wirkung des **weggeschnittenen** Teils repräsentiert). Für $m_3 < m_2$ würde das Minuszeichen im Ergebnis auf eine Kraftrichtung entgegen der angenommenen hinweisen, was praktisch nur möglich wäre, wenn m_3 auf der Palette nicht nur aufliegen würde, sondern in irgendeiner Weise befestigt wäre.

Mit den gegebenen Zahlenwerten erhält man das Ergebnis:

$$F_S = 343\,N \quad ; \quad F_N = 147\,N \quad .$$

Lieber Leser, wenn Sie sich als Anfänger auf dem Gebiet der Technischen Mechanik bis hierher durchgearbeitet haben, spricht das für Sie. Wenn Sie darüber hinaus sogar der Meinung sind, alles verstanden zu haben, spricht dies für Gründlichkeit, Selbstbewußtsein (oder Leichtfertigkeit). Leider ist Ihr Eindruck, daß es bis hierher gar nicht so schwierig war, vermutlich nicht richtig.

Nach den Erfahrungen der Autoren wird gerade das so wichtige Schnittprinzip zu schnell (und damit sehr leichtfertig) "als verstanden abgehakt". Deshalb (nur zur Vorsicht) noch einmal zur Erinnerung:

- Erst nach dem **Lösen sämtlicher äußerer Bindungen** und dem Antragen aller Schnittkräfte dürfen Gleichgewichtsbetrachtungen angestellt werden! Haben Sie die schwungvollen "Kringel" um die freigeschnittenen Systeme in den Beispielen registriert? Vielleicht sollten Sie sich das zur Sicherheit auch (zumindest für einige Zeit) angewöhnen, um zu sichern, daß ringsherum wirklich keine Bindung mehr besteht.
- Alle **Schnittkräfte** tauchen **paarweise** auf (sichtbar erst nach dem Schneiden). Sie haben an den beiden Schnittufern der beiden Teilsysteme gleiche Wirkungslinie, gleichen Betrag, aber entgegengesetzten Richtungssinn. Solange nicht geschnitten wird (und es muß wirklich nicht jeder mögliche Schnitt geführt werden), heben sich ihre Wirkungen gegenseitig auf.

2 Das zentrale ebene Kraftsystem

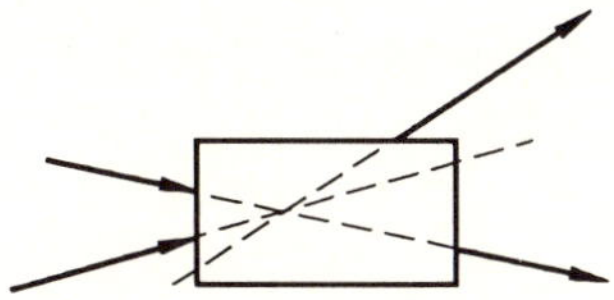

Eine Kräftegruppe wird als ***zentrales ebenes Kraftsystem*** bezeichnet, wenn

- ♦ alle Kräfte in einer Ebene liegen und
- ♦ alle Wirkungslinien dieser Kräfte sich in einem Punkt schneiden.

2.1 Äquivalenz

Definition:

Zwei Kräftegruppen sind ***äquivalent***, wenn ihre Wirkungen gleich sind. Eine einzige Kraft, die in diesem Sinne einer Kräftegruppe äquivalent ist, nennt man ***Resultierende der Kräftegruppe***.

Aus dieser Definition (und den Axiomen der Statik) leiten sich alle benötigten Aussagen ab, die zunächst für einen wichtigen Spezialfall, das **"Zentrale ebene Kraftsystem mit nur zwei Kräften"**, formuliert werden:

- ♦ Die Resultierende zweier Kräfte, deren Wirkungslinien sich in einem Punkt schneiden, wird nach dem Parallelogrammgesetz (2. Axiom) gefunden, gegebenenfalls nach Verschieben der Kräfte entlang ihrer Wirkungslinien (1. Axiom) bis zum Schnittpunkt. Man ermittelt so auf graphischem Wege Betrag und Richtung der Resultierenden.
- ♦ Umkehrung der vorigen Aussage: Eine gegebene Kraft $\boldsymbol{F}$ kann durch eine äquivalente Kräftegruppe zweier Kräfte $\boldsymbol{F}_I$ und $\boldsymbol{F}_{II}$ eindeutig ersetzt werden, wenn deren Wirkungslinien ***I*** und ***II*** vorgegeben sind und sich mit der Wirkungslinie von $\boldsymbol{F}$ in einem Punkt schneiden (***Kraftzerlegung***):

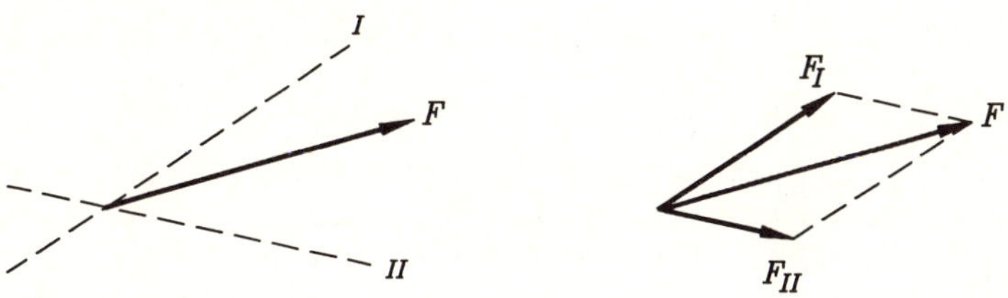

Die Kraft $\boldsymbol{F}$ ist die Diagonale im Kräfteparallelogramm. Man nennt die beiden Kräfte $\boldsymbol{F}_I$ und $\boldsymbol{F}_{II}$, die bei der Zerlegung einer Kraft $\boldsymbol{F}$ in eine äquivalente Kräftegruppe zweier Kräfte entstehen, ***Komponenten*** von $\boldsymbol{F}$ in den Richtungen ***I*** und ***II***. Ein wichtiger Sonderfall ist die Zerlegung einer gegebenen Kraft $\boldsymbol{F}$ in zwei Komponenten, deren Wirkungslinien senkrecht zueinander sind.

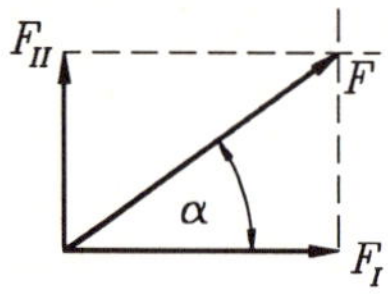

Bei gegebener Kraft $\boldsymbol{F}$ und gegebenem Winkel liest man aus der Skizze ab:

$$F_I = F \cos\alpha \quad ,$$
$$F_{II} = F \sin\alpha \quad . \tag{2.1}$$

- Zwei Kräfte, die in einer Ebene liegen, bilden immer ein zentrales Kraftsystem, wenn ihre Wirkungslinien nicht parallel sind.

- Zwei Kräfte, deren Wirkungslinien sich in einem Punkt schneiden, sind immer ein ebenes zentrales Kraftsystem, weil zwei sich schneidende Geraden immer eine Ebene aufspannen.

Hinweise für die Lösung von Aufgaben:

- Bei der graphischen Lösung ist vorab ein geeigneter Maßstab zu wählen.
- Zur Ermittlung der Resultierenden kann vereinfachend eine Kraft an die Spitze der anderen gesetzt werden (Krafteck), die Resultierende ergibt sich dann als "Schlußlinie" (Verbindungsgerade von Anfangs- und Endpunkt des Kraftecks):

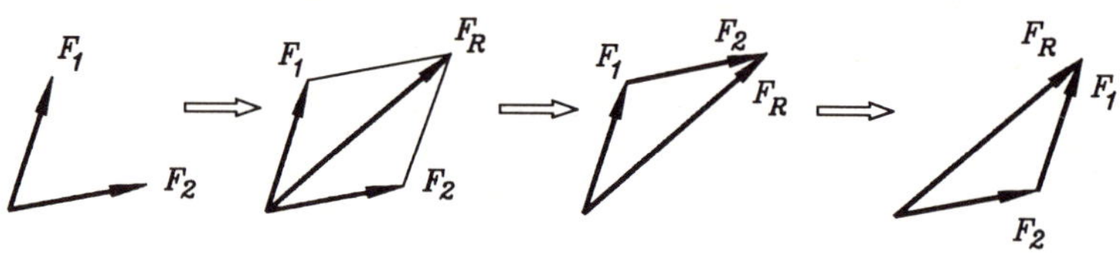

Natürlich ist dies nur zur **Vereinfachung der Zeichnung** erlaubt, weil eine Parallelverschiebung einer Kraft nicht gestattet ist.

- Bei der Kraftzerlegung müssen die Komponenten $\boldsymbol{F}_I$ und $\boldsymbol{F}_{II}$ zusammen mit der gegebenen Kraft $\boldsymbol{F}$ die Figur des Kräfteparallelogramms so ergeben, daß die drei Pfeilspitzen entweder alle von einem Punkt wegweisen (Variante 1) oder alle zu einem Punkt hinweisen (Variante 2):

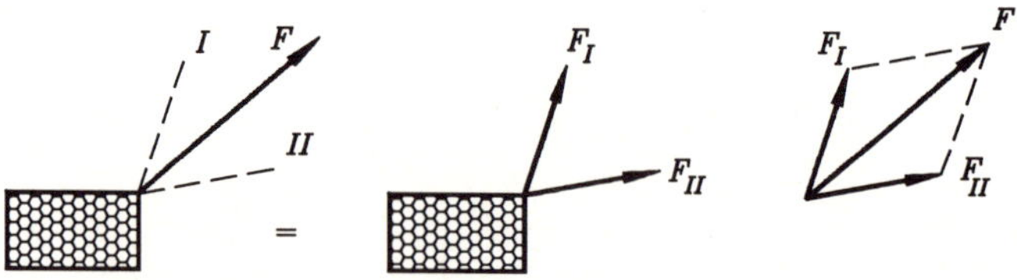

Kraftzerlegung (Variante 1)

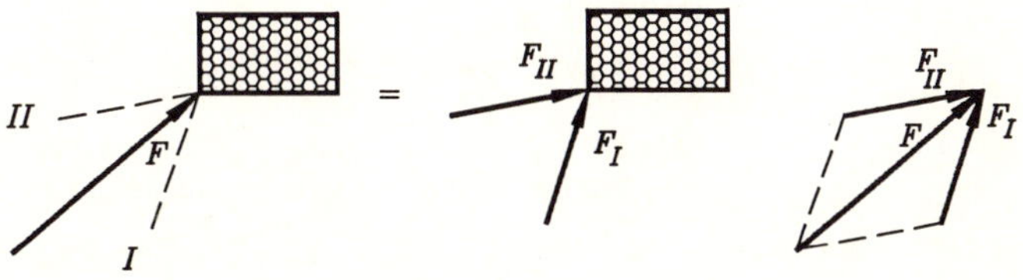

Kraftzerlegung (Variante 2)

- Bei der **analytischen Lösung zur Ermittlung der Resultierenden** wählt man zunächst ein rechtwinkliges Koordinatensystem und zerlegt die gegebenen Kräfte in jeweils zwei Komponenten in Richtung der Achsen. Die Teilresultierenden in Richtung der beiden Achsen kann man dann durch Addition der Komponenten aufschreiben (Richtungssinn durch Vorzeichen berücksichtigen!) und den Betrag der Gesamtresultierenden aus dem Kräfteparallelogramm der senkrecht aufeinander stehenden Teilresultierenden (Pythagoras) berechnen.

Beispiel: An einer Öse sind über Umlenkrollen die Massen $\boldsymbol{m_1}$ und $\boldsymbol{m_2}$ befestigt.

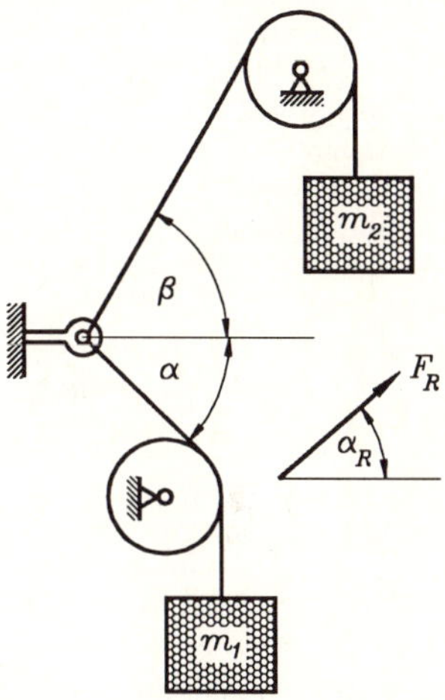

Gegeben: $\boldsymbol{m_1 = 50\ kg}$, $\boldsymbol{\alpha = 45°}$,
$\boldsymbol{m_2 = 60\ kg}$, $\boldsymbol{\beta = 60°}$.

Es sind die Gesamtbelastung $\boldsymbol{F_R}$ der Öse und die Richtung der Kraft $\boldsymbol{F_R}$ graphisch und analytisch zu ermitteln (Angabe der Richtung durch den Winkel α_R wie skizziert).

Da die beiden Rollen die Gewichtskräfte $\boldsymbol{m_1 g}$ und $\boldsymbol{m_2 g}$ nur in ihrer Richtung umlenken, kann die Resultierende $\boldsymbol{F_R}$ aus der Kraft $\boldsymbol{m_1 g}$ unter dem Winkel α zur Horizontalen und der Kraft $\boldsymbol{m_2 g}$ unter β zur Horizontalen bestimmt werden.

Graphische Lösung:

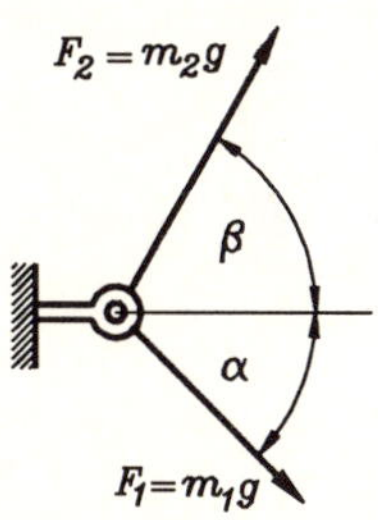

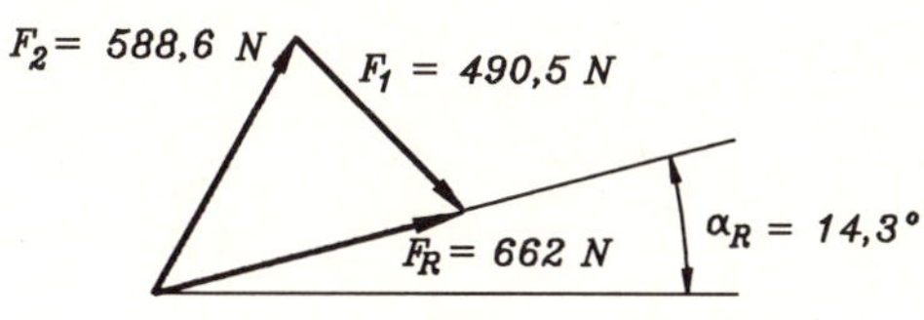

Die graphische Lösung ist im allgemeinen etwas ungenauer als die analytische Lösung. Die Genauigkeit kann durch eine entsprechend große Zeichnung verbessert werden. Allerdings haben graphische Lösungen dieser Art keine praktische Bedeutung mehr.

Analytische Lösung: Die gewählten Koordinatenrichtungen werden symbolisch durch Pfeile angedeutet. Dann ergibt die Rechnung:

$$\rightarrow \quad F_{Rx} = F_{1x} + F_{2x} = m_1\, g \cos\alpha + m_2\, g \cos\beta = 641{,}14\ N\ ,$$

$$\uparrow \quad F_{Ry} = F_{1y} + F_{2y} = -\, m_1\, g \sin\alpha + m_2\, g \sin\beta = 162{,}92\ N\ ,$$

$$F_R = \sqrt{F_{Rx}^2 + F_{Ry}^2} = 662\ N \quad , \quad \tan\alpha_R = \frac{F_{Ry}}{F_{Rx}} = 0{,}2541\ ,\ \alpha_R = 14{,}3°\ .$$

Bei **zentralen ebenen Kraftsystemen mit mehr als zwei Kräften** werden die für zwei Kräfte formulierten Aussagen sinnvoll erweitert:

- Die Ermittlung der Resultierenden von n Kräften kann durch mehrfache Anwendung des Parallelogrammgesetzes realisiert werden.
- Bei der analytischen Lösung werden die gegebenen Kräfte F_i in jeweils zwei Komponenten F_{ix} bzw. F_{iy} in Richtung der Achsen eines geeignet zu wählenden kartesischen Koordinatensystems zerlegt und unter Beachtung der Vorzeichen die Komponenten der Resultierenden F_{Rx} und F_{Ry} ermittelt. Aus den Komponenten ergeben sich dann die Resultierende F_R und der Winkel α_R, den die Resultierende mit der x-Achse einschließt:

$$F_{Rx} = \sum_{i=1}^{n} F_{ix} \quad , \quad F_{Ry} = \sum_{i=1}^{n} F_{iy}\ ,$$
$$F_R = \sqrt{F_{Rx}^2 + F_{Ry}^2} \quad , \quad \tan\alpha_R = \frac{F_{Ry}}{F_{Rx}}\ . \qquad (2.2)$$

  Bei der Berechnung von α_R bestimmen die Vorzeichen der Komponenten von F_{Rx} und F_{Ry}, in welchem Quadranten des Koordinatensystems die Resultierende liegt.

- Bei der graphischen Lösung zeichnet man zweckmäßig das Krafteck aller Kräfte, indem man (in beliebiger Reihenfolge, mit einer beliebigen Kraft beginnend) jeweils eine Kraft an die Pfeilspitze der vorhergehenden setzt. Man findet (wie beim Krafteck mit zwei Kräften) die Resultierende als Schlußlinie (Verbindungsgerade vom Anfangspunkt der ersten zur Pfeilspitze der letzten Kraft):

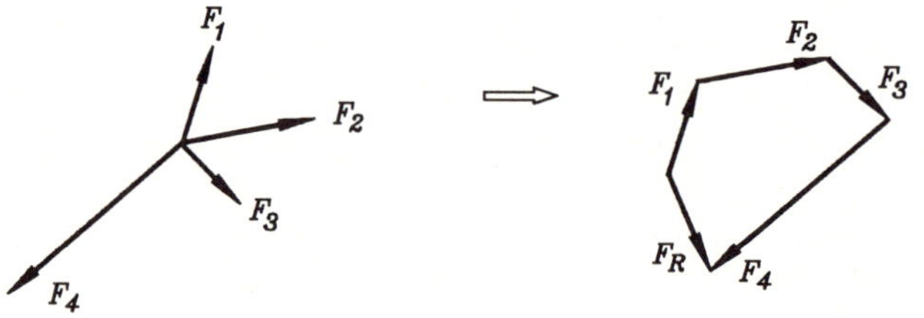

Auch hier muß darauf hingewiesen werden, daß das Krafteck nur zur Vereinfachung der Zeichenarbeit gedacht ist. Der Angriffspunkt der Resultierenden ist natürlich der gemeinsame Schnittpunkt aller Wirkungslinien.

- Die **Zerlegung einer Kraft in mehr als zwei Komponenten**, deren Wirkungslinien sich alle in einem Punkt schneiden (Ersetzen einer Kraft durch ein äquivalentes zentrales Kraftsystem mit mehr als zwei Kräften) ist nicht eindeutig und deshalb im allgemeinen praktisch bedeutungslos.

2.2 Gleichgewicht

Ein Körper befindet sich im Gleichgewicht, wenn sich die Wirkungen aller an ihm angreifenden Kräfte aufheben. Für das zentrale ebene Kraftsystem leitet sich aus dieser Definition die Bedingung ab, daß die Resultierende aller Kräfte verschwinden muß:

$$\boldsymbol{F}_R = \boldsymbol{0} \quad .$$

Diese Bedingung muß nicht vektoriell formuliert werden, weil ein Vektor nur dann gleich Null ist, wenn sein Betrag gleich Null ist. Der Betrag eines Vektors ist wiederum nur dann gleich Null, wenn jede einzelne Komponente verschwindet. Mit diesen Überlegungen ergeben sich die

Gleichgewichtsbedingungen für das zentrale ebene Kraftsystem:

$$F_{Rx} = 0 \quad , \quad F_{Ry} = 0 \quad . \tag{2.3}$$

Das Gleichgewicht der Kräftegruppe drückt sich graphisch durch ein ***geschlossenes Krafteck*** aus.

Man beachte:

- Die durch die Indizes x und y angedeuteten Richtungen können selbstverständlich beliebig gewählt werden. Es ist nicht erforderlich, daß die beiden Richtungen senkrecht zueinander sind. Damit lassen sich die Gleichgewichtsbedingungen für das zentrale ebene Kraftsystem auch so formulieren:

Die Summe aller Kraftkomponenten in jeder beliebigen Richtung muß gleich Null sein.

- Es ist trotzdem nicht sinnvoll, mehr als zwei Gleichgewichtsbedingungen aufzuschreiben: Wenn sich die Wirkungen aller Kraftkomponenten (beim ebenen Problem) in zwei unterschiedlichen Richtungen aufheben, dann gilt dies zwangsläufig auch für jede andere Richtung.

- Aus der Tatsache, daß ein Körper im Gleichgewicht ist, folgt: Es müssen **zwei Gleichgewichtsbedingungen** erfüllt sein, also können gegebenenfalls **zwei unbekannte Größen** berechnet werden.

- Gleichgewichtsbetrachtungen sind natürlich nur sinnvoll, wenn **alle wirkenden Kräfte** einbezogen werden. Dies sind neben den eingeprägten Kräften (gegebene Belastungen, Gewichtskräfte) die durch **Freischneiden** sichtbar werdenden Kräfte. Prinzipiell sollten die Gleichgewichtsbedingungen erst aufgeschrieben werden, nachdem
  - der betrachtete Körper **von allen äußeren Bindungen gelöst** und
  - **alle Kräfte angetragen** wurden.
- Zur graphischen Lösung:

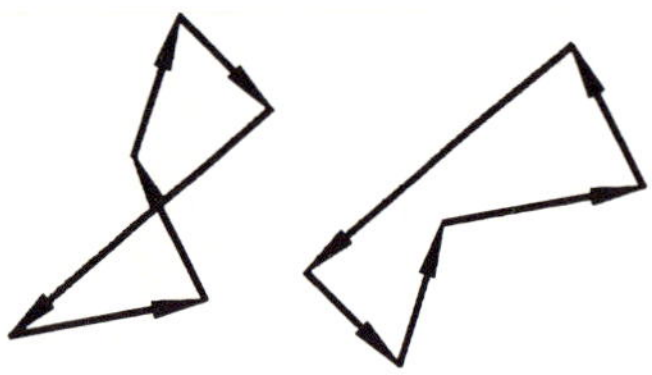

> In einem **geschlossenen Krafteck** sind die Kraftpfeile so angeordnet, daß man das Krafteck in Pfeilrichtung umfahren kann und zum Anfangspunkt zurückkehrt, ohne sich einmal gegen die Pfeilrichtung bewegt zu haben.

Beispiel: Wie groß muß die an dem masselosen Seil horizontal angreifende Kraft ***F*** sein, um das durch die Masse ***m*** belastete Seil in der skizzierten Lage zu halten?

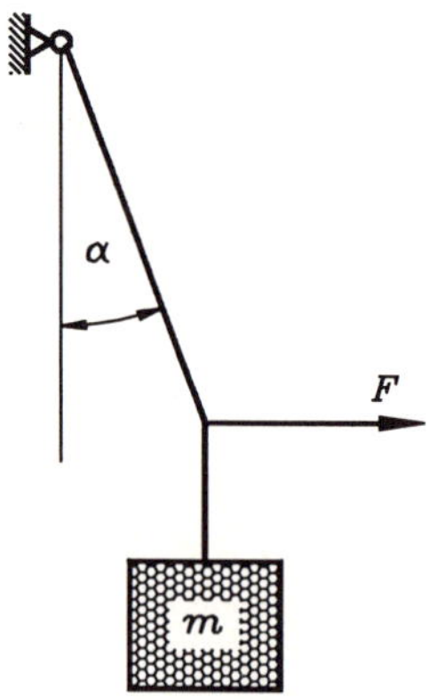

Gegeben: $m = 20\ kg \quad , \quad \alpha = 30°$.

a) **Freischneiden:** Das System wird von äußeren Bindungen gelöst, indem das schräge Seil geschnitten wird. Da **Seile** nur **Zugkräfte** in Seilrichtung übertragen können, werden die Seilkräfte als Zugkräfte (von den Schnittufern wegweisende Pfeilspitzen) angetragen. Am freigeschnittenen System wirkt mit der Seilkraft $\boldsymbol{F_S}$ und den beiden Kräften ***F*** und ***mg*** ein zentrales Kraftsystem, das im Gleichgewicht sein muß.

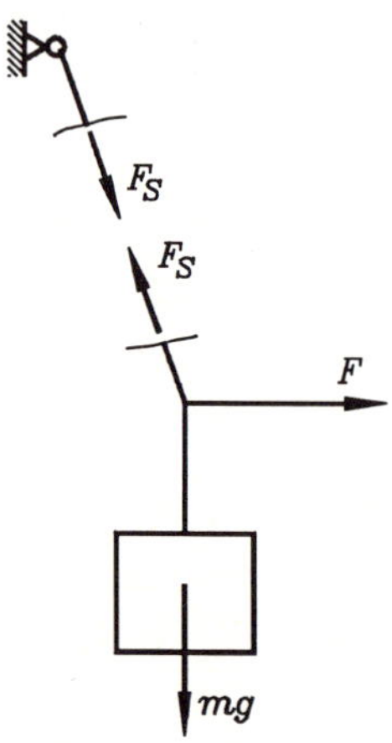

b) **Graphische Lösung:** Das skizzierte ebene zentrale Kraftsystem mit gegebenem ***mg*** und den unbekannten Kräften ***F*** und $\boldsymbol{F_S}$, deren Wirkungslinien jedoch bekannt sind, darf keine Resultierende ergeben: Das Krafteck aus ***mg***, ***F*** und $\boldsymbol{F_S}$ muß sich schließen.

Variante 1: Man zeichnet ***mg*** in einem geeigneten Maßstab (z. B.: $\mathbf{1\ cm \mathrel{\hat{=}} 100\ N}$), trägt an der Pfeilspitze die Richtung von $\boldsymbol{F_S}$ und am anderen Ende von ***mg*** die Richtung von ***F*** an. Danach ist eindeutig, wie das geschlossene Krafteck aussehen muß.

Variante 2: Die Wirkungslinien der unbekannten Kräfte werden in geänderter Reihenfolge angetragen. Das Krafteck liefert für ***F*** und $\boldsymbol{F_S}$ die Längen wie bei Variante 1.

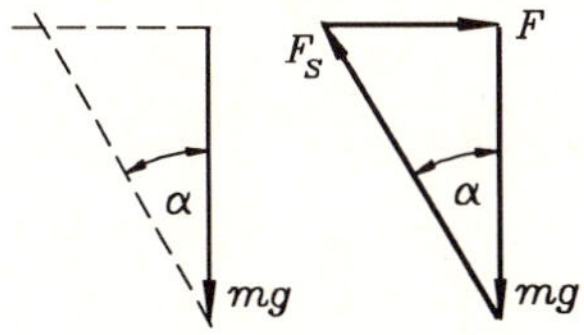

Variante 1

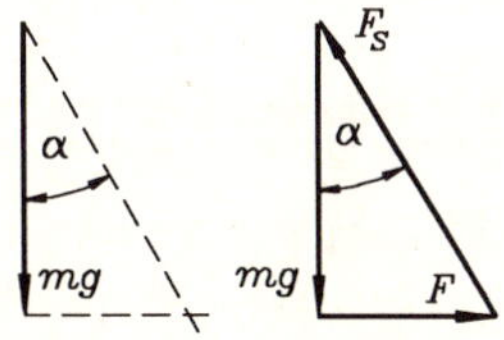

Variante 2

Aus den maßstäblichen Skizzen kann eine Länge für die gesuchte Kraft $\boldsymbol{F}$ abgemessen und mit dem Maßstabsfaktor in eine Kraft umgerechnet werden. Besser ist eine Kombination der graphischen Lösung mit einer analytischen Auswertung: Aus dem rechtwinkligen Dreieck liest man folgendes Ergebnis ab:

$$F \;=\; m\,g\,\tan\alpha \;=\; 20\;kg \cdot 9{,}81\;m/s^2 \cdot \tan 30° \;=\; 113\;N \;\;.$$

c) **Analytische Lösung:** Man wählt zwei **beliebige Richtungen** mit jeweils ebenfalls **beliebigem positivem Richtungssinn** (hier z. B.: "horizontal, positiv nach rechts" und "vertikal, positiv nach unten") und setzt die Summe aller Kraftkomponenten in diesen Richtungen gleich Null (dabei müssen Kräfte, die nicht eine dieser Richtungen haben, in zwei Komponenten zerlegt werden, hier $\boldsymbol{F_S}$):

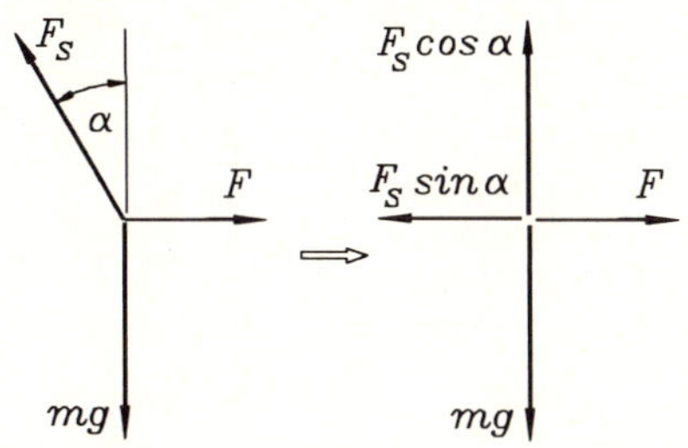

$$\rightarrow \qquad F \;-\; F_S \sin\alpha \;=\; 0 \quad ,$$
$$\downarrow \qquad m\,g \;-\; F_S \cos\alpha \;=\; 0 \quad .$$

Aus der zweiten Gleichung errechnet man

$$F_S = mg/\cos\alpha \;.$$

Einsetzen in die erste Gleichung liefert das bereits angegebene Ergebnis für $\boldsymbol{F}$.

d) Es soll noch gezeigt werden, daß die Kraft-Gleichgewichtsbedingungen tatsächlich für beliebige Richtungen aufgeschrieben werden dürfen, indem die entsprechende Gleichung für die skizzierte Richtung ***I-I*** (senkrecht zum schrägen Seil) formuliert wird:

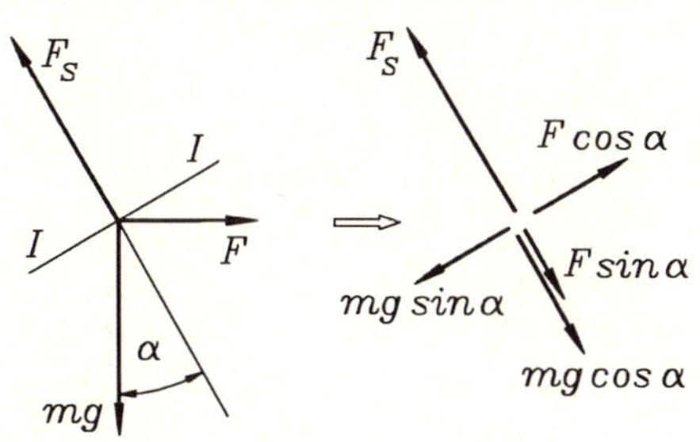

$$\nearrow \qquad F\cos\alpha - mg\sin\alpha = 0 \;.$$

Dem Nachteil, daß in diesem Fall zwei Kräfte ($\boldsymbol{F}$ und $\boldsymbol{mg}$) in Komponenten zerlegt werden müssen, steht der Vorteil gegenüber, daß die (nicht gesuchte) Kraft $\boldsymbol{F_S}$ gar nicht in die Rechnung hineinkommt, weil aus der einen Gleichgewichtsbedingung direkt die gesuchte Kraft

$$F = mg\tan\alpha$$

zu errechnen ist.

3 Das allgemeine ebene Kraftsystem (Äquivalenz)

Bei einem allgemeinen ebenen Kraftsystem schneiden sich die Wirkungslinien der Kräfte nicht mehr sämtlich in einem Punkt, unter Umständen (parallele Kräfte) schneiden sie sich überhaupt nicht.

3.1 Graphische Ermittlung der Resultierenden

Da Kräfte am starren Körper entlang ihrer Wirkungslinie verschoben werden dürfen, kann man die Resultierende jeweils zweier Kräfte (nach vorheriger Verschiebung bis zum Schnittpunkt der Wirkungslinien) ermitteln und durch Wiederholen dieses Vorgangs schließlich die Gesamtresultierende des allgemeinen ebenen Kraftsystems nach Größe und Lage ihrer Wirkungslinie finden (der Fall paralleler Wirkungslinien wird im folgenden Abschnitt behandelt).

Beispiel: An einem starren Körper greifen wie skizziert vier Kräfte an. Man ermittle graphisch die Resultierende und die Lage und Richtung ihrer Wirkungslinie.

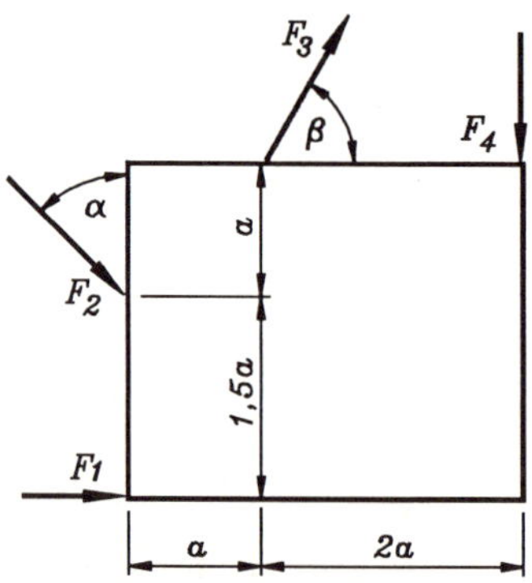

Gegeben: $F_1 = 1\ kN$, $F_2 = 2\ kN$, $F_3 = 2\ kN$, $F_4 = 1{,}5\ kN$, $\alpha = 45°$, $\beta = 60°$, $a = 2\ m$.

Nach Wahl eines Längenmaßstabs (z. B.: $1\ cm \mathrel{\hat{=}} 2\ m$) und eines Kraftmaßstabs (z. B.: $1\ cm \mathrel{\hat{=}} 1\ kN$), beide Maßstäbe sind natürlich für eine genauere Lösung ungeeignet), werden nur Operationen ausgeführt, die sich streng an die Axiome der Statik halten:

- Die Kräfte F_2 und F_3 werden entlang ihrer Wirkungslinien bis zu deren Schnittpunkt verschoben, ebenso die Kräfte F_1 und F_4 bis zum Schnittpunkt ihrer Wirkungslinien.
- Die Kräfte F_2 und F_3 werden nach dem Parallelogrammgesetz zur Resultierenden F_{23} zusammengefaßt, die Kräfte F_1 und F_4 zur Resultierenden F_{14}.
- Die Resultierenden F_{14} und F_{23} werden entlang ihrer Wirkungslinien bis zu deren Schnittpunkt verschoben.
- F_{14} und F_{23} werden nach dem Parallelogrammgesetz zur Resultierenden F_R des gesamten Kraftsystems zusammengefaßt. Aus der Skizze ergeben sich der Betrag $F_R \approx 3{,}6\ kN$, der Winkel $\alpha_R \approx 19°$ und die Lage der Wirkungslinie (z. B. durch Angabe der Strecke $y_W \approx 2{,}7\ m$).

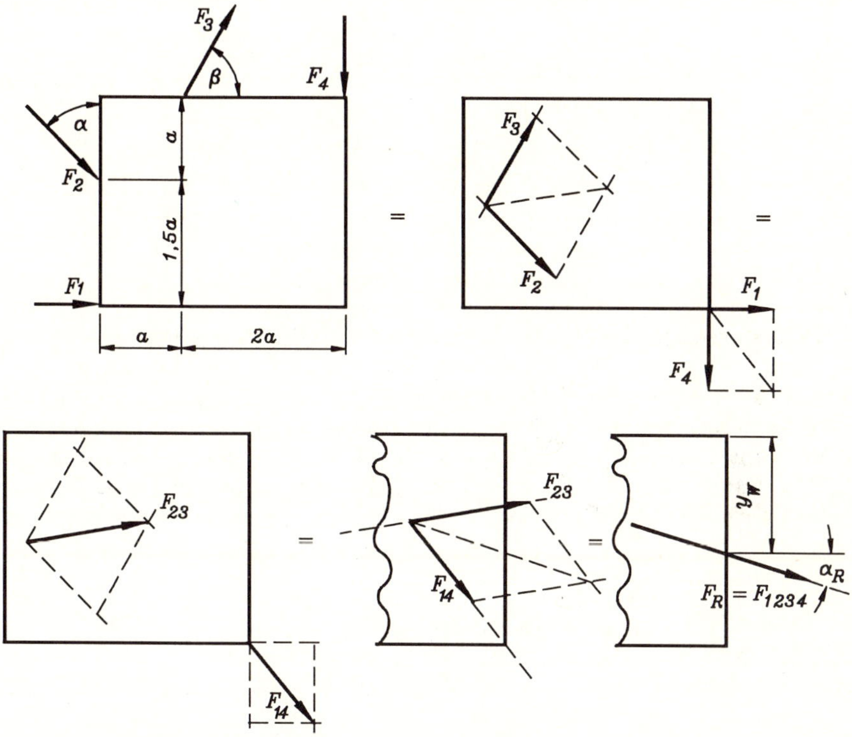

- Den Betrag der Resultierenden $\boldsymbol{F}_R$ und den Winkel α_R (aber nicht die Lage der Wirkungslinie der Resultierenden!) hätte man auch mit Hilfe des Kraftecks wie beim zentralen Kraftsystem finden können.
- Man gelangt zur gleichen Resultierenden, wenn man eine andere Reihenfolge der Zusammenfassung zu Teilresultierenden wählt.
- Die graphische Ermittlung der Resultierenden eines allgemeinen ebenen Kraftsystems auf diese Weise ist recht mühsam. Es gibt Verfahren, die den Zeichenaufwand vermindern (z. B. das sogenannte "Seileckverfahren"), denen aber (im Zeitalter der Computer) keine praktische Bedeutung mehr zukommt. Die graphische Behandlung des allgemeinen ebenen Kraftsystems wird deshalb auch in den folgenden Abschnitten nur in dem Umfang vorgestellt, wie für das Verständnis daraus Nutzen zu ziehen ist.

3.2 Parallele Kräfte

Zwei Kräfte auf parallelen Wirkungslinien lassen sich nicht nur durch Verschieben und Anwendung des Parallelogrammgesetzes zu einer Resultierenden zusammenfassen. Hier hilft ein Trick: Nach dem 3. Axiom heben zwei Kräfte, die sich im Gleichgewicht befinden, ihre Wirkung auf den starren Körper auf. Durch Hinzufügen einer (beliebigen) Gleichgewichtsgruppe ändert sich die Wirkung des gesamten Kraftsystems also nicht, es gelingt aber, das so erweiterte Kraftsystem zu einer Resultierenden zusammenzufassen.

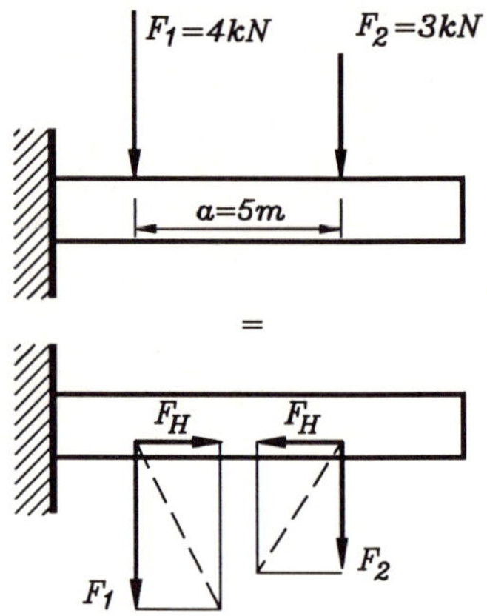

Beispiel: Auf einen starren Körper wirken wie skizziert zwei Kräfte. Es ist die Resultierende der beiden Kräfte (einschließlich der Lage ihrer Wirkungslinie) zu ermitteln.

Als hinzuzufügende Gleichgewichtsgruppe werden entsprechend nebenstehender Skizze zwei beliebige Horizontalkräfte mit gleichem Betrag gewählt, die auf gleicher Wirkungslinie liegen, aber entgegengesetzt gerichtet sind. Jeweils zwei Kräfte werden zu Teilresultierenden und diese (nach Verschieben) zur Gesamtresultierenden zusammengefaßt. Diese hat den erwarteten Betrag (Summe der Beträge von $\boldsymbol{F_1}$ und $\boldsymbol{F_2}$) und die erwartete Richtung, durch die Konstruktion wurde zusätzlich ihre Lage bestimmt.

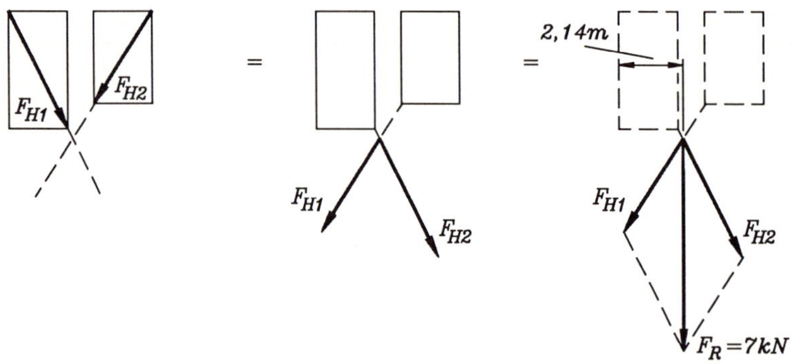

3.3 Kräftepaar und Moment

In den Abschnitten 3.1 und 3.2 wurde gezeigt, wie beliebige allgemeine ebene Kraftsysteme auf eine Resultierende reduziert werden können. Der am Beispiel des Abschnitts 3.2 demonstrierte Trick funktioniert auch für Kräfte auf parallelen Wirkungslinien mit entgegengesetztem Richtungssinn:

Man ermittle die Resultierende für dieses Beispiel, indem man für eine der beiden Kräfte $\boldsymbol{F_1}$ oder $\boldsymbol{F_2}$ den Richtungssinn umkehrt (die Strategie bleibt gleich, eventuell benötigt man ein etwas größeres Blatt Papier). Der Betrag der Resultierenden ergibt sich wie erwartet als Differenz der Beträge von $\boldsymbol{F_1}$ und $\boldsymbol{F_2}$ ($F_R = 1\ kN$), ihre Wirkungslinie ist wieder parallel zu den Wirkungslinien der gegebenen Kräfte, die Lage der Wirkungslinie (weit links von $\boldsymbol{F_1}$) ist wohl etwas überraschend. Wenn man allerdings diese (für das Verständnis recht nützliche) Konstruktion ausgeführt hat, darf man sich darüber freuen, daß auch diese graphische Lösung für praktische Probleme keine Bedeutung mehr hat (analytische Lösung im Abschnitt 3.5.2).

In einem ganz speziellen Fall gelingt es jedoch nicht, das Kraftsystem durch eine resultierende Kraft zu ersetzen: Der Versuch, **zwei Kräfte mit gleichem Betrag und entgegengesetztem Richtungssinn auf parallelen Wirkungslinien** zu einer Resultierenden zusammenzufassen, mißlingt. Der im Abschnitt 3.2 erfolgreich angewendete Trick mit den Hilfskräften führt nur auf ein anderes Kräftepaar mit den gleichen Eigenschaften:

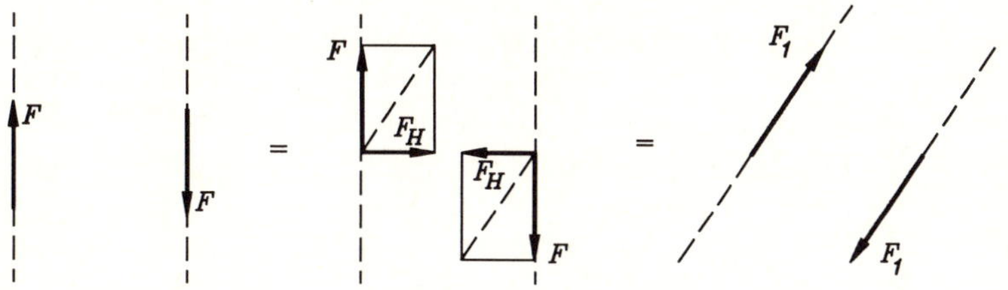

Die Beträge der Kräfte haben sich geändert, auch die Lage und der Abstand der beiden Wirkungslinien, die aber nach wie vor parallel sind.

> Man nennt zwei auf parallelen Wirkungslinien liegende, gleich große, aber entgegengesetzt gerichtete Kräfte ein ***Kräftepaar***.

- Ein Kräftepaar läßt sich nicht zu einer Resultierenden zusammenfassen und hat keine resultierende Kraftwirkung.
- Ein Kräftepaar versucht, den Körper, an dem es angreift, zu drehen. Ein Maß der Stärke dieser Drehwirkung ist das Produkt $\boldsymbol{F} \cdot \boldsymbol{a}$, wobei $\boldsymbol{a}$ der Abstand der beiden Wirkungslinien ist.

> Das Produkt aus dem Betrag der Kräfte und dem Abstand $\boldsymbol{a}$ der Wirkungslinien $\boldsymbol{M} = \boldsymbol{F} \cdot \boldsymbol{a}$ heißt ***Moment*** des von den zwei Kräften $\boldsymbol{F}$ gebildeten Kräftepaares.

- Ein Kräftepaar läßt sich in ein anderes überführen (siehe oben), wobei sich die Beträge der Kräfte und der Abstand der Wirkungslinien ändern. Das Moment der beiden Kräftepaare bleibt dabei jedoch unverändert, wie aus der Skizze abzulesen ist:

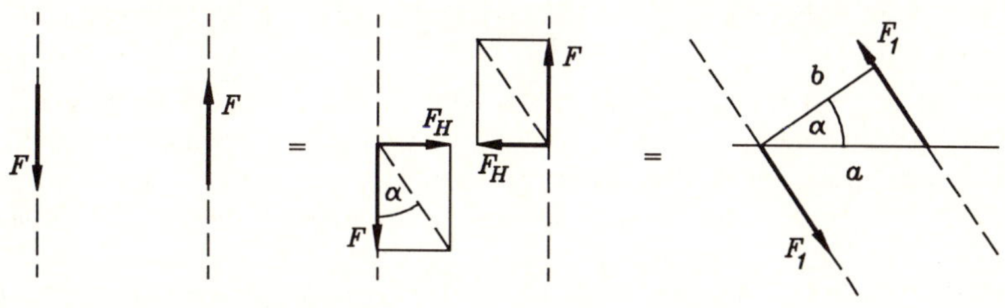

Durch Anbringen der beiden Kräfte $\boldsymbol{F}_\mathrm{H}$ wird aus dem "Kräftepaar $\boldsymbol{F}$" das um den Winkel α geneigte "Kräftepaar $\boldsymbol{F}_1$", wobei sich der Abstand der Wirkungslinien auf den Wert

$$b = a \cos\alpha$$

ändert. Man liest aus der Skizze außerdem ab:

$$F_1 = F / \cos\alpha,$$

und es gilt

$$M = F\, a = F_1\, b.$$

Man kann also ein Kräftepaar nicht nur entlang der Wirkungslinien der beiden Kräfte verschieben, sondern durch Drehung der Wirkungslinien (ohne Änderung des Momentes des Kräftepaars) die Kräfte an jeden beliebigen Punkt eines starren Körpers bringen. Es ist daher sinnvoll, ein Kräftepaar durch sein statisch gleichwertiges Moment zu ersetzen:

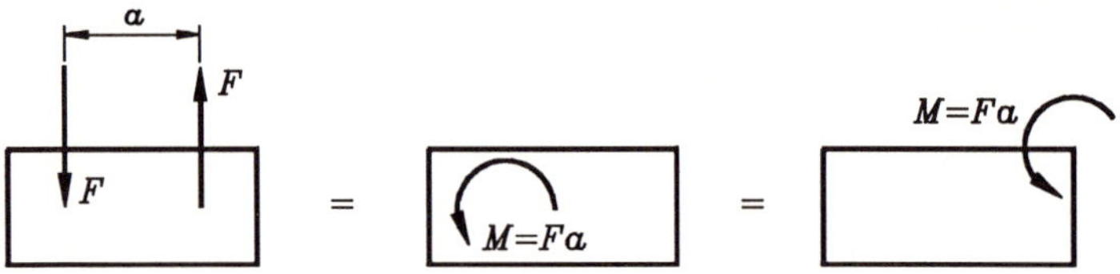

- ♦ Ein an einem starren Körper angreifendes Moment darf beliebig in der Ebene verschoben werden (im Gegensatz zu Kräften, die nur entlang ihrer Wirkungslinie verschoben werden dürfen).
- ♦ Mehrere an einem starren Körper angreifende Momente dürfen zu einem resultierenden Moment addiert werden (bzw. subtrahiert bei entgegengesetztem Drehsinn).

Beispiel: Mit Hilfe eines Schraubenziehers soll eine in einem Gewindeloch steckende Schraube festgezogen werden.

Als **Fall a)** ist (in der Draufsicht) skizziert, wie der Schraubenzieher angesetzt wird. Die Schraube kann sich um ihre Längsachse drehen, die durch den Mittelpunkt des Schraubenkopfes (senkrecht zur Zeichenebene) verläuft. Das auf den Schraubenkopf aufgebrachte Kräftepaar hat ein Moment $M = F\, b$:

a)

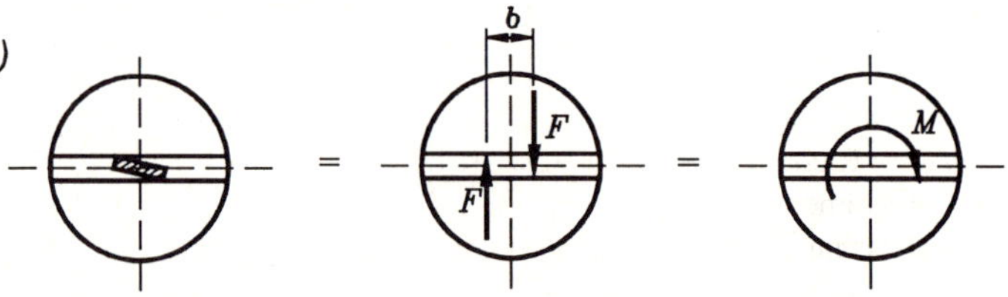

Im **Fall b)** wird der Schraubenzieher nicht exakt zentrisch angesetzt, es wird aber das gleiche Kräftepaar aufgebracht. Da das Moment M beliebig in der Ebene verschoben werden kann, ändert sich an der Drehwirkung um den Mittelpunkt nichts:

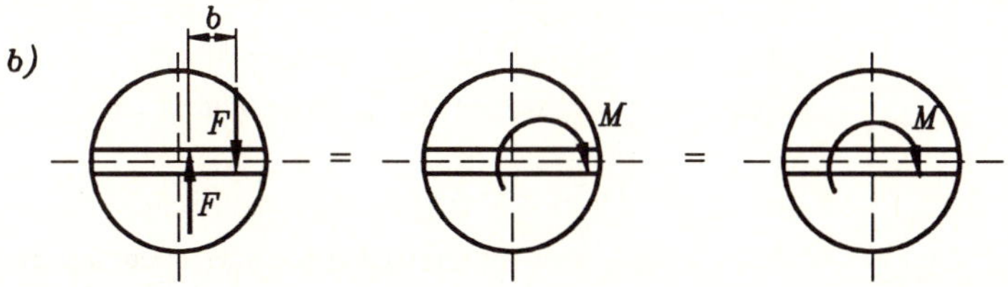

Auch wenn die Schraube wie im **Fall c)** unsauber hergestellt wurde (Schlitz ist nicht zentrisch, doch auch dann, wenn die Längsachsen von Kopf und Schaft nicht fluchten) und darüber hinaus der Schraubenzieher nicht in der Mitte des außermittigen Schlitzes angesetzt wird, ändert sich nichts an der Momentwirkung um die Drehachse, sofern das aufgebrachte Kräftepaar unverändert gleich $M = F\,b$ ist.

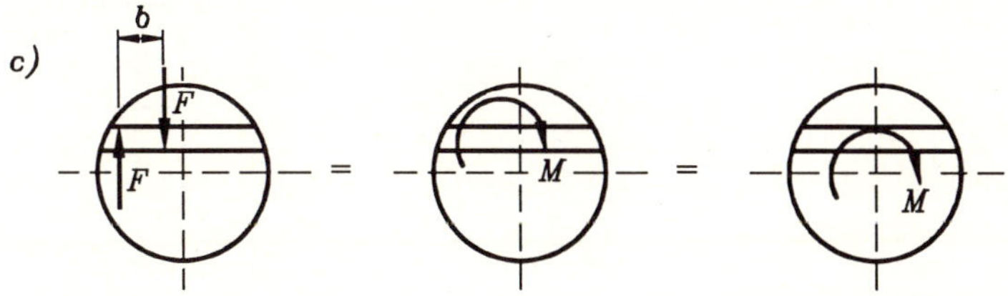

3.4 Das Moment einer Kraft

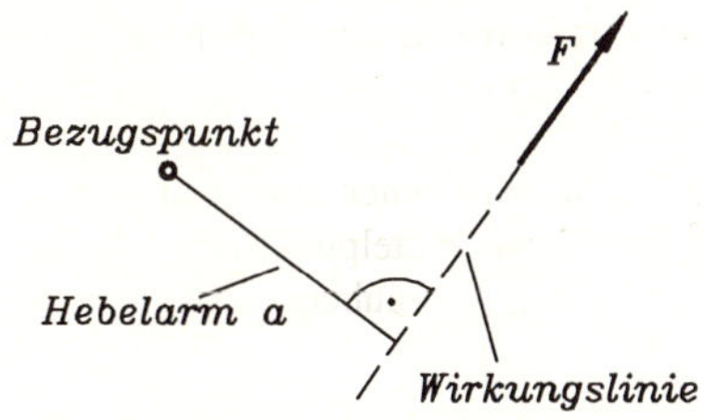

Moment: $M = F\,a$

> Das **Moment einer Kraft bezüglich eines Punktes** wird definiert als das Produkt
>
> ***Moment = Kraft · Hebelarm.***
>
> Der ***Hebelarm*** ist die kürzeste Verbindung vom Bezugspunkt bis zur ***Wirkungslinie*** der Kraft.

Entsprechend dem Richtungssinn einer Kraft hat das Moment einen ***Drehsinn***, der durch das Vorzeichen des Moments berücksichtigt wird. Dabei kann ein positiver Drehsinn (wie der positive Richtungssinn für Kräfte) beliebig festgelegt werden.

Die Definition des Momentes einer Kraft bezüglich eines Punktes ist völlig gleichwertig mit dem im vorigen Abschnitt behandelten Moment eines Kräftepaares, wie an nachfolgendem Beispiel deutlich wird:

Beispiel: Ein auf einen starren Körper wirkendes Kräftepaar habe das Moment

$$M = F\,a \quad \text{(rechtsdrehend).}$$

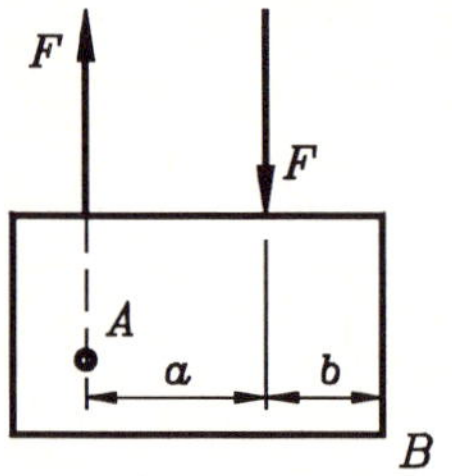

Bezüglich des Punktes ***A*** hat die linke Kraft nach der oben gegebenen Definition keine Momentwirkung, weil der Hebelarm gleich Null ist (Wirkungslinie geht durch den Punkt), während die rechte Kraft am Hebelarm ***a*** wirkt. Das gesamte Moment der beiden Kräfte ist also

$$M = F \cdot 0 + F \cdot a = F \cdot a.$$

Da sich das **Moment eines Kräftepaares** auf keinen speziellen Punkt bezieht, ist auch für den Punkt ***B*** dieselbe Momentwirkung zu erwarten. Während die linke Kraft bezüglich des Punktes ***B*** eine rechtsdrehende Wirkung (ein "rechtsdrehendes Moment") hat, ist die Wirkung der rechten Kraft bezüglich ***B*** linksdrehend, was in der folgenden Gleichung durch ein Minuszeichen berücksichtigt wird ("rechtsdrehende Momente werden - bei diesem Beispiel - als positiv angenommen"). Die linke Kraft hat nach der oben gegebenen Definition den Hebelarm ***(a + b)***, die rechte Kraft den Hebelarm ***b***, so daß man mit ***B*** als Bezugspunkt erhält:

$$M = F\,(a + b) - F\,b = F\,a.$$

3.5 Äquivalenz

Aus den Überlegungen, die in den Abschnitten 3.1 bis 3.4 angestellt wurden, ergibt sich folgende sinnvolle Definition für die Äquivalenzbetrachtungen:

Zwei allgemeine ebene Kraftsysteme sind in ihrer Wirkung auf den starren Körper äquivalent, wenn

- sie die gleiche **Kraftwirkung** (gleiche Resultierende nach Betrag, Richtung und Richtungssinn) haben

  und

- ihre **Drehwirkungen** bezüglich eines **beliebigen Punktes** gleich sind.

Äquivalenz bedeutet also jeweils gleiche Drehwirkung der beiden Kraftsysteme um **jeden** Punkt der Ebene, Intensität und Drehrichtung sind natürlich von Punkt zu Punkt verschieden.

Das allgemeine ebene Kraftsystem kann in jedem Fall auf eine **resultierende Kraft** oder ein **resultierendes Moment** reduziert werden.

3.5.1 Versetzungsmoment

Wenn bei der Reduktion eines allgemeinen ebenen Kraftsystems ein resultierendes Moment übrigbleibt, darf dieses beliebig in der Ebene verschoben werden. Wenn sich eine resultierende Kraft ergibt, darf diese nur entlang ihrer Wirkungslinie verschoben werden.

Es ist jedoch auch eine Parallelverschiebung einer Kraft möglich, wenn die sich dadurch ändernde Wirkung auf den starren Körper durch Antragen eines Momentes ausgeglichen wird (Versetzungsmoment).

Allgemein gilt (für eine beliebige Kraft):

Wenn eine Kraft $\boldsymbol{F}$ parallel zu ihrer Wirkungslinie um die Strecke $\boldsymbol{a}$ verschoben wird, ändert sich die Gesamtwirkung auf den starren Körper nicht, wenn zusätzlich das **Versetzungsmoment** $\boldsymbol{F} \cdot \boldsymbol{a}$ angebracht wird.

Die Skizze verdeutlicht dies: Eine Kraft $\boldsymbol{F}$ wird durch eine Gleichgewichtsgruppe auf paralleler Wirkungslinie ergänzt. Zwei der drei Kräfte $\boldsymbol{F}$ bilden das Kräftepaar $\boldsymbol{F} \cdot \boldsymbol{a}$:

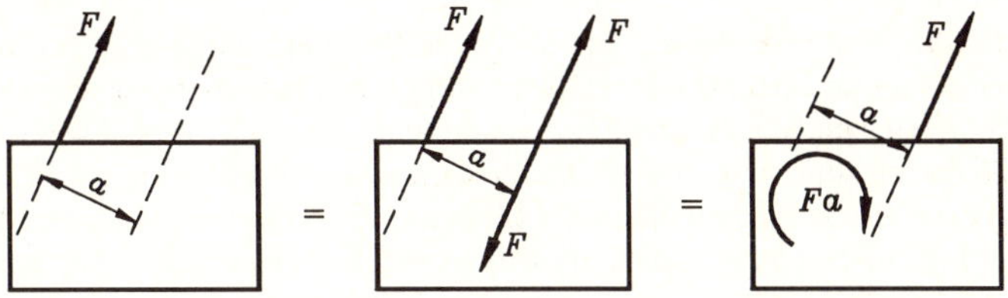

3.5.2 Analytische Ermittlung der Resultierenden

Bei der graphischen Ermittlung der Resultierenden des allgemeinen ebenen Kraftsystems (Abschnitt 3.1) wurde deutlich, daß Betrag, Richtung und Richtungssinn auch mit Hilfe des Kraftecks (wie beim zentralen ebenen Kraftsystem) ermittelt werden können. Nur die Lage der Wirkungslinie in der Ebene ist auf diesem Wege nicht zu bestimmen.

Diese Erkenntnis läßt sich auf das Problem der analytischen Ermittlung der Resultierenden des allgemeinen ebenen Kraftsystems übertragen. Betrag, Richtung und Richtungssinn ergeben sich nach den aus dem Abschnitt 2.1 bekannten Formeln:

$$F_{Rx} = \sum_{i=1}^{n} F_{ix} \quad , \quad F_{Ry} = \sum_{i=1}^{n} F_{iy} \, , \qquad \textbf{(3.1)}$$

$$F_R = \sqrt{F_{Rx}^2 + F_{Ry}^2} \quad , \quad \tan\alpha_R = \frac{F_{Ry}}{F_{Rx}} \, .$$

Damit fehlt für die Bestimmung der Lage der Wirkungslinie (ihr Anstieg ist mit α_R bekannt) nur noch ein Punkt. Diesen ermittelt man aus der Forderung, daß ein äquivalentes ebenes Kraftsystem neben der gleichen Kraftwirkung auch die gleiche Drehwirkung (bezüglich eines beliebigen Punktes) haben muß:

Die Summe aller Momente der Kräfte F_i muß gleich der Momentwirkung der Resultierenden sein. In der Bedingungsgleichung

$$\sum_{i=1}^{n} F_i \, a_i = F_R \, a_R \qquad \textbf{(3.2)}$$

sind dementsprechend die a_i die Hebelarme der Kräfte F_i, a_R ist der Hebelarm der Resultierenden, jeweils also der senkrechte Abstand der Wirkungslinie vom frei zu wählenden Bezugspunkt (das Lot vom Bezugspunkt auf die Wirkungslinie).

Häufig ist es ratsam, die Kräfte F_i, deren Richtungen nicht den bevorzugten (im allgemeinen senkrecht aufeinander stehenden) Bemaßungsrichtungen einer technischen Zeichnung folgen, in zwei Komponenten zu zerlegen und mit den Komponenten zu rechnen. Man vermeidet so die unter Umständen etwas schwierigen geometrischen Überlegungen zur Ermittlung der Hebelarme. Der Mehraufwand (doppelte Anzahl von Momentwirkungen) ist unerheblich, weil die Komponentenzerlegung ohnehin für die Ermittlung des Betrages der Resultierenden erforderlich ist.

Ein entsprechendes Vorgehen bietet sich für die Behandlung der Resultierenden F_R in der Momentenbeziehung an: Man verschiebt sie entlang ihrer Wirkungslinie, bis sie direkt über oder unter dem Bezugspunkt (oder auch rechts oder links vom Bezugspunkt) liegt. Dafür muß die Lage der Wirkungslinie irgendwie angenommen werden, weil man ja nur ihre Richtung kennt. Nun werden auf der rechten Seite der Momentenbeziehung anstelle des Momentes der Resultierenden die beiden Momente ihrer Komponenten eingesetzt, wobei nur eine Komponente (infolge der Art der Verschiebung der Resultierenden) einen von Null verschiedenen Hebelarm hat. Dieser Hebelarm ist die einzige Unbekannte in der Momentenbeziehung, nach deren Berechnung dann auch die Lage der Wirkungslinie von F_R bekannt ist. Am nachfolgenden Beispiel (durch vier Kräfte belastete Scheibe aus dem Abschnitt 3.1) wird dieses Vorgehen demonstriert.

Wenn die Resultierende eines allgemeinen ebenen Kraftsystems den Betrag $F_R = 0$ hat (keine resultierende Kraftwirkung), können die Kräfte F_i natürlich immer noch eine resultierende Momentwirkung haben. Man kann das resultierende Moment aus der Summe der Momentwirkungen aller F_i bezüglich eines **beliebigen** Punktes der Ebene berechnen.

Beispiel 1: a) Es ist das resultierende Moment der vier Kräfte bezüglich des Punktes *A* zu ermitteln.

b) Es sind analytisch Betrag, Richtung und Lage der Wirkungslinie der Resultierenden F_R zu ermitteln. Dabei ist als Bezugspunkt für die Momentenbeziehung der Punkt *B* zu wählen. Die Lage der Wirkungslinie ist durch Angabe von α_R und y_R zu beschreiben.

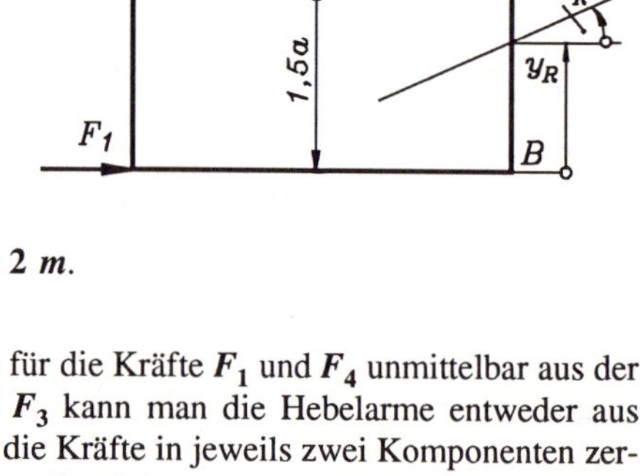

Gegeben: $F_1 = 1\ kN$, $F_2 = 2\ kN$, $F_3 = 2\ kN$, $F_4 = 1{,}5\ kN$, $\alpha = 45°$, $\beta = 60°$, $a = 2\ m$.

♦ Bei der Fragestellung a) sind die Hebelarme für die Kräfte F_1 und F_4 unmittelbar aus der Skizze abzulesen. Bei den Kräften F_2 und F_3 kann man die Hebelarme entweder aus geometrischen Überlegungen ermitteln oder die Kräfte in jeweils zwei Komponenten zerlegen und dann mit den Komponenten rechnen: Das Moment der Kraft F_3 wird entweder

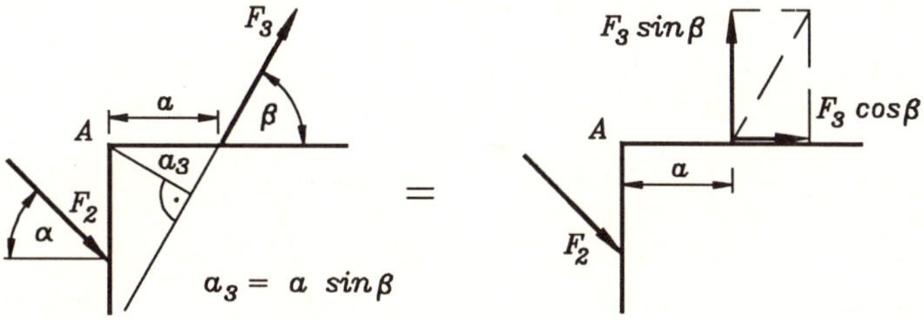

aus dem Produkt $F_3 \cdot a_3$ (linkes Bild) oder aus der Summe der Momente der beiden Komponenten $F_3 \cdot \sin\beta$ (am Hebelarm a) und $F_3 \cdot \cos\beta$ (am Hebelarm "Null") ermittelt (rechtes Bild). Beide Varianten führen wegen $a_3 = a \cdot \sin\beta$ auf das gleiche Ergebnis.

♦ Die Rechnung liefert: a) $M_A = 2{,}29\ kNm$ (linksdrehend),
b) $F_R = 3{,}61\ kN$; $\alpha_R = -19{,}1°$; $y_R = 2{,}25\ m$.

♦ Zur Beschreibung der Lage der Wirkungslinie der Resultierenden kann natürlich eine beliebige Strecke gewählt werden. Wäre der Punkt A als Momentenbezugspunkt gewählt worden, hätte man - wie nebenstehend skizziert - z. B. die Strecke x_A errechnen können: F_R wird bis zum Punkt C verschoben und in zwei Komponenten zerlegt, so daß die Horizontalkomponente keine Momentwirkung um A hat. Das **links**drehende Gesamtmoment der Kräfte F_1 bis F_4 muß gleich dem Moment $F_R \cdot \sin 19{,}1° \cdot x_A$ sein, das **rechts**drehend ist:

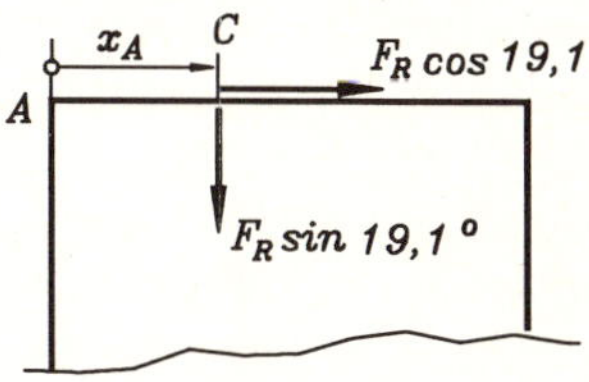

Aus $x_A \cdot F_R \sin 19{,}1° = -2{,}29\ kNm$ ergibt sich $x_A = -1{,}94\ m$, wobei das Minuszeichen anzeigt, daß die Wirkungslinie von F_R (entgegen der Annahme) links von A liegt.

Beispiel 2: Für die skizzierten Kräfte F_1 und F_2 ist die Lage der Resultierenden F_R zu bestimmen (Ergebnis durch Angabe der Koordinate x_R).

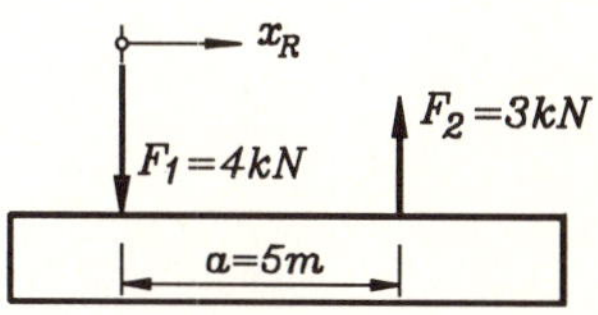

Wenn nach unten gerichtete Kräfte als positiv angenommen werden, kann man mit $F_R = F_1 - F_2 = 1\ kN$ zum Beispiel die Äquivalenzbeziehung für die Momente um den (willkürlich gewählten) Angriffspunkt von F_1 aufschreiben. Dann geht F_1 in die Beziehung gar nicht ein (Hebelarm "Null"), und man erhält bei (willkürlich) rechtsdrehend positiv angenommenen Momenten aus

$$-F_2 \cdot 5\ m = F_R \cdot x_R$$

mit $x_R = -15\ m$ ein Ergebnis, das durch das Minuszeichen anzeigt, daß die Wirkungslinie der Resultierenden weit links von F_1 liegt. Die Frage, "ob dies überhaupt möglich ist" (die Resultierende liegt eventuell außerhalb des Körpers), ist irrelevant: Nur eine Kraft auf dieser Wirkungslinie hätte die gleiche Wirkung wie die beiden Kräfte F_1 und F_2 gemeinsam.

4 Schwerpunkte

Jeder Körper besteht aus Masseteilen, die der Anziehungskraft (der Erde) unterworfen sind, so daß Gewichtskräfte wirken.

> Der Punkt eines Körpers, durch den die Resultierende aller Gewichtskräfte bei beliebiger Lage des Körpers hindurchgeht, ist der ***Schwerpunkt***.

Die Berechnung der Lage des Schwerpunktes ist damit identisch mit der Ermittlung der Lage der Resultierenden eines allgemeinen Kraftsystems mit parallelen Kräften. Andererseits kann die Gewichtskraft eines Körpers bei Statikproblemen durch eben diese Resultierende berücksichtigt werden, wenn die Lage des Schwerpunkts (und damit der Wirkungslinie) bekannt ist.

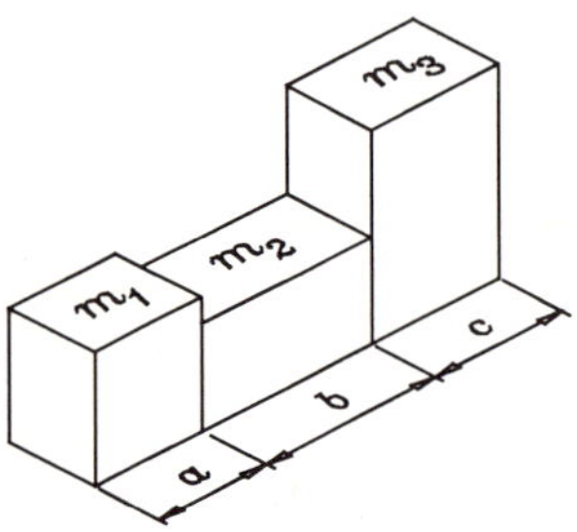

Beispiel: Drei Quader mit den Massen m_1, m_2 und m_3 sind wie skizziert zu einem Körper zusammengefügt. Es ist die Schwerpunktkoordinate x_S zu ermitteln.

Es ist wohl einzusehen (und mit den Integralformeln des folgenden Abschnitts natürlich auch zu berechnen), daß der Schwerpunkt eines Quaders im Symmetrieschnitt (in der "Mitte" des Körpers) liegt, so daß die drei Gewichtskräfte mit den skizzierten Abständen anzusetzen sind.

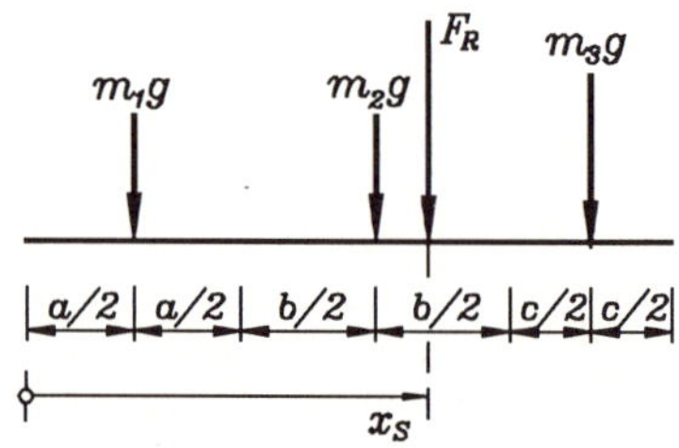

Die Resultierende der drei Gewichtskräfte

$$F_R = (m_1 + m_2 + m_3)\, g$$

muß die gleiche Momentwirkung bezüglich eines beliebigen Punktes haben wie die drei Gewichtskräfte zusammen (Moment der Resultierenden = Summe der Momente der Einzelkräfte):

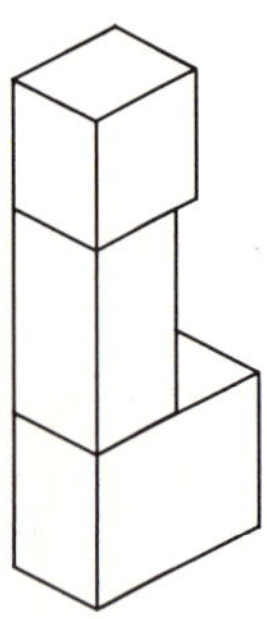

$$(m_1 + m_2 + m_3)\, g\, x_S = m_1\, g\, a/2 + m_2\, g\, (a + b/2) + m_3\, g\, (a + b + c/2).$$

Aus dieser Gleichung kann die Schwerpunktkoordinate x_S berechnet werden. Mit einer solchen Äquivalenzbetrachtung erhält man natürlich immer nur eine Schwerpunktkoordinate.

Man kann die Rechnung in den beiden anderen Koordinatenrichtungen entsprechend durchführen, wobei man sich den Körper gegebenenfalls (wegen der Richtung der Gewichtskräfte) gedreht denken muß. Das Bezugskoordinatensystems kann (wie der Momentenbezugspunkt bei Äquivalenzbetrachtungen) beliebig gewählt werden.

4.1 Schwerpunkte von Körpern

Das behandelte Beispiel hat die Analogie der Schwerpunktberechnung zum Problem der Ermittlung der Resultierenden eines Systems paralleler Kräfte verdeutlicht, so daß man daraus die Formeln für den aus n Teilmassen zusammengesetzten Körper ableiten kann: In einem beliebigen kartesichen Koordinatensystem haben die Teilmassen m_i die Schwerpunktkoordinaten x_i, y_i, z_i. Dann gelten folgende Formeln zur Berechnung der

Koordinaten des Gesamtschwerpunkts eines Körpers:

$$x_S = \frac{1}{m_{ges}} \sum_{i=1}^{n} m_i\, x_i \,, \quad y_S = \frac{1}{m_{ges}} \sum_{i=1}^{n} m_i\, y_i \,, \quad z_S = \frac{1}{m_{ges}} \sum_{i=1}^{n} m_i\, z_i \,. \tag{4.1}$$

Die Gesamtmasse des Körpers m_{ges} ist die Summe der Teilmassen m_i:

$$m_{ges} = \sum_{i=1}^{n} m_i \,. \tag{4.2}$$

Voraussetzung für die Anwendung dieser Formeln ist natürlich die Kenntnis der Schwerpunktkoordinaten der Teilmassen.

Wenn die Schwerpunktkoordinaten einer Masse nicht bekannt sind, muß diese gegebenenfalls in sehr viele Teilmassen Δm_i unterteilt werden, im Grenzfall ($\Delta m_i \to dm$, unendlich viele unendlich kleine Massen) wird die Summe zum bestimmten Integral:

$$x_S = \frac{1}{m_{ges}} \int_V x\, dm \,, \quad y_S = \frac{1}{m_{ges}} \int_V y\, dm \,, \quad z_S = \frac{1}{m_{ges}} \int_V z\, dm \,. \tag{4.3}$$

Das Symbol V unter dem Integralzeichen bedeutet "Integral über das gesamte Volumen", was im ungünstigsten Fall auf ein dreifaches Integral führt.

Für **homogenes Material** (Dichte $\varrho = konst.$) kürzt sich die Dichte aus den Formeln heraus, und man berechnet ausschließlich mit dem Volumen der Körper die

Koordinaten des Gesamtschwerpunkts eines Körpers aus homogenem Material:

$$x_S = \frac{1}{V_{ges}} \sum_{i=1}^{n} V_i\, x_i \,, \quad y_S = \frac{1}{V_{ges}} \sum_{i=1}^{n} V_i\, y_i \,, \quad z_S = \frac{1}{V_{ges}} \sum_{i=1}^{n} V_i\, z_i \,. \tag{4.4}$$

Entsprechend modifizieren sich die Integralformeln für Körper aus homogenem Material:

$$x_S = \frac{1}{V_{ges}} \int_V x\, dV \,, \quad y_S = \frac{1}{V_{ges}} \int_V y\, dV \,, \quad z_S = \frac{1}{V_{ges}} \int_V z\, dV \,. \tag{4.5}$$

Wenn man bei einem homogenen Körper den Koordinatenursprung in eine Symmetrieebene legen kann, so ergibt sich für die Koordinatenrichtung senkrecht zur Symmetrieebene die Schwerpunktkoordinate Null, weil zu jedem Volumenteil an einem positiven "Hebelarm" ein entsprechendes mit negativem Hebelarm vorhanden ist:

> Wenn Symmetrieebenen in einem homogenen Körper vorhanden sind, dann liegt der Schwerpunkt in diesen Ebenen.

Schwerpunkte einiger homogener Körper:

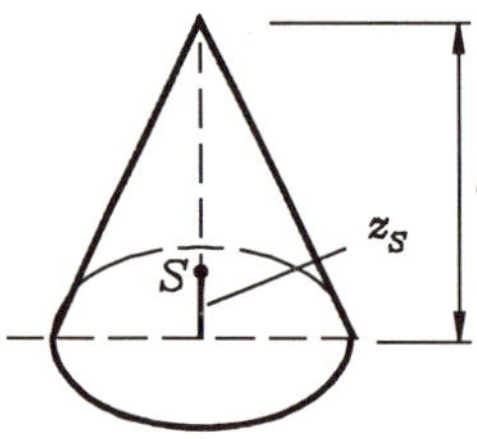

Kegel

$$z_S = \frac{1}{4}\,h$$

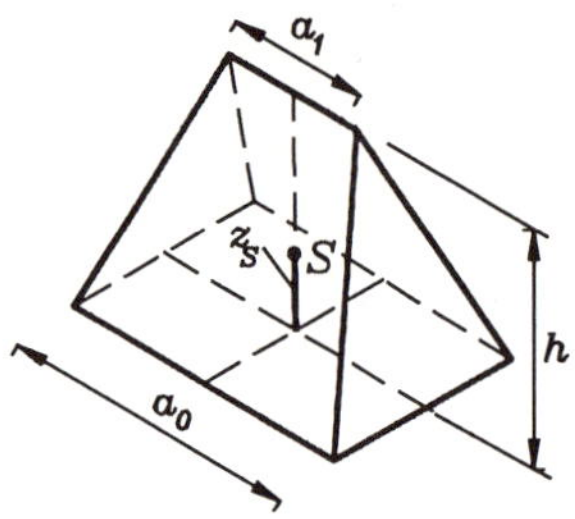

Keil

$$z_S = \frac{a_0 + a_1}{2a_0 + a_1}\,\frac{h}{2}$$

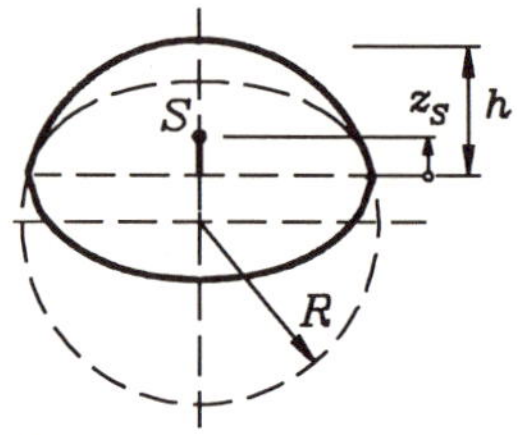

Kugelabschnitt

$$z_S = \frac{4R - h}{3R - h}\,\frac{h}{4} \qquad (4.6)$$

4.2 Flächenschwerpunkte

Für den speziellen Fall eines homogenen flächenhaften Körpers (sehr dünnes Blech mit konstanter Dicke) kann das Volumen aus dem Produkt "Fläche · Dicke" ermittelt werden. Aus den Schwerpunktformeln kürzt sich die Dicke dann heraus, und es verbleiben die

> **Formeln zur Berechnung des *Flächenschwerpunkts*:**
>
> $$x_S = \frac{1}{A_{ges}} \sum_{i=1}^{n} A_i\, x_i \;, \quad y_S = \frac{1}{A_{ges}} \sum_{i=1}^{n} A_i\, y_i \;, \quad z_S = \frac{1}{A_{ges}} \sum_{i=1}^{n} A_i\, z_i \;,$$
>
> $$x_S = \frac{1}{A_{ges}} \int_A x\, dA \;, \quad y_S = \frac{1}{A_{ges}} \int_A y\, dA \;, \quad z_S = \frac{1}{A_{ges}} \int_A z\, dA \;. \qquad (4.7)$$

Diese Formeln gelten für beliebige Flächen im Raum. Besonders wichtig in der Technischen Mechanik ist jedoch die Ermittlung von Flächenschwerpunkten ebener Flächen, für die dann natürlich nur zwei Koordinaten bestimmt werden müssen.

Die Ausdrücke in den Zählern der Schwerpunktformeln, die in den Formeln für die Körperschwerpunkte Momente (***Gewichtskraft · Hebelarm***) sind, werden analog dazu als "statische Momente der Teilflächen" bezeichnet, die Integrale sind die "statischen Momente der Fläche". Ein statisches Moment bezieht sich immer auf eine bestimmte Achse, als S_x wird das auf die x-Achse bezogene statische Moment bezeichnet:

$$S_x = \int_A y\, dA \quad . \tag{4.8}$$

Beispiel: Für ein rechtwinkliges Dreieck mit den Katheten a und b sind die Schwerpunktkoordinaten zu ermitteln.

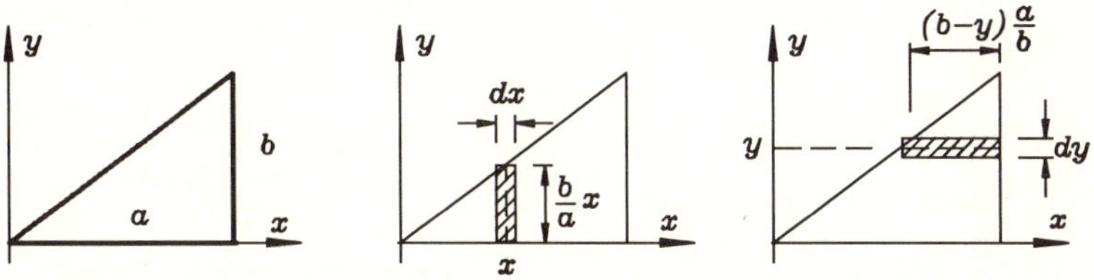

Für die Berechnung der x-Koordinate des Schwerpunkts müssen die differentiell kleinen statischen Momente $x \cdot dA$ integriert werden. Da in einem vertikalen Rechteck an der Stelle x jedes Flächenelement den gleichen "Hebelarm" x hat, darf als Flächenelement dA ein Rechteck mit der Breite dx und der Höhe $b\,x/a$ (Strahlensatz, mittlere Skizze) verwendet werden. Man erfaßt die gesamte Fläche bei Integration von $x = 0$ bis $x = a$. Mit der Gesamtfläche $A_{ges} = a\,b/2$ ergibt sich:

$$x_S = \frac{1}{A_{ges}} \int_A x\, dA = \frac{2}{a\,b} \int_{x=0}^{a} x\, \frac{b}{a}\, x\, dx = \left[\frac{2}{a\,b}\, \frac{b}{a}\, \frac{x^3}{3} \right]_{x=0}^{a} = \frac{2}{3}\, a \; . \tag{4.9}$$

Entsprechend errechnet man (rechte Skizze) $y_S = b/3$.

Auf gleichem Wege kommt man zu den Schwerpunktformeln für andere ebene Flächen:

Dreieck:

$$y_S = \frac{h}{3} \quad , \quad A = b\,\frac{h}{2} \; . \tag{4.10}$$

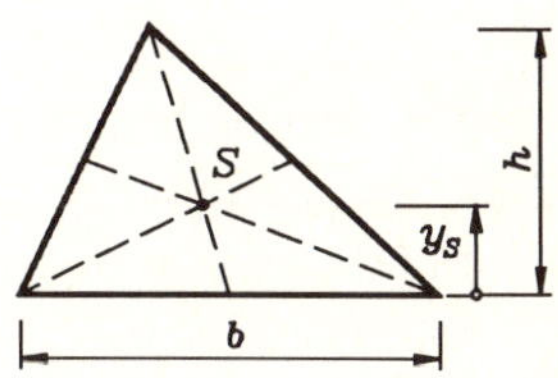

Mit den Eckpunktkoordinaten in einem kartesischen Koordinatensystem gilt (bei beliebiger Lage des Dreiecks):

$$x_S = \frac{1}{3}(x_1 + x_2 + x_3) \; , \quad y_S = \frac{1}{3}(y_1 + y_2 + y_3) \; ,$$
$$A = \frac{1}{2} \left| (x_2 - x_1)(y_3 - y_1) - (y_2 - y_1)(x_3 - x_1) \right| \; . \tag{4.11}$$

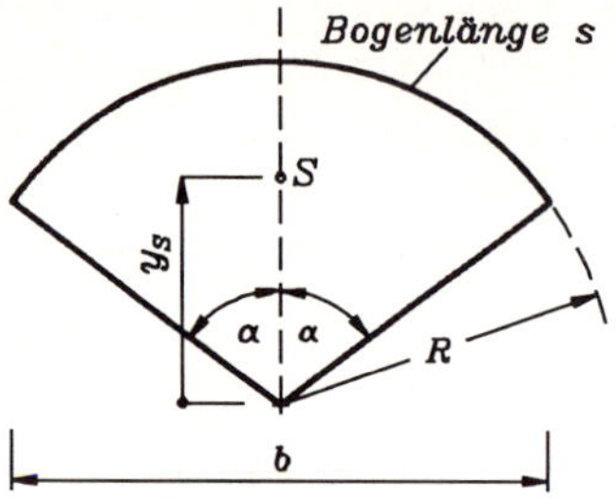

Kreissektor:

$$y_S = \frac{2\,R\,b}{3\,s} = \frac{2\,R\sin\alpha}{3\,\alpha} \qquad (4.12)$$

$$A = R\,\frac{s}{2} = R^2\,\alpha$$

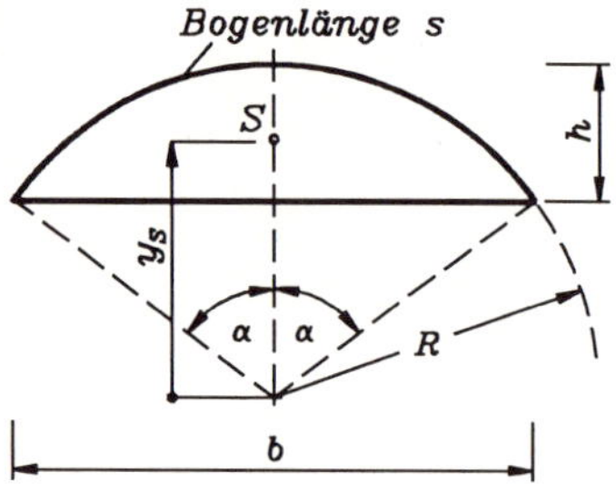

Kreisabschnitt:

$$y_S = \frac{b^3}{6\,(Rs - Rb + bh)} = \frac{2\,R\sin^3\alpha}{3\,(\alpha - \sin\alpha\cos\alpha)} \qquad (4.13)$$

$$A = \frac{1}{2}\,(Rs - Rb + bh) = R^2\,(\alpha - \sin\alpha\cos\alpha)$$

Mit diesen Formeln (weitere finden sich in Formelsammlungen und Tabellenbüchern) kommt man im allgemeinen aus, so daß die Anwendung der Integralformeln für die Schwerpunktberechnung vermieden werden kann. Allgemeine Polygonflächen (kompliziert berandete Flächen lassen sich durch Polygone annähern) werden im Abschnitt 4.5 behandelt.

Die in der Praxis wohl häufigste Aufgabe ist die Ermittlung des Schwerpunkts einer Fläche, die sich aus Teilflächen zusammensetzt, deren Schwerpunkte bekannt sind. Dafür wird folgendes Vorgehen empfohlen:

- Die Wahl eines geeigneten Koordinatensystems kann den Aufwand verringern. Wenn der Ursprung des Koordinatensystems in den Schwerpunkt einer Teilfäche gelegt wird, verschwinden die statischen Momente für diese Teilfäche. Eine andere Empfehlung ist, das Koordinatensystem so zu legen, daß alle Teilflächenschwerpunkte im ersten Quadranten liegen (und damit positive Koordinaten haben).
- Die Gesamtfläche sollte in möglichst wenige Teilflächen so zerlegt werden, daß die Schwerpunkte dieser Teilflächen bekannt sind.
- Wenn eine Fläche symmetrisch ist, liegt der Schwerpunkt auf der Symmetrieachse. Es genügt aber auch, wenn die statischen Momente der Teilflächen auf den beiden Seiten einer Achse gleiche Beträge haben. So können die Schwerpunkte der beiden skizzierten Flächen ohne Rechnung angegeben werden (nebenstehende Skizze).

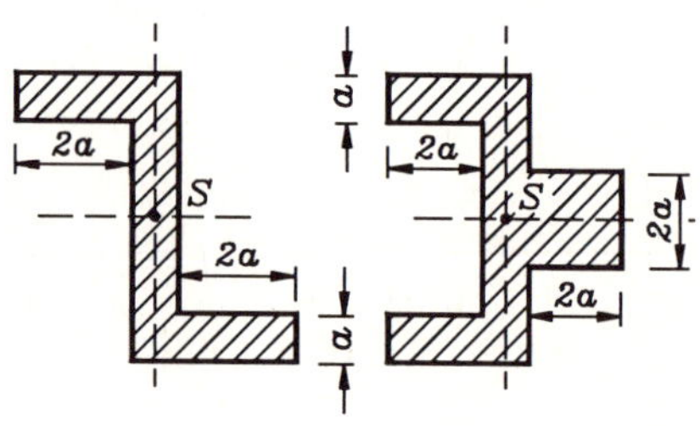

- Vielfach ist es sinnvoll, aus einer größeren Teilfäche eine kleinere auszuschneiden. Solche Ausschnittflächen gehen mit negativem Vorzeichen in die Formeln ein.
- Für eine größere Anzahl von Teilflächen empfiehlt sich die Berechnung nach folgendem Tabellenschema:

i	A_i	x_i	y_i	$A_i x_i$	$A_i y_i$
	ΣA_i			$\Sigma A_i x_i$	$\Sigma A_i y_i$

$$x_S = \frac{\sum\limits_i A_i x_i}{\sum\limits_i A_i} \quad , \qquad y_S = \frac{\sum\limits_i A_i y_i}{\sum\limits_i A_i} \quad . \tag{4.14}$$

Für die Tabelle sind nur die Werte A_i, x_i und y_i der Aufgabe zu entnehmen ("Eingabewerte" für die Rechnung), die Ermittlung aller übrigen Werte folgt einem formalen Algorithmus.

- Zu beachten ist (natürlich nicht nur bei Tabellenrechnung), daß sich die Koordinaten der Teilfächenschwerpunkte immer auf das gemeinsame Koordinatensystem beziehen.

Beispiel: Für die skizzierte schraffierte Fläche ist die Lage des Flächenschwerpunktes zu berechnen.

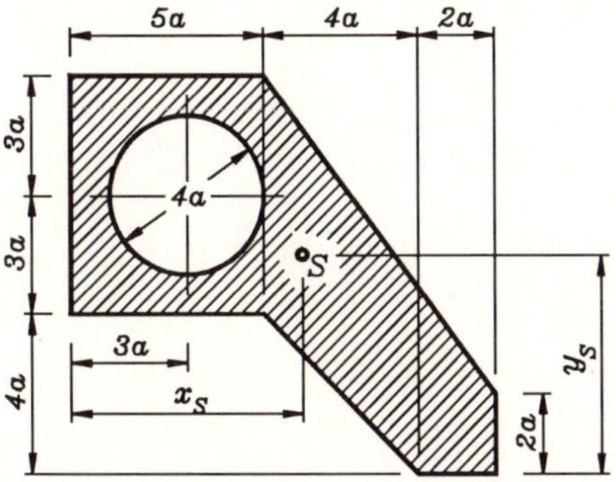

Die Fläche wird in Standardflächen (Rechtecke, Dreiecke, Kreis) unterteilt. Bei der unten skizzierten möglichen Einteilung wurden zwei Rechteckflächen (1 und 3) und drei Ausschnittflächen (der Kreis 2 und die Dreiecke 4 und 5) gewählt.

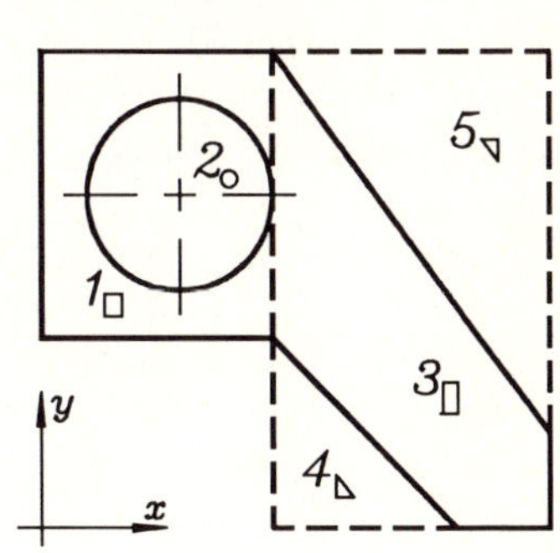

Für diese Einteilung ergeben sich unter Verwendung des eingezeichneten Koordinatensystems die Schwerpunktkoordinaten aus der nachfolgenden Tabellenrechnung:

i	A_i	x_i	y_i	$A_i x_i$	$A_i y_i$
1	$30\,a^2$	$2{,}5\,a$	$7\,a$	$75\,a^3$	$210\,a^3$
2	$-4\,\pi\,a^2$	$3\,a$	$7\,a$	$-12\,\pi\,a^3$	$-28\,\pi\,a^3$
3	$60\,a^2$	$8\,a$	$5\,a$	$480\,a^3$	$300\,a^3$
4	$-8\,a^2$	$19\,a/3$	$4\,a/3$	$-152\,a^3/3$	$-32\,a^3/3$
5	$-24\,a^2$	$9\,a$	$22\,a/3$	$-216\,a^3$	$-528\,a^3/3$
	$\mathbf{45{,}43\,a^2}$			$\mathbf{250{,}6\,a^3}$	$\mathbf{235{,}4\,a^3}$

Die Schwerpunktkoordinaten folgen aus den Spaltensummen:

$$x_S = \frac{\sum_{i=1}^{5} A_i x_i}{\sum_{i=1}^{5} A_i} = \frac{250{,}6}{45{,}43}\,a = 5{,}516\,a \quad , \quad y_S = \frac{\sum_{i=1}^{5} A_i y_i}{\sum_{i=1}^{5} A_i} = \frac{235{,}4}{45{,}43}\,a = 5{,}180\,a \; .$$

4.3 Linienschwerpunkte

Analog zur Definition des Schwerpunkts einer Fläche wird auch der Schwerpunkt einer Linie definiert. Man kann sich diese Linie als unendlich dünnen massebelegten Draht mit konstantem Querschnitt vorstellen (Volumen = Länge · Querschnittsfläche), so daß sich die Querschnittsfläche aus den allgemeinen Schwerpunktformeln herauskürzt, und man erhält die

Formeln zur Berechnung des *Linienschwerpunkts*:

$$x_S = \frac{1}{l_{ges}} \sum_{i=1}^{n} l_i\, x_i \quad , \quad y_S = \frac{1}{l_{ges}} \sum_{i=1}^{n} l_i\, y_i \quad , \quad z_S = \frac{1}{l_{ges}} \sum_{i=1}^{n} l_i\, z_i \quad ,$$

$$x_S = \frac{1}{l_{ges}} \int_s x\,ds \quad , \quad y_S = \frac{1}{l_{ges}} \int_s y\,ds \quad , \quad z_S = \frac{1}{l_{ges}} \int_s z\,ds \quad . \qquad \textbf{(4.15)}$$

Besondere praktische Bedeutung hat der Linienschwerpunkt einer ebenen Kurve: Bei einem Stanzvorgang zum Beispiel (ein Werkstück wird entlang einer Linie, seiner Berandung, aus einem Blech herausgetrennt) sollte die Krafteinleitung in das Werkzeug im Linienschwerpunkt der Berandung des Werkstücks erfolgen, um eine gleichmäßige Scherwirkung zu erzielen.

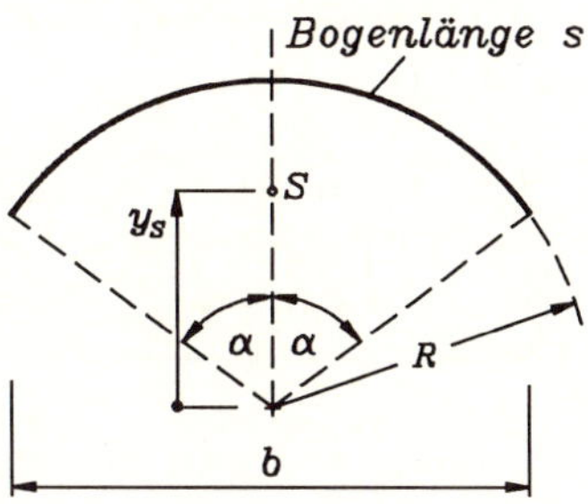

Natürlich liegt auch der Linienschwerpunkt symmetrischer Kurven auf der Symmetrieachse (auf einem Geradenstück in der Mitte, im Mittelpunkt eines Kreises usw.).

Mit Hilfe der Integralformel errechnet man die Formel für den

Linienschwerpunkt eines Kreisbogens:

$$y_S = \frac{R \sin\alpha}{\alpha} = R\,\frac{b}{s} \quad . \tag{4.16}$$

Beispiel: Es ist der Linienschwerpunkt der skizzierten geschlossenen Linie zu bestimmen (angegebene Abmessungen in *mm*).

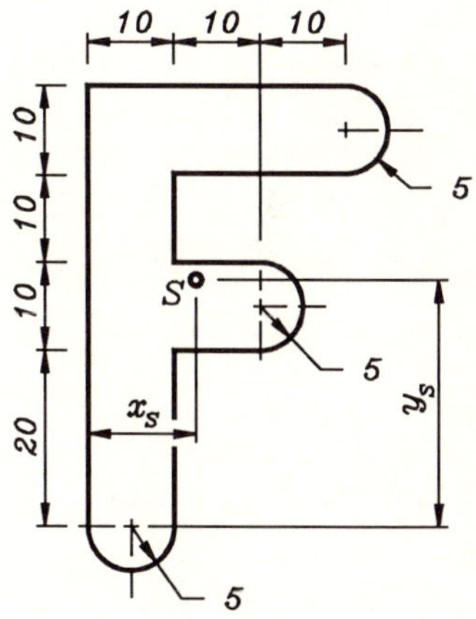

Der Linienzug setzt sich aus Geradenstücken und Halbkreisbögen zusammen, seine Gesamtlänge beträgt

$$l_{ges} = (150 + 3 \cdot \pi \cdot 5)\ mm = 197{,}1\ mm.$$

Aus der oben angegebenen Formel für einen Kreisbogen mit beliebigem Öffnungswinkel 2α folgt für den speziellen Fall $\alpha = \pi/2$ (Halbkreis):

$$y_S = 2\,r/\pi,$$

so daß für die Kreisbögen 7 und 10 (gewählte Numerierung siehe Skizze) folgende Teilschwerpunkte in die Rechnung eingehen:

$$x_7 = (20 + 2 \cdot 5/\pi)\ mm = 23{,}183\ mm \quad ; \qquad y_7 = 25\ mm \quad ;$$

$$x_{10} = 5\ mm \quad ; \qquad y_{10} = -\,2 \cdot 5/\pi\ mm = -\,3{,}183\ mm \quad .$$

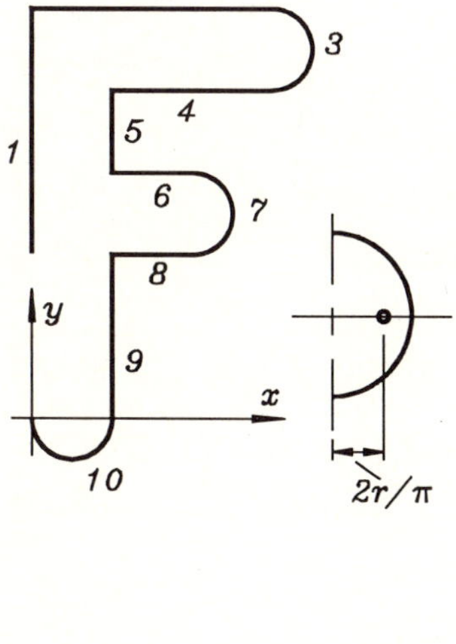

Mit dem nebenstehend skizzierten Koordinatensystem erhält man schließlich die Koordinaten des Linienschwerpunktes aus den Längen l_1 bis l_{10} der Linienstücke 1 bis 10 und deren Schwerpunktkoordinaten x_1 bis x_{10} bzw. y_1 bis y_{10} (alle bezüglich des einheitlichen Koordinatensystems!):

$$x_S = \frac{1}{l_{ges}} \sum_{x=1}^{10} x_i\, l_i = 12{,}25\ mm \ ,$$

$$y_S = \frac{1}{l_{ges}} \sum_{x=1}^{10} y_i\, l_i = 28{,}66\ mm \ .$$

4.4 Experimentelle Schwerpunktermittlung

Von den zahlreichen Möglichkeiten, für komplizierte Gebilde den Schwerpunkt experimentell zu bestimmen, sollen hier nur zwei besonders einfache Verfahren vorgestellt werden.

Ein an einem Faden aufgehängtes Bauteil stellt sich so ein, daß sein Schwerpunkt unter dem Aufhängepunkt liegt. Man kann auf diese Weise eine Gerade ermitteln, auf der der Schwerpunkt liegt. Nach Wiederholung des Versuchs mit einem anderen Aufhängepunkt ist der Schwerpunkt als Schnittpunkt beider Geraden bestimmt.

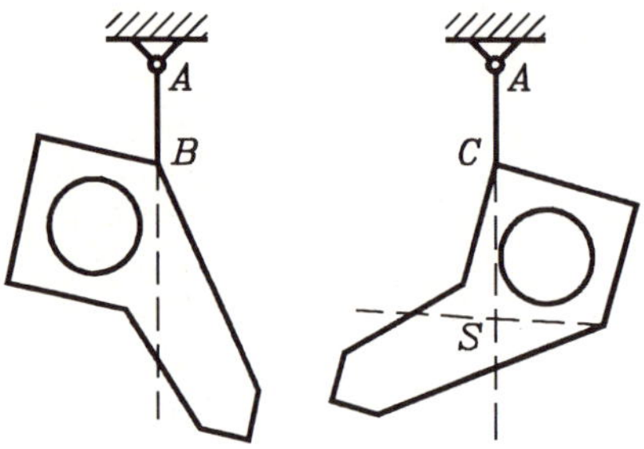

So wird der Schwerpunkt des dargestellten flächenhaften Körpers experimentell ermittelt, indem das aus einem möglichst schweren Material ausgeschnittene Modell einmal im Punkt ***B***, zum anderen am Punkt ***C*** aufgehängt wird. Die beiden auf das Modell aufgezeichneten Geraden (Verlängerungen des Fadens ***AB*** bzw. ***AC***) bestimmen durch ihren Schnittpunkt den Schwerpunkt der Fläche.

Eine sehr effektive Methode auch für komplizierte Bauteile ist die Ermittlung des Schwerpunkts durch "Auswiegen". Dabei nutzt man die Tatsache aus, daß die Wirkungslinie der Resultierenden aller Gewichtskräfte durch den Schwerpunkt des Körpers verläuft.

Beispiel: Für das nebenstehend skizzierte Pleuel soll die Schwerpunktermittlung durch Auswiegen erläutert werden.

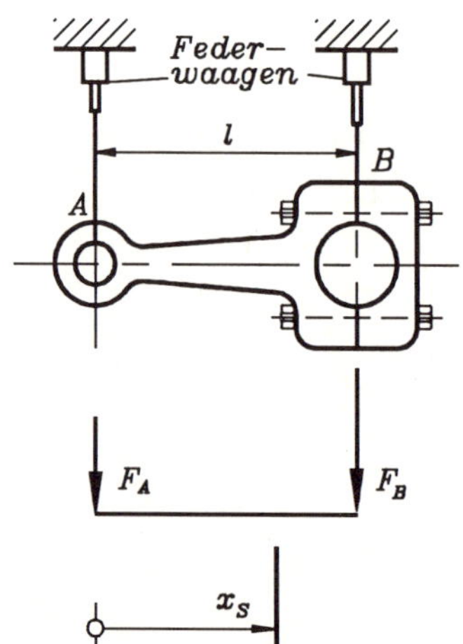

Das Pleuel wird an den Punkten ***A*** und ***B*** an zwei Federwaagen aufgehängt, so daß anstelle der Gesamtgewichtskraft die beiden Teilkräfte F_A und F_B gemessen werden. Dieses Kraftsystem muß nun der Gesamtgewichtskraft äquivalent sein. Neben

$$F_R = F_A + F_B$$

muß auch die Momentwirkung bezüglich eines beliebigen Punktes gleich sein. Bei Wahl des Punktes ***A*** als Bezugspunkt muß gelten:

$$F_R\, x_S = F_B\, l\,,$$

woraus sich der Schwerpunktabstand

$$x_S = \frac{F_B}{F_A + F_B}\, l$$

errechnet.

4.5 Flächenschwerpunkte, Computer-Verfahren

Am Beispiel der besonders wichtigen Flächenschwerpunkt-Berechnung werden im folgenden einige Empfehlungen gegeben, wie auch komplizierte Gebilde zu behandeln sind. Natürlich läßt sich die im Abschnitt 4.2 demonstrierte Tabellenrechnung, die für Körper- und Linienschwerpunkt-Berechnungen leicht zu modifizieren ist, recht einfach programmieren, so daß aufwendige Berechnungen möglich sind, wenn die Aufteilung der Fläche (des Körpers, des Linienzuges) in Teile mit bekannten Schwerpunktkoordinaten möglich und sinnvoll ist.

4.5.1 Eine durch einen Polygonzug begrenzte ebene Fläche

Eine ebene Fläche sei durch einen geschlossenen Polygonzug mit n Punkten und damit durch n Geradenstücke begrenzt. Die Punkte werden von **1** bis n so fortlaufend numeriert, daß bei einem Umlauf in dieser Reihenfolge die **Fläche immer links** liegt.

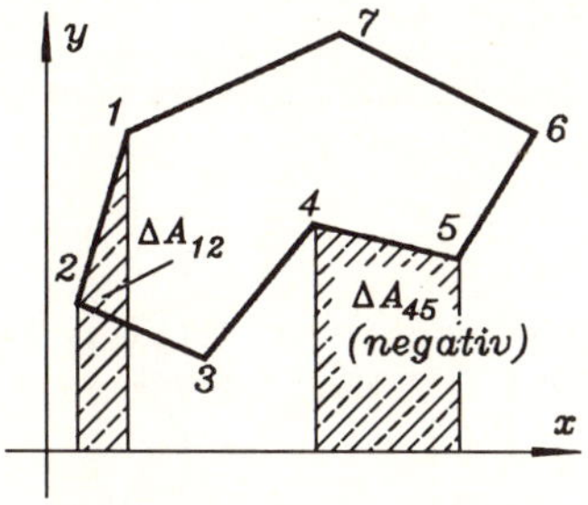

Die Fläche des Trapezes unter dem Geradenstück **1 – 2** errechnet sich nach der Formel

$$\Delta A_{12} = (x_1 - x_2)(y_1 + y_2)/2 \ ,$$

für die Trapezfläche unter einem beliebigen Geradenstück $i-j$ erhält man

$$\Delta A_{ij} = (x_i - x_j)(y_i + y_j)/2 \ , \tag{4.17}$$

wobei sich positive Werte für $x_i > x_j$ und dementsprechend für $x_i < x_j$ negative Werte ergeben. Es ist leicht nachzuvollziehen, daß deshalb die Summe aller vorzeichenbehafteten Trapezflächen die von dem Polygonzug eingeschlossene Fläche ergibt. In dieser Summe heben sich alle Produkte der Punktkoordinaten mit gleichen Indizes heraus, und man erhält die Formel

$$A = \frac{1}{2} \sum_{i=1}^{n} (x_i \, y_{i+1} - x_{i+1} \, y_i) \ , \tag{4.18}$$

wobei als Punkt $(n+1)$ noch einmal Punkt **1** zu verwenden ist (skizziertes Beispiel mit $n = 7$: Punkt **8** = Punkt **1**).

Eine entsprechende Überlegung liefert die Formeln für die statischen Momente:

$$\begin{aligned} S_x &= \frac{1}{6} \sum_{i=1}^{n} (x_i \, y_{i+1} - x_{i+1} \, y_i)(y_i + y_{i+1}) \ , \\ S_y &= \frac{1}{6} \sum_{i=1}^{n} (x_i \, y_{i+1} - x_{i+1} \, y_i)(x_i + x_{i+1}) \ . \end{aligned} \tag{4.19}$$

Damit können die Schwerpunktkoordinaten der von dem Polygon umschlossenen Fläche nach den bekannten Formeln ermittelt werden:

$$x_S = \frac{S_y}{A} \ , \qquad y_S = \frac{S_x}{A} \ . \tag{4.20}$$

Dieser Formelsatz eignet sich hervorragend für die Programmierung selbst auf programmierbaren Taschenrechnern, weil die Koordinaten nicht gespeichert werden müssen. Die drei Summen können gebildet werden, wenn dem Programm bei jeder Eingabe eines Punktes nur noch die Koordinaten des vorhergehenden Punktes zur Verfügung stehen.

Der Formelsatz ist auch anwendbar auf Flächen, die aus mehreren nicht miteinander verbundenen Teilflächen bestehen, wenn man nach Umfahren der ersten Teilfläche mit einem beliebigen Punkt der zweiten Teilfläche fortsetzt und nach Umfahren dieser Fläche zum Ausgangspunkt der ersten Teilfläche zurückkehrt. Auf diese Weise wird die nicht zum Polygonzug gehörende Verbindungslinie zweimal durchlaufen, so daß sich ihre Anteile zu der Summenformel wegen des unterschiedlichen Durchlaufsinns (und damit unterschiedlichen Vorzeichens) aufheben. Danach kann man vom Ausgangspunkt der ersten Teilfläche zu einem beliebigem Punkt der dritten Teilfläche gehen und so weiter.

Eine entsprechende Strategie verfolgt man bei Ausschnitten: Nach dem kompletten Umlauf um die **Außenkontur entgegen dem Uhrzeigersinn** geht man zu einem beliebigen Punkt auf der **Ausschnittkontur**, um diese dann **im Uhrzeigersinn** zu durchlaufen, so daß sich diese Anteile insgesamt subtrahieren. Wichtig ist, daß auch nach dem Umlauf um die Ausschnittkontur wieder zum Startpunkt auf der Außenkontur zurückgekehrt wird.

Die Reihenfolge läßt sich also durch eine recht einfache Regel beschreiben: Die gesamte Kontur ist so zu durchlaufen, daß **die Fläche immer links** von der Laufrichtung liegt und der Endpunkt gleich dem Startpunkt ist.

Beispiel: Die skizzierte Fläche (Koordinaten der Punkte entsprechend nachstehender Tabelle) besteht aus zwei nicht miteinander verbundenen Teilflächen, von denen die linke einen dreieckigen Ausschnitt hat. Man ermittle die Schwerpunktkoordinaten.

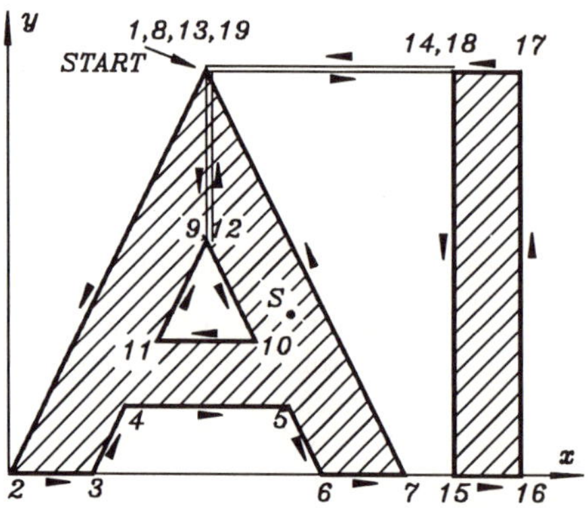

In der Skizze sind der gewählte Startpunkt (gleich Endpunkt) und der Umlaufsinn angedeutet. Die Tabelle enthält die Punkte in dieser Reihenfolge, wobei mehrfach anzufahrende Punkte auch mehrmals aufgeführt sind. Man erhält als Ergebnis:

$$x_S = \mathbf{17{,}13} \quad ; \quad y_S = \mathbf{10{,}02} \, .$$

Pkt.	1	2	3	4	5	6	7	8	9
x;y	12;24	0;0	5;0	7;4	17;4	19;0	24;0	12;24	12;14

10	11	12	13	14	15	16	17	18	19
15;8	9;8	12;14	12;24	27;24	27;0	31;0	31;24	27;24	12;24

4.5.2 Durch zwei Funktionen begrenzte Fläche

Eine Fläche ist wie skizziert oben und unten durch die beiden Funktionen $y_o(x)$ bzw. $y_u(x)$ und seitlich durch die vertikalen Linien bei a und b begrenzt. Unter der Voraussetzung, daß in diesem Bereich

$$y_o(x) \geq y_u(x)$$

gilt, kann die Fläche nach

$$A = \int_{x=a}^{b} (y_o - y_u)\, dx \qquad (4.21)$$

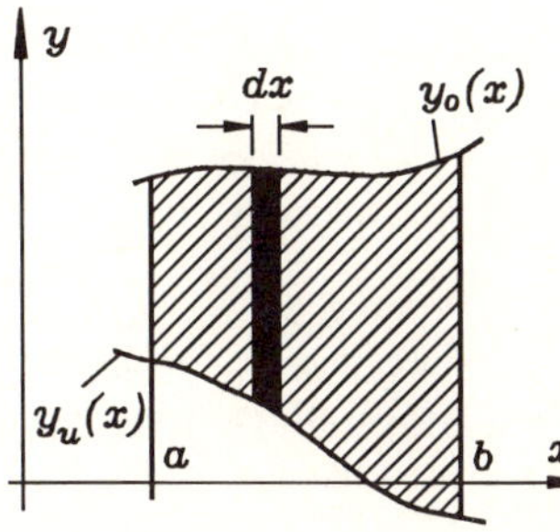

berechnet werden. Das hervorgehobene unendlich kleine Flächenelement $dA = (y_o - y_u)\,dx$ hat seinen Schwerpunkt bei x und $(y_o + y_u)/2$ (in der Mitte zwischen den beiden Funktionen), so daß sich die statischen Momente der Gesamtfäche folgendermaßen aufschreiben lassen:

$$S_x = \frac{1}{2}\int_{x=a}^{b} (y_o + y_u)(y_o - y_u)\, dx \quad , \quad S_y = \int_{x=a}^{b} x\,(y_o - y_u)\, dx \ . \qquad (4.22)$$

Mit der oben bereits angegebenen Formel für die Gesamtfläche A erhält man die für diesen speziellen Fall sehr nützlichen Formeln für den

Flächenschwerpunkt (Fläche zwischen zwei Funktionen):

$$x_S = \frac{1}{A}\int_{x=a}^{b} x\,(y_o - y_u)\, dx \quad , \quad y_S = \frac{1}{2A}\int_{x=a}^{b} \left(y_o^2 - y_u^2\right) dx \ . \qquad (4.23)$$

Natürlich kann die Integration manchmal etwas mühsam (und für zahlreiche Funktionen in geschlossener Form sogar unmöglich) sein. Der Wert dieser Formeln besteht vor allen Dingen darin, daß man sie auch für komplizierte Funktionen aufschreiben kann, um dann (ausgesprochen mühelos) das Ergebnis durch numerische Integration mit dem Computer zu ermitteln.

Beispiel: Die skizzierte Fläche wird durch die Sinus-Kurve und eine Gerade, die durch den Nullpunkt und den ersten Scheitelpunkt der Sinus-Kurve verläuft, begrenzt. Man ermittle die Schwerpunktkoordinaten dieser Fläche.

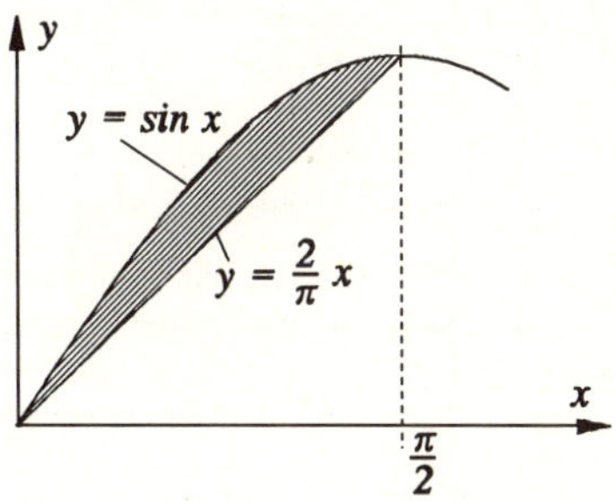

Die Integrale sind für dieses einfache Problem mit erträglichem Aufwand lösbar, und man erhält z. B. für die Fläche

$$A = \int_{x=0}^{\pi/2} \left(\sin x - \frac{2}{\pi} x \right) dx = 1 - \frac{\pi}{4} = 0{,}2146$$

und (mit etwas mehr Mühe) nach dem Lösen der beiden anderen Integrale:

$$x_S = \frac{12 - \pi^2}{12 - 3\pi} = 0{,}8273 \quad ; \quad y_S = \frac{\pi}{24 - 6\pi} = 0{,}6100 \quad .$$

Das Programm MCALCU (auf der beiliegenden Diskette) bietet die numerische Lösung solcher Integrale an. Nachstehend ist ein Bildschirmausschnitt mit dem Ergebnis für die Schwerpunktkoordinate x_S dargestellt:

```
Numerische Integration einer stetigen Funktion                         RADIAN
==========================================

Φ        = 1/A*X*(SIN(X)-2/PI*X)

Integrationsgrenzen:        a =  0.000000000          b =  1.570796327

                            b                                    Anzahl der
                            ⌠                                    berechneten
Romberg-Verfahren:          │ Φ(X) dX =   0.827266762            Funktionswerte:
                            ⌡
                            a                                        65
```

4.6 Flächen- und Linienlasten

In der Realität sind alle Lasten, die ein Bauteil trägt, über eine Fläche verteilt (oder gar - wie z. B. das Eigengewicht - über das Volumen).

Bei der Behandlung des starren Körpers kann man stets mit ***Einzelkräften*** rechnen, die den verteilten Lasten statisch äquivalent sind (Einzelkräfte als Resultierende für verteilte Kräfte):

- ***Volumenlasten*** (z. B.: Eigengewicht) werden durch die Gesamtgewichtskraft ersetzt, die im Schwerpunkt des Körpers angetragen wird.
- ***Flächenlasten*** (Dimension: Kraft/Fläche) werden durch Integration über die Fläche zu Einzelkräften. Hier soll nur der praktisch wichtigste Fall des **konstanten Drucks** p_0 auf eine Fläche A behandelt werden: Die Resultierende

  $$F = p_0 A$$

  greift in diesem Fall im Schwerpunkt der Fläche A an.
- ***Linienlasten*** (es ist auch der Ausdruck ***Streckenlasten*** gebräuchlich) werden mit dem Symbol q bezeichnet und haben die Dimension Kraft/Länge. Sie können über die Länge, auf der sie wirken, veränderlich sein und müssen also im allgemeinsten Fall durch eine Funktion $q(z)$ mit der Längskoordinate z dargestellt werden.

Die Resultierende F einer Linienlast ergibt sich aus der Integration über die Länge, ihr Angriffspunkt $\bar{z}$ mit der Forderung nach Momentenäquivalenz aus der Schwerpunktformel:

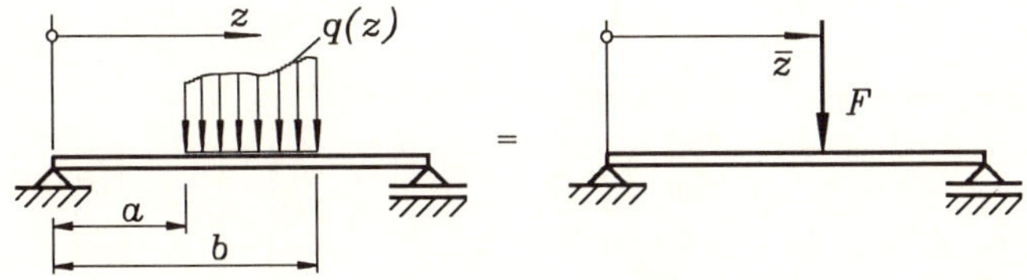

$$F = \int_{z=a}^{b} q \, dz \quad , \qquad \bar{z} = \frac{1}{F} \int_{z=a}^{b} q \, z \, dz \, . \tag{4.24}$$

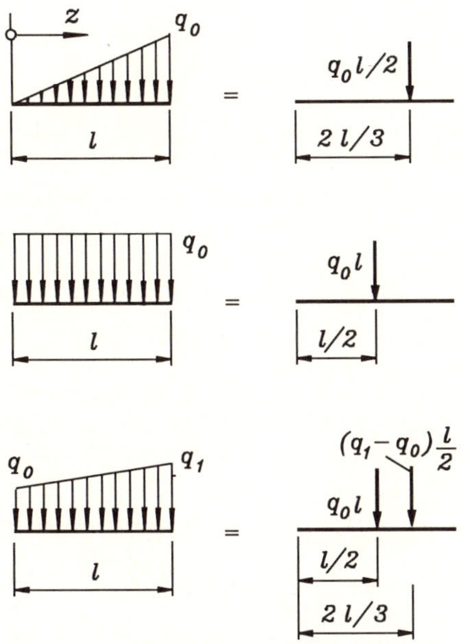

Beispiel: Für die skizzierte **Dreieckslast** mit der Maximalintensität q_0 ist der Verlauf der Linienlast mit der gewählten Koordiante durch

$$q(z) = q_0 \frac{z}{l} \tag{4.25}$$

gegeben. Die Integration nach den angegebenen Formeln liefert die Größe der Resultierenden und ihren Angriffspunkt im Schwerpunkt des von der Streckenlast aufgespannten Dreiecks:

$$F = \frac{1}{2} q_0 l \, , \quad \bar{z} = \frac{2}{3} l \, . \tag{4.26}$$

Es ist leicht einzusehen, daß für eine ***konstante Linienlast*** bzw. eine ***Trapezlast*** die angegebenen Ergebnisse gelten. Dabei ist es sinnvoll, die Trapezlast durch zwei Einzelkräfte zu ersetzen.

Unter anderem werden Linienlasten zur Darstellung der Eigengewichtsbelastung gerader Träger verwendet. Für den Fall, daß der Querschnitt des Trägers entsprechend $A(z)$ veränderlich ist, erhält man mit der Dichte ϱ und der Erdbeschleunigung g aus der folgenden Formel die

Linienlast eines geraden Trägers, verursacht durch sein Eigengewicht:

$$q(z) = \varrho \, g \, A(z) \, . \tag{4.27}$$

4.7 Aufgaben

Aufgabe 4.1: Ein Würfel aus Aluminium (Dichte $\varrho_{Al} = 2{,}70\ g/cm^3$) mit einer Kantenlänge $a = 200\ mm$ ist mit einem kleineren Würfel (Kantenlänge $a/2$) aus Eisen (Dichte $\varrho_{Fe} = 7{,}85\ g/cm^3$) verbunden.

Man ermittle die Koordinaten des Gesamtschwerpunkts bezüglich des eingezeichneten Koordinatensystems.

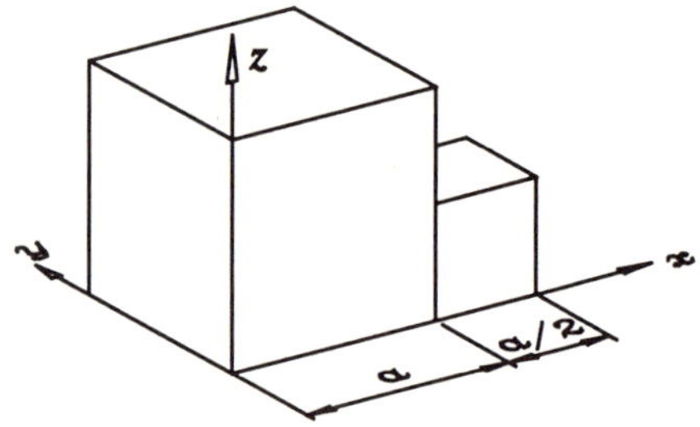

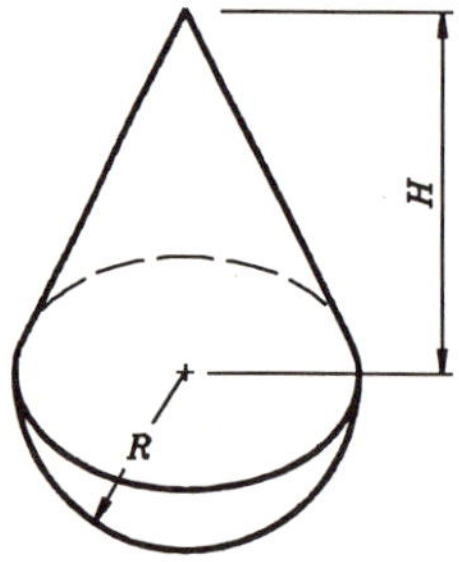

Aufgabe 4.2: Der skizzierte homogene Körper besteht aus einer Halbkugel und einem Kegel.

Für einen gegebenen Radius R ist die Höhe H des Kegels zu ermitteln, für die der Gesamtschwerpunkt des Körpers in die Verbindungsfläche von Halbkugel und Kegel fällt.

Aufgabe 4.3: Für die skizzierten Flächen sind die Koordinaten der Flächenschwerpunkte zu berechnen.

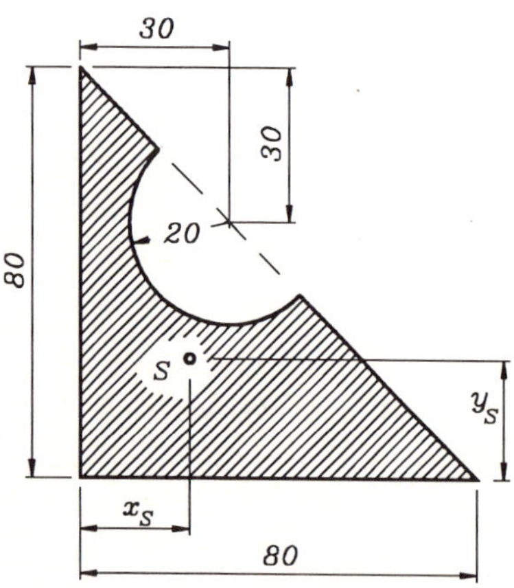

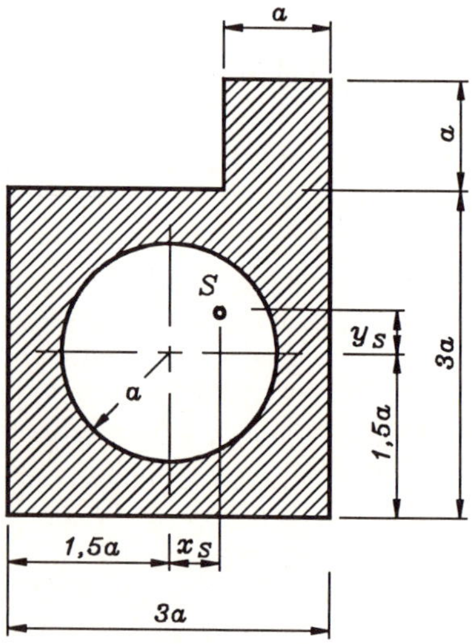

5 Gleichgewicht des ebenen Kraftsystems

5.1 Die Gleichgewichtsbedingungen

Ein Körper befindet sich im Gleichgewicht, wenn sich die Wirkungen aller an ihm angreifenden Kräfte und Momente aufheben. Aus dieser Forderung ergeben sich die

Gleichgewichtsbedingungen für das allgemeine ebene Kraftsystem:

$$\sum_i F_{ix} = 0 \quad , \quad \sum_i F_{iy} = 0 \quad , \quad \sum_i M_i = 0 \quad . \tag{5.1}$$

Man beachte:

- Die durch die Indizes x und y angedeuteten Richtungen in den Kraft-Gleichgewichtsbedingungen können selbstverständlich beliebig gewählt werden. Es ist nicht erforderlich, daß die beiden Richtungen senkrecht zueinander sind.
- Der Bezugspunkt für die Momenten-Gleichgewichtsbedingung kann beliebig in der Ebene festgelegt werden.
- Es ist möglich (und vielfach zweckmäßig), eine oder beide Kraft-Gleichgewichtsbedingungen durch zusätzliche Momenten-Gleichgewichtsbedingungen mit anderen Bezugspunkten zu ersetzen, die bei drei Momenten-Gleichgewichtsbedingungen allerdings nicht auf einer Geraden liegen dürfen. Bei zwei Momenten-Gleichgewichtsbedingungen dürfen die beiden Bezugspunkte nicht auf einer gemeinsamen Senkrechten zur Kraft-Gleichgewichts-Richtung liegen.
- Da drei Gleichgewichtsbedingungen erfüllt werden müssen, dürfen drei Größen unbekannt sein, die dann mit Hilfe dieser Bedingungen ermittelt werden können.
- Obwohl theoretisch beliebig viele Gleichgewichtsbedingungen aufgeschrieben werden können (z. B. durch Wahl immer neuer Bezugspunkte für das Momenten-Gleichgewicht), können doch niemals mehr als drei Unbekannte aus diesen Gleichungen errechnet werden. Zusätzliche Gleichungen können zur Kontrolle der Rechnung nützlich sein.
- Neben der Freiheit, beliebige Richtungen für die Kraft-Gleichgewichtsbedingungen festzulegen, kann auch jeweils der positive Richtungssinn für die Kräfte und der positive Drehsinn für die Momente für eine Gleichgewichtsbedingung beliebig gewählt werden.
- In die Kraft-Gleichgewichtsbedingungen gehen alle Einzelkräfte einschließlich der resultierenden Kräfte, auf die verteilte Belastungen (z. B.: Linienlasten) vorher reduziert werden müssen, ein. In die Momenten-Gleichgewichtsbedingungen gehen diese Kräfte mit ihren Hebelarmen und eventuell vorhandene Einzelmomente ein. Letztere werden einfach summiert (oder subtrahiert, abhängig vom Drehsinn), unabhängig vom gewählten Bezugspunkt (Momente sind in der Ebene frei verschieblich, vgl. das Beispiel im Abschnitt 3.3). Momente haben keinen Einfluß auf das Kraft-Gleichgewicht.

Beispiel: Eine rechteckige Scheibe (Gewichtskraft F_G) ist wie skizziert an drei Seilen aufgehängt.

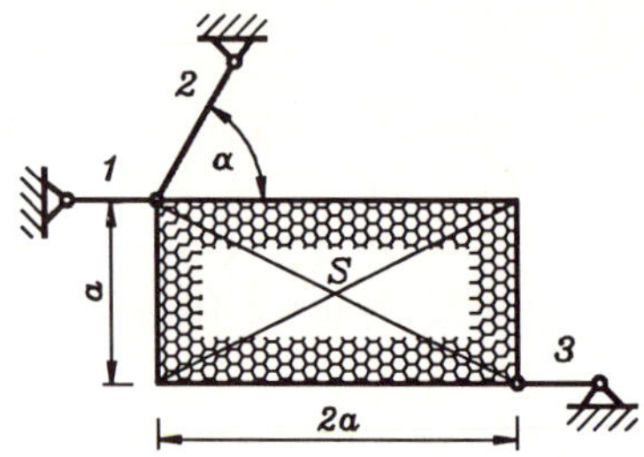

Gegeben: $F_G = 2\ kN\ ,\ \alpha = 60\,°$.

Man ermittle die Kräfte in den Seilen **1** bis **3**.

- Es ist im allgemeinen von Vorteil, wenn man die Gleichgewichtsbedingungen so formulieren kann, daß jeweils nur eine Unbekannte in einer Gleichung auftaucht: In diesem Beispiel ist dies für die Gleichgewichtsbedingung "Summe aller Vertikalkräfte gleich Null", in der nur die Unbekannte F_{S2} vorkommt, gegeben:

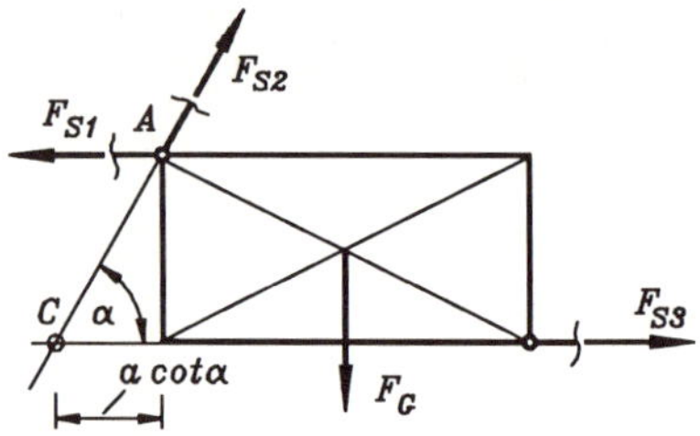

$$\uparrow \qquad F_{S2}\sin\alpha - F_G = 0 \quad .$$

- Für eine zweite Kraft-Gleichgewichtsbedingung kann man jedoch keine Richtung finden, die zwei Unbekannte aus der Gleichung heraushält. Im Gegensatz dazu läßt sich die Momenten-Gleichgewichtsbedingung immer so formulieren, daß nur eine Unbekannte in der Gleichung erscheint, indem als Bezugspunkt der Schnittpunkt der Wirkungslinien zweier unbekannter Kräfte gewählt wird. Für die vorliegende Aufgabe drängt sich der Punkt *A* in dieser Hinsicht geradezu auf, und es empfiehlt sich dann durchaus, als dritte Gleichgewichtsbedingung das Momenten-Gleichgewicht um den Punkt *C* aufzuschreiben, so daß alle Gleichungen jeweils nur eine Unbekannte enthalten (und Rechenfehler sich nicht fortpflanzen!). Aus den Momentenbeziehungen

$$F_G\,a - F_{S3}\,a = 0\ , \qquad F_G\,(a + a\cot\alpha) - F_{S1}\,a = 0$$

und dem Kraftgleichgewicht ermittelt man die Ergebnisse:

$$F_{S1} = F_G\,(1 + \cot\alpha) = 3{,}15\,kN\ ;\quad F_{S2} = \frac{F_G}{\sin\alpha} = 2{,}31\,kN\ ;\quad F_{S3} = F_G = 2\,kN\ .$$

5.2 Lager und Lagerreaktionen in der Ebene

Ein Körper, der sich in einer Ebene frei bewegen kann, hat drei ***Freiheitsgrade***: Translatorische Bewegung (alle Punkte des Körpers bewegen sich auf kongruenten Bahnkurven) ist in zwei Richtungen möglich, der dritte Freiheitsgrad ist eine Rotation um eine Achse senkrecht zur Ebene.

Durch ***Lager*** werden die Bewegungsmöglichkeiten des Körpers eingeschränkt. Man unterscheidet in der Ebene ***ein-, zwei- und dreiwertige Lager***. Die Wertigkeit eines Lagers gibt an, wieviele Freiheitsgrade es einschränkt. Dies soll am Beispiel der Lagerung eines starren Körpers verdeutlicht werden:

Beispiel 1: Der ungebundene starre Körper hat in der Ebene drei Freiheitsgrade. Eine starre Bindung (dreiwertiges Lager) bindet drei Freiheitsgrade. Eine gelenkige Lagerung (zweiwertiges Lager) bindet zwei Freiheitsgrade (Rotation ist möglich).

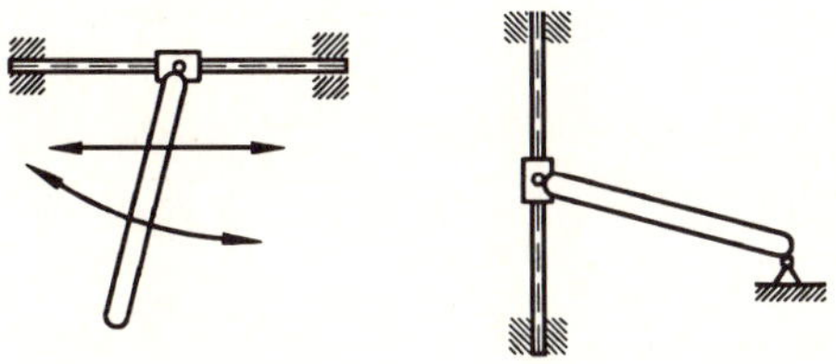

Beispiel 2: Wenn die gelenkige Aufhängung sich in einer Richtung bewegen kann, wird nur ein Freiheitsgrad gebunden (einwertiges Lager). Die Kombination eines einwertigen mit einem zweiwertigen Lager bindet auch drei Freiheitsgrade, und der Körper hat wie bei Lagerung mit einem dreiwertigen Lager keine Bewegungsmöglichkeit mehr.

Beispiele für einwertige Lager:

Das **Seil** kann nur eine Kraft in seiner Längsrichtung aufnehmen. Diese wird (wie in der Skizze) als **Zugkraft** angetragen und darf nicht negativ werden ($\boldsymbol{F_S \geq 0}$).

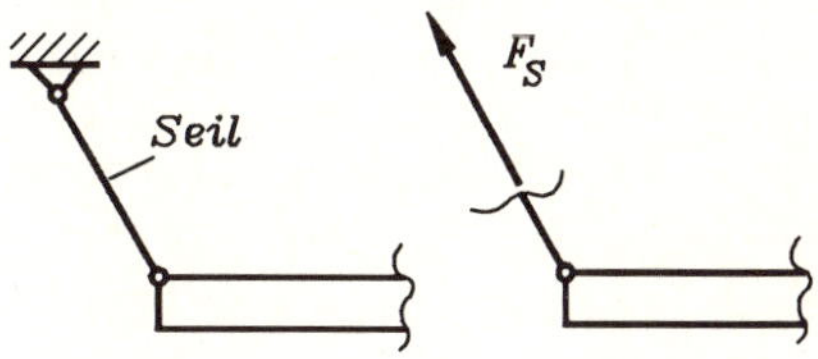

Der **Stab** ist sowohl mit dem Körper als auch mit einem Festpunkt gelenkig verbunden und kann nur eine Kraft in seiner Längsrichtung aufnehmen. Diese wird (wie in der Skizze) als **Zugkraft** angetragen und darf auch negativ werden.

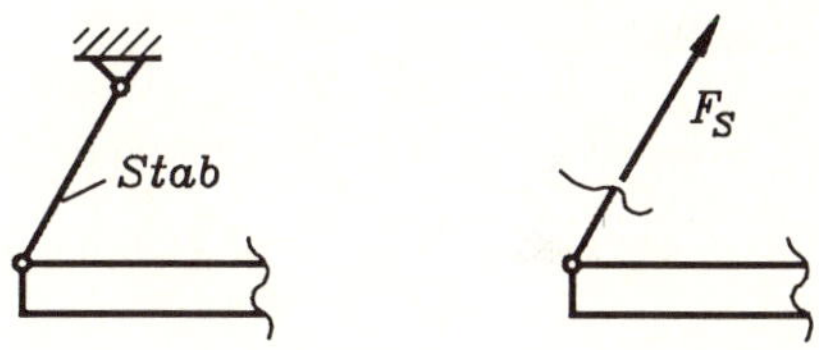

Ein **loses Lager** läßt Rotation und Translation in einer Richtung zu. Es nimmt eine Kraft senkrecht zur Unterlage auf (das aus dem Bauwesen entlehnte **Rollenlager** ist symbolisch zu verstehen, F_A darf auch negativ werden).

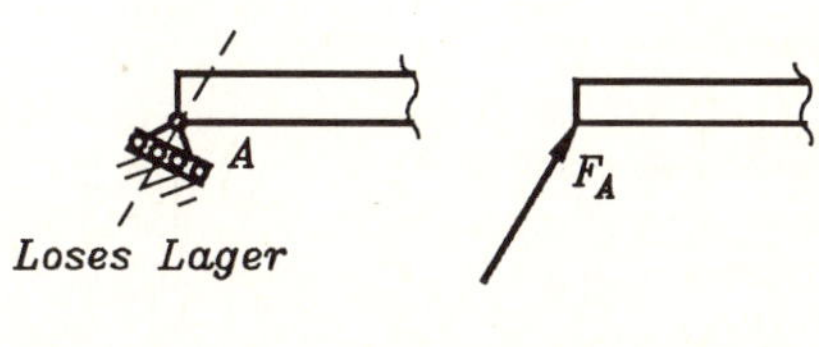

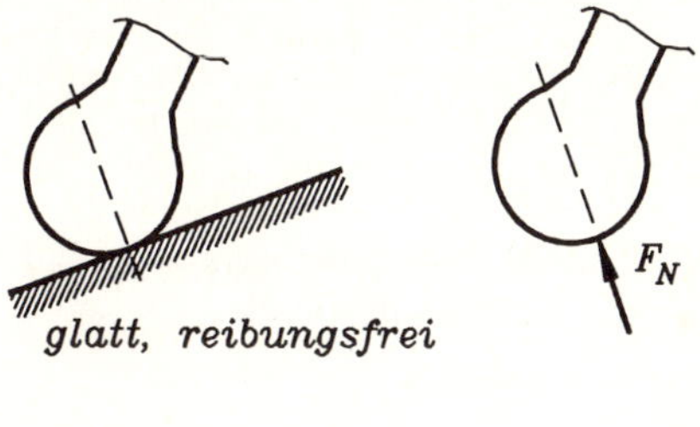

Wenn sich der Körper auf einer **glatten** Oberfläche **reibungsfrei** abstützt, kann nur eine Kraft F_N senkrecht zur Oberfläche übertragen werden, die natürlich nicht negativ werden kann ($\boldsymbol{F_N \geq 0}$).

Eine **verschiebliche Hülse** behindert keine Verschiebung und kann deshalb auch keine Kraft aufnehmen. Sie verhindert aber die Drehung in der Zeichenebene und nimmt dementsprechend ein Moment auf.

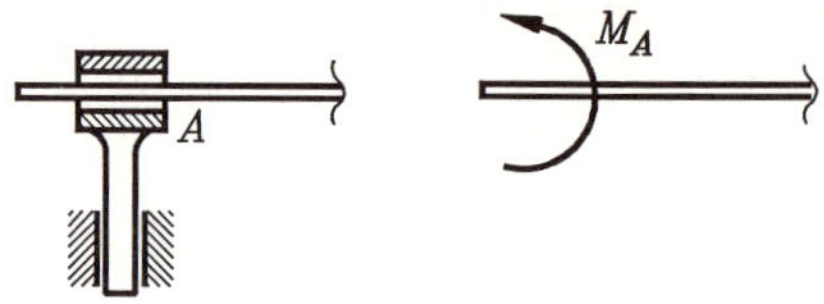

Beispiele für zweiwertige Lager:

Ein **Festlager** (auch **gelenkiges Lager** genannt) bindet die beiden translatorischen Freiheitsgrade und kann eine Kraft in beliebiger Richtung aufnehmen: Man trägt zwei senkrecht aufeinander stehende Komponenten als Lagerkräfte an.

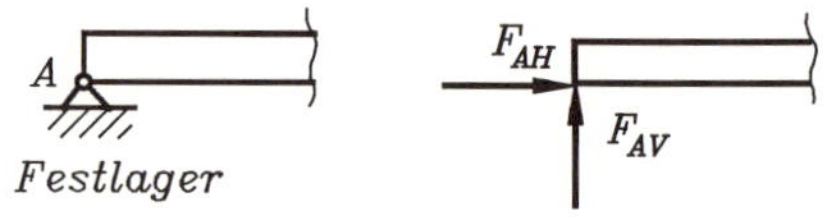

Wenn sich der Körper auf einer **rauhen** Oberfläche abstützt, kann neben der Normalkraft $\boldsymbol{F_N}$ (senkrecht zur Oberfläche) noch eine Haftkraft $\boldsymbol{F_H}$ übertragen werden (dieses Problem wird in einem späteren Kapitel gesondert behandelt).

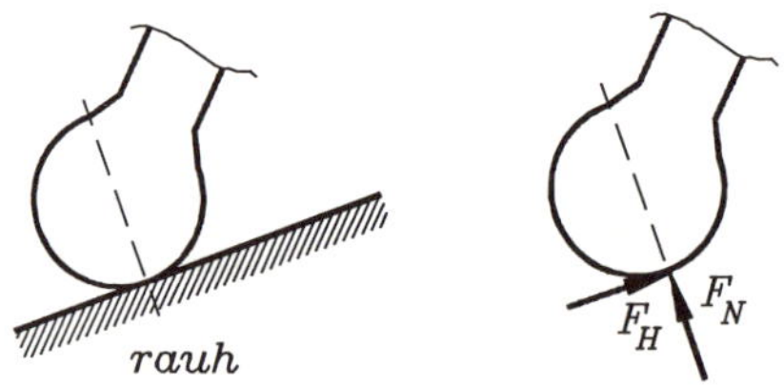

Ist der Körper über eine Hülse auf einer Schiene gelagert, so werden eine Kraft senkrecht zur Schiene und ein Moment, das die Rotation verhindert, übertragen.

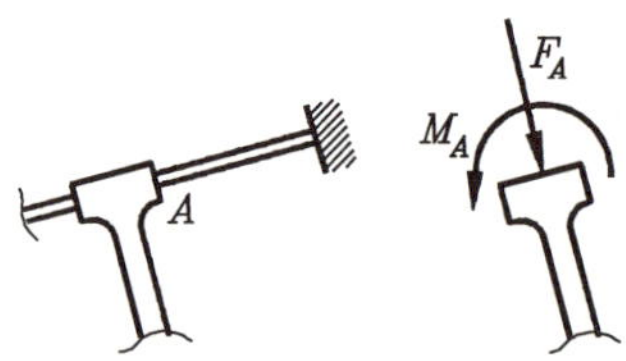

Beispiel für ein dreiwertiges Lager:

Eine **starre Einspannung** verhindert alle drei Bewegungsmöglichkeiten des Körpers und muß dementsprechend drei Lagerreaktionen aufnehmen, zwei Kraftkomponenten und (zur Verhinderung der Rotation) ein Moment ("***Einspannmoment***"). Praktische Realisierung einer Einspannung ist jede feste Verbindung eines Körpers (verschweißt, geklebt, verschraubt, ...) mit der übrigen Konstruktion.

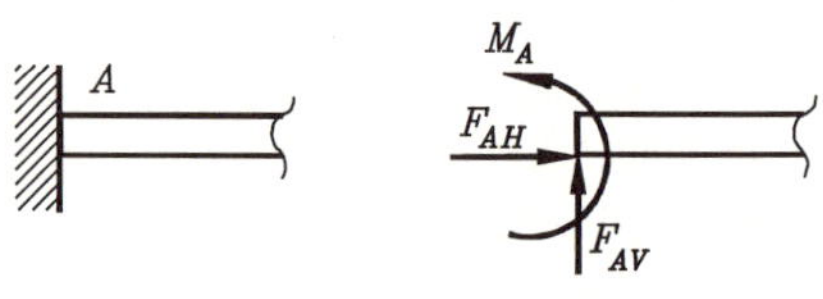

In der technischen Praxis kommen natürlich die verschiedensten Realisierungen für Lagerungen vor, die bei ebenen Problemen dann immer als ein-, zwei- oder dreiwertiges Lager idealisiert werden müssen, z. B.:

- Gleitlager und Wälzlager werden im allgemeinen als Loslager angesehen; wenn sie auch axiale Kräfte aufnehmen können, als Festlager. Diese Idealisierung geht also davon aus, daß sie keine Momente aufnehmen, was exakt natürlich nur für Pendellager gilt.

- Ein stehendes Auto mit angezogener Handbremse (auf die Hinterräder wirkend) wird (zum Beispiel zur Berechnung der Achslasten) als starrer Körper angesehen, dessen Bewegungsmöglichkeiten durch ein Festlager und ein Loslager behindert sind.

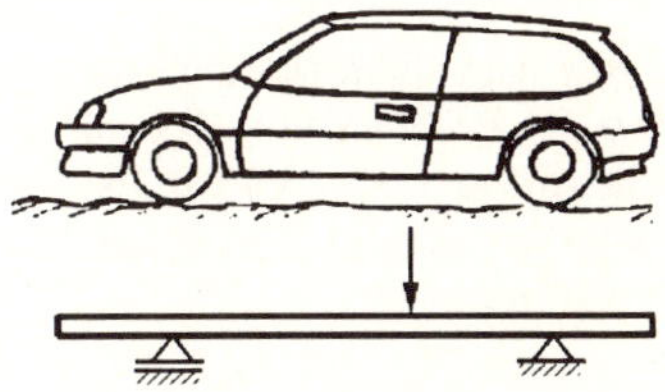

Für die am häufigsten vorkommenden ein-, zwei- und dreiwertigen Lager werden (unabhängig von der technischen Realisierung) die in den folgenden Skizzen verwendeten Symbole vereinbart:

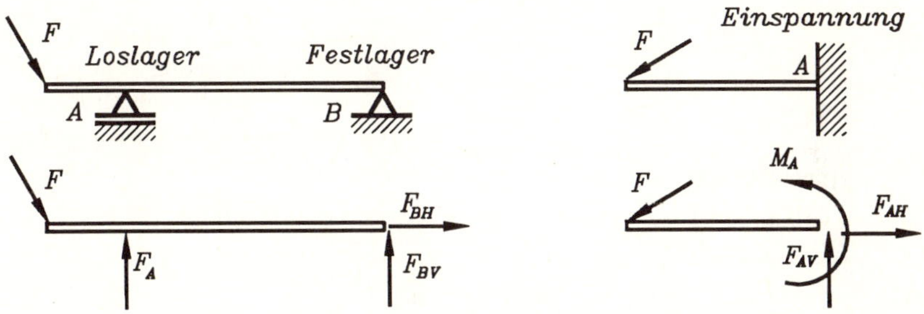

Die Kräfte und Momente, die von den Lagern aufgenommen werden (***Lagerreaktionen***), sind im allgemeinen zunächst unbekannt und werden mit Hilfe der Gleichgewichtsbedingungen berechnet. Da ihr Richtungssinn meist nicht vorausgesagt werden kann, wird er willkürlich festgelegt (durch Einzeichnen der Pfeilspitzen in die Schnittskizze), die Rechnung korrigiert die Annahme gegebenenfalls durch das Vorzeichen des Ergebnisses.

5.3 Statisch bestimmte Lagerung

Wenn durch die Lagerung eines starren Körpers in der Ebene seine drei Bewegungsmöglichkeiten behindert werden, so bleibt er auch unter Belastung in Ruhe. Dafür ist mindestens eine der drei folgenden Kombinationen von Lagern erforderlich:

- Ein dreiwertiges Lager oder
- ein einwertiges und ein zweiwertiges Lager oder
- drei einwertige Lager.

Bei gegebener Belastung können für diese drei Kombinationen von Lagern für den starren Körper die Lagerreaktionen aus den drei Gleichgewichtsbedingungen berechnet werden. Dieser Fall hat besondere praktische Bedeutung:

Ein Körper ist ***statisch bestimmt*** gelagert, wenn alle Lagerreaktionen allein aus den Gleichgewichtsbedingungen berechnet werden können.

Ist der starre Körper durch mehr als drei Bindungen gefesselt, so liegt ein ***statisch unbestimmtes Problem*** vor, das mit den für die Statik getroffenen Annahmen (starrer Körper) nicht zu lösen ist. Unter Einbeziehung der Verformbarkeit der Körper (wird in der Festigkeitslehre behandelt) sind auch für statisch unbestimmt gelagerte Körper die Lagerreaktionen zu bestimmen.

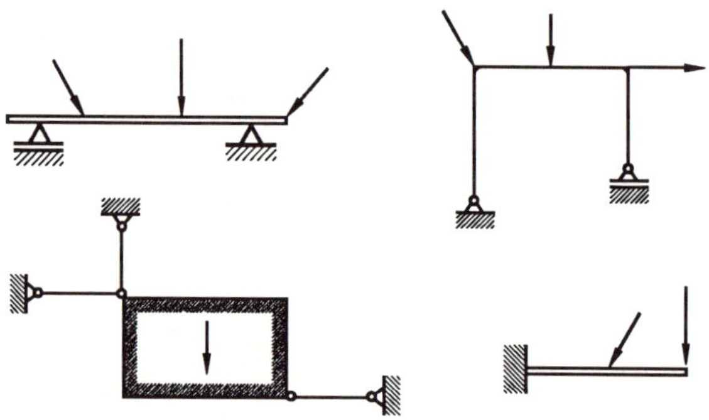

Beispiel 1:

Die skizzierten **Tragwerke mit statisch bestimmter Lagerung** gestatten die Berechnung sämtlicher (drei) Lagerreaktionen ausschließlich über Gleichgewichtsbetrachtungen.

Beispiel 2: **Tragwerke mit statisch unbestimmter (überbestimmter) Lagerung** können nicht mit den Mitteln der Statik allein berechnet werden.

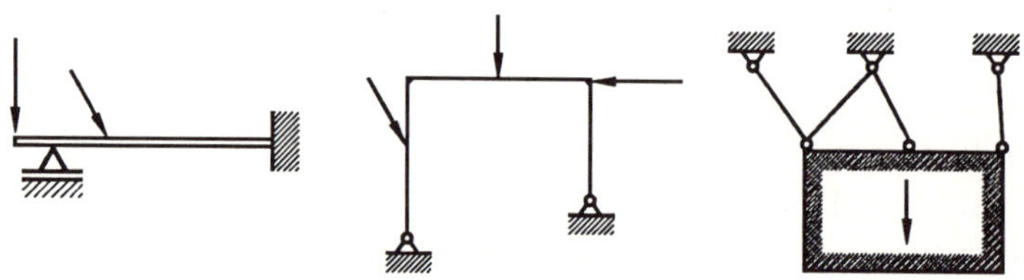

Beispiel 3: Eine **statisch unterbestimmte Lagerung** nimmt dem Körper nicht sämtliche Bewegungsmöglichkeiten.

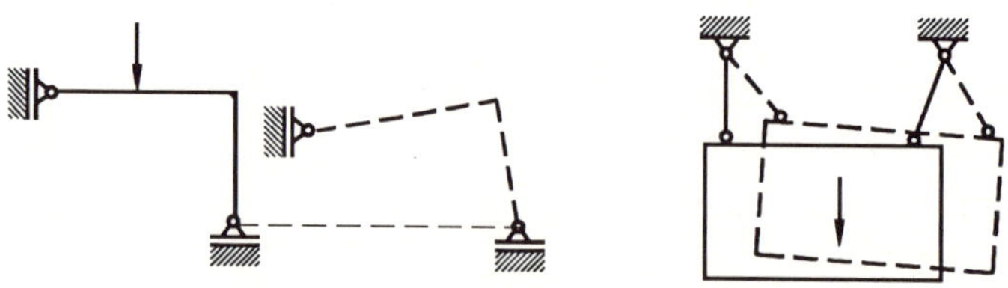

Durch die gestrichelten Lagen wird angedeutet, daß trotz der Lagerung eine Starrkörperbewegung möglich ist (Bewegung ohne Verformung).

Aus der Tatsache, daß eine der eingangs genannten Lagerkombinationen (ein dreiwertiges, ein ein- und ein zweiwertiges oder drei einwertige Lager) den starren Körper bindet, kann noch nicht zwingend auf die statische Bestimmtheit der Lagerung geschlossen werden (drei Bindungen sind dafür notwendige, nicht auch hinreichende Bedingung).

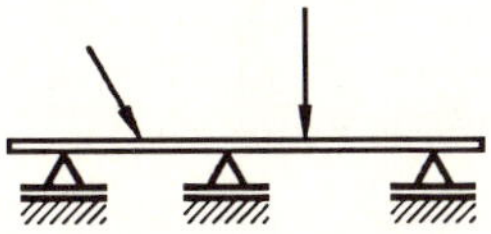

Beispiel 4: Es ist sofort zu sehen, daß der durch drei Loslager gebundene Träger sich noch horizontal bewegen kann. Die Kraft-Gleichgewichtsbedingung in horizontaler Richtung ist statisch nicht erfüllbar.

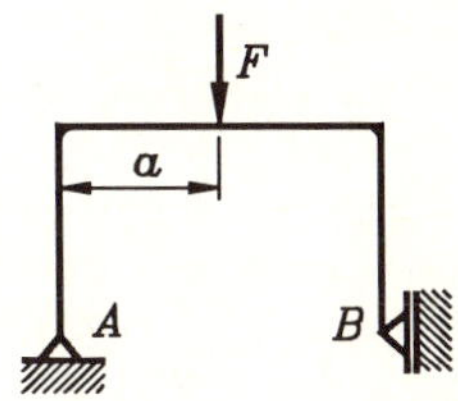

Beispiel 5: Schwieriger zu erkennen ist, daß dem durch ein Festlager und ein Loslager gefesselten Rahmen noch eine (unendlich kleine) Rotation um den Punkt *A* möglich ist, weil keine der Lagerreaktionen ein Moment um diesen Punkt erzeugen kann. Aber auch dieser Sonderfall äußert sich durch unerfüllbare Gleichungen, Summe aller Momente um Punkt *A* z. B. führt auf

$$F\,a = 0\;.$$

Der statisch bestimmt gelagerte Körper ist in der technischen Praxis nicht etwa die zufällige Ausnahme (unter den unendlich vielen Möglichkeiten, einen Körper zu lagern). Zahlreiche Vorteile sprechen dafür, statisch bestimmte Lagerungen zu bevorzugen:

- Die Lagerreaktionen statisch bestimmt gelagerter Körper sind mit den Mitteln der Statik (und damit besonders einfach) zu berechnen.
- Fertigungsungenauigkeiten führen bei statisch bestimmter Lagerung weder zu Spannungen im Bauteil noch zu einem völlig veränderten Tragverhalten.

  Beispiel 6: Der zweifach gelagerte gerade Träger stellt sich bei geringer Absenkung einer Stütze etwas schräg, was zu keiner nennenswerten Änderung der Lagerreaktionen führt, während der dreifach gelagerte Träger einer Stützenabsenkung nur durch Verbiegung (verbunden mit inneren Spannungen) folgen kann:

  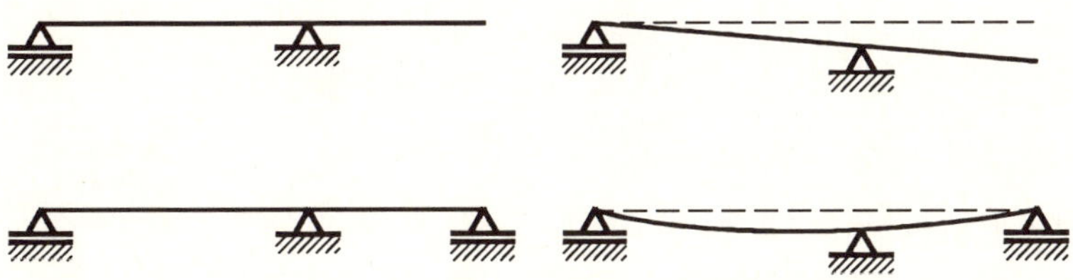

  Daß sich dadurch auch die Lagerreaktionen drastisch ändern können, wird am folgenden Beispiel 7 noch deutlicher.
- Thermische Dehnungen (z. B. durch Temperaturerhöhung) können sich bei statisch bestimmter Lagerung frei ausbilden und führen nicht zu inneren Spannungen im Bauteil.

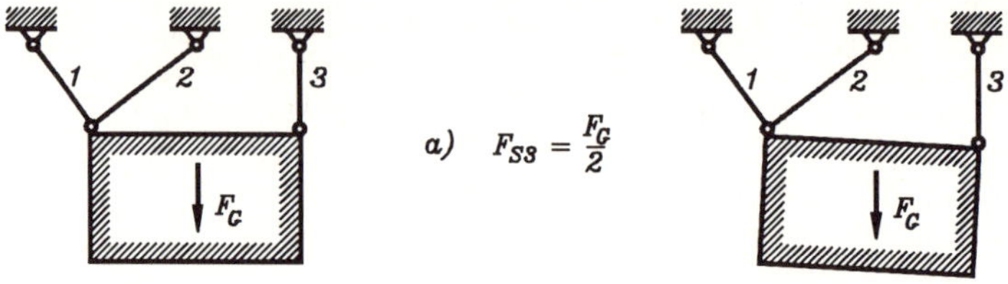

Beispiel 7: Ein an drei Seilen aufgehängter Körper (Fall a) belastet die Seile eindeutig (z. B. errechnet man: $\boldsymbol{F_{S3} = F_G/2}$), die Seilkräfte ändern sich kaum, wenn eines der Seile etwas länger (oder kürzer) ist und der Körper etwas schräg hängt.

Durch Anbringen eines vierten Seiles ändert sich das Tragverhalten grundlegend, wenn eines der Seile nicht exakt die vorgeschriebene Länge hat, weil der Körper der Längenänderung nicht durch Schrägstellung folgen kann, beispielsweise: Wenn Seil 4 etwas zu lang ist (Fall b), trägt es nicht mit, und die Seilkräfte 1 bis 3 haben die gleichen Werte wie im Fall a. Ist dagegen Seil 3 etwas zu lang (Fall c), muß Seil 4 die gesamte Gewichtskraft aufnehmen.

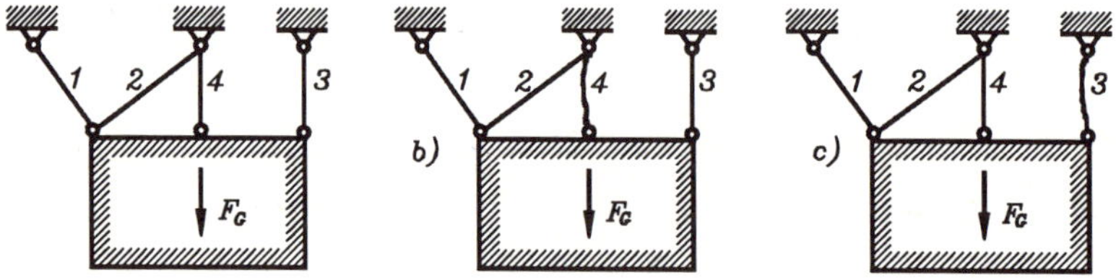

$\boldsymbol{F_{S3} = F_G/2\ ,\ F_{S4} = 0}$ $\qquad$ $\boldsymbol{F_{S4} = F_G\ ,\ F_{S3} = 0}$

Beispiel 8: Wenn zwei Menschen einen Gegenstand (z. B. eine Leiter) tragen, hat jeder eindeutig eine anteilige Last zu bewältigen. Ein dritter "Träger" könnte schummeln (oder es schummeln sogar zwei auf Kosten des dritten).

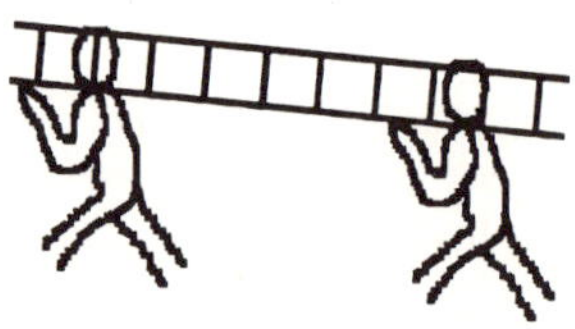

Beispiel 9: Der skizzierte gerade Träger ist durch die Linienlast q_0 und die Einzelkraft $\boldsymbol{F}$ belastet. Er ist bei $\boldsymbol{A}$ gelenkig gelagert und wird zusätzlich durch ein Seil gehalten.

Gegeben: $\quad l,\ q_0,\ F = 3\,q_0\,l\,.$

Man berechne die Lagerreaktionen bei $\boldsymbol{A}$ und die Seilkraft.

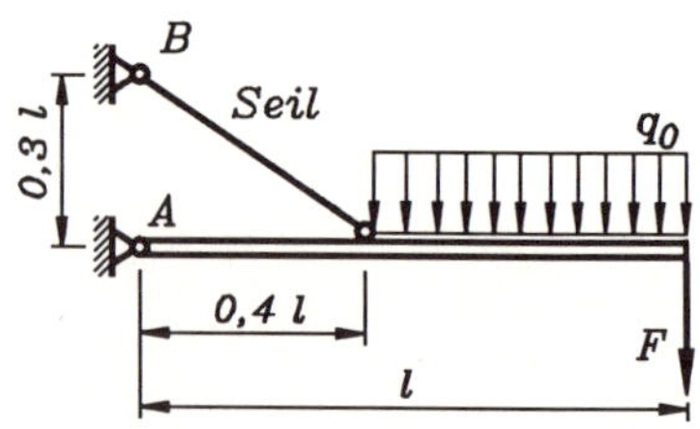

Nach dem Freischneiden des Trägers können die Unbekannten durch Momenten-Gleichgewicht um die Punkte $\boldsymbol{A}$, $\boldsymbol{B}$ und $\boldsymbol{C}$ unabhängig voneinander berechnet und durch eine weitere Gleichgewichtsbeziehung (z.B. Summe aller Vertikalkräfte) kontrolliert werden:

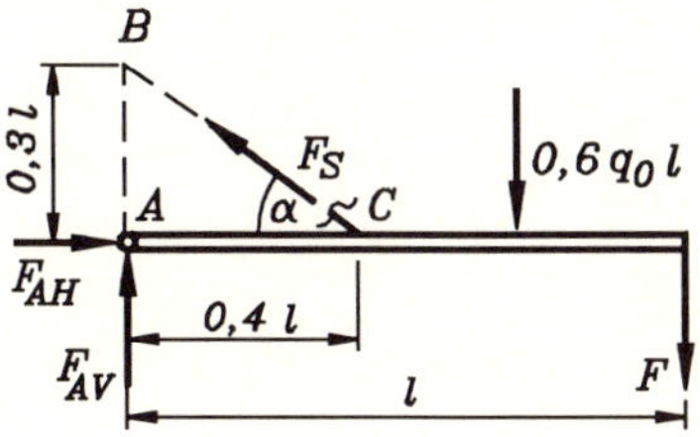

$$\text{(A)}\quad q_0 \cdot 0{,}6l \cdot 0{,}7l + Fl - F_S \cdot 0{,}4l \sin\alpha = 0$$
$$\text{(B)}\quad q_0 \cdot 0{,}6l \cdot 0{,}7l + Fl - F_{AH} \cdot 0{,}3l = 0$$
$$\text{(C)}\quad q_0 \cdot 0{,}6l \cdot 0{,}3l + F \cdot 0{,}6l + F_{AV} \cdot 0{,}4l = 0$$

Die benötigte Winkelfunktion kann unmittelbar aus der Geometrie abgelesen werden:

$$\sin\alpha = \frac{0{,}3\,l}{\sqrt{0{,}09\,l^2 + 0{,}16\,l^2}} = \frac{3}{5}\,,$$

und aus den Momenten-Gleichungen ergeben sich die gesuchten Kräfte:

$$F_S = 14{,}25\,q_0 l\,; \qquad F_{AH} = 11{,}4\,q_0 l\,; \qquad F_{AV} = -\,4{,}95\,q_0 l\,.$$

Beispiel 10: Das skizzierte Modell eines Krans ist durch seine Eigengewichtskraft F_K und die Last F_G belastet. Es ist bei ***A*** durch ein Festlager, bei ***B*** durch ein Loslager abgestützt. Das Seil, an dem die Last F_G hängt, ist im Fall a) am Kran befestigt, im Fall b) außerhalb des Krans am Boden (technische Realisierung z.B.: Die Winde, die die Last hebt, befindet sich im Kran bzw. außerhalb des Krans).

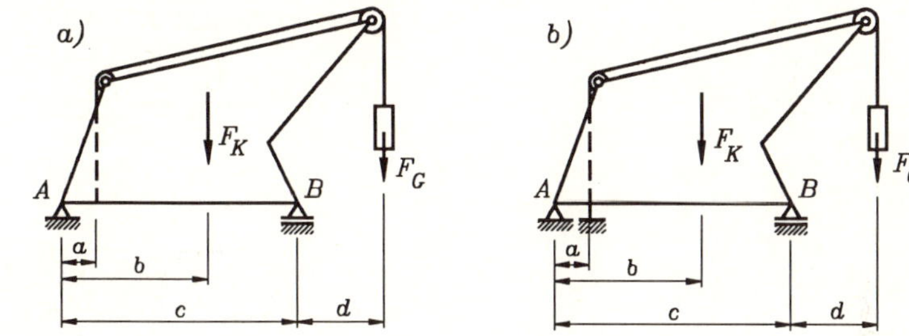

Gegeben: $F_K = 2\ kN\,;\quad F_G = 1\ kN\,;\quad a = 0{,}2\,c\,;\quad b = 0{,}7\,c\,;\quad d = 0{,}5\,c\,.$

Man bestimme für beide Varianten die Lagerreaktionen bei ***A*** und ***B***.

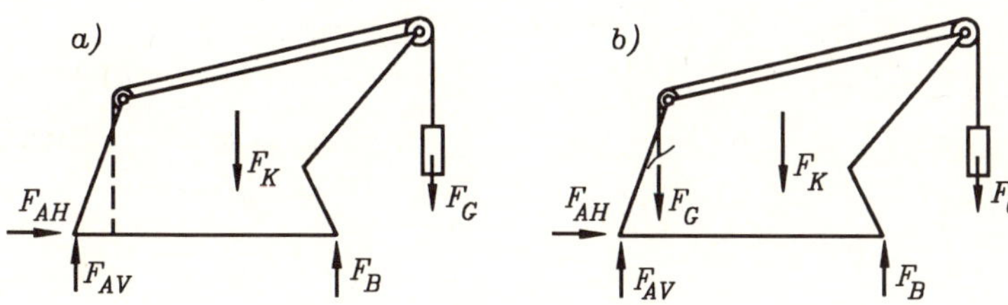

Die unterschiedlichen Lösungen folgen aus einer unterschiedlichen Schnittführung. Um ein "freies System" zu schaffen, muß bei der Variante a) das Seil überhaupt nicht geschnitten werden. Bei der Variante b) muß auch das Seil von der Unterlage gelöst werden, so daß eine zusätzliche Belastung durch F_G entsteht. Die Auflagerreaktionen ergeben sich unmittelbar aus den Momenten-Gleichgewichtsbeziehungen um die Punkte A und B und das Kräfte-Gleichgewicht in horizontaler Richtung.

a)
$$\text{Ⓐ}\quad F_K\, b + F_G(c+d) - F_B c = 0 \quad\Rightarrow\quad F_B = 2{,}9\ kN$$
$$\text{Ⓑ}\quad F_{AV} c - F_K(c-b) + F_G d = 0 \quad\Rightarrow\quad F_{AV} = 0{,}1\ kN$$
$$\rightarrow\quad F_{AH} = 0$$

b)
$$\text{Ⓐ}\quad F_K\, b + F_G(a+c+d) - F_B c = 0 \quad\Rightarrow\quad F_B = 3{,}1\ kN$$
$$\text{Ⓑ}\quad F_{AV}\, c + F_G(d-c+a) - F_K(c-b) = 0 \quad\Rightarrow\quad F_{AV} = 0{,}9\ kN$$
$$\rightarrow\quad F_{AH} = 0$$

Beispiel 11: Ein Motor und eine Arbeitsmaschine sind auf einem gemeinsamen Fundament (Fundamentmasse: m_F) gelagert und belasten dieses durch die Momente M_1 und M_2 und die Gewichtskräfte ihrer Massen m_1 und m_2.

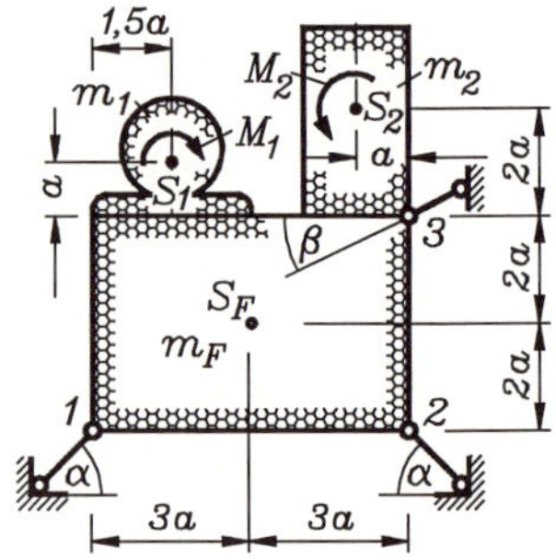

Gegeben: $\alpha = 45°$; $\beta = 20°$;
$m_2 = 2m_1$; $m_F = 4m_1$;
$M_1 = m_1 g a$; $M_2 = 3m_1 g a$.

Gesucht: Kräfte in den Stäben 1, 2 und 3.

Die Angriffspunkte der Momente werden nicht benötigt, weil Momente am starren Körper in der Ebene beliebig verschoben und zusammengefaßt werden können.

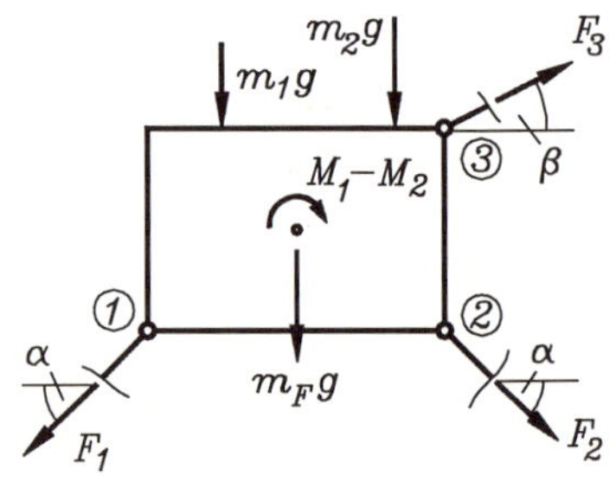

An dem freigeschnittenen System gelingt es nur mit Mühe, die Gleichgewichtsbeziehungen so aufzuschreiben, daß jeweils nur eine Unbekannte eingeht (man müßte die Schnittpunkte von jeweils zwei Kräften ermitteln und diese als Momentenbezugspunkte wählen). Da der dazu erforderliche Rechenaufwand nicht kleiner ist als das Auflösen gekoppelter linearer Gleichungen, werden die beiden Kraft-Gleichgewichtsbeziehungen in horizontaler und vertikaler Richtung und das Momenten-Gleichgewicht um den Befestigungspunkt des Stabes 2 formuliert. Für das Aufschreiben des Momenten-Gleichgewichts verschiebt man die Kräfte F_1 und F_3 bis in die Punkte 1 bzw. 3 und zerlegt sie in zwei Komponenten, von denen jeweils nur eine einen Anteil liefert. Aus den drei Gleichungen

$$\rightarrow\quad F_3 \cos\beta + F_2 \cos\alpha - F_1 \cos\alpha = 0\,,$$
$$\uparrow\quad F_3 \sin\beta - (F_1 + F_2)\sin\alpha - (m_1 + m_2 + m_F)g = 0\,,$$
$$\text{②}\quad F_3\, 4a\cos\beta - F_1\, 6a\sin\alpha - (4{,}5\, m_1 + m_2 + 3\, m_F)g a + M_1 - M_2 = 0$$

errechnet man z. B. durch Umstellen der ersten Gleichung nach F_2, Einsetzen in die zweite Gleichung, die dann nach F_1 umgestellt und in die dritte Gleichung eingesetzt wird:

$$F_3 = \frac{1}{2}\,\frac{m_1 g \cot\alpha}{\cos\beta\,(3 - 4\cot\alpha) + 3\sin\beta\cot\alpha} = 5{,}789\; m_1 g$$

und damit: $F_1 = 0{,}297\; m_1 g\,, \qquad F_2 = -\,7{,}396\; m_1 g\,.$

5.4 Aufgaben

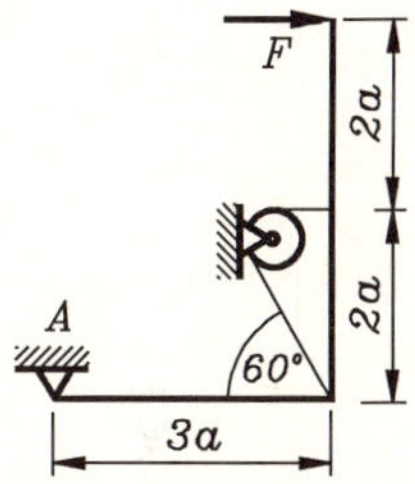

Aufgabe 5.1: Der skizzierte Hebel ist bei *A* gelenkig gelagert und wird zusätzlich durch ein über eine Umlenkrolle geführtes Seil gehalten.

Gegeben: *a*, *F*.

Gesucht: Horizontal- und Vertikalkomponente der Lagerkraft bei *A*.

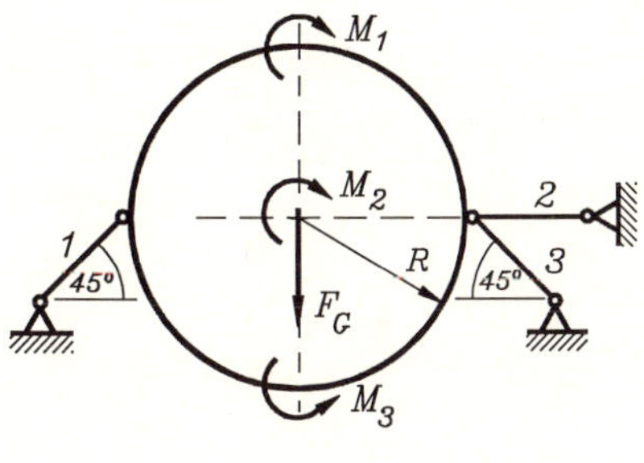

Aufgabe 5.2: Eine starre Kreisscheibe ist durch ihre im Mittelpunkt angreifende Eigengewichtskraft und die Momente M_1, M_2 und M_3 belastet.

Gegeben: $M_1 = 120\; Nm$, $M_2 = 180\; Nm$, $M_3 = 200\; Nm$, $F_G = 200\; N$, $R = 0{,}3\; m$.

Es sind die Stabkräfte 1, 2 und 3 zu berechnen.

Aufgabe 5.3: Das skizzierte statische Modell eines Hubwerks ist durch seine Eigengewichtskraft F_K und die beiden Massen m_1 und m_2 belastet. Die Masse m_2 hängt an einem Seil, das am Hubwerk befestigt ist, m_1 ist über ein Seil an einer Wand außerhalb des Hubwerks befestigt.

Gegeben: $F_K = 3\; kN$, $m_1 = 50\; kg$, $m_2 = 150\; kg$.

Man bestimme die Lagerkräfte bei A und B.

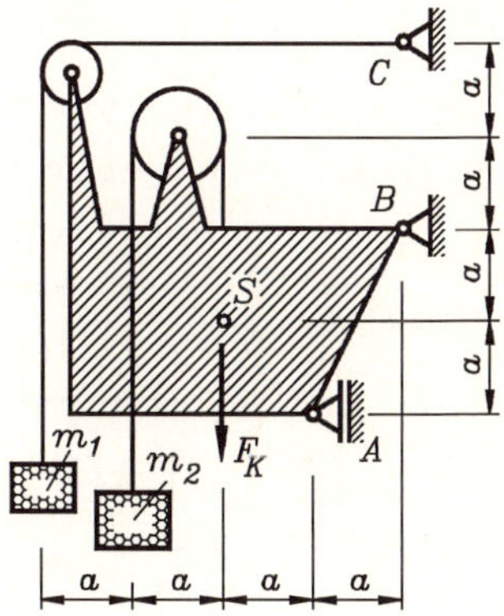

6 Ebene Systeme starrer Körper

6.1 Statisch bestimmte Systeme

Den erheblichen Vorteilen statisch bestimmter Lagerung steht oft der Nachteil gegenüber, nur eine sehr begrenzte Anzahl von Lagern anbringen zu können. Wie dieser Mangel behoben werden kann, soll zunächst an einem Beispiel erläutert werden.

Beispiel 1: Bei einer statisch bestimmt gelagerten Brücke größerer Spannweite soll durch Anbringen einer zusätzlichen Stütze die Tragfähigkeit erhöht werden. Natürlich scheidet die gestrichelt eingezeichnete Variante eines dritten Lagers aus, weil die Lagerung dann statisch unbestimmt wäre (jede geringfügige Absenkung einer Stütze würde das Tragverhalten grundsätzlich verändern).

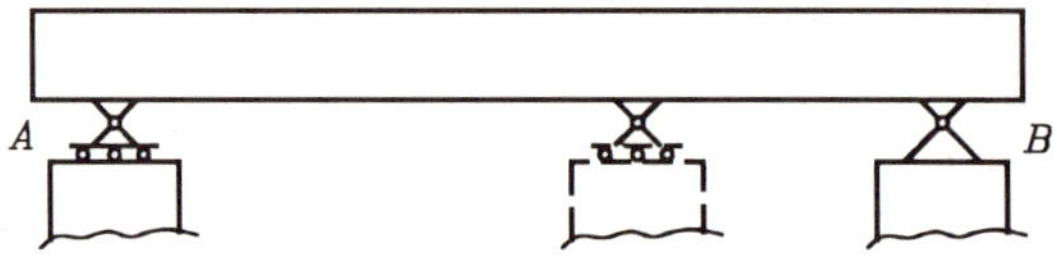

Wenn man nun zwei Brückenteile baut, das rechte Teilstück bei ***B*** und ***C*** lagert und für das linke Teilstück eine zusätzliche Stütze ***G*** vorsieht, entstehen zwei statisch bestimmt gelagerte Teilsysteme.

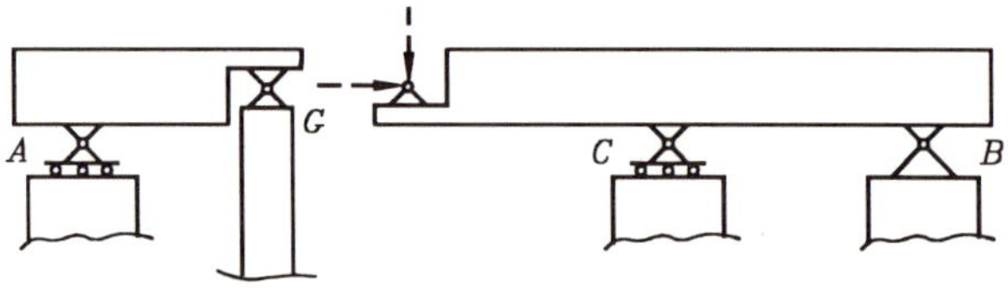

Es ist sicher einzusehen, daß die Teilsysteme auch dann noch statisch bestimmt gelagert sind, wenn der linke Teil nicht mehr auf der Zusatzstütze, sondern auf einem auf dem rechten Teil angebrachten Festlager gestützt wird, denn

- für den linken Teil ändert sich damit nichts und
- der rechte Brückenteil wird zwar durch zusätzliche Kräfte bei ***G*** belastet, aber zusätzliche Kräfte ändern an der statischen Bestimmtheit nichts, da diese nur durch die Lagerung beeinflußt wird.

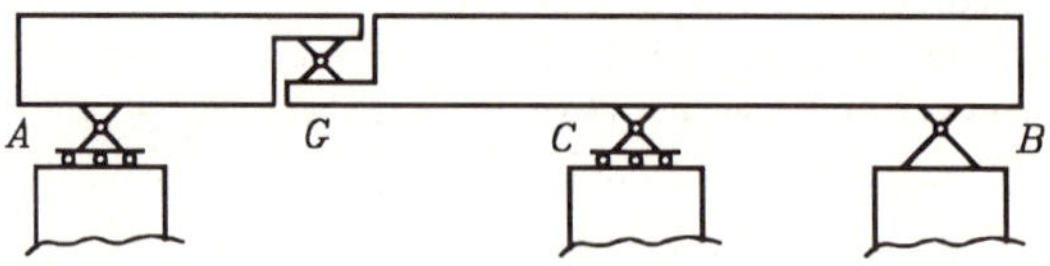

Fazit: Das Gesamtsystem mit einem Festlager, zwei Loslagern und dem ***Gelenk G*** ist statisch bestimmt.

Träger auf mehreren Stützen, die durch Einfügen von Gelenken zu statisch bestimmten Trägern wurden, werden Gerber-Träger genannt (nach G. H. GERBER, 1832 - 1912, auf den diese Idee zurückgeht). Sie haben alle im Abschnitt 5.3. diskutierten Vorteile. An dem skizzierten Beispiel wird deutlich, daß z. B. eine Absenkung der Mittelstütze nicht zu einer Verbiegung des Trägers führt, weil die beiden Trägerteile der Absenkung folgen können, indem sie eine etwas schräge Lage einnehmen.

Es ist üblich, einen Gerber-Träger mit Hilfe der bereits vereinbarten Lagersymbole und einem kleinen Kreis als Symbol für ein Gelenk darzustellen:

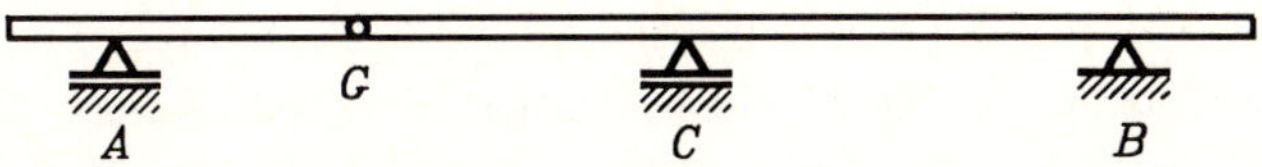

Natürlich können auch mehrere zusätzliche Lager durch weitere Gelenke ausgeglichen werden. Die beiden nachfolgend skizzierten Systeme sind wie das bereits betrachtete Beispiel statisch bestimmte Tragwerke:

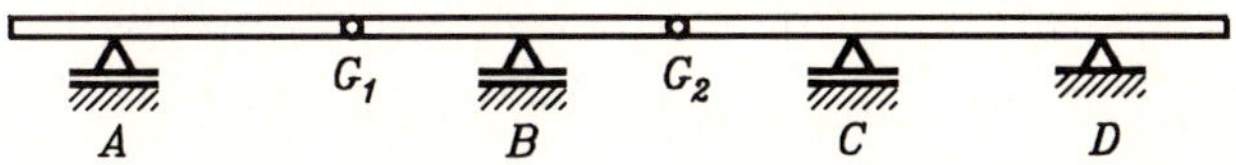

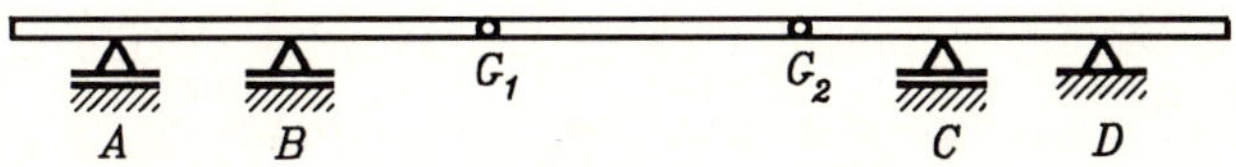

Der Gerber-Träger ist ein einfaches Beispiel eines "Systems starrer Körper". Die einzelnen Teile eines Starrkörpersystems können jedoch im allgemeinen auf unterschiedlichste Weise angeordnet sein (die Art ihrer Anordnung wird meist von der Funktion des Bauteils bestimmt), fast immer aber spielt das Gelenk als Verbindungselement eine wesentliche Rolle, häufig auch aus funktionalen Gründen.

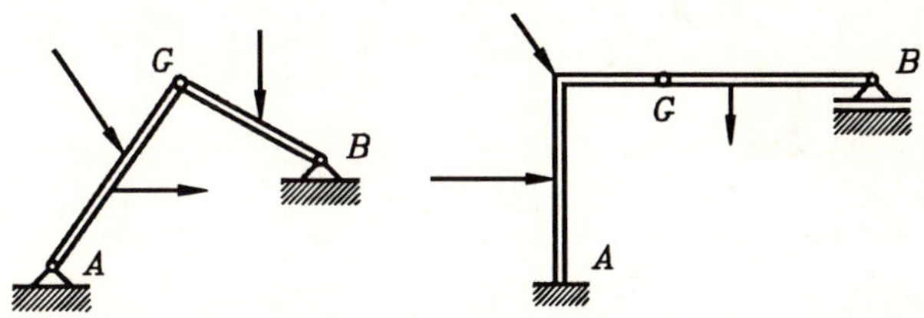

Zur Berechnung der Lagerreaktionen von Starrkörpersystemen ist das Gesamtsystem (Lösen von den Lagern und Antragen der Lagerreaktionen) im allgemeinen nicht ausreichend: Den drei Gleichgewichtsbedingungen stehen mehr als drei unbekannte Lagerreaktionen gegenüber. Es soll jedoch schon hier ausdrücklich darauf hingewiesen werden, daß die so zu gewinnenden drei Gleichungen richtig (und bei vielen Aufgaben auch nützlich) sind. Man kann nur allein aus diesen Gleichungen nicht sämtliche Lagerreaktionen ermitteln.

An dem einleitenden Beispiel eines einfachen Gerber-Trägers wurde deutlich, daß man ein Gelenk als ein an einem Teil angebrachtes Festlager auffassen kann, auf dem ein anderer Teil gelagert ist. Ein Gelenk kann also wie ein Festlager zwei Kraftkomponenten übertragen. Aus dieser Tatsache ergibt sich folgende

Strategie für die Berechnung von Gelenksystemen:

Das System wird von allen äußeren Bindungen (Lagern) gelöst (Freischneiden) und zusätzlich an den Gelenken zerschnitten, so daß mehrere Teilsysteme entstehen. An den beiden Schnittufern eines zerschnittenen Gelenks werden jeweils zwei Kraftkomponenten angetragen (gleich groß, aber entgegengesetzt gerichtet: Schnittprinzip!). Danach können für jedes Teilsystem drei Gleichgewichtsbedingungen formuliert werden.

Zu den unbekannten Lagerreaktionen kommen für jedes zerschnittene Gelenk noch zwei unbekannte Gelenkkräfte hinzu, für die nun aber auch eine größere Anzahl von Gleichungen zur Verfügung steht. Ein solches System kann nur statisch bestimmt sein, wenn die Anzahl der Gleichungen mit der Anzahl der Unbekannten übereinstimmt.

***Notwendige* Bedingung für die statische Bestimmtheit von Gelenksystemen:**

Gesamtanzahl der Gelenkkräfte (zwei pro Gelenk)

+

Gesamtanzahl der Lagerreaktionen

=

Gesamtanzahl der Gleichgewichtsbedingungen (drei pro Teilsystem)

Diese Bedingung ist für alle bisher betrachteten Systeme erfüllt. Es ist eine **notwendige** Bedingung (wenn sie nicht erfüllt ist, kann das System nicht statisch bestimmt sein), sie ist aber **nicht hinreichend**.

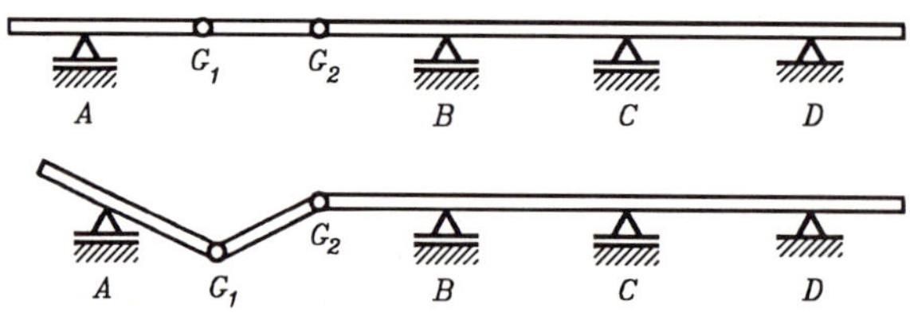

Für den nebenstehend skizzierten Gerber-Träger ist sie erfüllt, dieses Gelenksystem ist aber als Tragwerk untauglich. Das rechte Teilsystem ist statisch unbestimmt gelagert (als starrer Körper kann es zum Beispiel einer Stützenabsenkung nicht folgen), während die beiden linken Teile statisch unterbestimmt gelagert (und damit als Starrkörper beweglich) sind. Schon durch sein Eigengewicht würde ein solches Gelenksystem als Tragwerk versagen.

Es kommt also (wie beim einzelnen starren Körper) nicht nur auf die Anzahl der Bindungen an. Die Sonderfälle, bei denen trotz Erfüllung des notwendigen Kriteriums (gleiche Anzahl unbekannter Kräfte und Gleichgewichtsbedingungen) das System nicht statisch bestimmt ist, äußern sich durch Widersprüche in den Gleichungen. Diese Aussage ist leider nicht umkehrbar: Die meisten Widersprüche in Gleichgewichtsbedingungen werden nicht vom mechanischen System, sondern von dem, der es berechnen will, verursacht.

Hinweis zur Wortwahl: Bei Aufgabenstellungen der Praxis sind häufig Lager- oder Gelenkkräfte vorgegeben und gefragt sind zulässige Belastungen oder Abmessungen, so daß die vorgegebenen Werte nicht überschritten werden. Es ist deshalb nicht ganz korrekt, von den "unbekannten Lager- und Gelenkkräften" zu reden, genauer ist die dafür übliche Bezeichnung "Zwangskräfte". Für denjenigen, dem die hier angestellten Überlegungen neu sind, ist aber sicher die "nicht ganz saubere" Bezeichnungsweise zunächst verständlicher.

Beispiel 2: Für den skizzierten einfachen Gerber-Träger sind die Lager- und Gelenkkräfte zu bestimmen.

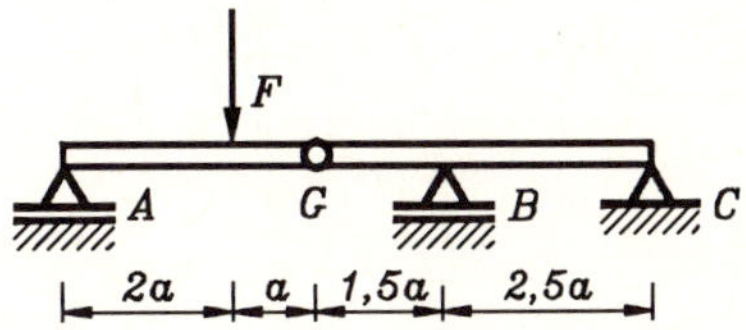

Gegeben: F .

Das System wird von den Lagern gelöst und am Gelenk ***G*** zerschnitten. Es entstehen die beiden Teilsysteme ***I*** und ***II*** mit insgesamt 6 unbekannten Kräften. Der Richtungssinn der Kräfte kann beliebig angenommen werden, es ist aber unbedingt darauf zu achten, daß die beiden Komponenten der Gelenkkraft F_{GH} und F_{GV} an den beiden Schnittufern des Gelenks (in den Teilsystemen ***I*** und ***II***) in entgegengesetzte Richtungen angetragen werden müssen (Schnittprinzip!).

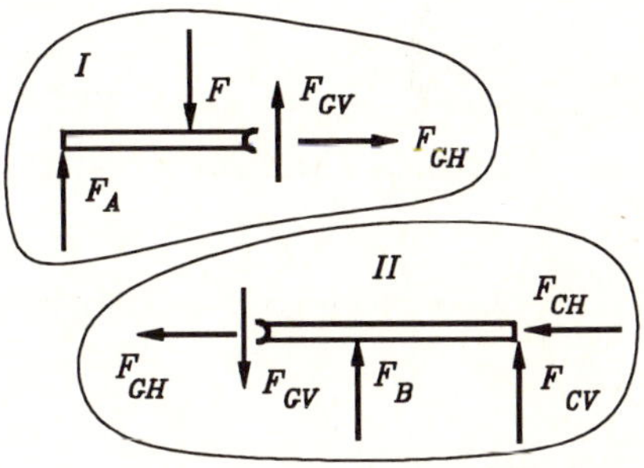

An jedem Teilsystem können drei Gleichgewichtsbedingungen formuliert werden, so daß 6 Gleichungen für die Berechnung der 6 Unbekannten zur Verfügung stehen. Gewählt werden jeweils das Kraft-Gleichgewicht in horizontaler Richtung und zwei Momenten-Gleichgewichtsbedingungen, so daß am System ***I*** (mit 3 Unbekannten) die Lagerkraft F_A und die beiden Gelenkkraftkomponenten sofort zu bestimmen sind. Am Teilsystem ***II*** (mit zunächst 5 Unbekannten) sind dann die beiden Gelenkkräfte bereits bekannt, und die restlichen Lagerreaktionen sind leicht zu ermitteln:

	→	F_{GH}	$= 0$	⇒	$F_{GH} = 0$
I :	Ⓐ	$F\,2a - F_{GV}\,3a$	$= 0$	⇒	$F_{GV} = \frac{2}{3}F$
	Ⓖ	$F_A\,3a - F\,a$	$= 0$	⇒	$F_A = \frac{1}{3}F$
	←	$F_{GH} + F_{CH}$	$= 0$	⇒	$F_{CH} = 0$
II :	Ⓒ	$F_B\,2{,}5a - F_{GV}\,4a$	$= 0$	⇒	$F_B = \frac{16}{15}F$
	Ⓑ	$F_{GV}\,1{,}5a + F_{CV}\,2{,}5a$	$= 0$	⇒	$F_{CV} = -\frac{2}{5}F$

Das Minuszeichen im Ergebnis für F_{CV} deutet an, daß diese Kraft (im Gegensatz zur willkürlichen Annahme) nach unten gerichtet ist.

Wenn es möglich ist, sollte man die Rechnung mit einem Teilsystem beginnen, an dem nur drei Unbekannte zu ermitteln sind. Da sich Rechenfehler auf die angrenzenden Teilsysteme über die Gelenkkräfte fortpflanzen, sollte man bei ihrer Berechnung sehr sorgfältig arbeiten. Nachfolgend werden weitere Beispiele statisch bestimmter Gelenksysteme vorgestellt:

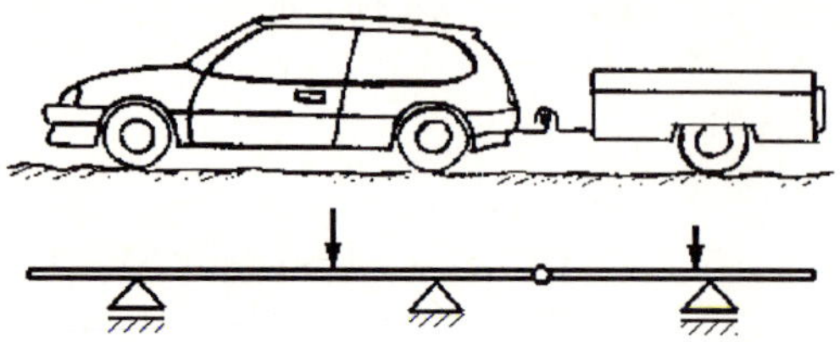

Beispiel 3: Als statisches Modell für die Berechnung von Achslasten und der Belastung der Kupplung dient für den skizzierten Pkw mit einachsigem Anhänger der Gerber-Träger. Das System ist statisch bestimmt, wenn die auf die Hinterräder wirkende Handbremse angezogen ist, wodurch eines der drei Lager zum Festlager wird (auf die Achslasten, die nur durch vertikal gerichtete Gewichtskräfte verursacht werden, hat diese Annahme ohnehin keinen Einfluß). Die Betrachtung beschränkt sich in diesem Kapitel natürlich auf das ebene Problem, womit Achslasten (und nicht die Kräfte an einem Rad) berechnet werden können.

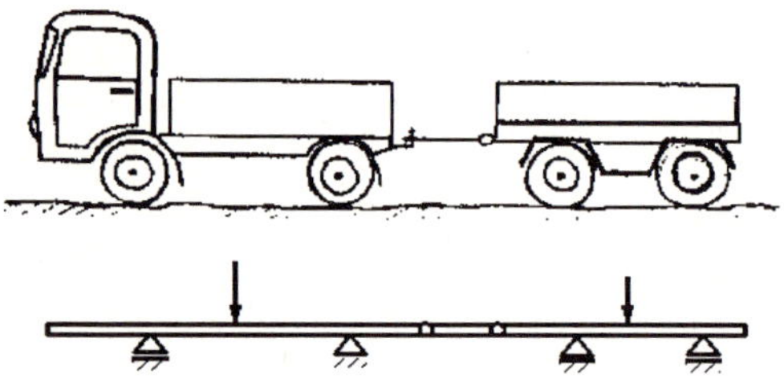

Beispiel 4: Während ein zweiachsiges Fahrzeug statisch bestimmt gelagert ist, muß für die drei Achsen eines Gespanns (Beispiel 3) durch ein Gelenk die Möglichkeit gegeben werden, Fahrbahnunebenheiten auszugleichen. Für den Lkw mit einem zweiachsigen Anhänger wird die statische Bestimmtheit erst durch zwei Gelenke hergestellt.

Beispiel 5: Schienenfahrwerke von Kranen und Förderanlagen werden häufig mit sehr vielen Rädern (manchmal mehr als 100 pro Schiene) ausgestattet, um die großen Lasten möglichst gleichmäßig zu verteilen. Das skizzierte statische Modell eines solchen Fahrwerks mit 8 Rädern verdeutlicht, wie die Last $\boldsymbol{F}$ jeweils über eine Traverse (gleichmäßig) auf zwei darunter liegende Traversen verteilt wird.

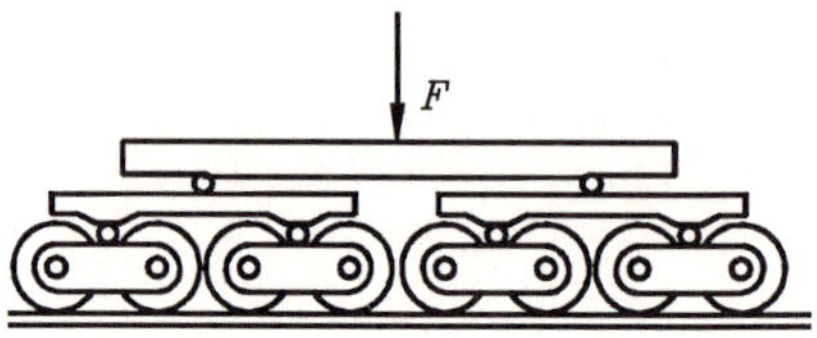

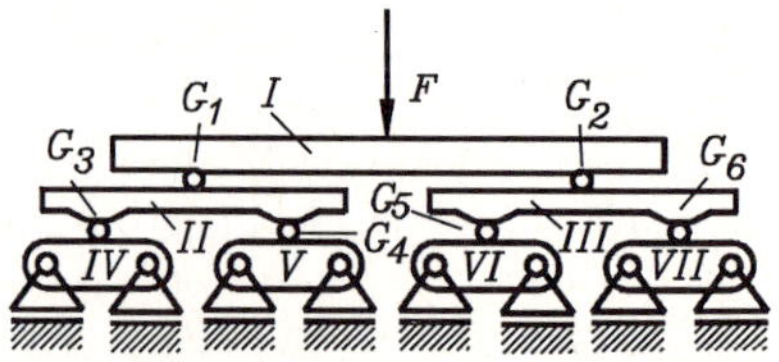

Für die Bestimmung der 12 Gelenkkraftkomponenten (6 Gelenke $\boldsymbol{G_1}$ bis $\boldsymbol{G_6}$) und 8 Lagerreaktionen (8 ungebremste Räder → 8 Loslager) stehen an 7 Teilsystemen ***I*** bis ***VII*** insgesamt $7 \cdot 3 = 21$ Gleichgewichtsbedingungen zur Verfügung (eine mehr als erforderlich, weil das Modell in horizontaler Richtung beweglich ist). Es läßt sich leicht nachvollziehen, daß wegen der Symmetrie der Konstruktion die Kraft $\boldsymbol{F}$ gleichmäßig auf die Räder (jeweils $\boldsymbol{F/8}$) verteilt wird.

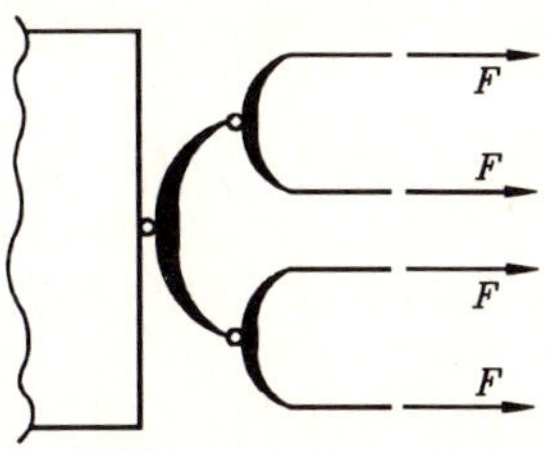

Beispiel 6: Das skizzierte Modell des Zuggeschirrs für einen von zwei Pferden gezogenen Wagen demonstriert die mittels Gelenksystem erzwungene gleichmäßige Belastung (ähnlich dem Prinzip des Kranfahrwerks): Beide Pferde müssen exakt die gleiche Zugkraft aufbringen und jedes Pferd wird "symmetrisch" belastet.

Beispiel 7: Wellen, die mehr als zweifach gelagert werden müssen, sollten durch Gelenke geometrische Ausgleichsmöglichkeiten (von Montageungenauigkeiten, Verschleiß, ...) gegeben werden, dreifach gelagerten Wellen z. B. durch eine elastische Kupplung, vierfach gelagerten Wellen durch Zwischenschaltung einer Kardanwelle.

Beispiel 8: Die nebenstehende Skizze zeigt eine handelsübliche Gripzange. Die spezielle Konstruktion dieser Zange ermöglicht das Zusammenhalten von Montageteilen, ohne ständig äußere Kräfte aufbringen zu müssen. Diese Eigenschaft spielt aber für die hier anzustellenden Betrachtungen keine Rolle.

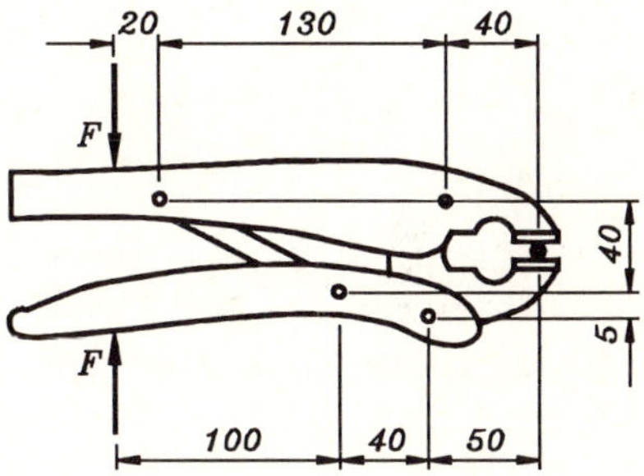

Die Zange ist durch die beiden Kräfte $\boldsymbol{F}$ belastet. Man bestimme für die in der Darstellung angegebenen Abmessungen die Kraft $\boldsymbol{F}_W$, die auf das Werkstück aufgebracht wird.

Gegeben: $\boldsymbol{F}$.

- Bei der Untersuchung der statischen Bestimmtheit der Zange stellt man fest, daß für die vier Teile der Zange insgesamt zwölf Gleichgewichtsbeziehungen aufgeschrieben werden können, denen nur neun Unbekannte (8 Gelenkkraftkomponenten an vier Gelenken und die gesuchte Kraft $\boldsymbol{F}_W$) gegenüberstehen. Das liegt daran, daß die Zange selbst nicht gelagert ist (also in der Ebene noch drei Freiheitsgrade hat). In der Aufgabenstellung ist dies bereits berücksichtigt, da die beiden die Zange belastenden Kräfte ein Gleichgewichtssystem bilden: Die drei Gleichgewichtsbeziehungen am Gesamtsystem sind bereits erfüllt.

  Wenn man die Aufgabe abändert, indem man eine der beiden Kräfte durch eine Einspannung (mit drei unbekannten Lagerreaktionen) ersetzt, wäre das Defizit an Unbekannten beseitigt. Als Ergebnis dieser Aufgabe würde man als vertikale Lagerreaktion wieder $\boldsymbol{F}$ erhalten, während die beiden übrigen Lagerreaktionen (Horizontalkomponente und Einspannmoment) gleich Null wären.

- Mit einigem Geschick läßt es sich vermeiden, daß bei der Berechnung der Zange sämtliche neun Unbekannten in die Rechnung eingehen. Es kommt darauf an, einen Satz von Gleichgewichtsbedingungen zu finden, so daß die Anzahl der Gleichungen mit der Anzahl der Unbekannten übereinstimmt. Vier Gleichungen mit vier Unbekannten sind nach dem bisher behandelten Berechnungsverfahren möglich, im nächsten Abschnitt wird gezeigt, daß sogar zwei Gleichungen mit zwei Unbekannten genügen.

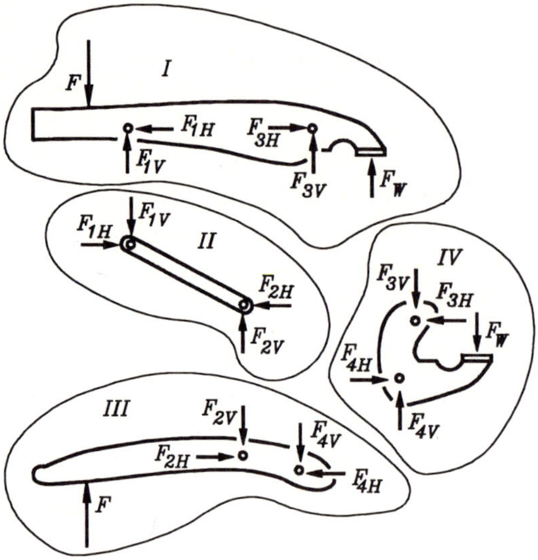

Mit dem Momentengleichgewicht um das Gelenk 3 des Teilsystems *I*

$$130\,F_{1V} - 150\,F - 40\,F_W = 0,$$

dem Kräftegleichgewicht in vertikaler Richtung am Teilsystem *II*

$$F_{2V} - F_{1V} = 0,$$

dem Momentengleichgewicht um das Gelenk 1 am Teilsystem *II*

$$40\,F_{2H} - 80\,F_{2V} = 0$$

und dem Momentengleichgewicht um das Gelenk 4 des Teilsystems *III*

$$140\,F + 5\,F_{2H} - 40\,F_{2V} = 0$$

stehen 4 Gleichungen mit 4 unbekannten Kräften zur Verfügung.

Die nicht gefragten Kräfte F_{1V}, F_{2V} und F_{2H} werden eliminiert, indem sie aus den letzten drei Gleichungen (in Abhängigkeit von F) berechnet und in die erste Gleichung eingesetzt werden. Man erhält für die auf das Werkstück ausgeübte Kraft $F_W = 11{,}4\,F$.

Beispiel 9: Das skizzierte zusammengesetzte System ist durch die Gewichtskraft F_G der an einem Seil hängenden Masse belastet. Man ermittle die Lagerreaktionen bei A und B und die Gelenkkraftkomponenten am Gelenk G.

Gegeben: a, F_G.

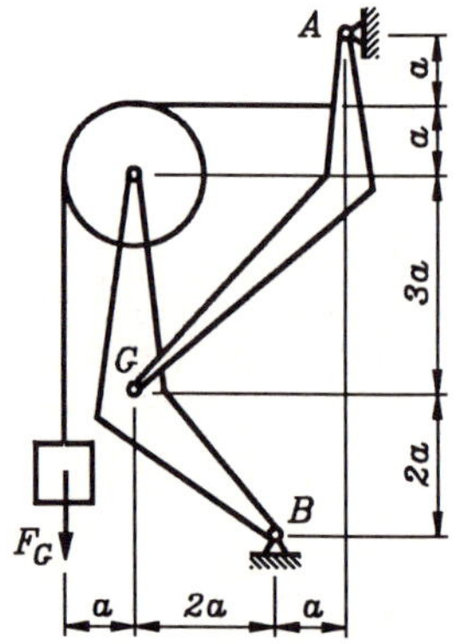

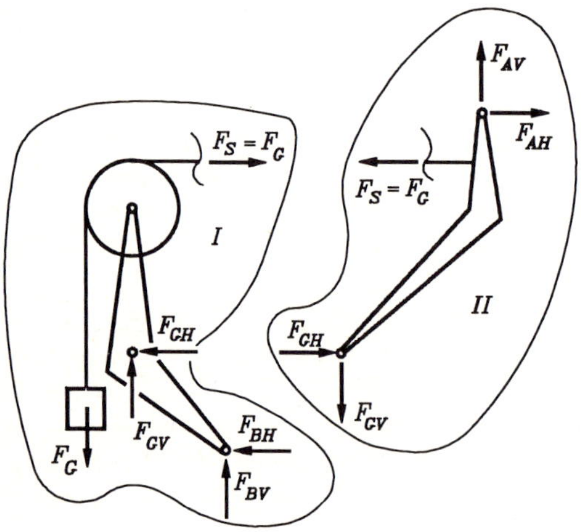

Um bei dieser Aufgabe die Teilsysteme freizuschneiden, muß auch das Seil geschnitten werden. Da eine Rolle eine Kraft nur umlenkt, wird als Seilkraft auch im horizontalen Teil des Seils die Gewichtskraft F_G angesetzt. Man könnte natürlich auch die Rolle selbst noch freischneiden (Schneiden im Lagerzapfen, einem "Gelenk"). Das Momentengleichgewicht um den Rollenmittelpunkt würde dann auch die Seilkraft $F_S = F_G$ ergeben.

Bei ungeschickter Auswahl der sechs Gleichgewichtsbeziehungen an den Teilsystemen ***I*** und ***II*** kann das Auflösen der Gleichungen aufwendig werden. Deshalb gilt folgende Empfehlung für Systeme mit zwei Festlagern und einem Gelenk (sogenannte ***Dreigelenksysteme***): Man schreibt zunächst die Momenten-Gleichgewichtsbedingungen um die Lager ***A*** und ***B*** (an den beiden Teilsystemen) auf und erhält ein Gleichungssystem mit nur zwei Unbekannten, aus dem die Gelenkkraftkomponenten berechnet werden können. Die Lagerreaktionen ergeben sich dann sehr einfach aus den Kraft-Gleichgewichtsbedingungen an den Teilsystemen. Aus

$$I: \quad (B) \qquad F_G\,6a - F_G\,3a + F_{GV}\,2a - F_{GH}\,2a = 0\,,$$

$$II: \quad (A) \qquad F_G\,a - F_{GH}\,5a - F_{GV}\,3a = 0$$

errechnet man die Gelenkkräfte

$$F_{GH} = \frac{11}{16} F_G\,, \quad F_{GV} = -\frac{13}{16} F_G$$

und aus den Kraft-Gleichgewichtsbedingungen die Lagerreaktionen

$$F_{AH} = \frac{5}{16} F_G\,, \quad F_{AV} = -\frac{13}{16} F_G\,, \quad F_{BH} = \frac{5}{16} F_G\,, \quad F_{BV} = \frac{29}{16} F_G\,.$$

6.2 Stäbe und Seile als Verbindungselemente

Definition:

Ein ***Stab*** ist in einem System starrer Körper mit genau **zwei** Gelenken mit den anderen Teilen des Systems verbunden. **Nur über diese Gelenke** werden Kräfte in den Stab eingeleitet.

Beispiel 1: Für das zusammengesetzte System, das zwei Stäbe als Verbindungselemente enthält, sind die Lagerreaktionen in den Lagern ***A*** und ***B*** zu ermitteln.

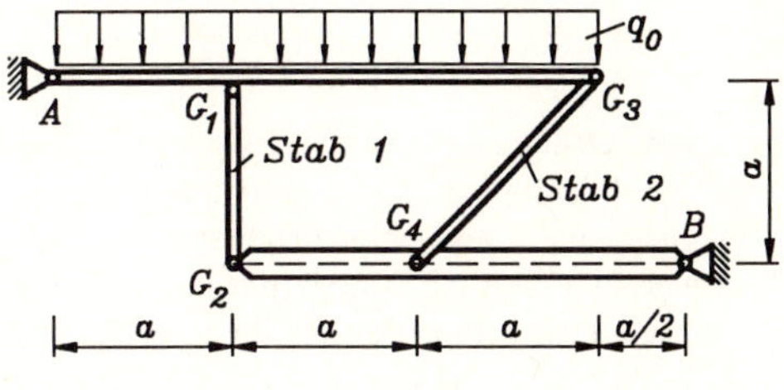

Gegeben: $\quad q_0\,,\ a\,.$

Für die Berechnung der 12 unbekannten Lager- und Gelenkkräfte (4 Lagerreaktionen der beiden Festlager, 8 Gelenkkraftkomponenten in den 4 Gelenken) stehen bei 4 Teilsystemen insgesamt 12 Gleichgewichtsbedingungen zur Verfügung: Das System ist statisch bestimmt.

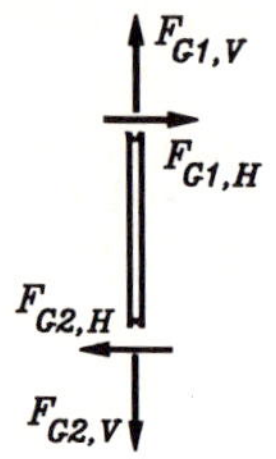

Die Rechnung vereinfacht sich wesentlich, wenn man berücksichtigt, daß zwei Teile des Systems die Kriterien erfüllen, die sie nach der eingangs gegebenen Definition als Stab ausweisen. Dies soll am Beispiel des Stabes 1 erläutert werden. Nach Herausschneiden aus dem Gesamtsystem und Antragen der Gelenkkräfte erkennt man, daß das vertikale Kraft-Gleichgewicht

$$F_{G1,V} = F_{G2,V}$$

liefert. Die Momenten-Gleichgewichtsbedingungen um die Gelenkpunkte führen auf:

$$F_{G1,H} = 0 \ , \quad F_{G2,H} = 0.$$

Entsprechende Ergebnisse würde man auch für den Stab 2 erhalten, wenn man die Gelenkkraftkomponenten in Stablängsrichtung bzw. senkrecht dazu anträgt. Allgemein gilt:

Ein Stab kann nur eine Kraft in Richtung der Verbindungslinie seiner beiden Gelenke übertragen.

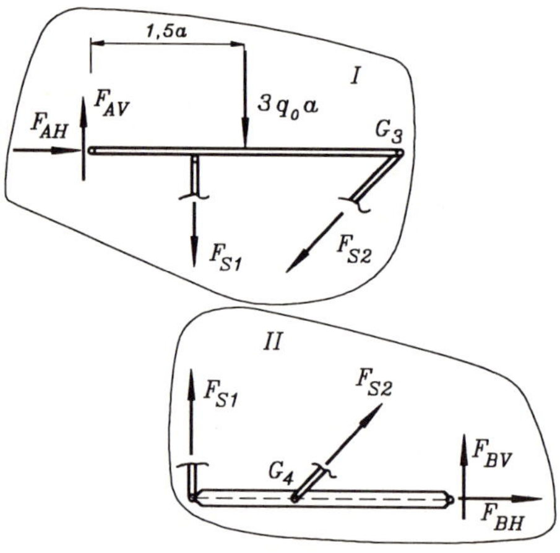

Man nutzt diese Erkenntnis, indem man den Stab nicht als Teilsystem, sondern als Verbindungselement behandelt: Der Stab wird geschnitten, und die Stabkraft wird (in Stablängsrichtung) als Schnittkraft angetragen (an Stelle von vier Gelenkkraftkomponenten). Es ist üblich, **Stabkräfte stets als Zugkräfte** (Pfeilspitze weist vom Schnittufer weg) anzutragen.

Für das betrachtete Beispiel reduziert sich die Anzahl der unbekannten Kräfte damit auf sechs, die Anzahl der Teilsysteme auf zwei. Aus den sechs Gleichgewichtsbedingungen errechnen sich die Lagerreaktionen

$$F_{AH} = -\,1{,}875\ q_0\,a, \quad F_{AV} = 2{,}250\ q_0\,a,$$
$$F_{BH} = 1{,}875\ q_0\,a, \quad F_{BV} = 0{,}750\ q_0\,a.$$

- Das Gleichungssystem für das gerade behandelte Beispiel läßt sich auch bei geschickter Wahl der Momentenbezugspunkte nicht so aufschreiben, daß an einem Teilsystem eine Unbekannte direkt berechnet werden kann, weil an jedem Teilsystem vier Kräfte unbekannt sind. Um ein Gleichungssystem mit sechs Unbekannten zu vermeiden, sollte man zunächst das Momenten-Gleichgewicht um den Punkt ***A*** (am System ***I***) und das Momenten-Gleichgewicht um den Punkt ***B*** (am System ***II***) aufschreiben. Aus diesen beiden Gleichungen errechnet man die Stabkräfte

  $$F_{S1} = 1{,}125\ q_0\,a\ , \quad F_{S2} = -\,2{,}652\ q_0\,a\ ,$$

  danach ist die Ermittlung der Lagerreaktionen einfach.

- Da Stabkräfte immer als Zugkräfte angenommen werden, kennzeichnet das Minuszeichen den Stab 2 als ***Druckstab***.
- Da in der Statik starrer Körper die Form des starren Körpers keine Rolle spielt, kann man die Eigenschaften des Stabes in jedem Fall nutzen, wenn ein Element die Bedingungen der eingangs gegebenen Definition erfüllt:

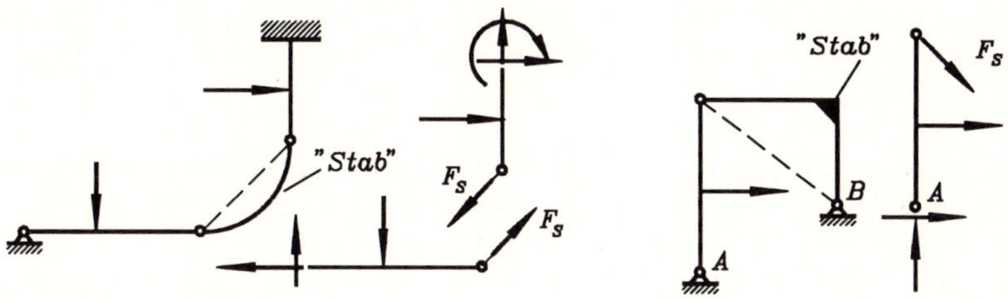

Beispiel 2: Das Problem der bereits im vorigen Abschnitt behandelten Gripzange ist unter Ausnutzung der Tatsache zu lösen, daß ein Element der Zange ein Stab ist. Man untersuche außerdem den Einfluß der einzelnen Abmessungen auf das Ergebnis.

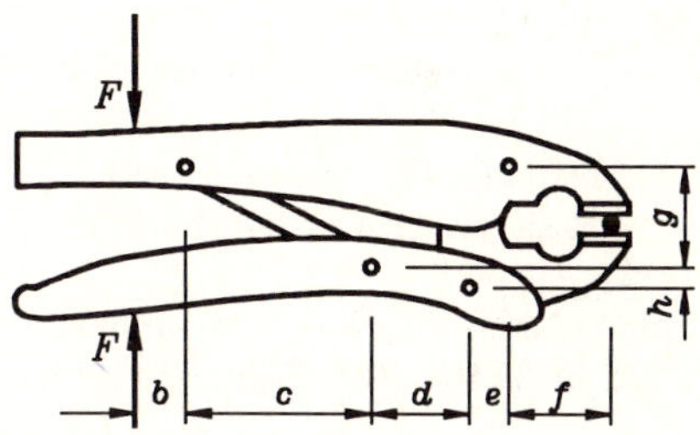

Gegeben: $F\,,\; b\,,\; c\,,\; d\,,\; e\,,\; f\,,\; g\,,\; h\,.$

Betrachtet werden nur der obere und der untere Zangenhebel. Beide sind durch einen Stab verbunden und über je ein Gelenk mit dem vierten Teilsystem. An den beiden Verbindungsgelenken 3 und 4 treten je zwei unbekannte Gelenkkräfte auf, die dann nicht in die Rechnung gelangen, wenn Momentengleichgewicht um diese Punkte gebildet wird.

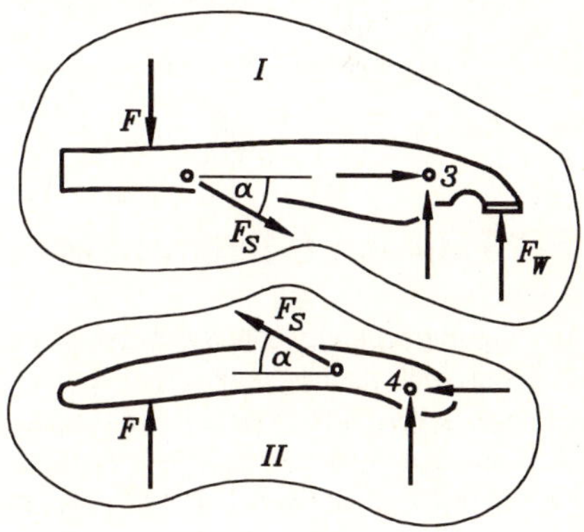

Das Momentengleichgewicht um den Punkt 4

$$F\,(b+c+d) + F_S\, d \sin\alpha - F_S\, h \cos\alpha = 0$$

liefert die Stabkraft

$$F_S = -\,\frac{b+c+d}{d\sin\alpha - h\cos\alpha}\,F\,,$$

die in das Momentengleichgewicht um den Punkt 3

$$F\,(b+c+d+e) + F_S \sin\alpha\,(c+d+e) + F_W f = 0$$

eingesetzt wird, und man erhält

$$F_W = \frac{F}{f}\left[\frac{(b+c+d)(c+d+e)}{d - h\cot\alpha} - (b+c+d+e)\right].$$

Mit $\cot\alpha = c/g$ (aus der Geometrie der Zange ablesbar) kann die auf das Werkstück ausgeübte Kraft durch die gegebenen Größen (Kraft F und die Abmessungen) ausgedrückt werden:

$$F_W = \frac{F}{f}\left[\frac{(b+c+d)(c+d+e)}{d-hc/g} - (b+c+d+e)\right] .$$

Mit den im vorigen Abschnitt gegebenen Abmessungen der Zange $b = 20\ mm$, $c = 80\ mm$, $d = 40\ mm$, $e = 10\ mm$, $f = 40\ mm$, $g = 40\ mm$ und $h = 5\ mm$ erhält man wieder das dort bereits angegebene Ergebnis $F_W = 11{,}4\ F$. Das jetzt gefundene allgemeine Ergebnis gestattet folgende Überlegungen:

- Der Nenner des Bruchs in der Klammer kann beliebig klein und damit F_W beliebig groß gemacht werden. Wenn die Anschlußgelenke des Verbindungsstabes und das Gelenk 4 auf einer Geraden liegen, gilt $c/g = d/h$, und der Nenner des Bruchs wird Null (dann bewegt sich das Zangenmaul allerdings nicht mehr). F_W wird umso größer, je näher das Gelenk 4 an dieser Geraden liegt.
- Interessant ist, daß die Abmessung b keinen nennenswerten Einfluß auf das Ergebnis hat und sogar negativ werden könnte, so daß es weitgehend egal ist, wo die Kräfte F angreifen.

  Praktisch realisiert man die Regulierung der Kraft F_W durch eine Stellschraube, die das linke obere Gelenk horizontal verschiebt, wodurch sich der Quotient c/g ändert.

Die in diesem Abschnitt für den Stab angestellten Überlegungen gelten sinngemäß auch für Seile unter Beachtung folgender Besonderheit:

Ein ***Seil*** als Verbindungselement in einem System starrer Körper wird genauso wie ein Stab behandelt. Da Seile jedoch nur auf Zug belastet werden können, dürfen die Seilkräfte nicht negativ werden ($F_S \geq 0$). Eine negative Seilkraft ist ein sicheres Indiz für einen Fehler (in der Konstruktion oder in der Rechnung).

6.3 Lineare Gleichungssysteme

Bei der Berechnung von Systemen starrer Körper kann die Anzahl der aufzuschreibenden Gleichgewichtsbedingungen sehr groß werden. Durch geschickte Wahl der Momenten-Bezugspunkte und strategisch günstiges Vorgehen (z. B. Beginn mit einem Teilsystem, an dem nur drei Unbekannte auftreten) kann man das Gleichungssystem oft so entkoppeln, daß auch bei komplizierten Systemen die Handrechnung zum Ziel führt.

Wenn die Rechnung zu aufwendig (und damit natürlich auch fehleranfälliger) wird, sollte man die Hilfe des Computers in Anspruch nehmen. In diesem Fall sind für das Aufschreiben der Gleichgewichtsbedingungen andere Strategien empfehlenswert, die in diesem Abschnitt behandelt werden sollen.

Die Gleichgewichtsbedingungen sind linear in den unbekannten Größen (Lagerreaktionen, Gelenkkräfte, Stabkräfte, ...), sie stellen aus mathematischer Sicht also ein ***lineares Gleichungssystem*** dar.

Ein lineares Gleichungssystem wird in geordneter Form so aufgeschrieben, daß auf der linken Seite die Unbekannten und auf der rechten Seite die bekannten Werte stehen, z. B.:

$$\begin{array}{rcrcrcr} & & 2\,x_2 & - & x_3 & = & 2 \\ 4\,x_1 & + & x_2 & & & = & 11 \\ 8\,x_1 & + & 5\,x_2 & - & 6\,x_3 & = & 7 \end{array}$$

Die Information, die ein solches Gleichungssystem beschreibt (und einem Rechenprogramm eingegeben werden muß), besteht aus

- der **Anzahl der Gleichungen** n (hier: $n = 3$),
- den $n \cdot n$ **Koeffizienten** der Unbekannten (wenn Unbekannte in einer Gleichung nicht vorkommen, haben die zugehörigen Koeffizienten den Wert Null),
- den n bekannten Werten auf der **rechten Seite** (natürlich könnte man diese auch links vom Gleichheitszeichen anordnen, aber der Begriff "rechte Seite" ist gebräuchlich).

Es ist üblich (und als Vorbereitung für die Computerrechnung empfehlenswert), das Gleichungssystem in Matrixschreibweise zu formulieren:

$$\begin{bmatrix} 0 & 2 & -1 \\ 4 & 1 & 0 \\ 8 & 5 & -6 \end{bmatrix} \begin{bmatrix} x_1 \\ x_2 \\ x_3 \end{bmatrix} = \begin{bmatrix} 2 \\ 11 \\ 7 \end{bmatrix} , \qquad \textit{Kurzform:} \quad \boldsymbol{A}\,\boldsymbol{x} = \boldsymbol{b}$$

mit der ***Koeffizientenmatrix A*** und dem ***Vektor der rechten Seite b***:

$$\boldsymbol{A} = \begin{bmatrix} 0 & 2 & -1 \\ 4 & 1 & 0 \\ 8 & 5 & -6 \end{bmatrix} , \quad \boldsymbol{b} = \begin{bmatrix} 2 \\ 11 \\ 7 \end{bmatrix} .$$

Das Ziel der Berechnung ist der ***Vektor der Unbekannten x***. Für das betrachtete Beispiel ergibt sich das nebenstehend angegebene Ergebnis. Man beachte, daß die beim Aufschreiben des Gleichungssystem beliebig zu wählende Reihenfolge der Elemente im Vektor $\boldsymbol{x}$ und die ebenfalls beliebige Reihenfolge der Gleichungen die Anordnung der Elemente in $\boldsymbol{A}$ und $\boldsymbol{b}$ dann eindeutig festlegen.

$$\boldsymbol{x} = \begin{bmatrix} x_1 \\ x_2 \\ x_3 \end{bmatrix} = \begin{bmatrix} 2 \\ 3 \\ 4 \end{bmatrix} .$$

♦ Wenn die Gleichgewichtsbedingungen für die Computerrechnung aufbereitet werden, braucht man natürlich nicht auf die Entkopplung der Gleichungen (Bevorzugung der Momenten-Gleichgewichtsbedingungen, sorgfältige Wahl der Bezugspunkte, ...) zu achten, im Gegenteil: Man sollte in diesem Fall die im allgemeinen einfacher zu formulierenden Kraft-Gleichgewichtsbedingungen bevorzugen.

Als allgemeine Empfehlung darf gelten: Da richtig aufgeschriebene und korrekt eingegebene Gleichungssysteme vom Computer zuverlässig gelöst werden, ist einfaches (und damit weniger fehleranfälliges) Formulieren der Gleichungen zu bevorzugen.

Beispiel 1: Für das im vorigen Abschnitt einleitend behandelte Beispiel 1 soll das Gleichungssystem für die Computerrechnung aufbereitet werden.

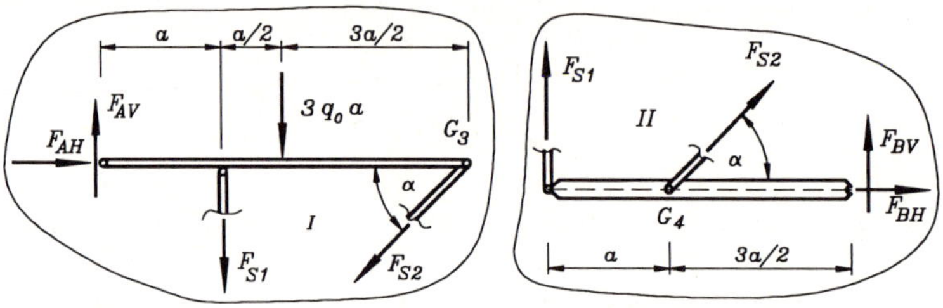

Im Gegensatz zu der für die Handrechnung empfohlenen Strategie werden jetzt die Kraft-Gleichgewichtsbedingungen für beide Teile und die Momenten-Gleichgewichtsbedingungen um die Gelenkpunkte 3 bzw. 4 aufgeschrieben, und man erhält ein (für die Handrechnung ungünstiges) Gleichungssystem mit sechs Unbekannten:

$$
\begin{array}{llllllll}
 & \rightarrow & F_{AH} & & & & -F_{S2}\cos\alpha & & = 0 \\
I: & \uparrow & & F_{AV} & & -F_{S1} & -F_{S2}\sin\alpha & -3\,q_0 a & = 0 \\
 & \circlearrowright G_3 & & F_{AV}3a & & -F_{S1}2a & & -3\,q_0 a\,1{,}5a & = 0 \\
 & \rightarrow & & & F_{BH} & & +F_{S2}\cos\alpha & & = 0 \\
II: & \uparrow & & & F_{BV} & +F_{S1} & +F_{S2}\sin\alpha & & = 0 \\
 & \circlearrowright G_4 & & & -F_{BV}1{,}5a & +F_{S1}a & & & = 0
\end{array}
$$

Die gewählte Schreibweise dient der Vorbereitung der Einspeicherung in die Matrixform. Vorab werden die beiden Momenten-Gleichgewichtsbedingungen durch a dividiert. Die Anteile, die mit keiner Unbekannten gekoppelt sind (dafür aber alle den Faktor $q_0\,a$ enthalten), werden auf die rechte Seite gebracht, und man erhält:

$$
\begin{bmatrix}
1 & 0 & 0 & 0 & 0 & -\cos\alpha \\
0 & 1 & 0 & 0 & -1 & -\sin\alpha \\
0 & 3 & 0 & 0 & -2 & 0 \\
0 & 0 & 1 & 0 & 0 & \cos\alpha \\
0 & 0 & 0 & 1 & 1 & \sin\alpha \\
0 & 0 & 0 & -1{,}5 & 1 & 0
\end{bmatrix}
\begin{bmatrix} F_{AH} \\ F_{AV} \\ F_{BH} \\ F_{BV} \\ F_{S1} \\ F_{S2} \end{bmatrix}
=
\begin{bmatrix} 0 \\ 3 \\ 4{,}5 \\ 0 \\ 0 \\ 0 \end{bmatrix} q_0\,a
$$

$$
\begin{array}{cccccc}
\uparrow & \uparrow & \uparrow & \uparrow & \uparrow & \uparrow \\
F_{AH} & F_{AV} & F_{BH} & F_{BV} & F_{S1} & F_{S2}
\end{array}
$$

- Die Reihenfolge der Kräfte im Vektor der Unbekannten und die Reihenfolge der Gleichungen konnten beliebig gewählt werden. Nach der Festlegung der Reihenfolge korrespondieren die Elemente der **i-ten Spalte der Koeffizientenmatrix** mit dem **i-ten Element im Vektor der Unbekannten**. Die Elemente einer Zeile gehören zu einer Gleichung.

- Die Elemente der Koeffizientenmatrix sind Zahlenwerte, weil die Momenten-Gleichgewichtsbedingungen durch a dividiert wurden und der Winkel α aus der Skizze der Aufgabenstellung entnommen werden kann (α = **45°**).

- Auch der Vektor der rechten Seite enthält nur noch Zahlenwerte, nachdem $q_0 a$ als gemeinsamer Faktor aller Elemente ausgeklammert wurde. Damit stehen die 36 Zahlenwerte der Koeffizientenmatrix und die 6 Zahlenwerte des Vektors der rechten Seite als Eingabewerte für ein Computerprogramm bereit. Man beachte, daß trotz reiner Zahlenrechnung im Computer das Problem parametrisiert wurde: Das Ergebnis gilt für beliebiges $q_0 a$. Natürlich müssen die 6 Zahlenwerte, die die Computerrechnung als Ergebnis (Vektor der Unbekannten) liefert, noch mit dem Faktor $q_0 a$ multipliziert werden.

- Es ist typisch für Probleme der Statik, daß die Koeffizientenmatrix des Gleichungssystems die Geometrie des statischen Systems widerspiegelt (sie ändert sich, wenn man die Abmessungen oder Winkel ändert). Der Vektor der rechten Seite dagegen enthält die gegebene Belastung.

- Bei mehreren voneinander unabhängigen Lasten ist es empfehlenswert, für jede Last eine eigene rechte Seite vorzusehen (Arbeit mit mehreren ***Belastungsvektoren)***. Der Vorbereitungsaufwand wird dadurch kaum größer, der Mehraufwand für die Berechnung (ohnehin für den Computer) ist nicht nennenswert, aber es ergibt sich ein wichtiger Vorteil: Im Berechnungsergebnis bleibt transparent, welche Anteile die einzelnen Lasten an den errechneten Größen haben.

Beispiel 2: Das System des Beispiels 1 wird durch eine zusätzliche vertikale Einzelkraft F am Gelenk G_3 belastet.

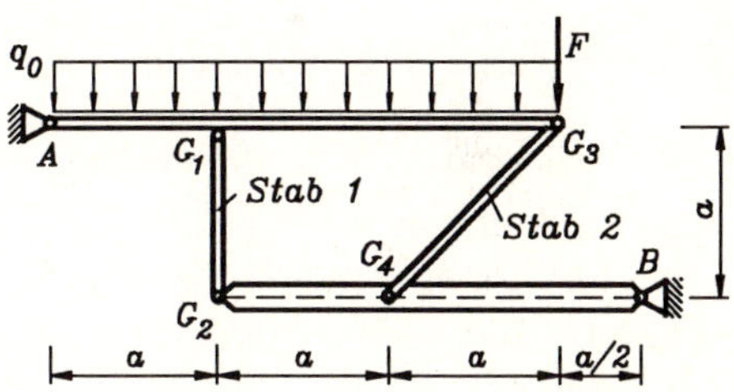

Gegenüber dem Beispiel 1 ändert sich nur die zweite Gleichgewichtsbeziehung (vertikales Kräfte-Gleichgewicht am Teilsystem I). Die Koeffizientenmatrix bleibt unverändert, das zweite Element im Vektor der rechten Seite muß um den Summanden F ergänzt werden. Wie nebenstehend dargestellt, wird dieser Vektor in die Summe zweier Vektoren zerlegt, und es ist ein **Gleichungssystem mit zwei rechten Seiten** zu lösen.

$$\begin{bmatrix} 0 \\ 3q_0a + F \\ 4{,}5\,q_0a \\ 0 \\ 0 \\ 0 \end{bmatrix} = \begin{bmatrix} 0 \\ 3 \\ 4{,}5 \\ 0 \\ 0 \\ 0 \end{bmatrix} q_0a + \begin{bmatrix} 0 \\ 1 \\ 0 \\ 0 \\ 0 \\ 0 \end{bmatrix} F$$

Nachfolgend ist ein Ausschnitt aus dem Ergebnisdruck zu sehen, der bei Lösung dieses Gleichungssystems mit dem Programm der beiliegenden Diskette entstand:

```
25. 8.1992
CAMMPUS 3.0                  GAUSS-Algorithmus                    MLINEQ 1.1

Matrix A:   Zeilenanzahl      N   =   6     Spaltenanzahl  N   =      6
Matrix B:   Spaltenanzahl     NB  =   2     Pivot-Test mit EPS = .10E-09

     ***  Rechte Seite(n) (Matrix B)  ***

     I          1. Spalte                2. Spalte

     1         .0000000000              .0000000000
     2        3.0000000000             1.0000000000
     3        4.5000000000              .0000000000
     4         .0000000000              .0000000000
     5         .0000000000              .0000000000
     6         .0000000000              .0000000000

     ********  Loesungsvektor(en) X  ********

     I      1. Loesungsvektor       2. Loesungsvektor

     1        -1.8750000000           -1.2500000000
     2          .2500000000             .5000000000
     3         1.8750000000            1.2500000000
     4          .7500000000             .5000000000
     5         1.1250000000             .7500000000
     6        -2.6516504294           -1.7677669530
```

Die beiden rechten Seiten des Gleichungssystems ergeben zwei Lösungsvektoren. Nebenstehend wird gezeigt, wie dann das Ergebnis aus diesen beiden Anteilen zusammenzusetzen ist:

Für jede errechnete Kraft ist je ein Element aus den beiden Lösungsvektoren zu entnehmen, und der Einfluß der einzeln Lasten auf die Ergebnisse bleibt transparent.

$$\begin{bmatrix} F_{AH} \\ F_{AV} \\ F_{BH} \\ F_{BV} \\ F_{S1} \\ F_{S2} \end{bmatrix} = \begin{bmatrix} -1{,}875 \\ 2{,}250 \\ 1{,}875 \\ 0{,}750 \\ 1{,}125 \\ -2{,}652 \end{bmatrix} q_0 a + \begin{bmatrix} -1{,}250 \\ 0{,}500 \\ 1{,}250 \\ 0{,}500 \\ 0{,}750 \\ -1{,}768 \end{bmatrix} F$$

- Die Bedingungen für eine **eindeutige Lösung eines linearen Gleichungssystems** sind:
  a) Die Anzahl der Gleichungen muß mit der Anzahl der Unbekannten übereinstimmen (Koeffizientenmatrix hat gleiche Zeilen- und Spaltenzahl, sie ist "quadratisch").
  b) Die Koeffizientenmatrix muß "regulär" sein (der Wert der Determinante der Matrix muß ungleich Null sein), was immer dann der Fall ist, wenn zwischen den einzelnen Gleichungen keine "linearen Abhängigkeiten" bestehen.

Diese Bedingungen sind für korrekt aufgeschriebene Gleichgewichtsbedingungen eines **statisch bestimmten Systems** immer erfüllt. Wenn Probleme bei der Lösung des Gleichungssystems auftreten (Computerprogramm äußert sich z. B. mit der Bemerkung: "Koeffizientenmatrix ist singulär", d. h. "nicht regulär"), ist entweder das mechanische System nicht statisch bestimmt gelagert (es liegt z. B. einer der diskutierten Sonderfälle vor, die noch eine Bewegungsmöglichkeit zulassen), oder die Gleichgewichtsbedingungen wurden nicht korrekt formuliert (z. B. vier an einem Teilsystem, an einem anderen dafür nur zwei), oder aber man ist in irgendeine andere Falle gestolpert (z. B. falsche Eingabe der Zahlenwerte in den Computer).

♦ Größen unterschiedlicher Dimension im Vektor der Unbekannten (z. B. Kräfte und Momente) sollten vermieden werden, weil dann zwangsläufig auch die Elemente der Koeffizientenmatrix unterschiedliche Dimensionen haben müssen, so daß ein Herausziehen gemeinsamer Faktoren unmöglich sein kann. Natürlich kann man (unter Verzicht auf Allgemeingültigkeit der Rechnung) durch Übergang zur Zahlenrechnung diese Probleme umgehen, besser ist der im nächsten Beispiel demonstrierte Weg.

Beispiel 3: Die skizzierte Arbeitsbühne ist durch die Kraft $\boldsymbol{F}$ belastet. Man ermittle die durch $\boldsymbol{F}$ hervorgerufenen Lagerreaktionen bei $\boldsymbol{A}$, die Kräfte in den Stäben 1 und 2 und die Seilkraft $\boldsymbol{F_S}$.

Gegeben: $a\ ,\ F\ ,\ \alpha = 50°\ .$

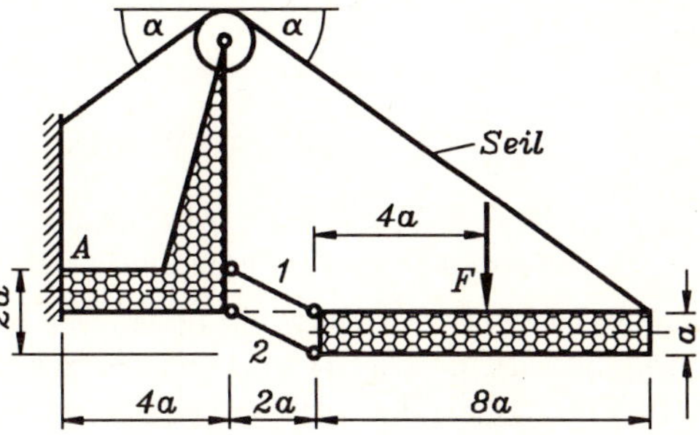

Für die Handrechnung würde man am rechten Teil des Systems beginnen, weil dort nur 3 Unbekannte vorhanden sind. Die wegen der Geometrie des System etwas unbequeme Rechnung kann jedoch durchaus schon zur Lösung des Gleichungssystems mit dem Computer verleiten.

Entsprechend nebenstehender Schnittskizze lassen sich die 6 Gleichgewichtsbedingungen an den beiden Teilsystemen zum Beispiel folgendermaßen formulieren:

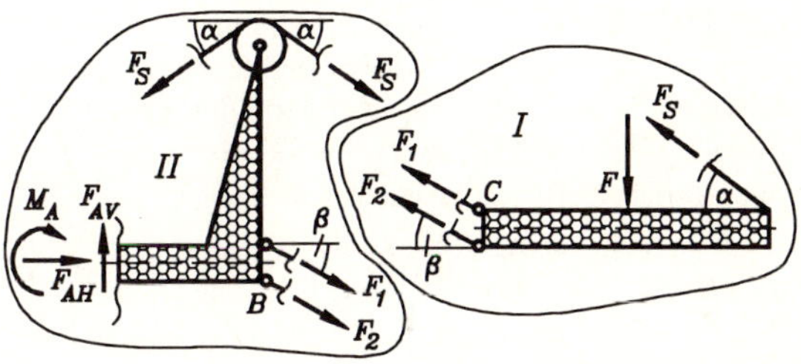

$$
\begin{array}{lllllll}
\leftarrow & F_1\cos\beta & +F_2\cos\beta & +F_S\cos\alpha & & & =0\\
I:\ \uparrow & F_1\sin\beta & +F_2\sin\beta & +F_S\sin\alpha & & -F & =0\\
\circlearrowleft C & & F_2\,a\cos\beta & -F_S\,8a\sin\alpha & & +F\,4a & =0\\
\rightarrow & F_1\cos\beta & +F_2\cos\beta & & +F_{AH} & & =0\\
II:\ \downarrow & F_1\sin\beta & +F_2\sin\beta & +2\,F_S\sin\alpha & -F_{AV} & & =0\\
\circlearrowleft B & F_1\,a\cos\beta & & & +F_{AH}\,a/2\ +F_{AV}\,4a & +M_A & =0
\end{array}
$$

Um das Aufschreiben der Gleichgewichtsbedingungen zu vereinfachen, wurde der (durch die gegebenen Abmessungen bekannte) Winkel β eingeführt.

Wenn die beiden Momenten-Gleichgewichtsbedingungen durch die Abmessung $\boldsymbol{a}$ dividiert werden, bleibt diese Größe nur in dem Ausdruck M_A/a erhalten, der die Dimension einer Kraft hat (wie die übrigen Unbekannten). M_A/a wird nun an Stelle von M_A als neue Unbekannte verwendet, und die Zahlenrechnung wird von der Abmessung $\boldsymbol{a}$ unabhängig.

$$\begin{bmatrix} \cos\beta & \cos\beta & \cos\alpha & 0 & 0 & 0 \\ \sin\beta & \sin\beta & \sin\alpha & 0 & 0 & 0 \\ 0 & \cos\beta & -8\sin\alpha & 0 & 0 & 0 \\ \cos\beta & \cos\beta & 0 & 1 & 0 & 0 \\ \sin\beta & \sin\beta & 2\sin\alpha & 0 & -1 & 0 \\ \cos\beta & 0 & 0 & 1/2 & 4 & 1 \end{bmatrix} \begin{bmatrix} F_1 \\ F_2 \\ F_S \\ F_{AH} \\ F_{AV} \\ M_A/a \end{bmatrix} = \begin{bmatrix} 0 \\ 1 \\ -4 \\ 0 \\ 0 \\ 0 \end{bmatrix} F \Rightarrow \begin{bmatrix} F_1 \\ F_2 \\ F_S \\ F_{AH} \\ F_{AV} \\ M_A/a \end{bmatrix} = \begin{bmatrix} -12{,}553 \\ 10{,}937 \\ 2{,}249 \\ 1{,}446 \\ 2{,}723 \\ -0{,}386 \end{bmatrix} F$$

Gleichungssystem in Matrixform Lösung

Das Gleichungssystem kann dann in der oben angegebenen Form formuliert werden und hat mit den Zahlenwerten der Aufgabenstellung die daneben aufgeschriebene Lösung.

Die Benutzung des Computers zur Lösung des Gleichungssystems kann dazu verleiten, das Nachdenken über günstige Möglichkeiten beim Aufschreiben der Gleichgewichtsbedingungen durch Mehraufwand bei der Berechnung zu ersetzen. Ob dies vernünftig ist oder nicht, kann nicht generell entschieden werden. Vernünftig ist es jedenfalls, wenn man versucht, möglichst schnell zu einem (richtigen) Ergebnis zu kommen.

Beispiel 4: Für die in den Abschnitten 6.1 und 6.2 bereits untersuchte Gripzange wurde dort mit 4 bzw. 2 Gleichgewichtsbedingungen die Kraft am Zangenmaul berechnet. Um die Rechnung so effektiv durchzuführen, mußte man recht geschickt vorgehen. Dies gelingt leider nicht immer. Glücklicherweise kann man bei solchen Aufgaben Geschicklichkeit durch Aufwand ersetzen und letzteren weitgehend dem Computer übertragen.

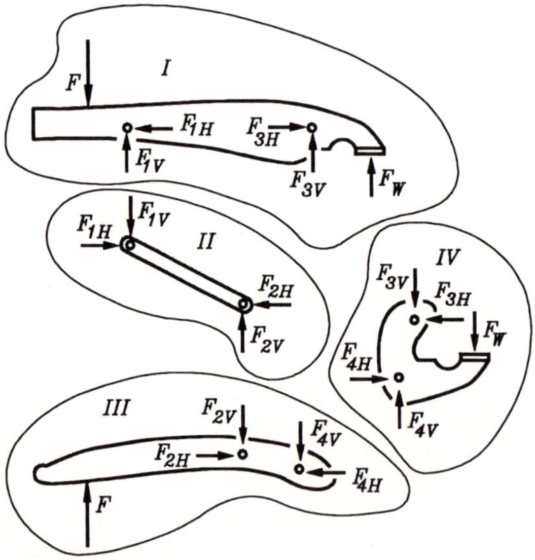

Die dargestellte Schnittskizze berücksichtigt nicht, daß Teil ***II*** ein Stab ist. Wenn man auch nicht darüber nachdenken möchte, wie man die Anzahl der Gleichungen möglichst gering halten kann, muß man für die 9 Unbekannten 9 Gleichgewichtsbedingungen bereitstellen, z. B. je drei Bedingungen für die Teile ***I***, ***II*** und ***IV*** (von den maximal 12 möglichen Gleichgewichtsbedingungen an vier Teilsystemen werden drei nicht benötigt, weil das Gleichgewicht am Gesamtsystem per Aufgabenstellung schon erfüllt ist, vgl. die diesbezügliche Diskussion im Abschnitt 6.1).

Mit den Abmessungen, wie sie im Beispiel 8 des Abschnitts 6.1 bereits verwendet wurden, ergibt sich das folgende Gleichungssystem (die Momenten-Gleichgewichtsbedingungen wurden durch eine Bezugslänge **40 *mm*** dividiert, aus dem Vektor der rechten Seite wurde der gemeinsame Faktor ***F*** ausgeklammert):

$$
\begin{array}{ll}
 & \rightarrow \\
I: & \uparrow \\
 & \circlearrowright 3 \\
 & \rightarrow \\
II: & \uparrow \\
 & \circlearrowright 2 \\
 & \rightarrow \\
IV: & \uparrow \\
 & \circlearrowright 4
\end{array}
\quad
\begin{bmatrix}
-1 & 0 & 0 & 0 & 1 & 0 & 0 & 0 & 0 \\
0 & 1 & 0 & 0 & 0 & 1 & 0 & 0 & 1 \\
0 & \frac{13}{4} & 0 & 0 & 0 & 0 & 0 & 0 & -1 \\
1 & 0 & -1 & 0 & 0 & 0 & 0 & 0 & 0 \\
0 & -1 & 0 & 1 & 0 & 0 & 0 & 0 & 0 \\
1 & -2 & 0 & 0 & 0 & 0 & 0 & 0 & 0 \\
0 & 0 & 0 & 0 & -1 & 0 & 1 & 0 & 0 \\
0 & 0 & 0 & 0 & 0 & -1 & 0 & 1 & -1 \\
0 & 0 & 0 & 0 & -\frac{9}{8} & \frac{1}{4} & 0 & 0 & \frac{5}{4}
\end{bmatrix}
\begin{bmatrix} F_{1H} \\ F_{1V} \\ F_{2H} \\ F_{2V} \\ F_{3H} \\ F_{3V} \\ F_{4H} \\ F_{4V} \\ F_W \end{bmatrix}
=
\begin{bmatrix} 0 \\ 1 \\ \frac{15}{4} \\ 0 \\ 0 \\ 0 \\ 0 \\ 0 \\ 0 \end{bmatrix} F
$$

Der Mehraufwand, der mit der Lösung dieses Gleichungssystems betrieben wird, hat auch seinen Vorteil: Die Lösung enthält sämtliche Kräfte. Sie ist nebenstehend angegeben.

$$
\begin{bmatrix} F_{1H} \\ F_{1V} \\ F_{2H} \\ F_{2V} \\ F_{3H} \\ F_{3V} \\ F_{4H} \\ F_{4V} \\ F_W \end{bmatrix}
=
\begin{bmatrix} -9{,}33 \\ 4{,}67 \\ -9{,}33 \\ -4{,}67 \\ 9{,}33 \\ -15{,}08 \\ 9{,}33 \\ 3{,}67 \\ 11{,}42 \end{bmatrix} F
$$

- Natürlich ist es eigentlich nicht sinnvoll, am Teilsystem ***II*** mit 4 Unbekannten zu operieren, wenn eine (Stabkraft F_S) genügen würde. Beim Aufschreiben der Gleichgewichtsbedingungen zeigt sich aber auch der Vorteil dieser Variante: Alle Kraftkomponenten haben Horizontal- oder Vertikalrichtung, und in die Gleichgewichtsbedingungen gehen keine Winkelfunktionen ein.

- Die nicht genutzten Gleichgewichtsbedingungen am Teilsystem ***III*** können zur Kontrolle der Ergebnisse dienen. Auch hier kann ein erheblicher Teil des Kontrollaufwands dem Computer übertragen werden:

  Man ersetzt z. B. die untere der beiden Kräfte ***F*** durch eine starre Einspannung (drei Lagerreaktionen). Dann sind für die insgesamt 12 Unbekannten auch 12 Gleichungen erforderlich. Man nutzt also alle an den 4 Teilsystemen verfügbaren Gleichgewichtsbedingungen und berechnet 3 "Unbekannte" zusätzlich, deren Ergebnis man natürlich voraussagen kann: Einspannmoment und horizontale Lagerreaktion sind Null, die vertikale Lagerkraftkomponente muß ***F*** ergeben.

  Dieses Vorgehen ist verallgemeinerungsfähig: Es ist ein ebenso beliebter wie effektiver Trick, um Berechnungen mit dem Computer zu kontrollieren. Man baut "bekannte Unbekannte" in die Rechnung ein, um auf diesem Wege Fehler im Berechnungsmodell (hier: Gleichungssystem), Eingabefehler, eventuell gar Fehler im Rechenprogramm entdecken zu können.

6.4 Fachwerke

Der beidseitig gelenkig gelagerte Stab, in den die Belastung allein über die Gelenke eingeht, kann nur eine Zug- bzw. Druckkraft (Kraft in Stablängsrichtung) übertragen (vgl. Abschnitt 6.2). Diese Eigenschaft gestattet ein materialsparendes (gewichtsparendes) Konstruieren, weil ein Stab gegen die reine Längsbelastung sehr widerstandsfähig ist. Es ist deshalb naheliegend, Konstruktionen ausschließlich aus Stäben zusammenzusetzen.

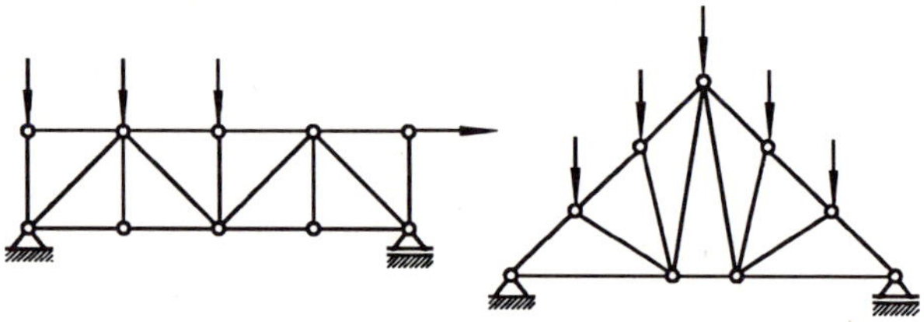

Fachwerke mit einfachem Aufbau

Man nennt solche Konstruktionen ***Fachwerke***. Die Gelenkpunkte, an denen die Stäbe eines Fachwerks zusammenstoßen, heißen ***Knoten***.

Das **ideale Fachwerk**	besitzt reibungsfreie Gelenke als Knoten und wird ausschließlich in den Knoten belastet.

Beide Voraussetzungen sind praktisch nicht erfüllbar. Die Knoten werden sogar meist durch starre Knotenbleche realisiert, mit denen die Stäbe fest verbunden sind (verschweißt, verschraubt, ...). Das Eigengewicht der Stäbe verhindert in jedem Fall, daß die Belastung des Fachwerks nur über die Knoten erfolgt.

Aber auch die realen Fachwerke haben im allgemeinen die eingangs beschriebenen vorteilhaften Eigenschaften, und sie dürfen bei guter Annäherung an die Realität so berechnet werden, als würden sie die Kriterien des idealen Fachwerks erfüllen.

6.4.1 Statisch bestimmte Fachwerke

Fachwerke mit einfachem Aufbau werden konstruiert, indem man ein Basisdreieck jeweils durch **zwei neue Stäbe** und **einen neuen Knoten** um ein Dreieck erweitert. Auf diese Weise entsteht ein starres (und damit tragfähiges) ebenes Gebilde. Wenn ein so entstandenes Fachwerk statisch bestimmt gelagert wird (z. B. durch ein Festlager und ein Loslager), erhält man ein statisch bestimmtes Fachwerk.

Die beiden oben skizzierten Fachwerke sind nach dieser Bildungsvorschrift entstanden. Es sind statisch bestimmte Fachwerke.

Da im Abschnitt 6.2 die Berücksichtigung von Stäben bereits behandelt wurde, stehen die Grundlagen für die Berechnung von Fachwerken zur Verfügung. Da diese ausschließlich aus (möglicherweise sehr vielen) Stäben bestehen, empfiehlt sich eine Systematisierung. Die einfachste Methode, Stabkräfte und Lagerreaktionen eines Fachwerks zu berechnen, ist das

Knotenschnittverfahren:

- Alle an einen Knoten angrenzenden Stäbe werden geschnitten ("Rundumschnitt"),
- die Stabkräfte werden angetragen (als **Zugkräfte**, Pfeilspitze weist vom Schnittufer weg),
- für das so entstandene zentrale ebene Kraftsystem werden die beiden Gleichgewichtsbedingungen formuliert.

Bei einem Fachwerk mit k Knoten ergeben sich $2 \cdot k$ Gleichungen. Nur dann, wenn die Anzahl der Unbekannten (Stabkräfte und Lagerreaktionen) mit der Anzahl der Gleichgewichtsbedingungen übereinstimmt, kann das Fachwerk statisch bestimmt sein.

Notwendige Bedingung für die statische Bestimmtheit von Fachwerken:

Anzahl der Stäbe + Anzahl der Lagerreaktionen = 2 · Anzahl der Knoten

Für die beiden eingangs skizzierten Fachwerke mit einfachem Aufbau ist dieses Kriterium selbstverständlich erfüllt.

Es ist ein notwendiges (für die Feststellung der statischen Bestimmtheit nicht hinreichendes) Kriterium, weil es Sonderfälle, wie sie in den vorangegeangenen Abschnitten diskutiert wurden, nicht ausschließen kann.

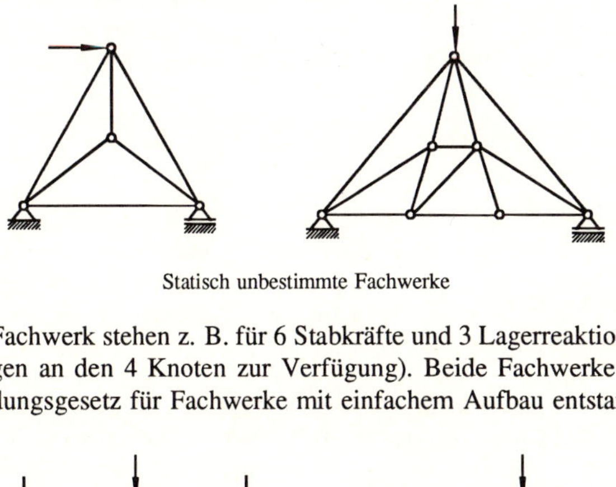

Statisch unbestimmte Fachwerke

Fachwerke können statisch unbestimmt sein (und sich damit der Berechnung im Rahmen der Statik entziehen), obwohl sie äußerlich statisch bestimmt gelagert sind: Man sieht sofort, daß das Kriterium für die statische Bestimmtheit für die nebenstehend skizzierten Fachwerke nicht erfüllt ist (beim linken Fachwerk stehen z. B. für 6 Stabkräfte und 3 Lagerreaktionen nur 8 Gleichgewichtsbedingungen an den 4 Knoten zur Verfügung). Beide Fachwerke können auch nicht nach dem Bildungsgesetz für Fachwerke mit einfachem Aufbau entstanden sein.

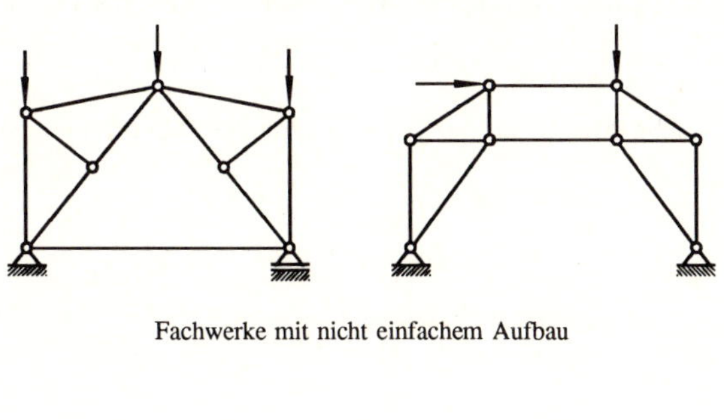

Fachwerke mit nicht einfachem Aufbau

Im Gegensatz dazu gibt es Fachwerke mit nicht einfachem Aufbau, die statisch bestimmt sind: Während das linke Fachwerk auch ohne die Lager ein starres System ist (und dementsprechend äußerlich statisch bestimmt gelagert werden muß), ist das rechte Fachwerk ohne die Lager in sich beweglich, was durch eine entsprechende Lagerung ausgeglichen werden muß (man nennt diese Lagerung "äußerlich statisch unbestimmt"). Ohne Berechnung der Stabkräfte wäre für dieses Fachwerk die Ermittlung der Lagerreaktionen unmöglich.

6.4.2 Berechnungsverfahren

Das wichtigste (und für alle statisch bestimmten Fachwerke anwendbare) Berechnungsverfahren ist das bereits beschriebene ***Knotenschnittverfahren***. Dabei kann die Anzahl der Gleichungen für die Bestimmung der Stabkräfte und Lagerreaktionen sehr groß werden.

Deshalb sollten folgende Möglichkeiten der Verringerung des Gesamtaufwands beachtet werden:

- Bei äußerlich statisch bestimmter Lagerung können die Lagerreaktionen unabhängig von den Stabkräften bestimmt werden: Nach dem Freischneiden von den äußeren Bindungen werden die drei Gleichgewichtsbedingungen des allgemeinen ebenen Kraftsystems formuliert.
- Bei Fachwerken mit einfachem Aufbau ist es (nach vorangegangener Ermittlung der Lagerreaktionen) möglich, so von Knoten zu Knoten voranzugehen, daß an dem gerade betrachteten Knoten nur zwei Stabkräfte unbekannt sind, die aus den beiden Gleichgewichtsbedingungen direkt berechnet werden können.
- Vielfach befinden sich in Fachwerken sogenannte ***Nullstäbe*** (Blindstäbe → Stäbe, die keine Stabkräfte aufnehmen). Wenn diese nach den folgenden Kriterien erkannt werden können, wird ihnen sofort die Stabkraft $\boldsymbol{F_S} = \mathbf{0}$ zugeordnet:

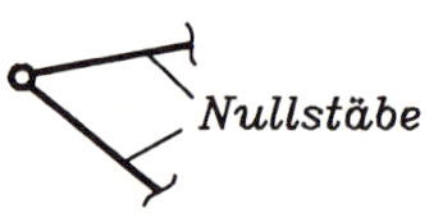

Eine ***unbelastete Ecke*** (zwei Stäbe, keine äußere Kraft, auch kein Lager) besteht aus zwei Nullstäben, weil in die Gleichgewichtsbedingung senkrecht zu einem Stab nur die entsprechende Komponente der anderen Stabkraft eingehen würde.

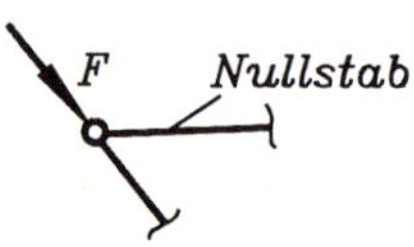

An einer ***belasteten Ecke*** (zwei Stäbe, äußere Kraft in Richtung eines Stabes) ist der nicht in Richtung der äußeren Kraft verlaufende Stab ein Nullstab, weil in die Gleichgewichtsbedingung senkrecht zur äußeren Kraft nur die entsprechende Komponente dieses Stabes eingehen würde.

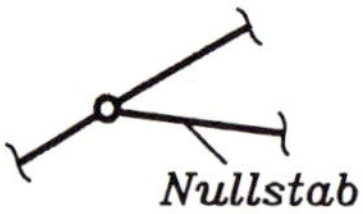

Nullstab-Kriterien

An einem ***Knoten mit drei Stäben*** **ohne äußere Kraft** ist dann, wenn **zwei Stäbe** die **gleiche Richtung** haben, der dritte Stab ein Nullstab.

Obwohl Nullstäbe keine Kräfte aufnehmen, dürfen sie nicht aus der Konstruktion entfernt werden, da sie für die Stabilität (und die statische Bestimmtheit) mitverantwortlich sein können.

Neben dem Knotenschnittverfahren gibt es zahlreiche andere Verfahren zur Ermittlung der Stabkräfte von Fachwerken. Die früher sehr beliebten graphischen Verfahren (insbesondere der sogenannte CREMONA-Plan) haben heute keine praktische Bedeutung mehr. Auch andere Berechnungsverfahren werden kaum noch verwendet, weil der einzige Nachteil des Knotenschnittverfahrens, das unter Umständen sehr große lineare Gleichungssystem, bei Verwendung des Computers unbedeutend geworden ist.

Für spezielle Fragestellungen (Berechnung nur weniger Stabkräfte eines größeren Fachwerks) kann allerdings das sogenannte ***Rittersche Schnittverfahren*** (nach A. RITTER, 1826 - 1908) nützlich sein: Wenn ein Fachwerk durch einen Schnitt, der **genau drei Stäbe** schneidet, in zwei Teilsysteme zerfällt, können die Stabkräfte der geschnittenen Stäbe berechnet werden, wenn

- sie nicht alle parallel liegen und sich ihre Wirkungslinien nicht alle in einem Punkt schneiden und
- an mindestens einem der beiden Teilsysteme alle äußeren Kräfte bekannt sind (Lagerreaktionen z. B. vorab berechnet werden konnten).

Für die Berechnung der Stabkräfte an einem Teilsystem stehen dann die drei Gleichgewichtsbedingungen des ebenen Kraftsystems zur Verfügung. Durch geschickte Wahl der Momenten-Bezugspunkte (Schnittpunkt der Richtungen von zwei geschnittenen Stäben) entstehen besonders einfache Bestimmungsgleichungen für die gesuchten Stabkräfte.

Beispiel 1: Für das skizzierte Fachwerk sind die Stabkräfte der Stäbe 1 bis 13 nur durch Anwendung der Kriterien für Nullstäbe zu ermitteln.

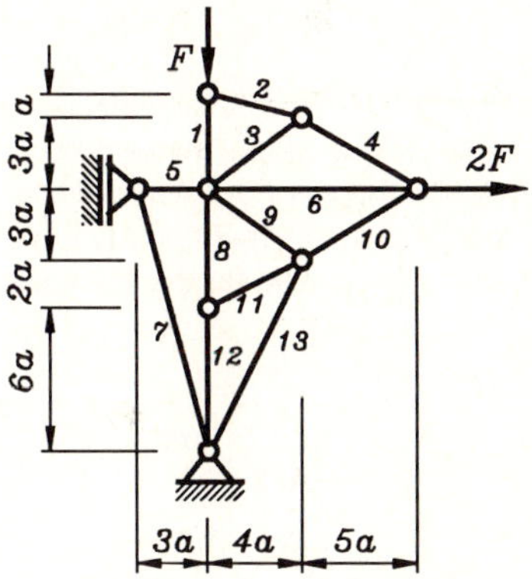

Gegeben: F .

Die zahlreichen Nullstäbe dieses Fachwerks sind alle ohne Rechnung allein durch Auswertung der behandelten drei Nullstabkriterien zu erkennen. Dabei sind die Bedingungen zum Teil erst dann erfüllt, wenn bereits andere Stäbe als Nullstäbe erkannt wurden:

Stab 2 ist (ebenso wie Stab 7) nach dem zweiten der drei angegebenen Kriterien ein Nullstab. Deshalb (und **nur** deshalb) bilden die Stäbe 3 und 4 eine "unbelastete Ecke", also sind auch 3 und 4 Nullstäbe. **Nur weil** Stab 4 ein Nullstab ist, ist auch Stab 10 ein Nullstab (die Kraft $2F$ hat die gleiche Richtung wie Stab 6).

Die Stäbe 8 und 12 haben die gleiche Richtung, also ist der dritte Stab am Knoten (Stab 11) ein Nullstab. **Nur weil** 10 **und** 11 Nullstäbe sind, bilden 9 und 13 eine unbelastete Ecke.

Das Fachwerk verdeutlicht, warum man Nullstäbe nicht einfach "weglassen" kann: Stab 2 fixiert den Kraftangriffspunkt der Kraft F, die Stäbe 3 und 4 hingegen bilden den zweiten Knotenpunkt für Stab 2.

Wenn man Nullstäbe erkennen kann, liegen oft auch die Belastungen der Nachbarstäbe fest. So wird bei diesem Beispiel die vertikale Kraft F als Druckkraft durch die Stäbe 1, 8 und 12 zum unteren Lager geleitet und die horizontale Kraft $2F$ als Zugkraft durch die Stäbe 6 und 5 zum anderen Lager, so daß sämtliche Stabkräfte ohne Rechnung gewonnen werden können:

Nullstäbe: $F_{S2}, F_{S3}, F_{S4}, F_{S7}, F_{S9}, F_{S10}, F_{S11}, F_{S13}$. $F_{S1} = F_{S8} = F_{S12} = -F$; $F_{S5} = F_{S6} = 2F$.

Beispiel 2: Man ermittle die Stabkräfte in den Stäben **8, 9, 10, 11, 13**.

Gegeben: ***F***.

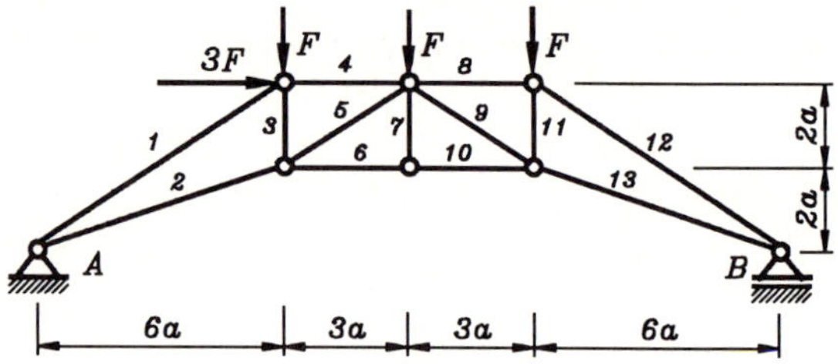

Die günstigste Lösungsvariante ist ein Ritterscher Schnitt durch die Stäbe 8, 9 und 10, nachdem man vorher am Gesamtsystem die Lagerreaktionen mindestens eines der beiden Lager ermittelt hat. Anschließend werden die Kräfte in den Stäben 11 und 13 durch einen Knotenschnitt sichtbar gemacht und berechnet.

Aus dem Momenten-Gleichgewicht am Gesamtsystem um den Punkt ***A***

$$3F\,4a + F\,(6a + 9a + 12a) - F_B\,18a = 0$$

berechnet man die Lagerkraft

$$F_B = \frac{13}{6}\,F\ .$$

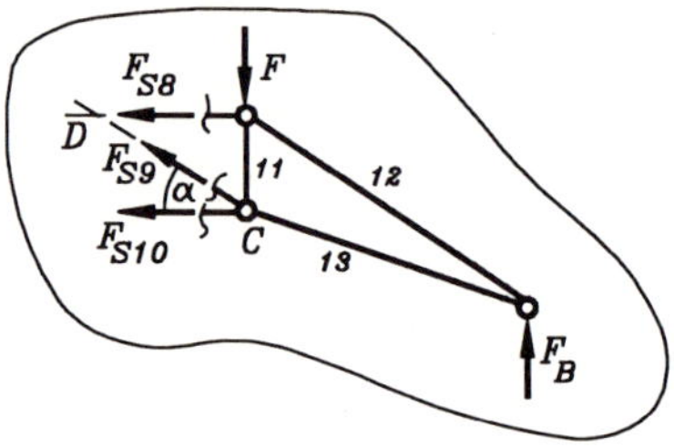

Am nebenstehend abgebildeten Teilsystem soll verdeutlicht werden, daß die drei Stabkräfte des Ritter-Schnitts aus drei voneinander unabhängigen Gleichungen berechnet werden können. In das Vertikal-Gleichgewicht geht nur die Unbekannte F_{S9} ein, und für die Momenten-Gleichgewichtsbedingungen werden die Bezugspunkte ***C*** bzw. ***D*** gewählt:

$$\begin{array}{lllll} \uparrow & F_{S9}\sin\alpha & + F_B & - F & = 0 \\ (C) & F_{S8}\,2a & + F_B\ 6a & & = 0 \\ (D) & F\ 3a & + F_{S10}\,2a & - F_B\,9a & = 0 \end{array}$$

Mit $\sin\alpha = \dfrac{2a}{\sqrt{4a^2 + 9a^2}} = \dfrac{2}{\sqrt{13}}$ erhält man die drei Stabkräfte

$$F_{S8} = -\,6{,}50\,F\ ; \qquad F_{S9} = -\,2{,}10\,F\ ; \qquad F_{S10} = 8{,}25\,F.$$

Der nebenstehend skizzierte Knotenrundschnitt am Punkt ***C*** liefert aus den Kraft-Gleichgewichtsbeziehungen

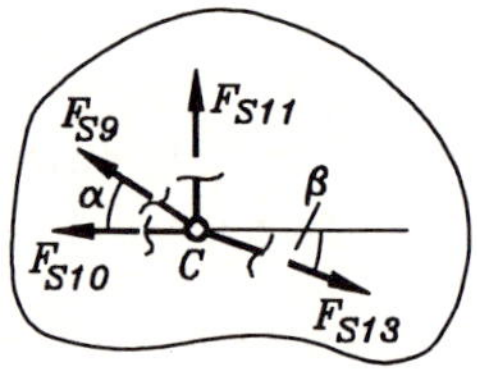

$$\begin{array}{ll} \rightarrow & -\,F_{S9}\cos\alpha - F_{S10} + F_{S13}\cos\beta = 0\ , \\ \uparrow & F_{S9}\sin\alpha + F_{S11} - F_{S13}\sin\beta = 0 \end{array}$$

die Stabkräfte

$$F_{S11} = 3{,}33\,F\ ; \qquad F_{S13} = 6{,}85\,F\ .$$

6.4.3 Komplizierte Fachwerke, Computerrechnung

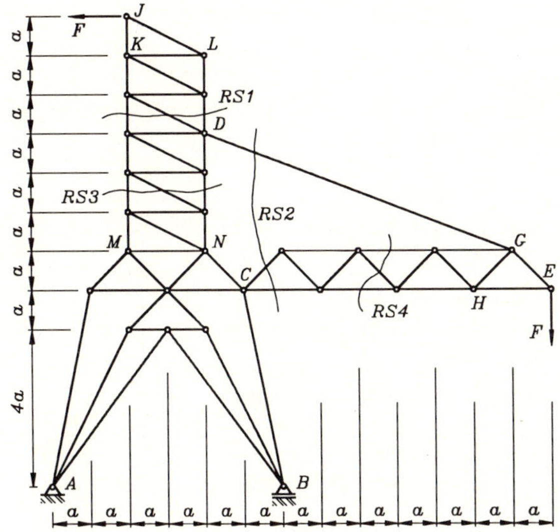

Am Beispiel des nebenstehend skizzierten Modells eines Krans sollen einige Probleme diskutiert werden, die für die Berechnung komplizierterer Fachwerke typisch sind. Mit 29 Knoten und 55 Stäben (das Seil, das den Ausleger hält, wird wie ein Stab betrachtet) ist es im Vergleich mit entsprechenden Problemen der technischen Praxis ein relativ einfaches Modell.

- Das Fachwerk ist statisch bestimmt: Den 58 Unbekannten (55 Stabkräfte und 3 Lagerreaktionen) stehen 2·29 Gleichungen gegenüber.

- Da das Fachwerk äußerlich statisch bestimmt gelagert ist, können vorab die Lagerreaktionen am Gesamtsystem berechnet werden. Drei Gleichgewichtsbedingungen am nebenstehenden System liefern

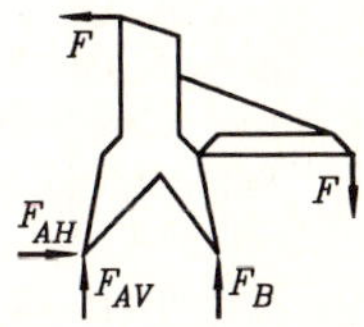

$$F_{AH} = F \ , \quad F_{AV} = \frac{5}{6} F \ , \quad F_B = \frac{1}{6} F \ .$$

- Die Berechnung der Stabkräfte kann z. B. an der Spitze des Turms starten: Ein Rundumschnitt um den Knoten J gestattet die Berechnung der Stabkräfte F_{S1} und F_{S2}. Mit der dann bekannten Stabkraft F_{S2} können am Knoten L die Stabkräfte F_{S3} und F_{S6} berechnet werden. Anschließend findet man am Knoten K mit 4 angeschlossenen Stäben wieder nur zwei unbekannte Kräfte, und dieses Vorgehen wird erst am Knoten D gestoppt, weil dort 3 unbekannte Kräfte auftreten.

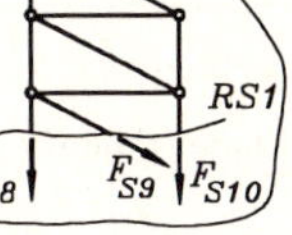

Am Ausleger kann man auf diesem Wege nur die beiden Stabkräfte an der Spitze (Knoten E) berechnen, an den Knoten G und H tauchen dann 3 Unbekannte auf.

- Mit dem Ritterschen Schnitt-Verfahren kommt man weiter. Am Turm können alternativ zu den Rundumschnitten auch Ritter-Schnitte verwendet werden, der nebenstehend skizzierte Schnitt **RS1** gestattet z. B. die Berechnung der 3 Stabkräfte F_{S8}, F_{S9} und F_{S10} ohne Benutzung vorab errechneter Kräfte (Rechenfehler pflanzen sich nicht fort!). Der oben in der Gesamtdarstellung des Krans angedeutete Ritter-Schnitt **RS2** räumt schließlich mit der

Berechnung der Seilkraft das entscheidende Hindernis für die Ermittlung der restlichen Stabkräfte von Turm und Ausleger weg. Empfohlen werden dafür auch Ritter-Schnitte (wie z. B. **RS3** und **RS4**).

- Im allgemeinen ist man gut beraten, wenn man komplizierte Systeme in mehrere Teilsysteme zu zerlegen versucht: Der Ausleger ist bei ***C*** am Portal gelenkig (zweiwertig) gelagert und zusätzlich durch ein einwertiges Lager (Seil) am Turm gefesselt. Entsprechend nebenstehender Skizze können die "Lagerreaktionen" berechnet werden:

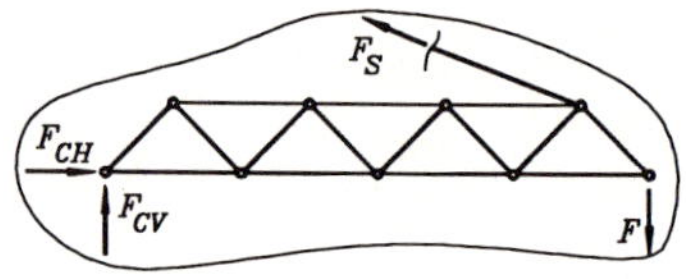

$$F_S = \frac{8}{29}\sqrt{73}\,F \quad , \quad F_{CH} = \frac{64}{29}F \quad , \quad F_{CV} = \frac{5}{29}F \quad .$$

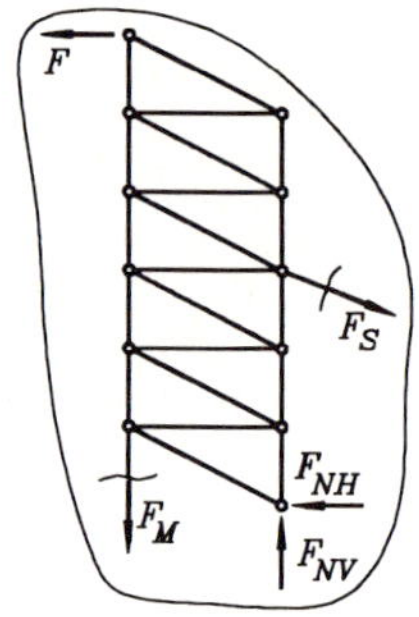

Dann kann der Ausleger völlig eigenständig behandelt werden. Die errechneten Anschlußkräfte sind an Portal und Turm mit entgegengesetztem Richtungssinn anzubringen.

- Auch der Turm ist auf dem Portal durch ein zweiwertiges Lager (Gelenk bei *N*) und ein einwertiges Lager (Stab bei *M*) befestigt. Mit der nun bekannten Seilkraft F_S können auch diese "Lagerreaktionen" ermittelt werden (nebenstehende Skizze):

$$F_M = \frac{9}{29}F \quad , \quad F_{NH} = \frac{35}{29}F \quad , \quad F_{NV} = \frac{33}{29}F \quad .$$

- Schließlich bleibt aber doch mit dem durch die 5 Anschlußkräfte belasteten Portal ein für die Berechnung der Stabkräfte höchst unangenehmes Gebilde übrig, obwohl auch die Lagerreaktionen bei ***A*** und ***B*** bekannt sind. An keinem Knoten stoßen weniger als 3 Stäbe mit noch unbekannten Stabkräften zusammen, und es läßt sich kein Ritter-Schnitt so legen, daß die geschnittenen Stabkräfte berechnet werden könnten.

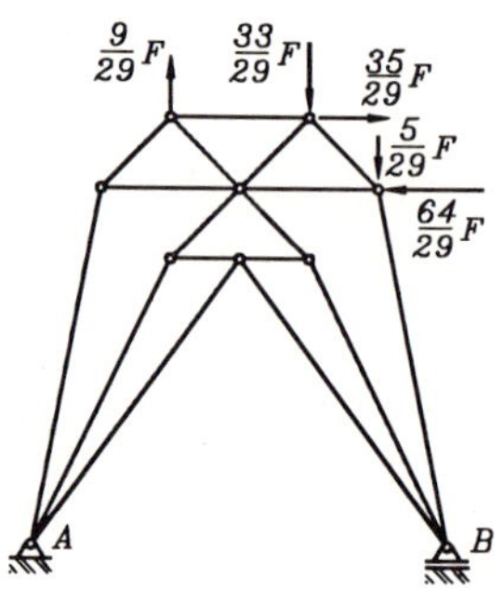

  Natürlich stehen insgesamt genügend Gleichgewichtsbedingungen zur Berechnung der Stabkräfte zur Verfügung, aber die Lösung des Gleichungssystem sollte wohl doch dem Computer übertragen werden. Empfehlenswert ist dafür folgende Strategie:

  Neben den 17 Stabkräften werden auch die 3 Lagerreaktionen als "Unbekannte" in die Berechnung einbezogen. Dafür sind an den 10 Knoten (einschließlich der beiden Knoten bei ***A*** und ***B***) insgesamt 20 Gleichgewichtsbedingungen zu formulieren. Die Lösung kann dann recht wirksam durch den Vergleich mit den bereits bekannten Lagerreaktionen kontrolliert werden.

Dem Leser wird empfohlen, die besprochenen Schritte nachzuvollziehen und schließlich für das Portal das Gleichungssystem zu formulieren und mit dem Programm der beiliegenden Diskette zu lösen.

Dabei taucht ein weiteres Problem auf: Die Lösung eines umfangreichen Gleichungssystems mit einem Rechenprogramm setzt die richtige Eingabe der Werte voraus. Ein System mit 20

Gleichungen wird durch 420 Werte beschrieben. Wer die oben angestellten Überlegungen (Zerlegung in Teilprobleme) nicht nachvollziehen möchte und das gesamte System nach dem Knotenschnittverfahren behandeln will (Nachdenken durch Aufwand ersetzen!), muß sich für das Gleichungssystem mit 58 Unbekannten um insgesamt 3422 Werte kümmern.

Diese Schwierigkeit kann nur umgangen werden, wenn auch das Aufstellen des Gleichungssystems im Computer durchgeführt wird. Dafür ist dann jedoch ein spezielles Programm erforderlich, in das die Information eingegeben werden muß, die die Aufgabe eindeutig beschreibt. Allgemein gilt:

Ein **Statik-Problem** wird beschrieben durch

- **Geometrie-Information** (vozugeben als ein Satz von Punkten, bezogen auf ein beliebig festzulegendes Koordinatensystem),
- **Topologie-Information** (beschreibt die Lage der einzelnen Teile des Systems zueinander),
- **Information über die Belastung**,
- **Information über die Lagerung**.

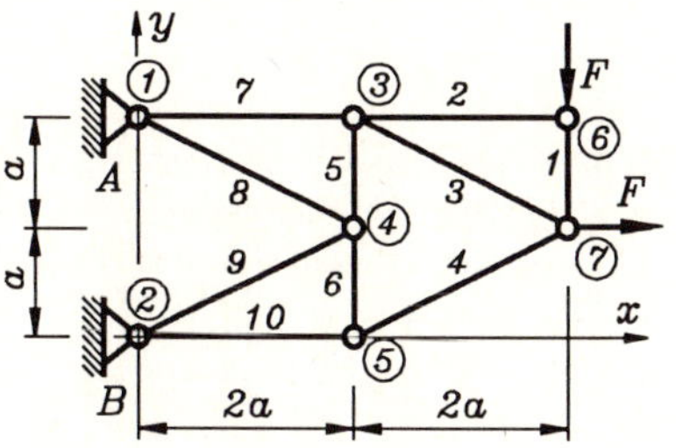

Für das Fachwerk soll dies an einem einfachen Beispiel demonstriert werden:

Nachdem ein (beliebiges) Koordinatensystem festgelegt, sämtliche Stäbe (in beliebiger Reihenfolge) und sämtliche Knoten (ebenfalls in beliebiger Reihenfolge) numeriert wurden, kann das skizzierte Fachwerk durch folgende Informationen eindeutig beschrieben werden:

$$\begin{matrix} 1 \\ 2 \\ 3 \\ 4 \\ 5 \\ 6 \\ 7 \end{matrix} \begin{bmatrix} 0 & 2a \\ 0 & 0 \\ 2a & 2a \\ 2a & a \\ 2a & 0 \\ 4a & 2a \\ 4a & a \end{bmatrix}$$

Knoten-koordinaten

$$\begin{matrix} 1 \\ 2 \\ 3 \\ 4 \\ 5 \\ 6 \\ 7 \\ 8 \\ 9 \\ 10 \end{matrix} \begin{bmatrix} 6 & 7 \\ 6 & 3 \\ 7 & 3 \\ 7 & 5 \\ 3 & 4 \\ 4 & 5 \\ 1 & 3 \\ 1 & 4 \\ 2 & 4 \\ 2 & 5 \end{bmatrix}$$

Koinzidenzmatrix

Knoten	F_x	F_y
6	0	$-F$
7	F	0

Belastung

Knoten	Lagerart
1	Festlager
2	Festlager

Lagerung

Eine Zeile der Matrix der Knotenkoordinaten besteht aus den beiden Koordinaten eines Knotens, die ***Koinzidenzmatrix*** enthält in jeder Zeile ein Knotennummernpaar für einen Stab. Die Richtung der Knotenkräfte in der Belastungsmatrix orientiert sich ebenfalls an dem definierten Koordinatensystem.

Die Information über die Lager muß natürlich bei Loslagern neben der Lagerart auch eine Aussage über die Richtung der Verschieblichkeit enthalten. Ein Rechenprogramm für Fachwerke kann jedoch gegebenenfalls auf die Berücksichtigung von Loslagern völlig verzichten, weil einwertige Lager durch Stäbe simuliert werden können.

Wie aus den beschreibenden Informationen programmintern das Gleichungssystem erzeugt wird, braucht den Benutzer eines solchen Programms nicht zu interessieren. Er muß diese Informationen nur bereitstellen und eingeben.

Das CAMMPUS-Programm FACH2D (als Ergänzung zu den Programmen der beiliegenden Diskette über das Internet zu beziehen) berechnet die Stabkräfte von Fachwerken. Für das am Anfang dieses Abschnitts besprochene Kran-Fachwerk ist nachfolgend ein Ergebnisdruck dieses Programms angegeben:

J. Dankert — Finite-Elemente-Baukasten FEMSET — 09.08.1995 STAB2D

Stabkraefte

Stab	Stabkraft	Stab	Stabkraft	Stab	Stabkraft	Stab	Stabkraft
1	-0.500000000	15	1.206896552	29	-2.445977011	43	-0.344827586
2	1.118033989	16	-0.293103448	30	-2.804856899	44	-0.243829925
3	-1.000000000	17	-1.349351366	31	-0.966379268	45	-1.689655172
4	-1.000000000	18	0.068965517	32	0.991666667	46	0.243829925
5	1.118033989	19	1.206896552	33	0.341666667	47	-0.689655172
6	0.500000000	20	0.310344828	34	1.614689513	48	-0.243829925
7	-1.000000000	21	-1.349351366	35	-2.217434078	49	-1.344827586
8	-1.500000000	22	-0.534482759	36	-0.541666667	50	0.243829925
9	1.118033989	23	2.856321839	37	0.541666667	51	-1.034482759
10	1.000000000	24	2.239171474	38	-0.763989892	52	-0.243829925
11	1.206896552	25	-1.800277610	39	0.084983659	53	-1.000000000
12	-0.896551724	26	-1.970958557	40	-0.243829925	54	1.414213562
13	-1.349351366	27	0.361681055	41	-2.034482759	55	2.356966550
14	0.672413793	28	-1.266666667	42	0.243829925		

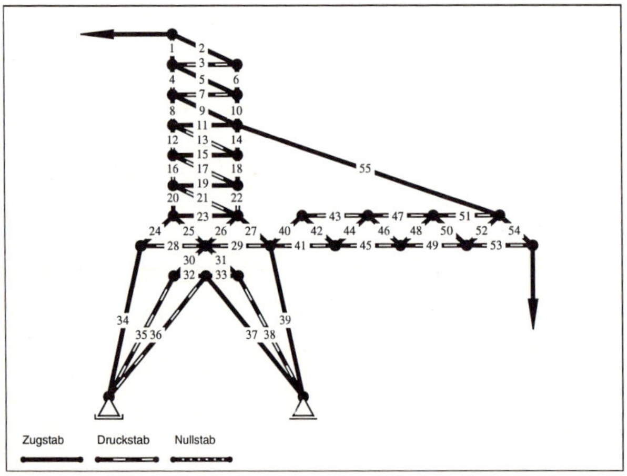

Knotenlasten

Knoten	Kraft FX
18	0.000000000
29	-1.000000000

Knoten	Kraft FY
18	-1.000000000
29	0.000000000

Knotenlagerung

Knoten	Verschiebung u
9	Verhindert
10	Frei

Knoten	Verschiebung v
9	Verhindert
10	Verhindert

6.5 Aufgaben

Aufgabe 6.1: Man ermittle für das nebenstehend abgebildete zusammengesetzte System die Auflager- und Gelenkkraftkomponenten.

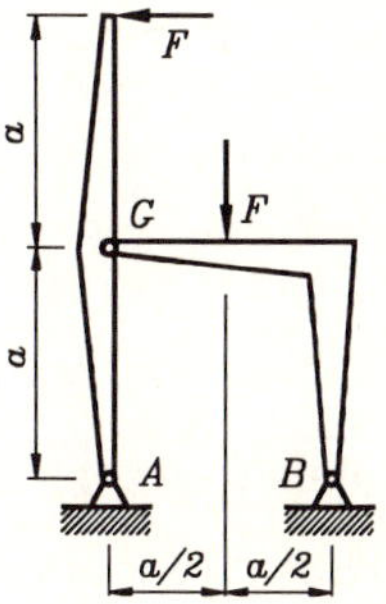

Gegeben: F .

Hinweis: Die Vertikalkomponenten der Lagerkräfte lassen sich auch ohne Zerschneiden des Verbindungsgelenkes am Gesamtsystem ermitteln, die Horizontalkomponenten allerdings nicht.

Die Gleichgewichtsbedingungen am Gesamtsystem sind meist besonders einfach aufzuschreiben und immer eine recht wirksame Kontrolle für die errechneten Ergebnisse.

Aufgabe 6.2: Für das nebenstehend skizzierte System sind die Lagerreaktionen bei A und B und die Gelenkkraftkomponenten bei G zu bestimmen.

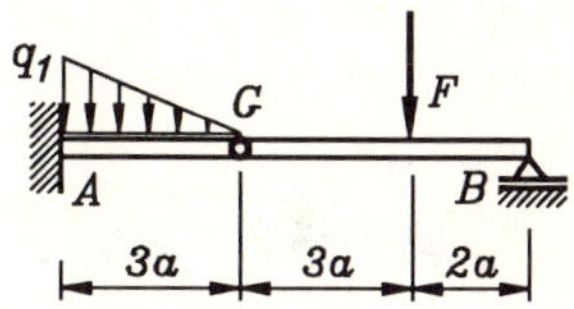

Gegeben: q_1, F, a .

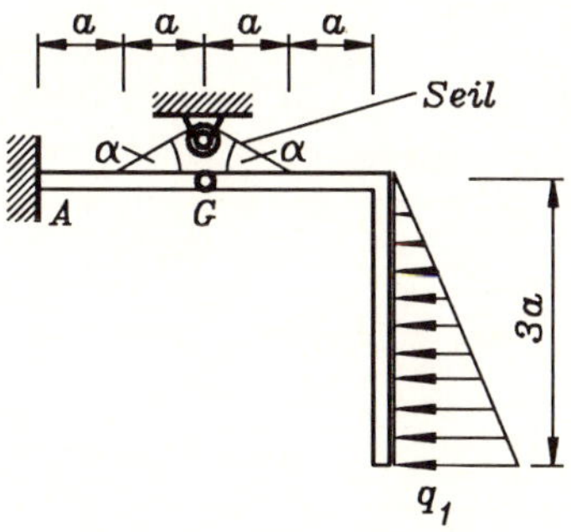

Aufgabe 6.3: Das skizzierte Tragwerk ist bei A starr eingespannt und wird außerdem von einem Seil gehalten, das über eine Rolle geführt ist. Es ist durch eine Dreieckslast mit der Maximalintensität q_1 belastet.

Gegeben: $a = 5\ cm$, $\alpha = 30°$, $q_1 = 3\ N/cm$.

Man berechne die Lagerreaktionen bei A und die Kräfte in dem Gelenk G.

Aufgabe 6.4: Zwei Massen m_1 und m_2 sind wie skizziert an Seilen aufgehängt. Die Seilmassen können vernachlässigt werden, so daß das System nur durch die in den Schwerpunkten S_1 und S_2 angreifenden Gewichtskräfte von m_1 und m_2 belastet ist.

Gegeben: m_1 , $m_2 = 3\ m_1$.

Es sind die Kräfte in den Seilen 1, 2, 3 und 4 zu ermitteln.

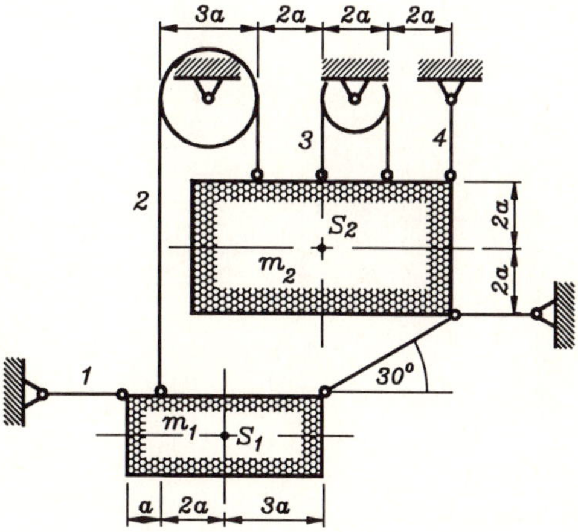

Aufgabe 6.5: Das nebenstehend skizzierte Hubwerk ist durch die Gewichtskraft des Motors $F = mg$ und die Gewichtskraft der Masse M belastet. Es sind die Lagerreaktionen bei A und B zu berechnen.

Gegeben: a , M , $m = M/8$.

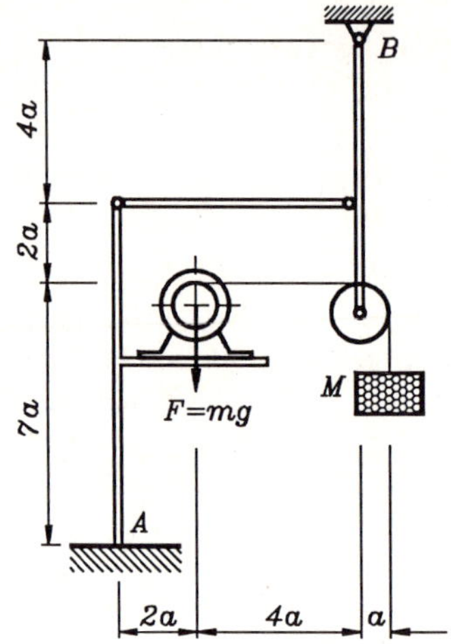

Aufgabe 6.6: Für die nachstehend skizzierten Fachwerke sind für alle Stäbe, die mit Ziffern bezeichnet sind, die Stabkräfte zu berechnen.

Für die Fachwerke 2 und 4 sind zusätzlich die für die Computerrechnung aufbereiteten Gleichungssysteme zur Berechnung sämtlicher Stabkräfte aufzustellen.

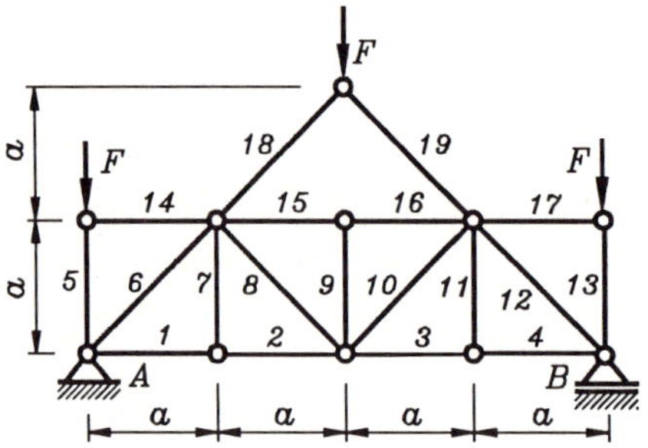

Fachwerk 1
Geg.: $F = 10\ kN$

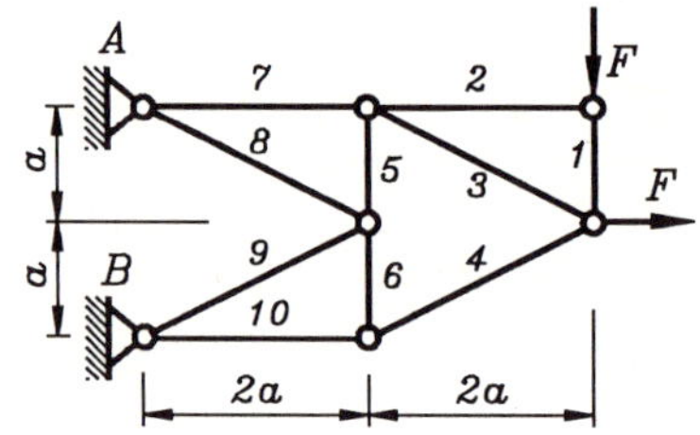

Fachwerk 2
Geg.: F

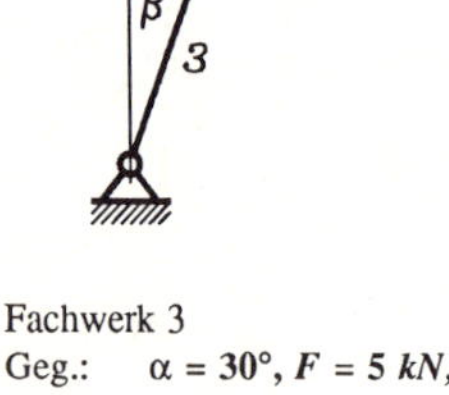

Fachwerk 3
Geg.: $\alpha = 30°$, $F = 5\ kN$,
$\beta = 20°$.

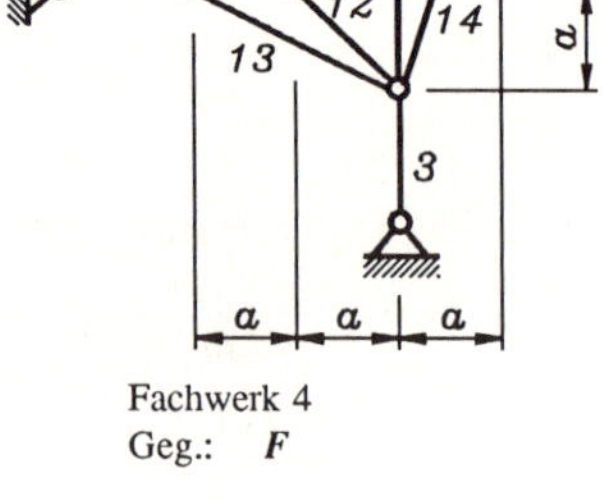

Fachwerk 4
Geg.: F

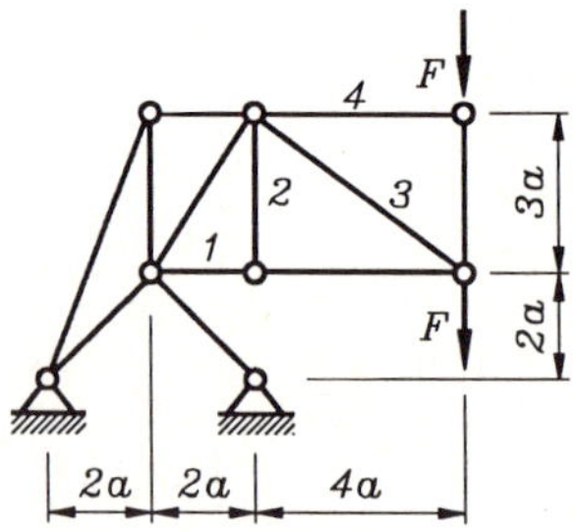

Fachwerk 5
Geg.: $F = 3\ kN$

7 Schnittgrößen

7.1 Definitionen

Im folgenden werden ausschließlich Tragelemente betrachtet, bei denen eine der drei Abmessungen deutlich größer ist als die beiden anderen (Stäbe, Balken, Rahmen, ...), gefragt wird nach den **inneren Beanspruchungen**. Dies dient der Vorbereitung der Verformungsberechnung und der Untersuchung der Tragfähigkeit in der Festigkeitslehre. In diesem Kapitel wird das ebene Problem behandelt.

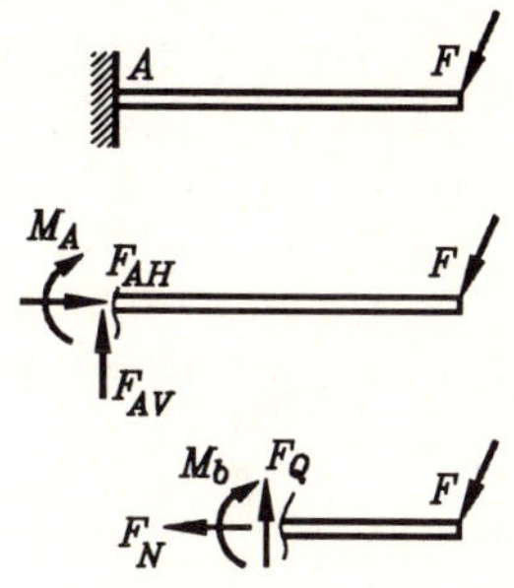

So wie an einer Einspannung als Lagerreaktionen zwei Kraftkomponenten und ein Einspannmoment auftreten, sind auch bei einem Schnitt an beliebiger anderer Stelle des Trägers zwei Kraftkomponenten und ein Moment erforderlich, um Gleichgewicht für den abgeschnittenen Teil zu ermöglichen: Man kann sich am starren Träger jedes Teilstück als "starr eingespannt" am Restsystem vorstellen.

Diese "Einspannreaktionen" an einer ***Schnittstelle*** heißen

Schnittgrößen: Die ***Normalkraft F_N*** steht senkrecht auf der Schnittebene,
die ***Querkraft F_Q*** liegt in der Schnittebene,
das Schnittmoment wird als ***Biegemoment M_b*** bezeichnet.

Es werden folgende Vereinbarungen getroffen:

Die Schnittstelle wird durch eine Koordinate z festgelegt:

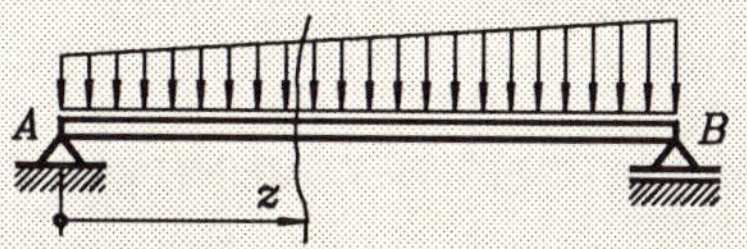

Das Schnittufer auf der Koordinatenseite wird als ***positives Schnittufer***, das andere als ***negatives Schnittufer*** bezeichnet:

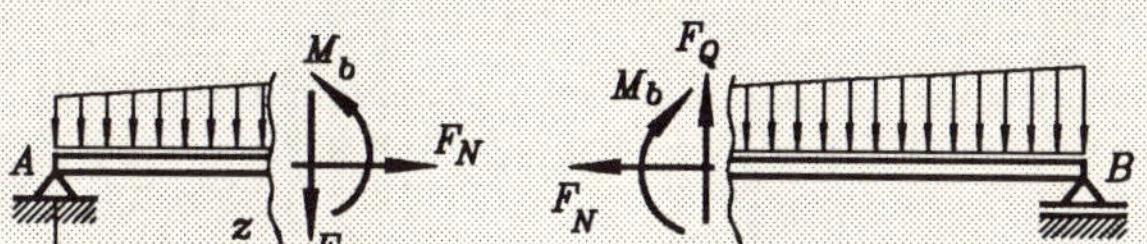

Positives Schnittufer   *Negatives Schnittufer*

- Die Normalkraft F_N wird immer als Zugkraft angetragen.
- Die Querkraft F_Q zeigt am **positiven** Schnittufer "nach unten", am negativen Schnittufer "nach oben".
- Das Biegemoment M_b wird so angetragen, daß die "untere" Faser des Trägers auf Zug beansprucht wird.
- Um bei Rahmenkonstruktionen mit dem Begriff "unten" keine Probleme zu bekommen, wird immer eine Bezugsfaser definiert, die für horizontale Trägerteile üblicherweise auf der Unterseite gezeichnet wird. In den gerade getroffenen Vereinbarungen kann der Begriff "unten" durch "Bezugsfaserseite" ersetzt werden.

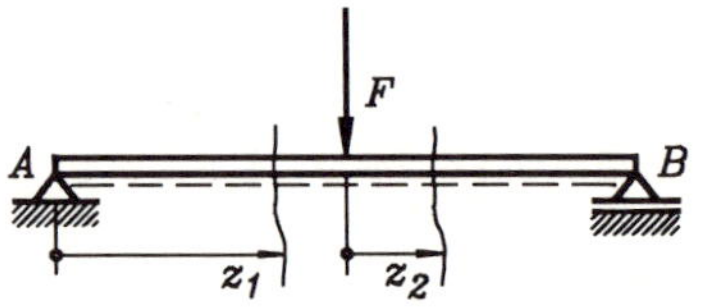

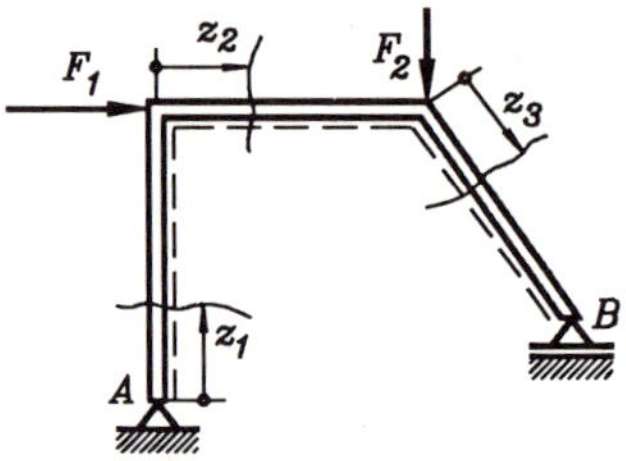

Die Schnittgrößen ergeben sich wie die Lagerreaktionen aus Gleichgewichtsbedingungen am freigeschnittenen Teilsystem. Da der Träger durch den Schnitt in zwei Teile zerfällt, sollte man die Gleichgewichtsbedingungen an dem Trägerteil formulieren, für den dies mit dem geringeren Aufwand verbunden ist. Empfehlenswert sind

- eine Kraft-Gleichgewichtsbedingung in Richtung der Normalkraft,
- eine Kraft-Gleichgewichtsbedingung in Richtung der Querkraft,
- eine Momenten-Gleichgewichtsbedingung mit der Schnittstelle als Bezugspunkt.

Die Schnittgrößen sind Funktionen der Koordinate z. Schon bei relativ einfachen Problemen weisen diese Funktionen Unstetigkeitsstellen auf (Unstetigkeiten des Funktionswertes bzw. der Ableitung des Funktionswertes nach z), so daß sie bei Verwendung der elementaren mathematischen Funktionen nur bereichsweise aufgeschrieben werden können. Es wird empfohlen, einen neuen Bereich für die Formulierung der Schnittgrößen beginnen zu lassen

- am Trägeranfang,
- an den Einleitungsstellen von Einzelkräften und -momenten,
- an den Punkten, an denen eine Linienlast beginnt bzw. endet,
- an Punkten, an denen eine Linienlast die mathematische Funktion, die ihre Intensität definiert, ändert (z. B.: Übergang von konstanter zu linear veränderlicher Linienlast),
- an einem Lager,
- an einer Ecke,
- an einer Verzweigung.

Natürlich muß in jedem Bereich ein Schnitt gelegt werden, und nach dem Antragen aller Kräfte und Momente an einem der beiden Teilsysteme sind dann die drei Gleichgewichtsbedingungen aufzuschreiben. Die daraus gewonnenen Funktionen für die Schnittgrößen gelten immer nur innerhalb des betrachteten Bereichs.

Es ist meist bequemer, für jeden Bereich eine eigene Koordinate zu definieren. Viele der nachfolgend angestellten Überlegungen zu den Schnittgrößenverläufen und auch mehrere Anwendungen in der Festigkeitslehre vereinfachen sich erheblich, wenn man folgende Empfehlungen beachten kann:

- Bei Definition mehrerer Koordinaten sollten diese vom Beginn bis zum Ende des Tragwerks alle (in Trägerlängsrichtung) gleichsinnig gerichtet sein:

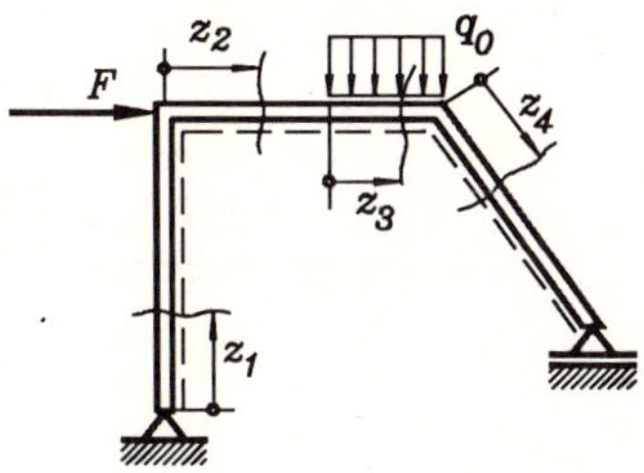

Empfohlene Koordinatendefinition

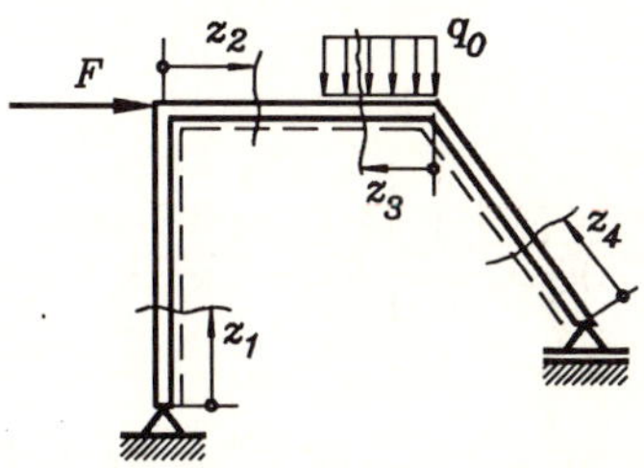

Mögliche Koordinatendefinition, die aber zu schwierigeren Überlegungen zwingen kann

- Die Bezugsfaser sollte in allen Bereichen auf der gleichen Seite des Tragwerks liegen (das Tragwerk "nicht schneiden").

  Bei einem Rahmen (nebenstehende Skizze) folgt man dieser Empfehlung, indem man die Bezugsfaser auf die Innenseite legt, so daß sie für die beiden vertikalen Teile einmal rechts und einmal links liegt.

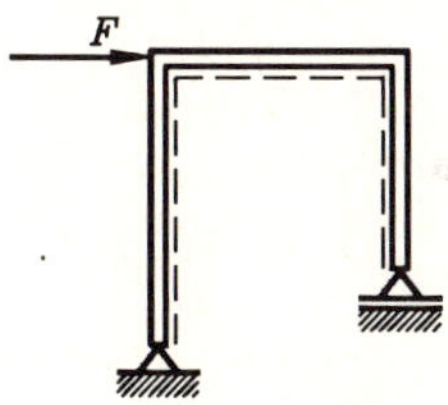

Empfohlene Lage der Bezugsfaser

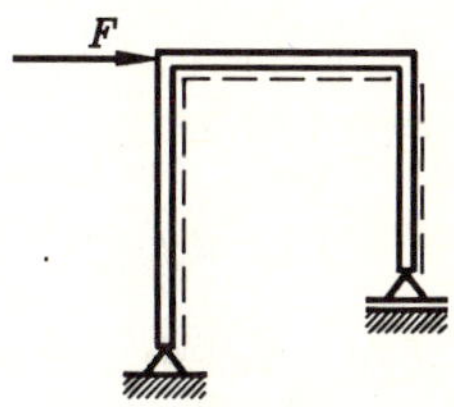

Mögliche Lage, aber nicht zu empfehlen

Der wesentliche Grund für die beiden Empfehlungen ist, daß für die Schnittgrößen, die an den Übergangsstellen ein (noch zu besprechendes) ganz bestimmtes Verhalten zeigen, dies auch durch ihre mathematische Beschreibung widergespiegelt wird. Die Empfehlungen können bei Tragwerken mit Verzweigungen jedoch nicht konsequent eingehalten werden, wie es das nebenstehend skizzierte Beispiel zeigt.

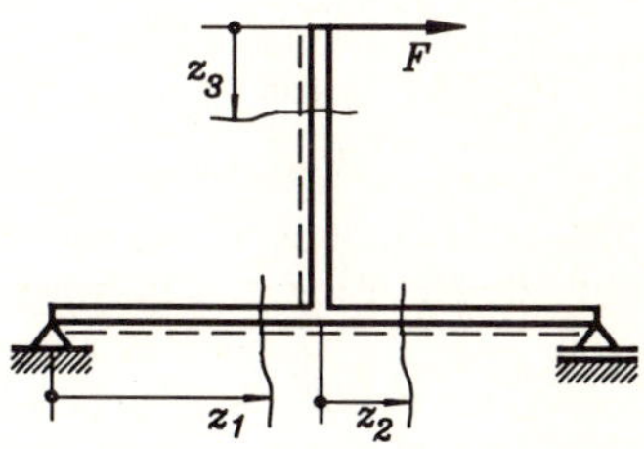

Die Gleichgewichtsbedingungen dürfen natürlich nur an einem Teilsystem formuliert werden, an dem sämtliche Kräfte und Momente angetragen wurden. In dem nachfolgend skizzierten Beispiel könnte man für die Ermittlung der Schnittgrößen im Bereich $0 \le z_3 \le c$ wahlweise den linken oder den rechten Trägerteil betrachten. Hier bietet sich der rechte Trägerteil für das Aufschreiben der Gleichgewichtsbedingungen an:

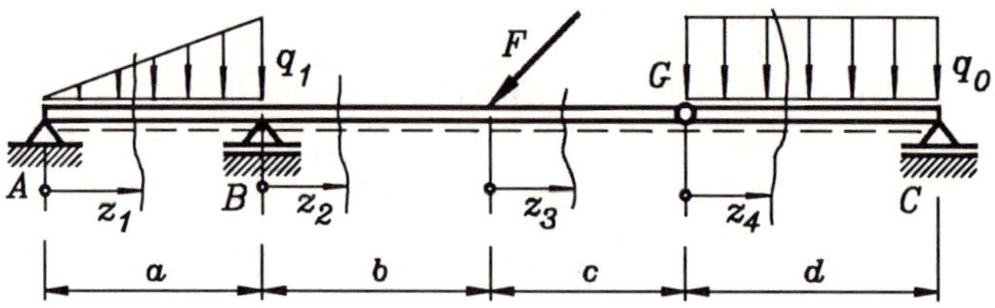

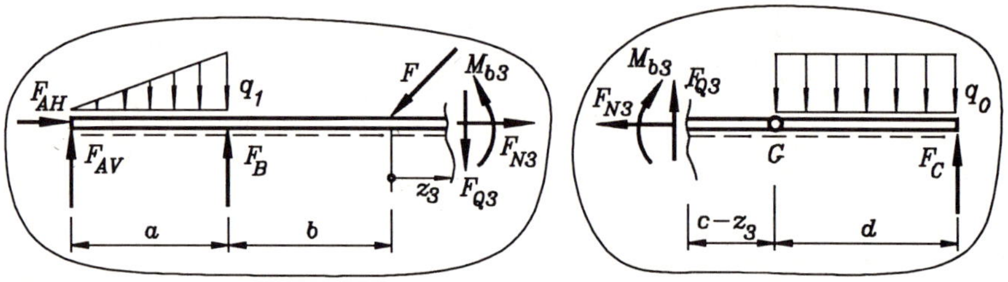

Wenn nur der aktuelle Bereich in die Gleichgewichtsbetrachtungen einbezogen werden soll, müssen unbedingt die Schnittgrößen am Bereichsanfang bzw. -ende angetragen werden:

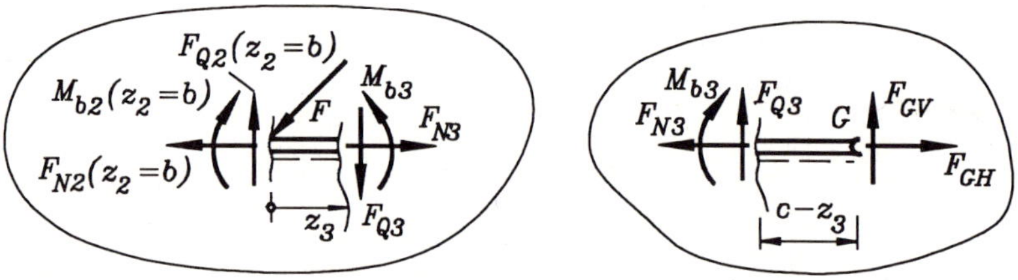

Während am rechten Teil in diesem Fall (bei vorher ohnehin zu berechnenden Gelenkkräften) die Schnittgrößen besonders einfach zu ermitteln sind, wird von der Formulierung der Gleichgewichtsbedingungen am linken Teilsystem, an dem die Schnittgrößen am Ende des Bereichs $0 \le z_2 \le b$ zu berücksichtigen sind, abgeraten.

Einen sehr guten Überblick über die innere Beanspruchung eines Tragwerks liefert die graphische Darstellung der Schnittgrößenverläufe. Dazu wird vereinbart, daß die Funktionswerte direkt über der geometrischen Darstellung des Tragwerks gezeichnet werden, positive Werte werden "nach oben" angetragen (bzw. auf der der Bezugsfaser gegenüberliegenden Seite). Dies ergibt beispielsweise die folgenden Darstellungen (Hinweis: Nach Durcharbeitung des Abschnitts 7.3 sollte man in der Lage sein, die Darstellung der Schnittgrößenverläufe für beide Beispiele ohne größere Rechnung zu bestätigen):

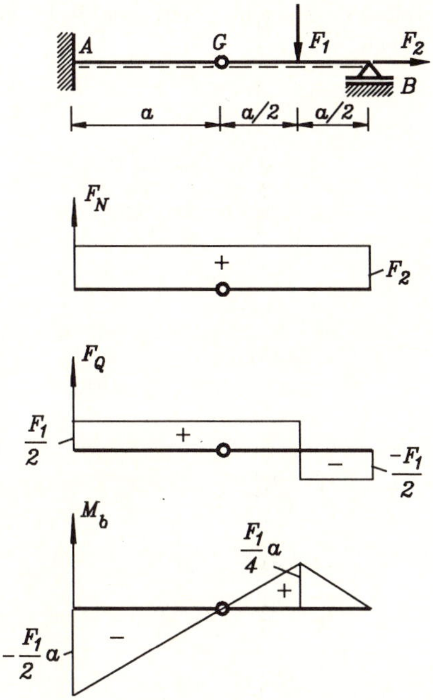

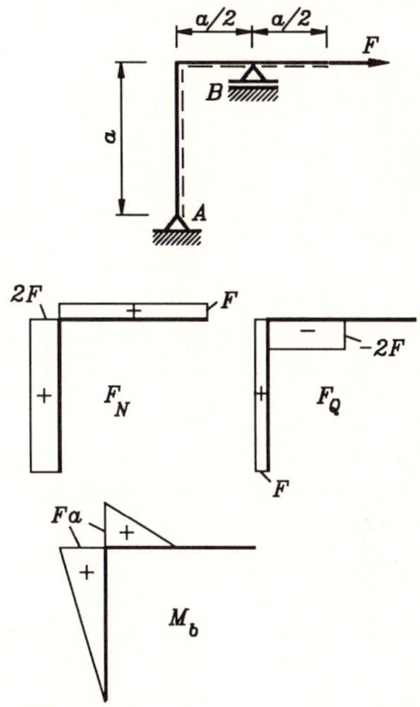

Die in den linken drei Skizzen eingetragenen Koordinatenpfeile für F_N, F_Q und M_b werden im allgemeinen nicht gezeichnet und bei den nachfolgenden Beispielen stets weggelassen.

Unter Beachtung aller Vereinbarungen können die Schnittgrößen nach dem Festlegen von Koordinaten und Bezugsfaser immer entsprechend der Darstellung einer der beiden folgenden Varianten an einem Schnittufer angetragen werden (auf ein beliebiges Schnittufer kann immer eines der beiden Bilder so gelegt werden, daß Koordinate und Bezugsfaser "passen"):

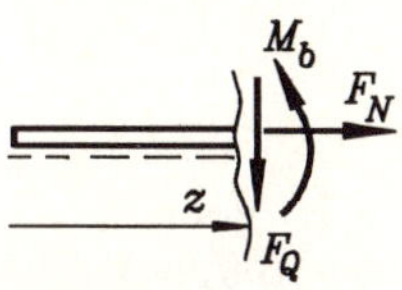

Positives Schnittufer

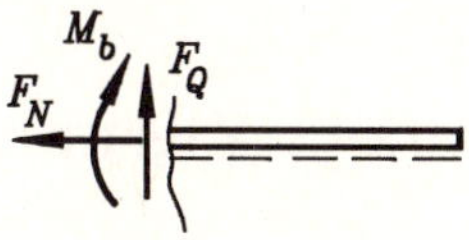

Negatives Schnittufer

Beispiel: Für den skizzierten Träger mit einer Einzellast ermittle man analytisch den Normalkraft-, Querkraft- und Biegemomentenverlauf und stelle die Verläufe graphisch dar.

Gegeben: $F = 60\,N$, $\alpha = 30°$, $l = 10\,cm$.

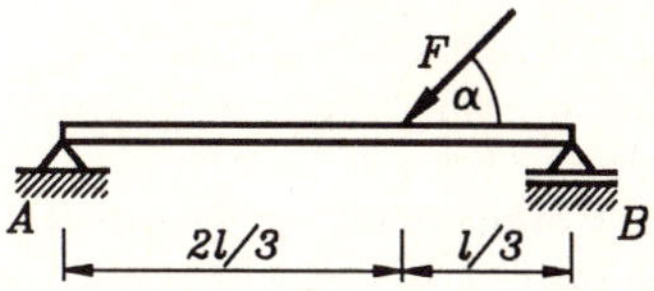

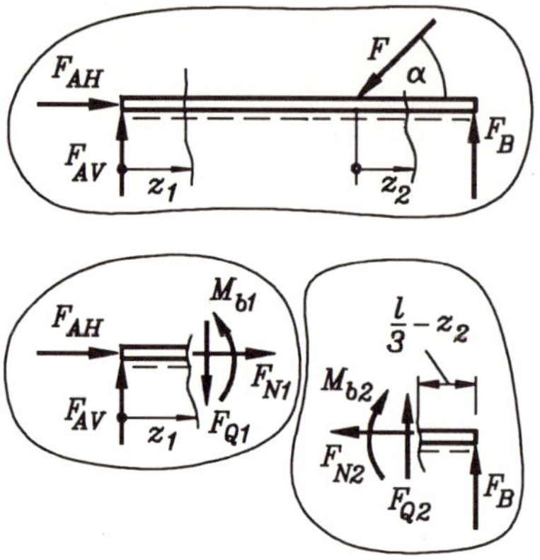

Aus den Gleichgewichtsbedingungen am freigeschnittenen Träger errechnet man die Lagerreaktionen:

$$F_{AH} = 0{,}866\,F = 52{,}0\,N\,;$$
$$F_{AV} = F/6 = 10{,}0\,N\,;$$
$$F_B = F/3 = 20{,}0\,N\,.$$

Für zwei Bereiche werden die beiden Koordinaten z_1 und z_2 eingeführt. Im linken Bereich werden nach der Schnittführung am linken Trägerteil, im rechten Bereich am rechten Trägerteil die Bedingungen für das Gleichgewicht aufgeschrieben, wobei als Momenten-Bezugspunkt jeweils die Schnittstelle gewählt wird:

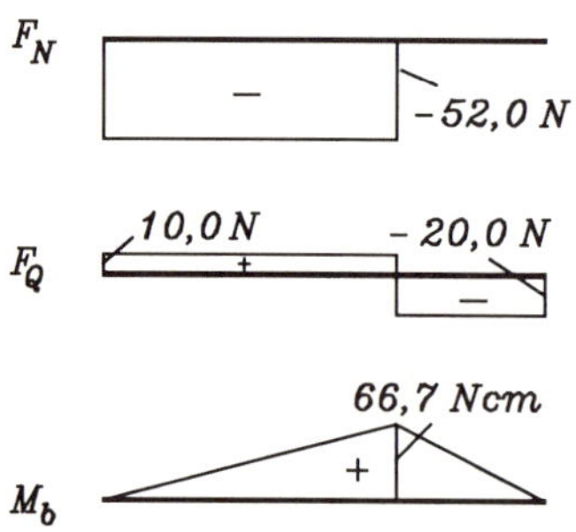

→	$F_{AH} + F_{N1}$	$= 0$
↑	$F_{AV} - F_{Q1}$	$= 0$
Ⓢ	$F_{AV}\,z_1 - M_{b1}$	$= 0$
←	F_{N2}	$= 0$
↑	$F_B + F_{Q2}$	$= 0$
Ⓢ	$M_{b2} - F_B\,(l/3 - z_2)$	$= 0$

Daraus ergeben sich die Schnittgrößenverläufe in analytischer Darstellung, die in der Skizze graphisch dargestellt sind:

$$F_{N1} = -52{,}0\,N\,; \quad F_{Q1} = 10{,}0\,N\,; \quad M_{b1} = F\,z_1/6\,,$$
$$F_{N2} = 0\,; \quad F_{Q2} = -20{,}0\,N\,; \quad M_{b2} = F\,(l/3 - z_2)/3\,.$$

7.2 Differentielle Zusammenhänge

Aus dem Träger wird an der Stelle z ein sehr kleines Element (Länge Δz) herausgeschnitten:

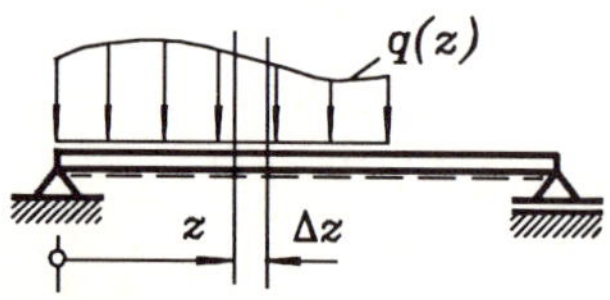

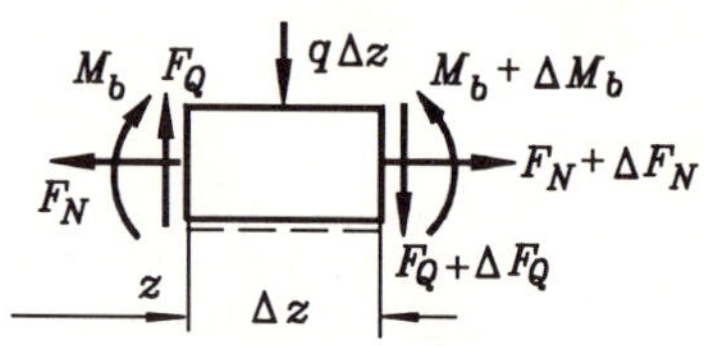

Die Schnittgrößen verändern sich von der Stelle z bis zur Stelle $(z + \Delta z)$ um ΔF_N, ΔF_Q bzw. ΔM_b. Das Kräftegleichgewicht in vertikaler Richtung und das Momentengleichgewicht um den Mittelpunkt des Elements liefern:

$$\downarrow \qquad q\,\Delta z + \Delta F_Q = 0 \ ,$$

$$\textcircled{M} \qquad -\Delta M_b + F_Q\,\Delta z + \Delta F_Q\,\frac{\Delta z}{2} = 0 \ .$$

Nach Division beider Gleichungen durch Δz ergibt der Grenzübergang

$$\Delta z \to 0 \quad \text{und damit} \quad \Delta F_Q/\Delta z \to dF_Q/dz \ , \quad \Delta M_b/\Delta z \to dM_b/dz \quad \text{und} \quad \Delta F_Q \to 0$$

die

Differential-Beziehungen für die Schnittgrößen:

$$\frac{dF_Q}{dz} = -q \quad , \qquad \frac{dM_b}{dz} = F_Q \ . \tag{7.1}$$

Diese beiden Formeln können zur Kontrolle der aus den Gleichgewichtsbedingungen ermittelten Querkraft- und Momentenverläufe benutzt werden. Darüber hinaus lassen sich aus ihnen folgende Aussagen ableiten:

Da die Ableitung von F_Q der Intensität der Linienlast proportional ist, ist der Querkraftverlauf innerhalb eines Bereichs ohne Linienlast konstant (an den Bereichs**grenzen**, an denen **Einzelkräfte** eingeleitet werden, ändert sich die Querkraft sprunghaft).

Die **Größe der Querkraft** ist an jeder Stelle **gleich dem Anstieg** der Kurve **des Momentenverlaufs**:

- Positive Querkraft → positiver Anstieg der M_b-Kurve,
- negative Querkraft → negativer Anstieg der M_b-Kurve,
- konstante Querkraft → linearer Verlauf der M_b-Kurve.

Beispiel 1: Für den nebenstehend skizzierten Träger ermittle man

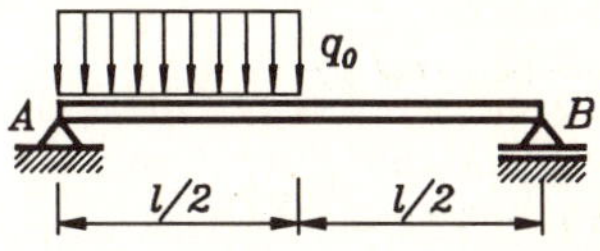

a) den Querkraftverlauf und den Biegemomentenverlauf analytisch,

b) die graphische Darstellung des Querkraftverlaufs und des Biegemomentenverlaufs,

c) Ort und Größe des absolut größten Biegemoments.

Gegeben: l, q_0

Vor der Ermittlung der Schnittgrößen ist die Berechnung der Lagerkräfte erforderlich (eine wird unbedingt benötigt, die andere vereinfacht die Schnittgrößen-Berechnung). Nebenstehend sind die Ergebnisse der Lagerkraft-Berechnung und die für die nachfolgende Schnittgrößen-Berechnung gewählten beiden Koordinaten eingetragen.

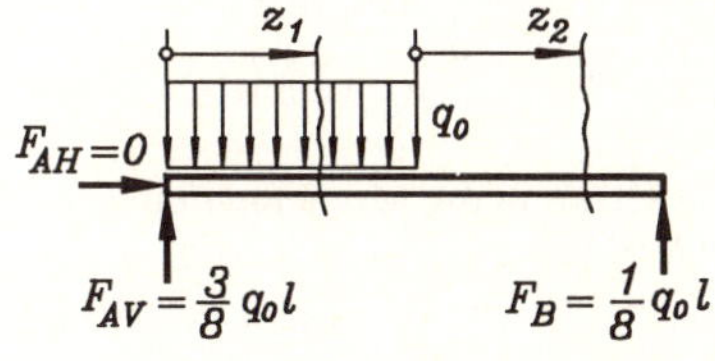

Es werden jeweils die einfacheren Teilsysteme zur Berechnung der Schnittgrößen benutzt (im ersten Bereich das linke, im zweiten Bereich das rechte), und die Gleichgewichtsbedingungen liefern:

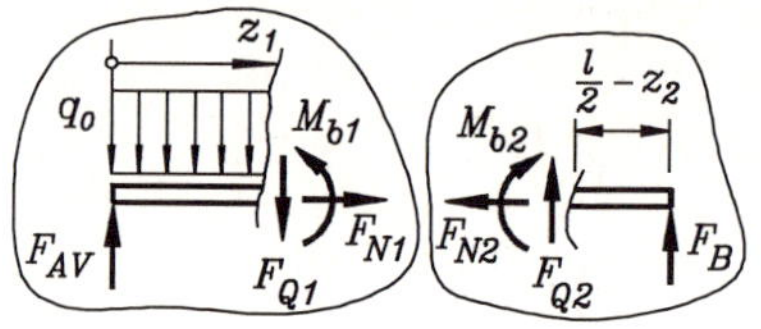

$$F_{Q1} = \frac{3}{8} q_0 l - q_0 z_1 ,$$
$$M_{b1} = \frac{3}{8} q_0 l z_1 - \frac{1}{2} q_0 z_1^2 ,$$
$$F_{Q2} = -\frac{1}{8} q_0 l ,$$
$$M_{b2} = \frac{1}{8} q_0 l \left(\frac{l}{2} - z_2\right) .$$

Die Funktionen erfüllen selbstverständlich in beiden Bereichen die differentiellen Beziehungen (7.1) . Die nebenstehend skizzierten Funktionsverläufe bestätigen folgende verallgemeinerungsfähigen Aussagen:

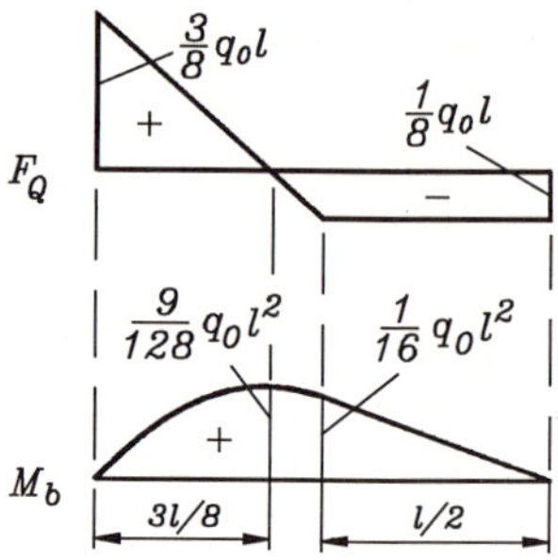

- ♦ Im Bereich konstanter Linienlast ist die Querkraft linear veränderlich, das Biegemoment ist quadratisch veränderlich mit der Koordinate z_1.
- ♦ Im (rechten) unbelasteten Bereich bleibt die Querkraft konstant, und das Moment ist linear veränderlich.
- ♦ An den Enden des Trägers sind die Biegemomente gleich Null, und die Größe der Querkräfte entspricht den dort eingeleiteten Lagerkräften.
- ♦ Zwischen den Lagern treten keine Querkraft- bzw. Momentensprünge auf, wenn keine Einzelkräfte bzw. -momente in das System eingeleitet werden.
- ♦ Das Moment hat an der Stelle einen relativen Extremwert, an der die Querkraft einen Nulldurchgang hat.
- ♦ Der Momentenverlauf hat keinen Knick (auch nicht am Übergang vom quadratischen zum linearen Funktionsverlauf), wenn die Querkraft sich nicht sprunghaft ändert.

Die beiden letzten Aussagen folgen daraus, daß die Querkraft die erste Ableitung des Biegemoments ist.

Zur Beantwortung der Frage nach dem absolut größten Biegemoment müssen sowohl die relativen Extremwerte des Moments in den Bereichen mit Linienlast als auch die Momente an den Bereichsgrenzen bereitgestellt und miteinander verglichen werden. Im vorliegenden Fall ist der relative Extremwert betragsmäßig größer als das Moment am Übergang vom ersten zum zweiten Bereich. Den Ort des relativen Extremwertes ermittelt man durch das Nullsetzen der ersten Ableitung von $M_b(z_1)$. Es ist also die Nullstelle der Querkraft:

$$F_{Q1}(\bar{z}_1) = 0 \quad \Rightarrow \quad \frac{3}{8} l - \bar{z}_1 = 0 \quad \Rightarrow \quad \bar{z}_1 = \frac{3}{8} l .$$

Einsetzen in die Momentenfunktion liefert das relative (hier gleichzeitig absolute) Extremum:

$$M_{b\max} = M_{b1}(\bar{z}_1) = \frac{9}{128} q_0 l^2 .$$

Beispiel 2: An dem nebenstehend skizzierten Rahmen sind zu ermitteln:

a) Schnittgrößenverläufe (F_N, F_Q und M_b) analytisch,

b) graphische Darstellung der Schnittgrößenverläufe,

c) Ort und Größe des absolut größten Biegemoments.

Gegeben: l, F.

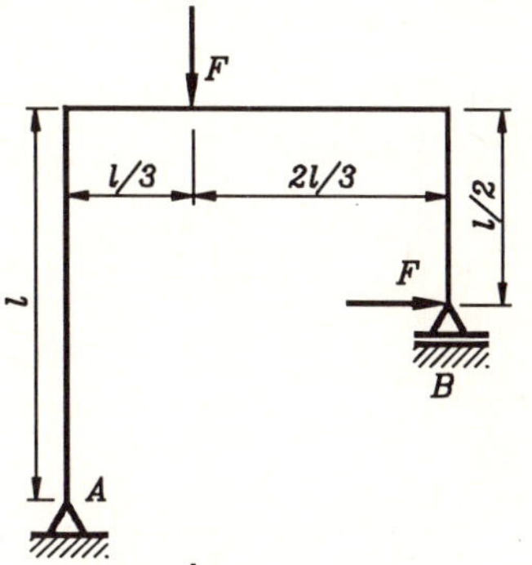

Am Gesamtsystem werden die Lagerreaktionen berechnet und die vier Koordinaten zur Ermittlung der Schnittgrößen festgelegt. Die Bezugsfaser wird auf die Innenseite des Rahmens gelegt.

Das Kraftgleichgewicht in horizontaler Richtung und die Momenten-Gleichgewichtsbedingungen um A und C liefern die Lagerreaktionen:

$$F_{AH} = F\ , \quad F_{AV} = \frac{1}{6}\,F\ , \quad F_B = \frac{5}{6}\,F\ .$$

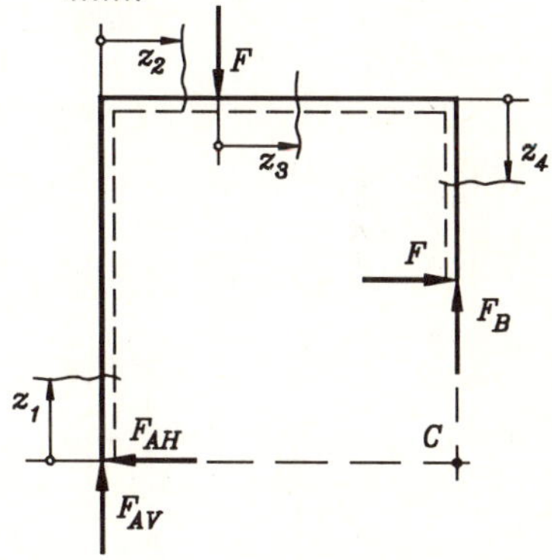

Die Schnittgrößen werden an möglichst einfachen Teilsystemen ermittelt: Für die ersten beiden Bereiche werden jeweils die linken Teilsysteme mit positiven Schnittufern und für den dritten und vierten Bereich jeweils die rechten Teilsysteme mit negativen Schnittufern gewählt.

a) Im Bereich $0 \le z_1 \le l$ ergibt sich:

$$F_{N1} = -F_{AV} = -\frac{1}{6}\,F\ ,$$

$$F_{Q1} = F_{AH} = F\ ,$$

$$M_{b1} = F_{AH}\,z_1 = F\,z_1\ .$$

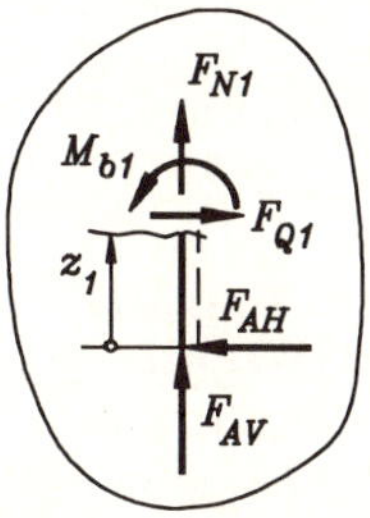

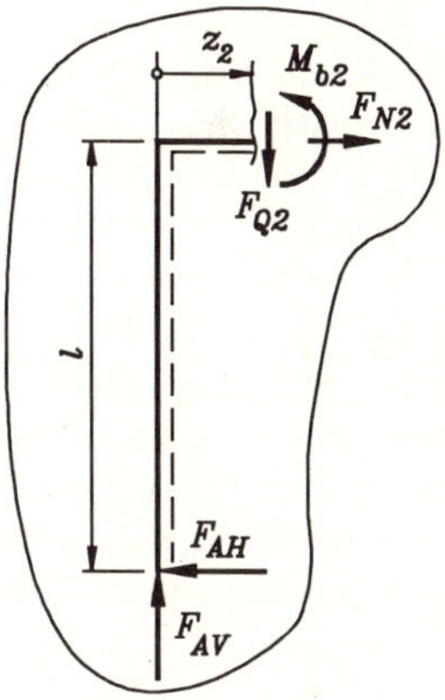

Die Lagerkraftkomponente, die im ersten Bereich die Größe der Normalkraft bestimmt, verursacht im zweiten Bereich die Querkraft (und umgekehrt):

$$F_{N2} = F_{AH} = F\ ,$$

$$F_{Q2} = F_{AV} = \frac{1}{6}\,F\ .$$

Für das Biegemoment liefert die Momenten-Gleichgewichtsbedingung um die Schnittstelle des zweiten Bereichs $0 \le z_2 \le l/3$:

$$M_{b2} = F_{AV}\,z_2 + F_{AH}\,l = F\,l\left(\frac{z_2}{6l} + 1\right)\ .$$

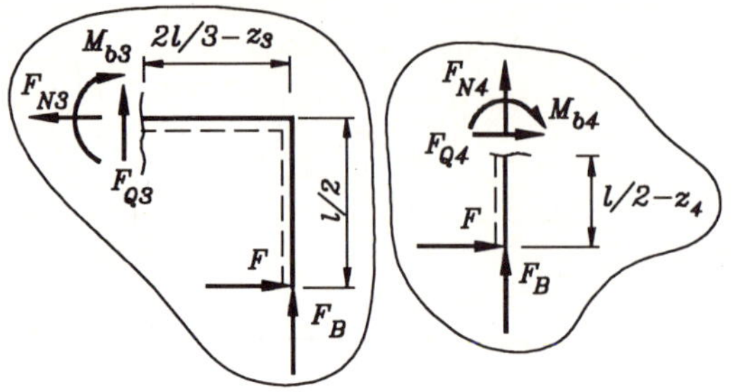

Die Normalkraft bleibt im horizontalen Teil konstant (es wird keine Horizontalkraft eingeleitet), die Querkraft ändert sich sprunghaft an der Einleitungsstelle der Kraft $\boldsymbol{F}$:

$$F_{N3} = F \quad ,$$
$$F_{Q3} = -F_B = -\frac{5}{6}F \quad .$$

Der Biegemomentenverlauf für diesen Bereich $\mathbf{0} \le z_3 \le \mathbf{2}\, l / \mathbf{3}$ ergibt sich zu:

$$M_{b3} = F_B\left(\frac{2}{3}l - z_3\right) + F\frac{l}{2} = \frac{1}{6}F\,l\left(\frac{19}{3} - 5\frac{z_3}{l}\right) \quad .$$

Schließlich erhält man für den vierten Bereich $\mathbf{0} \le z_4 \le l/\mathbf{2}$:

$$F_{N4} = -F_B = -\frac{5}{6}F \quad , \quad F_{Q4} = -F \quad , \quad M_{b4} = F\left(\frac{l}{2} - z_4\right) = F\,l\left(\frac{1}{2} - \frac{z_4}{l}\right) \quad .$$

b)

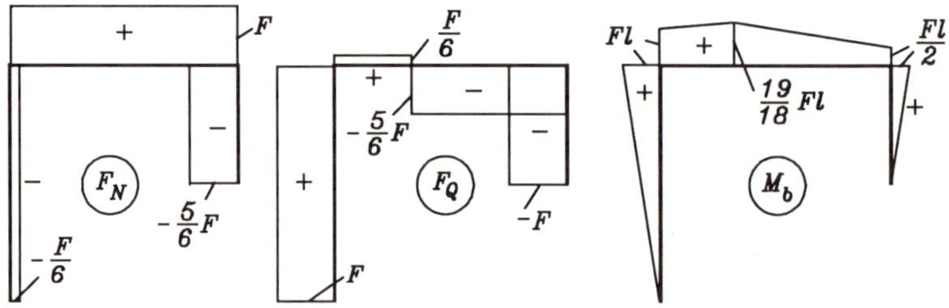

c) Für die Bestimmung des größten Biegemoments ist keine Extremwertbetrachtung nötig. Da nur linear veränderliche Momentenverläufe vorliegen, genügt der Vergleich aller Momente an den Bereichsgrenzen. Das absolut größte Moment tritt im horizontalen Bereich des Rahmens unter der Kraft $\boldsymbol{F}$ (bei $z_3 = \mathbf{0}$) auf und beträgt $M_{bmax} = \mathbf{1{,}06}\, F\, l$.

7.3 Ergänzende Aussagen zu den Schnittgrößen

Aus den im Abschnitt 7.1 behandelten Definitionen der Schnittgrößen und den im Abschnitt 7.2 hergeleiteten differentiellen Beziehungen lassen sich Aussagen ableiten, die für die Kontrolle der ermittelten Schnittgrößenverläufe nützlich sind und zum Teil sogar eine aufwendige Rechnung ersparen können:

- Die **Normalkraft** ist bereichsweise konstant, wenn keine Linienlast in Längsrichtung des Trägers wirkt (wie zum Beispiel die Eigengewichtsbelastung eines vertikalen Trägerabschnitts). Bei allen im vorigen Abschnitt behandelten Aufgaben war diese Bedingung erfüllt. Man beachte außerdem, daß an rechtwinkligen Ecken die Querkraft des einen Bereichs zur Normalkraft im Anschlußbereich wird und umgekehrt.

- Die **Querkraft** ist in Bereichen ohne Linienlast konstant. Eine Einzelkraft senkrecht zur Trägerlängsachse (bzw. diese Komponente einer Kraft) verursacht einen Sprung im Querkraftverlauf, der (bei gleichsinnig gerichteten Koordinaten und gleicher Lage der Bezugsfaser in den angrenzenden Bereichen) in Größe und Richtung der äußeren Einzelkraft folgt. Eine Einzelkraft am Trägeranfang bewirkt einen Sprung "von Null auf die Größe dieser Kraft", eine Einzelkraft am Trägerende einen entsprechenden Sprung "auf den Wert Null". In Bereichen mit konstanter Linienlast ist die Querkraft linear veränderlich.

  Diese Aussagen gestatten es häufig, den Querkraftverlauf ohne Rechnung zu ermitteln, was mit den beiden folgenden Beispielen demonstriert wird.

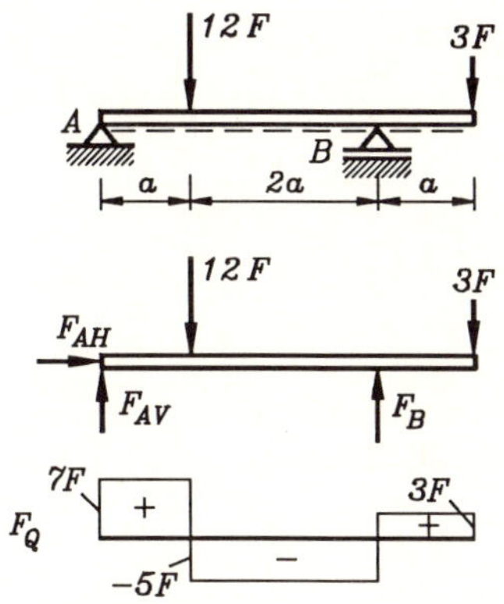

Beispiel 1: Die vertikalen Lagerreaktionen des skizzierten Trägers errechnen sich zu

$$F_{AV} = 7F \quad , \quad F_B = 8F \; .$$

Dementsprechend beginnt der Querkraftverlauf am linken Rand mit $F_Q = 7F$, positiv, weil der "Sprung von Null" der Richtung von F_{AV} folgt, bleibt konstant bis zum Sprung um $12F$ nach unten auf den Wert $-5F$, bleibt konstant, bis er um den Betrag von F_B auf $3F$ springt, um schließlich am rechten Rand, der dort angreifenden Kraft $3F$ folgend, "auf Null zu springen". Der Querkraftverlauf kann ohne Rechnung gezeichnet werden, am rechten Rand ergibt sich sogar noch eine Kontrolle des Kräfte-Gleichgewichts.

Beispiel 2: Für den dargestellten Träger führen nach Berechnung der Lagerreaktionen folgende Überlegungen zur graphischen Darstellung des Querkraftverlaufs:

1. Am linken Rand "Sprung von Null" auf $3q_0l/8$,
2. am rechten Rand "Rücksprung" um $q_0l/8$ auf Null,
3. im rechten Abschnitt konstanter Verlauf,
4. im linken Abschnitt linear veränderlicher Verlauf.

Diese vier Aussagen gemeinsam genügen, um den kompletten Querkraftverlauf zu zeichnen.

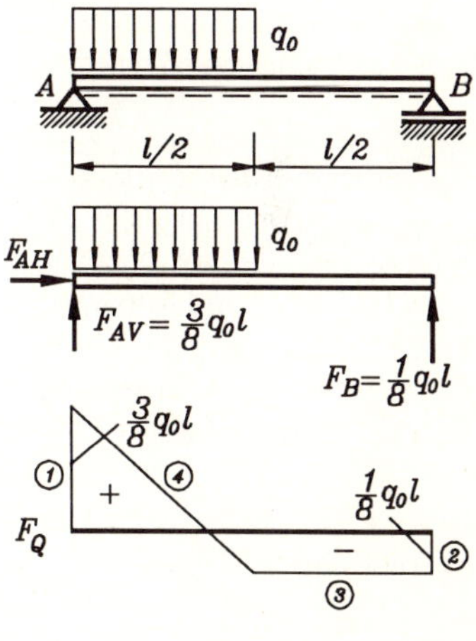

- Der Verlauf des **Biegemoments** ist in Bereichen ohne Linienlast linear veränderlich, an den Angriffspunkten von Einzelkräften hat der Momentenverlauf einen Knick.

  Der Momentenverlauf kann Sprungstellen nur dort haben, wo äußere Momente eingeleitet werden (Einzelmoment, Einspannung, Verzweigung des Trägers). Ansonsten ist der Momentenverlauf (auch an Trägerecken) stetig.

- Das **Biegemoment** hat den Wert Null (**M_b = 0**)
  - an Gelenken,
  - am Trägerrand, wenn dort kein äußeres Moment eingeleitet wird. Festlager oder Loslager am Trägerrand beeinflussen diese Aussage nicht, weil sie kein Moment einleiten, am eingespannten Trägerrand ist das Biegemoment im allgemeinen jedoch ungleich Null.

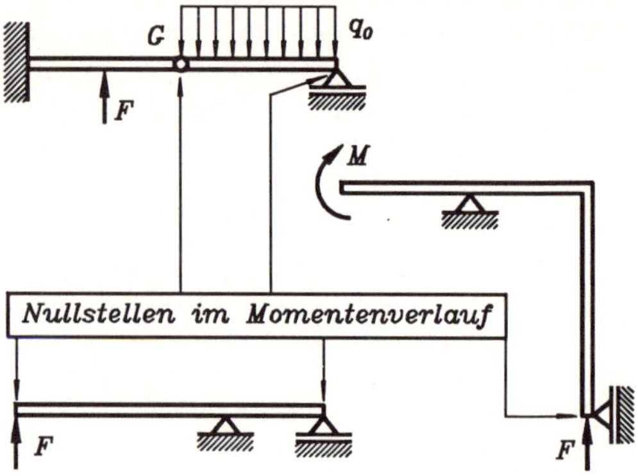

Der Biegemomentenverlauf hat relative Extremwerte an allen Punkten, an denen der Querkraftverlauf das Vorzeichen wechselt.

- Für die Beurteilung der Haltbarkeit eines Trägers hat das **absolute Maximum des Biegemoments** $|M_b|_{max}$ eine besondere Bedeutung. Dies kann nur auftreten
  - in Bereichen, in denen eine Linienlast wirkt oder
  - an den Bereichsgrenzen.

  Wenn **keine Linienlast** vorhanden ist, kann $|M_b|_{max}$ nur auftreten an
  - Einleitungsstellen von Einzelkräften oder Einzelmomenten,
  - Lagerpunkten, Trägerecken und -verzweigungen.

Beispiel 3: Für den nebenstehend dargestellten Träger ist das Biegemoment am freien Trägerende und am Lager ***A*** jeweils Null, in den beiden Bereichen muß wegen des Fehlens einer Linienlast ein linearer Verlauf vorliegen, das Moment am Punkt ***B*** ist $M_{b,B} = -F\,a$, wobei das Vorzeichen aus der Anschauung gewonnen werden kann (die untere Faser wird offensichtlich gedrückt).

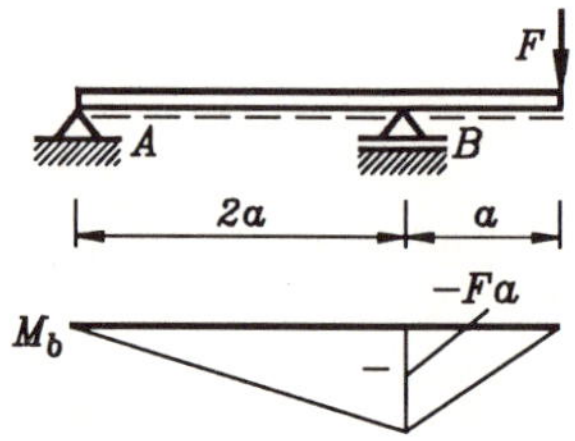

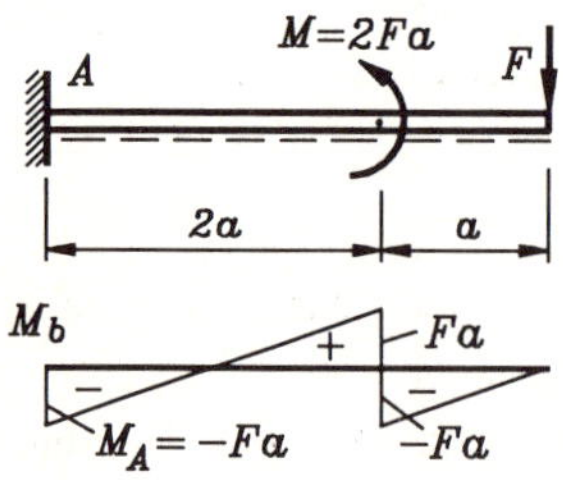

Beispiel 4: In beiden Bereichen hat der skizzierte Träger einen linearen Momentenverlauf. Am freien Ende ist das Biegemoment Null. Wenn das auf den Träger wirkende **Einspann**moment bei *A* rechtsdrehend positiv gewählt wird (wie das **Biege**moment vereinbarungsgemäß gewählt werden **muß**), ergibt es sich zu

$$M_A = 2\,F\,a - F \cdot 3\,a = -F\,a\,.$$

Mit diesem Wert startet der Verlauf bei *A*, verläuft linear bis zur Einleitungsstelle des Moments und nach dem dadurch bedingten Sprung wieder linear bis zum Wert Null am Trägerende und kann also nur den skizzierten Verlauf haben.

- Die freie Verschieblichkeit eines am starren Körper angreifenden Moments darf selbstverständlich erst nach dem Freischneiden genutzt werden. Es ist sicher klar, daß für den Verlauf des Biegemoments der Angriffspunkt des äußeren Moments einen wesentlichen Einfluß hat.

Beispiel 5: Da die Biegemomente an den Ecken des nachstehend skizzierten Rahmens (ohne vorherige Ermittlung der Lagerreaktionen) berechnet werden können, wenn die vertikalen Abschnitte an den Ecken geschnitten werden, kann man den Momentenverlauf sofort zeichnen: Der lineare Verlauf im horizontalen Teil ist durch die bekannten Werte an den Ecken (Biegemoment ändert seinen Wert dort nicht!) eindeutig bestimmt.

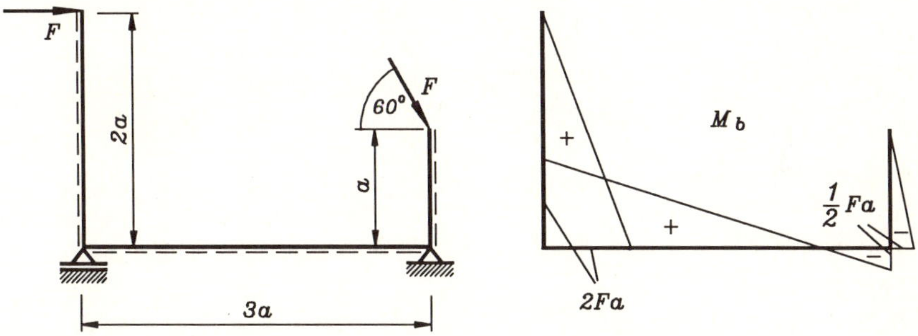

Beispiel 6: Zur Darstellung des Momentenverlaufs für den skizzierten Gerberträger werden folgende Erkenntnisse genutzt:

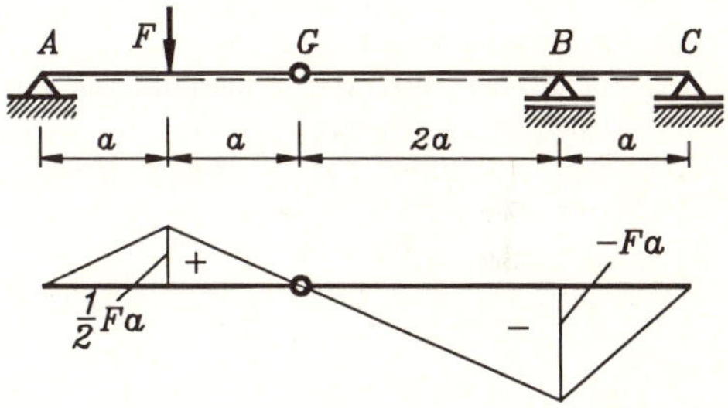

- Das Biegemoment ist an den Punkten ***A***, ***G*** und ***C*** gleich Null.
- Die vertikale Lagerkraftkomponente bei ***A*** hat den Wert $F_{AV} = F/2$, weil ***F*** in der Mitte von ***AG*** angreift. Mit dieser Lagerkraft ist das Moment unter der Last ***F*** bekannt.
- Die Verbindungsgerade von diesem Wert durch das Gelenk ***G*** bis zum Lager ***B*** (erst hier darf ein Knick im Momentenverlauf auftreten) liefert das Moment an dieser Stelle, und es kann die letzte Verbindungsgerade zum Punkt ***C*** gezeichnet werden.

Beispiel 7: Als Beispiel 2 wurde für einen Träger mit einer Linienlast der Querkraftverlauf ermittelt. Da die Querkraft-Funktion als Ableitung der Funktion des Biegemoments in jedem Punkt ein Maß für den Anstieg der Biegemomenten-Funktion ist, kann diese vielfach (zumindest qualitativ) bei bekanntem Querkraftverlauf unter Ausnutzung der übrigen bereits benutzten Aussagen gezeichnet werden. Im einzelnen werden für dieses Beispiel folgende Erkenntnisse herangezogen:

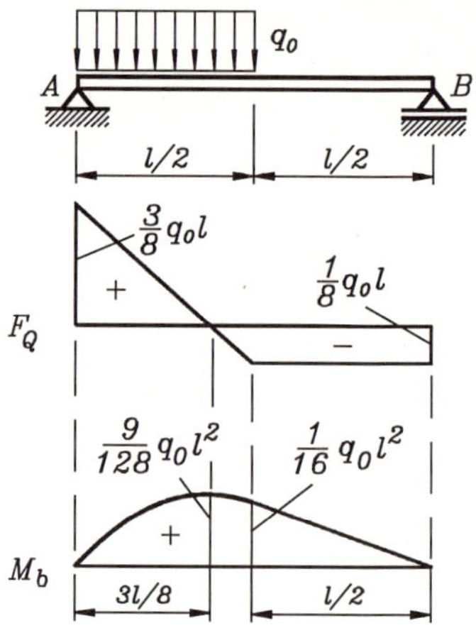

- Das Biegemoment ist an den Trägerrändern (bei ***A*** und ***B***) gleich Null.
- Die Kurve des Momentenverlaufs im linken Bereich (linearer Querkraftverlauf bzw. konstante Linienlast) ist eine quadratische Parabel, im rechten Bereich hat M_b einen linearen Verlauf.
- An der Übergangsstelle vom linken zum rechten Bereich hat die Momentenlinie keinen Knick (keine Einzelkraft → Querkraftverlauf ändert sich nicht sprunghaft).
- Der **Anstieg** der Parabel ist zunächst positiv, wird aber immer flacher (Querkraft wird kleiner) bis zum Maximum von M_b beim Nulldurchgang der Querkraft, danach immer stärker negativ bis zur Mitte des Trägers. Bei danach konstanter Querkraft ändert sich der Anstieg nicht.

7.4 Aufgaben

Aufgabe 7.1: Für den skizzierten Gerber-Träger ermittle man:

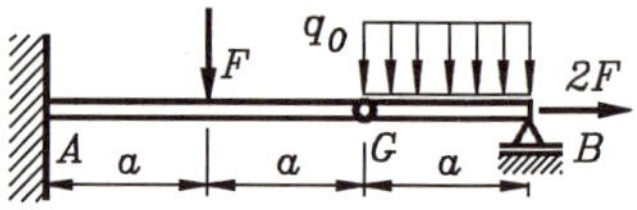

a) Schnittgrößenverläufe (Normalkraft, Querkraft, Biegemoment) analytisch,
b) graphische Darstellung der Schnittgrößenverläufe,
c) Ort und Größe des absolut größten Biegemoments.

Gegeben: a, q_0, $F = q_0 a$.

Aufgabe 7.2: Ein Tragwerk mit einem Gelenk ***G*** ist bei ***A*** durch ein Loslager gestützt und bei ***B*** starr eingespannt. Es trägt die Linienlast q_0 und die Kraft $F = 4\,q_0 a$. Man ermittle

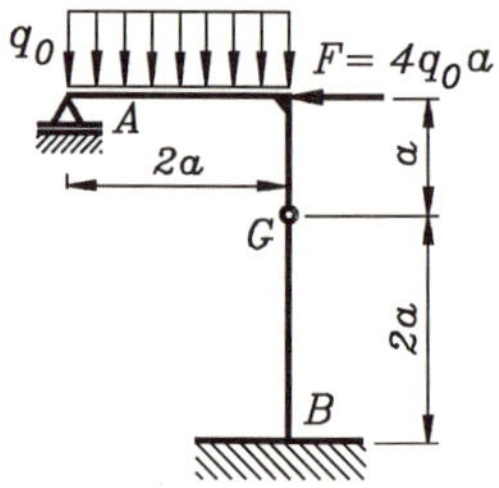

a) die Lagerreaktionen bei ***A*** und ***B***,
b) die Schnittgrößenverläufe F_N, F_Q und M_b analytisch.
c) Die Schnittgrößenverläufe sind graphisch darzustellen.

Aufgabe 7.3: Der skizzierte Träger ist durch eine konstante Linienlast mit der Intensität q_0 und eine Einzelkraft $F = 4\,q_0 a$ belastet. Man ermittle

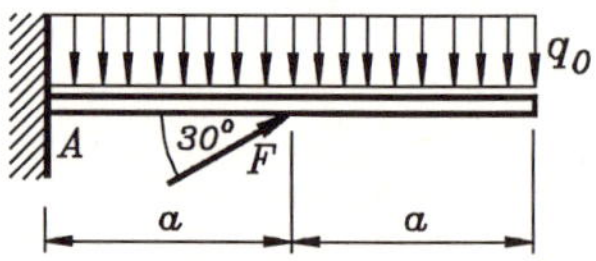

a) die Lagerreaktionen bei ***A***,
b) die Schnittgrößenverläufe analytisch,
c) die graphische Darstellung der Schnittgrößenverläufe.

8 Räumliche Probleme

Wenn die Wirkungslinien der Kräfte nicht mehr alle in einer Ebene liegen oder die Drehachsen der Momente nicht alle senkrecht zur Ebene der Kräfte gerichtet sind, liegt ein räumliches Problem vor. In solchen Fällen sollte zunächst überprüft werden, ob die Betrachtung in mehreren Ebenen (und damit die Lösung mehrerer Teilaufgaben) möglich ist. Erst dann, wenn dies nicht gelingt, sollte man die Aufgabe als räumliches Problem auffassen.

8.1 Zentrales Kraftsystem

Eine Kräftegruppe wird als zentrales Kraftsystem bezeichnet, wenn sich die Wirkungslinien aller Kräfte in einem Punkt schneiden.

Da durch zwei sich schneidende Geraden eine Ebene aufgespannt wird, kann man für jeweils zwei Kräfte in dieser Ebene nach den Regeln des zentralen ebenen Kraftsystems verfahren (z. B. ein Kräfteparallelogramm konstruieren). Aus dieser Überlegung folgt, daß zur Ermittlung der Resultierenden auch die Vereinfachung der Konstruktion in Form des Kraftecks auf das räumliche Problem übertragen werden kann. Allerdings läßt sich ein "räumliches Krafteck" in der Zeichenebene nur schwierig darstellen.

Die Formeln des ebenen Problems müssen nur um die dritte Komponente erweitert werden, und man gewinnt die Formeln zur

Berechnung der Resultierenden des zentralen räumlichen Kraftsystems:

$$F_{Rx} = \sum_{i=1}^{n} F_{ix} \ , \qquad F_{Ry} = \sum_{i=1}^{n} F_{iy} \ , \qquad F_{Rz} = \sum_{i=1}^{n} F_{iz} \ , \tag{8.1}$$

$$F_R = \sqrt{F_{Rx}^2 + F_{Ry}^2 + F_{Rz}^2} \ .$$

Die Richtung der Resultierenden läßt sich zum Beispiel durch die Angabe der Winkel, die sie mit den Achsen eines kartesischen Koordinatensystems bildet, beschreiben:

$$\cos\alpha_x = \frac{F_{Rx}}{F_R} \ , \qquad \cos\alpha_y = \frac{F_{Ry}}{F_R} \ , \qquad \cos\alpha_z = \frac{F_{Rz}}{F_R} \ , \tag{8.2}$$

wobei gilt:

$$\cos^2\alpha_x + \cos^2\alpha_y + \cos^2\alpha_z = 1 \tag{8.3}$$

Die Winkel α_x, α_y und α_z werden in den von der x-, y, bzw. z-Achse und der Kraft F_R aufgespannten Ebenen gemessen. Obwohl immer (8.3) gilt, ist die Lage eines Vektors im Raum erst eindeutig bestimmt durch die Angabe der drei cos-Werte (***Richtungskosinusse*** - schreibt sich tatsächlich mit k, und der lustig klingende Plural ist auch richtig), weil aus (8.3) die für die Lage des Vektors wichtigen Vorzeichen der cos-Werte nicht zu entnehmen sind.

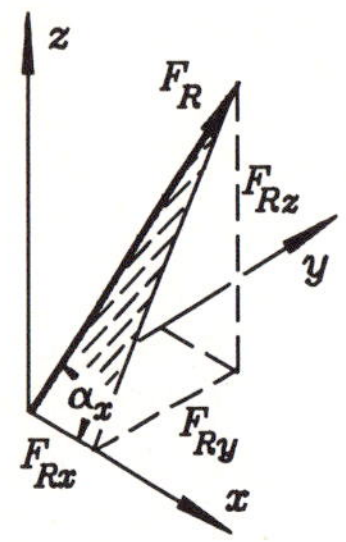

Die Skizze verdeutlicht am Beispiel, wie diese Winkel gemessen werden: Der Winkel α_x liegt in der Ebene, die von der x-Achse und $\boldsymbol{F}_R$ aufgespannt wird.

Man verwendet zweckmäßig diese Winkel auch für die Zerlegung einer Kraft in ihre drei Komponenten.

Ein räumliches zentrales Kraftsystem befindet sich im **Gleichgewicht**, wenn die Resultierende aller Kräfte gleich Null ist. Da ein Vektor im Raum nur verschwindet, wenn jede Komponente Null ist, folgen daraus die drei

Gleichgewichtsbedingungen des zentralen räumlichen Kraftsystems:

$$\sum_{i=1}^{n} F_{ix} = 0 \quad , \quad \sum_{i=1}^{n} F_{iy} = 0 \quad , \quad \sum_{i=1}^{n} F_{iz} = 0 \quad . \qquad (8.4)$$

- Aus der Forderung nach Gleichgewicht können also beim zentralen räumlichen Kraftsystem drei Unbekannte ermittelt werden.
- Die Schwierigkeit, schon einfache räumliche Konstruktionen anschaulich zu erfassen, legt es nahe, wesentlich formaler als beim ebenen Problem vorzugehen: Man ermittelt eine Komponente eines räumlichen Kraftvektors aus dem Produkt "Betrag des Vektors · Richtungskosinus", wobei der Richtungskosinus im allgemeinen aus der Geometrie des Systems folgt.
- Typisches Vorgehen bei der Lösung von Aufgaben: Man schreibt einen **beliebigen** Vektor auf, der aber die **Richtung** der Kraft hat. Dieser Vektor wird durch seine Länge (seinen Betrag) dividiert und man erhält den Vektor der Richtungskosinusse. Da dieser wegen (8.3) ein Einheitsvektor ist, wird er nach Multiplikation mit dem (bekannten oder unbekannten) **Betrag der** in diese Richtung wirkenden **Kraft** zum Kraftvektor. Die oben angegebenen Gleichgewichtsbedingungen (8.4) beziehen sich dann jeweils auf die Komponenten der so ermittelten Kraftvektoren.
- Wenn man sich auf ein einmal festgelegtes Koordinatensystem bezieht, ergeben sich die Richtungskosinusse eines Vektors (formal und vorzeichensicher) aus der Vorschrift "Komponente dividiert durch Betrag des Vektors".

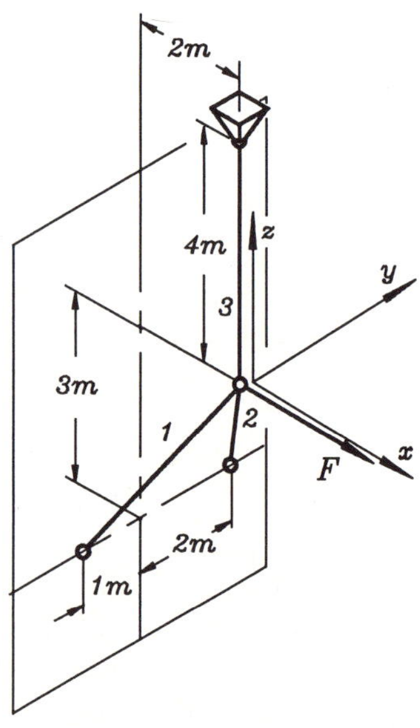

Gegeben: Kraft F und die eingezeichneten Abmessungen.

Beispiel 1: Die Stäbe 1 und 2 sind an einer Wand befestigt und werden durch den vertikalen Stab 3 gehalten. Man berechne die Stabkräfte F_{S1}, F_{S2} und F_{S3}.

Die vier Kräfte F, F_{S1}, F_{S2} und F_{S3} müssen ein Gleichgewichtssystem bilden (natürlich können auch Stäbe im Raum nur Kräfte in Stablängsrichtung aufnehmen).

Bezüglich des gewählten Koordinatensystems werden für die Stäbe 1 und 2 die Geometrievektoren $\vec{s}_1$ und $\vec{s}_2$ aufgeschrieben.

$$\vec{s}_1 = \begin{bmatrix} -2\,m \\ -1\,m \\ -3\,m \end{bmatrix} \quad , \quad \vec{s}_2 = \begin{bmatrix} -2\,m \\ 2\,m \\ -3\,m \end{bmatrix}$$

Aus den Geometrievektoren können die Vektoren der Richtungskosinusse $\vec{c}_1$ und $\vec{c}_2$ durch Division durch die Stablängen

$$s_1 = \sqrt{2^2 + 1^2 + 3^2}\; m = \sqrt{14}\; m \quad ,$$
$$s_2 = \sqrt{2^2 + 2^2 + 3^2}\; m = \sqrt{17}\; m$$

$$\vec{c}_1 = \begin{bmatrix} -\frac{2}{\sqrt{14}} \\ -\frac{1}{\sqrt{14}} \\ -\frac{3}{\sqrt{14}} \end{bmatrix} \quad , \quad \vec{c}_2 = \begin{bmatrix} -\frac{2}{\sqrt{17}} \\ \frac{2}{\sqrt{17}} \\ -\frac{3}{\sqrt{17}} \end{bmatrix}$$

berechnet werden, aus denen sich nach Multiplikation mit den Beträgen der Stabkräfte F_{S1} und F_{S2} die Stabkraftvektoren ergeben.

$$\vec{F}_{S1} = \begin{bmatrix} -\frac{2}{\sqrt{14}} \\ -\frac{1}{\sqrt{14}} \\ -\frac{3}{\sqrt{14}} \end{bmatrix} F_{S1} \quad , \quad \vec{F}_{S2} = \begin{bmatrix} -\frac{2}{\sqrt{17}} \\ \frac{2}{\sqrt{17}} \\ -\frac{3}{\sqrt{17}} \end{bmatrix} F_{S2}$$

Geometrievektoren → Richtungskosinusse
→ Kraftvektoren

Für den Stab 3 und die Kraft F, deren Richtungen mit einer der gewählten Koordinatenrichtungen zusammenfallen, können die Vektoren direkt aufgeschrieben werden, und aus der vektoriellen Gleichgewichtsbedingung

$$\vec{F}_{S1} + \vec{F}_{S2} + \vec{F}_{S3} + \vec{F} = 0$$

kommt man entsprechend (8.4) zu dem Gleichungssystem (eine Vektorgleichung entspricht drei skalaren Gleichungen) für die Stabkräfte:

$$\sum X : \quad -\frac{2}{\sqrt{14}} F_{S1} - \frac{2}{\sqrt{17}} F_{S2} = -F$$

$$\sum Y : \quad -\frac{1}{\sqrt{14}} F_{S1} + \frac{2}{\sqrt{17}} F_{S2} = 0$$

$$\sum Z : \quad -\frac{3}{\sqrt{14}} F_{S1} - \frac{3}{\sqrt{17}} F_{S2} + F_{S3} = 0$$

Die Lösung dieses Gleichungssystems liefert:

$$F_{S1} = \frac{\sqrt{14}}{3} F \quad , \quad F_{S2} = \frac{\sqrt{17}}{6} F \quad , \quad F_{S3} = \frac{3}{2} F \quad .$$

- Auch wenn die vektorielle Behandlung des Problems schließlich doch auf die Lösung eines Gleichungssystems der Komponenten-Gleichungen führt, sollte man den formalen Weg über die Richtungskosinusse immer dann gehen, wenn man an die Grenze seines räumlichen Vorstellungsvermögens gelangt.

- Bei dieser einfachen Aufgabe könnte man natürlich noch den "anschaulichen Weg" dem formalen Weg vorziehen. Dieser führt vielfach über die Betrachtung des Problems in unterschiedlichen Ebenen sehr schnell zu Teillösungen, wie nachfolgend noch gezeigt werden soll.

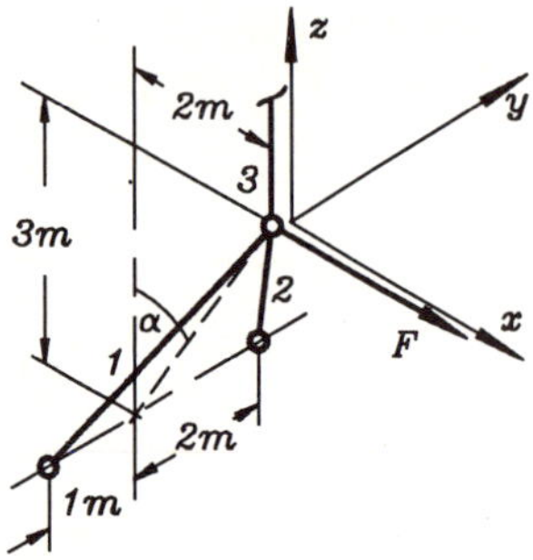

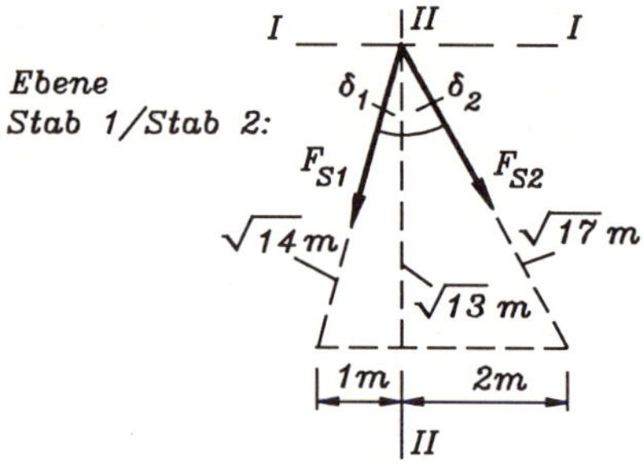

Betrachtet wird zunächst die von den Stäben 1 und 2 aufgespannte Ebene. Die Stabkräfte $\boldsymbol{F_{S1}}$ und $\boldsymbol{F_{S2}}$ können in dieser Ebene in je zwei Komponenten (Richtungen ***I-I*** und ***II-II***) zerlegt werden. Die dafür erforderlichen Winkelfunktionen lassen sich unmittelbar aus der Geometrie ablesen. Die Richtung ***I-I*** liegt in der xy-Ebene, die Richtung ***II-II*** liegt in der xz-Ebene, so daß anschließend in diesen beiden Ebenen weitergearbeitet werden kann.

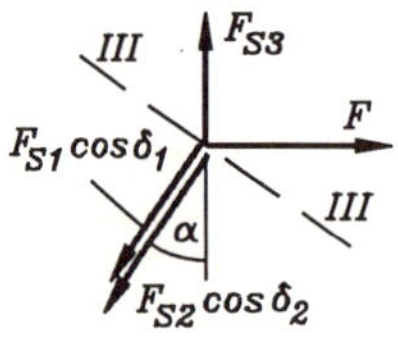

xz-Ebene

Die nebenstehende Skizze zeigt die Kräfte in der xz-Ebene ($\boldsymbol{F}$, $\boldsymbol{F_{S3}}$ und die beiden Komponenten in Richtung ***II-II***). Auch die benötigten Winkelfunktionen für den Winkel α können aus der Geometrie abgelesen werden.

Man erkennt einen Vorteil dieser Betrachtungsweise: Die Kraft $\boldsymbol{F_{S3}}$ kann unabhängig von den übrigen Unbekannten aus der Gleichgewichtsbedingung in Richtung ***III*** ermittelt werden:

$$\nwarrow \quad F_{S3} \sin\alpha - F \cos\alpha = 0 \; .$$

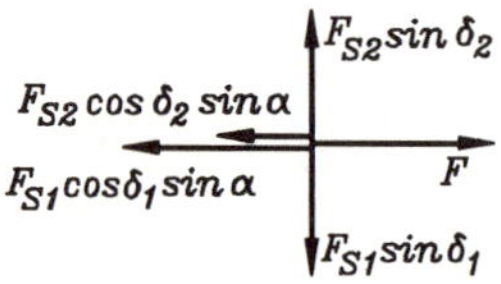

xy-Ebene

Die beiden übrigen Stabkräfte ermittelt man aus zwei Gleichgewichtsbedingungen in der xy-Ebene. Dabei ist zu beachten, daß in dieser Ebene (nebenstehende Skizze) neben $\boldsymbol{F}$ und den beiden Komponenten in Richtung ***I-I*** auch noch Anteile aus den Komponenten in Richtung ***II-II*** eingehen, wie am Beispiel deutlich gemacht werden soll:

Die Kraft $\boldsymbol{F_{S1}}$ wird in der Ebene "Stab 1 / Stab 2" in die beiden Komponenten $\boldsymbol{F_{S1}\sin\delta_1}$ (zu sehen in der xy-Ebene) und $\boldsymbol{F_{S1}\cos\delta_1}$ (zu sehen in der xz-Ebene) zerlegt. Letztere hat natürlich je eine Komponente in x- bzw. z-Richtung, von denen die x-Komponente $\boldsymbol{F_{S1}\cos\delta_1 \sin\alpha}$ in der xy-Ebene (der positiven x-Achse entgegengerichtet) zu sehen ist.

Die beiden Gleichgewichtsbedingungen in der xy-Ebene

$$y\uparrow \qquad -F_{S1}\sin\delta_1 + F_{S2}\sin\delta_2 = 0 \; ,$$

$$x\rightarrow \qquad -F_{S1}\cos\delta_1 \sin\alpha - F_{S2}\cos\delta_2 \sin\alpha + F = 0$$

führen gemeinsam mit der bereits in der xz-Ebene formulierten Gleichgewichtsbedingung wieder auf die bereits angegebenen Lösungen. Dabei werden die aus den Skizzen ablesbaren Beziehungen für die Winkelfunktionen benötigt:

$$\sin\delta_1 = \frac{1}{\sqrt{14}}, \quad \cos\delta_1 = \frac{\sqrt{13}}{\sqrt{14}}$$

$$\sin\delta_2 = \frac{2}{\sqrt{17}}, \quad \cos\delta_2 = \frac{\sqrt{13}}{\sqrt{17}}$$

$$\sin\alpha = \frac{2}{\sqrt{13}}, \quad \cos\alpha = \frac{3}{\sqrt{13}}$$

Winkelfunktionen für Beispiel 1

Aus diesem ausführlich behandelten Beispiel dürfen folgende verallgemeinerungsfähige Aussagen abgeleitet werden:

- Die Berechnung räumlicher Probleme durch Betrachten in unterschiedlichen Ebenen (der Versuch, den "anschaulichen Weg zu gehen") ist häufig unübersichtlich, schlecht formalisierbar und damit auch fehleranfällig. Formaler und damit leichter programmierbar ist das Rechnen mit Vektoren, zumindest die formale Ermittlung der Richtungskosinusse ist empfehlenswert.
- Zwei Gründe mögen eine Abweichung von dieser Empfehlung nahelegen:
  - Für den Konstrukteur, der mit seiner technischen Zeichnung ohnehin "zweidimensional in verschiedenen Ebenen denkt", kann auch die Berechnung auf diese Art einfacher sein.
  - "Quasiebene Probleme" (wie das folgende Beispiel) sind wohl in jedem Falle Kandidaten für eine Betrachtung in mehreren Ebenen.

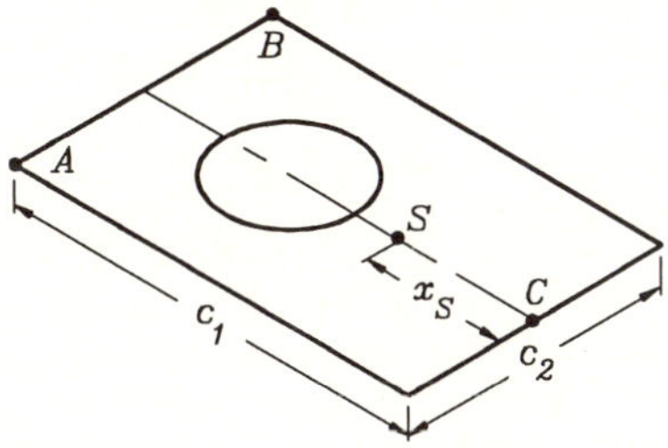

Beispiel: 2 Ein flächenhafter Körper (Blech) mit einer Symmetrieachse soll an den Punkten ***A***, ***B*** und ***C*** an gleich langen Seilen mit Hilfe eines Kranes transportiert werden. Die Seile werden jeweils an den Punkten ***A***, ***B*** und ***C*** und am Kranhaken befestigt.

Gegeben: F_G (Gewicht des Bleches),
l (Länge eines Seiles),
c_1 , c_2 (Blechabmessungen),
x_S (Lage des Schwerpunktes).

Man ermittle die Seilkräfte F_{SA}, F_{SB} und F_{SC}, die sich beim Anheben des Bleches einstellen.

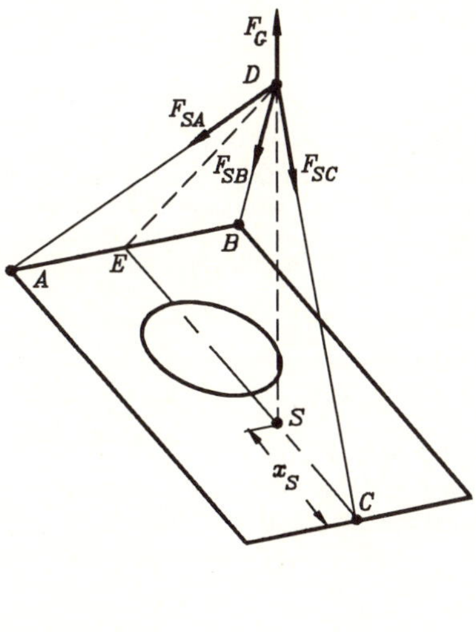

Beim Anheben des Bleches stellt sich die Gleichgewichtslage so ein, daß der Schwerpunkt ***S*** des Bleches senkrecht unter dem Aufhängepunkt liegt. Man beachte den Unterschied zu allen bisher behandelten Aufgaben: Die Geometrie des Gleichgewichtszustandes ist nicht direkt vorgegeben, ihre Ermittlung macht sogar einen nicht unerheblichen Aufwand bei der Lösung der Aufgabe aus.

Wegen der Symmetrie sind die Seilkräfte F_{SA} und F_{SB} gleich, alle übrigen Kräfte liegen in der Ebene ***ECD***. Es empfiehlt sich also, zunächst die Ebene ***ABD*** zu betrachten, um die Komponenten zu berechnen, die F_{SA} und F_{SB} in der Ebene ***ECD*** haben, um anschließend ein rein ebenes Problem in dieser Ebene behandeln zu können.

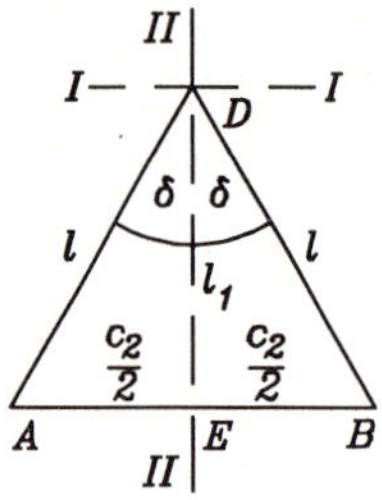

Ebene ***ABD***

Die nebenstehende Skizze zeigt die Abmessungen in der Ebene ***ABD***. Wenn die Symmetrie nicht vorab erkannt wird, liefert die Kraft-Gleichgewichtsbedingung in Richtung ***I-I*** die Gleichheit der beiden Seilkräfte

$$F_{SA} = F_{SB} \ .$$

Beide Seilkräfte haben je eine Komponente in Richtung ***II-II***:

$$F_{SA} \cos\delta \quad \text{und} \quad F_{SB} \cos\delta$$

können zu $2\,F_{SA} \cos\delta$ zusammengefaßt werden. Diese Kraft liegt in der Ebene ***ECD***, gerichtet von ***D*** nach ***E***.

Damit ist das Problem auf das nebenstehend skizzierte zentrale ebene Kraftsystem mit drei Kräften am Punkt ***D*** reduziert. Allerdings müssen noch einige geometrische Betrachtungen angestellt werden:

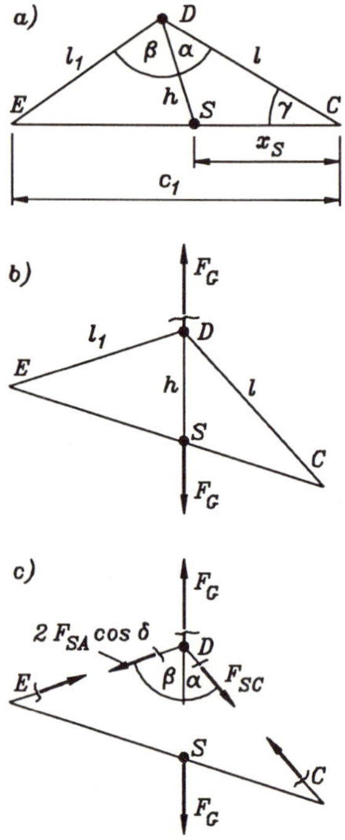

Dreieck ***ECD***
a) vor dem Anheben der Last,
b) nach dem Anheben der Last.
c) Ebenes Kraftsystem am Punkt ***D***.

Das Dreieck ***ECD*** ist durch seine Seiten c_1, l und l_1 gegeben, wobei l_1 (siehe Skizze der Ebene ***ABD***) durch l und c_2 ausgedrückt werden kann. Nach dem Anheben der Last stellt sich dieses Dreieck so ein, daß der Schwerpunkt ***S*** unter dem Anhängepunkt ***D*** liegt. Neben dem Winkel δ, dessen Winkelfunktionen aus der Skizze der Ebene ***ABD*** abzulesen sind, werden für die beiden Gleichgewichtsbedingungen am Punkt ***D*** noch die beiden Winkel α und β benötigt.

Von den verschiedenen Möglichkeiten, mit elementargeometrischen Überlegungen zu diesen Winkeln zu kommen, soll hier eine Variante vorgestellt werden, die direkt die erforderlichen Winkelfunktionen ergibt. Dabei wird nicht angestrebt, die Winkelfunktionen in einer Formel durch gegebene Größen auszudrücken. Das Beispiel macht wohl schon deutlich, daß dies nicht immer sinnvoll sein kann, bei nur etwas komplizierteren Problemen ist es ohnehin unmöglich.

Empfehlenswert ist die Formulierung eines Formelsatzes, bei dem jede Formel nach Berechnung aller vorherigen ausgewertet werden kann, die erste Formel darf natürlich nur gegebene Größen enthalten. Um Rechenfehler weitgehend zu vermeiden, sollten möglichst einfache Beziehungen aufgeschrieben werden, z. B.:

Am rechtwinkligen Dreieck in der Ebene ***ABD*** liest man die nebenstehenden Beziehungen für l_1 und $\cos\delta$ ab.

$$l_1 = \sqrt{l^2 - \frac{c_2^2}{4}}$$

$$\cos\delta = \frac{l_1}{l}$$

Da α und β nicht direkt aufgeschrieben werden können, werden als Hilfsgrößen entsprechend der Skizze a) der Winkel γ und die Strecke ***h*** (Höhe des Aufhängepunktes über dem Schwerpunkt nach dem Anheben der Last) eingeführt.

Der Winkel γ kann mit dem Kosinussatz für das Dreieck ***ECD*** berechnet werden:

$$\cos\gamma = \frac{l^2 + c_1^2 - l_1^2}{2\,l\,c_1}$$

Der Kosinussatz für das Dreieck ***SCD*** liefert h:

$$h = \sqrt{l^2 + x_S^2 - 2\,l\,x_S\cos\gamma}$$

Am gleichen Dreieck wird der Kosinussatz noch einmal angewendet, und man erhält eine Beziehung für α:

$$\cos\alpha = \frac{l^2 + h^2 - x_S^2}{2\,l\,h}$$

Am Nachbardreieck ***ESD*** liefert dann der Kosinussatz eine Beziehung für β:

$$\cos\beta = \frac{l_1^2 + h^2 - (c_1 - x_S)^2}{2\,l_1\,h}$$

Um die Berechnung der Winkel völlig zu vermeiden, komplettiert man schließlich die benötigten Winkelfunktion durch den "trigonometrischen Pythagoras":

$$\sin\alpha = \sqrt{1 - \cos^2\alpha}$$

$$\sin\beta = \sqrt{1 - \cos^2\beta}$$

Für die Auswertung solcher Formelsätze eignet sich vorzüglich das Programm MCALCU (befindet sich auf der beiliegenden Diskette). Einmal definiert (und für spätere Verwendung gegebenenfalls gesichert), können die Formelsätze automatisch immer wieder mit unterschiedlichen gegebenen Größen ausgewertet werden.

Empfehlenswert ist es natürlich, in diese Auswertung gleich die Berechnung der gesuchten Seilkräfte mit einzubeziehen. Aus den beiden Gleichgewichtsbedingungen am Punkt $\boldsymbol{D}$

$$\downarrow \qquad 2\,F_{SA}\cos\delta\cos\beta + F_{SC}\cos\alpha = F_G \ ,$$

$$\rightarrow \qquad -2\,F_{SA}\cos\delta\sin\beta + F_{SC}\sin\alpha = 0$$

errechnen sich die Seilkräfte

$$F_{SA} = \frac{\sin\alpha}{2\cos\delta\,(\sin\alpha\cos\beta + \cos\alpha\sin\beta)}\,F_G \ , \qquad F_{SC} = \frac{\sin\beta}{\sin\alpha\cos\beta + \cos\alpha\sin\beta}\,F_G \ ,$$

die den oben angegebenen Formelsatz komplettieren (die mögliche Zusammenfassung der Summanden in den Nennern nach dem Additionstheorem für diese Winkelfunktionen ist natürlich nicht empfehlenswert, weil gerade die Werte für die Winkelfunktionen des einfachen Arguments nach Auswertung des angegebenen Formelsatzes bekannt sind).

Auch wenn es für dieses relativ einfache Beispiel übertrieben ist, soll darauf aufmerksam gemacht werden, daß man in der Formalisierung der Rechnung noch einen Schritt weiter gehen kann, wenn man die Auswertung ohnehin dem Computer überträgt. Die beiden Gleichgewichtsbedingungen stellen natürlich ein lineares Gleichungssystem für die beiden Unbekannten F_{SA} und F_{SC} dar:

$$\begin{aligned} a_{11}F_{SA} + a_{12}F_{SC} &= b_1 \\ a_{21}F_{SA} + a_{22}F_{SC} &= b_2 \end{aligned} \quad \textit{mit} \quad \begin{aligned} a_{11} &= 2\cos\delta\cos\beta \ , & a_{12} &= \cos\alpha \ , & b_1 &= F_G \\ a_{21} &= -2\cos\delta\sin\beta \ , & a_{22} &= \sin\alpha \ , & b_2 &= 0 \ . \end{aligned}$$

Es hat die Lösung (CRAMERsche Regel):

$$F_{SA} = \frac{\det A_1}{\det A} = \frac{b_1\,a_{22} - b_2\,a_{12}}{a_{11}\,a_{22} - a_{21}\,a_{12}} \ , \qquad F_{SC} = \frac{\det A_2}{\det A} = \frac{a_{11}\,b_2 - a_{21}\,b_1}{a_{11}\,a_{22} - a_{21}\,a_{12}} \ .$$

Obwohl die Cramersche Regel (wegen des wesentlich höheren Aufwands gegenüber anderen Lösungsverfahren) im allgemeinen nicht zu empfehlen ist, eignet sie sich doch hervorragend für das formale Aufschreiben der Lösung. Wenn die Ausdrücke für die Koeffizienten komplizierter als in diesem Beispiel sind, ist jedes weitere Aufsplitten in einfachere Formeln für die Vermeidung von Rechenfehlern günstig.

Der nachfolgend angegebene Ausdruck des Protokolls einer Rechnung mit dem Programm MCALCU zeigt, daß die fünf gegebenen Größen mit Zahlen belegt werden müssen, für die hier folgende Werte gewählt wurden:

$$c_1 = 2 \; ; \; c_2 = 1 \; ; \; l = 1{,}3 \; ; \; x_S = 0{,}7 \; ; \; F_G = 1 \; .$$

Nachdem einmal der angegebene Formelsatz definiert wurde, können automatisch sämtliche Formeln immer wieder für beliebige Eingabewerte ausgewertet werden. Das Protokoll zeigt auch, wie die Formeln in das Programm eingegeben werden müssen. Die vom Benutzer frei wählbaren Namen für die Variablen sind in diesem Beispiel wohl selbsterklärend:

```
                CAMMPUS-"Taschenrechner"  -  Protokoll

Anhänge-Problem (Beispiel 2 auf Seite 99)

C1      =  2                                     =  2.000000000
C2      =  1                                     =  1.000000000
L       =  1.3                                   =  1.300000000
XS      =  0.7                                   =  0.700000000
FG      =  1                                     =  1.000000000
L1      =  SQRT(L^2-C2^2/4)                      =  1.200000000
CDELTA  =  L1/L                                  =  0.923076923
CGAMMA  =  (L^2+C1^2-L1^2)/(2*L*C1)              =  0.817307692
H       =  SQRT(L^2+XS^2-2*L*XS*CGAMMA)          =  0.832165849
CALPHA  =  (H^2+L^2-XS^2)/(2*L*H)                =  0.874686959
CBETA   =  (L1^2+H^2-(C1-XS)^2)/(2*L1*H)         =  0.221560402
SALPHA  =  SQRT(1-CALPHA^2)                      =  0.484688276
SBETA   =  SQRT(1-CBETA^2)                       =  0.975146650
A11     =  2*CDELTA*CBETA                        =  0.409034588
A12     =  CALPHA                                =  0.874686959
B1      =  FG                                    =  1.000000000
A21     =  -2*CDELTA*SBETA                       = -1.800270738
A22     =  SALPHA                                =  0.484688276
B2      =  0                                     =  0.000000000
DETA    =  A11*A22-A21*A12                       =  1.772927606
DETA1   =  B1*A22-B2*A12                         =  0.484688276
DETA2   =  A11*B2-A21*B1                         =  1.800270738
FSA     =  DETA1/DETA                            =  0.273383004
FSC     =  DETA2/DETA                            =  1.015422588
```

Diese Aufgabe ist ein geeignetes Beispiel, um sich im Umgang mit dieser Fähigkeit des genannten Programms zu üben. Da die wiederholte Auswertung eines Formelsatzes eine häufige Ingenieur-Aufgabe ist, finden sich Anwendungen dafür sicher auch in ganz anderen Gebieten. Die nachfolgende Tabelle zeigt Ergebnisse für zwei Parameterkombinationen des behandelten Beispiels, die zur Übung mit dem Programm nachgerechnet werden sollten:

c_1	c_2	l	x_S	F_{SA}/F_G	F_{SC}/F_G
2	1	2	0,25	0,0665	0,9312
2	1	1,5	0,50	0,1564	0,9383

8.2 Räumliche Fachwerke

Räumliche Fachwerke bestehen aus räumlich angeordneten Stäben, die über Gelenke miteinander verbunden sind. Nur über diese Gelenke werden Kräfte eingeleitet (ideales Fachwerk). Für reale Fachwerke gilt, was schon für ebene Fachwerke gesagt wurde: Sie dürfen im allgemeinen bei sehr guter Annäherung an die Realität trotz nicht gelenkiger Verbindungen der Stäbe nach der Theorie der idealen Fachwerke berechnet werden.

Auch ein räumliches Fachwerk ist dann statisch bestimmt, wenn die Stabkräfte und Lagerkräfte ausschließlich aus Gleichgewichtsbedingungen zu berechnen sind.

Notwendige Bedingung für die statische Bestimmtheit räumlicher Fachwerke:

Anzahl der Stäbe + Anzahl der Lagerreaktionen = 3 · Anzahl der Knoten

Auch hier gilt: Die Erfüllung dieser **notwendigen** Bedingung ist keine Garantie für die Tragfähigkeit des Fachwerks. Untaugliche Konstruktionen äußern sich durch Widersprüche in den Gleichgewichtsbedingungen.

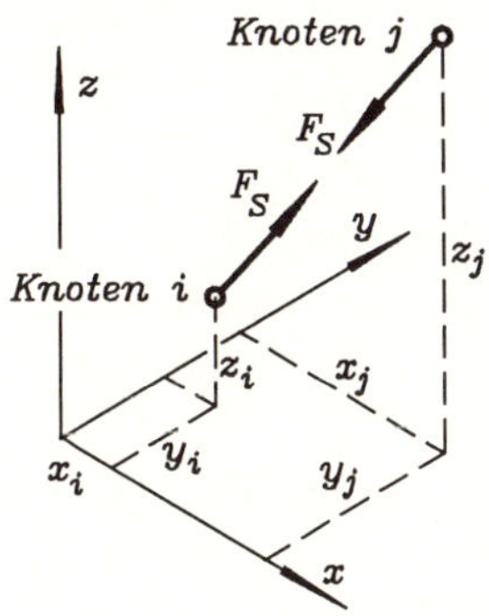

Das schon für ebene Fachwerke universell einsetzbare **Knotenschnittverfahren** muß für die räumlichen Fachwerke nur leicht modifiziert werden: Rundumschnitte um sämtliche Knoten, so daß alle an den Knoten angrenzenden Stäbe geschnitten werden, liefern zentrale räumliche Kraftsysteme, und für jeden Knoten können drei Gleichgewichtsbedingungen formuliert werden.

Dabei sollte man konsequent an jedem Knoten für jeden Stab nach folgendem Algorithmus vorgehen:

Die Lage eines Stabes *S* im Fachwerk und seine Länge l_S werden eindeutig durch die Koordinaten seiner beiden Knoten festgelegt (nebenstehende Skizze). Das kartesische Koordinatensystem, auf das sich diese Angaben beziehen, kann beliebig (aber verbindlich für alle Knoten) gewählt werden. Die in Stablängsrichtung wirkende Stabkraft (mit dem Betrag F_S) wird an beiden Knoten als **Zugkraft** (Pfeilspitze weist vom Knoten weg) angetragen. Der **Kraftvektor am Knoten *i*** kann dann mit Hilfe der Richtungskosinusse aufgeschrieben werden:

$$\vec{F}_S = \begin{bmatrix} x_j - x_i \\ y_j - y_i \\ z_j - z_i \end{bmatrix} \frac{F_S}{l_S} \quad mit \quad l_S = \sqrt{(x_j - x_i)^2 + (y_j - y_i)^2 + (z_j - z_i)^2} \; . \qquad (8.5)$$

Man beachte: Die Richtungskosinusse (Quotient aus Koordinatendifferenz und Stablänge) werden ausschließlich aus den geometrischen Informationen (Knotenkoordinaten) gewonnen. Am Knoten *j* hat die Stabkraft gerade die entgegengesetzte Richtung, was sich durch Umkehrung der Koordinatendifferenzen bei der Berechnung der Richtungskosinusse automatisch ergibt, so daß man folgende einfache Regel für das Aufschreiben des Stabkraft-Vektors des **Stabes *S* am Knoten *i*** formulieren kann:

- Für jeden Stab ***S*** am Knoten ***i*** kann der Stabkraft-Vektor nach (8.5) aufgeschrieben werden, wenn der andere zum Stab ***S*** gehörende Knoten als Knoten ***j*** betrachtet wird.

Mit dem Stabkraft-Vektor sind die drei Komponenten in Richtung der gewählten Koordinaten gegeben, und mit allen an einem Knoten angreifenden Stabkräften können die drei Gleichgewichtsbedingungen für den Knoten formuliert werden.

Beispiel: Das abgebildete Fachwerk besteht aus fünf Stäben, die in der Horizontalebene als Rechteck mit einer Diagonalen angeordnet sind, und vier weiteren Stäben, die zu einem Knoten zusammenlaufen, der senkrecht über dem Mittelpunkt des Rechtecks in der Horizontalebene liegt.

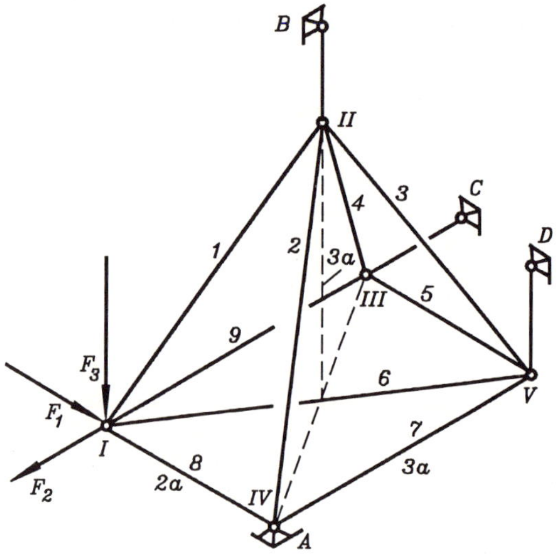

Das Fachwerk ist durch drei Stäbe (einwertige Lager) bei ***B***, ***C*** und ***D*** gelagert und im Punkt ***A*** durch ein räumliches Festlager (kann drei Kraftkomponenten aufnehmen) abgestützt.

An einer Ecke des Fachwerkes werden die Kräfte $\boldsymbol{F}_1$, $\boldsymbol{F}_2$ und $\boldsymbol{F}_3$ eingeleitet.

Gegeben: $\boldsymbol{F}_1\,,\ \boldsymbol{F}_2\,,\ \boldsymbol{F}_3\,,\ a\,.$

Man berechne die Stabkräfte der Stäbe 1 bis 9, die Kräfte in den Lagerstäben und die Lagerreaktionen bei ***A***.

Für die 15 Unbekannten (9 Stabkräfte, 3 Kräfte in den Lagerstäben und 3 Kraftkomponenten am Lager ***A***) stehen an jedem der Knoten ***I*** bis ***V*** drei Gleichgewichtsbedingungen zur Verfügung: Die notwendige Bedingung für die statische Bestimmtheit ist erfüllt. Mit dem Koordinatensystem, dessen Ursprung im Knoten ***I*** liegt (Skizze unten links), haben die 5 Knoten die in der Tabelle zusammengestellten Koordinaten:

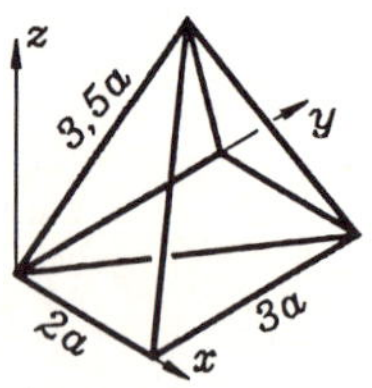

	I	II	III	IV	V
x	0	a	0	2a	2a
y	0	1,5a	3a	0	3a
z	0	3a	0	0	0

Die nebenstehende Skizze zeigt die Rundumschnitte um alle fünf Knoten. Das Aufstellen der Gleichgewichtsbedingungen soll am Beispiel des Knotens ***I*** erläutert werden:

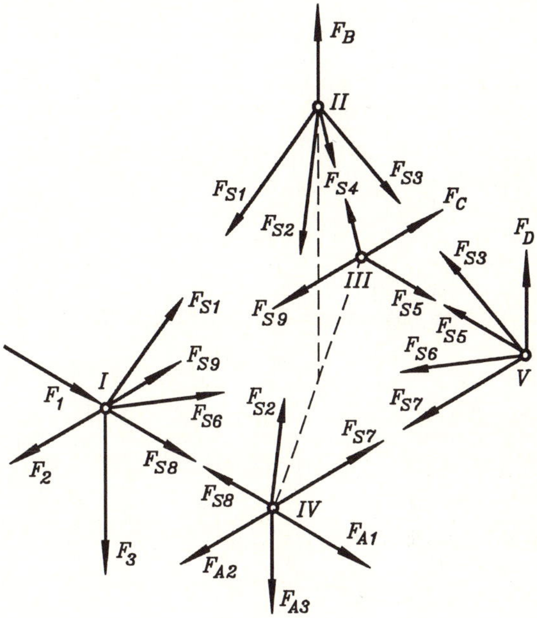

Die drei äußeren Kräfte $\boldsymbol{F}_1$, $\boldsymbol{F}_2$ und $\boldsymbol{F}_3$ und die Stabkräfte $\boldsymbol{F}_{S8}$ und $\boldsymbol{F}_{S9}$ liegen in Richtung einer der definierten Koordinatenachsen und müssen nicht in Komponenten zerlegt werden. Für die Stabkraft des Stabes 1 wird (8.5) aufgeschrieben (Knoten *j* ist hier Knoten ***II***)

$$\vec{F}_{S1} = \begin{bmatrix} x_{II} - x_I \\ y_{II} - y_I \\ z_{II} - z_I \end{bmatrix} \frac{F_{S1}}{l_1}$$

mit $l_1 = 3{,}5\,a$. Für die Stabkraft des Stabes 6 muß (8.5) mit Knoten ***V*** als Knoten *j* und $l_6 = \sqrt{13}\;a$ formuliert werden. Mit den direkt aufzuschreibenden Vektoren der Stabkräfte der Stäbe 8 und 9 lauten also die Vektoren der 4 Stabkräfte am Knoten ***I***:

$$\vec{F}_{S1} = \begin{bmatrix} 1 \\ 1{,}5 \\ 3 \end{bmatrix} \frac{F_{S1}}{3{,}5} \;, \quad \vec{F}_{S6} = \begin{bmatrix} 2 \\ 3 \\ 0 \end{bmatrix} \frac{F_{S6}}{\sqrt{13}} \;, \quad \vec{F}_{S8} = \begin{bmatrix} 1 \\ 0 \\ 0 \end{bmatrix} F_{S8} \;, \quad \vec{F}_{S9} = \begin{bmatrix} 0 \\ 1 \\ 0 \end{bmatrix} F_{S9} \;.$$

Nun können die drei Gleichgewichtsbedingungen für den ***Knoten I*** aufgeschrieben werden:

$$\sum X : \quad \frac{1}{3{,}5} F_{S1} + \frac{2}{\sqrt{13}} F_{S6} + F_{S8} = -F_1$$

$$\sum Y : \quad \frac{1{,}5}{3{,}5} F_{S1} + \frac{3}{\sqrt{13}} F_{S6} + F_{S9} = F_2$$

$$\sum Z : \quad \frac{3}{3{,}5} F_{S1} = F_3$$

Auf gleichem Wege kommt man zu den Gleichgewichtsbedingungen der übrigen Knoten. Für den ***Knoten II*** ergibt sich:

$$\sum X : \quad -\frac{1}{3{,}5} F_{S1} + \frac{1}{3{,}5} F_{S2} + \frac{1}{3{,}5} F_{S3} - \frac{1}{3{,}5} F_{S4} = 0$$

$$\sum Y : \quad -\frac{1{,}5}{3{,}5} F_{S1} - \frac{1{,}5}{3{,}5} F_{S2} + \frac{1{,}5}{3{,}5} F_{S3} + \frac{1{,}5}{3{,}5} F_{S4} = 0$$

$$\sum Z : \quad -\frac{3}{3{,}5} F_{S1} - \frac{3}{3{,}5} F_{S2} - \frac{3}{3{,}5} F_{S3} - \frac{3}{3{,}5} F_{S4} + F_B = 0$$

Knoten III:

$$\frac{1}{3{,}5}F_{S4} + F_{S5} = 0\ , \qquad -F_{S9} + F_C - \frac{1{,}5}{3{,}5}F_{S4} = 0\ , \qquad \frac{3}{3{,}5}F_{S4} = 0\ .$$

Knoten IV:

$$F_{A1} - F_{S8} - \frac{1}{3{,}5}F_{S2} = 0\ , \qquad F_{S7} - F_{A2} + \frac{1{,}5}{3{,}5}F_{S2} = 0\ , \qquad \frac{3}{3{,}5}F_{S2} - F_{A3} = 0\ .$$

Knoten V:

$$-F_{S5} - \frac{2}{\sqrt{13}}F_{S6} - \frac{1}{3{,}5}F_{S3} = 0\ , \qquad -F_{S7} - \frac{3}{\sqrt{13}}F_{S6} - \frac{1{,}5}{3{,}5}F_{S3} = 0\ , \qquad \frac{3}{3{,}5}F_{S3} + F_D = 0\ .$$

Diese fünfzehn Gleichungen lassen sich durchaus noch "per Handrechnung" lösen: Stab 4 ist ein Nullstab (als einziger Stab am Knoten *III*, der nicht in der Horizontalebene liegt) und damit auch Stab 5, das Ergebnis für F_{S1} ist aus dem "z-Gleichgewicht" des Knotens *I* abzulesen, und mit diesen bekannten Kräften entkoppeln sich die Gleichungen so, daß maximal 2 Gleichungen mit 2 Unbekannten als "System" zu behandeln sind.

$$\begin{bmatrix} \frac{1}{3{,}5} & \cdots & \\ & & \\ & & \\ & & \\ & & \cdots \end{bmatrix} \begin{bmatrix} F_{S1} \\ F_{S2} \\ \cdot \\ \cdot \\ F_D \end{bmatrix} = \begin{bmatrix} -1 \\ 0 \\ 0 \\ \cdot \\ \cdot \\ 0 \end{bmatrix} F_1 + \begin{bmatrix} 0 \\ 1 \\ 0 \\ \cdot \\ \cdot \\ 0 \end{bmatrix} F_2 + \begin{bmatrix} 0 \\ 0 \\ 1 \\ \cdot \\ \cdot \\ 0 \end{bmatrix} F_3$$

Wenn die Aufgabe nur unwesentlich komplizierter wird, gilt das natürlich nicht mehr, und man sollte für die Lösung des Gleichungssystems den Computer bemühen. Bei drei Kräften als vorgegebener Belastung empfiehlt sich die Lösung eines Gleichungssystems mit drei rechten Seiten (wie oben angedeutet).

Der Aufwand für die Eingabe der Koeffizientenmatrix (225 Werte) und die drei rechten Seiten (45 Werte) hält sich in Grenzen, wenn man nur die von Null verschiedenen Werte auf die entsprechenden Positionen plaziert. Das Programm MLINEQ (beiliegende Diskette) bietet eine solche Option für die Matrixeingabe an.

Als Übung (auch zur Entscheidungsfindung, wann Hand- bzw. Computerrechnung bevorzugt werden sollte) wird die Lösung des Gleichungssystems mit beiden Techniken empfohlen (Ergebnis nebenstehend).

$$\begin{bmatrix} F_{S1} \\ F_{S2} \\ F_{S3} \\ F_{S4} \\ F_{S5} \\ F_{S6} \\ F_{S7} \\ F_{S8} \\ F_{S9} \\ F_{A1} \\ F_{A2} \\ F_{A3} \\ F_B \\ F_C \\ F_D \end{bmatrix} = \begin{bmatrix} 0 \\ 0 \\ 0 \\ 0 \\ 0 \\ 0 \\ 0 \\ -1 \\ 0 \\ -1 \\ 0 \\ 0 \\ 0 \\ 0 \\ 0 \end{bmatrix} F_1 + \begin{bmatrix} 0 \\ 0 \\ 0 \\ 0 \\ 0 \\ 0 \\ 0 \\ 0 \\ 1 \\ 0 \\ 0 \\ 0 \\ 0 \\ 1 \\ 0 \end{bmatrix} F_2 + \begin{bmatrix} 1{,}1667 \\ 0 \\ 1{,}1667 \\ 0 \\ 0 \\ -0{,}6009 \\ 0 \\ 0 \\ 0 \\ 0 \\ 0 \\ 0 \\ 2 \\ 0 \\ -1 \end{bmatrix} F_3$$

8.3 Allgemeines Kraftsystem

Kräfte dürfen im Raum (am starren Körper) wie in der Ebene nur entlang ihrer Wirkungslinie verschoben werden (1. Axiom), und zwei Kräfte dürfen nach dem Parallelogrammgesetz wie Vektoren addiert werden (2. Axiom). Die im Abschnitt 1.2 vorgestellten vier Axiome sind selbstverständlich die vollständige Basis auch für die dreidimensionalen Probleme der Statik.

Schon bei den Kräften aber kann eine zusätzliche Schwierigkeit auftreten: Die Wirkungslinien zweier Kräfte im Raum brauchen sich auch dann nicht zu schneiden, wenn sie nicht parallel sind ("windschiefe" Geraden). Noch etwas schwieriger sind die Überlegungen, die mit dem Verhalten von Momenten verknüpft sind. Ihnen wird deshalb ein gesonderter Abschnitt gewidmet.

8.3.1 Momente

An drei einfachen Beispielen wird die Verschiebbarkeit von Momenten und die Möglichkeit der Zusammenfassung von Momenten zu einem resultierenden Moment untersucht:

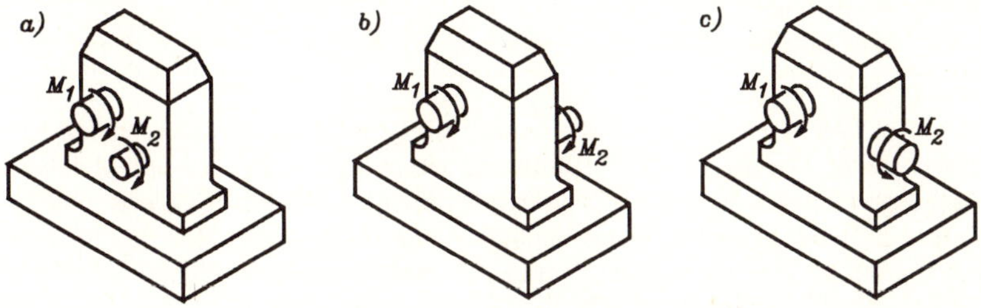

Für drei Getriebegehäuse sollen jeweils die resultierenden Belastungen ermittelt werden, die von ihnen auf die Fundamente aufgebracht werden (benötigt z. B. für die Auslegung der Fundamentschrauben). Neben dem Eigengewicht, das hier nicht betrachtet werden soll, besteht die Belastung nur aus den Drehmomenten der beiden Wellen, die in das Getriebegehäuse hineingehen. Nach dem "Wegschneiden der Wellen" müssen die (von den Wellen auf das Gehäuse wirkenden) Momente $\boldsymbol{M}_1$ und $\boldsymbol{M}_2$ angetragen werden (Erinnerung an das Schnittprinzip: Was im Inneren des Getriebegehäuses passiert, ob und wieviel Stirnräder, Kegelräder, ob überhaupt Zahnräder oder Reibräder oder Keilriemen die Drehbewegung umformen, ist für diese Betrachtung völlig unerheblich).

Im **Fall a)** liegen die beiden Momente in einer Ebene. Dieses Problem wurde bereits im Abschnitt 3.3 behandelt: Momente dürfen beliebig in der Ebene verschoben und damit natürlich auch addiert (bei entgegengesetztem Drehsinn subtrahiert) werden. Die resultierende Belastung ist das resultierende Moment

$$M_R = M_1 + M_2 \ .$$

Im **Fall b)** liegen die beiden Momente in unterschiedlichen (aber parallelen) Ebenen. Es wird deshalb zunächst untersucht, ob und unter welchen Voraussetzungen z. B. das Moment $\boldsymbol{M}_2$

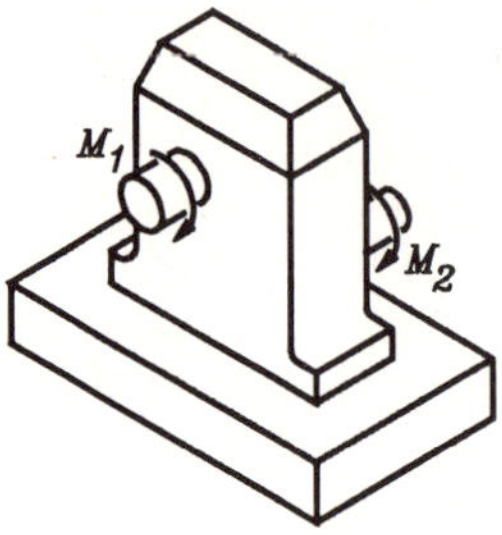

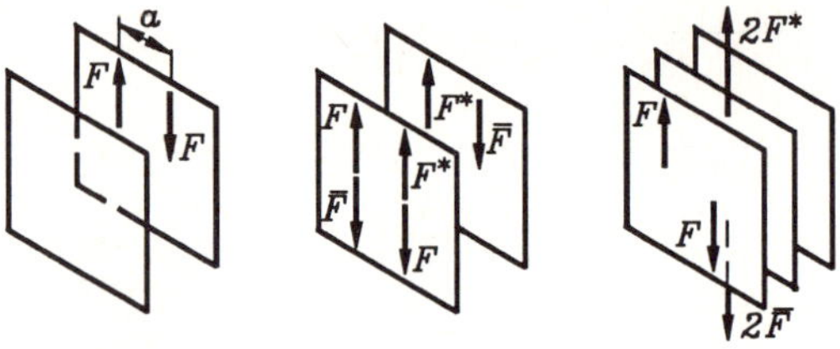

Verschieben eines Kräftepaars in eine parallele Ebene

in die Ebene des Momentes $\boldsymbol{M}_1$ verschoben werden darf. Dazu werden entsprechend der Skizze einige erlaubte Operationen (auf der Basis der Axiome der Statik) ausgeführt:

- Das Moment $\boldsymbol{M}_2$ wird durch ein beliebiges (aber statisch äquivalentes) Kräftepaar ersetzt ($\boldsymbol{M}_2 = \boldsymbol{F}\, \boldsymbol{a}$).
- In einer parallelen Ebene wird ein Gleichgewichtssystem aus vier gleich großen Kräften $\boldsymbol{F}$ ergänzt, dessen Wirkung auf den starren Körper natürlich statisch neutral ist.
- Schließlich werden je zwei Kräfte der beiden Ebenen zu einer Resultierenden zusammengefaßt: Die in der Skizze mit einem Stern gekennzeichneten Kräfte haben gleichen Richtungssinn und gleichen Betrag und liegen auf parallelen Wirkungslinien. Ihre Resultierende $2\boldsymbol{F}^*$ liegt in einer Mittelebene zwischen den beiden Ebenen, in denen die beiden Kräfte $\boldsymbol{F}^*$ liegen.

  In gleicher Weise werden die beiden mit einem Querstrich gekennzeichneten Kräfte zusammengefaßt. Die beiden neuen Resultierenden in der Mittelebene sind gleich groß und entgegengesetzt gerichtet, so daß sich ihre Wirkungen aufheben. Es bleibt ein Kräftepaar in der zur ursprünglichen Ebene parallelen Ebene übrig: $\boldsymbol{M}_2$ darf in die Ebene des Moments $\boldsymbol{M}_1$ verschoben werden, und das Ergebnis dieser Überlegungen kann natürlich verallgemeinert werden:

> Am starren Körper darf ein Moment entlang der Drehachse und parallel zu dieser verschoben werden, die Richtung der Drehachse und die Drehrichtung bleiben jedoch erhalten.

Am starren Körper angreifende Momente sind also wesentlich "beweglicher" als Kräfte. Da $\boldsymbol{M}_2$ in die Ebene von $\boldsymbol{M}_1$ und innerhalb dieser Ebene dann auch noch beliebig verschoben werden darf, ergibt sich die resultierende Belastung auch im Fall b) zu

$$\boldsymbol{M}_R = \boldsymbol{M}_1 + \boldsymbol{M}_2 \; .$$

Festzuhalten ist, daß diese besonders einfache Art der Zusammenfassung zweier Momente zu einem resultierenden Moment die **Parallelität der Drehachsen** der Momente voraussetzt.

Diese Bedingung ist im **Fall c)** nicht mehr erfüllt. Nach den bereits bekannten Aussagen ist die Frage, ob sich die beiden Drehachsen der Momente in einem Punkt schneiden, natürlich belanglos, weil die Momente ja innerhalb der Ebenen, in denen sie wirken, ohnehin beliebig verschoben werden dürfen. Die Möglichkeit, diese beiden Momente zu einem resultierenden Moment zusammenzufassen, wird mit nachfolgendem Gedankenexperiment untersucht:

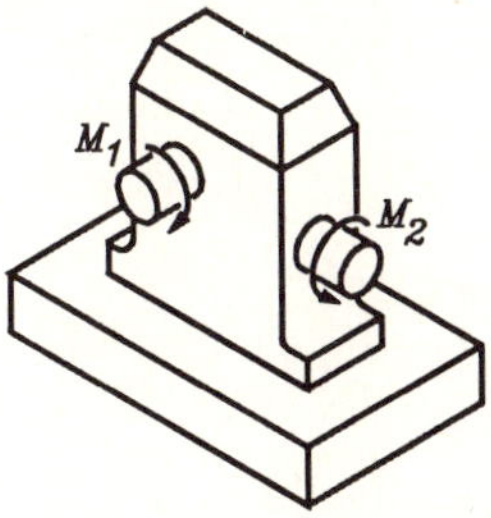

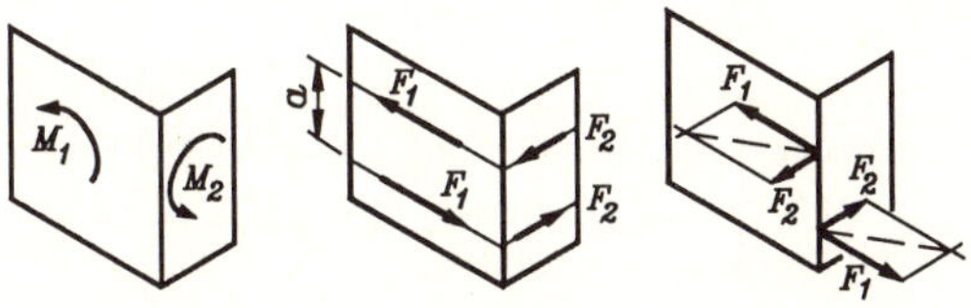

Ersetzen beider Momente durch Kräftepaare

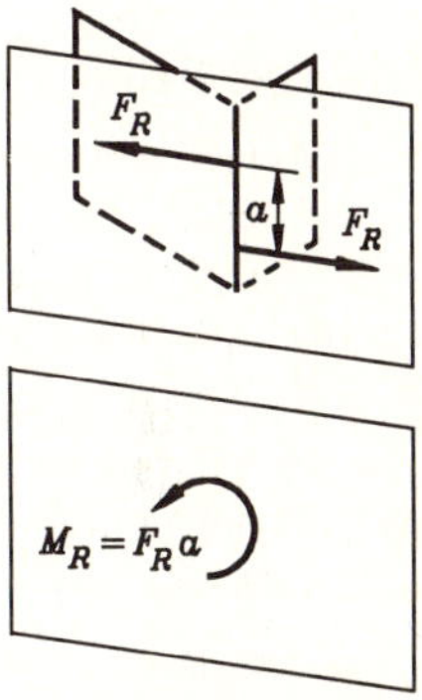

Zusammenfassen der Kräftepaare zu einem resultierenden Moment

- Die Momente in beiden Ebenen werden durch Kräftepaare

$$M_1 = F_1 a \quad , \quad M_2 = F_2 a$$

  ersetzt. Dabei ist der Abstand a beliebig, aber für beide Kräftepaare gleich groß zu wählen. Die vier Kräfte werden (Skizze oben rechts) bis an die Schnittgerade der beiden Ebenen verschoben.
- Jeweils zwei Kräfte F_1 und F_2 können nach dem Parallelogrammgesetz zu einer Resultierenden F_R zusammengefaßt werden. Die Resultierenden liegen in einer anderen, beide aber in der gleichen Ebene. Sie bilden ein neues Kräftepaar, das **resultierende Moment** der beiden Momente M_1 und M_2.
- Unter der speziellen Annahme, daß die beiden Ebenen, in denen M_1 und M_2 wirken, senkrecht zueinander sind, kann der Betrag der Resultierenden nach

$$F_R = \sqrt{F_1^2 + F_2^2}$$

  berechnet werden, und damit ist auch der Betrag des resultierenden Moments für den Fall c) bekannt:

$$M_R = F_R a = \sqrt{F_1^2 + F_2^2}\, a = \sqrt{F_1^2 a^2 + F_2^2 a^2} = \sqrt{M_1^2 + M_2^2} \; .$$

Dem aufmerksamen Leser wird nicht entgangen sein, daß bei den vorangegangenen Überlegungen gar nicht vorausgesetzt werden mußte, daß die beiden Ebenen senkrecht zueinander sind. Die Kräfte, die das resultierende Kräftepaar bilden, entstanden vielmehr nach dem bekannten Parallelogrammgesetz.

Da zwei Ebenen, die nicht parallel sind (der Spezialfall paralleler Ebenen ist ohnehin besonders einfach, siehe Fall b), als Schnittlinie immer eine Gerade haben, ist damit das Problem der Zusammenfassung von Momenten zu einem resultierenden Moment allgemein gelöst:

Momente addieren sich ganz ähnlich wie Kräfte, und es ist deshalb naheliegend, auch die **Momente als Vektoren** zu definieren, zumal sie alle Eigenschaften von Vektoren aufweisen. Wie eine Kraft ist ein Moment gekennzeichnet durch einen **Betrag** (gemessen z. B. in der Maßeinheit *Nm*), eine **Richtung** (Richtung der Drehachse) und einen **Richtungssinn** (Drehsinn).

Zur Unterscheidung von den Kraftvektoren werden bei Momentvektoren zwei Pfeilspitzen gezeichnet. Die Lage des Pfeils legt die Drehachse des Moments fest, die Richtung der Pfeilspitzen kennzeichnet die Drehrichtung (***Drehsinn***): Eine Rechtsschraube würde sich bei entsprechender Drehung in die Richtung bewegen, die die Pfeilspitzen andeuten.

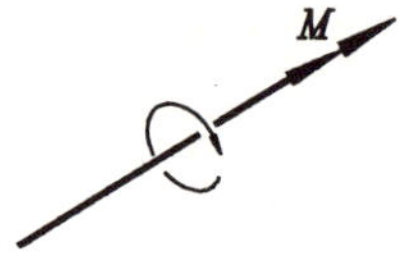

Das Moment als Vektor

Die "Rechtsschrauben-Regel" (für denjenigen, der mit der technischen Praxis noch nicht so vertraut ist: "Korkenzieher-Regel") ist anschaulich auch als "Rechte-Faust-Regel" zu formulieren: Zeigt der abgespreizte Daumen der rechten Faust in Richtung der Pfeilspitzen, dann zeigen die übrigen Finger die Drehrichtung an.

Im Gegensatz zu den linienflüchtigen Kraftvektoren (Verschiebung ist nur entlang der Wirkungslinie erlaubt) sind die Momente ***freie Vektoren***, die zusätzlich parallel verschoben werden dürfen. Im Unterschied zu den "Rundpfeilen", mit denen bisher die Momente dargestellt wurden, gilt:

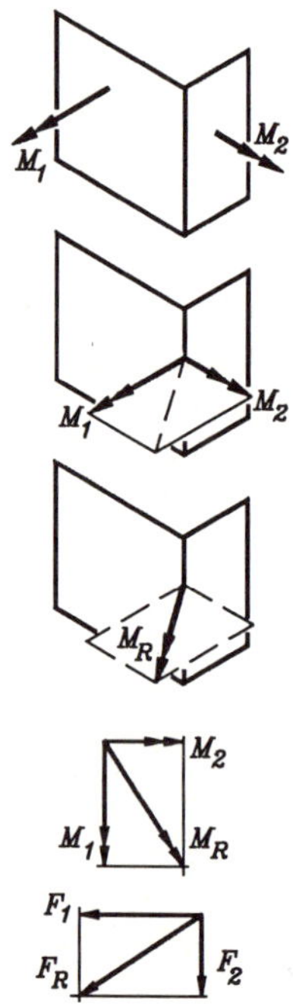

Der Momentvektor steht senkrecht auf der Ebene, in der das äquivalente Kräftepaar liegt.

Nach den Überlegungen, die zum Einführungsbeispiel c) angestellt wurden, ist wohl einsehbar, daß man die beiden Momente besonders einfach wie nebenstehend dargestellt addieren kann.

Darunter sind noch einmal (in der "Draufsicht") ein Kräfteparallelogramm, wie es bei der Betrachtung mit den Kräftepaaren auftrat, und das Momentenparallelogramm skizziert. Die Längen der Kräfte und Momente sind proportional (Proportionalitätsfaktor ist der gewählte Abstand a), das Momentenparallelogramm ist gegenüber dem Kräfteparallelogramm um 90° gedreht.

Momente werden wie Vektoren addiert.

- Da die Momente freie Vektoren sind, können alle an einem starren Körper angreifenden Momente zu einem resultierenden Moment zusammengefaßt werden (im Gegensatz zu den Wirkungslinien der Kräfte sind "windschiefe" Drehachsen kein Problem).
- Wenn Momente wie Vektoren addiert werden dürfen, können sie natürlich auch in Komponenten zerlegt werden. Für die analytische Lösung des Problems, ein resultierendes Moment zu ermitteln, wird dies genutzt: Man zerlegt zunächst jedes Moment in drei Komponenten (bezogen auf ein kartesisches Koordinatensystem), addiert die Komponenten, die in jeweils eine Richtung fallen, zu Teilresultierenden, die schließlich zum resultierenden Moment zusammengefaßt werden (wie beim **zentralen Kraftsystem**).

8.3.2 Das Moment einer Kraft

Die im Abschnitt 3.4 eingeführte Definition für das **Moment einer Kraft bezüglich eines Punktes** ("Moment = Kraft · Hebelarm") und der Begriff **Hebelarm** (kürzeste Verbindung vom Bezugspunkt zur Wirkungslinie der Kraft) bleiben auch bei dreidimensionaler Betrachtung gültig. Allerdings können die damit verbundenen geometrischen Überlegungen recht kompliziert werden, zumal eine Frage hinzukommt: In welcher Ebene wirkt das Moment bzw. welche Lage nimmt die Drehachse im Raum ein?

Bei ebenen Problemen ist die Antwort klar: Kraft, Hebelarm und das durch die Kraft hervorgerufene Moment liegen in der Ebene, die Drehachse des Moments steht senkrecht auf der Ebene (und ist deshalb auch in den Skizzen nicht zu sehen). Nach den Betrachtungen im vorigen Abschnitt ist einsehbar, daß auch diese Aussage auf das räumliche Problem übertragen werden kann:

> Das Moment, das eine Kraft bezüglich eines Punktes hervorruft, wirkt in der Ebene, die von der Wirkungslinie der Kraft und dem Hebelarm aufgespannt wird. Seine Drehachse steht senkrecht zu dieser Ebene.

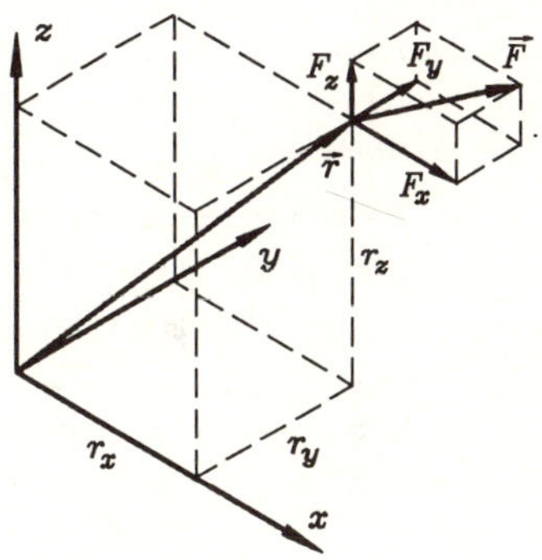

Der allgemeinste Fall liegt vor, wenn eine beliebige Kraft im Raum (gegeben durch ihre drei Komponenten F_x, F_y und F_z) an einem beliebigen Punkt (gegeben durch seine drei Koordinaten r_x, r_y und r_z) angreift, gefragt wird nach der Momentwirkung bezüglich des Nullpunktes. Die Wahl des Nullpunktes als Bezugspunkt ist keine Einschränkung der Allgemeinheit dieser Überlegung: Man legt das Bezugskoordinatensystem (willkürlich) in den Bezugspunkt.

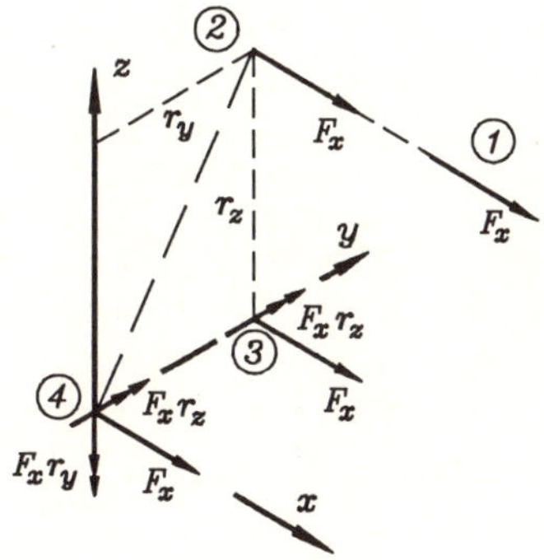

Zur Vereinfachung der Betrachtung wird zunächst nur die Momentwirkung einer Komponente untersucht: Die Kraftkomponente F_x wird entlang ihrer Wirkungslinien (von Punkt 1 nach 2) verschoben, so daß ihr Angriffspunkt in der y-z-Ebene liegt, ihr Hebelarm bezüglich des Nullpunktes ist die Diagonale des Rechtecks mit den Seiten r_y und r_z. Die Drehachse steht senkrecht auf der Ebene, die diese Diagonale und F_x aufspannen.

Noch übersichtlicher wird die Betrachtung, wenn man F_x konsequent weiter parallel zu den Koordinatenachsen verschiebt: Bei **Parallelverschiebung** von 2 nach 3 (um die Strecke r_z) muß natürlich das **Versetzungs-**

moment $F_x r_z$ zusätzlich angetragen werden. Entsprechend kommt bei der anschließenden Parallelverschiebung in den Nullpunkt noch das Versetzungsmoment $F_x r_y$ hinzu (die eingezeichneten Pfeilspitzen dieser beiden Momentvektoren entsprechen der vereinbarten Rechtsschraubenregel).

Die Verschiebung einer Kraftkomponente, die zur x-Achse parallel ist, in den Nullpunkt erzeugt also zwei Komponenten des Versetzungsmoments um die beiden anderen Achsen. Die Momentwirkung der Komponente F_x bezüglich des Nullpunktes ist das aus diesen beiden Komponenten zu bildende Moment.

Entsprechende Ergebnisse erhält man bei der Untersuchung der Momentwirkung der beiden anderen Kraftkomponenten. Wenn die Momentkomponenten, deren Pfeilspitzen in Richtung der Koordinatenachsen zeigen, als positiv angenommen werden, können die Ergebnisse dieser Überlegungen zusammengefaßt werden zu den

Komponenten der Momentwirkung einer Kraft bezüglich des Nullpunktes:

$$M_x = F_z r_y - F_y r_z \ , \qquad M_y = F_x r_z - F_z r_x \ , \qquad M_z = F_y r_x - F_x r_y \ . \qquad (8.6)$$

- Das durch die drei Komponenten definierte Moment (der Momentvektor) ist das **Moment einer Kraft bezüglich eines Punktes.**
- Eine einzelne Komponente (Momentvektor in Richtung einer Koordinatenachse) ist das **Moment einer Kraft bezüglich einer Achse**. Da die Lage der Bezugsachsen im allgemeinen beliebig festgelegt werden darf, kann häufig ausgenutzt werden, daß eine Kraft **kein Moment** bezüglich einer Achse hat, wenn
  - die Wirkungslinie der Kraft parallel zur Achse verläuft (F_x hat z. B. keine Momentwirkung um die x-Achse) oder
  - die Wirkungslinie der Kraft die Achse schneidet, weil dann der Hebelarm Null ist.

Die durch (8.6) gegebenen Komponenten des Momentvektors lassen sich formal (und damit bei komplizierter Geometrie wesentlich übersichtlicher) mit Hilfe des Vektorprodukts ermitteln: Die drei Koordinaten des Kraftangriffspunktes werden zum ***Ortsvektor*** $\vec{r}$ zusammengefaßt. Dann erhält man das

Moment einer Kraft bezüglich des Nullpunktes:

$$\vec{M} = \vec{r} \times \vec{F} \quad \textit{mit} \quad \vec{r} = \begin{bmatrix} r_x \\ r_y \\ r_z \end{bmatrix} \quad \textit{und} \quad \vec{F} = \begin{bmatrix} F_x \\ F_y \\ F_z \end{bmatrix} \ . \qquad (8.7)$$

- Das Vektorprodukt ist nicht kommutativ (Reihenfolge der Faktoren darf nicht vertauscht werden). Wenn die in (8.7) angegebene Reihenfolge der Faktoren gewählt wird, ergibt sich der Momentvektor automatisch mit der durch die Rechtsschraubenregel definierten Richtung.

- Das Vektorprodukt errechnet man z. B. nach der Determinantenregel. Mit den Einheitsvektoren $\vec{e}_x$, $\vec{e}_y$ und $\vec{e}_z$ in Richtung der drei Koordinatenachsen gilt:

$$\vec{M} = \begin{bmatrix} M_x \\ M_y \\ M_z \end{bmatrix} = \vec{r} \times \vec{F} = \begin{vmatrix} \vec{e}_x & \vec{e}_y & \vec{e}_z \\ r_x & r_y & r_z \\ F_x & F_y & F_z \end{vmatrix} \qquad \textbf{(8.8)}$$

$$= \vec{e}_x (r_y F_z - r_z F_y) + \vec{e}_y (r_z F_x - r_x F_z) + \vec{e}_z (r_x F_y - r_y F_x)$$

Die Komponenten des Momentvektors sind identisch mit denen, die entsprechend (8.6) aus der Anschauung gewonnen wurden.

Beispiel 1: An einem Quader mit den Abmessungen a, b und c greifen wie skizziert drei Kräfte an.

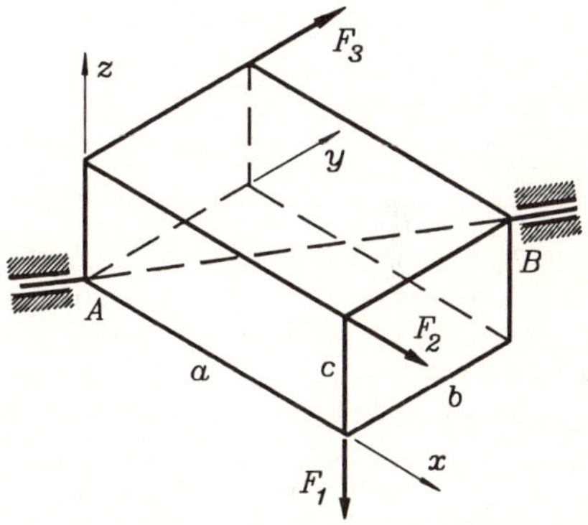

Gegeben: a, b, c, F_1, F_2, F_3.

a) Man berechne das resultierende Moment der drei Kräfte bezüglich des Punktes A.

b) Wie groß müßte F_3 (abhängig von den übrigen Größen) sein, so daß kein resultierendes Moment um die Achse A-B wirkt?

a) In dem gewählten (und in der Skizze angedeuteten) Koordinatensystem liegen alle Kräfte parallel zu den Achsen, so daß ihre Momentwirkungen aus der Anschauung aufgeschrieben werden könnten. Es wird trotzdem der formale Weg über das Vektorprodukt gewählt (und die Anschauung dient der Kontrolle):

$$\vec{M}_{res,A} = \begin{vmatrix} \vec{e}_x & \vec{e}_y & \vec{e}_z \\ a & 0 & 0 \\ 0 & 0 & -F_1 \end{vmatrix} + \begin{vmatrix} \vec{e}_x & \vec{e}_y & \vec{e}_z \\ a & 0 & c \\ F_2 & 0 & 0 \end{vmatrix} + \begin{vmatrix} \vec{e}_x & \vec{e}_y & \vec{e}_z \\ 0 & b & c \\ 0 & F_3 & 0 \end{vmatrix}$$

$$= \vec{e}_y a F_1 + \vec{e}_y c F_2 - \vec{e}_x c F_3 = \begin{bmatrix} -F_3 c \\ F_1 a + F_2 c \\ 0 \end{bmatrix}$$

Der resultierende Momentvektor hat keine z-Komponente, weil die Wirkungslinie von F_1 parallel zu z-Achse liegt und die Wirkungslinien von F_2 und F_3 die z-Achse schneiden.

b) Die Momentwirkungen der drei Kräfte um die Achse A-B (Raumdiagonale des Quaders) sind anschaulich nur mühsam zu ermitteln. Auch hier empfiehlt sich die Vektorrechnung: Der resultierende Momentvektor hat dann keine Komponente in Richtung der Achse A-B, wenn er senkrecht auf dieser Achse steht. Zwei Vektoren sind dann senkrecht zueinander, wenn ihr Skalarprodukt (Summe der Produkte der Vektorkomponenten) verschwindet. Das Skalarprodukt aus dem Vektor der Raumdiagonalen $\vec{d}$ und dem resultierenden Momentvektor

$$\vec{d} = \begin{bmatrix} a \\ b \\ c \end{bmatrix}$$

Raumdiagonalenvektor

$$-F_3 c a + (F_1 a + F_2 c) b = 0 \qquad \text{liefert:} \qquad F_3 = F_1 b/c + F_2 b/a .$$

8.3.3 Äquivalenz und Gleichgewicht

Im vorigen Abschnitt wurde gezeigt, daß am starren Körper jede Kraft in einen beliebigen Punkt verschoben werden darf, wenn das entsprechende Versetzungsmoment (Moment der Kraft bezüglich dieses Punktes) zusätzlich angetragen wird. So können alle Kräfte auf ein zentrales Kraftsystem reduziert und dieses durch eine Resultierende ersetzt werden.

Die am starren Körper angreifenden Momente können ohnehin frei verschoben und natürlich auch zu einem resultierenden Moment zusammengefaßt werden, so daß ein beliebiges allgemeines räumliches Kraftsystem äquivalent ist mit einer resultierenden Kraft und einem resultierenden Moment. Eine weitere Reduktion ist im allgemeinen nicht möglich.

Im Unterschied zum allgemeinen ebenen Kraftsystem, das immer auf eine resultierende Kraft **oder** ein resultierendes Moment reduziert werden kann (Abschnitt 3.5), läßt sich das allgemeine räumliche Kraftsystem im allgemeinen nur auf eine resultierende Kraft **und** ein resultierendes Moment reduzieren.

Durch geeignete Parallelverschiebung der resultierenden Kraft kann man immer ein zusätzliches Versetzungsmoment so erzeugen, daß bei der Addition mit dem vorhandenen resultierenden Moment schließlich die resultierende Kraft und das resultierende Moment die gleiche vektorielle Richtung haben. Man nennt ein solches Paar ***Dyname*** (***Kraftschraube***). Diese Zusammenfassung liefert jedoch außer einer gewissen Anschaulichkeit der Gesamtwirkung einer Kräftegruppe auf den starren Körper im allgemeinen kaum nennenswerte Vorteile.

Ein starrer Körper befindet sich unter der Wirkung eines allgemeinen räumlichen Kraftsystems im **Gleichgewicht**, wenn weder eine resultierende Kraft noch ein resultierendes Moment auf ihn wirken. Da ein Vektor nur dann verschwindet, wenn jede Komponente für sich Null ist, können die Gleichgewichtsbedingungen zum Beispiel so formuliert werden:

- Summe aller Kraftkomponenten in Richtung von drei zueinander orthogonalen Achsen gleich Null (3 Gleichungen) **und**
- Summe aller Momente um drei zueinander orthogonale Achsen gleich Null (3 weitere Gleichungen).

Natürlich sind die Richtungen für die Kraft-Gleichgewichtsbedingungen und die Achsen für die Momenten-Gleichgewichtsbedingungen frei wählbar, sie müssen auch nicht unbedingt orthogonal zueinander sein. Auch darf man wie beim ebenen Problem die Kraft-Gleichgewichtsbedingungen durch zusätzliche Momenten-Gleichgewichtsbedingungen ersetzen.

Es gibt aber wie beim ebenen Problem einige Einschränkungen dieser Freiheiten (z. B. dürfen nicht drei parallele Momenten-Bezugsachsen gewählt werden), deren Nichtbeachtung auf Gleichungssysteme mit singulärer Koeffizientenmatrix führen, die dann nicht eindeutig lösbar sind. Bei der Handrechnung ist dies unbedeutend: Wenn es bei der Lösung bemerkt wird, muß eine zusätzliche Gleichgewichtsbedingung formuliert werden. Für die Computer-Rechnung ist dies ein sehr unangenehmer Effekt.

Ein absolut sicherer Weg, für ein statisch bestimmtes Problem ein lösbares Gleichungssystem zu erhalten, ist: Man wählt drei senkrecht aufeinander stehende Richtungen und formuliert die folgenden

Gleichgewichtsbedingungen für das allgemeine räumliche Kraftsystem:

$$\sum_i F_{ix} = 0 \;, \quad \sum_i F_{iy} = 0 \;, \quad \sum_i F_{iz} = 0 \;,$$
$$\sum_i M_{ix} = 0 \;, \quad \sum_i M_{iy} = 0 \;, \quad \sum_i M_{iz} = 0 \;. \tag{8.9}$$

- Im allgemeinen Fall des räumlich belasteten und gelagerten Körpers können also sechs unbekannte Größen aus sechs Gleichgewichtsbedingungen berechnet werden.
- Für die Formulierung der Momenten-Gleichgewichtsbedingungen bezüglich der drei Achsen wird auf die Formeln (8.6) verwiesen. Bei komplizierter Geometrie sollte man sogar das vektorielle Aufschreiben der Momente nach (8.7) bevorzugen.

Beispiel 2: Das aus 9 Stäben gebildete Raumfachwerk (Rechteck mit Diagonale als Basisebene und vier Seitenstäbe) ist ein starrer Körper (vgl. das Beispiel im Abschnitt 8.2), der statisch bestimmt durch sechs Stützstäbe gelagert wird.

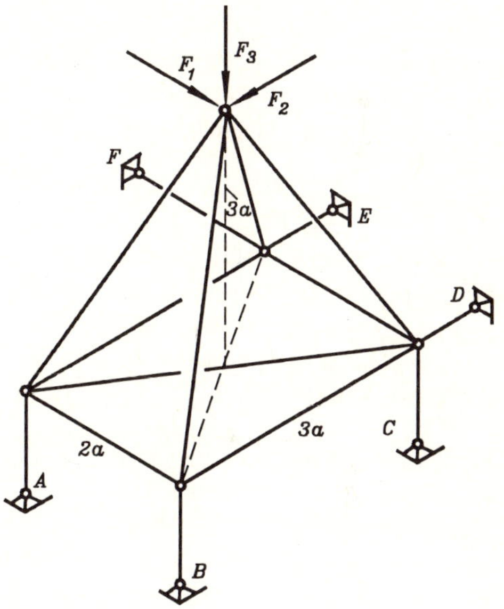

Gegeben: $F_1 = F_2 = F_3 = F \;, \; a \;.$

Man berechne die Kräfte in den Stützstäben A bis F.

Durch das Schneiden der Stützstäbe wird der starre Körper von äußeren Bindungen getrennt. An den Schnittstellen werden die Stabkräfte als Zugkräfte angetragen.

Durch eine geeignete Reihenfolge und die Wahl günstiger Bezugsachsen für die Momenten-Gleichgewichtsbedingungen können die Stützkräfte nacheinander aus Gleichungen berechnet werden, die jeweils nur eine unbekannte Kraft enthalten. Da das Fachwerk bei der Berechnung der Lagerreaktionen wie ein starrer Körper behandelt wird, genügt es, seine Geometrie vereinfacht zu erfassen (nebenstehende Skizze).

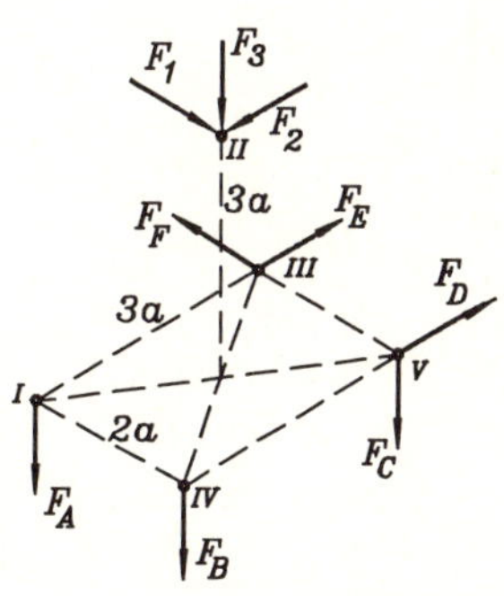

Die Momentensumme um die Achse I-IV

$F_C\, 3a - F_2\, 3a + F_3\, 1{,}5a = 0$ liefert: $F_C = \;\; 0{,}5\, F \;.$

Die Momentensumme um die Achse I-III

$(F_B + F_C)\, 2a + F_1\, 3a + F_3\, a = 0$ liefert: $F_B = -2{,}5\, F \;.$

Die Momentensumme um die Achse IV-V

$$-F_A\,2a + F_1\,3a - F_3\,a = 0 \qquad \text{liefert:} \qquad F_A = F\,.$$

Das Kräfte-Gleichgewicht in Richtung der Kraft F_F

$$F_F - F_1 = 0 \qquad \text{liefert:} \qquad F_F = F\,.$$

Die Momentensumme um eine vertikale Achse durch I

$$-F_F\,3a - F_D\,2a + F_1\,1{,}5a + F_2\,a = 0 \qquad \text{liefert:} \qquad F_D = -0{,}25\,F\,.$$

Die Momentensumme um eine vertikale Achse durch V

$$F_E\,2a - F_1\,1{,}5a - F_2\,a = 0 \qquad \text{liefert:} \qquad F_E = 1{,}25\,F\,.$$

Beispiel 3: Die beiden Zahnräder mit den Teilkreisdurchmessern d_1 und d_2 des skizzierten Stirnradgetriebes besitzen eine Geradverzahnung. Das Verhältnis der radial zu übertragenen Kraft F_r zur tangential zu übertragenen Umfangskraft F_u ist durch

$$F_r / F_u = \tan 20°$$

gegeben. Die Welle *AB* wird durch das Antriebsmoment M_1 belastet.

Gegeben: d_1 ; d_2 ; M_1 ; $a/b = 0{,}8$.

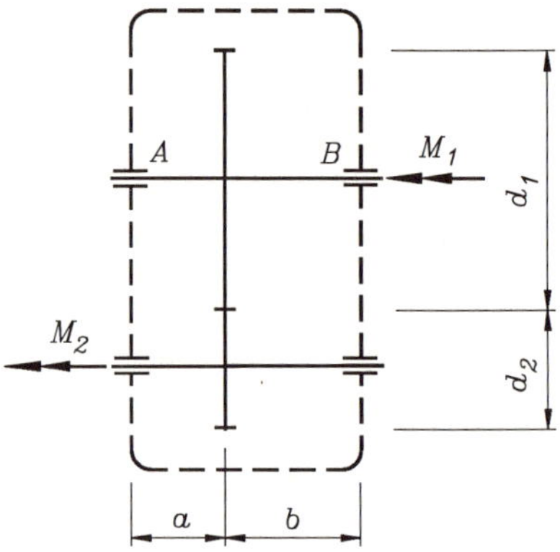

Man ermittle:

a) F_r und F_u,
b) das Abtriebsmoment M_2,
c) die resultierende Lagerkraft bei *B*.

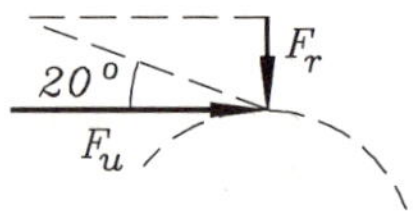

Die Getriebewellen werden freigeschnitten und sämtliche an ihnen wirkenden Kräfte und Momente angetragen (nebenstehende Skizze).

Mindestens ein Lager pro Welle müßte natürlich drei Lagerkraftkomponenten aufnehmen können. Da keine Längsbelastung in Wellenrichtung wirkt, kann hier auf die dritte Komponente verzichtet werden.

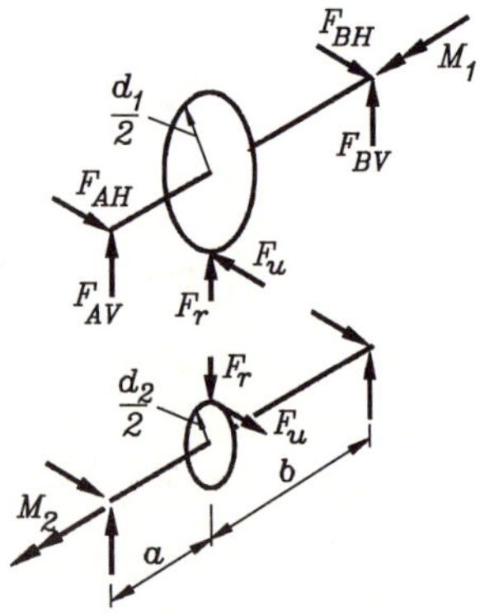

a) Das Momenten-Gleichgewicht um eine Achse, die durch die Mittellinie der oberen Welle verläuft, und die gegebene Beziehung zwischen Radial- und Umfangskraft liefern:

$$M_1 - F_u\,\frac{d_1}{2} = 0 \quad\Rightarrow\quad F_u = 2\,\frac{M_1}{d_1}$$

$$\frac{F_r}{F_u} = \tan 20° \quad\Rightarrow\quad F_r = 2\,\frac{M_1}{d_1}\tan 20° = 0{,}728\,\frac{M_1}{d_1}$$

b) Mit der bekannten Umfangskraft am unteren Zahnrad liefert das Momenten-Gleichgewicht um die Achse der unteren Welle das Abtriebsmoment:

$$M_2 - F_u \frac{d_2}{2} = 0 \quad \Rightarrow \quad M_2 = M_1 \frac{d_2}{d_1}$$

c) Die Komponenten der Lagerkraft des Lagers ***B*** gewinnt man aus zwei Momenten-Gleichgewichtsbedingungen um eine horizontale bzw. vertikale Achse im Punkt ***A***:

$$F_r a + F_{BV}(a+b) = 0 \quad \Rightarrow \quad F_{BV} = -2 \frac{M_1}{d_1} \frac{a}{a+b} \tan 20°$$

$$F_u a - F_{BH}(a+b) = 0 \quad \Rightarrow \quad F_{BH} = 2 \frac{M_1}{d_1} \frac{a}{a+b}$$

$$F_B = \sqrt{F_{BH}^2 + F_{BV}^2} \quad \Rightarrow \quad F_B = \frac{2}{\cos 20°} \frac{M_1}{d_1} \frac{a}{a+b} = 0{,}946 \frac{M_1}{d_1}$$

8.4 Schnittgrößen

Da bei einem allgemeinen räumlichen Kraftsystem Gleichgewicht nur bei Erfüllung von sechs Gleichgewichtsbedingungen hergestellt werden kann, sind in einem beliebigen Schnitt sechs Schnittgrößen anzutragen, die mit dem Kraftsystem des abgeschnittenen Trägerteils wieder eine Gleichgewichtsgruppe bilden. Es sind drei Schnittkräfte und drei Schnittmomente.

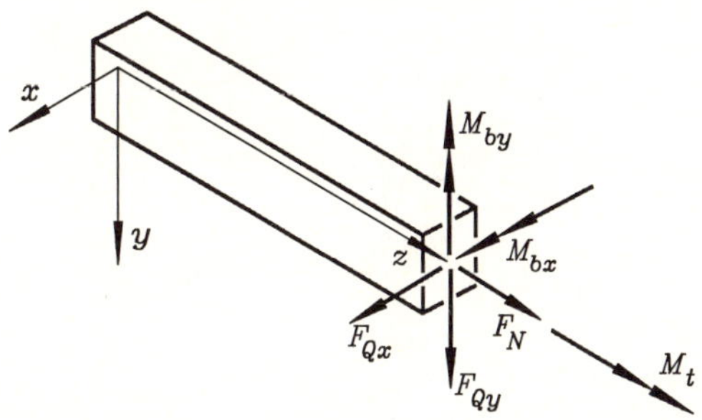

Ein Rechtssystem (*x*, *y* und *z* wie "Daumen, Zeigefinger, Mittelfinger der rechten Hand") wird so eingeführt, daß die *z*-Achse (wie beim ebenen Problem) in Richtung der Trägerlängsachse liegt. Die Schnittgrößen werden nun so definiert, daß sie sowohl in der *y-z*-Ebene als auch in der *x-z*-Ebene mit der Definition für das ebene Problem übereinstimmen.

Dazu muß man sich die beim ebenen Problem eingeführte Bezugsfaser jeweils auf der Seite des Trägers vorstellen, zu der die *y*- bzw. die *x*-Achse zeigt (in der Skizze also "unten" bzw. "vorn").

- Die Normalkraft F_N wird positiv als Zugkraft definiert.
- Die positiven Querkräfte F_{Qx} bzw. F_{Qy} sind am positiven Schnittufer (Schnittufer auf der Seite, auf der das Koordinatensystem liegt) zur "Bezugsfaserseite" gerichtet (Richtungen der *x*- bzw. *y*-Koordinate).
- Die Biegemomente M_{bx} bzw. M_{by} sind positiv, wenn sie die jeweilige Bezugsfaser strecken (auf Zug belasten).

Diese fünf Schnittgrößen sind vom ebenen Problem her bekannt. Ein um die Trägerlängsachse drehendes Moment ist jedoch neu:

Als sechste Schnittgröße wird das ***Torsionsmoment*** M_t definiert, dessen Pfeilspitzen (wie die Pfeilspitze der Normalkraft) stets vom Schnittufer weg zeigen.

Bei der Definition der Schnittgrößen ist ein Kompromiß unumgänglich: Dem Nachteil der hier gewählten Vereinbarung, daß nur fünf Schnittgrößen am positiven Schnittufer mit ihren Pfeilspitzen den gewählten Koordinatenrichtungen folgen, während M_{by} der y-Achse entgegengerichtet ist, steht der Vorteil gegenüber, daß die Definition in den **beiden Ebenen** x-z und y-z gleiche Richtungen für die Schnittgrößen zeigt. Es ist deshalb oft ratsam, das räumliche Problem durch Betrachtung von zwei ebenen Problemen zu behandeln, wobei das im ebenen Fall nicht auftretende Torsionsmoment nicht vergessen werden darf:

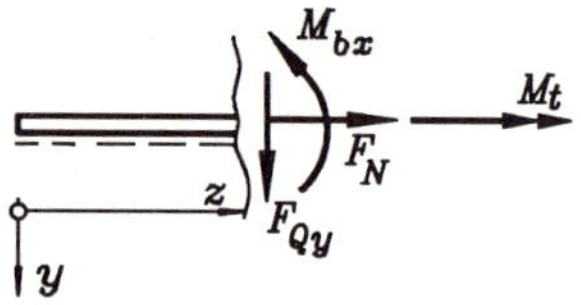

Schnittgrößen in der y-z-Ebene

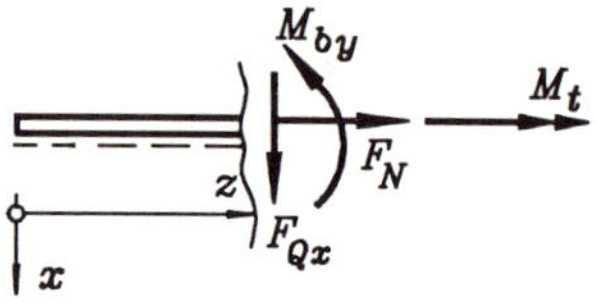

Schnittgrößen in der x-z-Ebene

Beispiel: Ein zweifach abgewinkeltes Tragwerk ***ABCD*** ist bei ***C*** durch ein "räumliches Festlager" (kann Kraftkomponenten in drei Richtungen aufnehmen) und die drei Stäbe 1, 2 und 3 gelagert. Die Teile ***AB*** und ***BC*** bzw. ***BC*** und ***CD*** stehen jeweils senkrecht aufeinander, ebenso die Ebenen ***ABC*** und ***BCD***.

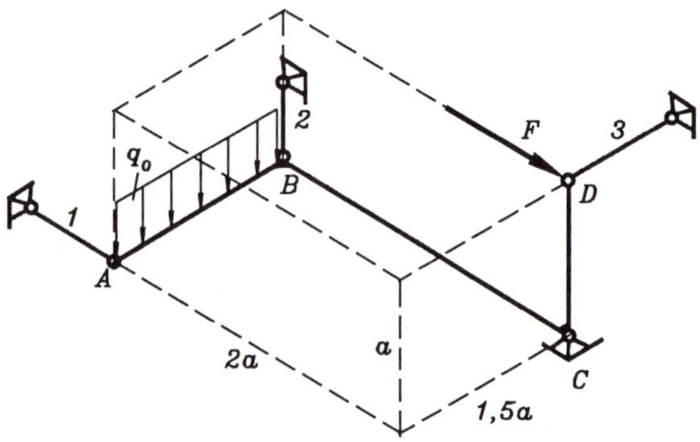

Gegeben: a, q_0, $F = q_0 a$.

Man ermittle die Lagerkräfte bei ***C*** und die Stabkräfte F_{S1}, F_{S2} und F_{S3} sowie die Schnittgrößenverläufe in den Abschnitten ***AB, BC*** und ***CD***.

Die sechs Lagerreaktionen (drei Kraftkomponenten am festen Lager und drei Stabkräfte) werden mit Hilfe von sechs Gleichgewichtsbeziehungen am Gesamttragwerk ermittelt. Für die Kräfte am Festlager deuten die Indizes die Raumrichtung eines Stabes an (z. B.: Index 1 - Lagerkraftkomponente des Lagers ***C*** parallel zu Stab 1). Die Ergebnisse sind:

$$F_{C1} = q_0 a\,, \qquad F_{C2} = 0{,}5\, q_0 a\,, \qquad F_{C3} = 1{,}125\, q_0 a\,,$$

$$F_{S1} = 0\,, \qquad F_{S2} = q_0 a\,, \qquad F_{S3} = 1{,}125\, q_0 a\,.$$

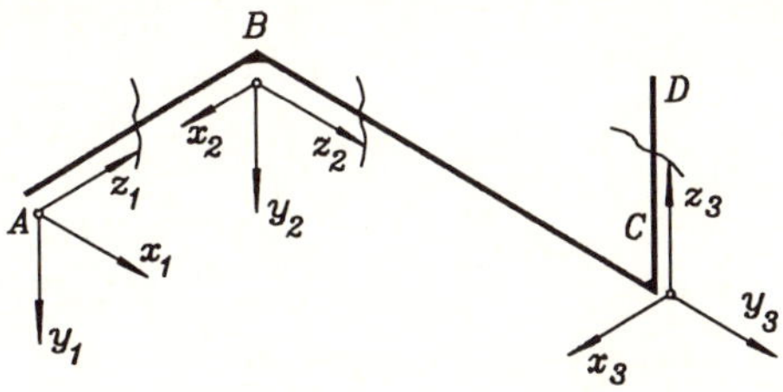

Zur Berechnung der Schnittgrößen sind drei Bereiche erforderlich, für die jeweils eigene Koordinatensysteme (nebenstehende Skizze) benutzt werden. Die Schnittgrößen werden in jedem Abschnitt entsprechend der getroffenen Vereinbarungen an den Schnittstellen eingeführt und dann am ausgewählten Teilsystem die Gleichgewichtsbeziehungen ausgewertet. Man erhält:

$$
\begin{aligned}
F_{N1} &= 0\,, & F_{N2} &= 0\,, & F_{N3} &= 0\,,\\
F_{Qx1} &= 0\,, & F_{Qx2} &= 0\,, & F_{Qx3} &= -1{,}125\; q_0 a\,,\\
F_{Qy1} &= -q_0 z_1\,, & F_{Qy2} &= -0{,}5\; q_0 a\,, & F_{Qy3} &= q_0 a\,,\\
M_{bx1} &= -0{,}5\; q_0 z_1^2\,, & M_{bx2} &= -0{,}5\; q_0 a z_2\,, & M_{bx3} &= -q_0 a\,(a - z_3)\,,\\
M_{by1} &= 0\,, & M_{by2} &= 0\,, & M_{by3} &= 1{,}125\; q_0 a\,(a - z_3)\,,\\
M_{t1} &= 0\,, & M_{t2} &= -1{,}125\; q_0 a^2\,, & M_{t3} &= 0\,.
\end{aligned}
$$

8.5 Aufgaben

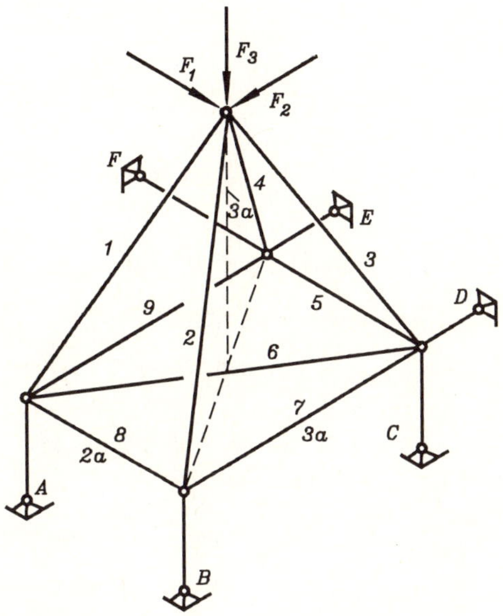

Aufgabe 8.1: Für das skizzierte Fachwerk sind die Stabkräfte in den Stäben 1 bis 9 zu berechnen.

Gegeben: $F_1 = F_2 = F_3 = F\,,\; a\,.$

Die Kräfte in den Lagerstäben *A* bis *D* wurden bereits im Beispiel 2 des Abschnitts 8.3.3 ermittelt. Unter Benutzung der dort angegebenen Ergebnisse ist die Berechnung der Stabkräfte "von Hand" durchaus zumutbar.

Alternativ dazu könnte natürlich ein lineares Gleichungssystem formuliert und (mit dem Programm der beiliegenden Diskette) gelöst werden. In diesem Fall ist das Einbeziehen der Lagerstäbe in die Rechnung empfehlenswert (Gleichungssystem mit 15 Unbekannten), weil dann das Ergebnis sehr wirkungsvoll über die "bekannten Unbekannten" kontrolliert werden kann.

Aufgabe 8.2: Es sind zwei Varianten eines räumlichen Fachwerkknotens zu untersuchen.

Gegeben: F , a . Gesucht: Stabkräfte F_{S1}, F_{S2} und F_{S3}.

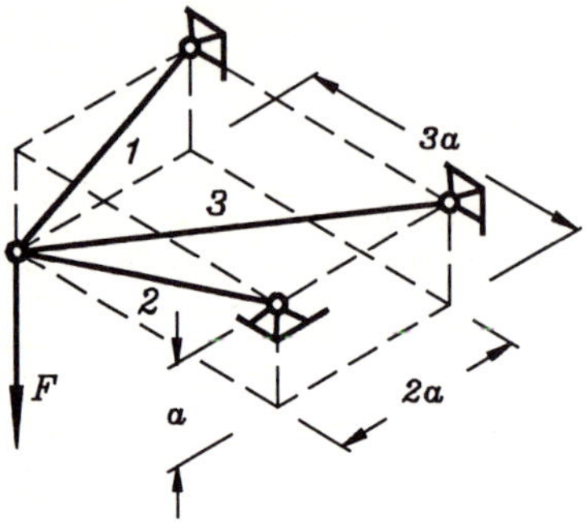

Fachwerkknoten, Variante *I*

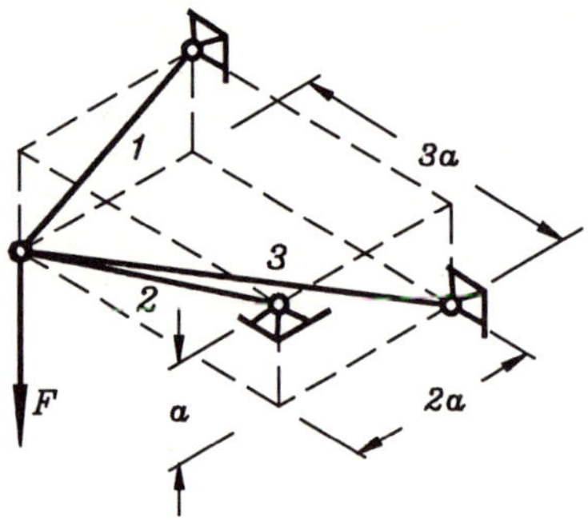

Fachwerkknoten, Variante *II*

Aufgabe 8.3: Man berechne für die Kurbelwellen *I* und *II* für die in den Skizzen dargestellten Lagen (gegeben: F , β , a , b)

a) das Abtriebsmoment M_A,
b) die Lagerreaktionen,
c) die Torsionsmomente (mit graphischer Darstellung).

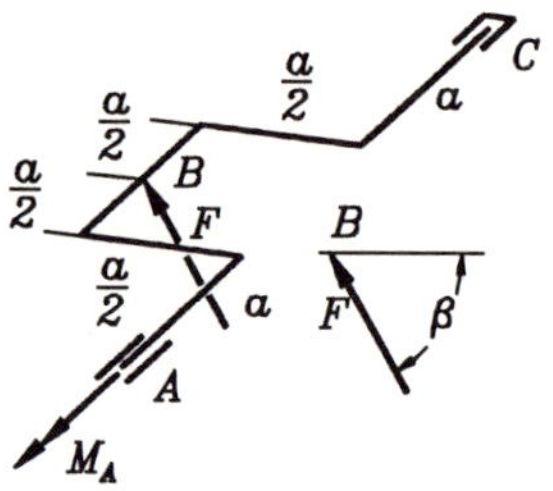

Kurbelwelle *I*

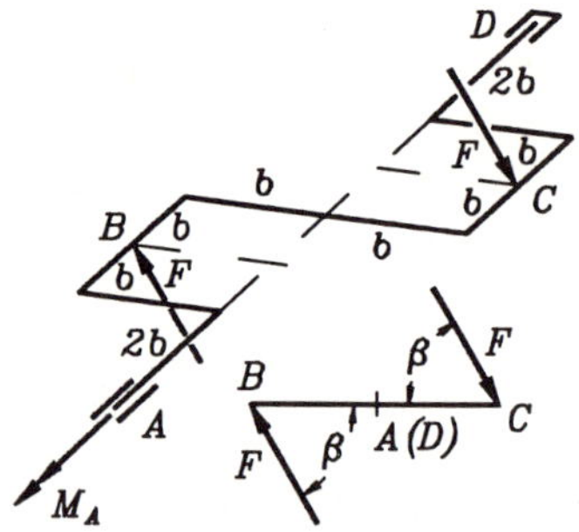

Kurbelwelle *II*

Aufgabe 8.4: Eine Getriebewelle ist mit den geradverzahnten Rädern 1 und 2 besetzt. Zwischen radialer Zahnkraft F_r und Umfangskraft F_u besteht über den Zahneingriffswinkel $\alpha = 20°$ der Zusammenhang

$$F_r = F_u \tan\alpha.$$

Am Antriebsrad wird im Punkt P_2 das entgegen dem Uhrzeigersinn drehende Moment M_0 eingeleitet und am Abtriebsrad im Punkt P_1 abgegeben.

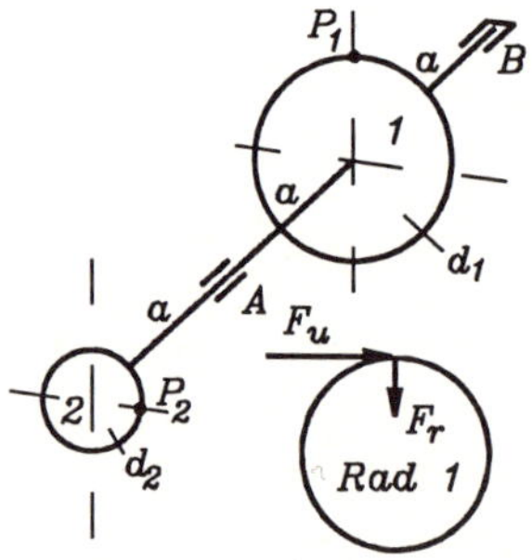

Gegeben: $M_0 = 50\ Nm$, $d_1 = 200\ mm$,
$a = 500\ mm$, $d_2 = 100\ mm$.

Gesucht:
a) Zahnkräfte F_{u1}, F_{r1}, F_{u2} und F_{r2},
b) resultierende Lagerkräfte bei A und B,
c) Schnittgrößen in der Welle (mit graphischer Darstellung in zwei Ebenen).

9 Haftung

9.1 Coulombsches Haftungsgesetz

Wenn auf einen auf einer **rauhen Unterlage** liegenden Körper eine Kraft parallel zur Unterlage wirkt, so tritt eine Reaktionskraft zwischen Körper und Unterlage auf, die einer möglichen Verschiebung des Körpers entgegenwirkt:

Die ***Haftkraft*** F_H kann wie die Lagerreaktion F_N aus einer Gleichgewichtsbedingung ermittelt werden:

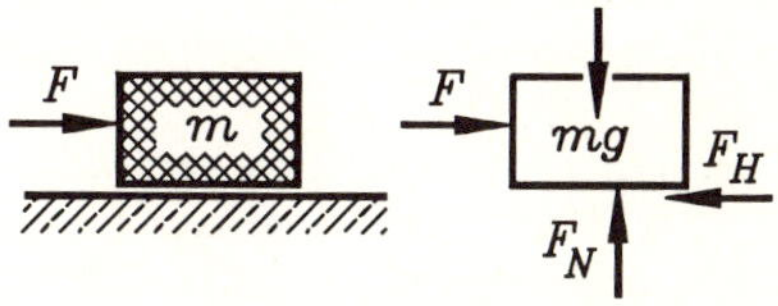

$$F_N = mg \quad , \quad F_H = F \ .$$

Die Haftkraft ist also eine Reaktionskraft. Sie ist in ihrer Größe begrenzt (wie die übrigen Lagerreaktionen durch die Grenzen der Tragfähigkeit der Lager natürlich auch), was man sich sehr anschaulich an einem Versuch mit einer schiefen Ebene verdeutlichen kann:

Eine nur durch ihre Gewichtskraft belastete Masse m wird auf eine schiefe Ebene gelegt. Nach dem Freischneiden und Antragen der Gewichtskraft und der Reaktionskräfte F_N und F_H liefern die Gleichgewichtsbedingungen:

$$F_N = mg\cos\alpha \quad , \quad F_H = mg\sin\alpha \ .$$

Es gibt nun einen Grenzwinkel $\alpha = \varrho_0$, bei dem die Masse zu rutschen beginnt. Aus den Ergebnissen für **die nur durch ihr Eigengewicht** belastete Masse liest man ab:

$$F_H / F_N = \tan\alpha \ ,$$

und somit erhält man für den Grenzfall $\alpha = \varrho_0$:

$$F_{H\,max} = F_N \tan\varrho_0 = \mu_0 F_N \quad (\text{mit } \mu_0 = \tan\varrho_0) \ .$$

Dieses Ergebnis läßt sich auch auf Körper, die nicht nur durch ihr Eigengewicht belastet sind, erweitern, und man erhält (nach C. A. de COULOMB, 1736 - 1806) das

COULOMBsche Haftungsgesetz:

Die maximale Haftkraft zwischen zwei sich berührenden Flächen ist der zwischen diesen Flächen wirkenden Normalkraft (Druckkraft) proportional:

$$|F_{H\,max}| = \mu_0 F_N \ . \qquad (9.1)$$

- Die Absolutstriche bei $F_{H\,max}$ deuten an, daß der Maximalwert natürlich für beliebige Richtung gilt.
- Der ***Haftungskoeffizient*** μ_0 ist sowohl vom Material der sich berührenden Flächen als auch von deren Oberflächenbeschaffenheit abhängig.

Man beachte unbedingt ganz genau, was das COULOMBschen Haftungsgesetz aussagt:

Mit $\mu_0 F_N$ ist die **obere Grenze** für die Haftkraft gegeben. Die tatsächlich wirkende **Haftkraft F_H** wird **immer aus einer Gleichgewichtsbedingung** berechnet, und es muß gelten:

$$F_H \leq F_{H\,max} \quad .$$

Da die Nichtbeachtung dieser Aussage wohl einer der häufigsten Fehler bei der Behandlung von Haftungsproblemen ist, soll sie an dem folgenden kleinen Beispiel noch einmal verdeutlicht werden:

Beispiel 1: Eine Masse m wird von einer Kraft F so gegen eine vertikale Wand gedrückt, daß sie nicht abwärts rutscht. Unter dieser Voraussetzung (F ist groß genug, um ein Abrutschen zu verhindern!) gilt **immer**

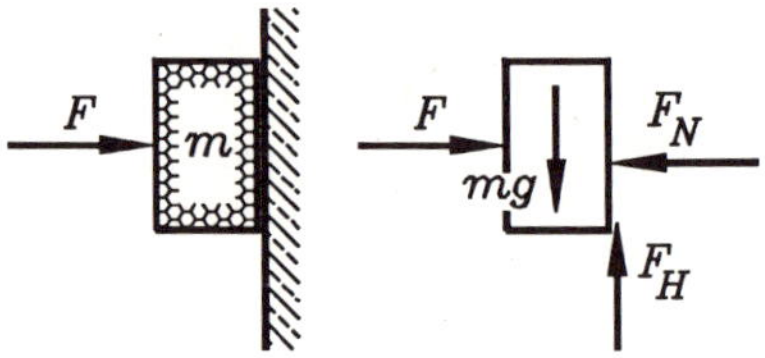

$$F_H = mg \; ,$$

unabhängig davon, wie groß die Kraft F tatsächlich ist. F beeinflußt nur die Normalkraft F_N und diese setzt (COULOMBsches Haftungsgesetz) das obere Limit für F_H.

Wenn F_H den maximal möglichen Wert überschreitet, beginnt der Körper zu rutschen, wobei in der Berührungsfläche ***Gleitreibung*** auftritt. Die Untersuchung der Bewegung mit der Reibungskraft F_R als Bewegungswiderstand ist nicht Gegenstand der Statik und wird in der Kinetik behandelt.

Es muß noch darauf hingewiesen werden, daß der Haftungskoeffizient μ_0 nur mit großer Vorsicht aus Tabellen entnommen werden sollte. Neben dem Material der sich berührenden Flächen und deren Oberflächenbeschaffenheit (Rauhigkeit, trockene oder geschmierte Flächen) haben auch Temperatur, Feuchtigkeit, unter Umständen auch die Größe der Normalkraft einen nicht in jedem Fall zu vernachlässigenden Einfluß auf diesen Koeffizienten. So findet man zum Beispiel für die Reibpaarung Stahl-Stahl in verschiedenen Lehr- und Tabellenbüchern Werte im Bereich $\mu_0 = 0{,}1 \; ... \; 0{,}8$. Der Praktiker sollte bei höheren Genauigkeitsanforderungen an die Rechnung μ_0 gegebenenfalls experimentell bestimmen.

Beispiel 2: Die Masse m auf einer schiefen Ebene ist durch ihre Gewichtskraft und eine zusätzliche Kraft F belastet.

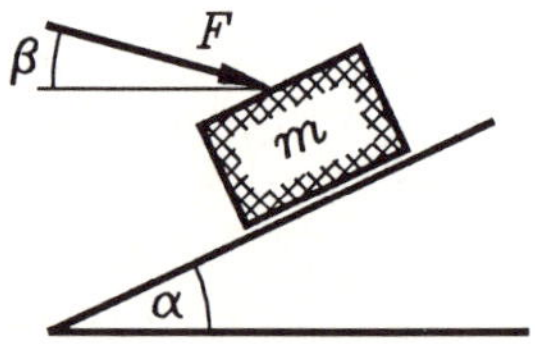

Gegeben: $m = 20\,kg$, $\alpha = 30°$, $\beta = 15°$, $\mu_0 = 0{,}2$.

a) Für $F = 150\,N$ ist die Haftkraft F_H zwischen der Masse und der schiefen Ebene zu berechnen.

b) Wie groß darf die Kraft F maximal werden, ohne daß die Masse m zu rutschen beginnt?

c) Wie groß muß die Kraft F mindestens sein, damit die Masse m nicht rutscht.

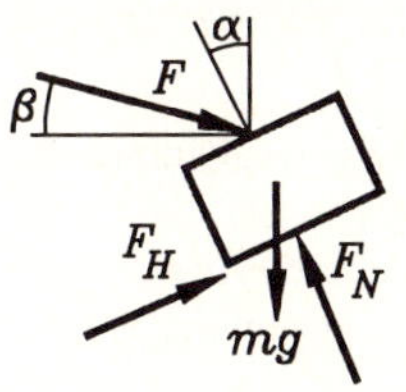

Die Masse wird freigeschnitten (von der schiefen Ebene gelöst, Normalkraft und Haftkraft werden angetragen), und das Kräftegleichgewicht wird in Richtung der Normalkraft und in Richtung der Haftkraft formuliert:

$$F_N - mg\cos\alpha - F\cos(90° - \alpha - \beta) = 0 ,$$
$$F_H - mg\sin\alpha + F\sin(90° - \alpha - \beta) = 0 .$$

a) Aus der zweiten Gleichung wird die Haftkraft berechnet:

$$F_H = mg\sin\alpha - F\cos(\alpha + \beta) = -7{,}97\ N .$$

Das Minuszeichen zeigt an, daß die Haftkraft entgegen der in der Schnittskizze angenommenen Richtung wirkt und somit ein Aufwärtsrutschen der Masse verhindert. Es müßte nun noch überprüft werden, ob diese Kraft innerhalb des vom COULOMBschen Haftungsgesetz vorgeschriebenen Limits liegt, aber Fragestellung b) beantwortet diese Frage natürlich ohnehin.

b) Aus der ersten Gleichgewichtsbeziehung folgt für ein beliebiges F die Normalkraft:

$$F_N = mg\cos\alpha + F\sin(\alpha + \beta) .$$

Diese Kraft bestimmt die absolute obere Grenze für F_H. **Aufwärtsrutschen** kann nur durch eine Haftkraft vermieden werden, die entgegen der in der Skizze getroffenen Annahme wirkt. Deshalb ist der Grenzfall durch

$$-F_{H\,max} = \mu_0 F_N$$

gegeben. Einsetzen der für F_N und F_H bereits ermittelten Beziehungen ergibt:

$$F_{max} = \frac{\sin\alpha + \mu_0\cos\alpha}{\cos(\alpha + \beta) - \mu_0\sin(\alpha + \beta)}\, mg = 233\ N .$$

c) **Abwärtsrutschen** wird durch eine Haftkraft vermieden, die den in der Skizze eingetragenen Richtungssinn hat. Also ist dafür der Grenzfall durch

$$F_{H\,max} = \mu_0 F_N$$

gegeben, und man errechnet durch Einsetzen von F_N und F_H:

$$F_{min} = \frac{\sin\alpha - \mu_0\cos\alpha}{\cos(\alpha + \beta) + \mu_0\sin(\alpha + \beta)}\, mg = 75{,}6\ N .$$

- Man beachte, daß die bei gegebener Belastung (Fragestellung a) ermittelte Haftkraft aus einer Gleichgewichtsbetrachtung ermittelt wurde. Das COULOMBsche Haftungsgesetz wurde nur für die Grenzzustände (Fragestellungen b und c) herangezogen.
- Der tatsächliche Richtungssinn der Haftkraft (wie bisher der Richtungssinn von Lagerreaktionen) ist selbst bei einer so einfachen Aufgabe nicht mit Sicherheit vorherzusagen. Wie bei den Lagerreaktionen wird eine "falsche" Annahme durch das Vorzeichen des Ergebnisses korrigiert (Fragestellung a).
- Die Absolutstriche für die Haftkraft im COULOMBschen Haftungsgesetz (9.1) zwingen immer dann, wenn ein Verlassen der Ruhelage in unterschiedlichen Richtungen möglich

ist, zur Untersuchung der Grenzzustände für jeden Richtungssinn, den die Haftkraft haben kann (im Beispiel durch beide möglichen Vorzeichen von F_H realisiert).

- Obwohl die an dem Körper angreifenden Kräfte ein allgemeines ebenes Kraftsystem darstellen, wurden nur zwei Gleichgewichtsbedingungen formuliert, weil nur zwei Unbekannte zu berechnen waren. Die dritte Unbekannte ist die Lage der Wirkungslinie der Normalkraft, die aus einer Momenten-Gleichgewichtsbedingung berechnet werden könnte, aber im allgemeinen nicht interessiert (Normalkraft und Haftkraft sind ja ohnehin selbst die Resultierenden von Flächenkräften, die über die Haftfläche verteilt sind).

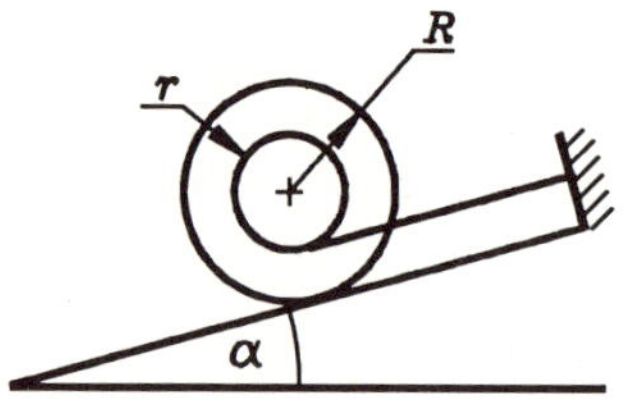

Beispiel 3: Ein Seil hält eine Walze auf einer schiefen Ebene. Man ermittle

a) die Kräfte zwischen der Walze und der schiefen Ebene und die Kraft im Seil,

b) den minimalen Haftungskoeffizienten zwischen Walze und schiefer Ebene, der ein Rutschen der Walze vermeidet.

Gegeben: $m\ ;\ R = 1{,}5\,r\ ;\ \alpha = 15°$.

An der freigeschnittenen Walze liefern das Kräfte-Gleichgewicht in Richtung der Normalkraft

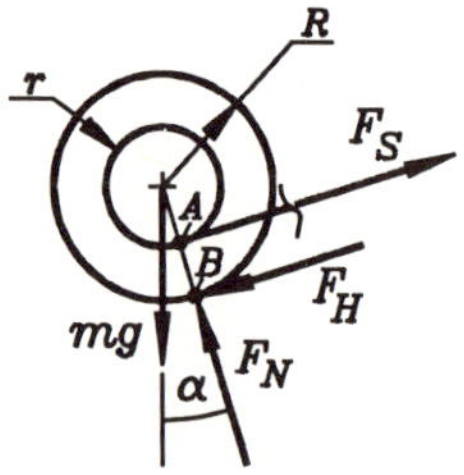

$$F_N = mg\cos\alpha = 0{,}966\ mg\ ,$$

das Momenten-Gleichgewicht um den Punkt *A*

$$F_H = \frac{r}{R-r}\,mg\sin\alpha = 0{,}518\ mg$$

und das Momenten-Gleichgewicht um den Punkt *B*

$$F_S = \frac{R}{R-r}\,mg\sin\alpha = 0{,}776\ mg\ .$$

Der erforderliche Haftungskoeffizient, der gerade noch ein Rutschen verhindert, ergibt sich aus dem Grenzfall $F_H = \mu_0 F_N$ durch Einsetzen der ermittelten Beziehungen für F_H und F_N:

$$\mu_{0\min} = \frac{r}{R-r}\tan\alpha = 0{,}536\ .$$

- Ein letztes Mal soll auf den Unterschied aufmerksam gemacht werden: Wenn vorausgesetzt wird, daß kein Rutschen eintritt, werden die Kräfte ausschließlich aus Gleichgewichtsbedingungen ermittelt. Für die Fragestellung a) ist es unwichtig, ob das Rutschen durch Haftung oder formschlüssig (z. B.: Zahnrad auf Zahnstange) verhindert wird. Das COULOMBsche Haftungsgesetz ist nur für den Grenzfall (Fragestellung b) zuständig.

- In den Vorlesungen der Autoren provozierte diese Aufgabe immer den Zwischenruf: "Aber die Walze rollt doch ohnehin einfach abwärts." Sie tut es nicht, wie sollte sie auch, es sei denn, sie rutscht. Rollen bedeutet ja Drehung um den Auflagepunkt, und gerade dies wird durch das Seil verhindert. Wer es trotzdem nicht einsieht, sollte in tiefes Nachdenken verfallen, ein Modell bauen, einfach den Gleichgewichtsbedingungen glauben oder sich trösten: Rollen wird in der Kinetik noch ausführlich behandelt werden.

9.2 Seilhaftung

An einer frei drehbar gelagerten Umlenkrolle, über die ein Seil geführt ist (linkes Bild), kann sich das statische Gleichgewicht nur einstellen, wenn die Seilkräfte in den beiden Seilabschnitten 1 und 2 gleich sind. Wird die Umlenkrolle jedoch arretiert (rechtes Bild), so kann das Momenten-Gleichgewicht auch bei unterschiedlichen Seilkräften erfüllt sein, da auch die Arretierung eine tangential gerichtete Kraft $\boldsymbol{F_B}$ auf die Rolle aufbringen kann.

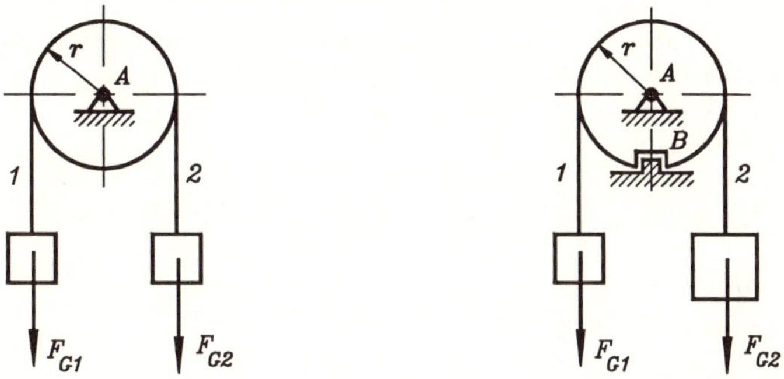

$$(F_{G2} - F_{G1})\, r = 0 \qquad\qquad (F_{G2} - F_{G1} - F_B)\, r = 0$$

$$F_{G1} = F_{G2} \qquad\qquad F_{G1} \neq F_{G2} \text{ ist möglich!}$$

Schlußfolgerungen aus den Momenten-Gleichgewichtsbedingungen um die Drehpunkte $\boldsymbol{A}$

Damit bei unterschiedlichen Seilkräften das Seil nicht über die arretierte Rolle rutscht, müssen zwischen Seil und Rolle Haftkräfte übertragen werden. Der Ermittlung dieser Haftkräfte dient die nachfolgende Betrachtung:

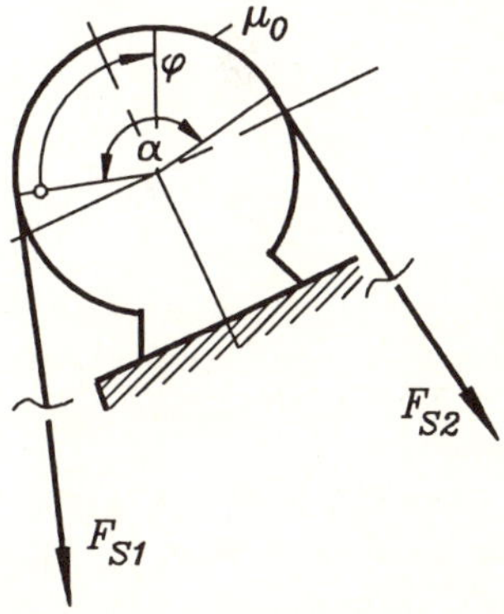

Über einen feststehenden Zylinder wird ein Seil geführt. Die Seilkraft $\boldsymbol{F_{S1}}$ sei bekannt. Bei einem gegebenen Umschlingungswinkel α und einem konstanten Haftungskoeffizienten μ_0 zwischen Seil und Zylinder soll die **maximale** Kraft $\boldsymbol{F_{S2}}$ ermittelt werden, bei der das Seil nicht über den Zylinder rutscht.

Innerhalb des Umschlingungsbereichs ändert die Seilkraft $\boldsymbol{F_S}$ ihre Richtung und Größe. Es wird deshalb an einer beliebigen Stelle (gekennzeichnet durch die Koordinate φ) ein sehr kleines Element (Öffnungswinkel $\Delta\varphi$) herausgeschnitten (Skizze auf der folgenden Seite).

Die an der Stelle φ vorhandene Seilkraft $\boldsymbol{F_S(\varphi)}$ ändert sich vom linken Rand zum rechten Rand des Elements um den ebenfalls sehr kleinen Betrag $\Delta \boldsymbol{F_S}$. Die beiden Seilkräfte müssen mit den Kräften, die vom Zylinder auf das Seil (Normalkraft und Haftkraft) übertragen werden, im Gleichgewicht sein. Auch diese Kräfte ändern sich mit dem Winkel φ, und an das herausgeschnittene Seilelement werden nur die auf dieses Stück wirkenden Anteile $\Delta \boldsymbol{F_N}$ und $\Delta \boldsymbol{F_H}$ angetragen.

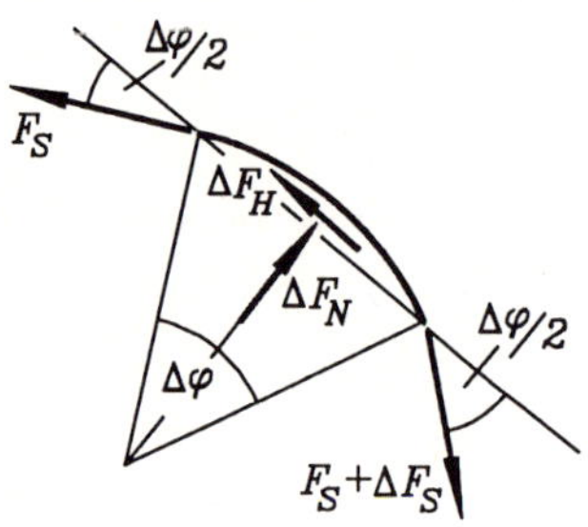

Die beiden Kraft-Gleichgewichtsbeziehungen in Richtung der Kräfte $\boldsymbol{F}_N$ und $\boldsymbol{F}_H$ ergeben:

$$\Delta F_N - 2F_S \sin\frac{\Delta\varphi}{2} - \Delta F_S \sin\frac{\Delta\varphi}{2} = 0 \,,$$

$$\Delta F_H - \Delta F_S \cos\frac{\Delta\varphi}{2} = 0 \,.$$

Da die maximal übertragbare Haftkraft wirken soll, darf in der zweiten Gleichung $\Delta \boldsymbol{F}_H$ durch

$$\Delta F_H = \mu_0 \, \Delta F_N$$

ersetzt werden. Anschließend werden die erste Gleichung durch $\Delta\varphi/2$ und die zweite Gleichung durch $\Delta \boldsymbol{F}_S$ dividiert. Dann liefert der Grenzübergang $\Delta\varphi \to 0$, $\Delta F_S \to 0$, $\Delta F_N \to 0$ und damit

$$\frac{\Delta F_N}{\Delta\varphi} \to \frac{dF_N}{d\varphi} \,, \qquad \frac{\Delta F_N}{\Delta F_S} \to \frac{dF_N}{dF_S} \,, \qquad \cos\frac{\Delta\varphi}{2} \to 1 \,, \qquad \frac{\sin\frac{\Delta\varphi}{2}}{\frac{\Delta\varphi}{2}} \to 1$$

die beiden Gleichungen

$$\frac{dF_N}{d\varphi} = F_S \,, \qquad \frac{dF_N}{dF_S} = \frac{1}{\mu_0} \,,$$

aus denen die Normalkraft eliminiert werden kann:

$$F_S = \frac{dF_N}{d\varphi} = \frac{dF_N}{dF_S}\,\frac{dF_S}{d\varphi} = \frac{1}{\mu_0}\,\frac{dF_S}{d\varphi} \,.$$

Nach Trennung der Veränderlichen $\boldsymbol{F}_S$ und φ wird auf beiden Seiten über den gesamten Bereich der Seilumschlingung integriert. Die Integrale in der entstehenden Gleichung

$$\int_{F_{S1}}^{F_{S2}} \frac{dF_S}{F_S} = \int_{\varphi=0}^{\alpha} \mu_0 \, d\varphi$$

sind Grundintegrale. Nach einigen elementaren Umformungen erhält man:

$$F_{S2} = F_{S1} \, e^{\mu_0 \alpha} \,.$$

Die so errechnete Kraft $\boldsymbol{F}_{S2}$ ist die **Maximalkraft**, die aufgebracht werden darf, um statisches Gleichgewicht zu garantieren. Sie ist (im allgemeinen deutlich) größer als $\boldsymbol{F}_{S1}$. Natürlich ist auch bei einer kleineren Kraft $\boldsymbol{F}_{S2}$ Gleichgewicht möglich. Wenn $\boldsymbol{F}_{S2}$ kleiner wird als $\boldsymbol{F}_{S1}$, ändern sich die Richtungen der Haftkräfte zwischen Seil und Zylinder, und man ermittelt auf entsprechendem Wege die **Minimalkraft**, für die statisches Gleichgewicht noch möglich ist.

Bei konstantem Haftreibungskoeffizienten μ_0 kann ein Seil, das mit dem Umschlingungswinkel α um einen Zylinder gelegt ist, nur im statischen Gleichgewicht sein, wenn für die Seilkräfte folgende Ungleichung erfüllt ist:

$$F_{S1} \, e^{-\mu_0 \alpha} \le F_{S2} \le F_{S1} \, e^{\mu_0 \alpha} \,. \qquad (9.2)$$

Beispiel 1: Ein Lederriemen wird n-mal um eine runde Haltestange aus Holz geschlungen. Das frei herabhängende Ende ist nur durch die Gewichtskraft seiner Masse m_1 belastet. Am anderen Ende des Riemens greift horizontal die Kraft F an, so daß der Umschlingungswinkel $\alpha = 2\pi n + \pi/2$ beträgt.

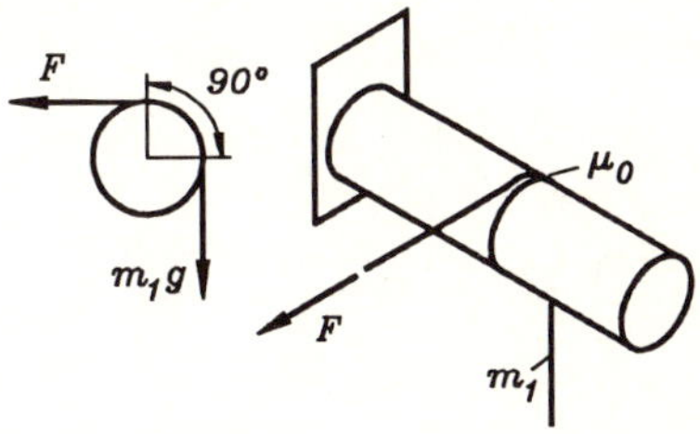

Gegeben: $F = 4\ kN$; $m_1 = 200\ g$; $\mu_0 = 0{,}5$.

Wieviel Umschlingungen n sind erforderlich, um mit der geringen Gewichtskraft des frei herabhängenden Teils der Kraft F das Gleichgewicht zu halten? (Western-Film: Das parkende Pferd vor dem Saloon versucht sich mit F zu befreien, der zechende Cowboy vertraut auf $m_1 g$).

Zwischen den beiden Kräften F und $m_1 g$ besteht bei größtmöglicher Haftungswirkung der Zusammenhang

$$F = m_1 g\, e^{\mu_0 \alpha} .$$

Umstellen dieser Beziehung nach α (Division durch $m_1 g$ und Logarithmieren) liefert den erforderlichen Umschlingungswinkel und damit das gesuchte n:

$$\alpha = \frac{1}{\mu_0} \ln\left(\frac{F}{m_1 g}\right) = 15{,}24 \quad ; \qquad n = \frac{\alpha}{2\pi} - \frac{1}{4} = 2{,}18 .$$

Da n ganzzahlig sein muß, würde man $n = 3$ (und damit $\alpha = 6{,}5\,\pi$) wählen. Damit kann dann sogar einer Kraft $F = 53\ kN$ das Gleichgewicht gehalten werden.

♦ Durch das sehr starke Ansteigen der Exponentialfunktion mit größer werdendem Argument werden die schon bei wenigen Umschlingungen mit geringer Gegenkraft zu haltenden Kräfte außerordentlich groß ($F = 53\ kN$ im behandelten Beispiel ist mehr als das 27000-fache der Gegenkraft $m_1 g = 200\ g \cdot 9{,}81\ m/s^2 = 1{,}962\ N$). Es ist also auch kein Kunststück, wenn ein Matrose einen Ozeanriesen am Tau festhält, wenn er dieses mehrmals um einen Poller geschlungen hat.

Beispiel 2: Die Bremsscheibe einer Bandbremse wird durch das Drehmoment M_0 belastet (Haftungskoeffizient zwischen Bremsscheibe und Band ist μ_0). Durch die Kraft F soll die Scheibe im Ruhezustand gehalten werden.

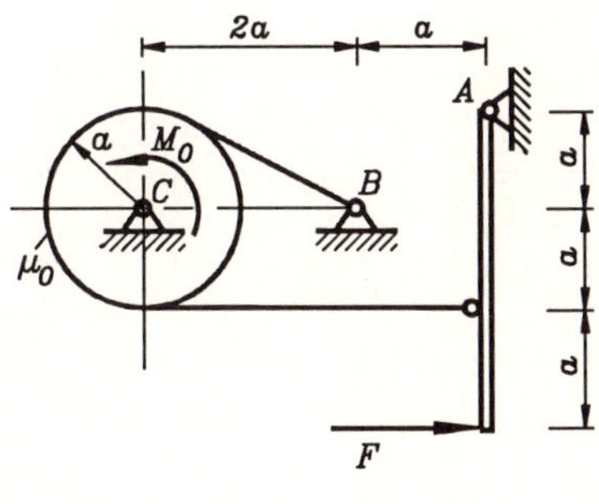

Gegeben: $M_0 = 300\ Nm$; $a = 20\ cm$; $\mu_0 = 0{,}4$.

Gesucht:
a) Erforderliche Kraft $F = F_1$ für den eingezeichneten Drehsinn des Momentes,
b) Kraft $F = F_2$ für den entgegengesetzten Drehsinn.

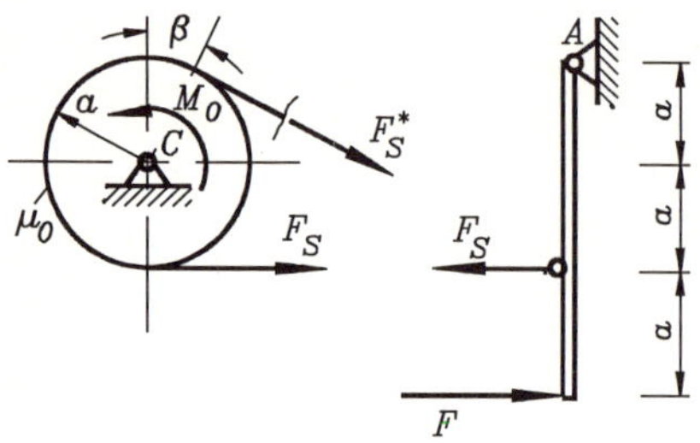

Am freigeschnittenen Bremshebel liefert das Momenten-Gleichgewicht um den Punkt ***A*** die Bandkraft $F_S = 1{,}5\,F$. Zwischen den beiden Bandkräften an der Scheibe besteht bei der eingetragenen Richtung des Momentes im Grenzfall (maximal mögliche Haftung voll ausgenutzt) der Zusammenhang

$$F_S^* = F_S\, e^{\mu_0 \alpha} .$$

Der eingezeichnete Winkel β tritt auch am Punkt ***B*** (zwischen dem Band und der Horizontalen) auf und kann aus den Abmessungen ermittelt werden, so daß der Umschlingungswinkel α errechnet werden kann:

$$\sin\beta = \frac{a}{2a} = \frac{1}{2} \quad , \qquad \beta = \frac{\pi}{6} \quad , \qquad \alpha = \pi + \beta = \frac{7\pi}{6} .$$

Im Momenten-Gleichgewicht an der Scheibe um den Punkt ***C***

$$F_S a + M_0 - F_S^* a = 0$$

werden mit den bereits angegebenen Beziehungen alle Kräfte durch ***F*** ersetzt, und man erhält:

$$F = F_1 = \frac{2M_0}{3a}\,\frac{1}{e^{\mu_0 \frac{7}{6}\pi} - 1} = 300\ N .$$

Für diesen Drehsinn ist die Bremse besonders geeignet. Bei entgegengesetztem Drehsinn geht M_0 in das Momenten-Gleichgewicht mit anderem Vorzeichen ein, und für die Bandkräfte gilt:

$$F_S = F_S^*\, e^{\mu_0 \alpha} .$$

Es ist die wesentlich größere Kraft $F = F_2 = 1300\ N$ erforderlich.

9.3 Aufgaben

Aufgabe 9.1: Für die skizzierte Bremse ist die Kraft ***F*** zu berechnen, die dem an der Scheibe angreifenden Moment M_0 das Gleichgewicht hält

a) für die skizzierte Drehrichtung von M_0,

b) bei entgegengesetzter Drehrichtung von M_0.

c) Man untersuche, ob Selbsthemmung möglich ist (ob bei bestimmten Parameterkombinationen das System auch bei $F = 0$ im Gleichgewicht sein kann).

Gegeben: $a\,,\ b\,,\ c\,,\ R\,,\ M_0\,,\ \mu_0\,.$

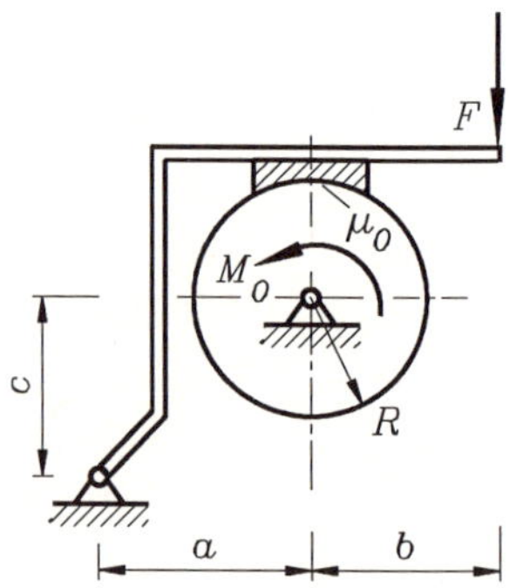

Aufgabe 9.2: Der skizzierte Riegel kann sich auf der vertikalen Stange bewegen, da der Durchmesser der Hülse geringfügig größer ist als der Durchmesser der Stange. Der Riegel ist nur durch seine im Schwerpunkt *S* angreifende Gewichtskraft belastet.

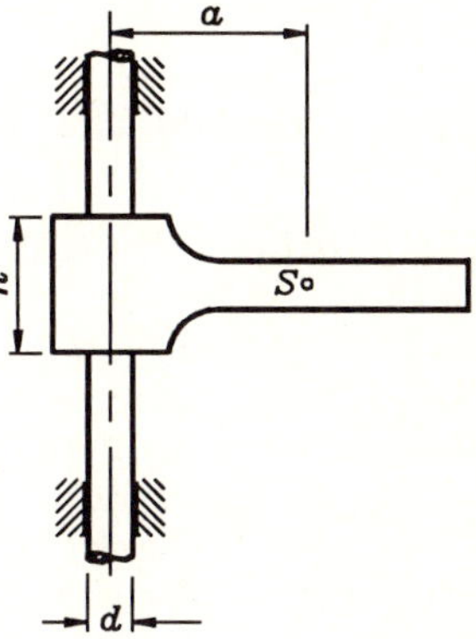

Gegeben: a , h , d .

Wie groß muß μ_0 mindestens sein, damit infolge der Selbsthemmung ein Abwärtsgleiten des Riegels vermieden wird?

Hinweis: An der oberen und an der unteren Kante der Hülse liegt der Riegel an der Stange an. Dort treten Normalkräfte auf, die gegen eine Abwärtsbewegung Haftkräfte erzeugen. Die (nicht vorgegebene) Gewichtskraft des Riegels darf für die Rechnung in beliebiger Größe angenommen werden. Im Ergebnis wird sie nicht erscheinen.

Aufgabe 9.3:

Das skizzierte System ist nur durch die Kraft *F* belastet.

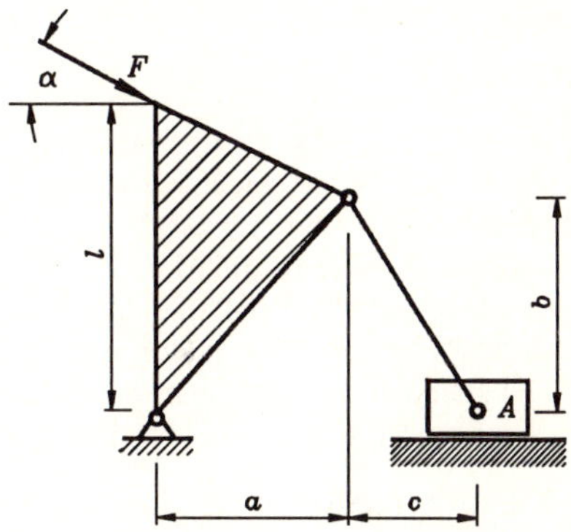

Gegeben: a , b , c , l , α , F .

Wie groß muß der Haftungskoeffizient zwischen dem Gleitstein *A* und der Unterlage mindestens sein, damit das System in Ruhe bleibt?

Aufgabe 9.4: Ein Seil wird über zwei **feststehende** Zylinder mit unterschiedlicher Rauhigkeit geführt. Es soll so belastet werden, daß es nicht über die Zylinder rutscht.

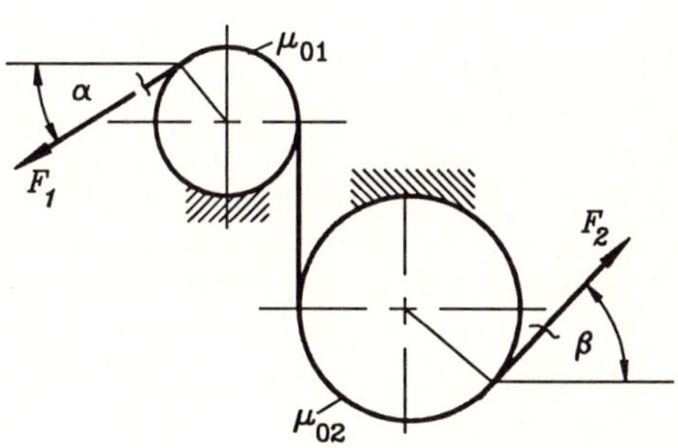

Gegeben: $F_1 = 100\,N$;
$\mu_{01} = 0{,}4$; $\alpha = 25°$;
$\mu_{02} = 0{,}3$; $\beta = 40°$.

Wie groß muß die Kraft F_2 mindestens sein ($F_{2\,min}$) und wie groß darf sie maximal sein ($F_{2\,max}$), um ein Rutschen des Seils über die Zylinder zu vermeiden?

10 Elastische Lager

10.1 Lineare Federn

Elastische Lager oder elastische Verbindungselemente geben im Gegensatz zu den bisher behandelten starren Elementen der Belastung nach. Im einfachsten Fall, der hier zunächst nur betrachtet werden soll, überträgt eine solche ***Feder*** eine Kraft nur in Richtung einer Wirkungslinie, die durch die beiden Federendpunkte verläuft.

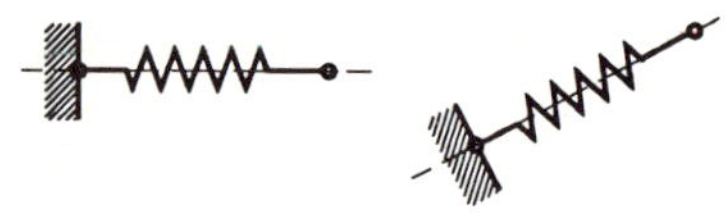

Federsymbol:
Kraftübertragung entlang der skizzierten geraden Linie

Man beachte die Analogie mit dem im Abschnitt 6.2 definierten **Stab**. Deshalb wird auch das Federsymbol (Skizze) durch zwei Gelenke begrenzt. Im Gegensatz zum starren Stab können sich jedoch die Endpunkte einer Feder relativ zueinander verschieben (sehr häufig ist der skizzierte Fall, bei dem ein Endpunkt unverschieblich ist). Diese Verschiebung erfolgt entlang der Wirkungslinie der übertragenen Kraft.

♦ Das für die Feder verwendete Symbol ist der Schraubenfeder nachgebildet, die im allgemeinen auch Querbelastungen übertragen kann. Deshalb ist die Modellvorstellung "Schraubenfeder" nicht besonders gut. Man sollte das Symbol besser als "elastischen Stab" interpretieren (selbst dann, wenn die technische Realisierung tatsächlich eine Schraubenfeder ist). Für Federn, die durch eine Zugkraft belastet sind, ist die Modellvorstellung "Gummiband" besonders zutreffend. Da die Frage, **wie** die Feder die Kraft von einem Federendpunkt zum anderen überträgt, für die nachfolgenden Betrachtungen völlig unerheblich ist, sollte man sich schon deshalb nicht mit der Modellvorstellung "Schraubenfeder" belasten, weil für diese die Kraftübertragung relativ kompliziert ist.

Der Zusammenhang zwischen der von der Feder übertragenen ***Federkraft*** F_c und der relativen Verschiebung der beiden Federendpunkte zueinander (***Federweg*** f) heißt ***Federgesetz*** und kann mit der ***Federzahl*** c in der Form

$$F_c = c\,f$$

aufgeschrieben werden. Die Federzahl c hat die Dimension "Kraft/Länge" und kann experimentell (Aufbringen definierter Lasten und Messen des Federweges) oder rechnerisch (mit den Mitteln der Festigkeitslehre) bestimmt werden. Im allgemeinen ist die Federzahl vom Federweg abhängig (die Feder wird bei Änderung des Federweges "weicher" oder "steifer"). Der in der technischen Praxis mit Abstand wichtigste Sonderfall ist jedoch die sogenannte

"Lineare Feder":

Wenn im Federgesetz die Federzahl c konstant (unabhängig vom Federweg) ist, spricht man von einer ***linearen Feder*** mit der ***Federkonstanten*** c.

Für lineare Federn gilt: Die Federkraft ist proportional zum Federweg.

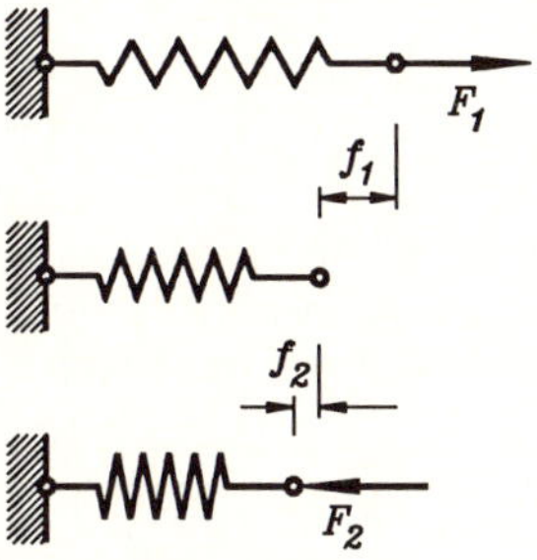

Bei linearen Federn kann man die Federkraft mit beliebigem Richtungssinn antragen, wenn man den Federweg mit dem gleichen Richtungssinn als positiv betrachtet (Skizze).

Häufig ist ein starrer Körper mit mehreren Federn gelagert. Unter der Voraussetzung eines **linearen Federgesetzes** können mehrere Federn, deren Federkräfte gleich groß (***Reihenschaltung***) oder deren Federwege gleich sind (***Parallelschaltung***), zu einer ***Ersatzfeder*** zusammengefaßt werden. Dieser Ersatzfeder wird eine Federkonstante c_{ers} so zugeordnet, daß sich unter der vorgegebenen Belastung der gleiche Federweg wie bei den von ihr ersetzten Federn ergibt.

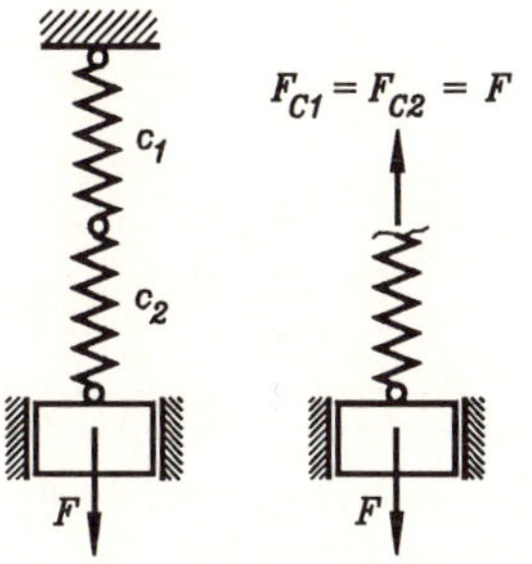

Reihenschaltung

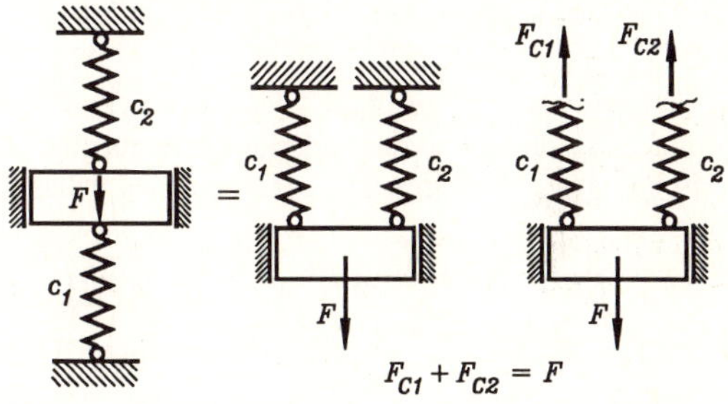

Parallelschaltung

Die Skizze zeigt die beiden möglichen Anordnungen für zwei Federn. Bei der ***Reihenschaltung*** sind die Federkräfte in beiden Federn gleich (Schnittprinzip: Bei Schnitt durch eine beliebige Feder muß deren Federkraft mit der äußeren Kraft $\boldsymbol{F}$ im Gleichgewicht sein). Die beiden Federwege addieren sich zum Federweg der Ersatzfeder, deren Federkraft auch $\boldsymbol{F}$ ist:

$$f_{ers} = f_1 + f_2 = \frac{F}{c_1} + \frac{F}{c_2} = \frac{F}{c_{ers}}$$

liefert die **Ersatzfederzahl für die Reihenschaltung zweier linearer Federn:**

$$\frac{1}{c_{ers}} = \frac{1}{c_1} + \frac{1}{c_2} . \qquad \textbf{(10.1)}$$

Bei der ***Parallelschaltung*** sind die Federwege gleich (und natürlich gleich dem der Ersatzfeder), die Federkräfte müssen mit der äußeren Belastung im Gleichgewicht sein:

$$F = F_{C1} + F_{C2} = c_1 f + c_2 f = c_{ers} f$$

liefert die **Ersatzfederzahl für die Parallelschaltung zweier linearer Federn:**

$$c_{ers} = c_1 + c_2 . \qquad \textbf{(10.2)}$$

Für Reihen- bzw. Parallelschaltung von $\boldsymbol{n}$ Federn gilt:

Reihenschaltung: $\displaystyle \frac{1}{c_{ers}} = \sum_{i=1}^{n} \frac{1}{c_i}$, **Parallelschaltung:** $\displaystyle c_{ers} = \sum_{i=1}^{n} c_i$. **(10.3)**

10.2 Gleichgewicht bei steifen Federn

Wenn die Belastung eines auf Federn gelagerten Systems starrer Körper nur sehr kleine Federwege hervorruft, so daß sich die geometrischen Verhältnisse durch die Verschiebungen nicht nennenswert ändern, dann dürfen die Gleichgewichtsbedingungen ohne Berücksichtigung dieser Änderungen aufgeschrieben werden. Der Begriff ***"Steife Federn"*** ist also relativ zur Belastung zu definieren:

> Federn gelten dann als steif, wenn die starren Körper sich unter der einwirkenden Belastung nur so geringfügig verschieben, daß die Gleichgewichtsbedingungen am unverformten System formuliert werden dürfen.

Für statisch bestimmt gelagerte Systeme starrer Körper ändert sich also für die Berechnung der Lagerreaktionen und der Federkräfte nichts gegenüber dem bisher praktizierten Verfahren (Freischneiden, Gleichgewichtsbedingungen), wenn diese Voraussetzung erfüllt ist.

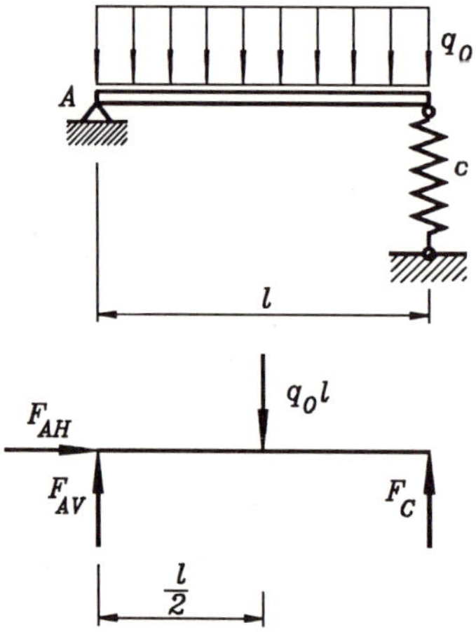

Beispiel 1: Der bei A durch ein Festlager und am anderen Ende durch eine Feder gestützte Träger trägt die konstante Linienlast q_0.

In der Schnittskizze sind neben der Resultierenden der Linienlast die beiden Lagerkraftkomponenten bei A und die Federkraft eingezeichnet. Aus dem Momenten-Gleichgewicht um den Punkt A errechnet man (wie eine Lagerreaktion) die Federkraft

$$F_C = \frac{1}{2} q_0 l \; .$$

Für die Längenänderung der Feder gilt

$$f = \frac{F_C}{c} = \frac{q_0 l}{2c} \; ,$$

wobei bei gegebenen Größen überprüft werden muß, ob dieser Wert wirklich klein im Vergleich mit den übrigen Abmessungen (hier: Länge l) ist. Man erkennt, daß das Verhältnis f/l durch das Verhältnis "Belastung / Federzahl" bestimmt wird (siehe oben: Der Begriff **steif** ist relativ zur Belastung zu verstehen).

> Bei statisch bestimmten Federabstützungen mit **steifen** Federn können die Federkräfte wie Lagerkräfte bei starren Lagern ermittelt werden.

Es ist bei Systemen starrer Körper, die (wenigstens teilweise) auf Federn gelagert sind, auch möglich, die Lagerreaktionen und die Federkräfte zu berechnen, wenn die Lagerung insgesamt **statisch unbestimmt** ist. Da die Gleichgewichtsbedingungen dafür bekanntlich nicht ausreichen, müssen zusätzlich Verformungsbetrachtungen angestellt werden.

Dabei werden bei **steifen Federn** die Gleichgewichtsbedingungen nach wie vor am unverformten System formuliert. Diese für die weitaus meisten praktischen Probleme gerechtfertigte Vereinfachung ist die

Theorie 1. Ordnung:

Die Gleichgewichtsbedingungen werden am unverformten System formuliert. Bei den am verformten System anzustellenden Verformungsbetrachtungen dürfen die wegen der Kleinheit der Verformungen gerechtfertigten geometrischen Vereinfachungen genutzt werden.

Beispiel 2: Der skizzierte Träger ist durch ein Festlager und zwei Federn gestützt und durch eine konstante Linienlast belastet. Man ermittle die Kräfte in den beiden Federn.

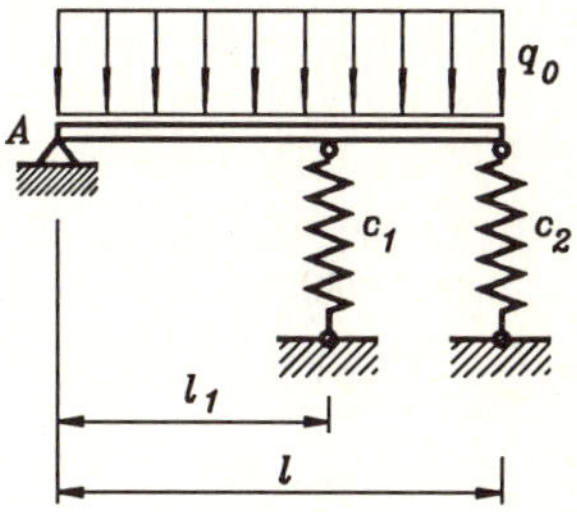

Die drei Gleichgewichtsbedingungen sind für die Berechnung der vier Unbekannten (zwei Lagerkraftkomponenten bei *A* und zwei Federkräfte) nicht ausreichend. Da die beiden Lagerkraftkomponenten nicht gefragt sind, wird auf das Aufschreiben der Kraft-Gleichgewichtsbedingungen verzichtet, und es wird nur das Momenten-Gleichgewicht um den Punkt *A* formuliert (Einsparen von zwei Gleichungen bei gleichzeitigem Heraushalten von zwei - nicht gefragten - Unbekannten aus der Rechnung):

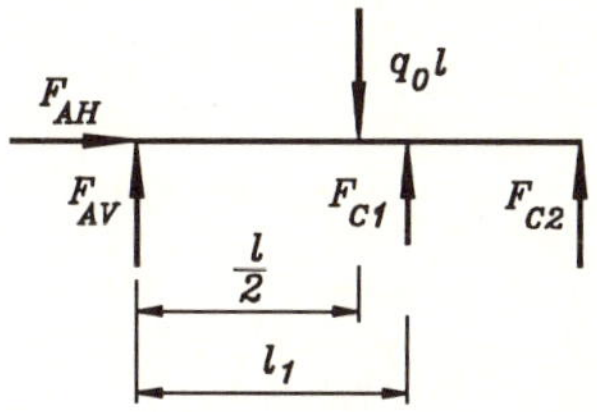

$$\text{Ⓐ} \qquad \frac{q_0\, l^2}{2} - F_{C1}\, l_1 - F_{C2}\, l = 0 \ .$$

Diese eine Gleichung enthält aber immer noch eine überzählige Unbekannte, für die entsprechend nebenstehender Skizze die Verformungsbedingung formuliert wird. Da der Träger starr ist, verhalten sich die Federwege f_1 und f_2 wie die Abstände der Federn vom Punkt *A* (Strahlensatz):

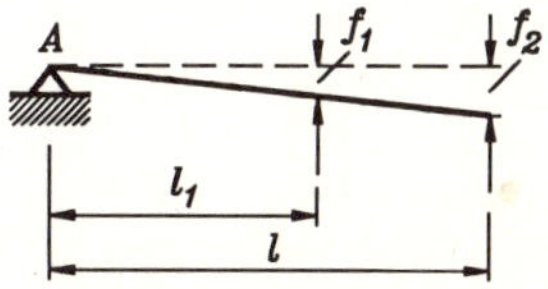

$$f_2 / l = f_1 / l_1 \ .$$

Dabei wurde die Kleinheit der Verschiebungen genutzt, denn eigentlich bewegen sich die beiden Angriffspunkte der Federn auf Kreisbögen, was in diesem Fall ohnehin zur gleichen Verformungsbedingung geführt hätte.

Nach dem Federgesetz

$$f_1 = \frac{F_{C1}}{c_1} \quad , \quad f_2 = \frac{F_{C2}}{c_2}$$

werden in der Verformungsbedingung die Federwege f_1 und f_2 durch die Federkräfte ersetzt:

$$\frac{F_{C2}}{l\,c_2} - \frac{F_{C1}}{l_1\,c_1} = 0$$

ist neben der Momenten-Gleichgewichtsbedingung um den Punkt A die zweite Gleichung zur Berechnung der beiden Federkräfte. Die Auflösung dieser beiden Gleichungen liefert:

$$F_{C1} = \frac{q_0\,l^2}{2}\,\frac{l_1\,c_1}{l^2\,c_2 + l_1^2\,c_1} \quad , \quad F_{C2} = \frac{q_0\,l^2}{2}\,\frac{l\,c_2}{l^2\,c_2 + l_1^2\,c_1} \quad .$$

- Die Lösung des (statisch bestimmten) Beispiels 1 ist in diesem Ergebnis als Sonderfall ($c_1 = 0$, $c_2 = c$) enthalten.
- Der in den Abschnitten 5.3 und 6.1 ausführlich diskutierte Nachteil statisch unbestimmter Lagerung, bei Fertigungsungenauigkeiten und Verschleiß zu völlig verändertem Tragverhalten führen zu können, kann durch Lagerung auf Federn beseitigt werden, wenn eine solche Lagerung der Funktion des Bauteils gerecht wird.
- Es ist sicher einsehbar, daß auch eine größere Anzahl von Federn nicht zu prinzipiellen Schwierigkeiten bei der Berechnung der Federkräfte führt: Für jede zusätzliche Feder kann eine weitere Verformungsbedingung formuliert werden. Allgemein gilt als Strategie für die

Lösung statisch unbestimmter Probleme:

Zusätzlich zu den Gleichgewichtsbedingungen werden Verformungsbedingungen formuliert, deren Anzahl der Anzahl der überzähligen Unbekannten entspricht.

10.3 Gleichgewicht bei weichen Federn

Bei Lagerung eines Systems starrer Körper mit weichen Federn dürfen die Gleichgewichtsbedingungen nicht mehr am unverformten System formuliert werden, weil die Gleichgewichtslage sich von der Lage des unbelasteten Systems erheblich unterscheiden kann. Ohne Verformungsbetrachtungen können solche Aufgaben (auch bei statisch bestimmter Lagerung) nicht gelöst werden, denn es kommt zu den unbekannten Lagerreaktionen und Federkräften noch die unbekannte Geometrie der Gleichgewichtslage hinzu.

Im einfachsten Fall kann die (unbekannte) Gleichgewichtslage durch eine einzige geometrische Größe beschrieben werden, so daß bei ansonsten statisch bestimmter Lagerung vier Unbekannte zu ermitteln sind.

Bei statisch unbestimmten Problemen gilt, was im vorigen Abschnitt bereits gesagt wurde: Für jede zusätzliche Feder kann eine weitere geometrische Beziehung formuliert werden.

Typisch für Probleme mit großen Verformungen ist, daß die mathematische Formulierung auf nichtlineare Gleichungen führt, deren Lösung dem Computer übertragen werden sollte.

Beispiel: Ein starrer Stab mit der Masse $\boldsymbol{m}$ und der Länge $\boldsymbol{l}$ (Gewichtskraft greift im Mittelpunkt des Stabes an) ist bei $\boldsymbol{A}$ drehbar gelagert. Er wird in eine Feder (Federkonstante $\boldsymbol{c}$) eingehängt, deren Länge l_0 (unbelastet) sich dadurch erheblich vergrößert.

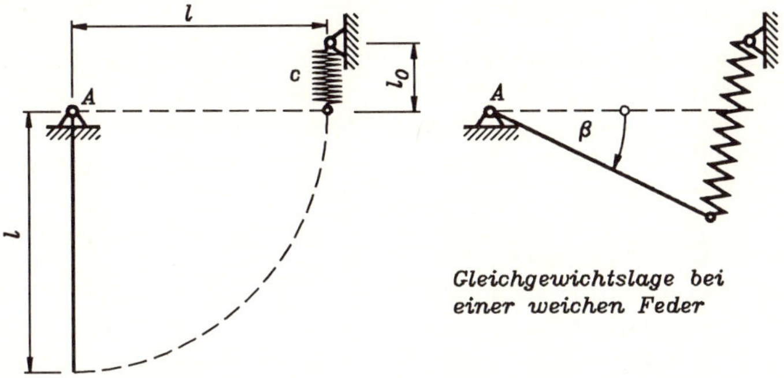

Gleichgewichtslage bei einer weichen Feder

Gegeben: $\boldsymbol{m}\,,\ l\,,\ c\,,\ l_0\,.$

Man ermittle die sich einstellende Gleichgewichtslage, die wie skizziert durch den Winkel β beschrieben werden kann.

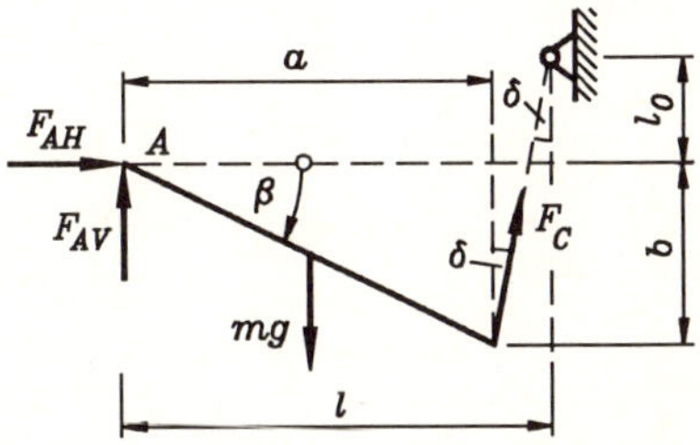

Das System ist statisch bestimmt gelagert. Trotzdem taucht neben den beiden Lagerkraftkomponenten und der Federkraft als vierte Unbekannte der Winkel β auf.

Um die Erläuterung (und auch das Aufschreiben der Beziehungen) zu vereinfachen, sind in der nebenstehenden Schnittskizze zusätzlich die Längen $\boldsymbol{a}$ und $\boldsymbol{b}$ und der Winkel δ eingetragen, die aber durch die gegebenen Größen und die Unbekannte β ausgedrückt werden können. Für $\boldsymbol{a}$ und $\boldsymbol{b}$ entnimmt man der Skizze die folgenden Beziehungen und kann damit auch die Gesamtlänge der gedehnten Feder l^* aufschreiben:

$$a = l\cos\beta \quad , \quad b = l\sin\beta \quad ,$$

$$l^* = \sqrt{(l-a)^2 + (l_0+b)^2} \quad .$$

Für den Winkel δ lassen sich die beiden benötigten Winkelfunktionen angeben:

$$\sin\delta = \frac{l-a}{l^*} \quad , \quad \cos\delta = \frac{l_0+b}{l^*} \quad .$$

Der Federweg ist die Differenz aus der Länge der gedehnten Feder l^* und ihrer Länge im unbelasteten Zustand l_0, so daß die Federkraft als

$$F_C = c\,(l^* - l_0)$$

aufgeschrieben werden kann.

Man beachte, daß als einzige Unbekannte β in diesem Formelsatz vorkommt und bei bekanntem β auch die Federkraft berechnet werden könnte. Die Lagerkraftkomponenten bei $\boldsymbol{A}$ sind nicht gefragt und werden aus der Rechnung durch Verzicht auf die beiden Kraft-Gleichgewichtsbedingungen herausgehalten. Als Bestimmungsgleichung für den Winkel β wird das Momenten-Gleichgewicht um den Punkt A formuliert (F_C in zwei Komponenten zerlegen):

$$\text{(A)} \qquad mg\,\frac{a}{2} - F_C\,a\cos\delta - F_C\,b\sin\delta = 0\;.$$

Das Einsetzen der bereits angegebenen Beziehungen in die Gleichung, damit diese nur noch β als unbekannte Größe enthält, ist nicht erforderlich, da ihre Lösung ohnehin dem Computer übertragen wird, dem dann der Formelsatz (in der aufgeschriebenen Reihenfolge) eingegeben wird. Sinnvoll ist es dagegen, die Anzahl der vorzugebenden Parameter auf ein Minimum zu begrenzen. Wenn man die geometrischen Beziehungen durch die Länge l und die Federkraft durch mg dividiert (und die Momenten-Gleichgewichtsbeziehung durch beide Größen), erhält man den nebenstehend angegebenen Formelsatz, der in dieser Form

- eine Gleichung (die Bestimmungsgleichung für β) repräsentiert,
- nur noch dimensionslose Größen enthält,
- mit nur zwei Parametern

  $$\frac{c\,l}{mg} \quad \textit{und} \quad \frac{l_0}{l}$$

  (an Stelle der vier gegebenen Größen) auskommt.

$$\frac{a}{l} = \cos\beta \quad , \quad \frac{b}{l} = \sin\beta \quad ,$$

$$\frac{l^*}{l} = \sqrt{\left(1 - \frac{a}{l}\right)^2 + \left(\frac{l_0}{l} + \frac{b}{l}\right)^2} \quad ,$$

$$\sin\delta = \frac{1 - a/l}{l^*/l} \;, \quad \cos\delta = \frac{l_0/l + b/l}{l^*/l} \;,$$

$$\frac{F_C}{mg} = \frac{c\,l}{mg}\left(\frac{l^*}{l} - \frac{l_0}{l}\right) \quad ,$$

$$\frac{1}{2}\frac{a}{l} - \frac{F_C}{mg}\left(\frac{a}{l}\cos\delta + \frac{b}{l}\sin\delta\right) = 0 \quad .$$

Für die Lösung der nichtlinearen Gleichung bietet sich das Programm MCALCU (beiliegende Diskette) an, mit dem u. a. die Nullstellen einer Funktion bestimmt werden können. Die letzte Gleichung wird als Funktion $f(\beta)$ eingegeben. Ihre Nullstellen sind die gesuchten Gleichgewichtslagen.

♦ Schon dieses relativ einfache Problem führt auf eine Funktion, die sinnvollerweise nicht mehr in einer Zeile aufgeschrieben wird. Die Berechnung eines Funktionswertes für einen Wert β geschieht durch Auswerten des gesamten Formelsatzes (in der angegebenen Reihenfolge), bis $f(\beta)$ schließlich aus

$$f(\beta) = \frac{1}{2}\frac{a}{l} - \frac{F_C}{mg}\left(\frac{a}{l}\cos\delta + \frac{b}{l}\sin\delta\right)$$

berechnet werden kann.

♦ Ob eine nichtlineare Gleichung überhaupt eine (reelle) Lösung hat (ob $f(\beta)$ eine Nullstelle hat), wenn ja, wieviele Lösungen möglich und ob bei mehreren Lösungen alle von praktischem Interesse sind, kann allgemein nicht entschieden werden. Natürlich ist für das behandelte Problem unter der Voraussetzung, daß die Feder die Belastung ertragen kann (und nicht bricht), in jedem Fall eine Gleichgewichtslage im Bereich

$$0° < \beta < 90°$$

zu erwarten. Da β nur als Argument der periodischen Winkelfunktionen **sin** und **cos** auftritt, ist auch klar, daß die Funktion unendlich viele Nullstellen hat, von denen allenfalls die im Bereich **0° < β < 360°** interessant sind.

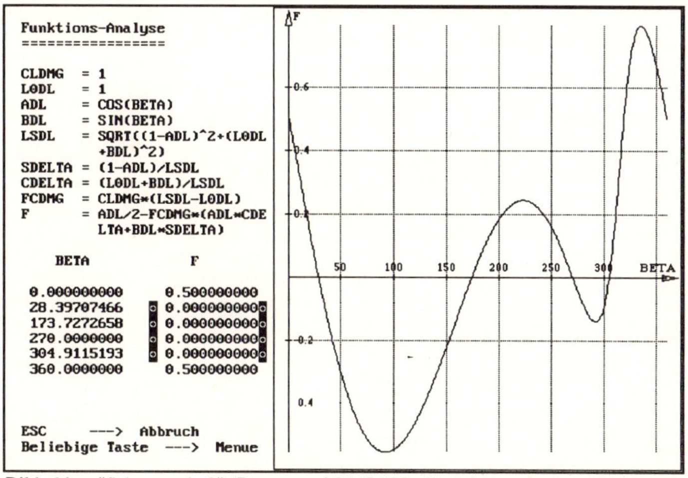

Bildschirm-"Schnappschuß" (Programm MCALCU): Funktionsverlauf und Nullstellen

Die Nullstellensuche für nichtlineare Funktionen sollte vorsichtshalber immer mit der graphischen Darstellung des Funktionsverlaufs gekoppelt werden. Der dargestellte Bildschirm-"Schnappschuß" zeigt den Verlauf der Funktion $f(\beta)$ für die Parameterkombination $(cl)/(mg) = 1$ und $l_0/l = 1$ im Bereich $0° \leq \beta \leq 360°$. Links ist der Formelsatz aufgelistet, der die Funktion beschreibt (die gewählten Bezeichnungen sind selbsterklärend, z. B. stehen **L0DL** für "l_0 durch l" und **SDELTA** für **sin** δ), darunter findet man einige spezielle Funktionswerte.

Die Funktion hat im untersuchten Bereich vier Nullstellen (mögliche Gleichgewichtslagen), auch die erwartete bei

$$\beta_0 = 28{,}4° \; .$$

Eine Diskussion der drei übrigen Gleichgewichtslagen erfolgt im nachfolgenden Abschnitt.

10.4 Beurteilung der Gleichgewichtslagen

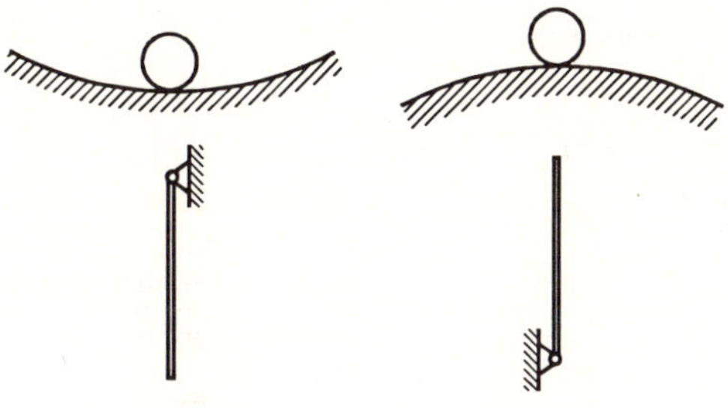

Stabile Instabile
Gleichgewichtslagen

Ein System befindet sich im Gleichgewicht, wenn die Gleichgewichtsbeziehungen erfüllt sind. Damit ist jedoch noch nicht gesichert, daß das System auch bei einer ***Störung*** (Erschütterung, kleine Auslenkung aus der Gleichgewichtslage, ...) in dieser Lage bleibt bzw. in diese Lage zurückkehrt. Tut es dies, dann ist die ***Gleichgewichtslage stabil***, wenn nicht, dann ist sie ***instabil*** (Beispiele stabiler und instabiler Gleichgewichtslagen zeigen nebenstehende Skizzen).

Das Phänomen instabiler Gleichgewichtslagen kann natürlich nur auftreten, wenn das System noch Bewegungsmöglichkeiten hat (z. B. dadurch, daß ein möglicher Freiheitsgrad nicht durch ausreichende Lagerung behindert ist).

> Wenn ein starres System mit starren Lagern mindestens statisch bestimmt gelagert ist, hat es keine Bewegungsmöglichkeit mehr. Seine Gleichgewichtslage ist immer stabil.

Bei elastischen Lagern muß also auch bei Erfüllung der Gleichgewichtsbedingungen stets überlegt werden, ob die Gleichgewichtslage stabil ist. Instabile Gleichgewichtslagen von Konstruktionen sind im allgemeinen nicht akzeptabel.

Beispiel 1: Der skizzierte vertikale Stab ist in einem Festlager gelagert und wird durch eine Feder gestützt. Er trägt nur die vertikal gerichtete Kraft ***F***.

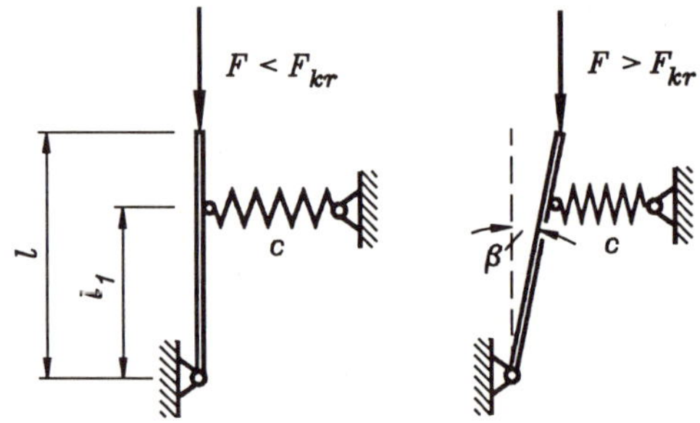

In der skizzierten (nicht ausgelenkten) Lage sind die Gleichgewichtsbedingungen erfüllt. Die Belastung wird durch das Festlager aufgenommen, die Feder ist lastfrei und hat ausschließlich eine stabilisierende Funktion: Bei einer Störung der Gleichgewichtslage wird sie gedehnt oder gestaucht und versucht, den Stab wieder in die vertikale Gleichgewichtslage zurückzubringen, indem sie dem Moment der Kraft ***F*** um den Lagerpunkt ein entsprechendes Moment entgegenbringt.

Wenn die Kraft ***F*** einen bestimmten Wert (die ***kritische Kraft*** F_{kr}) übersteigt, wird die Feder dazu nicht mehr in der Lage sein. Dann stellt sich eine Gleichgewichtslage (rechte Skizze) ein, bei der die Feder nicht mehr lastfrei ist. Auch in dieser "ausgelenkten Lage" müssen natürlich die Gleichgewichtsbedingungen erfüllt sein.

Zu jeder Kraft $F > F_{kr}$ wird also mindestens eine mögliche (ausgelenkte) Gleichgewichtslage existieren, die aber im allgemeinen nicht interessiert. Viel wichtiger ist die Antwort auf die Frage nach der kritischen Kraft, bei deren Überschreitung solche Gleichgewichtslagen möglich sind.

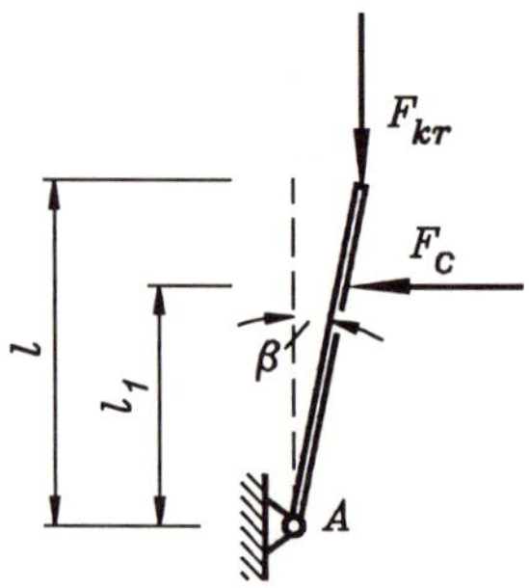

Dazu müssen die **Gleichgewichtsbedingungen in der ausgelenkten Lage** formuliert werden. Dabei darf man annehmen, daß die Auslenkung sehr klein ist, weil ja gerade der Grenzzustand (die Größe der kritischen Kraft) gesucht ist. Die Federkraft wird deshalb horizontal angetragen und wirkt am (näherungsweise) unveränderten Hebelarm l_1, und der Hebelarm der Kraft F_{kr} darf durch

$$l \sin \beta \approx l \beta$$

angenähert werden.

Die Auswertung des Momenten-Gleichgewichts um den Lagerpunkt A liefert mit den genannten Vereinfachungen:

$$\textcircled{A}\qquad F_{kr}\, l\, \beta - F_c\, l_1 = 0 \quad .$$

Auch beim Aufschreiben der Federkraft

$$F_c = l_1\, \beta\, c$$

wird die Kleinheit der Auslenkung vereinfachend ausgenutzt. Nach Einsetzen in die Gleichgewichts-Beziehung erhält man nach Umstellen der Gleichung die kritische Kraft

$$F_{kr} = \frac{c\, l_1^2}{l}$$

Wenn diese Kraft überschritten wird, sind also auch Gleichgewichtslagen mit $\beta \neq 0$ möglich, und die nicht ausgelenkte (Gleichgewichts-)Lage ist instabil, weil der Stab bei der geringsten Störung nicht durch die Feder in diese Lage zurückgeführt wird.

Die am Beispiel 1 demonstrierte Vorgehensweise zur Ermittlung der kritischen Kraft basiert auf der

Theorie 2. Ordnung:

Die Gleichgewichtsbedingungen werden am verformten System formuliert. Die Verformungen werden aber als so klein vorausgesetzt, daß für das Aufschreiben der Gleichgewichtsbedingungen und der Verformungsbetrachtungen die entsprechenden geometrischen Vereinfachungen genutzt werden dürfen.

Auf diese Weise können kritische Belastungen berechnet werden (Belastungen, für die ausgelenkte Gleichgewichtslagen existieren). Die (meist ohnehin nicht interessierenden) Gleichgewichtslagen erhält man allerdings bei diesem Vorgehen nicht.

Für das behandelte Beispiel 1 bedeutet dies, daß der Winkel β, der die ausgelenkte Gleichgewichtslage beschreibt, nach der Theorie 2. Ordnung nicht berechnet werden kann. Man erhält auch keine Aussage darüber, ob es mehrere Gleichgewichtslagen dieser Art gibt und ob diese stabil oder instabil sind.

Wenn die Beantwortung auch dieser Fragen erwünscht ist, muß auf die Vereinfachungsmöglichkeiten der Theorie 2. Ordnung verzichtet werden, und man rechnet nach der

Theorie 3. Ordnung:

Bei der Formulierung der Gleichgewichtsbedingungen am verformten System und bei allen Verformungsbetrachtungen werden große Verformungen angenommen, so daß die geometrischen Verhältnisse exakt erfaßt werden.

Nach dieser Theorie können auch die möglichen Gleichgewichtslagen ermittelt werden.

Das Beispiel des Abschnitts 10.3 ist nach dieser Theorie berechnet worden, weil die Verformungen bei weichen Federn natürlich nicht als klein angenommen werden dürfen. Die Rechnung ergab 4 mögliche Gleichgewichtslagen:

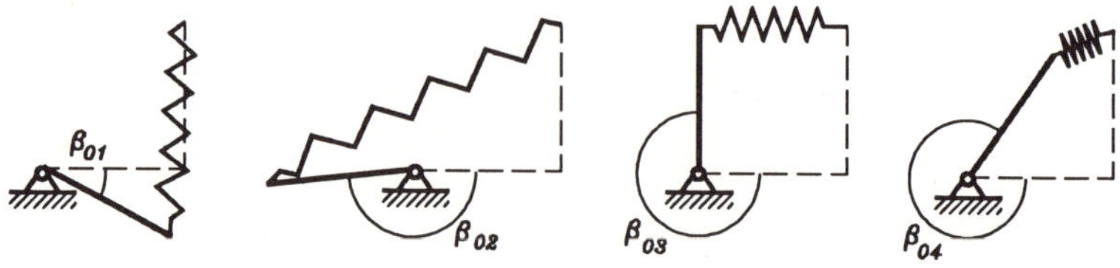

β_{01} = 28,4° β_{02} = 174° β_{03} = 270° β_{04} = 305°

Die Gleichgewichtslage β_{01} ergibt sich beim Einhängen des Stabes in die Feder und ist sicher stabil. Bei der Gleichgewichtslage β_{03} ist wegen $l_0/l = 1$ (Stablänge = Länge der entspannten Feder) die Feder entspannt und stabilisiert nur die vertikale Lage, in der das Lager die gesamte Gewichtskraft aufnimmt. Um über die Stabilität aller Gleichgewichtslagen eine Aussage treffen zu können, soll das Beispiel zunächst leicht modifiziert behandelt werden:

Beispiel 2:

Der bei *A* in einem Festlager und zusätzlich mit einer weichen Feder gelagerte Stab ist durch sein Eigengewicht und ein Moment *M* belastet (alle übrigen Größen entsprechen den Werten des Beispiels im Abschnitt 10.3).

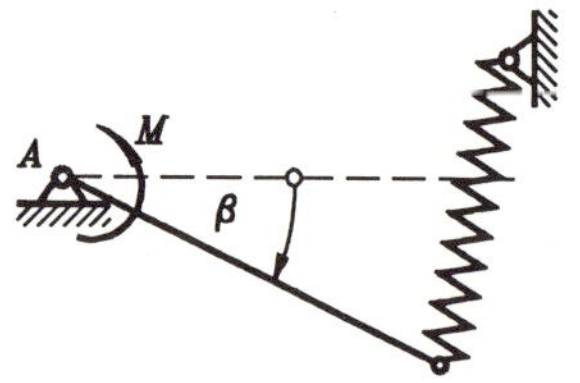

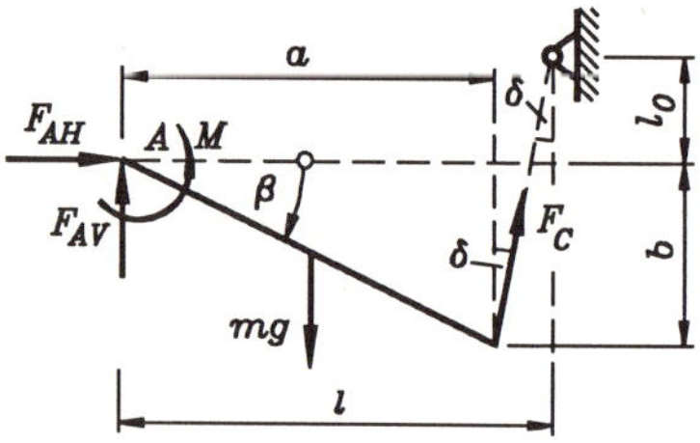

Man ermittle das Moment $M(\beta)$, das den Stab in einer durch den Winkel β bestimmten Lage im Gleichgewicht hält.

Aus dem Momenten-Gleichgewicht um den Punkt *A* ergibt sich mit

$$M(\beta) = \frac{1}{2} mga - F_C (a \cos\delta + b \sin\delta)$$

eine Beziehung, die nach Division durch mgl auf die Funktion führt, deren Nullstellen im Beispiel des Abschnitts 10.3 die gesuchten Gleichgewichtslagen bestimmten:

$$M^*(\beta) = \frac{M(\beta)}{mgl} = f(\beta) = \frac{1}{2}\frac{a}{l} - \frac{F_C}{mg}\left(\frac{a}{l}\cos\delta + \frac{b}{l}\sin\delta\right).$$

Man kann also diese Funktionswerte als zusätzlich aufzubringende Momente M^* deuten, um den Stab in einer durch β vorgegebenen Gleichgewichtslage zu halten. Dies gestattet folgende Überlegung zur Stabilität der vier Gleichgewichtslagen, die für $M = 0$ möglich sind und hier für die beiden Lagen β_{01} und β_{02} angestellt werden sollen.

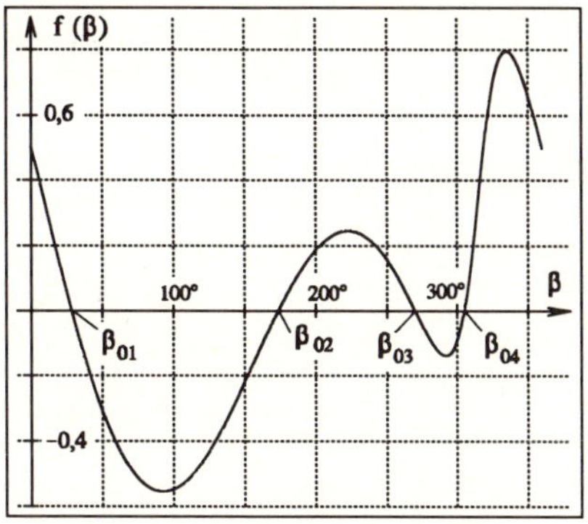

Die nebenstehende Skizze gilt für $(cl)/(mg) = 1$ und $l_0/l = 1$.

- Wenn in der Gleichgewichtslage β_{01} ein kleines positives (linksdrehendes) Moment aufgebracht wird, dreht sich der Stab in eine Lage $\beta < \beta_{01}$ und nimmt die bei diesem Moment mögliche Gleichgewichtslage ein.
- Wenn in der Gleichgewichtslage β_{02} ein kleines positives (linksdrehendes) Moment aufgebracht wird, dreht sich der Stab in eine Lage $\beta < \beta_{02}$, wo allerdings nur bei negativem (rechtsdrehendem) Moment Gleichgewicht möglich ist, so daß diese Störung zu einem Abwandern bis über die Gleichgewichtslage β_{01} hinaus (in den Bereich positiver Momente) führt. **Die Gleichgewichtslage β_{02} ist im Gegensatz zur Gleichgewichtslage β_{01} instabil.**
- Entsprechende Überlegungen ergeben, daß die Gleichgewichtslage β_{03} wieder stabil und die Gleichgewichtslage β_{04} instabil ist, und diese Erkenntnisse lassen sich wie folgt verallgemeinern:

Stabile und **instabile** Gleichgewichtslagen **wechseln** einander ab.

Wenn die Nullstellen der Funktion $f(\beta)$ (Gleichgewichtslagen) aus geometrischen Gründen 2π **- periodisch** sein müssen, kann es nur eine **geradzahlige Anzahl von Gleichgewichtslagen** geben.

Beispiel 3: Für den nebenstehend abgebildeten Stab ist das kritische Verhältnis $(cl)/(mg)$ zu bestimmen, bei dem die vertikale Stablage instabil wird.

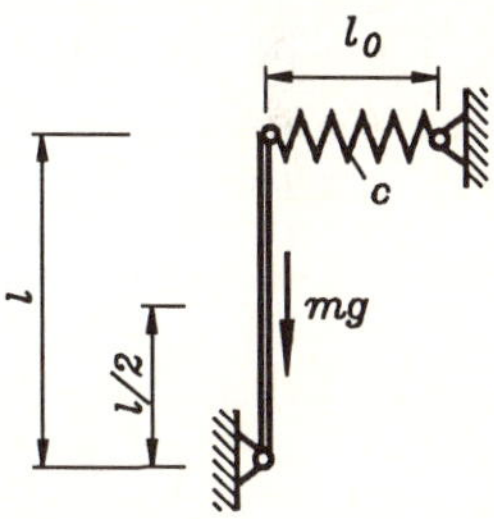

Da nur die Ermittlung der kritischen Belastung gefragt ist, kann nach der Theorie 2. Ordnung gerechnet werden. Das Momenten-Gleichgewicht um den Lagerpunkt am verformten System (sehr kleine Auslenkung, siehe nebenstehende Skizze) liefert

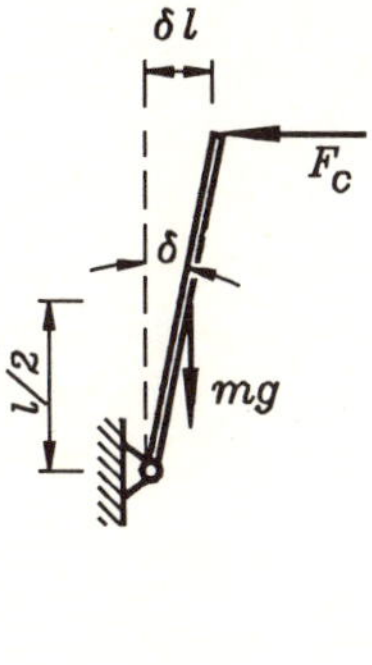

$$F_C\, l - m g\, \delta\, \frac{l}{2} = 0\ .$$

Mit der Federkraft $F_C = \delta\, c\, l$ erhält man daraus den kritischen Wert:

$$(cl)/(mg) = 0{,}5\ .$$

- Das Ergebnis des Beispiels 3 gestattet eine weitere Aussage zum Beispiel 2: Für $(cl)/(mg) \leq 0{,}5$ wird die vertikale Gleichgewichtslage instabil. Da stabile und instabile Gleichgewichtslagen einander abwechseln, entfallen die beiden für das Beispiel 2 ermittelten instabilen Gleichgewichtslagen. Es gibt insgesamt nur zwei mögliche Gleichgewichtslagen, wie die Lösung der Aufgabe 10.4 zeigt.

10.5 Aufgaben

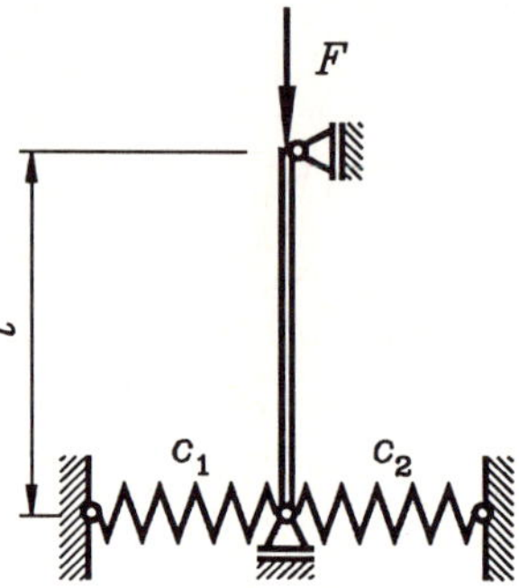

Aufgabe 10.1: Für den dargestellten starren Stab mit elastischer Abstützung bestimme man den kritischen Wert F_{kr} der Kraft F, bei dem die vertikale Gleichgewichtslage instabil wird.

Gegeben: l, c_1, c_2.

Aufgabe 10.2:

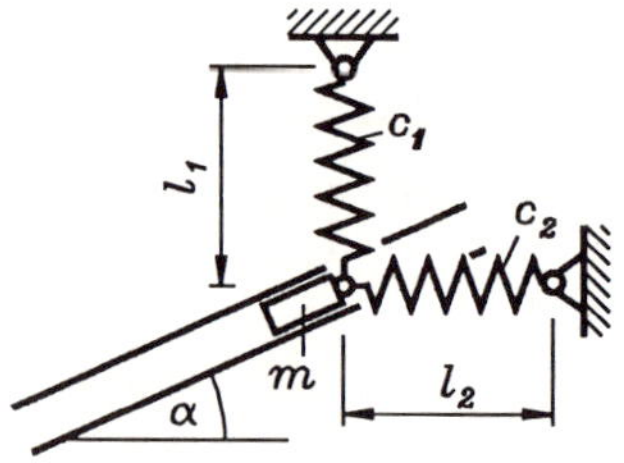

Zwei Federn mit den Federkonstanten c_1 und c_2 und den Längen l_1 und l_2 im unbelasteten Zustand halten eine Masse m in einer glatten (reibungsfreien) Führung (die Skizze zeigt die Federn im unbelasteten Zustand und nicht die Gleichgewichtslage des Systems).

Gegeben: $c_1, c_2, l_1, l_2, m, \alpha$.

Gesucht: Gleichgewichtslage $x/l_1 > 0$ der Masse m (wie in der unteren Skizze angedeutet) für die Parameterkombinationen

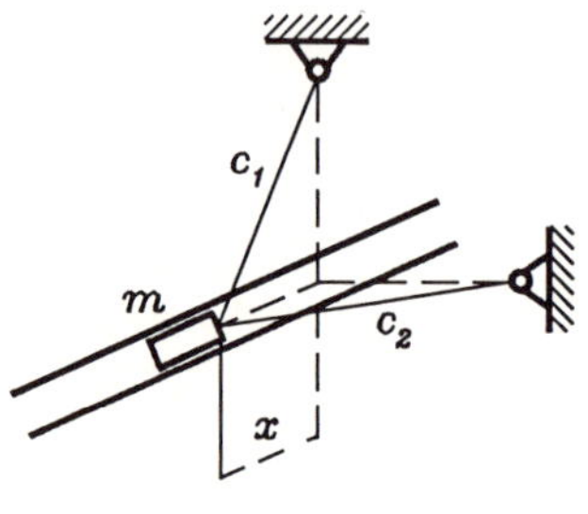

$$a)\quad \frac{c_1 l_1}{m g} = 1 \,,\quad \frac{c_2 l_2}{m g} = 0 \,,\quad \frac{l_1}{l_2} = 1 \,,\quad \alpha = 60° \,,$$

$$b)\quad \frac{c_1 l_1}{m g} = 0 \,,\quad \frac{c_2 l_2}{m g} = 1 \,,\quad \frac{l_1}{l_2} = 1 \,,\quad \alpha = 45° \,,$$

$$c)\quad \frac{c_1 l_1}{m g} = 5 \,,\quad \frac{c_2 l_2}{m g} = 5 \,,\quad \frac{l_1}{l_2} = 1 \,,\quad \alpha = 45° \,.$$

Aufgabe 10.3: Das System der Aufgabe 10.2 ist für die gleichen Parameterkombinationen a), b) und c) auf weitere Gleichgewichtslagen (im negativen Bereich von x) zu untersuchen. Die Stabilität der ermittelten Gleichgewichtslagen ist festzustellen.

Aufgabe 10.4: Man ermittle für das System des Beispiels im Abschnitt 10.3 die möglichen Gleichgewichtslagen für die Parameterkombination

$$(cl)/(mg) = 0{,}5 \quad , \quad l_0/l = 1$$

und untersuche die Gleichgewichtslagen auf Stabilität.

11 Seilstatik, Kettenlinien, Stützlinien

Für die Berechnung der Kräfte, die von Seilen und Ketten übertragen werden, wird folgende idealisierende (mit der Praxis gut übereinstimmende) Annahme getroffen:

Seile und ***Ketten*** können ausschließlich Zugkräfte übertragen, die in jedem Punkt die Richtung der Tangente der Seil- bzw. Kettenlinie haben.

Da Seile und Ketten weder Querkräfte noch Biegemomente übertragen können, bezeichnet man sie als ***biegeschlaff***. Die durch die Zugkräfte hervorgerufenen Verformungen sind klein und können für die statischen Untersuchungen vernachlässigt werden: Die Seile und Ketten werden als ***dehnstarr*** behandelt.

Da Seile und Ketten auf gleiche Weise idealisiert werden, wird im folgenden nur noch von Seilen gesprochen. Alle Aussagen gelten auch für Ketten.

Überwiegt die äußere Belastung deutlich gegenüber dem Eigengewicht des Seils, dann kann das Eigengewicht vernachlässigt werden. Wenn ein solches Seil nur durch Einzelkräfte belastet wird, nimmt es (zumindest abschnittsweise) die Form einer Geraden an. Die Seilkräfte können dann wie Stabkräfte bzw. Lagerkräfte berechnet werden. So nimmt beim nebenstehend abgebildeten System (die Linienlast wirkt auf den Träger, auf das Seil wirkt eine Einzelkraft) das Seil die Hälfte der Resultierenden der Linienlast auf. Das ganz rechts skizzierte System ist dagegen nicht tragfähig, weil das Seil eine Druckkraft aufnehmen müßte.

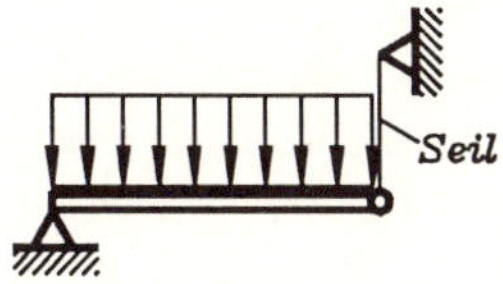

Tragfähiges System

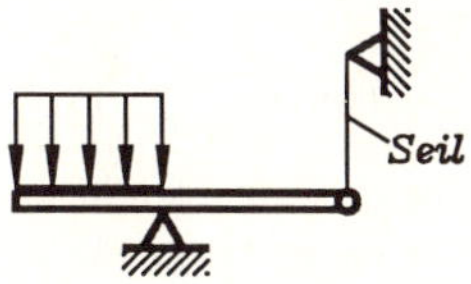

System ist nicht tragfähig

Während die inneren Kräfte in einem Seil immer in der Längsrichtung des Seils liegen, können äußere Kräfte das Seil durchaus in Querrichtung belasten. Wenn das Eigengewicht des Seils vernachlässigt werden kann, können die Seilkräfte in den beiden geraden Teilen des (straff gespannten) Seils wie die Kräfte an einem Fachwerkknoten berechnet werden.

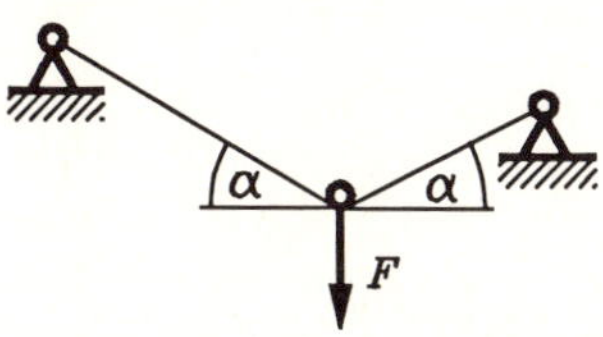

Das nebenstehend skizzierte Beispiel zeigt eine sehr kleine Rolle, die die Last F trägt, auf einem gewichtslosen Seil. Sie stellt sich so ein, daß rechter und linker Winkel des gespannten Seils gleich groß sind (Gleichgewichtslage der Rolle). Die beiden Seilkräfte sind in diesem Fall gleich:

$$F_S = F/(2\sin\alpha)\ .$$

Ist das Eigengewicht gegenüber der äußeren Belastung nicht zu vernachlässigen (z. B. bei Seilbahnen), oder ist es die dominierende Belastung (Hochspannungsleitungen), so stellt sich in der Regel infolge der Biegeschlaffheit des Seils eine ***Seilkurve*** ein (bei Ketten ist der

Ausdruck ***Kettenlinie*** gebräuchlich). Die Größe der Seilkraft ist dann nicht mehr konstant, sondern von der Form der sich einstellenden Kurve, insbesondere von ihrem Anstieg, abhängig.

11.1 Das Seil unter Eigengewicht

Die Eigengewichtsbelastung ruft in dem vertikal hängenden Seil eine veränderliche Seilkraft hervor. In jedem Schnitt muß die Seilkraft mit der Gewichtskraft des darunter liegenden Teils des Seils im Gleichgewicht sein.

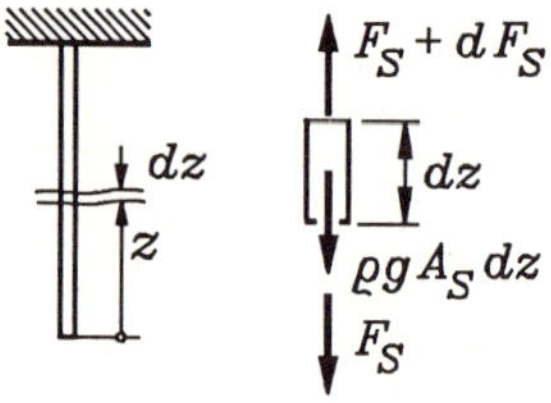

Vorbereitend auf die etwas schwierigeren nachfolgenden Betrachtungen soll die Seilkraft aus dem Gleichgewicht am differentiell kleinen (aus dem Seil an der Stelle z herausgeschnittenen) Element der Länge dz ermittelt werden: An den Schnittufern müssen die Seilkraft F_S bzw. die um den (differentiell kleinen) Betrag dF_S vergrößerte Seilkraft angetragen werden, die mit dem Eigengewicht des Elements im Gleichgewicht sein müssen. Das Kräfte-Gleichgewicht in vertikaler Richtung führt auf

$$dF_S = \varrho\, g\, A_S\, dz \ ,$$

und die Integration dieser Beziehung liefert bei konstantem Seilquerschnitt A_S:

$$F_S = \varrho\, g\, A_S\, z + C \ .$$

Die Integrationskonstante wird aus der Randbedingung $F_S(z=0) = 0$ zu $C = 0$ bestimmt. Wenn, wie nebenstehend skizziert, zusätzlich eine Einzelkraft F_0 am unteren Seilende angreift, dann errechnet sich die Integrationskonstante aus $F_S(z=0) = F_0$ zu $C = F_0$.

Die nachfolgende Skizze zeigt ein an zwei Punkten aufgehängtes Seil unter Eigengewichtsbelastung, aus dem ein Element herausgeschnitten wurde. Das Koordinatensystem wurde (willkürlich) in einen Festpunkt des Seils gelegt.

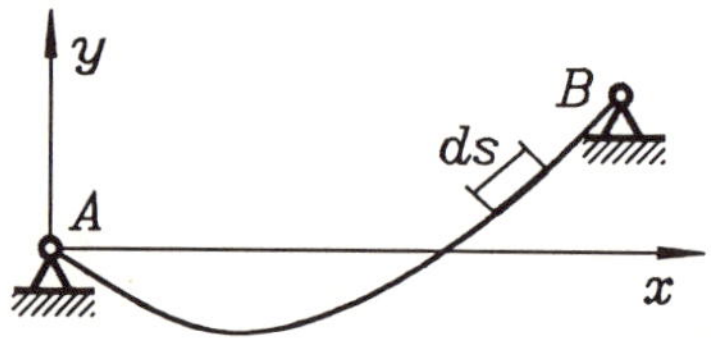

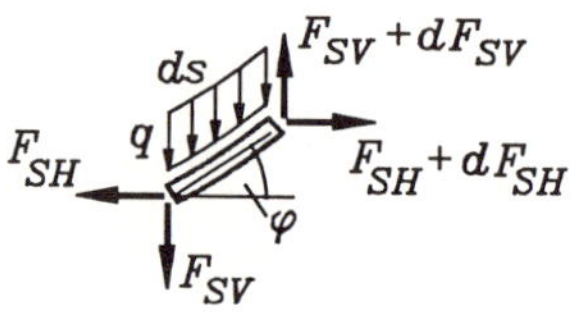

Da auf das Element die Resultierende seines verteilten Gewichts q (Gewicht pro Länge: $q = \varrho\, g\, A_S$) wirkt, müssen die Seilkräfte am rechten und linken Schnitt unterschiedlich groß sein. Es wird deshalb in positiver Koordinatenrichtung x ein (differentiell kleiner) Zuwachs angesetzt. Stellvertretend für die tangential gerichteten Seilkräfte wurden jeweils deren Horizontal- und Vertikalkomponente eingezeichnet. Das Gleichgewicht in x - Richtung liefert

$$dF_{SH} = 0 \qquad \Rightarrow \qquad F_{SH} = konst. \ ,$$

so daß folgende Aussage getroffen werden kann:

Der ***Horizontalzug*** (horizontale Komponente der Seilkraft) ist in einem nur durch sein Eigengewicht belasteten Seil konstant.

Das Kräfte-Gleichgewicht in y-Richtung liefert:

$$dF_{SV} = q\, ds \qquad mit \qquad ds = \sqrt{dx^2 + dy^2} = \sqrt{1 + y'^2}\, dx \; .$$

Die beiden Seilkraftkomponenten sind natürlich nicht unabhängig voneinander. Da die resultierende Seilkraft tangential zur Seilkurve gerichtet ist, gilt:

$$\tan\varphi = y' = F_{SV} / F_{SH} \; .$$

Diese Beziehung wird (unter Beachtung, daß F_{SH} konstant ist) noch einmal nach x abgeleitet, und nach Einsetzen der Gleichgewichtsbedingung in y-Richtung erhält man:

$$y'' = \frac{1}{F_{SH}} \frac{dF_{SV}}{dx} = \frac{1}{F_{SH}} \frac{dF_{SV}}{ds} \frac{ds}{dx} = \frac{q}{F_{SH}} \sqrt{1 + y'^2} \; .$$

In der so entstandenen Differentialgleichung 2. Ordnung

$$\frac{y''}{\sqrt{1 + y'^2}} = \frac{q}{F_{SH}}$$

tritt y nicht explizit auf, so daß die Gleichung nach der Substitution $y' = z$ ein erstes Mal und nach Rücksubstitution ein zweites Mal integriert werden kann. Man erhält als allgemeine Lösung die Funktion, die die Lage eines Seils unter Eigengewicht beschreibt, die

Seillinie oder **Kettenlinie:**

$$y = \frac{F_{SH}}{q} \cosh\left(\frac{q}{F_{SH}} x + C_1 \right) + C_2 \; . \qquad \textbf{(11.1)}$$

- In der Funktion (11.1) sind noch drei Größen unbestimmt, die beiden Integrationskonstanten und der Horizontalzug.
- Diese drei Unbekannten können aus zwei Randbedingungen (Lage der Seilaufhängepunkte A und B) und der Bedingung, daß die (vorgegebene) Länge des (dehnstarren) Seils der Bogenlänge der Funktion $y(x)$ zwischen den Punkten A und B entsprechen muß, berechnet werden.

Beispiel 1: Für das abgebildete Seil ermittle man

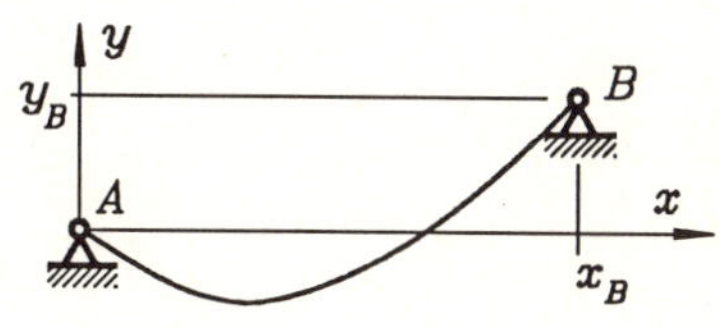

a) die Funktion der Seillinie,

b) den Horizontalzug,

c) die maximale Seilkraft.

Gegeben: Seillänge L, x_B, y_B, q (Gewicht/Länge).

Für das (ohne Einschränkung der Allgemeinheit willkürlich im Punkt A) festgelegte Koordinatensystem erhält man aus den Randbedingungen die beiden Gleichungen:

$$y(x=0) = 0 \quad \Rightarrow \quad C_2 = -\frac{F_{SH}}{q}\cosh C_1 \ ,$$

$$y(x=x_B) = y_B \quad \Rightarrow \quad y_B = \frac{F_{SH}}{q}\left[\cosh\left(\frac{q}{F_{SH}}x_B + C_1\right) - \cosh C_1\right] \ .$$

Die Länge L des Seils muß gleich der Bogenlänge der Seilkurve zwischen A und B sein:

$$L = \int_{x=x_A=0}^{x_B} \sqrt{1+y'^2}\,dx = \int_{x=0}^{x_B} \sqrt{1+\sinh^2\left(\frac{q}{F_{SH}}x + C_1\right)}\,dx$$

$$= \frac{F_{SH}}{q}\left[\sinh\left(\frac{q}{F_{SH}}x_B + C_1\right) - \sinh C_1\right] \ .$$

Diese drei Gleichungen sind ein (recht unangenehmes, weil nichtlineares) Gleichungssystem für die drei Unbekannten C_1, C_2 und F_{SH}. C_2 kommt nur in der ersten Gleichung vor, so daß es sich anbietet, zunächst aus den beiden letzten Gleichungen C_1 und F_{SH} zu berechnen. Diese lassen sich mit Hilfe der Beziehungen

$$\cosh\alpha - \cosh\beta = 2\sinh\left(\frac{\alpha+\beta}{2}\right)\sinh\left(\frac{\alpha-\beta}{2}\right) \ ,$$

$$\sinh\alpha - \sinh\beta = 2\sinh\left(\frac{\alpha-\beta}{2}\right)\cosh\left(\frac{\alpha+\beta}{2}\right) \ , \quad \cosh^2\alpha - \sinh^2\alpha = 1$$

so umformen, daß die Konstante C_1 in Abhängigkeit von F_{SH} in einer Gleichung erscheint und in der zweiten Gleichung nur noch die Unbekannte F_{SH} vorkommt:

$$C_1 = \mathit{artanh}\left(\frac{y_B}{L}\right) - \frac{q}{2F_{SH}}x_B \ , \qquad \left[2\frac{F_{SH}}{q}\,\mathit{sinh}\left(\frac{q\,x_B}{2F_{SH}}\right)\right]^2 + y_B^2 - L^2 = 0 \ .$$

Aus der letzten Gleichung kann F_{SH} (numerisch) berechnet werden, und damit errechnet man dann C_1 und C_2. Es ist empfehlenswert, vorher die letzte Gleichung durch L^2 und die Gleichung für C_2 durch L zu dividieren und mit den dimensionslosen Unbekannten

$$\overline{F}_{SH} = \frac{F_{SH}}{q\,L} \ , \qquad C_1 \ , \qquad \overline{C}_2 = \frac{C_2}{L}$$

weiterzurechnen ($\overline{F}_{SH}$ ist der auf das Gesamtgewicht des Seils bezogene Horizontalzug). Dann kommt man mit den beiden Parametern

$$\overline{x}_B = \frac{x_B}{L} \ , \qquad \overline{y}_B = \frac{y_B}{L}$$

(an Stelle der vier gegebenen Größen) aus, und es ist folgender Formelsatz auszuwerten:

$$\left[2\,\overline{F}_{SH}\sinh\left(\frac{\overline{x}_B}{2\overline{F}_{SH}}\right)\right]^2 + \overline{y}_B^2 - 1 = 0 \quad \Rightarrow \quad \overline{F}_{SH} \quad (\mathit{numerisch}) \ ,$$

$$C_1 = \operatorname{artanh} \bar{y}_B - \frac{\bar{x}_B}{2\,\bar{F}_{SH}} \ , \qquad \bar{C}_2 = -\,\bar{F}_{SH} \cosh C_1 \ .$$

Mit dem Programm MCALCU (beiliegende Diskette) wurde dieser Formelsatz für die nachstehend angegebenen Parameterkombinationen ausgewertet (Nullstellen einer Funktion bei gleichzeitiger Berechnung von C_1 und C_2):

$\bar{x}_B$	$\bar{y}_B$	$\bar{F}_{SH}$	C_1	$\bar{C}_2$
0,5	0	0,1148	− 2,1773	− 0,5130
0,8	0,2	0,3555	− 0,9224	− 0,5178
0,98	0	1,4046	− 0,3489	− 1,4909

Damit sind die Seilkurven bekannt. Aus dem Horizontalzug $F_{SH} = \bar{F}_{SH}\, q L$ können die vertikale Komponente der Seilkraft

$$F_{SV} = F_{SH} \tan\varphi = F_{SH}\, y' = F_{SH} \sinh\left(\frac{q}{F_{SH}} x + C_1\right) \tag{11.2}$$

und daraus die resultierende Seilkraft an einer beliebigen Stelle berechnet werden:

$$F_S = \sqrt{F_{SH}^2 + F_{SV}^2} = F_{SH} \sqrt{1 + \sinh^2\left(\frac{q}{F_{SH}} x + C_1\right)} = F_{SH} \cosh\left(\frac{q}{F_{SH}} x + C_1\right) \tag{11.3}$$

Die maximale Seilkraft tritt dort auf, wo der Anstieg der Seilkurve am größten ist (am höheren Lagerpunkt). Bei einem Seil mit sehr flachem Durchhang (dritte Parameterkombination) kann der Horizontalzug (und damit natürlich auch die resultierende Seilkraft) größer als das Gesamtgewicht des Seils werden.

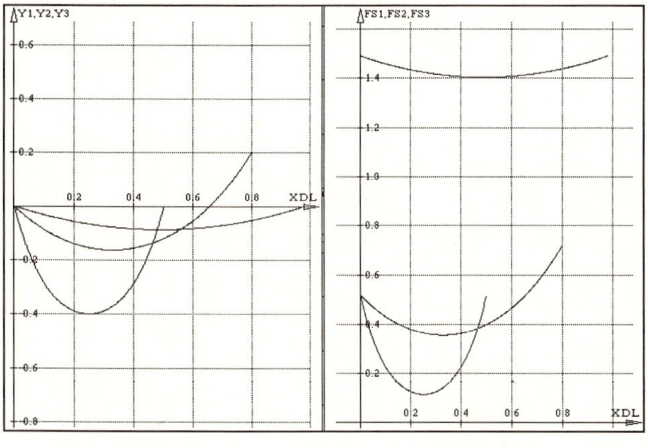

Seilkurven Seilkräfte

Der nebenstehende Bildschirm-"Schnappschuß" zeigt links die vom Programm MCALCU gezeichneten Seilkurven $\bar{y}(\bar{x})$ und rechts die Verläufe der normierten Seilkräfte

$$\bar{F}_S = F_S / q L \ ,$$

die sich nur um die Konstante $\bar{C}_2$ unterscheiden:

$$\bar{y} = y/L = \bar{F}_S + \bar{C}_2 \ .$$

Die Seilkraft ist in dem Seil mit sehr flachem Durchhang deutlich größer als in den beiden anderen Seilen.

Beispiel 2: Das skizzierte Seil ist an zwei Punkten gelagert und durch sein Eigengewicht und eine zusätzliche Einzelkraft ***F*** belastet.

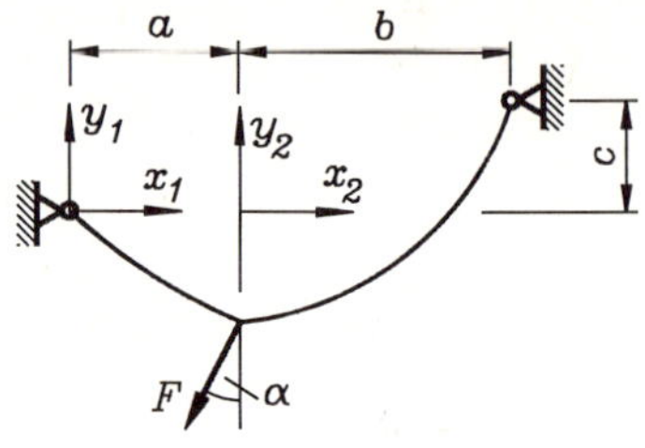

Gegeben: ***L, a, b, c, q, F, α.***

Es sind die Bestimmungsgleichungen für die Berechnung der Integrationskonstanten zu formulieren.

An der Krafteinleitungsstelle müssen die (tangential zur Seilkurve gerichteten) Seilkräfte in den beiden Abschnitten mit der äußeren Kraft im Gleichgewicht sein. Das ist nur möglich, wenn die Seillinie an dieser Stelle einen Knick hat. Die Seillinie muß deshalb in beiden Abschnitten gesondert aufgeschrieben werden, wofür wie skizziert auch zwei unterschiedliche Koordinatensysteme gewählt werden.

Natürlich gilt in beiden Abschnitten die allgemeine Form der Seillinie (11.1), die unter der Voraussetzung (Seil trägt nur sein Eigengewicht) hergeleitet wurde, die auch bei dieser Aufgabe für jeden Abschnitt gilt. Allerdings müssen unterschiedliche Integrationskonstanten und auch unterschiedliche Werte für den Horizontalzug angesetzt werden:

$$y_1 = \frac{F_{SH1}}{q} \cosh\left(\frac{q}{F_{SH1}} x_1 + C_1\right) + C_2 \ , \qquad y_2 = \frac{F_{SH2}}{q} \cosh\left(\frac{q}{F_{SH2}} x_2 + C_3\right) + C_4 \ .$$

Für die Berechnung der sechs Unbekannten $F_{SH1}, F_{SH2}, C_1, C_2, C_3, C_4$ stehen die folgenden Bedingungsgleichungen zur Verfügung:

$$y_1(x_1{=}0) = 0 \ , \qquad y_2(x_2{=}b) = c$$

(Seillinien müssen durch die Lagerpunkte gehen). An der Übergangsstelle gilt

$$y_1(x_1{=}a) = y_2(x_2{=}0)$$

(Seillinien müssen am Kraftangriffspunkt zusammenlaufen). Außerdem muß an diesem Punkt das Kräfte-Gleichgewicht in horizontaler Richtung

$$F_{SH1} + F \sin\alpha = F_{SH2}$$

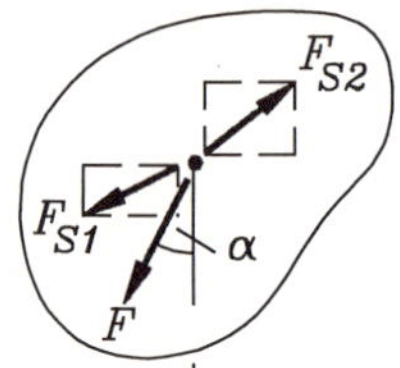

und in vertikaler Richtung (vertikale Seilkraftkomponente = Horizontalzug · Anstieg der Seilkurve)

$$F_{SH1}\, y_1'(x_1{=}a) + F \cos\alpha = F_{SH2}\, y_2'(x_2{=}0)$$

erfüllt sein. Die letzte Bedingung ergibt sich aus der Forderung, daß die Summe beider Seillinienlängen die vorgegebene Gesamt-Seillänge ***L*** ergibt:

$$L = \int_0^a \sqrt{1 + y_1'^2}\, dx_1 + \int_0^b \sqrt{1 + y_2'^2}\, dx_2 \ .$$

In diese sechs Beziehungen müssen die oben angegebenen Funktionen y_1 und y_2 eingesetzt werden, und es entsteht ein nichtlineares Gleichungssystem, dessen Lösung man dem Computer überantworten sollte. Die Lösungen sind im Bereich positiver Werte für F_{SH1} und F_{SH2} zu suchen (formal gibt es auch eine Lösung im Bereich negativer Werte).

11.2 Das Seil unter konstanter Linienlast

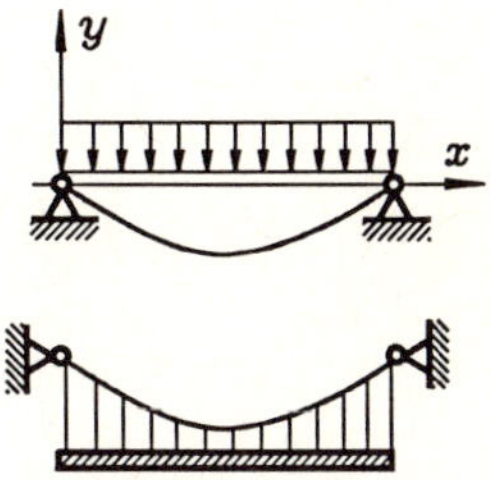

Bei der exakten Berücksichtigung des Eigengewichts (verteilte Belastung längs des Bogens) wie im vorigen Abschnitt erhält man die hyperbolische Kosinusfunktion als Seillinie.

Eine Vereinfachung der Rechnung ergibt sich, wenn bei **Seilen mit flachem Durchhang** das Eigengewicht näherungsweise als eine konstante Linienlast in x-Richtung angenommen werden darf. Der gleiche Lastfall ist gegeben, wenn das Seil eine Last trägt, die an einer relativ großen Zahl von (äquidistanten) Punkten am Seil befestigt ist (z. B. eine Brücke).

Die Herleitung der für diesen Lastfall geltenden Beziehungen unterscheidet sich von den Betrachtungen im vorigen Abschnitt nur dadurch, daß sich die Resultierende der Linienlast am differentiell kleinen Element (nebenstehende Skizze) durch Multiplikation mit dx (an Stelle von ds) ergibt. Das Gleichgewicht in horizontaler Richtung

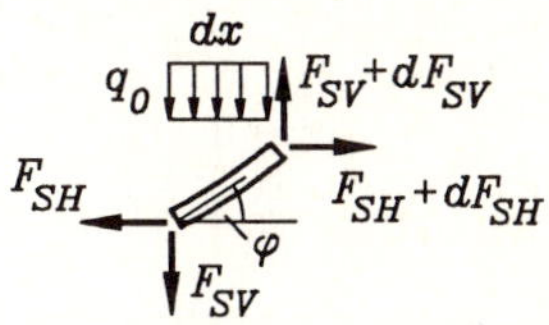

$$dF_{SH} = 0 \quad \Rightarrow \quad F_{SH} = konst. \;,$$

zeigt, daß auch für diesen Lastfall gilt:

Der ***Horizontalzug*** (horizontale Komponente der Seilkraft) ist in einem durch eine konstante Linienlast belasteten Seil konstant.

Das Kräfte-Gleichgewicht in vertikaler Richtung liefert:

$$dF_{SV} = q_0\, dx$$

$$\tan\varphi = y' = \frac{F_{SV}}{F_{SH}} \quad \Rightarrow \quad y'' = \frac{1}{F_{SH}} \frac{dF_{SV}}{dx} = \frac{q_0}{F_{SH}}$$

Durch zweimaliges Integrieren gewinnt man daraus die

Seillinie oder **Kettenlinie** bei konstanter Linienlast:

$$y = \frac{1}{2} \frac{q_0}{F_{SH}} x^2 + C_1 x + C_2 \;. \qquad (11.4)$$

- Die Funktion der Seillinie ist für den Lastfall "Konstante Linienlast" eine quadratische Parabel. Sie enthält drei Unbekannte, die beiden Integrationskonstanten und den Horizontalzug.
- Die Unbekannten errechnen sich aus den Randbedingungen (Lage der Seilaufhängepunkte) und z. B. der Bedingung, daß die vorgegebene Länge des dehnstarren Seils der Bogenlänge der Funktion $y(x)$ zwischen den Aufhängepunkten entsprechen muß.

Wenn das Koordinatensystem in den Aufhängepunkt A des Seils gelegt wird und der Aufhängepunkt B dann die Koordinaten x_B und y_B hat, lauten die Randbedingungen:

$$y(x=0) = 0 \qquad \Rightarrow \qquad C_2 = 0 \; ,$$

$$y(x=x_B) = y_B \quad \Rightarrow \quad y_B = \frac{q_0}{2\,F_{SH}}\,x_B^2 + C_1\,x_B \quad \Rightarrow \quad C_1 = \frac{y_B}{x_B} - \frac{q_0\,x_B}{2\,F_{SH}}$$

Die Bedingungsgleichung für die Länge der Seillinie führt auf das Integral:

$$L = \int ds = \int_0^{x_B} \sqrt{1 + y'^2}\; dx = \int_0^{x_B} \sqrt{1 + \left(\frac{q_0}{F_{SH}}\,x + C_1\right)^2}\; dx \; .$$

Die Auswertung ergibt:

$$L = \frac{F_{SH}}{2\,q_0}\left[\left(\frac{q_0}{F_{SH}}\,x_B + C_1\right)\sqrt{1 + \left(\frac{q_0}{F_{SH}}\,x_B + C_1\right)^2} + arsinh\left(\frac{q_0}{F_{SH}}\,x_B + C_1\right)\right]$$
$$- \frac{F_{SH}}{2\,q_0}\left(C_1\sqrt{1 + C_1^2} + arsinh\,C_1\right) .$$

Wenn die aus den Randbedingungen errechnete Beziehung für C_1 eingesetzt wird, ergibt sich eine (nichtlineare) Gleichung für den Horizontalzug F_{SH}:

$$L = \frac{F_{SH}}{2\,q_0}\left(A\sqrt{1 + A^2} + arsinh A - B\sqrt{1 + B^2} - arsinh B\right)$$

$$mit \quad A = \frac{y_B}{x_B} + \frac{q_0\,x_B}{2\,F_{SH}} \; , \qquad B = \frac{y_B}{x_B} - \frac{q_0\,x_B}{2\,F_{SH}} \; .$$

Diese Gleichung wird numerisch gelöst, danach kann die noch fehlende Integrationskonstante C_1 berechnet werden. Damit ist die Seillinie bekannt. Die Kräfte im Seil berechnen sich nach:

$$F_{SV} = F_{SH}\tan\varphi = F_{SH}\,y' = F_{SH}\left(\frac{q_0}{F_{SH}}\,x + C_1\right) ,$$
$$F_S = \sqrt{F_{SH}^2 + F_{SV}^2} = F_{SH}\sqrt{1 + \left(\frac{q_0}{F_{SH}}\,x + C_1\right)^2} \; . \qquad \textbf{(11.5)}$$

Die Schwierigkeit bei der Lösung von Aufgaben besteht im allgemeinen im Berechnen des Horizontalzuges F_{SH}. Bei bekanntem F_{SH} sind dann die Integrationskonstanten und damit die Seillinie und die Seilkräfte sofort aufzuschreiben.

Die Berechnung von F_{SH} bei vorgegebener Seillänge L (wie oben angegeben) ist sicher die aufwendigste (allerdings wohl praktisch wichtigste) Variante. Da die angegebene Beziehung für die Seillänge, aus der F_{SH} bestimmt wird, ohnehin numerisch gelöst wird, ist ihr etwas kompliziertes Aussehen bedeutungslos. Das nachfolgende Beispiel zeigt, daß eine andere Zusatzbedingung auf eine einfachere Bestimmungsgleichung für den Horizontalzug führt.

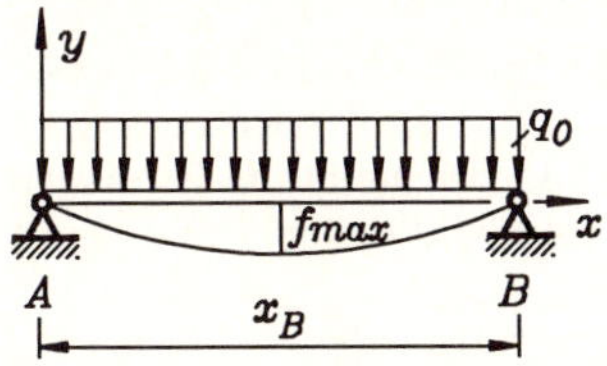

Beispiel 1: Für ein Seil mit flachem Durchhang, dessen Lager auf gleicher Höhe liegen, ist die Abhängigkeit der maximalen Seilkraft vom Durchhang f_{max} zu ermitteln.

Gegeben: q_0, f_{max}, x_B.

Aus der Seillinie (11.4) ermittelt man mit den beiden Randbedingungen

$$y(x=0) = 0 \qquad \text{und} \qquad y(x=x_B) = 0$$

die Integrationskonstanten

$$C_2 = 0\,, \qquad C_1 = -\frac{q_0\, x_B}{2\, F_{SH}}$$

und damit die Seillinie

$$y = \frac{q_0}{2\, F_{SH}}\left(x^2 - x_B x\right)\,.$$

Der maximale Durchhang tritt in der Mitte des Seiles auf. Aus dieser Bedingung ergibt sich der Horizontalzug im Seil:

$$y(x_B/2) = -f_{\max} \quad \Rightarrow \quad f_{\max} = \frac{q_0\, x_B^2}{8\, F_{SH}} \quad \Rightarrow \quad F_{SH} = \frac{q_0\, x_B^2}{8\, f_{\max}}\,.$$

Die maximale Seilkraft tritt an den Lagern auf, weil dort der Anstieg der Seilkurve am größten ist. Aus (11.5) folgt mit $x = 0$:

$$F_{S\max} = F_{SH}\sqrt{1 + C_1^2} = \frac{q_0\, x_B}{8\, f_{\max}}\sqrt{x_B^2 + 16\, f_{\max}^2}\,.$$

- Die maximale Seilkraft kann bei flachem Durchhang ein Vielfaches des Seilgewichtes betragen. Wird das Seilgewicht durch $F_{G,Seil} = q_0 \cdot x_B$ angenähert, errechnet man aus

$$\frac{F_{S\max}}{F_{G,Seil}} = \frac{1}{8}\sqrt{\frac{x_B^2}{f_{\max}^2} + 16}$$

zum Beispiel die folgenden Ergebnisse:

x_B/f_{max}	100	50	20	10
$F_{Smax}/(q_0\, x_B)$	12,5	6,27	2,55	1,35

- Bei bekanntem Horizontalzug kann man auch die Seillänge aufschreiben, die natürlich bei dieser Aufgabe schon durch die Geometrie (der quadratischen Parabel) gegeben ist:

$$L = \frac{1}{2}\sqrt{x_B^2 + 16\, f_{\max}^2} + \frac{x_B^2}{8\, f_{\max}}\, arsinh\left(\frac{4\, f_{\max}}{x_B}\right)\,.$$

Bei der numerischen Auswertung der nichtlinearen Gleichung für F_{SH} (z. B. bei vorgegebener Seillänge) ergibt sich stets auch eine negative Lösung (gilt auch für die exakte Erfassung des Eigengewichts, Abschnitt 11.1), die natürlich für Seile nicht sinnvoll ist. Die Kurve $y(x)$, die sich mit dieser Lösung ergibt, wird als ***Stützlinie*** bezeichnet. Sie beschreibt die Form eines Trägers, der durch die Belastung ausschließlich auf Druck belastet wird (keine Biegemomente, keine Querkraft).

Da in einem solchen Träger wie beim Seil als Schnittgröße nur eine Normalkraft wirkt, überträgt er die Belastung wesentlich günstiger als ein gerader Träger. Dieser Effekt wurde schon im Mittelalter im Bauwesen (Brückenbau, Gewölbe) ausgenutzt.

Beispiel 2: Ein Bogenträger soll eine Brücke tragen (konstante Linienlast q_0). Die Lage der Stützgelenke liegt durch das Geländeprofil fest. Welche Form muß er haben, damit er nur durch Druckkräfte belastet ist, die den vorgegebenen Wert F_{Smax} an keiner Stelle überschreiten.

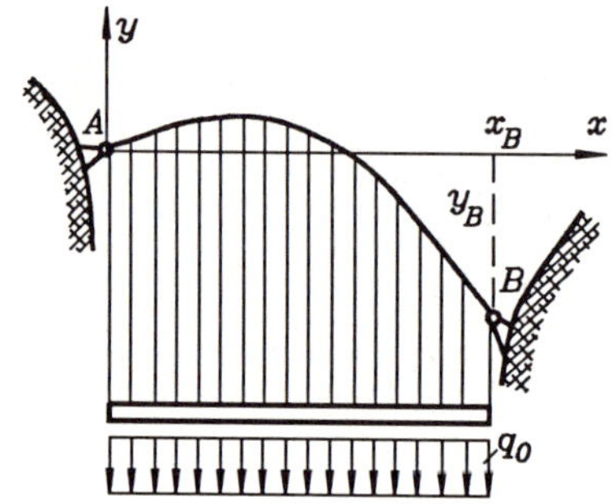

Gegeben: $q_0,\ x_B,\ y_B < 0,\ F_{Smax}$.

Wenn der Träger nur Druckkräfte aufnehmen soll, muß er die Form der Stützlinie haben. Diese entspricht der mathematischen Funktion der Seillinie mit negativem F_{SH}.

Aus (11.4) ermittelt man mit den beiden Randbedingungen $y(x=0) = 0$ und $y(x=x_B) = y_B$ die Integrationskonstanten

$$C_2 = 0 \ , \qquad C_1 = \frac{y_B}{x_B} - \frac{q_0\, x_B}{2\, F_{SH}} \ .$$

Die größte innere Kraft (Druckkraft) tritt (wie beim Seil) an der Stelle des größten Anstiegs der Stützlinie auf, im vorliegenden Fall am Lager B. Die resultierende Kraft F_S nach (11.5)

$$F_S = F_{SH}\sqrt{1 + y'^2} = F_{SH}\sqrt{1 + \left(\frac{q_0\, x}{F_{SH}} - \frac{q_0\, x_B}{2\, F_{SH}} + \frac{y_B}{x_B}\right)^2}$$

wird mit $x = x_B$ und $F_S = F_{Smax}$ zur Bestimmungsgleichung für die Horizontalkraft:

$$F_{SH}^2 + \frac{q_0\, y_B}{1 + (y_B/x_B)^2}\, F_{SH} + \frac{\frac{1}{4}\, q_0^2\, x_B^2 - F_{Smax}^2}{1 + (y_B/x_B)^2} = 0 \ .$$

Diese quadratische Gleichung hat eine positive und eine negative Lösung. Für die gesuchte Stützlinie muß die Horizontalkraft negativ sein. Mit der negativen Lösung der Gleichung

$$F_{SH} = -\frac{1}{2\left[1 + (y_B/x_B)^2\right]}\left(q_0\, y_B + \sqrt{4\, F_{Smax}^2\left[1 + (y_B/x_B)^2\right] - q_0^2\, x_B^2}\right)$$

und den Integrationskonstanten kann die Gleichung der Stützlinie aufgeschrieben werden:

$$y = \frac{1}{2}\,\frac{q_0}{F_{SH}}\, x^2 + \left(\frac{y_B}{x_B} - \frac{q_0\, x_B}{2\, F_{SH}}\right) x \ .$$

12 Grundlagen der Festigkeitslehre

Die Festigkeitslehre untersucht die inneren Kräfte in Bauteilen und die daraus resultierenden Beanspruchungen und Verformungen:

- Durch Vergleich mit Materialkennwerten, die durch Versuche ermittelt werden (Werkstoffkunde), kann man das wichtige Problem der ***Dimensionierung*** lösen.
- Die wichtigsten Methoden zur Festlegung der Abmessungen von Bauteilen sind
  - die ***Dimensionierung auf Festigkeit*** durch Vergleich der Beanspruchung mit den zulässigen Beanspruchungen ("Kann das Bauteil die Belastung ertragen, ohne zerstört zu werden?") und
  - die ***Dimensionierung auf Steifigkeit*** ("Bleiben die Verformungen infolge der Belastung innerhalb der tolerierten Grenzwerte?").
- Weil in der Festigkeitslehre auch die Verformungen der Bauteile betrachtet werden, muß man das Modell des "starren Körpers" aufgeben. Die statischen Gleichgewichtsbedingungen dürfen jedoch (bis auf wenige Ausnahmen) am unverformten System aufgestellt werden (**Theorie 1. Ordnung**, vgl. Abschnitt 10.2): Die Berechnung von Lagerreaktionen und Schnittgrößen wird also im allgemeinen so ausgeführt, wie es aus der Statik starrer Körper bekannt ist.

12.1 Beanspruchungsarten

Die vielfältigen Möglichkeiten der Beanspruchung von Bauteilen lassen sich klassifizieren. Die in der technischen Praxis wichtigsten sind folgende:

Zugbeanspruchung

Die Wirkungslinie der Kräfte liegt in der Richtung der Stabachse. Es gibt Bauteile, die ausschließlich auf Zug beansprucht werden können, z. B. Seile und Ketten.

Druckbeanspruchung

Auch bei dieser Beanspruchungsart liegt die Wirkungslinie der Kräfte in Richtung der Stabachse. Es gibt Materialien, die (fast) ausschließlich Druckbeanspruchung ertragen, z. B. Beton.

Biegebeanspruchung

Im Bauteil treten Biegemomente auf. Die Biegebeanspruchung ist im allgemeinen mit einer Schubbeanspruchung infolge der Querkraft gekoppelt.

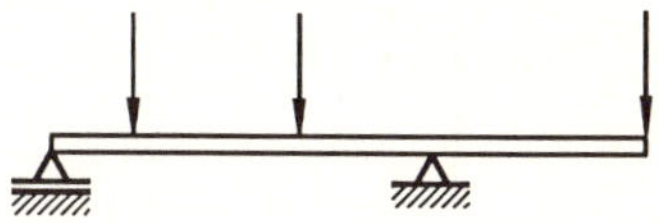

Torsion

Die Querschnitte des Bauteils werden durch Torsionsmomente, die um die Längsachse des Stabes drehen, gegeneinander verdreht.

Schub- oder Scherbeanspruchung

Die Kräfte liegen auf parallelen Wirkungslinien und sind entgegengesetzt gerichtet. Eine reine Scherbeanspruchung liegt vor, wenn die Wirkungslinien sehr dicht (theoretisch unendlich dicht) beieinander liegen.

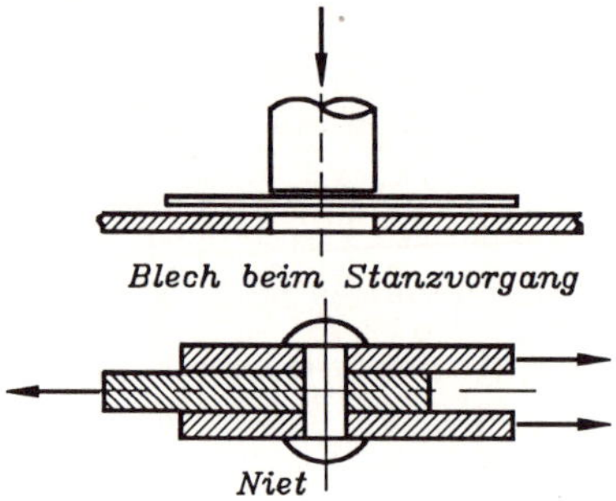

Knickung

Schlanke Druckstäbe können instabil werden und senkrecht zur Belastungsrichtung ausweichen. Dieser Beanspruchungsfall kann nicht mehr mit der Theorie 1. Ordnung behandelt werden. Beim Ausknicken wird die ehemals stabile gerade Gleichgewichtslage des Stabes instabil. Die zur Untersuchung der Stabilität von Gleichgewichtslagen (Abschnitt 10.4) gewonnene Erkenntnis, daß die Theorie 2. Ordnung erforderlich ist, muß auch hier angewandt werden.

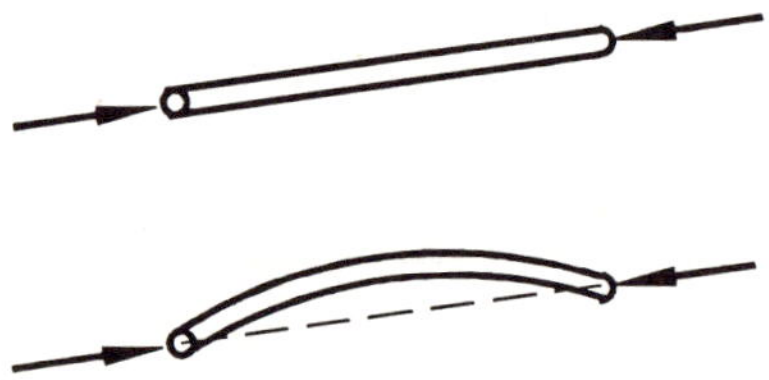

12.2 Spannungen und Verzerrungen

Um die Beanspruchungen von Bauteilen zu ermitteln, wird das aus der Statik bekannte Schnittprinzip zur Berechnung der inneren Kräfte verwendet. In wenigen Ausnahmefällen kann man die Festigkeitsberechnung ausschließlich unter Verwendung der Schnittgrößen ausführen (z. B. beim Vergleich einer Kraft in einem Seil mit einer vom Hersteller angegebenen zulässigen Seilbelastung), im allgemeinen fließen in die Festigkeitsrechnung auch die Abmessungen der Bauteile ein (in der Angabe einer zulässigen Seilbelastung ist der Seilquerschnitt natürlich bereits berücksichtigt).

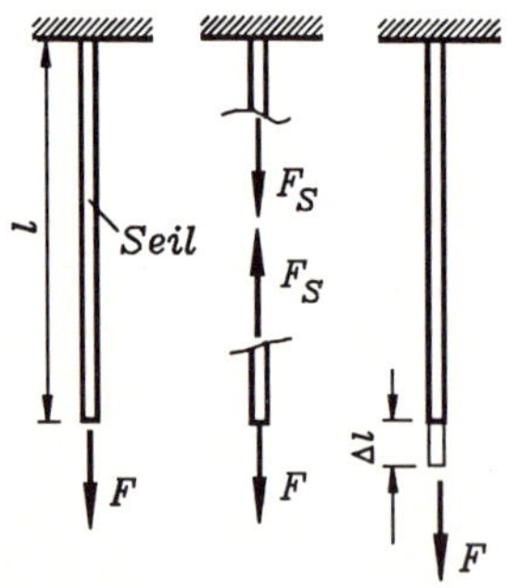

Das unter Zugbeanspruchung stehende Seil ist das einfachste Beispiel, um Festigkeitsuntersuchungen (Ermittlung von Beanspruchung und Verformung) anzustellen:

Ein durch die Kraft $\boldsymbol{F}$ belastetes Seil der Länge $\boldsymbol{l}$ wird

- beansprucht durch die (innere) Kraft $\boldsymbol{F}_S$
- und verformt (verlängert) um die Länge $\Delta \boldsymbol{l}$.

Um die Beanspruchung und die Verformung von den Abmessungen (Querschnitt A und Länge l des Seils) unabhängig zu machen, wird als Maß für die Beanspruchung die auf die Querschnittsfläche bezogene innere Kraft, die ***Spannung***, definiert, und die Verformung wird auf die Gesamtlänge l bezogen und als ***Dehnung*** bezeichnet:

Spannung: $\sigma = \frac{F_s}{A}$ (12.1) *Dehnung*: $\varepsilon = \frac{\Delta l}{l}$ (12.2)

Die ***Spannung*** ist wie die Kraft ein Vektor, der nicht unbedingt senkrecht zur Querschnittsfläche gerichtet sein muß. Es ist üblich, einen solchen allgemeinen Spannungsvektor in Komponenten zu zerlegen: Die ***Normalspannung*** σ ist senkrecht zur Querschnittsfläche gerichtet, die ***Schubspannung*** (Scherspannung) liegt in der Querschnittsfläche.

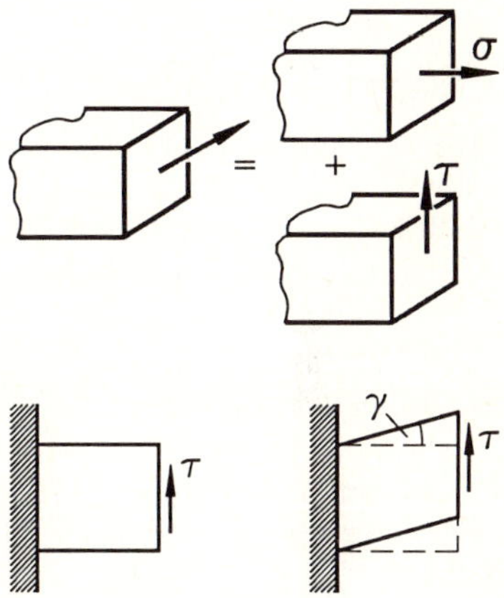

Es ist einleuchtend, daß man im allgemeinsten Fall zweckmäßig mit zwei (senkrecht zueinander stehenden) Schubspannungskomponenten in der Schnittfläche rechnet.

Analog zur Dehnung ε (hervorgerufen durch die Normalspannung σ) definiert man die durch die Schubspannung τ hervorgerufenen ***Gleitung*** γ (***Gleitwinkel***, nebenstehende Skizze).

- Die Dimension der Spannung ergibt sich aus dem Quotienten "Kraft/Fläche", gesetzliche Einheit ist

$$1 \frac{N}{m^2} = 1\,Pa \qquad (Pascal)\ ,$$

in der technischen Praxis üblich (und erlaubt) ist

$$1 \frac{N}{mm^2} = 1\,MPa \qquad (Mega\text{-}Pascal)\ ,$$

veraltet, aber vielfach noch anzutreffen:

$$1 \frac{kp}{cm^2} = \frac{9{,}81\,N}{100\,mm^2} \approx 0{,}1 \frac{N}{mm^2}\ .$$

- Die Dehnung ε ist dimensionslos, in der Praxis teilweise üblich ist eine Angabe in % (z. B.: $\varepsilon = \mathbf{0{,}03} \mathrel{\hat{=}} \mathbf{3\%}$), die Gleitung (als Winkel im Bogenmaß) ist ebenfalls dimensionslos.

Bei den vorangegangenen Betrachtungen wurde stillschweigend vorausgesetzt, daß sich die Spannung unabhängig von der Lasteinleitung gleichmäßig über den Querschnitt verteilt. Ähnliche (natürlich streng genommen nicht gültige) Annahmen werden auch bei nachfolgenden Überlegungen häufig getroffen werden müssen.

Tatsächlich ergibt sich in unmittelbarer Nähe der Lasteinleitung ein recht komplizierter Spannungszustand. Man darf aber annehmen, daß in "genügend großem Abstand" von dieser Stelle die durch die Art der Lasteinleitung verursachten Effekte abgeklungen sind.

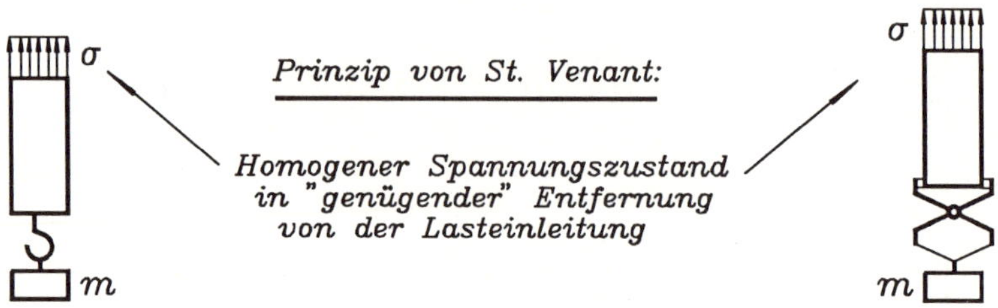

Diese Vereinfachung wird nach dem französichen Physiker BARRÉ de St. VENANT (1797 - 1886) als ***Prinzip von St. Venant*** bezeichnet. Für anspruchsvollere Berechnungen muß man gegebenenfalls zusätzlich eine genauere Untersuchung der Spannungsverhältnisse an den Lasteinleitungsstellen durchführen.

12.3 Der Zugversuch

Aus der Erfahrung weiß man, daß die Verformung bei gleicher Belastung (gleicher Spannung) für unterschiedliche Materialien verschieden groß ist. Aufgabe der Werkstoffkunde ist es unter anderem, für die Materialien die Kennwerte experimentell zu ermitteln.

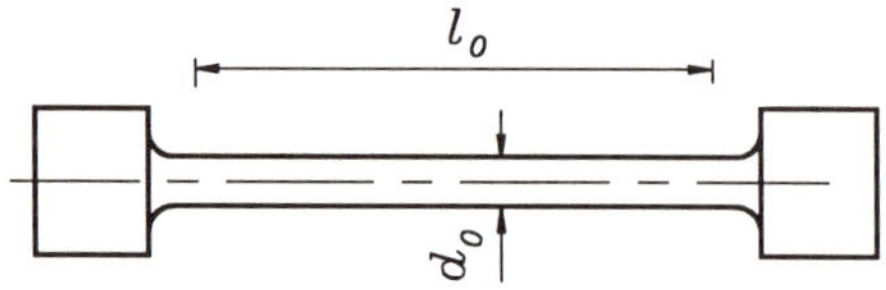

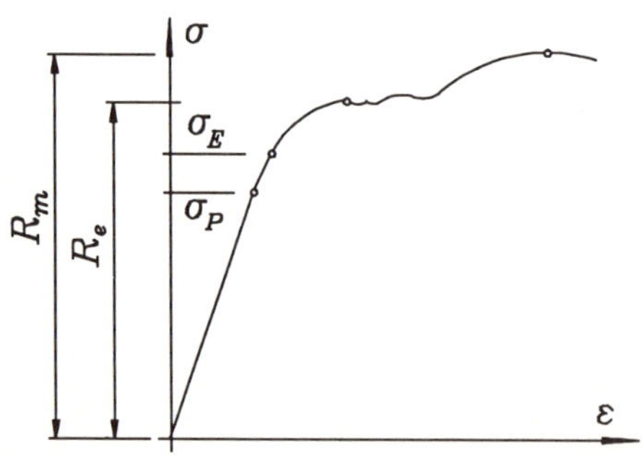

Das wichtigste Experiment dafür ist der sogenannte ***Zugversuch***, dessen Ablauf in DIN 50145 genormt ist. Wegen der Wichtigkeit der daraus für die Festigkeitslehre zu gewinnenden Ergebnisse wird dieser Versuch kurz beschrieben:

Ein genormter Stab wird in einer Zerreißmaschine zügig (nicht stoßartig) belastet. Dabei zeichnet die Maschine sowohl die Kraftzunahme als auch die Verlängerung einer vorbereiteten Meßstrecke l_0 auf.

Schließlich erhält man als wichtigstes Ergebnis das ***Spannungs-Dehnungs-Diagramm***, in dem die Spannung F/A_0 (A_0 ist die Querschnittsfläche des unverformten Stabes) über der Dehnung $\varepsilon = \Delta l/l_0$ aufgetragen ist.

Diese Kurven sehen für verschiedene Materialien sehr unterschiedlich aus. Ihr Verlauf wird hier am Beispiel des Spannungs-Dehnungs-Diagramms für Baustahl diskutiert:

- Bis zu einer Spannung σ_P (Proportionalitätsgrenze) verläuft die Kurve linear. Für die Gerade gilt

$$\sigma = E\,\varepsilon$$

mit dem Proportionalitätsfaktor E, der den Anstieg der Geraden repräsentiert. Dieser Faktor wird ***Elastizitätsmodul*** genannt, für Stahl hat er z. B. den Wert

$$E = 2{,}1\ 10^5\ N/mm^2\ .$$

- Die Elastizitätsgrenze σ_E (sehr nahe bei σ_P) kennzeichnet den Punkt, bis zu dem bei nachfolgender Entlastung keine bleibenden Verformungen des Stabes gemessen werden.

- Für die Beurteilung der Tragfähigkeit einer Konstruktion ist die ***Streckgrenze*** R_e (früher: σ_S bzw. "Fließgrenze" σ_F) besonders wichtig. Beim Erreichen dieser Spannung beginnt eine Verschiebung der Kristallgitter im Material, so daß unter Umständen selbst bei abfallender Spannung eine weitere Dehnung verzeichnet wird.

  Für zahlreiche Materialien (z. B. hochfeste Stähle) zeigt sich diese Grenze im Spannungs-Dehnungs-Diagramm nicht so deutlich. Da mit der Streckgrenze (unter Berücksichtigung von Sicherheitsfaktoren) die zulässigen Spannungen festgelegt werden, wird dann ersatzweise die sogenannte $R_{p0,2}$-Grenze bestimmt. Dies ist die Spannung, bei der die Probe nach Entlastung eine bleibende (plastische) Dehnung von **0,2%** (ε = **0,002**) behält.

- Nach dem Fließen setzt die sogenannte ***Kaltverfestigung*** ein, die eine weitere Steigerung der Belastung ermöglicht, bis sich bei der Spannung R_m eine Einschnürung des Querschnitts der Probe zeigt, die zum Bruch führt (R_m - **Bruchspannung**, früher: σ_B).

  Für die sehr häufig verwendeten Baustähle wird die Bruchspannung zur Kennzeichnung verwendet: Der Stahl St37 hat eine Bruchspannung von $R_m = 370\ N/mm^2$ (bei einer Streckgrenze $R_e = 240\ N/mm^2$), für St52 gilt $R_m = 520\ N/mm^2$ für die Bruchspannung und $R_e = 320\ N/mm^2$ für die Streckgrenze.

Beispiel 1: Ein Traggestell mit n Personen (durchschnittliche Masse pro Person: **75 *kg***, Masse des Traggestells ebenfalls **75 *kg***) soll an einem Draht aus St52 aufgehängt werden. Bei welchem Drahtdurchmesser würde in dem Draht gerade die Bruchspannung hervorgerufen werden?

Die Spannung im Draht ergibt sich aus dem Quotienten des Gesamtgewichts und der Querschnittsfläche des Drahtes. Diese Spannung soll gerade die Bruchspannung erreichen:

$$R_m = \frac{(n+1)\cdot 75\ kg \cdot 9{,}81\ m/s^2}{\pi\ d^2/4}\ .$$

Mit $R_m = 520\ N/mm^2$ kann daraus der Drahtdurchmesser berechnet werden:

$$d = 2\sqrt{\frac{(n+1)\cdot 75 \cdot 9{,}81\ N}{\pi \cdot 520\ N}}\ mm$$

Für $n = 40$ z. B. ergibt sich ein Durchmesser von $d = 8{,}59\ mm$, ein für 40 Personen erstaunlich kleiner Wert. Es ist aber wohl ein Gerücht, daß es Konstrukteure geben soll, die nur die eine Dimensionierungsformel kennen: "Man glaubt ja nicht, was Eisen aushält".

Beispiel 2: Wie lang darf ein an einem Punkt aufgehängter Draht aus St37 mit konstantem Querschnitt (Dichte $\varrho = 7{,}85\ g/cm^3$) maximal sein, um nicht schon durch sein Eigengewicht zu reißen (Berechnung der sogenannten "Reißlänge").

Die größte innere Kraft tritt am Aufhängepunkt auf (Gesamtgewicht des Drahtes), bei konstantem Drahtquerschnitt findet man dort auch die maximale Spannung:

$$\sigma_{\max} = \frac{\varrho\, g\, l\, A}{A} \quad , \qquad \sigma_{\max} = R_m \; .$$

Durch Umstellen der Gleichung erhält man die Reißlänge:

$$l_{Reiß} = \frac{R_m}{\varrho\, g} = \frac{370 \; N\, cm^3\, s^2}{7{,}85 \cdot 9{,}81 \; mm^2\, g\, m} = 4{,}805 \; km \quad .$$

12.4 Hookesches Gesetz, Querkontraktion

Die Beziehung

$$\sigma = E\, \varepsilon \tag{12.3}$$

wird nach dem englischen Physiker ROBERT HOOKE (1635 - 1703) ***Hookesches Gesetz*** genannt.

Mit jeder Dehnung eines Stabes in Längsrichtung ist eine Änderung der Querschnittsabmessungen verbunden. Beim Zugversuch kann sie als Verjüngung des Durchmessers gemessen werden, und man definiert als ***Querdehnung***

$$\varepsilon_q = \frac{\Delta d}{d_0} \; . \tag{12.4}$$

Da mit einer Verlängerung des Stabes ($\Delta l > 0$) eine Verringerung des Durchmessers ($\Delta d < 0$) verbunden ist (und umgekehrt), wird das Verhältnis $\varepsilon_q/\varepsilon$ negativ. Nach dem französischen Physiker SIMÉON DÉNIS POISSON (1781 - 1840) wird der Quotient

$$\nu = -\frac{\varepsilon_q}{\varepsilon} \tag{12.5}$$

als ***Querkontraktionszahl*** bezeichnet, ihr reziproker Wert $m = 1/\nu$ wird ***Poissonsche Zahl*** genannt. Für Stahl ergibt sich (wie für die meisten Metalle) der Wert $\nu = 0{,}3$. Für alle Materialien liegt ν zwischen 0 (keine Querdehnung) und $0{,}5$ (inkompressibles Material). In der Nähe dieser theoretischen Grenzen liegen unter anderem die Werte für Beton ($\nu \approx 0$) bzw. Gummi ($\nu \approx 0{,}5$).

Analog zum Hookeschen Gesetz, das die Normalspannung mit der Dehnung verknüpft, gibt es eine Beziehung für Schubspannung und Gleitung:

$$\tau = G\, \gamma \tag{12.6}$$

mit dem sogenannten ***Gleitmodul G***, der sich aus dem **Elastizitätsmodul *E*** und der **Querkontraktionszahl** ν nach der Formel

$$G = \frac{E}{2\,(1+\nu)} \tag{12.7}$$

berechnen läßt. Für Stahl (mit $E = 2{,}1 \cdot 10^5 \; N/mm^2$ und $\nu = 0{,}3$) erhält man

$$G_{Stahl} = 0{,}808 \cdot 10^5 \; N/mm^2 \quad .$$

13 Festigkeitsnachweis, zulässige Spannung

Dimensionierung eines Bauteils auf Festigkeit bedeutet immer, eine berechnete Spannung mit einer zulässigen Spannung zu vergleichen. Es muß gelten:

$$\sigma \leq \sigma_{zul} \,.$$

In dieser Ungleichung sind

- ♦ σ die berechnete Spannung, die eventuell nach der Berechnung noch korrigiert wurde,
- ♦ σ_{zul} die zulässige Spannung, die (auch unter Berücksichtigung von Korrekturfaktoren) auf der Basis der Ergebnisse des Zugversuchs (Abschnitt 12.3) und des im Abschnitt 13.2 beschriebenen Dauerfestigkeitsversuchs bestimmt wird.

Die folgenden Abschnitte behandeln die Festlegung der Korrekturfaktoren für σ und σ_{zul}.

13.1 Belastungsarten

Die mit dem Zugversuch gewonnenen Ergebnisse gelten nur für (zügig aufgebrachte und danach) ruhende Belastung, auch "statische" Belastung genannt. Bewegte Maschinenbauteile sind jedoch "dynamischer" Belastung unterworfen. Die nachfolgenden Skizzen verdeutlichen die wichtigsten Belastungsarten, wobei die Änderung der Spannung im Bauteil als Funktion der Zeit aufgetragen ist:

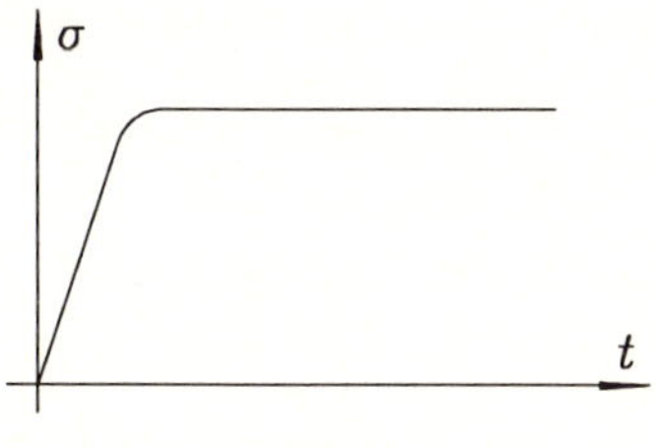

Statische Belastung

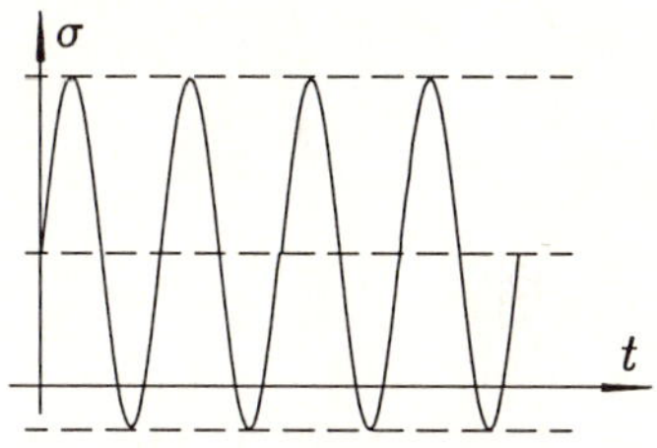

Schwingende Belastung

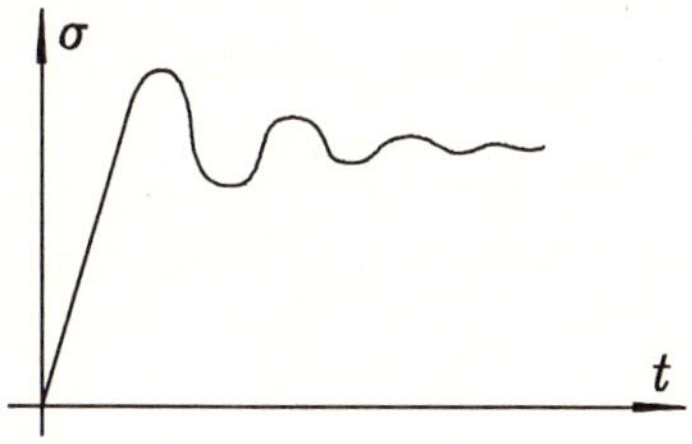

Stoßartig aufgebrachte Belastung

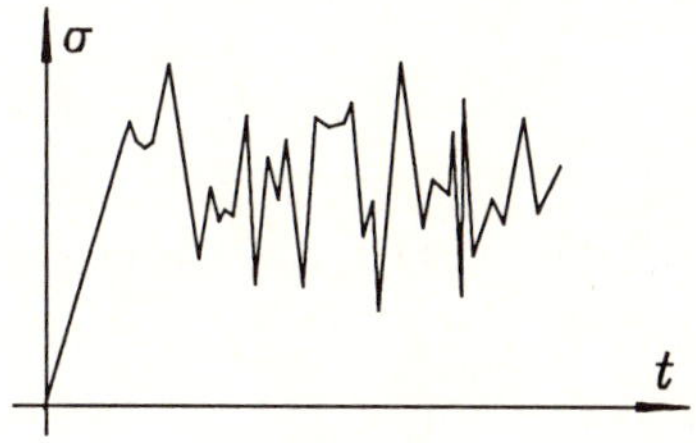

Stochastische Belastung

Stoßartige und stochastische Belastungen erfordern spezielle Untersuchungen mit zum Teil recht anspruchsvollen theoretischen Überlegungen (und sind nicht Gegenstand dieses Buches).

Für die Behandlung der **statischen Belastung** sind die aus dem Zugversuch zu gewinnenden Erkenntnisse ausreichend. Man dimensioniert unter Beachtung eines Sicherheitsfaktors S je nach Materialverhalten bei **Versagen infolge großer** bleibender **Formänderungen** nach einer aus der Streckgrenze R_e (bzw. der $R_{p0,2}$-Grenze) ermittelten zulässigen Spannung

$$\sigma_{zul} = \frac{R_e}{S_F} , \tag{13.1}$$

bei **Versagen durch Trennbruch** (spröde Materialien) nach einer aus der Bruchspannung R_m ermittelten zulässigen Spannung:

$$\sigma_{zul} = \frac{R_m}{S_B} . \tag{13.2}$$

Diese Formeln gelten für eine gleichmäßige Spannungsverteilung im Querschnitt. Die anzusetzenden Sicherheitsbeiwerte hängen in hohem Maße von der Erfahrung, branchenüblichen Werten, Vorschriften für spezielle Konstruktionen und den zu erwartenden Folgen bei einem Versagen der Konstruktion ab. Auch die Kosten können von hohen Sicherheitsbeiwerten sowohl negativ (höhere Materialkosten) als auch positiv (geringerer Prüf- und Wartungsaufwand) beeinflußt werden. Gebräuchliche Werte sind:

$$S_F = 1{,}2 \;...\; 2 \qquad \text{bzw.} \qquad S_B = 2 \;...\; 4 .$$

Bei **dynamischer Belastung** tritt nach einer hohen Lastwechselzahl ein Bruch vielfach schon bei Maximalspannungen auf, die weit unter der Streckgrenze (und noch weiter unter der Bruchspannung) liegen ("Zerrüttung" des Materials). Dieser Belastungsfall kann nicht mit den aus dem Zugversuch gewonnen Erkenntnissen behandelt werden, es werden die Resultate des im folgenden Abschnitt beschriebenen Dauerfestigkeitsversuchs benötigt. Hier werden zunächst nur die wichtigsten Begriffe zu dieser Belastungsart erläutert:

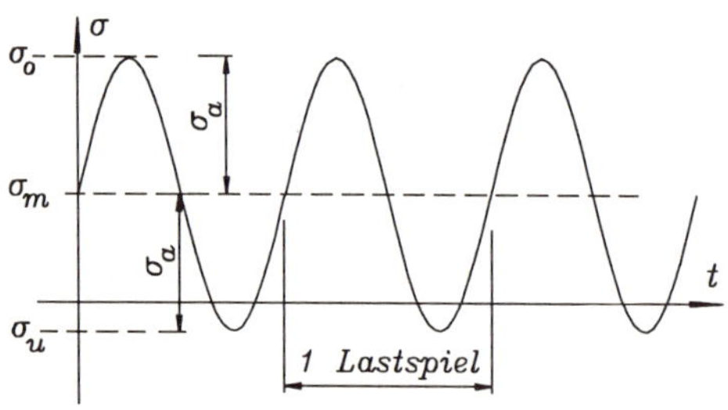

Die ***schwingende Belastung*** ist durch

- die ***Oberspannung*** σ_o,
- die ***Unterspannung*** σ_u,
- die ***mittlere Spannung***

$$\sigma_m = (\sigma_o + \sigma_u) / 2$$

- und den ***Spannungsausschlag***

$$\sigma_a = \sigma_o - \sigma_m = \sigma_m - \sigma_u$$

gekennzeichnet.

Spezialfälle der schwingenden Belastung sind die ***schwellende Belastung*** und die ***Wechselbelastung***, für die gilt:

- **Schwellende Belastung:** $\sigma_u = 0$, $\sigma_m = \sigma_o/2$ oder $\sigma_o = 0$, $\sigma_m = \sigma_u/2$,
- **Wechselbelastung:** $\sigma_m = 0$, $\sigma_u = -\sigma_o$.

13.2 Dauerfestigkeit

Für die Untersuchung des Verhaltens von Werkstoffen bei dynamischer Beanspruchung werden ***Dauerfestigkeitsversuche*** durchgeführt, die nach DIN 50100 genormt sind.

Bei einer bestimmten Mittelspannung σ_m werden die Proben ständigen Lastwechseln mit Spannungsausschlägen σ_a unterworfen. Die Anzahl der Lastwechsel wird gezählt und die sogenannte ***Bruchlastwechselzahl*** registriert. Dies wird (bei gleichem σ_m) für viele verschiedene σ_a wiederholt. Wenn man den Spannungsausschlag σ_a in einem Diagramm über der Anzahl von Lastwechseln, die von der Probe bei diesem Spannungsausschlag bis zum Bruch ertragen wurden, aufträgt, ergibt sich die nach AUGUST WÖHLER (1819 - 1914) benannte ***Wöhlerkurve***:

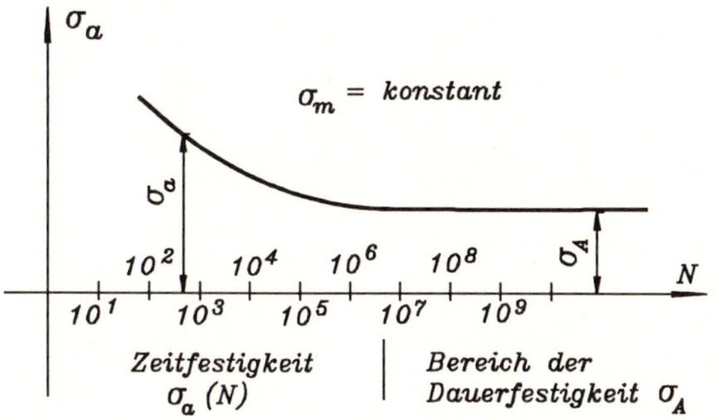

Wöhlerkurve

Es ist üblich (und sinnvoll), die Abszisse, auf der die Lastwechselzahl N aufgetragen wird, logarithmisch zu teilen.

Die wichtigste Erkenntnis aus den Dauerfestigkeitsversuchen ist, daß die Proben, die eine gewisse Anzahl von Lastwechseln ohne Bruch überstanden haben (z. B. für Stahl etwa 2.000.000 ... 10.000.000 Lastwechsel), auch bei Fortsetzung des Versuchs nicht mehr versagen.

Der größte Spannungsausschlag σ_A, mit dem diese ***Grenzlastwechselzahl*** erreicht wird, definiert mit der sogenannten ***Dauerfestigkeit***

$$\sigma_D = \sigma_m + \sigma_A \qquad (\text{für } \sigma_m < 0: \quad \sigma_D = \sigma_m - \sigma_A)$$

den wichtigsten Wert, der aus dem Dauerfestigkeitsversuch gewonnen wird.

Zur Ermittlung einer einzigen Wöhlerkurve, die jeweils nur für ein bestimmtes σ_m gilt, sind zahlreiche Dauerfestigkeitsversuche erforderlich. Die wichtigsten Parameter aller Wöhlerkurven eines Materials (σ_m, σ_A und σ_D) werden nach DIN 50100 in einem ***Dauerfestigkeitsschaubild (Smith-Diagramm)*** zusammengefaßt (siehe Skizze auf der nächsten Seite):

- Über σ_m werden die Ober- und Unterspannung, die von der Probe auf Dauer ertragen wurden, aufgetragen. Damit werden auch σ_A und die Dauerfestigkeit σ_D erkennbar.
- An der Streckgrenze (und für Druckspannungen an der Quetschgrenze) wird das Dauerfestigkeitsschaubild so korrigiert, daß diese Grenzen nicht überschritten werden (horizontale Linien an diesen Stellen). Da σ_o und σ_u immer den gleichen Abstand von σ_m haben, sind von dieser Korrektur jeweils beide Zweige des Diagramms betroffen.
- Der auf der vertikalen Achse ablesbare Wert σ_W heißt ***Wechselfestigkeit*** (Dauerfestigkeit bei der Mittelspannung $\sigma_m = 0$). Der Wert für die Dauerfestigkeit bei einer Unterspannung $\sigma_u = 0$ wird als ***Schwellfestigkeit*** σ_{Sch} bezeichnet. Man beachte, daß die Schwell-

festigkeit der Summe der beiden Spannungsausschläge, die Wechselfestigkeit nur dem einfachen Spannungsausschlag entspricht.

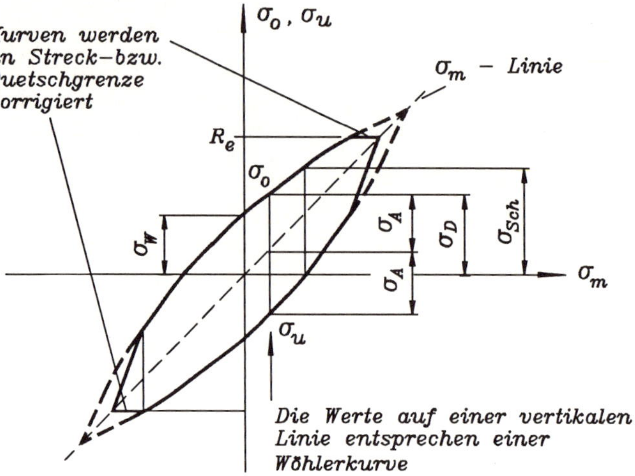

Dauerfestigkeitsschaubild (Smith-Diagramm)

Der Versuchsaufwand zur Ermittlung der Dauerfestigkeitsschaubilder ist außerordentlich groß, zumal sich die meisten Materialien bei Zug, Biegung und Torsion (zum Teil auch bei Druck anders als bei Zug, z. B. Grauguß) unterschiedlich verhalten, so daß für diese Belastungen gesonderte Versuche gefahren werden müssen. Die ermittelten Spannungen werden durch einen zusätzlichen Index gekennzeichnet, z. B. sind mit σ_{bW} und τ_{tW} die Wechselfestigkeiten bei Biege- und Torsionsbeanspruchung gemeint.

Die wichtigsten Ergebnisse der Versuche zur Ermittlung der Festigkeitseigenschaften von Werkstoffen (Wechselfestigkeit, Schwellfestigkeit, Streckgrenze) findet man in Tabellen in einschlägigen Handbüchern. Es ist üblich, das reale Dauerfestigkeitsschaubild mit diesen drei Werten anzunähern, indem die gekrümmten Kurven durch Geraden ersetzt werden.

Beispiel: Für den Bereich positiver Mittelspannungen σ_m (Zug-Bereich) ist das genäherte Dauerfestigkeitsschaubild für den Stahl St52 zu zeichnen.

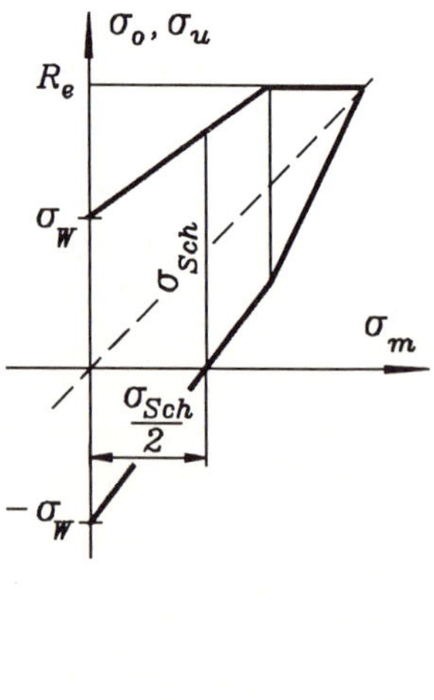

Gegeben: $\boldsymbol{R_e = 320\ N/mm^2}$, $\boldsymbol{\sigma_W = 240\ N/mm^2}$, $\boldsymbol{\sigma_{Sch} = 310\ N/mm^2}$.

Die einzelnen Schritte für die Darstellung des Dauerfestigkeitsschaubildes sind:

- Zeichnen einer Parallelen zur Abszisse entsprechen der Größe von $\boldsymbol{R_e}$,
- Ermitteln des Schnittpunktes **I** (Skizze auf der folgenden Seite) dieser Geraden mit der um **45°** geneigten Geraden für die Mittelspannung,

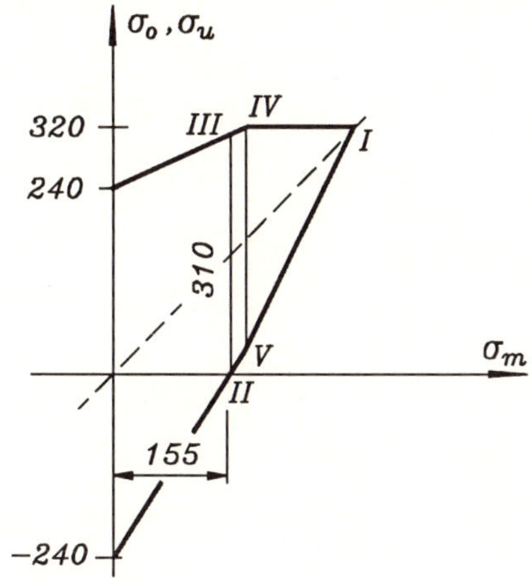

- σ_W und $-\sigma_W$ auf der Ordinate antragen,
- Antragen von $\sigma_{Sch}/2$ auf der Abszisse und senkrecht dazu σ_{Sch}, man findet die Punkte **II** und **III**,
- der durch σ_W auf der Ordinate festgelegte Punkt wird mit dem Punkt **III** verbunden, diese Gerade wird verlängert bis zum Punkt **IV** (Schnittpunkt mit durch R_e gegebenen horizontalen Linie),
- der durch $-\sigma_W$ auf der Ordinate festgelegte Punkt wird mit dem Punkt **II** verbunden, diese Gerade wird verlängert bis zum Punkt **V** (Schnittpunkt mit der Senkrechten durch Punkt **IV**),
- die Verbindungslinie von σ_W, **III, IV, I, V, II** und $-\sigma_W$ ist das gesuchte genäherte Dauerfestigkeitsschaubild.

13.3 Gestaltfestigkeit

Die tatsächlich in einem Bauteil auftretende Spannung kann (durch recht unterschiedliche Einflüsse bedingt) höher sein als die errechnete. Die wichtigsten Einflüsse, die zu solchen Abweichungen führen, sind genauer untersucht worden, man kennt Versuchsergebnisse und Erfahrungswerte, die berücksichtigt werden können und die deshalb in diesem Abschnitt behandelt werden. Die trotzdem stets verbleibenden Unsicherheiten müssen durch Sicherheitsfaktoren erfaßt werden.

13.3.1 Kerbwirkungen

Querschnittsänderungen in einem Bauteil führen zu Spannungsspitzen, die rechnerisch nur mit erheblichem Aufwand ermittelt werden können. Sie werden deshalb durch die ***Formzahlen*** α_k (für statische Belastung) und die ***Kerbwirkungszahlen*** β_k (für dynamische Belastung) erfaßt.

Mit der Formzahl α_k korrigiert man "eigentlich falsche Voraussetzungen" bei der Spannungsberechnung. Bei den folgenden Beispielen dürfte man nicht voraussetzen, daß sich in der Nähe der Kerben eine gleichmäßige Spannungsverteilung einstellt. Zur Vereinfachung der Berechnung tut man es doch, rechnet die sogenannte ***Nennspannung*** σ_n mit einfachen Formeln aus und korrigiert diese dann mit der Formzahl α_k, um die Spannungsspitze zu erfassen.

Für die Formzahlen gilt stets

$$\alpha_k \geq 1 .$$

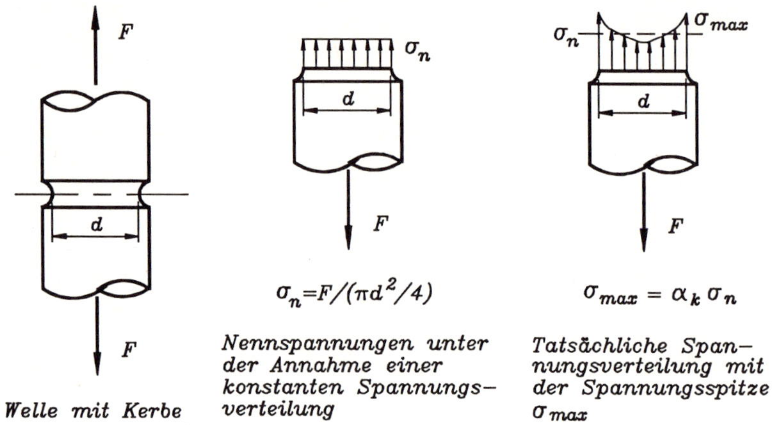

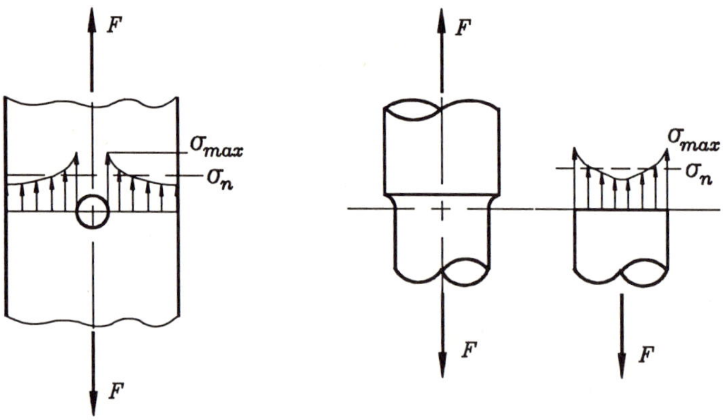

Gelochtes Blech Abgesetzte Welle

Es gibt Berechnungsverfahren, die die genaue Ermittlung der Spannungsverteilung gestatten (z. B. die Methode der finiten Elemente). Um nicht in jedem Einzelfall eine solche aufwendige Berechnung durchführen zu müssen, sind für zahlreiche Kerbformen Diagramme entwickelt worden, aus denen man die α_k-Werte entnehmen kann.

Versuche haben ergeben, daß die Kerbwirkung bei dynamischer Beanspruchung nicht so groß ist wie bei statischer Belastung. Damit gilt für die als

$$\beta_k = \frac{\sigma_A}{\sigma_{Ak}} = \frac{\textit{Ertragbarer Spannungsausschlag der glatten Probe}}{\textit{Ertragbarer Spannungsausschlag der gekerbten Probe}}$$

definierte **Kerbwirkungszahl β_k**:

$$1 \leq \beta_k \leq \alpha_k \, .$$

Die Ermittlung der β_k-Werte ist schwierig und aufwendig. Wenn keine geeigneten Werte für die Kerbwirkungszahl zur Verfügung stehen, was in der technischen Praxis eher die Regel als die Ausnahme ist, dann liegt man mit der Annahme

$$\beta_k = \alpha_k$$

auf der sicheren Seite.

13.3.2 Oberflächenbeschaffenheit und Bauteilgröße

Bei **dynamischer Belastung** beeinflussen die Oberflächenrauhigkeit und die Bauteilgröße die ertragbare Spannung. Man berücksichtigt diese Einflüsse durch den ***Oberflächenfaktor*** κ und den ***Größenfaktor b*** (wird auch als "Maßstabsbeiwert" bezeichnet), indem man die Dauerfestigkeit σ_D (ermittelt an Proben mit genormter Größe und glatten Oberflächen) reduziert:

$$\sigma_{D,red} = b\,\kappa\,\sigma_D \qquad (b \le 1\;,\quad \kappa \le 1)\;.$$

Allgemein gilt: Je größer die Rauhigkeit der Oberfläche ist, desto kleiner ist der Oberflächenfaktor, je größer das Bauteil ist, desto kleiner ist der Größenfaktor b.

Die Werte für κ und b werden durch Versuche ermittelt und in Tabellen und Diagrammen zusammengestellt (z. B.: [1]).

13.4 Zulässige Spannungen

Mit der Kerbwirkungszahl (bzw. der Formzahl), dem Oberflächenfaktor und dem Größenfaktor sind wesentliche Faktoren zur Korrektur der Spannungsberechnung gegeben. Man erfaßt im allgemeinen alle weiteren Einflüsse durch Sicherheitsbeiwerte S, um dann den Spannungsnachweis mit der ***zulässigen Spannung*** σ_{zul} zu führen.

Für verschiedene Industriezweige gibt es DIN-Blätter für die zulässigen Spannungen (Stahlbau, Hochbau, Kranbau, Behälterbau), in anderen Branchen (Maschinenbau, Feinwerktechnik) ist dies leider wegen der Vielfalt der Bauteile, Belastungen und Werkstoffe kaum möglich. Deshalb werden die zulässigen Spannungen nach den folgenden Formeln ermittelt.

13.4.1 Statische Belastung

Bei **spröden Werkstoffen**, für die die Bruchspannung R_m bei der Dimensionierung maßgebend ist, wird die errechnete Nennspannung mit der Formzahl α_k korrigiert:

$$\sigma_{zul} = \frac{R_m}{S_B} \quad ; \qquad \sigma_{max} = \alpha_k\,\sigma_n \le \sigma_{zul} \qquad \textbf{(13.3)}$$

(mit dem Sicherheitsbeiwert S_B, bei dem der Index darauf hinweist, daß die Bruchspannung zur Ermittlung der zulässigen Spannung verwendet wird).

Bei **zähen Werkstoffen**, für die die Streckgrenze R_e bei der Dimensionierung maßgebend ist, kann wegen der Fähigkeit dieser Materialien, Spannungsspitzen plastisch abzubauen, auf die Berücksichtigung der Formzahl im allgemeinen verzichtet werden. Es gilt die Formel **(13.2)**, und die mit dem Sicherheitsbeiwert S_F (deutet auf Streck- bzw. Fließgrenze hin) berechnete zulässige Spannung wird direkt mit der berechneten Nennspannung verglichen:

$$\sigma_{zul} = \frac{R_e}{S_F} \quad ; \quad \sigma_n \leq \sigma_{zul} \ . \tag{13.4}$$

13.4.2 Dynamische Belastung

Die Dauerfestigkeit σ_D als Werkstoffkenngröße für die dynamische Beanspruchung wird mit Kerbwirkungszahl, Oberflächenfaktor und Größenfaktor zur sogenannten ***Gestaltfestigkeit*** vermindert:

$$\sigma_{Gestalt} = \frac{b\,\kappa}{\beta_k}\,\sigma_D \ . \tag{13.5}$$

Alle übrigen Einflüsse werden auch hier mit einem Sicherheitsfaktor S_D erfaßt (der Index D deutet auf die Dauerfestigkeit als Bezugsgröße hin):

$$\sigma_{zul} = \frac{\sigma_{Gestalt}}{S_D} \quad ; \quad \sigma_n \leq \sigma_{zul} \ . \tag{13.6}$$

13.4.3 Festigkeitsnachweis

Der Festigkeitsnachweis für eine Konstruktion wird durch Vergleich einer berechneten (eventuell auch gemessenen) Spannung mit einer zulässigen Spannung ausgeführt. In Abhängigkeit von der Belastungsart und dem Werkstoffverhalten sind dafür die in den letzten Abschnitten behandelten und in der nachfolgenden Tabelle noch einmal zusammengestellten Formeln zu verwenden:

Belastung:	Statisch		Dynamisch
Werkstoff:	Spröde	Zäh	
$\sigma_{zul} =$	$\frac{R_m}{S_B}$	$\frac{R_e}{S_F}$	$\frac{\sigma_{Gestalt}}{S_D} = \frac{b\,\kappa}{\beta_k S_D}\,\sigma_D$
Nachweis:	$\alpha_k\,\sigma_n \leq \sigma_{zul}$	$\sigma_n \leq \sigma_{zul}$	

Man beachte, daß es üblich ist, bei statischer Belastung (und sprödem Material) die Nennspannung zu korrigieren, während bei dynamischer Belastung sämtliche Korrekturgrößen in die Ermittlung der zulässigen Spannung einfließen.

Der hier beschriebene (besonders wichtige) Festigkeitsnachweis (Spannungsnachweis) muß im allgemeinen noch durch einen Steifigkeitsnachweis und eventuell einen Stabilitätsnachweis ergänzt werden. Die Grundlagen dafür werden in den folgenden Kapiteln behandelt.

14 Zug und Druck

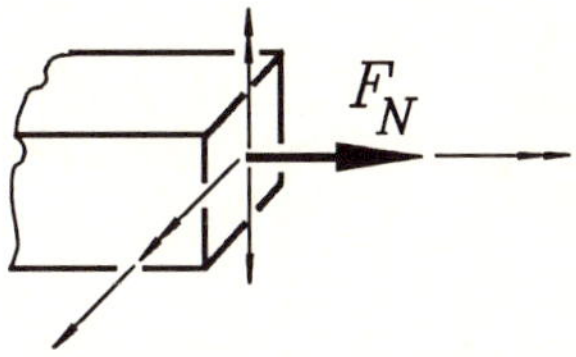

In diesem und den folgenden Kapiteln werden die Spannungen und Verformungen von Bauteilen berechnet, bei denen eine der drei Abmessungen deutlich größer ist als die beiden anderen (Stäbe, Balken, Rahmen, Wellen, ...). Dafür werden die aus der Statik bekannten Schnittgrößen (Normalkraft, Querkräfte, Biegemomente, Torsionsmoment) verwendet, die die resultierende Wirkung der über die Querschnittsfläche verteilten Spannungen repräsentieren.

Bei den Verformungsberechnungen wird immer vorausgesetzt, daß die Verformungen klein gegenüber den Abmessungen des Bauteils sind und sich das Material linear-elastisch verhält (Gültigkeit des Hookeschen Gesetzes).

In diesem Kapitel werden Bauteile betrachtet, die ausschließlich durch die Normalkraft F_N beansprucht werden (Seile, Stäbe).

14.1 Spannung, Dehnung

Die Normalkraft F_N ist die Resultierende der über die Querschnittsfläche verteilten Normalspannung:

$$F_N = \int_A \sigma \, dA \; . \tag{14.1}$$

Es darf fast immer angenommen werden (Prinzip von St. Venant, Abschnitt 12.2), daß die Spannung gleichmäßig über die Querschnittsfläche verteilt ist ($F_N = \sigma A$, wobei F_N und A in Längsrichtung durchaus veränderlich sein dürfen, vgl. die beiden nachfolgend skizzierten Beispiele), und man erhält die Formel für die

Normalspannung infolge der Normalkraft F_N: $$\sigma = \frac{F_N}{A} \tag{14.2}$$

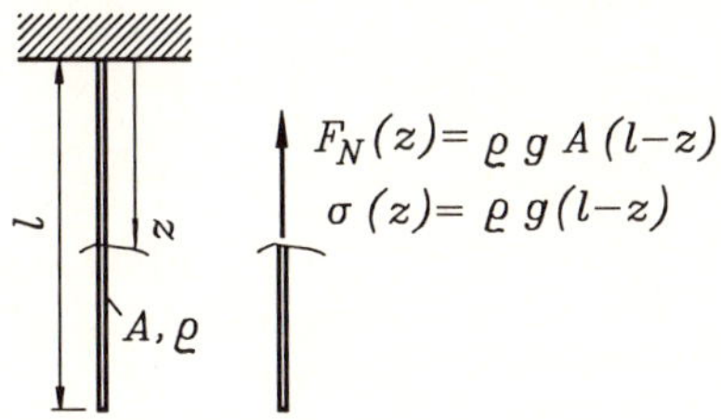

Stab, belastet durch sein Eigengewicht

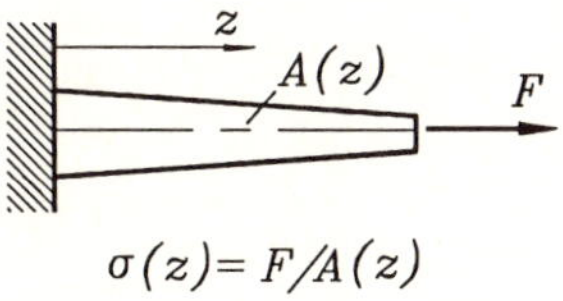

Stab mit veränderlichem Querschnitt

Mit dem Hookeschen Gesetz können die durch die Spannung hervorgerufenen Dehnungen berechnet werden, die im allgemeinen auch von der Längskoordinate z abhängig sind:

$$\varepsilon(z) = \frac{\sigma(z)}{E} \; . \qquad (14.3)$$

Bei **konstantem** ε kann aus der Dehnung die Verlängerung des Stabes der Länge l nach

$$\Delta l = \varepsilon \; l \qquad (14.4)$$

ermittelt werden, für **veränderliches** $\varepsilon(z)$ ergibt sich die Verlängerung Δl aus der Integration über die Dehnung:

$$\Delta l = \int_l \varepsilon(z) \, dz \; . \qquad (14.5)$$

Für den sehr wichtigen Sonderfall, daß sowohl die Normalkraft F_N als auch die Querschnittsfläche A zumindest in einem Bereich eines Stabes konstant sind, erhält man aus den Formeln (14.2) bis (14.4) die Formel für die

Längenänderung eines Stababschnitts mit der konstanten Normalkraft F_N und der konstanten *Dehnsteifigkeit* EA:

$$\Delta l = \frac{F_N \, l}{E \, A} \qquad (14.6)$$

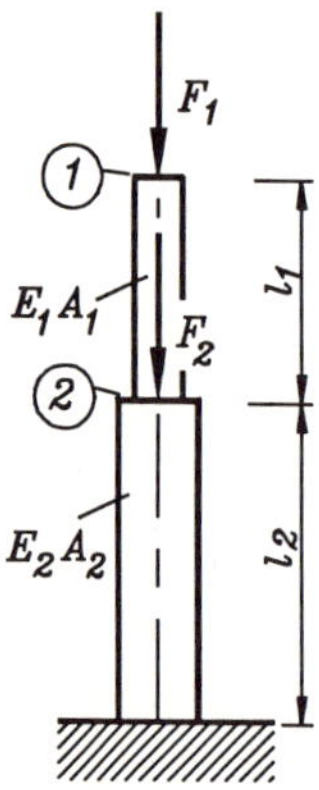

Beispiel 1: Ein Stab mit stückweise konstantem Querschnitt trägt die Kräfte F_1 und F_2, sein Eigengewicht kann vernachlässigt werden. Man berechne

a) die Spannung im oberen Abschnitt,

b) die Querschnittsfläche A_2, so daß sich im unteren Abschnitt die gleiche Spannung ergibt wie im oberen,

c) die Absenkung der Querschnitte **1** und **2**.

Gegeben: $F_1 = 12 \; kN$; $l_1 = 30 \; cm$; $A_1 = 80 \; mm^2$;
$F_2 = 9 \; kN$; $l_2 = 40 \; cm$; $E = 2{,}1 \cdot 10^5 \; N/mm^2$.

Die Gleichgewichtsbedingungen an den rechts dargestellten Teilsystemen liefern die Normalkräfte in den beiden Abschnitten:

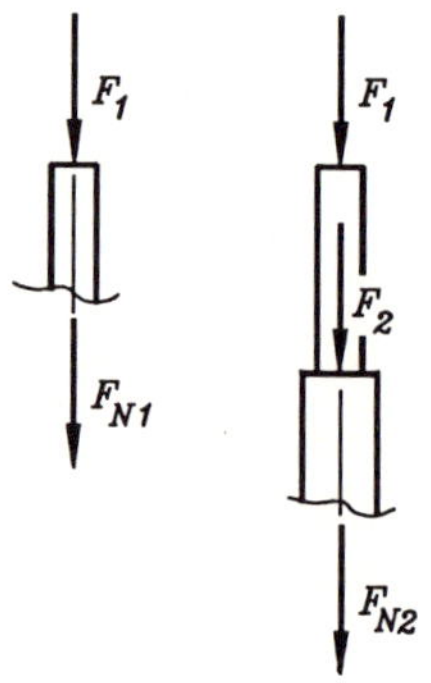

$$F_{N1} = - F_1 \quad , \qquad F_{N2} = - F_1 - F_2$$

Für den oberen Abschnitt folgt daraus die Spannung:

$$\sigma_1 = \frac{F_{N1}}{A_1} = - \frac{F_1}{A_1} = - 150 \; \frac{N}{mm^2} \; .$$

Die Spannung im unteren Abschnitt soll die gleiche Größe haben. Aus dieser Forderung ergibt sich die Querschnittsfläche A_2:

$$\sigma_2 = \frac{F_{N2}}{A_2} = - \frac{F_1 + F_2}{A_2} \quad \Rightarrow \quad A_2 = - \frac{F_1 + F_2}{\sigma_2} = 140 \; mm^2 \; .$$

Die Absenkungen der Querschnitte 1 und 2 ergeben sich aus den Längenänderungen der unter den Querschnitten liegenden Stabbereiche:

$$w_2 = -\Delta l_2 = \frac{(F_1+F_2)\,l_2}{E_2 A_2} = 0{,}286\ mm\ ; \qquad w_1 = -\Delta l_1 - \Delta l_2 = \frac{F_1 l_1}{E_1 A_1} + w_2 = 0{,}500\ mm\ .$$

Beispiel 2: Ein Stahlstab (Dichte ϱ) mit Kreisquerschnitt ist durch die Kraft F belastet.

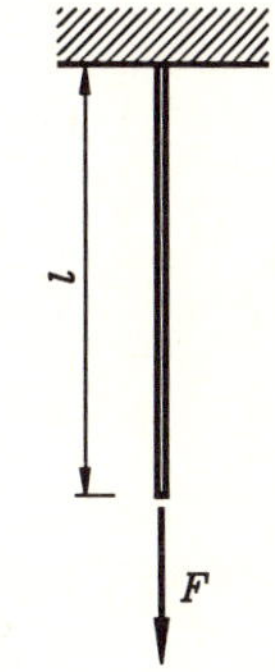

Gegeben: $F = 40\ kN$; $l = 4\ m$; $E = 2{,}1\cdot 10^5\ N/mm^2$; $\varrho = 7{,}85\ g/cm^3$.

a) Man ermittle den erforderlichen Durchmesser bei einer zulässigen Spannung von $\sigma_{zul} = 200\ N/mm^2$

   a1) unter Vernachlässigung,
   a2) bei Berücksichtigung des Eigengewichts.

b) Wie groß ist die Verlängerung des Stabes bei einem Durchmesser $d = 16\ mm$

   b1) unter Vernachlässigung,
   b2) bei Berücksichtigung des Eigengewichts.

Für die Normalkraft gilt ohne Berücksichtigung des Eigengewichtes:

$$F_N = F$$

und bei Berücksichtigung des Eigengewichtes:

$$F_N\,(z) = F + \varrho\, g\, A\, z\ .$$

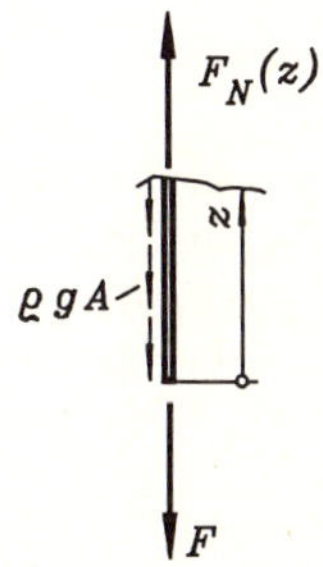

Die erforderlichen Durchmesser werden bestimmt, indem die maximale Spannung gleich der zulässigen Spannung gesetzt wird. Während im Fall a1) die Spannung im gesamten Stab gleich ist, ist sie im Fall a2) veränderlich und hat am Aufhängepunkt ihren größten Wert.

$$a1)\quad \sigma = \frac{F_N}{A} = \frac{F}{A} \quad\Rightarrow\quad \frac{F}{A_{erf}} = \sigma_{zul}\ ; \quad A_{erf} = \frac{\pi\, d_{erf}^2}{4} = \frac{F}{\sigma_{zul}}\ ; \quad d_{erf} = 2\sqrt{\frac{F}{\pi\,\sigma_{zul}}} = 15{,}96\ mm.$$

$$a2)\qquad F_{N_{max}} = F + \varrho g l A \quad\Rightarrow\quad \sigma_{zul} = \frac{F_{N_{max}}}{A_{erf}} = \frac{F}{A_{erf}} + \varrho g l = \frac{4F}{\pi\, d_{erf}^2} + \varrho g l\ ,$$

$$d_{erf} = 2\sqrt{\frac{F}{(\sigma_{zul} - \varrho g l)\,\pi}} = 15{,}97\ mm\ .$$

Der Eigengewichtseinfluß ist bei diesem Beispiel für die Dimensionierung unerheblich. Das Eigengewicht, das in der Regel um Größenordnungen kleiner ist als die äußere Last, kann deshalb häufig völlig unberücksichtigt bleiben.

Bei der Ermittlung der Stabverlängerung kann im Fall b1) wegen der konstanten Dehnung (folgt aus der konstanten Spannung bei konstantem Querschnitt) mit der Formel (14.6) gearbeitet werden, während bei einer veränderlichen Dehnung wie im Falle b2) eine Integration erforderlich ist:

b1) $$\Delta l = \frac{F_N\, l}{E\, A} = \frac{4\, F\, l}{E\, \pi\, d^2} \quad \Rightarrow \quad \Delta l = 3{,}79\ mm\ .$$

b2) $$\Delta l = \int_{z=0}^{l} \varepsilon(z)\, dz \quad , \quad \varepsilon(z) = \frac{\sigma}{E} = \frac{F_N}{E\, A} = \frac{F}{E\, A} + \frac{\rho g}{E} z\ ,$$

$$\Delta l = \int_{z=0}^{l} \left(\frac{F}{E\, A} + \frac{\rho g}{E} z \right) dz \quad , \quad \Delta l = \frac{F\, l}{E\, A} + \frac{\rho g}{2\, E}\, l^2 = 3{,}79\ mm\ .$$

Der Einfluß des Eigengewichtes ist auch bei der Stabverlängerung wie bei der Dimensionierung bei diesem Beispiel zu vernachlässigen.

14.2 Statisch unbestimmte Probleme

Bei statisch unbestimmten Problemen können die Lagerkräfte (auch Stabkräfte, Seilkräfte, Schnittgrößen) nicht allein aus den Gleichgewichtsbedingungen ermittelt werden. Da zusätzliche Lager aber immer Aussagen über die Verformung ermöglichen, können unter Einbeziehung von Verformungsbetrachtungen auch diese Aufgaben gelöst werden.

In dem folgenden Beispiel kann die Kraft im Seil 3 direkt berechnet werden, für die Berechnung der beiden Kräfte in den Seilen 1 und 2 steht aber nur eine Gleichgewichtsbedingung (Kräftegleichgewicht in vertikaler Richtung an der unteren Masse) für diese beiden Unbekannten zur Verfügung. Wegen der Vertikalführung der Masse muß die Verlängerung der Seile 1 und 2 jedoch gleich sein:

$$\Delta l_1 = \Delta l_2\ .$$

Dies ist die zweite Bestimmungsgleichung für die Seilkräfte.

Beispiel 1: Ein starrer Körper mit der Gewichtskraft F ist an den beiden elastischen Seilen 1 und 2 aufgehängt und wird außerdem über das Seil 3 von dem Gegengewicht F_G gehalten.

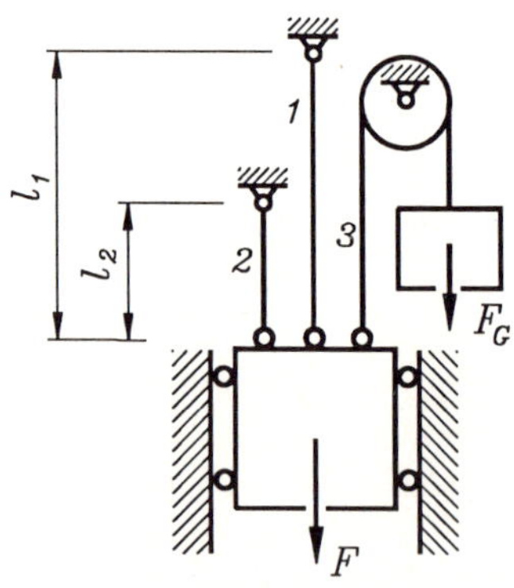

Man ermittle die von den Seilen 1 und 2 aufzunehmenden Kräfte.

Gegeben: $F = 8\ kN,\ l_1 = 60\ cm,\ A_1 = 36\ mm^2,$
$F_G = 5\ kN,\ l_2 = 30\ cm,\ A_2 = 12\ mm^2$
(A_1 und A_2 sind die Querschnittsflächen der Seile 1 und 2, alle Seile haben den gleichen Elastizitätsmodul).

Die Seilkraft im Seil 3 ist gleich der Gewichtskraft F_G, die drei aufwärts gerichteten Seilkräfte müssen mit der Kraft F im Gleichgewicht sein:

$$F_{S1} + F_{S2} + F_G - F = 0 \; .$$

Die schon genannte Verformungsbedingung (Gleichheit der Seilverlängerungen) führt unter Verwendung von (14.6) zur zweiten Gleichung für die beiden unbekannten Seilkräfte:

$$\Delta l_1 = \Delta l_2 \quad \Rightarrow \quad \frac{F_{S1}\, l_1}{E\, A_1} = \frac{F_{S2}\, l_2}{E\, A_2} \quad \Rightarrow \quad F_{S1} = F_{S2}\, \frac{A_1}{A_2}\, \frac{l_2}{l_1}$$

Mit den gegebenen Größen errechnet man aus diesen beiden Gleichungen:

$$F_{S1} = \tfrac{3}{5}(F - F_G) = 1800\,N \quad ; \qquad F_{S2} = \tfrac{2}{5}(F - F_G) = 1200\,N \; .$$

Beispiel 2: Ein starrer Körper mit dem Gewicht F_G ist bei A gelenkig gelagert und außerdem im Fall a) an den elastischen Seilen 1 und 2, im Fall b) an einem über zwei Rollen geführten Seil 3 aufgehängt. Alle Seile haben den gleichen Elastizitätsmodul E und den gleichen Querschnitt A.

Gegeben: $F_G = 240\ N$; $a = 5\ cm$; $l = 6\ cm$; $A = 0{,}5\ mm^2$; $E = 2{,}1 \cdot 10^5\ N/mm^2$.

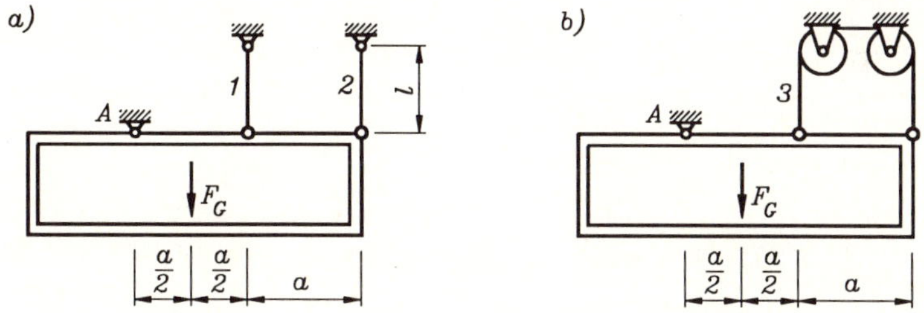

Man berechne die Spannungen in den drei Seilen und die Verlängerung Δl_1 des Seils 1.

Die beiden Teilaufgaben erfordern unterschiedliche Lösungsstrategien, da das System a) statisch unbestimmt, System b) dagegen statisch bestimmt gelagert ist.

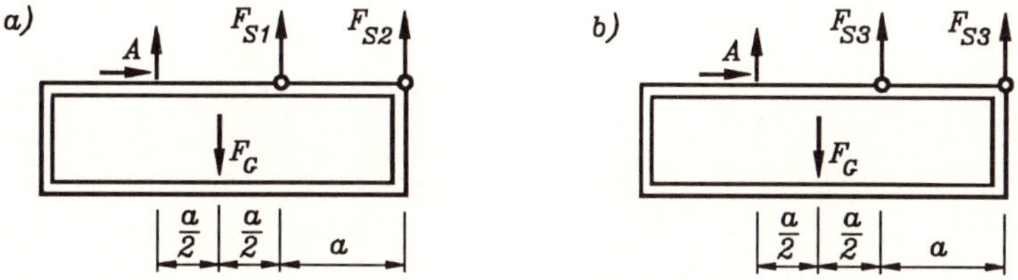

a) Das Momentengleichgewicht um den Punkt A (auf weitere Gleichgewichtsbedingungen wird verzichtet, weil die Lagerkräfte bei A nicht gefragt sind)

$$F_G\,\frac{a}{2} - F_{S1}\,a - F_{S2}\,2a = 0 \quad \Rightarrow \quad F_{S1} + 2F_{S2} = \frac{F_G}{2}$$

ist die erste Bestimmungsgleichung für die unbekannten Seilkräfte F_{S1} und F_{S2}. Die zweite Gleichung ergibt sich aus einer Verformungsbetrachtung: Da nur die Seile elastisch sind, kann sich der starre Körper nur um den Punkt A drehen und eine Schrägstellung einnehmen. Es müssen sich also die Längenänderungen der Seile 1 und 2 wie ihre Abstände zum Drehpunkt A verhalten:

$$\frac{\Delta l_2}{\Delta l_1} = \frac{2a}{a} \quad \Rightarrow \quad \Delta l_2 = 2\,\Delta l_1 \quad \Rightarrow \quad \frac{F_{S2}\,l}{E\,A} = 2\,\frac{F_{S1}\,l}{E\,A} \quad \Rightarrow \quad F_{S2} = 2\,F_{S1}$$

Die beiden Gleichungen (Momentengleichgewicht und Verformungsbedingung) liefern:

$$F_{S1} = \frac{F_G}{10} = 24\ N \quad , \quad F_{S2} = \frac{F_G}{5} = 48\ N\ .$$

Daraus ergeben sich die gesuchten Spannungen und die Verlängerung des Seiles 1:

$$\sigma_1 = F_1/A = 48\ N/mm^2 \quad ; \qquad \sigma_2 = F_2/A = 96\ N/mm^2 \quad ;$$

$$\Delta l_1 = \frac{F_{S1}\,l}{EA} = 0{,}0137\ mm\ .$$

b) Die Seilkraft F_{S3} kann direkt aus einer Momentenbetrachtung um den Lagerpunkt A errechnet werden:

$$F_G\,\frac{a}{2} - F_{S3}\,a - F_{S3}\,2a = 0 \qquad \Rightarrow \qquad F_{S3} = \frac{F_G}{6} = 40\ N\ .$$

Daraus ergibt sich die Spannung in diesem Seil:

$$\sigma_3 = F_3/A = 80\ N/mm^2\ .$$

14.3 Temperatureinfluß, Fehlmaße

Bei einer ***Temperaturerhöhung*** um ΔT dehnt sich ein Stab zusätzlich zur elastischen Dehnung um die ***Temperaturdehnung***

$$\varepsilon_t = \alpha_t\,\Delta T \tag{14.7}$$

mit dem **Temperaturausdehnungskoeffizienten** α_t (Dimension: K^{-1}), für Stahl gilt z. B.: $\alpha_t = 1{,}2 \cdot 10^{-5}\ K^{-1}$.

Die Gesamtdehnung eines durch eine Normalkraft F_N belasteten Stabes, der zusätzlich einer Temperaturerhöhung ΔT unterworfen ist, errechnet sich nach

$$\varepsilon_{ges} = \frac{\sigma}{E} + \alpha_t\,\Delta T\ . \tag{14.8}$$

Hierin ist σ die durch die Normalkraft F_N hervorgerufene Spannung $\sigma = \dfrac{F_N}{A}$.

- Man beachte: Die Temperaturdehnung erfolgt stets spannungsfrei. ***Temperaturspannungen* werden nur bei behinderter thermischer Dehnung hervorgerufen.** Dies ist nur bei statisch unbestimmten Systemen möglich. **In statisch bestimmten Stabwerken treten keine Temperaturspannungen auf.**

Beispiel 1:

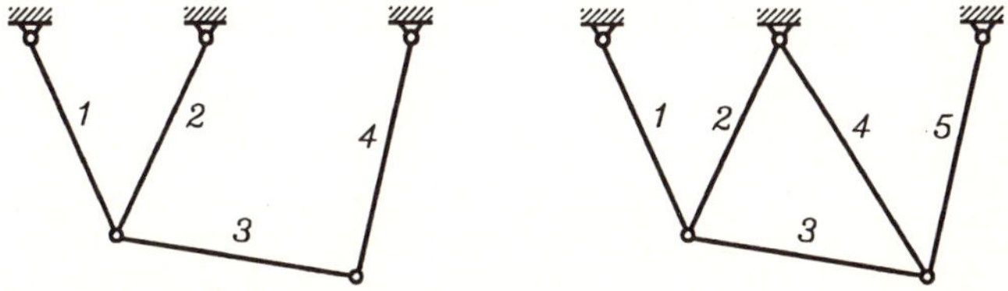

Wenn ein Stab (oder mehrere oder alle Stäbe) des **statisch bestimmten** Stabwerks (linkes System) erwärmt wird, kann er sich spannungsfrei ausdehnen. Die übrigen Stäbe reagieren wie ein Getriebe mit einem Freiheitsgrad.

Wenn bei dem **statisch unbestimmten** Stabwerk (rechtes Stabwerk) z. B. der Stab 3 eine Wärmedehnung erfährt, verspannt er die beiden Stabzweischläge 1–2 und 4–5 und in allen fünf Stäben werden Spannungen hervorgerufen. Dies gilt auch bei Erwärmung jedes anderen Stabes, auch bei gleichmäßiger Erwärmung des gesamten Stabwerks.

Beispiel 2: Der skizzierte Stab wurde bei $\mathbf{0°C}$ zwischen den starren Lagern A und C montiert.

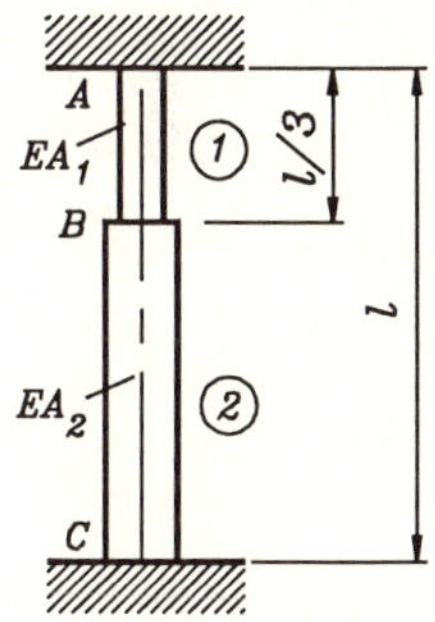

Gegeben: $A_1 = 16\ cm^2$; $\alpha_t = 1{,}2\ 10^{-5}\ K^{-1}$;
$A_2 = 4\ A_1$; $E = 2{,}1 \cdot 10^5\ N/mm^2$.

a) Man ermittle die Spannungen in den Teilen 1 und 2 bei einer Temperaturerhöhung auf $\mathbf{+40°C}$.

b) Welche Kraft $\boldsymbol{F}$ müßte bei $\boldsymbol{B}$ (senkrecht nach unten) aufgebracht werden, so daß bei $\mathbf{+40°C}$ in den Teilen 1 und 2 die Spannungen gleich sind?

c) Welche Spannungen ruft die unter b) errechnete Kraft bei $\mathbf{0°C}$ hervor?

Der Stab ist statisch unbestimmt gelagert (zwei Einspannungen). Durch die spezielle Belastung werden jedoch nur Kräfte in vertikaler Richtung übertragen. Für die Berechnung der vertikalen Lagerkräfte in den Punkten A und C steht nur die Gleichgewichtsbeziehung "Summe aller Kräfte in vertikaler Richtung" zur Verfügung, so daß sich dieses System als einfach statisch unbestimmt erweist. Es ist also eine Verformungsbetrachtungen erforderlich.

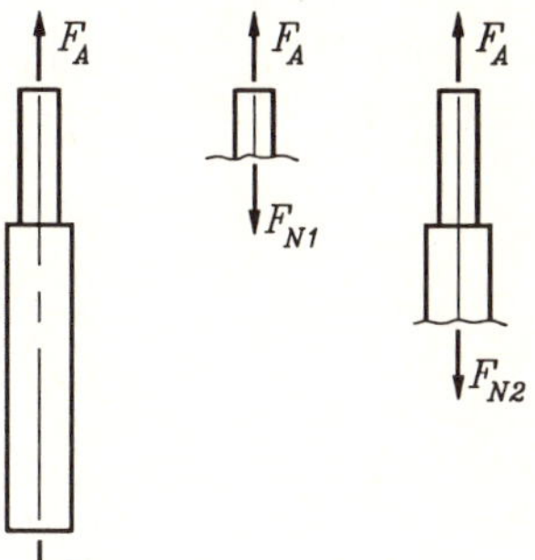

a) Durch die Erwärmung und die verhinderte thermische Ausdehnung des Stabes entstehen die Lagerkräfte F_A und F_C. Zur Gleichgewichtsbedingung

$$F_A = F_C$$

wird noch eine Verformungsbedingung benötigt. Die gesamte Längenänderung, die sich aus den Längenänderungen beider Stababschnitte zusammensetzt, muß gleich Null sein, da die starren Einspannungen keine Verschiebungen zulassen:

$$\Delta l_1 + \Delta l_2 = 0 \ .$$

Dies sind die beiden Bestimmungsgleichungen, aus denen die Lagerreaktionen (und damit die Schnittgrößen und die Spannungen) berechnet werden können.

In der Verformungsbedingung werden die beiden Verlängerungen entsprechend

$$\Delta l_1 + \Delta l_2 = \varepsilon_1 \frac{l}{3} + \varepsilon_2 \frac{2}{3} l = 0$$

durch die Dehnungen ausgedrückt, die sich jeweils aus einem thermischen Anteil (verursacht durch ΔT) und einem elastischen Anteil (verursacht durch die Normalkräfte in den beiden Abschnitten) zusammensetzen. Die Dehnungen müssen also durch (14.8) ersetzt werden, die beiden Spannungen σ_1 und σ_2 werden entsprechend

$$\sigma_1 = F_{N1}/A_1 \qquad \text{und} \qquad \sigma_2 = F_{N2}/A_2$$

durch die Normalkräfte ausgedrückt, und diese können (Gleichgewicht, Schnittskizzen auf der vorigen Seite) durch die Lagerreaktionen

$$F_{N1} = F_A \, , \quad F_{N2} = F_A$$

ersetzt werden. Es ergibt sich folgende Rechnung:

$$\left(\frac{\sigma_1}{E} + \alpha_t \Delta T \right) \frac{l}{3} + \left(\frac{\sigma_2}{E} + \alpha_t \Delta T \right) \frac{2}{3} l = 0 \quad \Rightarrow$$

$$\frac{F_{N1}}{EA_1} + 2 \frac{F_{N2}}{EA_2} + 3 \alpha_t \Delta T = 0 \quad \Rightarrow \quad \frac{3}{2} \frac{F_A}{EA_1} = -3 \alpha_t \Delta T \quad \rightarrow \quad F_A = -2 E \alpha_t \Delta T A_1 \, .$$

Dabei wurde bereits $A_2 = 4A_1$ (siehe Aufgabenstellung) berücksichtigt. Mit der nun bekannten Lagerkraft F_A errechnet man die Spannungen in den Abschnitten 1 und 2:

$$\sigma_1 = F_A/A_1 = -202 \; N/mm^2 \quad ; \quad \sigma_2 = F_A/A_2 = -50{,}4 \; N/mm^2 \; .$$

b) Durch das Aufbringen der zusätzlichen Kraft F (Skizze) ändern sich die Lagerreaktionen und die Schnittgrößen. Nun gilt:

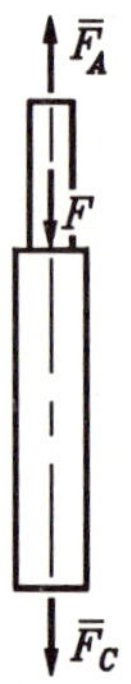

$$\bar{F}_{N1} = \bar{F}_A \quad , \quad \bar{F}_{N2} = \bar{F}_A - F \, .$$

Die gleiche Verformungsbedingung wie im Fall a) liefert damit:

$$\frac{\bar{F}_A}{E A_1} + 2 \frac{\bar{F}_A - F}{E A_2} + 3 \alpha_t \Delta T = 0 \, .$$

Mit Hilfe der daraus folgenden Lagerkraft

$$\bar{F}_A = F/3 - 2 E A_1 \alpha_t \Delta T$$

kann über die Normalkräfte und die Spannungen in den beiden Bereichen des Stabes die Bestimmungsgleichung für die Kraft F gewonnen werden, die in beiden Abschnitten die gleiche Spannung hervorruft:

$$\sigma_1 = \sigma_2 \quad \Rightarrow \quad \bar{F}_A/A_1 = (\bar{F}_A - F)/A_2 \quad \Rightarrow \quad F = 3 E A_1 \alpha_t \Delta T = 484 \; kN \, .$$

c) In der für Fragestellung b) ermittelten Formel für die Lagerkraft wird $\Delta T = 0$ gesetzt, und daraus erhält man folgende Spannungen in den Stababschnitten:

$$\bar{F}_A = \frac{F}{3} \; ; \quad \sigma_1 = \frac{F}{3 A_1} = 101 \frac{N}{mm^2} \; ; \quad \sigma_2 = -\frac{2 F}{3 A_2} = -50{,}4 \frac{N}{mm^2} \, .$$

Beispiel 3: Das skizzierte System ist bezüglich der äußeren Geometrie und der Dehnsteifigkeit der Stäbe symmetrisch. Der Stab 2 soll um die Temperaturdifferenz ΔT erwärmt werden. Die dadurch entstehenden Stabkräfte sind zu berechnen.

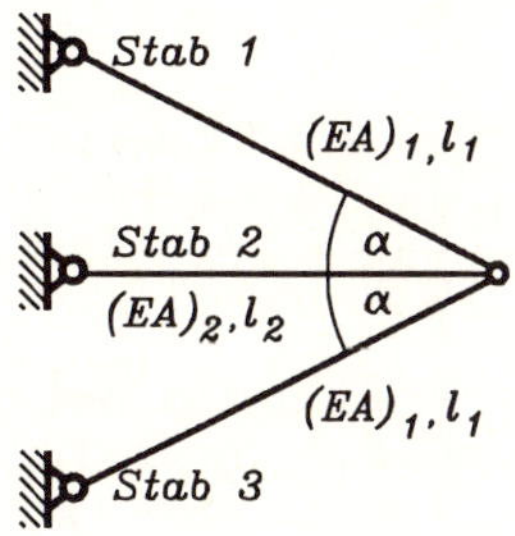

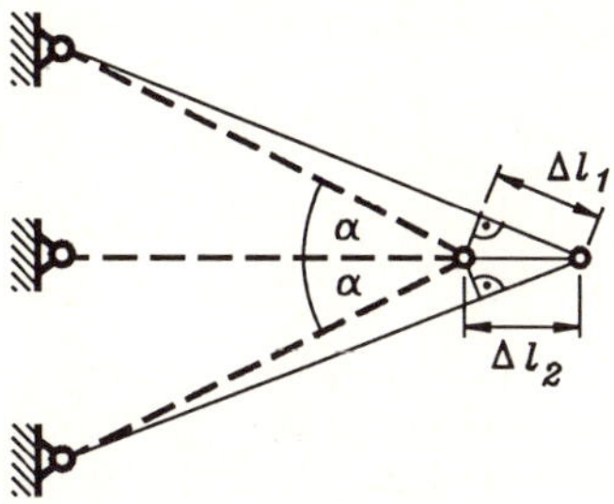

Gegeben: Dehnsteifigkeiten $(EA)_1$ und $(EA)_2$, l_1, l_2, α, ΔT und α_t.

Die in der rechten Skizze angedeutete Verschiebung des freien Knotens nach rechts um Δl_2 entspricht **nicht** der durch die thermische Dehnung des Stabes 2 erzeugten Verschiebung $\alpha_t \Delta T \, l_2$, die sich einstellen würde, wenn der Stab sich frei ausdehnen könnte. Da in dem statisch unbestimmten System durch die Dehnung Stabkräfte hervorgerufen werden, wird die thermische Dehnung von einer elastischen Dehnung überlagert. Die skizzierte Verschiebung stellt die Gesamt-Verschiebung aus beiden Anteilen dar.

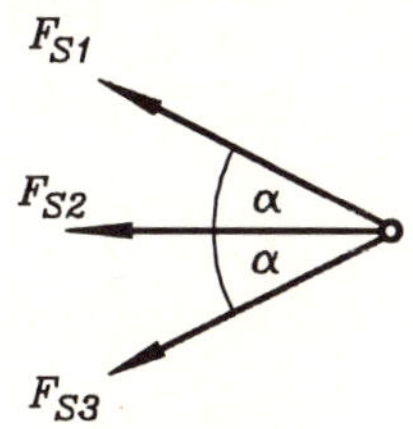

Wegen der Symmetrie gilt

$$F_{S3} = F_{S1} \; .$$

Damit entfällt die Gleichgewichtsbedingung "Summe aller Vertikalkräfte" am nebenstehend skizzierten Knoten, und es verbleibt die **Gleichgewichtsbedingung** in horizontaler Richtung:

$$-\,2\,F_{S1}\cos\alpha \;-\; F_{S2} \;=\; 0 \; .$$

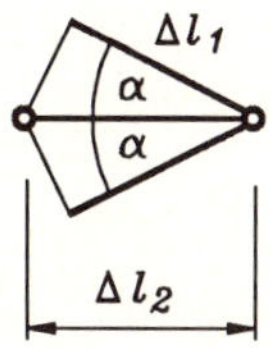

Da das System **einfach** statisch unbestimmt ist, muß **eine** zusätzliche Gleichung aus Verformungsbetrachtungen gewonnen werden. Wegen der Symmetrie verschiebt sich der Knoten nur in horizotaler Richtung, und die Stabverlängerungen müssen so beschaffen sein, daß auch das deformierte System am Knoten zusammenpaßt. Dafür ist die sogenannte ***Kompatibilitätsbedingung*** zu formulieren.

Es darf natürlich vorausgesetzt werden, daß die Längenänderungen der Stäbe wesentlich kleiner sind als die Stablängen, so daß der Winkel zwischen den Stäben auch am deformierten System noch mit α angenähert werden darf (Theorie 1. Ordnung, wurde für die Gleichgewichtsbedingung ohnehin schon genutzt). Dann kann aus der Verformungsskizze abgelesen werden:

$$\Delta l_1 \;=\; \Delta l_2 \cos\alpha \; .$$

Während Δl_1 ausschließlich aus der elastischen Dehnung (infolge F_{S1}) resultiert, wird Δl_2 durch thermische und elastischen Dehnung (infolge ΔT und F_{S2}) erzeugt, so daß die Beziehungen (14.6) bzw. (14.8) gelten:

$$\Delta l_1 = \frac{F_{S1}}{(EA)_1}\, l_1 \quad ; \qquad \Delta l_2 = \left(\frac{F_{S2}}{(EA)_2} + \alpha_t\, \Delta T\right) l_2 \ .$$

Aus dieser Beziehung und der Gleichgewichtsbedingung errechnen sich die beiden Stabkräfte:

$$F_{S1} = \frac{\alpha_t\, \Delta T\, l_2 \cos\alpha}{\left(\frac{l}{EA}\right)_1 + 2\left(\frac{l}{EA}\right)_2 \cos^2\alpha} \quad ; \qquad F_{S2} = -\frac{2\,\alpha_t\, \Delta T\, l_2 \cos^2\alpha}{\left(\frac{l}{EA}\right)_1 + 2\left(\frac{l}{EA}\right)_2 \cos^2\alpha} \ .$$

- Nur durch die Verwendung der Theorie 1. Ordnung (Verschiebungen sind klein gegenüber den Abmessungen des Systems) bleiben die Beziehungen, aus denen die Stabkräfte berechnet werden, linear. Erfahrungsgemäß macht diese (für die weitaus meisten praktischen Probleme gerechtfertigte) "Linearisierung" dem Anfänger einige Schwierigkeiten.

  Für das behandelte sehr einfache Beispiel kann der Fehler, der dabei begangen wird, deutlich gemacht werden. Die exakte Kompatibilitätsbedingung lautet (Pythagoras):

  $$(l_1 + \Delta l_1)^2 = (l_2 + \Delta l_2)^2 + \left(l_1^2 - l_2^2\right)$$

  bzw.

  $$\Delta l_1 \,(2\, l_1 + \Delta l_1) = \Delta l_2 \,(2\, l_2 + \Delta l_2) \ .$$

  Wenn in den Klammern die (kleinen) Verlängerungen gegenüber den (im allgemeinen wesentlich größeren) doppelten Stablängen vernachlässigt werden, entsteht daraus mit

  $$\Delta l_1 = \Delta l_2 \frac{l_2}{l_1} = \Delta l_2 \cos\alpha$$

  die aus der Anschauung gewonnene Beziehung.

- Wenn die Aufgabe nur etwas komplizierter als das behandelte Beispiel ist, kann das Aufschreiben der Kompatibilitätsbedingung "aus der Anschauung" außerordentlich schwierig werden. Wäre bei dem behandelten Beispiel die Symmetrie nicht vorgegeben, würde sich der Knoten nicht mehr nur horizontal verschieben, und man müßte (neben zwei Gleichgewichtsbedingungen) eine Bedingung unter Einbeziehung der Verlängerungen aller Stäbe formulieren. Um praxisrelevante Probleme behandeln zu können, ist deshalb ein möglichst hoher Formalisierungsgrad der Berechnung anzustreben. Dies wird mit dem im Kapitel 15 zu behandelnden Verfahren erreicht.

Abschließend wird noch ein Beispiel behandelt, das mit dem Problem der Temperaturdehnung eng verwandt ist: Wenn ein Stab in eine (statisch unbestimmte) Konstruktion eingebaut wird, dessen Länge ein ***Fehlmaß*** aufweist, so daß er eigentlich "nicht paßt" und nur unter Zwang eingefügt werden kann, entstehen dadurch ***Vorspannungen*** bereits im unbelasteten Tragwerk. Man kann nun z. B. ein Übermaß $\bar{u}$ so interpretieren, als wäre es eine Verlängerung eines Stabes der Länge l infolge der Temperaturerhöhung dieses Stabes um ΔT, wenn

$$\bar{u} = \alpha_t\, \Delta T\, l$$

gesetzt wird. Die sogenannte ***Anfangsdehnung*** $\varepsilon_0 = \bar{u}/l$ kann also wie die Temperaturdehnung zur elastischen Dehnung hinzugefügt werden, und die Beziehung (14.8) erweitert sich zur Formel für die

Gesamtdehnung eines Stabes infolge Normalkraft F_N, Temperaturerhöhung ΔT und Anfangsdehnung ε_0:

$$\varepsilon_{ges} = \frac{F_N}{EA} + \alpha_t\,\Delta T + \varepsilon_0 \ . \qquad (14.9)$$

Beispiel 4: Es wird der gleiche Stabdreischlag wie im Beispiel 3 betrachtet. Das System trägt keine äußere Belastung, aber der Stab 2 war infolge einer Fertigungsungenauigkeit vor dem Einbau um **0,2%** zu kurz.

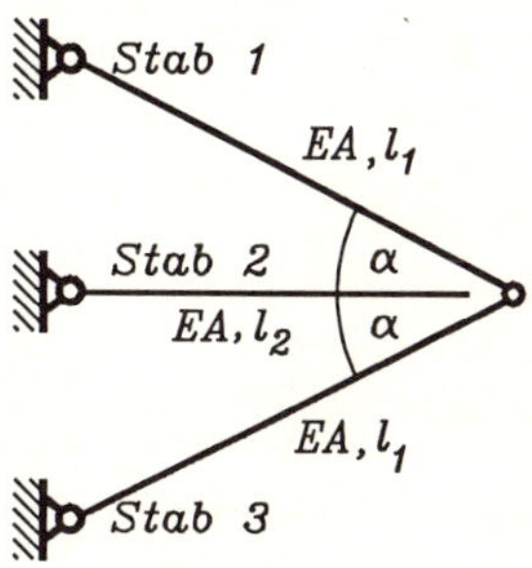

Gegeben: $l_2 = l_1 \cos\alpha$; $l_3 = l_1$; $\alpha = 30°$; $E = 2{,}1 \cdot 10^5\ N/mm^2$.
Die Querschnittsflächen A der drei Stäbe sind gleich groß.

Gesucht: Die Spannungen in den Stäben infolge des Einbaus von Stab 2 unter Zwang.

Die Gleichgewichtsbedingung und die Kompatibilitätsbedingung können ungeändert vom Beispiel 3 übernommen werden. In den Ergebnissen ist ausschließlich die Temperaturdehnung $\alpha_t \Delta T$ durch die Anfangsdehnung $\varepsilon_0 = \bar{u}_2/l_2 = -\,0{,}002$ zu ersetzen, und man erhält (nach Vereinfachung unter Benutzung der gegebenen Größen):

$$\sigma_1 = \frac{F_{S1}}{A} = \frac{E\cos^2\alpha}{1 + 2\cos^3\alpha}\,\frac{\bar{u}_2}{l_2} = -\,137\,\frac{N}{mm^2} \quad ;$$

$$\sigma_2 = \frac{F_{S2}}{A} = -\,\frac{2\,E\cos^3\alpha}{1 + 2\cos^3\alpha}\,\frac{\bar{u}_2}{l_2} = 237\,\frac{N}{mm^2} \quad .$$

Das Ergebnis bestätigt die Anschauung, daß Stab 2 auf Zug und Stab 1 und Stab 3 auf Druck beansprucht werden.

- Das Ergebnis des Beispiels 4 zeigt, daß schon geringe Fertigungsungenauigkeiten zu erheblichen Spannungen führen können (natürlich nur bei statisch unbestimmten Konstruktionen). Man beachte, daß die Querschnittsfläche in das Ergebnis nicht eingeht, so daß die Spannungen durch größere Querschnitte nicht verringert werden können.
- Die praktische Realisierung des Einbaus "nicht passender" Bauteile bestätigt die Verwandtschaft zwischen "Fehlmaß" und Temperaturdehnung: Man erwärmt ein zu kurzes Bauteil, bis es sich problemlos einbauen läßt. Stab 2 des Beispiels 4 (Stahlstab mit $\alpha_t = 1{,}2 \cdot 10^{-5}\ K^{-1}$) müßte um **167°** erwärmt werden, um spannungsfrei montiert werden zu können. Bei der Abkühlung können unter Umständen Spannungen entstehen, die oberhalb der zulässigen Werte liegen.

14.4 Aufgaben

Aufgabe 14.1: Ein Körper ist an zwei Stahlseilen 1 und 2 aufgehängt, die sich durch dessen Gewicht um Δl_1 bzw. Δl_2 verlängern.

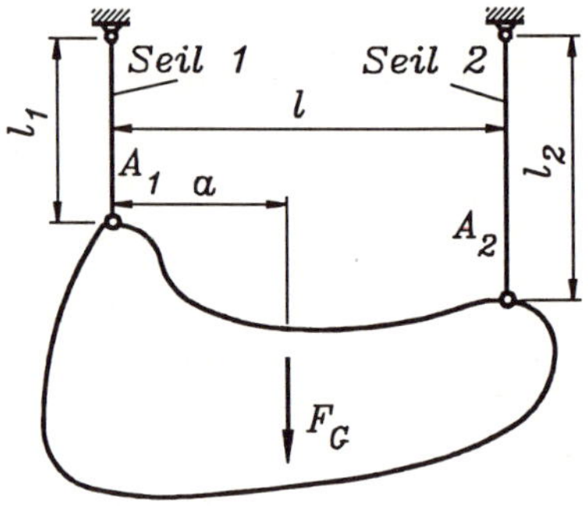

Gegeben: $\Delta l_1 = 0{,}8\ mm$; $l_1 = 80\ cm$;
$\Delta l_2 = 1{,}2\ mm$; $l_2 = 100\ cm$;
$A_1 = 1\ mm^2$; $l = 130\ cm$;
$A_2 = 2\ mm^2$;
$E_{St} = 2{,}1 \cdot 10^5\ N/mm^2$.

Gesucht:
a) Zugspannung im Seil 1,
b) Gewichtskraft F_G und die Strecke a bis zu ihrem Angriffspunkt.

Aufgabe 14.2: Das skizzierte System besteht aus drei gelenkig miteinander verbundenen Stäben. Der horizontale Stab zwischen den Lagern A und B hat stückweise konstanten Querschnitt.

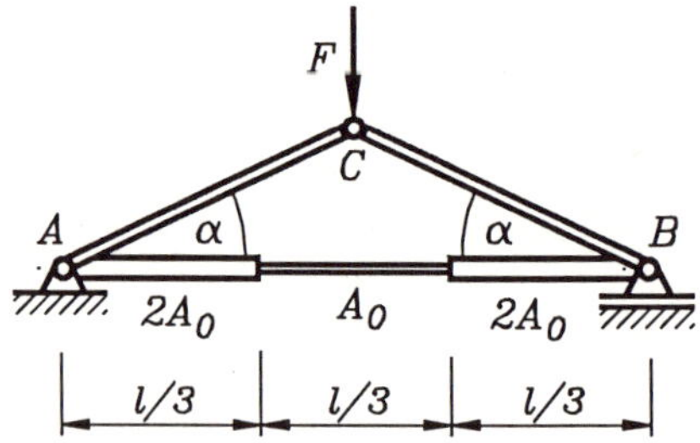

Gegeben: $E = 2{,}1 \cdot 10^5\ N/mm^2$;
$l = 180\ mm$; $A_0 = 9\ mm^2$;
$\alpha = 30°$.

a) Wie groß ist die bei C angreifende Kraft F, wenn infolge der Verlängerung des horizontalen Stabes am Lager B eine Verschiebung $\Delta l = 0{,}2\ mm$ (nach rechts) gemessen wird?

b) Bei welcher am Punkt C angreifenden Kraft $F = F_{max}$ wird in dem horizontalen Stab die Bruchspannung $R_m = 520\ N/mm^2$ erreicht?

Aufgabe 14.3: Eine **starre** Scheibe ist bei A gelenkig gelagert und wird zusätzlich durch zwei elastische Stahlseile mit den Querschnittsflächen A_1 bzw. A_2 gehalten.

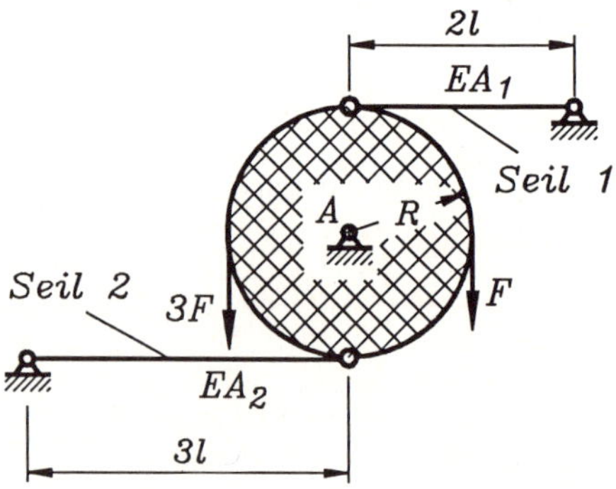

Gegeben: F ; $A_1 = 3\,A_2$.

Es sind die Kräfte in den Seilen zu ermitteln.

15 Der Stab als finites Element

15.1 Die Finite-Elemente-Methode

Die ***Methode der finiten Elemente*** basiert auf der Idee, das zu berechnende Gebilde in eine (große) Anzahl einfacher (und damit der Berechnung zugängiger) Elemente zu zerlegen und aus den Elementlösungen unter Berücksichtigung von Kontinuitäts- und Gleichgewichtsbedingungen eine Lösung für das Gesamtsystem zu konstruieren. Diese Bedingungen werden dabei nur an einer endlichen Zahl von Punkten (sogenannten ***Knoten***) formuliert. Sie führen auf ein Gleichungssystem, dessen Lösung im allgemeinen eine Näherungslösung für das behandelte Problem ist.

Der Vorschlag, physikalische Probleme auf diese Weise zu lösen, wurde erstmals 1943 von dem Mathematiker R. COURANT gemacht, die Zulässigkeit dieses Vorgehens wurde mathematisch einwandfrei bewiesen und die Anwendbarkeit in einer Veröffentlichung an einem Beispiel demonstriert. Der Gedanke wurde jedoch nicht weiter verfolgt, weil vermutlich die Lösung des (recht umfangreichen) Gleichungssystems abschreckte.

Auf ganz anderem Wege wurden von verschiedenen Ingenieuren (vorwiegend aus dem Flugzeugbau) in der zweiten Hälfte der fünfziger Jahre "Elementlösungen" zu "Gesamtlösungen" zusammengesetzt. Obwohl man zweidimensionale Bauteile (Flächentragwerke) berechnete, wurden die Übergangsbedingungen dabei auch nur an bestimmten Knoten erfüllt. Der damit verbundene Fehler wurde als hinnehmbar angesehen, weil man annahm, daß bei hinreichend kleinen Elementen die für die Praxis erforderliche Genauigkeit erreicht werden könnte. Dies führte bei vielen Elementen (und damit vielen Knoten) zwar auf immer größere Gleichungssysteme, aber die Nutzung des Computers eröffnete in dieser Hinsicht ganz neue Möglichkeiten.

Diese eher intuitiv entstandene Methode fand sehr schnell viele Anwender: Die Methode der finiten Elemente wurde erfolgreich für Festigkeits- und Schwingungsberechnungen eingesetzt, ohne daß der mathematische Nachweis für die Richtigkeit des Verfahrens erbracht war. Die meisten Mathematiker standen deshalb dieser Methode sehr skeptisch gegenüber.

Erst Ende der sechziger Jahre konnte nachgewiesen werden, unter welchen Voraussetzungen die Finite-Elemente-Methode bei immer feinerer Elementunterteilung gegen die richtige Lösung des Problems konvergiert, noch später stellte man fest, daß dieses Verfahren mit dem bereits von Courant vorgeschlagenen Vorgehen identisch ist.

Die mathematische Absicherung der Methode der finiten Elemente führte dann in kurzer Zeit dazu, daß ihre beinahe universelle Anwendbarkeit auf die unterschiedlichsten Probleme der Physik erkannt wurde. Anfang der siebziger Jahre erschienen die ersten großen Programmsysteme auf dem Markt, deren Einsatzmöglichkeiten weit über die Aufgabenstellungen der Technischen Mechanik hinausgingen.

Heute ist die Methode der finiten Elemente sicher das am meisten benutzte Verfahren, um naturwissenschaftliche und technische Probleme numerisch mit Hilfe des Computers zu lösen. Sie wird für Festigkeitsuntersuchungen, dynamische Probleme und in der Strömungsmechanik ebenso eingesetzt wie in der Thermodynamik, für die Berechnung von Magnetfeldern, in der

Gezeitentheorie und für die Wettervorhersage. Ihr entscheidender Vorteil ist die Möglichkeit, auch komplizierte geometrische Formen erfassen zu können.

Natürlich war die rasante Entwicklung der Computer in den letzten Jahrzehnten der entscheidende Motor für den Erfolg der Finite-Elemente-Methode, die aber ihrerseits der Programmierung durch einen außergewöhnlich hohen Formalisierungsgrad der Berechnung auf besondere Weise entgegenkommt.

Die Methode der finiten Elemente wird nachfolgend am Beispiel der Verformungs- und Spannungsberechnung für Stabwerke aus linear-elastischem Material erläutert. Prinzipiell lassen sich jedoch alle Überlegungen auf die genannten anderen Anwendungsgebiete übertragen.

15.2 Fluchtende Stabelemente

Betrachtet wird eine sehr einfache Struktur, die sich aus Stäben mit konstanten Querschnitten zusammensetzt. Die Stäbe sind ausschließlich durch Normalkräfte in Längsrichtung belastet, äußere Kräfte greifen nur an den Verbindungsstellen der Stäbe (Knoten) an.

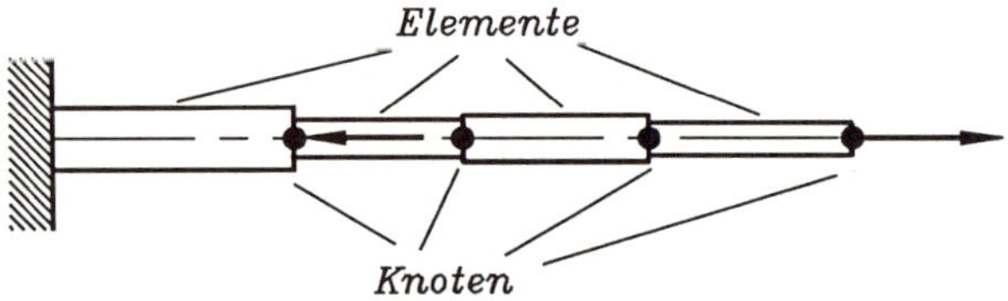

Dieses ***System*** wird so zerschnitten, daß die ***Knoten*** (einschließlich der äußeren Kräfte) von den ***Elementen*** getrennt werden. Man erhält das einfachste finite Element der Elastomechanik, den ausschließlich durch Normalkräfte belasteten geraden Stab.

Die am Element angetragenen Kräfte U_1 und U_2 werden **in gleicher Richtung positiv definiert** (man beachte den Unterschied zur Definition der Schnittgrößen), die Verschiebungen der Punkte **1** und **2** übereinstimmend mit den Kraftrichtungen. Die elastischen Eigenschaften des Elementes e sind durch die Dehnsteifigkeit $(EA)_e$ und die Länge l_e gegeben.

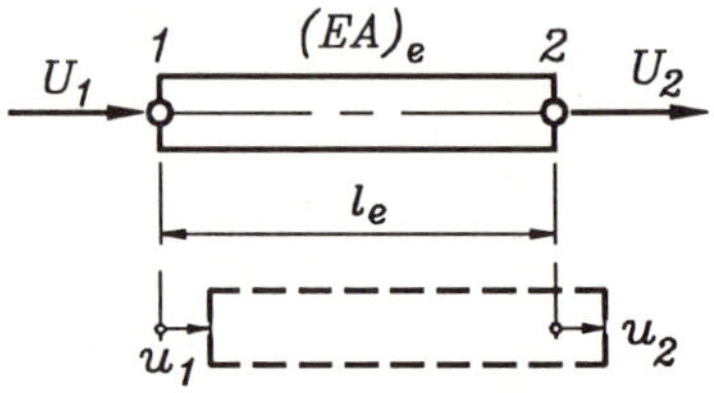

Einfachstes finites Element: Stab mit Knotenkräften und Knotenverschiebungen

Da das Element keine äußeren Belastungen trägt, müssen U_1 und U_2 ein Gleichgewichtssystem bilden, die Verlängerung des Stabes (Differenz der Knotenverschiebungen) ist durch Gleichung (14.6) gegeben:

$$\textit{Gleichgewicht:} \quad U_1 + U_2 = 0 \quad ; \quad \textit{Verformung:} \quad u_2 - u_1 = \frac{U_2\, l_e}{(E\,A)_e} \; . \tag{15.1}$$

Diese beiden Gleichungen lassen sich umschreiben zur ***Element-Steifigkeitsbeziehung***:

$$U_1 = \left(\frac{EA}{l}\right)_e u_1 - \left(\frac{EA}{l}\right)_e u_2$$
$$U_2 = -\left(\frac{EA}{l}\right)_e u_1 + \left(\frac{EA}{l}\right)_e u_2$$
$$\rightarrow \quad \begin{bmatrix} U_1 \\ U_2 \end{bmatrix} = \begin{bmatrix} \left(\frac{EA}{l}\right)_e & -\left(\frac{EA}{l}\right)_e \\ -\left(\frac{EA}{l}\right)_e & \left(\frac{EA}{l}\right)_e \end{bmatrix} \begin{bmatrix} u_1 \\ u_2 \end{bmatrix} \qquad \textbf{(15.2)}$$
$$f_e \quad = \quad K_e \quad v_e$$

In der Element-Steifigkeits-Beziehung **(15.2)** $f_e = K_e \cdot v_e$ nennt man:

f_e → ***Element-Kraftvektor,***

v_e → ***Element-Verschiebungsvektor,***

K_e → ***Element-Steifigkeitsmatrix .***

Mit diesem einfachsten aller Elemente soll nun das einfachste System berechnet werden, das sich daraus bilden läßt, der aus zwei Elementen ***a*** und ***b*** gebildete Stab.

Beispiel 1: Der skizzierte Stab ist an den Punkten ***I*** und ***II*** durch die Kräfte F_I bzw. F_{II} belastet und bei ***III*** gelagert.

Gegeben: $E_a, A_a, l_a, E_b, A_b, l_b$.

Gesucht: Verschiebungen der Punkte ***I*** und ***II*** und die Lagerkraft bei ***III***.

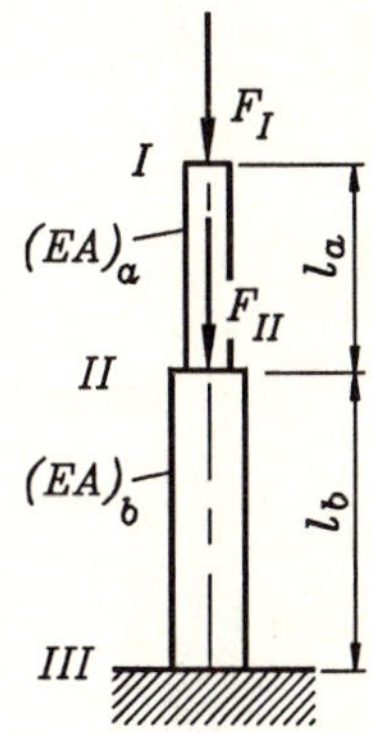

Natürlich ist diese Aufgabe mit elementaren Mitteln der Festigkeitslehre lösbar, und man kann die Ergebnisse nahezu ohne Rechnung angeben (F_{III} muß die Summe aus F_I und F_{II} sein, die Verschiebung u_{II} entspricht der Längenänderung des Elementes ***b*** und u_I der Summe der Längenänderungen beider Elemente). Hier soll jedoch der typische **Finite-Elemente-Algorithmus** demonstriert werden.

Die Punkte ***I***, ***II*** und ***III*** werden als Knoten betrachtet, die die äußere Belastung tragen. Auch die Lagerkraft F_{III} wird zu den äußeren Kräften gezählt, wie überhaupt alle Knoten zunächst gleichartig behandelt werden. Die Elemente werden durch Schnitte von den Knoten getrennt. Die Schnitte werden unendlich dicht neben den Knoten angebracht, so daß diese keine Längenausdehnung haben, die äußeren Kräfte werden jedoch den Knoten zugeordnet.

Die als Schnittkräfte sichtbar werdenden inneren Kräfte sind nach dem Schnittprinzip der Statik am Element und am Knoten gleich groß bei entgegengesetztem Richtungssinn. Sie werden an beiden Enden beider Elemente (im folgenden als **Element**knoten bezeichnet) entsprechend der oben gegebenen Definition gleichsinnig angetragen. Diese Richtung gilt allgemein als "positive Kraft- und Verschiebungsrichtung". Auch die an den (System-)Knoten angreifenden **äußeren Kräfte** und die **Knotenverschiebungen** werden dann positiv gezählt, wenn sie in diese Richtung weisen.

Es ergeben sich also zwei Elemente, für die die Element-Steifigkeitsbeziehungen **(15.2)** gelten müssen, und drei Knoten, für die jeweils das Knotengleichgewicht erfüllt sein muß:

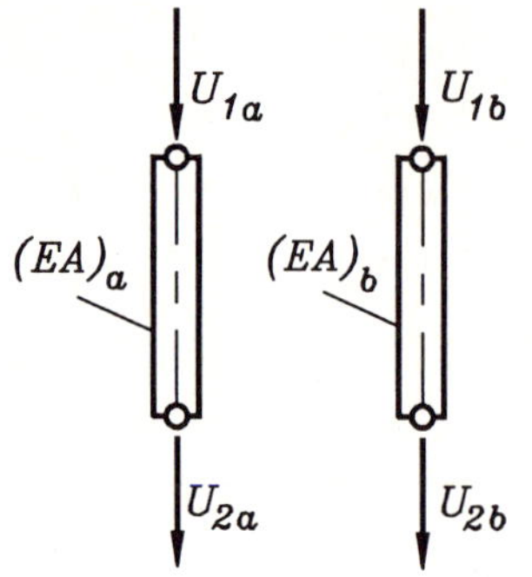

Element a Element b

Element-Steifigkeitsbeziehungen für a und b:

$$U_{1a} = \left(\frac{EA}{l}\right)_a u_I - \left(\frac{EA}{l}\right)_a u_{II}$$

$$U_{2a} = -\left(\frac{EA}{l}\right)_a u_I + \left(\frac{EA}{l}\right)_a u_{II}$$

$$U_{1b} = \left(\frac{EA}{l}\right)_b u_{II} - \left(\frac{EA}{l}\right)_b u_{III}$$

$$U_{2b} = -\left(\frac{EA}{l}\right)_b u_{II} + \left(\frac{EA}{l}\right)_b u_{III}$$

In den Element-Steifigkeitsbeziehungen wurden die Kompatibilitätsbedingungen bereits berücksichtigt, indem die Verschiebungen $\boldsymbol{u_I}$, $\boldsymbol{u_{II}}$ und $\boldsymbol{u_{III}}$ verwendet wurden, so daß die Gleichheit der Verschiebung des Elementknotens 2 des Elementes ***a*** mit der Verschiebung des Elementknotens 1 des Elementes ***b*** garantiert ist. Dagegen ist die geometrische Randbedingung ($\boldsymbol{u_{III} = 0}$) noch nicht berücksichtigt.

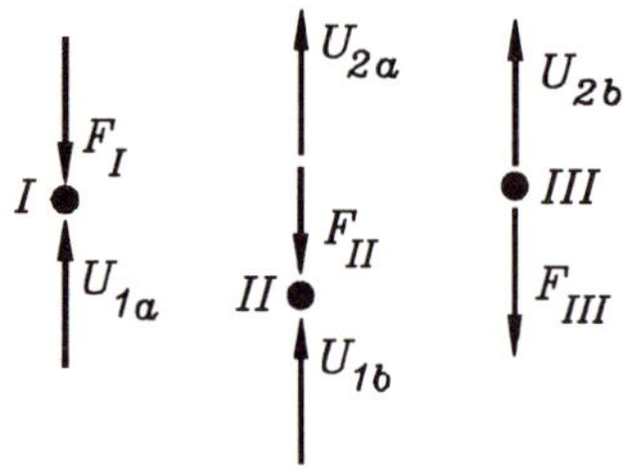

Knoten I Knoten II Knoten III

An den (System-)Knoten müssen die Element-Knotenkräfte (angetragen mit entgegengesetztem Richtungssinn zur Definition am Element) mit den äußeren Kräften im Gleichgewicht sein:

$$F_I = U_{1a}$$
$$F_{II} = U_{2a} + U_{1b}$$
$$F_{III} = U_{2b}$$

Aus diesen Kraft-Gleichgewichtsbedingungen an den drei Knoten erhält man durch Einsetzen der oben angegebenen Element-Steifigkeitsbeziehungen (Element-Knotenkräfte ***U*** werden durch die Verschiebungen ***u*** ausgedrückt) die sogenannten ***System-Steifigkeitsbeziehungen***:

$$F_I = \left(\frac{EA}{l}\right)_a u_I - \left(\frac{EA}{l}\right)_a u_{II}$$

$$F_{II} = -\left(\frac{EA}{l}\right)_a u_I + \left[\left(\frac{EA}{l}\right)_a + \left(\frac{EA}{l}\right)_b\right] u_{II} - \left(\frac{EA}{l}\right)_b u_{III}$$

$$F_{III} = -\left(\frac{EA}{l}\right)_b u_{II} + \left(\frac{EA}{l}\right)_b u_{III}$$

Die äußeren Kräfte $\boldsymbol{F_I}$, $\boldsymbol{F_{II}}$ und $\boldsymbol{F_{III}}$ werden zum ***System-Kraftvektor f***, die drei Knotenverschiebungen $\boldsymbol{u_I}$, $\boldsymbol{u_{II}}$ und $\boldsymbol{u_{III}}$ werden zum ***System-Verschiebungsvektor v*** zusammengefaßt, der Zusammenhang zwischen diesen beiden Vektoren wird dann durch die ***System-Steifigkeitsmatrix K*** beschrieben:

$$\begin{bmatrix} F_I \\ F_{II} \\ F_{III} \end{bmatrix} = \begin{bmatrix} \left(\frac{EA}{l}\right)_a & -\left(\frac{EA}{l}\right)_a & 0 \\ -\left(\frac{EA}{l}\right)_a & \left(\frac{EA}{l}\right)_a + \left(\frac{EA}{l}\right)_b & -\left(\frac{EA}{l}\right)_b \\ 0 & -\left(\frac{EA}{l}\right)_b & \left(\frac{EA}{l}\right)_b \end{bmatrix} \cdot \begin{bmatrix} u_I \\ u_{II} \\ u_{III} \end{bmatrix}$$

$$f = K \cdot v$$

Die System-Steifigkeitsmatrix K ist (wie die Element-Steifigkeitsmatrizen) symmetrisch (bezüglich der Hauptdiagonalen). Sie hat im allgemeinen eine ausgeprägte Bandstruktur (nur in einem relativ schmalen Band rechts und links von der Hauptdiagonalen sind von Null verschiedene Elemente zu finden), was sich bei diesem einfachen Beispiel durch die Nullen auf den Positionen k_{13} und k_{31} schon andeutet.

In den drei Gleichungen der System-Steifigkeitsbeziehung sind drei Größen unbekannt (die Verschiebungen u_I und u_{II} und die Lagerkraft F_{III}). Das Gleichungssystem kann nach diesen drei Größen aufgelöst werden. Um die für die Lösung großer linearer Gleichungssysteme extrem wichtigen Eigenschaften **symmetrisch** und **bandförmig** für die Koeffizientenmatrix zu erhalten, wird folgende Strategie praktiziert:

Die dritte Gleichung (mit der unbekannten Kraft F_{III}) wird aus dem Gleichungssystem herausgenommen, gleichzeitig wird die dritte Spalte entfernt. Dies ist erlaubt, weil die Verschiebung u_{III} gleich Null ist (Einarbeitung der bisher unberücksichtigten **geometrischen Randbedingung**).

Das verbleibende reduzierte Gleichungssystem

$$\begin{bmatrix} F_I \\ F_{II} \end{bmatrix} = \begin{bmatrix} \left(\frac{EA}{l}\right)_a & -\left(\frac{EA}{l}\right)_a \\ -\left(\frac{EA}{l}\right)_a & \left(\frac{EA}{l}\right)_a + \left(\frac{EA}{l}\right)_b \end{bmatrix} \cdot \begin{bmatrix} u_I \\ u_{II} \end{bmatrix}$$

hat eine reguläre Koeffizientenmatrix (im Gegensatz zur singulären System-Steifigkeitsmatrix K) und kann nach den unbekannten Verschiebungen aufgelöst werden. Man erhält:

$$u_I = \left[\left(\frac{l}{EA}\right)_a + \left(\frac{l}{EA}\right)_b\right] F_I + \left(\frac{l}{EA}\right)_b F_{II} \quad ; \qquad u_{II} = \left(\frac{l}{EA}\right)_b F_I + \left(\frac{l}{EA}\right)_b F_{II} \ .$$

Es ist das erwartete Ergebnis (u_I = Summe der Längenänderungen beider Stababschnitte, u_{II} = Längenänderung des Elementes b).

Die zunächst aus der System-Steifigkeitsbeziehung herausgenommenen dritte Gleichung wird nun bei bekannten Verschiebungen zur Berechnung der noch unbekannten Lagerkraft F_{III} verwendet. Mit dem berechneten Wert von u_{II} und $u_{III} = 0$ ergibt sich:

$$F_{III} = -\left(\frac{EA}{l}\right)_b u_{II} \quad \Rightarrow \quad F_{III} = -F_I - F_{II} \,.$$

An dem einfachen Beispiel wurden alle wesentlichen Schritte des Finite-Elemente-Algorithmus sichtbar. Zusammenfassend soll noch einmal auf die Formalisierung des Ablaufs aufmerksam gemacht werden. Die physikalischen Zusammenhänge in der Struktur werden durch Einspeichern und Umspeichern der in Matrizen und Vektoren enthaltenen Informationen berücksichtigt:

- Die Informationen über die **Materialeigenschaften** und die **Geometrie** (Abmessungen der Elemente) stecken in den Elementsteifigkeitsmatrizen. Diese werden für einen bestimmten Elementtyp (hier: Stab) nach einem einmal festzulegenden Algorithmus (hier: $\boldsymbol{K}_e$ wird durch Formel (15.2) definiert) aufgebaut.
- Die **Kompatibilität** der Verschiebungen der einzelnen Elemente wird über die Knoten erreicht, indem die Verschiebungen der Elementknoten durch die Verschiebungen der System-Knoten ersetzt werden. Die Verschiebungen der Knoten 1 und 2 beider Elemente wurden zu den Knotenverschiebungen der Knoten *I*, *II* und *III*:

	Element-Knoten		*System-Knoten*
Element a:	(1 , 2)	⇒	$\begin{bmatrix} I & II \\ II & III \end{bmatrix}$
Element b:	(1 , 2)	⇒	

Die hier mit römischen Zahlen dargestellte sogenannte ***Koinzidenzmatrix*** beschreibt die **topologische** Zusammensetzung der Struktur aus den Elementen.

- **Gleichgewicht** zwischen den inneren Kräften und den äußeren Belastungen wird durch das Einspeichern der Element-Steifigkeitsmatrizen in die System-Steifigkeitsmatrix erzielt: In eine Null-Matrix wird zunächst die Element-Steifigkeitsmatrix des Elements $\boldsymbol{a}$ auf die Positionen gespeichert, die durch die Koinzidenzmatrix vorgegebenen werden (nebenstehende Matrix zeigt den Zustand nach Einspeichern der Element-Steifigkeitsmatrix des Elementes $\boldsymbol{a}$ in die Zeilen (Spalten) *I* und *II*). Algorithmisch übereinstimmend mit dem Prozeß für die nachfolgenden Elemente ist die Interpretation: Die Matrixelemente werden zu den Null-Elementen "addiert".

$$\begin{bmatrix} \left(\frac{EA}{l}\right)_a & -\left(\frac{EA}{l}\right)_a & 0 \\ & \left(\frac{EA}{l}\right)_a & 0 \\ \text{symm.} & & 0 \end{bmatrix}$$

Danach wird die Element-Steifigkeitsmatrix des Elementes $\boldsymbol{b}$ eingefügt, indem alle Matrixelemente auf die wieder durch die Koinzidenzmatrix bestimmten Positionen (hier: Zeilen bzw. Spalten *II* und *III*) **addiert** werden. Für das behandelte Beispiel ist die (nebenstehende) System-Steifigkeitsmatrix damit komplett.

$$\begin{bmatrix} \left(\frac{EA}{l}\right)_a & -\left(\frac{EA}{l}\right)_a & 0 \\ & \left(\frac{EA}{l}\right)_a + \left(\frac{EA}{l}\right)_b & -\left(\frac{EA}{l}\right)_b \\ \text{symm.} & & \left(\frac{EA}{l}\right)_b \end{bmatrix}$$

- Die verhinderten Verschiebungen (geometrische Randbedingungen) werden eingearbeitet, indem man die zu einer Nullverschiebung (im Beispiel: Knoten *III*) gehörenden Zeilen und Spalten der System-Steifigkeitsmatrix streicht (nebenstehend die Matrix für das behandelte Beispiel nach dem "Zeilen-Spalten-Streichen").

$$\begin{bmatrix} \left(\frac{EA}{l}\right)_a & -\left(\frac{EA}{l}\right)_a \\ symm. & \left(\frac{EA}{l}\right)_a + \left(\frac{EA}{l}\right)_b \end{bmatrix}$$

Neben dem hohen Formalisierungsgrad des Finite-Elemente-Algorithmus, der der Programmierung außerordentlich entgegenkommt (Erfüllung der Gleichgewichtsbedingungen durch "Einspeichern", Berücksichtigung der Lagerung durch "Zeilen-Spalten-Streichen"), ist die Möglichkeit der einfachen Variation der berechneten Struktur ein gewaltiger Vorteil:

- Eine Änderung der Belastung (oder ein zusätzlicher Lastfall) beeinflußt die System-Steifigkeitsmatrix nicht. Wenn für die Lösung des Gleichungssystems ein geeignetes Eliminationsverfahren benutzt wird, braucht die Dreieckszerlegung der Koeffizientenmatrix (im allgemeinen der aufwendigste Teil der Finite-Elemente-Berechnung überhaupt) in diesem Fall nicht neu ausgeführt zu werden.
- Änderungen der Element-Abmessungen und der Materialeigenschaften können berücksichtigt werden, indem einzelne Elemente aus der System-Steifigkeitsmatrix wieder entfernt (Einspeichern "negativer" Elemente) und neue Elemente hinzugefügt werden.
- Nach dem Aufbau der System-Steifigkeitsmatrix kann diese durch unterschiedliche Lagerung der Struktur unterschiedlich modifiziert werden.

Beispiel 2: Der nebenstehend skizzierte Stab habe die gleichen Abmessungen und Materialeigenschaften wie im Beispiel 1. Er trägt jedoch nur eine äußere Kraft F_{II} und ist an den Punkten *I* und *III* (statisch unbestimmt) gelagert.

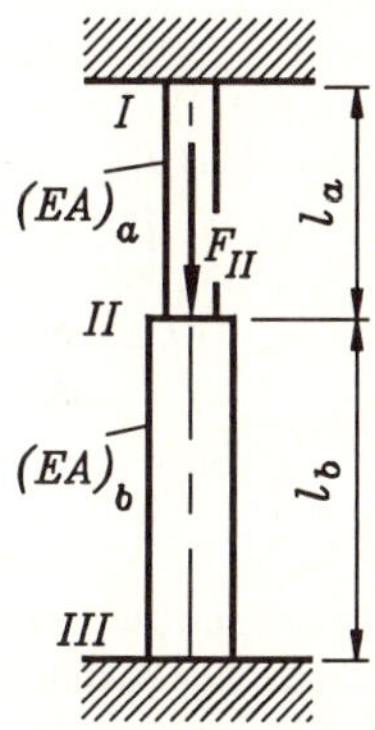

Die bereits aufgebaute System-Steifigkeitsmatrix kann wieder verwendet werden, weil sich die Abmessungen und Materialeigenschaften nicht geändert haben. Die beiden geometrischen Randbedingungen

$$u_I = 0 \quad \text{und} \quad u_{III} = 0$$

werden durch Streichen der ersten und dritten Zeile (Spalte) realisiert, und das Gleichungssystem degeneriert zu einer einzigen Gleichung:

$$[\,F_{II}\,] = \left[\left(\frac{EA}{l}\right)_a + \left(\frac{EA}{l}\right)_b\right] \cdot [\,u_{II}\,] \;.$$

Mit der Lösung für u_{II} ergeben sich die Kräfte bei *I* und *III* (Lagerreaktionen) auch hier aus den (zunächst gestrichenen) Gleichungen 1 und 3 der System-Steifigkeitsbeziehung:

$$F_I = -\frac{\left(\frac{EA}{l}\right)_a}{\left(\frac{EA}{l}\right)_a + \left(\frac{EA}{l}\right)_b} F_{II} \;; \qquad F_{III} = -\frac{\left(\frac{EA}{l}\right)_b}{\left(\frac{EA}{l}\right)_a + \left(\frac{EA}{l}\right)_b} F_{II} \;.$$

15.3 Ebene Fachwerk-Elemente

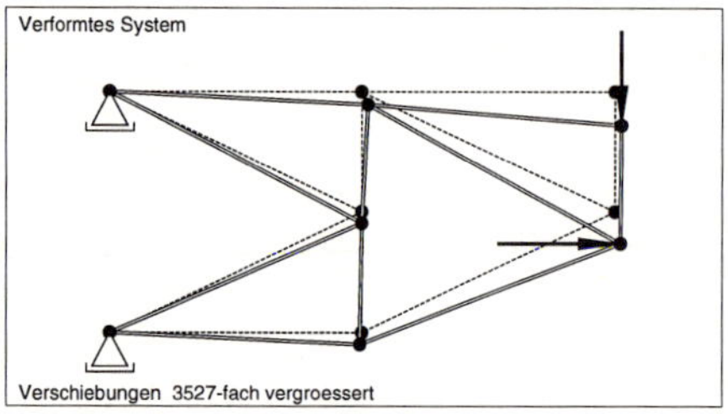

Verformungsbild eines Fachwerks
(CAMMPUS-Programm FACH2D)

Ebene Fachwerke (vgl. Abschnitt 6.4) bestehen aus Stäben, die wie die im vorigen Abschnitt behandelten Elemente nur eine Kraft in Stablängsrichtung übertragen. Der einzelne Fachwerkstab verformt sich auch nur durch seine Stabkraft, die eine Dehnung (und dadurch Längenänderung) des Stabes hervorruft.

Die Längenänderungen aller Stäbe, die dabei selbstverständlich ihre ursprünglich gerade Form beibehalten, führen aber zu Knotenverschiebungen, die bei ebenen Fachwerken durch zwei Komponenten beschrieben werden müssen. An den Knoten, an denen in der Regel mehr als zwei Stäbe zusammenstoßen, wirken natürlich auch nicht nur Kräfte in Stablängsrichtung (wie **in** den Stäben).

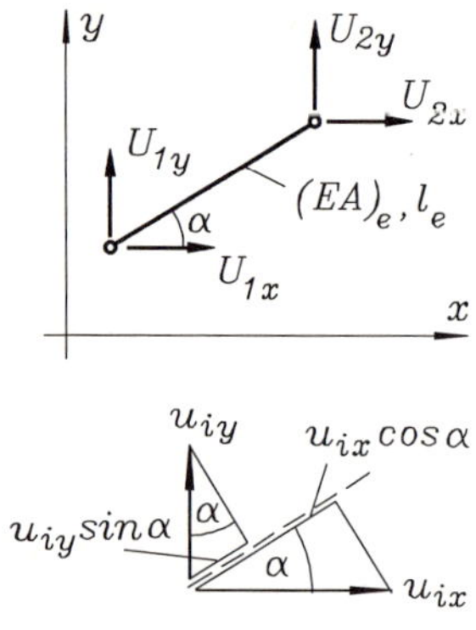

Ebenes Fachwerkelement

Deshalb wird als allgemeines (ebenes) Fachwerkelement ein Stab definiert, der eine beliebige Lage in der Ebene einnimmt, zur x-Achse um den Winkel α gedreht ist und an jedem Knoten zwei Knotenkräfte U_{ix} und U_{iy} ($i = 1, 2$) übertragen kann (Skizze). Die beiden Kraftkomponenten sind natürlich nicht unabhängig voneinander, weil ihre Resultierende U_i in die Stablängsrichtung fallen muß. Es gilt:

$$U_{ix} = U_i \cos\alpha \quad , \qquad U_{iy} = U_i \sin\alpha \quad .$$

Von den beiden Knotenverschiebungen u_{ix} und u_{iy} ($i = 1, 2$) sind jeweils nur die in Stablängsrichtung fallenden Komponenten für die Längenänderung des Stabes verantwortlich. Die Knotenverschiebung in Stablängsrichtung u_i wird aus der Skizze abgelesen:

$$u_i = u_{ix} \cos\alpha + u_{iy} \sin\alpha \ .$$

Der Zusammenhang zwischen den Verschiebungen in Stablängsrichtung u_1 und u_2 und den in gleicher Richtung wirkenden Kräften U_1 und U_2 wurde bereits im vorigen Abschnitt mit (15.2) gefunden. Aus

$$U_1 = \left[\left(\frac{EA}{l} \right)_e u_1 - \left(\frac{EA}{l} \right)_e u_2 \right]$$

wird durch Ersetzen der Verschiebungen u_1 und u_2 durch die Verschiebungskomponenten:

$$U_1 = \left(\frac{EA}{l} \right)_e \left[\cos\alpha \cdot u_{1x} + \sin\alpha \cdot u_{1y} - \cos\alpha \cdot u_{2x} - \sin\alpha \cdot u_{2y} \right] .$$

Multiplikation dieser Gleichung mit $\cos\alpha$ liefert die Knotenkraftkomponente U_{1x}:

$$U_{1x} = U_1 \cos\alpha = \left(\frac{EA}{l}\right)_e [\cos^2\alpha \cdot u_{1x} + \sin\alpha \cos\alpha \cdot u_{1y} - \cos^2\alpha \cdot u_{2x} - \sin\alpha \cos\alpha \cdot u_{2y}] \ .$$

Entsprechend erhält man durch Multiplikation mit $\sin\alpha$ die Knotenkraftkomponente U_{1y}. Da

$$U_{2x} = -U_{1x} \qquad \text{und} \qquad U_{2y} = -U_{1y}$$

(Gleichgewicht am Element) gelten muß, sind alle Beziehungen bekannt, die die vier Element-Knotenkräfte mit den vier Element-Knotenverschiebungen verknüpfen. Sie bilden die

Element-Steifigkeitsbeziehung für das ebene Fachwerk-Element:

$$\begin{bmatrix} U_{1x} \\ U_{1y} \\ U_{2x} \\ U_{2y} \end{bmatrix} = \left(\frac{EA}{l}\right)_e \begin{bmatrix} c^2 & s\,c & -c^2 & -s\,c \\ & s^2 & -s\,c & -s^2 \\ & & c^2 & s\,c \\ & symm. & & s^2 \end{bmatrix} \cdot \begin{bmatrix} u_{1x} \\ u_{1y} \\ u_{2x} \\ u_{2y} \end{bmatrix} \qquad (15.3)$$

$$mit \quad c = \cos\alpha \quad und \quad s = \sin\alpha \ .$$

♦ Mit dem Bereitstellen der Element-Steifigkeitsmatrix (15.3) ist die theoretische Vorarbeit für die Fachwerk-Berechnung nach der Finite-Elemente-Methode geleistet. Der gesamte Algorithmus für die Behandlung von Systemen (hier: Fachwerke) ist mit dem im vorigen Abschnitt beschriebenen Ablauf identisch, allerdings mit einer Erweiterung:

Da einem Elementknoten eines Fachwerk-Elements zwei Verschiebungen und zwei Kräfte zuzuordnen sind (der Knoten hat zwei ***Freiheitsgrade***) beziehen sich die Speicheroperationen nicht mehr auf ein Matrixelement, sondern auf eine 2*2-Untermatrix. Man unterteilt (Skizze) die Element-Steifigkeitsmatrix in vier Untermatrizen und führt den im vorigen Abschnitt beschriebenen Algorithmus mit diesen Untermatrizen aus.

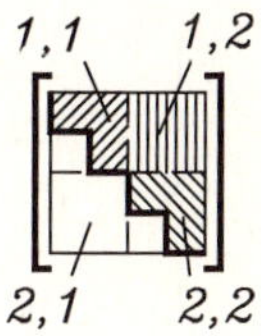

Beispiel: Für den nebenstehend skizzierten Stabdreischlag ist der Finite-Elemente-Algorithmus für die Berechnung der Verschiebung des Kraft-Angriffspunkts und die Ermittlung der Stabkräfte anzugeben.

Gegeben: Dehnsteifigkeiten und Längen der Stäbe, Kraft F und die Winkel β und γ.

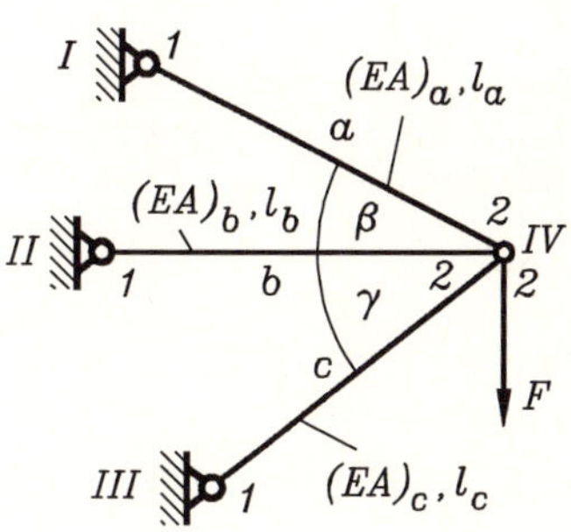

I, II, III, IV → System-Knoten
1, 2 → Element-Knoten

Die Stäbe werden als finite Elemente ***a***, ***b***, ***c*** aufgefaßt und die Elementknoten **1** und **2** eines jeden Elementes den Systemknoten ***I***, ***II***, ***III*** und ***IV*** zugeordnet. Für jedes Element kann bei bekanntem Lagewinkel, gegebener Dehnsteifigkeit und Länge die Element-Steifigkeitsmatrix nach (15.3) aufgeschrieben werden. Dabei ist zu beachten, daß der Winkel α in (15.3) von einer Parallelen zur x-Achse durch den Elementknoten 1 zum Element gemessen wird, so daß für die drei Elemente die Winkel

$$\alpha_a = -\beta \,, \quad \alpha_b = 0 \,, \quad \alpha_c = \gamma$$

einzusetzen sind.

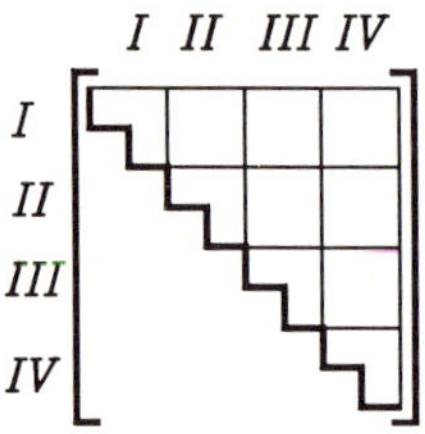

Die System-Steifigkeitsmatrix verknüpft acht äußere Knotenkräfte (sechs unbekannte Lagerreaktionen an den Festlagern und die äußeren Kräfte in horizontaler und vertikaler Richtung am Knoten ***IV***) mit den acht Verschiebungen an den Knoten ***I***, ***II***, ***III*** und ***IV***. Es ist also eine 8*8-Matrix, die wie die Element-Steifigkeitsmatrizen in 2*2-Untermatrizen unterteilt wird.

Sie System-Steifigkeitsmatrix wird aus den Element-Steifigkeismatrizen nach dem bekannten Einspeicherungs-Algorithmus aufgebaut, wobei wegen der Symmetrie nur die Matrix-Elemente auf und oberhalb der Hauptdiagonalen berücksichtigt werden müssen. Auf welche Positionen die 2*2-Untermatrizen zu speichern sind, wird durch die gewählte Zuordnung der Elementknoten zu den Systemknoten gesteuert. Entsprechend der Numerierung in der Skizze zur Aufgabenstellung gilt dafür nachfolgende Koinzidenzmatrix:

	Element-Knoten		***System-Knoten***
Element a:	(1 , 2)	⇒	*I* *IV*
Element b:	(1 , 2)	⇒	*II* *IV*
Element c:	(1 , 2)	⇒	*III* *IV*

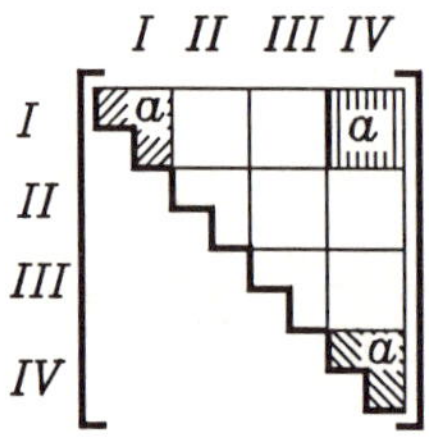

Dies bedeutet zum Beispiel, daß die Untermatrizen (1,1), (1,2) und (2,2) der Element-Steifigkeitsmatrix des Elements ***a*** (siehe Skizze auf der vorigen Seite) auf die Positionen (I,I), (I,IV) und (IV,IV) der System-Steifigkeitsmatrix gelangen (nebenstehende Skizze).

Nach Aufaddieren auch der Untermatrizen der beiden anderen Elemente ist die System-Steifigkeitsmatrix ***K*** komplett. Sie definiert den Zusammenhang zwischen dem System-Verschiebungsvektor ***v*** und dem System-Kraftvektor ***f***:

$$\begin{bmatrix} k_{11} & k_{12} & k_{13} & k_{14} & k_{15} & k_{16} & k_{17} & k_{18} \\ & k_{22} & k_{23} & k_{24} & k_{25} & k_{26} & k_{27} & k_{28} \\ & & k_{33} & k_{34} & k_{35} & k_{36} & k_{37} & k_{38} \\ & & & k_{44} & k_{45} & k_{46} & k_{47} & k_{48} \\ & & & & k_{55} & k_{56} & k_{57} & k_{58} \\ & & symm. & & & k_{66} & k_{67} & k_{68} \\ & & & & & & k_{77} & k_{78} \\ & & & & & & & k_{88} \end{bmatrix} \cdot \begin{bmatrix} 0 \\ 0 \\ 0 \\ 0 \\ 0 \\ 0 \\ u_{IVx} \\ u_{IVy} \end{bmatrix} = \begin{bmatrix} F_{Ix} \\ F_{Iy} \\ F_{IIx} \\ F_{IIy} \\ F_{IIIx} \\ F_{IIIy} \\ 0 \\ -F \end{bmatrix}$$

Zur Erinnerung: Der Einspeicherungs-Algorithmus steht für die Erfüllung der Gleichgewichtsbedingungen, wenn in den System-Kraftvektor die äußeren Kräfte mit dem gleichen Richtungssinn eingefügt werden, der auch für die Elementkräfte gewählt wurde (nach rechts bzw. nach oben). Deshalb wurde die vertikale Kraftkomponente am Knoten ***IV*** mit negativem Vorzeichen in ***f*** eingesetzt.

Die ersten 6 Gleichungen (mit den 6 unbekannten Lagerreaktionen) werden zunächst aus dem Gleichungssystem herausgenommen. Gleichzeitig werden die ersten 6 Spalten in ***K*** gestrichen, die bei der Multiplikation ***K v*** wegen der Nullen auf den ersten 6 Positionen in ***v*** (verhinderte Verschiebungen an den Lagern) ohnehin keinen Beitrag leisten würden (Einarbeiten der geometrischen Randbedingungen durch "Zeilen-Spalten-Streichen"). Es verbleibt das lineare Gleichungssystem

$$\begin{bmatrix} k_{77} & k_{78} \\ k_{78} & k_{88} \end{bmatrix} \cdot \begin{bmatrix} u_{IVx} \\ u_{IVy} \end{bmatrix} = \begin{bmatrix} 0 \\ -F \end{bmatrix}$$

$$\textit{mit} \quad k_{77} = \left(\frac{EA}{l}\right)_a \cos^2\beta + \left(\frac{EA}{l}\right)_b + \left(\frac{EA}{l}\right)_c \cos^2\gamma \ ,$$

$$k_{78} = -\left(\frac{EA}{l}\right)_a \sin\beta \cos\beta + \left(\frac{EA}{l}\right)_c \sin\gamma \cos\gamma \ ,$$

$$k_{88} = \left(\frac{EA}{l}\right)_a \sin^2\beta + \left(\frac{EA}{l}\right)_c \sin^2\gamma \ ,$$

aus dem die beiden Verschiebungskomponenten des Knotens ***IV*** berechnet werden können. Anschließend lassen sich die 6 Lagerreaktionen bei ***I***, ***II*** und ***III*** aus den zunächst gestrichenen Gleichungen ermitteln (einzeln, die Lösung eines weiteren Gleichungssystems ist nicht erforderlich), z. B.:

$$F_{Ix} = k_{17}\, u_{IVx} + k_{18}\, u_{IVy} \ .$$

Die Stabkräfte ergeben sich bei nunmehr bekannten Knotenverschiebungen aus den Element-Steifigkeitsbeziehungen (15.3), die ohnehin für den Aufbau der System-Steifigkeitsmatrix bereitgestellt werden mußten. Bei Fachwerken genügt natürlich die Berechnung der Stabkraftkomponenten eines Knotens.

- Die Berechnung der Knotenverschiebung für das behandelte Beispiel wäre ohne den Finite-Elemente-Algorithmus (Formulieren der Kompatibilitätsbedingung aus der "Anschauung") schwierig und fehleranfällig. Ohne eine Verschiebungsberechnung sind natürlich auch die Stabkräfte nicht zu ermitteln (statisch unbestimmtes System).
- Statische Unbestimmtheit erschwert die Finite-Elemente-Rechnung nicht, im Gegenteil: Je mehr Verschiebungen verhindert sind, desto stärker reduziert sich das Gleichungssystem für die Verschiebungsberechnung.
- Die einmal durch die Wahl des Koordinatensystems definierten positiven Richtungen gelten global: Die vorgegebenen Kräfte und die berechneten Knotenverschiebungen und Knotenkräfte sind positiv, wenn ihr Richtungssinn mit den gewählten Koordinatenrichtungen übereinstimmt.

15.4 Temperaturdehnung, Anfangsdehnung

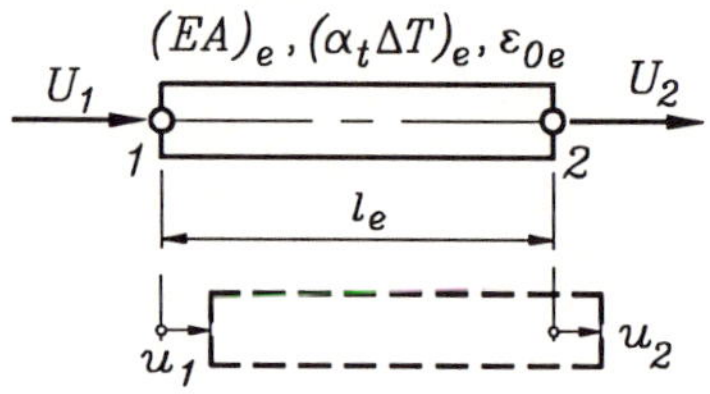

Zunächst wird wieder das einfache Stabelement betrachtet, das nur mit gleichgerichteten (fluchtenden) weiteren Elementen zusammengesetzt wird. Es soll neben der Knotenbelastung noch einer Temperaturänderung ΔT_e und einer Anfangsdehnung ε_{0e} unterworfen sein.

Das Element-Gleichgewicht ist auch hier durch

$$U_1 + U_2 = 0$$

zu erfüllen, für die Gesamtdehnung gilt nun aber (14.9), so daß die Längenänderung des Elements durch

$$u_2 - u_1 = \varepsilon_{ges}\, l_e = \frac{U_2\, l_e}{(EA)_e} + \left(\alpha_t\, \Delta T\, l\right)_e + \left(\varepsilon_0\, l\right)_e$$

beschrieben wird. Aus diesen beiden Gleichungen werden die Knotenkräfte berechnet:

$$U_2 = \left(\frac{EA}{l}\right)_e u_2 - \left(\frac{EA}{l}\right)_e u_1 - (EA)_e \left(\alpha_t\, \Delta T + \varepsilon_0\right)_e \quad ; \quad U_1 = -U_2 \; .$$

Diese beiden Gleichungen werden zur **erweiterten Element-Steifigkeitsbeziehung des fluchtenden Stabes** zusammengefaßt:

$$\begin{bmatrix} U_1 \\ U_2 \end{bmatrix} = \left(\frac{EA}{l}\right)_e \begin{bmatrix} 1 & -1 \\ -1 & 1 \end{bmatrix} \begin{bmatrix} u_1 \\ u_2 \end{bmatrix} - (EA)_e \left(\alpha_t\, \Delta T + \varepsilon_0\right)_e \begin{bmatrix} -1 \\ 1 \end{bmatrix} . \qquad \textbf{(15.4)}$$

Temperaturdehnung und Anfangsdehnung führen also auf zusätzliche Anteile in der Element-Steifigkeitsbeziehung, die als Kräfte interpretiert werden können:

$$\begin{bmatrix} F_{t1} \\ F_{t2} \end{bmatrix} = (EA)_e \left(\alpha_t\, \Delta T + \varepsilon_0\right)_e \begin{bmatrix} -1 \\ 1 \end{bmatrix} . \qquad \textbf{(15.5)}$$

Der Finite-Elemente-Algorithmus bleibt also unverändert, bei der Erfüllung der Gleichgewichtsbedingungen an den Knoten müssen nur für die Element-Knotenkräfte die durch (15.4) gegebenen erweiterten Ausdrücke verwendet werden. Nachfolgend wird die Gleichgewichtsbedingung für einen Knoten ***i***, an dem zwei Elemente ***e*** und ***f*** zusammenstoßen, formuliert.

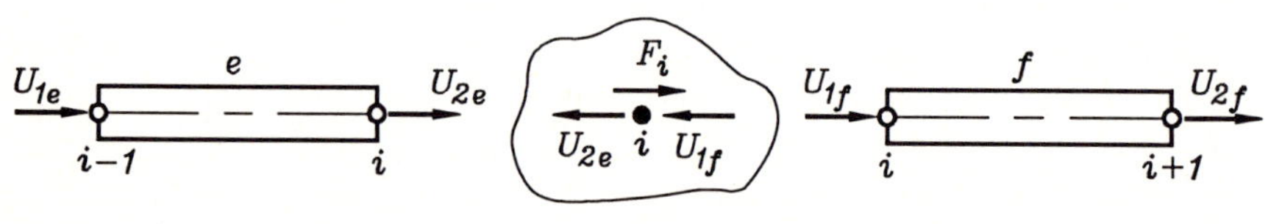

In die Gleichgewichtsbedingung wird für die Element-Knotenkräfte (15.4) unter Benutzung der Abkürzungen (15.5) eingesetzt, und man erhält:

$$
\begin{aligned}
F_i = U_{2e} + U_{1f} = -\left(\frac{EA}{l}\right)_e u_{i-1} + \left(\frac{EA}{l}\right)_e u_i \qquad\qquad & - \left(F_{t2}\right)_e \\
+ \left(\frac{EA}{l}\right)_f u_i - \left(\frac{EA}{l}\right)_f u_{i+1} & - \left(F_{t1}\right)_f .
\end{aligned}
$$

Das ist die i-te Gleichung der System-Steifigkeitsbeziehung. Alle Glieder, die die unbekannten Knotenverschiebungen enthalten, stimmen mit dem Fall ohne Temperatureinfluß und Anfangsdehnung überein, so daß die System-Steifigkeitsmatrix unverändert bleibt. Da die Zusatzglieder $(F_{t2})_e$ und $(F_{t1})_f$ nur gegebene Größen enthalten, werden sie auf die andere Seite der Gleichung gebracht, und man erkennt eine besonders einfache Regel für die Behandlung von

Temperatur- und Anfangsdehnungen:

Für ein Element, das einer Temperaturänderung und (oder) einer Anfangsdehnung unterworfen ist, werden Zusatzknotenkräfte berechnet, die dann den äußeren Kräften der Knoten zugeschlagen werden, die zu diesem Element gehören.

Die nebenstehende Skizze verdeutlicht dies für das Element *e*, das mit den übrigen Elementen über die Knoten *i* und *i + 1* verbunden ist. Die Zusatzknotenkräfte, die die Wirkung von Temperatur- und Anfangsdehnung ersetzen, werden nach (15.5) berechnet.

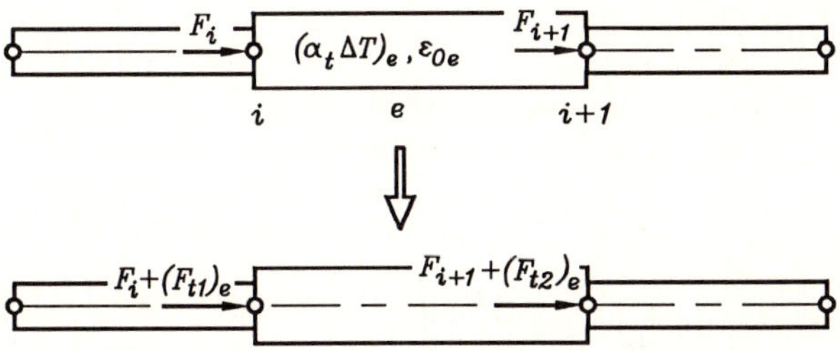

Diese Regel gilt allgemein. Für das im Abschnitt 15.3 behandelte allgemeine Fachwerk-Element, dessen Element-Steifigkeitsmatrix durch Gleichung (15.3) gegeben ist, findet man die entsprechenden Formeln, indem die durch (15.5) gegebenen Kräfte (wie im Abschnitt 15.3 die Element-Knotenkräfte) in zwei Komponenten zerlegt werden. Es ergibt sich die Beziehung für die

Zusatzknotenkräfte infolge Temperatur- und Anfangsdehnung für das ebene Fachwerk-Element:

$$
\begin{bmatrix} F_{t1x} \\ F_{t1y} \\ F_{t2x} \\ F_{t2y} \end{bmatrix} = (EA)_e \left(\alpha_t \Delta T + \varepsilon_0\right)_e \begin{bmatrix} -\cos\alpha \\ -\sin\alpha \\ \cos\alpha \\ \sin\alpha \end{bmatrix} . \qquad (15.6)
$$

In dieser Formel ist α wieder der Winkel, der von einer Parallelen zur *x*-Achse durch den Knoten 1 und dem Fachwerk-Stab eingeschlossen wird (vgl. Abschnitt 15.3).

Bei der Berechnung der Stabkräfte (aus den Verschiebungen über die Element-Knotenkräfte) müssen natürlich die erweiterten Element-Steifigkeitsbeziehungen genutzt werden. Für die fluchtenden Stabelemente ist das die Gleichung (15.4), die aus der einfachen Element-Steifigkeitsbeziehung (15.2) durch Subtraktion der Zusatzknotenkräfte (15.5) entstand.

Entsprechend ergeben sich die **Element-Knotenkräfte aus der erweiterten Element-Steifigkeitsbeziehung für Fachwerk-Elemente:**

$$\begin{bmatrix} U_{1x} \\ U_{1y} \\ U_{2x} \\ U_{2y} \end{bmatrix} = \left(\frac{EA}{l}\right)_e \begin{bmatrix} c^2 & s\,c & -c^2 & -s\,c \\ & s^2 & -s\,c & -s^2 \\ & & c^2 & s\,c \\ & symm. & & s^2 \end{bmatrix} \cdot \begin{bmatrix} u_{1x} \\ u_{1y} \\ u_{2x} \\ u_{2y} \end{bmatrix} - \begin{bmatrix} F_{t1x} \\ F_{t1y} \\ F_{t2x} \\ F_{t2y} \end{bmatrix} \qquad (15.7)$$

$$mit \quad c = \cos\alpha \quad und \quad s = \sin\alpha \quad .$$

Der Vektor der Zusatzknotenkräfte ist durch Formel (15.6) gegeben.

Beispiel: Das skizzierte (statisch unbestimmte) Fachwerk ist an den Knoten 2 und 4 durch äußere Kräfte belastet. Stab b wurde unter Zwang eingebaut, weil er um Δb zu lang war. Nach dem Einbau wird Stab a um ΔT_a erwärmt.

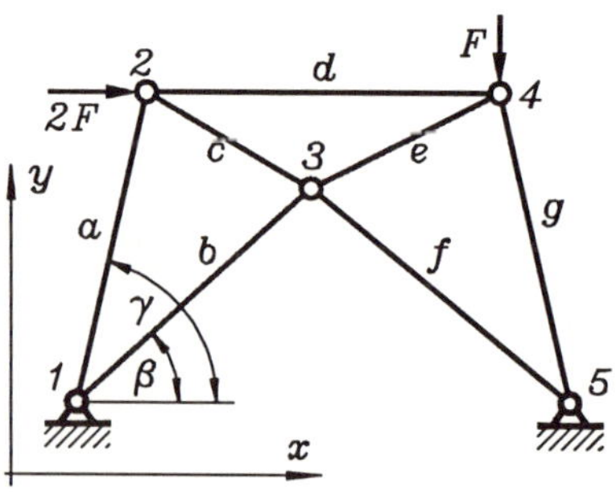

Gegeben: Dehnsteifigkeiten $(EA)_i$ und Längen l_i für alle Stäbe, Temperaturausdehnungskoeffizient α_t des Stabs a, Δb, ΔT_a, β, γ und F.

Es ist der System-Kraftvektor $\boldsymbol{f}$ für die System-Steifigkeitsbeziehung $\boldsymbol{K\,v} = \boldsymbol{f}$ anzugeben.

An den Knoten 1 und 5 werden die (unbekannten) Lagerreaktionen F_{1x}, F_{1y}, F_{5x}, F_{5y} eingetragen, an den Knoten 2 und 4 die beiden gegebenen Einzelkräfte.

An den Knoten 1 und 2 werden außerdem die Zusatzknotenkräfte infolge Temperaturdehnung des Stabs a und an den Knoten 1 und 3 die Zusatzknotenkräfte infolge Anfangsdehnung des Stabs b eingefügt.

$$f = \begin{bmatrix} F_{1x} - (EA)_a\,\alpha_t\,\Delta T_a \cos\gamma - (EA)_b\,\Delta b/l_b \cos\beta \\ F_{1y} - (EA)_a\,\alpha_t\,\Delta T_a \sin\gamma - (EA)_b\,\Delta b/l_b \sin\beta \\ 2F + (EA)_a\,\alpha_t\,\Delta T_a \cos\gamma \\ (EA)_a\,\alpha_t\,\Delta T_a \sin\gamma \\ (EA)_b\,\Delta b/l_b \cos\beta \\ (EA)_b\,\Delta b/l_b \sin\beta \\ 0 \\ -F \\ F_{5x} \\ F_{5y} \end{bmatrix}$$

Die Zusatzknotenkräfte am Knoten 1 wirken sich auf die Verschiebungsrechnung nicht aus, weil diese Zeilen (verhinderte Verschiebungen) gestrichen werden, für die Berechnung von F_{1x} und F_{1y} sind sie zu berücksichtigen.

15.5 Nutzung von Finite-Elemente-Programmen

Der am Beispiel von Systemen, die sich aus elastischen Stäben zusammensetzen, in den Abschnitten 15.1 bis 15.4 behandelte Finite-Elemente-Algorithmus enthält alle wesentlichen Schritte, die auch für die Behandlung anderer Probleme typisch sind. Eine bestimmte Problemklasse (z. B.: Fachwerke) wird im wesentlichen durch die Element-Steifigkeitsbeziehung charakterisiert, die für Probleme der Technischen Mechanik folgende Informationen enthält:

- Abmessungen und Materialeigenschaften des Elements, Anzahl der Elementknoten (hier: 2), Anzahl der Freiheitsgrade pro Knoten (behandelte Beispiele: Ein Freiheitsgrad für fluchtende Stabelemente, zwei Freiheitsgrade für Fachwerk-Elemente),
- Zusammenhang zwischen Kräften und Verformungen auf der Basis einer bestimmten Theorie (hier: Dehnung linear-elastischer Stäbe unter Voraussetzung kleiner Verformungen, Theorie 1. Ordnung),
- Algorithmus zur Reduktion von Element-Belastungen (im Abschnitt 15.4: Temperatur- und Anfangsdehnung) auf äußere Knotenlasten.

Für eine bestimmte Problemklasse benötigt man also eine Vorschrift, nach der die Element-Steifigkeitsbeziehung berechnet werden kann, z. B. durch Angabe von kompletten Formeln wie (15.4) oder (15.7). Die Berechnung von Systemen, die aus den Elementen zusammengesetzt sind, folgt dann einem für alle Problemklassen weitgehend einheitlichen Algorithmus, dessen hoher Formalisierungsgrad eine ausgezeichnete Basis für die Programmierung ist.

Es existieren zahlreiche sehr leistungsfähige Programmsysteme, die die Berechnung der unterschiedlichsten und kompliziertesten Aufgaben ermöglichen. Für die Benutzung solcher Programme können allgemein nur folgende Empfehlungen gegeben werden:

- Einige Grundkenntnisse der Theorie der Finite-Elemente-Methode sind für die erfolgreiche Benutzung von Finite-Elemente-Programmen im allgemeinen unerläßlich. Speziell sollte man sich über die Theorie informieren, die den verwendeten finiten Elementen zugrunde liegt, da für kompliziertere (speziell zwei- und dreidimensionale) Elemente die Element-Steifigkeitsbeziehungen nur über Näherungsannahmen gewonnen werden.
- Bei der Verwendung von Elementen, deren Element-Steifigkeitsbeziehungen im Rahmen einer bestimmten Theorie exakt aufgestellt werden können (wie im behandelten Beispiel die Fachwerk-Elemente) führt die Finite-Elemente-Rechnung im Gegensatz zu Problemen mit genäherten Element-Steifigkeitsbeziehungen immer auf die im Rahmen dieser Theorie exakte Lösung, so daß die Benutzung solcher Elemente weitgehend risikolos ist.
- Mit dem Leistungsspektrum großer Programmsysteme steigt im allgemeinen auch der Einarbeitungsaufwand für die Benutzung. Man sollte deshalb für spezielle Probleme (soweit vorhanden) auf Spezialprogramme zurückgreifen (z. B. auf ein Programm zur Berechnung von Fachwerken an Stelle eines Programmsystems, das auch Fachwerk-Elemente enthält). Andererseits wird die einmal erfolgte Einarbeitung in ein komplexes Programmsystem mit der Fähigkeit belohnt, unterschiedlichste Problemklassen lösen zu können.

Das zu berechnende System muß einem Finite-Elemente-Programm durch Daten beschrieben werden, das Programm baut daraus ein internes Modell des Systems auf. Anspruchsvolle Programme unterstützen den Benutzer durch Datengeneratoren, die einen erheblichen Teil der modellbeschreibenden Daten selbständig herstellen können, graphische Darstellungen gestatten dem Benutzer effektive Kontrollen.

Das rechnerinterne Finite-Elemente-Modell wird im wesentlichen durch folgende Informationen beschrieben (das nachfolgende Beispiel demonstriert dies für ein einfaches Fachwerk):

- Die **Geometrie** des Systems wird durch die Koordinaten sämtlicher Knoten, bezogen auf ein beliebiges Koordinatensystem, beschrieben.
- Die **Topologie** des Systems wird durch eine Koinzidenzmatrix festgelegt, die die Zuordnung der Knoten aller Elemente zu den Systemknoten enthält. Im Zusammenhang mit der Geometrieinformation sind damit auch wesentliche Element-Abmessungen bekannt.
- In einer Matrix der **Element-Informationen** werden elementbezogene Parameter (Materialeigenschaften, Querschnitte, Elementbelastungen wie Temperatur- und Anfangsdehnungen) zusammengestellt.
- Informationen über die **äußeren Knotenlasten** beschreiben, welche Knoten durch welche Kräfte belastet sind.
- Informationen über die **geometrischen Randbedingungen** legen fest, an welchen Knoten welche Verschiebungen durch Lager verhindert werden.

Zum CAMMPUS-Programmpaket, dem die Programme der beiliegenden Diskette entnommen wurden, gehört der "Finite-Elemente-Baukasten FEMSET". Dieser enthält die wichtigsten Bausteine, aus denen FEM-Programme zusammengebaut werden können, und gestattet dem Benutzer das Einbinden eigener Routinen, so daß für beliebige Problemklassen entwickelte Element-Steifigkeitsbeziehungen eingefügt werden können. Weil dafür ein Compiler oder ein Interpreter benötigt wird, wurde für die beiliegende Diskette die FEMSET-BASIC-Version gewählt, weil BASIC-Interpreter auf beinahe allen Personal-Computern verfügbar sind (Versionen in den Programmiersprachen C und FORTRAN können über das Internet bezogen werden, siehe Hinweis auf Seite IV).

Der **Quelltext** des Finite-Elemente-Skelettprogramms (auf Komfort für den Programmbenutzer wurde verzichtet) gestattet es dem interessierten Leser, den gesamten Algorithmus eines Finite-Elemente-Programms nachzuempfinden. Dabei wird er von Kommentaren im Programm und zusätzlichen Informationen unterstützt. Der hohen Formalisierungsgrad der Finite-Elemente-Methode wird daran deutlich, daß die Routinen des Skelettprogramms sich nicht auf eine bestimmte Problemklasse beziehen, auch die Programmausschriften sind neutral (z. B. "Element-Parameter", der beim Fachwerk-Programm die Dehnsteifigkeit sein könnte). Im Anhang B wird an Beispielen gezeigt, wie das Skelettprogramm durch Einbinden spezieller finiter Elemente zu einem kompletten Programm erweitert werden kann.

Für zwei Problemklassen (Fachwerke und biegesteife Rahmen) sind in der FEMSET-Version der beiliegenden Diskette die komplettierten Programme bereits vorhanden. Diese können gestartet werden, auch wenn weder Compiler noch Interpreter zur Verfügung stehen.

Als Beispiel für die Darstellung eines rechnerinternen Finite-Elemente-Modells wird nachfolgend der Eingabeteil des Programms FACHSKEL aufgelistet, ergänzt durch die einzugebenden Daten für des skizzierte Fachwerk und die Matrizen, die vom Programm zur Beschreibung des Problems aufgebaut werden.

Beispiel: Für das skizzierte Fachwerk werden die systembeschreibenden Eingabedaten für das Programm FACHSKEL angegeben. Das unten links angegebene Programmlisting dient (auch ohne es im Detail nachzuvollziehen) der Erläuterung, rechts sind die Matrizen des rechnerinternen Modells angegeben.

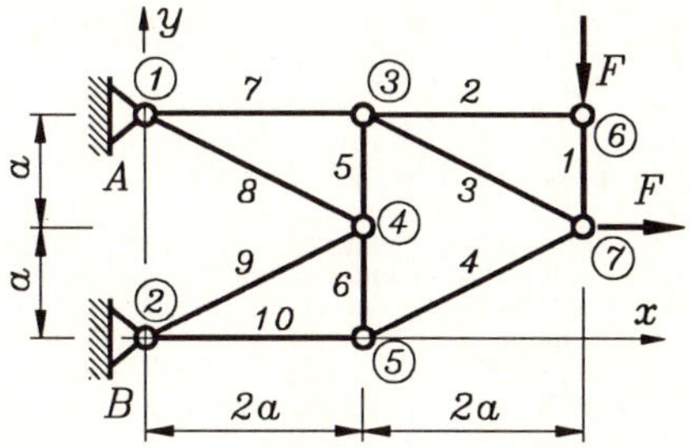

Man beachte, daß die Eingabe der Knotenlasten und Randbedingungen von den vom Programm erzeugten Matrizen abweicht. Dies wurde so programmiert, weil im Regelfall wenige Knoten belastet bzw. gelagert sind.

Empfehlung: Man starte **FEMSET** und wähle **"Beispielprogramm"** und **"FACHSKEL starten"** und gebe eine **1** ("Tastatureingabe") und die nachfolgend angegebenen Daten ein. Die Richtigkeit der vom Programm berechneten Stabkräfte ist leicht nachprüfbar, weil das Fachwerk statisch bestimmt ist (vgl. Aufgabe 6.6, Fachwerk 2 im Kapitel 6 und das dafür im Anhang A angegebene Ergebnis).

```
2000 ' *************     SUBROUTINE EINGABE    *********
2010  CLS
2020  PRINT "FINITE ELEMENTE"
2030  PRINT "==============="
2040  PRINT
2050  INPUT "ANZAHL DER ELEMENTE: "; NE
2060  INPUT "ANZAHL DER KNOTEN:   "; NK
2070  PRINT
2090 '==========================================
2100  PRINT "EINGABE DER KNOTENKOORDINATEN:"
2110  PRINT
2120  DIM XY(NK, KX)
2130 '+++++++++++++
2140 '
2150  FOR I = 1 TO NK
2160    PRINT "X["; I; "] = ";
2170    INPUT XY(I, 1)
2180    IF KX = 1 GOTO 2250
2190    PRINT "Y["; I; "] = ";
2200    INPUT XY(I, 2)
2210    IF KX = 2 GOTO 2250
2220    PRINT "Z["; I; "] = ";
2230    INPUT XY(I, 3)
2240    PRINT
2250  NEXT I
2260  PRINT
2280 '=========================================
2290  PRINT "EINGABE DER TOPOLOGIE ";
2300  PRINT "("; KE; " KNOTENNUMMERN PRO ELEMENT):"
2310  PRINT
2320  DIM KM(NE, KE)
2330 '+++++++++++++
2340 '
2350  FOR I = 1 TO NE
2360    FOR J = 1 TO KE
2370      PRINT "ELEMENT "; I; ":"; "   KNOTEN "; J;
2380      INPUT " = "; KM(I, J)
2390    NEXT J
2400    PRINT
2410  NEXT I
2420  PRINT
2430 '
2440 '==========================================
```

(2050) → NE = 10

(2060) → NK = 7

(2200) →
$$XY = \begin{bmatrix} 0 & 2 \\ 0 & 0 \\ 2 & 2 \\ 2 & 1 \\ 2 & 0 \\ 4 & 2 \\ 4 & 1 \end{bmatrix}$$

(2380) →
$$KM = \begin{bmatrix} 6 & 7 \\ 3 & 6 \\ 3 & 7 \\ 5 & 7 \\ 3 & 4 \\ 4 & 5 \\ 1 & 3 \\ 1 & 4 \\ 2 & 4 \\ 2 & 5 \end{bmatrix}$$

```
2450  PRINT "EINGABE DER ELEMENTPARAMETER:"
2460  PRINT
2470  DIM EP(NE, KP)
2480 '+++++++++++++
2490 '
2500  FOR I = 1 TO KP
2510    FOR J = 1 TO NE
2520      PRINT "ELEMENT "; J; ",  ELEMENT";
2530      PRINT "PARAMETER "; I;
2540      INPUT "   = "; EP(J, I)
2550    NEXT J
2560    PRINT
2570  NEXT I
2580  PRINT
2590 '
2600 '==============================================
2610  PRINT "EINGABE DER KNOTENLASTEN"
2620  PRINT
2630  DIM B(NK * KF)
2640 '+++++++++++++
2650 '
2660  FOR I = 1 TO NK * KF
2670    B(I) = D0
2680  NEXT I
2690 '
2700  PRINT "ES WIRD ERST DIE KNOTENNUMMER ";
2710  PRINT "ABGEFRAGT, ANSCHLIESSEND "; KF;
2720  PRINT " LASTKOMPONENTEN", "FUER DIESEN KNOTEN";
2730  PRINT " IN DER REIHENFOLGE DER FREIHEITS";
2740  PRINT "GRADE DES KNOTENS"
2750  PRINT "(KNOTENNUMMER = 0 ---> ENDE DER ";
2760  PRINT "EINGABE DER BELASTUNGEN)"
2770  PRINT
2780  INPUT "KNOTENNUMMER = "; I
2790  IF I = 0 GOTO 2850
2800  FOR J = 1 TO KF
2810    PRINT "LASTKOMPONENTE "; J; " = ";
2820    INPUT B((I - 1) * KF + J)
2830  NEXT J
2840  GOTO 2770
2850  PRINT
2860 '
2870 '==============================================
2880  PRINT "EINGABE DER RANDBEDINGUNGEN:"
2890  PRINT
2900  DIM KR(NK)
2910 '++++++++++
2920 '
2930  FOR I = 1 TO NK
2940    KR(I) = 0
2950  NEXT I
2960 '
2970  PRINT "ES WIRD ERST DIE KNOTENNUMMER ";
2980  PRINT "ABGEFRAGT, ANSCHLIESSEND EIN"
2990  PRINT "INDIKATOR IV, DER SICH AUS DEN ";
3000  PRINT "ZIFFERN DER FUER DIESEN KNOTEN"
3010  PRINT "BEHINDERTEN FREIHEITSGRADE ";
3020  PRINT "ZUSAMMENSETZT", "(BEISPIEL: IV = 23";
3030  PRINT " ---> FREIHEITSGRADE 2 UND 3 DES ";
3040  PRINT "KNOTENS BEHINDERT):"
3050  PRINT
3060 '
3070  PRINT "KNOTENNUMMER (I = 0  --->  KEINE ";
3080  INPUT "WEITEREN RANDBEDINGUNGEN):  I = "; I
3090  IF I = 0 GOTO 3120
3100  INPUT "INDIKATOR IV = "; KR(I)
3110  GOTO 3050
3120  RETURN
3130 '
```

Dies ist die neutrale Ausschrift des Skelettprogramms, FACHSKEL schreibt "DEHNSTEIFIGKEIT EA = "

EP = [210000, 210000, 210000, 210000, 210000, 210000, 210000, 210000, 210000, 210000]

Eingabewerte:
6 0 -1
7 1 0
0

B = [0, 0, 0, 0, 0, 0, 0, 0, 0, 0, 0, - 1, 1, 0]

Vom Programm erzeugte Matrizen

Eingabewerte:
1 12
2 12
0 → Rechnung startet

KR = [12, 12, 0, 0, 0, 0, 0]

15.6 Aufgaben

Aufgabe 15.1: Die Element-Steifigkeitsmatrizen für die Stäbe 6, 7 und 9 des nebenstehend skizzierten Fachwerkes sind aufzustellen und ihr Einspeichern in die System-Steifigkeitsmatrix symbolisch anzudeuten, indem die Plätze der einzelnen Untermatrizen in der System-Steifigkeitsmatrix gekennzeichnet werden.

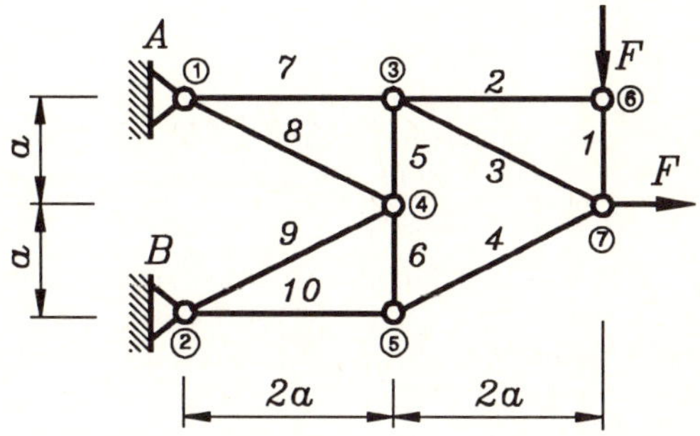

Man untersuche, welche Plätze in der System-Steifigkeitsmatrix auch dann nicht besetzt werden, wenn alle Elemente eingespeichert werden.

Gegeben: F , a , EA (für alle Stäbe gleich groß).

Aufgabe 15.2: Der skizzierte Stab wurde bei $0°C$ zwischen den starren Lagern A und C montiert.

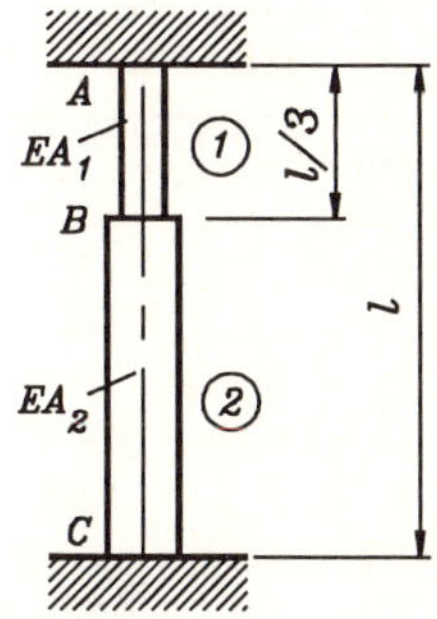

Gegeben: $A_1 = 16\ cm^2$; $\alpha_t = 1{,}2\ 10^{-5}\ K^{-1}$;
$A_2 = 4\ A_1$; $E = 2{,}1 \cdot 10^5\ N/mm^2$.

Man ermittle

a) die System-Steifigkeitsbeziehung unter Berücksichtigung einer Temperaturerhöhung um $\Delta T = +40°C$,

b) die Verschiebung des Punktes B durch die Temperaturerhöhung um ΔT,

c) die Kraft am oberen Lager.

Aufgabe 15.3: Mit dem FEMSET-Programm FACHSKEL (beiliegende Diskette) berechne man die Stabkräfte der Fachwerke 1 bis 5 der Aufgabe 6.6.

Hinweis: Diese Fachwerke sind statisch bestimmt. Deshalb ergeben sich die Stabkräfte unabhängig von den Dehnsteifigkeiten der Stäbe, für die beliebige Werte angenommen werden dürfen, z. B. $EA = 1$ für alle Stäbe. Nur dann, wenn auch die berechneten Knotenverschiebungen sinnvoll sein sollen, müssen die tatsächlichen Dehnsteifigkeiten benutzt werden.

Aufgabe 15.4: (Nur für den Leser, der auch Spaß am Programmieren hat!) Das FEMSET-Programm FACHSKEL sieht die Berücksichtigung von Elementlasten (Temperatur- und Anfangsdehnung) nicht vor. Im Anhang B wird beschrieben, wie das Programm FACHSKEL mit FEMSET erzeugt werden kann. Welche Programmzeilen sind zu ändern bzw. zu ergänzen, damit das Programm auch die genannten Belastungen zuläßt?

Das erweiterte Programm ist mit dem Beispiel 4 des Abschnitts 14.3 zu testen.

16 Biegung

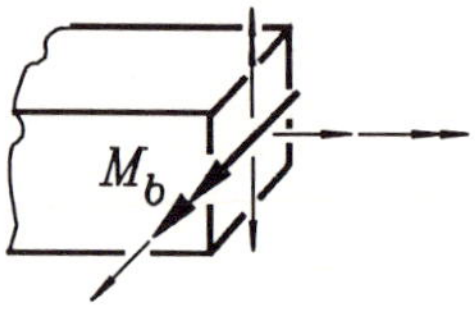

Im folgenden werden Träger behandelt, die ausschließlich durch ein Biegemoment M_b belastet sind. Dieser als ***reine Biegung*** bezeichnete Belastungsfall ist ausgesprochen selten, weil bei einem nicht konstanten Biegemoment immer auch eine Querkraft wirkt.

Es ist jedoch sinnvoll, die besonders wichtige Belastung durch ein Biegemoment gesondert zu betrachten. In einigen nachfolgenden Kapiteln wird die gleichzeitige Belastung eines Trägers durch mehrere Schnittgrößen behandelt. In sehr vielen Fällen können die übrigen Belastungen gegenüber der besonders gefährlichen Biegebelastung sogar vernachlässigt werden.

16.1 Biegemoment und Biegespannung

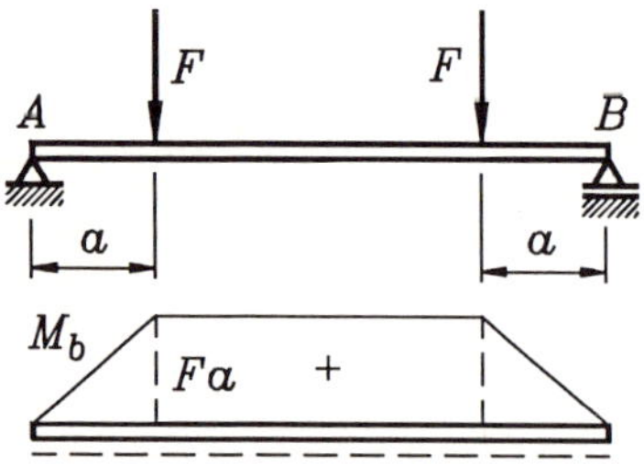

Der skizzierte Träger ist im Mittelteil (zwischen den beiden Kräften F) nur durch das konstante Biegemoment $M_b = F \cdot a$ beansprucht, so daß in diesem Bereich die Bedingung für die reine Biegebeanspruchung erfüllt ist. Es soll nun die Frage geklärt werden, welche Spannungsverteilung in einem Querschnitt dieses Bereichs dem Biegemoment M_b äquivalent ist.

Eine Momentwirkung um eine im Querschnitt liegende Achse kann nur durch (senkrecht zur Querschnittsfläche gerichtete) Normalspannungen (und nicht durch in der Fläche liegende Schubspannungen) hervorgerufen werden. Weil diese Normalspannungen bei reiner Biegung keine resultierende Kraftwirkung haben dürfen, müssen sie in einem Teil des Querschnitts positiv, im anderen Teil negativ sein:

> Biegespannungen sind Normalspannungen, die in jedem Querschnitt als Zug- und Druckspannungen vorhanden sind.

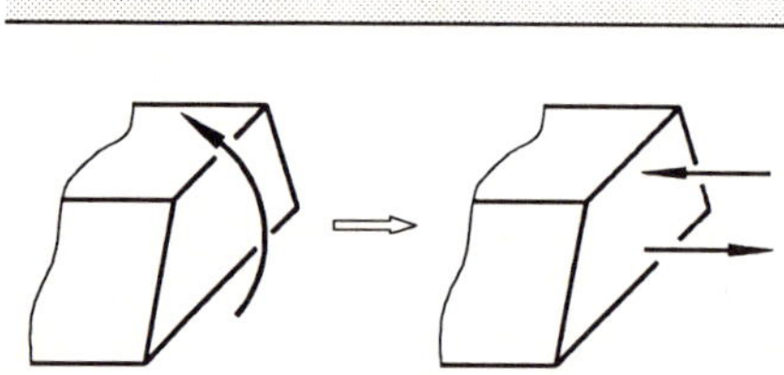

Da ein Moment einem Kräftepaar äquivalent ist, ruft das skizzierte positive Biegemoment im oberen Bereich des Querschnitts eine Druckspannung, im unteren Bereich eine Zugspannung hervor.

Zur Berechnung der Spannungen im Querschnitt (und der Verformung des Trägers) genügen diese Aussagen jedoch noch nicht. Sie werden durch eine Annahme ergänzt, die erstmals von JACOB BERNOULLI (1654 - 1705) formulierte und nach ihm benannte

BERNOULLIsche Hypothese der Biegetheorie:

Alle Punkte einer zur Trägerlängsachse senkrechten ebenen Fläche befinden sich auch nach einer reinen Biegeverformung in einer ebenen Fläche, die dann senkrecht zur verformten Trägerachse liegt.

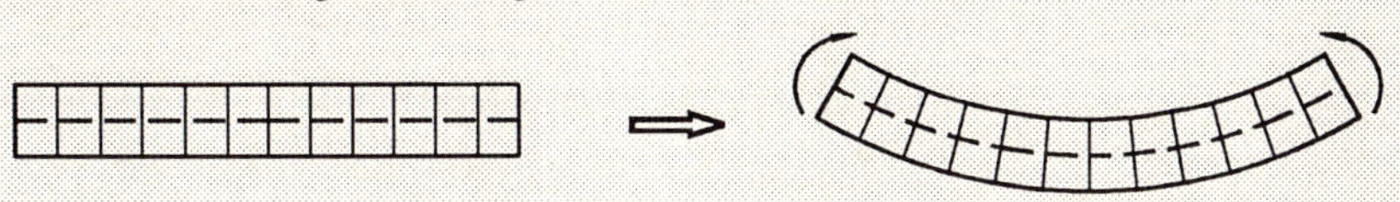

Im Querschnitt wird nun ein Koordinatensystem so eingeführt, daß M_b um die x-Achse dreht und die positive y-Achse zu der Kante des Querschnitts zeigt, an der ein positives Biegemoment eine Zugspannung erzeugt (entspricht der Lage der Bezugsfaser, die bei der Einführung der Schnittgrößen am Balken für die Definition positiver Biegemomente benutzt wurde).

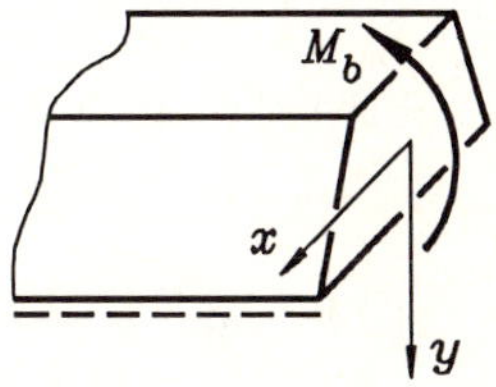

Da sich zwei benachbarte Querschnitte, die vor der Verformung parallel waren, entsprechend der Bernoulli-Hypothese bei der Verformung nur als starre Ebenen (um die x-Achse) drehen, ist die Dehnung der Längsfasern zwischen diesen Ebenen über die Querschnittshöhe (in y-Richtung) linear veränderlich. Mit dem Hookeschen Gesetz (Dehnungen verhalten sich wie die Spannungen) folgt daraus, daß auch die Spannung über die Querschnittshöhe linear veränderlich ist. Für die Spannungsverteilung im Querschnitt wird deshalb die Funktion

$$\sigma_b = c\, y$$

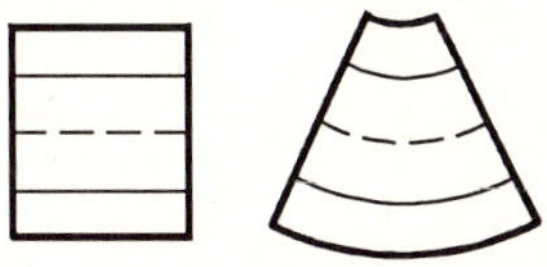

Dehnung der Längsfasern bei der Biegeverformung

mit dem zunächst unbekannten "Anstieg c" angenommen. Die Wirkung der so über den Querschnitt verteilten Spannung muß dem Biegemoment M_b (Moment um die x-Achse) äquivalent sein. Es darf sich weder eine resultierende Kraft noch ein resultierendes Moment um die y-Achse aus den Spannungen ergeben, so daß die nachfolgend formulierten drei Äquivalenzbedingungen gelten müssen.

Am differentiell kleinen Flächenelement dA hat die dort angreifende Biegespannung σ_b die Kraftwirkung $\sigma_b dA$, als Momentwirkung dieser differentiell kleinen Kraft erhält man um die x-Achse $y\,\sigma_b\,dA$ und um die y-Achse $x\,\sigma_b\,dA$.

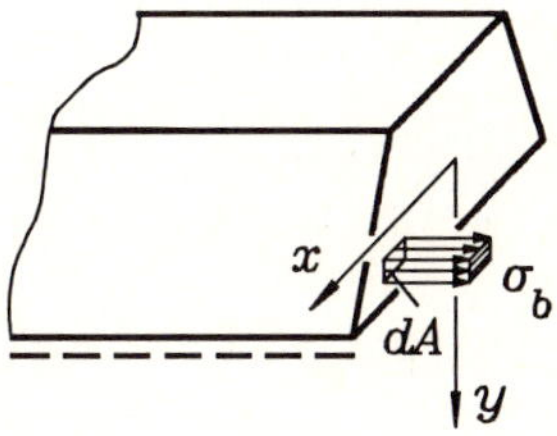

- **1. Äquivalenzbedingung:** Die Biegespannung hat keine resultierende Kraftwirkung. Aus

$$\int_A \sigma_b \, dA = 0 \; .$$

ergibt sich mit $\sigma_b = c\, y$:

$$c \int_A y \, dA = 0 \qquad bzw. \qquad \int_A y \, dA = 0 \; .$$

Dieses Flächenintegral ist das aus der Statik (Formel (4.8) im Abschnitt 4.2) bekannte statische Moment der Fläche A, das genau dann verschwindet, wenn der Ursprung des Koordinatensystems im Schwerpunkt der Fläche liegt. Wegen $\sigma_b = c\,y$ gilt also:

In der Schwerpunktfaser (Verbindungslinie der Schwerpunkte aller Querschnitte des Trägers) wirkt keine Biegespannung (***neutrale Faser***).

- **2. Äquivalenzbedingung:** Die resultierende Momentwirkung der Biegespannung um die x-Achse muß gleich dem Biegemoment M_b sein. Aus

$$\int_A y\,\sigma_b\,dA = M_b$$

ergibt sich mit $\sigma_b = c\,y$:

$$c\int_A y^2\,dA = M_b \qquad \text{bzw.} \qquad c = \frac{M_b}{\int_A y^2\,dA} = \frac{M_b}{I_{xx}} \,.$$

Damit ist der Faktor c im Biegespannungsansatz bekannt, und man erhält die

Biegespannungsformel

$$\sigma_b = \frac{M_b}{I_{xx}}\,y \tag{16.1}$$

mit dem ***Flächenträgheitsmoment***

$$I_{xx} = \int_A y^2\,dA \,. \tag{16.2}$$

- **3. Äquivalenzbedingung:** Die Biegespannung hat keine resultierende Momentwirkung um die y-Achse. Aus

$$\int_A x\,\sigma_b\,dA = 0$$

erhält man mit $\sigma_b = c\,y$:

$$c\int_A x\,y\,dA = 0 \qquad \text{bzw.} \qquad \int_A x\,y\,dA = 0 \,.$$

Die Biegespannungsformel gilt nur, wenn das x-y-Koordinatensystem in der Querschnittsfläche so liegt,

- daß der Ursprung des Koordinatensystems mit dem Schwerpunkt der Querschnittsfläche übereinstimmt und
- das sogenannte ***Deviationsmoment*** verschwindet:

$$\int_A x\,y\,dA = 0 \,. \tag{16.3}$$

Die Achsen x und y, die diese Bedingungen erfüllen, heißen ***Hauptzentralachsen***.

Bei allen bisherigen Betrachtungen war stillschweigend vorausgesetzt worden, daß ein um die ***Biegeachse x*** drehendes Biegemoment M_b nur Verformungen in einer Ebene senkrecht zur x-Achse hervorruft. Tatsächlich ist dies nur der Fall, wenn die x-Achse eine Hauptzentralachse der Querschnittsfläche des Trägers ist, anderenfalls muß das Problem nach den Regeln der sogenannten ***schiefen Biegung*** (Abschnitt 19.1) gelöst werden.

Die wichtigsten Erkenntnisse aus den bisherigen Betrachtungen zur Biegetheorie werden nachfolgend noch einmal zusammengestellt:

- Ein Biegemoment M_b, das um eine **Biegeachse** x dreht, die eine **Hauptzentralachse** des Trägerquerschnitts ist, ruft im Querschnitt eine Biegespannung hervor, deren Verteilung über die Querschnittsfläche nach (16.1) berechnet werden kann. Das nach (16.2) zu berechnende **Flächenträgheitsmoment** I_{xx} ist (wegen des Quadrats bei y) stets positiv.

  Die Koordinate y weist vom Schwerpunkt des Querschnitts in Richtung zur Bezugsfaser, mit der das positive Biegemoment definiert wird. Unter Beachtung dieser Vorschrift liefert (16.1) für jeden Punkt des Querschnitts auch das korrekte Vorzeichen für die Biegespannung. Im Schwerpunkt der Querschnittsfläche ($y = 0$) tritt keine Biegespannung auf (neutrale Faser).

- Die Biegespannung ist in einem Querschnitt in y-Richtung linear veränderlich und nimmt an den Rändern des Querschnitts (in der nebenstehenden Skizze bei $y = e_1$ bzw. $y = -e_2$) die größten Werte an, wobei jeweils ein Wert positiv (Zugspannung), der andere negativ (Druckspannung) ist.

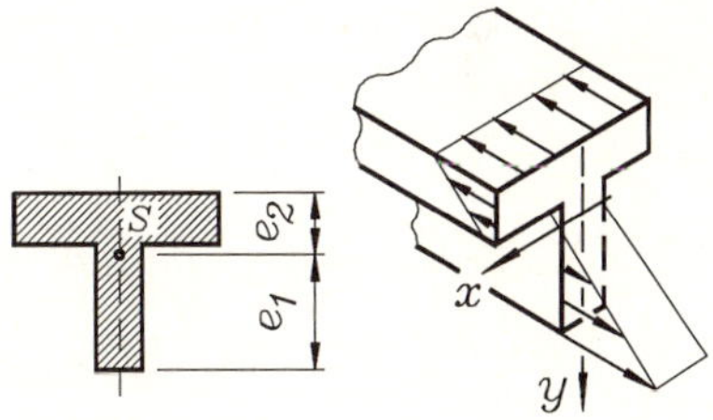

- Die absolut größte Spannung eines Querschnitts ergibt sich für die Punkte mit dem größten Abstand von der Biegeachse x (Punkte mit absolut größtem y-Wert $y = e_{max}$). Es ist üblich, für einen Querschnitt auch den Quotienten aus I_{xx} und e_{max} zu ermitteln:

Man berechnet mit dem sogenannten ***Widerstandsmoment***

$$W_x = \frac{I_{xx}}{e_{\max}} \qquad (16.4)$$

die absolut größte Spannung im Querschnitt nach

$$|\sigma_b|_{\max} = \frac{|M_b|}{W_x} \ . \qquad (16.5)$$

Beispiel: Für den skizzierten Träger mit Rechteckquerschnitt sind Ort und Größe der maximalen Biegespannung zu ermitteln.

Geg.: $l = 30\ cm$; $b = 10\ mm$;
$q_0 = 100\ N/cm$; $h = 15\ mm$.

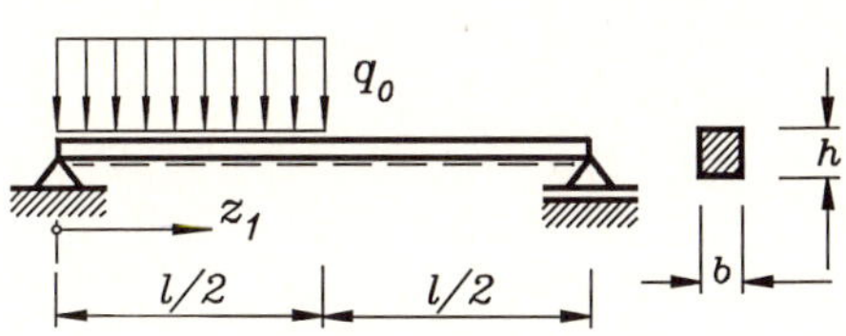

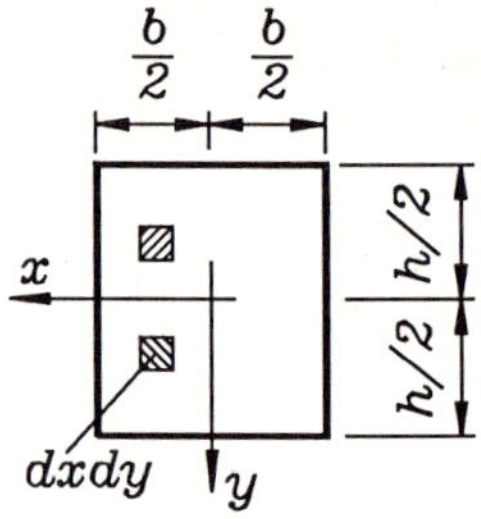

Die Gültigkeit der Biegespannungsformel ist an die Erfüllung der Beziehung (16.3) geknüpft. Ohne Rechnung ist klar, daß

$$\int_A x\, y\, dA = 0$$

ist, weil zu jedem Flächenelement $dA = dx \cdot dy$ auf der positiven Koordinatenseite ein entsprechendes Element auf der negativen Koordinatenseite vorhanden ist, so daß x und y Hauptzentralachsen sind.

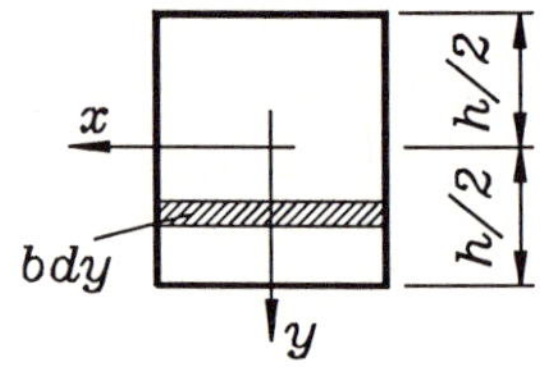

Für die Berechnung von I_{xx} wird zweckmäßig ein Flächenelement $dA = b \cdot dy$ (nebenstehende untere Skizze) verwendet, so daß aus dem Integral über die Fläche ein Integral über die Höhe wird:

$$I_{xx} = \int_A y^2\, dA = \int_{y=-\frac{h}{2}}^{\frac{h}{2}} y^2\, b\, dy = \frac{b\, h^3}{12} .$$

Das maximale Biegemoment (vgl. Abschnitt 7.2, Beispiel 1) befindet sich an der Stelle $z_1 = 0{,}375\, l$ und hat den Wert

$$M_{bmax} = \frac{9}{128}\, q_0\, l^2 ,$$

so daß sich für diesen Querschnitt die folgende Biegespannungsverteilung ergibt:

$$\sigma_b = \frac{9\, q_0\, l^2}{128}\, \frac{12}{b\, h^3}\, y = \frac{27\, q_0\, l^2}{32\, b\, h^3}\, y$$

Die maximalen Spannungen in diesem Querschnitt erhält man am oberen ($y = -h/2$) bzw. unteren ($y = h/2$) Rand des Rechteckquerschnitts:

$$\sigma_b\left(y = -\frac{h}{2}\right) = -\frac{27\, q_0\, l^2\, h}{32\, b\, h^3\, 2} = -169\, \frac{N}{mm^2} ; \qquad \sigma_b\left(y = \frac{h}{2}\right) = 169\, \frac{N}{mm^2} .$$

Zur Ermittlung des Absolutwertes der maximalen Biegespannung würde die Kenntnis des Widerstandsmomentes genügen, das sich mit dem maximalen Randfaserabstand $e_{max} = h/2$ für den Rechteckquerschnitt zu

$$W_x = \frac{I_{xx}}{e_{max}} = \frac{b\, h^2}{6}$$

ergibt. Damit erhält man natürlich nur den Absolutwert der maximalen Biegespannung:

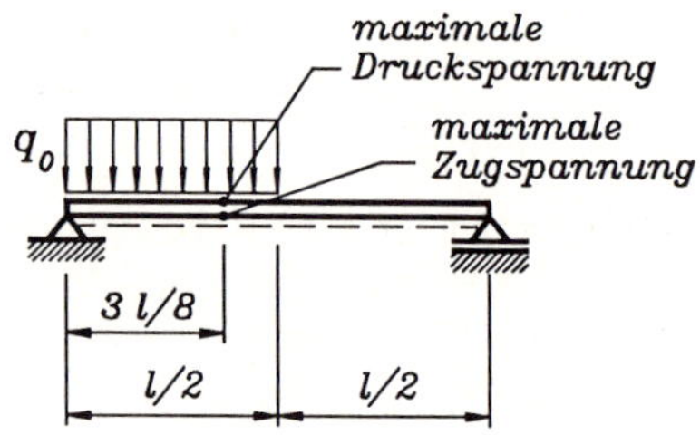

$$|\sigma_b|_{max} = \frac{|M_b|_{max}}{W_x} = 169\, \frac{N}{mm^2} .$$

16.2 Flächenträgheitsmomente

16.2.1 Definitionen

Zur Berechnung von Biegespannungen und -verformungen werden die im Abschnitt 16.1 eingeführten Kennwerte für die Querschnittsflächen benötigt, in die die Abstände der Flächenelemente von einer Achse quadratisch eingehen. Für diese ***Flächenmomente zweiten Grades*** (die für die Schwerpunktberechnung benötigten statischen Momente sind Momente ersten Grades) wird üblicherweise der (nicht sehr glücklich gewählte) Begriff ***Flächenträgheitsmomente*** verwendet, der sich wegen der formalen Übereinstimmung der mathematischen Ausdrücke mit den Massenträgheitsmomenten der Kinetik durchgesetzt hat.

Für ein beliebiges kartesisches Koordinatensystem gelten folgende Definitionen:

Axiale Flächenträgheitsmomente:

$$I_{\bar{x}\bar{x}} = \int_A \bar{y}^2 \, dA \; ,$$

$$I_{\bar{y}\bar{y}} = \int_A \bar{x}^2 \, dA \; , \qquad (16.6)$$

Deviationsmoment:

$$I_{\bar{x}\bar{y}} = -\int_A \bar{x}\,\bar{y} \, dA \; .$$

$I_{\bar{x}\bar{x}}$ und $I_{\bar{y}\bar{y}}$ werden auch als äquatoriale Flächenträgheitsmomente bezeichnet, das Deviationsmoment $I_{\bar{x}\bar{y}}$ wird auch (in Anlehnung an den Begriff aus der Kinetik) Zentrifugalmoment genannt. Die Querstriche über den Koordinaten sollen andeuten, daß die Definitionsformeln sich auf ein beliebiges Koordinatensystem beziehen. Koordinaten ohne Querstriche werden im folgenden nur benutzt, wenn sie ihren Ursprung im Schwerpunkt der Fläche haben.

Man beachte, daß das Flächenträgheitsmoment $I_{\bar{x}\bar{x}}$, das sich auf die Achse $\bar{x}$ bezieht, mit dem "Hebelarm" $\bar{y}$ definiert werden muß und dementsprechend $I_{\bar{y}\bar{y}}$ mit dem "Hebelarm" $\bar{x}$ definiert ist. Die Vorstellung, daß die Flächenelemente an (quadratisch in die Rechnung einfließenden) "Hebelarmen" wirken, ist durchaus gerechtfertigt. Die Produkte aus Flächenelementen und diesen Hebelarmen kamen (Abschnitt 16.1) über die Kraftwirkungen der Spannungen am Flächenelement in die Rechnung hinein.

Aus den Definitionen lassen sich folgende Aussagen ablesen:

- Die Werte für die axialen Flächenträgheitsmomente und das Deviationsmoment sind sowohl von der Art der Fläche als auch von dem gewählten Bezugskoordinatensystem abhängig. Sie haben die Dimension "Länge hoch 4", z. B.: cm^4.
- Für Flächen, die aus mehreren Teilflächen zusammengesetzt sind, gilt: Axiale Flächenträgheitsmomente, die sich auf gleiche Achsen beziehen (bzw. Deviationsmomente, die sich auf das gleiche Achsenpaar beziehen) dürfen addiert werden.

- $I_{\overline{xx}}$ und $I_{\overline{yy}}$ sind für beliebige Flächen und bei beliebigem Koordinatensystem stets positiv.
- $I_{\overline{xy}}$ kann positiv oder negativ werden. Es wird Null, wenn mindestens eine der beiden Koordinatenachsen eine Symmetrieachse der Fläche ist, weil dann zu jedem Flächenelement dA bei $\bar{x}, \bar{y}$ ein entsprechendes mit einem negativen Produkt $\bar{x} \cdot \bar{y}$ existiert.

Das (recht willkürliche, aber auch nicht weiter störende) Minuszeichen in der Definition des Deviationsmomentes ist üblich, weil dadurch die Transformationsformeln für die Drehung des Koordinatensystems (Abschnitt 16.2.5) exakt den gleichen Aufbau haben wie die (im Kapitel 22 behandelten) Formeln für die Transformation der Spannungen des ebenen Spannungszustandes.

Beispiel: Ein rechtwinkliges Dreieck liegt mit seinen Seiten a und b auf den Koordinatenachsen.

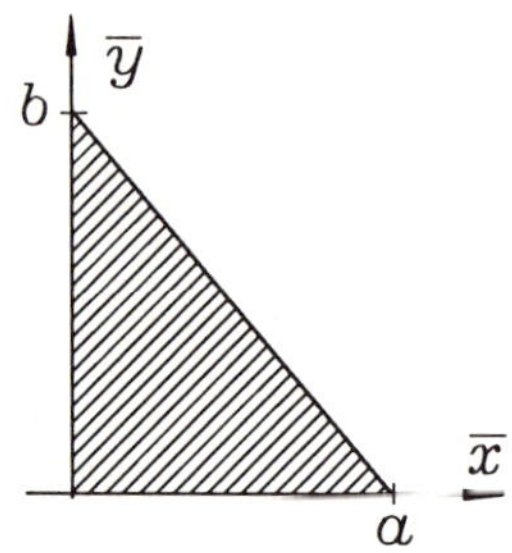

Gegeben: a , b .

Man berechne $I_{\overline{xx}}$, $I_{\overline{yy}}$, $I_{\overline{xy}}$.

Für die Berechnung der axialen Flächenträgheitsmomente können die Flächenintegrale in einfache Integrale überführt werden, indem jeweils ein streifenförmiges Flächenelement benutzt wird. Dies ist erlaubt, weil alle Flächenanteile eines solchen Streifens am gleichen "Hebelarm" x bzw. y hängen. Dabei wird das linke Streifen-Element (Skizze unten) für das Flächenträgheitsmoment bezüglich der $\bar{x}$-Achse benutzt und das in der Mitte skizzierte bezüglich der $\bar{y}$-Achse.

Für die Berechnung des Deviationsmomentes muß ein Doppelintegral gelöst werden, weil die Lage eines jeden Flächenelementes durch ein individuelles Wertepaar $\bar{x}, \bar{y}$ bestimmt wird.

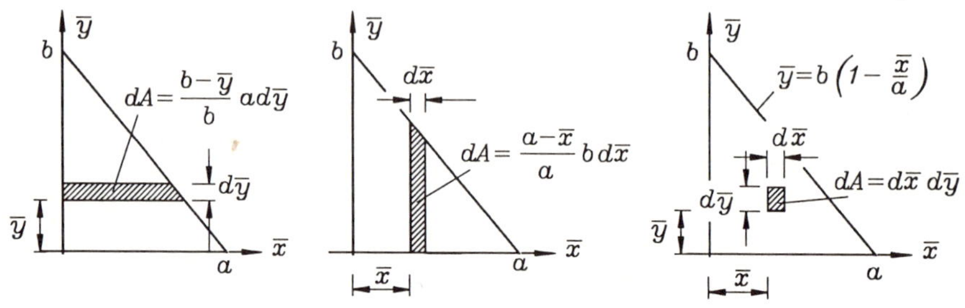

$$I_{\overline{xx}} = \int_A \bar{y}^2\, dA = \int_{\bar{y}=0}^{b} \bar{y}^2 \frac{a}{b} (b - \bar{y})\, d\bar{y} = \frac{a\, b^3}{12} ,$$

$$I_{\overline{yy}} = \int_A \bar{x}^2\, dA = \int_{\bar{x}=0}^{a} \bar{x}^2 \frac{b}{a} (a - \bar{x})\, d\bar{x} = \frac{a^3\, b}{12} ,$$

$$I_{\overline{xy}} = - \int_A \bar{x}\, \bar{y}\, dA = - \int_{\bar{x}=0}^{a} \int_{\bar{y}=0}^{b(1-x/a)} \bar{x}\, \bar{y}\, d\bar{y}\, d\bar{x} = - \frac{a^2\, b^2}{24} .$$

16.2.2 Einige wichtige Formeln

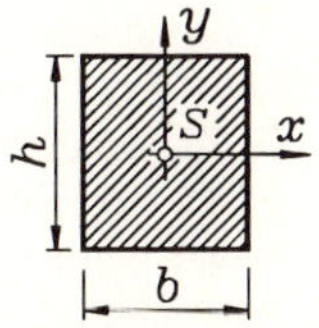

Rechteck:

$$I_{xx} = \frac{b\,h^3}{12}\ ; \qquad I_{yy} = \frac{b^3\,h}{12}\ ; \qquad I_{xy} = 0$$

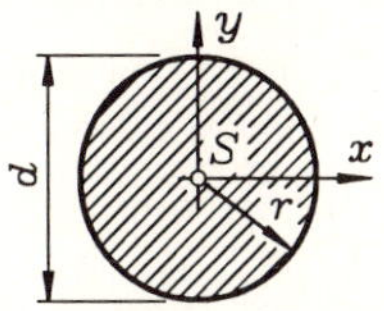

Kreis:

$$I_{xx} = I_{yy} = \frac{\pi\,d^4}{64} = \frac{\pi\,r^4}{4}\ ; \qquad I_{xy} = 0$$

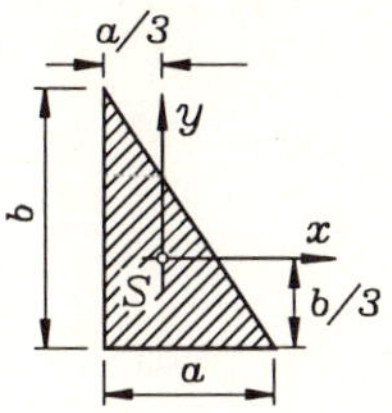

$$I_{xy} = \frac{a^2\,b^2}{72}$$

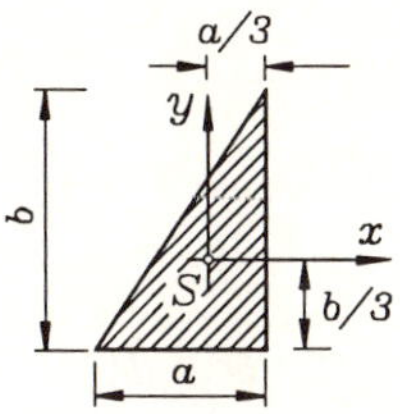

$$I_{xy} = -\frac{a^2\,b^2}{72}$$

Rechtwinkliges Dreieck:

$$I_{xx} = \frac{a\,b^3}{36}\ ;$$

$$I_{yy} = \frac{a^3\,b}{36}$$

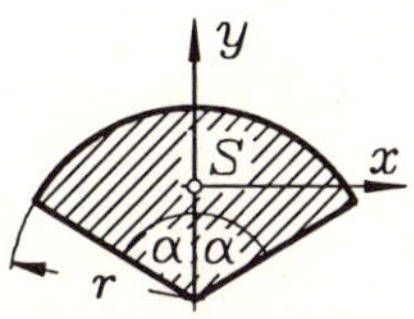

Kreissektor:

$$I_{xx} = \frac{r^4}{72}\left(18\,\alpha + 9\sin 2\alpha - 32\,\frac{\sin^2\alpha}{\alpha}\right)\ ;$$

$$I_{yy} = \frac{r^4}{8}\,(2\,\alpha - \sin 2\alpha)\ ; \qquad I_{xy} = 0$$

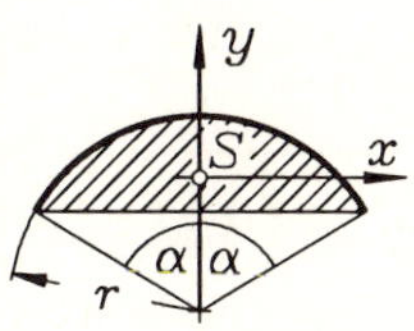

Kreisabschnitt:

$$I_{xx} = \frac{r^4}{144}\left(36\,\alpha - 9\sin 4\alpha - \frac{64\sin^6\alpha}{\alpha - \sin\alpha\cos\alpha}\right)\ ;$$

$$I_{yy} = \frac{r^4}{4}\left(\alpha - \frac{2}{3}\sin 2\alpha + \frac{1}{12}\sin 4\alpha\right)\ ; \qquad I_{xy} = 0$$

16.2.3 Der Satz von Steiner

Wenn eine Querschnittsfläche aus Teilflächen zusammengesetzt ist, deren Flächenträgheitsmomente bekannt sind, dann dürfen die Flächenträgheitsmomente der Teilflächen addiert (bzw. bei Ausschnitten subtrahiert) werden, wenn sie sich sämtlich auf die gleiche Achse beziehen. Da im allgemeinen (siehe die Tabelle des vorigen Abschnitts) die Flächenträgheitsmomente der geometrischen Grundflächen bezüglich ihrer Schwerpunktachsen bekannt sind, müssen diese gegebenenfalls auf die gemeinsame Bezugsachse umgerechnet werden. Das häufigste dabei auftretende Problem ist die Umrechnung eines auf ein Schwerpunktachsensystem bezogenen Flächenträgheitsmoments auf ein parallel verschobenes Koordinatensystem.

Für eine beliebige Fläche A sollen I_{xx}, I_{yy} und I_{xy}, alle bezogen auf das durch den Schwerpunkt der Fläche gelegte x-y-Koordinatensystem, bekannt sein. Gefragt sind die entsprechenden Werte bezüglich des um a bzw. b verschobenen Koordinatensystems $\bar{x}, \bar{y}$.

Aus der Skizze ist die Koordinatentransformation

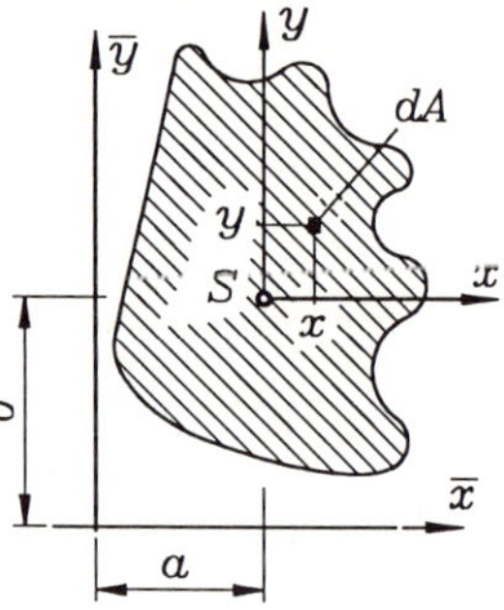

$$\bar{x} = x + a \quad ,$$
$$\bar{y} = y + b$$

ablesbar, und man errechnet z. B.:

$$I_{\bar{x}\bar{x}} = \int_A \bar{y}^2 \, dA = \int_A (y+b)^2 \, dA$$
$$= \int_A y^2 \, dA + 2b \int_A y \, dA + b^2 \int_A dA$$
$$= \quad I_{xx} \quad + \quad 0 \quad + \quad b^2 A \quad .$$

Das Integral des mittleren Summanden ist das statische Moment bezüglich einer Schwerpunktachse und hat dementsprechend den Wert Null.

Auf gleichem Wege ergeben sich die Formeln für die beiden anderen Trägheitsmomente. Nach JACOB STEINER (1796 - 1863) werden diese Umrechnungsformeln bezeichnet als

Steinerscher Satz:

$$I_{\bar{x}\bar{x}} = I_{xx} + b^2 A \quad , \quad I_{\bar{y}\bar{y}} = I_{yy} + a^2 A \quad , \quad I_{\bar{x}\bar{y}} = I_{xy} - a\,b\,A \; . \qquad (16.7)$$

Diese Formeln gelten nur unter der Voraussetzung, daß auf der **rechten Seite** die Flächenträgheitsmomente stehen, die sich auf ein **Schwerpunktkoordinatensystem** beziehen, während die Flächenträgheitsmomente auf der linken Seite für ein beliebiges (dazu parallel liegendes) Koordinatensystem gelten.

Beispiel: Man ermittle mit Hilfe der Formeln in der Tabelle des Abschnitts 16.2.2 und den Formeln (4.12) bzw. (4.13) des Abschnitts 4.2 die Lage des Schwerpunkts und die Flächenträgheitsmomente eines Halbkreises und zeige, daß sich die Formeln für die Flächenträgheitsmomente der Kreisfläche ergeben, wenn man diese aus zwei Halbkreisflächen (natürlich unter Berücksichtigung der Steinerschen Anteile) zusammensetzt.

Als Sonderfälle des Kreissektors oder des Kreisabschnitts mit dem halben Öffnungswinkel $\alpha = \pi/2$ erhält man die Formeln für den **Halbkreis**:

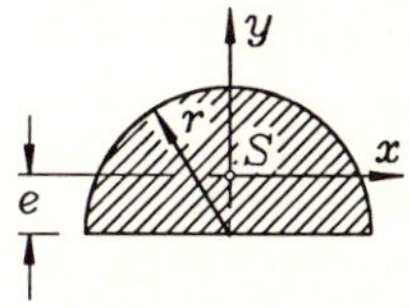

$$I_{xx} = \frac{9\pi^2 - 64}{72\pi} r^4 \; ; \quad I_{yy} = \frac{\pi r^4}{8} \; ; \qquad \textbf{(16.8)}$$

$$I_{xy} = 0 \qquad ; \quad e = \frac{4r}{3\pi} \; .$$

Da das Koordinatensystem im Schwerpunkt der vollen Kreisfläche nur in y-Richtung gegenüber den Schwerpunktsystemen der beiden Halbkreisflächen parallel verschoben ist (also nur ein Abstand zwischen den x-Achsen vorliegt), muß bei der Ermittlung von I_{xx} der Steinersche Satz angewendet werden, während die I_{yy} der beiden Halbkreisflächen einfach addiert werden können. Man beachte, daß sich die Koordinaten x und y für den Kreis auf seinen Mittelpunkt beziehen und nicht mit den Schwerpunktkoordinaten des Halbkreises der obigen Skizze übereinstimmen:

$$I_{xx,Kreis} = 2\left[\frac{9\pi^2 - 64}{72\pi} r^4 + e^2 \frac{\pi r^2}{2}\right] = 2\left[\frac{9\pi^2 - 64}{72\pi} r^4 + \left(\frac{4r}{3\pi}\right)^2 \frac{\pi r^2}{2}\right] = \frac{\pi r^4}{4} = \frac{\pi d^4}{64}$$

$$I_{yy,Kreis} = 2\frac{\pi r^4}{8} = \frac{\pi r^4}{4} = \frac{\pi d^4}{64}$$

16.2.4 Zusammengesetzte Flächen

Für die Berechnung von Aufgaben nach der Biegetheorie werden die Flächenträgheitsmomente benötigt, die sich auf Achsen durch den Schwerpunkt der Querschnittsfläche beziehen. Wenn sich die Querschnittsfläche aus mehreren Teilflächen zusammensetzt, muß zuerst der Gesamtschwerpunkt der Fläche ermittelt werden.

Die axialen Flächenträgheitsmomente sind ein Maß für den Widerstand, den ein Querschnitt der Biegeverformung entgegensetzt. Da in die Steinerschen Formeln die Abstände der Flächen von der Bezugsachse quadratisch eingehen, kann man mit relativ kleinen Querschnittsflächen große Flächenträgheitsmomente erreichen, wenn Teilflächen in möglichst großem Abstand von der Bezugsachse (Achse durch den Schwerpunkt der Gesamtfläche) angeordnet werden (vorteilhaft sind Hohlquerschnitte, Doppel-T-Träger usw., nebenstehende Skizze).

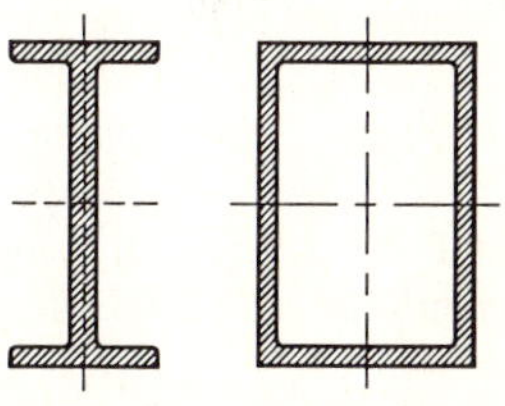

Doppel-T-Profil, Kasten-Profil

In die Formeln für die axialen Flächenträgheitsmomente (einschließlich der zugehörigen Steiner-Formeln) gehen jeweils nur die Abstände in einer Richtung ein (in die I_{xx}-Formeln z. B. nur die Abstände in y-Richtung). Deshalb ergeben sich für unterschiedliche Flächen, die aus gleichen Teilflächen zusammengesetzt sind und deren Teilfächenschwerpunkte die gleichen Abstände von der Bezugsachse haben, die gleichen Werte für die Flächenträgheitsmomente für diese Bezugsachse. Diese Aussage kann bei notwendigen Änderungen einer Konstruktion nützlich sein und wird in Tabellenbüchern genutzt, um mit einer Formel eine ganze Klasse von Querschnitten abzuhandeln. So erhält man z. B. für die drei nachfolgend skizzierten Querschnitte

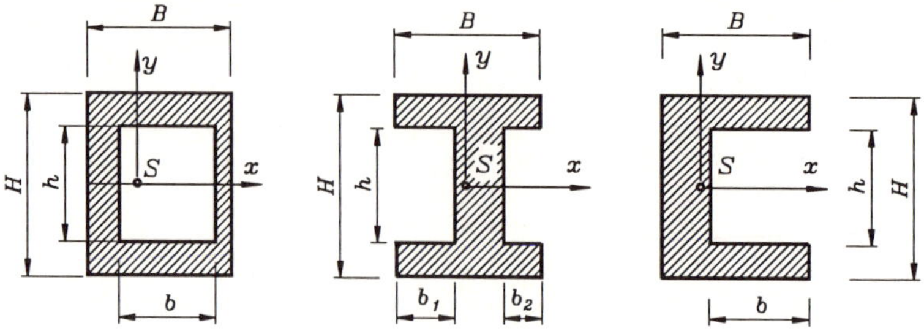

unter der Voraussetzung, daß $b = b_1 + b_2$ gilt, für das axiale Flächenträgheitsmoment um die x-Achse jeweils das Ergebnis:

$$I_{xx} = \frac{B\,H^3 - b\,h^3}{12} \;.$$

Natürlich haben diese drei Querschnitte unterschiedliche I_{yy}, weil die Teilfächen bezüglich der y-Achse in unterschiedlichen Abständen angeordnet sind.

Die wichtige Aufgabe, die Flächenträgheitsmomente einer Fläche zu bestimmen, die sich aus mehreren Teilflächen zusammensetzt, für die die Flächenträgheitsmomente bekannt sind, soll zunächst am einfachen Beispiel demonstriert werden:

Beispiel: Man ermittle für die beiden skizzierten Flächen I_{xx}, I_{yy} und I_{xy}, jeweils bezüglich des gezeichneten Schwerpunktkoordinatensystems.

Gegeben: a.

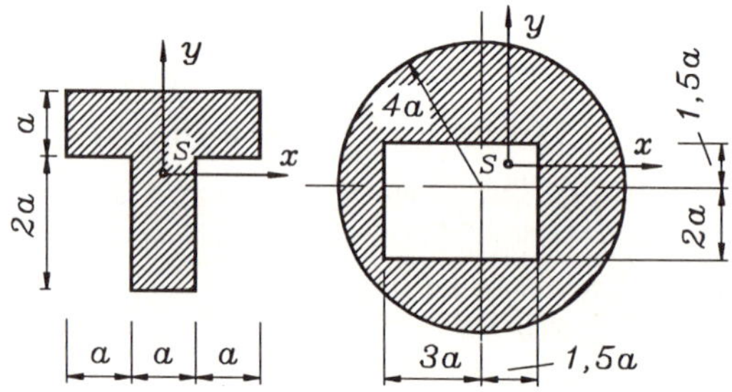

Da das T-Profil eine Symmetrieachse besitzt, vereinfacht sich die Rechnung. Der Schwerpunkt liegt auf der Symmetrieachse. Zur Ermittlung der zweiten Schwerpunktkoordinate wird das $\bar{x}$-$\bar{y}$-Koordinatensystem (Skizze rechts unten) benutzt, und es folgt für das in zwei Rechteckflächen aufgeteilte T-Profil:

$$\bar{x}_S = 0 \;,$$

$$\bar{y}_S = \frac{1}{A_{ges}} \sum_{i=1}^{2} A_i\,\bar{y}_i = \frac{1}{5a^2}\left(3a^2\,\frac{5}{2}\,a + 2\,a^2\,a\right) = \frac{19}{10}\,a \;.$$

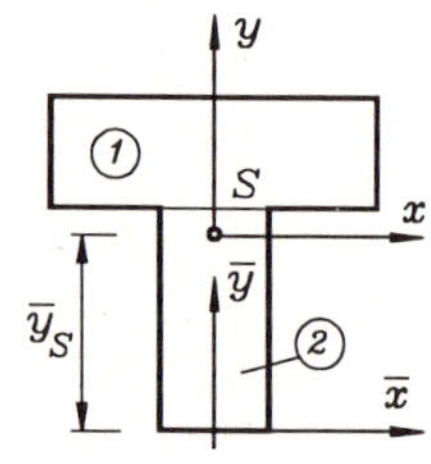

Im nun bekannten Schwerpunkt der zusammengesetzten Fläche liegt das x-y-Koordinatensystem zur Berechnung der Flächenträgheitsmomente. Die Koordinaten der Schwerpunkte der beiden Rechteckteilflächen in diesem Koordinatensystem sind

$$x_i = 0 \quad ; \qquad y_i = \bar{y}_i - \bar{y}_S \quad .$$

Das sind gleichzeitig die Abstände zur Ermittlung der "Steiner-Anteile", die in diesem Fall nur bei der Ermittlung von I_{xx} ungleich Null sind. Da eine der Bezugsachsen eine Symmetrieachse ist, wird das Deviationsmoment $I_{xy} = 0$. Die Rechnung liefert:

$$I_{xx} = \frac{3a\,a^3}{12} + 3a^2\left(\frac{3}{5}\,a\right)^2 + \frac{a\,8a^3}{12} + 2a^2\left(\frac{9}{10}\,a\right)^2 = 3{,}62\;a^4\;,$$

$$I_{yy} = \frac{a\,27a^3}{12} + \frac{2a\,a^3}{12} = 2{,}42\;a^4\;, \qquad I_{xy} = 0\;.$$

Die zweite zu behandelnde Fläche dieses Beispiels zeigt keine Symmetrie, so daß für beide axialen Flächenträgheitsmomente der Steinersche Satz angewendet werden muß.

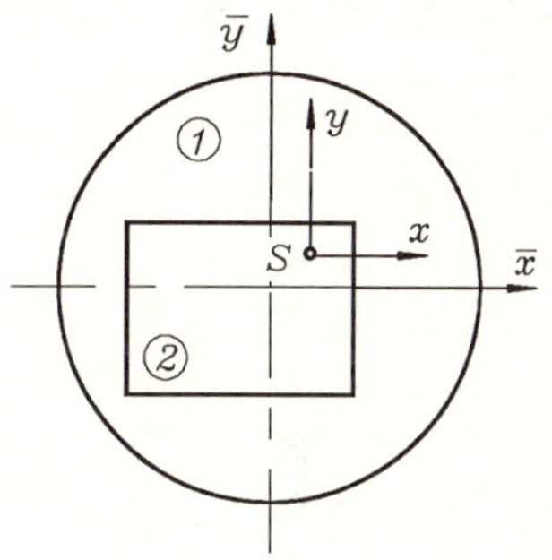

Um mit den bekannten Formeln für die Standardflächen arbeiten zu können, muß die Fläche in eine vorhandene Fläche (Kreis) und eine Fehlfläche (Rechteck) aufgeteilt werden. Sowohl Flächeninhalt als auch Flächenträgheitsmomente der Fehlfläche gehen mit negativem Vorzeichen in die Rechnung ein.

Hier bringt es einen Rechenvorteil, das $\bar{x}$-$\bar{y}$-Koordinatensytem in den Schwerpunkt des Kreises zu legen. Zunächst wird wieder die Lage des Gesamtschwerpunkts der Fläche berechnet:

$$\bar{x}_S = \frac{1}{16\,\pi\,a^2 - \dfrac{63}{4}\,a^2}\left(-\frac{63}{4}\,a^2\left(-\frac{3}{4}\,a\right)\right) = 0{,}3422\;a\;,$$

$$\bar{y}_S = \frac{1}{16\,\pi\,a^2 - \dfrac{63}{4}\,a^2}\left(-\frac{63}{4}\,a^2\left(-\frac{1}{4}\,a\right)\right) = 0{,}1141\;a\;.$$

Schließlich ergeben sich die Flächenträgheitsmomente aus der Subtraktion der Anteile von Kreis und Rechteck, jeweils unter Berücksichtigung der Steiner-Anteile:

$$I_{xx} = \frac{\pi\,(8a)^4}{64} + 16\pi a^2\,\bar{y}_S^2 - \left[\frac{4{,}5a\,(3{,}5a)^3}{12} + \frac{63}{4}\,a^2\left(\frac{a}{4} + \bar{y}_S\right)^2\right] = 183{,}55\;a^4\;;$$

$$I_{yy} = \frac{\pi\,(8a)^4}{64} + 16\pi a^2\,\bar{x}_S^2 - \left[\frac{3{,}5a\,(4{,}5a)^3}{12} + \frac{63}{4}\,a^2\left(3\frac{a}{4} + \bar{x}_S\right)^2\right] = 161{,}58\;a^4\;;$$

$$I_{xy} = -16\pi a^2\,(-\bar{x}_S)\,(-\bar{y}_S) - \left[-\frac{63}{4}\,a^2\left(-3\frac{a}{4} - \bar{x}_S\right)\left(-\frac{a}{4} - \bar{y}_S\right)\right] = 4{,}30\;a^4\;.$$

Bei der Ermittlung des Deviationsmomentes wurde berücksichtigt, daß die beiden Teilflächen Symmetrieachsen besitzen, und deswegen nur Steiner-Anteile der Teilflächen das Deviationsmoment der Gesamtfläche bilden.

16.2.5 Hauptträgheitsmomente, Hauptzentralachsen

Die im Abschnitt 16.1 hergeleitete Biegespannungsformel gilt nur, wenn sich das Flächenträgheitsmoment I_{xx} auf eine durch den Schwerpunkt des Querschnitts gehende x-Achse bezieht und außerdem das Deviationsmoment I_{xy} für das x-y-Koordinatensystem verschwindet. Die zweite Bedingung ist immer dann erfüllt, wenn wenigstens eine der beiden Achsen (x oder y) eine Symmetrieachse des Querschnitts ist. Aber auch für unsymmetrische Querschnitte existiert ein Achsenpaar, für das das Deviationsmoment verschwindet. In diesem Abschnitt wird das Problem behandelt, die Richtungen dieser Achsen zu ermitteln.

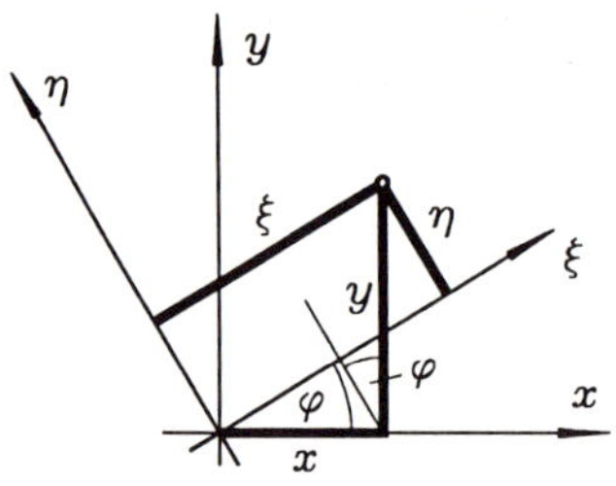

Zunächst wird untersucht, wie sich die Flächenträgheitsmomente bei einer Drehung des Bezugskoordinatensystems ändern. Aus der Skizze können die Transformationsformeln für den Übergang vom x-y-Koordinatensystem auf ein um den Winkel φ gedrehtes ξ-η-Koordinatensystem abgelesen werden:

$$\xi = x\cos\varphi + y\sin\varphi \ ,$$

$$\eta = -x\sin\varphi + y\cos\varphi \ .$$

Wenn diese Transformationen in die Definitionsformeln für die Flächenträgheitsmomente eingesetzt werden, z. B.

$$I_{\xi\xi} = \int_A \eta^2\,dA = \sin^2\varphi \int_A x^2\,dA + \cos^2\varphi \int_A y^2\,dA - 2\sin\varphi\cos\varphi \int_A x\,y\,dA = \ldots \ ,$$

so erhält man nach einigen elementaren Umformungen die Formeln für die

Transformation der Flächenträgheitsmomente auf ein gedrehtes Koordinatensystem:

$$\begin{aligned} I_{\xi\xi} &= \tfrac{1}{2}(I_{xx}+I_{yy}) + \tfrac{1}{2}(I_{xx}-I_{yy})\cos 2\varphi + I_{xy}\sin 2\varphi \ , \\ I_{\eta\eta} &= \tfrac{1}{2}(I_{xx}+I_{yy}) - \tfrac{1}{2}(I_{xx}-I_{yy})\cos 2\varphi - I_{xy}\sin 2\varphi \ , \\ I_{\xi\eta} &= - \tfrac{1}{2}(I_{xx}-I_{yy})\sin 2\varphi + I_{xy}\cos 2\varphi \ . \end{aligned} \qquad (16.9)$$

Zu besonders wichtigen Aussagen führt die Beantwortung der Frage, für welche Winkel die Flächenträgheitsmomente $I_{\xi\xi}$ und $I_{\eta\eta}$ extreme Werte annehmen. Die Bedingungsgleichungen dafür sind:

$$\frac{dI_{\xi\xi}}{d\varphi} = 0 \qquad bzw. \qquad \frac{dI_{\eta\eta}}{d\varphi} = 0 \ .$$

Beide liefern das gleiche Ergebnis:

$$\tan 2\varphi^* = \frac{2\,I_{xy}}{I_{xx} - I_{yy}} \ .$$

Da der Tangens des Winkels $2\varphi^*$ im Bereich von $0°$ bis $360°$ auf zwei Winkel führt, die sich um $180°$ unterscheiden, erhält man für den einfachen Winkel φ^* zwei Lösungen, die sich um

90° unterscheiden: Die Extremwerte der Flächenträgheitsmomente ergeben sich für zwei aufeinander senkrecht stehende Richtungen. Die Frage, welcher der beiden Winkel zum Maximum und welcher zum Minimum gehört, wird durch die zweite Ableitung entschieden. Diese Rechnung führt auf die unten angegebene Formel (16.11).

Durch Einsetzen der Bedingungsgleichung für den Winkel φ^* in die allgemeinen Transformationsformeln für die Flächenträgheitsmomente (16.9) ergeben sich die Formeln (16.10) für das maximale bzw. minimale Flächenträgheitsmoment und eine weitere wichtige Erkenntnis: Das Deviationsmoment verschwindet für das durch φ^* definierte Koordinatensystem, diese beiden Koordinaten sind also auch die **Hauptzentralachsen** der Fläche.

Alle für die Biegetheorie erforderlichen Kennwerte einer Fläche können errechnet werden, wenn I_{xx}, I_{yy} und I_{xy} für ein beliebiges, im **Schwerpunkt der Fläche** liegendes x-y-Koordinatensystem bekannt sind:

Es existiert immer ein gegenüber dem x-y-Koordinatensystem um den Winkel φ_1 gedrehtes Koordinatensystem mit den Achsen **1** und **2**, für das das Deviationsmoment verschwindet (**1** und **2** sind die Hauptzentralachsen der Fläche). Die Flächenträgheitsmomente bezüglich dieser Achsen heißen ***Hauptträgheitsmomente***:

$$I_1 = \frac{I_{xx}+I_{yy}}{2} + \sqrt{\frac{(I_{xx}-I_{yy})^2}{4} + I_{xy}^2} \; ;$$

$$I_2 = \frac{I_{xx}+I_{yy}}{2} - \sqrt{\frac{(I_{xx}-I_{yy})^2}{4} + I_{xy}^2} \; . \qquad \textbf{(16.10)}$$

I_1 ist das größte und I_2 das kleinste aller Flächenträgheitsmomente, die sich bezüglich beliebiger Schwerpunktachsen finden lassen. Die Achsen **1** und **2** stehen senkrecht aufeinander. Der Winkel φ_1 **zwischen der x-Achse und der Achse 1 des größten Flächenträgheitsmoments** errechnet sich nach:

$$\tan\varphi_1 = \frac{I_{xy}}{I_1 - I_{yy}} \; . \qquad \textbf{(16.11)}$$

- Der positive Drehsinn des Winkels φ_1 ist durch die Koordinaten x und y festgelegt (in der Skizze linksdrehend). Er wird entsprechend seines Vorzeichens an die x-Achse angetragen und führt zur Achse **1** mit dem größten Flächenträgheitsmoment.
- Für Flächen mit mindestens einer Symmetrieachse kann man sich diese Berechnungen ersparen, da eine Symmetrieachse und zwangsläufig auch die zu ihr senkrecht verlaufende Schwerpunktachse immer Hauptzentralachsen sind und damit zu einer von beiden das größte, zur anderen das kleinste aller Flächenträgheitsmomente bezüglich der Schwerpunktachsen gehört.

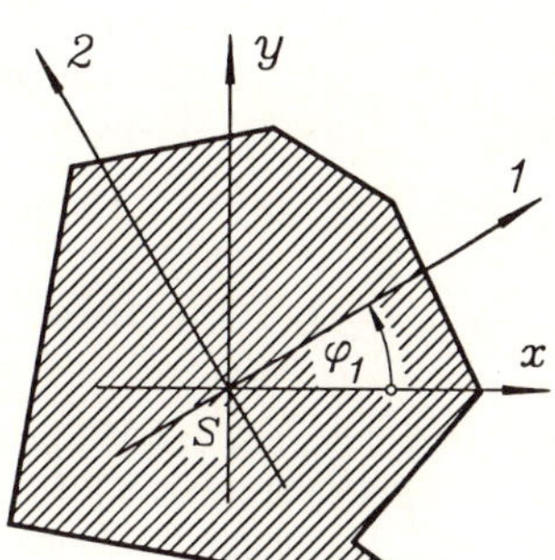

♦ Weil man bei einem Quadrat für beide Hauptzentralachsen das gleiche Flächenträgheitsmoment erhält (Maximum gleich Minimum), muß sich dieser Wert auch für beliebige andere Schwerpunktachsen ergeben. Es gilt also: Bei einem Quadrat (und bei beliebigen anderen regelmäßigen n-Ecken und natürlich auch beim Kreis) sind sämtliche Schwerpunktachsen auch Hauptzentralachsen.

Beispiel: Für die skizzierte Fläche ermittle man

a) die Hauptträgheitsmomente,

b) die Lage der Hauptzentralachsen.

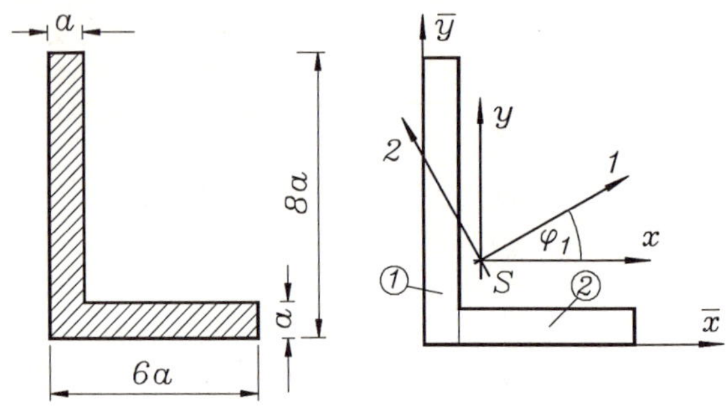

Der Schwerpunkt der entsprechend der Skizze aufgeteilten Fläche wird bezüglich des Koordinatensystems $\bar{x}$-$\bar{y}$ ermittelt:

$$\bar{x}_S = \frac{1}{13a^2}\left(8\,a^2\,\frac{a}{2} + 5a^2\,\frac{7}{2}\,a\right) = 1{,}654\,a \;; \qquad \bar{y}_S = \frac{1}{13a^2}\left(8\,a^2\,4\,a + 5a^2\,\frac{a}{2}\right) = 2{,}654\,a\;.$$

Die beiden Flächenträgheitsmomente I_{xx} und I_{yy} bezüglich des x-y-Koordinatensystem im Schwerpunkt der Gesamtfläche ergeben sich aus jeweils vier Summanden (zwei Rechtecke, jeweils unter Berücksichtigung der Steiner-Anteile). Das Deviationsmoment I_{xy} resultiert ausschließlich aus den Steiner-Anteilen, da die Rechtecke bezüglich ihres **eigenen** Schwerpunkt-Koordinatensystems (Symmetrieachsen) keine Deviationsmomente haben:

$$I_{xx} = \frac{a\,(8a)^3}{12} + 8a^2\left(4a - \bar{y}_S\right)^2 + \frac{5a\,a^3}{12} + 5a^2\left(\bar{y}_S - \frac{a}{2}\right)^2 = 80{,}78\;a^4\;;$$

$$I_{yy} = \frac{8a\,a^3}{12} + 8a^2\left(\bar{x}_S - \frac{a}{2}\right)^2 + \frac{a\,(5a)^3}{12} + 5a^2\left(\frac{7}{2}a - \bar{x}_S\right)^2 = 38{,}78\;a^4\;;$$

$$I_{xy} = -\,8a^2\left(-\bar{x}_S + \frac{a}{2}\right)\left(4a - \bar{y}_S\right) - 5a^2\left(\frac{7}{2}\,a - \bar{x}_S\right)\left(\frac{a}{2} - \bar{y}_S\right) = 32{,}31\;a^4\;.$$

Aus diesen Werten errechnen sich die beiden Hauptträgheitsmomente nach (16.10) und der Lagewinkel für das Hauptachsensystem (vgl. Skizze oben rechts) nach (16.11):

$$I_1 = 98{,}31\;a^4 \quad ; \qquad I_2 = 21{,}24\;a^4 \quad ;$$

$$\tan\varphi_1 = 0{,}5427 \quad \Rightarrow \quad \varphi_1 = 28{,}49° \quad .$$

♦ Für eine L-förmige Fläche mit gleichen Schenkellängen ist das Hauptachsensystem um **45°** gegenüber dem x-y-System gedreht. Obwohl man hier aus der Anschauung sofort die Lage der Hauptachsen kennt (Symmetrie), ist zur Ermittlung von I_1 und I_2 trotzdem eine Rechnung wie bei dem gerade gelösten Beispiel erforderlich.

16.2.6 Formalisierung der Berechnung

Eine in der Praxis sehr häufig vorkommende Aufgabe ist die Ermittlung der Trägheitsmomente einer Fläche, die sich aus Teilflächen zusammensetzt, deren Schwerpunkte und Trägheitsmomente bekannt sind. Dafür wird folgendes Vorgehen empfohlen:

- Die Fläche wird in geeignete Teilflächen A_i zerlegt. Dabei ist es oft sinnvoll, aus größeren Teilflächen eine kleinere auszuschneiden (Skizze: 2 Rechtecke mit einem Kreisausschnitt). Ausschnittflächen gehen mit negativem Vorzeichen in die Rechnung ein.
- Bezogen auf ein globales Koordinatensystem $\bar{x}, \bar{y}$ werden die Schwerpunktkoordinaten $\bar{x}_i, \bar{y}_i$ der Teilflächen eingezeichnet.
- Für jede Fläche A_i wird ein lokales Koordinatensystem x_i, y_i so festgelegt, daß die Achsen parallel zu den Achsen des globalen Koordinatensystems verlaufen.

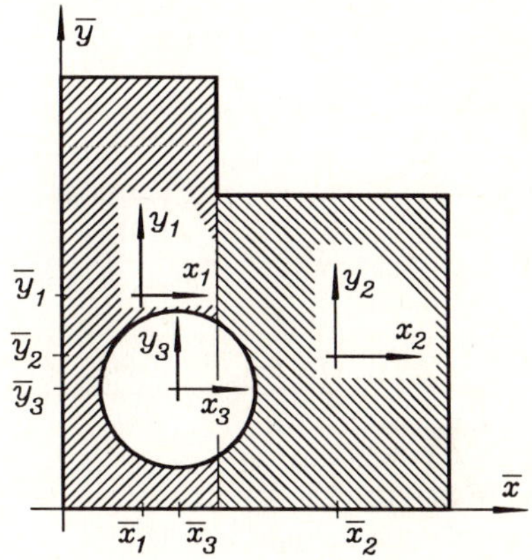

- Ausfüllen der schattierten Positionen in der nachfolgend skizzierten Tabelle: Die A_i sind die einzelnen Teilflächen (negativ für Ausschnittflächen), $\bar{x}_i$ und $\bar{y}_i$ die Schwerpunktkoordinaten der Teilflächen, bezogen auf das **globale Koordinatensystem**. I_{xixi}, I_{yiyi} und I_{xiyi} sind die Flächenträgheitsmomente der Teilflächen (negativ für Ausschnittflächen), bezogen jeweils auf das zugehörige **lokale Koordinatensystem der Teilfläche**.

i	A_i	$\bar{x}_i$	$\bar{y}_i$	I_{xixi}	I_{yiyi}	I_{xiyi}	$A_i\bar{x}_i$	$A_i\bar{y}_i$
	$\Sigma_1 =$			$\Sigma_2 =$	$\Sigma_3 =$	$\Sigma_4 =$	$\Sigma_5 =$	$\Sigma_6 =$

- Ergänzen der Tabelle, Berechnung der Schwerpunktkoordinaten der Gesamtfläche, bezogen auf das globale Koordinatensystem:

$$\bar{x}_S = \frac{\Sigma_5}{\Sigma_1} \quad , \qquad \bar{y}_S = \frac{\Sigma_6}{\Sigma_1} \quad .$$

i	$\bar{x}_i - \bar{x}_S$	$\bar{y}_i - \bar{y}_S$	$A_i\,(\bar{x}_i - \bar{x}_S)^2$	$A_i\,(\bar{y}_i - \bar{y}_S)^2$	$-A_i(\bar{x}_i - \bar{x}_S)(\bar{y}_i - \bar{y}_S)$
			$\Sigma_7 =$	$\Sigma_8 =$	$\Sigma_9 =$

- Nur der schattierte innere Teil der Tabelle hat einen unmittelbaren Bezug zur aktuellen Aufgabe ("Eingabewerte" der Rechnung), die Ermittlung der übrigen Werte folgt einem formalen Algorithmus, der durch die Angaben im Tabellenkopf, die Summenbildung in den angegebenen Spalten und die folgenden Formeln bestimmt wird.
- Berechnung der Flächenträgheitsmomente der Gesamtfläche, bezogen auf das ***x-y***-Koordinatensystem, das (parallel zu $\bar{x},\bar{y}$) im Schwerpunkt der Gesamtfläche liegt:

$$I_{xx} = \sum\nolimits_2 + \sum\nolimits_8 \; ; \qquad I_{yy} = \sum\nolimits_3 + \sum\nolimits_7 \; ; \qquad I_{xy} = \sum\nolimits_4 + \sum\nolimits_9 \; .$$

- Die Hauptträgheitsmomente (bezüglich der Hauptzentralachsen **1** und **2**) errechnen sich nach:

$$I_1 = \frac{I_{xx}+I_{yy}}{2} + \sqrt{\frac{(I_{xx}-I_{yy})^2}{4} + I_{xy}^2} \; ;$$

$$I_2 = \frac{I_{xx}+I_{yy}}{2} - \sqrt{\frac{(I_{xx}-I_{yy})^2}{4} + I_{xy}^2} \; .$$

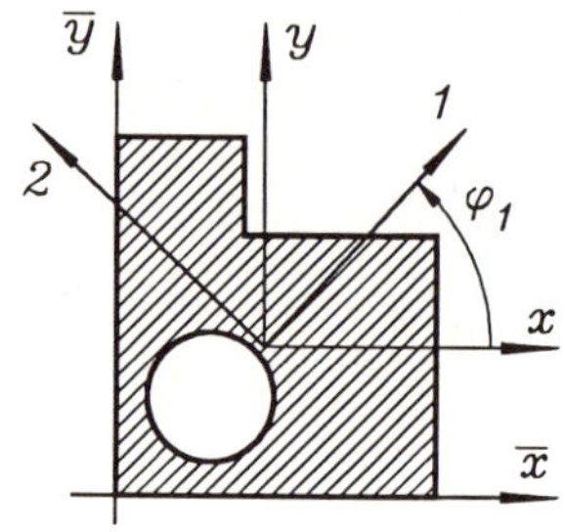

- Der Winkel φ_1 zwischen der ***x***-Achse und der Hauptzentralachse **1** ergibt sich aus:

$$\tan \varphi_1 = \frac{I_{xy}}{I_1 - I_{yy}} \; .$$

Beispiel 1: Für die skizzierte Fläche sind die Hauptträgheitsmomente und die Lage der Hauptzentralachsen zu ermitteln.

Hinweis: Die in der Skizze eingetragenen Längen sollen die Dimension ***mm*** haben. Bei der Tabellenrechnung werden die Maßeinheiten ***mm, mm²***, ***mm³***, ***mm⁴*** weggelassen.

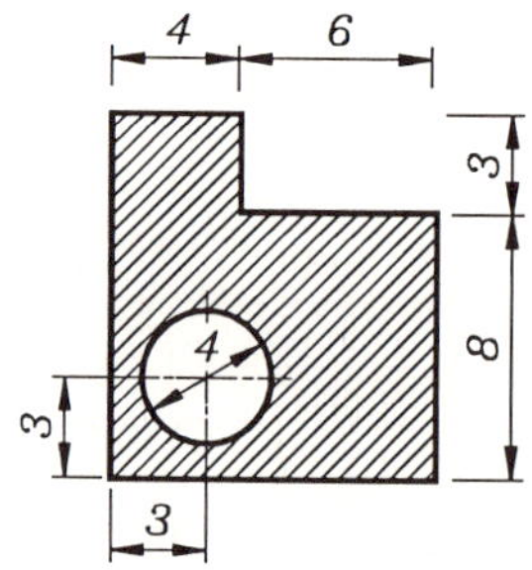

Für die in der unteren Skizze angegebene Einteilung der Fläche in zwei Rechtecke mit der Kreisfläche als Fehlfläche (Fläche und Flächenträgheitsmomente negativ) ergeben sich die auf der nächsten Seite angegebenen Tabellen. Vor der Auswertung des zweiten Tabellenteiles muß die Lage des Schwerpunktes der zusammengesetzten Fläche ermittelt werden, dessen Koordinaten aus der ersten Tabelle folgen:

$$\bar{x}_S = \frac{\sum_5}{\sum_1} = 4{,}863\,mm \; ; \qquad \bar{y}_S = \frac{\sum_6}{\sum_1} = 4{,}989\,mm \; .$$

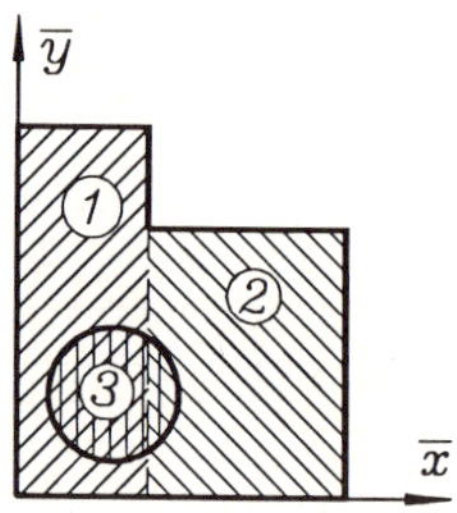

Man beachte, daß nur für den schattierten Teil der ersten Tabelle die einzutragenen Werte aus der Aufgabenskizze entnommen werden müssen. Alle weiteren Werte folgen aus vorherigen Tabelleneinträgen.

i	A_i	$\bar{x}_i$	$\bar{y}_i$	I_{xixi}	I_{yiyi}	I_{xiyi}	$A_i\bar{x}_i$	$A_i\bar{y}_i$
1	44	2	5,5	443,7	58,7	0	88	242
2	48	7	4	256	144	0	336	192
3	−12,6	3	3	−12,6	−12,6	0	−37,7	−37,7
	$\Sigma_1 = 79{,}4$			$\Sigma_2 = 687$	$\Sigma_3 = 190$	$\Sigma_4 = 0$	$\Sigma_5 = 386{,}3$	$\Sigma_6 = 396{,}3$

i	$\bar{x}_i - \bar{x}_S$	$\bar{y}_i - \bar{y}_S$	$A_i(\bar{x}_i - \bar{x}_S)^2$	$A_i(\bar{y}_i - \bar{y}_S)^2$	$-A_i(\bar{x}_i - \bar{x}_S)(\bar{y}_i - \bar{y}_S)$
1	−2,863	0,5109	360,7	11,49	64,37
2	2,137	−0,9891	219,2	46,96	101,45
3	−1,863	−1,989	−43,6	−49,72	46,57
			$\Sigma_7 = 536{,}2$	$\Sigma_8 = 8{,}73$	$\Sigma_9 = 212{,}4$

Flächenträgheitsmomente der Gesamtfläche bezüglich des x-y-Koordinatensystems, das (parallel zu $\bar{x}, \bar{y}$) im Schwerpunkt der Gesamtfläche liegt:

$$I_{xx} = \sum\nolimits_2 + \sum\nolimits_8 = 695{,}8\ mm^4 \quad ; \qquad I_{yy} = \sum\nolimits_3 + \sum\nolimits_7 = 726{,}3\ mm^4 \quad ;$$

$$I_{xy} = \sum\nolimits_4 + \sum\nolimits_9 = 212{,}4\ mm^4 \quad .$$

Hauptträgheitsmomente (bezüglich der Hauptachsen **1** und **2**):

$$I_{1,2} = \frac{I_{xx} + I_{yy}}{2} \pm \sqrt{\frac{(I_{xx} - I_{yy})^2}{4} + I_{xy}^2} \quad \Rightarrow \quad I_1 = 924\ mm^4 \quad ; \quad I_2 = 498\ mm^4 \quad .$$

Winkel zwischen der x-Achse und der Hauptachse 1:

$$\tan\varphi_1 = \frac{I_{xy}}{I_1 - I_{yy}} = 1{,}074 \quad ; \qquad \varphi_1 = 47{,}1°$$

Beispiel 2: Für die skizzierte Fläche sind die Koordinaten des Schwerpunkts, die Hauptträgheitsmomente und die Lage der Hauptzentralachsen zu berechnen.

Gegeben: a .

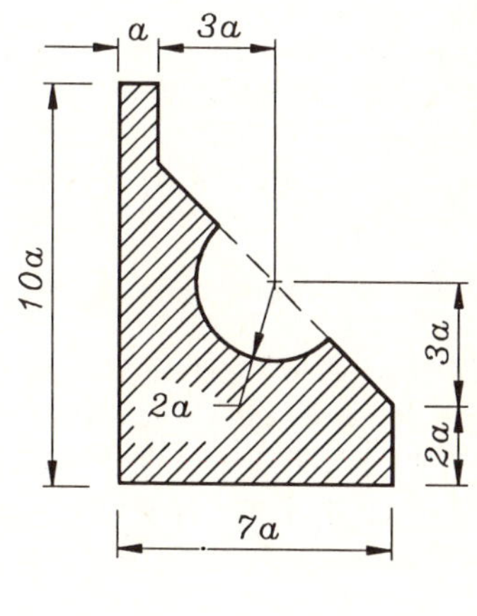

Bei der Aufteilung der Fläche in Teilflächen und Festlegung der lokalen Koordinatensysteme (parallel zu einem globalen Koordinatensystem!) wird man fest-

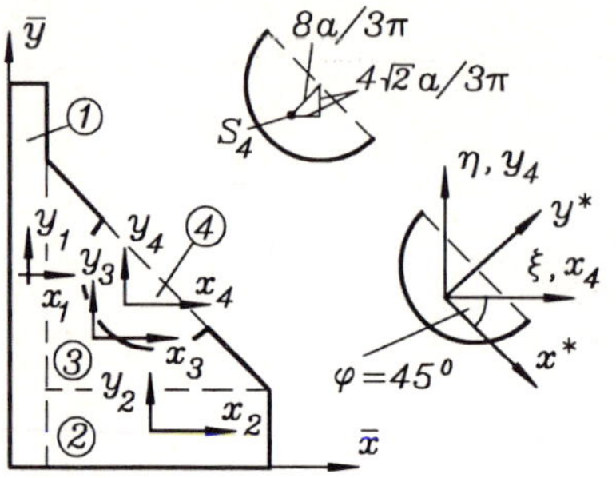

stellen, daß sich die im Abschnitt 16.2.2 angegebenen Formeln für mindestens eine Fläche auf ein anders liegendes Koordinatensystem beziehen. Für diese Teilfläche müssen die Transformationsformeln für die Drehung des Koordinatensystems (16.9) genutzt werden.

Bei der Einteilung der Fläche in zwei Rechteckflächen, eine Dreiecksfläche und eine Halbkreisfläche (als Fehlfläche) sind für die ersten drei Teilflächen die Koordinaten der Schwerpunkte sofort angebbar. Für die Halbkreisfläche, deren Schwerpunkt auf ihrer Symmetrieachse liegt, ist e durch die Formel (16.8) gegeben (Sonderfall des Kreissektors bzw. Kreisabschnitts, vgl. Abschnitt 4.2).

Da die Halbkreisfläche unter einem Winkel von **45°** gedreht liegt, sind die horizontale und vertikale Komponente von e gleich groß:

$$e_h = e_v = \frac{8\,a}{3\,\pi}\,\frac{\sqrt{2}}{2} = \frac{4\sqrt{2}}{3\,\pi}\,a \; .$$

Aus diesen Komponenten und den gegebenen Koordinaten des Mittelpunktes des Halbkreises ergeben sich die Koordinaten $\bar{x}_4$ und $\bar{y}_4$ bezüglich des skizzierten Koordinatensystems:

$$\bar{x}_4 = \left(4 - \frac{4\sqrt{2}}{3\,\pi}\right) a \quad ; \qquad \bar{y}_4 = \left(5 - \frac{4\sqrt{2}}{3\,\pi}\right) a \quad .$$

Für das im Halbkreis eingetragene x^*-y^*-Koordinatensytem (für diese Teilfläche die Hauptzentralachsen) sind die Flächenträgheitsmomente als Formeln (16.8) im Abschnitt 16.2.3 bereits bereitgestellt worden (die Drehung des Koordinatensystems um 180° ist prinzipiell für die Flächenträgheitsmomente bedeutungslos):

$$I_{x^*x^*} = \frac{9\pi^2 - 64}{72\,\pi}\,16\,a^4 \quad ; \qquad I_{y^*y^*} = 2\,\pi\,a^4 \quad ; \qquad I_{x^*y^*} = 0 \quad .$$

Die Beziehungen für die Drehung des Bezugskoordinatensystems (16.9) im Abschnitt 16.2.5 transformieren mit $\varphi = 45°$ und damit $\cos 2\varphi = 0$ und $\sin 2\varphi = 1$ die Flächenträgheitsmomente aus dem x^*-y^*-System in ein ξ-η-System (hier mit dem x_4-y_4-System identisch):

$$I_{\xi\xi} = I_{x4x4} = \left(2\,\pi - \frac{64}{9\,\pi}\right) a^4 \quad ;$$

$$I_{\eta\eta} = I_{y4y4} = \left(2\,\pi - \frac{64}{9\,\pi}\right) a^4 \quad ; \qquad I_{\xi\eta} = I_{x4y4} = \frac{64}{9\,\pi}\,a^4 \quad .$$

Die komplette Tabellenrechnung befindet sich auf der folgenden Seite. Vor dem Übergang von der ersten zur zweiten Tabelle werden aus den Zwischenergebnissen die Koordinaten des Gesamtschwerpunktes der Fläche berechnet:

$$\bar{x}_S = \sum\nolimits_5 \Big/ \sum\nolimits_1 = 2{,}54a \quad ; \qquad \bar{y}_S = \sum\nolimits_6 \Big/ \sum\nolimits_1 = 3{,}15a \quad .$$

i	A_i/a^2	$\bar{x}_i/a$	$\bar{y}_i/a$	I_{xixi}/a^4	I_{yiyi}/a^4	I_{xiyi}/a^4	$A_i\bar{x}_i/a^3$	$A_i\bar{y}_i/a^3$
1	10	0,50	5	83,33	0,83	0	5	50
2	12	4	1	4	36	0	48	12
3	18	3	4	36	36	18	54	72
4	−6,28	3,40	4,40	−4,02	−4,02	−2,26	−21,36	−27,6
	Σ_1 = 33,72			Σ_2 = 119,31	Σ_3 = 68,81	Σ_4 = 15,74	Σ_5 = 85,64	Σ_6 = 106,4

i	$(\bar{x}_i-\bar{x}_S)/a$	$(\bar{y}_i-\bar{y}_S)/a$	$A_i(\bar{x}_i-\bar{x}_S)^2/a^4$	$A_i(\bar{y}_i-\bar{y}_S)^2/a^4$	$-A_i(\bar{x}_i-\bar{x}_S)(\bar{y}_i-\bar{y}_S)/a^4$
1	−2,04	1,846	41,61	34,06	37,65
2	1,46	−2,154	25,58	55,70	37,75
3	0,46	0,846	3,81	12,87	−7,00
4	0,86	1,245	−4,65	−9,75	6,73
			Σ_7 = 66,36	Σ_8 = 92,89	Σ_9 = 75,12

Flächenträgheitsmomente der Gesamtfläche bezüglich des x-y-Koordinatensystems, das (parallel zu $\bar{x}, \bar{y}$) im Schwerpunkt der Gesamtfläche liegt:

$$I_{xx} = \sum_2 + \sum_8 = 212{,}2\,a^4 \;;\quad I_{yy} = \sum_3 + \sum_7 = 135{,}2\,a^4 \;;\quad I_{xy} = \sum_4 + \sum_9 = 90{,}9\,a^4 .$$

Hauptträgheitsmomente (bezüglich der Hauptachsen **1** und **2**) und Winkel φ zwischen der x-Achse und der Hauptachse **1**:

$$I_1 = 272{,}37\,a^4 \quad ; \quad I_2 = 75{,}00\,a^4 \quad ; \quad \tan\varphi_1 = 0{,}6622 \quad ; \quad \varphi_1 = 33{,}51° \quad .$$

16.2.7 Durch Polygonzüge begrenzte Flächen, Computer-Rechnung

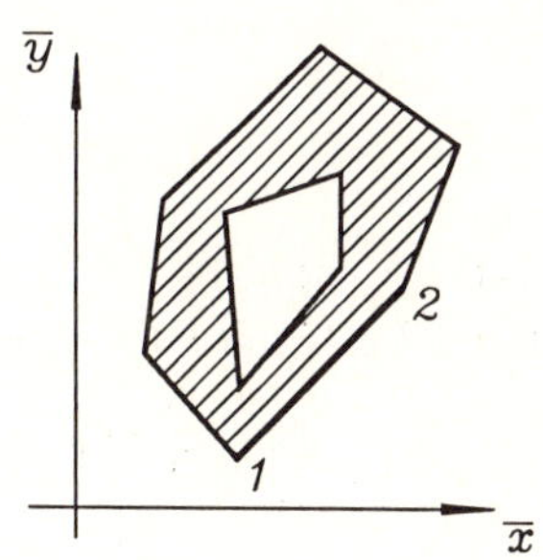

Wenn sich die Flächen in Standardflächen zerlegen lassen, für die die Schwerpunkte und Flächenträgheitsmomente bekannt sind, ist mit der im vorigen Abschnitt beschriebenen Tabellenrechnung ein Algorithmus gegeben, der sich problemlos auch für Taschenrechner programmieren läßt.

Für Querschnitte, die sich nur mit Schwierigkeiten oder gar nicht in Standardquerschnitte zerlegen lassen, liefert in jedem Fall das nachfolgend beschriebene Verfahren eine ausgezeichnete Näherungslösung. Behandelt wird eine Fläche, deren Außenkontur und (beliebig viele) Innenkonturen (Ausschnitte) sich durch **Polygonzüge** beschreiben lassen.

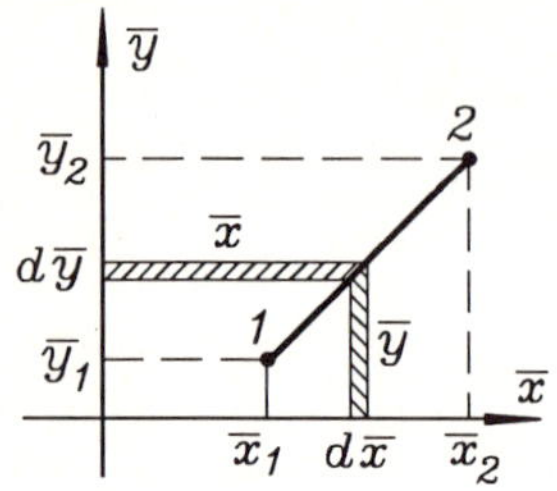

Zunächst wird ein einzelnes Geradenstück der Außenkontur betrachtet: Die Gerade **1–2** schließt mit den Koordinatenachsen Flächen (Trapeze) ein, die durch Integrale ausgedrückt und wie folgt mit Vorzeichen behaftet werden:

$$\Delta A_{\bar{x}} = -\int_{\bar{x}_1}^{\bar{x}_2} \bar{y}\, d\bar{x} \quad ; \qquad \Delta A_{\bar{y}} = \int_{\bar{y}_1}^{\bar{y}_2} \bar{x}\, d\bar{y}$$

(mit dem Δ wird angedeutet, daß ein Trapez als Teilfläche betrachtet wird). Wenn Punkt **2** links von Punkt **1** liegt, kehren sich die Vorzeichen der Flächen automatisch um. Es ist leicht nachzuvollziehen, daß für einen geschlossenen Polygonzug bei Numerierung der Punkte entgegen dem Uhrzeigersinn die Summe aller (mit den $\Delta A_{\bar{x}}$ **oder** den $\Delta A_{\bar{y}}$ gebildeten) Trapezflächen die von dem Polygon umschlossene Gesamtfläche liefert (sinnvoll für Außenkontur), bei Numerierung im Uhrzeigersinn wird das Ergebnis negativ (sinnvoll für Ausschnitte).

Dieses bereits im Abschnitt 4.5.1 für die Berechnung von Flächenschwerpunkten genutzte Verfahren wird nun auf die Berechnung der statischen Momente und der Flächenträgheitsmomente erweitert.

Die **statischen Momente** der Trapeze setzen sich aus den statischen Momenten unendlich vieler unendlich schmaler Rechtecke zusammen, für das statische Moment bezüglich der $\bar{x}$-Achse sind dies z. B. Rechtecke $\bar{y}d\bar{x}$ mit dem Schwerpunkt bei $\bar{y}/2$:

$$\Delta S_{\bar{x}} = -\int_{\bar{x}_1}^{\bar{x}_2} \frac{\bar{y}^2}{2}\, d\bar{x} \quad ; \qquad \Delta S_{\bar{y}} = \int_{\bar{y}_1}^{\bar{y}_2} \frac{\bar{x}^2}{2}\, d\bar{y} \quad .$$

Bei den **axialen Flächenträgheitsmomenten** ist zu beachten, daß das unendlich schmale Rechteck $\bar{y}d\bar{x}$ mit dem Schwerpunkt bei $\bar{y}/2$ z. B. bezüglich der $\bar{x}$-Achse einschließlich eines Steiner-Anteils aufzuschreiben ist:

$$\Delta I_{\bar{x}\bar{x}} = -\int_{\bar{x}_1}^{\bar{x}_2} \left[\frac{\bar{y}^3\, d\bar{x}}{12} + \left(\frac{\bar{y}}{2}\right)^2 \bar{y}\, d\bar{x}\right] = -\int_{\bar{x}_1}^{\bar{x}_2} \frac{\bar{y}^3}{3}\, d\bar{x} \quad ; \qquad \Delta I_{\bar{y}\bar{y}} = \int_{\bar{y}_1}^{\bar{y}_2} \frac{\bar{x}^3}{3}\, d\bar{y} \quad .$$

Dementsprechend ist für das **Deviationsmoment** für ein unendlich schmales Rechteck nur der Steiner-Anteil zu beachten, dessen negatives Vorzeichen nach (16.7) für das Trapez **unter** der Geraden **1–2** das positive Vorzeichen vor dem Integral erzeugt:

$$\Delta I_{\bar{x}\bar{y}} = -\int_{\bar{x}_1}^{\bar{x}_2} \left(-\bar{x}\,\frac{\bar{y}}{2}\,\bar{y}\, d\bar{x}\right) = +\int_{\bar{x}_1}^{\bar{x}_2} \frac{\bar{x}\,\bar{y}^2}{2}\, d\bar{x} \quad .$$

Zur Auswertung der Integrale wird die Geradengleichung benötigt, als Zwei-Punkte-Gleichung wahlweise nach $\bar{x}$ oder $\bar{y}$ aufgelöst:

$$\bar{x} = \frac{\bar{x}_2 - \bar{x}_1}{\bar{y}_2 - \bar{y}_1}(\bar{y} - \bar{y}_1) + \bar{x}_1 \quad ; \qquad \bar{y} = \frac{\bar{y}_2 - \bar{y}_1}{\bar{x}_2 - \bar{x}_1}(\bar{x} - \bar{x}_1) + \bar{y}_1 \quad .$$

Die Auswertung der Integrale ist nicht schwierig (aber mühsam). Durch Summation über alle Geradenstücke, die einen geschlossenen Polygonzug bilden müssen, erhält man die

Flächenkennwerte einer von einem geschlossenen Polygonzug begrenzten Fläche:

$$\begin{aligned}
A &= \frac{1}{2} \sum_i \left(\bar{y}_{i+1}\, \bar{x}_i - \bar{y}_i\, \bar{x}_{i+1} \right) ; \\
S_{\bar{x}} &= \frac{1}{6} \sum_i \left(\bar{y}_i + \bar{y}_{i+1} \right) \left(\bar{y}_{i+1}\, \bar{x}_i - \bar{y}_i\, \bar{x}_{i+1} \right) ; \\
S_{\bar{y}} &= \frac{1}{6} \sum_i \left(\bar{x}_i + \bar{x}_{i+1} \right) \left(\bar{y}_{i+1}\, \bar{x}_i - \bar{y}_i\, \bar{x}_{i+1} \right) ; \\
I_{\bar{x}\bar{x}} &= \frac{1}{12} \sum_i \left[\bar{y}_{i+1}^2 + (\bar{y}_i + \bar{y}_{i+1})\, \bar{y}_i \right] \left(\bar{y}_{i+1}\, \bar{x}_i - \bar{y}_i\, \bar{x}_{i+1} \right) ; \\
I_{\bar{y}\bar{y}} &= \frac{1}{12} \sum_i \left[\bar{x}_{i+1}^2 + (\bar{x}_i + \bar{x}_{i+1})\, \bar{x}_i \right] \left(\bar{y}_{i+1}\, \bar{x}_i - \bar{y}_i\, \bar{x}_{i+1} \right) ; \\
I_{\bar{x}\bar{y}} &= \frac{1}{12} \sum_i \left[\frac{1}{2}\, \bar{x}_{i+1}^2\, \bar{y}_i^2 - \frac{1}{2}\, \bar{x}_i^2\, \bar{y}_{i+1}^2 - (\bar{y}_{i+1}\, \bar{x}_i - \bar{y}_i\, \bar{x}_{i+1})(\bar{x}_i\, \bar{y}_i + \bar{x}_{i+1}\, \bar{y}_{i+1}) \right] .
\end{aligned} \qquad (16.12)$$

Koordinaten des Schwerpunkts:

$$\bar{x}_S = \frac{S_{\bar{y}}}{A} \quad ; \qquad \bar{y}_S = \frac{S_{\bar{x}}}{A} \quad . \qquad (16.13)$$

Flächenträgheitsmomente bezüglich des Schwerpunkt-Koordinatensystems:

$$I_{xx} = I_{\bar{x}\bar{x}} - \bar{y}_S^2\, A \quad ; \quad I_{yy} = I_{\bar{y}\bar{y}} - \bar{x}_S^2\, A \quad ; \quad I_{xy} = I_{\bar{x}\bar{y}} + \bar{x}_S\, \bar{y}_S\, A \quad . \qquad (16.14)$$

- Ein geschlossener Polygonzug aus $\boldsymbol{n}$ Geradenstücken mit $\boldsymbol{n}$ Eckpunkten wird in den Formeln (16.12) durch $\boldsymbol{n+1}$ Punkte dargestellt, indem der Startpunkt als Endpunkt noch einmal verwendet wird. Dabei sind die Punkte entgegen dem Uhrzeigersinn abzuarbeiten.
- Innenkonturen (Ausschnitte) sind im Uhrzeigersinn abzuarbeiten. Da bei formaler Anwendung der Formel auch das Geradenstück zwischen dem letzten Punkt der Außenkontur und dem ersten Punkt der Innenkontur einen Anteil liefert und damit die Rechnung verfälschen würde, muß entweder die Innenkontur gesondert behandelt werden, oder man hält sich an folgende einfache Regel (ein zweimal in unterschiedlichen Richtungen durchlaufendes Geradenstück liefert zwei gleiche Anteile, die sich aufheben):

Die **Außenkontur** wird, beginnend mit einem beliebigen Punkt, **entgegen dem Uhrzeigersinn** durchlaufen. Vom Endpunkt (gleich Startpunkt) geht man zu einem beliebigen Punkt einer **Innenkontur**, die dann im Uhrzeigersinn durchlaufen wird, vom Endpunkt (gleich Startpunkt) der Innenkontur eventuell zu weiteren Innenkonturen (sämtlich im Uhrzeigersinn zu durchlaufen). Nach Durchlaufen der letzten Innenkontur geht man über die Verbindungslinien der einzelnen Konturen bis zum Startpunkt der Außenkontur zurück. Die Summe in den Formeln (16.12) erstreckt sich über alle auf diesem Weg berührten Punkte.

Beispiel: Für die nebenstehend skizzierte Fläche mit einer Außenkontur, die durch 6 Punkte bestimmt wird, und einer Innenkontur (Ausschnitt) mit 4 Punkten müßten sich die Summen in den Formeln (16.12) über insgesamt 13 Summanden erstrecken. Dabei könnten die Knotenkoordinaten z. B. in folgender Reihenfolge berücksichtigt werden:

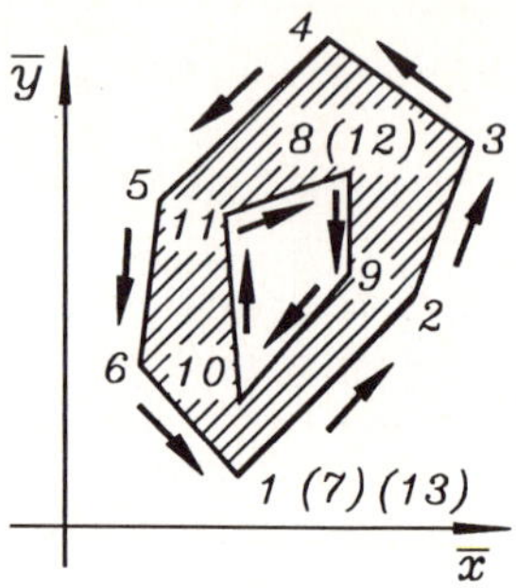

1 → 2 → 3 → 4 → 5 → 6 → 7 (= 1) →

8 → 9 → 10 → 11 → 12 (= 8) → 13 (= 1)

Dieses Verfahren eignet sich vorzüglich für die Programmierung. Da die einzugebenden Koordinatenwerte nicht gespeichert werden müssen (nur jeweils zwei Koordinatenpaare müssen für die sukzessive Summenbildung zur Verfügung stehen), können sogar mit Programmen für programmierbare Taschenrechner die kompliziertesten Konturen berechnet werden.

Der nachfolgend angegebene Ergebnisdruck zeigt die Berechnung der Flächenkennwerte für eine Turbinenschaufel, deren Kontur als Polygon mit insgesamt 43 Punkten genähert wurde:

```
 9. 2.1993
CAMMPUS 3.0                              Flaechen-Momente

*** Koordinaten des Polygonzugs    ***

   Punkt I             X                   Y

      1        11.0000000000        .0000000000
      2        15.0000000000       2.0000000000
      3        20.0000000000       4.5000000000

     42         5.0000000000       1.0000000000
     43         7.0000000000        .0000000000
     44        11.0000000000        .0000000000

Flaeche:                              A    =      2866.2500000000
Statische Momente:                    Sx   =     80421.7083333333
                                      Sy   =    119873.3333333333

Schwerpunkt:                          Xs   =        41.8223579009
                                      Ys   =        28.0581625236

Flaechentraegheitsmomente:            Ixx  =   2670025.3437500000
                                      Iyy  =   6778287.2500000000
                                      Ixy  =  -3438363.3854166670

Flaechentraegheitsmomente,            Ixxs =    413539.9809059582
bezogen auf Schwerpunktachsen         Iyys =   1764901.8005645200
(parallel zu x und y)                 Ixys =    -74937.9165016114

***  Haupttraegheitsmomente und Lage der Hauptzentralachsen  ***

Imax =   1769044.6791078790
Imin =    409397.1023625997

Die Haupttraegheitsmomente Imax und Imin beziehen sich auf die (durch den
Schwerpunkt verlaufenden (senkrecht aufeinander stehenden) Hauptzentralachsen.

Winkel zwischen der x-Achse und der Achse von Imax:   PHI  =    -86.83567 GRAD
```

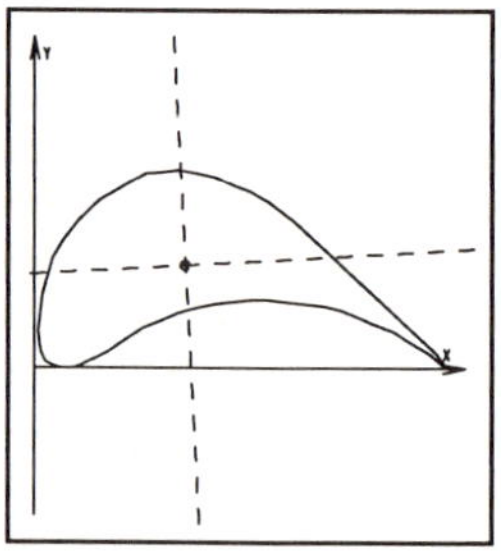

16.3 Gültigkeit der Biegespannungsformel, Widerstandsmomente, Beispiele

Die ***Biegeachse*** ist die Achse in der Querschnittsfläche, um die das Biegemoment M_b dreht. Sie steht senkrecht auf der ***Lastebene***, in der die Wirkungslinien aller Kräfte liegen. Nur wenn die Biegeachse x eine Hauptzentralachse der Querschnittsfläche ist, gilt die einfache Biegespannungsformel

$$\sigma_b = \frac{M_b}{I_{xx}} y \quad .$$

Auf diese wichtige Einschränkung soll mit dem nachfolgenden Beispiel noch einmal aufmerksam gemacht werden. In den folgenden Skizzen ist wie in den übrigen Beispielen dieses Kapitels jeweils die y-z-Ebene die Lastebene.

Beispiel 1: Ein Träger mit Dreiecksquerschnitt ist einseitig eingespannt und nur durch sein Eigengewicht belastet (in den Skizzen durch die konstante Linienlast angedeutet). Für den nebenstehend skizzierten Querschnitt (gleichschenkliges rechtwinkliges Dreieck) sind die Achsen **1** und **2** die Hauptzentralachsen (**1** ist Symmetrieachse) mit den Hauptträgheitsmomenten

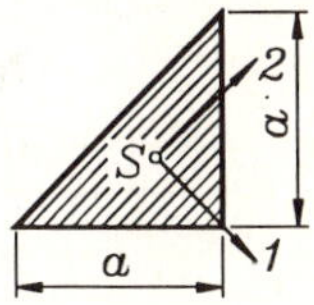

$$I_1 = \frac{a^4}{24} \quad ; \quad I_2 = \frac{a^4}{72} \quad .$$

a) In der ersten Einbauvariante wird der Träger um die Achse des kleinsten Flächenträgheitsmoments gebogen, und in die Biegespannungsformel ist einzusetzen:

$$I_{xx} = \frac{a^4}{72} \quad .$$

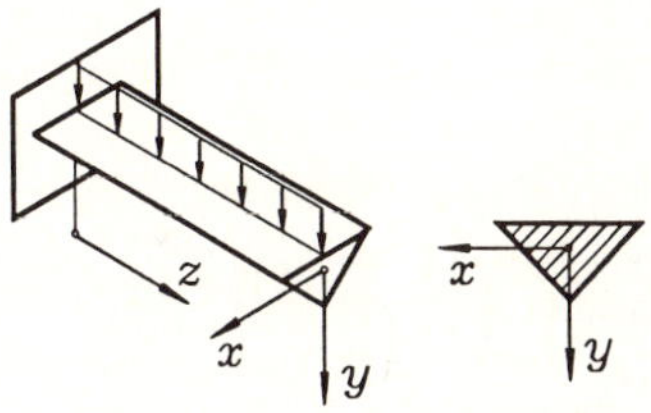

b) In dieser Einbauvariante wird der Träger um die Achse des Hauptträgheitsmoments I_1 gebogen, und in die Biegespannungsformel ist einzusetzen:

$$I_{xx} = \frac{a^4}{24} \quad .$$

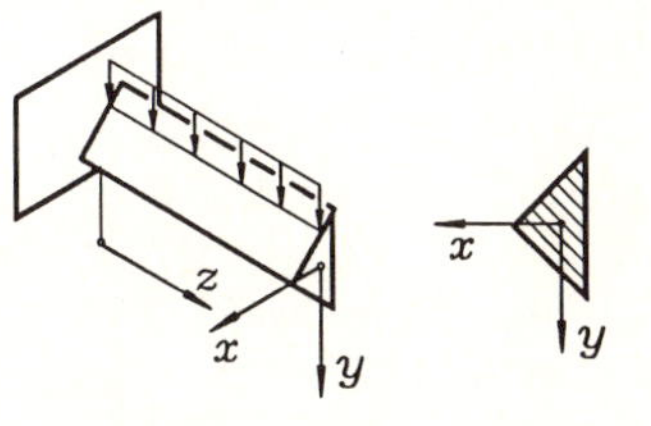

c) In der letzten Einbauvariante ist die x-Achse, um die das Biegemoment M_b infolge der Belastung in der Lastebene y-z dreht, keine Hauptzentralachse ($I_{xx} = I_{yy} = a^4/36$ und $I_{xy} = -\, a^4/72$, vgl. Abschnitt 16.2.2). Deshalb darf die **einfache Biegespannungsformel** nicht **verwendet** werden.

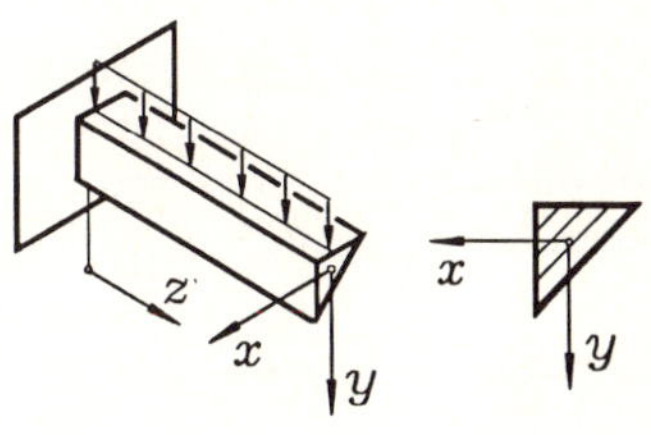

Für die Einbauvariante c müssen die Biegespannungen nach den (im Abschnitt 19.1 behandelten) Regeln der ***schiefen Biegung*** berechnet werden. Es soll aber schon hier erwähnt werden, daß sich der Träger (im Unterschied zu den Einbauvarianten a und b) bei der Einbauvariante c nicht nur in der Belastungsebene verformt, sondern auch in x-Richtung ausweicht.

Die absolut größte Biegespannung in einem Querschnitt tritt in dem Punkt auf, der den absolut größten Abstand e_{max} von der Biegeachse hat. Das als Quotient des zugehörigen Flächenträgheitsmoments I und des Abstands e_{max} definierte ***Widerstandsmoment***

$$W = \frac{I}{e_{\max}}$$

kann genutzt werden, um die **absolut größte Biegespannung im Querschnitt** nach

$$|\sigma_b|_{\max} = \frac{|M_b|}{W}$$

zu berechnen. Die Biegeachse muß dabei natürlich eine der beiden Hauptzentralachsen des Querschnitts sein: **Widerstandsmomente beziehen sich immer auf Hauptzentralachsen.** Im allgemeinen Fall gehören zu einem Querschnitt also zwei Widerstandsmomente.

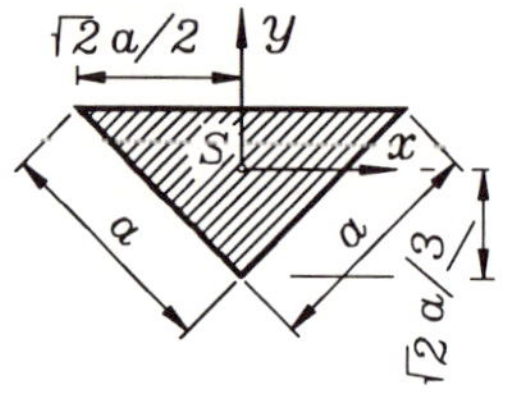

Für die Hauptzentralachsen des gleichschenkligen rechtwinkligen Dreiecks erhält man zum Beispiel mit den aus der Skizze abzulesenden maximalen Entfernungen von den beiden Hauptzentralachsen:

$$W_x = \frac{\sqrt{2}\,a^3}{48} \quad ; \quad W_y = \frac{\sqrt{2}\,a^3}{24} \quad .$$

Die Formel für die maximale Biegespannung (mit dem Widerstandsmoment im Nenner) liefert keine Aussage darüber, ob diese Spannung eine Druck- oder Zugspannung ist. Wenn diese Information benötigt wird (und man der durch Anschauung eigentlich immer zu gewinnenden Aussage nicht traut), muß mit der allgemeinen Biegespannungsformel (mit dem Flächenträgheitsmoment im Nenner) gearbeitet werden. Diese liefert bei Einhaltung der Konventionen über die Koordinaten und die Definition positiver Biegemomente für jeden Punkt des Querschnitts die Biegespannung mit dem richtigen Vorzeichen.

Für Querschnitte, die zur Biegeachse symmetrisch sind, ist diese Überlegung meist schon deshalb belanglos, weil die maximale Biegespannung an einem Rand des Querschnitts als Druckspannung und in gleicher Größe am gegenüberliegenden Rand als Zugspannung auftritt.

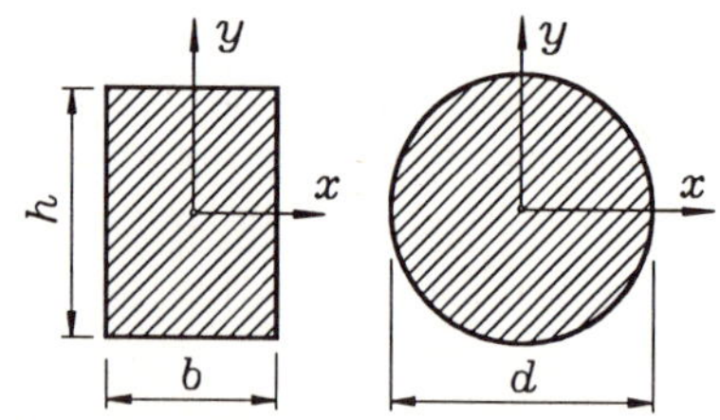

Dies gilt z. B. für das **Rechteck** und den **Kreis**. Aus den Formeln für die Flächenträgheitsmomente (Abschnitt 16.2.2) errechnet man die folgenden Widerstandsmomente.

$$\textit{Rechteck:} \quad W_x = \frac{b\,h^2}{6} \; ; \quad W_y = \frac{h\,b^2}{6} \quad ; \quad \textit{Kreis:} \quad W_x = W_y = \frac{\pi\,d^3}{32} \; . \qquad \textbf{(16.15)}$$

Das Widerstandsmoment W einer Querschnittsfläche ist ein Maß für die Festigkeit des Querschnitts gegenüber einer Biegebelastung (das Flächenträgheitsmoment ist ein Maß für die Steifigkeit).

Widerstandsmomente haben die Dimension "Länge hoch 3", z. B. cm^3. Sie sind nur für Biegung um Hauptzentralachsen definiert als Quotient des entsprechenden Hauptträgheitsmomentes und des maximalen Randfaserabstands von der Biegeachse. Dies ist speziell auch bei Querschnittsflächen zu beachten, die sich aus mehreren Teilflächen zusammensetzen.

Im Gegensatz zu den Flächenträgheitsmomenten dürfen Widerstandsmomente in keinem Fall addiert oder subtrahiert werden, auch dann nicht, wenn sie sich auf die gleiche Achse beziehen.

Beispiel 2: Es ist das Widerstandsmoment der skizzierten Kreisringfläche zu ermitteln.

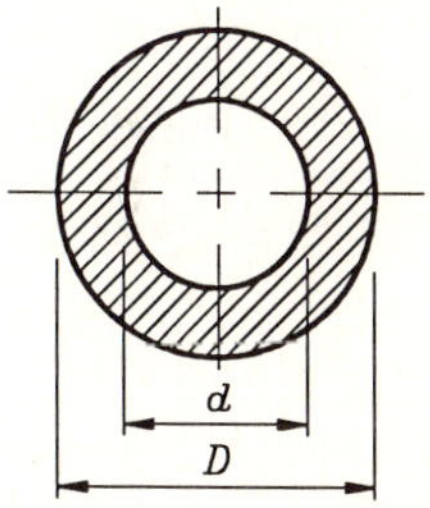

Weil Widerstandsmomente nicht addiert bzw. subtrahiert werden dürfen, wird zuerst das Flächenträgheitsmoment als Differenz

$$I = \frac{\pi D^4}{64} - \frac{\pi d^4}{64} = \frac{\pi (D^4 - d^4)}{64}$$

berechnet, um dann das Widerstandsmoment zu ermitteln:

$$W = \frac{I}{D/2} = \frac{\pi (D^4 - d^4)}{32 D} \, .$$

Man überzeugt sich leicht, daß die Differenz der beiden Widerstandsmomente des äußeren und inneren Kreises mit den Formeln (16.15) zu einem anderen (falschen!) Ergebnis führen würde.

Da für die Dimensionierung auf Festigkeit die maximale Spannung maßgebend ist, muß für jeden Querschnitt eines Biegeträgers die Beziehung

$$|\sigma_b|_{max} = \frac{|M_b|}{W} \le \sigma_{zul} \qquad \textbf{(16.16)}$$

erfüllt sein. Bei Biegeträgern mit konstantem Querschnitt bestimmt das maximale Biegemoment den gefährdeten Querschnitt, für den dann zweckmäßig zunächst das erforderliche Widerstandsmoment nach

$$W_{erf} = \frac{|M_b|_{max}}{\sigma_{zul}} \qquad \textbf{(16.17)}$$

ermittelt wird, um danach die erforderlichen Querschnittsabmessungen festzulegen.

Für Materialien mit unterschiedlichen ertragbaren Spannungen im Zug- und Druckbereich sind natürlich dann, wenn der Querschnitt nicht symmetrisch zur Biegeachse ist, gesonderte Betrachtungen für die gezogene bzw. die gedrückte Faser des Biegeträgers anzustellen.

Beispiel 3: Ein Biegeträger ist aus einem Flachstahl mit Rechteckquerschnitt (Breite **100** ***mm***, Höhe **10** ***mm***) und einem Profil **T 50** nach DIN 1024 zusammengeschweißt. Es ist das für den skizzierten Belastungsfall maßgebliche Widerstandsmoment zu ermitteln.

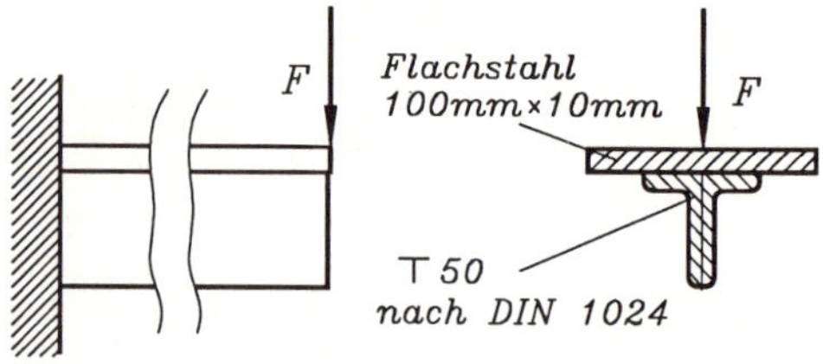

T 50	Auszug aus DIN 1024							
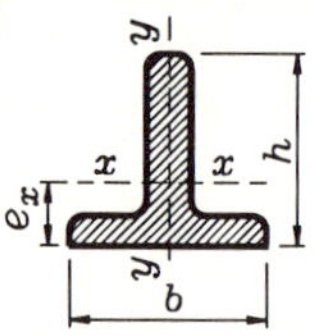	b mm	h mm	A cm^2	e_x cm	I_x cm^4	W_x cm^3	I_y cm^4	W_y cm^3
	50	50	5,66	1,39	12,1	3,36	6,06	2,42

Der Schwerpunkt der zusammengesetzten Fläche liegt auf der Symmetrielinie. Seine Lage in vertikaler Richtung berechnet sich im gewählten Koordinatensystem $\bar{x}$-$\bar{y}$ zu:

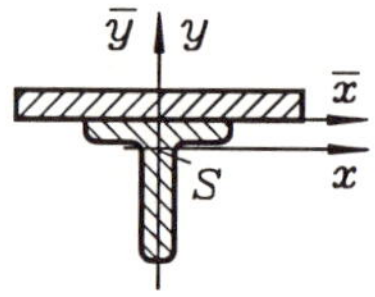

$$\bar{y}_S = \frac{1000 \cdot 5 - 566 \cdot 13{,}9}{1000 + 566}\ mm = -1{,}831\ mm\ .$$

Bei der numerischen Rechnung ist darauf zu achten, daß in der DIN 1024 die Angaben in unterschiedlichen Dimensionen stehen. Da bei dem skizzierten Lastfall die x-Achse (Schwerpunkt-Achse) die Biegeachse ist, muß zur Ermittlung des Widerstandsmomentes das Flächenträgheitsmoment I_{xx} berechnet werden. In der DIN werden axiale Flächenträgheitsmomente nur mit einem Index bezeichnet. Mit Hilfe des Satzes von Steiner erhält man das Flächenträgheitsmoment der Gesamtfläche:

$$I_{xx} = \left[\frac{100 \cdot 10^3}{12} + 1000 \cdot (5 + 1{,}831)^2 + 121000 + 566 \cdot (-13{,}9 + 1{,}831)^2\right] mm^4 = 25{,}84\,cm^4\ .$$

Den größten Abstand zum Schwerpunkt hat die untere Randfaser. Mit

$$e_{max} = h - |\bar{y}_S| = (5 - 0{,}1831)\ cm = 4{,}8169\ cm\ .$$

ergibt sich das Widerstandsmoment:

$$W_x = \frac{I_{xx}}{e_{max}} = 5{,}37\ cm^3\ .$$

Beispiel 4: Ein Träger mit Quadratquerschnitt bei linear veränderlicher Kantenlänge ist wie skizziert nur durch eine Kraft F belastet.

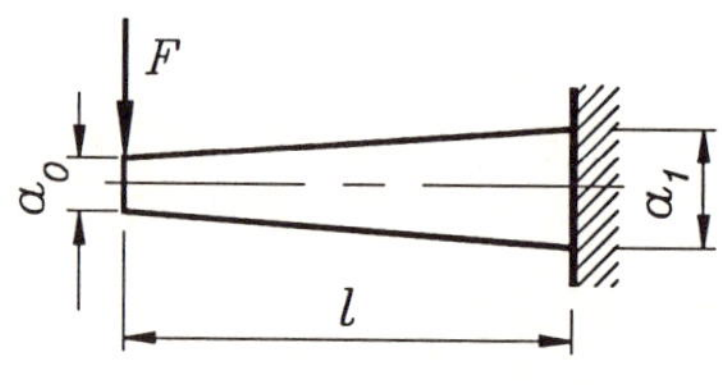

Gegeben: F, l, a_0 .

Man ermittle Ort und Größe der maximalen Biegespannung für

a) $a_1/a_0 = 2$; b) $a_1/a_0 = 1{,}25$; c) $a_1/a_0 = 1$.

Das Biegemoment

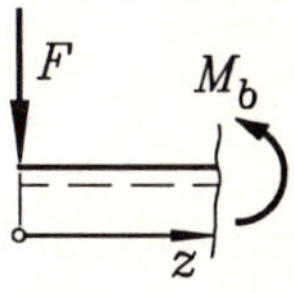

$$M_b(z) = - F \cdot z$$

ist linear veränderlich und hat an der Einspannung seinen absolut größten Wert. Da auch die Querschnittsabmessungen und damit das Widerstandsmoment

$$W(z) = \frac{a^3(z)}{6} \qquad mit \qquad a(z) = a_0 + (a_1 - a_0)\frac{z}{l}$$

von der Koordinate z abhängen, muß die größte Biegespannung durch eine Extremwertbetrachtung gewonnen werden. Nach (16.5) ergibt sich der Betrag der Spannung in Abhängigkeit von z zu

$$|\sigma_b(z)| = \frac{6Fz}{a^3(z)} = \frac{6Fz}{\left[a_0 + (a_1 - a_0)\frac{z}{l}\right]^3} \quad .$$

Zur Ermittlung des relativen Extremwerts dieser Funktion wird die Nullstelle ihrer Ableitung nach z bestimmt. Aus

$$\frac{d\sigma_b}{dz} = 0 \quad \Rightarrow \quad a_0 + \frac{a_1 - a_0}{l}\bar{z} - 3\,\frac{a_1 - a_0}{l}\bar{z} = 0$$

erhält man den Ort des relativen Extremwerts der Spannungsfunktion:

$$\bar{z} = \frac{a_0\, l}{2\,(a_1 - a_0)} = \frac{l}{2\,(a_1/a_0 - 1)} \quad .$$

Bei der Auswertung ist zu beachten, daß die Spannungsfunktion für beliebige z definiert ist, aber für die Aufgabe nur Lösungen im Bereich $0 \le z \le l$ gesucht sind.

a) $$\frac{a_1}{a_0} = 2 \quad \Rightarrow \quad \bar{z} = \frac{l}{2} \quad \Rightarrow \quad \sigma_{b\max} = \sigma_b\left(\frac{l}{2}\right) = \frac{8}{9}\,\frac{Fl}{a_0^3} \quad .$$

b) Formal ergibt sich mit $\frac{a_1}{a_0} = 1{,}25 = \frac{5}{4} \quad \Rightarrow \quad \bar{z} = 2\,l$

ein Wert für den Ort des relativen Extremwerts, der aber außerhalb des interessierenden Bereichs liegt, also muß der maximale Wert an einer Bereichsgrenze liegen. Da bei $z = 0$ das Biegemoment (und damit die Spannung) Null ist, liegt der Extremwert bei $z = l$:

$$\sigma_{b\max} = \sigma_b(l) = \frac{384}{125}\,\frac{Fl}{a_0^3} \quad .$$

c) Für den konstanten Querschnitt versagt die Formel für $\bar{z}$ (eine lineare Funktion hat keinen relativen Extremwert). Auch hier ergibt sich die maximale Spannung bei $z = l$:

$$\sigma_{b\max} = \sigma_b(z = l) = \frac{6Fl}{a_0^3} \quad .$$

Beispiel 5: Ein an den Enden gestützter Träger mit konstantem Querschnitt ist nur durch sein Eigengewicht belastet. Welche Länge $\boldsymbol{l}$ darf er maximal haben, ohne daß die zulässige Spannung $\sigma_{zul} = \mathbf{240}\ \boldsymbol{N/mm^2}$ überschritten wird bei Verwendung

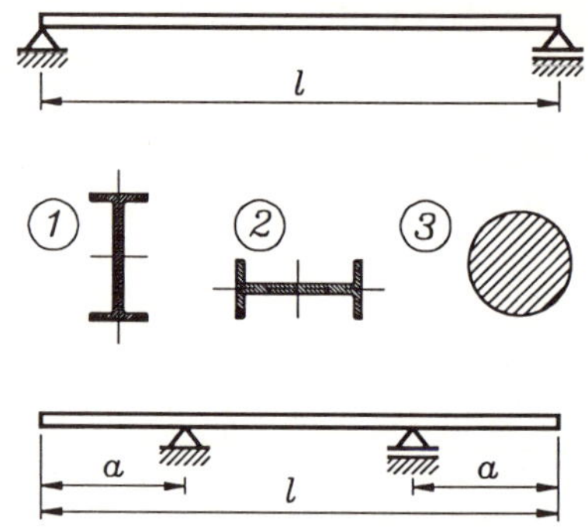

a) eines Doppel-T-Trägers **I 200** nach DIN 1025 in der Einbauvariante 1,

b) des gleichen Trägers in der Einbauvariante 2,

c) eines Rundstabs aus dem gleichen Material und gleicher Masse pro Länge?

d) Wie lang können die Träger in den Fällen a), b) und c) sein, wenn sie nicht an den Enden, sondern im günstigsten Abstand $\boldsymbol{a}$ von den Enden symmetrisch gelagert werden?

I 200 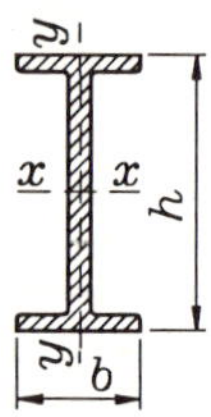	Auszug aus DIN 1025							
	b mm	h mm	A cm^2	G kg/m	I_x cm^4	W_x cm^3	I_y cm^4	W_y cm^3
	90	200	33,4	26,2	2140	214	117	26,0

Die konstante Linienlast wird aus dem Gewicht pro Länge ermittelt:

$$q_0 = 26{,}2\,\frac{kg}{m}\cdot 9{,}81\,\frac{m}{s^2} = 257\,\frac{N}{m}\ .$$

Die Lager nehmen jeweils die halbe Gewichtskraft auf, das größte Biegemoment wirkt in Trägermitte:

$$M_{b,\max} = \frac{1}{2} q_0\, l\, \frac{l}{2} - q_0 \frac{l}{2}\,\frac{l}{4} = \frac{1}{8} q_0\, l^2\ .$$

Bei konstantem Querschnitt ergibt sich dort auch die größte Spannung, und es muß gelten:

$$M_{b,\max} = \frac{1}{8} q_0\, l^2 = \sigma_{zul}\, W\ .$$

Dies wird nach $\boldsymbol{l}$ umgestellt. Mit der zulässigen Spannung erhält man die maximal mögliche Stützweite:

$$l_{\max} = \sqrt{\frac{8\,\sigma_{zul}\,W}{q_0}}\ .$$

Bei der Einbauvariante 1 des Doppel-T-Trägers ist die $\boldsymbol{x}$-Achse die Biegeachse, bei der Einbauvariante 2 ist es die $\boldsymbol{y}$-Achse. Die Widerstandsmomente $\boldsymbol{W_x}$ bzw. $\boldsymbol{W_y}$ können aus der DIN 1025 entnommen werden:

a)
$$l_{max} = \sqrt{\frac{8 \cdot 240 \, \frac{N}{mm^2} \cdot 214000 \, mm^3}{0{,}257 \, \frac{N}{mm}}} = 39{,}98 \, m \quad ;$$

b)
$$l_{max} = \sqrt{\frac{8 \cdot 240 \, \frac{N}{mm^2} \cdot 26000 \, mm^3}{0{,}257 \, \frac{N}{mm}}} = 13{,}94 \, m \quad .$$

c) Ein Rundstab aus gleichem Material bei gleicher Masse pro Länge muß die gleiche Querschnittsfläche wie der Doppel-T-Träger haben. Damit ist sein Durchmesser bekannt:

$$A_{Kreis} = \frac{\pi d^2}{4} = 33{,}4 \, cm^2 \qquad \Rightarrow \qquad d = 6{,}521 \, cm \; .$$

Das Widerstandsmoment errechnet sich nach (16.15), und man erhält die Stützweite:

$$l_{max} = \sqrt{\frac{8 \, \sigma_{zul} \, \pi \, d^3}{q_0 \cdot 32}} = \sqrt{\frac{240 \cdot \pi \cdot 65{,}21^3}{0{,}257 \cdot 4}} \, mm = 14{,}26 \, m \quad .$$

Die drei Ergebnisse verdeutlichen den erheblichen Einfluß des Widerstandsmomentes einer Querschnittsfläche. Obwohl die Querschnittsflächen gleich sind (gleiches Gesamt-Gewicht der Konstruktionen), weichen die möglichen Stützlängen erheblich voneinander ab.

d) Für ein beliebiges a ergibt sich das Biegemoment an beiden Lagern

$$M_{bL} = -\frac{1}{2} q_0 a^2$$

und das Biegemoment in der Trägermitte

$$M_{bM} = \frac{1}{2} q_0 l \left(\frac{l}{4} - a \right) .$$

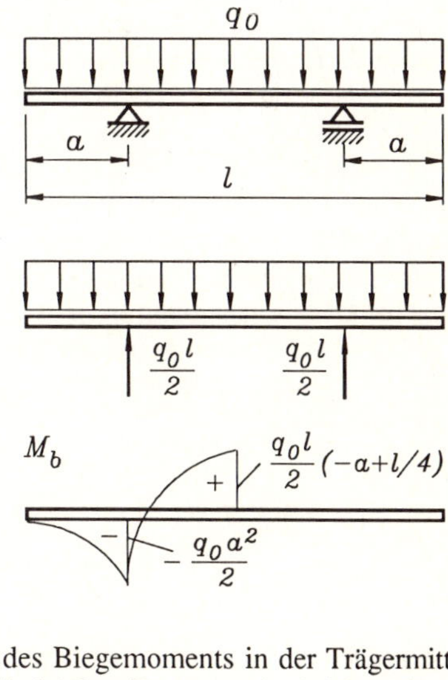

Das Biegemoment in der Mitte kann positiv ($a < l/4$) oder negativ ($a > l/4$) werden. Der Betrag eines negativen Biegemoments in Trägermitte bleibt aber immer kleiner als der Betrag des Biegemoments am Lager, da nur $a < l/2$ sinnvoll ist. Da für ein kleines Biegemoment am Lager die Strecke a möglichst klein sein muß, kommt nur der Fall $a < l/4$ für die günstigste Lagerung in Frage, für den nebenstehend der M_b-Verlauf skizziert ist.

Der Betrag des Biegemoments am Lager verringert sich mit kleiner werdendem a, der Betrag des Biegemoments in der Trägermitte wird dabei größer. Der günstigste Fall tritt also bei gleichen Beträgen der beiden Biegemomente ein. Damit ist die Bestimmungsgleichung für diesen Fall gegeben. Aus der Forderung

$$\frac{1}{2} q_0 l \left(\frac{l}{4} - \bar{a} \right) = \frac{1}{2} q_0 \bar{a}^2$$

resultiert eine quadratische Gleichung für die Berechnung der optimalen Lagerstellung $\bar{a}$:

$$\bar{a}^2 + l\bar{a} - \frac{l^2}{4} = 0 \qquad \Rightarrow \qquad \bar{a}_{1,2} = -\frac{l}{2} \pm \frac{\sqrt{2}}{2} l \,.$$

Nur eine der beiden Lösungen ist für die Aufgabe sinnvoll. Aus $\bar{a} = (\sqrt{2} - 1) l / 2$ errechnet sich der Betrag des größten Biegemomentes, das an den Lagern und in der Trägermitte auftritt:

$$|M_b|_{\max} = \frac{1}{2} q_0 \bar{a}^2 = \frac{3 - 2\sqrt{2}}{8} q_0 l^2 \,.$$

Wird dieses Moment in die bereitgestellte Formel zur Ermittlung der Stützlängen l_{max} der Einbauvarianten a), b) und c) eingesetzt, so ergeben sich die Stützlängen:

a) $\bar{l}_{\max} = 96{,}5\ m$; b) $\bar{l}_{\max} = 33{,}7\ m$; c) $\bar{l}_{\max} = 34{,}4\ m$.

Beispiel 6: Ein Träger **I 400** nach DIN 1025 ($W_x = 1460\ cm^3$) wird durch die Last F, die über die beiden Räder einer Laufkatze übertragen wird, belastet.

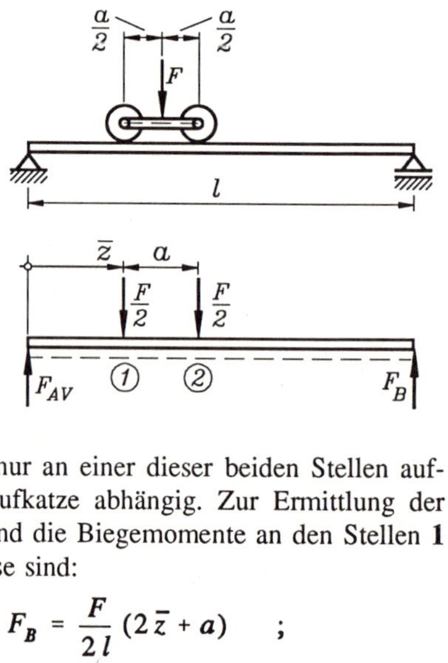

Gegeben: $l = 10\ m$; $a = 0{,}8\ m$.

Man berechne für die ungünstigste Stellung der Laufkatze die maximal zulässige Last F, wenn die Spannung $\sigma_{zul} = 160\ N/mm^2$ nicht überschritten werden darf.

Da der Träger nur durch Einzelkräfte belastet ist, ergibt sich ein stückweise linearer Biegemomentenverlauf mit jeweils einem Knick unter den Kräften $F/2$. Damit kann das größte Biegemoment nur an einer dieser beiden Stellen auftreten. Seine Größe ist von der Stellung $\bar{z}$ der Laufkatze abhängig. Zur Ermittlung der ungünstigsten Laststellung werden die Lagerkräfte und die Biegemomente an den Stellen **1** und **2** in Abhängigkeit von $\bar{z}$ ermittelt. Die Ergebnisse sind:

$$F_{AV} = \frac{F}{2l}(2l - 2\bar{z} - a) \quad ; \qquad F_B = \frac{F}{2l}(2\bar{z} + a) \quad ;$$

$$M_{b_1} = F_{AV}\,\bar{z} = \frac{F}{2l}(2l\bar{z} - 2\bar{z}^2 - a\bar{z}) \quad ;$$

$$M_{b_2} = F_B\,(l - \bar{z} - a) = \frac{F}{2l}(2l\bar{z} + al - 2\bar{z}^2 - 3a\bar{z} - a^2) \,.$$

Eine Extremwertbetrachtung für die beiden Momentenfunktionen liefert:

M_{b_1} ***wird maximal für*** $\quad 2l - 4\bar{z} - a = 0 \quad \Rightarrow \quad \bar{z}_1 = \frac{l}{2} - \frac{a}{4}$;

M_{b_2} ***wird maximal für*** $\quad 2l - 4\bar{z} - 3a = 0 \quad \Rightarrow \quad \bar{z}_2 = \frac{l}{2} - \frac{3a}{4}$.

Die nebenstehende Skizze zeigt die berechneten Laststellungen, bei denen das eine bzw. andere Moment am größten wird. Durch Einsetzen der Werte $\bar{z}_1$ in M_{b1} bzw. $\bar{z}_2$ in M_{b2} werden diese Maximalwerte berechnet. Sie sind erwartungsgemäß gleich groß (symmetrisches Problem):

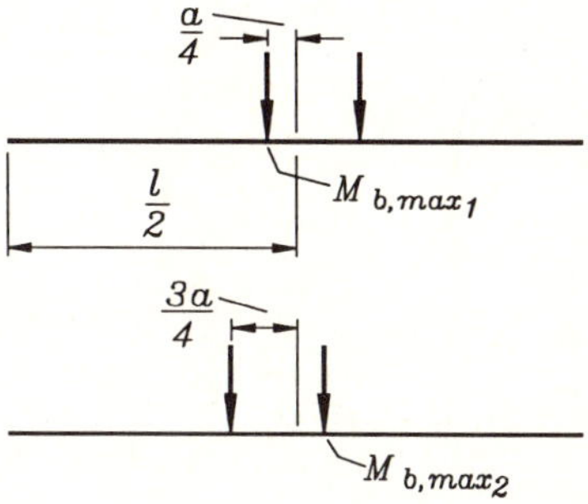

$$M_{b\max_1} = M_{b\max_2} = \frac{F}{2l}\left(\frac{l^2}{2} - \frac{al}{2} + \frac{a^2}{8}\right) .$$

Die gesuchte maximal zulässige Kraft F wird aus der Bedingung

$$M_{b\max} = \sigma_{zul}\, W_x$$

ermittelt und ergibt sich zu:

$$F_{\max} = \frac{2\,\sigma_{zul}\,W_x}{\frac{l}{2} - \frac{a}{2} + \frac{a^2}{8l}} = \frac{2 \cdot 160\ N/mm^2 \cdot 1460 \cdot 10^3\ mm^3}{(5 - 0{,}4 + 0{,}8^2/80) \cdot 10^3\ mm} = 101\ kN .$$

16.4 Aufgaben

Aufgabe 16.1: Ein Biegeträger mit Kreisquerschnitt wird durch eine Einzelkraft F belastet.

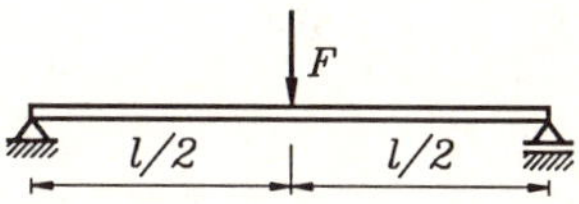

Gegeben: $\quad l = 3\ m \quad ; \quad F = 10\ kN$.

a) Man ermittle den erforderlichen Durchmesser d_{erf}, so daß eine zulässige Spannung $\sigma_{zul} = 150\ N/mm^2$ nicht überschritten wird.

b) Welche prozentuale Materialeinsparung ergibt sich beim Ersetzen des Kreisquerschnitts durch einen Kreisringquerschnitt mit $d/D = 0{,}8$ (Innendurchmesser/Außendurchmesser)?

Aufgabe 16.2: Für den Biegeträger mit Quadratquerschnitt wähle man die Kantenabmessung so, daß bei Belastung durch die Kraft F die zulässige Spannung σ_{zul} nicht überschritten wird. Anschließend ermittle man die tatsächlich vorhandene Maximalspannung, wenn zusätzlich das Eigengewicht des Trägers (Dichte ϱ) berücksichtigt wird.

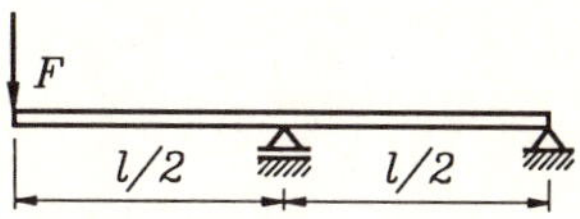

Gegeben: $\quad F = 1\ kN \quad ; \quad l = 1\ m \quad ; \quad \sigma_{zul} = 200\ N/mm^2 \quad ; \quad \varrho = 7{,}85\ g/cm^3$.

Aufgabe 16.3: Ein sogenannter ***Träger gleicher Festigkeit*** ist so dimensioniert, daß in jedem Querschnitt die gleiche maximale Spannung σ_{max} auftritt. Ein Kragträger mit Rechteckquerschnitt (konstante Breite b) soll durch eine veränderliche Höhe $h(z)$ zum Träger gleicher Biegefestigkeit werden.

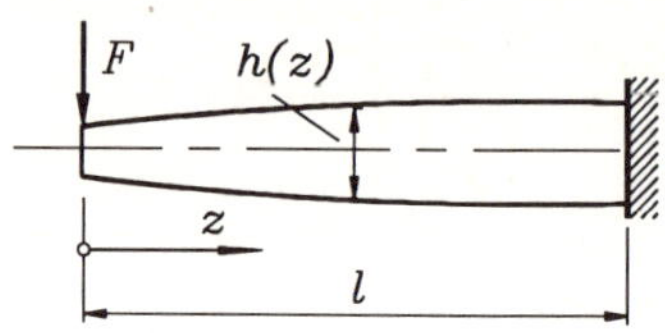

Gegeben: $F,\ b,\ \sigma_{max}$. Gesucht: $h(z)$.

Aufgabe 16.4: Aus einem kreisrunden Baumstamm mit dem Durchmesser D ist ein Balken mit einem Rechteckquerschnitt $h \cdot b$ so auszuschneiden, daß dieser ein möglichst großes Widerstandsmoment hat. Man ermittle h und b in Abhängigkeit von D.

Aufgabe 16.5: Für den skizzierten Biegeträger ermittle man

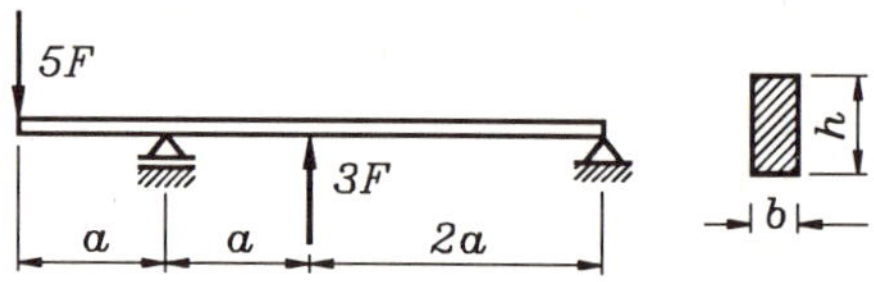

a) Ort und Größe des absolut größten Biegemoments $|M_b|_{max}$,

b) die erforderliche Breite b für einen Rechteckquerschnitt mit $h = 2\,b$.

Gegeben: $a = 20\ cm$; $F = 60\ N$; $\sigma_{zul} = 160\ N/mm^2$.

Aufgabe 16.6: Für den skizzierten Rahmen berechne man

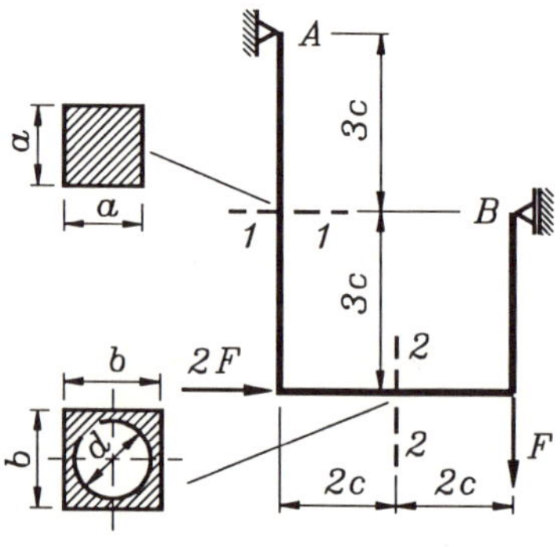

a) die Kantenlänge a des Quadrat-Querschnitts **1-1**,

b) den maximal zulässigen Durchmesser d der Bohrung im Schnitt **2-2** bei gegebener Kantenlänge des Quadrat-Querschnitts b,

so daß die zulässige Spannung σ_{bzul} nicht überschritten wird.

Gegeben: $\sigma_{bzul} = 240\ N/mm^2$; $c = 32\ mm$;
$F = 160\ N$; $b = 10\ mm$.

Aufgabe 16.7: Für den skizzierten Rahmen berechne man

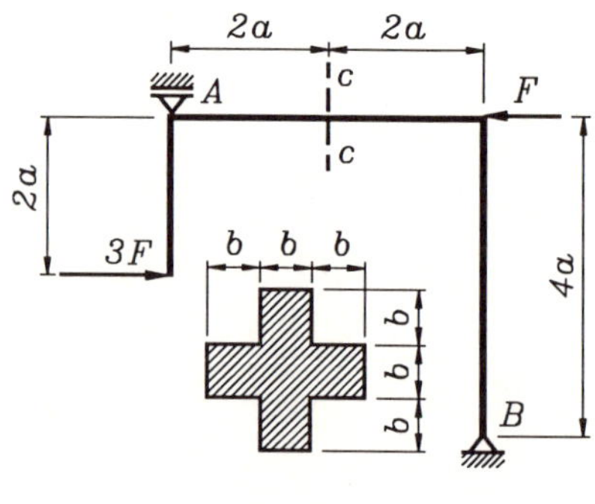

a) den Ort und die Größe des absolut größten Biegemoments $|M_b|_{max}$,

b) die maximale Biegespannung im Schnitt ***c-c***, wenn der Träger dort den skizzierten kreuzförmigen Querschnitt hat.

Gegeben: $F = 1000\ N$; $a = 87\ cm$;
$b = 3\ cm$.

Aufgabe 16.8:

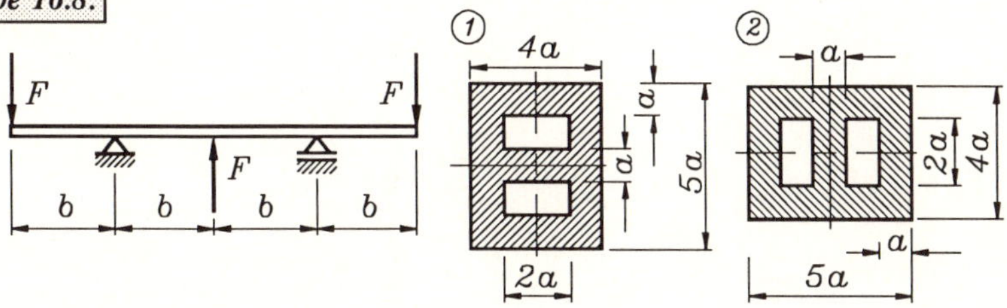

Für den skizzierten Biegeträger berechne man

a) den Ort und die Größe des absolut größten Biegemoments $|M_b|_{max}$,

b) für eine gegebene zulässige Spannung σ_{zul} die erforderlichen Querschnittsabmessungen $a_{erf,1}$ und $a_{erf,2}$ für die beiden Einbauvarianten **1** und **2**.

Gegeben: $F = 250\ N\ ;\quad b = 6\ cm\ ;\quad \sigma_{zul} = 120\ N/mm^2$.

Aufgabe 16.9: Der skizzierte Träger ist aus zwei Profilen **U 50** nach DIN 1026 zusammengeschweißt.

Gegeben: $F = 1{,}5\ kN$; $a = 200\ mm$.

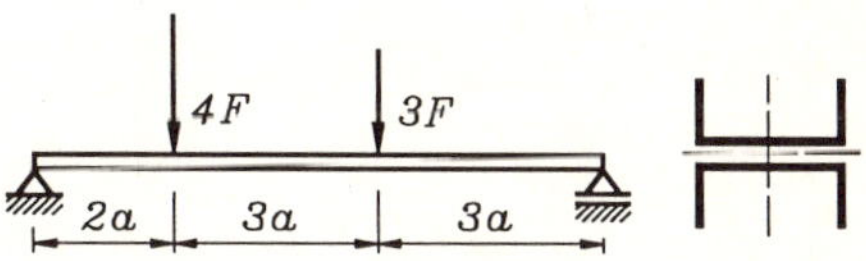

U 50	Auszug aus DIN 1026								
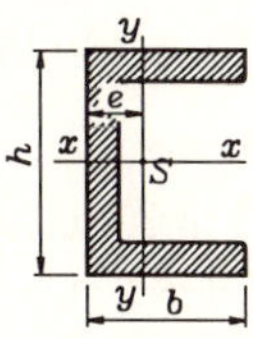	*b* *mm*	*h* *mm*	*A* cm^2	*G* *kg/m*	*e* *cm*	I_x cm^4	W_x cm^3	I_y cm^4	W_y cm^3
	38	50	7,12	5,59	1,37	26,4	10,6	9,12	3,75

Man ermittle

a) den Ort und die Größe des maximalen Biegemoments,

b) die maximale Biegespannung für die skizzierte Einbauvariante der Normprofile.

c) Wäre eine um **90°** gedrehte Einbauvariante der zusammengeschweißten Normprofile für die Größe der entstehenden maximalen Biegespannungen günstiger?

17 Verformungen durch Biegemomente

17.1 Differentialgleichung der Biegelinie

Die Theorie der Biegeverformung basiert auf den gleichen Annahmen wie die im Kapitel 16 behandelte Biegespannungsberechnung:

- Das Material verformt sich elastisch (Gültigkeit des Hookeschen Gesetzes), die Querschnitte bleiben bei der Verformung eben (Gültigkeit der Bernoulli-Hypothese).
- Die Theorie wird für die "reine Biegung" (konstantes Biegemoment) formuliert, aber auch auf den allgemeinen Fall (veränderliches Biegemoment) angewendet.
- Die Biegeachse (Achse, um die das Biegemoment dreht) ist mit einer Hauptzentralachse des Querschnitts identisch.

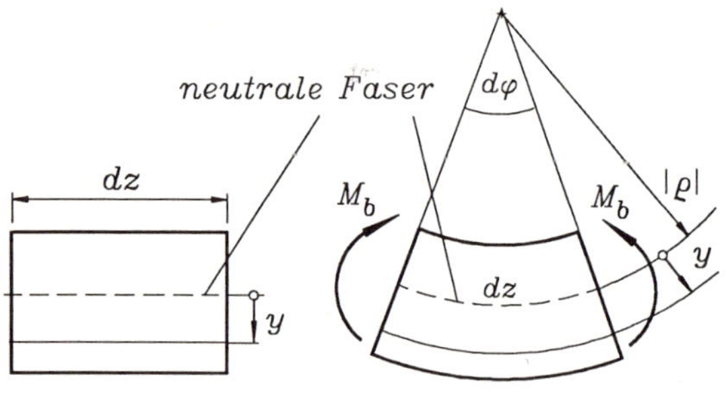

Unverformtes Element   Verformung des Elements durch M_b

Unter diesen Voraussetzungen verformt sich ein ursprünglich gerades Element der Länge dz durch ein (konstantes) Biegemoment M_b so, daß alle Längsfasern zu konzentrischen Kreisen werden (Skizze).

Die Schwerpunktfaser ($y = 0$) wird bei der Verformung nicht gedehnt (neutrale Faser), deshalb gilt

$$dz = |\varrho| \, d\varphi$$

mit dem Krümmungsradius der neutralen Faser ϱ. Eine beliebige Längsfaser im Abstand y vom Schwerpunkt **verlängert** sich um den Betrag

$$(|\varrho| + y) \, d\varphi - dz = |\varrho| \, d\varphi + y \, d\varphi - dz = y \, d\varphi$$

und **dehnt sich** also um

$$\varepsilon = \frac{y \, d\varphi}{dz} = \frac{y \, d\varphi}{|\varrho| \, d\varphi} = \frac{y}{|\varrho|} \quad .$$

Aus der Dehnung kann mit dem Hookeschen Gesetz ($\sigma_b = E \, \varepsilon$) auf die Spannung in dieser Faser geschlossen werden, die sich andererseits auch nach der Biegespannungsformel aus dem Biegemoment errechnen läßt:

$$\sigma_b = \frac{|M_b|}{I} \, y = E \, \varepsilon = E \, \frac{y}{|\varrho|} \quad .$$

Die Querschnittskoordinate y hebt sich aus dieser Beziehung heraus, und es ergibt sich der Zusammenhang zwischen Biegemoment und Verformung:

$$|M_b| = E\,I\,\frac{1}{|\varrho|}\,.$$

$1/|\varrho|$ ist der Betrag der **Krümmung** einer Kurve:

> Die Krümmung der Schwerpunktfaser ist dem Biegemoment proportional. Der Proportionalitätsfaktor ***EI*** (Produkt aus Elastizitätsmodul und Flächenträgheitsmoment bezüglich der Biegeachse) wird als ***Biegesteifigkeit*** bezeichnet.

♦ Es wird vereinbart: Als Kurve des durch ein Biegemoment verformten Trägers wird die verformte neutrale Faser (***Biegelinie***) angesehen, deren Verschiebung gegenüber der unverformten Lage mit einer Koordinate v (positiv in gleicher Richtung wie die Querschnittskoordinate y) gemessen wird.

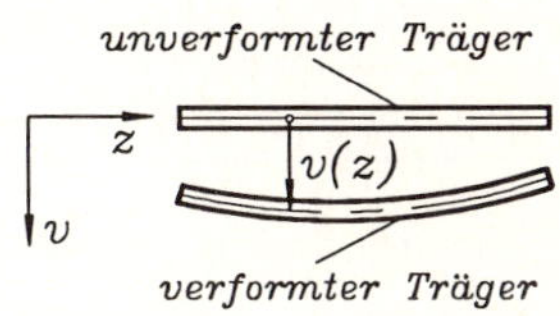

Der mathematische Zusammenhang zwischen der Funktion $v(z)$ und der (vorzeichenbehafteten) Krümmung der zugehörigen Kurve ist durch

$$\frac{1}{\varrho} = \frac{v''}{[1 + (v')^2]^{3/2}} \qquad \textbf{(17.1)}$$

gegeben. Das Vorzeichen der Krümmung wird durch die 2. Ableitung (Änderung des Anstiegs) der Verschiebung v bestimmt.

Die nebenstehende Skizze zeigt, daß ein positives Biegemoment eine negative Krümmung hervorruft, was beim Weglassen der Betragsstriche in der Verformungsgleichung auf ein Minuszeichen führt:

$$\frac{v''}{[1 + (v')^2]^{3/2}} = -\frac{M_b}{EI}\,. \qquad \textbf{(17.2)}$$

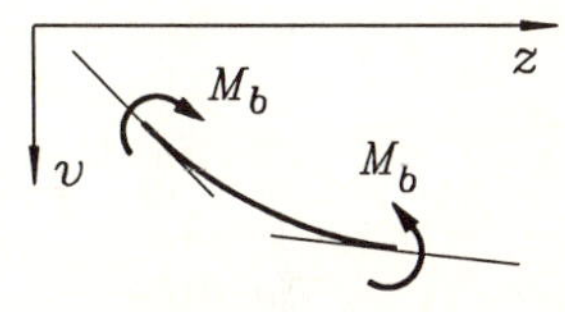

Verringerung des Tangentenanstiegs
→ negatives v''
→ negative Krümmung

Für Materialien, die (im elastischen Bereich) sehr große Verformungen zulassen, muß mit dieser nichtlinearen Differentialgleichung gerechnet werden.

Für die in der technischen Praxis besonders häufig vorkommenden sehr kleinen Verformungen ist insbesondere der Anstieg v' ebenfalls sehr klein, so daß das noch viel kleinere $(v')^2$ gegenüber **1** vernachlässigt werden kann (noch bei einem Anstieg von **5°** ergibt sich mit $\mathbf{1 + (v')^2 = 1 + (\tan 5°)^2 = 1{,}00765}$ ein Fehler kleiner als **1%**). Damit erhält man für **kleine Verformungen** die

> **Differentialgleichung der Biegelinie 2. Ordnung:**
>
> $$E\,I\,v'' = -M_b\,. \qquad \textbf{(17.3)}$$

♦ In dieser linearen inhomogenen gewöhnlichen Differentialgleichung 2. Ordnung dürfen das Biegemoment M_b und die Biegesteifigkeit EI von der Koordinate z abhängig sein.

Zweimaliges Differenzieren der Differentialgleichung (17.3) führt auf

$$(E\,I\,v'')'' = -\,M_b'' \quad .$$

Mit den aus der Statik (Abschnitt 7.2) bekannten Differentialbeziehungen (7.1) für die Schnittgrößen

$$M_b' = F_Q\,,\quad F_Q' = -\,q \qquad \text{bzw.} \qquad M_b'' = F_Q' = -\,q$$

(q ist eine auf den Träger wirkende Linienlast) ergibt sich (für **kleine Verformungen**) die

Differentialgleichung der Biegelinie 4. Ordnung:

$$(\,E\,I\,v''\,)'' = q \quad . \qquad \textbf{(17.4)}$$

♦ In der linearen inhomogenen gewöhnlichen Differentialgleichung 4. Ordnung (17.4) dürfen die Linienlast q und die Biegesteifigkeit EI von der Koordinate z abhängig sein.

Für konstante Biegesteifigkeit EI vereinfacht sich diese Differentialgleichung zur

Differentialgleichung der Biegelinie 4. Ordnung bei konstanter Biegesteifigkeit:

$$E\,I\,v'''' = q \quad . \qquad \textbf{(17.5)}$$

17.2 Integration der Differentialgleichung

Der einfache Aufbau der Differentialgleichungen der Biegelinie gestattet die Lösung durch direktes (zwei- bzw. viermaliges) Integrieren beider Seiten. Dabei sollte gegebenenfalls ein veränderliches EI auf die rechte Seite gebracht werden.

Zu beachten ist, daß jeder Integrationsschritt eine Integrationskonstante erzeugt. Die allgemeine Lösung der Differentialgleichung 2. Ordnung enthält zwei, die allgemeine Lösung der Differentialgleichung 4. Ordnung vier Konstanten, die mit Hilfe von Randbedingungen bestimmt werden müssen.

Die Randbedingungen für eine Differentialgleichung n-ter Ordnung dürfen die Ableitungen der gesuchten Funktion bis zur (n − 1)-ten Ordnung enthalten. Beim Arbeiten mit der Differentialgleichung der Biegelinie 2. Ordnung sind dies Aussagen über die Verschiebung v (Durchbiegung) und den Anstieg der Biegelinie v' (Biegewinkel), beim Arbeiten mit der Differentialgleichung der Biegelinie 4. Ordnung kommen noch Aussagen über das Biegemoment $M_b = -\,EI\,v''$ und die Querkraft $F_Q = -\,(EI\,v'')'$ hinzu.

Bei statisch bestimmten Aufgaben stimmt die Anzahl der Randbedingungen mit der Anzahl der Integrationskonstanten überein. Zur Bestimmung der Integrationskonstanten stehen bei dem nachfolgenden **Beispiel 1** die beiden Verformungsbedingungen

$$v\,(z=l) = 0 \quad , \quad v'(z=l) = 0$$

zur Verfügung (eine Einspannung läßt keine Absenkung zu und erzwingt eine horizontale Tangente), mit denen bei Verwendung der Differentialgleichung der Biegelinie 2. Ordnung die beiden Integrationskonstanten ermittelt werden können.

Dem Nachteil, bei Verwendung der Differentialgleichung der Biegelinie 2. Ordnung vorab den Biegemomentenverlauf ermitteln zu müssen, steht bei Verwendung der Differentialgleichung der Biegelinie 4. Ordnung der Nachteil gegenüber, mehr (und vielfach komplizierte) Randbedingungen zu benötigen. Zwar könnte bei dem folgenden **Beispiel 1** der Integrationsprozeß mit der besonders einfachen Differentialgleichung

$$E\,I\,v'''' = 0 \qquad (\textit{keine Linienlast!}) \qquad \textit{bzw.} \qquad v'''' = 0$$

sofort gestartet werden, für die Bestimmung der 4 Integrationskonstanten müssen aber neben den beiden Verformungsbedingungen am rechten Rand noch je eine Aussage über das Biegemoment und die Querkraft am linken Rand formuliert werden:

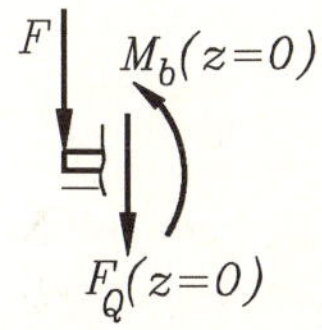

Schnitt "unendlich nah" bei F

$$M_b(z=0) = -EI\,v''(z=0) = 0 \quad \Rightarrow \quad v''(z=0) = 0 \quad ;$$

$$F_Q(z=0) = -EI\,v'''(z=0) = -F \quad \Rightarrow \quad v'''(z=0) = \frac{F}{EI} \quad .$$

Beispiel 1: Ein Kragträger mit konstanter Biegesteifigkeit EI ist am linken Rand durch die Kraft F belastet. Man berechne

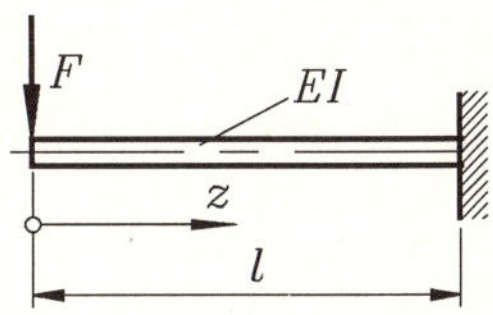

a) die Biegelinie $v(z)$,

b) die Absenkung des Lastangriffspunktes für

$$l = 1\,m \;, \quad F = 500\,N \;, \quad E = 2{,}1 \cdot 10^5\,N/mm^2$$

bei einem quadratischen Querschnitt des Trägers mit der Kantenlänge $a = 4\,cm$.

a) Mit dem Biegemoment $M_b = -F\,z$ (nebenstehende Skizze) startet die Rechnung mit der Differentialgleichung der Biegelinie 2. Ordnung:

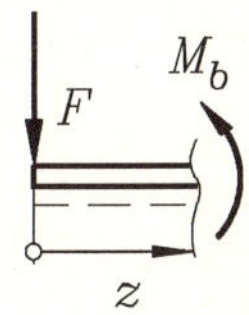

$$E\,I\,v'' = F\,z \quad .$$

Die zweimalige Integration liefert:

$$EI\,v' = \frac{1}{2}F z^2 + C_1 \quad ;$$

$$EI\,v = \frac{1}{6}F z^3 + C_1 z + C_2 \quad .$$

Aus den beiden Randbedingungen ergeben sich die Bestimmungsgleichungen für die Integrationskonstanten C_1 und C_2:

$$v\,(z=l) = 0 \quad \Rightarrow \quad \frac{1}{6}\,F\,l^3 + C_1\,l + C_2 = 0 \quad ;$$

$$v'(z=l) = 0 \quad \Rightarrow \quad \frac{1}{2}\,F\,l^2 + C_1 = 0 \quad .$$

Die sich daraus ergebenden Konstanten

$$C_1 = -\frac{1}{2} F l^2 \quad , \qquad C_2 = \frac{1}{3} F l^3$$

werden in die Funktion $v(z)$ eingesetzt man erhält nach einigen elementaren Umformungen die Biegelinie:

$$v\,(z) = \frac{F l^3}{6 EI} \left[\left(\frac{z}{l} \right)^3 - 3 \frac{z}{l} + 2 \right] \; .$$

b) Zur Ermittlung der Durchbiegung unter der Kraft F wird der Koordinatenwert des Kraftangriffspunktes $z = 0$ in die Biegelinie eingesetzt, und es entsteht:

$$v_F = v(z=0) = \frac{F l^3}{3 EI} \; .$$

Mit den gegebenen Zahlenwerten und dem Flächenträgheitsmoment für den quadratischen Querschnitt $I = a^4/12$ (Abschnitt 16.2.2) ergibt sich die Durchbiegung am Angriffspunkt der Kraft F zu $v_F = 3{,}72\ mm$.

Beispiel 2: Ein **40 *m*** langer Stahlträger mit dem Normprofil **I 200** nach **DIN 1025** ($E = 2{,}1 \cdot 10^5\ N/mm^2$) ist an beiden Enden gelenkig gelagert und nur durch sein Eigengewicht belastet. Die erforderlichen Parameter sind den Angaben des Beispiels 5 im Abschnitt 16.3 für die Einbauvariante 1 zu entnehmen.

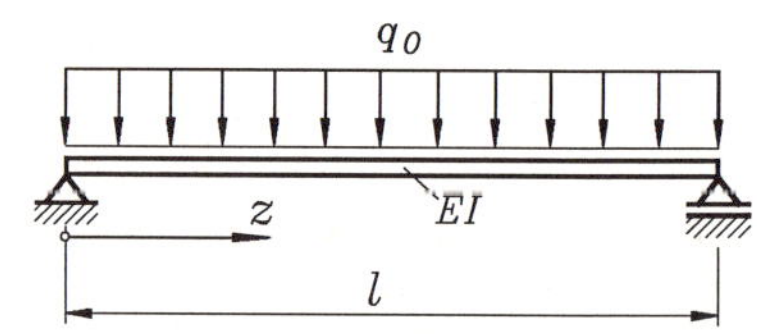

Man berechne a) die maximale Durchbiegung des Trägers,
b) die maximale Tangentenneigung (Biegewinkel).

Mit der konstanten Streckenlast q_0 kann die Rechnung mit der Differentialgleichung der Biegelinie 4. Ordnung sofort starten:

$$EI\, v'''' = q_0 \; .$$

Das viermalige Integrieren bis zur Durchbiegung v führt zu vier Integrationskonstanten.

$$\begin{aligned}
EI\, v''' &= q_0 z + C_1 \; , \\
EI\, v'' &= \frac{1}{2} q_0 z^2 + C_1 z + C_2 \; , \\
EI\, v' &= \frac{1}{6} q_0 z^3 + \frac{1}{2} C_1 z^2 + C_2 z + C_3 \; , \\
EI\, v &= \frac{1}{24} q_0 z^4 + \frac{1}{6} C_1 z^3 + \frac{1}{2} C_2 z^2 + C_3 z + C_4 \; .
\end{aligned}$$

Zur Bestimmung der Integrationskonstanten sind vier Randbedingungen erforderlich:

- An jedem Lager muß die Durchbiegung gleich Null sein (zwei Bedingungen).
- An den Trägerenden verschwinden die Biegemomente, wenn dort keine äußeren Momente eingeleitet werden (vgl. Abschnitt 7.3), woraus zwei weitere Bedingungen resultieren.

Aus diesen vier Randbedingungen erhält man die erforderlichen Bestimmungsgleichungen für die Integrationskonstanten:

$$\begin{array}{lllll} & & v\,(z=0) = 0 & \Rightarrow & C_4 = 0 \;; \\ M_b(z=0) = 0 & \Rightarrow & v''(z=0) = 0 & \Rightarrow & C_2 = 0 \;; \\ & & v\,(z=l) = 0 & \Rightarrow & \frac{1}{24} q_0 l^4 + \frac{1}{6} C_1 l^3 + C_3 l = 0 \;; \\ M_b(z=l) = 0 & \Rightarrow & v''(z=l) = 0 & \Rightarrow & \frac{1}{2} q_0 l^2 + C_1 l = 0 \;. \end{array}$$

Aus den letzten beiden Gleichungen werden die Konstanten C_1 und C_3 bestimmt:

$$C_1 = -\frac{1}{2} q_0 l \;, \qquad C_3 = \frac{1}{24} q_0 l^3 \;.$$

Damit können die Biegelinie und ihre erste Ableitung aufgeschrieben werden:

$$v(z) = \frac{q_0 l^4}{24 EI} \left[\left(\frac{z}{l}\right)^4 - 2\left(\frac{z}{l}\right)^3 + \frac{z}{l} \right] \;;$$

$$v'(z) = \frac{q_0 l^3}{24 EI} \left[4\left(\frac{z}{l}\right)^3 - 6\left(\frac{z}{l}\right)^2 + 1 \right] \;.$$

Der Ort der maximalen Durchbiegung ist bei dieser Aufgabe durch die Anschauung gegeben (Trägermitte aus Symmetriegründen). Für eine kompliziertere unsymmetrische Belastung müßte diese Stelle durch die Auswertung von $v' = 0$ gewonnen werden. Die größten Tangentenneigungen (maximale Biegewinkel) ergeben sich an den Lagern. Wenn diese Aussage nicht (wie bei dieser Aufgabe) aus der Anschauung zu gewinnen ist, müßte $v'' = 0$ ausgewertet werden. Die gesuchten Maximalwerte sind:

$$v_{max} = v\left(z = \frac{l}{2}\right) = \frac{5\, q_0 l^4}{384 EI} \;; \qquad v'_{max} = v'(z=0) = \frac{q_0 l^3}{24 EI} \;.$$

Mit den Zahlenwerten aus DIN 1025 (Tabelle zum Beispiel 5 des Abschnitts 16.3) und den gegebenen Werten erhält man:

$$v_{max} = 1{,}91\ m \;; \qquad v'_{max} = 0{,}1525 \;.$$

Die Durchbiegung ist recht erheblich wegen der großen Stützlänge von **40 *m***, bei der dieser Träger (Beispiel 5 des Abschnitts 16.3) aber auch an der Grenze seiner Tragfähigkeit ist (er erträgt gerade sein Eigengewicht).

♦ Es ist üblich, v' als "Biegewinkel" zu bezeichnen, obwohl die erste Ableitung natürlich der Tangens des Anstiegswinkels der Kurve ist. Bei den im allgemeinen sehr kleinen Winkeln ist der Unterschied sehr gering. Selbst bei dem außergewöhnlich großen Zahlenwert des gerade behandelten Beispiels würden sich aus $v' = 0{,}1525$ exakt **8,74°** ergeben, bei Interpretation des Anstiegs als Biegewinkel käme man auf **8,67°** (Abweichung ist kleiner als **1** %).

♦ Während bei dem Beispiel 1 wegen des relativ einfach aufzuschreibenden Biegemomentenverlaufs die Verwendung der Differentialgleichung der Biegelinie 2. Ordnung vorteilhaft ist (man vermeidet so auch die schwierige Formulierung der Querkraft- und Momenten-Randbedingungen), ist bei dem Beispiel 2 die Arbeit mit der Differentialgleichung der Biegelinie 4. Ordnung empfehlenswert, zumal die Randbedingungen ($v = 0$ und $v'' = 0$ an beiden Rändern) recht einfach zu formulieren sind.

Eine generelle Empfehlung, welche der beiden Differentialgleichungen der Biegelinie bei bestimmten Aufgabentypen zu bevorzugen ist, kann kaum gegeben werden. Einzelkräfte als Belastungen erschweren die Formulierung der Randbedingungen für die Differentialgleichung 4. Ordnung, Linienlasten (insbesondere veränderliche Linienlasten) machen das Aufschreiben des Biegemomentenverlaufs (für die Differentialgleichung 2. Ordnung) schwieriger.

Als Basis für Computer-Programme und die Anwendung numerischer Verfahren bei komplizierteren Aufgaben wird die Differentialgleichung der Biegelinie 4. Ordnung allgemein bevorzugt, weil der formalere Rechenprozeß der Programmierung entgegenkommt.

Wenn der Biegemomentenverlauf nur abschnittsweise aufgeschrieben werden kann (Einzelkräfte, Einzelmomente, Zwischenstützen, ...), muß für jeden Abschnitt auch die Differentialgleichung der Biegelinie 2. Ordnung gesondert formuliert (und integriert) werden. Entsprechendes gilt bei Verwendung der Differentialgleichung der Biegelinie 4. Ordnung, weil in diesen Fällen Unstetigkeiten in den Ableitungen der Funktion $v(z)$ vorkommen (z. B. ein Querkraftsprung bei Einzelkräften oder Zwischenstützen), über die nicht integriert werden darf.

In diesen Fällen erhöht sich natürlich die Anzahl der Integrationskonstanten, und man muß Randbedingungen auch an den "Bereichsrändern" formulieren, die häufig nur als sogenannte ***Übergangsbedingungen*** aufgeschrieben werden können.

Für das nachfolgende Beispiel 3 wird die Arbeit mit der Differentialgleichung der Biegelinie 2. Ordnung empfohlen. Da der Momentenverlauf für zwei Abschnitte aufgeschrieben werden muß, ergeben sich vier Integrationskonstanten. Neben den beiden Randbedingungen (keine Absenkung an den beiden Lagern *A* und *B*) müssen noch zwei Übergangsbedingungen am Kraftangriffspunkt formuliert werden: Die Absenkung am rechten Rand des linken Abschnitts muß gleich der Absenkung am linken Rand des rechten Abschnitts sein. Eine entsprechende Bedingung muß für die Biegewinkel (Tangentenneigungen) gelten, weil die Biegelinie an dieser Stelle keinen Knick haben darf.

Beispiel 3: Für den skizzierten Träger ermittle man

a) die Biegelinie,
b) Ort und Größe der maximalen Durchbiegung.

Gegeben: l , F , EI.

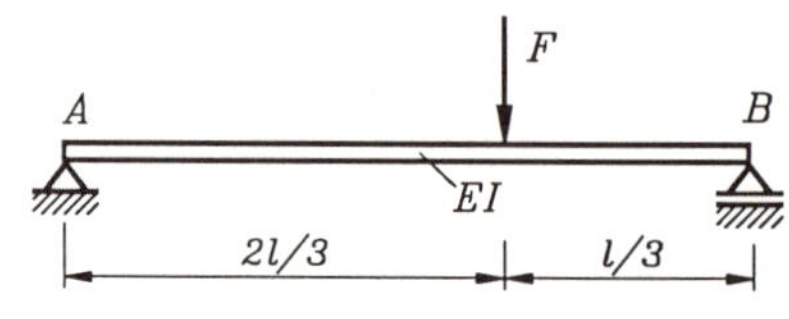

Zur Bereitstellung der Biegemomente für die Integration der Differentialgleichung 2. Ordnung werden die Lagerkräfte benötigt:

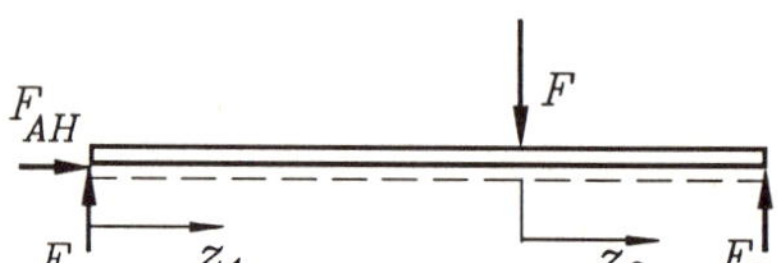

$$F_{AV} = \frac{F}{3} \quad ; \qquad F_B = \frac{2}{3}F \quad .$$

Für die beiden Trägerbereiche werden die nebenstehend skizzierten Koordinatensysteme definiert. Die Biegemomente werden an den dargestellten Teilsystemen ermittelt und damit die Differentialgleichungen aufgeschrieben und integriert:

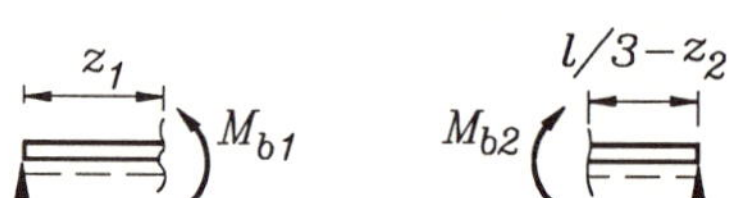

$$M_{b1} = \frac{1}{3} F z_1 \,, \qquad M_{b2} = \frac{2}{3} F \left(\frac{l}{3} - z_2\right) \,,$$

$$EI\, v_1'' = -\frac{1}{3} F z_1 \,, \qquad EI\, v_2'' = -\frac{2}{3} F \left(\frac{l}{3} - z_2\right) \,,$$

$$EI\, v_1' = -\frac{1}{6} F z_1^2 + C_1 \,, \qquad EI\, v_2' = \frac{1}{3} F \left(\frac{l}{3} - z_2\right)^2 + C_3 \,,$$

$$EI\, v_1 = -\frac{1}{18} F z_1^3 + C_1 z_1 + C_2 \,, \qquad EI\, v_2 = -\frac{1}{9} F \left(\frac{l}{3} - z_2\right)^3 + C_3 z_2 + C_4 \,.$$

Zur Bestimmung der vier Integrationskonstanten werden zwei Randbedingungen und zwei Übergangsbedingungen formuliert und ausgewertet:

$$v_1(z_1 = 0) = 0 \quad \Rightarrow \quad C_2 = 0 \,,$$

$$v_1\left(z_1 = \frac{2}{3} l\right) = v_2(z_2 = 0) \quad \Rightarrow \quad -\frac{4}{243} F l^3 + \frac{2}{3} C_1 l = -\frac{1}{243} F l^3 + C_4 \,,$$

$$v_1'\left(z_1 = \frac{2}{3} l\right) = v_2'(z_2 = 0) \quad \Rightarrow \quad -\frac{2}{27} F l^2 + C_1 = \frac{1}{27} F l^2 + C_3 \,,$$

$$v_2\left(z_2 = \frac{l}{3}\right) = 0 \quad \Rightarrow \quad \frac{1}{3} C_3 l + C_4 = 0 \,.$$

Aus den drei letzten Gleichungen errechnet man:

$$C_1 = \frac{4}{81} F l^2 \,, \qquad C_3 = -\frac{5}{81} F l^2 \,, \qquad C_4 = \frac{5}{243} F l^3 \,.$$

a) Mit den ermittelten Konstanten können die Biegelinien für beide Bereiche aufgeschrieben werden:

$$v_1 = \frac{F l^3}{162\, EI} \left[-9 \left(\frac{z_1}{l}\right)^3 + 8 \frac{z_1}{l} \right] \qquad \textit{für} \qquad 0 \le z_1 \le \frac{2}{3} l \,,$$

$$v_2 = \frac{F l^3}{243\, EI} \left[-27 \left(\frac{1}{3} - \frac{z_2}{l}\right)^3 - 15 \frac{z_2}{l} + 5 \right]$$

$$= \frac{F l^3}{243\, EI} \left[27 \left(\frac{z_2}{l}\right)^3 - 27 \left(\frac{z_2}{l}\right)^2 - 6 \frac{z_2}{l} + 4 \right] \qquad \textit{für} \qquad 0 \le z_2 \le \frac{1}{3} l \,.$$

b) Aus der Anschauung ist klar, daß die größte Durchbiegung im linken Abschnitt liegt. Deshalb wird die Ableitung der Funktion $v_1(z)$ gebildet und zur Ermittlung des Ortes $\bar{z}_1$ von $v_{1,max}$ gleich Null gesetzt:

$$v_1' = \frac{F l^2}{162\, EI} \left[-27 \left(\frac{z_1}{l}\right)^2 + 8 \right] \,,$$

$$v_1' = 0 \quad \Rightarrow \quad -27\, \bar{z}_1^2 + 8 l^2 = 0 \quad \Rightarrow \quad \bar{z}_1 = \sqrt{\frac{8}{27}}\, l = \frac{2}{9} \sqrt{6}\, l \,,$$

$$v_{max} = v_1(z_1 = \bar{z}_1) = \frac{16}{2187} \sqrt{6}\, \frac{F l^3}{EI} = 0{,}01792\, \frac{F l^3}{EI} \,.$$

- Die Überprüfung, ob der errechnete Extremwert ein Minimum oder Maximum ist (mit Hilfe der zweiten Ableitung) kann man sich ersparen, wenn (wie im vorliegenden Fall) klar ist, welche Form der verformte Träger etwa hat.
- Formal ergeben sich für den Ort $\bar{z}_1$ des Extremwerts von v_1 zwei Lösungen. Der negative Wert wurde nicht berücksichtigt, weil er nicht im Trägerbereich liegt. Wer seiner Anschauung nicht traut und auch im rechten Bereich nach der gleichen Strategie nach Extremwerten für die Durchbiegung sucht, würde dort formal zwei Lösungen finden, die beide nicht im Trägerbereich liegen. Generell gilt natürlich: Innerhalb eines interessierenden Bereichs nimmt eine Funktion ihre **Extremwerte entweder an Stellen mit verschwindender erster Ableitung oder an den Rändern des Bereichs** an.
- Die in der Statik (Abschnitt 7.1) gegebene Empfehlung, beim Aufschreiben der Momentenverläufe sämtliche Koordinatensysteme gleichsinnig zu definieren, findet hier eine weitere Begründung.

Die nebenstehende Skizze verdeutlicht, wie bei Nichtbeachtung dieser Empfehlung die Übergangsbedingungen formuliert werden müssen, weil gleiche Tangentenneigungen in den beiden Abschnitten dann unterschiedliches Vorzeichen haben:

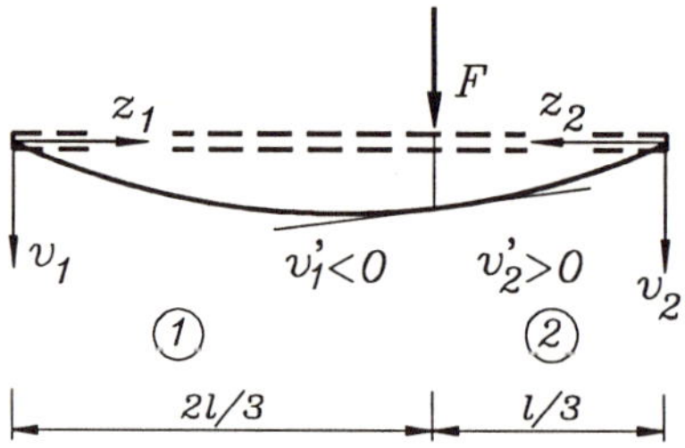

$$v_1\left(z_1 = \frac{2l}{3}\right) = v_2\left(z_2 = \frac{l}{3}\right) ,$$

$$v_1'\left(z_1 = \frac{2l}{3}\right) = -v_2'\left(z_2 = \frac{l}{3}\right) .$$

Eine ähnliche Fehlerquelle ergibt sich in diesem Fall für die Querkraft-Bedingung an der Übergangsstelle (erforderlich für das Arbeiten mit der Differentialgleichung 4. Ordnung).

17.3 Rand- und Übergangsbedingungen

Beim Arbeiten mit der **Differentialgleichung der Biegelinie 2. Ordnung** werden die Integrationskonstanten mit Hilfe von Aussagen über die Verschiebung v und die Ableitung v' (Biegewinkel) bestimmt. Das nachfolgende Beispiel zeigt die häufigsten Varianten der ***Randbedingungen*** (es sind Aussagen über die **Werte** von v bzw. v' möglich) und ***Übergangsbedingungen*** (es sind nur Aussagen über die **Gleichheit** von v bzw. v' an den Übergangsstellen von einem Bereich zum anderen möglich).

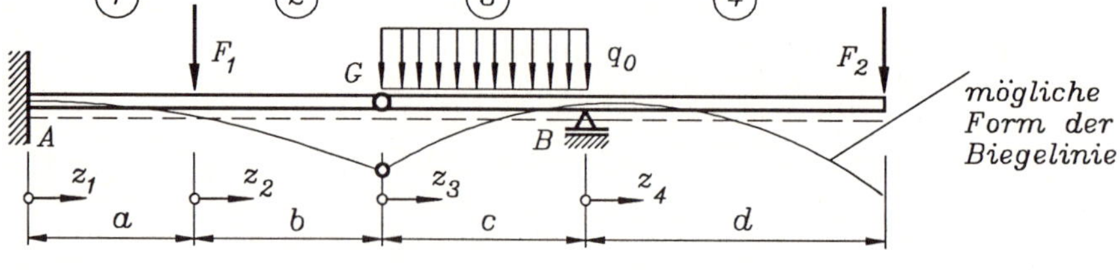

Da die Differentialgleichungen für vier Bereiche aufgeschrieben (und integriert) werden müssen, wurden vier Koordinaten eingeführt (aus den bereits im vorigen Abschnitt genannten Gründen sind alle z-Koordinaten von links nach rechts gerichtet).

Randbedingungen können formuliert werden

- am linken Rand des 1. Abschnitts (keine Verschiebung v und horizontale Tangente der Biegelinie an der Einspannung A),
- am rechten Rand des 3. Abschnitts ($v = 0$ am Lager B),
- am linken Rand des 4. Abschnitts ($v = 0$ am Lager B).

Sie werden ergänzt durch die **Übergangsbedingungen**:

- Gleichheit der Verschiebung v am rechten Rand des 1. Abschnitts und linken Rand des 2. Abschnitts und Gleichheit der Biegewinkel an dieser Stelle (Biegelinie hat keinen Knick),
- Gleichheit der Verschiebung v am rechten Rand des 2. Abschnitts und linken Rand des 3. Abschnitts (am Gelenk jedoch keine Gleichheit der Biegewinkel),
- Gleichheit der Biegewinkel am rechten Rand des 3. Abschnitts und linken Rand des 4. Abschnitts (auch am Lager ergibt sich kein Knick in der Biegelinie).

Für die Bestimmung der 8 Integrationskonstanten stehen also 8 Bedingungen zur Verfügung:

1.)	$v_1\ (z_1 = 0) = 0$,	**5.)**	$v_1\ (z_1 = a) = v_2\ (z_2 = 0)$,
2.)	$v_1'\ (z_1 = 0) = 0$,	**6.)**	$v_1'\ (z_1 = a) = v_2'(z_2 = 0)$,
3.)	$v_3\ (z_3 = c) = 0$,	**7.)**	$v_2\ (z_2 = b) = v_3\ (z_3 = 0)$,
4.)	$v_4\ (z_4 = 0) = 0$,	**8.)**	$v_3'\ (z_3 = c) = v_4'\ (z_4 = 0)$.

Beim Arbeiten mit der **Differentialgleichung der Biegelinie 4. Ordnung** kommen zu diesen Bedingungen noch Aussagen über die 2. und 3. Ableitung von v hinzu, so daß an Rändern und Übergangsstellen das **Gleichgewicht der Schnittgrößen (Biegemoment und Querkraft) mit den äußeren Kräften und Momenten** hergestellt wird. Dazu werden Schnitte "unendlich dicht" neben Rändern und Übergangsstellen betrachtet. Deshalb gehen Linienlasten, die ja bereits von der Differentialgleichung erfaßt werden, in diese Gleichgewichtsbedingungen nicht ein. Die acht sogenannten ***geometrischen Rand- und Übergangsbedingungen***, die für das Arbeiten mit der Differentialgleichung 2. Ordnung aufgeschrieben wurden, werden um noch einmal acht ***dynamische Rand- und Übergangsbedingungen*** ergänzt.

Folgende **Randbedingungen** können formuliert werden:

- Das Biegemoment ist Null am rechten Rand des 2. Abschnitts und am linken Rand des 3. Abschnitts (Gelenk kann kein Moment übertragen), ebenso am rechten Rand des 4. Abschnitts (freier Rand ohne äußeres Moment).
- Am rechten Rand des 4. Abschnitts muß die Querkraft mit der Kraft F_2 im Gleichgewicht sein:

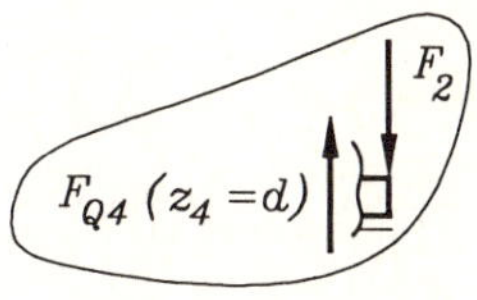

Schnitt "unendlich dicht" am rechten Rand

$$F_{Q4}(z_4 = d) = -\left(EI\,v_4''\right)'\big|_{z_4=d} = F_2 \quad .$$

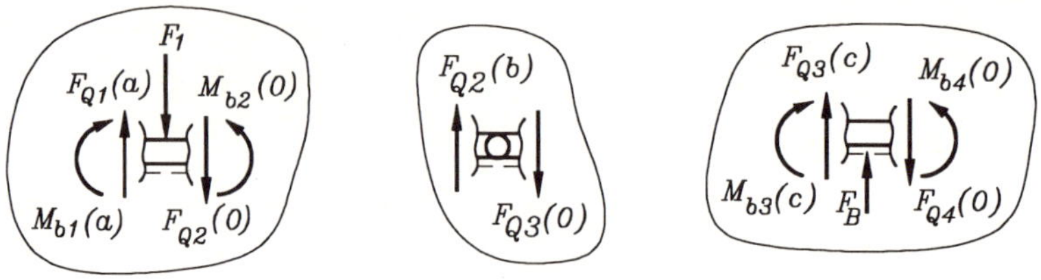

Schnittstellen liegen "unendlich dicht" neben den Übergangsstellen

Aus den oben dargestellten Schnitten der Übergangsstellen lassen sich folgende **Übergangsbedingungen** ablesen:

- Gleichheit der Biegemomente links und rechts von der Kraft F_1 bzw. links und rechts vom Lager B,
- Gleichheit der Querkräfte links und rechts vom Gelenk.
- Der Querkraftsprung bei F_1 wird durch die Gleichgewichtsbedingung der Kräfte in vertikaler Richtung beschrieben:

$$F_{Q1}(z_1 = a) = F_1 + F_{Q2}(z_2 = 0) \quad \Rightarrow \quad -\left(EI_1 v_1''\right)'\big|_{z_1=a} = F_1 - \left(EI_2 v_2''\right)'\big|_{z_2=0} \ .$$

In dieser allgemeinen Form müssen die Bedingungen formuliert werden, wenn die Biegesteifigkeit veränderlich ist.

Nachfolgend sind diese für die Arbeit mit der Differentialgleichung der Biegelinie 4. Ordnung zusätzlich erforderlichen Rand- und Übergangsbedingungen zusammengestellt, wobei vereinfachend angenommen wurde, daß die **Biegesteifigkeit über alle Abschnitte des Trägers konstant** ist, so daß sie aus den meisten Gleichungen verschwindet:

9.)	$v_2''(z_2 = b) = 0$,	**13.)**	$v_1''(z_1 = a) = v_2''(z_2 = 0)$,
10.)	$v_3''(z_3 = 0) = 0$,	**14.)**	$v_3''(z_3 = c) = v_4''(z_4 = 0)$,
11.)	$v_4''(z_4 = d) = 0$,	**15.)**	$v_2'''(z_2 = b) = v_3'''(z_3 = 0)$,
12.)	$v_4'''(z_4 = d) = -F_2/EI$,	**16.)**	$v_1'''(z_1 = a) = v_2'''(z_2 = 0) - F_1/EI$.

- Die Gesamtanzahl der Rand- und Übergangsbedingungen entspricht auch hier der Anzahl der Integrationskonstanten (**4·4 = 16**), die bei Integration der Differentialgleichungen für vier Abschnitte entstehen. Man beachte, daß dafür an den Lagern die Querkraft- und Biegemomentbedingungen, in die die **Lagerreaktionen** eingehen würden, **nicht benötigt** werden.
- Da bei statisch bestimmt gelagerten Trägern die Lagerreaktionen aus Gleichgewichtsbedingungen bestimmt werden können, stehen mit diesen nicht benutzten Bedingungen wirksame **Kontrollmöglichkeiten** zur Verfügung. So müssen bei dem betrachteten Beispiel Biegemoment und Querkraft am linken Rand des 1. Abschnitts mit den Lagerreaktionen an der Einspannstelle im Gleichgewicht sein. Am Lager B muß z. B. gelten:

$$F_{Q3}(z_3 = c) + F_B = F_{Q4}(z_4 = 0) \quad \Rightarrow \quad -EI v_3'''(z_3 = c) + F_B = -EI v_4'''(z_4 = 0) \ .$$

Beispiel: Für den skizzierten Träger sind die erforderlichen Rand- und Übergangsbedingungen zu formulieren für das Arbeiten mit der Differentialgleichung der Biegelinie 2. bzw. 4. Ordnung.

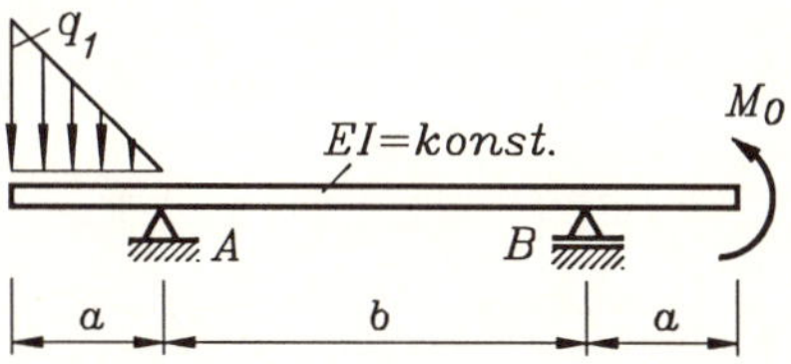

Bei der Lösung mit Hilfe der Differentialgleichung 2. Ordnung müssen für drei Bereiche sechs Integrationskonstanten bestimmt werden. Die dafür benötigten Rand- und Übergangsbedingungen können für die gewählten Koordinaten folgendermaßen formuliert werden:

1.) $v_1\,(z_1 = a) = 0$,
2.) $v_2\,(z_2 = 0) = 0$,
3.) $v_2\,(z_2 = b) = 0$,
4.) $v_3\,(z_3 = 0) = 0$,
5.) $v_1'\,(z_1 = a) = v_2'(z_2 = 0)$,
6.) $v_2'\,(z_2 = b) = v_3'(z_3 = 0)$.

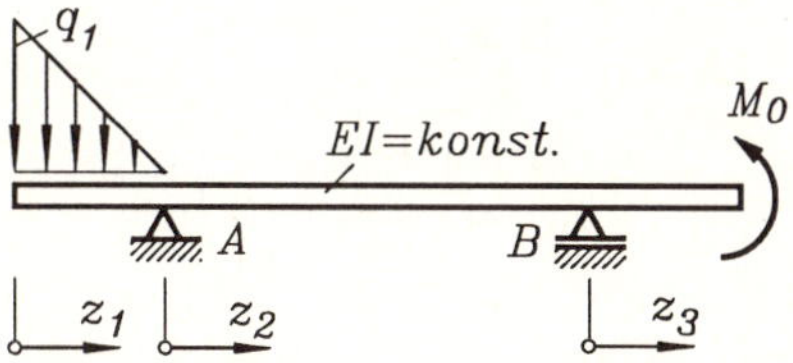

Bei der Verwendung der Differentialgleichung 4. Ordnung entstehen bei der Integration pro Abschnitt 4 Integrationskonstanten, so daß die formulierten sechs geometrischen Rand- und Übergangsbedingungen durch die folgenden sechs dynamischen Rand- und Übergangsbedingungen ergänzt werden müssen, die aus Gleichgewichtsbetrachtungen gewonnen werden:

7.) $v_1''\,(z_1 = 0) = 0$,
8.) $v_1'''\,(z_1 = 0) = 0$,
9.) $v_1''\,(z_1 = a) = v_2''\,(z_2 = 0)$,
10.) $v_2''\,(z_2 = b) = v_3''\,(z_3 = 0)$,
11.) $v_3'''\,(z_3 = a) = 0$,
12.) $v_3''\,(z_3 = a) = -\,M_0/EI$.

17.4 Einige wichtige Formeln

Die Berechnung der Biegelinie kann recht mühsam sein. Andererseits enthält das Ergebnis alle benötigten Informationen über die Biegeverformung eines Trägers. An jeder beliebigen Stelle können die Durchbiegungen und die Biegewinkel abgelesen werden. Beim Arbeiten mit der Differentialgleichung 4. Ordnung fällt nach der Formel

$$M_b(z) = -EI\,v''(z)$$

der Biegemomentenverlauf, der für die Verformungsberechnung nicht vorab ermittelt werden muß, gewissermaßen als Nebenprodukt des Ergebnisses mit an.

Für die praktisch wichtigsten Standardlastfälle sind nachfolgend die Biegelinien und die Verformungsgrößen an ausgewählten Punkten zusammengestellt. Im Abschnitt 17.6 wird behandelt, wie aus gegebenen Standardlastfällen weitere Ergebnisse für teilweise wesentlich kompliziertere Aufgaben gewonnen werden können.

In allen nachfolgend angegebenen Formeln sind positive Verschiebungen v nach unten gerichtet. Da alle z-Koordinaten nach rechts gerichtet sind, werden Biegewinkel im Uhrzeigersinn (beginnend an der Horizontalen) positiv.

a)

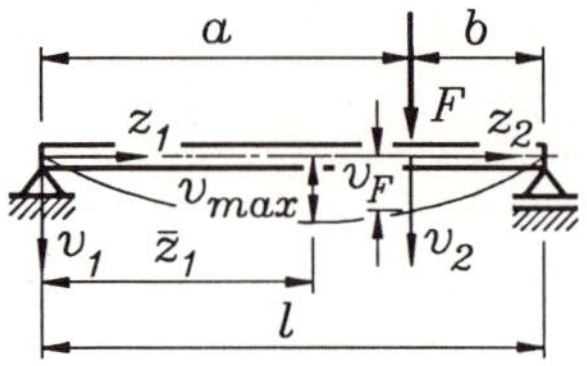

$$v_F = \frac{F a^2 b^2}{3 EIl}$$

$$v_1'(z_1 = 0) = \frac{F a b (l + b)}{6 EIl}$$

$$v_2'(z_2 = b) = -\frac{F a b (l + a)}{6 EIl}$$

$$v_1 = \frac{F a b^2}{6 EI}\left[\left(1 + \frac{l}{b}\right)\frac{z_1}{l} - \frac{z_1^3}{a b l}\right] \quad \textit{für} \quad 0 \le z_1 \le a$$

$$v_2 = \frac{F a^2 b}{6 EI}\left[\left(1 + \frac{l}{a}\right)\frac{b - z_2}{l} - \frac{(b - z_2)^3}{a b l}\right] \quad \textit{für} \quad 0 \le z_2 \le b$$

Für $a \ge b$: $$v_{max} = \frac{F b \bar{z}_1^3}{3 EIl} \quad \textit{bei} \quad \bar{z}_1 = \sqrt{\frac{l^2 - b^2}{3}}$$

Für $a \le b$: $$v_{max} = \frac{F a (b - \bar{z}_2)^3}{3 EIl} \quad \textit{bei} \quad \bar{z}_2 = b - \sqrt{\frac{l^2 - a^2}{3}}$$

a*)

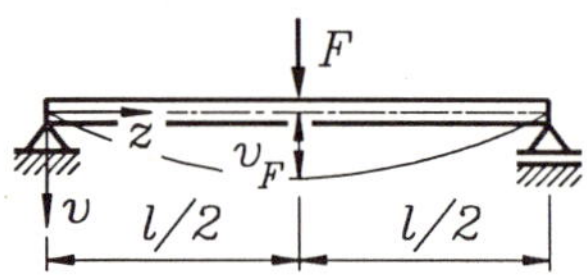

$$v_{max} = v_F = \frac{F l^3}{48 EI}$$

$$v'(z = 0) = -v'(z = l) = \frac{F l^2}{16 EI}$$

b)

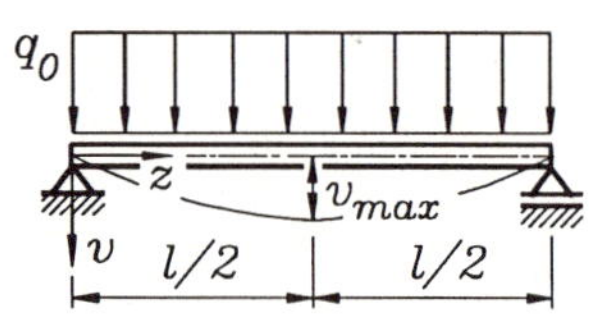

$$v_{max} = \frac{5 q_0 l^4}{384 EI}$$

$$v'(z = 0) = -v'(z = l) = \frac{q_0 l^3}{24 EI}$$

$$v = \frac{q_0 l^4}{24 EI}\left[\frac{z}{l} - 2\left(\frac{z}{l}\right)^3 + \left(\frac{z}{l}\right)^4\right]$$

c)

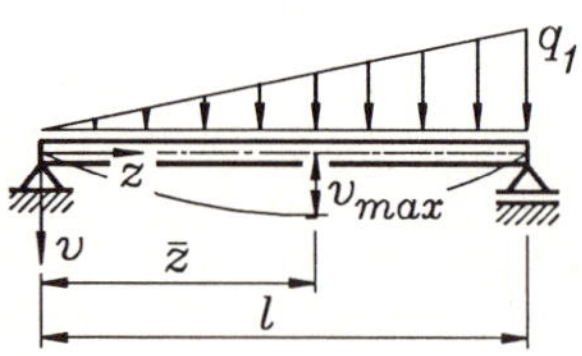

$$v_{max} = 0{,}006522 \frac{q_0 l^4}{EI} \quad ; \quad \bar{z} = l\sqrt{1 - \sqrt{\frac{8}{15}}}$$

$$v'(z = 0) = \frac{7 q_1 l^3}{360 EI} \quad ; \quad v'(z = l) = -\frac{q_1 l^3}{45 EI}$$

$$v = \frac{q_1 l^4}{360 EI}\left[7\frac{z}{l} - 10\left(\frac{z}{l}\right)^3 + 3\left(\frac{z}{l}\right)^5\right]$$

d)	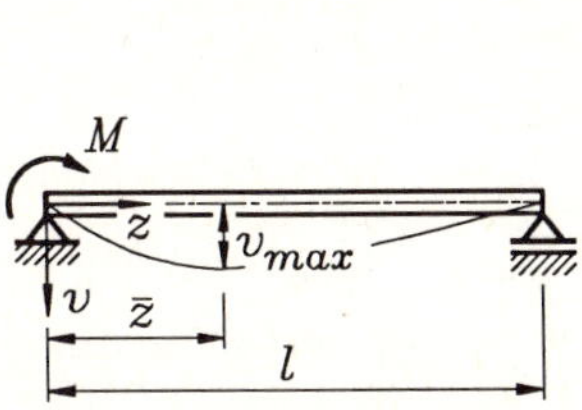	$v_{max} = \dfrac{\sqrt{3}\; M l^2}{27\, EI}$ ***bei*** $\bar{z} = l\left(1 - \dfrac{\sqrt{3}}{3}\right)$ $v'(z=0) = \dfrac{M l}{3\, EI}$; $v'(z=l) = -\dfrac{M l}{6\, EI}$ $v = \dfrac{M l^2}{6\, EI}\left[2\dfrac{z}{l} - 3\left(\dfrac{z}{l}\right)^2 + \left(\dfrac{z}{l}\right)^3\right]$
e)	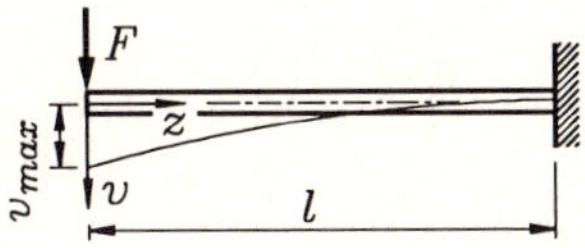	$v_{max} = \dfrac{F l^3}{3\, EI}$; $v'(z=0) = -\dfrac{F l^2}{2\, EI}$ $v = \dfrac{F l^3}{6\, EI}\left[2 - 3\dfrac{z}{l} + \left(\dfrac{z}{l}\right)^3\right]$
f)	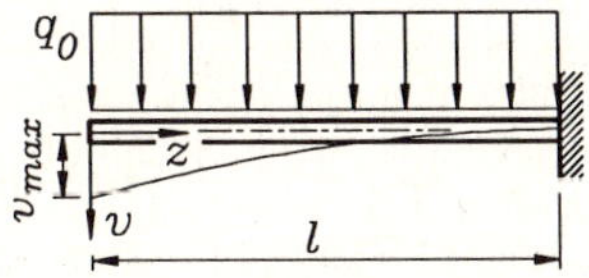	$v_{max} = \dfrac{q_0 l^4}{8\, EI}$; $v'(z=0) = -\dfrac{q_0 l^3}{6\, EI}$ $v = \dfrac{q_0 l^4}{24\, EI}\left[3 - 4\dfrac{z}{l} + \left(\dfrac{z}{l}\right)^4\right]$
g)	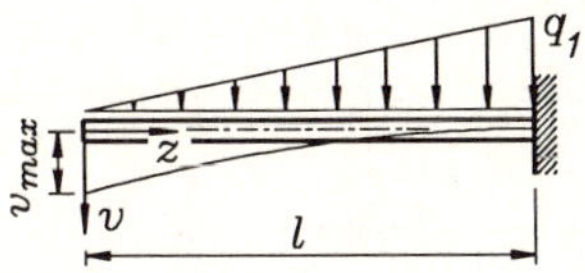	$v_{max} = \dfrac{q_1 l^4}{30\, EI}$; $v'(z=0) = -\dfrac{q_1 l^3}{24\, EI}$ $v = \dfrac{q_1 l^4}{120\, EI}\left[4 - 5\dfrac{z}{l} + \left(\dfrac{z}{l}\right)^5\right]$
h)	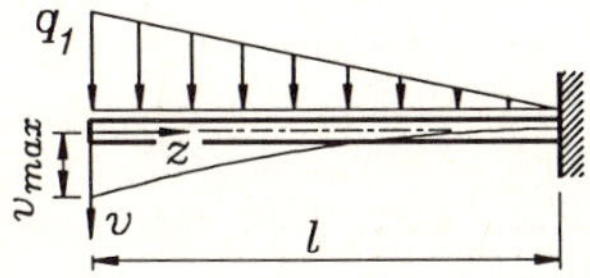	$v_{max} = \dfrac{11\, q_1 l^4}{120\, EI}$; $v'(z=0) = -\dfrac{q_1 l^3}{8\, EI}$ $v = \dfrac{q_1 l^4}{120\, EI}\left[11 - 15\dfrac{z}{l} + 5\left(\dfrac{z}{l}\right)^4 - \left(\dfrac{z}{l}\right)^5\right]$
i)	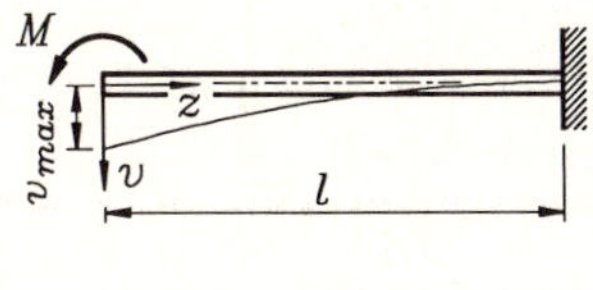	$v_{max} = \dfrac{M l^2}{2\, EI}$; $v'(z=0) = -\dfrac{M l}{EI}$ $v = \dfrac{M l^2}{2\, EI}\left[1 - 2\dfrac{z}{l} + \left(\dfrac{z}{l}\right)^2\right]$

17.5 Statisch unbestimmte Systeme

Bei statisch unbestimmten Problemen können Lagerreaktionen und Schnittgrößen nicht allein aus den statischen Gleichgewichtsbedingungen berechnet werden. Mit Hilfe von Verformungsbetrachtungen sind auch diese Aufgaben lösbar, weil für jedes zusätzliche Lager eine weitere Verformungsaussage (Rand- oder Übergangsbedingung) formuliert werden kann. Dies soll am Problem des nachfolgenden Beispiels 1 (Skizze unten rechts) diskutiert werden.

Beim Arbeiten mit der **Differentialgleichung der Biegelinie 2. Ordnung** kann der Biegemomentenverlauf zunächst nur mit einer noch unbekannten Lagerreaktion (zum Beispiel der Lagerkraft $\boldsymbol{F_B}$ des Lagers $\boldsymbol{B}$) aufgeschrieben werden (die übrigen Lagerreaktionen müssen gegebenenfalls mit Hilfe der statischen Gleichgewichtsbedingungen eliminiert werden). Nach der Integration der Differentialgleichung stehen jedoch für die 3 Unbekannten der allgemeinen Lösung (2 Integrationskonstanten und die Lagerkraft) auch 3 Randbedingungen zur Verfügung, so daß auch die unbekannte Lagerkraft (und aus den statischen Gleichgewichtsbedingungen dann auch die übrigen Lagerreaktionen) und die Schnittgrößen berechnet werden können.

Beim Arbeiten mit der **Differentialgleichung der Biegelinie 4. Ordnung** ist kein prinzipieller Unterschied zum statisch bestimmten Problem zu nennen, weil die Lagerreaktionen ohnehin nicht in die Differentialgleichung eingehen, so daß man mit vier Randbedingungen auskommt. Nach dem Bestimmen der Integrationskonstanten können die Schnittgrößen nach

$$M_b = -EIv'' \quad , \qquad F_Q = -(EIv'')'$$

und die Lagerreaktionen aus den Gleichgewichtsbedingungen mit den Schnittgrößen an den Lagerstellen bestimmt werden.

Beispiel 1: Für den skizzierten Träger mit der konstanten Biegesteifigkeit EI sind die Lagerreaktionen bei A und B und der Biegemomentenverlauf (mit graphischer Darstellung) zu ermitteln.

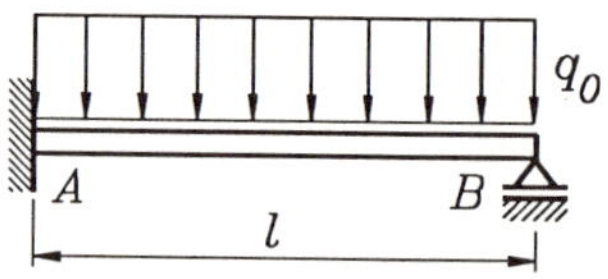

Gegeben: l, q_0, EI.

Das System ist einfach statisch unbestimmt. Die Lagerreaktionen und der Biegemomentenverlauf können nicht allein aus Gleichgewichtsbeziehungen berechnet werden. Für die erforderlichen Verformungsbetrachtungen wird hier die Differentialgleichung der Biegelinie 4. Ordnung gewählt (Diskussion der Vor- und Nachteile dieser Wahl siehe oben), mit der die Rechnung (ohne Vorarbeit) sofort gestartet werden kann:

$$\begin{aligned}
EIv'''' &= q_0 \ , \\
EIv''' &= q_0 z + C_1 \ , \\
EIv'' &= \tfrac{1}{2} q_0 z^2 + C_1 z + C_2 \ , \\
EIv' &= \tfrac{1}{6} q_0 z^3 + \tfrac{1}{2} C_1 z^2 + C_2 z + C_3 \ , \\
EIv &= \tfrac{1}{24} q_0 z^4 + \tfrac{1}{6} C_1 z^3 + \tfrac{1}{2} C_2 z^2 + C_3 z + C_4 \ .
\end{aligned}$$

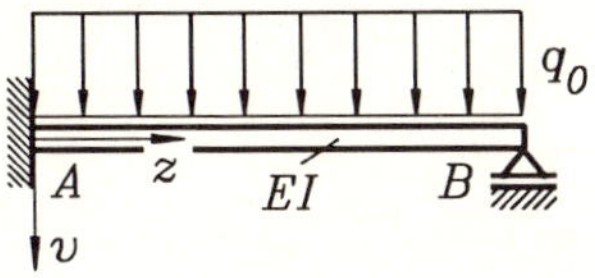

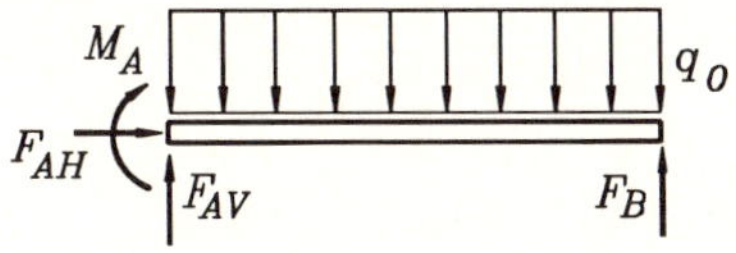

Die vier Randbedingungen zur Bestimmung der vier Integrationskonstanten ("Absenkung bei A gleich Null", "Biegewinkel bei A gleich Null", "Absenkung bei B gleich Null" und "Biegemoment bei B gleich Null") werden mit Bezug auf das oben links skizzierte Koordinatensystem formuliert:

$$
\begin{aligned}
v\,(0) &= 0 &&\Rightarrow && C_4 = 0 \;, \\
v'(0) &= 0 &&\Rightarrow && C_3 = 0 \;, \\
v\,(l) &= 0 &&\Rightarrow && \tfrac{1}{24}\,q_0\,l^4 + \tfrac{1}{6}\,C_1\,l^3 + \tfrac{1}{2}\,C_2\,l^2 = 0 \;, \\
v''(l) &= 0 &&\Rightarrow && \tfrac{1}{2}\,q_0\,l^2 + C_1\,l + C_2 = 0 \;.
\end{aligned}
$$

Die beiden letzten Gleichungen liefern die Integrationskonstanten

$$C_1 = -\tfrac{5}{8}\,q_0\,l \;, \qquad C_2 = \tfrac{1}{8}\,q_0\,l^2 \;,$$

mit denen der Momentenverlauf aufgeschrieben werden kann:

$$M_b(z) = -EI\,v'' = \frac{q_0\,l^2}{8}\left[-4\left(\frac{z}{l}\right)^2 + 5\,\frac{z}{l} - 1\right] \;.$$

Zur Berechnung der Lagerreaktionen wird zuvor der Querkraftverlauf bereitgestellt:

$$F_Q(z) = -EI\,v''' = \frac{q_0\,l}{8}\left(-8\,\frac{z}{l} + 5\right) \;.$$

Aus Gleichgewichtsbetrachtungen an den freigeschnittenen Lagern (Schnitte "unendlich dicht" neben den Lagern, Skizze rechts) erhält man mit den bereits ermittelten Funktionen für Biegemoment und Querkraft die gesuchten Lagerreaktionen:

$$
\begin{aligned}
F_{AV} &= F_Q(0) = \tfrac{5}{8}\,q_0\,l \;, \\
M_A &= M_b(0) = -\tfrac{1}{8}\,q_0\,l^2 \;, \\
F_B &= -F_Q(l) = \tfrac{3}{8}\,q_0\,l \;, \quad F_{AH} = 0 \;.
\end{aligned}
$$

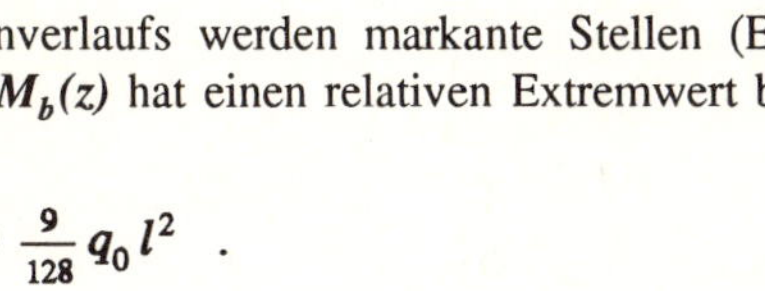

Die Kontrolle des Gleichgewichts am Gesamtsystem zeigt, daß die ermittelten Lagerreaktionen die Gleichgewichtsbedingungen identisch erfüllen.

Zur graphischen Darstellung des Biegemomentenverlaufs werden markante Stellen (Extremwert und Nullstellen) der Funktion ermittelt. $M_b(z)$ hat einen relativen Extremwert bei $\bar{z}/l = 5/8$ (Nullstelle des Querkraftverlaufs):

$$\bar{M}_b = M_b\left(\bar{z} = \tfrac{5}{8}\,l\right) = \frac{9}{128}\,q_0\,l^2 \;.$$

Die Nullstellen im Momentenverlauf ergeben sich als Lösungen einer quadratischen Gleichung:

$$\left(\frac{\bar z}{l}\right)^2 - \frac{5}{4}\frac{\bar z}{l} + \frac{1}{4} = 0 \; ;$$

$$\bar z_1 = l \; , \qquad \bar z_2 = \frac{l}{4} \; .$$

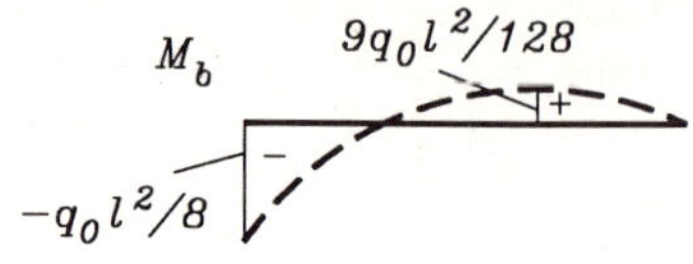

Die graphische Darstellung des Momentenverlaufs zeigt, daß der berechnete relative Extremwert an der Stelle, wo die Querkraft verschwindet, nicht das absolut größte Biegemoment ist. Dieses liegt an der Einspannstelle.

Beispiel 2: Für den skizzierten statisch unbestimmt gelagerten Träger mit Kastenquerschnitt und konstanter Biegesteifigkeit sind Ort und Größe der maximalen Biegespannung zu bestimmen.

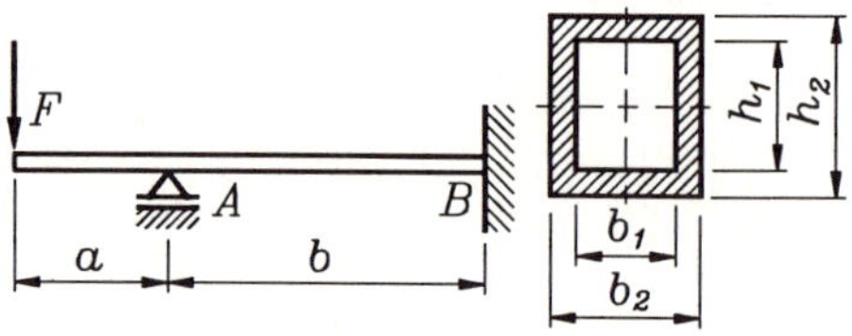

Gegeben: **$b_1 = 30\ mm$; $b_2 = 40\ mm$;**
$h_1 = 40\ mm$; $h_2 = 50\ mm$; $F = 4\ kN$; $a = 500\ mm$.

Obwohl keine Biegeverformungen gefragt sind, ist die Ermittlung von Verformungen nötig, da es sich um ein statisch unbestimmtes System handelt. Die Biegelinien müssen für zwei Bereiche formuliert werden. Weil das Aufschreiben der Biegemomente in diesem Fall relativ einfach ist, wird die Differentialgleichung 2. Ordnung verwendet.

Da das System einfach statisch unbestimmt ist, muß eine unbekannte Lagerreaktion in die Biegemomentenverläufe aufgenommen werden. Dafür bietet sich die Kraft F_A an. Mit den gewählten Koordinaten für die beiden Bereiche (Skizze rechts) werden die beiden M_b-Verläufe formuliert, und die Rechnung wird gestartet:

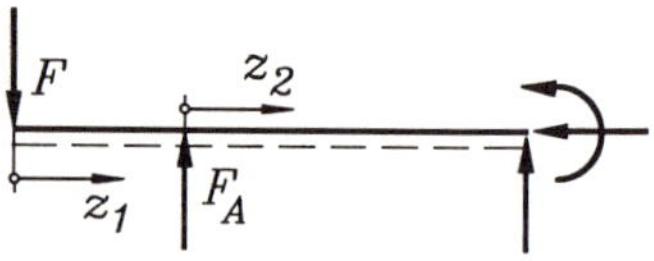

$$M_{b1} = -F z_1 \; , \qquad M_{b2} = F_A z_2 - F(a + z_2) \; ,$$

$$EI v_1'' = F z_1 \; , \qquad EI v_2'' = (F - F_A) z_2 + F a \; ,$$

$$EI v_1' = \frac{1}{2} F z_1^2 + C_1 \; , \qquad EI v_2' = \frac{1}{2}(F - F_A) z_2^2 + F a z_2 + C_3 \; ,$$

$$EI v_1 = \frac{1}{6} F z_1^3 + C_1 z_1 + C_2 \; , \qquad EI v_2 = \frac{1}{6}(F - F_A) z_2^3 + \frac{1}{2} F a z_2^2 + C_3 z_2 + C_4 \; .$$

Für 5 Unbekannte (4 Integrationskonstanten und F_A) werden 5 Randbedingungen formuliert:

1.) $v_1(z_1 = a) = 0 \quad \Rightarrow \quad \frac{1}{6} F a^3 + C_1 a + C_2 = 0 \; ,$

2.) $v_2(z_2 = 0) = 0 \quad \Rightarrow \quad C_4 = 0 \; ,$

3.) $v_1'(z_1 = a) = v_2'(z_2 = 0) \quad \Rightarrow \quad \frac{1}{2} F a^2 + C_1 = C_3 \; ,$

4.) $v_2(z_2 = b) = 0 \quad \Rightarrow \quad \frac{1}{6}(F - F_A) b^3 + \frac{1}{2} F a b^2 + C_3 b + C_4 = 0 \; ,$

5.) $v_2'(z_2 = b) = 0 \quad \Rightarrow \quad \frac{1}{2}(F - F_A) b^2 + F a b + C_3 = 0 \; .$

Da für die Ermittlung der Biegespannung nur der Momentenverlauf erforderlich ist, der wiederum nur die unbekannte Lagerkraft F_A enthält, wird nur diese berechnet: Gleichung 5 wird nach C_3 umgestellt und C_3 und C_4 (Gleichung 2) werden in Gleichung 4 eingesetzt. Diese liefert dann:

$$F_A = F\left(\frac{3a}{2b} + 1\right) .$$

Mit F_A sind auch die Momentenverläufe bekannt. Die gesuchte maximale Biegespannung tritt bei konstantem Querschnitt des Trägers am Ort des absolut größten Biegemoments auf. Der Biegemomentenverlauf ist stückweise linear, so daß für die Extremwerte nur die Punkte A und B in Frage kommen. Für die beiden Stellen errechnet man:

$$M_{bA} = -Fa \quad , \qquad M_{bB} = F_A b - F\,(a+b) = \frac{1}{2} F a \quad .$$

Bemerkenswert ist, daß die Abmessung b für den Biegemomentenverlauf (und damit für die Biegespannungen) keine Rolle spielt. Mit den Querschnittskennwerten

$$I = \frac{1}{12}\left(b_2 h_2^3 - b_1 h_1^3\right) = 25{,}67\ cm^4 \qquad \Rightarrow \qquad W = \frac{I}{h_2/2} = 10{,}27\ cm^3$$

und dem absolut größten Biegemoment berechnet man die maximale Biegespannung

$$\sigma_{b,\max} = \frac{Fa}{W} = 195\ \frac{N}{mm^2} \quad .$$

Sie tritt an der Trägeroberkante als Zugspannung und an der Trägerunterkante als Druckspannung im Querschnitt über dem Lager A auf.

Beispiel 3: Für den zweifach statisch unbestimmt gelagerten Träger mit konstanter Biegesteifigkeit berechne man

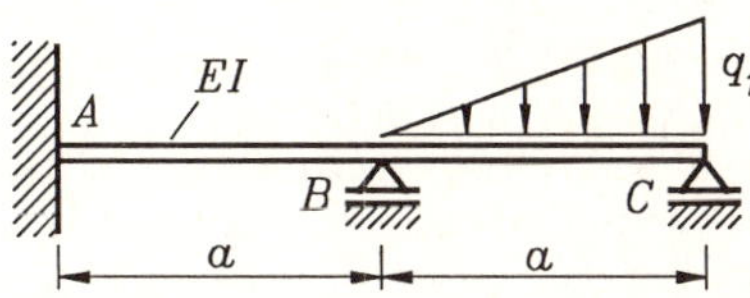

a) die Biegelinie,

b) die Schnittgrößenverläufe (Biegemoment und Querkraft),

c) die Lagerreaktionen bei A, B und C,

d) Ort und Größe der maximalen Durchbiegung,

e) Ort und Größe des absolut größten Biegemoments.

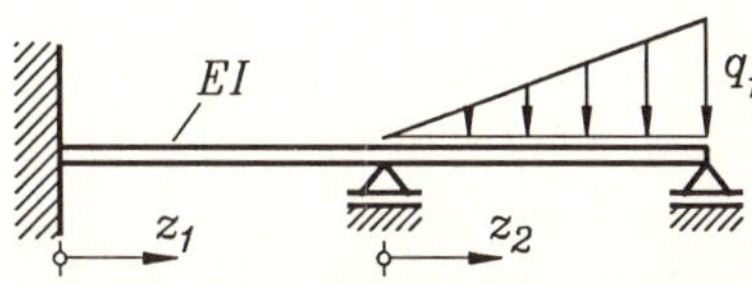

Gegeben: q_1 , a , EI .

Wegen der linear veränderlichen Linienlast und der zweifachen statischen Unbestimmtheit ist das Aufschreiben des Biegemomentenverlaufs mühsam. Deshalb wird mit der Differentialgleichung der Biegelinie 4. Ordnung gerechnet, in die mit Bezug auf die skizzierten Koordinaten die Linienlastverläufe (im linken Bereich gleich Null, im rechten Bereich linear veränderlich) eingesetzt werden.

Zunächst wird die Verformungsberechnung ausgeführt (Integration der Differentialgleichungen, Aufschreiben der acht Rand- und Übergangsbedingungen, Berechnung der Integrationskonstanten), anschließend werden die einzelnen Fragen der Aufgabenstellung beantwortet.

Integration der beiden Differentialgleichungen:

$$q(z_1) = 0 \quad \Rightarrow \quad v_1^{\prime\prime\prime\prime} = 0$$

$$\Rightarrow \quad v_1 = \frac{1}{6} C_1 z_1^3 + \frac{1}{2} C_2 z_1^2 + C_3 z_1 + C_4 \ ,$$

$$q(z_2) = q_1 \frac{z_2}{a} \quad \Rightarrow \quad EI v_2^{\prime\prime\prime\prime} = q_1 \frac{z_2}{a}$$

$$\Rightarrow \quad EI v_2 = \frac{q_1}{120\,a} z_2^5 + \frac{1}{6} C_5 z_2^3 + \frac{1}{2} C_6 z_2^2 + C_7 z_2 + C_8 \ .$$

Rand- und Übergangsbedingungen:

1.) $v_1(0) = 0 \quad \Rightarrow \quad C_4 = 0 \ ,$

2.) $v_1^{\prime}(0) = 0 \quad \Rightarrow \quad C_3 = 0 \ ,$

3.) $v_1(a) = 0 \quad \Rightarrow \quad \frac{1}{6} C_1 a^3 + \frac{1}{2} C_2 a^2 = 0 \ ,$

4.) $v_2(0) = 0 \quad \Rightarrow \quad C_8 = 0 \ ,$

5.) $v_2(a) = 0 \quad \Rightarrow \quad \frac{1}{120} q_1 a^4 + \frac{1}{6} C_5 a^3 + \frac{1}{2} C_6 a^2 + C_7 a = 0 \ ,$

6.) $v_2^{\prime\prime}(a) = 0 \quad \Rightarrow \quad \frac{1}{6} q_1 a^2 + C_5 a + C_6 = 0 \ ,$

7.) $v_1^{\prime}(a) = v_2^{\prime}(0) \quad \Rightarrow \quad \frac{1}{2} C_1 a^2 + C_2 a = C_7 / EI \ ,$

8.) $v_1^{\prime\prime}(a) = v_2^{\prime\prime}(0) \quad \Rightarrow \quad C_1 a + C_2 = C_6 / EI \ .$

Berechnung der Integrationskonstanten:

$$C_3 = C_4 = C_8 = 0 \ ,$$

$$C_1 = \frac{q_1 a}{20\,EI} \ , \quad C_2 = -\frac{q_1 a^2}{60\,EI} \ , \quad C_5 = -\frac{q_1 a}{5} \ , \quad C_6 = \frac{q_1 a^2}{30} \ , \quad C_7 = \frac{q_1 a^3}{120} \ .$$

Beantwortung der Fragen der Aufgabenstellung:

a)

$$v_1 = \frac{q_1}{EI}\left[\frac{1}{120} a z_1^3 - \frac{1}{120} a^2 z_1^2\right] = \frac{q_1 a^4}{120\,EI}\left(\frac{z_1}{a}\right)^2\left(\frac{z_1}{a} - 1\right) \ ,$$

$$v_2 = \frac{q_1}{EI}\left[\frac{1}{120\,a} z_2^5 - \frac{1}{30} a z_2^3 + \frac{1}{60} a^2 z_2^2 + \frac{1}{120} a^3 z_2\right]$$

$$= \frac{q_1 a^4}{120\,EI}\left(\frac{z_2}{a}\right)\left[\left(\frac{z_2}{a}\right)^4 - 4\left(\frac{z_2}{a}\right)^2 + 2\frac{z_2}{a} + 1\right] \ .$$

b) $$M_{b1} = -EI\,v_1'' = -\frac{q_1 a^2}{120}\left(6\,\frac{z_1}{a} - 2\right) = -\frac{q_1 a^2}{60}\left(3\,\frac{z_1}{a} - 1\right) ,$$

$$M_{b2} = -EI\,v_2'' = -\frac{q_1 a^2}{120}\left[20\left(\frac{z_2}{a}\right)^3 - 24\,\frac{z_2}{a} + 4\right] = -\frac{q_1 a^2}{30}\left[5\left(\frac{z_2}{a}\right)^3 - 6\,\frac{z_2}{a} + 1\right] ,$$

$$F_{Q1} = -\frac{q_1 a}{20} \quad , \quad F_{Q2} = -\frac{q_1 a}{10}\left[5\left(\frac{z_2}{a}\right)^2 - 2\right] .$$

c) Die Lagerreaktionen werden aus den Schnittgrößen berechnet. Mit den in der Skizze angegebenen Definitionen für die Lagerkräfte ermittelt man aus Gleichgewicht an den freigeschnittenen Lagern:

$$F_{AH} = 0 \quad ,$$
$$F_{AV} = F_{Q1}(0) = -\frac{1}{20}\,q_1 a \quad ,$$
$$M_A = M_{b1}(0) = \frac{1}{60}\,q_1 a^2 ,$$
$$F_B = F_{Q2}(0) - F_{Q1}(a) = \frac{1}{4}\,q_1 a \quad ,$$
$$F_C = -F_{Q2}(a) = \frac{3}{10}\,q_1 a \quad .$$

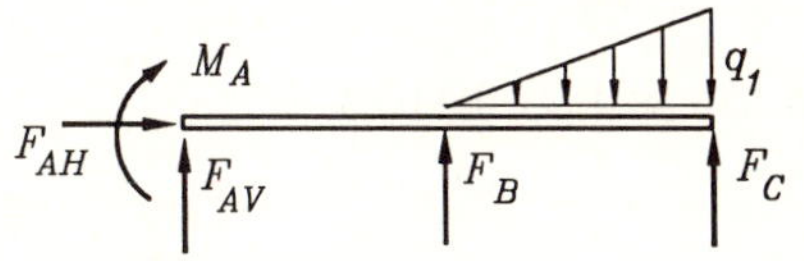

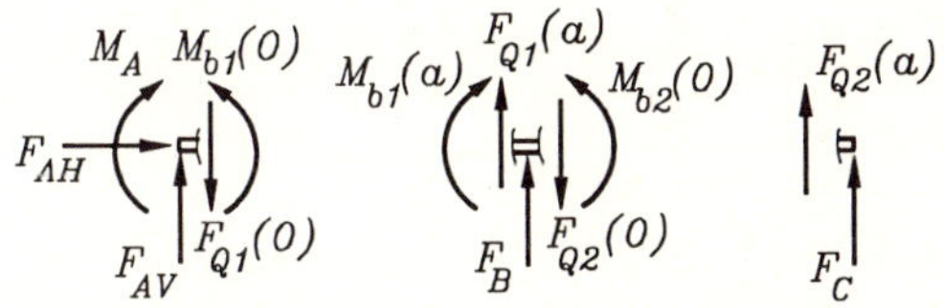

Die Gleichgewichtsbeziehungen am Gesamtsystem sind für diese Lagerreaktionen identisch erfüllt (Kontrolle).

d) Notwendige Bedingungen für Extremwerte der Durchbiegung in den beiden Bereichen:

$$v_1' = \frac{q_1 a^3}{120\,EI}\left[3\left(\frac{\bar{z}_1}{a}\right)^2 - 2\,\frac{\bar{z}_1}{a}\right] = 0 \ , \ v_2' = \frac{q_1 a^3}{120\,EI}\left[5\left(\frac{\bar{z}_2}{a}\right)^4 - 12\left(\frac{\bar{z}_2}{a}\right)^2 + 4\,\frac{\bar{z}_2}{a} + 1\right] = 0 \ .$$

Die erste Gleichung hat zwei Lösungen, von denen eine ($\bar{z}_1 = 0$) die Randbedingungen (keine Durchbiegung und horizontale Tangente) an der Einspannung widerspiegelt und für die Beantwortung der Frage nicht von Interesse ist. Die zweite Gleichung hat vier Lösungen (numerisch berechnet mit dem Programm MCALCU der beiliegenden Diskette), von denen nur eine im Bereich $0 \le z_2 \le 0$ liegt. Die interessierenden Lösungen (Stellen der relativen Extremwerte) und die dazugehörigen Durchbiegungen sind:

$$\bar{z}_1 = \frac{2}{3}\,a \quad \Rightarrow \quad v_{1,\max} = -0{,}0012346\,\frac{q_1 a^4}{EI} \ ;$$

$$\bar{z}_2 = 0{,}55468\,a \quad \Rightarrow \quad v_{2,\max} = 0{,}0044991\,\frac{q_1 a^4}{EI} \ .$$

Die maximale Durchbiegung tritt erwartungsgemäß im zweiten Bereich auf.

e) Für das größte Biegemoment kommen die Stellen *A* und *B* in Frage (Bereichsgrenzen des ersten Bereichs mit linearem Momenten-Verlauf) und ein eventuell im zweiten Bereich vorhandener relativer Extremwert. Zur Ermittlung dieser Stelle wird die Nullstelle der Querkraft F_{Q2} berechnet:

$$F_{Q2} = 0 \quad \Rightarrow \quad \bar{z}_2 = \sqrt{\frac{2}{5}}\, a \quad \Rightarrow \quad M_{b2}(z_2 = \bar{z}_2) = 0{,}05099\, q_1 a^2 \quad .$$

Momente an den Grenzen des Bereichs 1:

$$M_{b1}(z_1 = 0) = 0{,}01667\, q_1 a^2 \quad ; \qquad M_{b1}(z_1 = a) = -\ 0{,}03333\, q_1 a^2 \quad .$$

Das absolut größte Biegemoment liegt im rechten Bereich. Den qualitativen Verlauf des Biegemoments zeigt die nebenstehende Skizze.

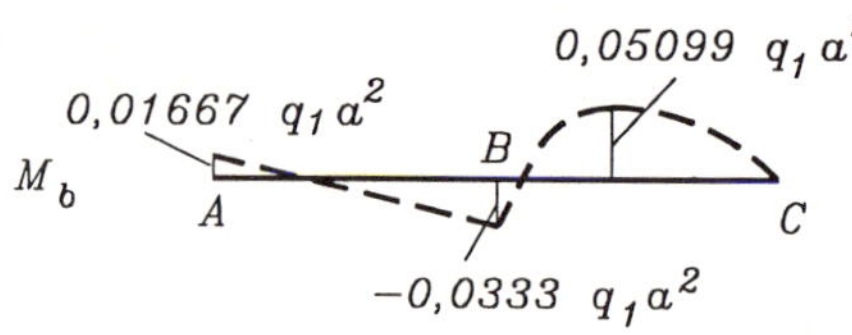

17.6 Superposition

Die Differentialgleichungen der Biegelinie für kleine Durchbiegungen sind linear. Deshalb dürfen Lösungen von Einzel-Lastfällen zu einer Gesamtlösung (gleichzeitiges Wirken aller Einzel-Lastfälle) überlagert (superponiert) werden.

So darf man zum Beispiel für die Ermittlung der Biegelinie des durch eine Linienlast q_0 und eine Einzelkraft F belasteten Trägers des nachfolgenden Beispiels 1 die Lösungen der Beispiele 2 und 3 des Abschnitts 17.2 addieren. Natürlich können auch die im Abschnitt 17.4 angegebenen Formeln für spezielle Lastfälle verwendet werden.

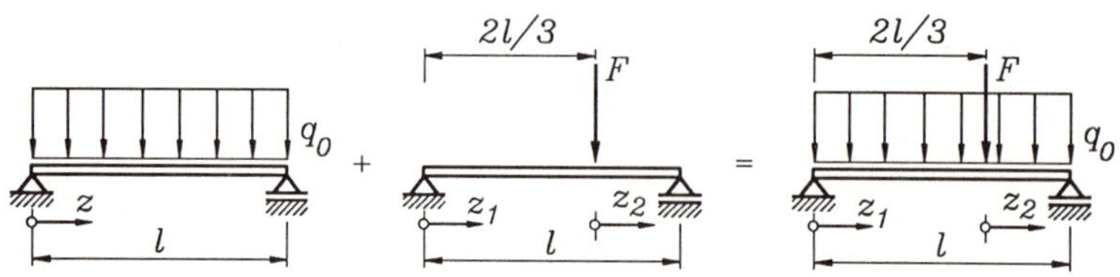

"Lastfall q_0" + "Lastfall F" = Gesamt-Lastfall

Bei der Addition (bzw. Subtraktion) von Teillösungen sind die dafür verwendeten Koordinaten genau zu beachten und eventuell auf das für die Gesamtlösung verwendete Koordinatensystem zu transformieren.

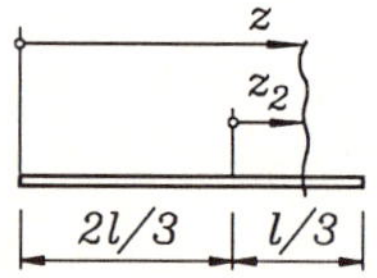

In dem betrachteten Beispiel kann die Lösung des "Lastfalls F" direkt übernommen werden, da für die Gesamtlösung die gleichen Koordinaten verwendet werden. Die z-Koordinate des "Lastfalls q_0" jedoch muß entsprechend

$$z = z_1 \qquad bzw. \qquad z = z_2 + \frac{2}{3}\, l$$

auf die beiden Bereichskoordinaten des Gesamt-Lastfalls transformiert werden.

Neben der Verschiebungsfunktion v dürfen auch deren Ableitungen und damit der Biegewinkel v' und die Schnittgrößen M_b und F_Q superponiert werden.

Besonders sinnvoll kann man die Superposition einzelner Lastfälle für die Lösung statisch unbestimmter Probleme nutzen. Dafür bietet sich z. B. folgende Lösungs-Strategie an:

- Lager werden durch (unbekannte) Lagerreaktionen ersetzt, so daß ein statisch bestimmt gelagertes System verbleibt.
- Die Biegelinien werden mit Hilfe der Superposition einzelner Lastfälle aufgeschrieben, anschließend werden die unbekannten Lagerreaktionen aus Bestimmungsgleichungen ermittelt, die die Verschiebung an den Punkten, wo Lager entfernt wurden, zu Null macht (vgl. die nachfolgenden Beispiele 2 und 3).

Beispiel 1: Der skizzierte Träger mit konstanter Biegesteifigkeit ist durch die konstante Linienlast q_0 und die Einzelkraft F belastet. Man ermittle die Biegelinie.

Gegeben: F , q_0 , l , EI .

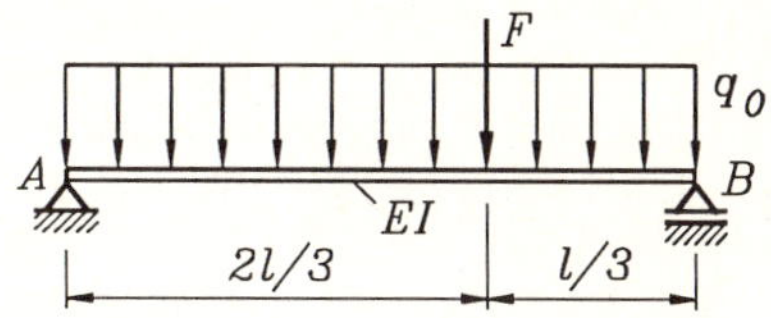

Für den "Lastfall F" kann die Biegelinie für die beiden Bereiche direkt der Formelzusammenstellung im Abschnitt 17.4 entnommen werden (Fall a mit $a = 2l/3$ und $b = l/3$):

$$v_{1,F} = \frac{F l^3}{162\,EI}\left[-9\left(\frac{z_1}{l}\right)^3 + 8\,\frac{z_1}{l}\right] ,$$

$$v_{2,F} = \frac{F l^3}{243\,EI}\left[27\left(\frac{z_2}{l}\right)^3 - 27\left(\frac{z_2}{l}\right)^2 - 6\,\frac{z_2}{l} + 4\right] .$$

Der "Lastfall q_0" (Fall b im Abschnitt 7.4 mit der Koordinate z) muß nun für die gleichen Koordinaten z_1 und z_2 aufgeschrieben werden. Im linken Bereich mit $z = z_1$ gilt:

$$v_{1,q} = \frac{q_0 l^4}{24EI}\left[\left(\frac{z_1}{l}\right)^4 - 2\left(\frac{z_1}{l}\right)^3 + \frac{z_1}{l}\right] .$$

Im rechten Bereich muß z durch $z = z_2 + 2l/3$ ersetzt werden, und man erhält:

$$v_{2,q} = \frac{q_0 l^4}{24\,EI}\left[\left(\frac{2}{3} + \frac{z_2}{l}\right)^4 - 2\left(\frac{2}{3} + \frac{z_2}{l}\right)^3 + \frac{2}{3} + \frac{z_2}{l}\right]$$

$$= \frac{q_0 l^4}{24\,EI}\left[\left(\frac{z_2}{l}\right)^4 + \frac{2}{3}\left(\frac{z_2}{l}\right)^3 - \frac{4}{3}\left(\frac{z_2}{l}\right)^2 - \frac{13}{27}\frac{z_2}{l} + \frac{22}{81}\right] .$$

Die Gesamtlösung für die Biegelinie ergibt sich aus der Addition beider Teillösungen:

$$v_1(z_1) = v_{1,F}(z_1) + v_{1,q}(z_1) \qquad \textit{für} \qquad 0 \le z_1 \le \tfrac{2}{3}\,l \ ,$$

$$v_2(z_2) = v_{2,F}(z_2) + v_{2,q}(z_2) \qquad \textit{für} \qquad 0 \le z_2 \le \tfrac{1}{3}\,l \ .$$

Beispiel 2: Für den skizzierten Träger mit konstanter Biegesteifigkeit berechne man die Lagerkräfte bei ***A***, ***B*** und ***C***.

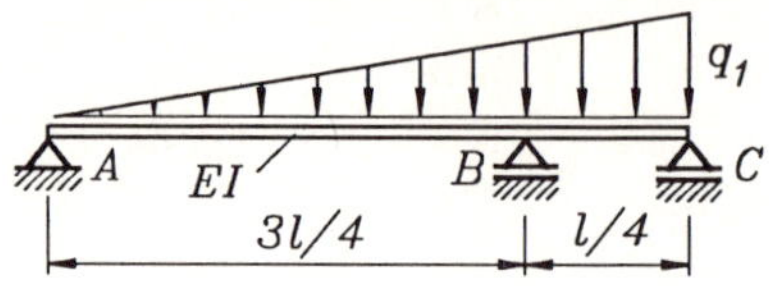

Gegeben: q_1 , l .

Das System ist einfach statisch unbestimmt. Deshalb wird zunächst das Lager ***B*** entfernt und durch die (unbekannte) Lagerkraft F_B ersetzt. Für den nun statisch bestimmt gelagerten Träger können die Verformungen durch Überlagerung der beiden Lastfälle "Linienlast" und "Kraft F_B" mit Hilfe der Formeln aus dem Abschnitt 17.4 bestimmt werden. Es genügt, die Durchbiegung am Punkt ***B*** aufzuschreiben. Lastfall c (Abschnitt 17.4) liefert die **Durchbiegung bei *B* infolge der Linienlast**:

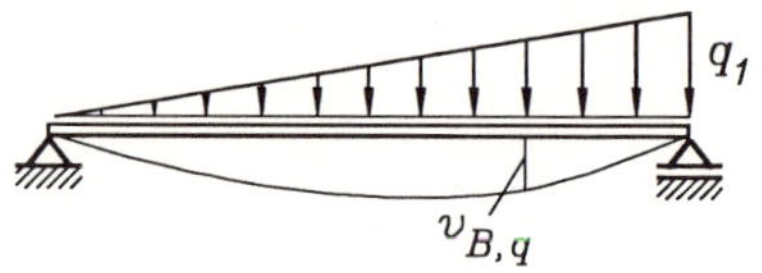

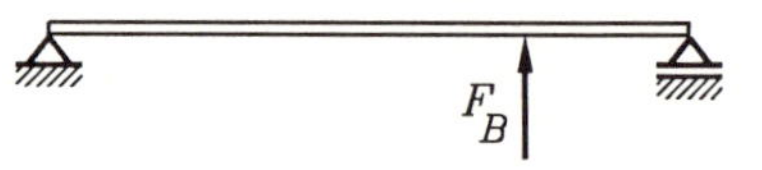

$$v_{B,q} = v\left(z = \frac{3}{4}l\right) = \frac{q_1 l^4}{360\,EI}\left(\frac{21}{4} - \frac{270}{64} + \frac{729}{1024}\right) = \frac{119}{24576}\,\frac{q_1 l^4}{EI} \quad .$$

Die Durchbiegung unter einer Einzelkraft wird mit der entsprechenden Formel des Lastfalls a (Abschnitt 17.4) aufgeschrieben. Da die Kraft F_B hier nach oben gerichtet angenommen wurde, wird sie mit negativem Vorzeichen eingesetzt, und man erhält die **Durchbiegung bei *B* infolge F_B:**

$$v_{B,F} = \frac{-F_B\,\frac{9}{16}l^2\,\frac{1}{16}l^2}{3\,EI\,l} = -\frac{3\,F_B l^3}{256\,EI} \quad .$$

Die Addition von $v_{B,q}$ und $v_{B,F}$ liefert die Gesamt-Durchbiegung bei ***B***, die wegen des Lagers an dieser Stelle Null sein muß. Damit läßt sich die Bedingungsgleichung formulieren, aus der die Lagerkraft F_B ermittelt wird, die diese Null-Verschiebung garantiert:

$$v_{B,q} + v_{B,F} = 0 \quad \Rightarrow \quad \frac{119}{24576}\,\frac{q_1 l^4}{EI} - \frac{3}{256}\,\frac{F_B l^3}{EI} = 0 \quad \Rightarrow \quad F_B = \frac{119}{288}\,q_1 l \quad .$$

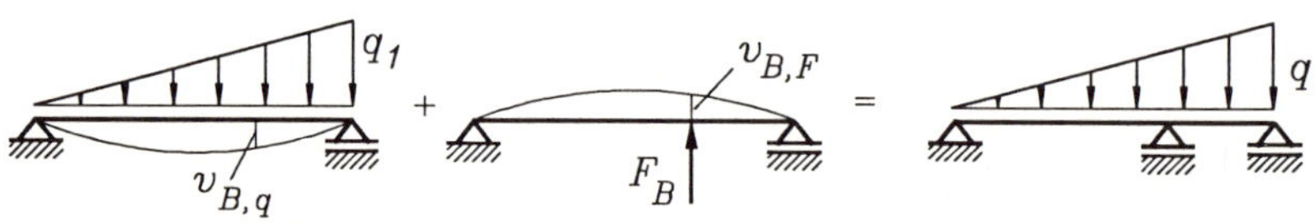

Die übrigen Lagerkräfte werden aus den Gleichgewichtsbeziehungen ermittelt. Mit den Definitionen positiver Kräfte entsprechend der Skizze unten rechts errechnet man:

$$F_C = \frac{3}{128}\,q_1 l \quad ,$$

$$F_{AV} = \frac{73}{1152}\,q_1 l \quad , \qquad F_{AH} = 0 \quad .$$

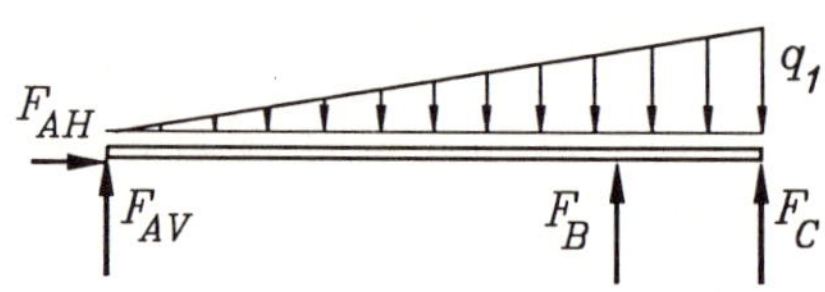

Beispiel 3: Für den skizzierten (statisch unbestimmt gelagerten) Träger mit konstanter Biegesteifigkeit berechne man die Lagerkraft bei *A*.

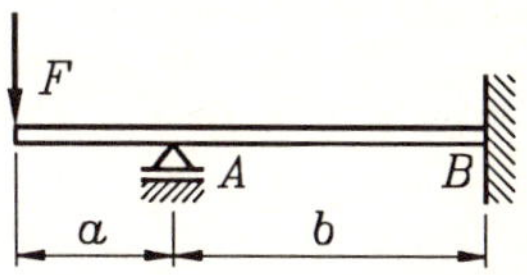

Gegeben: $F\ ,\ a\ ,\ b\ .$

Diese Aufgabe, die bereits im Abschnitt 17.5 (Beispiel 2) mit Hilfe der Differentialgleichung der Biegelinie behandelt wurde, wird nun durch Superposition gelöst.

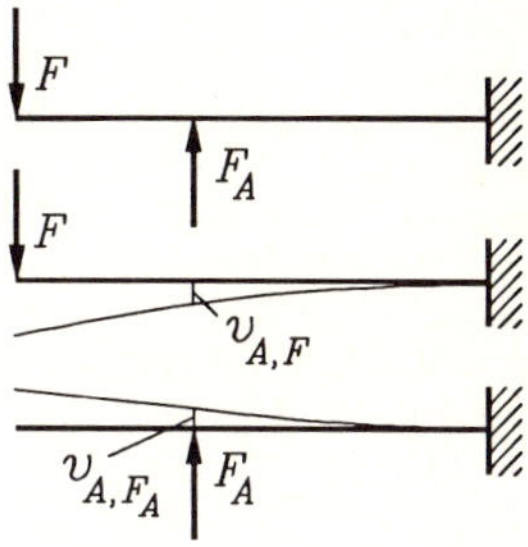

Das Lager *A* wird durch die (unbekannte) Lagerkraft F_A ersetzt. Dann liefert Lastfall e (Formeln im Abschnitt 17.4) an der Stelle *A* eine **Durchbiegung infolge der Kraft** F:

$$v_{A,F} = v(z = a) = \frac{F(a+b)^3}{6EI}\left[2 - \frac{3a}{a+b} + \left(\frac{a}{a+b}\right)^3\right] .$$

An der gleichen Stelle ergibt sich (ebenfalls Lastfall e) die **Durchbiegung infolge der Kraft** F_A:

$$v_{A,F_A} = -\frac{F_A b^3}{3EI} .$$

Die Überlagerung liefert die Gesamt-Durchbiegung an der Stelle *A*, die wegen des Lagers gleich Null sein muß. Dies liefert entsprechend

$$v_{A,F} + v_{A,F_A} = 0 \qquad \Rightarrow \qquad F_A = F\left(\frac{3a}{2b} + 1\right)$$

das aus dem vorigen Abschnitt bereits bekannte Ergebnis.

17.7 Aufgaben

Aufgabe 17.1: Für den skizzierten zusammengesetzten Träger sind sämtliche Rand- und Übergangsbedingungen anzugeben, die benötigt werden

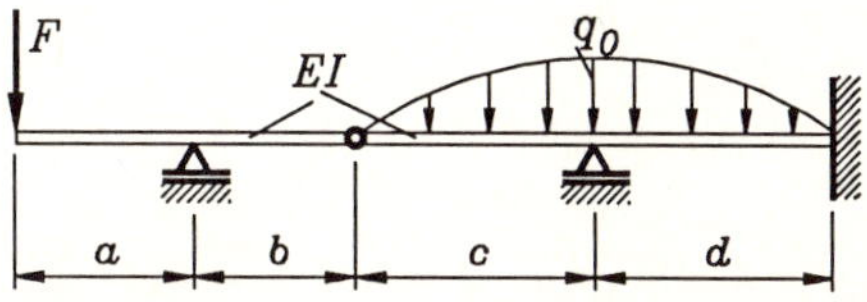

a) zur Berechnung der Biegelinie mit der Differentialgleichung 2. Ordnung und
b) zur Berechnung der Biegelinie mit der Differentialgleichung 4. Ordnung

Gegeben: $a\ ,\ b\ ,\ c\ ,\ d\ ,\ F\ ,\ EI = konstant\ .$

Aufgabe 17.2: Der skizzierte Träger mit konstanter Biegesteifigkeit ist durch eine konstante Linienlast q_0 im Bereich *B-C* belastet.

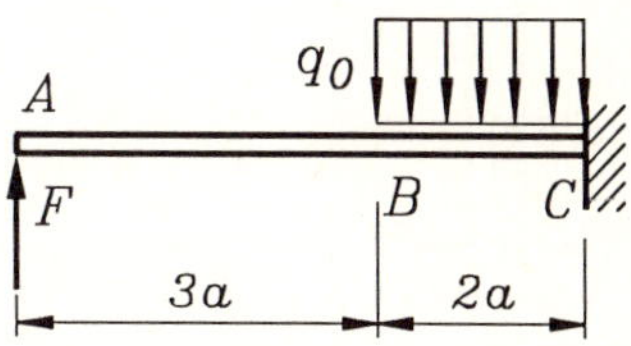

Wie groß muß eine bei *A* angreifende Kraft *F* sein, damit die Durchbiegung am Punkt *B* Null wird?

Gegeben: $a\ ,\ q_0\ .$

Aufgabe 17.3: Der skizzierte Träger mit konstanter Biegesteifigkeit ist durch eine Linienlast (Trapezlast) belastet.

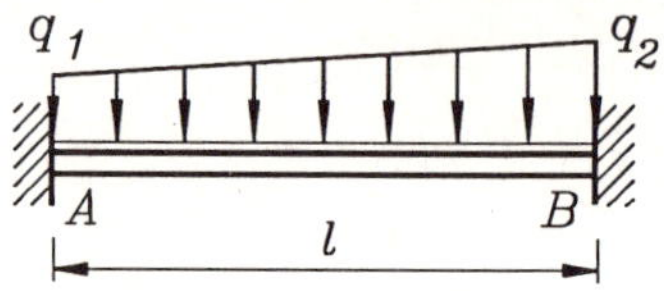

Gegeben: l , q_1 , q_2 .

Man ermittle die vertikalen Lagerkräfte und die Einspannmomente bei ***A*** und ***B*** mit unterschiedlichen Verfahren.

Hinweis: Der oben skizzierte beidseitig eingespannte Träger ist dreifach statisch unbestimmt gelagert. Da aber keine Kräfte in Längsrichtung eingeleitet werden, sind die horizontalen Lagerreaktionen gleich Null, weil (Theorie 1. Ordnung) Längskräfte, die durch die Biegung entstehen (der verformte Träger ist zwangsläufig länger als der gerade Träger), vernachlässigt werden.

Das zu behandelnde Berechnungsmodell muß also an einem Lager eine Längsverschiebung zulassen (nebenstehende Skizze) und ist nur noch zweifach statisch unbestimmt. Diese Nachgiebigkeit des Lagers in Längsrichtung kommt bei Biegeproblemen der Praxis der Realität ohnehin meist näher.

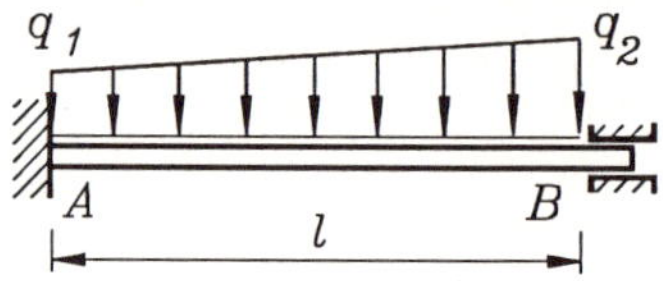

Korrektes Berechnungsmodell

Aufgabe 17.4: Ein Biegeträger ist aus einem Profil **U 40** nach **DIN 1026** und zwei Profilen **L 20** nach **DIN 1028** zusammengeschweißt, bei ***A*** starr eingespannt und nur durch sein Eigengewicht belastet (Gewicht des Schweißwerkstoffs ist vernachlässigbar).

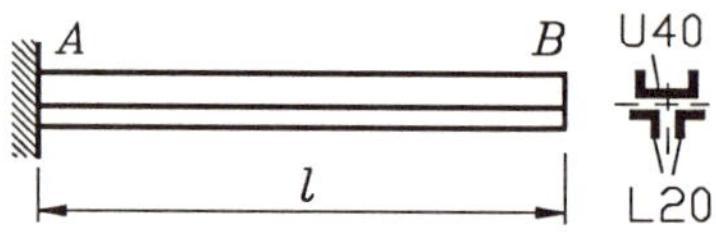

Man ermittle die vertikale Verschiebung des freien Trägerendes.

Gegeben: $l = 800\ mm$; $E = 2{,}1 \cdot 10^5\ N/mm^2$.

L 20 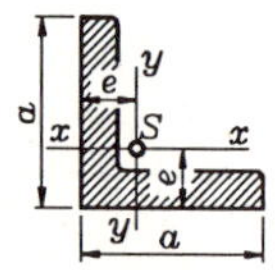	Auszug aus DIN 1028							
	a *mm*	*A* cm^2	*G* *kg/m*	*e* *cm*	I_x cm^4	W_x cm^3	I_y cm^4	W_y cm^3
	20	1,12	0,88	0,60	0,39	0,28	0,39	0,28

U 40 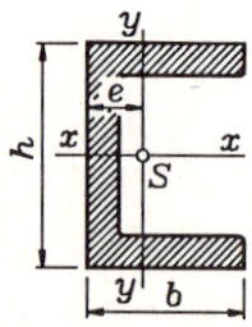	Auszug aus DIN 1026								
	b *mm*	*h* *mm*	*A* cm^2	*G* *kg/m*	*e* *cm*	I_x cm^4	W_x cm^3	I_y cm^4	W_y cm^3
	35	40	6,21	4,87	1,33	14,1	7,05	6,68	3,08

18 Computer-Verfahren für Biegeprobleme

Dem aufmerksamen Leser des vorigen Kapitels wird nicht entgangen sein, daß die Differentialgleichungen der Biegelinie zwar für veränderliche Biegesteifigkeit EI formuliert wurden, die behandelten Beispiele aber sämtlich konstante Biegesteifigkeit voraussetzten. Der Aufwand für die Integration der Differentialgleichungen hielt sich so in erträglichen Grenzen.

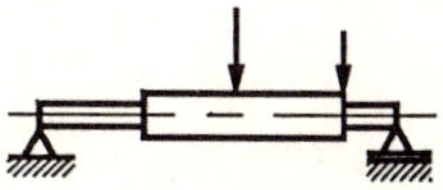

Abgesetzte Welle

Bei praxisnahen Problemen (nebenstehende Skizzen) ist eine geschlossene Lösung durch Integration der Differentialgleichungen nicht mehr praktikabel. Wegen der Wichtigkeit der Biegebeanspruchung wurden deshalb in der Vergangenheit zahlreiche Verfahren für solche Aufgaben entwickelt (die Verformung abgesetzter Wellen wurde besonders gern graphisch ermittelt, was zwar enorm aufwendig, aber immerhin praktikabel war).

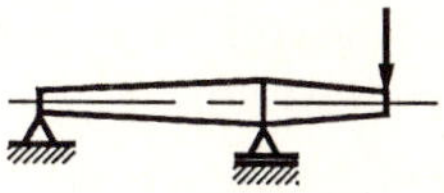

Konische Welle

Heute sind eigentlich nur noch die Verfahren sinnvoll, bei denen der größte Teil des Aufwands dem Computer übertragen werden kann. Selbst in der relativ kurzen Geschichte der Computer-Nutzung für die Berechnung von Mechanik-Problemen gibt es schon Veränderungen: Die anfänglich (wegen des knappen Speicherplatzes) sehr beliebten Verfahren mit sogenannten Übertragungsmatrizen spielen heute keine Rolle mehr.

Die beiden nachfolgend beschriebenen Verfahren kommen der Computer-Nutzung in besonderem Maße entgegen. Wie an den behandelten Beispielen deutlich werden wird, ist das ***Differenzenverfahren*** sehr gut anwendbar auf Probleme, wie sie oben rechts skizziert sind. Für Rahmenkonstruktionen ist es weniger geeignet, während die bereits im Kapitel 15 (am Beispiel von Fachwerken) behandelte ***Methode der finiten Elemente*** gerade auch für solche Aufgaben das geeignete Verfahren ist.

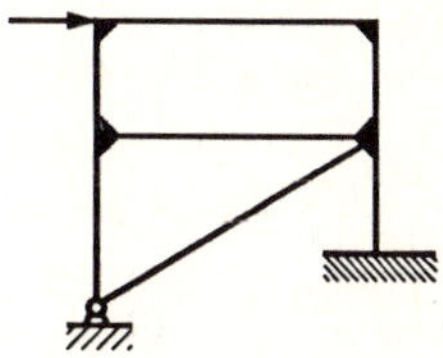

Biegesteifer Rahmen

18.1 Das Differenzenverfahren

Das Differenzenverfahren basiert auf der Idee, die Differentialquotienten in der Differentialgleichung und den Randbedingungen eines Randwertproblems durch Differenzenquotienten zu ersetzen. Eigentlich ist es tragisch: Eine der genialsten Leistungen des menschlichen Geistes, der Übergang vom Differenzen- zum Differentialquotienten, wird dabei (für den Computer) rückgängig gemacht.

Die Differenzenquotienten werden für ausgewählte Punkte (***Stützstellen***) aufgeschrieben und bilden ein Gleichungssystem, das die Berechnung der Funktionswerte an diesen Stützstellen gestattet. Um den damit unvermeidlich verbundenen Fehler in Grenzen zu halten, müssen die Stützstellen möglichst nah beieinander liegen, was zwangsläufig auf ein recht großes Gleichungssystem führt. Praktikabel ist das Verfahren (auch bei Computer-Nutzung) deshalb nur für lineare Randwertprobleme, weil dann auch das Gleichungssystem linear wird.

Das **Differenzenverfahren** überführt ein lineares Randwertproblem (Differentialgleichung und Randbedingungen) zur Bestimmung einer unbekannten Funktion in ein lineares Gleichungssystem zur Bestimmung der Funktionswerte an bestimmten Punkten.

18.1.1 Differenzenformeln

Die Abszisse x wird äquidistant (Abstand h) unterteilt (nebenstehende Skizze). Dann kann der Differentialquotient als Grenzwert des Differenzenquotienten

$$\frac{dy}{dx} = y'(x) = \lim_{\Delta x \to 0} \frac{\Delta y}{\Delta x} = \lim_{h \to 0} \frac{y(x+h) - y(x)}{h}$$

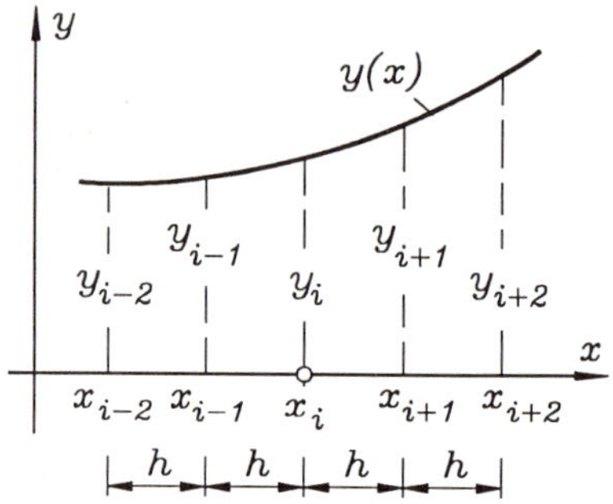

an der beliebigen Stützstelle i (bei x_i) auf unterschiedliche Art durch Differenzenquotienten angenähert werden, wobei jeweils der Anstieg der Tangente durch einen Sekantenanstieg ersetzt wird:

$$y_i' \approx \left(\frac{\Delta y}{\Delta x}\right)_i = \frac{y_{i+1} - y_i}{h} \qquad \text{(vorwärts genommene Differenzenformel)} ,$$

$$y_i' \approx \left(\frac{\Delta y}{\Delta x}\right)_i = \frac{y_i - y_{i-1}}{h} \qquad \text{(rückwärts genommene Differenzenformel)} .$$

Beide Näherungswerte sind mit einem Fehler behaftet, der umso kleiner ist, je kleiner h ist. Wenn die zweite Ableitung (Änderung des Anstiegs) im Intervall $x_{i-1} \le x \le x_{i+1}$ das Vorzeichen nicht wechselt, wird eine der beiden Formeln einen etwas zu großen, die andere einen etwas zu kleinen Wert liefern, so daß das arithmetische Mittel aus beiden Formeln im allgemeinen einen besseren Näherungswert liefert. Dieser Mittelwert

$$y_i' \approx \left(\frac{\Delta y}{\Delta x}\right)_i = \frac{1}{2}\left(\frac{y_{i+1} - y_i}{h} + \frac{y_i - y_{i-1}}{h}\right) = \frac{y_{i+1} - y_{i-1}}{2h}$$

wird als ***zentrale Differenzenformel*** bezeichnet und kann geometrisch als Anstieg der Sekante vom Punkt $i-1$ zum Punkt $i+1$ gedeutet werden. Auf die gleiche Formel kommt man, wenn man durch die Punkte $i-1$, i und $i+1$ eine quadratische Parabel legt und deren Anstieg an der Stelle x_i berechnet.

Auf analoge Weise können höhere Ableitungen genähert werden, z. B.:

$$y_i'' \approx \left(\frac{\Delta^2 y}{\Delta x^2}\right)_i = \frac{\Delta}{\Delta x}\left(\frac{\Delta y}{\Delta x}\right)_i = \frac{1}{h}\left(\frac{y_{i+1} - y_i}{h} - \frac{y_i - y_{i-1}}{h}\right) ,$$

wobei in der Klammer die Differenz der ersten Ableitungen an den Zwischenpunkten $i+½$ und $i-½$ steht.

Für die Berechnung der Biegelinie mit dem Differenzenverfahren werden die ersten vier Ableitungen benötigt, die nachfolgend zusammengestellt sind.

Zentrale Differenzenformeln:

$$\begin{aligned} y_i' &\approx \frac{1}{2h}\left(-y_{i-1} + y_{i+1}\right) \;, \\ y_i'' &\approx \frac{1}{h^2}\left(y_{i-1} - 2y_i + y_{i+1}\right) \;, \\ y_i''' &\approx \frac{1}{2h^3}\left(-y_{i-2} + 2y_{i-1} - 2y_{i+1} + y_{i+2}\right) \;, \\ y_i'''' &\approx \frac{1}{h^4}\left(y_{i-2} - 4y_{i-1} + 6y_i - 4y_{i+1} + y_{i+2}\right) \;. \end{aligned} \tag{18.1}$$

18.1.2 Biegelinie bei konstanter Biegesteifigkeit

Die Anwendung des Differenzenverfahrens soll zunächst am besonders einfachen (kontrollierbaren) Beispiel demonstriert werden. Ausgangspunkt ist immer die Differentialgleichung der Biegelinie 4. Ordnung, weil dafür nicht vorab der Biegemomenten-Verlauf ermittelt werden muß und die Behandlung statisch unbestimmter Probleme keine zusätzlichen Überlegungen erfordert. In der Differentialgleichung (17.5)

$$EI\, v'''' = q\,(z)$$

wird die 4. Ableitung von v durch die entsprechende Differenzenformel (18.1) angenähert. Man erhält die

Differenzengleichung der Biegelinie bei konstanter Biegesteifigkeit:

$$v_{i-2} - 4v_{i-1} + 6v_i - 4v_{i+1} + v_{i+2} = \frac{q_i h^4}{EI} \;. \tag{18.2}$$

Auch in den Randbedingungen werden die Differentialquotienten durch die Differenzenformeln ersetzt. Für die Aussagen über die Schnittgrößen benötigt man die

Differenzengleichungen für Biegemoment und Querkraft bei konstanter Biegesteifigkeit:

$$\begin{aligned} M_{bi} &= -\frac{EI}{h^2}\left(v_{i-1} - 2v_i + v_{i+1}\right) \;, \\ F_{Qi} &= -\frac{EI}{2h^3}\left(-v_{i-2} + 2v_{i-1} - 2v_{i+1} + v_{i+2}\right) \;. \end{aligned} \tag{18.3}$$

Beispiel 1: Für den skizzierten Träger mit konstanter Biegesteifigkeit ***EI*** sind die Durchbiegung und die Schnittgrößen näherungsweise mit dem Differenzenverfahren zu bestimmen und mit den Werten der exakten Lösung zu vergleichen.

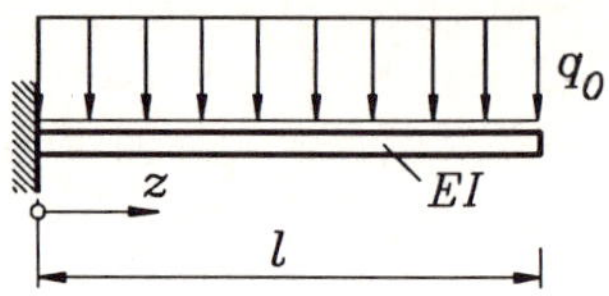

Gegeben: $\boldsymbol{l}\,,\ \boldsymbol{q_0}\,,\ \boldsymbol{EI = konstant}\,.$

Der Träger wird zunächst (sehr grob) in $n_A = 4$ äquidistante Abschnitte der Länge $h = l/4$ unterteilt (nebenstehende Skizze), und für die 5 Punkte **3 ... 7** (***Innenpunkte***), für die natürlich die Differentialgleichung der Biegelinie gelten muß, werden ersatzweise die Differenzengleichungen entsprechend (18.2) aufgeschrieben, in die für die randnahen Punkte zusätzliche ***Außenpunkte*** eingehen:

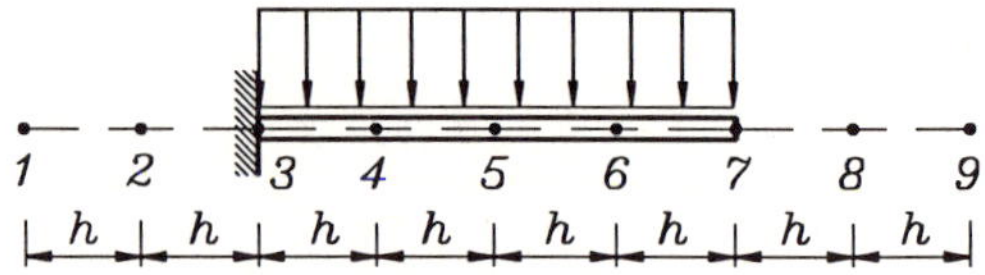

$$
\begin{aligned}
i = 3:&\quad v_1 - 4\,v_2 + 6\,v_3 - 4\,v_4 + v_5 = q_0 l^4/(n_A^4\,EI)\\
i = 4:&\quad v_2 - 4\,v_3 + 6\,v_4 - 4\,v_5 + v_6 = q_0 l^4/(n_A^4\,EI)\\
i = 5:&\quad v_3 - 4\,v_4 + 6\,v_5 - 4\,v_6 + v_7 = q_0 l^4/(n_A^4\,EI)\\
i = 6:&\quad v_4 - 4\,v_5 + 6\,v_6 - 4\,v_7 + v_8 = q_0 l^4/(n_A^4\,EI)\\
i = 7:&\quad v_5 - 4\,v_6 + 6\,v_7 - 4\,v_8 + v_9 = q_0 l^4/(n_A^4\,EI)
\end{aligned}
$$

In diesen fünf Differenzengleichungen erscheinen einschließlich der Werte für die Außenpunkte **1**, **2**, **8** und **9** insgesamt neun Unbekannte. Das Defizit von vier Gleichungen wird genau durch die Randbedingungen ausgeglichen:

$$
\begin{aligned}
v(0) = 0 \quad&\Rightarrow\quad v_3 = 0 \quad&\Rightarrow\quad& v_3 = 0\\
v'(0) = 0 \quad&\Rightarrow\quad v_3' = 0 \quad&\Rightarrow\quad& -v_2 + v_4 = 0\\
F_Q(l) = 0 \quad&\Rightarrow\quad F_{Q7} = 0 \quad&\Rightarrow\quad& -v_5 + 2\,v_6 - 2\,v_8 + v_9 = 0\\
M_b(l) = 0 \quad&\Rightarrow\quad M_{b7} = 0 \quad&\Rightarrow\quad& v_6 - 2\,v_7 + v_8 = 0
\end{aligned}
$$

Dieses lineare Gleichungssystem (9 Gleichungen mit 9 Unbekannten) ließe sich leicht auf weniger Unbekannte reduzieren (v_3 ist bekannt, v_2 wird durch v_4 ersetzt usw.). Wenn man es ohnehin mit Hilfe des Computers lösen will, ist dies nicht erforderlich (und auch nicht sinnvoll). Es kommt vielmehr darauf an, das Gleichungssystem für die Computerrechnung in geeigneter Form aufzuschreiben.

Aus nachfolgend noch ausführlich diskutierten Gründen werden die beiden Randbedingungen des linken Randes als erste Gleichungen, die Randbedingungen des rechten Randes als die beiden letzten Gleichungen aufgeschrieben. Aus den Ausdrücken auf den rechten Seiten der Gleichungen wird der gemeinsame Faktor $q_0 l^4/(EI)$ herausgezogen, so daß das Ergebnis der Rechnung für beliebige Werte dieser Größen gilt.

Es ist dagegen nicht sinnvoll, auch noch den Faktor n_A^{-4} aus dem Vektor der rechten Seite herauszuziehen, weil n_A ein Verfahrensparameter ist, der möglichst nicht im Ergebnis der Rechnung auftauchen sollte.

Für $n_A = 4$ ist also folgendes Gleichungssystem zu lösen:

$$\begin{bmatrix} 0 & 0 & 1 & 0 & 0 & 0 & 0 & 0 & 0 \\ 0 & -1 & 0 & 1 & 0 & 0 & 0 & 0 & 0 \\ 1 & -4 & 6 & -4 & 1 & 0 & 0 & 0 & 0 \\ 0 & 1 & -4 & 6 & -4 & 1 & 0 & 0 & 0 \\ 0 & 0 & 1 & -4 & 6 & -4 & 1 & 0 & 0 \\ 0 & 0 & 0 & 1 & -4 & 6 & -4 & 1 & 0 \\ 0 & 0 & 0 & 0 & 1 & -4 & 6 & -4 & 1 \\ 0 & 0 & 0 & 0 & -1 & 2 & 0 & -2 & 1 \\ 0 & 0 & 0 & 0 & 0 & 1 & -2 & 1 & 0 \end{bmatrix} \cdot \begin{bmatrix} v_1 \\ v_2 \\ v_3 \\ v_4 \\ v_5 \\ v_6 \\ v_7 \\ v_8 \\ v_9 \end{bmatrix} = \begin{bmatrix} 0 \\ 0 \\ 1/256 \\ 1/256 \\ 1/256 \\ 1/256 \\ 1/256 \\ 0 \\ 0 \end{bmatrix} \cdot \frac{q_0 l^4}{EI}$$

- Schon bei dieser sehr groben Einteilung des Trägers in vier Abschnitte zeigt die Koeffizientenmatrix des Gleichungssystems eine ausgeprägte Bandstruktur (nur in der Nähe der Hauptdiagonalen befinden sich von **0** verschiedene Elemente). Dieser für die Lösung des Gleichungssystems entscheidende Vorteil ist der Grund, die Gleichungen für die Randbedingungen zum Teil am Anfang und zum Teil am Ende des Systems zu plazieren.

- Das Programm MLINEQ (beiliegende Diskette) bietet die Option, die Bandstruktur einer Matrix zu nutzen. Dann werden nur die Elemente innerhalb des Bandes gespeichert und in die Rechnung einbezogen.

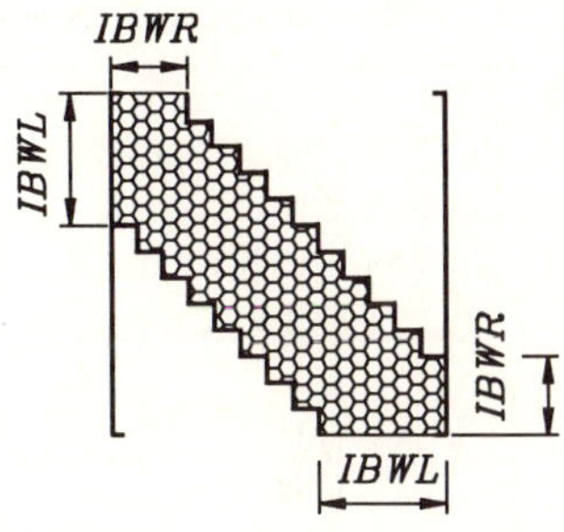

  Die Breite des Bandes wird von den am weitesten von der Hauptdiagonalen entfernten Elementen bestimmt. Die ***linke Bandweite IBWL*** und die ***rechte Bandweite IBWR*** (nebenstehende Skizze) können unterschiedlich sein. Für das gerade behandelte Beispiel gelten die Werte

  ***IBWL* = 4** bzw. ***IBWR* = 3**.

- Erst bei größeren Matrizen wird der Vorteil der Nutzung der Bandstruktur richtig deutlich. Es ist leicht einzusehen, daß sich die Bandweiten der Matrix nicht ändern, wenn der Träger in wesentlich mehr Abschnitte unterteilt wird. Neben der kürzeren Rechenzeit und der Speicherplatzeinsparung (es können sehr große Gleichungssystem berechnet werden) ergibt sich die größte Einsparung für den Programmbenutzer: Er braucht nur die Matrixelemente des Bandes einzugeben (Beispiel: Bei einer Einteilung des Trägers in n_A = **100** Abschnitte und somit **105** Gleichungen müßten für die Koeffizientenmatrix an Stelle von **105·105 = 11025** Elementen nur **621** Elemente eingegeben werden).

- Ein weiterer Vorteil liegt in der Regelmäßigkeit der Matrix im "Mittelteil": Bis auf jeweils zwei Gleichungen am oberen bzw. unteren Rand werden alle Gleichungen durch die gleichen Koeffizienten gebildet. Mit der von dem Programm MLINEQ angebotenen Möglichkeit, Tastatureingabe-Sequenzen als ***Makro*** zu definieren, das dann automatisch (mit Einstellung eines Wiederholfaktors) ablaufen kann, ist es möglich, den Aufwand für die Eingabe sehr großer Matrizen auf ein Minimum zu reduzieren.

Die nebenstehende Lösung des Gleichungssystems ist natürlich entsprechend der sehr groben Einteilung des Trägers nur eine relativ grobe Näherung der exakten Lösung. An ihr soll die Berechnung der Schnittgrößen demonstriert werden.

$$\begin{bmatrix} v_1 \\ v_2 \\ v_3 \\ v_4 \\ v_5 \\ v_6 \\ v_7 \\ v_8 \\ v_9 \end{bmatrix} = \begin{bmatrix} 0{,}080078 \\ 0{,}015625 \\ 0 \\ 0{,}015625 \\ 0{,}048828 \\ 0{,}089844 \\ 0{,}132813 \\ 0{,}175781 \\ 0{,}220703 \end{bmatrix} \frac{q_0 l^4}{EI}$$

Nach den Formeln (18.3) errechnet man z. B. für den Punkt **3** (Schnittgrößen gleich Lagerreaktionen):

$$M_{b3} = -\frac{EI}{h^2}(v_2 - 2v_3 + v_4)$$

$$= -\frac{16\,EI}{l^2}(0{,}015625 + 0{,}015625)\frac{q_0 l^4}{EI}$$

$$= -0{,}5\,q_0 l^2 \;,$$

$$F_{Q3} = -\frac{EI}{2h^3}(-v_1 + 2v_2 - 2v_4 + v_5) = q_0 l \;.$$

Die Schnittgrößen stimmen mit der exakten Lösung überein, weil für konstante Linienlast der Biegemomentenverlauf eine quadratische Parabel ist, für die die zentralen Differenzenformeln die Differentialquotienten fehlerfrei ersetzen. Bei diesem Beispiel sind also nur Durchbiegung (Funktion 4. Grades) und Biegewinkel (Funktion 3. Grades) mit einem Fehler behaftet, der bei feinerer Einteilung des Trägers (größeres n_A) kleiner wird. Die nachfolgende Tabelle zeigt dies für die Absenkung des Trägerendes $v(l)$ und den Biegewinkel an dieser Stelle, der entsprechend (18.1) nach

$$v'(l) = v'_{n_A+3} = \frac{1}{2h}\left(-v_{n_A+2} + v_{n_A+4}\right) = \frac{n_A}{2l}\left(-v_{n_A+2} + v_{n_A+4}\right)$$

berechnet wird (der rechte Randpunkt des Trägers ist jeweils der Punkt n_A+3).

n_A	$\frac{EI}{q_0 l^4}\,v(l)$	Fehler [%]	$\frac{EI}{q_0 l^3}\,v'(l)$	Fehler [%]
4	0,132813	6,25	0,171875	3,125
20	0,125313	0,25	0,166875	0,125
50	0,125050	0,04	0,166700	0,020
100	0,125013	0,01	0,166675	0,005
500	0,125000	0,00	0,166667	0,000
Exakt	0,125000		0,166667	

Selbst bei grober Einteilung des Trägers ist die Genauigkeit für praktische Anforderungen mehr als ausreichend. Andererseits hat die Biegelinie bei diesem einfachen Beispiel einen recht glatten Verlauf (ohne Wendepunkte), der sich besonders gut annähern läßt. Doch selbst bei komplizierteren Verläufen erhält man mit $n_A = \mathbf{100}$ im allgemeinen sehr gute Ergebnisse.

Der sehr schematische Aufbau des Gleichungssystems, der am Beispiel 1 deutlich wurde, legt es nahe, die Rechnung weitgehend zu formalisieren. Bis auf die 4 Gleichungen, die die Randbedingungen repräsentieren, enthält die Koeffizientenmatrix nur Zeilen der Form

$$\ldots \quad \mathbf{0} \quad \mathbf{0} \quad \mathbf{1} \quad \mathbf{-4} \quad \mathbf{6} \quad \mathbf{-4} \quad \mathbf{1} \quad \mathbf{0} \quad \mathbf{0} \quad \ldots$$

mit der **6** auf der Hauptdiagonalen, so daß die rechte Bandweite und die linke Bandweite jeweils den Wert **3** hätten, wenn dieser nicht durch die Randbedingungen vergrößert würde. Im Beispiel 1 war es die Querkraft-Randbedingung am rechten Rand, die eine Bandweite auf den Wert **4** vergrößerte. Da dies auch am linken Rand eintreten kann, ergibt sich mit

$$\boldsymbol{IBWL} = \boldsymbol{IBWR} = \mathbf{4}$$

der ungünstigste Fall (größtmögliche Bandweite), der bei Aufgaben dieser Art vorkommen kann:

$$\begin{bmatrix} x & x & x & x & & & & & & & \\ x & x & x & x & x & & & & & & \\ 1 & -4 & 6 & -4 & 1 & 0 & & & & & \\ 0 & 1 & -4 & 6 & -4 & 1 & 0 & & & & \\ & 0 & 1 & -4 & 6 & -4 & 1 & 0 & & & \\ & & & & \ddots & & & & & & \\ & & & & 0 & 1 & -4 & 6 & -4 & 1 & 0 \\ & & & & & 0 & 1 & -4 & 6 & -4 & 1 \\ & & & & & & y & y & y & y & y \\ & & & & & & & y & y & y & y \end{bmatrix} \begin{bmatrix} v_1 \\ v_2 \\ v_3 \\ v_4 \\ v_5 \\ \vdots \\ \vdots \\ v_{n_A+5} \end{bmatrix} = \begin{bmatrix} x \\ x \\ \kappa_3 / n_A^4 \\ \vdots \\ \vdots \\ \kappa_{n_A+3} / n_A^4 \\ y \\ y \end{bmatrix} \frac{q_0 l^4}{EI} \tag{18.4}$$

Folgende Schritte werden für die Verformungsberechnung gerader Träger mit konstanter Biegesteifigkeit empfohlen:

- Der Träger wird in n_A Abschnitte unterteilt. Dann ergibt sich ein Gleichungssystem mit

  $$n = n_A + 5$$

  Gleichungen für die n Punkte (einschließlich der 4 Außenpunkte). Die Randpunkte des Trägers sind die Punkte **3** und $n-2$.

- Bei veränderlicher Linienlast wird eine "Bezugs-Intensität" q_0 definiert, mit der die Linienlast-Intensität eines beliebigen Punktes i aufgeschrieben werden kann:

  $$q_i = \kappa_i \, q_0 \ .$$

  Die dimensionslosen κ_i-Werte tauchen dann gemeinsam mit dem Faktor n_A^{-4} im Vektor der rechten Seite auf, aus dem der gemeinsame Faktor $q_0 l^4/(EI)$ herausgezogen wird.

- Die beiden ersten und die beiden letzten Gleichungen in (18.4) repräsentieren die Randbedingungen. Die Werte, die für den linken Rand (Positionen durch x im Schema oben gekennzeichnet) bzw. den rechten Rand (Positionen durch y im Schema oben gekennzeichnet) eingesetzt werden müssen, sind für die wichtigsten Lagerarten (freier Rand, Einspannung, gelenkiges Lager) nachfolgend zusammengestellt:

$$\textit{Freier Rand:}\quad \begin{bmatrix} 0 & 1 & -2 & 1 & & & \cdots \\ -1 & 2 & 0 & -2 & 1 & & \cdots \end{bmatrix} \begin{bmatrix} v_1 \\ v_2 \end{bmatrix} = \begin{bmatrix} 0 \\ 0 \end{bmatrix}$$

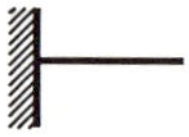

$$\begin{bmatrix} 0 & 0 & 1 & 0 & & \cdots \\ 0 & -1 & 0 & 1 & 0 & \cdots \end{bmatrix} \begin{bmatrix} v_1 \\ v_2 \end{bmatrix} = \begin{bmatrix} 0 \\ 0 \end{bmatrix} \qquad (18.5)$$

$$\begin{bmatrix} 0 & 0 & 1 & 0 & & \cdots \\ 0 & 1 & -2 & 1 & 0 & \cdots \end{bmatrix} \begin{bmatrix} v_1 \\ v_2 \end{bmatrix} = \begin{bmatrix} 0 \\ 0 \end{bmatrix}$$

Randbedingungen am linken Trägerrand (Gleichungen **1** und **2**)

$$\textit{Freier Rand:}\quad \begin{bmatrix} \cdots & -1 & 2 & 0 & -2 & 1 \\ \cdots & & 1 & -2 & 1 & 0 \end{bmatrix} \begin{bmatrix} v_{n_A+4} \\ v_{n_A+5} \end{bmatrix} = \begin{bmatrix} 0 \\ 0 \end{bmatrix}$$

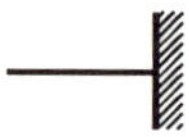

$$\begin{bmatrix} \cdots & 0 & 0 & 1 & 0 & 0 \\ \cdots & & -1 & 0 & 1 & 0 \end{bmatrix} \begin{bmatrix} v_{n_A+4} \\ v_{n_A+5} \end{bmatrix} = \begin{bmatrix} 0 \\ 0 \end{bmatrix} \qquad (18.6)$$

$$\begin{bmatrix} \cdots & 0 & 0 & 1 & 0 & 0 \\ \cdots & & 1 & -2 & 1 & 0 \end{bmatrix} \begin{bmatrix} v_{n_A+4} \\ v_{n_A+5} \end{bmatrix} = \begin{bmatrix} 0 \\ 0 \end{bmatrix}$$

Randbedingungen für den rechten Trägerrand (Gleichungen $n-1$ und n)

- Einzelkräfte, die nicht am Trägerrand angreifen (und über die Querkraft-Randbedingungen zu erfassen sind), werden zu Linienlasten "verschmiert". Eine am Knoten i angreifende Kraft F_i wird durch eine Linienlast

$$q_i^* = F_i / h$$

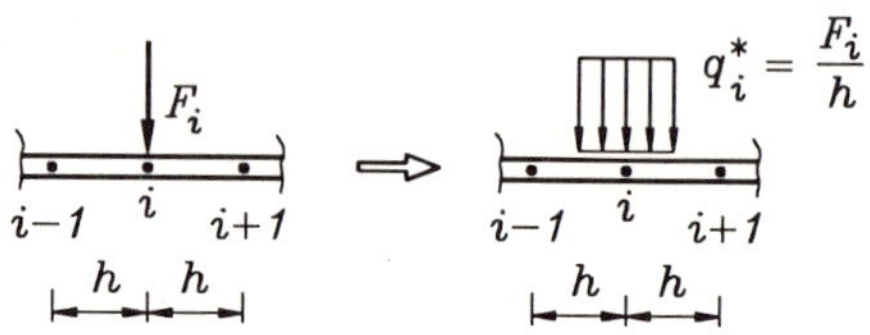

ersetzt (nebenstehende Skizze), die mit einer Wirkungsbreite h (jeweils $h/2$ links und rechts vom Punkt i) nur in die Gleichung für den Knoten i eingeht. Der Fehler, der dadurch in die Rechnung hineinkommt, ist vernachlässigbar, weil er in der Größenordnung des ohnehin beim Differenzenverfahren in Kauf genommenen Fehlers liegt und mit feinerer Unterteilung des Trägers kleiner wird (außerdem ist eigentlich die Einzelkraft eine "künstliche" Größe, die in der Realität im allgemeinen auch immer "verschmiert" angreift).

Ein Einzelmoment M_i kann entsprechend erfaßt werden, indem es vorher durch ein an den Punkten $i-1$ und $i+1$ angreifendes Kräftepaar mit

$$F_{i-1} = -F_{i+1} = M_i / (2h)$$

ersetzt wird.

- Eine Zwischenstütze am Punkt i wird erfaßt, indem die i-te Gleichung im Schema (18.4) durch die Gleichung

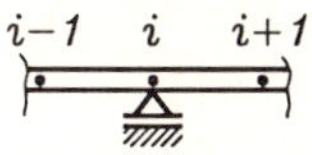

$$v_i = 0$$

ersetzt wird. Daß diese außerordentlich einfache Möglichkeit tatsächlich erlaubt ist und alle Übergangsbedingungen am Punkt i erfüllt, wird hier nicht bewiesen, weil im Abschnitt 19.2.3 ihre Richtigkeit auf einfache Weise plausibel werden wird.

Man beachte, welche Vereinfachung sich gerade durch die Möglichkeit des Verschmierens von Einzellasten und der beschriebenen Berücksichtigung von Zwischenstützen ergibt. Das mühsame Rechnen in mehreren Abschnitten, die dann über die Übergangsbedingungen zusammengefügt werden, erübrigt sich (nachfolgendes Beispiel).

Beispiel 2: Für den skizzierten zweifach statisch unbestimmt gelagerten Träger mit konstanter Biegesteifigkeit EI ist die Durchbiegung näherungsweise mit dem Differenzenverfahren zu bestimmen.

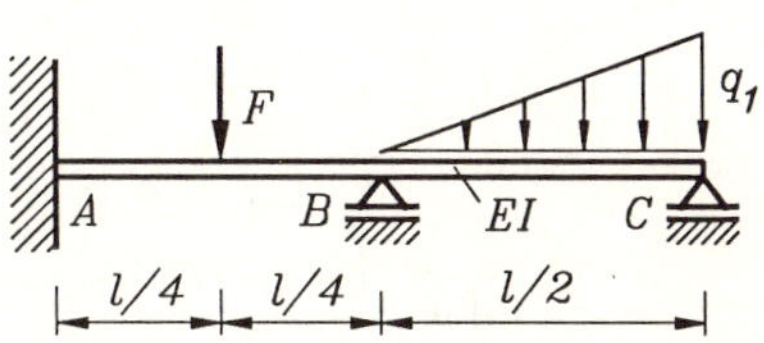

Gegeben: $l\,,\; q_1\,,\; F = \lambda q_1 l\,,\; EI = konst.$

Es sind die beiden Lastfälle $\lambda = 2$ (Linienlast und Einzelkraft) und $\lambda = 0$ (nur Linienlast) zu berechnen, für den Fall $\lambda = 0$ sind ausgewählte Ergebnisse mit der exakten Rechnung (Beispiel 3 im Abschnitt 17.5) zu vergleichen.

Es wird eine Einteilung des Trägers in $n_A = 100$ Abschnitte gewählt, so daß ein Gleichungssystem mit **105** Gleichungen entsteht. Die Zeilen **1** und **2** und die Zeilen **104** und **105** haben den für "Einspannung am linken Trägerrand" bzw. "Gelenkiges Lager am rechten Trägerrand" entsprechend (18.5) bzw. (18.6) bereitgestellten Aufbau, alle übrigen Zeilen der Koeffizientenmatrix werden zunächst (unter Ausnutzung der Makrotechnik des Programms MLINEQ) mit der einheitlichen "**0 , 1 , −4 , 6 , −4 , 1 , 0**"-Zeile entsprechend (18.4) belegt.

Da die Randpunkte des Trägers die Punkte **3** bzw. **103** sind, liegt die Zwischenstütze bei Punkt **53**. Die 53. Zeile der Matrix muß also korrigiert werden, so daß sie neben einer **1** auf der Hauptdiagonalen nur noch Null-Elemente enthält.

Als Bezugs-Intensität für die Belastung wird q_1 gewählt. Dann gilt für die Punkte **54** bis **103**:

$$q_i = \kappa_i\, q_1 \qquad \text{mit} \qquad \kappa_i = (i - 53)/50 \qquad \text{für} \qquad 54 \le i \le 103 \;.$$

Die Einzelkraft (am Punkt **28**) wird auf die Breite $h = l/100$ "verschmiert":

$$q_{28} = F/h = 100\,F/l = 100\,\lambda\, q_1\, l/l = 100\,\lambda\, q_1 \qquad \rightarrow \qquad \kappa_{28} = 100\,\lambda \;.$$

Alle übrigen κ_i-Werte sind gleich Null. Aus den Elementen der rechten Seite des Gleichungssystems wird der gemeinsame Faktor $q_1 l^4/(EI)$ herausgezogen, so daß nur die Werte

$$\kappa_i/n_A^{\,4} = 10^{-8}\,\kappa_i$$

einzugeben sind (Achtung: Zwischenstützenbedingungen - hier: Punkt 53 - erfordern ein Nullelement auf der rechten Seite auch dann, wenn an dieser Stelle eine Last angreift).

Auch für die Eingabe der linear veränderlichen κ_i-Werte im Bereich der Punkte **54** bis **103** bietet sich die Unterstützung der Makrotechnik des Programms MLINEQ an. Es ist sinnvoll, beide Lastfälle gleichzeitig zu berechnen (Gleichungssystem mit 2 rechten Seiten).

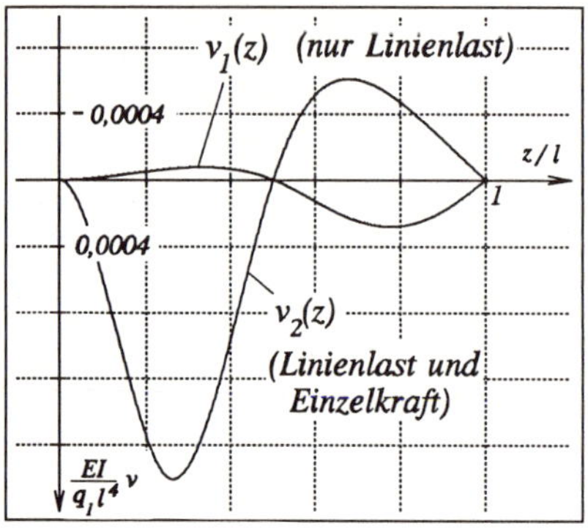

Lineares Gleichungssystem

Beispiel auf Seite 265
======================

Matrix X:

I	1. Spalte	2. Spalte
1	-0.85726E-06	0.000032494
2	-0.20807E-06	0.000007826
3	0.000000000	0.000000000
4	-0.20807E-06	0.000007826
5	-0.80731E-06	0.000030116
6	-0.000001773	0.000065679
..	...	...
25	-0.000056470	0.001681791
26	-0.000059513	0.001733098
27	-0.000062398	0.001772706
28	-0.000065100	0.001799424
29	-0.000067594	0.001812065
30	-0.000069854	0.001811438
31	-0.000071856	0.001798355
32	-0.000073575	0.001773626
33	-0.000074986	0.001738061
34	-0.000076063	0.001692473
35	-0.000076782	0.001637670
36	-0.000077118	0.001574466
37	-0.000077046	0.001503669
..	...	...
50	-0.000027601	0.000261341
51	-0.000019192	0.000169387
52	-0.000010000	0.000082003
53	0.000000000	0.000000000
54	0.000010832	-0.000075812
55	0.000022398	-0.000145641
56	0.000034596	-0.000209692
57	0.000047328	-0.000268172
..	...	...
70	0.000218172	-0.000613500
71	0.000228644	-0.000614977
72	0.000238343	-0.000613798
73	0.000247204	-0.000610134
74	0.000255165	-0.000604157
75	0.000262167	-0.000596029
76	0.000268157	-0.000585913
77	0.000273086	-0.000573965
78	0.000276908	-0.000560336
79	0.000279585	-0.000545175
80	0.000281080	-0.000528622
81	0.000281365	-0.000510816
82	0.000280414	-0.000491887
83	0.000278210	-0.000471961
84	0.000274739	-0.000451159
..	...	...
97	0.000120223	-0.000143837
98	0.000101379	-0.000119654
99	0.000081905	-0.000095564
100	0.000061910	-0.000071567
101	0.000041509	-0.000047655
102	0.000020827	-0.000023808
103	0.000000000	0.000000000
104	-0.000020827	0.000023808
105	-0.000041499	0.000047665

Nebenstehender Auszug aus dem Ergebnisdruck des Programms MLINEQ zeigt einige Werte, die für die Verschiebungen berechnet wurden. Oben sind alle berechneten Werte für die beiden Lastfälle graphisch dargestellt.

Man erkennt im Ergebnisdruck sofort, daß die geometrischen Randbedingungen erfüllt sind. Die horizontale Tangente an der Einspannung führt auf gleiche Verschiebungswerte für den Punkt **4** und den Außenpunkt **2**.

Beim Vergleich der Verschiebungswerte des Lastfalls ohne Einzelkraft (linke Spalte) mit der im Abschnitt 17.5 (Beispiel 3) exakt ermittelten Biegelinie ergibt sich z. B.:

$$v_{28} = v_1\left(z_1 = \frac{a}{2} = \frac{l}{4}\right) = -\frac{q_1\,(l/2)^4}{960\,EI}$$

$$= -0{,}000065104\,\frac{q_1\,l^4}{EI}\;;$$

$$v_{78} = \;0{,}000276693\,\frac{q_1\,l^4}{EI}\quad .$$

Die mit dem Differenzenverfahren ermittelten Werte weichen von diesen exakten Werten für die beiden Punkte um **0,006 %** bzw. **0,08 %** ab. Die numerisch ermittelten Ergebnisse sind also praktisch exakt, eine feinere Einteilung des Trägers für eine genauere Rechnung erübrigt sich.

Diese Aussage gilt natürlich auch für die nach (18.3) aus den Verschiebungen zu berechnenden Schnittgrößen.

18.1.3 Biegelinie bei veränderlicher Biegesteifigkeit

Die Differentialgleichung der Biegelinie 4. Ordnung bei veränderlicher Biegesteifigkeit (17.4)

$$\left[EI(z)\, v''(z)\right]'' = q(z)$$

wird in zwei Schritten in eine Differenzengleichung überführt. Zunächst wird die 2. Ableitung der eckigen Klammer entsprechend (18.1) ersetzt:

$$\frac{1}{h^2}\left\{\left[EIv''\right]_{i-1} - 2\left[EIv''\right]_i + \left[EIv''\right]_{i+1}\right\} = q_i \quad .$$

Nun werden die 2. Ableitungen in den eckigen Klammern durch die gleiche Differenzenformel ersetzt, wobei beachtet werden muß, daß dies an drei verschiedenen Punkten geschieht und jeweils für diese Punkte die Nachbarpunkte in die Formel eingehen:

$$\left[EIv''\right]_{i-1} \approx EI_{i-1}\,\frac{1}{h^2}\left(v_{i-2} - 2v_{i-1} + v_i\right) \; ,$$

$$\left[EIv''\right]_{i} \approx EI_{i}\,\frac{1}{h^2}\left(v_{i-1} - 2v_{i} + v_{i+1}\right) \; ,$$

$$\left[EIv''\right]_{i+1} \approx EI_{i+1}\,\frac{1}{h^2}\left(v_{i} - 2v_{i+1} + v_{i+2}\right) \; .$$

Es ergibt sich die

Differenzengleichung der Biegelinie bei veränderlicher Biegesteifigkeit:

$$I_{i-1}v_{i-2} - 2\left(I_{i-1} + I_i\right)v_{i-1} + \left(I_{i-1} + 4I_i + I_{i+1}\right)v_i - 2\left(I_i + I_{i+1}\right)v_{i+1} + I_{i+1}v_{i+2} = \frac{q_i h^4}{E} \quad . \tag{18.7}$$

Bei den Schnittgrößen

$$M_b(z) = -EI(z)\, v''(z) \; ,$$

$$F_Q(z) = M_b'(z) = -\left[EI(z)\, v''(z)\right]'$$

muß nur bei der Querkraft das Ersetzen der Differentialquotienten in zwei Schritten erfolgen, während sich für das Biegemoment die gleiche Differenzenformel wie bei konstanter Biegesteifigkeit ergibt. Für die Querkraft errechnet man:

$$F_{Qi} \approx -\frac{1}{2h}\left\{-\left[EIv''\right]_{i-1} + \left[EIv''\right]_{i+1}\right\}$$

$$= -\frac{1}{2h}\left\{-\left[EI_{i-1}\frac{1}{h^2}\left(v_{i-2} - 2v_{i-1} + v_i\right)\right] + \left[EI_{i+1}\frac{1}{h^2}\left(v_i - 2v_{i+1} + v_{i+2}\right)\right]\right\} \; .$$

Dies wird nach den Verschiebungen geordnet, und man erhält die

Differenzengleichungen für die Schnittgrößen bei veränderlicher Biegesteifigkeit:

$$M_{bi} = -\frac{EI_i}{h^2}\left(v_{i-1} - 2v_i + v_{i+1}\right) \; ,$$

$$F_{Qi} = \frac{E}{2h^3}\left[I_{i-1}v_{i-2} - 2I_{i-1}v_{i-1} + \left(I_{i-1} - I_{i+1}\right)v_i + 2I_{i+1}v_{i+1} - I_{i+1}v_{i+2}\right] \; . \qquad (18.8)$$

- In die Differenzengleichungen für die Randpunkte und die Querkraft-Randbedingungen gehen mit I_{i-1} bzw. I_{i+1} Werte für Punkte ein, die außerhalb des Trägers liegen. Da diese "Außenwerte" durch das Ersetzen der Ableitung der Funktion *I(z)* durch Differenzenformeln in die Rechnung hineinkommen, sind dafür die Werte einzusetzen, die sich bei Erweiterung des Definitionsbereichs der Funktion *I(z)* über die Randpunkte hinaus ergeben würden.
- Wenn bei einer sprunghaften Änderung der Biegesteifigkeit (z. B. bei abgesetzten Wellen) ein Punkt des Differenzenschemas direkt auf der Sprungstelle liegt, nimmt man für diesen Punkt sinnvollerweise den arithmetischen Mittelwert der Biegesteifigkeiten der beiden Abschnitte.
- Die Formeln für veränderliche Biegesteifigkeit offerieren eine weitere Möglichkeit, das aufwendige Arbeiten mit mehreren Integrationsbereichen durch einen kleinen Trick zu umgehen: Das Differenzenschema wird so gelegt, daß ein **Gelenk** genau mit einem Punkt i zusammenfällt. Dann wird es in der Differenzenrechnung berücksichtigt, indem für diesen Punkt die Biegesteifigkeit $EI_i = 0$ gesetzt wird.
- Bei veränderlicher Biegesteifigkeit ist es empfehlenswert, analog zur Behandlung veränderlicher Linienlasten ein "Bezugs-Trägheitsmoment" I_0 zu definieren und damit die Biegesteifigkeit am Punkt i in der Form

$$EI_i = \mu_i \, EI_0$$

aufzuschreiben. Dann kann EI_0 aus allen Gleichungen wieder ausgeklammert werden und die Koeffizientenmatrix des Gleichungssystems bleibt dimensionslos. Im Schema (18.4) (Aufbau des Gleichungssystems) sind nur die typischen **"0 , 1 , −4 , 6 , −4 , 1 , 0"**-Zeilen durch

$$0 \qquad \mu_{i-1} \qquad -2(\mu_{i-1}+\mu_i) \qquad \mu_{i-1}+4\mu_i+\mu_{i+1} \qquad -2(\mu_i+\mu_{i+1}) \qquad \mu_{i+1} \qquad 0$$

zu ersetzen. Man sieht, daß der Fall konstanter Biegesteifigkeit (sämtliche $\mu_i = 1$) als Sonderfall in den Differenzenformeln für veränderliche Biegesteifigkeit enthalten ist.
- Bei den Zeilen im Gleichungssystem, die die Randbedingungen beschreiben, ändern sich nur diejenigen, die Bezug zur Querkraft haben. Das sind in (18.5) und (18.6) nur die Randbedingungen für den freien Rand, in denen jeweils die **"−1 , 2 , 0 , −2 , 1"**-Zeile zu ersetzen ist durch:

$$\mu_{i-1} \qquad -2\mu_{i-1} \qquad \mu_{i-1}-\mu_{i+1} \qquad 2\mu_{i+1} \qquad -\mu_{i+1} \; .$$

- Die übrigen "kleinen Tricks", die für das Arbeiten bei konstanter Biegesteifigkeit besprochen wurden ("Verschmieren" von Einzelkräften, Behandlung von Zwischenstützen) sind selbstverständlich auch bei veränderlicher Biegesteifigkeit gültig.

Beispiel: Der skizzierte Träger mit Rechteckquerschnitt (konstante Höhe, linear veränderliche Breite) ist nur durch sein Eigengewicht belastet. Mit dem Differenzenverfahren ist näherungsweise die Durchbiegung zu berechnen.

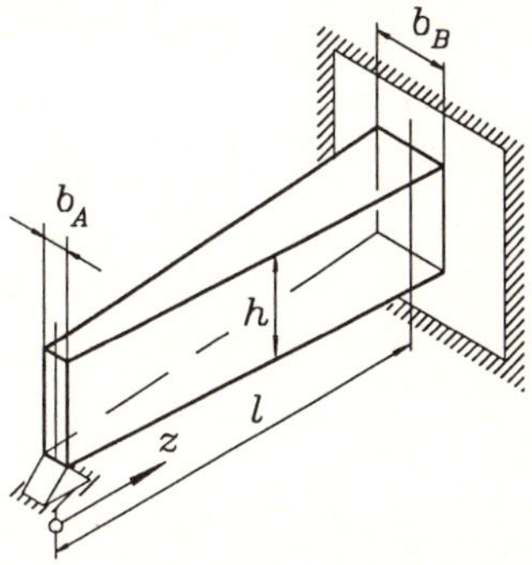

Gegeben: b_A ; $\lambda = b_B / b_A$; E ; Dichte ϱ .

Die mit einem Breitenverhältnis $\lambda = 2$ berechneten Werte sollen ausgewertet werden.

Mit der linear veränderlichen Breite

$$b(z) = b_A + \frac{b_B - b_A}{l} z = b_A \left[1 + (\lambda - 1) \frac{z}{l} \right]$$

werden auch die Linienlast

$$q(z) = \varrho\, g\, h\, b(z) = q_A \left[1 + (\lambda - 1) \frac{z}{l} \right]$$

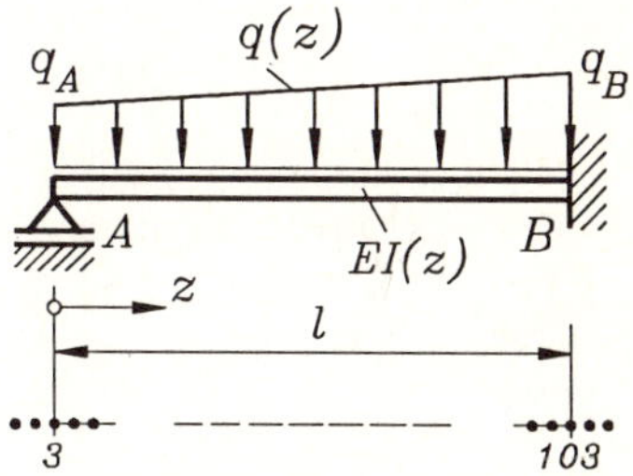

(Trapezlast, nebenstehende Skizze) und die Biegesteifigkeit

$$EI(z) = E \frac{1}{12} h^3 b(z) = EI_A \left[1 + (\lambda - 1) \frac{z}{l} \right]$$

linear veränderlich. Die Werte für die Biegesteifigkeit und die Linienlast am linken Rand

$$EI_A = \frac{1}{12} E h^3 b_A \qquad bzw. \qquad q_A = \varrho\, g\, h\, b_A$$

werden als Bezugsgrößen verwendet, so daß die in diesem Fall gleichen κ_i- und μ_i-Werte durch die eckigen Klammern in den oben aufgeschriebenen Formeln gegeben sind. Bei einer Einteilung des Trägers in n_A Abschnitte und dem Punkt **3** als linkem Randpunkt können sie auch in der Form

$$\kappa_i = \mu_i = \left[1 + (\lambda - 1) \frac{i - 3}{n_A} \right]$$

dargestellt werden. Damit kann das Gleichungssystem unter Ausnutzung der Makrotechnik dem Programm MLINEQ (beiliegende Diskette) mit geringem Aufwand eingegeben werden.

Für eine Einteilung des Trägers in n_A = **100** Abschnitte (**105** Gleichungen) wurden die Ergebnisse ermittelt, von denen nebenstehend eine kleine Auswahl im Vergleich mit der exakten Lösung angegeben ist. Es sind die dimensionslosen Verschiebungen, die noch mit dem Faktor $q_A l^4 / (EI_A)$, der aus den Gleichungen ausgeklammert wurde, multipliziert werden müssen.

I	V(I)	Exakt
1	-0.000409445	
2	-0.000204956	
3	0.000000000	0.000000000
4	0.000204956	
5	0.000409464	
13	0.001981580	0.001980908
23	0.003606643	0.003605449
33	0.004657002	0.004655431
43	0.005040644	0.005038842
52	0.004825657	
53	0.004771756	0.004769868
54	0.004712320	
63	0.003956104	0.003954281
73	0.002780082	0.002778476
83	0.001502345	0.001501113
93	0.000447305	0.000446607
103	0.000000000	0.000000000

Die Abweichungen von der exakten Lösung liegen deutlich unter **0,2 %**, die Ergebnisse können praktisch als exakt angesehen werden. Eine Rechnung mit einer feineren Unterteilung erübrigt sich.

Die Frage, woher denn die Werte der exakten Lösung kommen, ist übrigens durchaus berechtigt. Sie stammen aus der Auswertung der nachfolgend angegebenen exakten Biegelinie, die (unter erheblichem Zeit- und Papieraufwand) durch Integration der Differentialgleichung ermittelt wurde. Von einer Nachahmung wird dringend abgeraten, das Nachempfinden der numerischen Lösung mit dem Differenzenverfahren wird allerdings nachdrücklich empfohlen.

$$\frac{EI_A}{q_A\, l^4}\, v_{exakt}(z) = \frac{1}{72}\left(1-\frac{z}{l}\right)^4 - \frac{1}{9}\left(1-\frac{z}{l}\right)^3 + \frac{29-36\ln 2}{72\,(1-2\ln 2)}\left(1-\frac{z}{l}\right)^2$$
$$- \frac{11}{36\,(1-2\ln 2)}\left[1-\frac{z}{l}+\left(1+\frac{z}{l}\right)\ln\left(\frac{1}{2}+\frac{z}{2\,l}\right)\right]$$

Hier soll noch gezeigt werden, wie eine numerische Lösung kontrolliert werden kann, wenn nicht auf Vergleichslösungen zurückgegriffen werden kann.

Die Lagerreaktion am linken Lager ist gleich der Querkraft an dieser Stelle, die wiederum nach (18.8) aus den Verschiebungen berechnet werden kann:

$$F_A = F_{Q3} = \frac{EI_A}{2\,h^3}\left[\mu_2 v_1 - 2\,\mu_2 v_2 + (\mu_2-\mu_4)\,v_3 + 2\,\mu_4 v_4 - \mu_4 v_5\right]$$
$$= \frac{10^6\,EI_A}{2\,l^3}\,[\,0{,}99\cdot(-0{,}000409445) - 2\cdot 0{,}99\cdot(-0{,}000204956)$$
$$+ 2\cdot 1{,}01\cdot 0{,}000204956 - 1{,}01\cdot 0{,}000409464]\,\frac{q_A\,l^4}{EI_A}$$
$$= 0{,}4574\, q_A\, l$$

Mit bekannter Lagerkraft bei A kann allein aus den statischen Gleichgewichts-Bedingungen das Biegemoment an jeder Stelle des Trägers ausgerechnet werden, z. B. in Trägermitte:

$$M_b\left(z=\frac{l}{2}\right) = F_A\,\frac{l}{2} - q_A\,\frac{l}{2}\,\frac{l}{4} - \frac{1}{2}\left(q\left(z=\frac{l}{2}\right) - q_A\right)\frac{l}{2}\,\frac{l}{6} \approx 0{,}0829\, q_A\, l$$

(die Trapezlast wurde in eine konstante Linienlast und eine Dreieckslast zerlegt). Dieser Wert muß sich auch ergeben, wenn man nach (18.8) das Biegemoment am Punkt **53** aus den berechneten Verschiebungen ermittelt:

$$M_{b53} = -\frac{EI_{53}}{h^2}\left(v_{52} - 2\,v_{53} + v_{54}\right)$$
$$= -\frac{10^4\cdot 1{,}5\,EI_A}{l^2}\,(0{,}004825657 - 2\cdot 0{,}004771756 + 0{,}004712320)\,\frac{q_A\,l^4}{EI_A}$$
$$\approx 0{,}0830\, q_A\, l^2$$

Es zeigt sich eine sehr gute Übereinstimmung der beiden auf unterschiedlichem Wege ermittelten Werte.

18.2 Der Biegeträger als finites Element

Der im Kapitel 15 eingeführte Finite-Elemente-Algorithmus ist dort so allgemein beschrieben worden, daß er auf andere Problemklassen übertragen werden kann, wenn für ein zu definierendes finites Element der Zusammenhang zwischen Element-Knotenlasten und Element-Knotenverschiebungen (Element-Steifigkeitsbeziehung) bekannt ist.

In den folgenden Abschnitten werden finite Elemente für Biegeträger (unter Biegemoment- und Querkraft-Belastung) und biegesteife Rahmentragwerke (unter Biegemoment-, Querkraft- und Normalkraft-Belastung) entwickelt. Dabei wird ausschließlich auf die im Kapitel 17 behandelte Theorie der Biegeverformung zurückgegriffen.

18.2.1 Element-Steifigkeitsmatrix für Biegeträger

Als finites Element wird ein Biegeträger der Länge l_e mit der konstanten Biegesteifigkeit $(EI)_e$ definiert, der an den Knoten **1** und **2** durch die Element-Knotenlasten V_1 und M_1 bzw. V_2 und M_2 belastet ist (Skizze). Die Knotenlasten werden entsprechend den Formalisierungsprinzipien der Finite-Elemente-Methode an beiden Knoten mit gleichem Richtungssinn (nach oben bzw. linksdrehend) angetragen.

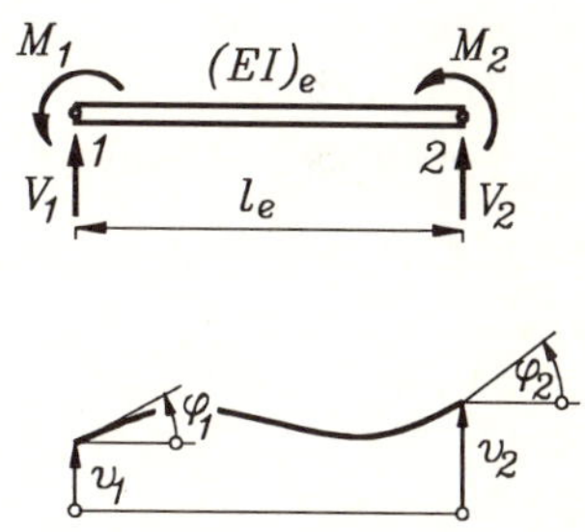

Finites Element und Knotenverformungen

Die Element-Knotenlasten sind nicht unabhängig voneinander (natürlich müssen die Gleichgewichtsbedingungen am Element erfüllt sein). Sie verformen das Element, die Verformung wird durch die Element-Knotenverformungen v_1, φ_1, v_2, φ_2 beschrieben, die mit den gleichen Richtungen wie die Element-Knotenlasten positiv definiert werden (untere Skizze).

Gesucht ist nun der Zusammenhang zwischen den Element-Knotenlasten und den Element-Knotenverformungen (Element-Steifigkeitsmatrix). Diese Aufgabe wird in zwei Schritten gelöst: Zunächst werden nur Knotenverformungen am Knoten **1** zugelassen (das Element wird am Knoten **2** eingespannt, Skizze unten rechts), und es wird nach den Belastungen gefragt, die diese Verformungen hervorrufen, anschließend wird diese Prozedur für den Knoten **2** ausgeführt, um dann schließlich die beiden Fälle zu überlagern.

a) In der Zusammenstellung wichtiger Grundlastfälle für die Biegeverformung im Abschnitt 17.4 findet man (Varianten *e* und *i*) die Formeln, nach denen die Verformungen v_1 und φ_1 infolge der Belastungen $\bar{V}_1$ und $\bar{M}_1$ aufgeschrieben werden können (Superposition beider Lastfälle):

$$v_1 = \frac{\bar{V}_1 l^3}{3EI} - \frac{\bar{M}_1 l^2}{2EI} \quad ; \quad \varphi_1 = -\frac{\bar{V}_1 l^2}{2EI} + \frac{\bar{M}_1 l}{EI} \quad .$$

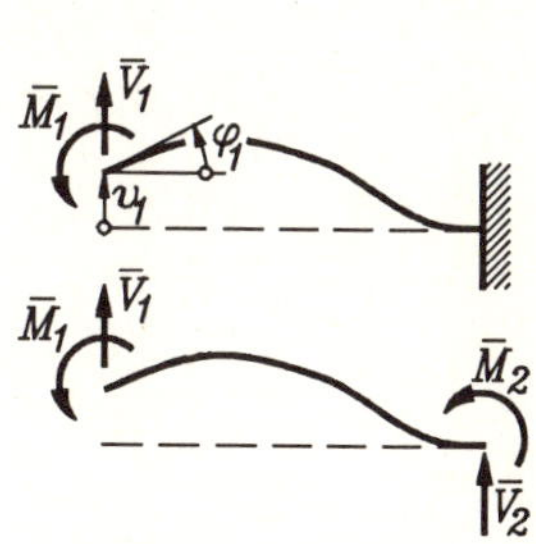

Verformungen am Knoten 1

Diese beiden Formeln werden nach den Belastungen umgestellt:

$$\bar{V}_1 = \frac{12\,EI}{l^3}\,v_1 + \frac{6\,EI}{l^2}\,\varphi_1 \quad ; \qquad \bar{M}_1 = \frac{6\,EI}{l^2}\,v_1 + \frac{4\,EI}{l}\,\varphi_1 \ .$$

Aus Gleichgewichtsbedingungen gewinnt man Kraft und Moment an der Einspannung:

$$\bar{V}_2 = -\bar{V}_1 = -\frac{12\,EI}{l^3}\,v_1 - \frac{6\,EI}{l^2}\,\varphi_1 \quad ; \quad \bar{M}_2 = \bar{V}_1\,l - \bar{M}_1 = \frac{6\,EI}{l^2}\,v_1 + \frac{2\,EI}{l}\,\varphi_1 \ .$$

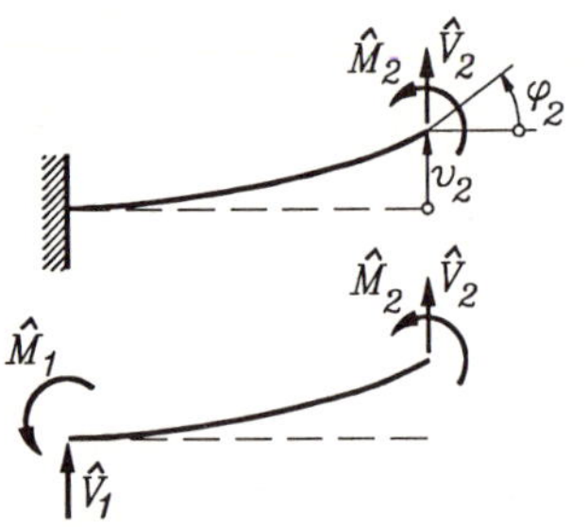

Verformungen am Knoten 2

b) Auf gleichem Wege werden die Belastungen ermittelt, die die Verformungen des Knotens **2** erzeugen:

$$\hat{V}_2 = \frac{12\,EI}{l^3}\,v_2 - \frac{6\,EI}{l^2}\,\varphi_2 \ ;$$

$$\hat{M}_2 = -\frac{6\,EI}{l^2}\,v_2 + \frac{4\,EI}{l}\,\varphi_2 \ ;$$

$$\hat{V}_1 = -\hat{V}_2 = -\frac{12\,EI}{l^3}\,v_2 + \frac{6\,EI}{l^2}\,\varphi_2 \ ;$$

$$\hat{M}_1 = -\hat{V}_2\,l - \hat{M}_2 = -\frac{6\,EI}{l^2}\,v_2 + \frac{2\,EI}{l}\,\varphi_2 \ .$$

Wenn die für die beiden Fälle ***a*** und ***b*** berechneten Belastungen gleichzeitig auf das Element aufgebracht werden (Addieren der Kräfte und Momente), dann rufen sie auch die Summe der unter ***a*** und ***b*** erzeugten Verformungen hervor:

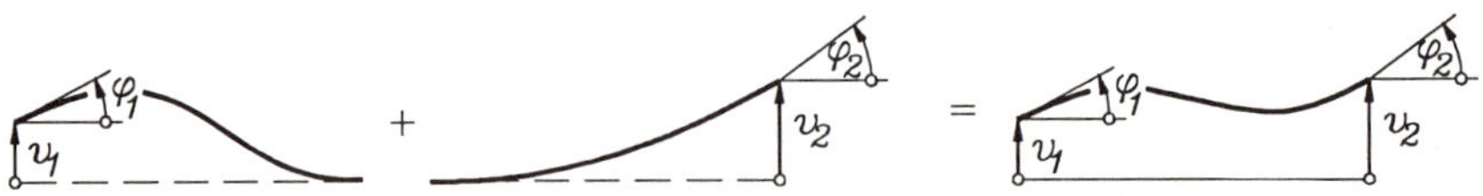

Addition der beiden Verformungsfälle zur Verformung des finiten Elements

Die Addition der Knotenbelastungen der beiden Lastfälle entsprechend

$$V_1 = \bar{V}_1 + \hat{V}_1 \ , \qquad M_1 = \bar{M}_1 + \hat{M}_1 \ ,$$
$$V_2 = \bar{V}_2 + \hat{V}_2 \ , \qquad M_2 = \bar{M}_2 + \hat{M}_2$$

führt zur

Element-Steifigkeitsbeziehung für den Biegeträger:

$$\begin{bmatrix} V_1 \\ M_1 \\ V_2 \\ M_2 \end{bmatrix} = \left(\frac{EI}{l^3}\right)_e \begin{bmatrix} 12 & 6\,l_e & -12 & 6\,l_e \\ & 4\,l_e^2 & -6\,l_e & 2\,l_e^2 \\ & & 12 & -6\,l_e \\ & symm. & & 4\,l_e^2 \end{bmatrix} \cdot \begin{bmatrix} v_1 \\ \varphi_1 \\ v_2 \\ \varphi_2 \end{bmatrix} \qquad (18.9)$$

- Damit ist die theoretische Vorarbeit für die Berechnung des geraden Biegeträgers nach der Finite-Elemente-Methode geleistet. Die Elemente mit zwei Freiheitsgraden pro Knoten (Verschiebung und Biegewinkel) können - wie im Kapitel 15 beschrieben - zu Systemen zusammengebaut werden. Hier wird nicht noch einmal erläutert, wie durch den Einspeicherungs-Algorithmus die Gleichgewichtsbedingungen erfüllt werden, weil sich dies auf exakt die gleiche Weise begründet wie bei der Behandlung von Stäben im Kapitel 15.1. Der wesentliche Vorteil der Finite-Elemente-Strategie liegt darin, daß man sie ganz formal auf unterschiedliche Probleme übertragen kann.
- Beim Einspeichern der Element-Steifigkeitsmatrizen in die System-Steifigkeitsmatrix werden jeweils 2*2-Untermatrizen übertragen (wie bei den Fachwerkelementen des Abschnitts 15.3). Im Gegensatz zu den Fachwerkelementen des Abschnitts 15.3 können mit den durch (18.9) beschriebenen Elementen jedoch nur gerade Biegeträger (fluchtende Elemente, keine Rahmen) berechnet werden.

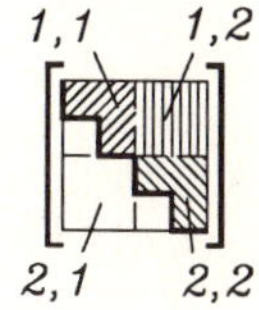

Beispiel: Für den skizzierten Biegeträger soll die Berechnung der Verformung am Kraftangriffspunkt und des Biegewinkels am rechten Lager nach dem Finite-Elemente-Algorithmus demonstriert werden. Für das Element *a* sollen die Element-Knotenlasten berechnet werden.

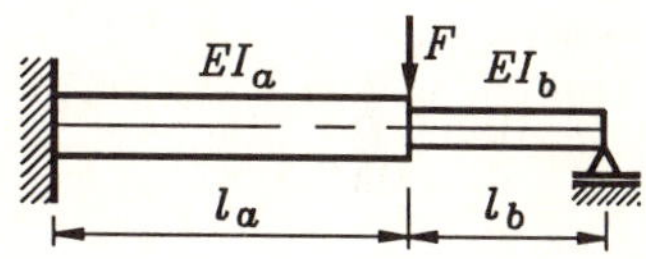

Gegeben: EI_a , $\lambda = EI_b/EI_a = 0{,}25$; l_a , $\mu = l_b/l_a = 0{,}5$, F .

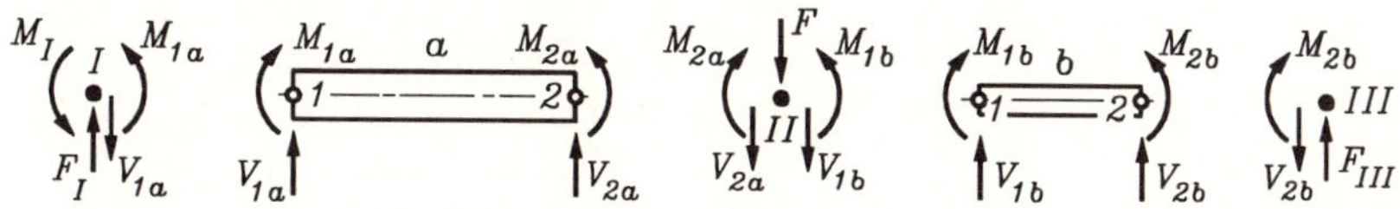

Die Skizze zeigt die Einteilung des Systems in zwei finite Elemente *a* und *b* und die drei von den Elementen gelösten Systemknoten *I*, *II* und *III*, auf die die äußeren Belastungen wirken (gegebene Kraft F und die Lagerreaktionen F_I, M_I und F_{III}). Die Element-Steifigkeitsmatrizen für die Elemente *a* und *b* werden nach (18.9) aufgeschrieben (nebenstehend).

$$K_a = \frac{EI_a}{l_a^3}\begin{bmatrix} 12 & 6\,l_a & -12 & 6\,l_a \\ & 4\,l_a^2 & -6\,l_a & 2\,l_a^2 \\ & & 12 & -6\,l_a \\ & symm. & & 4\,l_a^2 \end{bmatrix}$$

$$K_b = \frac{\lambda\,EI_a}{\mu^3\,l_a^3}\begin{bmatrix} 12 & 6\,\mu\,l_a & -12 & 6\,\mu\,l_a \\ & 4\,\mu^2\,l_a^2 & -6\,\mu\,l_a & 2\,\mu^2\,l_a^2 \\ & & 12 & -6\,\mu\,l_a \\ & symm. & & 4\,\mu^2\,l_a^2 \end{bmatrix}$$

Zur Erinnerung: Wenn die Element-Steifigkeitsmatrizen nach den im Kapitel 15 erarbeiteten Regeln in die System-Steifigkeitsmatrix und die äußeren Belastungen in den System-Belastungsvektor eingespeichert werden, dann garantiert die Lösung des so entstehenden Gleichungssystems,

- daß die Gleichgewichtsbedingungen an den Systemknoten erfüllt sind und
- die Knotenverformungen der an einem Knoten zusammenstoßenden Elemente kompatibel sind (die geometrischen Übergangsbedingungen werden erfüllt).

Die Zuordnung der Elementknoten zu den Systemknoten ist in diesem Fall besonders einfach:

	Element-Knoten		***System-Knoten***
Element a:	(1 , 2)	⇒	$\begin{bmatrix} I & II \\ II & III \end{bmatrix}$
Element b:	(1 , 2)	⇒	

Die System-Steifigkeitsmatrix hat 6 Zeilen bzw. Spalten (3 Knoten mit je 2 Freiheitsgraden). Sie wird aus den Element-Steifigkeitsmatrizen aufgebaut, indem die 2*2-Untermatrizen entsprechend nebenstehender Skizze eingespeichert werden. Im Mittelblock, zu dem beide Elemente einen Anteil liefern (am Knoten ***II*** stoßen beide Elemente zusammen) werden die Elementanteile addiert.

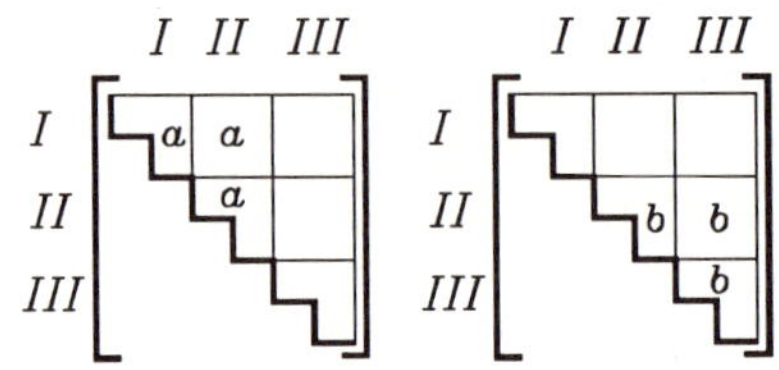

Man erhält schließlich folgende System-Steifigkeitsbeziehung:

$$\begin{bmatrix} 12 & 6 & -12 & 6 & 0 & 0 \\ & 4 & -6 & 2 & 0 & 0 \\ & & 12\left(1+\frac{\lambda}{\mu^3}\right) & -6\left(1-\frac{\lambda}{\mu^2}\right) & -12\frac{\lambda}{\mu^3} & 6\frac{\lambda}{\mu^2} \\ & & & 4\left(1+\frac{\lambda}{\mu}\right) & -6\frac{\lambda}{\mu^2} & 2\frac{\lambda}{\mu} \\ & & & & 12\frac{\lambda}{\mu^3} & -6\frac{\lambda}{\mu^2} \\ & \textit{symm.} & & & & 4\frac{\lambda}{\mu} \end{bmatrix} \cdot \begin{bmatrix} v_I/l_a \\ \varphi_I \\ v_{II}/l_a \\ \varphi_{II} \\ v_{III}/l_a \\ \varphi_{III} \end{bmatrix} = \begin{bmatrix} F_I \\ M_I/l_a \\ -F \\ 0 \\ F_{III} \\ 0 \end{bmatrix} \frac{l_a^2}{EI_a} .$$

- Ein Faktor l_a^{-1} wurde in die Matrix hineingenommen und aus den Spalten 1, 3 und 5 in den Verformungsvektor hinübergezogen, so daß alle Größen dieses Vektors dimensionslos werden.
- Die Gleichungen 2, 4 und 6 wurden durch l_a dividiert. Dadurch ergaben sich dimensionslose Elemente in der System-Steifigkeitsmatrix, und die Elemente des Belastungsvektors haben alle die Dimension einer Kraft.
- Die äußere Kraft F wurde mit negativem Vorzeichen in den Belastungsvektor eingefügt, weil sie entgegen dem für den Aufbau der Element-Steifigkeitsbeziehung gewählten Richtungssinn wirkt. Auf die Positionen 4 und 6 des Belastungsvektors wurden Nullen gesetzt, weil keine äußeren Momente an den Knoten ***II*** und ***III*** angreifen.

In der System-Steifigkeitsbeziehung sind die beiden Kräfte F_I und F_{III} und das Moment M_I und die drei gesuchten Knotenverformungen unbekannt. Die Gleichungen 1, 2 und 5 mit den unbekannten Belastungsgrößen werden zunächst aus dem Gleichungssystem herausgenommen. Gleichzeitig können die entsprechenden Spalten 1, 2 und 5 der System-Steifigkeitsmatrix gestrichen werden, die ohnehin keinen Beitrag liefern, weil die zugehörigen Verschiebungsgrößen v_I, φ_I und v_{III} den Wert Null haben (Einarbeiten der geometrischen Randbedingungen durch "Zeilen-Spalten-Streichen").

Es verbleibt das folgende Gleichungssystem

$$\begin{bmatrix} 12\left(1+\frac{\lambda}{\mu^3}\right) & -6\left(1-\frac{\lambda}{\mu^2}\right) & 6\frac{\lambda}{\mu^2} \\ & 4\left(1+\frac{\lambda}{\mu}\right) & 2\frac{\lambda}{\mu} \\ symm. & & 4\frac{\lambda}{\mu} \end{bmatrix} \cdot \begin{bmatrix} v_{II}/l_a \\ \varphi_{II} \\ \varphi_{III} \end{bmatrix} = \begin{bmatrix} -1 \\ 0 \\ 0 \end{bmatrix} \frac{F\,l_a^2}{EI_a} \,,$$

aus dem mit den gegebenen Größen für λ und μ die Verformungsgrößen berechnet werden:

$$\begin{bmatrix} 36 & 0 & 6 \\ 0 & 6 & 1 \\ 6 & 1 & 2 \end{bmatrix} \cdot \begin{bmatrix} v_{II}/l_a \\ \varphi_{II} \\ \varphi_{III} \end{bmatrix} = \begin{bmatrix} -1 \\ 0 \\ 0 \end{bmatrix} \frac{F\,l_a^2}{EI_a} \quad \Rightarrow \quad \begin{bmatrix} v_{II}/l_a \\ \varphi_{II} \\ \varphi_{III} \end{bmatrix} = \begin{bmatrix} -11 \\ -6 \\ 36 \end{bmatrix} \frac{F\,l_a^2}{180\,EI_a}$$

Mit den nun bekannten Verformungen können aus den drei Gleichungen, die aus der System-Steifigkeitsbeziehung zunächst gestrichen wurden, die Lagerreaktionen F_I, F_{III} und M_I berechnet werden. Aus den Element-Steifigkeitsbeziehungen sind die Element-Knotenbelastungen für jedes Element zu ermitteln, was hier für das Element a gezeigt wird:

$$\begin{bmatrix} V_{1a} \\ M_{1a}/l_a \\ V_{2a} \\ M_{2a}/l_a \end{bmatrix} = \frac{EI_a}{l_a^2} \begin{bmatrix} 12 & 6 & -12 & 6 \\ 6 & 4 & -6 & 2 \\ -12 & -6 & 12 & -6 \\ 6 & 2 & -6 & 4 \end{bmatrix} \cdot \begin{bmatrix} 0 \\ 0 \\ -11 \\ -6 \end{bmatrix} \frac{F\,l_a^2}{180\,EI_a} = \begin{bmatrix} 16 \\ 9 \\ -16 \\ 7 \end{bmatrix} \frac{F}{30} \,.$$

- Die Element-Knotenbelastungen entsprechen natürlich (mit Ausnahme des Vorzeichens) den Schnittgrößen F_Q und M_b. So ist z. B. das gerade berechnete

$$M_{2a} = \frac{7}{30} F\,l_a$$

(Moment am Knoten **2** des Elements a) gleich dem Biegemoment an der Kraftangriffsstelle. Mit den errechneten Elementbelastungen V_{1a} und M_{1a} sind die Schnittgrößen am linken Elementrand und damit die Lagerreaktionen an der Einspannung bekannt.

- Die errechneten Werte für die Verformungen und die Elementbelastungen sind exakt, weil die Biegetheorie von den durch (18.9) definierten Elementsteifigkeitsmatrizen exakt erfaßt wird.

18.2.2 Element-Belastungen (Linienlasten)

Die im Abschnitt 18.2.1 hergeleitete Element-Steifigkeitsbeziehung (18.9) gilt für Elemente, in die nur über die Knoten Kräfte eingeleitet werden. Um auch Linienlasten, die ja Element-Belastungen sind, erfassen zu können, wird ein Weg beschritten, der schon im Abschnitt 15.4 zur Erfassung von Temperatur- und Anfangsdehnungen diente: Die Element-Belastungen werden auf statisch gleichwertige Knotenlasten reduziert, die dann den äußeren Belastungen zugeschlagen werden können.

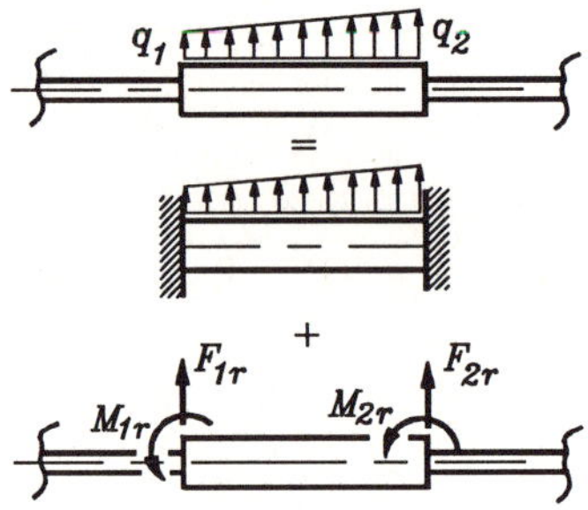

Diese Reduktion soll am Beispiel einer linear veränderlichen Linienlast demonstriert werden. Ein Element einer Finite-Elemente-Struktur ist durch eine Trapezlast belastet (nebenstehende Skizze), die konsequenterweise in gleicher Richtung wie alle Elementkräfte (nach oben) positiv definiert wird. Das System soll nun wie skizziert durch zwei Systeme ("Beidseitig eingespannter Träger" + "Reduziertes System") so ersetzt werden, daß deren Summe (hinsichtlich der Verformungen und der Belastungen) mit dem Original-System identisch ist.

Der beidseitig eingespannte Träger, der die Linienlast tragen soll, gestattet keine Verformungen an den Knoten, allerdings wirken dort die Lagerreaktionen. Wenn die Summe der beiden Ersatzsysteme dem Originalsystem entsprechen soll, müssen die Lagerreaktionen des eingespannten Trägers durch entgegengesetzt gerichtete Belastungen am reduzierten System kompensiert werden. Mit diesen ***reduzierten Belastungen*** werden am ***reduzierten System alle Knotenverformungen korrekt*** ausgerechnet, weil das zu überlagernde Element ja keine Verformungen an diesen Punkten beiträgt.

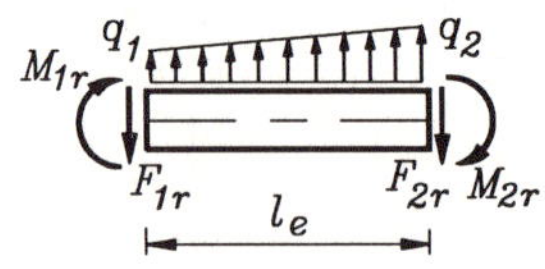

Den Element-Knotenlasten, die das reduzierte System liefert, sind allerdings für das Element, das die Linienlast trägt, die Lagerreaktionen der Einspannstellen (negative reduzierte Belastungen) zu überlagern. Man ermittelt die reduzierten Belastungen am beidseitig eingespannten Träger (nebenstehende Skizze) nach der Theorie der Biegeverformung. Für den skizzierten Fall sind es die Ergebnisse der Aufgabe 17.3 des Kapitels 17:

$$F_{1r} = \frac{l_e}{20}\left(7q_1 + 3q_2\right) \quad ; \quad M_{1r} = \frac{l_e^2}{60}\left(3q_1 + 2q_2\right) \quad ;$$
$$F_{2r} = \frac{l_e}{20}\left(3q_1 + 7q_2\right) \quad ; \quad M_{2r} = -\frac{l_e^2}{60}\left(2q_1 + 3q_2\right) \quad . \qquad \textbf{(18.10)}$$

Auf entsprechendem Wege könnte man für andere Element-Belastungen die reduzierten Belastungen ermitteln, im allgemeinen kommt man aber mit den Formeln (18.10) aus, die als Sonderfälle die konstante Linienlast und die Dreieckslast enthalten. Für andere Verläufe bevorzugt der Praktiker meist eine stückweise Näherung der tatsächlichen Belastungsfunktion durch Trapezlasten (Einteilung des Linienlastbereichs in mehrere finite Elemente).

Die wichtigste Schritte bei der Berücksichtigung von Linienlasten, die am nachfolgenden Beispiel noch einmal demonstriert werden, sind also:

- Die auf die Elemente wirkenden Linienlasten werden durch reduzierte Belastungen ersetzt, die als Knotenlasten behandelt werden.
- Das System, das dann nur noch durch Einzelkräfte und Einzelmomente an den Knoten belastet ist, liefert bei der Berechnung nach dem Finite-Elemente-Algorithmus die **Knotenverformungen exakt**.
- Bei der Berechnung der Element-Knotenbelastungen müssen für die Elemente, bei denen Linienlasten ersetzt wurden, die reduzierten Belastungen subtrahiert werden. Für diese Elemente verwendet man die nachfolgende Beziehung (18.11).

Erweiterte Element-Steifigkeitsbeziehung für den Biegeträger:

$$\begin{bmatrix} V_1 \\ M_1 \\ V_2 \\ M_2 \end{bmatrix} = \left(\frac{EI}{l^3}\right)_e \begin{bmatrix} 12 & 6\,l_e & -12 & 6\,l_e \\ & 4\,l_e^2 & -6\,l_e & 2\,l_e^2 \\ & & 12 & -6\,l_e \\ & symm. & & 4\,l_e^2 \end{bmatrix} \cdot \begin{bmatrix} v_1 \\ \varphi_1 \\ v_2 \\ \varphi_2 \end{bmatrix} - \begin{bmatrix} F_{1r} \\ M_{1r} \\ F_{2r} \\ M_{2r} \end{bmatrix} \qquad \textbf{(18.11)}$$

Beispiel: Für den Biegeträger des Beispiels aus dem vorigen Abschnitt sollen mit der nebenstehend skizzierten Belastung alle Knotenverformungen und die Element-Knotenlasten des Elements ***a*** berechnet werden.

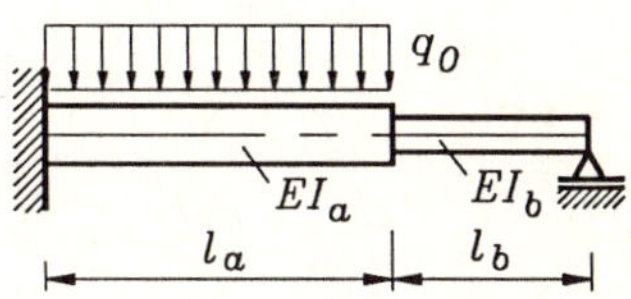

Gegeben: EI_a ; $\lambda = EI_b/EI_a = 0{,}25$;
l_a ; $\mu = l_b/l_a = 0{,}5$; q_0 .

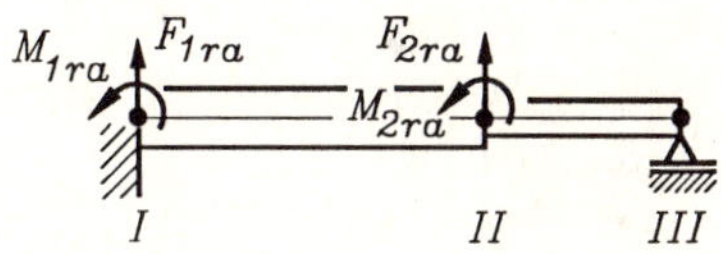

Die Linienlast am Element ***a*** wird nach (18.10) durch reduzierte Belastungen an den Elementknoten ersetzt (negative Vorzeichen, weil die Linienlast in diesem Beispiel nach unten gerichtet ist):

$$F_{1ra} = F_{2ra} = -\frac{1}{2}q_0\,l_a \;;$$

$$M_{1ra} = -M_{2ra} = -\frac{1}{12}q_0\,l_a^2 \;.$$

Da die Abmessungen und Biegesteifigkeiten mit denen des Beispiels aus dem vorigen Abschnitt übereinstimmen, können die Element-Steifigkeitsmatrizen und die System-Steifigkeitsmatrix ungeändert übernommen werden. Im System-Belastungsvektor tauchen nun allerdings die reduzierten Knotenlasten auf den Positionen der Systemknoten ***I*** und ***II*** auf.

- Der Faktor l_a^{-1} bei den Momenten entstand (vgl. die Diskussion im vorigen Abschnitt) aus der Division dieser Zeilen durch l_a.

$$\begin{bmatrix} F_I - \frac{1}{2}q_0\,l_a \\ \left(M_I - \frac{1}{12}q_0\,l_a^2\right)/\,l_a \\ -\frac{1}{2}q_0\,l_a \\ \left(\frac{1}{12}q_0\,l_a^2\right)/\,l_a \\ F_{III} \\ 0 \end{bmatrix} \frac{l_a^2}{EI_a}$$

System-Belastungsvektor

- Man beachte, daß am Knoten *I* die reduzierten Belastungen zusätzlich zu den Lagerreaktionen F_I und M_I auftauchen. Zwar werden diese Gleichungen bei der Verformungsberechnung zunächst gestrichen, bei einer anschließenden Berechnung der Lagerreaktionen mit diesen Gleichungen müßten diese Anteile berücksichtigt werden.

Nach dem Einarbeiten der geometrischen Randbedingungen durch "Zeilen-Spalten-Streichen" verbleibt das Gleichungssystem

$$\begin{bmatrix} 12\left(1+\dfrac{\lambda}{\mu^3}\right) & -6\left(1-\dfrac{\lambda}{\mu^2}\right) & 6\dfrac{\lambda}{\mu^2} \\ & 4\left(1+\dfrac{\lambda}{\mu}\right) & 2\dfrac{\lambda}{\mu} \\ symm. & & 4\dfrac{\lambda}{\mu} \end{bmatrix} \cdot \begin{bmatrix} v_{II}/l_a \\ \varphi_{II} \\ \varphi_{III} \end{bmatrix} = \begin{bmatrix} -\dfrac{1}{2} \\ \dfrac{1}{12} \\ 0 \end{bmatrix} \dfrac{q_0 l_a^3}{EI_a} ,$$

aus dem mit den gegebenen Größen für λ und μ die Verformungsgrößen berechnet werden:

$$\begin{bmatrix} 36 & 0 & 6 \\ 0 & 6 & 1 \\ 6 & 1 & 2 \end{bmatrix} \cdot \begin{bmatrix} v_{II}/l_a \\ \varphi_{II} \\ \varphi_{III} \end{bmatrix} = \begin{bmatrix} -1/2 \\ 1/12 \\ 0 \end{bmatrix} \frac{q_0 l_a^3}{EI_a} \quad \Rightarrow \quad \begin{bmatrix} v_{II}/l_a \\ \varphi_{II} \\ \varphi_{III} \end{bmatrix} = \begin{bmatrix} -1 \\ 0 \\ 3 \end{bmatrix} \frac{q_0 l_a^3}{36\, EI_a} .$$

Aus der erweiterten Element-Steifigkeitsbeziehung werden für das Element a die Element-Knotenbelastungen ermittelt:

$$\begin{bmatrix} V_{1a} \\ M_{1a}/l_a \\ V_{2a} \\ M_{2a}/l_a \end{bmatrix} = \frac{EI_a}{l_a^2} \begin{bmatrix} 12 & 6 & -12 & 6 \\ 6 & 4 & -6 & 2 \\ -12 & -6 & 12 & -6 \\ 6 & 2 & -6 & 4 \end{bmatrix} \cdot \begin{bmatrix} 0 \\ 0 \\ -1 \\ 0 \end{bmatrix} \frac{q_0 l_a^3}{36\, EI_a} - \begin{bmatrix} -q_0 l_a/2 \\ -q_0 l_a/12 \\ -q_0 l_a/2 \\ q_0 l_a/12 \end{bmatrix} = \begin{bmatrix} 10 \\ 3 \\ 2 \\ 1 \end{bmatrix} \frac{q_0 l_a}{12} .$$

Hinweis: Weil die Zeilen mit den Momenten durch l_a dividiert wurden, müssen auch im Vektor der reduzierten Lasten die Momente durch l_a dividiert werden.

- Da ein wesentlicher Vorzug des Finite-Elemente-Algorithmus in dem hohen Formalisierungsgrad der Berechnung liegt, wird hier noch einmal auf die konsequent gehandhabte **Vorzeichen-Regelung** aufmerksam gemacht: Sämtliche **Kräfte und Verschiebungen wurden positiv nach oben** definiert, die **Momente und Winkel sind linksdrehend positiv**. Dies gilt für die äußere Belastung der Knoten (Einzelkräfte bzw. -momente) und der Elemente (Linienlasten) ebenso wie für die Ergebnisse (Knotenverformungen, Element-Knotenbelastungen, Lagerreaktionen).

  Das einzige Abweichen von dieser Regel beim Ermitteln der reduzierten Knotenlasten zur Herleitung der Formeln (18.10) darf bei deren Anwendung schon vergessen sein.

18.2.3 Biegesteife Rahmentragwerke

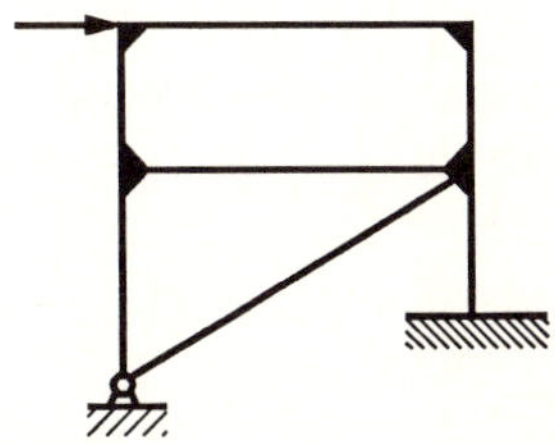

Biegesteife ***Rahmentragwerke*** bestehen aus geraden Trägern, die an den Ecken biegesteif miteinander verbunden sind (im Gegensatz zu den Fachwerken, deren Stäbe nur über Gelenke verbunden sind), so daß auch Biegemomente übertragen werden können.

Für einen einzelnen Träger eines Rahmens können die Biegeverformung und die Längenänderung infolge der Normalkräfte (unter Voraussetzung kleiner Verformungen, Theorie 1. Ordnung) unabhängig voneinander berechnet werden (behandelt in den Kapiteln 14 bzw. 17). An den Ecken müssen natürlich die Zusammenhänge zwischen den Biegeverformungen des einen Trägers und den Längenänderungen des anderen Trägers ebenso beachtet werden wie die Gleichgewichtsbedingungen, die dort für die Normal- und Querkräfte insgesamt erfüllt sein müssen (an einer rechtwinkligen unbelasteten Ecke wird zum Beispiel aus der Querkraft des einen Trägers die Normalkraft des anderen Trägers und umgekehrt).

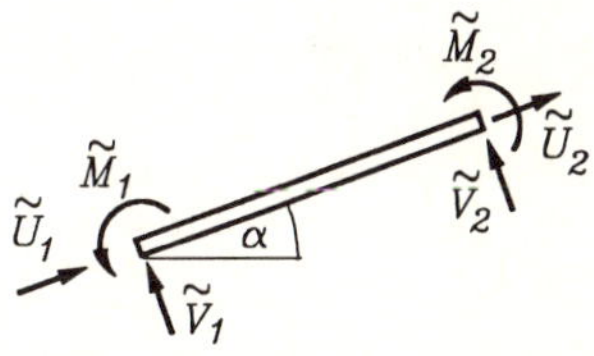

Als finites Element wird zunächst ein aus dem Rahmen herausgeschnittener Träger behandelt, der nur durch die Knotenlasten (Kräfte in Längs- und Querrichtung und Momente) belastet ist und dadurch verformt wird. Die Verformung wird durch die Knotenverschiebungen in Längs- bzw. Querrichtung und die Biegewinkel an den Knoten beschrieben. Nach den Prinzipien der Finite-Elemente-Theorie werden die Belastungs- und Verformungsgrößen an beiden Knoten mit gleichen Richtungen positiv definiert. Der Zusammenhang zwischen den Kräften in Längsrichtung und den entsprechenden Knotenverschiebungen ist mit Gleichung (15.2) für den durch Normalkräfte belasteten Stab gegeben, der Zusammenhang zwischen den Kräften in Querrichtung und den Momenten einerseits und den zugehörigen Verformungen andererseits wird durch die Element-Steifigkeitsmatrix für den Biegeträger (18.9) hergestellt. Beide Gleichungen werden nun zur Element-Steifigkeitsbeziehung für das Rahmenelement zusammengefaßt:

$$\begin{bmatrix} \tilde{U}_1 \\ \tilde{V}_1 \\ \tilde{M}_1 \\ \tilde{U}_2 \\ \tilde{V}_2 \\ \tilde{M}_2 \end{bmatrix} = \left(\frac{EI}{l^3}\right)_e \begin{bmatrix} \left(\frac{A\,l^2}{I}\right)_e & 0 & 0 & -\left(\frac{A\,l^2}{I}\right)_e & 0 & 0 \\ & 12 & 6\,l_e & 0 & -12 & 6\,l_e \\ & & 4\,l_e^2 & 0 & -6\,l_e & 2\,l_e^2 \\ & & & \left(\frac{A\,l^2}{I}\right)_e & 0 & 0 \\ & & & & 12 & -6\,l_e \\ & symm. & & & & 4\,l_e^2 \end{bmatrix} \cdot \begin{bmatrix} \tilde{u}_1 \\ \tilde{v}_1 \\ \tilde{\varphi}_1 \\ \tilde{u}_2 \\ \tilde{v}_2 \\ \tilde{\varphi}_2 \end{bmatrix} \qquad \mathbf{(18.12)}$$

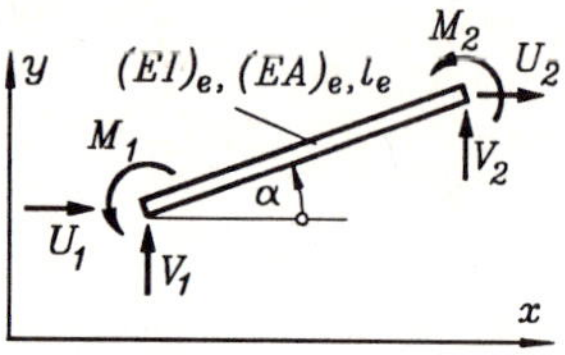

In dieser Form ist die Element-Steifigkeitsmatrix für den Finite-Elemente-Algorithmus nicht brauchbar, da die Knotenkräfte und die Knotenverschiebungen der angrenzenden Elemente andere Richtungen hätten. Diese werden deshalb auf ein für alle Elemente gültiges globales Koordinatensystem transformiert. Momente und Winkel brauchen nicht transformiert zu werden, weil sie um eine Achse senkrecht zur Zeichenebene drehen.

Das finite Rahmenelement ist zur x-Achse des globalen Koordinatensystems um den Winkel α gedreht. Dann setzen sich die Knotenverschiebungen in Längs- bzw. Querrichtung, wie sie in (18.12) verwendet wurden, aus den Verschiebungen u_1 und v_1 (in Richtung der globalen Koordinatenachsen) folgendermaßen zusammen (Skizze):

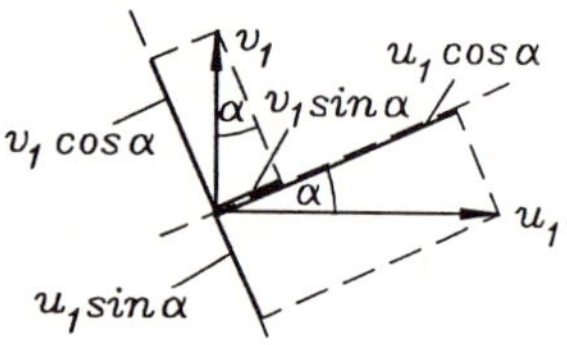

$$\tilde{u}_1 = u_1 \cos\alpha + v_1 \sin\alpha \;;$$
$$\tilde{v}_1 = -u_1 \sin\alpha + v_1 \cos\alpha \;; \qquad \textbf{(18.13)}$$
$$\tilde{\varphi}_1 = \varphi_1 \;.$$

Die hier für den Knoten **1** aufgeschriebenen Transformationen gelten in gleicher Form auch für den Knoten **2**.

Aus der nachfolgenden Skizze kann abgelesen werden, wie sich die in Richtung der globalen Koordinatenachsen wirkenden Kräfte U_1 und V_1 aus den in Längs- bzw. Querrichtung des Elements wirkenden Kräften zusammensetzen:

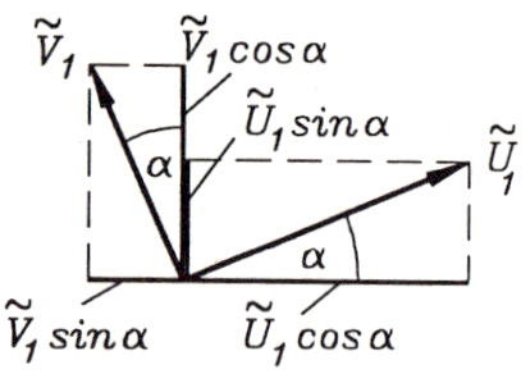

$$U_1 = \tilde{U}_1 \cos\alpha - \tilde{V}_1 \sin\alpha \;;$$
$$V_1 = \tilde{U}_1 \sin\alpha + \tilde{V}_1 \cos\alpha \;; \qquad \textbf{(18.14)}$$
$$M_1 = \tilde{M}_1 \;.$$

Auch hier gelten analoge Beziehungen für den Knoten **2**.

Diese Transformationsbeziehungen werden genutzt, um aus (18.12) die Element-Steifigkeitsbeziehung für ein Rahmenelement herzuleiten, dessen Belastungs- und Verformungsgrößen sich auf das globale Koordinatensystem beziehen. Dies soll hier nur an einer Gleichung exemplarisch dargestellt werden. Nach (18.14) errechnet sich U_1 aus zwei Anteilen, die sich in den ersten beiden Zeilen von (18.12) finden, wobei die Verschiebungen schließlich noch durch (18.13) ersetzt werden:

$$\begin{aligned}
U_1 &= \tilde{U}_1 \cos\alpha - \tilde{V}_1 \sin\alpha \\
&= \left(\frac{EA}{l}\right)_e (\tilde{u}_1 - \tilde{u}_2)\cos\alpha - \left(\frac{EI}{l^3}\right)_e \left(12\,\tilde{v}_1 + 6\,l_e\,\tilde{\varphi}_1 - 12\,\tilde{v}_2 + 6\,l_e\,\tilde{\varphi}_2\right)\sin\alpha \\
&= \left(\frac{EA}{l}\right)_e \left[(u_1\cos\alpha + v_1\sin\alpha) - (u_2\cos\alpha + v_2\sin\alpha)\right]\cos\alpha \\
&\quad - \left(\frac{EI}{l^3}\right)_e \left[12\left(-u_1\sin\alpha + v_1\cos\alpha\right) + 6\,l_e(\ldots) - 12\,(\ldots) + 6\,l_e(\ldots)\right]\sin\alpha
\end{aligned}$$

Auf die gleiche Weise entstehen fünf weitere Gleichungen, die mit der für U_1 entwickelten Gleichung zusammengefaßt werden zur

Element-Steifigkeitsbeziehung für ein Rahmenelement:

$$\begin{bmatrix} U_1 \\ V_1 \\ M_1 \\ U_2 \\ V_2 \\ M_2 \end{bmatrix} = \left(\frac{EI}{l^3}\right)_e \begin{bmatrix} \bar{K}_{11} & \bar{K}_{12} \\ \bar{K}_{12}^T & \bar{K}_{22} \end{bmatrix} \cdot \begin{bmatrix} u_1 \\ v_1 \\ \varphi_1 \\ u_2 \\ v_2 \\ \varphi_2 \end{bmatrix} \qquad (18.15)$$

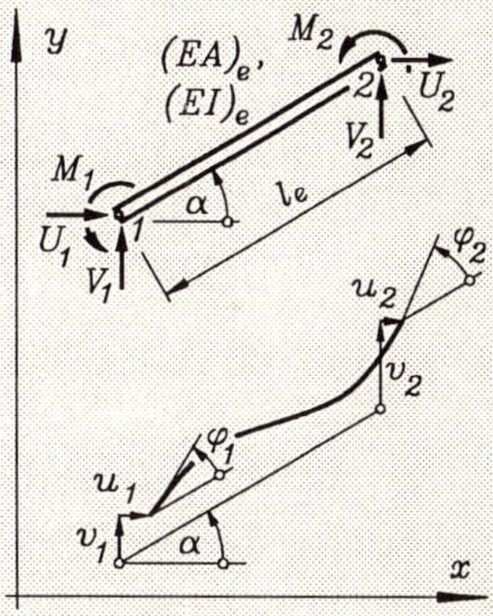

mit den Untermatrizen

$$\bar{K}_{11} = \begin{bmatrix} 12\,s^2 + \beta\,c^2 & (\beta - 12)\,s\,c & -6\,l_e s \\ & 12\,c^2 + \beta\,s^2 & 6\,l_e c \\ (symm.) & & 4\,l_e^2 \end{bmatrix} ,$$

$$\bar{K}_{12} = \begin{bmatrix} -(12\,s^2 + \beta\,c^2) & -(\beta - 12)\,s\,c & -6\,l_e s \\ -(\beta - 12)\,s\,c & -(12\,c^2 + \beta\,s^2) & 6\,l_e c \\ 6\,l_e s & -6\,l_e c & 2\,l_e^2 \end{bmatrix} ,$$

$$\bar{K}_{22} = \begin{bmatrix} 12\,s^2 + \beta\,c^2 & (\beta - 12)\,s\,c & 6\,l_e s \\ & 12\,c^2 + \beta\,s^2 & -6\,l_e c \\ (symm.) & & 4\,l_e^2 \end{bmatrix}$$

und den Abkürzungen

$$c = \cos\alpha \quad , \quad s = \sin\alpha \quad , \quad \beta = \frac{A\,l_e^2}{I} \; .$$

Elementbelastungen werden auch hier erfaßt, indem sie durch äquivalente Knotenlasten ersetzt und den äußeren Belastungen zugeschlagen werden. Dafür werden folgende Vereinbarungen getroffen:

- Für Linienlasten, die senkrecht zum Element wirken, wird eine Vorzeichenregel vereinbart: Bei Fortschreiten vom ersten Elementknoten zum zweiten Elementknoten zeigen die Pfeilspitzen positiver Linienlasten nach links. Die reduzierten Knotenlasten für eine linear veränderliche Linienlast (Trapezlast) können dann durch Zerlegung der mit (18.10) gegebenen Belastungen in Komponenten in Richtung der Achsen des globalen Koordinatensystems gewonnen werden.

- Anfangsdehnungen und Temperaturdehnungen werden wie im Abschnitt 15.4 durch die Knotenkräfte (15.6) ersetzt, die für das Rahmenelement auf die Positionen der Kräfte gesetzt werden, Momente entstehen durch diese Belastungen nicht.

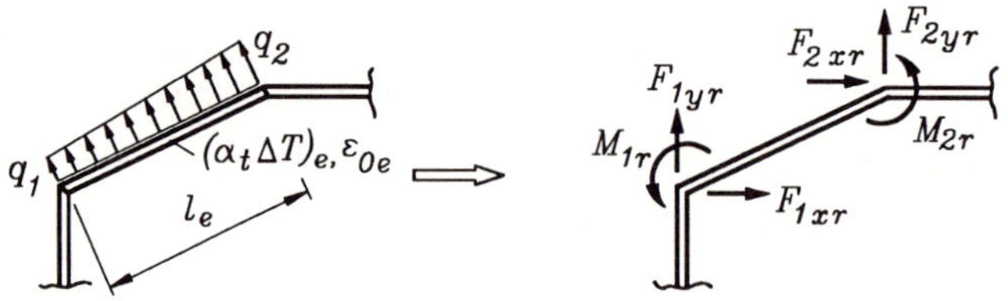

Reduzierte Knotenlasten infolge Temperaturdehnung, Anfangsdehnung und Linienlast

Die **erweiterte Element-Steifigkeitsbeziehung für das Rahmenelement** kann dann in der Form

$$\begin{bmatrix} U_1 \\ V_1 \\ M_1 \\ U_2 \\ V_2 \\ M_2 \end{bmatrix} = \left(\frac{EI}{l^3}\right)_e \begin{bmatrix} \bar{K}_{11} & \bar{K}_{12} \\ \bar{K}_{12}^T & \bar{K}_{22} \end{bmatrix} \cdot \begin{bmatrix} u_1 \\ v_1 \\ \varphi_1 \\ u_2 \\ v_2 \\ \varphi_2 \end{bmatrix} - \begin{bmatrix} F_{1xr} \\ F_{1yr} \\ M_{1r} \\ F_{2xr} \\ F_{2yr} \\ M_{2r} \end{bmatrix} \tag{18.16}$$

mit

$$\begin{bmatrix} F_{1xr} \\ F_{1yr} \\ M_{1r} \\ F_{2xr} \\ F_{2yr} \\ M_{2r} \end{bmatrix} = \begin{bmatrix} -(EA)_e(\alpha_t \Delta T + \varepsilon_0)_e \cos\alpha - \frac{l_e}{20}(7q_1 + 3q_2)\sin\alpha \\ -(EA)_e(\alpha_t \Delta T + \varepsilon_0)_e \sin\alpha + \frac{l_e}{20}(7q_1 + 3q_2)\cos\alpha \\ (3q_1 + 2q_2)\, l_e^2/60 \\ (EA)_e(\alpha_t \Delta T + \varepsilon_0)_e \cos\alpha - \frac{l_e}{20}(3q_1 + 7q_2)\sin\alpha \\ (EA)_e(\alpha_t \Delta T + \varepsilon_0)_e \sin\alpha + \frac{l_e}{20}(3q_1 + 7q_2)\cos\alpha \\ -(2q_1 + 3q_2)\, l_e^2/60 \end{bmatrix} \tag{18.17}$$

aufgeschrieben werden.

Nach der Verformungsberechnung am System können bei dann bekannten Knotenverformungen die Element-Knotenbelastungen nach (18.15) oder (18.16) ermittelt werden, deren Richtungen sich auf das globale Koordinatensystem beziehen. Deshalb ist es vielfach wünschenswert, diese wieder in die "normalen" Schnittgrößen umzuwandeln. Aus der nachfolgenden Skizze abzulesen sind die

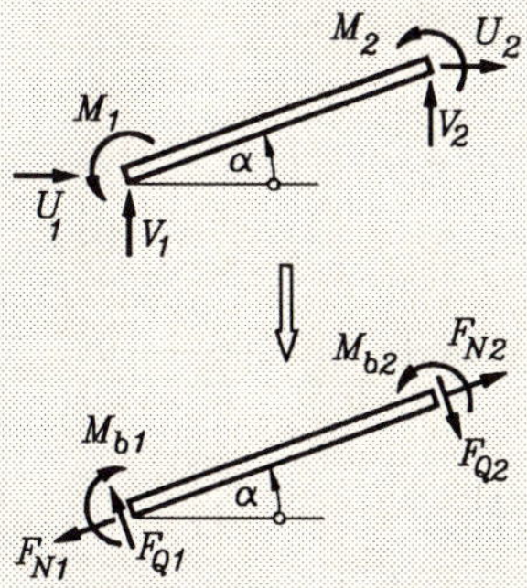

Schnittgrößen für ein Rahmenelement:

$$\begin{aligned} F_{N1} &= -U_1 \cos\alpha - V_1 \sin\alpha \;; \\ F_{Q1} &= -U_1 \sin\alpha + V_1 \cos\alpha \;; \\ M_{b1} &= -M_1 \;; \\ F_{N2} &= U_2 \cos\alpha + V_2 \sin\alpha \;; \\ F_{Q2} &= U_2 \sin\alpha - V_2 \cos\alpha \;; \\ M_{b2} &= M_2 \;. \end{aligned} \tag{18.18}$$

Beispiel:

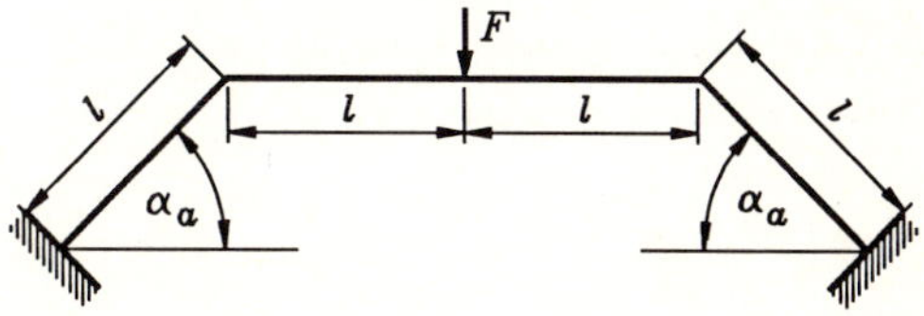

Gegeben: l ; F ; EI ;
$\beta = Al^2/I = 10^4$;
$\alpha_a = 45°$.

Für den skizzierten Rahmen sind die Verformungsgrößen und die Schnittgrößen an der Kraftangriffsstelle und an der Rahmenecke zu berechnen.

Wegen der Symmetrie (Abmessungen, Lagerung, Belastung) braucht nur eine Hälfte des Rahmens betrachtet zu werden, so daß das System nur in zwei finite Elemente unterteilt werden muß.

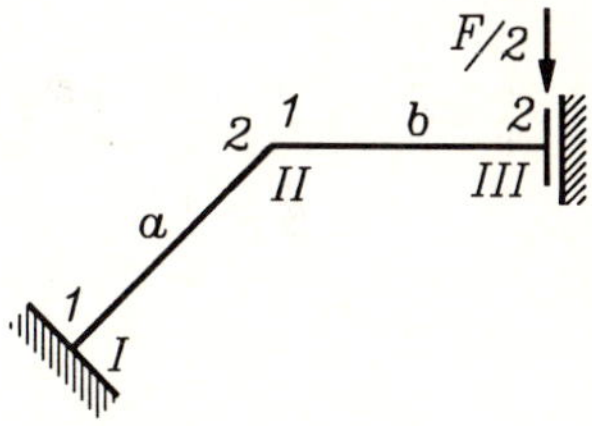

Entsprechend nebenstehender Skizze ist eine Symmetriehälfte durch die Kraft $F/2$ belastet. Die geometrischen Symmetriebedingungen (verhinderte Verschiebung in horizontaler Richtung und horizontale Tangente der Biegelinie im Symmetrieschnitt) werden durch eine entsprechende Lagerung simuliert. Für die beiden Elemente a und b können die Element-Steifigkeitsmatrizen nach (18.15) aufgeschrieben werden mit den Untermatrizen

$$\bar{K}_{11,a} = \begin{bmatrix} 5006 & 4994 & -3\sqrt{2}\,l \\ & 5006 & 3\sqrt{2}\,l \\ symm. & & 4\,l^2 \end{bmatrix} \;; \quad \bar{K}_{11,b} = \begin{bmatrix} 10000 & 0 & 0 \\ & 12 & 6\,l \\ symm. & & 4\,l^2 \end{bmatrix} \;;$$

$$\bar{K}_{12,a} = \begin{bmatrix} -5006 & -4994 & -3\sqrt{2}\,l \\ -4994 & -5006 & 3\sqrt{2}\,l \\ 3\sqrt{2}\,l & -3\sqrt{2}\,l & 2\,l^2 \end{bmatrix} \;; \quad \bar{K}_{12,b} = \begin{bmatrix} -10000 & 0 & 0 \\ 0 & -12 & 6\,l \\ 0 & -6\,l & 2\,l^2 \end{bmatrix} \;;$$

$$\bar{K}_{22,a} = \begin{bmatrix} 5006 & 4994 & 3\sqrt{2}\,l \\ & 5006 & -3\sqrt{2}\,l \\ symm. & & 4\,l^2 \end{bmatrix} \quad ; \quad \bar{K}_{22,b} = \begin{bmatrix} 10000 & 0 & 0 \\ & 12 & -6\,l \\ symm. & & 4\,l^2 \end{bmatrix} .$$

Beim Aufbau der System-Steifigkeitsmatrix, die die neun Verformungsgrößen an den drei Knoten mit den zugehörigen Belastungsgrößen verknüpft, werden jeweils diese 3*3-Untermatrizen eingespeichert, entsprechend der einfachen Topologie des Systems wie nebenstehend angegeben.

$$\frac{EI}{l^3}\begin{bmatrix} \bar{K}_{11,a} & \bar{K}_{12,a} & \bar{0} \\ & \bar{K}_{22,a}+\bar{K}_{11,b} & \bar{K}_{12,b} \\ symm. & & \bar{K}_{22,b} \end{bmatrix}$$

9*9-System-Steifigkeitsmatrix

Fünf Knotenverformungen sind durch die Lagerung behindert (u_I, v_I und φ_I an der Einspannung und u_{III} und φ_{III} im Symmetrieschnitt). Nach Streichen der entsprechenden Zeilen und Spalten **1**, **2**, **3**, **7** und **9** (Einarbeiten der geometrischen Randbedingungen durch "Zeilen-Spalten-Streichen") verbleibt das Gleichungssystem:

$$\begin{bmatrix} 15006 & 4994 & 3\sqrt{2} & 0 \\ & 5018 & 6-3\sqrt{2} & -12 \\ & & 8 & -6 \\ symm. & & & 12 \end{bmatrix} \cdot \begin{bmatrix} u_{II}/l \\ v_{II}/l \\ \varphi_{II} \\ v_{III}/l \end{bmatrix} = \begin{bmatrix} 0 \\ 0 \\ 0 \\ -0{,}5 \end{bmatrix} \frac{F\,l^2}{EI} .$$

- Der Übergang auf dimensionslose Verformungsgrößen ermöglichte es (wie bei den Beispielen der vorigen Abschnitte), die Elemente der System-Steifigkeitsmatrix dimensionslos zu machen.
- Für den Vektor der äußeren Knotenbelastungen (rechte Seite des Gleichungssystems) lieferte nur die Kraft $F/2$ einen Anteil (negativ, weil nach unten gerichtet), weil der Knoten ***II*** unbelastet ist.
- Von der typischen Bandstruktur der symmetrischen Koeffizientenmatrix des Gleichungssystems sieht man bei diesem einfachen Beispiel nur die Null in der rechten oberen Ecke. Das Gleichungssystem wird mit dem Programm MLINEQ (beiliegende Diskette) gelöst.

Die nebenstehend angegebene Lösung zeigt, daß die Rahmenecke sich (im Vergleich zum Kraftangriffspunkt) kaum verschiebt. Dies liegt daran, daß nur durch Längenänderung der Elemente eine Verschiebung dieses Punktes möglich ist, während sich der Kraftangriffspunkt im wesentlichen infolge der Biegeverformung verschiebt.

$$\begin{bmatrix} u_{II}/l \\ v_{II}/l \\ \varphi_{II} \\ v_{III}/l \end{bmatrix} = \begin{bmatrix} 0{,}00009227 \\ -0{,}00023454 \\ -0{,}05027731 \\ -0{,}06703986 \end{bmatrix} \frac{F\,l^2}{EI} .$$

Die Berechnung der Element-Knotenkräfte soll für das Element ***b*** demonstriert werden. In (18.15) werden die bereits formulierten Untermatrizen der Element-Steifigkeitsmatrix und die nun bekannten Knotenverformungen der Knoten ***II*** und ***III*** eingesetzt. Um in allen Gleichungen mit den gleichen Dimensionen zu rechnen, werden die beiden Momenten-Gleichungen durch die Länge ***l*** dividiert:

$$\begin{bmatrix} U_1 \\ V_1 \\ M_1/l \\ U_2 \\ V_2 \\ M_2/l \end{bmatrix}_b = \frac{EI}{l^3} \begin{bmatrix} 10000 & 0 & 0 & -10000 & 0 & 0 \\ 0 & 12 & 6l & 0 & -12 & 6l \\ 0 & 6 & 4l & 0 & -6 & 2l \\ -10000 & 0 & 0 & 10000 & 0 & 0 \\ 0 & -12 & -6l & 0 & 12 & -6l \\ 0 & 6 & 2l & 0 & -6 & 4l \end{bmatrix} \cdot \begin{bmatrix} 0{,}00009227 \\ -0{,}00023454 \\ -0{,}05027731/l \\ 0 \\ -0{,}06703986 \\ 0 \end{bmatrix} \frac{Fl^3}{EI} .$$

Die Element-Knotenkräfte, die sich aus dieser Matrizenmultiplikation ergeben, stimmen für das Element b bis auf die Vorzeichen mit den Schnittgrößen an den Elementknoten, die nach (18.18) berechnet werden, überein:

$$\begin{bmatrix} U_1 \\ V_1 \\ M_1/l \\ U_2 \\ V_2 \\ M_2/l \end{bmatrix}_b = \begin{bmatrix} 0{,}9227 \\ 0{,}5000 \\ 0{,}1997 \\ -0{,}9227 \\ 0{,}5000 \\ 0{,}3003 \end{bmatrix} F \quad ; \quad \begin{bmatrix} F_{N1} \\ F_{Q1} \\ M_{b1}/l \\ F_{N2} \\ F_{Q2} \\ M_{b2}/l \end{bmatrix}_b = \begin{bmatrix} -0{,}9227 \\ 0{,}5000 \\ -0{,}1997 \\ -0{,}9227 \\ 0{,}5000 \\ 0{,}3003 \end{bmatrix} F .$$

18.3 Aufgaben

Aufgabe 18.1: Für das nach der Finite-Elemente-Methode im Abschnitt 18.2.1 behandelte Beispiel (Biegeträger mit abschnittsweise konstanter Biegesteifigkeit) berechne man die Biegeverformung mit dem Differenzenverfahren bei einer Einteilung des gesamten Trägers in **120** Abschnitte und vergleiche die Ergebnisse.

Aufgabe 18.2:

Geg.: $a = 44\ cm$; $b = 50\ cm$; $c = 58\ cm$; $d = 80\ cm$; $F = 3{,}48\ q_0 d$.

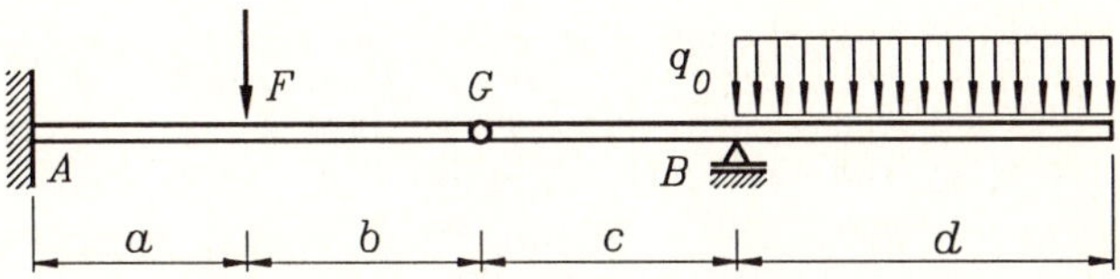

Man ermittle für den skizzierten Gerberträger mit dem Differenzenverfahren die dimensionslosen Durchbiegungen $EI\,v/(q_0 l^4)$.

Hinweis: Bei einer Einteilung der Gesamtlänge $l = a + b + c + d$ in **116** Abschnitte werden alle markanten Punkte des Trägers von Stützstellen "getroffen".

Aufgabe 18.3: Für den skizzierten Biegeträger sind mit Hilfe des Differenzenverfahrens Durchbiegung, Biegemoment- und Querkraftverläufe zu berechnen.

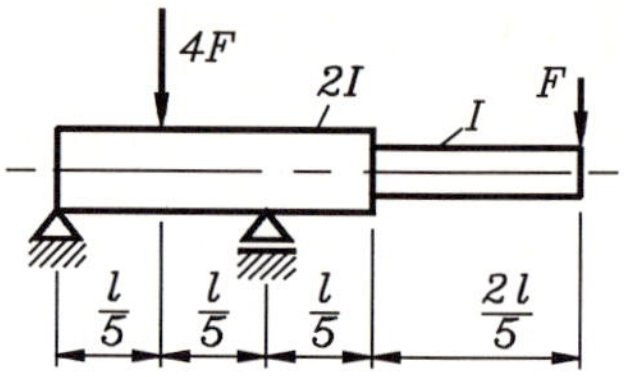

Gegeben: F ; I ; l ; $E = konst.$

Gesucht: v_i, M_{bi}, F_{Qi} bei einer Einteilung des Trägers in 100 Abschnitte.

Aufgabe 18.4: Der skizzierte Kranausleger hat einen Rechteckquerschnitt mit linear veränderlicher Höhe und konstanter Breite.

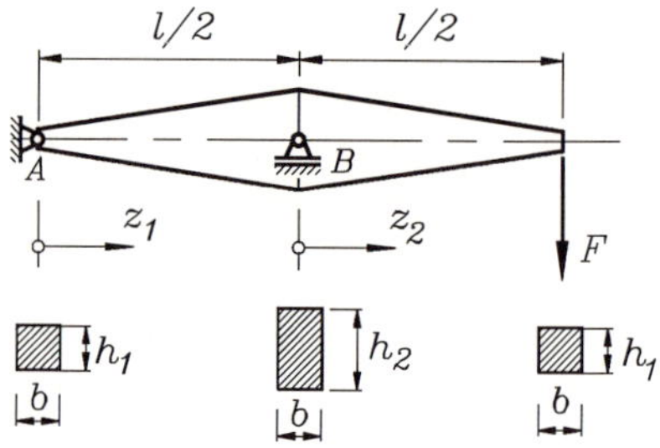

Gegeben: F , E , b , l , h_1 , $h_2 = \lambda h_1$.

a) Man stelle das Flächenträgheitsmoment des Auslegers als Funktionen der skizzierten Koordinaten dar und gewinne daraus das Verhältnis $\mu_i = I_i/I_0$ des Flächenträgheitsmomentes am Punkt i bezogen auf das Flächenträgheitsmoment am Auslegerende $I_0 = (b\,h_1^3)/12$, wenn der gesamte Träger für eine Berechnung mit dem Differenzenverfahren in n_A Abschnitte unterteilt wird.

b) Für den Angriffspunkt der Kraft F ist die Querkraft-Randbedingung in Differenzenschreibweise zu formulieren.

c) Mit Hilfe des Differenzenverfahrens ist die Durchbiegung des Trägers bei einer Einteilung in insgesamt $n_A = 100$ Abschnitte für $\lambda = 1; 2; 3$ zu berechnen (Empfehlung: Man nutze zur Aufstellung des Gleichungssystems die Makrotechnik des Programms MLINEQ und speichere jeweils das gesamte Berechnungsmodell für die Berechnungen der Fragestellung g).

d) Aus den unter c) ermittelten Verschiebungen bestimme man mit der Differenzenformel das Biegemoment am Lager B und vergleiche mit dem exakten Wert.

e) Für $\lambda = 1$ kontrolliere man das Ergebnis für die Durchbiegung am Angriffspunkt der Kraft F durch Superposition von Lastfällen, die im Abschnitt 17.4 zusammengestellt sind.

f) Für $\lambda = 2$ sind die Biegelinie und der Momentenverlauf graphisch darzustellen. Man diskutiere das Ergebnis (insbesondere für das Biegemoment).

g) Für den bei A starr eingespannten (und damit statisch unbestimmt gelagerten) Träger (nebenstehende Skizze) sind die Teilaufgaben a) bis f) zu lösen (Hinweis: In den Gleichungssystemen für das Differenzenverfahren ändert sich jeweils nur eine Matrixzeile). Zusätzlich berechne man das Einspannmoment am Lager A mit den Differenzenformeln.

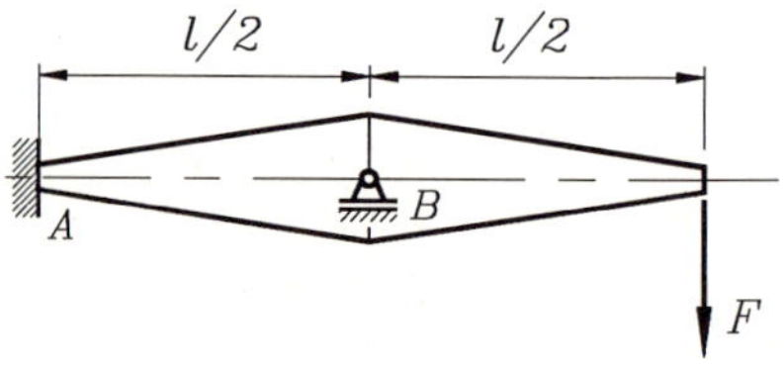

Aufgabe 18.5: Für das Fachwerk 2 der Aufgabe 6.6 sind Vergleichsrechnungen durchzuführen: Die Theorie des idealen Fachwerks (reibungsfreie Gelenke, Stäbe nehmen nur Zug- bzw. Druckkräfte auf) ist mit der (im allgemeinen realen) Ausführung des Tragwerks mit biegesteifen Verbindungen (Knotenbleche) zu vergleichen. Alle Stäbe bzw. Biegeträger haben den gleichen Rechteckquerschnitt mit der Breite $\boldsymbol{b}$ und der Höhe $\boldsymbol{h}$.

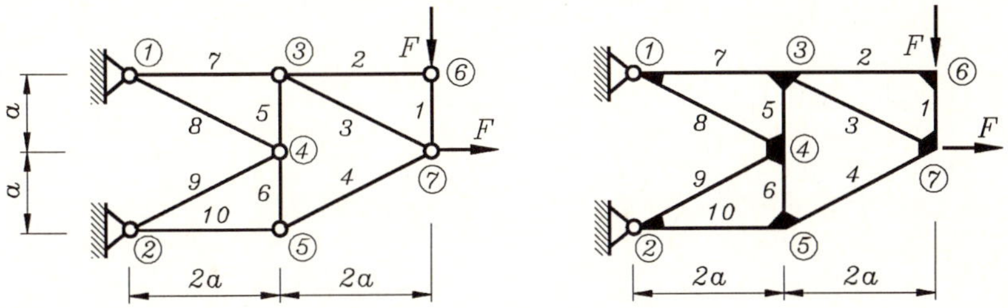

Gegeben: $a = 0{,}5\ m$; $F = 10\ kN$; $E = 2{,}1 \cdot 10^5\ N/mm^2$; $b = 1{,}5\ cm$; $h = 2\ cm$.

a) Man berechne mit dem FEMSET-Programm FACHSKEL* (beiliegende Diskette) die Knotenverschiebungen und die Stabkräfte des idealen Fachwerks (linke Skizze).

b) Mit dem FEMSET-Programm BALQSKEL* berechne man die Knotenverschiebungen und die Schnittgrößen an den Elementknoten des biegesteifen Tragwerks.

c) Die nach a) bzw. b) berechneten Knotenverschiebungen und die sich aus den Schnittgrößen ergebenden maximalen Spannungen in den Elementen nach beiden Theorien sind zu vergleichen und zu diskutieren.

Aufgabe 18.6: Ein biegesteifer Rahmen ist durch eine Dreieckslast und zwei konstante Linienlasten belastet. Alle Elemente haben den gleichen Querschnitt.

Gegeben:
$a = 2\ m$;
$q_0 = 3\ kN/m$;
$q_1 = q_2 = 1\ kN/m$;
$EA = 10^{10}\ N$;
$EI = 10^{12}\ N\,mm^2$.

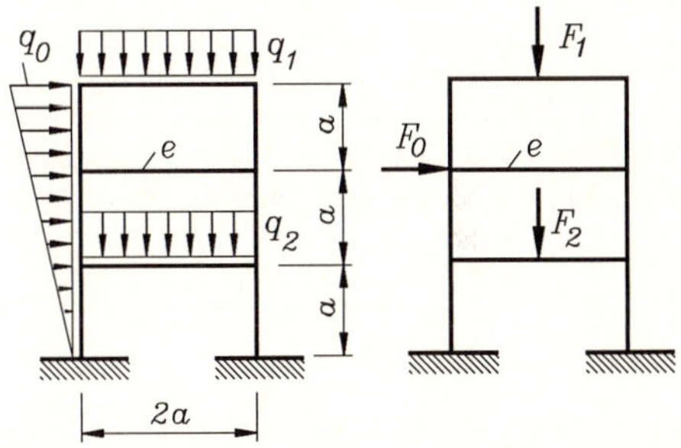

a) Mit dem FEMSET-Programm BALQSKEL* (beiliegende Diskette) berechne man die Knotenverschiebungen des Rahmens und vergleiche sie mit den Ergebnissen, die man erhält, wenn die Linienlasten durch ihre Resultierenden (rechte Skizze) ersetzt werden.

b) Man stelle die ermittelten Schnittgrößen an den Elementknoten des mit $\boldsymbol{e}$ bezeichneten Elements für beide Varianten einander gegenüber.

c) Die Lagerreaktionen sind aus den Schnittgrößen der Anschlußelemente abzulesen. Das Gleichgewicht der Lagerreaktionen mit den äußeren Lasten ist zu überprüfen.

---

* Bessere Idee: Man holt sich die viel komfortableren Programme FACH2D und RAHMEN2D über das Internet (siehe Hinweis auf Seite IV) und benutzt diese.

19 Spezielle Biegeprobleme

19.1 Schiefe Biegung

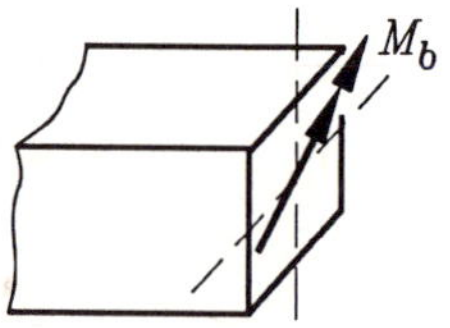

Die im Abschnitt 16.1 hergeleitete Biegespannungsformel (16.1) gilt nur, wenn die Biegeachse (Achse, um die das Biegemoment dreht) eine Hauptzentralachse der Querschnittsfläche ist (siehe auch Diskussion im Abschnitt 16.3). Wenn diese Bedingung nicht erfüllt ist, spricht man von ***schiefer Biegung***.

Da jede Fläche zwei aufeinander senkrecht stehende Hauptzentralachsen hat (vgl. Abschnitt 16.2.5), kann die Spannungsberechnung bei schiefer Biegung stets auf zwei Hauptachsenfälle reduziert werden, so daß folgendes Vorgehen immer zum Ziel führt:

- Das Biegemoment wird in zwei Komponenten in Richtung der Hauptzentralachsen zerlegt. Wenn für alle zu betrachtenden Querschnitte die Hauptzentralachsen die gleiche Lage haben, ist es meist günstiger, bereits die äußere Belastung in diese Richtungen zu zerlegen.
- Für beide Hauptachsenfälle werden die Biegespannungen gesondert berechnet und anschließend überlagert.

Es ist im allgemeinen nicht empfehlenswert, dabei mit den Widerstandsmomenten zu arbeiten, weil für die Überlagerung die Information über die Vorzeichen der Spannungsanteile benötigt wird. Außerdem kann die maximale Biegespannung auch an einem Punkt auftreten, der von der Berechnung mit dem Widerstandsmoment gar nicht erfaßt wird. Es ist auch möglich, daß die beiden Widerstandsmomente einen Punkt "erfassen", der gar nicht zum Querschnitt gehört (z. B. beim Kreis).

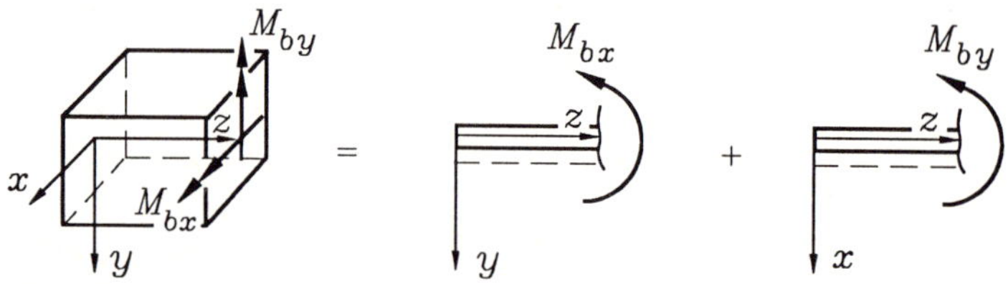

Wie in der Statik vereinbart (Abschnitt 8.4), werden die Biegemomente M_{by} und M_{bx} am positiven Schnittufer so angetragen, daß die im Bereich positiver x- bzw. y-Werte liegenden Fasern auf Zug beansprucht werden. Der Vorteil dieser Vereinbarung, zwei ebene Probleme mit gleicher Definition positiver Momente betrachten zu können, gilt auch für die Biegespannungsberechnung: Die aus zwei gleichartigen Formeln zu gewinnenden Spannungsanteile können einfach durch Addition überlagert werden, und man erhält die

Biegespannungsformel für zweiachsige Biegung (schiefe Biegung) um die Hauptzentralachsen *x* und *y*:

$$\sigma_b = \frac{M_{bx}}{I_{xx}}\, y + \frac{M_{by}}{I_{yy}}\, x \; . \qquad (19.1)$$

- Die Formel (19.1) gestattet die Berechnung der Biegespannung für jeden Punkt des Querschnitts. Bei Beachtung der Vereinbarung für die Definition positiver Biegemomente ergeben sich automatisch auch die richtigen Vorzeichen für die Spannungswerte.

Die Spannungsfunktion $\sigma_b(x,y)$ ist linear in x und y. Man kann sie sich als Ebene veranschaulichen, die die x-y-Ebene (Querschnitts-Ebene) entlang der Geraden

$$\frac{M_{bx}}{I_{xx}}\, y + \frac{M_{by}}{I_{yy}}\, x = 0$$

schneidet. Diese sogenannte ***Spannungs-Null-Linie*** geht durch den Schwerpunkt des Querschnitts. Die auf ihr liegenden Punkte des Querschnitts sind biegespannungsfrei.

Auf einer Seite der Spannungs-Null-Linie liegen die Punkte mit positiver Biegespannung (Zug), auf der anderen Seite die Punkte mit negativer Biegespannung (Druck). Da die Spannungsfunktion durch eine Ebene repräsentiert wird, wachsen die σ_b-Werte proportional mit dem (senkrechten) Abstand der Querschnittspunkte von der Spannungs-Null-Linie, und es ergibt sich die wichtige Aussage über den

Maximalwert der Biegespannung in einem Querschnitt:

- Die absolut größte Biegespannung in einem Querschnitt wirkt in dem Punkt mit der größten (senkrechten) Entfernung von der Spannungs-Null-Linie

$$y = -\frac{I_{xx}}{I_{yy}}\,\frac{M_{by}}{M_{bx}}\, x \; . \qquad (19.2)$$

- Die Spannungs-Null-Linie ist eine Gerade, die in der Querschnittsfläche liegt und durch den Flächenschwerpunkt des Querschnitts verläuft.

Beispiel 1:

Ein Kragträger mit Rechteckquerschnitt (**h/b = 2**) ist am freien Ende durch eine Einzelkraft ***F*** belastet, deren Wirkungslinie durch den Schwerpunkt der Querschnittsfläche verläuft (**tan α = 2**).

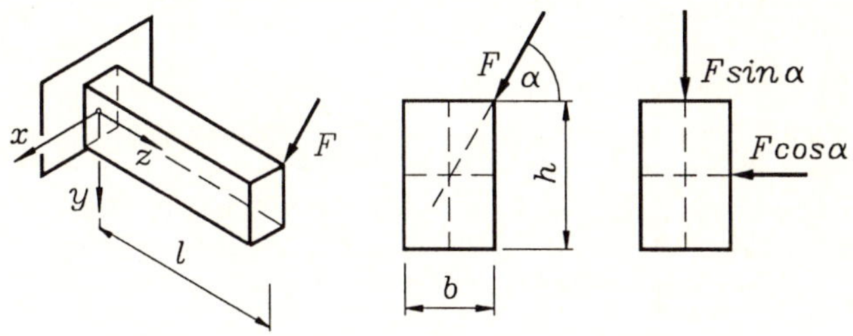

Man diskutiere den Spannungsverlauf im Einspannquerschnitt.

Die Kraft $\boldsymbol{F}$ wird in zwei Komponenten in Richtung der Hauptzentralachsen zerlegt, und an der Einspannstelle ergeben sich damit die Extremwerte der Biegemomente

$$M_{bx} = -F\,l\,\sin\alpha\ , \qquad M_{by} = -F\,l\,\cos\alpha\ .$$

Damit erhält man nach (19.1) folgende Biegespannungsverteilung im Einspannquerschnitt:

$$\sigma_b = -\frac{12\,F\,l}{bh}\left(\frac{y}{h^2}\sin\alpha + \frac{x}{b^2}\cos\alpha\right).$$

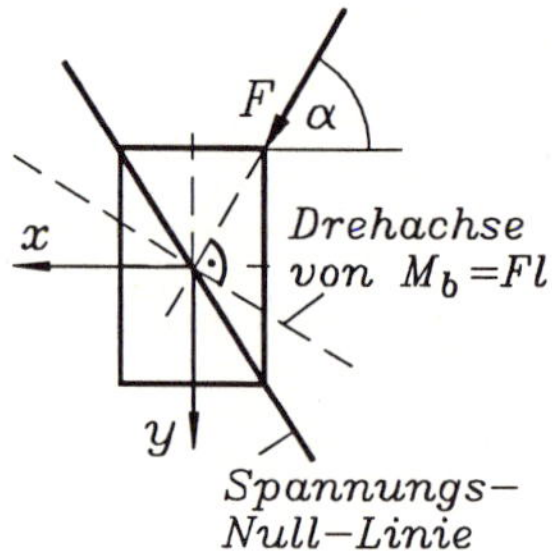

Aus $\sigma_b = 0$ ergibt sich die Spannungs-Null-Linie für diesen Querschnitt

$$y = -x\,\frac{h^2}{b^2}\cot\alpha$$

bzw. mit den gegebenen Zahlenwerten:

$$y = -2\,x\ .$$

Man beachte, daß die Spannungs-Null-Linie nicht senkrecht zur Belastungsebene liegt und damit auch nicht mit der Drehachse des Gesamtbiegemoments in diesem Querschnitt ($M_b = F\,l$) zusammenfällt.

Die Extremwerte der Biegespannung ergeben sich in den Eckpunkten der Rechteckfläche im ersten Quadranten (Druck) und im dritten Quadranten (Zug).

Beispiel 2:

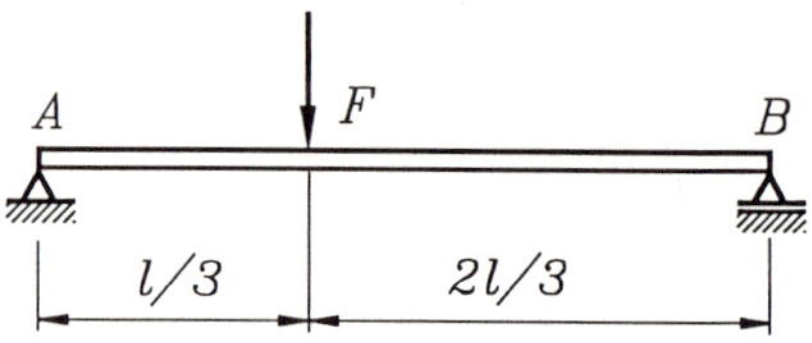

Der skizzierte Träger mit einem Profil **Z 30** nach DIN 1027 ist durch die vertikale Kraft $\boldsymbol{F}$ belastet.

Man ermittle Ort und Größe der maximalen Biegespannung.

Gegeben: $F = 1\ kN$; $l = 1\ m$.

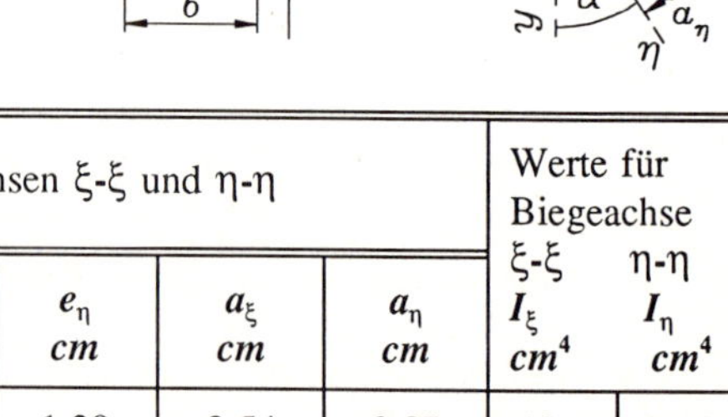

Ausschnitt aus DIN 1027:

Z	Lage der Achse η-η tan α	Abstände der Achsen ξ-ξ und η-η						Werte für Biegeachse ξ-ξ	η-η
		o_ξ cm	o_η cm	e_ξ cm	e_η cm	a_ξ cm	a_η cm	I_ξ cm⁴	I_η cm⁴
30	1,655	3,86	0,58	0,61	1,39	3,54	0,87	18,1	1,54

Das maximale Biegemoment tritt am Kraftangriffspunkt auf. Mit der Lagerkraft F_B (aus dem Momentengleichgewicht um A) folgt das Moment (nebenstehende Schnittskizze):

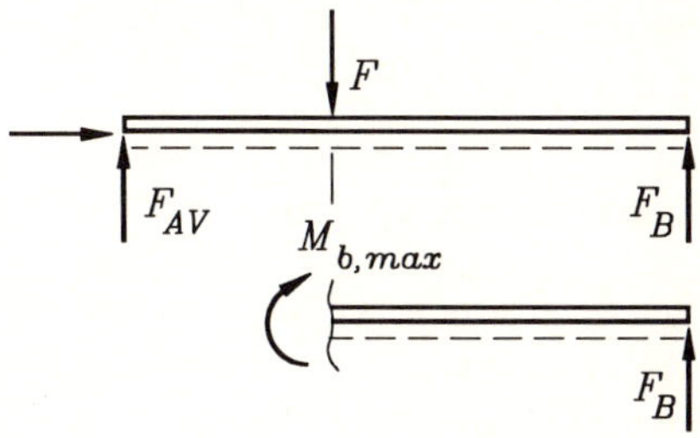

$$F_B = \frac{F}{3} \quad ; \quad M_{b,\max} = F_B \frac{2}{3} l = \frac{2}{9} F l \quad .$$

Es biegt um die horizontale x-Achse, die bei diesem Profil jedoch keine Hauptzentralachse ist. Die in DIN 1027 eingetragenen Achsen ξ und η sind die Hauptzentralachsen des Querschnitts, die zum x-y-System um den Winkel α gedreht sind. Die Flächenträgheitsmomente und die Abstände zu ausgewählten Eckpunkten können der Tabelle entnommen werden.

Deshalb wird das Biegemoment in zwei Komponenten um die Achsen ξ und η zerlegt. Mit

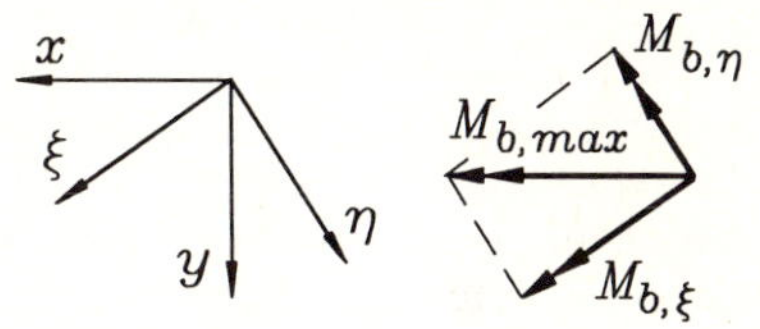

$$M_{b,\xi} = \frac{2}{9} F l \cos\alpha \quad , \quad M_{b,\eta} = \frac{2}{9} F l \sin\alpha$$

ergibt sich folgende Spannungsverteilung im Querschnitt:

$$\sigma_b = \frac{M_{b,\xi}}{I_{\xi\xi}} \eta + \frac{M_{b,\eta}}{I_{\eta\eta}} \xi = \frac{2}{9} F l \left(\frac{\eta \cos\alpha}{I_{\xi\xi}} + \frac{\xi \sin\alpha}{I_{\eta\eta}} \right) \quad .$$

Die maximale Spannung tritt in dem Querschnittspunkt auf, der am weitesten von der Spannungs-Null-Linie

$$\eta = - \frac{I_{\xi\xi}}{I_{\eta\eta}} \tan\alpha \cdot \xi = - 19{,}45 \; \xi$$

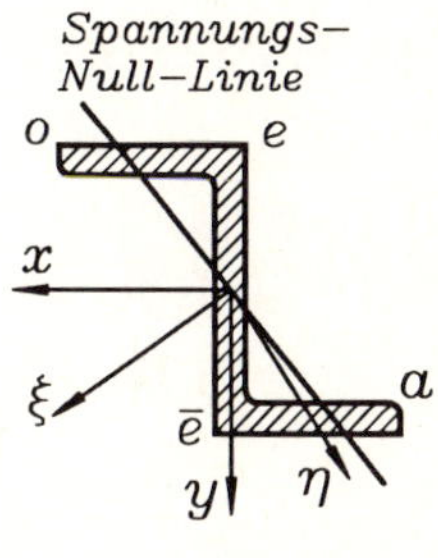

entfernt ist (nebenstehende Skizze). Dies sind offensichtlich die Punkte e bzw. $\bar{e}$. Mit den auf das ξ-η-System bezogenen Koordinaten dieser Punkte, die man der DIN 1027 entnimmt, erhält man für diese Punkte:

$$\sigma_{b,e} = -176 \frac{N}{mm^2} \quad ; \quad \sigma_{b,\bar{e}} = +176 \frac{N}{mm^2} \quad .$$

Es empfiehlt sich, vorsichtshalber auch für die Punkte a und o, deren Koordinaten ebenfalls in der DIN 1027 verzeichnet sind, die Spannungen zu berechnen. Man erhält jedoch (wie erwartet) kleinere Werte.

- Man beachte bei der Arbeit mit der DIN 1027, daß die ξ-Koordinaten der Querschnittspunkte den Index η und die η-Koordinaten den Index ξ haben.

- Das an den Beispielen 1 und 2 demonstrierte Vorgehen zur Biegespannungsberechnung durch Überlagerung zweier Hauptachsen-Probleme kann auch auf die Verformungsberechnung übertragen werden. Dies führt im allgemeinen nicht auf eine ebene Biegelinie. Das nachfolgende Beispiel zeigt, daß sich die einzelnen Punkte des Trägers in unterschiedliche Richtungen verschieben.

Beispiel 3: Der skizzierte Träger mit Rechteckquerschnitt trägt Belastungen in zwei unterschiedlichen Lastebenen.

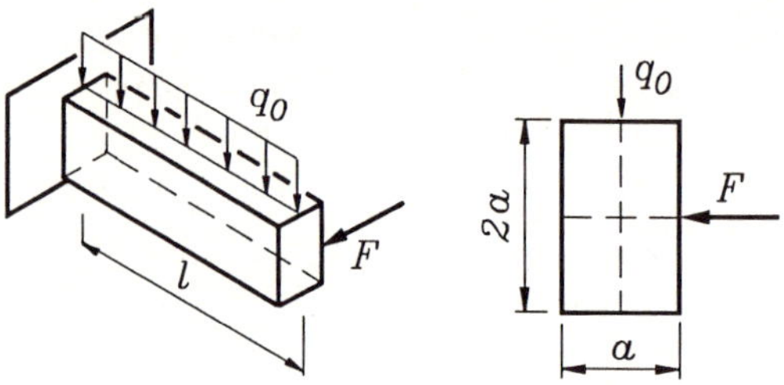

Es sind die Richtungen der resultierenden Durchbiegungen am freien Trägerende und in Trägermitte für unterschiedliche Belastungsverhältnisse $q_0 l/F$ zu berechnen.

Gegeben: $q_0 l/F = 1\ ;\ 2\ ;\ 5\ .$

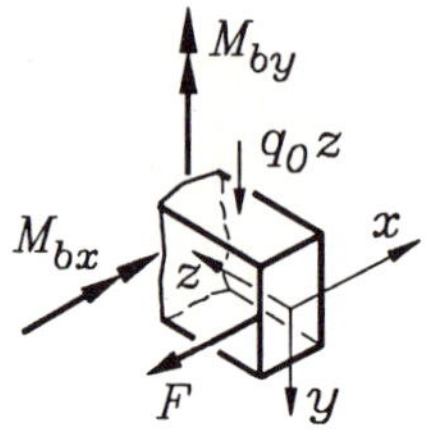

Da die beiden Lastebenen senkrecht zu den Hauptzentralachsen des Querschnitts liegen, dürfen jeweils die Beziehungen der einfachen Biegung verwendet werden. Mit dem nebenstehend skizzierten Koordinatensystem gelten sowohl für die x-z-Ebene, in der die Kraft F wirkt, als auch für die y-z-Ebene, in der die Linienlast wirkt, alle Vereinbarungen, die im Kapitel 17 (für das ebene Biegeproblem) verwendet wurden, so daß die Formeln des Abschnitts 17.4 verwendet werden dürfen.

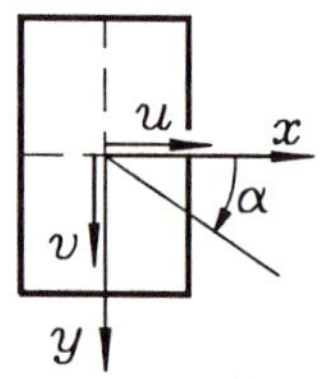

Zur Unterscheidung werden die Verschiebungen in y-Richtung (wie im Kapitel 17) mit v und die in x-Richtung mit u bezeichnet (nebenstehende Skizze). Die Richtung der durch geometrische Überlagerung zu ermittelnden Gesamtverschiebung wird durch den Winkel α gekennzeichnet.

Mit den Flächenträgheitsmomenten (Abschnitt 16.2.2)

$$I_{xx} = \frac{2}{3}\,a^4 \quad , \quad I_{yy} = \frac{1}{6}\,a^4$$

errechnet man mit den Formeln der beiden Lastfälle e) bzw. f) des Abschnitts 17.4 die Durchbiegungen

$$v(z=0) = \frac{q_0 l^4}{8EI_{xx}} = \frac{3}{16}\frac{q_0 l^4}{Ea^4} \quad ; \quad u(z=0) = -\frac{Fl^3}{3EI_{yy}} = -2\,\frac{Fl^3}{Ea^4} \quad ;$$

$$v\left(z=\frac{l}{2}\right) = \frac{17}{384}\frac{q_0 l^4}{EI_{xx}} = \frac{17}{256}\frac{q_0 l^4}{Ea^4} \quad ; \quad u\left(z=\frac{l}{2}\right) = -\frac{5}{48}\frac{Fl^3}{EI_{yy}} = -\frac{5}{8}\frac{Fl^3}{Ea^4} \quad .$$

Die resultierenden Durchbiegungen an den betrachteten Stellen folgen aus

$$f(z=0) = \sqrt{u^2(0)+v^2(0)} \quad ; \quad f\left(z=\frac{l}{2}\right) = \sqrt{u^2\left(\frac{l}{2}\right)+v^2\left(\frac{l}{2}\right)}$$

und die Richtungen der resultierenden Verschiebungen aus

$$\tan\alpha_1 = \frac{v(0)}{u(0)} = -\frac{3}{32}\frac{q_0 l}{F} \quad ; \quad \tan\alpha_2 = \frac{v\left(\frac{l}{2}\right)}{u\left(\frac{l}{2}\right)} = -\frac{17}{160}\frac{q_0 l}{F} \quad .$$

Die Vorzeichen der Verschiebungskomponenten legen eindeutig fest, daß die Winkel, die die Gesamtverschiebungsrichtung kennzeichnen, jeweils im zweiten Quadranten liegen müssen.

$q_0 l/F$	1	2	5
α_1	174,6°	169,4°	154,9°
α_2	173,9°	168,0°	152,0°

Die in der nebenstehenden Tabelle angegebenen Ergebnisse zeigen, daß sich für die betrachteten Stellen (Trägerende bzw. -mitte) unterschiedliche Richtungen für die Gesamtverschiebung ergeben, was nur bei räumlich gekrümmter Biegelinie möglich ist.

Verformungsberechnung bei schiefer Biegung:

Alle Belastungen werden so in Komponenten zerlegt, daß sie mit den Hauptachsen des Querschnitts zusammenfallen. Die Verformung kann dann durch Überlagerung zweier ebener Biegelinien ermittelt werden. Dabei ergibt sich im allgemeinen eine räumlich gekrümmte Kurve als resultierende Biegelinie.

19.2 Der elastisch gebettete Träger

Ein Träger, der zusätzlich zu seinen Lagern oder ausschließlich auf einem elastischen Untergrund aufliegt, kann nach der Theorie des ***elastisch gebetteten Trägers*** berechnet werden. Diese basiert auf der

Hypothese von Winkler/Zimmermann:

Die elastische Unterlage reagiert mit einem Gegendruck auf den Träger, der der Durchbiegung v proportional ist. Dieser wird über die Trägerbreite zu einer Linienlast

$$p(z) = k(z)\ v(z)$$

zusammengefaßt. Der Proportionalitätsfaktor ***(Bettungszahl k)*** wird experimentell ermittelt.

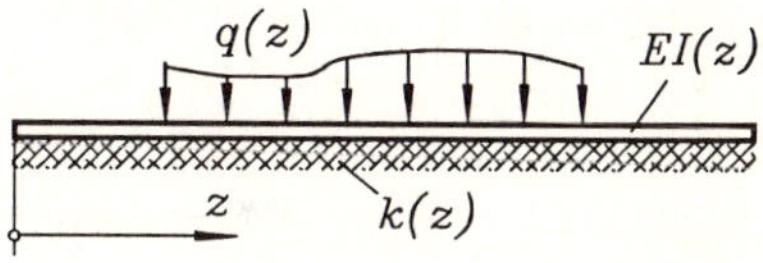

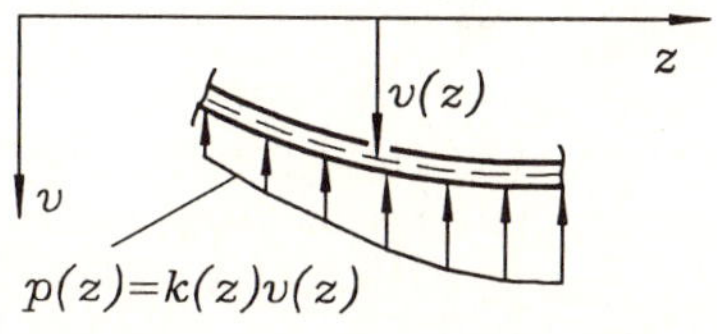

Unter Beibehaltung der Definitionen des Kapitels 17 für die Schnittgrößen, die Koordinaten und Durchbiegungen kann die Differentialgleichung der Biegelinie 4. Ordnung (17.4) um ein zusätzliches Glied (Linienlast infolge des Bettungsdrucks) ergänzt werden. Die resultierende Linienlast aus der äußeren Belastung $q(z)$ und der entgegengesetzt gerichteten Bettungs-Linienlast $p(z)$

$$q_{res}(z) = q(z) - p(z) = q(z) - k(z) \cdot v(z)$$

wird in (17.4) eingesetzt, und man erhält aus

$$\frac{d^2}{dz^2}\left[EI(z)\,\frac{d^2v(z)}{dz^2}\right] = q_{res}(z) = q(z) - k(z)\,v(z)$$

durch Umordnen die

Differentialgleichung der Biegelinie des elastisch gebetteten Trägers:

$$\frac{d^2}{dz^2}\left[EI(z)\,\frac{d^2v(z)}{dz^2}\right] + k(z)\,v(z) = q(z) \quad . \qquad (19.3)$$

19.2.1 Lösung der Differentialgleichung der Biegelinie

Die Lösung der Differentialgleichung (19.3) ist nur für wenige Spezialfälle in geschlossener Form möglich. Sie soll hier für den wichtigsten Sonderfall "Biegesteifigkeit ***EI* = konstant** und Bettungszahl ***k* = konstant**" demonstriert werden. Die Differentialgleichung kann unter dieser Voraussetzung durch die Biegesteifigkeit dividiert werden, es ergibt sich die

Differentialgleichung der Biegelinie des elastisch gebetteten Trägers mit konstanter Biegesteifigkeit und konstanter Bettungszahl:

$$v'''' + k^*\,v = q^* \qquad mit \quad k^* = \frac{k}{EI} \quad , \qquad q^*(z) = \frac{q(z)}{EI} \quad . \qquad (19.4)$$

Die allgemeine Lösung dieser inhomogenen linearen Differentialgleichung 4. Ordnung mit konstanten Koeffizienten setzt sich entsprechend

$$v(z) = v_{part}(z) + v_{hom}(z)$$

aus einer beliebigen Partikulärlösung v_{part} und der allgemeinen Lösung der homogenen Differentialgleichung v_{hom} zusammen (Hinweis für Leser, die die Theorie der Lösung solcher Differentialgleichungen noch nicht kennen: Ohne Einbuße des Verständnisses für die mechanischen Zusammenhänge darf die Entwicklung bis zum Ergebnis (19.5) "überlesen" werden).

Für die Lösung der homogenen Differentialgleichung

$$v'''' + k^*\,v = 0$$

erhält man mit dem Ansatz $v = e^{\lambda z}$ die charakteristische Gleichung

$$\lambda^4\,e^{\lambda z} + k^*\,e^{\lambda z} = 0 \qquad \Rightarrow \qquad \lambda^4 + k^* = 0 \quad ,$$

die vier (komplexe) Lösungen für λ liefert:

$$\lambda_{1,2,3,4} = \sqrt[4]{k^*}\,\frac{\sqrt{2}}{2}\,(\pm 1 \pm i) \quad .$$

Man überzeugt sich leicht, daß die λ-Werte die Dimension ("Länge")$^{-1}$ haben. Es wird deshalb die Abkürzung

$$\frac{1}{L} = \sqrt[4]{k^*}\,\frac{\sqrt{2}}{2}$$

eingeführt, und die **Lösung der homogenen Differentialgleichung** kann folgendermaßen aufgeschrieben werden:

$$v_{hom} = \bar{C}_1 e^{(1+i)\frac{z}{L}} + \bar{C}_2 e^{(-1+i)\frac{z}{L}} + \bar{C}_3 e^{(-1-i)\frac{z}{L}} + \bar{C}_4 e^{(1-i)\frac{z}{L}} \quad .$$

In dieser Form der Lösung müßten sich komplexe Integrationskonstanten ergeben, um auf reelle Ergebnisse für die Durchbiegung zu kommen. Es ist deshalb sinnvoll, mit Hilfe der bekannten Zusammenhänge ("Euler-Relation") die *e*-Funktionen durch die trigonometrischen Funktionen zu ersetzen:

$$e^{(i\pm 1)\frac{z}{L}} = e^{\pm\frac{z}{L}}\, e^{i\frac{z}{L}} = e^{\pm\frac{z}{L}}\left(\cos\frac{z}{L} + i\sin\frac{z}{L}\right) \quad ,$$

$$e^{(-i\pm 1)\frac{z}{L}} = e^{\pm\frac{z}{L}}\, e^{-i\frac{z}{L}} = e^{\pm\frac{z}{L}}\left(\cos\frac{z}{L} - i\sin\frac{z}{L}\right) \quad .$$

Nach dem Einsetzen dieser Beziehungen in die Lösung der homogenen Differentialgleichung können die Integrationskonstanten (zum Teil unter Einbeziehung der imaginären Einheit i) zu neuen (reellen) Integrationskonstanten zusammengefaßt werden:

$$v_{hom} = e^{\frac{z}{L}}\left(C_1\cos\frac{z}{L} + C_2\sin\frac{z}{L}\right) + e^{-\frac{z}{L}}\left(C_3\cos\frac{z}{L} + C_4\sin\frac{z}{L}\right) \quad .$$

Die neben diesem Lösungsanteil noch erforderliche Partikulärlösung der Differentialgleichung (19.4) kann nur bei gegebener Funktion für die Linienlast $q^*(z)$ ermittelt werden. Man überzeugt sich leicht, daß für Potenzfunktionen bis maximal 3. Grades (wegen des Verschwindens der 4. Ableitung) die inhomogene Differentialgleichung (19.4) von

$$v_{part} = \frac{q^*(z)}{k^*}$$

erfüllt wird. Beide Lösungsanteile werden zusammengefaßt zur allgemeinen

Lösung der Differentialgleichung des elastisch gebetteten Trägers mit konstanter Biegesteifigkeit und konstanter Bettungszahl, belastet mit einer Linienlast, die durch eine Potenzfunktion maximal 3. Grades beschrieben wird:

$$v = \frac{q(z)}{k} + e^{\frac{z}{L}}\left(C_1\cos\frac{z}{L} + C_2\sin\frac{z}{L}\right) + e^{-\frac{z}{L}}\left(C_3\cos\frac{z}{L} + C_4\sin\frac{z}{L}\right)$$

$$mit \qquad L = \sqrt[4]{\frac{4EI}{k}} \quad . \qquad \mathbf{(19.5)}$$

Die Integrationskonstanten C_1 bis C_4 werden wie beim ungebetteten Träger aus Rand- und Übergangsbedingungen bestimmt. Da alle Definitionen (Koordinatensystem, Verschiebungen, Schnittgrößen) aus dem Kapitel 17 beibehalten wurden, gelten dafür sämtliche im Abschnitt 17.3 gegebenen Beispiele. Man beachte, daß für elastisch gebettete Träger immer eine Verformungsrechnung erforderlich ist, auch wenn nur die Schnittgrößen interessieren.

Beispiel: Für den skizzierten elastisch gebetteten Träger sind der Verlauf der Biegelinie und der Biegemomentenverlauf zu bestimmen.

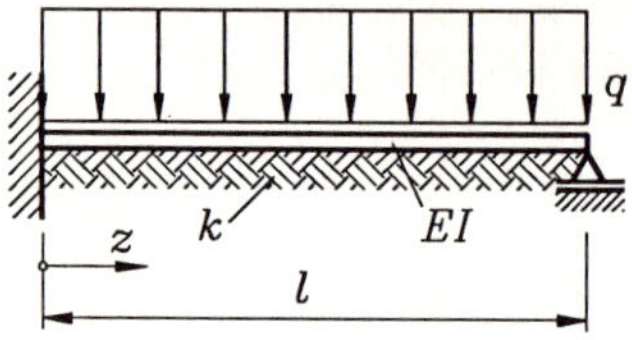

Gegeben: $q_0\,,\ EI\,,\ k\,,\ l\,,\quad \dfrac{k\,l^4}{EI} = 1024\,.$

Es gilt die allgemeine Lösung (19.5) für die Differentialgleichung der Biegelinie des elastisch gebetteten Trägers mit konstanter Biegesteifigkeit und konstanter Bettungszahl, die folgenden Randbedingungen angepaßt werden muß:

$$1.)\ v(0) = 0 \quad ; \quad 2.)\ v'(0) = 0 \quad ; \quad 3.)\ v(l) = 0 \quad ; \quad 4.)\ v''(l) = 0\ .$$

Wenn die Verschiebungsfunktion (19.5) bzw. ihre erste und zweite Ableitung (für die Randbedingungen 2 bzw. 4) in diese vier Gleichungen eingesetzt werden, ergibt sich ein lineares Gleichungssystem für die vier Integrationskonstanten:

$$\begin{bmatrix} 1 & 0 & 1 & 0 \\ 1 & 1 & -1 & 1 \\ e^{\frac{l}{L}}\cos\frac{l}{L} & e^{\frac{l}{L}}\sin\frac{l}{L} & e^{-\frac{l}{L}}\cos\frac{l}{L} & e^{-\frac{l}{L}}\sin\frac{l}{L} \\ -e^{\frac{l}{L}}\sin\frac{l}{L} & e^{\frac{l}{L}}\cos\frac{l}{L} & e^{-\frac{l}{L}}\sin\frac{l}{L} & -e^{-\frac{l}{L}}\cos\frac{l}{L} \end{bmatrix} \cdot \begin{bmatrix} C_1 \\ C_2 \\ C_3 \\ C_4 \end{bmatrix} = \begin{bmatrix} -1 \\ 0 \\ -1 \\ 0 \end{bmatrix} \frac{q_0}{k}\ .$$

Dies wird mit dem Programm MLINEQ (beiliegende Diskette, Ergebnisdruck siehe unten) gelöst. Für den gegebenen Zahlenwert erhält man mit

$$\frac{l}{L} = \sqrt[4]{\frac{k}{4EI}}\; l = \sqrt[4]{\frac{k\,l^4}{4EI}} = 4$$

das nebenstehend angegebene Ergebnis.

$$\begin{bmatrix} C_1 \\ C_2 \\ C_3 \\ C_4 \end{bmatrix} = \begin{bmatrix} 0{,}012267256 \\ 0{,}014247988 \\ -1{,}012267256 \\ -1{,}038782501 \end{bmatrix} \frac{q_0\,l^4}{1024\,EI}$$

```
03.04.1993            Lineares Gleichungssystem            15:06:00 Uhr

Konstantenberechnung für Aufgabe auf Seite 296

Konstanten:     LDL     =  4.000000000

Matrix A:

   I      1. Spalte      2. Spalte      3. Spalte      4. Spalte
   1    1.000000000    0.000000000    1.000000000    0.000000000
   2    1.000000000    1.000000000   -1.000000000    1.000000000
   3  -35.68773248   -41.32001618   -0.011971901   -0.013861321
   4   41.32001618   -35.68773248   -0.013861321    0.011971901

Vektor B:                              Vektor X:

   I        B(I)                          I         X(I)
   1   -1.000000000                       1      0.012267256
   2    0.000000000                       2      0.014247988
   3   -1.000000000                       3     -1.012267256
   4    0.000000000                       4     -1.038782501
```

Mit den Konstanten kann die Biegelinie aufgeschrieben werden (der gemeinsame Faktor $q_0 l^4/(1024EI)$ wurde ausgeklammert, die C_i^* sind die dimensionslosen Zahlenwerte):

$$v(z) = \frac{q_0\, l^4}{1024\, EI}\left[1 + e^{\frac{4z}{l}}\left(C_1^* \cos\frac{4z}{l} + C_2^* \sin\frac{4z}{l}\right) + e^{-\frac{4z}{l}}\left(C_3^* \cos\frac{4z}{l} + C_4^* \sin\frac{4z}{l}\right)\right] .$$

Der Biegemomentenverlauf folgt aus der zweiten Ableitung der Funktion $v(z)$ nach der Formel $M_b(z) = -EI\, v''(z)$:

$$M_b(z) = -\frac{q_0\, l^2}{32}\left[e^{\frac{4z}{l}}\left(-C_1^* \sin\frac{4z}{l} + C_2^* \cos\frac{4z}{l}\right) + e^{-\frac{4z}{l}}\left(C_3^* \sin\frac{4z}{l} - C_4^* \cos\frac{4z}{l}\right)\right] .$$

- ♦ Hinweis für die numerische Auswertung dieser Formeln mit den Programmen der beiliegenden Diskette: Nachdem die Integrationskonstanten mit dem Programm MLINEQ berechnet wurden, werden sie in den Konstantenspeicher des Programms übertragen, und dieser wird als File gesichert, der anschließend vom Programm MCALCU eingelesen wird. In diesem Programm werden $v(z)$ und $M_b(z)$ als Funktionen definiert, die dann ausgewertet werden können (Wertetabelle, graphische Darstellung, Extremwerte, ...).

Die nebenstehende Wertetabelle, die mit dem Programm MCALCU erzeugt wurde, enthält die dimensionslosen Verschiebungen $EIv/(q_0 l^4)$ und die dimensionslosen Biegemomente $M_b/(q_0 l^2)$. Es sind auch Ort und Größe der maximalen Durchbiegung berechnet worden.

Wertetabelle

ZDL	V	MB
0.000000000	0.000000000	-0.032907203
0.125000000	0.000183728	-0.008421538
0.250000000	0.000515466	0.003563007
0.375000000	0.000801176	0.008100913
0.500000000	0.000964050	0.009665832
0.625000000	0.000976260	0.010829343
0.572595027	↑0.000990662↑	0.010321098
0.750000000	0.000819387	0.011762445
0.875000000	0.000482126	0.009937466
1.000000000	0.000000000	0.72867E-13

Der unten abgebildete Bildschirm-Schnappschuß zeigt die graphische Darstellung der Durchbiegung und des Biegemomentenverlaufs (dimensionslose Größen wie in der Wertetabelle). In das Fenster rechts oben wurden u. a. als **ZDL0** die Nullstelle und als **MBREX** die Größe des relativen Extremwerts des Biegemomentenverlaufs eingetragen (das absolut größte Biegemoment befindet sich an der Einspannstelle).

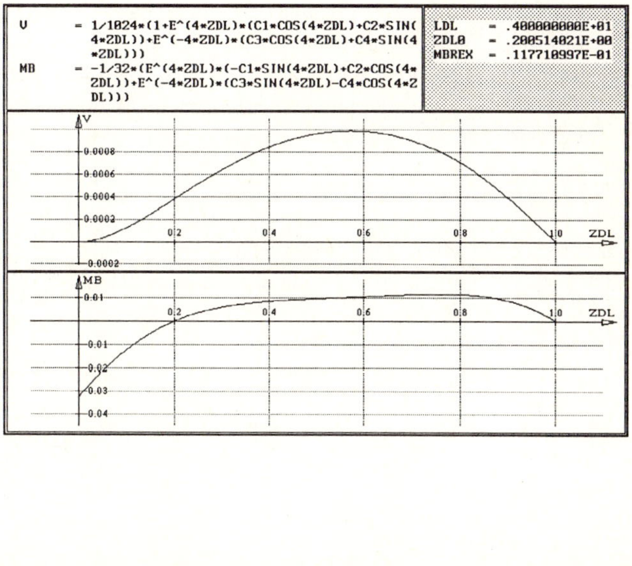

Der Biegemomentenverlauf kann mit dem Programm MCALCU sogar noch etwas bequemer ermittelt werden, indem nur die Funktion für die Durchbiegung eingegeben und das Biegemoment als zweite Ableitung dieser Funktion definiert wird.

19.2.2 Numerische Lösung

Das einfache Beispiel des vorigen Abschnitts hat gezeigt, daß trotz konstanter Biegesteifigkeit und konstanter Bettungszahl der Rechenaufwand bei einer exakten Lösung recht erheblich wird. Deshalb bietet sich schon für solche Aufgaben eine numerische Lösung an, die bei komplizierteren Problemen ohnehin unumgänglich ist.

Da sich die Differentialgleichungen der Biegelinie des elastisch gebetteten Trägers (19.3) bzw. (19.4) nur durch den Bettungsanteil $k(z)\,v(z)$ von den Differentialgleichungen der Biegelinie des nicht gebetteten Trägers unterscheiden, für die im Abschnitt 18.1 die Differenzenformeln hergeleitet wurden, müssen die Formeln (18.2) bzw. (18.7) nur um diesen Anteil ergänzt werden. Weil der Bettungsanteil keine Ableitung enthält, wird er am Punkt i einfach zu $k_i v_i$, und die mit h^4/E multiplizierten Differenzengleichungen des Abschnitts 18.1 werden um genau einen Term ergänzt.

Differenzengleichung der Biegelinie des elastisch gebetteten Trägers mit veränderlicher Biegesteifigkeit:

$$I_{i-1}\,v_{i-2} - 2\left(I_{i-1} + I_i\right)v_{i-1} + \left(I_{i-1} + 4\,I_i + I_{i+1} + \frac{k_i\,h^4}{E}\right)v_i - 2\left(I_i + I_{i+1}\right)v_{i+1} + I_{i+1}\,v_{i+2} = \frac{q_i\,h^4}{E}\;. \tag{19.6}$$

Differenzengleichung der Biegelinie des elastisch gebetteten Trägers mit konstanter Biegesteifigkeit:

$$v_{i-2} - 4\,v_{i-1} + \left(6 + \frac{k_i\,h^4}{EI}\right)v_i - 4\,v_{i+1} + v_{i+2} = \frac{q_i\,h^4}{EI}\;. \tag{19.7}$$

- ♦ Auch in der einfacheren Differenzenformel (19.7) darf die Bettungszahl veränderlich sein (an jedem Punkt i einen anderen Wert haben). Dies wird in den Überlegungen im folgenden Abschnitt genutzt.
- ♦ Für die Berechnung der Biegemomente und Querkräfte gelten für den elastisch gebetteten Träger die gleichen Differentialbeziehungen wie für den Träger ohne elastische Bettung. Deshalb dürfen die Differenzenformeln (18.8) ungeändert übernommen werden.

Beispiel: Für den skizzierten elastisch gebetteten Träger ermittle man mit Hilfe des Differenzenverfahrens die Durchbiegung und den Biegemomentenverlauf bei einer Einteilung des Trägers in $n_A = 10$, $n_A = 20$ und $n_A = 50$ Abschnitte und vergleiche die Ergebnissen mit den exakten Werten aus dem Beispiel des vorigen Abschnitts.

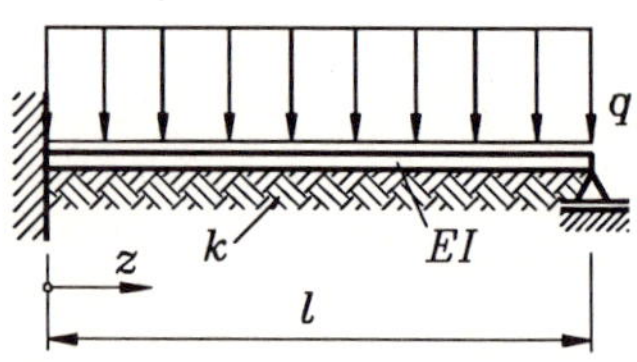

Gegeben: $q_0\,,\ EI\,,\ k\,,\ l\,,\quad \dfrac{k\,l^4}{EI} = 1024\;.$

Bei einer Einteilung des Trägers in n_A Abschnitte ergeben sich $n = n_A + 5$ Gleichungen (vgl. Abschnitt 18.1). Die beiden ersten Gleichungen repräsentieren die Randbedingungen am linken Rand (Einspannung) und können direkt dem Schema (18.5) entnommen werden. Die beiden letzten Gleichungen simulieren die Randbedingungen am rechten Rand (Lager) und werden dem Schema (18.6) entnommen.

Die übrigen $n_A + 1$ Gleichungen werden nach (19.7) aufgebaut und enthalten wegen der konstanten Bettungszahl und der konstanten Linienlast alle die gleichen Koeffizienten:

$$v_{i-2} - 4\,v_{i-1} + \left(6 + \frac{k\,h^4}{EI}\right) v_i - 4\,v_{i+1} + v_{i+2} = \frac{q_0\,h^4}{EI}$$

$$\text{mit} \quad \frac{k\,h^4}{EI} = \frac{k\,l^4}{n_A^4\,EI} = \frac{1024}{n_A^4} \quad ; \quad \frac{q_0\,h^4}{EI} = \frac{1}{n_A^4}\,\frac{q_0\,l^4}{EI} \quad .$$

Diese Gleichungen werden mit Hilfe der Makrotechnik des Programms MLINEQ mühelos aufgebaut (n_A sollte vorab als Konstante definiert werden, damit die verwendeten Makros für unterschiedliche n_A-Werte verwendbar sind).

Für den Vergleich der errechneten Ergebnisse mit den exakten Werten werden sie jeweils auf einen File geschrieben und vom Programm MCALCU als "Funktionen vom File" eingelesen. Auch solche punktweise definierten Funktionen können von diesem Programm numerisch differenziert werden, so daß auch die Biegemomente berechnet werden können.

Die graphische Darstellung der Ergebnisse erwies sich als untauglich für den Genauigkeitsvergleich, weil die Verläufe sich nur so geringfügig unterscheiden, daß die bereits für das Beispiel im vorigen Abschnitt per Bildschirm-Schnappschuß dargestellten Kurven nur "etwas dickere Strichstärke" hatten. Deshalb werden nachstehend die Protokolle der Berechnungen von Wertetabellen mit zusätzlicher Ermittlung von relativen Extremwerten (berechnet jeweils für das Ergebnis mit $n_A = 50$) angegeben. Die nachstehende Tabelle zeigt die dimensionslosen Verschiebungen $EI\,v/(q_0 l^4)$. **V10**, **V20** und **V50** sind die mit dem Differenzenverfahren berechneten Durchbiegungen, **V** die exakten Werte.

```
            "Taschenrechner" MCALCU  -  Protokoll

Aufgabe auf Seite 298: Vergleich der berechneten Durchbiegungen
===============================================================

V10     = $$FILE1:aufs298.x10
V20     = $$FILE2:aufs298.x20
V50     = $$FILE3:aufs298.x50
V       = 1/1024*(1+E^(4*ZDL)*(C1*COS(4*ZDL)+C2*SIN(4*ZDL))+E^(-4*ZDL
          )*(C3*COS(4*ZDL)+C4*SIN(4*ZDL)))

    ZDL            V10            V20             V50            V

 0.000000000   0.000000000   0.000000000   0.000000000   -0.30358E-17
 0.100000000   0.000151827   0.000132679   0.000127056    0.000125972
 0.200000000   0.000410376   0.000388601   0.000382152    0.000380906
 0.300000000   0.000663166   0.000647109   0.000642297    0.000641365
 0.400000000   0.000855698   0.000847743   0.000845298    0.000844821
 0.500000000   0.000965560   0.000964535   0.000964132    0.000964050
 0.600000000   0.000982718   0.000985786   0.000986601    0.000986754
 0.572344901   0.000988170   0.000989899  ↑0.000990561↑   0.000990662
 0.700000000   0.000898267   0.000902253   0.000903357    0.000903567
 0.800000000   0.000702669   0.000705088   0.000705757    0.000705885
 0.900000000   0.000394405   0.000394510   0.000394530    0.000394533
 1.000000000   0.000000000   0.000000000   0.000000000   -0.70812E-17
```

Das folgende Protokoll enthält die dimensionslosen Biegemomente $M_b/(q_0 l^2)$, die für die aus der Berechnung nach dem Differenzenverfahren stammenden Werte vom Programm MCALCU durch numerisches Differenzieren der Verschiebungen berechnet wurden. Während sich für die recht grobe Einteilung in nur **10** Abschnitte immerhin schon brauchbare Näherungen ergeben, liegt der Fehler der wesentlichen Werte bei der Einteilung in **50** Abschnitte deutlich unter **1** %.

```
"Taschenrechner" MCALCU  -  Protokoll

Aufgabe auf Seite 298: Vergleich der berechneten Biegemomente
==============================================================

V10    = $$FILE1:aufs298.x10
V20    = $$FILE2:aufs298.x20
V50    = $$FILE3:aufs298.x50
MB10   = (-V10)''
MB20   = (-V20)''
MB50   = (-V50)''
MB     = -1/32*(E^(4*ZDL)*(-C1*SIN(4*ZDL)+C2*COS(4*ZDL))+E^(-4*ZDL)*
         (C3*SIN(4*ZDL)-C4*COS(4*ZDL)))
```

ZDL	MB10	MB20	MB50	MB
0.000000000	-0.030365390	-0.032252032	-0.032801489	-0.032907203
0.100000000	-0.010672164	-0.011784170	-0.012110877	-0.012173878
0.200000000	0.000575770	0.000117747	-0.000018007	-0.000044247
0.300000000	0.006025949	0.005998187	0.005989642	0.005987974
0.400000000	0.008266954	0.008466631	0.008526137	0.008537652
0.500000000	0.009270304	0.009561774	0.009648946	0.009665832
0.600000000	0.010160982	0.010472556	0.010565457	0.010583441
0.700000000	0.011114700	0.011410767	0.011498190	0.011515071
0.800000000	0.011266677	0.011515017	0.011587281	0.011601183
0.759228617	0.011543354	0.011668248 ↑	0.011755779↑	0.011771052
0.900000000	0.008613986	0.008765669	0.008809044	0.008817351
1.000000000	0.43704E-08	0.45206E-08	0.45640E-08	0.30722E-15

- Vor der Ausgabe der Werte schreibt das Programm MCALCU die Funktionsdefinitionen aller verwendeten Funktionen in das Protokoll. Die für **V10**, **V20** und **V50** eingetragenen Zeilen deuten auf "Funktionen vom File" hin, die nur punktweise vorliegen. In den folgenden Zeilen stehen die zweiten Ableitungen dieser Funktionen und danach die durch einen arithmetischen Ausdruck definierte Funktion für die exakte Lösung.

19.2.3 Spezielle Rand- und Übergangsbedingungen

Neben den typischen Randbedingungen, die im Abschnitt 18.1 als Formeln (18.5) und (18.6) zusammengestellt sind, wurden dort auch Realisierungsmöglichkeiten für Übergangsbedingungen diskutiert, mit denen das Rechnen in mehreren Bereichen vermieden werden kann. Mit dem Modell des elastisch gebetteten Trägers können weitere Bedingungen dieser Art formuliert werden, so daß die Realisierung der Rechnung mit dem Differenzenverfahren weitgehend formalisiert werden kann.

Nachfolgend werden die wichtigsten Übergangsbedingungen und einige spezielle Randbedingungen zusammengestellt. Bei den Übergangsbedingungen werden Unstetigkeiten im Querkraftverlauf, wie sie durch Einzelkräfte, Zwischenstützen und Federn verursacht werden, "durch Verschmieren entschärft":

- Einzelkräfte, die nicht am Trägerrand angreifen, werden zu einer Linienlast über die Breite h "verschmiert":

$$q_i^* = F_i/h \; .$$

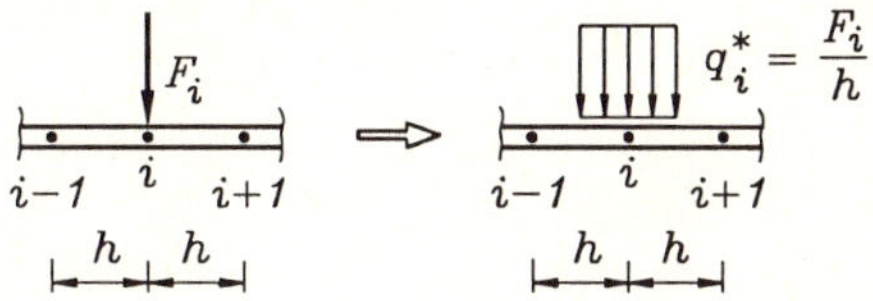

- Federn mit linearem Federgesetz werden zu einer elastischen Bettung "verschmiert", die (wie die Linienlast, die eine Einzelkraft ersetzt) nur auf einen Punkt wirkt:

$$k_i = c_i/h \; .$$

Praktische Realisierung: Das Hauptdiagonalelement der i-ten Gleichung wird um $k_i h^4/E = c_i h^3/E$ vergrößert.

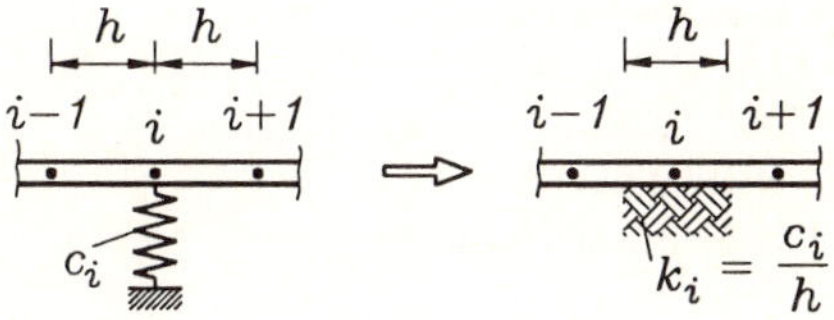

- Eine Zwischenstütze kann als Sonderfall einer "Feder mit unendlicher Steifigkeit" angesehen werden und deshalb besonders bequem durch extreme Vergrößerung des Hauptdiagonalelements der i-ten Gleichung realisiert werden (bei Division dieser Gleichung durch ihr Hauptdiagonalelement wird dieses gleich **1**, und alle übrigen Koeffizienten dieser Gleichung werden näherungsweise Null, was der im Abschnitt 18.1 besprochenen Realisierung von Zwischenstützen entspricht).

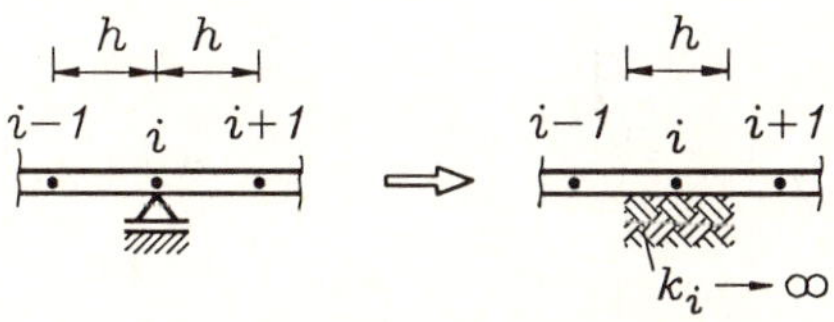

Zwischenstütze: "Unendlich harte" Bettung

Diese Realisierungsvariante hat den Vorteil, daß nur ein Matrixelement geändert werden muß. Eventuell im Belastungsvektor (rechte Seite) stehende Größen haben ebensowenig Einfluß wie die übrigen Elemente in der i-ten Zeile der Koeffizientenmatrix. Deshalb wird diese Möglichkeit, verhinderte Verschiebungen zu simulieren, auch bei der Finite-Element-Rechnung bevorzugt, zumal die dort sehr wichtige Symmetrie der Koeffizientenmatrix dadurch nicht gestört wird.

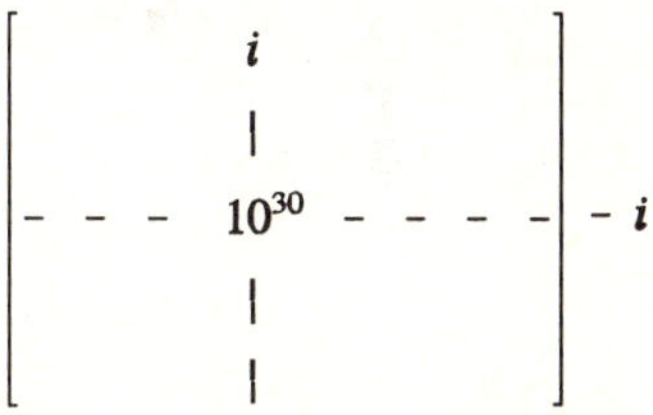

Koeffizientenmatrix: Hauptdiagonalelement

- Einzelkräfte und Einzelmomente am Rand werden über die Randbedingungen eingearbeitet. Das Gleichgewicht der äußeren Randlasten F und M mit den Schnittgrößen am linken Randpunkt **3** liefert die beiden Randbedingungen:

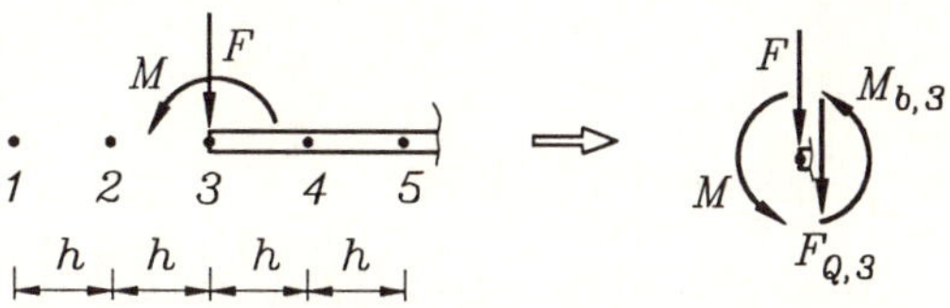

Einzellasten am linken Rand

$$M_{b,3} = -M: \qquad I_3\left(v_2 - 2\,v_3 + v_4\right) = \frac{M h^2}{E} \quad ,$$

$$F_{Q,3} = -F: \qquad I_2 v_1 - 2 I_2 v_2 + \left(I_2 - I_4\right) v_3 + 2 I_4 v_4 - I_4 v_5 = -\frac{2 F h^3}{E} \quad .$$

- Das Gleichgewicht der äußeren Randlasten F und M mit den Schnittgrößen am rechten Randpunkt $n-2$ liefert die beiden Randbedingungen:

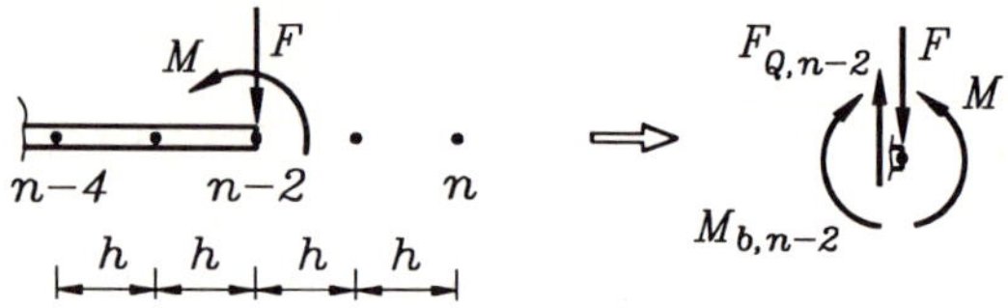

Einzellasten am rechten Rand

$$M_{b,n-2} = M: \qquad I_{n-2}\left(v_{n-3} - 2\,v_{n-2} + v_{n-1}\right) = -\frac{M h^2}{E} \quad ,$$

$$F_{Q,n-2} = F:$$

$$I_{n-3} v_{n-4} - 2 I_{n-3} v_{n-3} + \left(I_{n-3} - I_{n-1}\right) v_{n-2} + 2 I_{n-1} v_{n-1} - I_{n-1} v_n = \frac{2 F h^3}{E} \quad .$$

- Bei einer Feder am linken Rand muß die Querkraft am Randpunkt 3 mit der Federkraft, die proportional zur Absenkung des Punktes ist, im Gleichgewicht sein. Die Querkraft-Randbedingung für diesen Punkt ist dann:

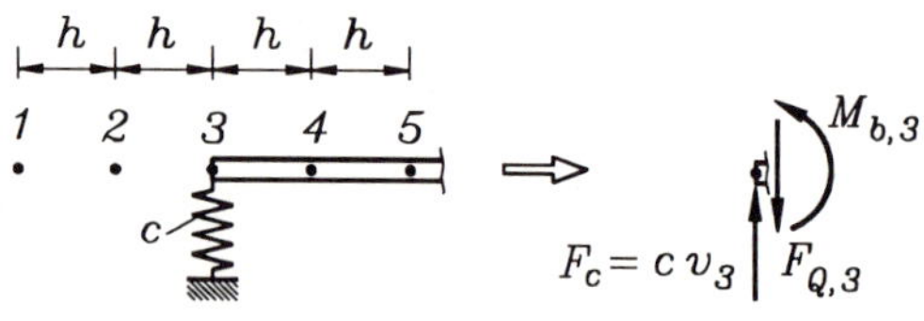

Feder am linken Rand

$$F_{Q,3} - c\,v_3 = 0: \qquad I_2 v_1 - 2 I_2 v_2 + \left(I_2 - I_4 - \frac{2 c h^3}{E}\right) v_3 + 2 I_4 v_4 - I_4 v_5 = 0 \quad .$$

- Für eine Feder am rechten Rand muß die Querkraft am Randpunkt $n-2$ mit der Federkraft im Gleichgewicht sein. Die Querkraft-Randbedingung für diesen Punkt liefert:

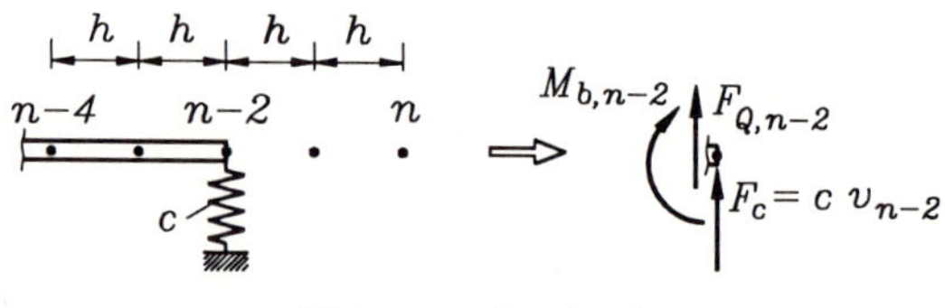

Feder am rechten Rand

$$F_{Q,n-2} + c\,v_{n-2} = 0:$$

$$I_{n-3} v_{n-4} - 2 I_{n-3} v_{n-3} + \left(I_{n-3} - I_{n-1} + \frac{2 c h^3}{E}\right) v_{n-2} + 2 I_{n-1} v_{n-1} - I_{n-1} v_n = 0 \quad .$$

19.3 Der gekrümmte Träger

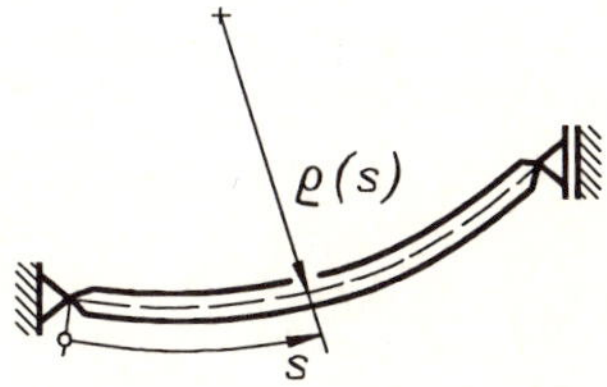

In diesem Abschnitt werden Träger betrachtet, deren Achse bereits im unbelasteten Zustand eine gekrümmte Linie ist. Dabei werden folgende Bedingungen vorausgesetzt:

- Der Träger ist **eben gekrümmt**. Der Krümmungsradius ϱ darf veränderlich sein.
- Der Träger ist ausschließlich **in der Krümmungsebene belastet**.
- Die beiden **Hauptzentralachsen** der Trägerquerschnitte liegen **in der Krümmungsebene und senkrecht zur Krümmungsebene**.
- Als **Trägerachse** wird (wie beim geraden Träger) die Verbindungslinie der Schwerpunkte aller Querschnittsflächen angesehen.

19.3.1 Schnittgrößen

In enger Anlehnung an die Vereinbarungen, die für den geraden Träger (Kapitel 7) getroffen wurden, definiert man die

Schnittgrößen für den gekrümmten Träger:

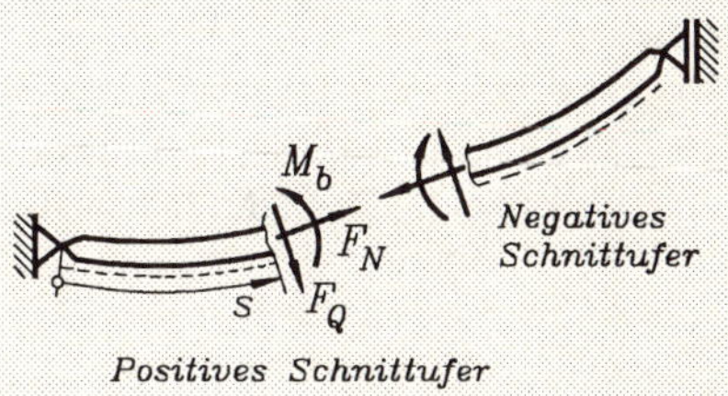

- Die Schnittstelle wird durch eine Koordinate s, die der gekrümmten Trägerachse folgt, festgelegt. Das Schnittufer auf der Koordinatenseite wird als positives Schnittufer, das andere als negatives Schnittufer bezeichnet.
- Die Bezugsfaser wird immer auf der Außenseite des Trägers angetragen (nicht auf der Seite, auf der der Krümmungsmittelpunkt liegt).
- Die Normalkraft F_N wird in tangentialer Richtung als Zugkraft angetragen.
- Die in radialer Richtung wirkende Querkraft F_Q zeigt am positiven Schnittufer zur Bezugsfaserseite.
- Ein positives Biegemoment M_b wirkt so, daß es die Krümmung vergrößert (und die Bezugsfaserseite auf Zug belastet).

Analog zur Vorgehensweise beim geraden Träger werden nun die differentiellen Beziehungen ermittelt, die für die Schnittgrößen des gekrümmten Trägers gelten müssen. Dazu wird ein sehr kleines Element (Länge Δs) aus dem Träger herausgeschnitten. Die Schnittgrößen

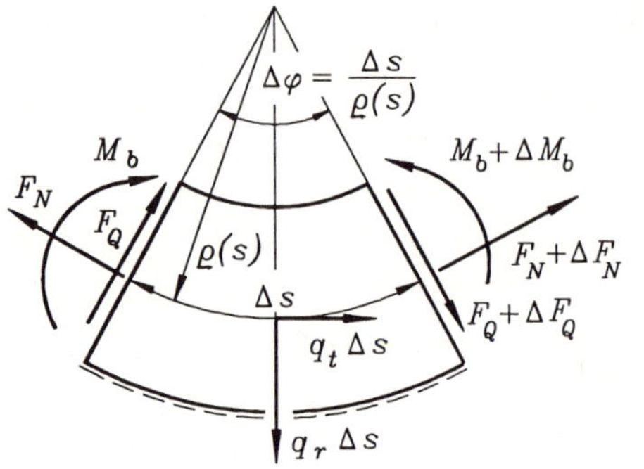

verändern vom linken bis zum rechten Schnittufer dieses Elements ihre Größen um ΔF_N, ΔF_Q bzw. ΔM_b, im Gegensatz zum geraden Träger verändern die beiden Kräfte auch ihre Richtungen, so daß in die Kraft-Gleichgewichtsbedingungen am Element jeweils F_N und F_Q eingehen. Deshalb wird auch die verteilte äußere Belastung (Linienlast) mit zwei Komponenten q_r (radial) und q_t (tangential) berücksichtigt (man bedenke, daß selbst das Eigengewicht beim gekrümmten Träger nur durch beide Linienlast-Komponenten erfaßt werden kann).

Zwei Kraft-Gleichgewichtsbedingungen und eine Momenten-Gleichgewichtsbedingung an diesem Element führen nach dem Grenzübergang $\Delta s \to 0$ (und damit $\Delta F_N \to 0$, $\Delta F_Q \to 0$ und $\Delta M_b \to 0$) nach etwas mühsamerer Rechnung als beim geraden Träger zu den

Differential-Beziehungen der Schnittgrößen des gekrümmten Trägers:

$$\frac{dF_N(s)}{ds} = -\frac{F_Q(s)}{\varrho(s)} - q_t(s) \quad ;$$
$$\frac{dF_Q(s)}{ds} = \frac{F_N(s)}{\varrho(s)} - q_r(s) \quad ; \qquad (19.8)$$
$$\frac{dM_b(s)}{ds} = F_Q(s) \quad .$$

- Der Leser, der bei dem (lobenswerten) Versuch, die Rechnung nachzuvollziehen, die zu den Formeln (19.8) führt, Schwierigkeiten hat, sollte sich noch einmal die im Abschnitt 9.2 vorgeführte Herleitung der Formel für die Seilhaftung ansehen, bei der exakt die gleichen Überlegungen anzustellen waren.
- Der wichtige Sonderfall des Kreisbogenträgers (mit konstantem Krümmungsradius R) ist in den Formeln (19.8) enthalten. Empfehlenswert ist, für Kreisbogenträger mit einer Winkelkoordinate φ zu arbeiten, so daß in (19.8) ds durch $R\,d\varphi$ ersetzt werden kann.

  Führt man mit den Formeln für den Kreisbogenträger den Grenzübergang

$$R \to \infty \quad \Rightarrow \quad R\,d\varphi \to dz$$

durch, so ergeben sich die für gerade Träger geltenden Beziehungen (7.1).

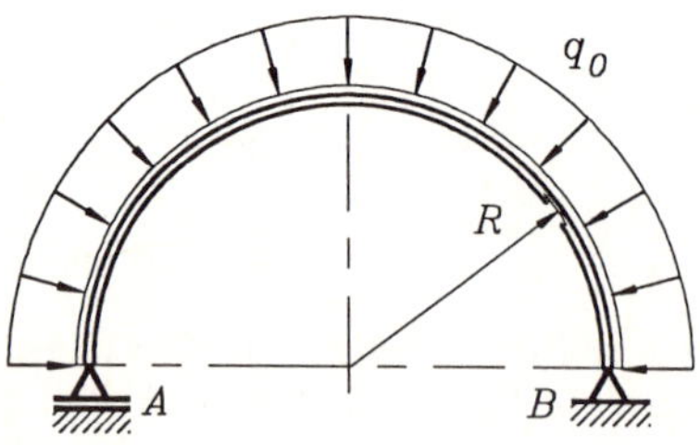

Beispiel 1: Ein halbkreisförmiger Träger ist durch eine konstante radiale Linienlast belastet. Man ermittle die Lagerreaktionen bei A und B und die Schnittgrößenverläufe.

Gegeben: R , q_0 .

Die Resultierende der Linienlast F_R kann aus Symmetriegründen nur die in der nebenstehenden Skizze gezeichnete Lage haben. Deshalb gibt es auch keine horizontale Lagerkraftkomponente bei B (die Horizontalkomponenten der Linienlast bilden ein Gleichgewichtssystem), und die Vertikalkomponenten der beiden Lagerreaktionen sind gleich groß:

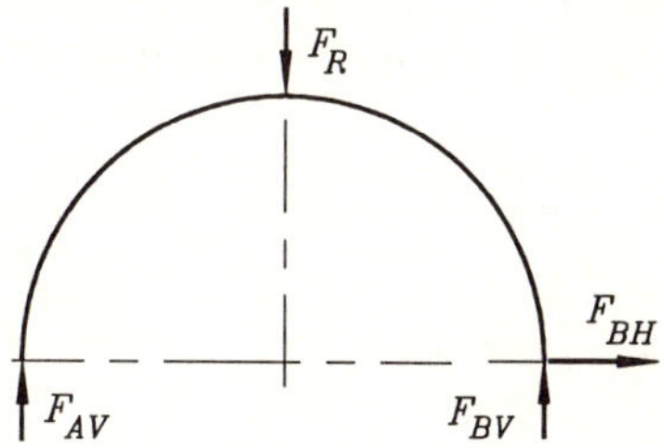

$$F_{BH} = 0 \quad , \quad F_{AV} = F_{BV} = \frac{1}{2} F_R \quad .$$

Weil für die Berechnung der Schnittgrößen die Resultierende der konstanten Radiallast für einen beliebigen Öffnungswinkel φ benötigt wird, soll diese zunächst berechnet werden (die Resultierende F_R in den Auflagerreaktionen ist dann der Sonderfall für den Öffnungswinkel $\varphi = \pi$).

Die nebenstehende Skizze zeigt einen Abschnitt des Kreisbogens mit dem Öffnungswinkel φ. An der Stelle ψ wird die Radiallast q_0 über den differentiell kleinen Winkel $d\psi$ zu der gezeichneten Resultierenden

$$q_0 \, R \, d\psi$$

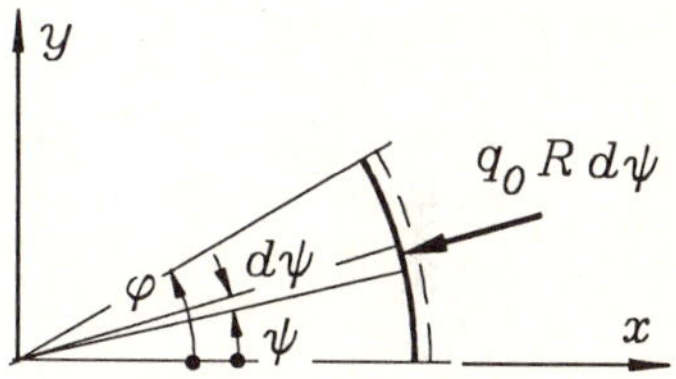

zusammengefaßt, die in zwei Komponenten bezüglich des x-y-Koordinatensystem zerlegt wird. Man erhält die Komponenten der Gesamt-Resultierenden durch Summation aller unendlich kleinen Teilkomponenten (Integration) über den Winkel φ:

$$F_{Rx}(\varphi) = -\int_0^{\varphi} q_0 \, R \cos\psi \, d\psi = -q_0 R \sin\varphi \quad ,$$

$$F_{Ry}(\varphi) = -\int_0^{\varphi} q_0 \, R \sin\psi \, d\psi = q_0 R (\cos\varphi - 1) \quad .$$

Die beiden Komponenten werden zusammengefaßt zur **Resultierenden einer radial gerichteten konstanten Linienlast über den Winkel** φ

$$F_{R\varphi} = \sqrt{F_{Rx}^2 + F_{Ry}^2} = q_0 R \sqrt{\sin^2\varphi + (\cos\varphi - 1)^2} = 2 q_0 R \sin\frac{\varphi}{2} \quad ,$$

die aus Symmetriegründen bei $\varphi/2$ angreift und deren Betrag folgendermaßen gedeutet werden kann:

- ♦ Der Betrag der Resultierenden einer konstanten radial gerichteten Linienlast q_0 (konstante ***Radiallast***) über einen Kreisbogen mit dem Öffnungswinkel φ ergibt sich aus dem Produkt der Linienlastintensität q_0 und der Sehnenlänge des Kreisbogens.

Für den Spezialfall, der für die Berechnung der Lagerreaktionen des Beispiels benötigt wird (Halbkreis), ist dies der Durchmesser $2R$, und man erhält für die beiden Vertikalkomponenten der Lagerkräfte:

$$F_{AV} = F_{BV} = q_0 \, R \quad .$$

Die einfache Formel für die Berechnung der Resultierenden einer konstanten Radiallast kann nun auch für die Ermittlung der Schnittgrößen verwendet werden. Die nachfolgende Skizze zeigt den Schnitt an der Stelle, die durch die Koordinate φ gekennzeichnet ist, mit den dort

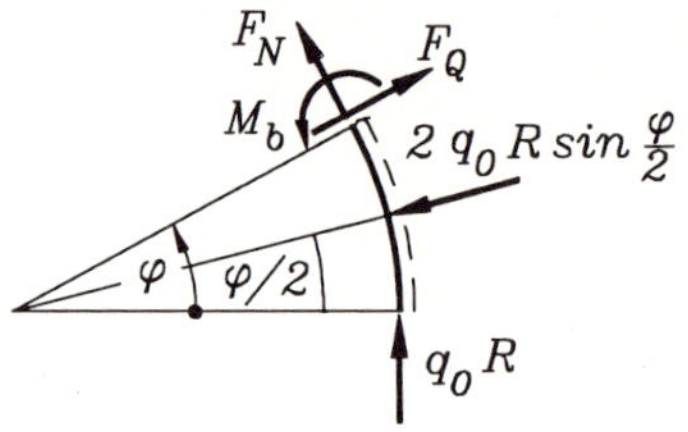

wirkenden Schnittgrößen, der Resultierenden der Linienlast und der Vertikalkomponente der Lagerreaktion bei B. Das Momenten-Gleichgewicht um die Schnittstelle

$$M_b(\varphi) + q_0 R^2 (1 - \cos\varphi) - 2\,q_0 R^2 \sin^2\frac{\varphi}{2} = 0$$

führt nach einigen elementaren Umformungen auf das überraschende Ergebnis

$$M_b(\varphi) = 0 \quad .$$

Der statisch bestimmt gelagerte Halbkreis unter konstanter Radiallast ist momentenfrei. Damit kann man sich das Aufschreiben der Kraft-Gleichgewichtsbedingungen zur Ermittlung der beiden anderen Schnittgrößen ersparen, denn nach (19.8) ist dann auch die Querkraft gleich Null, und die Normalkraft muß konstant sein. Da die Normalkraft an den Lagern mit den Vertikalkomponenten der Lagerreaktionen im Gleichgewicht sein muß, gilt also:

$$F_Q(\varphi) = 0 \quad ; \qquad F_N(\varphi) = -q_0 R \quad .$$

- Für konstante radial gerichtete Linienlast wirkt in einem statisch bestimmt gelagerten Halbkreisträger als einzige Schnittgröße die (konstante) Normalkraft. Dieser Träger hat damit für diese Belastung die ideale Form (**Stützlinie**, vgl. Beispiel 2 im Abschnitt 11.2, wo die Stützlinie für konstante vertikal gerichtete Linienlast berechnet wurde).

Beispiel 2:

Die Schnittgrößenverläufe $F_N(\varphi)$ und $M_b(\varphi)$ und ihre Maximalwerte sind für die skizzierten Kreisringe (geschlossen bzw. geschlitzt) zu ermitteln .

Gegeben: R , q_0 .

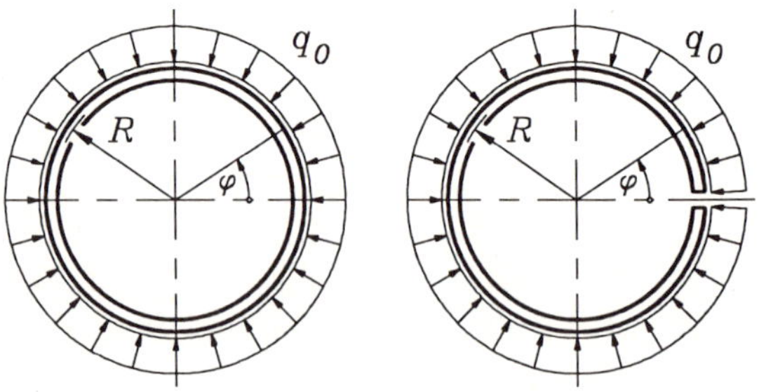

Geschlossener Kreisring Geschlitzter Kreisring

Eine Symmetriehälfte des geschlossenen Kreises stützt sich auf der anderen Hälfte mit der tangential gerichteten "Lagerreaktion" $q_0 R$ ab, die in jedem Schnitt die Momentwirkung der äußeren Belastung kompensiert (vgl. Beispiel 1). Deshalb treten im **geschlossenen Ring** weder Biegemoment noch Querkraft auf, die Normalkraft hat den konstanten Wert

$$F_N = -\,q_0\,R \quad .$$

Für den **geschlitzten Kreisring** erhält man mit einer Schnittskizze wie im Beispiel 1 (ohne die Lagerreaktion) aus Gleichgewichtsbetrachtungen:

$$F_N(\varphi) = -2\,q_0 R \sin^2\frac{\varphi}{2} \quad ; \qquad M_b(\varphi) = 2\,q_0 R^2 \sin^2\frac{\varphi}{2} \quad .$$

mit den Maximalwerten bei $\varphi = \pi$:

$$M_{b,max} = 2\,q_0 R^2 \quad ; \quad F_{N,max} = -2\,q_0 R \quad .$$

19.3.2 Spannungen infolge Biegemoment und Normalkraft

Die Schnittgrößen repräsentieren die resultierenden Wirkungen der über den Querschnitt verteilten Spannungen. Die Normalkraft und das Biegemoment sind den Wirkungen der Normalspannungen äquivalent:

$$M_b = \int_A \sigma(y)\, y\, dA \quad , \qquad F_N = \int_A \sigma(y)\, dA \ . \tag{19.9}$$

In diesen Formeln können bei Gültigkeit des Hookeschen Gesetzes die Spannungen durch die Dehnungen ersetzt werden. Die folgenden Betrachtungen konzentrieren sich darauf, diese Dehnungen beliebiger Fasern des Trägers zu erfassen.

Wie beim geraden Träger beginnt die y-Achse im Schwerpunkt des Querschnitts (in der **Trägerachse**) und zeigt zu der Seite, auf der die Bezugsfaser liegt. Es wird auch für den gekrümmten Träger die **Gültigkeit der Bernoullischen Hypothese** (vgl. Abschnitt 16.1) vorausgesetzt: Die Trägerquerschnitte behalten bei der Verformung ihre ursprünglich ebene Form bei. Dann kann ein aus dem Träger herausgeschnittenes differentiell kleines Element (Abmessung entlang der Trägerachse vor der Verformung sei ds_0) nach der Verformung folgendermaßen dargestellt werden:

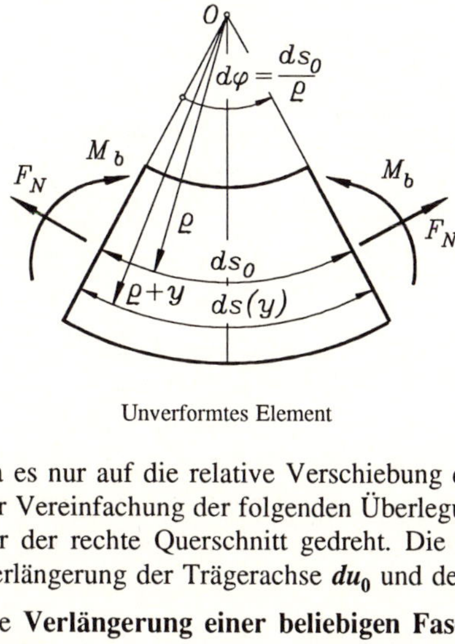

Unverformtes Element

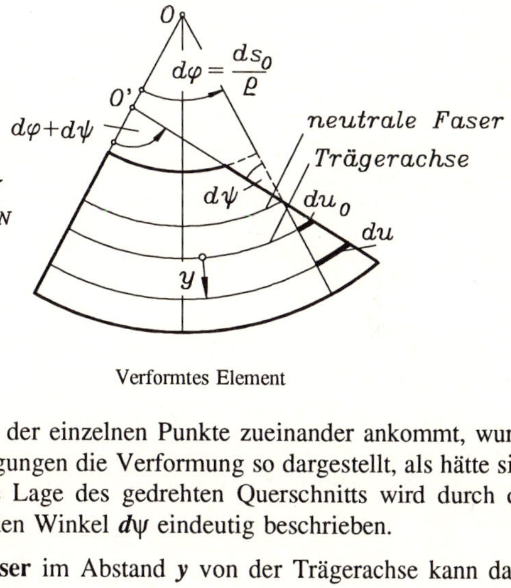

Verformtes Element

Da es nur auf die relative Verschiebung der einzelnen Punkte zueinander ankommt, wurde zur Vereinfachung der folgenden Überlegungen die Verformung so dargestellt, als hätte sich nur der rechte Querschnitt gedreht. Die Lage des gedrehten Querschnitts wird durch die Verlängerung der Trägerachse du_0 und den Winkel $d\psi$ eindeutig beschrieben.

Die **Verlängerung einer beliebigen Faser** im Abstand y von der Trägerachse kann dann durch

$$du = du_0 + y\, d\psi = \varepsilon_0\, ds_0 + y\, d\psi = \varepsilon_0\, \varrho\, d\varphi + y\, d\psi$$

ausgedrückt werden, wobei die Verlängerung der Trägerachse durch das Produkt aus ihrer Dehnung ε_0 und ihrer Ursprungslänge ersetzt wurde.

Die **Dehnung einer beliebigen Faser** ist der Quotient aus ihrer Verlängerung du und ihrer ursprünglichen Länge, die aus der linken Skizze abgelesen wird:

$$\varepsilon(y) = \frac{du}{ds(y)} = \frac{\varepsilon_0\,\varrho\,d\varphi + y\,d\psi}{(\varrho + y)\,d\varphi} = \varepsilon_0 + \left(\frac{d\psi}{d\varphi} - \varepsilon_0\right)\frac{y}{\varrho + y} \quad .$$

Damit kann das Hookesche Gesetz

$$\sigma(y) = E \cdot \varepsilon(y) = E\left[\varepsilon_0 + \left(\frac{d\psi}{d\varphi} - \varepsilon_0\right)\frac{y}{\varrho + y}\right] \qquad \textbf{(19.10)}$$

aufgeschrieben werden, das nun zusammen mit den beiden eingangs angegebenen Formeln (19.9) für die Schnittgrößen ein Gleichungssystem für die drei unbekannten Größen $\sigma(y)$, ε_0 und $d\psi/d\varphi$ bildet. Da ε_0 und $d\psi/d\varphi$ nicht von der Querschnittskoordinate y abhängig sind, können sie beim Einsetzen von (19.10) in die Schnittgrößen-Formeln (19.9) vor die Integrale gezogen werden:

$$F_N = E\left[\varepsilon_0 A + \left(\frac{d\psi}{d\varphi} - \varepsilon_0\right)\int_A \frac{y}{\varrho + y}\,dA\right] ,$$
$$M_b = E\left[\varepsilon_0 \int_A y\,dA + \left(\frac{d\psi}{d\varphi} - \varepsilon_0\right)\int_A \frac{y^2}{\varrho + y}\,dA\right] . \qquad \textbf{(19.11)}$$

Bevor die beiden nicht interessierenden Größen ε_0 und $d\psi/d\varphi$ aus diesen drei Gleichungen eliminiert werden, sollen die aufgetretenen Flächenintegrale diskutiert werden:

- Für das in der M_b-Formel vorkommende statische Moment gilt

  $$\int_A y\,dA = 0 \quad ,$$

  weil die y-Koordinate im Schwerpunkt der Querschnittsfläche beginnt.

- Neue Flächenkennwerte speziell für den gekrümmten Träger werden durch die beiden Integrale

  $$\int_A \frac{y}{\varrho + y}\,dA \qquad \textit{und} \qquad \int_A \frac{y^2}{\varrho + y}\,dA$$

  definiert. Sie sind von der Form der Fläche und dem Krümmungsradius ϱ des Trägers abhängig. In der Regel ergibt das erste Integral einen negativen Wert, man setzt:

  $$\int_A \frac{y}{\varrho + y}\,dA = -\kappa A \quad ,$$

  worin κ ein positiver dimensionsloser Parameter ist, mit dem sich auch das zweite Integral aufschreiben läßt:

  $$\int_A \frac{y^2}{\varrho + y}\,dA = \int_A \left(y - \frac{\varrho\,y}{\varrho + y}\right) dA = \int_A y\,dA - \varrho \int_A \frac{y}{\varrho + y}\,dA = \kappa\,\varrho\,A$$

  (der erste Summand, das statische Moment, verschwindet).

Diese Abkürzungen werden in die beiden Formeln (19.11) eingesetzt, die dann nach

$$\frac{d\psi}{d\varphi} - \varepsilon_0 = \frac{M_b}{\kappa\,\varrho\,EA} \quad , \qquad \varepsilon_0 = \frac{1}{EA}\left(F_N + \frac{M_b}{\varrho}\right) \qquad \textbf{(19.12)}$$

umgestellt werden können. Dies wird in die Spannungsformel (19.10) eingesetzt, und man erhält die

Spannungsverteilung im Querschnitt des gekrümmten Trägers:

$$\sigma(y) = \frac{F_N}{A} + \frac{M_b}{\varrho A}\left(1 + \frac{1}{\kappa}\frac{y}{\varrho + y}\right)$$

$$mit \quad \kappa = -\frac{1}{A}\int_A \frac{y}{\varrho + y}\, dA \ . \tag{19.13}$$

Aus dieser Formel liest man ab:

- Die Normalkraft führt zu einer konstanten Spannungsverteilung wie beim geraden Träger und könnte (wie dort gehandhabt) gesondert erfaßt und mit den Biegespannungen anschließend überlagert werden.
- Das Biegemoment erzeugt eine nichtlineare Spannungsverteilung über die Querschnittshöhe. **Auch bei reiner Biegung ($F_N = 0$) verläuft die Spannungs-Null-Linie nicht durch die Trägerachse (Schwerpunktachse).**
- Für Träger mit sehr großem Krümmungsradius gilt:

$$\kappa \varrho^2 A = \varrho \int_A \frac{y^2}{\varrho + y}\, dA = \int_A \frac{y^2}{1 + y/\varrho}\, dA \approx I_{xx} \ , \tag{19.14}$$

und für $\varrho \to \infty$ geht (19.13) in die Biegespannungsformel des geraden Trägers über.

Beispiel 1: Für spezielle Querschnittsformen (Rechteck, symmetrisches Trapez, Kreis) eines gekrümmten Trägers sind die zur Spannungsberechnung erforderlichen κ-Werte in Abhängigkeit von e/ϱ (e ist der Abstand vom Flächenschwerpunkt zum Innenrand der Querschnittsfläche) zu ermitteln.

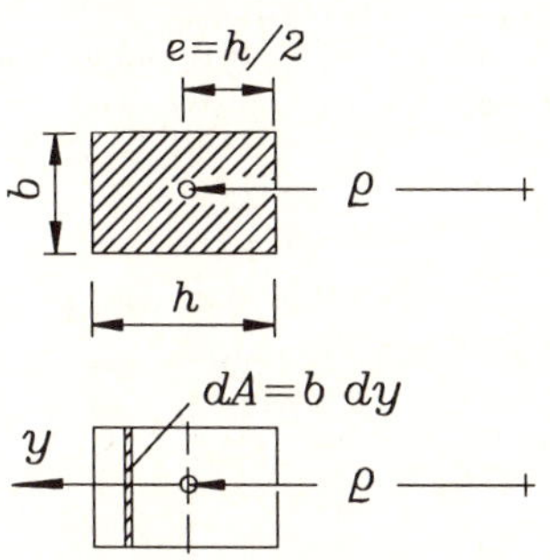

Rechteck: Mit dem Flächenelement $dA = b\,dy$ (Skizze) erhält man ein in geschlossener Form lösbares Integral:

$$\kappa = -\frac{1}{A}\int_A \frac{y}{\varrho + y}\, dA = -\frac{b}{A}\int_{-\frac{h}{2}}^{\frac{h}{2}} \left(1 - \frac{\varrho}{\varrho + y}\right) dy$$

$$= \frac{\varrho}{h} \ln\left(\frac{1 + \dfrac{h}{2\varrho}}{1 - \dfrac{h}{2\varrho}}\right) - 1 = \frac{\varrho}{2e} \ln\left(\frac{1 + \dfrac{e}{\varrho}}{1 - \dfrac{e}{\varrho}}\right) - 1 \ .$$

e/ϱ	0,75	0,5	0,25	0,125	0,1
κ	0,297273	0,098612	0,021651	0,0052577	0,0033535

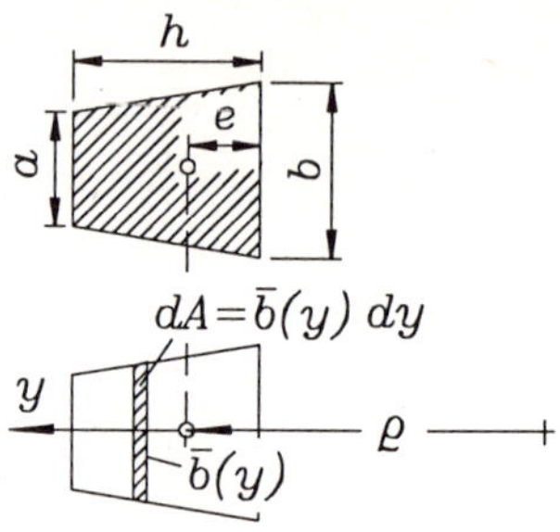

Trapez: Die einfache Symmetrie des Trapezquerschnitts muß vorausgesetzt werden, damit eine Hauptzentralachse in die Krümmungsebene des Trägers fällt. Als Wiederholung zur Berechnung eines Flächenschwerpunkts und als Training für elementarmathematische Umformungen wird das Nachempfinden der Rechnung empfohlen, die zu folgenden Ergebnissen führt: Im Schwerpunkt bei

$$e = \frac{h}{3} \frac{2a + b}{a + b}$$

liegt der Nullpunkt der y-Achse, mit der die Breite

$$\bar{b}(y) = b - \frac{b - a}{h}(e + y)$$

aufgeschrieben werden kann. Nach dem Einsetzen in die κ-Formel (19.13) läßt sich mit der Transformation $\bar{y} = y/h$ das Integral unabhängig von der Höhe h des Trapezquerschnitts aufschreiben. Es ergibt sich eine Integralformel, die nur von den beiden Parametern e/ϱ und a/b abhängig ist:

$$\kappa = -\frac{2\dfrac{e}{\varrho}}{1 + \dfrac{a}{b}} \int\limits_{-\frac{e}{h}}^{1-\frac{e}{h}} \frac{\bar{y}}{\dfrac{e}{h} + \dfrac{e}{\varrho}\bar{y}} \left[1 - \left(1 - \frac{a}{b}\right)\left(\frac{e}{h} + \bar{y}\right)\right] d\bar{y} \qquad mit \qquad \frac{e}{h} = \frac{2\dfrac{a}{b} + 1}{3\left(1 + \dfrac{a}{b}\right)} \; .$$

Auch dieses Integral ist geschlossen lösbar. Die κ-Werte für die Parameterkombinationen in der nachfolgenden Tabelle wurden jedoch numerisch (Programm MCALCU, beiliegende Diskette) berechnet ($a/b = 0$ beschreibt den Sonderfall **Dreieck**):

e/ϱ	0,75	0,5	0,25	0,125	0,1
$a/b = 0$	0,38527	0,13119	0,030118	0,0075546	0,0048553
$a/b = 0{,}5$	0,34272	0,11476	0,025643	0,0063056	0,0040335
$a/b = 2$	0,24076	0,079710	0,017280	0,0041544	0,0026436

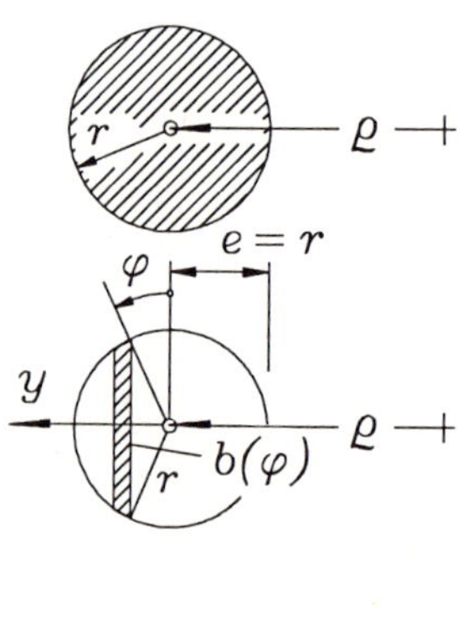

Kreis: Auch für den Kreis wird ein streifenförmiges Element gewählt. Alle Größen werden durch den Radius der Kreisfläche r und die Winkelkoordinate φ ausgedrückt:

$$b(\varphi) = 2r\cos\varphi \; ; \quad y = r\sin\varphi \; ; \quad dy = r\cos\varphi \, d\varphi \; ;$$

$$\kappa = -\frac{1}{A}\int\limits_A \frac{y}{\varrho + y}\, dA = -\frac{2r}{\pi\varrho} \int\limits_{-\frac{\pi}{2}}^{\frac{\pi}{2}} \frac{\sin\varphi \, \cos^2\varphi}{1 + \dfrac{r}{\varrho}\sin\varphi}\, d\varphi \; .$$

Dieses Integral wird numerisch gelöst. Einige Ergebnisse für unterschiedliche Parameter $r/\varrho = e/\varrho$ enthält die folgende Tabelle:

$e/\varrho = r/\varrho$	0,75	0,5	0,25	0,125	0,1
κ	0,20378	0,071797	0,016133	0,0039371	0,0025126

Beispiel 2: Am Beispiel des Kreisquerschnitts soll der Einfluß der Krümmung des Trägers auf die Spannungen im Querschnitt diskutiert werden. Da der Einfluß der Normalkraft von der Krümmung unabhängig ist, werden nur die Biegespannungen betrachtet.

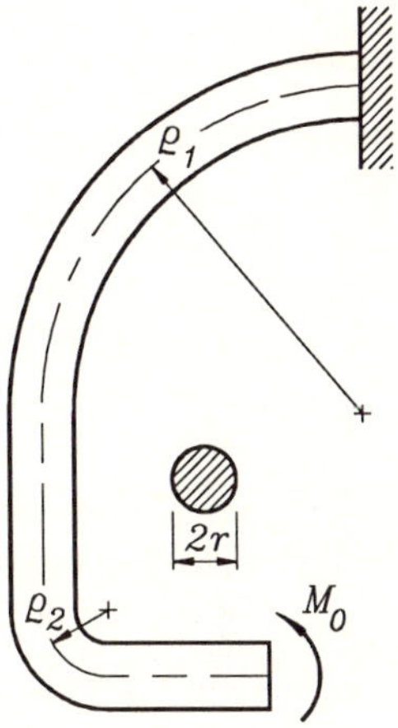

Der skizzierte Träger hat in allen Bereichen den gleichen Kreisquerschnitt mit dem Radius r. Die beiden gekrümmten Bereiche zeigen (maßstäblich) Krümmungen, die durch $r/\varrho_1 = 0{,}1$ bzw. $r/\varrho_2 = 0{,}5$ charakterisiert werden können.

Die Belastung durch ein äußeres Moment M_0 ruft in allen Querschnitten das gleiche Biegemoment $M_b = M_0$ hervor. Dann kann im geraden Träger die Spannung an den Querschnittsrändern nach

$$\sigma_b = \frac{M_b}{W_b} = 4\,\frac{M_0}{\pi\, r^3}$$

berechnet werden. In den gekrümmten Trägerteilen gilt (19.13), wobei am Innenrand $y = -r$ und am Außenrand $y = r$ zu setzen ist. Man errechnet für den Innenrand

$$\sigma_{b,i} = \frac{M_b}{\varrho A}\left(1 + \frac{1}{\kappa}\,\frac{-r}{\varrho - r}\right) = \frac{M_0}{\pi\, r^3}\,\frac{r}{\varrho}\left(1 - \frac{r/\varrho}{\kappa\,(1 - r/\varrho)}\right) = \frac{M_0}{\pi\, r^3}\, s_i\!\left(\frac{r}{\varrho}\right)$$

und für den Außenrand

$$\sigma_{b,a} = \frac{M_b}{\varrho A}\left(1 + \frac{1}{\kappa}\,\frac{r}{\varrho + r}\right) = \frac{M_0}{\pi\, r^3}\,\frac{r}{\varrho}\left(1 + \frac{r/\varrho}{\kappa\,(1 + r/\varrho)}\right) = \frac{M_b}{\pi\, r^3}\, s_a\!\left(\frac{r}{\varrho}\right) \quad ,$$

wobei die Funktionen s_i und s_a als Maß für den Einfluß der Krümmung angesehen werden dürfen und mit dem Faktor **4**, der für den geraden Träger steht, verglichen werden können.

Die nebenstehende Graphik (Programm MCALCU) zeigt den Verlauf dieser beiden Funktionen in Abhängigkeit von r/ϱ. Die obere Kurve ist die Funktion s_a, die die mit wachsender Krümmung kleiner werdende Spannung am Außenrand charakterisiert. Die untere Kurve ist die Funktion s_i, deren Verlauf die mit steigender Krümmung anwachsende Spannung am Innenrand des gekrümmten Trägers beschreibt.

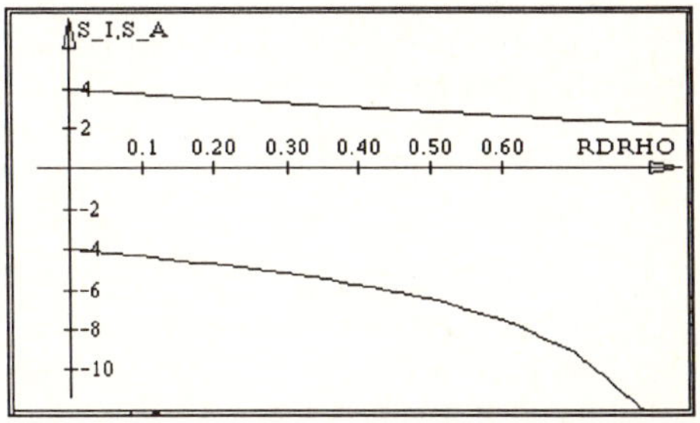

Beide Kurven nähern sich bei geringer Krümmung dem Wert, der sich für den geraden Träger ergibt. Die nachfolgende Tabelle zeigt einige Zahlenwerte für die Funktionen.

r/ϱ	0,01	0,05	0,1	0,2	0,3	0,5
κ	0,0000250	0,0006258	0,0025126	0,0102051	0,0235733	0,0717968
s_a	3,9702	3,8548	3,7182	3,4663	3,2368	2,8214
s_i	− 4,0302	− 4,1553	− 4,3222	− 4,6995	−5,1541	− 6,4641

Für den Bereich der starken Krümmung mit $r/\varrho_2 = 0{,}5$ ergibt sich die 1,62-fache Maximalspannung am Innenrand gegenüber dem geraden Träger, für den schwächer gekrümmten Bereich mit $r/\varrho_1 = 0{,}1$ ist die Abweichung kleiner als **10%** und wird für noch schwächere Krümmungen unbedeutend.

Die an diesem Beispiel gewonnenen Aussagen lassen sich verallgemeinern:

Die absolut größte Spannung tritt bei gekrümmten Trägern am Innenrand auf.

Als Maß für die Krümmung eines Trägers wird das Verhältnis des Abstandes der Innenrandfaser vom Schwerpunkt des Querschnitts e zum Krümmungsradius der Trägerachse ϱ definiert.

Für **schwach gekrümmte Träger** ($e/\varrho \ll 1$) sind die Abweichungen der Maximalspannungen gegenüber der Berechnung mit der Formel für den geraden Träger gering, so daß (natürlich abhängig von den Genauigkeitsforderungen) gegebenenfalls mit dieser einfacheren Formel gerechnet werden kann. Man beachte jedoch, daß man damit nicht "auf der sicheren Seite" liegt.

Beispiel 3: Ein Kranhaken mit dem Krümmungsradius R ist im zu untersuchenden Bereich stark gekrümmt mit $e/R = 0{,}5$.

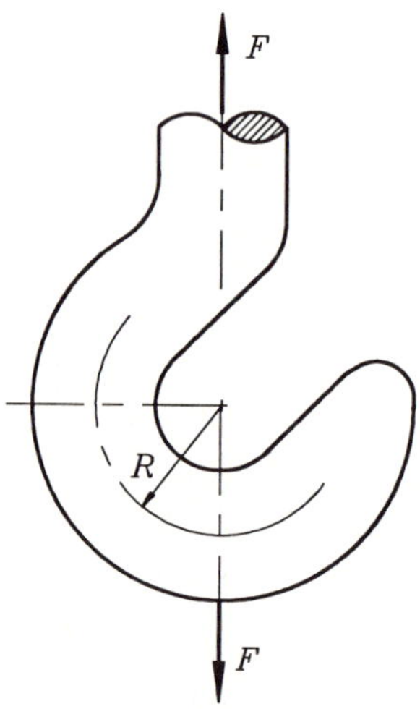

Gegeben: $R = 10\ cm$; $F = 25\ kN$.

Es ist zu untersuchen, ob ein Kreisquerschnitt oder ein Rechteckquerschnitt mit gleicher Querschnittsfläche (bei gleicher Krümmung e/R) günstiger ist.

Für den **Kreisquerschnitt** mit $r = e = 5\ cm$ und der Querschnittsfläche

$$A = \pi r^2$$

entnimmt man der Tabelle des Beispiels 2:

$$\kappa_{Kreis} = 0{,}071797 \ .$$

Für den **Rechteckquerschnitt** mit $h/2 = e = 5\ cm$ und damit $h = 10$ **cm** errechnet sich die Breite (bei gleicher Querschnittsfläche wie für den Kreis) nach

$$A_{Rechteck} = b\,h = A_{Kreis} \quad \Rightarrow \quad b = \pi r^2/h = \pi r/2 = 7{,}854\ cm \ .$$

Der κ-Wert wird der Tabelle des Beispiels 1 entnommen:

$$\kappa_{Rechteck} = \mathbf{0{,}098612} \ .$$

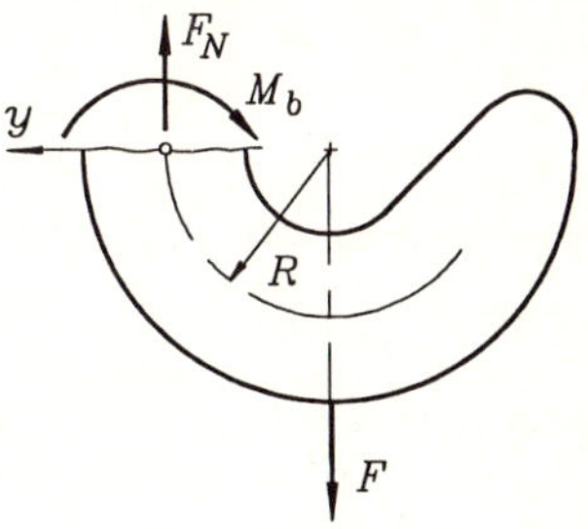

Die nebenstehende Skizze zeigt die Schnittgrößen im gefährdeten Querschnitt (maximale Normalkraft, maximales Biegemoment). Die Gleichgewichtsbedingungen liefern:

$$M_b = -F\,R \ , \qquad F_N = F \ .$$

Nach (19.13) erhält man die Spannungsverteilung in diesem Querschnitt:

$$\sigma(y) = \frac{F}{A}\left(-\frac{1}{\kappa}\,\frac{y}{R+y}\right)$$

mit den Maximalwerten an den Rändern bei $y = -R/2$ (Innenrand) bzw. $y = R/2$ (Außenrand):

$y =$		$-R/2$	$R/2$
Kreis:	$\sigma\ [N/mm^2] =$	44,333	− 14,778
Rechteck:	$\sigma\ [N/mm^2] =$	32,279	− 10,760

♦ Die Absolutwerte der Spannungen sind am Innenrand wegen der starken Krümmung deutlich größer als am Außenrand. Der Rechteckquerschnitt erweist sich als günstiger.

19.3.3 Verformungen des Kreisbogenträgers

Die Untersuchung der Verformung wird hier auf Kreisbogenträger beschränkt. Dann kann

- an Stelle des veränderlichen Krümmungsradius ϱ des unverformten Trägers der konstante Radius R angenommen werden und
- ein beliebiger Punkt der Trägerachse durch eine Winkelkoordinate φ identifiziert werden.

Die Skizze zeigt ein aus dem Träger herausgeschnittenes differentiell kleines Element, dessen Krümmungsradius R (des gestrichelt gezeichneten unverformten Elements) sich durch die Verformung auf $\bar{\varrho}$ ändert. Dabei wird gleichzeitig aus dem Öffnungswinkel $d\varphi$ der Öffnungswinkel $(d\varphi + d\psi)$ des verformten Elements, wobei das Ebenbleiben der Querschnitte (Bernoulli-Hypothese) vorausgesetzt wird.

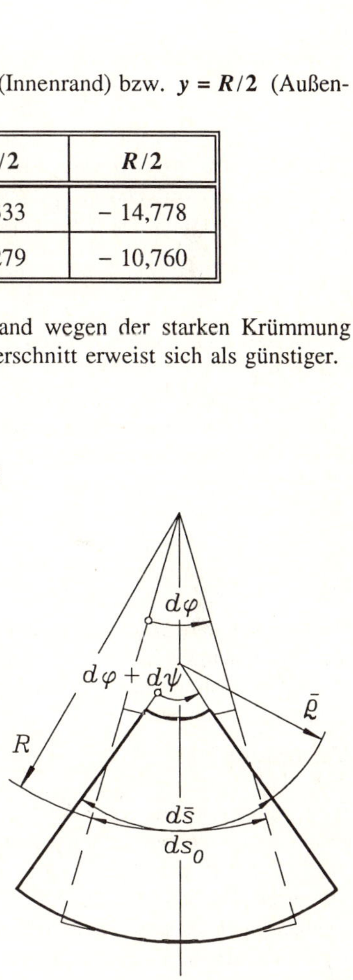

Unverformtes (gestrichelt gezeichnetes) und verformtes Element

Die Trägerachse des unverformten Elements

$$ds_0 = R\,d\varphi$$

dehnt sich bei der Verformung um

$$\varepsilon_0 = \frac{d\bar{s} - ds_0}{ds_0} \quad .$$

Diese Formel wird nach der Länge der verformten Trägerachse

$$d\bar{s} = ds_0 + \varepsilon_0\, ds_0 = R\, d\varphi\, (1 + \varepsilon_0)$$

umgestellt, die auch durch den Krümmungsradius $\bar{\varrho}$ der verformten Trägerachse und den geänderten Öffnungswinkel $(d\varphi + d\psi)$ dargestellt werden kann:

$$d\bar{s} = \bar{\varrho}\, (d\varphi + d\psi) \quad .$$

Gleichsetzen dieser beiden Ausdrücke (und gleichzeitige Division durch $d\varphi$) liefert:

$$R\,(1 + \varepsilon_0) = \bar{\varrho} \left(1 + \frac{d\psi}{d\varphi}\right) \quad .$$

Der Ausdruck $d\psi/d\varphi$ kann nach Formel (19.12) des vorigen Abschnitts ersetzt werden, wobei der dort verwendete Krümmungsradius ϱ durch den Radius des Kreisbogenträgers R ersetzt werden muß. Nach einigen elementaren Umformungen erhält man:

$$\frac{1}{\bar{\varrho}} - \frac{1}{R} = \frac{1}{1 + \varepsilon_0} \; \frac{M_b}{\kappa R^2 EA} \quad . \qquad \textbf{(19.15)}$$

Hierin könnte ε_0 auch noch durch (19.12) ersetzt werden, so daß ein Zusammenhang zwischen $\bar{\varrho}$ und den Schnittgrößen entstehen würde. Darauf wird verzichtet, weil für die folgenden Überlegungen ohnehin (wie auch in der Biegetheorie des geraden Trägers, vgl. Abschnitt 17.1) **kleine Verformungen vorausgesetzt werden**. Dann kann wegen $\varepsilon_0 << 1$ der erste Bruch auf der rechten Seite von (19.15) als Faktor weggelassen werden:

$$\frac{1}{\bar{\varrho}} - \frac{1}{R} = \frac{M_b}{\kappa R^2 EA} \qquad \textbf{(19.16)}$$

beschreibt die Verformung eines Kreisbogenträgers infolge der Biegebelastung, wobei für eine sinnvolle praktische Handhabbarkeit der Krümmungsradius des verformten Trägers $\bar{\varrho}$ noch durch die Verschiebungen der Punkte der Trägerachse ersetzt werden muß.

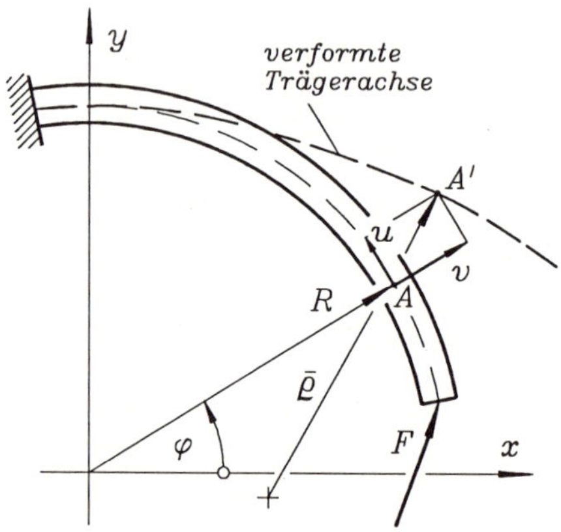

Die nebenstehende Skizze verdeutlicht, daß (im Gegensatz zum geraden Träger) der Verformungszustand stets durch zwei Verschiebungskomponenten beschrieben werden muß (Punkt A der Trägerachse verschiebt sich nach A'), weil die tangential gerichtete Verschiebung u nicht nur durch die Normalkraft hervorgerufen wird.

Es wird vereinbart,

- die Punkte der Trägerachse des unverformten Kreisbogenträgers durch die Koordiante φ festzulegen,

- die Radialverschiebung v positiv nach außen (zur Bezugsfaserseite wie beim geraden Träger) zu richten und
- die Tangentialverschiebung u positiv in Richtung größer werdender Winkelkoordinate φ anzunehmen.

In (19.16) wird nun $\bar{\varrho}$ durch die Verschiebungskomponenten u und v ersetzt. In dem (willkürlich in den Mittelpunkt des unverformten Kreisbogenträgers gelegten) x-y-Koordinatensystem kann die Verformungskurve (Lage des beliebigen Punktes A') aus der Skizze abgelesen werden:

$$x = (R + v)\cos\varphi - u\sin\varphi \quad ;$$

$$y = (R + v)\sin\varphi + u\cos\varphi \quad .$$

Dies kann als Parameterdarstellung der Verformungskurve (Parameter ist die Winkelkoordinate φ) aufgefaßt werden, für die die Krümmung (reziproker Krümmungsradius) nach

$$\frac{1}{\bar{\varrho}} = \frac{\dot{x}\,\ddot{y} - \ddot{x}\,\dot{y}}{\left(\dot{x}^2 + \dot{y}^2\right)^{3/2}} \qquad mit \qquad \dot{x} = \frac{dx}{d\varphi} \;,\; \dot{y} = \frac{dy}{d\varphi}$$

aufgeschrieben werden kann. Im Zähler dieses Bruchs und innerhalb der Klammer im Nenner entstehen ausschließlich Produkte aus zwei Größen, die jeweils die Dimension einer Länge haben. Alle Produkte aus Verschiebungen und Verschiebungsableitungen (z. B.: u^2, v^2, $u\dot{v}$, $u\ddot{v}$, ...) können gegenüber den Produkten aus dem Radius R und den Verschiebungen bzw. Verschiebungsableitungen (z. B.: Ru, $R\dot{v}$, $R\ddot{v}$, ...)vernachlässigt werden, wobei klar wird, in welchem Sinnc dcr Begriff "kleine Verschiebungen" zu verstehen ist: **Die Verschiebungen müssen klein gegenüber dem Radius des unverformten Kreisbogenträgers sein.** Nach etwas mühsamer (aber nicht schwieriger) Rechnung erhält man mit

$$\frac{1}{\bar{\varrho}} = \frac{1}{R}\,\frac{1 + \frac{1}{R}(2v + 3\dot{u} - \ddot{v})}{\left[1 + \frac{2}{R}(v + \dot{u})\right]^{3/2}}$$

einen Ausdruck, der wegen der vorausgesetzten Kleinheit der Verschiebungen noch weiter zu vereinfachen ist. Da natürlich für den Ausdruck im Nenner

$$\delta = \frac{2}{R}(v + \dot{u}) << 1$$

gilt, kann die Potenzreihenentwicklung des Nenners

$$(1 + \delta)^{-3/2} = 1 - \frac{3}{2}\delta + \frac{3\cdot 5}{2\cdot 4}\delta^2 - + \quad \ldots.$$

nach dem linearen Glied abgebrochen werden, und man erhält über

$$\frac{1}{\bar{\varrho}} \approx \frac{1}{R}\left[1 + \frac{1}{R}(2v + 3\dot{u} - \ddot{v})\right]\left[1 - \frac{3}{R}(v + \dot{u})\right]$$

durch Ausmultiplizieren bei weiterer Vernachlässigung der oben beschriebenen Verschiebungsprodukte mit

$$\frac{1}{\bar{\varrho}} \approx \frac{1}{R} - \frac{1}{R^2}(v - \ddot{v})$$

einen in den Verschiebungsgrößen linearen Ausdruck für die Krümmung der verformten Trägerachse, der in die Beziehung (19.16) eingesetzt werden kann. Daß in der so entstehenden Differentialgleichung

$$\ddot{v} + v = -\frac{M_b}{\kappa EA} \qquad (19.17)$$

nur die Radialverschiebung v vorkommt, läßt hoffen, wie beim geraden Träger die Verschiebung v unabhängig von der Verschiebung u berechnen zu können. Leider bestätigt sich diese Hoffnung nur für wenige Ausnahmen, weil in der Regel über die Randbedingungen eine Kopplung der Verschiebungskomponenten unvermeidlich wird (vgl. nachfolgendes Beispiel).

Deshalb muß (19.17) noch um die Differentialgleichung zur Berechnung der Tangentialverschiebung u ergänzt werden. Die nebenstehende Skizze zeigt ein differentiell kleines Element (Länge der unverformten Trägerachse: $R\,d\varphi$), dessen Endpunkte A und B nach der Verformung bei A' bzw. B' liegen. Die Trägerachse verlängert sich **durch die Radialverschiebung** v von $R\,d\varphi$ auf $(R+v)\,d\varphi$ und **durch die Tangentialverschiebungen** u bzw. $(u+du)$ um $(u+du)-u$ (der Einfluß von dv kann als klein von höherer Ordnung vernachlässigt werden).

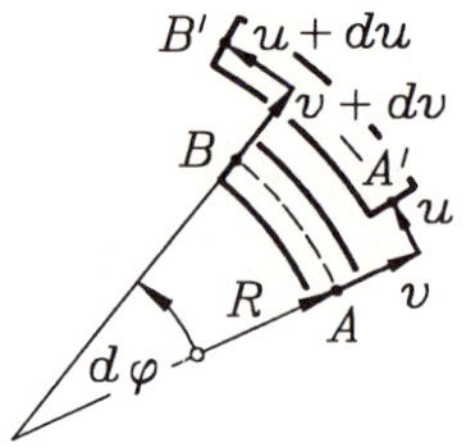

Damit kann die Dehnung der Trägerachse aufgeschrieben werden:

$$\varepsilon_0 = \frac{(R+v)\,d\varphi - R\,d\varphi + (u+du) - u}{R\,d\varphi} = \frac{1}{R}(v + \dot{u}) \quad .$$

Gleichsetzen mit der Beziehung (19.12), wobei das dort verwendete ϱ durch den Radius des Kreisbogenträgers R ersetzt wird, liefert den gesuchten Zusammenhang zwischen der Radialverschiebung und den Schnittgrößen. Gemeinsam mit der bereits für die Radialverschiebungen angegebenen Beziehung hat man damit die

Differentialgleichungen für die Verformungsberechnung des Kreisbogenträgers:

$$\ddot{v} + v = -\frac{M_b}{\kappa\, EA} \quad ;$$

$$\dot{u} + v = \frac{F_N R + M_b}{EA} \quad . \qquad (19.18)$$

v - Radialverschiebung, positiv nach außen gerichtet,
u - Tangentialverschiebung, positiv in Richtung größer werdender Winkelkoordinate φ.

- Die Schnittgrößen in (19.18) müssen der im Abschnitt 19.3.1 gegebenen Definition entsprechen.
- Der dimensionslose Parameter κ (Flächenkennwert für die Querschnittsflächen gekrümmter Träger) ist im Abschnitt 19.3.2 in der Beziehung (19.13) definiert worden. Für einige Querschnitte finden sich dort auch κ-Werte in den Tabellen des Beispiels 1.
- Es muß zunächst die Differentialgleichung für die Radialverschiebung v gelöst werden, deren allgemeine Lösung dann in die Differentialgleichung für die Tangentialverschie-

bung eingesetzt werden kann. Für eine Differentialgleichung 2. Ordnung und eine Differentialgleichung 1. Ordnung sind insgesamt drei Integrationskonstanten aus drei Randbedingungen zu bestimmen.

- Die allgemeine Lösung der **linearen inhomogenen Differentialgleichung 2. Ordnung** für die Radialverschiebung setzt sich entsprechend

$$v = v_{hom} + v_{part} \tag{19.19}$$

aus der Lösung der homogenen Differentialgleichung und einer beliebigen Partikulärlösung zusammen. Für den homogenen Lösungsanteil gilt immer:

$$v_{hom} = C_1 \cos\varphi + C_2 \sin\varphi \quad . \tag{19.20}$$

Die Partikulärlösung kann nur bei vorgegebener Funktion für die rechte Seite ermittelt werden. Für den wichtigsten Fall (konstanter Anteil und Anteile mit trigonometrischen Funktionen) wird im nachfolgenden Beispiel eine Partikulärlösung angegeben.

- Bei Trägern mit großem Radius R (im Vergleich mit den Querschnittsabmessungen) kann mit vertretbarer Genauigkeitseinbuße die Differentialgleichung für die Radialverschiebung (19.18) unter Benutzung von (19.14) ersetzt werden durch die **Differentialgleichung für den schwach gekrümmten Kreisbogenträger**:

$$\ddot{v} + v = -\frac{M_b R^2}{EI} \quad . \tag{19.21}$$

In diesem Fall kann das für gerade Träger benutzte Flächenträgheitsmoment verwendet werden, wodurch eventuell aufwendige κ-Wert-Berechnungen bei komplizierten Querschnitten entfallen.

- Die Differentialgleichung erster Ordnung für die Tangentialverschiebung u kann durch einfaches Integrieren gelöst werden, wenn v zuvor ermittelt wurde.

Beispiel: Der skizzierte Kreisbogenträger wird durch zwei Festlager (einfach statisch unbestimmt) gestützt. Er hat konstanten Kreisquerschnitt mit dem Radius r.

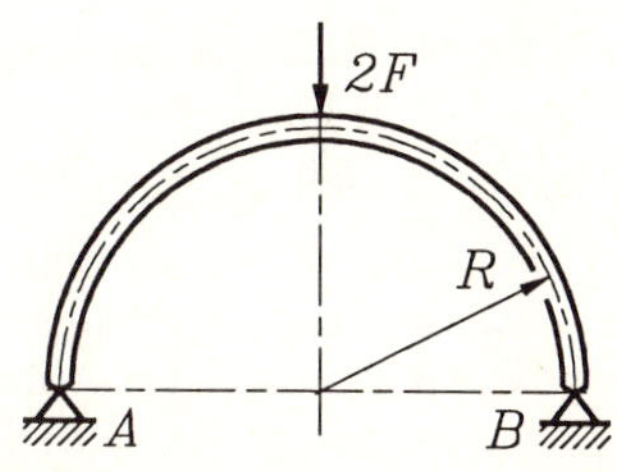

Gegeben: R ; F ; E ; $r/R = 0{,}05$.

a) Es sind die Verformungen des gesamten Trägers und die Schnittgrößen F_N und M_b an der Kraftangriffsstelle zu berechnen.

b) Welche Abweichungen von den unter a) ermittelten Ergebnissen ergeben sich, wenn der Träger als "schwach gekrümmt" betrachtet wird?

Wegen der Symmetrie braucht nur eine Hälfte des Trägers (mit der halben Belastung im Symmetrieschnitt) berechnet zu werden. Diese Trägerhälfte wird am Kraftangriffspunkt so gelagert, daß die Symmetriebedingungen (horizontale Tangente, keine Verschiebung in horizontaler Richtung) erfüllt sind.

In die Schnittgrößen geht zwangsläufig (wegen der statisch unbestimmten Lagerung) eine der vier Lagerreaktionen ein, für die eine zusätzliche geometrische Randbedingung formuliert werden kann.

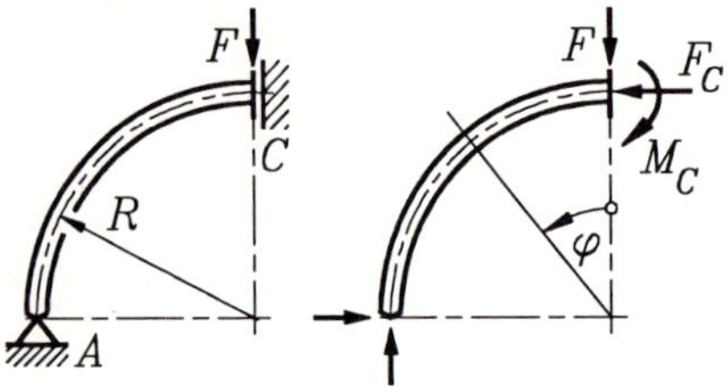

Die nebenstehende Skizze zeigt eine Trägerhälfte mit den Lagerreaktionen. Wenn entschieden wird, die Lagerkraft F_C in den Schnittgrößenverläufen zu behalten, sollte das Moment M_C durch F_C ausgedrückt werden. Momenten-Gleichgewicht um den Punkt A liefert

$$M_C = F_C R - F R \quad .$$

Mit der wie skizziert gewählten Koordinate φ erhält man aus den Gleichgewichtsbedingungen am geschnittenen Träger (Kraft-Gleichgewicht in Richtung der Normalkraft und Momenten-Gleichgewicht um die Schnittstelle) die Schnittgrößenverläufe:

$$F_N = -F\sin\varphi - F_C\cos\varphi \quad ,$$
$$M_b = -FR(1-\sin\varphi) + F_C R\cos\varphi \quad .$$

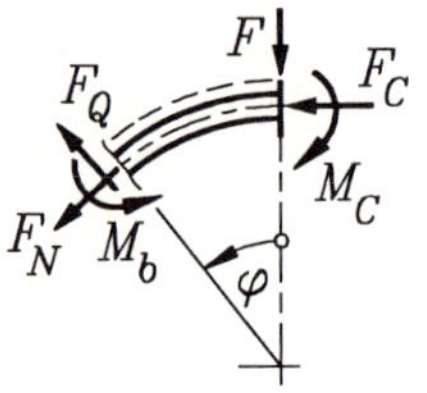

Damit können die Differentialgleichungen (19.18) aufgeschrieben werden:

$$\ddot{v} + v = \frac{FR}{\kappa\, EA}\left(1 - \sin\varphi - \frac{F_C}{F}\cos\varphi\right) \quad ,$$

$$\dot{u} + v = -\frac{FR}{EA} \quad .$$

Zunächst muß für die erste Differentialgleichung eine Partikulärlösung gefunden werden.

♦ Hinweis für Leser, die mit der Theorie der linearen Differentialgleichungen noch nicht vertraut sind: Für die ausgesprochen typische Form der rechten Seite der Differentialgleichung

$$f(\varphi) = a + b\sin\varphi + c\cos\varphi$$

darf als Partikulärlösung immer verwendet werden:

$$v_{part} = a - \frac{b}{2}\varphi\cos\varphi + \frac{c}{2}\varphi\sin\varphi \quad .$$

Der Leser, der sich in diesem Zweig der Mathematik schon gut auskennt, wird registrieren, daß für die trigonometrischen Funktionen der um den Faktor φ "erweiterte Partikuläransatz" verwendet werden muß, weil die Funktionen $\cos\varphi$ und $\sin\varphi$ die homogene Differentialgleichung erfüllen.

Die Partikulärlösung hat in diesem Fall die Form

$$v_{part} = \frac{FR}{\kappa\, EA}\left(1 + \frac{1}{2}\varphi\cos\varphi - \frac{F_C}{2F}\varphi\sin\varphi\right)$$

und bildet gemeinsam mit der Lösung (19.20) der homogenen Differentialgleichung die allgemeine Lösung der Differentialgleichung für die Radialverschiebung:

$$v = C_1\cos\varphi + C_2\sin\varphi + \frac{FR}{\kappa\, EA}\left(1 + \frac{1}{2}\varphi\cos\varphi - \frac{F_C}{2F}\varphi\sin\varphi\right) \quad .$$

Dies wird in die erste Differentialgleichung eingesetzt, und eine einfache Integration, bei der eine weitere Integrationskonstante erzeugt wird, liefert die allgemeine Lösung für die Tangentialverschiebung:

$$u = -\frac{FR}{EA}\varphi - C_1 \sin\varphi + C_2 \cos\varphi$$
$$-\frac{FR}{\kappa EA}\left[\varphi + \frac{1}{2}\left(\varphi - \frac{F_C}{F}\right)\sin\varphi + \frac{1}{2}\left(1 + \frac{F_C}{F}\varphi\right)\cos\varphi\right] + C_3 \quad .$$

Die beiden allgemeinen Lösungen enthalten insgesamt drei Integrationskonstanten und die unbekannte Lagerkraft F_C, für deren Bestimmung vier Randbedingungen zur Verfügung stehen:

$$1.)\quad u(\varphi = 0) = 0 \quad ; \qquad 2.)\quad u\left(\varphi = \frac{\pi}{2}\right) = 0 \quad ;$$
$$3.)\quad \dot{v}(\varphi = 0) = 0 \quad ; \qquad 4.)\quad v\left(\varphi = \frac{\pi}{2}\right) = 0 \quad .$$

Damit errechnet man

$$C_1 = \frac{FR}{\kappa EA}\left(1 - \frac{3}{4}\pi + \frac{1}{\pi} - \kappa\frac{\pi}{2}\right) \quad ;$$
$$C_2 = -\frac{FR}{2\kappa EA} \quad ; \qquad C_3 = \frac{FR}{\kappa EA} \quad ; \qquad F_C = \frac{2}{\pi}F \quad .$$

a) Verschiebungsfunktionen:

$$v = \frac{FR}{\kappa EA}\left[1 + \left(1 - \frac{3}{4}\pi + \frac{1}{\pi} - \frac{\pi}{2}\kappa + \frac{1}{2}\varphi\right)\cos\varphi - \left(\frac{1}{2} + \frac{1}{\pi}\varphi\right)\sin\varphi\right] \quad ;$$
$$u = -\frac{FR}{\kappa EA}\left[(1+\kappa)\varphi - 1 + \left(1 - \frac{3}{4}\pi - \frac{\pi}{2}\kappa + \frac{1}{2}\varphi\right)\sin\varphi + \left(1 + \frac{1}{\pi}\varphi\right)\cos\varphi\right] \quad .$$

Hierin ist $A = \pi r^2$ die Querschnittsfläche des Trägers, aus der Tabelle des Beispiels 2 im vorigen Abschnitt kann $\kappa = \mathbf{0{,}0006258}$ für $r/R = \mathbf{0{,}05}$ entnommen werden.

Die Schnittgrößen an der Kraftangriffsstelle müssen mit den dort wirkenden Lagerreaktionen des "Symmetrieschnitt-Lagers" im Gleichgewicht sein:

$$F_N(\varphi = 0) = -F_C = -\frac{2}{\pi}F \quad ;$$
$$M_b(\varphi = 0) = M_C = F_C R - FR = -\left(\frac{2}{\pi} + 1\right)FR \quad .$$

b) Die Rechnung für den "schwach gekrümmten" Träger unterscheidet sich nur in dem Faktor für das Biegemoment in der Differentialgleichung für die Radialverschiebung. Ein Vergleich von (19.18) und (19.21) zeigt, daß in den Verschiebungsfunktionen

$$\frac{1}{\kappa A} = \frac{1}{\kappa\pi r^2} = \frac{1598}{\pi r^2} \qquad \textit{durch} \qquad \frac{R^2}{I} = \frac{4R^2}{\pi r^4} = \frac{4}{0{,}05^2\pi r^2} = \frac{1600}{\pi r^2}$$

zu ersetzen ist. Der Unterschied ist minimal. Für schwach gekrümmte Träger wäre eine aufwendige κ-Berechnung nicht gerechtfertigt, zumal sich für die Schnittgrößen überhaupt keine Unterschiede ergeben.

19.3.4 Numerische Berechnung der Verformungen

Das relativ einfache Beispiel des vorigen Abschnitts zeigte, daß die (bei statisch unbestimmten Problemen unumgängliche) Verformungsberechnung für gekrümmte Träger recht aufwendig werden kann. Da die Verformungen durch ein lineares Randwertproblem beschrieben werden, ist es naheliegend, dies mit dem im Abschnitt 18.1 behandelten Differenzenverfahren zu lösen.

Mit den zentralen Differenzenformeln (18.1), mit denen in den Differentialgleichungen (19.18) die Ableitungen näherungsweise ersetzt werden, entstehen die

Differenzengleichungen für die Verformungsberechnung des Kreisbogenträgers:

$$v_{i-1} + (h^2 - 2)\,v_i + v_{i+1} = -h^2 \frac{M_{b,i}}{\kappa_i EA_i} \quad ;$$

$$-u_{i-1} + u_{i+1} + 2h\,v_i = 2h \frac{F_{N,i} R + M_{b,i}}{EA_i} \quad . \qquad (19.22)$$

- Da mit den Differenzenquotienten Ableitungen nach der Winkelkoordinate φ ersetzt wurden, ist die Schrittweite h in (19.22) ebenfalls ein Winkel.
- Da sowohl die Näherungsformel für die zweite Ableitung (in der ersten Differentialgleichung) als auch die Näherungsformel für die erste Ableitung (in der zweiten Differentialgleichung) jeweils zwei Nachbarpunkte einbeziehen, würden an beiden Trägerrändern je zwei Verschiebungen (u und v) für Außenpunkte in die Rechnung hineinkommen. Da für diese vier zusätzlichen Unbekannten (bei statisch bestimmten Aufgaben) nur drei Randbedingungen als zusätzliche Gleichungen formuliert werden können, würde sich in jedem Fall ein Defizit von einer Gleichung zur Anzahl der Unbekannten ergeben.

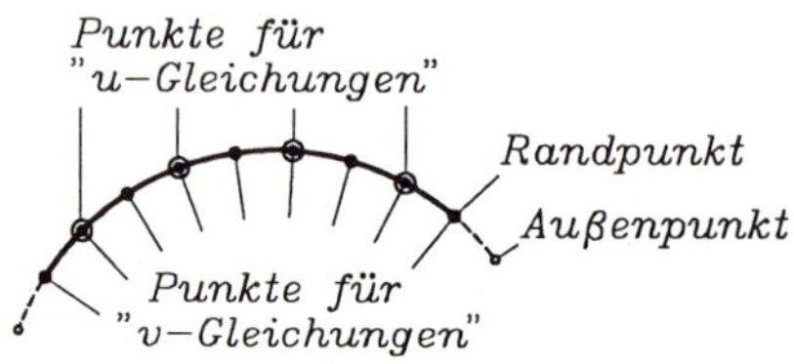

Von den verschiedenen Möglichkeiten, dieses Defizit zu beheben, (z. B.: Arbeiten mit vorwärts bzw. rückwärts genommenen Differenzenformeln in Randnähe), wird folgende Variante empfohlen: Die Differenzengleichungen für die Tangentialverschiebungen werden nur für jeden zweiten Punkt und nur für die Innenpunkte (nicht für die Randpunkte) formuliert. Dann gehen als unbekannte u-Werte gerade die Tangentialverschiebungen an den Punkten ein, für die keine "u-Gleichungen" formuliert werden (die Differenzenformel bezieht sich nur auf die Nachbarpunkte), aber u. a. auch die Werte der Randpunkte, für die gegebenenfalls Randbedingungen aufgeschrieben werden können.

Diese Strategie ist gerechtfertigt, weil die Änderung der Tangentialverschiebung u im allgemeinen deutlich geringer ist als die Änderung der Radialverschiebung v, so daß ein groberes Raster für die Approximation der Ableitungen nach u ausreichend ist.

- Um eine optimale Bandstruktur für die Koeffizientenmatrix des Gleichungssystems zu bekommen, sollten bei **statisch bestimmten Problemen** die beiden unbekannten Verschiebungen eines Punktes im Vektor der Unbekannten auf benachbarten Plätzen stehen.
- Da in die Differenzengleichungen (im Unterschied zur Arbeit mit der Differenzengleichung 4. Ordnung beim geraden Träger) die Schnittgrößen eingehen, müssen diese vorab berechnet werden. Bei k-fach **statisch unbestimmten Problemen** enthalten die Schnittgrößen k unbekannte Lagerreaktionen, die als zusätzliche Unbekannte in das Gleichungssystem eingehen, für die aber auch k zusätzliche Gleichungen (Randbedingungen) formuliert werden können. Da diese Unbekannten in sehr vielen (häufig in allen) Gleichungen auftauchen, kann **für statisch unbestimmte Aufgaben keine Bandstruktur der Koeffizientenmatrix** erwartet werden.

Beispiel: Die Berechnung der Verformungen mit dem Differenzenverfahren soll an dem bereits im Abschnitt 19.3.3 exakt gelösten (statisch unbestimmt gelagerten) Halbkreisbogen demonstriert werden.

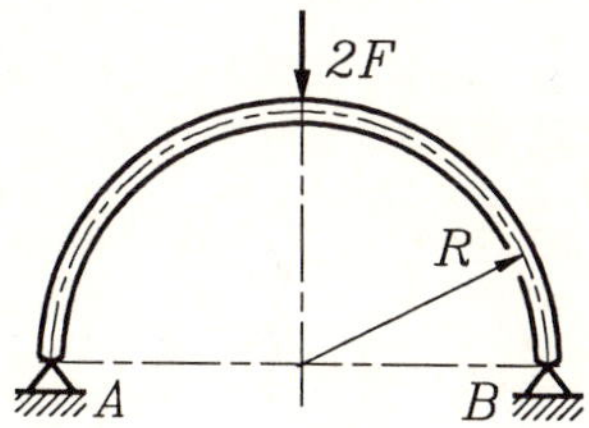

Gegeben: R ; F ; E ; $r/R = 0{,}05$.

Wie bei der exakten Lösung im vorigen Abschnitt wird nur eine Symmetriehälfte betrachtet, für die die benötigten Schnittgrößen in Abhängigkeit von der unbekannten Lagerkraft F_C formuliert werden:

$$F_N = -F\sin\varphi - F_C\cos\varphi \quad ,$$
$$M_b = -FR(1-\sin\varphi) + F_C R\cos\varphi \quad .$$

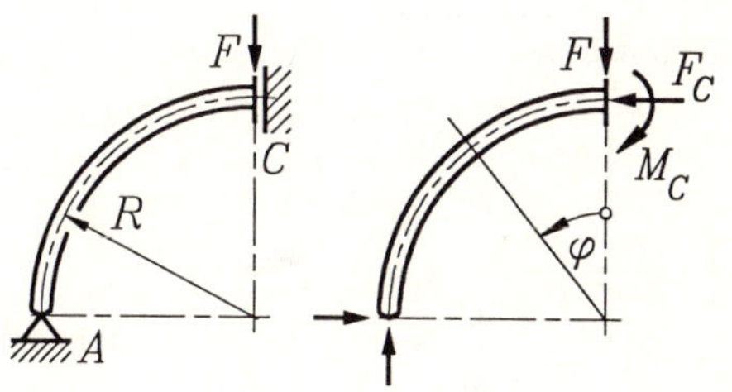

Der Viertelkreis wird in $n_A = 80$ Abschnitte unterteilt, so daß sich die Schrittweite

$$h = \pi/160$$

ergibt. Die Punkte (einschließlich der beiden Außenpunkte) werden von **1** bis **83** numeriert (Skizze).

Da wegen der unbekannten Kraft F_C, die im Momentenverlauf und damit in allen "v-Gleichungen" vorkommt, ohnehin keine Bandstruktur der Koeffizientenmatrix des Gleichungssystems zu erwarten ist, braucht auf die Reihenfolge der Gleichungen keine Rücksicht genommen zu werden.

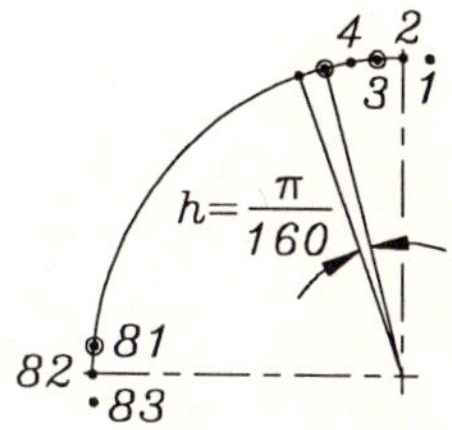

Für die Punkte **2** bis **82** werden die "v-Gleichungen" formuliert (**81** Gleichungen), wobei neben den Verschiebungen auch die Unbekannte F_C auf die linke Seite geschrieben wird:

$$v_{i-1} + (h^2-2)\,v_i + v_{i+1} + \frac{F_C R}{\kappa EA}\,h^2\cos\varphi_i = \frac{FR}{\kappa EA}\,h^2(1-\sin\varphi_i) \quad ; \quad i = 2,3\ldots 82 \quad .$$

Für die in der Skizze besonders hervorgehobenen Punkte **3**, **5**, ... **81** werden die "u-Gleichungen" aufgeschrieben (**40** Gleichungen):

$$-u_{i-1} + u_{i+1} + 2hv_i = -2h\frac{FR}{EA} \quad ; \qquad i = 3, 5, 7, \ldots 81 \quad .$$

Schließlich sind noch die Randbedingungen zu ergänzen (**4** Gleichungen):

$$-v_1 + v_3 = 0 \qquad \textit{(horizontale Tangente im Symmetrieschnitt)} \quad ;$$

$$u_2 = 0 \quad ; \qquad u_{82} = 0 \quad ; \qquad v_{82} = 0 \quad .$$

Dies sind insgesamt **125** Gleichungen für die **125** Unbekannten

$$\frac{F_C R}{\kappa EA} \qquad\qquad (\,1 \textit{ Wert}\,) \quad ;$$

$$v_1\,,\; v_2\,,\; v_3\,,\; \ldots\; v_{83} \qquad (83 \textit{ Werte}) \quad ;$$

$$u_2\,,\; u_4\,,\; u_6\,,\; \ldots\; u_{82} \qquad (41 \textit{ Werte}) \quad .$$

Der Faktor, der bei F_C mit in die Unbekannte hineingenommen wird, wurde so gewählt, daß alle unbekannten Größen die gleiche Dimension haben. Auf der rechten Seite des Gleichungssystems kann als gemeinsamer Faktor z. B. $(FR)/(\kappa EA)$ ausgeklammert werden, so daß auf allen Positionen der "u-Gleichungen" der rechten Seite der gleiche Wert

$$-2h\kappa \qquad \textit{mit} \qquad \kappa = 0{,}0006258 \qquad \textit{für} \qquad r/R = 0{,}05$$

(κ kann z. B. der Tabelle des Beispiels 2 im Abschnitt 19.3.2 entnommen werden), und auf den Positionen der "v-Gleichungen" der rechten Seite stehen dann die Werte

$$h^2(1 - \sin\varphi_i) \qquad \textit{mit} \qquad \varphi_i = (i-2)\,\pi/160 \quad ; \qquad i = 2, 3, \ldots 82 \quad .$$

- Auch wenn die Koeffizientenmatrix keine Bandstruktur hat, so ist sie doch recht dünn mit von Null verschiedenen Elementen besetzt, so daß von den **15750** Elementen (einschließlich rechter Seite), die ein Gleichungssystem mit **125** Gleichungen definieren, "nur" **570** Werte bei Arbeit mit dem Programm MLINEQ (beiliegende Diskette) eingegeben werden müssen. Dem Leser, der dieses Beispiel nachempfinden möchte, wird jedoch dringend empfohlen, sich der Makrotechnik des Programms bei der Eingabe zu bedienen, mit der der manuelle Aufwand minimiert werden kann.

Nebenstehender Bildschirm-Schnappschuß (Programm MCALCU) zeigt (stark vergrößert) den mit dem Differenzenverfahren berechneten Verformungszustand und den unverformten Träger.

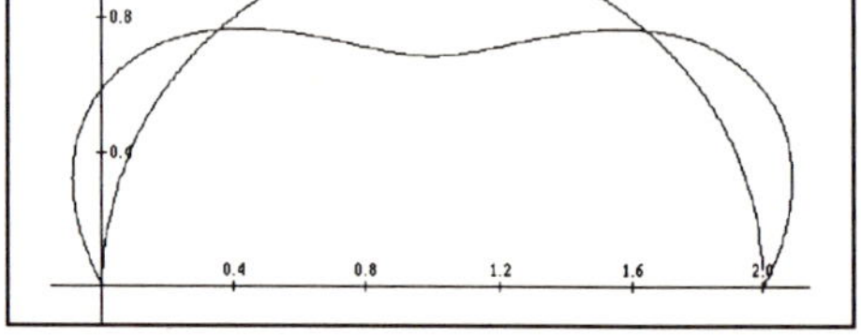

Von den Ergebnissen, die die Lösung des Gleichungssystems liefert, sollen hier nur zwei (im Vergleich mit der exakten Lösung) angegeben werden, die Vertikalverschiebung v_2 des Kraftangriffspunktes und die Kraft F_C:

	Exakt	Diff.-Verfahren	Fehler
$v_2 \kappa EA/(FR)$	**– 0,0388676**	**– 0,0388998**	**0,08 %**
F_C/F	**0,636620**	**0,636661**	**0,006 %**

19.4 Aufgaben

Aufgabe 19.1: Der skizzierte Kragträger mit **T**-förmigem Querschnitt ist durch zwei Einzelkräfte belastet. Man ermittle Ort und Größe der maximalen Biegespannung.

Gegeben: F, l, a.

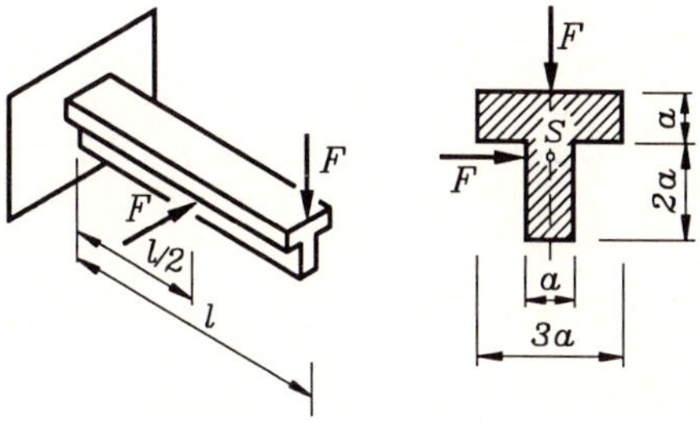

Aufgabe 19.2: Ein Biegeträger mit Dreiecksquerschnitt (rechtwinkliges gleichschenkliges Dreieck) ist bei A starr eingespannt und nur durch sein Eigengewicht (Dichte ϱ) belastet.

Gegeben: $l = 80\ cm$; $a = 2\ cm$;
$\varrho = 7{,}85\ g/cm^3$;
$E = 2{,}1 \cdot 10^5\ N/mm^2$.

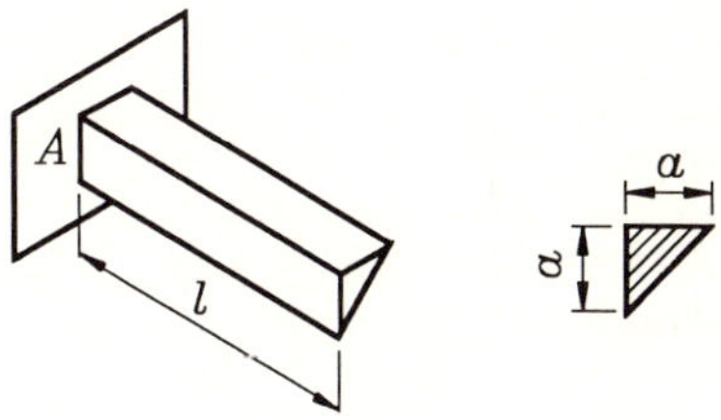

Man ermittle

a) die Biegespannungen an den drei Eckpunkten des Einspannquerschnitts,

b) die Lage der Spannungs-Null-Linie,

c) Größe und Richtung der Gesamtverschiebung des freien Trägerendes.

Aufgabe 19.3: Die auf elastischem Untergrund liegenden Schwellen eines Schienenweges werden wie skizziert über die Schienen durch zwei Kräfte F belastet.

Gegeben: F, EI, l, $a = l/4$, $(kl^4)/(EI) = 2$.

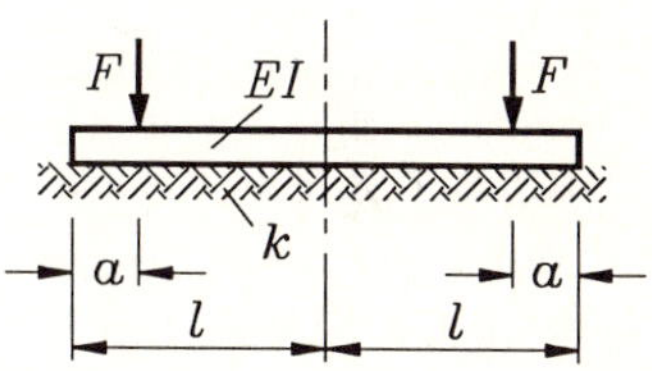

a) Für die exakte Lösung müßte unter Ausnutzung der Symmetrie die allgemeine Lösung (19.5) der Differentialgleichung für zwei Bereiche (mit 8 Integrationskonstanten) aufgeschrieben werden. Die erforderlichen Rand- und Übergangsbedingungen für die Berechnung der Integrationskonstanten sind zu formulieren.

b) Mit Hilfe des Differenzenverfahrens sind die Verformung und der Biegemomentenverlauf zu ermitteln.

Aufgabe 19.4: Die Ermittlung der größten Beanspruchung in einem Kranhaken (Beispiel 3 im Abschnitt 19.3.2) zeigte, daß ein Rechteckquerschnitt günstiger als ein Kreisquerschnitt (bei gleicher Querschnittsfläche) ist. Es ist zu untersuchen, ob auch die Verwendung eines elliptischen Querschnitts an Stelle eines Kreisquerschnittes zu einer geringeren Maximalspannung führt, wenn die Querschnittsflächen gleich sind (gleicher Materialeinsatz) und der Krümmungsradius $\boldsymbol{R}$ beibehalten wird.

Gegeben: $\boldsymbol{R}$; $\boldsymbol{r} = 0{,}5\,\boldsymbol{R}$.

a) Man ermittle die κ-Werte für einen elliptischen Querschnitt nach der Formel (19.13) durch numerische Auswertung des entstehenden Integrals (Programm MCALCU, beiliegende Diskette) für unterschiedliche Werte $\boldsymbol{a}/\boldsymbol{R}$.

b) Man berechne das Verhältnis der betragsmäßig größten Biegespannung bei elliptischen Querschnitten zu der betragsmäßig größten Biegespannung bei einem Kreisquerschnitt mit dem gleichen Flächeninhalt für verschiedene Formen der Ellipse ($\boldsymbol{a}/\boldsymbol{b} = 2$; $1{,}5$; $0{,}5$).

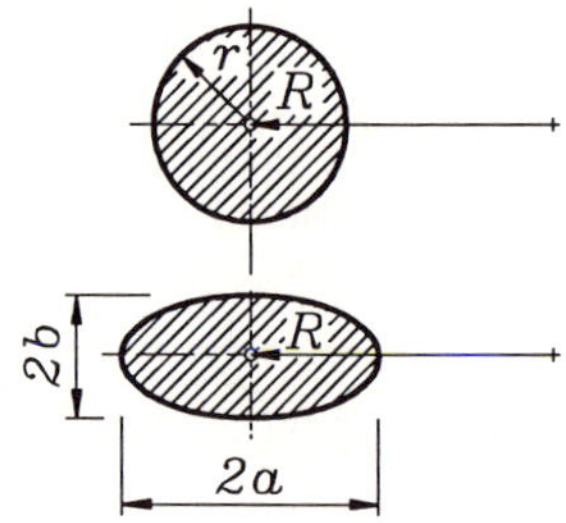

Aufgabe 19.5: Für den skizzierten Kreisbogenträger mit Rechteckquerschnitt sind die Normalspannungen (Gesamt-Normalspannung aus Normalkraft und Biegemoment) an den mit $\boldsymbol{A}$ und $\boldsymbol{B}$ gekennzeichneten Stellen zu berechnen.

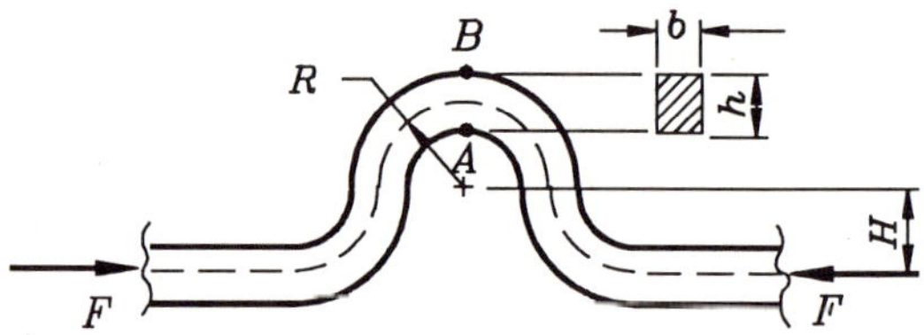

Gegeben: $\boldsymbol{F}$; $\boldsymbol{R}$;
$\boldsymbol{H} = \boldsymbol{R}$; $\boldsymbol{b} = \boldsymbol{R}/2$; $\boldsymbol{h} = \boldsymbol{R}$.

Aufgabe 19.6: Eine Kette besteht wie skizziert aus kreisringförmigen Gliedern. Wegen der doppelten Symmetrie braucht für die Verformungs- und Spannungsberechnung nur ein Viertel eines Gliedes betrachtet zu werden.

Die Skizze oben rechts zeigt ein Viertel eines Kettengliedes mit der halben Belastung und den beiden Lagern, die die in Symmetrieschnitten möglichen Verschiebungen zulassen. In die Skizze unten rechts sind die in den Symmetrieschnitten wirkenden Kräfte und Momente eingezeichnet. Da die Kraft-Gleichgewichtsbedingungen bereits erfüllt sind, bleibt bei zwei unbekannten Momenten nur eine Gleichgewichtsbedingung: Das Problem ist einfach statisch unbestimmt.

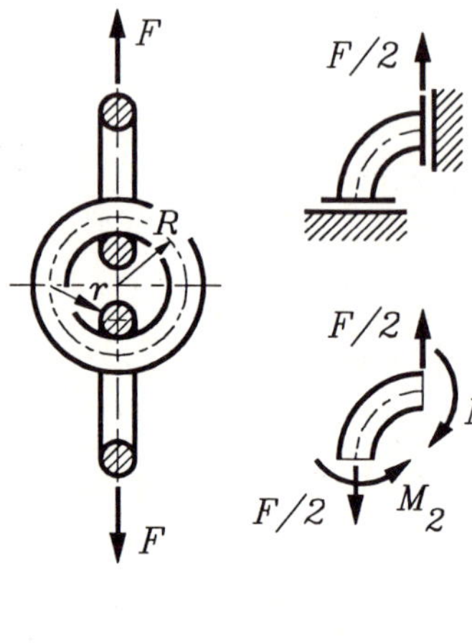

Gegeben: $\boldsymbol{F}$; $\boldsymbol{R}$; $\boldsymbol{r}/\boldsymbol{R} = 0{,}25$; $\boldsymbol{E}$.

Man berechne mit dem Differenzenverfahren

a) die Verformungen eines Kettengliedes infolge der Kraft $\boldsymbol{F}$,

b) den Biegemomentenverlauf und Ort und Größe des absolut größten Biegemoments.

20 Querkraftschub

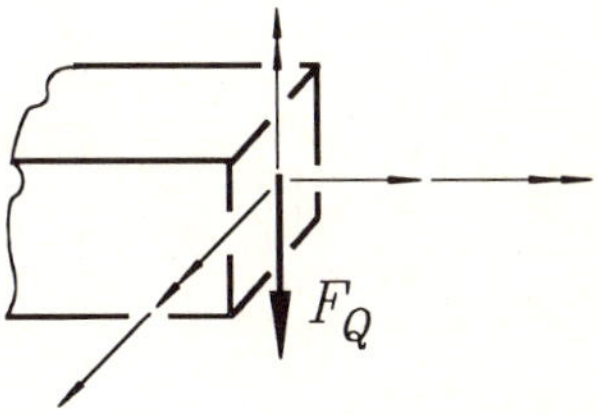

Die Querkraft F_Q ist senkrecht zur Trägerlängsachse gerichtet. Die in der Querschnittsfläche liegende Kraft ist die Resultierende der Schubspannungen, die in dieser Fläche wirken.

20.1 Ermittlung der Schubspannungen

Für die Berechnung der Spannungen, die der Querkraft äquivalent sind, werden folgende Annahmen getroffen:

- Die Querkraft wirkt in Richtung einer Hauptzentralachse des Querschnitts.
- Es werden nur die Schubspannungskomponenten betrachtet, die **einer** Querkraft äquivalent sind (gegebenenfalls muß eine zweite Rechnung mit der anderen Querkraft des Querschnitts ausgeführt werden).
- Die **Schubspannungen**, die durch die Querkraft hervorgerufen werden, sind wie die Biegespannungen σ_b **über die Querschnittsbreite konstant**. Da diese Bedingung im allgemeinen nicht exakt erfüllt ist, werden im folgenden stets die Mittelwerte der Schubspannung über die Querschnittsbreite berechnet.

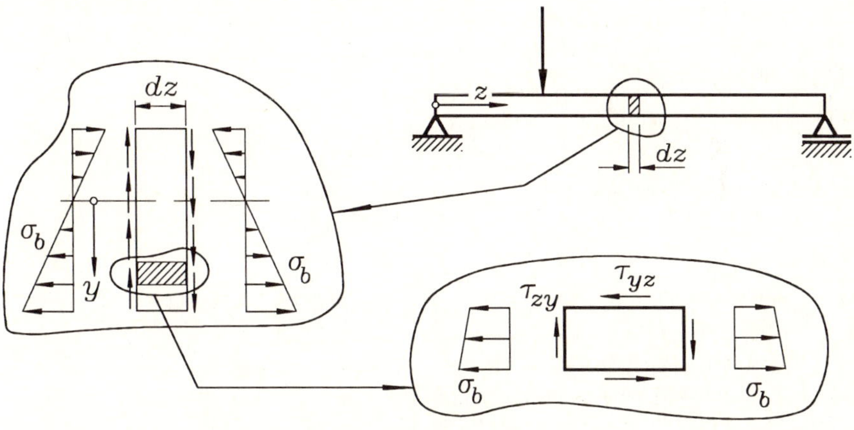

An einem differentiell kleinen Element der Länge dz, das aus dem skizzierten Träger herausgeschnitten wird, wirken die Schnittgrößen M_b und F_Q. Die durch M_b hervorgerufenen Biegespannungen sind über die Höhe (in y-Richtung) linear veränderlich, die Art der Veränderlichkeit der Schubspannungen τ_{zy} ist zunächst nicht bekannt (Hinweis zu den Indizes von τ: Der erste Index kennzeichnet die Schnittfläche durch die Koordinate, die senkrecht zur Fläche gerichtet ist, der zweite Index bestimmt die Richtung der Schubspannung).

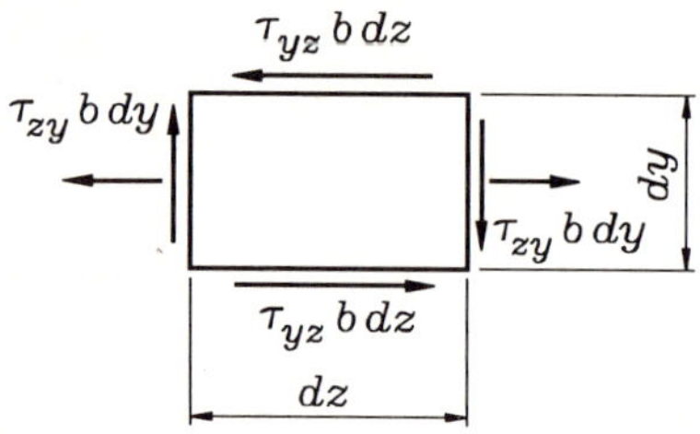

Wird auch in ***y***-Richtung ein differentiell kleines Stück der Länge ***dy*** betrachtet, so können die Spannungen an den Schnittflächen ***bdy*** wie nebenstehend skizziert zu Kräften zusammengefaßt werden (***b*** ist die Breite des Trägers). Es ist erkennbar, daß an diesem Element das Momentengleichgewicht (z. B. um den Mittelpunkt) nur erfüllt sein kann, wenn auch in den horizontalen Schnittflächen Schubspannungen wirken, die nach der getroffenen Vereinbarung mit τ_{yz} bezeichnet werden. Die Momentwirkungen der Normalspannungen heben sich (bis auf Anteile, die von höherer Ordnung klein sind) auf, und man erhält mit dem Mittelpunkt des Elements als Bezugspunkt für das Momentengleichgewicht:

$$\tau_{yz}\, b\, dz\, dy = \tau_{zy}\, b\, dy\, dz \quad .$$

Alle Abmessungen fallen aus dieser Beziehung heraus, und man erhält als **allgemeingültige Aussage** das

Gesetz der zugeordneten Schubspannungen:

$$\tau_{yz} = \tau_{zy} \qquad \textbf{(20.1)}$$

Die Schubspannungen in zwei senkrecht aufeinander stehenden Schnittflächen sind gleich groß (und entweder beide zur gemeinsamen Kante dieser Schnittflächen gerichtet oder beide von der Kante weggerichtet).

Daß Schubspannungen auch in den Längsschnitten eines Biegeträgers auftreten, läßt sich recht gut veranschaulichen:

Träger sind nicht miteinander verbunden

Im kompakten Träger verhindern Schubspannungen das Abscheren der Schichten

Werden zwei übereinanderliegende Träger auf Biegung belastet, so verschieben sie sich gegeneinander. Wenn sie verbunden werden (Schweißen, Kleben, Nieten, ...), so wird diese Verschiebung durch die in der Verbindung hervorgerufene Schubspannungen verhindert.

Es soll nun die Schubspannung an einer beliebigen Stelle ***y*** des Querschnitts bei ***z*** berechnet werden (die Indizes für die Schubspannung werden jetzt weggelassen, weil ohnehin für die beiden betrachteten Schnitte die gleichen Werte gelten). Dazu wird eine differentiell kleine Scheibe des Trägers (Dicke ***dz***) noch einmal in der Höhe ***y*** zerschnitten, so daß sie in zwei Teile zerfällt:

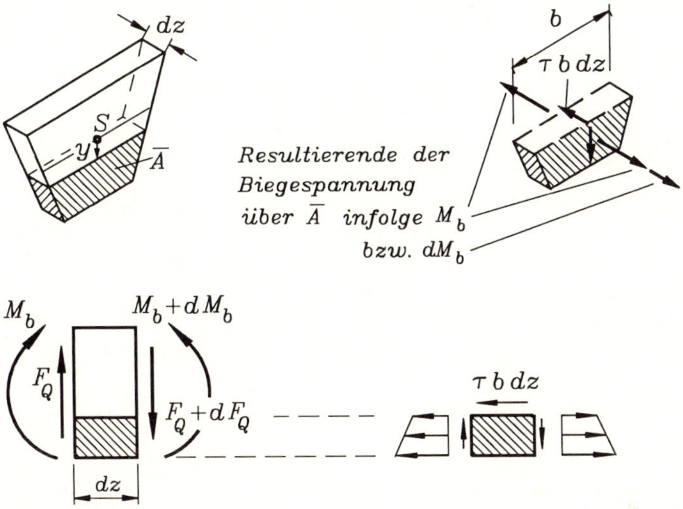

Am unteren Teil wirken in horizontaler Richtung (z-Richtung) die Biegespannungen der anteiligen Fläche $\bar{A}$ und die Schubspannungen der Fläche $\boldsymbol{b\,dz}$. Die Biegespannungen werden am linken Schnittufer durch das Moment $\boldsymbol{M_b}$, am rechten Schnittufer durch $(\boldsymbol{M_b + dM_b})$ hervorgerufen. Die Spannungen infolge $\boldsymbol{M_b}$ heben sich gegenseitig auf, so daß das Gleichgewicht in z-Richtung durch die Resultierende der Schubspannungen $\tau\boldsymbol{b\,dz}$ und die Resultierende aus den Normalspannungen infolge $\boldsymbol{dM_b}$ hergestellt werden muß.

Die Spannung infolge $\boldsymbol{dM_b}$ an einer beliebigen Stelle $\bar{y}$ innerhalb $\bar{A}$ errechnet sich nach der Biegespannungsformel (16.1), wobei $\boldsymbol{M_b}$ durch $\boldsymbol{dM_b}$ ersetzt werden muß. Der Querstrich bei $\bar{y}$ wird verwendet, weil $\boldsymbol{y}$ bereits vergeben ist für die Kennzeichnung des horizontalen Schnitts (y und $\bar{y}$ zählen beide vom Schwerpunkt der **Gesamt**-Querschnittsfläche positiv nach unten). Die Integration dieser Biegespannungen $(\boldsymbol{dM_b}\,\bar{y})/\boldsymbol{I_{xx}}$ über die Fläche $\bar{A}$ liefert die resultierende Kraft, die der Schubspannung im horizontalen Schnitt das Gleichgewicht hält:

$$\tau\, b\, dz = \int_{\bar{A}} \frac{dM_b}{I_{xx}}\, \bar{y}\, d\bar{A} = \frac{dM_b}{I_{xx}} \int_{\bar{A}} \bar{y}\, d\bar{A} \quad .$$

Das Integral

$$S_x = \int_{\bar{A}} \bar{y}\, d\bar{A}$$

ist das aus dem Abschnitt 4.2 als Formel (4.8) bekannte statische Moment der Fläche $\bar{A}$, das sich hier auf die durch den Schwerpunkt der Gesamt-Querschnittsfläche verlaufende $\boldsymbol{x}$-Achse (senkrecht zur y-Achse) bezieht. Damit wird aus der Gleichgewichtsbedingung in z-Richtung (nach Division durch $\boldsymbol{b\,dz}$):

$$\tau = \frac{dM_b}{dz}\,\frac{S_x}{b\,I_{xx}} \quad ,$$

und mit $\boldsymbol{dM_b/dz = F_Q}$ (vgl. Abschnitt 7.2) ergibt sich die Formel für die Berechnung der

Schubspannung infolge Querkraftbelastung:
$$\tau = \frac{F_Q\, S_x}{b\, I_{xx}} \quad . \qquad (20.2)$$

- $F_Q(z)$ ist die Querkraft in der Schnittfläche bei z und I_{xx} das Flächenträgheitsmoment dieser Fläche bezüglich der durch den Flächenschwerpunkt (senkrecht zur F_Q-Richtung) verlaufenden Hauptzentralachse x (Biegeachse).
- Die Breite des Querschnitts $b(y)$ darf veränderlich sein. Die y-Achse beginnt im Schwerpunkt der Querschnittsfläche und steht senkrecht auf der x-Achse.
- $S_x(y)$ ist das statische Moment einer **Teilquerschnittsfläche**, die durch die Parallele zur x-Achse bei y vom Gesamtquerschnitt abgetrennt wird. $S_x(y)$ bezieht sich auf die **Schwerpunktachse des Gesamtquerschnitts** (x-Achse).

- Wenn die Lage des Schwerpunkts einer der beiden **Teilquerschnittsflächen** bekannt ist, kann $S_x(y)$ vereinfacht nach
$$S_x = \bar{A}_1\, a_1 = \bar{A}_2\, a_2$$
berechnet werden (a_1 und a_2 sind die Abstände der Schwerpunkte der Teilflächen $\bar{A}_1$ bzw. $\bar{A}_2$ vom Schwerpunkt der Gesamtfläche).

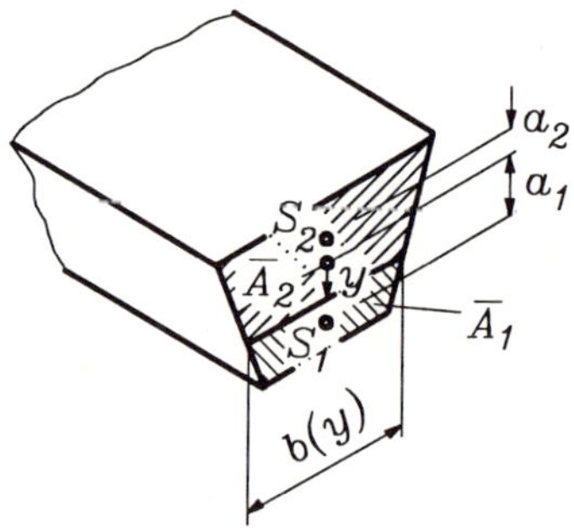

- Die Querschnittskennwerte (S_x, b, I_{xx}) sind positiv in die Schubspannungsformel (20.2) einzusetzen, die Richtung der Schubspannungen wird ausschließlich durch das Vorzeichen der Querkraft F_Q bestimmt.
- Die für einen y-Wert des Querschnitts errechnete Schubspannung gilt jeweils auch für einen Längsschnitt des Trägers (Gleichheit der zugeordneten Schubspannungen).

Beispiel 1: Der skizzierte Kragträger mit Rechteckquerschnitt wird durch die Kraft F belastet. Dann wirkt in allen Querschnitten die Querkraft
$$F_Q = F \ ,$$
die Breite b des Querschnitts ist konstant, und für das Flächenträgheitsmoment des gesamten Rechteckquerschnitts gilt nach der Tabelle im Abschnitt 16.2.2:
$$I_{xx} = \frac{b\, h^3}{12} \quad .$$

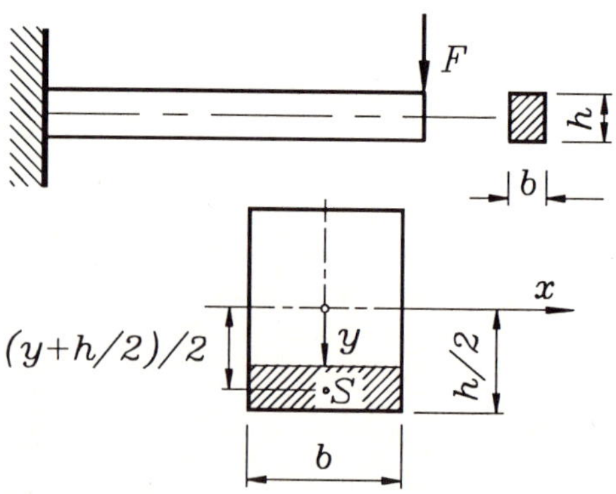

Das statische Moment des schraffierten Teilrechtecks bezüglich der x-Achse errechnet sich aus dem Produkt "Teilfläche • Schwerpunktkoordinate der Teilfläche":

$$S_x(y) = b\left(\frac{h}{2} - y\right)\frac{y + h/2}{2} = \left(\frac{h^2}{4} - y^2\right)\frac{b}{2} \quad .$$

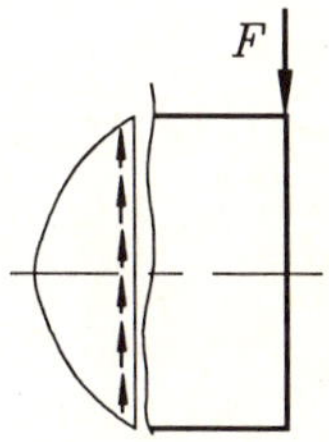

Damit erhält man die Schubspannungsverteilung über die Querschnittshöhe:

$$\tau(y) = \frac{3}{2}\left[1 - 4\left(\frac{y}{h}\right)^2\right]\frac{F}{bh} \quad .$$

Der quadratische Verlauf (Skizze oben rechts) hat die Randwerte

$$\tau\left(y = \pm\frac{h}{2}\right) = 0$$

und den Maximalwert in der Schwerpunktfaser:

$$\tau_{max} = \tau(y=0) = \frac{3}{2}\frac{F}{bh} \quad .$$

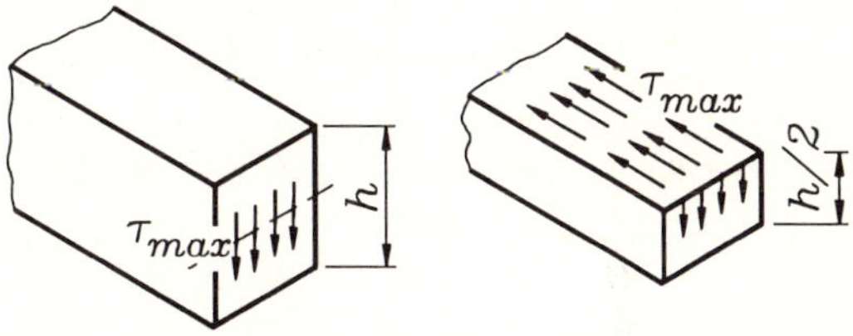

Diese Schubspannung wirkt nach dem Gesetz der zugeordneten Schubspannungen auch in einem Horizontalschnitt des Trägers (Skizze). Sie muß besonders dann beachtet werden, wenn dieser Längsschnitt z. B. eine Kleb-, Schweiß- oder Nietverbindung ist. Falls ein Balken aus mehreren Teilen zusammengesetzt wird, sollte die Fuge nicht in Höhe des Gesamtschwerpunktes der zusammengesetzten Fläche gelegt werden.

Beispiel 2:

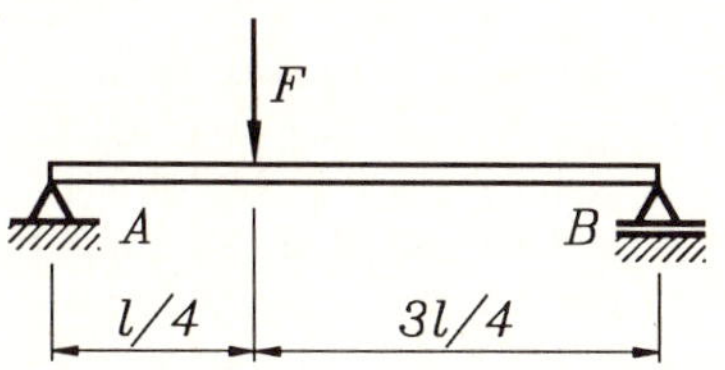

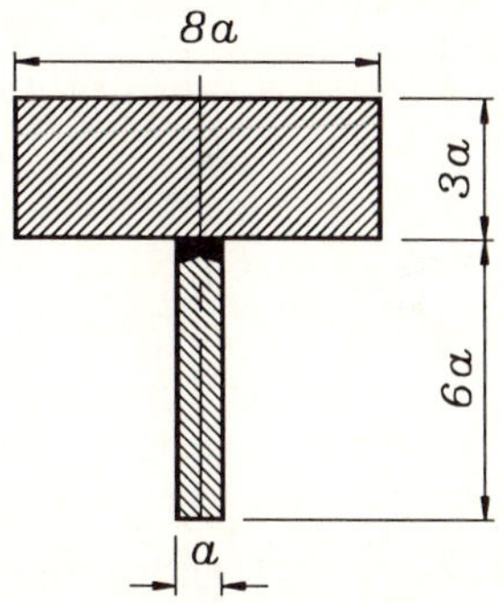

Gegeben: F , l , a .

Ein T-Träger wurde aus zwei Rechteckprofilen so zusammengeschweißt, daß die Schweißnaht eine Verbindung über die gesamte Stegbreite a herstellt. Für die in der Skizze angegebene Lagerung und Belastung ist die größte Schubspannung in der Schweißnaht zu ermitteln.

Mit den Lagerreaktionen

$$F_A = 3F/4 \quad \text{und} \quad F_B = F/4$$

ergibt sich der nebenstehend skizzierte Querkraftverlauf mit der maximalen Querkraft

$$F_{Q,max} = 3F/4 \quad .$$

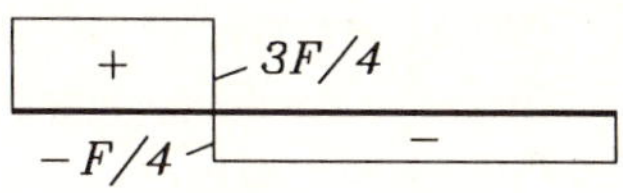

Querkraftverlauf

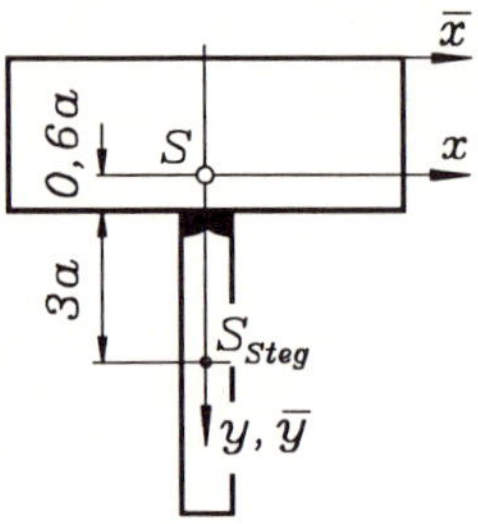

Nach dem im Abschnitt 16.2.6 beschriebenen Algorithmus werden Schwerpunkt (bezogen auf das skizzierte $\bar{x}$-$\bar{y}$-Koordinatensystem) und Flächenträgheitsmoment der Gesamtfläche (bezogen auf das x-y-Koordinatensystem) berechnet:

$$\bar{y}_S = 2{,}4\,a \quad ; \quad I_{xx} = 133{,}2\,a^4 \quad .$$

Die Schweißnaht liegt also im Abstand

$$y = 0{,}6\,a$$

vom Schwerpunkt der Gesamtfläche, und das in die Formel (20.2) eingehende statische Moment der Teilfläche kann entweder für den Flansch oder den Steg (jeweils bezogen auf die x-Achse) berechnet werden. Für den Steg ergibt sich z. B. folgende Rechnung:

$$S_x(y = 0{,}6\,a) = 6\,a^2\,(0{,}6\,a + 3\,a) = 21{,}6\,a^3 \quad .$$

Mit den ermittelten Querschnittswerten, der maximalen Querkraft und der Breite $b = a$ an der Nahtstelle erhält man die maximale Schubspannung in der Schweißnaht nach (20.2):

$$\tau_{Naht,\,max} = 0{,}1216\,\frac{F}{a^2} \quad .$$

Sie tritt im Nahtbereich zwischen dem Lager A und der Kraft F auf. Im rechten Bereich beträgt die Schubspannung nur ein Drittel dieses Wertes.

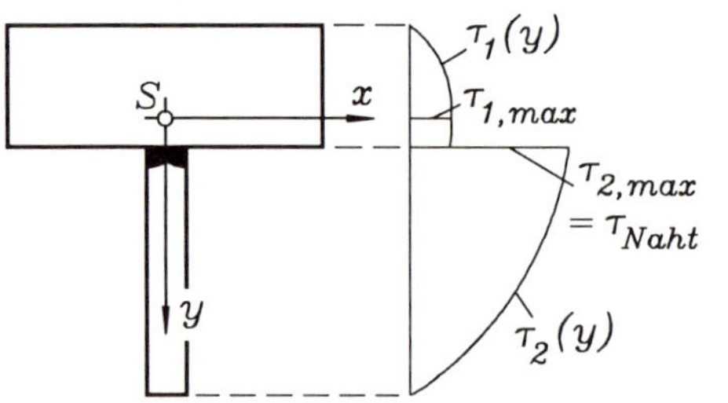

Die nebenstehende Darstellung des Schubspannungsverlaufs über die gesamte Höhe des Querschnitts zeigt den für Rechteckquerschnitte typischen parabolischen Verlauf in beiden Bereichen mit einem relativen Maximum im Schwerpunkt (dort ist das statische Moment der Teilfläche am größten). Der krasse Sprung an der Übergangsstelle (bedingt durch die sich sprunghaft ändernde Breite) gibt Anlaß, die Gültigkeit der Voraussetzungen, die der Berechnung zugrunde liegen, noch einmal zu diskutieren, denn speziell die gleichmäßige Verteilung der Schubspannung über die Querschnittsbreite wird im viel breiteren Flansch in der Nähe der Übergangsstelle nicht realistisch sein. Vielmehr gilt:

- Genauere Untersuchungen zeigen, daß bei breiten Trägern die Schubspannungen sich nicht gleichmäßig über die Breite verteilen. Sie sind am Rand etwas größer als in der Mitte, nach der Formel (20.2) wird ein über die Breite genommener Mittelwert errechnet. Dies hat im allgemeinen wenig praktische Bedeutung, da bei breiten Trägern die Schubspannungen natürlich entsprechend klein (und damit meist unbedeutend) sind (vgl. das gerade behandelte Beispiel, bei dem die Schubspannungen nur in dem schmalen Steg bedeutsam sind).
- Eine besondere Betrachtung erfordern die sogenannten dünnwandigen offenen Profile, bei denen (im Gegensatz zum gerade behandelten Beispiel) die "breiten" Querschnittsabschnitte eine sehr kleine Höhe haben (z. B. **T**-, Doppel-**T** und **U**-Profile). Diese werden deshalb im nächsten Abschnitt gesondert behandelt.

20.2 Dünnwandige offene Profile, Schubmittelpunkt

An dem nachfolgend skizzierten Doppel-T-Profil soll deutlich gemacht werden, daß in den Flanschen auch in vertikalen Längsschnitten aus Gleichgewichtsgründen Schubspannungen wirken müssen. Dazu wird ein differentiell kleines Element (Länge dz) betrachtet, an dessen Schnittufern die Biegespannungen σ bzw. $(\sigma + d\sigma)$ wirken (in der Skizze sind die Spannungspfeile nur für die Flansche eingezeichnet, wobei willkürlich angenommen wurde, daß oben eine Druckspannung und unten eine Zugspannung wirkt):

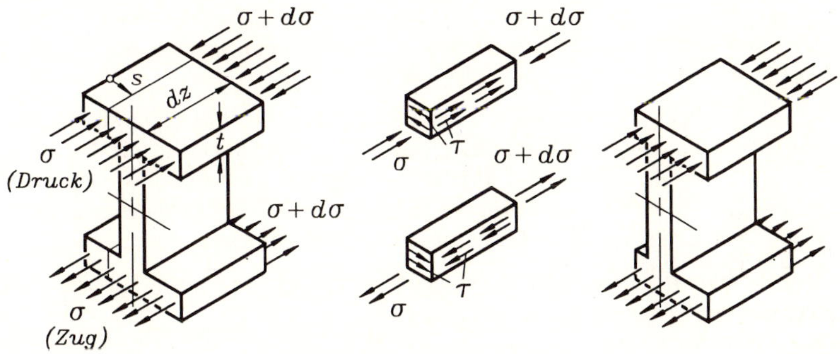

Wenn Streifen der Flansche von dem Element abgeschnitten werden (rechte Skizze), dann wird deutlich, daß in den (vertikalen) Schnitten Schubspannungen wirken müssen, die mit den $d\sigma$-Anteilen der Biegespannung das Kraft-Gleichgewicht in Träger-Längsrichtung herstellen. Wie bei der Herleitung der Formel (20.2) im vorigen Abschnitt werden diese Biegespannungsanteile $d\sigma = (dM_b\, \bar{y})/I_{xx}$ über die Fläche $s \cdot t$ integriert und mit der resultierenden Kraft der Schubspannungen in der Fläche $dz \cdot t$ gleichgesetzt. Wenn konstante Schubspannung über die Flanschdicke t vorausgesetzt wird (bei dünnwandigen Profilen natürlich erlaubt), ergibt sich mit

$$\tau = \frac{F_Q\, S_x}{t\, I_{xx}} \qquad (20.3)$$

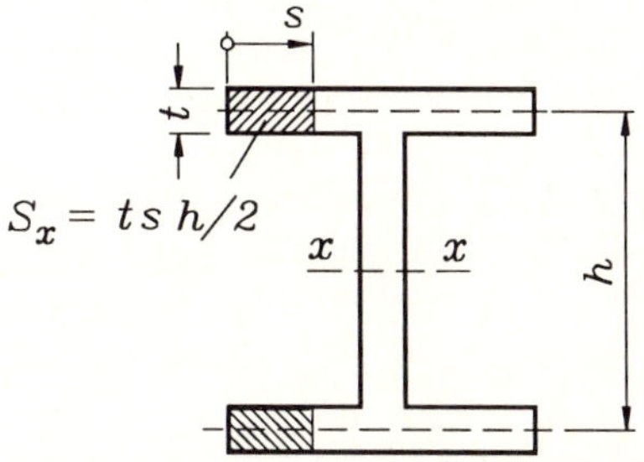

eine Formel, die wie (20.2) aufgebaut ist, mit t die Flanschdicke (an Stelle der Querschnittsbreite b) und mit S_x wie die Formel (20.2) das statische Moment der abgeschnittenen Fläche bezüglich der Biegeachse x enthält (nebenstehende Skizze).

Natürlich wirken Schubspannungen der gleichen Größe (Gesetz der zugeordneten Schubspannungen) auch in den Querschnittsflächen. Da die Schubspannungen an den Rändern des Flansches gleich Null sind, werden sie mit wachsender Koordinate s (und damit größer werdendem statischen Moment der Teilfläche) nach innen größer. Ihre Richtung weist an einem Flansch (abhängig davon, ob die Biegespannung im Flansch Zug oder Druck ist) entweder zum Steg hin oder vom Steg weg, im Steg stimmt die Schubspannungsrichtung mit der Richtung der Querkraft an dem entsprechenden Schnittufer überein.

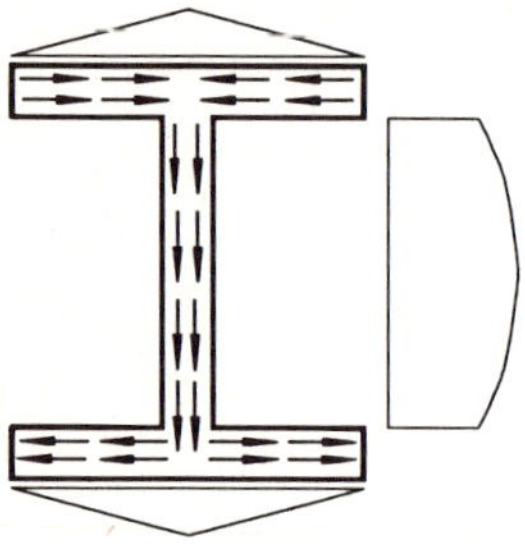

Die Skizze veranschaulicht, wie die Schubspannungen über die Querschnittsfläche "fließen", wobei die über bzw. unter den Flanschen und rechts vom Steg angedeuteten Funktionen die Intensität verdeutlichen.

Da in die Formeln (20.2) bzw. (20.3) jeweils das statische Moment der gesamten Teilfläche eingeht, die durch einen Längsschnitt bei y bzw. s abgetrennt wird, ist klar, daß die Summe der am Steg "zusammenfließenden" Anteile dem Wert am Anschlußpunkt im Steg entspricht. Wegen der vorausgesetzten Dünnwandigkeit sind die an dieser Stelle nicht mit der Herleitung übereinstimmenden Voraussetzungen (im Flanschteil über bzw. unter dem Steg schneidet ein vertikaler Schnitt keine Scheibe des Flansches ab) vernachlässigbar.

- Für **dünnwandige Querschnitte** (im betrachteten Beispiel: t ist klein im Vergleich mit Steghöhe und Flanschbreite) werden nur die Schubspannungen in die Rechnung einbezogen, die parallel zur Profil-Mittellinie gerichtet sind. Für das Doppel-T-Profil bedeutet dies z. B., daß in den Flanschen keine vertikalen Schubspannungen, wie sie sich nach (20.2) durchaus ergeben würden, berücksichtigt werden.
- Da nur die durch die Querkraft hervorgerufenen Schubspannungen betrachtet wurden, müssen sie der eingeleiteten Querkraft äquivalent sein. Für das behandelte Beispiel bedeutet das, daß die Resultierende aus der Schubspannung im Steg die Querkraft ist. Die Schubspannungen in den Flanschen bilden beim Doppel-T-Profil ein Gleichgewichtssystem, was leider nicht bei allen Profilformen der Fall ist (vgl. nachfolgendes Beispiel).
- Für dünnwandige Profile darf auch das Flächenträgheitsmoment vereinfacht berechnet werden. Für das Doppel-T-Profil werden der Anteil des Stegs und für die Flansche nur die "Steiner-Anteile" berücksichtigt, weil der t^3-Faktor die Anteile bezüglich der Flansch-Schwerpunktachsen verschwindend klein macht. Der Praktiker geht häufig noch einen Schritt weiter und bezieht auch den (speziell bei breiten Flanschen deutlich kleineren) Anteil des Stegs nicht mit ein (und liegt damit auf der sicheren Seite): "Bei Doppel-T-Profilen nehmen die Flansche die Biegung und der Steg die Querkraft auf." Eine nennenswerte Erleichterung bei der Rechnung bringt diese weitere Vereinfachung jedoch nicht und wird deshalb im folgenden nicht verwendet.

Beispiel: Für das skizzierte dünnwandige Profil ist der Verlauf der Schubspannungen infolge einer vertikal nach unten gerichteten Querkraft zu ermitteln.

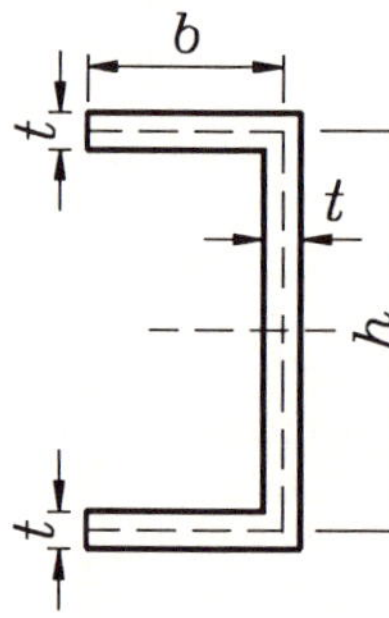

Gegeben: $h\ ,\ b\ ,\ t \ll h, b\ .$

Das Flächenträgheitsmoment der Gesamtfläche wird vereinfacht aufgeschrieben (für die Querriegel werden nur die Steiner-Anteile berücksichtigt):

$$I_{xx} = 2\,t\,b\left(\frac{h}{2}\right)^2 + \frac{t\,h^3}{12} = \frac{t\,h^2}{12}\,(6\,b + h) \quad .$$

Es werden die nebenstehend skizzierten Koordinaten s_1 und s_2 verwendet. Die in (20.3) für die beiden Abschnitte eingehenden statischen Momente beziehen sich jeweils auf die Linie x–x und sind für die schraffierten Flächen aufzuschreiben:

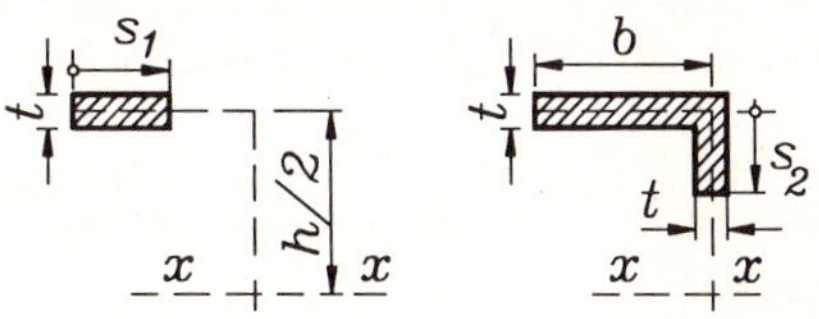

$$S_{1,x} = t s_1 \frac{h}{2} \quad ,$$

$$S_{2,x} = t b \frac{h}{2} + t s_2 \left(\frac{h}{2} - \frac{s_2}{2} \right) = \frac{t}{2} (b h + h s_2 - s_2^2) \quad .$$

Damit erhält man die Schubspannungsverläufe in den beiden Abschnitten:

$$\tau_1 (s_1) = \frac{F_Q S_{1,x}}{t\, I_{xx}} = \frac{6 F_Q}{t h (6 b + h)} s_1 \quad ,$$

$$\tau_2 (s_2) = \frac{F_Q S_{2,x}}{t\, I_{xx}} = \frac{6 F_Q}{t h (6 b + h)} \left(b + s_2 - \frac{s_2^2}{h} \right) \quad .$$

Der lineare τ_1-Verlauf hat sein Maximum an der Ecke:

$$\tau_{1,\max} = \frac{6 F_Q b}{t h (6 b + h)} \quad .$$

Mit dem gleichen Wert startet der parabolische τ_2-Verlauf für den vertikalen Teil, der sein Maximum im Symmetrieschnitt hat:

$$\tau_{2,\max} = \frac{3 F_Q (4 b + h)}{2 t h (6 b + h)} \quad .$$

Im unteren Querriegel ist der Verlauf analog zum oberen Querriegel, allerdings mit entgegengesetzter Richtung, so daß die Schubspannungen keine horizontal gerichtete resultierende Komponente erzeugen. Ihre vertikal gerichtete Resultierende (hier ausschließlich durch τ_2 repräsentiert) ist die Querkraft F_Q selbst, wovon man sich durch Integration des τ_2-Verlaufs über die Höhe leicht überzeugen kann.

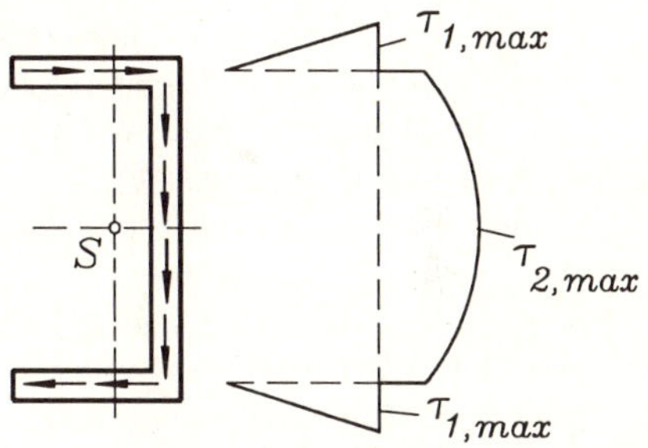

Schubspannungen erzeugen ein Moment um den Schwerpunkt

Die Skizze verdeutlicht allerdings, daß die Schubspannungen ein Moment um den Schwerpunkt des Querschnitts hervorrufen. **Die Wirkungslinie der Querkraft, die diesen Schubspannungen äquivalent ist, kann also nicht durch den Schwerpunkt des Querschnitts gehen.**

Es soll nun berechnet werden, durch welchen Punkt des Querschnitts die Wirkungslinie der Querkraft tatsächlich verläuft. Dieser sogenannte ***Schubmittelpunkt T*** kann durch eine Äquivalenzbetrachtung ermittelt werden: Das Moment der Querkraft (um einen beliebigen Punkt der Querschnittsebene) muß gleich dem Moment der aus den Schubspannungen resultierenden Kräften sein.

Als Bezugspunkt bietet sich der Punkt A in der nebenstehenden Skizze an, weil nur die Resultierende der Schubspannungen des unteren Querriegels eine Momentwirkung um diesen Punkt hat. Diese ist für die linear veränderliche τ_1-Funktion leicht zu ermitteln. Momentwirkungen aus Schubspannungen und Querkraft sind äquivalent, wenn

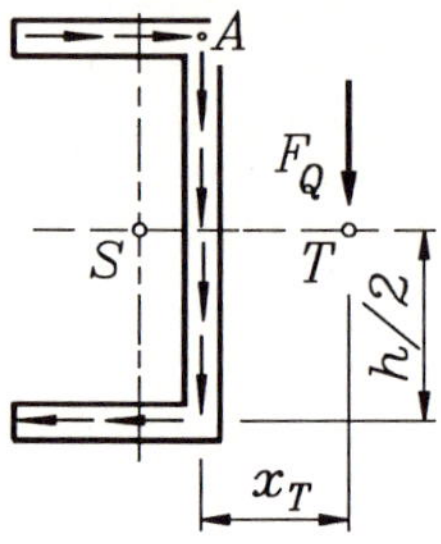

$$F_Q x_T = \frac{1}{2}\tau_{1,\max} b t h = \frac{3 F_Q b^2}{6b + h}$$

gilt. Daraus errechnet sich der Abstand des Schubmittelpunkts T von der vertikalen Profil-Mittellinie:

$$x_T = \frac{3b^2}{6b + h} \quad .$$

Der **Schubmittelpunkt** eines Profils ist derjenige Punkt, durch den die Wirkungslinie der Querkraft verläuft.

Bei symmetrischen Querschnitten liegt der Schubmittelpunkt auf der Symmetrielinie und fällt bei doppelt-symmetrischen Querschnitten mit dem Schwerpunkt zusammen.

- Die nebenstehende Skizze zeigt die Konsequenz dieser Erkenntnis: Die äußere Kraft F an diesem Träger-Abschnitt kann mit den Schnittgrößen nur ein Gleichgewichtssystem bilden, wenn im Schnitt auch ein Torsionsmoment M_t wirkt. Da im folgenden Kapitel gezeigt wird, daß gerade solche dünnwandigen offenen Profile sehr empfindlich gegen Torsionsbelastung sind, ist dies ein höchst unangenehmer Nebeneffekt.

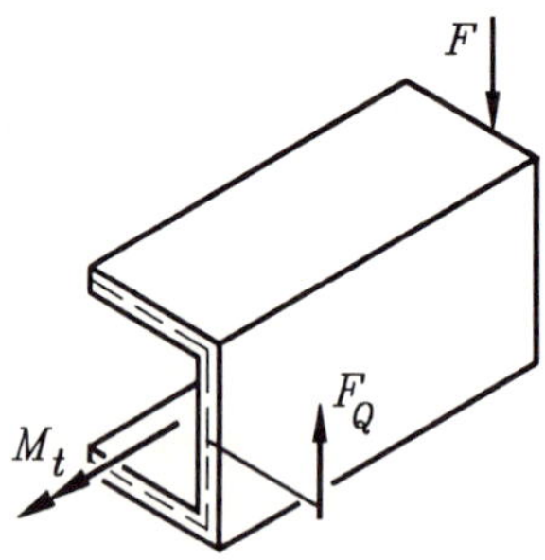

Um für den skizzierten Träger Torsionsfreiheit zu garantieren, muß die belastende Kraft F "neben dem eigentlichen Querschnitt" angreifen, wie es die Skizze unten zeigt. Die (Querkraft-)Schubspannungen in der Schnittfläche bilden dann mit der äußeren Kraft ein Gleichgewichtssystem.

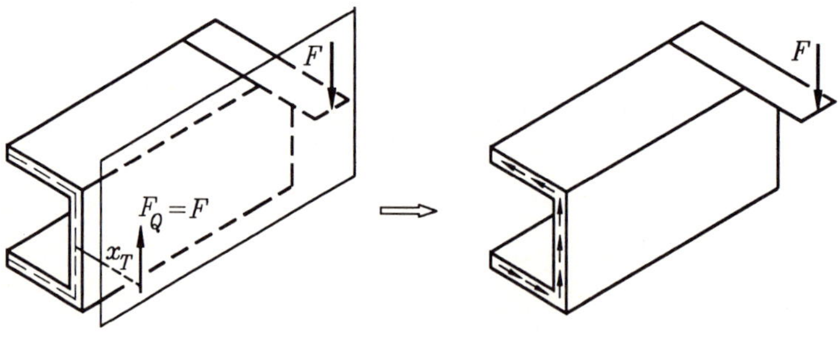

Im allgemeinen ist ein Konstrukteur gut beraten, wenn er solche Probleme umgeht (Einbau des Profils um **90°** gedreht, Verwendung anderer Profile, Zusammensetzen von mehreren Profilen zu symmetrischen Querschnitten, ...).

- Bei einigen Profilen ist das Lasteinleitungsproblem wesentlich einfacher lösbar, weil der Schubmittelpunkt innerhalb der Querschnittsfläche liegt. Aus dem oben demonstrierten Algorithmus zur Ermittlung des Schubmittelpunkts (Momenten-Äquivalenz) folgt, daß für die beiden nebenstehend skizzierten Profile die Schubmittelpunkte nur im Schnittpunkt der Profil-Mittellinien liegen können.

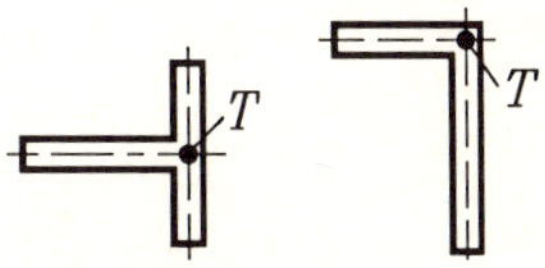

Schubmittelpunkte: **T**- und **L**-Profil

- An dieser Stelle fördert es sicher das Verständnis, eine in der Technischen Mechanik übliche (und auch in diesem Buch immer wieder verwendete) Formulierung zu diskutieren: "Die Schnittgrößen rufen im Querschnitt Spannungen hervor", ist eigentlich nicht korrekt. Die Spannungen sind unmittelbare Folge der Verzerrungen, die durch die äußere Belastung verursacht werden. Die Schnittgrößen sind als Resultierende dieser Spannungen fiktive Größen, die allerdings außerordentlich nützlich auf dem Weg zur Spannungsberechnung sind. Weil der Weg zu den Spannungen in einem Träger fast immer über die Schnittgrößen führt, soll die oben zitierte Formulierung auch weiter gestattet sein.

  Als Konsequenz gilt für die Schubspannungsberechnung: **Die Querkräfte werden in der Schnittfläche immer so angetragen, daß ihre Wirkungslinien durch den Schubmittelpunkt gehen** (über das Antragen des Torsionsmoments braucht keine Vereinbarung getroffen zu werden, weil Momente auch senkrecht zur Drehachse verschoben werden dürfen). Wenn die Gleichgewichtsbedingungen auch ein Torsionsmoment liefern, ist neben der Berechnung der Querkraftschubspannungen noch eine Schubspannungsberechnung infolge Torsion (Kapitel 21) erforderlich. Zur Berechnung des Torsionsmoments wird eine Momenten-Gleichgewichtsbedingung bezüglich einer Achse durch den Schubmittelpunkt des Querschnitts empfohlen, in die die Querkräfte nicht eingehen.

20.3 Schubspannungen in Verbindungsmitteln

Werden Längsfugen in Trägern durch Verbindungsmittel (Nägel, Niete, Dübel, Bolzen, Schrauben, Schweißnähte ...) überbrückt, die ein Verschieben der Trägerteile gegeneinander verhindern, so müssen diese die in der Fuge wirkenden Schubspannungen aufnehmen. Diese stellen in den meisten Fällen die wesentliche Belastung des Verbindungsmittels dar.

Wenn es sich um eine **flächenhafte Verbindung** handelt (Klebefläche, Reibschweißfläche, ...), können die zu übertragenen Schubspannungen wie in einem kompakten Träger berechnet werden.

Sind die Trägerteile nur an **diskreten Stellen verbunden**, so muß die mit einem Vergleichsträger zu berechnende Schubspannung auf die (in der Regel kleinere) Scherfläche des Verbindungselementes umgerechnet werden. Dieses Vorgehen soll an zwei Beispielen erläutert werden.

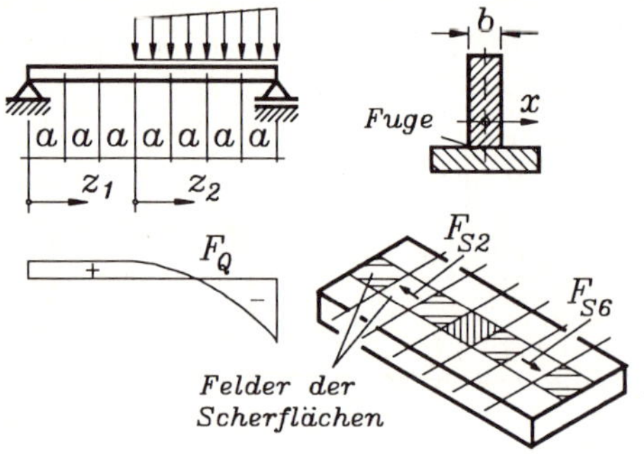

Beispiel 1: Der aus zwei Rechteckquerschnitten zusammengefügte Träger überträgt am Übergang beider Querschnitte eine Schubspannung, die sich für den kompakten Träger für jede Stelle der Fuge nach (20.2) berechnen läßt:

$$\tau_{Fuge} = \frac{F_Q\, S_{x,F}}{b\, I_{xx}} \quad .$$

Es wird nun angenommen, daß die beiden Trägerteile nur an sieben äquidistanten Stellen verbunden sind. Dann werden die Schubspannungen einer Scherfläche, die man dem "Einzugsbereich" eines Verbindungsmittels zuordnen kann, zu einer ***Scherkraft*** zusammengefaßt, wie es die Skizze andeutet. Für den linken Bereich mit konstanter Querkraft (und damit wegen der konstanten geometrischen Parameter auch mit konstanter Schubspannung) ergibt sich diese Scherkraft aus der Multiplikation der Schubspannung mit der Scherfläche, im rechten Bereich mit veränderlicher Querkraft (bzw. Schubspannung) muß über die Fläche integriert werden, für die skizzierten Flächen **2** bzw. **6** also z. B.:

$$F_{S2} = \tau_{Fuge,1}\, a\, b = F_{Q1}\, \frac{a\, S_{x,F}}{I_{xx}} \quad ,$$

$$F_{S6} = \int\limits_{z_2=2a}^{3a} \tau_{Fuge,2}(z_2)\, b\, dz_2 = \frac{S_{x,F}}{I_{xx}} \int\limits_{z_2=2a}^{3a} F_{Q2}(z_2)\, dz_2 \quad .$$

Die Schubkräfte ergeben sich vorzeichenbehaftet (die Skizze oben zeigt die tatsächlichen Richtungen), für die Berechnung der Spannungen ist nur ihr Betrag interessant.

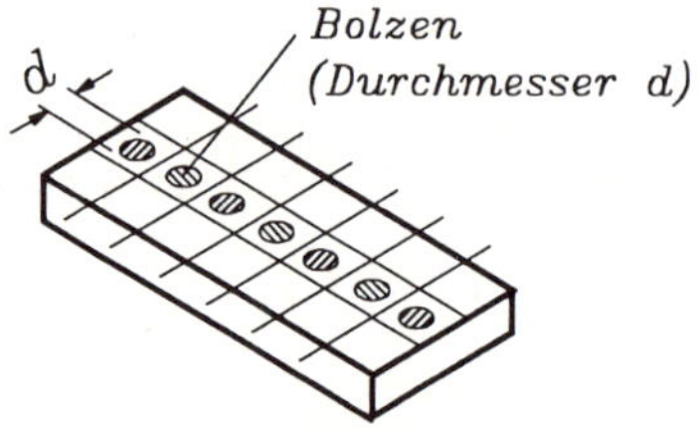

Bei einem Bolzen pro Feld (nebenstehende Skizze) ergibt sich die zu übertragende Spannung aus dem Quotienten von Scherkraft und Querschnittsfläche des Bolzens:

$$\tau_{Bolzen,i} = \frac{|F_{Si}|}{\pi\, d^2/4} \quad .$$

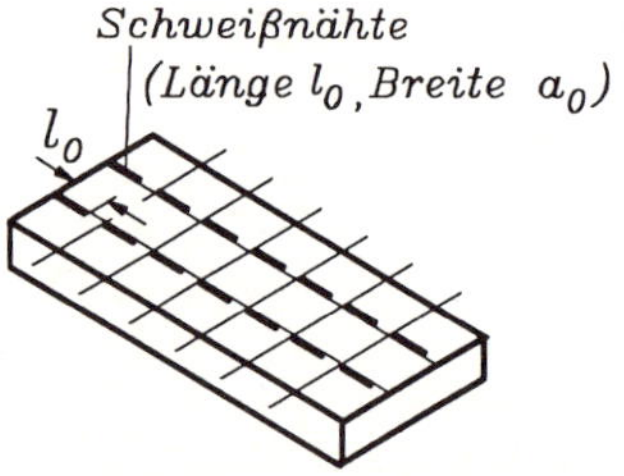

Wenn die beiden Trägerteile in jedem Feld durch zwei Schweißnähte der Länge l_0 und der Nahtbreite a_0 verbunden sind (Skizze unten links), übertragen diese die Schubspannung

$$\tau_{Naht,i} = \frac{|F_{Si}|}{2\, l_0\, a_0} \quad .$$

Wenn die Schweißnähte auf beiden Seiten über die gesamte Trägerlänge (ohne Unterbrechung) ausgeführt wären, könnte der Umweg über die Scherkräfte unterbleiben, weil die nach (20.2) berechnete Schubspannung einfach mit dem Verhältnis der fiktiven zur tatsächlichen Scherbreite $b/(2\, a_0)$ multipliziert werden könnte.

Beispiel 2: In dem außermittig belasteten Träger sind die Querkräfte und damit die Schubspannungen in der Fuge links bzw. rechts von der Kraftangriffsstelle jeweils konstant:

$$F_{Q1} = \frac{2}{3}F \quad \Rightarrow \quad \tau_{Fuge,1} = \frac{2}{3}\frac{F\,S_{x,F}}{b\,I_{xx}} \; ,$$

$$F_{Q2} = \frac{1}{3}F \quad \Rightarrow \quad \tau_{Fuge,2} = \frac{1}{3}\frac{F\,S_{x,F}}{b\,I_{xx}} \; .$$

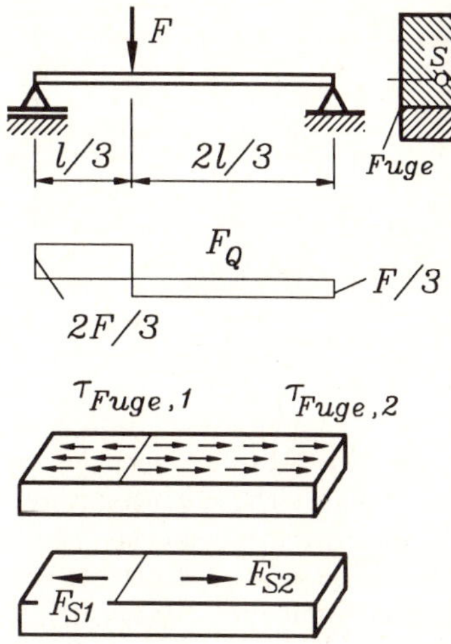

Die Schubkräfte in der Fuge dürfen durch Multiplikation der Schubspannungen mit den Scherflächen aufgeschrieben werden:

$$F_{S1} = \tau_{Fuge,1}\,\frac{l}{3}\,b = \frac{2}{9}\,F\,\frac{S_{x,F}\,l}{I_{xx}} \; ,$$

$$F_{S2} = \tau_{Fuge,2}\,\frac{2\,l}{3}\,b = \frac{2}{9}\,F\,\frac{S_{x,F}\,l}{I_{xx}} \; .$$

Die Gleichheit der beiden Schubkräfte überrascht nicht, weil sie aus Gleichgewichtsgründen (Skizze) unumgänglich ist. Sie bedeutet, daß bei Verbindung durch diskrete Verbindungsmittel in beiden Abschnitten jeweils die gleiche Anzahl zu verwenden ist, um alle mit der gleichen Schubspannung zu belasten.

20.4 Verformungen durch Querkräfte

Im folgenden werden zunächst die **ausschließlich durch Querkräfte erzeugten Verformungen** betrachtet, obwohl natürlich die Querkraftbelastung eines Trägers immer mit einer Biegemomentbelastung gekoppelt ist. Da wie bei der im Kapitel 17 behandelten Verformung durch Biegemomente bei vorauszusetzender Kleinheit der Verschiebungen lineare Differentialbeziehungen entstehen, dürfen die gesondert berechneten Biegemoment- und Querkraftverformungen zur Gesamtverformung addiert werden.

Nach dem Hookeschen Gesetz (12.6) wird durch eine Schubspannung τ eine Verzerrung hervorgerufen, die durch den Gleitwinkel $\gamma = \tau / G$ beschrieben wird. Da die Schubspannung über die Trägerhöhe entsprechend (20.2) veränderlich ist, wird auch dieser Gleitwinkel veränderlich, und die ursprünglich geraden Seiten eines aus dem Träger herausgeschnittenen Elements müssen sich verwölben, wie es die nebenstehende Skizze zeigt (in der Skizze sind die unterschiedlichen Gleitwinkel in Höhe des Schwerpunkts bzw. am oberen Rand angedeutet).

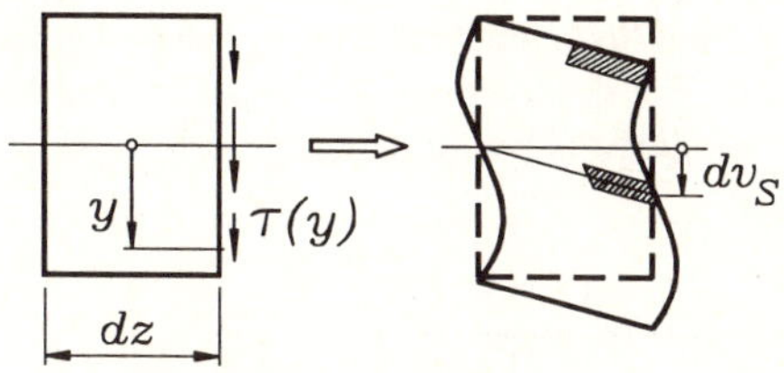

Verzerrung eines Elements infolge der mit y veränderlichen Schubspannung

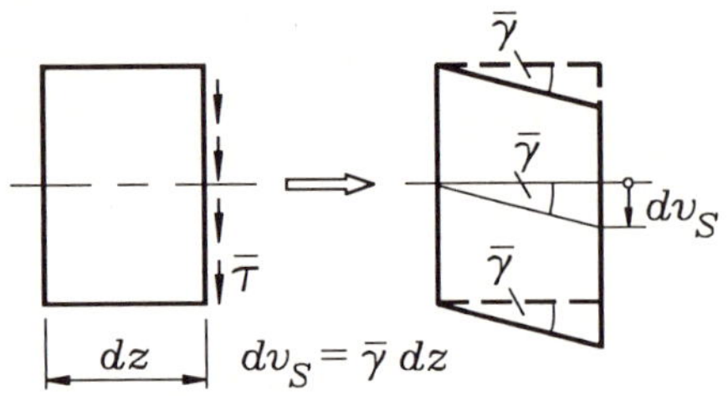

Näherungsannahme: Mittlere Schubspannung erzeugt konstanten Gleitwinkel

Diese Verwölbung kann im Rahmen der Theorie des geraden Trägers nicht berücksichtigt werden (genauere Verformungsberechnungen können für praxisnahe Probleme im allgemeinen nur mit Hilfe der Finite-Elemente-Methode ausgeführt werden).

Es wird deshalb näherungsweise eine mittlere konstante Schubspannung $\bar{\tau}$ angenommen (Skizze), die dann einen konstanten Gleitwinkel $\bar{\gamma}$ über die Querschnittshöhe erzeugt. So bleiben die Querschnitte auch durch die Schubspannungsverformung eben.

Der durch diese Näherungsannahme erzeugte Fehler wird weitgehend durch eine Korrektur der Querschnittsfläche A ausgeglichen. Die ***wirksame Schubfläche*** A_S, auf die die mittlere Schubspannung $\bar{\tau}$ wirkt, errechnet sich mit einem Korrekturparameter κ_S, der aus der Bedingung gewonnen wird, daß die bei der Verformung erzeugten Formänderungsenergien des realen bzw. gemittelten Schubspannungszustandes gleich sind. Dies wird im Kapitel 24 behandelt und führt auf folgende Formeln:

$$\bar{\tau} = \frac{F_Q}{A_s} \quad , \qquad A_S = \frac{A}{\kappa_S} \quad , \qquad \kappa_S = \frac{A}{I_{xx}^2} \int_A \frac{S_x^2}{b^2}\, dA \quad . \tag{20.4}$$

Das Trägerelement der Länge dz verformt sich zum Parallelogramm (Skizze oben links), wobei die Vertikalverschiebung sich vom linken zum rechten Rand des Elements um $dv_S = \bar{\gamma} dz$ ändert (der Index S soll andeuten, daß es sich um reine ***Schubverformung*** ausschließlich durch die Querkraft handelt im Gegensatz zur ***Biegeverformung*** durch das Biegemoment). Die Verformungsberechnung wird nun besonders einfach, wenn auch noch angenommen wird, daß die vertikalen Schnittflächen des Elements sich bei der Schubverformung nicht drehen, was immer dann der Fall sein wird, wenn die Schnittflächen der Nachbarelemente auch ihre vertikale Richtung behalten. Mit diesen Annahmen erhält man unter Verwendung des Hookeschen Gesetzes und mit (20.4) die Differentialbeziehung für die **Verformung infolge Querkraftbelastung**

$$\frac{dv_S}{dz} = \bar{\gamma} = \frac{\bar{\tau}}{G} = \frac{F_Q}{G A_S} = \frac{\kappa_S F_Q}{G A} \quad , \tag{20.5}$$

die genau dann gilt (siehe nachfolgende Diskussion), **wenn das Produkt GA im Nenner der rechten Seite, die *Schubsteifigkeit* des Trägers, und der Korrekturparameter κ_S konstant sind**. Bei der Integration von (20.5) entsteht eine Integrationskonstante, die durch eine Verschiebungsrandbedingung bestimmt wird.

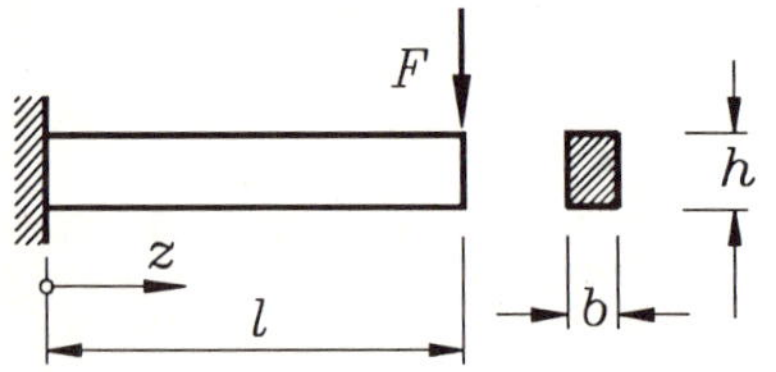

Beispiel 1: Für den skizzierten Träger ist die Schubverformung infolge der Querkraftbelastung zu ermitteln. Die maximale Absenkung ist mit der durch das Biegemoment hervorgerufenen Biegeverformung zu vergleichen.

Gegeben: $\quad E\,,\; G\,,\; h\,,\; b\,,\; l\,.$

Die Querschnittswerte und die Querkraft $F_Q = F$ sind konstant, so daß auf der rechten Seite von (20.5) eine Konstante steht.

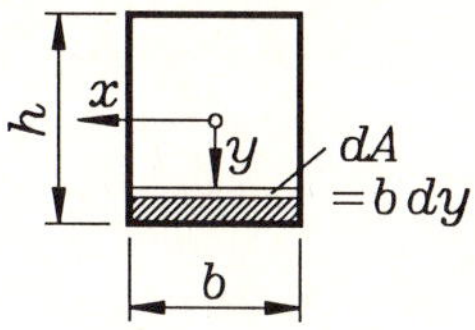

Der κ_S-Wert ist nur von der Querschnittsform abhängig. Er wird nach (20.4) berechnet, wobei das S_x unter dem Integral wie in der Formel (20.2) das statische Moment der bei y abgetrennten Teilfläche bezüglich der Schwerpunktachse x ist (nebenstehende Skizze):

$$\kappa_S = \frac{A}{I_{xx}^2} \int_A \frac{S_x^2}{b^2} dA = \frac{b\,h}{(b\,h^3/12)^2} \int_{y=-h/2}^{h/2} \frac{1}{b^2} \left[b\left(\frac{h}{2} - y\right) \frac{1}{2}\left(\frac{h}{2} + y\right) \right]^2 b\,dy = \frac{6}{5} \ .$$

Die Integration von (20.5) liefert damit

$$v_S(z) = \frac{6F}{5Gbh} z \ ,$$

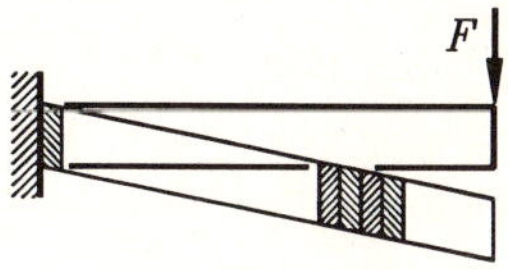

Verformung infolge Querkraftbelastung

wobei die Integrationskonstante wegen $v_S(z=0) = 0$ entfiel.

Die nebenstehende Skizze zeigt die Verformung infolge der Querkraft (Schubverformung). Alle Trägerelemente erfahren die gleiche Verzerrung, die Querschnitte bleiben wie der Einspannquerschnitt in vertikaler Lage und stehen also nicht (wie bei der Biegeverformung) senkrecht zur Verformungslinie.

Der Schubverformung v_S kann nun die Biegeverformung v_B zur Gesamtverformung v überlagert werden. Für die Absenkung des Trägerendes z. B. erhält man mit der Biegeverformung, die der Tabelle im Abschnitt 17.4 zu entnehmen ist:

$$v_{max} = v_{B,max} + v_{S,max} = \frac{F\,l^3}{3\,E\,b\,h^3/12} + \frac{6\,F\,l}{5\,G\,b\,h} = \frac{4\,F\,l^3}{E\,b\,h^3}\left[1 + \frac{3}{10}\,\frac{E}{G}\left(\frac{h}{l}\right)^2\right] \ .$$

- Der Faktor $(h/l)^2$, der die Größenordnung des Schubverformungsanteils charakterisiert, macht deutlich, daß dieser für schlanke Träger wesentlich kleiner als der Biegeanteil ist. Diese Aussage gilt allgemein.

- Daß die Trägerquerschnitte bei reiner Schubverformung ihre vertikale Lage beibehalten und v_S damit nach (20.5) berechnet werden darf, gilt auch für veränderliche Querkraft. Die nebenstehende Skizze zeigt dafür ein Beispiel. Die Ähnlichkeit von Schubverformungslinie und Biegemomentenverlauf ist durchaus nicht zufällig, denn bei konstantem Querschnitt ist die Ableitung der Schubverformung der Querkraft proportional, die andererseits nach (7.1) auch die Ableitung des Biegemoments ist.

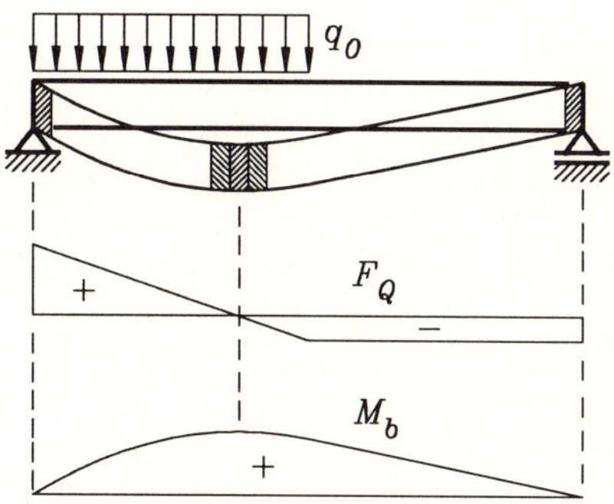

Die Schubverformung ist bei konstantem Träger-Querschnitt proportional zum Biegemomentenverlauf

Das Beispiel verdeutlicht allerdings ein neues Problem: Es gibt drei Rand- und Übergangsbedingungen (keine Absenkungen an den Lagern, gleiche Absenkungen an der Übergangsstelle), aber bei Integration in zwei Bereichen nur zwei Integrationskonstanten. Wenn man jedoch die Integrationskonstanten aus zwei Bedingungen errechnet hat, ist die dritte Bedingung identisch erfüllt.

Das gilt natürlich alles nicht mehr bei veränderlichem Querschnitt, wie an dem nachfolgenden Beispiel diskutiert werden soll.

Beispiel 2: Für den skizzierten Träger mit stückweise konstantem Querschnitt soll die Schubverformung ermittelt werden.

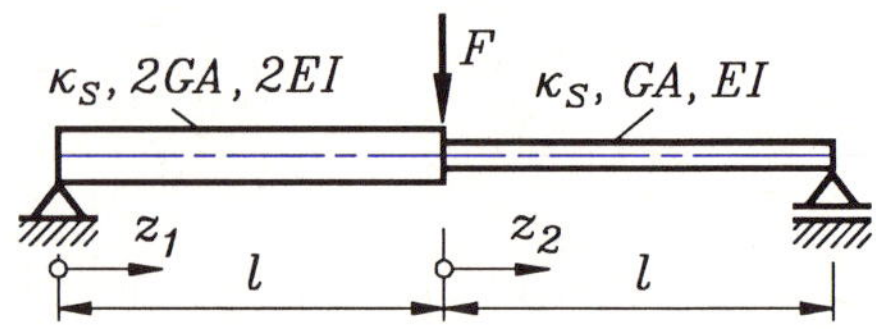

Da auch die Querkraft abschnittsweise konstant ist, ergeben sich bei Integration von (20.5) für beide Trägerabschnitte linear veränderliche Schubverformungslinien, wegen der unterschiedlichen Vorzeichen der Querkräfte in den beiden Bereichen absteigend bzw. ansteigend.

Die nebenstehende Skizze zeigt aber, daß nach Erfüllung der Randbedingung am linken Rand (keine Absenkung am Lager) und der Übergangsbedingung (Gleichheit der Absenkungen in beiden Bereichen) die Randbedingung am rechten Rand wegen des stärkeren Anstiegs der Verformungslinie im rechten Bereich (kleinere Schubsteifigkeit) nicht erfüllt ist. Tatsächlich stellt sich die darunter gezeichnete Verformungslinie ein, bei der die Querschnitte nach der Verformung allerdings nicht mehr vertikal sind, was für die Anwendung von Gleichung (20.5) vorausgesetzt werden muß.

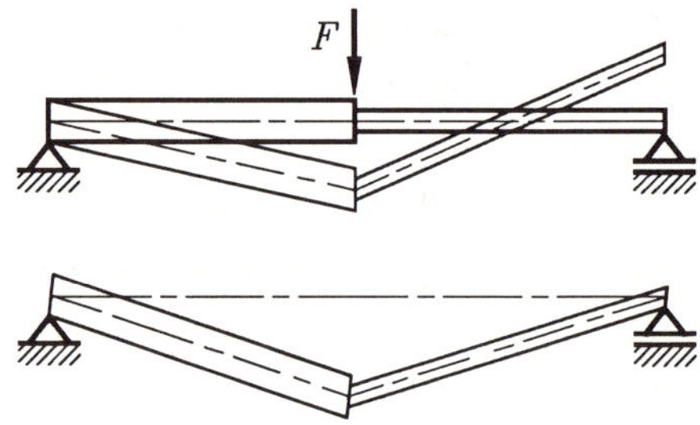

Man könnte die Rechnung nach (20.5) wie angedeutet "reparieren", indem die Schubverformungen jeweils bis zur Verbindungsgeraden von Anfangs- und Endpunkt der Schub-Verformungslinie gemessen werden, ein allerdings wenig elegantes Verfahren.

Wenn die Schubverformungen überhaupt zusätzlich zu den im allgemeinen deutlich größeren Biegeverformungen berücksichtigt werden sollen, dann sollten bei veränderlichen Querschnitten die nachfolgenden Formeln (20.6) verwendet werden (wegen der geringen praktischen Bedeutung wird auf eine Herleitung hier verzichtet).

Differentialgleichungen für die Berechnung der Gesamtverformung v infolge Biegung und Querkraftschub:

$$EI\,\psi' = M_b \quad , \quad GA\,(v' + \psi) = \kappa_s F_Q \qquad (20.6)$$

mit v - Gesamt-Durchbiegung unter Wirkung von M_b und F_Q,

ψ - Schrägstellungswinkel der eben bleibenden Querschnitte, die jedoch nicht senkrecht zur verbogenen Trägerachse stehen, so daß die Ableitung von v nicht identisch mit ψ ist.

Mit (20.6) kann die Berechnung der Gesamtverformung für den Träger des Beispiels 2 in folgenden Schritten ablaufen:

- Für beide Bereiche werden Querkraft- und Biegemomentenverlauf nach den vereinbarten Regeln formuliert.
- Damit kann man die Differentialgleichungen (20.6) für beide Bereiche aufschreiben:

$$2\,EI\,\psi_1' = \frac{F}{2}\,z_1 \quad ; \quad 2\,GA\,(v_1' + \psi_1) = \kappa_S\,\frac{F}{2} \quad ;$$

$$EI\,\psi_2' = \frac{F}{2}\,(l - z_2) \quad ; \quad GA\,(v_2' + \psi_2) = -\,\kappa_S\,\frac{F}{2} \quad .$$

- Es werden zunächst die beiden "ψ'-Gleichungen" integriert (es entstehen 2 Integrationskonstanten), die Ergebnisse werden in die beiden anderen Gleichungen eingesetzt, die nach v' umgestellt und ebenfalls integriert werden. Es entstehen 2 weitere Integrationskonstanten.
- Die 4 Integrationskonstanten werden aus folgenden Bedingungen bestimmt:

$$v_1\,(z_1 = 0) \;=\; 0\;,$$
$$v_2\,(z_2 = l) \;=\; 0\;,$$
$$v_1\,(z_1 = l) \;=\; v_2\,(z_2 = 0)\;,$$
$$\psi_1\,(z_1 = l) \;=\; \psi_2\,(z_2 = 0)$$ (Schrägstellung der Querschnitte an der Übergangsstelle).

- Nach etwas mühsamer Rechnung erhält man:

$$v_1(z_1) = \frac{3\,\kappa_S F}{8\,GA}\,z_1 + \frac{F\,l^3}{24\,EI}\left[4\,\frac{z_1}{l} - \left(\frac{z_1}{l}\right)^3\right] \quad ;$$

$$v_2(z_2) = \frac{3\,\kappa_S F}{8\,GA}\,(l - z_2) + \frac{F\,l^3}{24\,EI}\left[3 + \frac{z_2}{l} - 6\left(\frac{z_2}{l}\right)^2 + 2\left(\frac{z_2}{l}\right)^3\right] \quad .$$

- Die ersten Summanden in den beiden Formeln sind die Schubverformungsanteile. Die beiden anderen Summanden (Biegeverformung) würden sich natürlich auch nach der im Kapitel 17 behandelten Theorie der Biegeverformung ergeben.

♦ Die Trägerquerschnitte bleiben auch bei Berücksichtigung der Schubverformung eben, liegen allerdings nicht mehr senkrecht zur Verformungslinie.

♦ Die Schubverformung kann für schlanke Träger gegenüber der Biegeverformung im allgemeinen vernachlässigt werden.

Nur für gedrungene Träger (Querschnittshöhe liegt in der Größenordnung der Trägerlänge) kann die Schubverformung in die Nähe der Größenordnung der Biegeverformung kommen. Für solche Träger liefert (20.6) allerdings nur noch eine Abschätzung der tatsächlichen Werte, weil für gedrungene Träger sowohl die Bernoulli-Hypothese der Biegeverformungstheorie als auch die Annahme der Schubverformungstheorie (gemittelte Schubspannungen über die Trägerhöhe) nur noch in grober Näherung erfüllt sind.

20.5 Aufgaben

Aufgabe 20.1: Der skizzierte Träger ist aus zwei Balken mit Quadratquerschnitten zusammengeleimt und trägt die konstante Linienlast q_0.

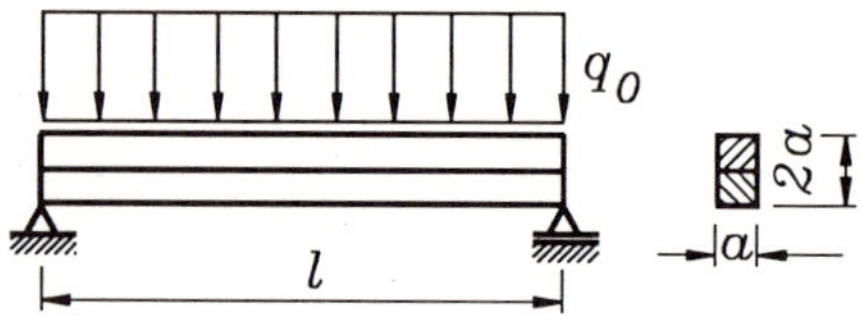

Gegeben: $a = 4\ cm$;
$l = 40\ cm$; $q_0 = 5\ kN/m$.

Man ermittle Ort und Größe der maximalen Schubspannung in der Leimfuge.

Aufgabe 20.2: Ein Träger ist wie skizziert aus drei Blechen zusammengeschweißt. Er trägt eine Linienlast (Dreieckslast) und die Kraft F.

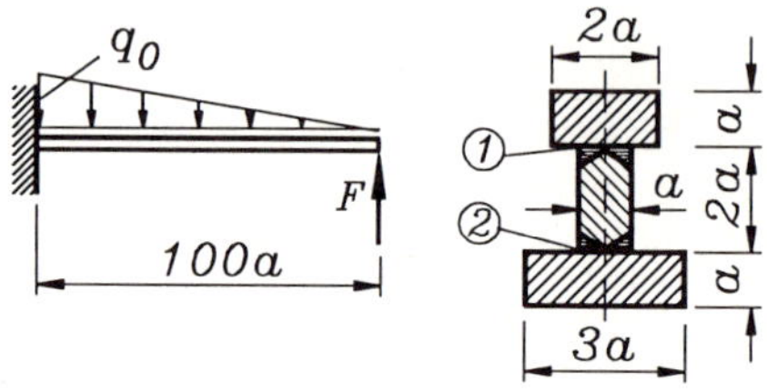

Gegeben: $F = 20\, q_0\, a$, a , q_0 .

Man ermittle

a) die absolut größte Querkraft im Träger,

b) Ort und Größe der maximalen Schubspannungen in den Schweißnähten 1 und 2, wenn als Schweißnahtbreite die Stegbreite a angenommen wird,

c) Ort und Größe der maximalen Schubspannungen im Träger.

Aufgabe 20.3: Zwei Träger mit Rechteckquerschnitten liegen übereinander und sind durch 2 Bolzen bzw. 9 Niete verbunden, so daß ein Verschieben der beiden Träger gegeneinander verhindert wird.

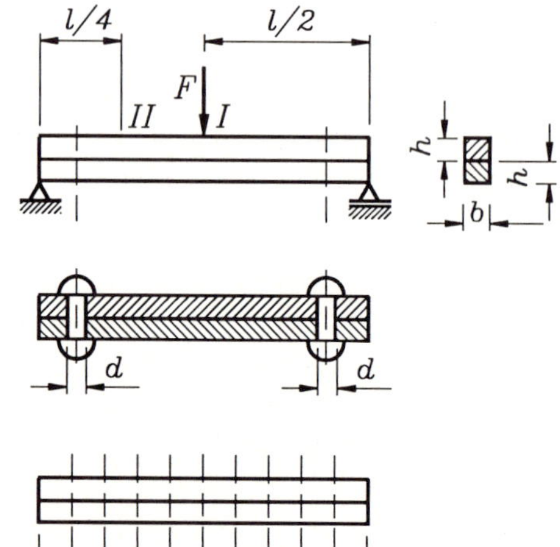

Gegeben: F , h , l ,
d (Bolzendurchmesser),
τ_{zul} (zulässige Schubspannung in den Nieten).

a) Man berechne die Schubspannung in den beiden Bolzen in Höhe der Trennfuge für die Stellungen **I** und **II** der Last F.

b) Für die Verbindung der beiden Träger durch neun gleichmäßig verteilte Niete (untere Skizze) berechne man die erforderlichen Nietdurchmesser für die Laststellung **II**.

21 Torsion

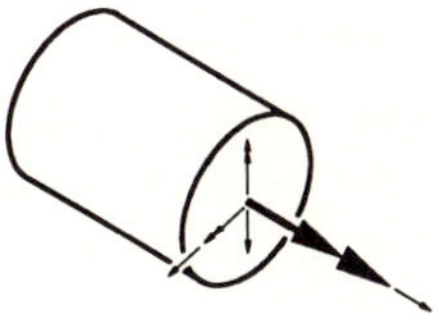

Das um die Längsachse des Trägers drehende Torsionsmoment M_t ist das resultierende Moment der Schubspannungen, die in der Schnittfläche liegen. Es ist ungleich schwieriger als bei den übrigen Schnittgrößen, die dem Torsionsmoment äquivalente Spannung im Querschnitt zu berechnen.

Glücklicherweise gilt das nicht für Stäbe mit Kreis- und Kreisringquerschnitten, die besonders häufig für die Übertragung von Torsionsmomenten verwendet werden.

21.1 Torsion von Kreis- und Kreisringquerschnitten

Die Theorie der Torsion von Kreis- und Kreisringquerschnitten basiert auf folgenden Annahmen:

- ♦ Die Querschnitte verdrehen sich wie starre Scheiben gegeneinander (und behalten also ihre ursprüngliche ebene Form).
- ♦ Das Torsionsmoment M_t ist das resultierende Moment der im Querschnitt **tangential** verlaufenden Schubspannungen.
- ♦ Es gilt das Hookesche Gesetz $\tau = G\,\gamma$, die Verformungen sind klein.

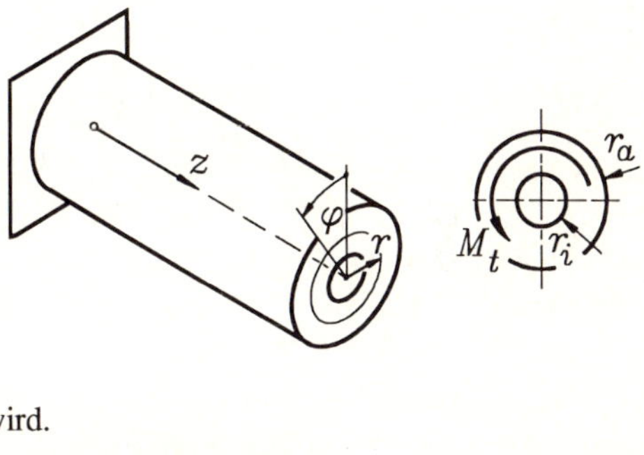

Als Querschnittskoordinate wird wegen der Rotationssymmetrie nur der Radius r, der einen beliebigen Kreis des Querschnitts kennzeichnet, benötigt. Die Verformung wird durch den ***Verdrehwinkel*** φ beschrieben, der im gleichen Drehsinn wie das Torsionsmoment M_t (am positiven Schnittufer) positiv gezählt wird.

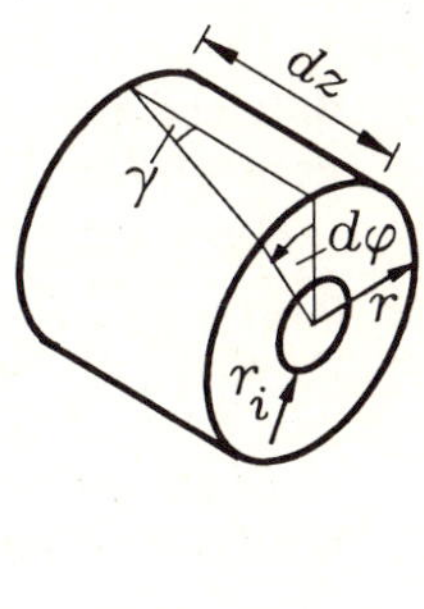

Die nebenstehende Skizze zeigt eine aus dem Torsionsstab herausgeschnittene unendlich dünne Scheibe (Dicke dz). Auch die äußere Mantelfläche (Zylinder mit dem Radius r) ist eine Schnittfläche. Die Stirnflächen (starre Kreisringscheiben) haben sich gegeneinander um den Winkel $d\varphi$ gedreht. Auf der Mantelfläche ist der Gleitwinkel γ erkennbar.

Weil nur kleine Verformungen zugelassen werden ($\tan\gamma \approx \gamma$), kann aus der Skizze die Beziehung

$$\gamma\, dz = r\, d\varphi$$

abgelesen werden, aus der sich mit dem Hookeschen Gesetz der Zusammenhang zwischen dem Verdrehwinkel und der Schubspannung ergibt:

$$\tau = G\,r\,\frac{d\varphi}{dz} = G\,r\,\varphi' \quad .$$

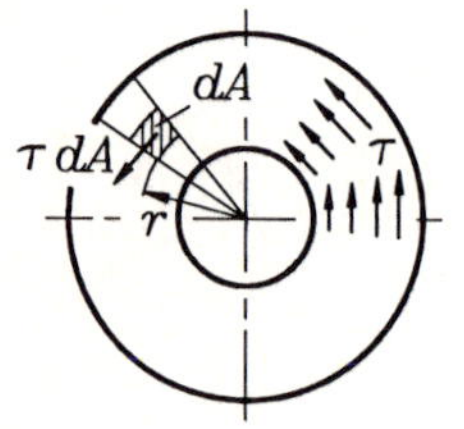

Am differentiell kleinen Flächenelement dA des Querschnitts hat die dort wirkende Schubspannung die Kraftwirkung $\tau\, dA$ und damit um den Mittelpunkt die Momentwirkung $r\,\tau\, dA$. Die resultierende Momentwirkung (Integration über die Querschnittsfläche A) muß dem Torsionsmoment M_t entsprechen:

$$M_t = \int_A \tau\, r\, dA \quad .$$

Mit dem bereits bekannten Zusammenhang zwischen Schubspannung und Verformung ergibt sich:

$$M_t = \int_A G\,r\,\varphi' r\, dA = G\,\varphi' \int_A r^2\, dA = G I_p\, \varphi'$$

mit dem sogenannten ***polaren Flächenträgheitsmoment***

$$I_p = \int_A r^2\, dA \quad . \qquad \textbf{(21.1)}$$

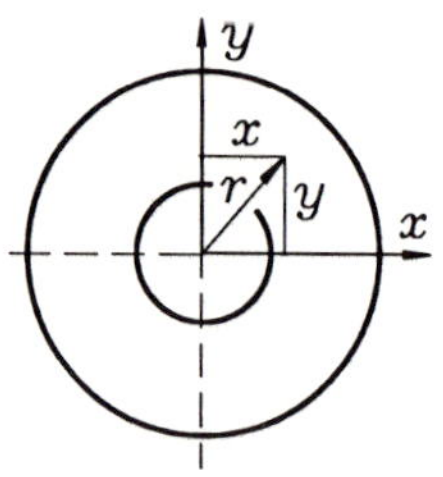

Die polaren Flächenträgheitsmomente lassen sich auf recht einfache Weise aus den äquatorialen Flächenträgheitsmomenten I_{xx} und I_{yy} berechnen. Wegen $r^2 = x^2 + y^2$ (siehe nebenstehende Skizze) gilt:

$$I_p = \int_A r^2\, dA = \int_A x^2\, dA + \int_A y^2\, dA = I_{yy} + I_{xx} \quad .$$

Man beachte, daß diese Formel zur Berechnung von I_p zwar allgemein gilt, **das polare Flächenträgheitsmoment aber nur für die Torsionsberechnung von Kreis- und Kreisringquerschnitten verwendet werden darf**.

Aus den nun bekannten Zusammenhängen zwischen Schubspannung und Verdrehwinkel bzw. Torsionsmoment und Verdrehwinkel ergeben sich folgende Formeln:

Torsionsschubspannungen in Kreis- und Kreisringquerschnitten:	$\tau = \frac{M_t}{I_p}\, r$	(21.2)
Differentialgleichung für den Verdrehwinkel:	$G I_p\, \varphi' = M_t$	(21.3)
Polares Flächenträgheitsmoment für Kreisquerschnitt:	$I_p = \frac{\pi\, d^4}{32}$	(21.4)
Polares Flächenträgheitsmoment für Kreisringquerschnitt:	$I_p = \frac{\pi}{32}\left(d_a^4 - d_i^4\right)$	(21.5)

- Das Produkt GI_p wird als ***Torsionssteifigkeit*** des Kreis- bzw. Kreisringquerschnitts bezeichnet.
- In (21.4) ist d der Durchmesser des Kreisquerschnitts, in (21.5) sind d_i der Innen- und d_a Außendurchmesser des Kreisringquerschnitts.
- Die maximalen Torsionsschubspannungen treten am Außenrand ($r = d/2$ bzw. $r = d_a/2$) auf. Man definiert deshalb (analog zu den Widerstandsmomenten gegen Biegung) als Quotienten des polaren Flächenträgheitsmomentes und des Außenradius die

Widerstandsmomente gegen Torsion

für Kreisquerschnitt: $$W_t = \frac{\pi d^3}{16} \quad , \qquad (21.6)$$

für Kreisringquerschnitt: $$W_t = \frac{\pi}{16 d_a}\left(d_a^4 - d_i^4\right) \quad . \qquad (21.7)$$

Maximale Torsionsschubspannung im Querschnitt: $$\tau_{max} = \frac{M_t}{W_t} \quad . \qquad (21.8)$$

Aus der Differentialgleichung für den Verdrehwinkel (21.3) ergibt sich für einen wichtigen Sonderfall folgende einfache Formel.

Relativer Verdrehwinkel zweier Endquerschnitte eines Bereichs der Länge l mit konstantem Torsionsmoment M_t und konstanter Torsionssteifigkeit GI_p:

$$\Delta\varphi = \frac{M_t\, l}{G\, I_p} \qquad (21.9)$$

Beispiel 1: Ein Torsionsstab hat in einem Abschnitt einen konstanten Kreisquerschnitt (Durchmesser D) und im zweiten Abschnitt einen Kreisringquerschnitt (Innendurchmesser d_i, Außendurchmesser d_a). Er ist bei A starr eingespannt und bei B und C durch die Momente M_B bzw. M_C belastet.

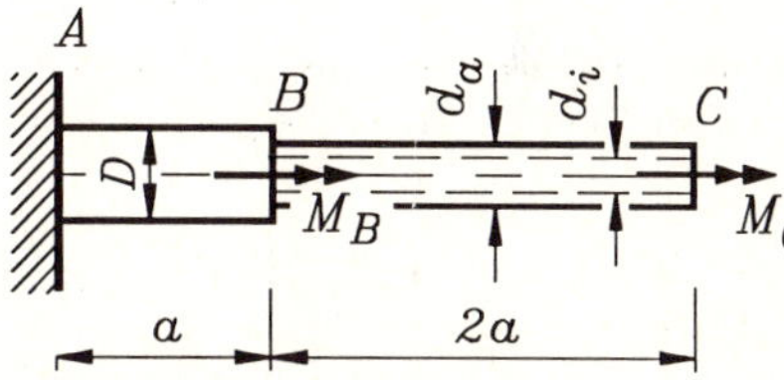

Gegeben: $M_B = 1{,}8\ kNm$; $D = 60\ mm$;
$M_C = 0{,}6\ kNm$; $d_a = 40\ mm$; $d_i = 20\ mm$; $a = 1\ m$;
$G = 0{,}808 \cdot 10^5\ N/mm^2$.

Es sind die maximale Torsionsschubspannung τ_{max} und die Verdrehwinkel der Querschnitte B und C (relativ zum Einspannquerschnitt A) zu berechnen.

Das Torsionsmoment ist bereichsweise konstant. Wenn der linke Bereich mit dem Index **1** und der rechte Bereich mit dem Index **2** gekennzeichnet wird, gilt:

$$M_{t1} = M_B + M_C \qquad ; \qquad M_{t2} = M_C \quad .$$

Damit können nach (21.6) bis (21.8) die maximalen Schubspannungen berechnet werden:

1. ***Bereich*** $(A \ldots B)$: $W_{t1} = \dfrac{\pi D^3}{16} \Rightarrow \tau_{1,max} = 56{,}6 \dfrac{N}{mm^2}$,

2. ***Bereich*** $(B \ldots C)$: $W_{t2} = \dfrac{\pi (d_a^4 - d_i^4)}{16\, d_a} \Rightarrow \tau_{2,max} = 50{,}9 \dfrac{N}{mm^2}$.

Die größte Schubspannung tritt im ersten Bereich auf. Da sowohl die Torsionsmomente als auch die Torsionssteifigkeit bereichsweise konstant sind, können die Verdrehwinkel nach (21.9) berechnet werden. Für den Punkt ***C*** setzt sich der Verdrehwinkel aus zwei Anteilen (jeweils der relative Verdrehwinkel der Endquerschnitte eines Abschnitts) zusammen:

$$\varphi_B = \frac{(M_B + M_C)\, a\, 32}{G \pi D^4} = 0{,}02335 \quad ; \quad \varphi_B = 1{,}34° \quad ;$$

$$\varphi_C = \varphi_B + \frac{M_C\, 2a\, 32}{G \pi \left(d_a^4 - d_i^4\right)} = \varphi_B + 0{,}06303 = 0{,}08638 \quad ; \quad \varphi_C = 4{,}95° \quad .$$

Beispiel 2: Ein Torsionsfederstab mit dem Durchmesser ***D*** soll durch einseitiges Aufbohren (Bohrlochdurchmesser ***d***) so geeicht werden, daß er durch ein Moment M_0 genau um insgesamt $\varphi_{ges} = 10°$ verdreht wird.

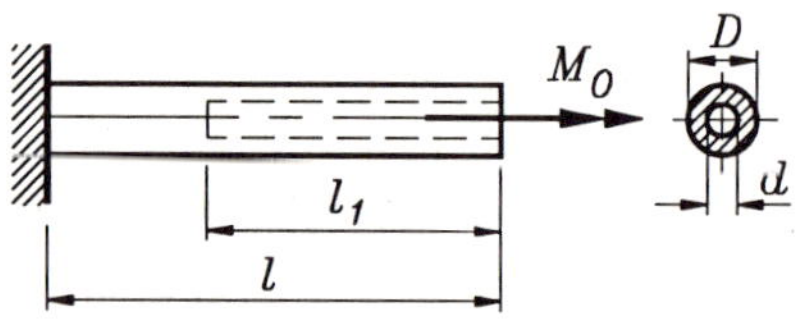

Gegeben: $D = 20\ mm$; $d = 10\ mm$; $l = 350\ mm$; $M_0 = 600\ Nm$;
$G = 0{,}808 \cdot 10^5\ N/mm^2$.

Man ermittle a) die Länge l_1, so daß sich $\varphi_{ges} = 10°$ ergibt,

b) die maximale Torsionsschubspannung.

Da sowohl das Torsionsmoment als auch die Torsionssteifigkeit bereichsweise konstant sind, kann der Verdrehwinkel als Summe aus zwei Anteilen nach (21.9) aufgeschrieben werden:

$$\varphi_{ges} = \frac{M_0 (l - l_1)\, 32}{G \pi D^4} + \frac{M_0\, l_1\, 32}{G \pi (D^4 - d^4)}$$

wird nach der gesuchten Länge umgestellt. Man erhält mit den gegebenen Werten:

$$l_1 = \left(\frac{D^4}{d^4} - 1\right)\left(\frac{G \pi D^4}{32 M_0}\, \varphi_{ges} - l\right) \quad \Rightarrow \quad l_1 = 288\ mm \quad .$$

Da das Torsionsmoment konstant ist, tritt die größte Schubspannung im Bereich mit dem kleineren Widerstandsmoment auf, und es gilt für den rechten Bereich:

$$\tau_{t,max} = \frac{M_0\, 16\, D}{\pi (D^4 - d^4)} = 407 \frac{N}{mm^2} \quad .$$

- Bei gleicher Querschnittsfläche haben Kreisringquerschnitte im Vergleich mit Kreisquerschnitten immer das größere polare Flächenträgheitsmoment und ein größeres Widerstandsmoment gegen Torsion.

- Natürlich gilt auch für die durch Torsion hervorgerufenen Spannungen das Gesetz der zugeordneten Schubspannungen (20.1). Das bedeutet, daß auch in Längsschnitten eines Torsionsstabes die Schubspannungen in gleicher Größe wie in den Querschnitten auftreten.

  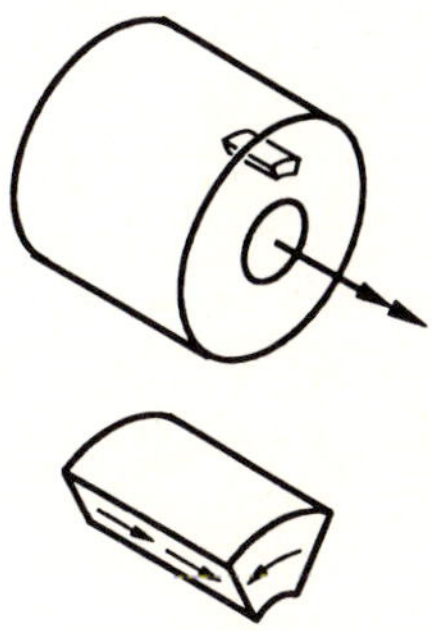

  An dem nebenstehend skizzierten Element ist zu erkennen, daß diese Schubspannungen nur in den Seitenflächen wirken (senkrecht zu den tangential gerichteten Schubspannungen in den Querschnitten). Eine Vorstellung von diesen Spannungen gewinnt man z. B. beim Tordieren eines Holzstabes mit Kreisquerschnitt, der bei entsprechend hoher Belastung in Längsrichtung reißt, weil Holz in Faserrichtung die geringere Festigkeit hat.

- Die Berechnung der Torsionsverformung kann für die weitaus meisten praktisch wichtigen Fälle mit der Formel (21.9) ausgeführt werden, weil das Torsionsmoment fast immer zumindest bereichsweise konstant ist. Die Differentialbeziehung (21.3) wird allerdings bei stetig veränderlichem Querschnitt benötigt, wobei im allgemeinen eine (in jedem Fall numerisch) einfach zu lösende Integrationsaufgabe entsteht.

- Eine sehr wichtige Aufgabe ist das Dimensionieren von Wellen mit Kreis- oder Kreisringquerschnitt, die die Antriebsleistung eines Motors auf eine Arbeitsmaschine übertragen und dabei in keinem Betriebszustand eine zulässige Spannung bzw. einen zulässigen Verdrehwinkel überschreiten dürfen. Deshalb wird als Torsionsmoment das größte zu übertragene Moment aus der Antriebsleistung und der Drehzahl aus der Beziehung $P = M\,\omega$ (Leistung = Moment · Winkelgeschwindigkeit) berechnet:

$$M = P / \omega \quad . \tag{21.10}$$

  Man beachte, daß das größte Moment nicht unbedingt beim Übertragen der maximalen Leistung auftreten muß. Gegebenenfalls muß man aus der Kennlinie der Antriebsmaschine den Punkt heraussuchen, der dem größten abzugebenden Drehmoment zuzuordnen ist.

  Die Leistung wird in W (Watt) bzw. kW (Kilowatt) angegeben, definiert als

$$1\,W = 1\,Nm/s$$

  (veraltet, aber noch häufig anzutreffen ist die Leistungsangabe in PS, es gilt: $1\,PS = 0{,}73550\,kW$).

  An Stelle der Winkelgeschwindigkeit ω wird häufig die Drehzahl n angegeben (Anzahl der Umdrehungen pro Zeiteinheit, gemessen in min^{-1}), es gilt der Zusammenhang:

$$\omega = 2\,\pi\,n \quad .$$

  Da ω üblicherweise in s^{-1} angegeben wird, ist eine Dimensionsumrechnung erforderlich (man hüte sich vor der Anwendung von Praktikerformeln wie "$\omega = \pi\,n/30$", die mit unterschiedlichen Dimensionen arbeiten, es sei denn, man ist ganz sicher, selbst ein Praktiker und sicher im Umgang mit solchen Formeln zu sein).

Beispiel 3: Ein Motor liefert sein maximales Drehmoment bei einer Leistung von **100 *kW*** und einer Drehzahl von **5000** Umdrehungen pro Minute. Wie groß muß der Durchmesser der ausschließlich auf Torsion beanspruchten Abtriebswelle sein, wenn in ihr eine zulässige Schubspannung von $\tau_{zul} = \mathbf{140}\ N/mm^2$ nicht überschritten werden darf?

Das nach (21.10) zu berechnende maximale Drehmoment

$$M = \frac{P}{\omega} = \frac{P}{2\,\pi\,n} = \frac{100 \cdot 10^3\ Nm/s}{2\,\pi\,5000/(60s)} = 191\ Nm$$

wird als Torsionsmoment in die Formel (21.8) eingesetzt, und mit (21.6) errechnet man den erforderlichen Durchmesser:

$$W_{t,erf} = \frac{\pi\,d_{erf}^3}{16} = \frac{M_t}{\tau_{zul}} \quad \Rightarrow \quad d_{erf} = \sqrt[3]{\frac{16\,M}{\pi\,\tau_{zul}}} = 19{,}1\ mm \quad .$$

21.2 St.-Venantsche Torsion beliebiger Querschnitte

Die für Kreis- und Kreisringquerschnitte getroffene Annahme, daß die Querschnitte bei der Torsionsverformung eben bleiben, kann für andere Querschnittsformen nicht aufrecht erhalten werden. Im allgemeinen führen die unterschiedlichen Gleitwinkel benachbarter Querschnittselemente dazu, daß sich die Querschnitte bei Torsionsbelastung verwölben.

> Unter der Voraussetzung, daß sich die Querschnittsverwölbungen ungehindert ausbilden können, ist die Theorie der sogenannten ***St.-Venantschen Torsion*** anwendbar.

Bei vielen praktischen Problemen ist diese Voraussetzung allerdings nicht erfüllt (eine starre Einspannung eines Trägers läßt z. B. keine Verwölbung zu). In diesen Fällen liefert die St.-Venantsche Torsionstheorie vielfach eine gute Näherung. Wenn die durch die behinderte Verwölbung zusätzlich hervorgerufenen Spannungen nicht vernachlässigt werden dürfen (z. B. bei dünnwandigen Querschnitten), ist nach der (mathematisch wesentlich anspruchsvolleren) Theorie der ***Wölbkrafttorsion*** zu rechnen, die im Rahmen dieses Buches nicht behandelt wird.

- Die St.-Venantsche Torsionstheorie basiert auf den Grundannahmen der linearen Elastizitätstheorie: Es gilt das Hookesche Gesetz, und die Verformungen sind klein gegenüber den Abmessungen des Bauteils. In allen Abschnitten dieses Kapitels wird die Gültigkeit der St.-Venantschen Torsionstheorie vorausgesetzt.

Die wichtigsten Formeln und Differentialgleichungen der allgemeinen St.-Venantschen Torsionstheorie werden in diesem Abschnitt (ohne Herleitung) zusammengestellt. Die beiden folgenden Abschnitte behandeln als besonders wichtige Sonderfälle die dünnwandigen Querschnitte.

Analog zu den Formeln, die sich für Kreis- und Kreisringquerschnitte ergaben, gelten bei beliebigem Querschnitt die nachfolgenden Beziehungen.

Differentialgleichung für den Verdrehwinkel:

$$G I_t \varphi' = M_t \tag{21.11}$$

Relativer Verdrehwinkel zweier Endquerschnitte eines Bereichs der Länge l mit konstantem Torsionsmoment M_t und konstanter Torsionssteifigkeit GI_t:

$$\Delta\varphi = \frac{M_t\, l}{G\, I_t} \tag{21.12}$$

Maximale Torsionsschubspannung im Querschnitt:

$$\tau_{max} = \frac{M_t}{W_t} \tag{21.13}$$

- Die Formeln (21.11) bis (21.13) für die allgemeine St.-Venantsche Torsion unterscheiden sich von den entsprechenden Formeln für den Spezialfall "Kreis- und Kreisringquerschnitt" nur dadurch, daß das polare Flächenträgheitsmoment I_p durch das ***Torsionsträgheitsmoment*** I_t ersetzt wird. Das Problem reduziert sich damit auf die Frage, wie die Querschnittskennwerte I_t und W_t für beliebige Querschnitte zu ermitteln sind.
- Die Berechnung der Verteilung der Schubspannungen im Querschnitt ist im allgemeinen schwierig, mit Hilfe der nachfolgend angegebenen Beziehungen (21.16) aber durchaus möglich. In der Regel wird die Berechnung der maximalen Schubspannung nach (21.13) genügen.

Die mathematische Theorie der Saint-Venantschen Torsion basiert auf der Berechnung einer sogenannten ***Torsionsfunktion*** Φ für den Stabquerschnitt, die sich als Lösung der partiellen Differentialgleichung

$$\frac{\partial^2\Phi}{\partial x^2} + \frac{\partial^2\Phi}{\partial y^2} = 1 \tag{21.14}$$

(***Poissonsche Differentialgleichung***) unter Beachtung der Randbedingungen

$$\Phi_{Rand} = konstant \tag{21.15}$$

ergibt. Bei mehreren Rändern (Flächen mit Ausschnitten) darf Φ auf jedem Rand einen anderen konstanten Wert annehmen.

Wenn für eine Querschnittsfläche eine Funktion $\Phi(x,y)$ gefunden wurde, die der Poissonschen Differentialgleichung und den Randbedingungen genügt (hierin liegt allerdings die Schwierigkeit), dann können das Torsionsträgheitsmoment I_t für den Querschnitt und die Komponenten der Schubspannungen bezüglich eines kartesischen Koordinatensystems für jeden Querschnittspunkt nach folgenden Formeln berechnet werden:

$$I_t = 2\int_A \left(x\frac{\partial\Phi}{\partial x} + y\frac{\partial\Phi}{\partial y} \right) dA \ ,$$
$$\tau_{zx} = -2\frac{M_t}{I_t}\frac{\partial\Phi}{\partial y} \ , \qquad \tau_{zy} = 2\frac{M_t}{I_t}\frac{\partial\Phi}{\partial x} \ . \tag{21.16}$$

Nur für sehr wenige Querschnittsformen lassen sich Lösungen der Poissonschen Differentialgleichung, die die geforderten Randbedingungen erfüllen, angeben. Man darf es fast als Ironie auffassen, daß es gerade für Kreis und Kreisring, für die die Torsionsaufgabe ohnehin einfach lösbar ist, kein Problem ist (nachfolgendes Beispiel).

Beispiel: Es ist zu zeigen, daß die Funktion

$$\Phi(x,y) = \frac{x^2+y^2}{4}$$

die Poissonsche Differentialgleichung (21.14) erfüllt und auf einem Kreis (mit dem Mittelpunkt im Zentrum des x-y-Koordinatensystems) konstante Werte annimmt, so daß durch Einsetzen dieser Funktion in (21.16) die im vorigen Abschnitt angegebenen Formeln bestätigt werden können.

Die zweiten Ableitungen der Funktion

$$\frac{\partial^2\Phi}{\partial x^2} = \frac{1}{2} \quad , \quad \frac{\partial^2\Phi}{\partial y^2} = \frac{1}{2}$$

sind konstant und erfüllen die Poissonsche Differentialgleichung. Einsetzen der Kreisgleichung in $\Phi(x,y)$ zeigt, daß auch die Randbedingungen (21.15) erfüllt sind:

$$x^2+y^2 = R^2 \quad \Rightarrow \quad \Phi_{Rand} = R^2/4 = konstant \quad .$$

Also ist $\Phi(x,y)$ die Torsionsfunktion für den Kreisquerschnitt (und natürlich auch für den Kreisringquerschnitt) und darf in (21.16) eingesetzt werden:

$$I_t = 2\int_A \left(x\frac{\partial\Phi}{\partial x} + y\frac{\partial\Phi}{\partial y}\right) dA = \int_A x^2\, dA + \int_A y^2\, dA = I_{yy} + I_{xx} = I_p \quad ,$$

$$\tau_{zx} = -2\frac{M_t}{I_t}\frac{\partial\Phi}{\partial y} = -\frac{M_t}{I_t}\,y \quad , \qquad \tau_{zy} = 2\frac{M_t}{I_t}\frac{\partial\Phi}{\partial x} = \frac{M_t}{I_t}\,x \quad .$$

Als Torsionsträgheitsmoment erhält man für Kreis- und Kreisringquerschnitte wie erwartet das polare Flächenträgheitsmoment.

Die Schubspannungskomponenten beziehen sich auf das x-y-System und können zur resultierenden Schubspannung eines Punktes zusammengefaßt werden, wie es die nebenstehende Skizze andeutet. Die maximalen Schubspannungen ergeben sich am Außenrand, und man erkennt, daß sich z. B. für den rechten Randpunkt, an dem $\tau_{zx} = 0$ ist, die maximale Schubspannung entsprechend

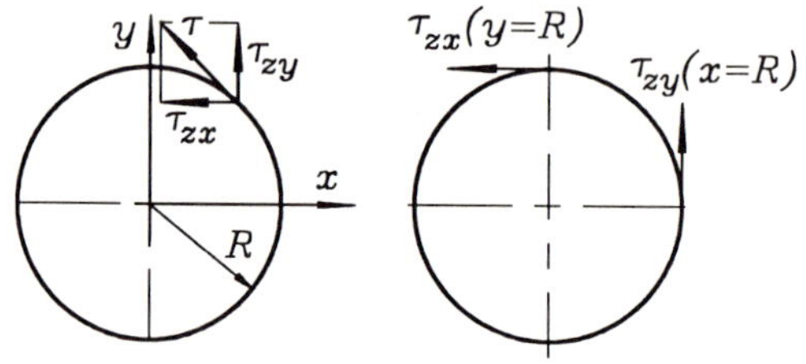

$$\tau_{max} = \tau_{zy}(x=R, y=0) = \frac{M_t}{I_t}R = \frac{M_t}{I_p}R = \frac{M_t}{W_t} \quad mit \quad W_t = \frac{I_p}{R}$$

als Quotient aus Torsionsmoment und dem Torsions-Widerstandsmoment ergibt, wie es im Abschnitt 21.1 für Kreis bzw. Kreisring hergeleitet wurde.

Für kompliziertere Querschnittsformen läßt sich die Torsionsaufgabe im allgemeinen nur numerisch lösen. Mit Hilfe geeigneter Diskretisierungsverfahren (Differenzenverfahren, Methode der finiten Elemente) unter Benutzung des Computers stellt dies aber heute kein grundsätzliches Problem mehr dar.

Die in der nachfolgenden Tabelle angegebenen Werte für den Rechteckquerschnitt wurden (bis auf den theoretischen Wert für $h/b \to \infty$ in der letzten Spalte) mit einem Programm ermittelt, das mit dem "Finite-Elemente-Baukasten" FEMSET (beiliegende Diskette) unter Verwendung einer in [2] angegebenen Element-Matrix für die Lösung der Poissonschen Differentialgleichung hergestellt wurde.

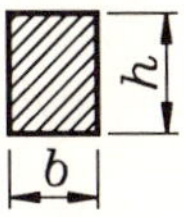

Torsions-Trägheitsmoment und Torsions-Widerstandsmoment für Rechteckquerschnitte:

$$I_t = c_1\, h\, b^3 \,, \qquad W_t = c_2\, h\, b^2$$

mit den aus der Tabelle zu entnehmenden Werten c_1 und c_2:

h/b	1	1,5	2	4	10	∞
c_1	0,141	0,196	0,229	0,281	0,312	1/3
c_2	0,208	0,231	0,246	0,282	0,312	1/3

- Die maximale Schubspannung tritt am Außenrand der engsten Querschnittsstelle auf, beim Rechteckquerschnitt in der Mitte der längeren Seite.

- Für sehr schmale Rechtecke ($b/h \to 0$) nähern sich die Werte für c_1 und c_2 immer mehr dem Wert $1/3$, so daß $I_t = h\,b^3/3$ und $W_t = h\,b^2/3$ als Torsions-Trägheitsmoment bzw. Torsions-Widerstandsmoment für das "unendlich dünne Rechteck" angesehen werden dürfen. Auf diese beiden Formeln wird im Abschnitt 21.3.2 noch einmal zurückgegriffen.

- Früher wurden Lösungen für die Torsionsaufgaben vielfach experimentell ermittelt, wobei die Tatsache genutzt wurde, daß die Poissonsche Differentialgleichung auch andere physikalische Vorgänge beschreibt:

  Eine ebene Membran mit festgehaltenem Rand, die von einer Seite unter konstanten Druck gesetzt wird, wölbt sich so, daß die Verschiebung $w(x,y)$ der Poissonschen Differentialgleichung genügt. Der Anstieg des Membranhügels ist also der Schubspannung in einem entsprechenden Querschnitt unter Torsionsbelastung proportional (sogenanntes "Seifenhaut-Gleichnis").

  Auch die Strömung einer in einem oben offenen Gefäß zirkulierenden Flüssigkeit (das Gefäß habe konstanten Querschnitt) wird durch die Poissonsche Differentialgleichung beschrieben. Dabei ist die Strömungsgeschwindigkeit in einem beliebigen Punkt der Schubspannung in einem tordierten Stab mit gleichem Querschnitt proportional.

  Die beiden Analogien bestätigen: Der Rand an der engsten Stelle des Querschnitts ist der Ort der maximalen Schubspannung (bzw. des größten Anstiegs des Membranhügels oder der größten Geschwindigkeit der zirkulierenden Flüssigkeit).

21.3 Saint-Venantsche Torsion dünnwandiger Querschnitte

Neben den Kreis- und Kreisringquerschnitten gibt es noch eine große Gruppe praktisch sehr wichtiger Querschnitte, für die durch (recht restriktiv anmutende, aber gerechtfertigte) zusätzliche Annahmen das Saint-Venantsche Torsionsproblem unter Umgehung der Lösung der Poissonschen Differentialgleichung (21.14) behandelt werden kann. Es sind die dünnwandigen Profile (Wandstärken sind wesentlich kleiner als die übrigen Querschnittsabmessungen), für die die Spannungs- und Verformungsberechnung in den beiden folgenden Abschnitten behandelt wird. Dabei muß zwischen geschlossenen Querschnitten (z. B.: Ringquerschnitte, Kastenquerschnitte) und offenen Querschnitten (z. B.: L-, T- oder U-förmige Profile) unterschieden werden.

21.3.1 Dünnwandige geschlossene Querschnitte

Es werden dünnwandige geschlossene Querschnitte entsprechend nebenstehender Skizze betrachtet (mathematisch: 2-fach zusammenhängender Bereich, kompliziertere Profile mit mehr als einer geschlossenen Zelle werden hier nicht behandelt). Die gestrichelt gezeichnete Linie halbiert die Dicke t an jeder Stelle. Diese ***Profil-Mittellinie*** repräsentiert gemeinsam mit der Dicke $t(s)$ die Geometrie des Querschnitts. Die Querschnitts-Koordinate s, die an einem beliebigen Punkt beginnen darf, folgt der Profil-Mittellinie. Die Koordinate, die (in Längsrichtung des Torsionsstabes) die Lage des Querschnitts beschreibt, wird wie bisher mit z bezeichnet.

Folgende Annahmen werden für die Berechnung der Spannungen und Verformungen dünnwandiger geschlossener Querschnitte getroffen:

- Die Dicke $t(s)$ ist klein im Vergleich mit den übrigen Querschnittsabmessungen und verändert sich mit s nicht sehr stark.
- Die Querschnittsabmessungen sind wie das Torsionsmoment M_t in Längsrichtung des Torsionsstabes (z-Richtung) konstant (Hohlzylinder, in den ein Torsionsmoment über den Endquerschnitt eingeleitet wird).
- Bei der Verformung behalten die Querschnitte ihre ursprüngliche Form, es dürfen allerdings unterschiedliche Verschiebungen der Querschnittspunkte in z-Richtung (Querschnitts-Verwölbungen) auftreten. Nebenstehende Skizze zeigt die Lage einiger spezieller Punkte des Querschnitts (A, B, ...) nach der Verformung (A', B', ...). Die Längsverschiebungen (w_A, w_B, ...) verwölben den Querschnitt, der sich außerdem um

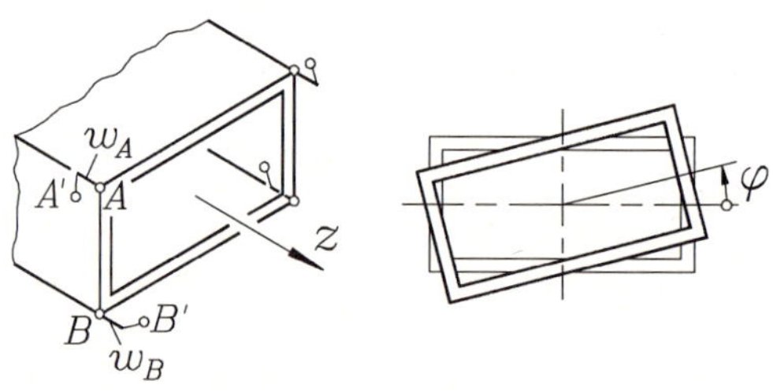

den Torsionswinkel φ verdreht und in der Draufsicht (aus der z-Richtung) seine ungeänderte Form zeigt.

- Die Verwölbung des Querschnitts kann sich frei ausbilden (Saint-Venantsche Torsion), so daß keine Normalspannungen durch die Längsverschiebungen hervorgerufen werden.
- Die Schubspannungen sind über die Profildicke konstant.

Der Fehler, der mit der letzten Annahme hingenommen wird, kann am einfachen Beispiel abgeschätzt werden: Für einen dünnwandigen Kreisring mit dem Innenradius r_i und dem Außenradius r_i+t ergibt die Rechnung nach den Formeln für den Kreisring (21.2) und (21.5) ein Verhältnis der Schubspannungen am Außenrand τ_a und am Innenrand τ_i von $\tau_a/\tau_i = (r_i+t)/r_i = (1+t/r_i)$. Die Theorie des dünnwandigen geschlossenen Querschnitts würde etwa den Mittelwert dieser beiden Spannungen liefern. Wenn t klein gegenüber dem Radius ist, kann dieser Fehler hingenommen werden.

Die (über die Dicke t konstanten) Schubspannungen werden zum ***Schubfluß***

$$T = \tau \, t \tag{21.17}$$

(Dimension: "Kraft / Länge") zusammengefaßt, der in der Profil-Mittellinie angreift und tangential zu dieser gerichtet ist.

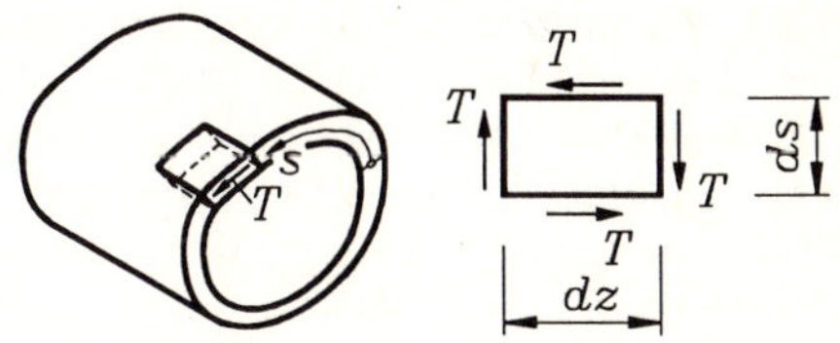

Die nebenstehende Skizze zeigt ein aus dem Torsionsstab herausgeschnittenes Element. Nach dem Gesetz der zugeordneten Schubspannungen (20.1) wirkt natürlich auch der Schubfluß in den Längsschnitten in gleicher Größe. Da keine Normalspannungen wirken (spannungsfreies Verwölben, Querschnitte behalten ihre Form), kann das Kraft-Gleichgewicht am Element nur erfüllt sein, wenn T an allen Elementrändern den gleichen Wert hat:

> Der Schubfluß $T = \tau \, t$ infolge Torsion ist in den Querschnitten eines dünnwandigen geschlossenen Profils konstant.

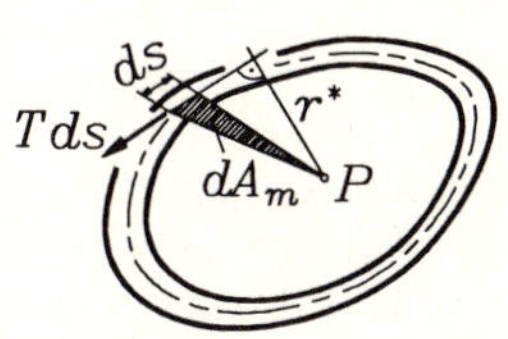

Die resultierende Momentwirkung des gesamten Schubflusses eines Querschnitts muß (bezüglich eines beliebigen Punktes P) dem Torsionsmoment äquivalent sein. Die Skizze zeigt die (differentiell kleine) Kraft $T\,ds$, die der Schubfluß an einem Element der Länge ds hervorruft. Sie hat die Momentwirkung $r^* T\,ds$ mit dem Hebelarm r^*, der senkrecht auf der Tangente an die Profil-Mittellinie steht. Das Summieren (Integrieren) aller differentiell kleinen Momente über den Umfang liefert die resultierende Momentwirkung des Schubflusses:

$$M_t = \oint T r^* \, ds = T \oint r^* \, ds \quad .$$

Der Kreis im Integralsymbol deutet ein Umlaufintegral an: Die obere Grenze beschreibt den gleichen Punkt wie die untere Grenze, wobei s sich um die Gesamtlänge der Profil-Mittellinie vergrößert hat. T kann vor das Integral gezogen werden, das verbleibende Integral läßt sich sehr schön geometrisch deuten: Die in der Skizze angedeutete Dreiecksfläche $dA_m = r^* ds/2$

("Grundfläche · Höhe / 2") summiert sich mit den anderen differentiell kleinen Dreiecksflächen bei der Integration über den Umfang zur Gesamtfläche A_m, die von der Profil-Mittellinie umschlossen wird. Das in der Formel verbliebene Integral liefert also die doppelte Fläche $2A_m$, und man erhält nach R. BREDT (1842 - 1900) eine recht einfache Formel zur

Berechnung des Schubflusses in einem dünnwandigen geschlossenen Querschnitt:

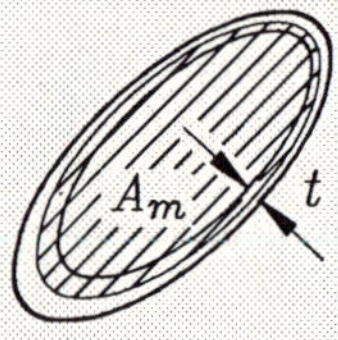

$$T = \frac{M_t}{2A_m} \quad \text{(1. *Bredtsche Formel*)} \qquad \textbf{(21.18)}$$

A_m ist die von der Profil-Mittellinie des Querschnitts eingeschlossene Fläche (in der Skizze schraffiert). Die Schubspannung als Quotient aus Schubfluß und Wanddicke

$$\tau(s) = T / t(s) \qquad \textbf{(21.19)}$$

hat ihren maximalen Wert an der Querschnittsstelle mit der geringsten Dicke t_{min}.

Die Verzerrungen der Elemente des ausschließlich durch Schubspannungen belasteten Torsionsstabs werden durch die Gleitwinkel γ beschrieben, die nach dem Hookeschen Gesetz (12.6) mit den Schubspannungen entsprechend $\tau = G\,\gamma$ verknüpft sind. Um die daraus resultierenden Verformungen zu berechnen, wird zunächst am einfachen Beispiel demonstriert, wie aus der Gleitung γ die Verdrehung und die Verwölbung der Querschnitte entstehen.

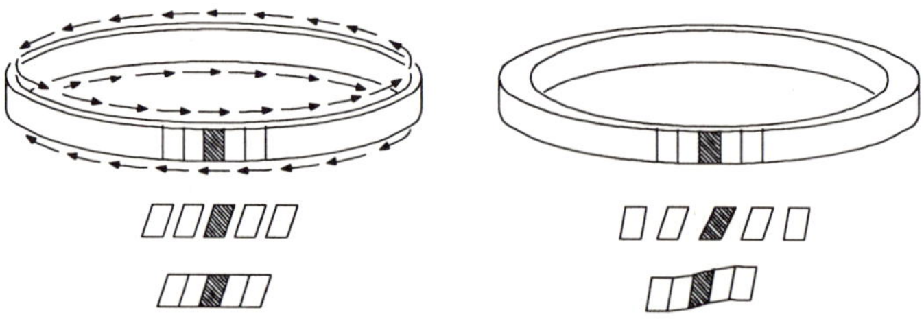

Kreisring mit konstanter Dicke Kreisring mit veränderlicher Dicke

Betrachtet wird eine unendlich dünne Scheibe, die aus einem Torsionsstab mit **Kreisringquerschnitt konstanter Dicke** herausgeschnitten wurde. Der über den Umfang konstante Schubfluß ist bei konstanter Dicke einer konstanten Schubspannung äquivalent, die wiederum zu konstanten Gleitwinkeln führt: Die in der Skizze angedeuteten Rechtecke werden zu kongruenten Parallelogrammen verzerrt, die ohne Verwölbung der Querschnittsflächen auch nach der Verformung (relative Verdrehung der benachbarten Querschnittsflächen) zusammenpassen.

Bei einem **Kreisringquerschnitt mit veränderlicher Dicke** entspricht der über den Umfang konstante Schubfluß nach (21.19) einer veränderlichen Schubspannung, die benachbarte Elemente unterschiedlich verzerrt. Diese können nach der Verformung nur bei gleichzeitiger Verschiebung der Querschnittspunkte in Längsrichtung des Torsionsstabes zusammenpassen.

Die Gleitung wird entsprechend nebenstehender Skizze in zwei Summanden zerlegt:

$$\gamma = \gamma_\varphi + \gamma_w$$

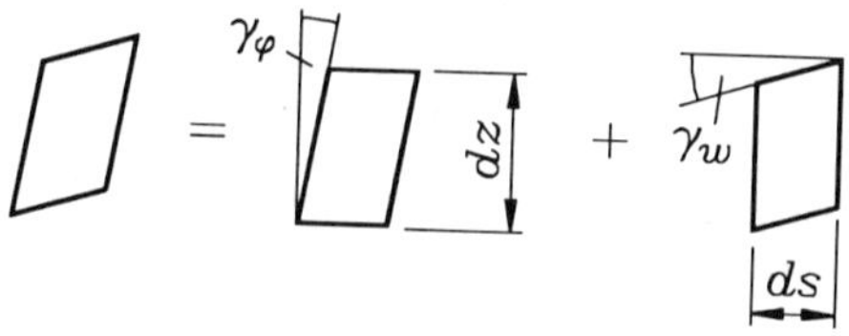

mit den Anteilen γ_φ (verursacht die Verdrehung der Querschnitte gegeneinander) und γ_w, der zur Verwölbung führt.

Die nachfolgenden Skizzen zeigen den Zusammenhang zwischen γ_φ und dem Torsionswinkel φ. Die beiden benachbarten Querschnitte (Abstand dz) verdrehen sich (unter Beibehaltung ihrer Form) gegeneinander um den Winkel $d\varphi$. Für die differentiell kleinen Größen ($\gamma_\varphi \approx \tan \gamma_\varphi$) liest man ab:

$$\gamma_\varphi = \frac{dv}{dz} \ ,$$

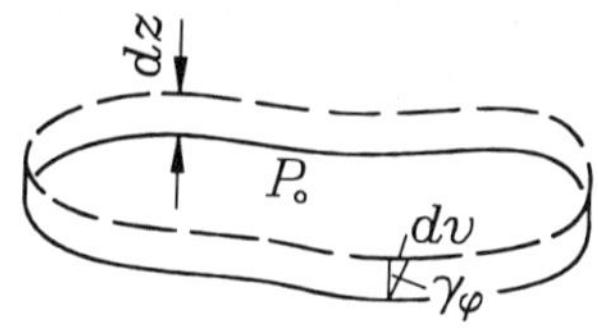

wobei dv die Verschiebung eines Punktes tangential zur Profil-Mittellinie ist. Tatsächlich bewegen sich alle Punkte der Profil-Mittellinie bei der Verdrehung auf konzentrischen Kreisen. Ein Punkt A (unterer Teil der Skizze) bewegt sich nach A' entlang $r\,d\varphi$, und man liest den Zusammenhang

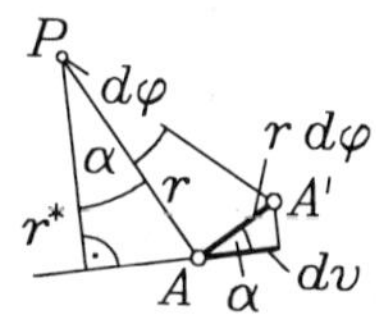

$$dv = r\,d\varphi \cos\alpha = r^* d\varphi$$

ab, wobei $r^* = r\cos\alpha$ der senkrechte Abstand vom Bezugspunkt P zur Tangente an die Profil-Mittellinie ist. Zwischen dem Gleitwinkel-Anteil γ_φ und dem Torsionswinkel φ besteht also der Zusammenhang:

$$\gamma_\varphi = r^* \frac{d\varphi}{dz} = r^* \varphi' \ . \qquad (21.20)$$

Der Zusammenhang zwischen dem Gleitwinkel-Anteil γ_w und der (senkrecht zur Querschnittsfläche gerichteten) Verschiebung w, die die Verwölbung darstellt, kann aus der nebenstehenden Skizze abgelesen werden:

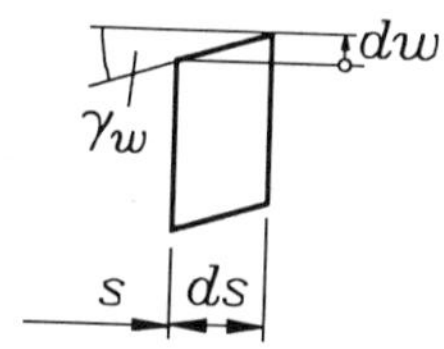

$$\gamma_w = \frac{dw}{ds} \ . \qquad (21.21)$$

Damit sind beide Gleitwinkel-Anteile mit den entsprechenden Verschiebungen verknüpft. Andererseits kann die Gleitung γ über das Hookesche Gesetz im Zusammenhang mit (21.18) und (21.19) aus dem im Querschnitt wirkenden Torsionsmoment berechnet werden:

$$\gamma = \frac{\tau}{G} = \frac{T}{G\,t} = \frac{M_t}{2 A_m G\,t} = \gamma_\varphi + \gamma_w \ . \qquad (21.22)$$

Mit einem kleinen Trick gelingt die Entkopplung der beiden Verschiebungen. Die vorstehende Beziehung wird auf beiden Seiten über den gesamtem Umfang der Profil-Mittellinie integriert (Umlaufintegral). In

$$\oint \frac{M_t}{2 A_m G\,t}\, ds = \oint \gamma_\varphi\, ds + \oint \gamma_w\, ds$$

3 Normalspannungen σ_x , σ_y , σ_z

und 6 Schubspannungen τ_{xy} , τ_{xz} , τ_{yx} , τ_{yz} , τ_{zx} , τ_{zy} .

Der erste Index kennzeichnet die Schnittfläche (Index x steht also z. B. für die Schnittfläche x = konstant), der zweite Index bei den Schubspannungen steht für die Richtung innerhalb der Schnittfläche (bei den Normalspannungen erübrigt sich die Richtungsangabe, weil sie immer senkrecht zur Schnittfläche gerichtet sind).

Nach dem Gesetz von der Gleichheit der zugeordneten Schubspannungen (20.1) gilt

$$\tau_{xy} = \tau_{yx} \quad , \quad \tau_{xz} = \tau_{zx} \quad , \quad \tau_{yz} = \tau_{zy} \quad ,$$

so daß der räumliche Spannungszustand durch die Angabe von insgesamt 6 unterschiedlichen Spannungskomponenten beschrieben wird.

Der **räumliche Spannungszustand** in einem Punkt kann durch die Angabe von **sechs Spannungskomponenten** (3 Normalspannungen σ_x , σ_y , σ_z und 3 Schubspannungen τ_{xy} , τ_{xz} , τ_{yz}) eindeutig beschrieben werden.

- Der so beschriebene Spannungszustand **gilt für einen Punkt** eines Bauteils, durch den drei senkrecht aufeinander stehende Schnittflächen gelegt werden. Zumindest die Wahl der Lage der ersten Schnittfläche ist beliebig (und damit die Richtung von x, y und z). Bei einer anderen Wahl der Richtungen wird der **gleiche Spannungszustand durch sechs andere Spannungswerte** beschrieben.
- Ohne Herleitung soll hier nur erwähnt werden, daß sich immer eine Lage der drei senkrecht aufeinander stehenden Schnittebenen finden läßt, in denen nur die drei Normalspannungen (und keine Schubspannungen) wirken, es sind die sogenannten ***Hauptspannungen*** σ_1 , σ_2 , σ_3 , unter denen sich auch die absolut größte Normalspannung in dem betrachteten Punkt befindet. Für einen besonders wichtigen Sonderfall (ebener Spannungszustand) werden im Abschnitt 22.4 dazu ausführlichere Überlegungen angestellt.

22.2 Zusammengesetzte Normalspannung

Die Normalspannungen in einer Schnittfläche haben die gleiche Richtung und dürfen deshalb durch Addition überlagert werden. Davon wurde bereits bei der Behandlung der Biegung um zwei Achsen (schiefe Biegung) und beim gekrümmten Träger Gebrauch gemacht.

Im **geraden Träger** werden Normalspannungen durch die Biegemomente und die Normalkraft $\boldsymbol{F}_N$ hervorgerufen. Bei Beachtung der für die Schnittgrößen getroffenen Vereinbarungen (Kapitel 7 und Abschnitt 8.4) und der verwendeten Koordinatensysteme gilt

$$\sigma(x,y) = \frac{F_N}{A} + \frac{M_{bx}}{I_{xx}}\, y + \frac{M_{by}}{I_{yy}}\, x \quad . \qquad \textbf{(22.1)}$$

Diese Formel liefert für jeden Punkt einer Querschnittsfläche (vorzeichensicher bei Einhaltung der Vereinbarungen) die aus Biegung und Normalkraft resultierende Gesamt-Normalspannung (nach den oben getroffenen Vereinbarungen ist es eine Spannung σ_z).

Beispiel: Für den skizzierten Träger mit Quadratquerschnitt soll die Normalspannung in einem beliebigen Querschnitt des vertikalen Abschnitts bestimmt werden.

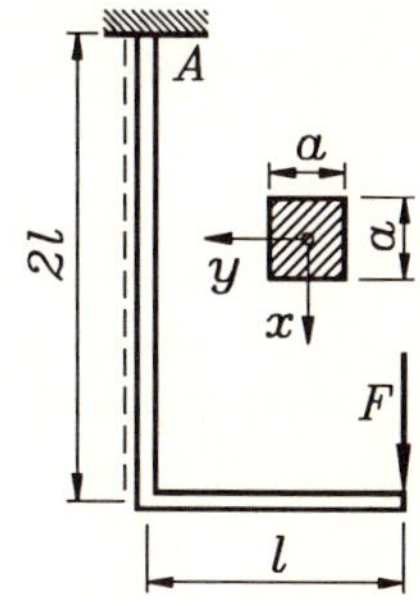

Gegeben: $F\,,\ l\,,\ a\,.$

Mit den Schnittgrößen $F_N = F$ und $M_b = -F\,l$ (Bezugsfaser und damit y-Achse wie eingezeichnet) und den Querschnittskennwerten $A = a^2$ und $I_{xx} = a^4/12$ ergibt sich die Spannungsverteilung:

$$\sigma = \frac{F_N}{A} + \frac{M_b}{I_{xx}}\,y = \frac{F}{a^2} - 12\,\frac{F\,l}{a^4}\,y = \frac{F}{a^2}\left(1 - 12\,\frac{l\,y}{a^2}\right) \ .$$

- Die Spannungs-Null-Linie liegt bei dieser kombinierten Beanspruchung nicht mehr im Schwerpunkt.
- Man erkennt an dem Ergebnis, daß die Normalspannung infolge F_N wesentlich kleiner als die Biegespannung ist. Die maximale Biegespannung $\sigma_{b,max} = 6F\,l/a^3$ im Querschnitt (am Rand bei $y = -a/2$) hat schon für $l = a/6$ den gleichen Betrag wie die Spannung infolge der Normalkraft. Das bedeutet: Eine äußere Kraft in Trägerlängsrichtung ruft schon bei etwas außermittigem Angriffspunkt eine Biegespannung hervor, die größer ist als die Spannung infolge der Normalkraft.

22.3 Der einachsige Spannungszustand

Wenn ein Bauteil ausschließlich durch **eine Normalspannung** in einer Richtung beansprucht wird, so spricht man von einem ***einachsigen Spannungszustand.*** Bei einer reinen Biegebeanspruchung (ohne Querkraftschub) und Beanspruchung durch eine Normalkraft (Beispiel am Ende des vorigen Abschnitts) ist diese Voraussetzung erfüllt.

Am Beispiel eines Zugstabs, dessen Querschnitt durch eine konstante Spannung σ_0 beansprucht ist (nebenstehende Skizze), wird deutlich, daß in einem Schnitt, der nicht senkrecht zur Richtung von σ_0 liegt, auch Schubspannungen auftreten.

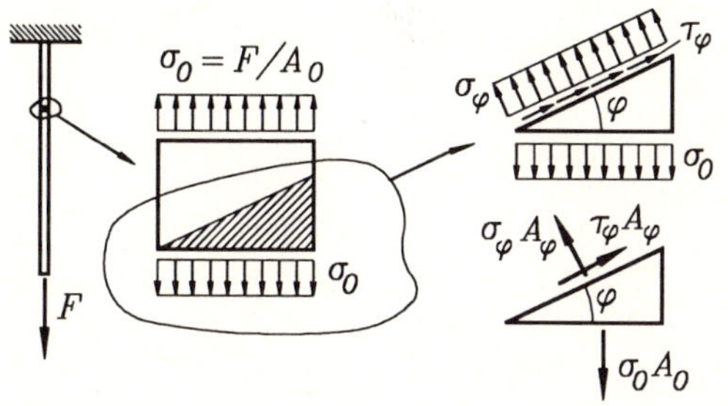

Gleichgewicht in horizontaler Richtung ist an dem aus dem Stab herausgeschnittenen Keil nur herzustellen, wenn in der schrägen Schnittfläche A_φ neben der Normalspannung σ_φ auch eine Schubspannung τ_φ wirkt.

Die (konstanten) Spannungen in den Schnittflächen A_0 bzw. A_φ werden durch Multiplikation mit den Flächen zu Kräften, die folgende Gleichgewichtsbedingungen erfüllen müssen:

$$\sigma_\varphi\,A_\varphi - \sigma_0\,A_0\cos\varphi = 0 \quad ,$$
$$\tau_\varphi\,A_\varphi - \sigma_0\,A_0\sin\varphi = 0 \quad .$$

Mit $A_\varphi = A_0/\cos\varphi$ ergeben sich daraus die

Spannungen in einem beliebigen Schnitt beim einachsigen Spannungszustand:

$$\sigma_\varphi = \sigma_0 \cos^2\varphi \quad , \qquad \tau_\varphi = \frac{1}{2}\,\sigma_0 \sin 2\varphi \qquad (22.2)$$

- Die Normalspannung wird - wie erwartet - am größten für $\varphi = 0$. Es ist die sogenannte ***Hauptspannung*** σ_0.
- Bei Materialien, die besonders empfindlich gegen Schubbeanspruchung sind, ist also zu beachten, daß selbst beim einachsigen Spannungszustand, bei dessen Berechnung sich im allgemeinen nur eine Normalspannung ergibt, eine Schubspannung wirkt. Die maximale Schubspannung ergibt sich für $\varphi = 45°$. Es ist die sogenannte ***Hauptschubspannung*** und hat den Betrag $\tau_{max} = ½\,\sigma_0$.

Die Formeln (22.2) gelten für einen beliebigen Punkt des Bauteils und damit auch, wenn die Spannung σ_0 nicht konstant ist (Beispiel: Biegespannung).

22.4 Der ebene Spannungszustand

Der ***ebene Spannungszustand*** ist dadurch gekennzeichnet, daß in zwei senkrecht zueinander stehenden Schnitten Normal- und Schubspannungen vorhanden sein können, während in der dritten Richtung keine Spannungen wirken. Dieser Spannungszustand hat besondere praktische Bedeutung. Er ergibt sich zum Beispiel

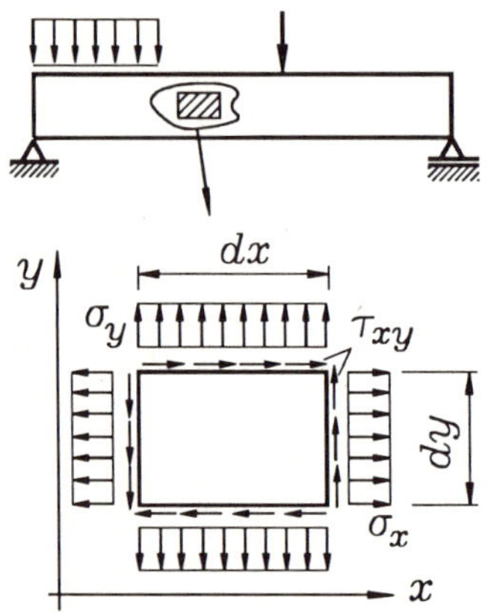

- bei der kombinierten Biegemoment-, Normalkraft-, Querkraft- und Torsionsbeanspruchung der Träger, die in den Kapiteln 14 bis 21 behandelt wurden,
- im Inneren von Flächentragwerken (vgl. Abschnitt 22.1),
- an den von äußeren Kräften nicht belasteten Oberflächen beliebiger Bauteile. Da an der Oberfläche häufig die größten Spannungen auftreten (vgl. die Biegetheorie), liegt die kritische Spannung auch bei kompakten (schwierig zu berechnenden) Bauteilen meistens in einem Gebiet, in dem ein ebener Spannungszustand vorliegt. Gerade die Oberflächen sind aber für eine experimentelle Spannungsermittlung (Dehnmeßstreifen, vgl. Beispiel 2) besonders gut zugänglich.

Der ebene Spannungszustand wird durch drei Spannungen bestimmt: σ_x, σ_y und τ_{xy}. Dabei wurde bereits berücksichtigt, daß die in den beiden Schnittflächen wirkenden Schubspannungen gleich sind.

Die Skizze zeigt ein aus einem Bauteil herausgeschnittenes differentiell kleines Element mit den Abmessungen $dx \cdot dy$. Die an dem Element angetragenen Spannungen sind nicht unabhängig voneinander, sie müssen natürlich ein Gleichgewichtssystem bilden. Dies soll aber hier nicht betrachtet werden, weil die Gleichgewichtsbedingungen in der Theorie der Spannungsberechnung bereits berücksichtigt sein müssen (man vergleiche hierzu die Theorie des Querkraftschubes, die das Gleichgewicht mit den Biegespannungen garantiert).

Es sind vielmehr folgende Fragen interessant:

- Das x-y-Koordinatensystem, an dem sich die Richtungen der drei Spannungen σ_x, σ_y und τ_{xy} orientieren, liegt recht willkürlich so, wie es für die Berechnung dieser Spannungen günstig gewesen sein mag. Wie groß sind die Spannungen in beliebigen Schnitten, die parallel zu einem (um den Winkel φ gedrehten) ξ-η-Koordinatensystem liegen?
- Bei welcher Schnittrichtung treten die maximalen Spannungen auf, wie groß sind die Maximalspannungen?

Zur Beantwortung dieser Fragen wird ein Keil aus dem Element herausgeschnitten, dessen eine Schnittfläche senkrecht zur Koordinatenachse ξ liegt. Wenn diese Schnittfläche mit A bezeichnet wird, haben die zur x- bzw. y-Achse senkrecht stehenden Flächen die Größen $A\cos\varphi$ bzw. $A\sin\varphi$. In der Skizze sind die aus den Spannungen resultierenden Kräfte an den drei Flächen angetragen, die folgende Gleichgewichtsbedingungen erfüllen müssen:

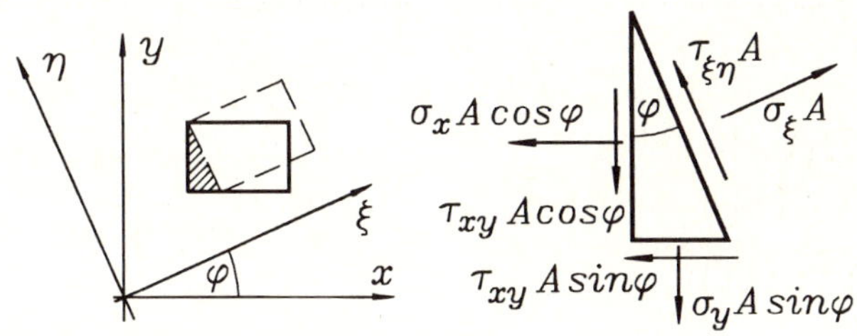

$$\sigma_\xi A = \sigma_x A\cos^2\varphi + \tau_{xy} A\cos\varphi\sin\varphi + \sigma_y A\sin^2\varphi + \tau_{xy} A\sin\varphi\cos\varphi \quad ,$$

$$\tau_{\xi\eta} A = \tau_{xy} A\cos^2\varphi - \sigma_x A\cos\varphi\sin\varphi - \tau_{xy} A\sin^2\varphi + \sigma_y A\sin\varphi\cos\varphi \quad .$$

Nach einigen elementaren Umformungen ergeben sich die nachfolgenden Formeln, die durch eine Beziehung für σ_η ergänzt wurden, die sich aus Gleichgewichtsbetrachtungen an einem Keil mit einer Schnittfläche senkrecht zur η-Achse ergibt.

Transformation der Spannungen des ebenen Spannungszustandes auf ein gedrehtes Koordinatensystem:

$$\begin{aligned} \sigma_\xi &= \frac{1}{2}\left(\sigma_x + \sigma_y\right) + \frac{1}{2}\left(\sigma_x - \sigma_y\right)\cos 2\varphi + \tau_{xy}\sin 2\varphi \quad , \\ \sigma_\eta &= \frac{1}{2}\left(\sigma_x + \sigma_y\right) - \frac{1}{2}\left(\sigma_x - \sigma_y\right)\cos 2\varphi - \tau_{xy}\sin 2\varphi \quad , \\ \tau_{\xi\eta} &= \qquad\qquad\quad - \frac{1}{2}\left(\sigma_x - \sigma_y\right)\sin 2\varphi + \tau_{xy}\cos 2\varphi \quad . \end{aligned} \qquad (22.3)$$

Der Aufbau dieser Formeln entspricht exakt der Struktur der Transformationsformeln (16.9) für die Flächenträgheitsmomente (Abschnitt 16.2.5). Deshalb können alle dort gewonnenen Aussagen sinngemäß übernommen werden:

Es existiert immer ein gegenüber dem ***x-y***-Koordinatensystem um den Winkel φ_1 gedrehtes Koordinatensystem mit den Achsen **1** und **2**, für das die Schubspannungen verschwinden. **1** und **2** sind die ***Hauptspannungsrichtungen*** des ebenen Spannungszustandes. Die Normalspannungen σ_1 und σ_2 in diesen Richtungen sind die

Hauptspannungen des ebenen Spannungszustandes:

$$\sigma_1 = \frac{\sigma_x + \sigma_y}{2} + \sqrt{\frac{(\sigma_x - \sigma_y)^2}{4} + \tau_{xy}^2} \ ,$$

$$\sigma_2 = \frac{\sigma_x + \sigma_y}{2} - \sqrt{\frac{(\sigma_x - \sigma_y)^2}{4} + \tau_{xy}^2} \ . \qquad (22.4)$$

σ_1 ist die größte und σ_2 die kleinste aller Normalspannungen, die sich bezüglich beliebiger Richtungen für den betrachteten Punkt finden lassen. Die beiden Hauptspannungsrichtungen stehen senkrecht aufeinander.

Der Winkel φ_1 **zwischen der x-Achse und der Hauptspannungsrichtung 1** errechnet sich nach:

$$\tan\varphi_1 = \frac{\tau_{xy}}{\sigma_1 - \sigma_y} \ . \qquad (22.5)$$

- Man beachte: Im Gegensatz zu den Hauptträgheitsmomenten (Abschnitt 16.2.5) können die beiden Hauptspannungen beliebige Vorzeichen haben. Deshalb ist σ_1 **nicht immer auch die absolut größte Spannung** in diesem Punkt.

Um Richtung und Größe der maximalen Schubspannung zu ermitteln, wird die Formel für $\tau_{\xi\eta}$ in (22.3) nach φ abgeleitet und Null gesetzt. Man gewinnt folgende Aussage:

- Die maximalen Schubspannungen treten in Schnitten auf, deren Richtungen um **45°** zu den Hauptspannungsrichtungen gedreht sind. In den ***Hauptschubspannungsrichtungen***

$$\varphi_\tau = \varphi_1 \pm 45°$$

wirken die ***Hauptschubspannungen***:

$$\tau_{max} = \pm \frac{1}{2}(\sigma_1 - \sigma_2) \ .$$

Es sollen hier noch die Zusammenhänge der Spannungen mit den Dehnungen behandelt werden, weil bei der experimentellen Spannungsanalyse mittels Dehnmeßstreifen primär die Dehnungen als Versuchsergebnisse anfallen, die dann (unter der Voraussetzung elastischer Verformung) über das Hookesche Gesetz in die Spannungen umgerechnet werden können. Dabei ist zu beachten, daß beim ebenen Spannungszustand mit Normalspannungen in zwei Richtungen jede Normalspannung auch die Dehnung in der jeweils dazu senkrechten Richtung beeinflußt (Querkontraktion, vgl. Abschnitt 12.4). Die Dehnung in einer Richtung ergibt sich also beim ebenen Spannungszustand aus der Überlagerung des Anteils aus der Spannung in dieser Richtung mit der Querkontraktion aus der anderen Spannung:

$$\varepsilon_x = \frac{1}{E}\left(\sigma_x - \nu\,\sigma_y\right) \quad , \qquad \varepsilon_y = \frac{1}{E}\left(\sigma_y - \nu\,\sigma_x\right) \ .$$

Diese beiden Formeln lassen sich nach den Spannungen umstellen und werden ergänzt durch den Zusammenhang zwischen Schubspannung und Gleitung nach (12.6) im Zusammenhang mit (12.7). Dieser Formelsatz wird bezeichnet als

Hookesches Gesetz für den ebenen Spannungszustand:

$$\sigma_x = \frac{E}{1-\nu^2}\left(\varepsilon_x + \nu\,\varepsilon_y\right) \quad , \qquad \sigma_y = \frac{E}{1-\nu^2}\left(\varepsilon_y + \nu\,\varepsilon_x\right) \ ,$$
$$\tau_{xy} = G\,\gamma_{xy} = \frac{E}{2\,(1+\nu)}\,\gamma_{xy} \ . \tag{22.6}$$

Die Formeln (22.6) gelten für zwei beliebige zueinander senkrechte Richtungen, also auch für die Hauptspannungsrichtungen, für die sich wegen der verschwindenden Schubspannung allerdings keine Gleitung ergibt.

Durch Einsetzen der Spannungen nach (22.6) in die Transformationsformeln (22.3) erhält man die Formeln für die

Transformation der Dehnungen und der Gleitung des ebenen Spannungszustandes auf ein gedrehtes Koordinatensystem:

$$\varepsilon_\xi = \frac{1}{2}\left(\varepsilon_x + \varepsilon_y\right) + \frac{1}{2}\left(\varepsilon_x - \varepsilon_y\right)\cos 2\varphi + \frac{1}{2}\,\gamma_{xy}\sin 2\varphi \ ,$$
$$\varepsilon_\eta = \frac{1}{2}\left(\varepsilon_x + \varepsilon_y\right) - \frac{1}{2}\left(\varepsilon_x - \varepsilon_y\right)\cos 2\varphi - \frac{1}{2}\,\gamma_{xy}\sin 2\varphi \ , \tag{22.7}$$
$$\gamma_{\xi\eta} = -\left(\varepsilon_x - \varepsilon_y\right)\sin 2\varphi + \gamma_{xy}\cos 2\varphi \ .$$

Die formale Ähnlichkeit dieser Formeln mit den Transformationsformeln (22.3) gestattet die Übertragung der Erkenntnisse über die Spannungen auf Aussagen über die Dehnung:

- Es existiert immer ein gegenüber dem ***x-y***-Koordinatensystem um den Winkel φ_1 gedrehtes Koordinatensystem mit den Achsen **1** und **2**, für das die Gleitung verschwindet. **1** und **2** sind die ***Hauptdehnungsrichtungen***, die **mit den Hauptspannungsrichtungen identisch** sind. Die ***Hauptdehnungen*** berechnen sich nach

$$\varepsilon_1 = \frac{1}{2}\left[\varepsilon_x + \varepsilon_y + \sqrt{\left(\varepsilon_x - \varepsilon_y\right)^2 + \gamma_{xy}^2}\,\right] , \quad \varepsilon_2 = \frac{1}{2}\left[\varepsilon_x + \varepsilon_y - \sqrt{\left(\varepsilon_x - \varepsilon_y\right)^2 + \gamma_{xy}^2}\,\right] \tag{22.8}$$

und der Winkel φ_1 **zwischen der *x*-Achse und der Hauptdehnungsrichtung 1** aus

$$\tan\varphi_1 = \frac{\gamma_{xy}}{2\left(\varepsilon_1 - \varepsilon_y\right)} \ . \tag{22.9}$$

Diese Formel liefert den gleichen Wert für φ_1 wie (22.5). Die Hauptspannungen lassen sich über das Hookesche Gesetz (22.6) also auch aus den Hauptdehnungen berechnen.

Beispiel 1: Für den skizzierten Kragträger mit veränderlichem Quadrat-Querschnitt wurde (als Beispiel 4 im Abschnitt 16.3) berechnet, daß bei $z = l/2$ die maximale Biegespannung auftritt. Für diesen Querschnitt sollen die Hauptspannungen (bei Berücksichtigung der Biegespannung und der Querkraftschubspannung) ermittelt werden.

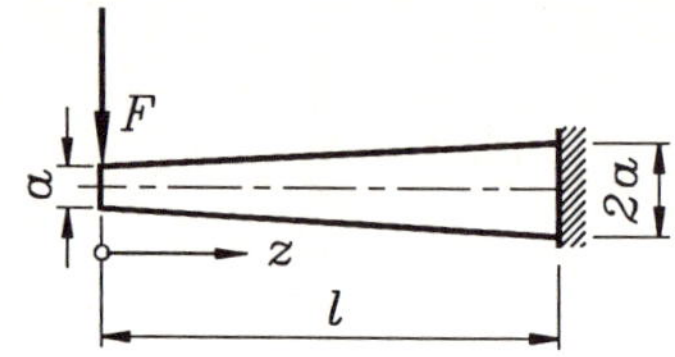

Gegeben: $F\ ,\ a\ ,\ l/a = 10\ .$

Der Querschnitt bei $z = l/2$ hat die Kantenlänge **1,5 *a***. Mit

$$M_b = -F\,\frac{l}{2} \quad , \qquad I_{xx} = \frac{(1{,}5\,a)^4}{12} = \frac{27}{64}\,a^4$$

ergibt sich die Biegespannungsverteilung nach (16.1):

$$\sigma_b = -\frac{32}{27}\,\frac{F\,l}{a^4}\,y \quad .$$

Nach (20.2) erhält man mit (vgl. Beispiel 1 im Abschnitt 20.1)

$$F_Q = -F \quad , \qquad S_x = \left(\frac{(1{,}5\,a)^2}{4} - y^2\right)\frac{1{,}5\,a}{2}$$

den Verlauf der Querkraftschubspannung

$$\tau = -\frac{32}{27}\,\frac{F}{a^4}\left(\frac{9}{16}\,a^2 - y^2\right) \quad .$$

Zur Erinnerung: Die y-Achse hat ihren Ursprung im Schwerpunkt des Querschnitts und ist nach unten gerichtet, die Biegespannungen wirken senkrecht zum Querschnitt (in z-Richtung), so daß alle Spannungen in der y-z-Ebene liegen:

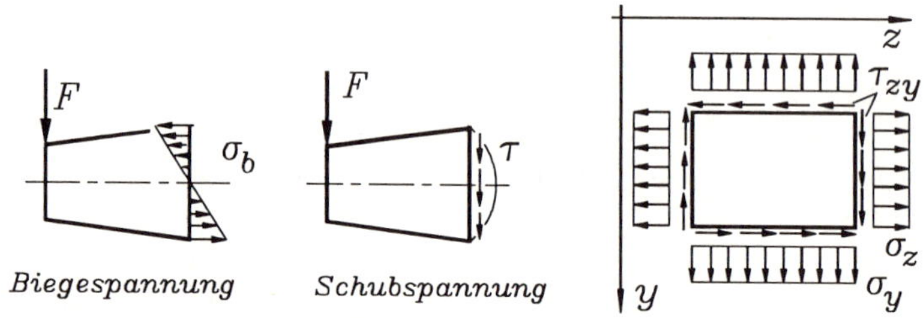

Für das betrachtete Beispiel gilt also:

$$\sigma_y = 0 \quad , \qquad \sigma_z = \sigma_b \quad , \qquad \tau_{zy} = \tau \quad .$$

Die Hauptspannungen in einem beliebigen Punkt des Querschnitts (sie sind über die Breite konstant) berechnen sich bei entsprechender Modifizierung der Indizes nach (22.4):

$$\sigma_{1,2} = -\frac{16}{27}\,\frac{F\,l}{a^4}\,y \pm \sqrt{\left(\frac{16}{27}\,\frac{F\,l}{a^4}\,y\right)^2 + \left[\frac{32}{27}\,\frac{F}{a^4}\left(\frac{9}{16}\,a^2 - y^2\right)\right]^2} \quad .$$

Bei einer Höhe von **1,5 *a*** für den betrachteten Querschnitt darf y in dieser Formel Werte im Bereich $-3a/4 \le y \le 3a/4$ annehmen.

y	σ_b	τ	σ_1	σ_2
- 0,75 a	**8,889** F/a^2	**0**	**8,889** F/a^2	**0**
- 0,50 a	**5,926** F/a^2	**- 0,370** F/a^2	**5,949** F/a^2	**- 0,023** F/a^2
- 0,25 a	**2,963** F/a^2	**- 0,593** F/a^2	**3,077** F/a^2	**- 0,114** F/a^2
0	**0**	**- 0,667** F/a^2	**0,667** F/a^2	**- 0,667** F/a^2
0,25 a	**- 2,963** F/a^2	**- 0,593** F/a^2	**0,114** F/a^2	**- 3,077** F/a^2
0,50 a	**- 5,926** F/a^2	**- 0,370** F/a^2	**0,023** F/a^2	**- 5,949** F/a^2
0,75 a	**- 8,889** F/a^2	**0**	**0**	**- 8,889** F/a^2

- Die Ergebnisse für einige ausgewählte Punkte (Tabelle) zeigen, daß die Hauptspannung nicht größer wird als die maximale Biegespannung. Dieses Ergebnis ist repräsentativ: Im allgemeinen kann der aus der Querkraft herrührende Spannungsanteil vernachlässigt werden, zumal die Querkraftschubspannungen an den Punkten der maximalen Biegespannung (Ober- bzw. Unterkante des Querschnitts) verschwinden.
- Die Schubspannung aus der Querkraftbelastung kann allerdings zur Beurteilung der Haltbarkeit von Fügestellen (vgl. Abschnitt 20.3) bedeutsam sein. Die maximale Schubspannung tritt in der Schwerpunktfaser auf. Da dort keine Normalspannungen wirken (neutrale Faser für Biegebeanspruchung), verlaufen die beiden Hauptspannungen unter einem Winkel von **45°** zur Horizontalen. Die "reine Schubbelastung" an dieser Stelle wird durch eine Zug- und eine Druckspannung repräsentiert. Da diese beiden Hauptspannungen den gleichen Absolutbetrag haben, können sie (und damit die Schubspannung) gegebenenfalls durch **eine** Dehnungsmessung (z.B. mit einem unter **45°** angebrachten Dehnmeßstreifen) ermittelt werden.

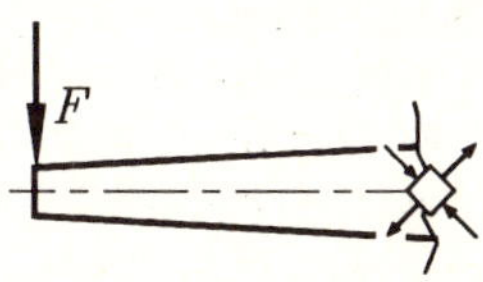

Beispiel 2: Bei einer experimentellen Spannungsanalyse wurden mit der skizzierten Dehnmeßstreifen-Rosette die Dehnungen in den beiden senkrecht aufeinander stehenden Richtungen $\boldsymbol{a}$ und $\boldsymbol{c}$ und die Dehnung in der unter **45°** zu $\boldsymbol{a}$ und $\boldsymbol{c}$ geneigten Richtung $\boldsymbol{b}$ gemessen:

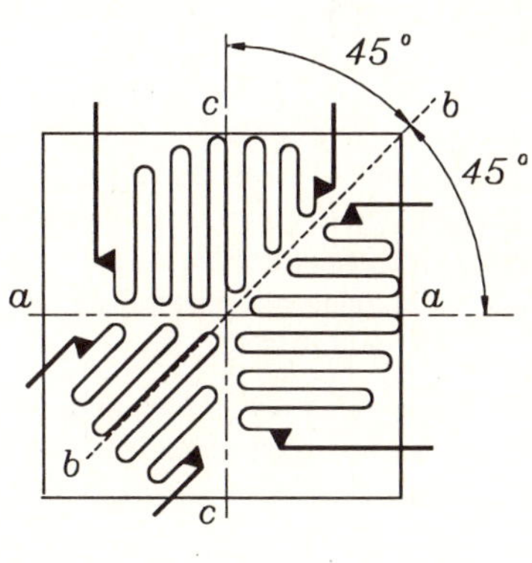

$\varepsilon_a = \mathbf{0{,}70 \cdot 10^{-3}}$; $\varepsilon_b = \mathbf{0{,}81 \cdot 10^{-4}}$; $\varepsilon_c = \mathbf{0{,}27 \cdot 10^{-3}}$.

Berechnet werden sollen

a) die Größe der Hauptdehnungen ε_1 und ε_2 und die Richtung der Hauptdehnung ε_1,

b) die Größe der Hauptspannungen σ_1 und σ_2, wenn für das Material der Elastizitätsmodul $E = 2{,}1 \cdot 10^5\ N/mm^2$ und die Querkontraktionszahl $\nu = 0{,}3$ angenommen werden dürfen.

Die in den Richtungen ***a*** und ***c*** gemessenen Dehnungen entsprechen den Dehnungen in ***x***- und ***y***-Richtung (willkürliche Wahl des Koordinatensystems):

$$\varepsilon_x = \varepsilon_a = 0{,}7 \cdot 10^{-3} \quad ; \qquad \varepsilon_y = \varepsilon_c = 0{,}27 \cdot 10^{-3} \quad .$$

Zur Berechnung der Hauptdehnungen nach (22.8) fehlt der Gleitwinkel γ_{xy}. Die beiden ersten Gleichungen (22.7) enthalten jedoch γ_{xy} und (wie gegeben) drei Dehnungen, so daß die Gleitung berechnet werden kann, wenn ε_b z. B. als ε_ξ in Richtung $\varphi = 45°$ eingesetzt wird:

$$\varepsilon_\xi = \varepsilon_b = \frac{1}{2}\left(\varepsilon_a + \varepsilon_c\right) + \frac{1}{2}\gamma_{xy} \quad .$$

Daraus errechnet sich

$$\gamma_{xy} = 2\,\varepsilon_b - \varepsilon_a - \varepsilon_c = -0{,}81 \cdot 10^{-3} \quad ,$$

und aus (22.8) und (22.9) erhält man die Hauptdehnungen und die Hauptdehnungsrichtung **1**:

$$\varepsilon_1 = 0{,}94 \cdot 10^{-3} \quad ;$$
$$\varepsilon_2 = 0{,}027 \cdot 10^{-3} \quad ;$$
$$\varphi_1 = -31° \quad .$$

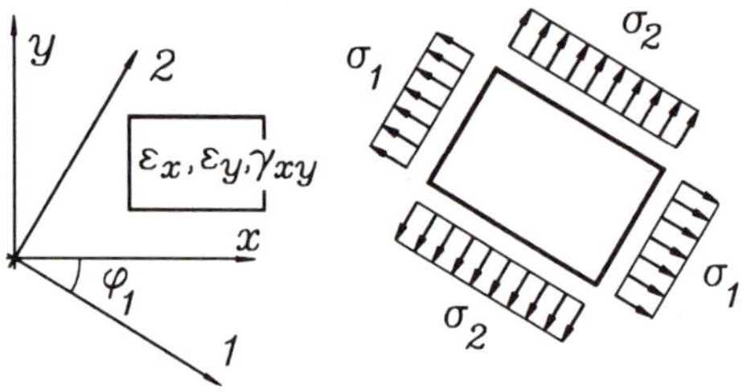

Da die Hauptspannungsrichtungen mit den Hauptdehnungsrichtungen übereinstimmen, können die Hauptspannungen nach dem Hookeschen Gesetz (22.6) aus den Hauptdehnungen ermittelt werden:

$$\sigma_1 = \frac{E}{1-\nu^2}\left(\varepsilon_1 + \nu\,\varepsilon_2\right) = 219\ N/mm^2 \quad ;$$
$$\sigma_2 = \frac{E}{1-\nu^2}\left(\varepsilon_2 + \nu\,\varepsilon_1\right) = 71{,}6\ N/mm^2 \quad .$$

22.5 Festigkeitshypothesen

Die zulässigen Spannungen werden im allgemeinen mit Hilfe der Spannungswerte ermittelt, die durch den Zugversuch (einachsiger Spannungszustand) gewonnen werden (Abschnitt 12.3 und Kapitel 13). Ein Bauteil ist aber in der Regel nicht nur einem einachsigen Spannungszustand unterworfen, so daß die Frage beantwortet werden muß, wie das gleichzeitige Auftreten verschiedener Spannungen (wie zum Beispiel beim ebenen Spannungszustand) beim Vergleich mit einer aus einem recht einfachen Modellversuch gewonnenen Spannung beurteilt werden muß.

Naheliegend ist die Berechnung der Hauptspannungen, um diese einzeln mit der zulässigen Spannung zu vergleichen. Dabei bleibt die Frage offen, welchen Einfluß die gleichzeitige Wirkung der anderen (beim Zugversuch nicht vorhandenen) Hauptspannungen hat.

Um einen beliebigen Spannungszustand mit dem σ_{zul}, das auf Versuchen mit einem einachsigen Spannungszustand basiert, vergleichen zu können, wurden zahlreiche ***Festigkeitshypothesen*** entwickelt, die alle der Ermittlung **einer** sogenannten ***Vergleichsspannung*** σ_V dienen, mit der dann der Spannungsnachweis durchgeführt wird. Im Idealfall müßte die Vergleichsspannung als Repräsentant aller wirkenden Spannungen die Veränderungen des Materialverhaltens (insbesondere das Fließen und das Versagen durch Bruch) bei den gleichen Werten hervorrufen, bei denen sie bei einem einachsigen Spannungszustand (Zugversuch) auftreten.

Leider gibt es die ideale, für alle Werkstoffe gleichermaßen gültige Festigkeitshypothese nicht. Deshalb werden im folgenden Abschnitt die drei gebräuchlichsten Hypothesen für den praktisch wichtigsten Spannungszustand wiedergegeben.

Bei mehrachsigen Spannungszuständen wird aus den ermittelten Spannungen auf der Basis einer geeigneten Hypothese **eine Vergleichsspannung** σ_V berechnet, mit der dann der Spannungsnachweis

$$\sigma_V \leq \sigma_{zul}$$

durchgeführt wird.

22.5.1 Ebener Spannungszustand

Der ebene Spannungszustand ist durch zwei Hauptspannungen oder zwei Normalspannungen und eine Schubspannung gekennzeichnet. Da im allgemeinen die letztgenannte Variante primär als Ergebnis einer Spannungsberechnung oder experimentellen Spannungsermittlung vorliegt, werden die Formeln für diesen Fall angegeben. Die unterschiedlichen Vergleichsspannungen σ_V der einzelnen Hypothesen werden zur Unterscheidung mit den Indizes **1**, **2** und **3** gekennzeichnet.

a) Die erste Hypothese geht von der Annahme aus, daß "die größte auftretende Normalspannung für ein eventuelles Versagen des Materials verantwortlich ist". Das Maximum der Absolutbeträge der beiden Hauptspannungen ist also die Vergleichsspannung der

Normalspannungshypothese:

$$\sigma_{V,1} = \max\left(|\sigma_1| \, , \, |\sigma_2| \right) \leq \sigma_{zul}$$

$$mit \quad \sigma_{1,2} = \frac{\sigma_x + \sigma_y}{2} \pm \sqrt{\frac{(\sigma_x - \sigma_y)^2}{4} + \tau_{xy}^2} \quad . \qquad \textbf{(22.10)}$$

Die Normalspannungshypothese wird vornehmlich für spröde Werkstoffe (z. B. Grauguß) verwendet.

b) Die Schubspannungshypothese geht von der Annahme aus, daß "die größte auftretende Schubspannung für ein eventuelles Versagen des Materials verantwortlich ist". Also wird die maximale Schubspannung des ebenen Spannungszustands (Hauptschubspannung)

$$\tau_{max} = \frac{1}{2}(\sigma_1 - \sigma_2) = \sqrt{\frac{(\sigma_x - \sigma_y)^2}{4} + \tau_{xy}^2}$$

mit der maximalen Schubspannung des einachsigen Spannungszustands $\tau_{zul} = ½\,\sigma_{zul}$ (Zugversuch) verglichen, und man erhält aus

$$\tau_{max} \leq \tau_{zul} = \frac{1}{2}\,\sigma_{zul} \qquad bzw. \qquad 2\,\tau_{max} \leq \sigma_{zul}$$

die Vergleichsspannung der

Schubspannungshypothese:

$$\sigma_{V,2} = \sqrt{(\sigma_x - \sigma_y)^2 + 4\,\tau_{xy}^2} \leq \sigma_{zul} \quad . \tag{22.11}$$

Die Schubspannungshypothese liefert für zähe Werkstoffe (z. B. Stahl) recht gute Ergebnisse, wird aber heute nur noch selten verwendet, weil im allgemeinen mit der nachfolgend behandelten Gestaltänderungshypothese eine noch bessere Annäherung an die Realität erzielt wird.

c) Die Gestaltänderungshypothese geht von der Annahme aus, daß "die Materialbeanspruchung ausschließlich durch die Veränderung der 'Gestalt' und nicht durch die Volumenänderung hervorgerufen wird". Hier soll nur die sich nach dieser Theorie ergebende Formel ohne die (etwas aufwendige) Herleitung angegeben werden.

Gestaltänderungshypothese:

$$\sigma_{V,3} = \sqrt{\sigma_x^2 + \sigma_y^2 - \sigma_x\,\sigma_y + 3\,\tau_{xy}^2} \leq \sigma_{zul} \quad . \tag{22.12}$$

Die Gestaltänderungshypothese ist die für zähe Werkstoffe gegenwärtig am häufigsten verwendete Hypothese. Deshalb soll die Betrachtung einiger Spezialfälle auf die Besonderheiten dieser Hypothese aufmerksam machen:

♦ Der einachsige Spannungszustand mit $\sigma_x = \sigma_0$, $\sigma_y = 0$ und $\tau_{xy} = 0$ ist in der Gestaltänderungshypothese sinnvoll enthalten und führt auf

$$\sigma_{V,3} = \sigma_0 \leq \sigma_{zul} \quad .$$

♦ Reine Schubbeanspruchung mit $\tau_{xy} = \tau_0$ und $\sigma_x = \sigma_y = 0$ führt auf

$$\sigma_{V,3} = \sqrt{3}\,\tau_0 \leq \sigma_{zul} \quad .$$

In der Gestaltänderungshypothese steckt also die Annahme $\sigma_{zul} / \tau_{zul} = \sqrt{3}$ (zum Vergleich: In der Schubspannungshypothese steckt die Annahme $\sigma_{zul} / \tau_{zul} = 2$). Wenn die durch Versuche ermittelten Werte deutlich von dieser Annahme abweichen, ist es üblich, die Hypothese mit einem Korrekturfaktor zu verfeinern (vgl. das im nächsten Abschnitt erwähnte "Anstrengungsverhältnis").

♦ Gleichmäßiger Zug (ohne Schub) mit $\sigma_x = \sigma_y = \sigma_0$ (gleiche Zugspannung in zwei senkrecht aufeinander stehenden Richtungen) führt auf

$$\sigma_{V,3} = \sigma_0 \leq \sigma_{zul}$$

und wird damit nach der Gestaltänderungshypothese als nicht gefährlicher für das Material als eine Zugspannung in nur einer Richtung angesehen.

♦ Dagegen liefert Zug in einer Richtung und Druck in der dazu senkrechten Richtung nach der Gestaltänderungshypothese höhere Vergleichsspannungen, was mit der Vorstellung über diese Beanspruchung gut übereinstimmt (die Druckspannung "unterstützt" genau die Verformung, die durch die Querkontraktion infolge der Zugspannung hervorgerufen wird), zum Beispiel erhält man mit $\sigma_x = \sigma_0$, $\sigma_y = -\sigma_0$, $\tau_{xy} = 0$:

$$\sigma_{V,3} = \sqrt{3}\,\sigma_0 \le \sigma_{zul} \quad .$$

22.5.2 Berechnung von Wellen

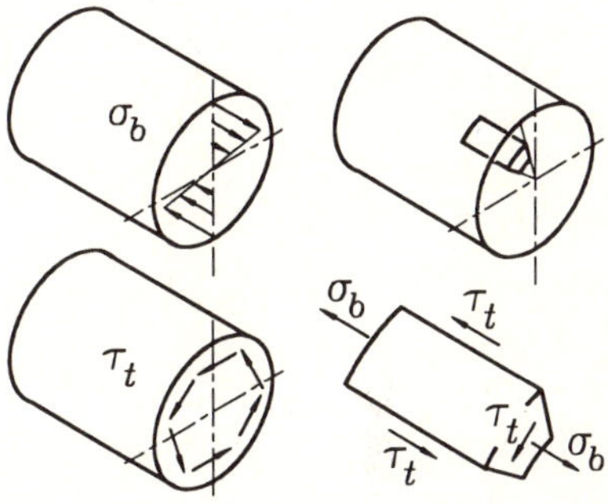

Wellen, die für die Übertragung eines Drehmoments bestimmt sind (Antriebswellen, Getriebewellen, ...), werden fast immer auch auf Biegung beansprucht. Der mit der Biegebeanspruchung gleichzeitig auftretende Querkraftschub kann im allgemeinen vernachlässigt werden, zumal die größte Schubbelastung aus der Querkraft mit der neutralen Faser der Biegung zusammenfällt.

Die Normalspannung aus der Biegung und die Schubspannung infolge Torsion bilden den Sonderfall eines ebenen Spannungszustandes, bei dem nur eine Normalspannung wirkt. Dementsprechend vereinfachen sich die Formeln für die Vergleichsspannungsberechnung. Nach der vorwiegend verwendeten Gestaltänderungshypothese (Wellen werden aus zähem Material gefertigt) ergibt sich aus der Biegespannung σ_b und der Torsionsschubspannung τ_t nach (22.12) die Vergleichsspannung

$$\sigma_{V,3} = \sqrt{\sigma_b^2 + 3\,\tau_t^2} \quad .$$

Im vorigen Abschnitt wurde gezeigt, daß diese Formel ein Verhältnis der zulässigen Spannungen von $\sigma_{zul} / \tau_{zul} = \sqrt{3}$ voraussetzt, was bei den dynamisch belasteten Wellen auch durch unterschiedliche Belastungsarten (vgl. Abschnitt 13.1) für die Biege- bzw. Torsionsbelastung gestört sein kann. Dies kann ausgeglichen werden durch das ***Anstrengungsverhältnis*** α_0 (auch als Korrekturfaktor nach BACH bezeichnet), mit dem die Schubspannung in der Vergleichsspannungsformel multipliziert wird:

$$\sigma_{V,3} = \sqrt{\sigma_b^2 + 3\left(\alpha_0\,\tau_t\right)^2} \quad .$$

Für Stahl nimmt dieser Korrekturfaktor Werte von $\alpha_0 \approx 0{,}7$ (Biegewechselbelastung, statische Torsionsbelastung) bis $\alpha_0 \approx 1{,}5$ (Torsionswechselbelastung, statische Biegebelastung) an. Im allgemeinen ist $\alpha_0 \approx 1$ (beide Belastungsarten als Wechselbelastung) ein sinnvoller Wert, zumal statische Biegebelastung (und damit der größere Wert für α_0) bei umlaufenden Wellen ohnehin nicht gegeben ist.

Für **Wellen mit Kreis- oder Kreisringquerschnitten** gibt es auf dem Außenrand immer zwei Punkte, in denen die maximale Biegespannung mit der ebenfalls am Außenrand auftretenden maximalen Torsionsschubspannung zusammenfällt, so daß die maximale Vergleichsspannung in einem Querschnitt mit

$$\sigma_{b,\max} = \frac{M_b}{W_b} \quad , \qquad \tau_{t,\max} = \frac{M_t}{W_t}$$

berechnet werden kann. Dabei muß das Biegemoment M_b bei einer Belastung in zwei Ebenen stets vorab nach

$$M_b = \sqrt{M_{bx}^2 + M_{by}^2}$$

zum resultierenden Biegemoment zusammengesetzt werden. M_t ist das Torsionsmoment in dem betrachteten Querschnitt, W_b das Widerstandsmoment gegen Biegung, W_t das Widerstandsmoment gegen Torsion. Bei einem Vergleich der Formeln für die Widerstandsmomente (16.15) und (21.6) stellt man fest, daß sowohl für den **Kreis als auch für den Kreisring**

$$W_t = 2\,W_b$$

gilt. Wenn dies in die Formel für die Vergleichsspannung eingesetzt wird, erhält man

$$\sigma_{V,3} = \sqrt{\frac{M_b^2}{W_b^2} + 3\left(\frac{\alpha_0 M_t}{2\,W_b}\right)^2} = \frac{1}{W_b}\sqrt{M_b^2 + \frac{3}{4}(\alpha_0 M_t)^2} \quad ,$$

und daraus ergibt sich eine einfache Vorschrift für die

Berechnung von Wellen mit Kreis- oder Kreisringquerschnitt, die auf Biegung und Torsion beansprucht werden:

Es wird ein ***Vergleichsmoment***

$$M_{V,3} = \sqrt{M_b^2 + 0{,}75\,(\alpha_0 M_t)^2} \qquad (22.13)$$

berechnet, das den gemischten Belastungsfall Biegung-Torsion auf einen (nach der Gestaltänderungshypothese) äquivalenten reinen Biegebelastungsfall reduziert, für den

$$\sigma_{V,3} = \frac{M_{V,3}}{W_b} \le \sigma_{zul} \qquad (22.14)$$

gelten muß. W_b ist das **Widerstandsmoment gegen Biegung für den Kreis- bzw. Kreisringquerschnitt**, α_0 das oben besprochene Anstrengungsverhältnis.

Beispiel: Der skizzierte **Winkel mit Kreisquerschnitt** ist so zu dimensionieren, daß in keinem Querschnitt die nach der Gestaltänderungshypothese berechnete Spannung größer ist als σ_{zul}.

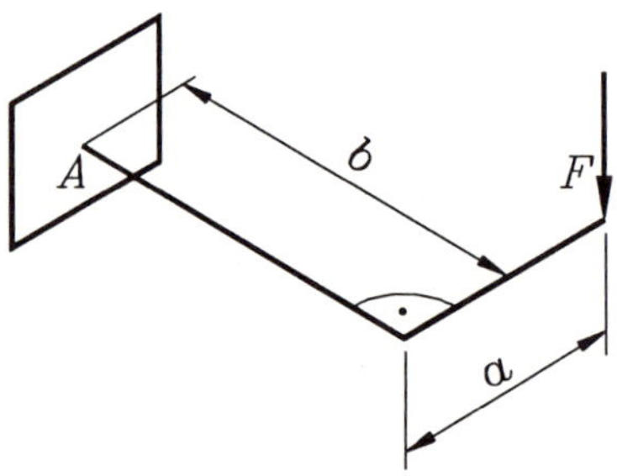

Gegeben: $F = 2\,kN$; $a = 500\,mm$;
$\sigma_{zul} = 200\,N/mm^2$; $b = 1000\,mm$.

Berechnet werden soll der erforderliche Durchmesser d_{erf} bei einem Anstrengungsverhältnis $\alpha_0 = 1$.

Der Bereich der Länge a wird nur auf Biegung, der Bereich der Länge b auf Biegung und Torsion beansprucht. Da b größer als a ist, tritt das größte Biegemoment an der Einspannung auf, und der gefährdete Querschnitt ist der Einspannquerschnitt. Mit den Momenten

$$|M_b| = F b \quad , \qquad |M_t| = F a$$

ergibt sich das Vergleichsmoment

$$M_{V,3} = F \sqrt{b^2 + 0{,}75\, a^2} \quad .$$

Mit dem Widerstandsmoment gegen Biegung (16.15) für den Kreisquerschnitt errechnet man:

$$W_{b,erf} = \frac{\pi\, d_{erf}^3}{32} = \frac{M_{V,3}}{\sigma_{zul}} \quad \Rightarrow \quad d_{erf} = \sqrt[3]{\frac{32}{\pi}\,\frac{F}{\sigma_{zul}}\sqrt{b^2 + \frac{3}{4}a^2}} = 48{,}1\ mm \quad .$$

22.6 Aufgaben

Aufgabe 22.1: Mit der skizzierten Dehnmeßstreifen-Rosette können die Dehnungen in drei Richtungen a, b und c gemessen werden, die jeweils um **60°** gegeneinander gedreht sind.

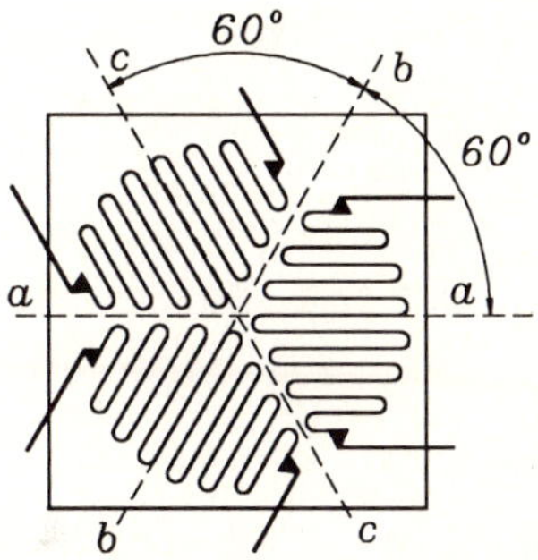

Gegeben: ε_a , ε_b , ε_c , E , ν .

Man ermittle die Formeln, nach denen bei bekannten Dehnungen in den drei Meßrichtungen und bekannten Materialkennwerten (Elastizitätsmodul und Querkontraktionszahl)

a) die Hauptdehnungen,

b) die Hauptspannungen berechnet werden können.

Aufgabe 22.2: Ein rechtwinklig abgewinkelter Träger mit Kreisquerschnitt (Radius r) ist durch zwei Kräfte am freien Ende belastet.

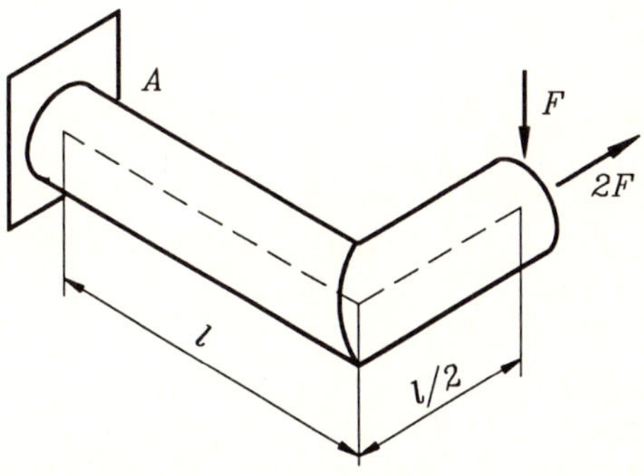

Gegeben: F, r, $l = 60\, r$, $\alpha_0 = 1$.

Man berechne

a) den Betrag der maximalen Normalspannung im Träger,

b) den Betrag der maximalen Vergleichsspannung nach der Gestaltänderungshypothese,

c) die Lage des Querschnitts mit der größten Beanspruchung und skizziere die Lage der Punkte in diesem Kreisquerschnitt, in denen die maximalen Spannungen auftreten.

Aufgabe 22.3: Eine Getriebewelle mit konstantem Durchmesser d ist mit den geradverzahnten Rädern **1** und **2** besetzt. Zwischen der radialen Zahnkraft F_r und der Umfangskraft F_u besteht über den Zahneingriffswinkel der Zusammenhang.

$$F_r = F_u \tan\alpha$$

mit $\alpha = 20°$.

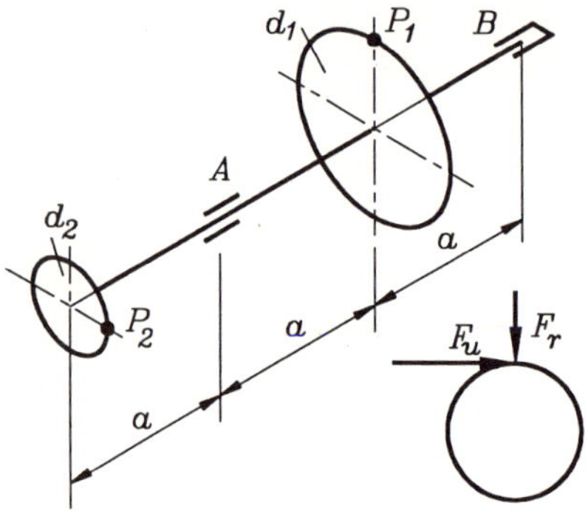

Am Antriebsrad **2** wird im Punkt P_2 das Moment M_0 entgegen dem Uhrzeigersinn eingeleitet und am Abtriebsrad **1** im Punkt P_1 abgegeben.

Gegeben: $d_1 = 200\ mm$; $a = 500\ mm$; $M_0 = 50\ Nm$; $\alpha_0 = 1$;
$d_2 = 100\ mm$; $d = 30\ mm$.

Man ermittle

a) die Zahnkräfte F_{u1}, F_{r1}, F_{u2} und F_{r2},

b) die zur Lagerauswahl erforderlichen Lagerkräfte,

c) die Schnittgrößen in der Welle,

d) Ort und Größe der maximalen Biegespannung in der Welle,

e) Ort und Größe der maximalen Torsionsschubspannung in der Welle,

f) Ort und Größe der maximalen Vergleichsspannung nach den im Abschnitt 22.5.1 behandelten Vergleichsspannungshypothesen.

Hinweis: Die Teilaufgaben a), b) und c) waren bereits Bestandteil der Aufgabe 8.4 (vgl. auch die Lösungen von 8.4).

Aufgabe 22.4: Der skizzierte Wellenzapfen wird über eine Scheibe von einem Zahnriemen angetrieben.

Gegeben:
$F_1 = 800\ N$;
$F_2 = 200\ N$;
$r = 400\ mm$;
$d = 40\ mm$;
$\alpha_0 = 1$.

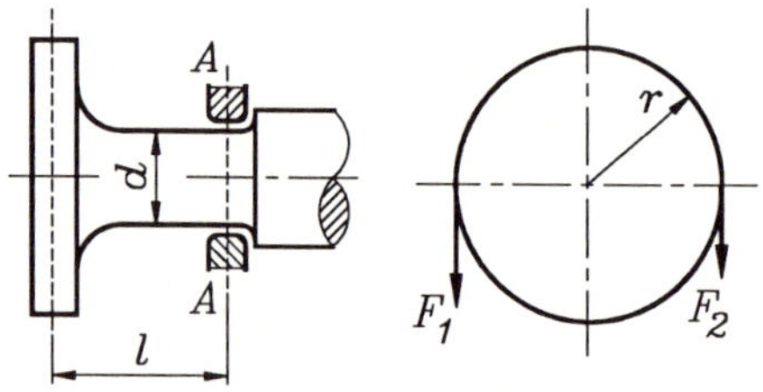

Wie groß darf der Abstand l zwischen Scheibe und Lager maximal werden, so daß im Querschnitt *A-A* der Wert für die zulässige Spannung $\sigma_{zul} = 140\ N/mm^2$ von der Vergleichsspannung nach der Gestaltänderungshypothese nicht überschritten wird.

23 Knickung

23.1 Stabilitätsprobleme der Elastostatik

Im Abschnitt 10.4 wurde gezeigt, daß die Gleichgewichtslage eines starren Körpers (alle Gleichgewichtsbedingungen sind erfüllt) instabil sein kann, wenn die Lagerung noch eine Bewegungsmöglichkeit zuläßt (z. B. bei Lagerung durch elastische Federn). So ist die vertikale Lage des skizzierten starren Stabes nur stabil, wenn für die äußere Kraft die Bedingung

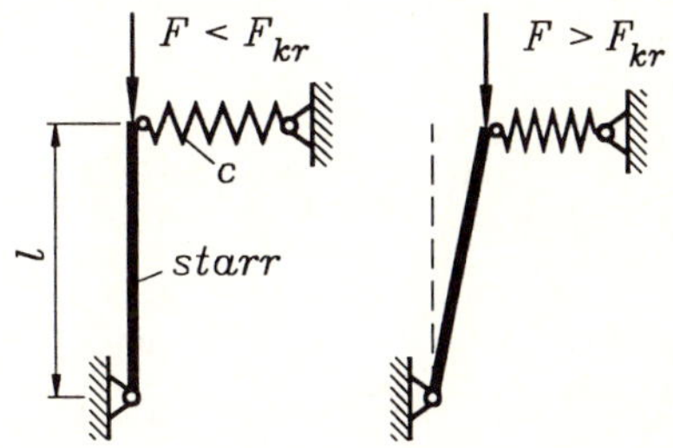

$$F < F_{kr} = c\,l$$

erfüllt ist (vgl. Beispiel 1 im Abschnitt 10.4).

Wenn die kritische Kraft F_{kr} überschritten wird, weicht der Stab seitlich aus. Für die Berechnung von F_{kr} mußte die **Theorie 2. Ordnung (Gleichgewicht am verformten System)** bemüht werden.

Das gleiche Phänomen kann bei deformierbaren Stäben auch dann auftreten, wenn die Lager starr sind. Ein auf Druck belasteter Stab weicht bei einer kritischen Belastung seitlich aus (nebenstehend skizziertes Beispiel). In dem ursprünglich nur durch eine Normalkraft (Druckkraft) belasteten Stab entsteht eine Biegebeanspruchung: ***Der Stab knickt***. Das Problem, die kritische Belastung von ***Knickstäben*** unter der Voraussetzung elastischen Materialverhaltens zu berechnen, wird in den folgenden Abschnitten behandelt.

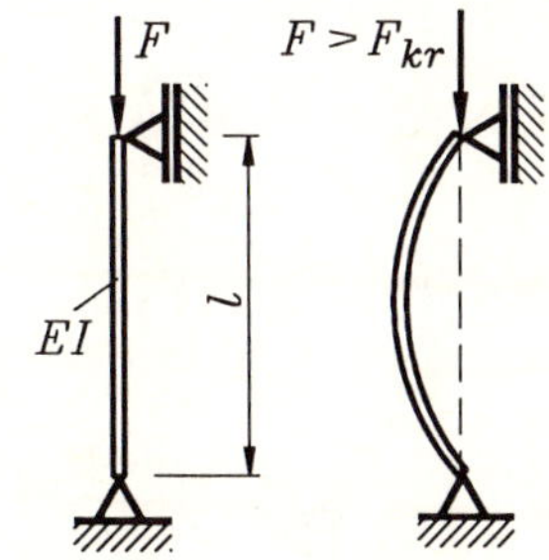

Die Stabknickung ist das in der Ingenieurpraxis wichtigste ***Stabilitätsproblem*** der Elastostatik. Nachfolgend werden noch einige weitere Probleme dieser Art, die in diesem Buch nicht behandelt werden können, vorgestellt.

Beim ***Drillknicken*** eines Torsionsstabes geht die ehemals gerade Stabachse bei Erreichen des kritischen Torsionsmomentes in eine räumliche Kurve über. Der auf Torsion belastete Stab wird dadurch einer räumlichen Biegebeanspruchung ausgesetzt.

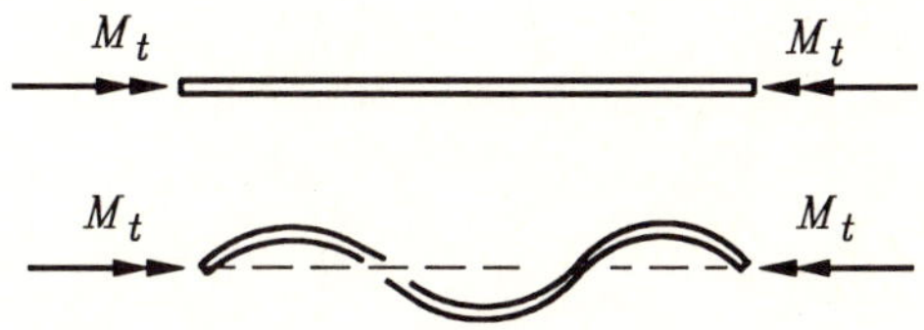

Wenn sehr schlanke ("brettartige") Träger mit stark unterschiedlichen Flächenträgheitsmomenten bezüglich der beiden Hauptachsen um die Achse des größeren Flächenträgheitsmoments gebogen werden, kann das sogenannte ***Kippen*** auftreten. Die Kraft $\boldsymbol{F}$, die in der nachfolgenden Skizze nach der Theorie 1. Ordnung nur eine Durchbiegung in vertikaler Richtung erzeugt, verursacht bei Überschreiten einer kritischen Größe ein horizontales

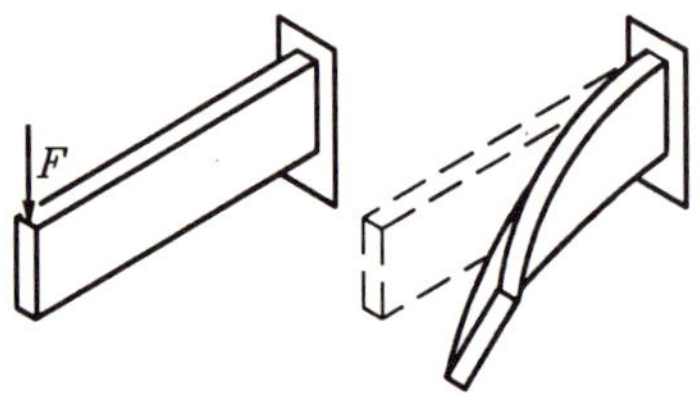

Kippen eines Kragträgers

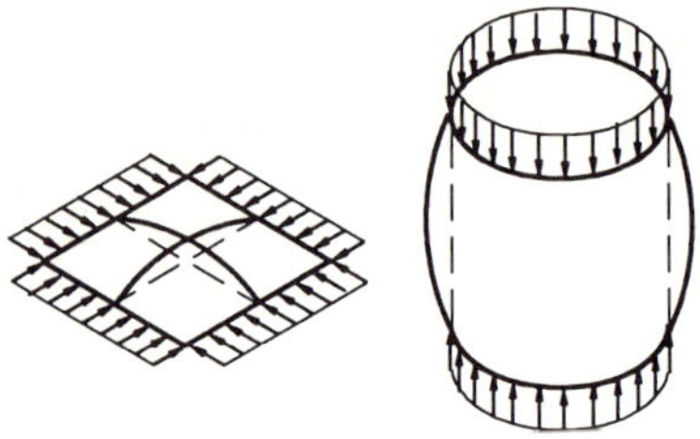

Beulung einer Platte und einer Schale

Ausweichen und eine Verdrehung. Aus einer einfachen Biegebeanspruchung wird Biegung um zwei Achsen (schiefe Biegung) und Torsion.

Auch bei Flächentragwerken (Beispiele: Rechteckplatte bzw. zylindrischer Behälter, Skizze oben rechts) können Druckspannungen oberhalb einer kritischen Belastung zum seitlichen Ausweichen führen, sogenanntem ***Beulen***. Auch dabei kommt eine Biegebeanspruchung hinzu (aus einer auf Druck beanspruchten **Scheibe** wird z. B. eine auf Biegung beanspruchte **Platte**).

23.2 Stab-Knickung

Zur Einführung in die Problematik soll an dem nachfolgenden Beispiel zunächst gezeigt werden, daß Biegeträger auch dann als Tragwerke versagen können, wenn die maximale Spannung unterhalb der zulässigen Spannung liegt.

Beispiel 1: Der skizzierte Träger ist durch die Kraft F belastet. Die vertikale Abmessung a sei wesentlich kleiner als der Abstand der beiden Lager A und B.

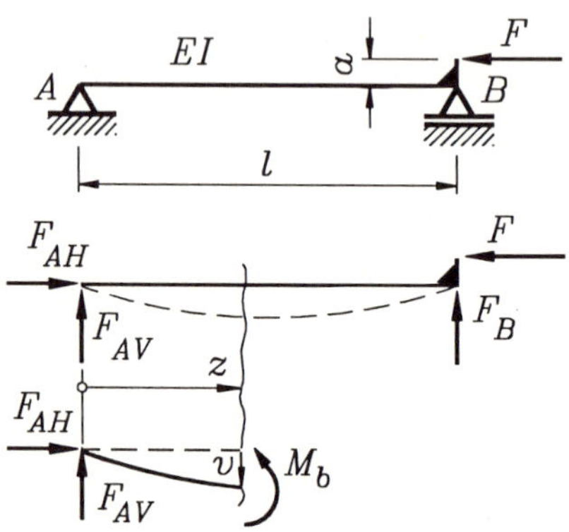

Gegeben: $EI = konst.\ ,\ F\ ,\ l\ ,\ a\ (a \ll l)$.

Gesucht: Biegeverformung des horizontalen Teils zwischen den Lagern.

Aus den statischen Gleichgewichtsbedingungen ergeben sich die Lagerreaktionen zu

$$F_{AH} = F \quad , \quad F_{AV} = -F_B = F\,\frac{a}{l} \quad .$$

Da die vertikale Komponente F_{AV} der Lagerreaktion bei A (wegen $a \ll l$) deutlich kleiner ist als die Horizontalkomponente, ist es unter Umständen nicht mehr gerechtfertigt, den für die Verformungsberechnung benötigten Biegemomentenverlauf am unverformten System (nach der Theorie 1. Ordnung) zu berechnen, weil F_{AH} dann in die Verformungsberechnung gar nicht eingehen würde.

Deshalb wird ("vorsichtshalber") $M_b(z)$ durch eine Gleichgewichtsbetrachtung am verformten System ermittelt (Theorie 2.Ordnung). Natürlich müßten konsequenterweise dann auch die Lagerreaktionen am verformten System berechnet werden, was aber in diesem Fall auf die gleichen Ergebnisse führen würde. Am geschnittenen Teilabschnitt erhält man (mit der noch unbekannten Durchbiegung v an der Stelle z) für den Momentenverlauf:

$$M_b(z) = F_{AV} z + F_{AH} v = F a \frac{z}{l} + F v \quad .$$

Nach der Theorie 1. Ordnung hätte sich nur der erste Summand für den Biegemomentenverlauf ergeben. Es ist einleuchtend, daß der zweite Summand dann nicht vernachlässigt werden darf, wenn a in der Größenordnung von v liegt.

Mit dieser Funktion $M_b(z)$ erhält man aus der Differentialgleichung der Biegelinie (17.3)

$$EI\, v'' = -M_b = -F a \frac{z}{l} - F v$$

für die Berechnung der Verschiebung v mit

$$v'' + \frac{F}{EI} v = -\frac{F}{EI} \frac{a}{l} z$$

eine ***gewöhnliche inhomogene lineare Differentialgleichung 2. Ordnung mit konstanten Koeffizienten*** (man beachte, daß die Begriffe "Differentialgleichung 2. Ordnung" und "Theorie 2. Ordnung" nichts miteinander zu tun haben).

Die Lösung dieser Differentialgleichung ist etwas mühsamer als der einfache Integrationsprozeß, der bei Rechnung nach der Theorie 1. Ordnung erforderlich ist. Der Leser, der mit der Theorie der Lösung solcher Differentialgleichungen noch nicht vertraut ist, wird auf die Diskussion der Lösung der Differentialgleichung (19.18) und das Beispiel im Abschnitt 19.3 verwiesen. Er darf jedoch (ohne die Gefahr, die nachfolgenden Überlegungen nicht zu verstehen) auch einfach glauben, daß

$$v = C_1 \cos\left(\sqrt{\frac{F}{EI}}\, z\right) + C_2 \sin\left(\sqrt{\frac{F}{EI}}\, z\right) - a \frac{z}{l} \quad .$$

die Lösung dieser Differentialgleichung ist (der Skeptiker überzeugt sich durch Einsetzen, daß die Lösung die Differentialgleichung erfüllt).

Die Integrationskonstanten ergeben sich aus den geometrischen Randbedingungen

$$v(z=0) = 0 \qquad , \qquad v(z=l) = 0$$

zu

$$C_1 = 0 \qquad , \qquad C_2 = \frac{a}{\sin\left(\sqrt{\frac{F}{EI}}\, l\right)} \quad .$$

Damit lautet die gesuchte Durchbiegungsfunktion nach der Theorie 2. Ordnung:

$$v(z) = \frac{a}{\sin\left(\sqrt{\frac{F}{EI}}\, l\right)} \sin\left(\sqrt{\frac{F}{EI}}\, z\right) - a \frac{z}{l} \quad .$$

Diese Funktion ist in der Auswertung sicher etwas unbequemer als die Lösungsfunktion, die man nach der Theorie 1.Ordnung erhält (Fall d im Abschnitt 17.4, wenn für das Belastungsmoment $M = F\,a$ gesetzt wird). Schon der Nachweis, daß sich für $F = 0$ (Träger ohne Belastung) für beliebiges z keine Durchbiegung v ergibt, erfordert eine Grenzwertbetrachtung.

Allerdings ist die Lösung nach der Theorie 2. Ordnung genauer. Interessant ist, daß die prozentualen Abweichungen der errechneten Verformungen nach den beiden Theorien (im Gegensatz zum Biegemoment) nicht von der Größe a abhängen, da a in beiden Fällen als linearer Faktor in der Verformungsfunktion $v(z)$ steht.

Viel wichtiger ist jedoch eine **andere Erkenntnis, die sich nur mit der Theorie höherer Ordnung** gewinnen läßt: Der Ausdruck im Nenner des ersten Lösungsanteils wird nicht nur dann Null, wenn $F = 0$ ist, sondern zum Beispiel auch für

$$\sqrt{\frac{F}{EI}}\; l = \pi \quad .$$

Die Kraft, die sich aus dieser Formel zu

$$F_{kr} = \frac{\pi^2 EI}{l^2}$$

errechnet, wird ***kritische Belastung*** genannt, weil sie auch **bei beliebig kleinem a zu theoretisch unendlich großen Verschiebungen v** führt.

- Durch Versuche kann dieses Ergebnis bestätigt werden: Auch der zentrisch belastete Druckstab ***knickt*** bei dieser Belastung. Eine "beliebig kleine" Abweichung vom Schwerpunkt der Querschnittsfläche ist bei der Lasteinleitung praktisch ohnehin nicht zu vermeiden.

- Die bei dem Beispiel 1 theoretisch ermittelten "unendlich großen" Verschiebungen v bei Belastung mit der kritischen Kraft F_{kr} lassen sich allerdings durch Versuche nicht bestätigen. Es ergeben sich vielmehr auch jenseits der kritischen Belastung (im ausgeknickten Zustand) Gleichgewichtslagen, die allerdings selbst mit der Theorie 2.Ordnung nicht zu berechnen sind. Diese geht mit der Verwendung der linearisierten Differentialgleichung für die Biegelinie (17.3) ja immer noch von kleinen Verformungen aus. Diese Voraussetzung ist im überkritischen Bereich natürlich nicht mehr erfüllt. Hier müßte mit der nichtlinearen Differentialgleichung der Biegelinie (17.2) gerechnet werden (Theorie 3. Ordnung). Die Theorie 2. Ordnung genügt nur zur Berechnung der (allerdings besonders wichtigen) kritischen Belastung, nicht zur Verformungsberechnung bei kritischer (oder überkritischer) Belastung.

Der "Umweg", der im Beispiel 1 demonstriert wurde, über eine Exzentrizität a der Lasteinleitung (und schließlich das Nullsetzen dieser Exzentrizität) zur kritischen Belastung zu kommen, ist nicht typisch für die Lösung von Stabilitätsproblemen. Vielmehr ist es üblich, nach der Theorie 2. Ordnung die Gleichgewichtsbedingungen an einem System aufzuschreiben, das nach der Theorie 1. Ordnung momentenfrei wäre. Dies führt auf ein ***Eigenwertproblem***, was aus mathematischer Sicht eine ganz andere Betrachtungsweise darstellt.

Bemerkenswert ist, daß beide Wege zu den gleichen kritischen Belastungen führen. Die Behandlung der Stabilitätsaufgabe als Eigenwertproblem soll an dem nachfolgenden Beispiel gezeigt werden.

Beispiel 2: Für den skizzierten Stab ist die kritische Kraft F_{kr} zu berechnen.

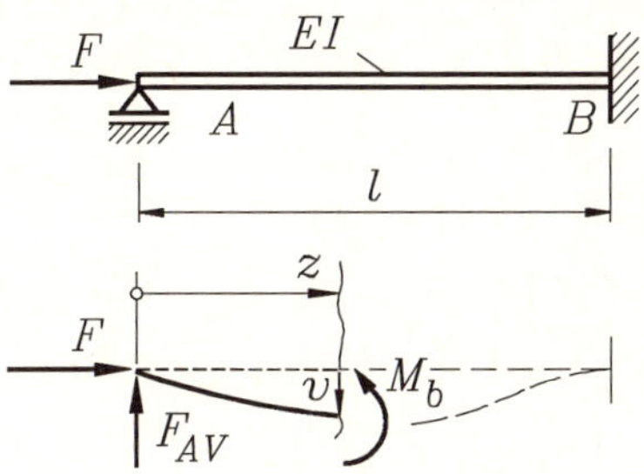

Gegeben: $EI = konst.$, l.

Da die Lagerung einfach statisch unbestimmt ist, muß eine Lagerreaktion im Momentenverlauf verbleiben (gewählt wird dafür F_{AV}). Am verformten System (Skizze) erhält man

$$M_b = F_{AV} z + F v \quad .$$

M_b wird in die Differentialgleichung der Biegelinie 2. Ordnung (17.3)

$$EI v'' = -M_b = -F_{AV} z - F v$$

eingesetzt, die folgendermaßen umgestellt wird:

$$v'' + \kappa^2 v = -\frac{F_{AV}}{EI} z \qquad mit \qquad \kappa^2 = \frac{F}{EI} \quad .$$

Die Lösung dieser Differentialgleichung

$$v = C_1 \cos\kappa z + C_2 \sin\kappa z - \frac{F_{AV}}{EI\kappa^2} z$$

enthält mit C_1, C_2 und F_{AV} drei unbekannte Größen, man kann (wie bei statisch unbestimmten Biegeproblemen, vgl. Abschnitt 17.5) Randbedingungen in gleicher Anzahl formulieren:

$$v(z=0) = 0 \quad \Rightarrow \quad C_1 = 0 \quad ,$$

$$v(z=l) = 0 \quad \Rightarrow \quad C_1 \cos\kappa l + C_2 \sin\kappa l - \frac{F_{AV} l}{EI\kappa^2} = 0 \quad ,$$

$$v'(z=l) = 0 \quad \Rightarrow \quad -\kappa C_1 \sin\kappa l + \kappa C_2 \cos\kappa l - \frac{F_{AV}}{EI\kappa^2} = 0 \quad .$$

Hier zeigt sich nun der prinzipielle Unterschied zu den bisher behandelten Biegeproblemen: Es ist ein **lineares homogenes Gleichungssystem** (auf der rechten Seite steht ein Nullvektor)

$$\begin{bmatrix} 1 & 0 & 0 \\ \cos\kappa l & \sin\kappa l & -\dfrac{l}{EI\kappa^2} \\ -\kappa \sin\kappa l & \kappa\cos\kappa l & -\dfrac{1}{EI\kappa^2} \end{bmatrix} \begin{bmatrix} C_1 \\ C_2 \\ F_{AV} \end{bmatrix} = \begin{bmatrix} 0 \\ 0 \\ 0 \end{bmatrix}$$

entstanden, für das folgende Aussage gilt:

Ein lineares homogenes Gleichungssystem hat **immer die triviale Lösung** (hier: $C_1 = C_2 = 0$, $F_{AV} = 0$). Es **kann auch nichttriviale Lösungen** haben, wenn seine Koeffizientendeterminante den Wert Null hat. Die nichttrivialen Lösungen sind dann allerdings nicht eindeutig.

Die triviale Lösung ist für die Aufgabe uninteressant, denn sie besagt nur, daß $v \equiv 0$ (keine Verschiebung senkrecht zur Stabachse) auch eine mögliche (unter Umständen instabile) Lösung ist. Es interessiert gerade der Fall nichttrivialer Lösungen für C_2 und F_{AV} ($C_1 = 0$ gilt ohnehin immer), für den $v \neq 0$ (Knicken!) möglich ist. Die Besonderheit besteht darin, daß diese Lösungen nicht eindeutig sind, man kann z. B. (nach der Theorie 2. Ordnung) nicht berechnen, welche Lagerkraft F_{AV} im ausgeknickten Zustand tatsächlich wirkt, man kommt jedoch zu der (wesentlich wichtigeren) Aussage, unter welchen Umständen $F_{AV} \neq 0$ (und damit $v \neq 0$) überhaupt möglich ist.

In den Koeffizienten der Matrix des homogenen Gleichungssystems steckt noch die äußere Kraft F (in dem Parameter κ), und es werden nun die Werte dieser Kraft berechnet, für die die Determinante der Matrix den Wert Null hat. Die Bedingung

$$\begin{vmatrix} 1 & 0 & 0 \\ \cos\kappa l & \sin\kappa l & -\dfrac{l}{EI\kappa^2} \\ -\kappa\sin\kappa l & \kappa\cos\kappa l & -\dfrac{1}{EI\kappa^2} \end{vmatrix} = -\frac{\sin\kappa l}{EI\kappa^2} + \frac{\kappa l\cos\kappa l}{EI\kappa^2} = 0$$

vereinfacht sich zu der ***Eigenwertgleichung***

$$\kappa l - \tan\kappa l = 0 \quad ,$$

aus der κl (numerisch, Programm MCALCU der beiliegenden Diskette) berechnet werden kann. Die Eigenwertgleichung hat unendlich viele Lösungen, von denen nur die kleinste positive interessiert, weil zu ihr der kleinste Wert für die äußere Kraft gehört, bei der ein Ausknicken möglich ist (kritische Kraft). Man erhält:

$$(\kappa l)_{\min} = 4{,}4934 \qquad \Rightarrow \qquad F_{kr} = EI\kappa_{\min}^2 = 20{,}19\,\frac{EI}{l^2} \quad .$$

Damit ist das wichtigste Ergebnis erreicht. Man könnte nun durchaus diesen ***Eigenwert*** in die Matrix des Gleichungssystems einsetzen und die nichttriviale Lösung (bis auf einen unbestimmten Faktor) berechnen, in die Funktion v einsetzen, um auf diese Weise die ***Eigenform*** zu bestimmen. Man bekommt so eine Vorstellung von der "Knickfigur", die tatsächliche Größe der Verschiebungen für eine Belastung jenseits der kritischen Kraft kann (wegen des unbestimmten Faktors in der Lösung) mit der Theorie 2. Ordnung nicht berechnet werden.

- Die beiden Wege, die in den Beispielen 1 und 2 zu den kritischen Lasten führten, liefern identische Ergebnisse (Empfehlung: Man löse zur Übung das Problem des Beispiels 1 mit $a = 0$ als Eigenwertproblem, wie es mit dem Beispiel 2 demonstriert wurde). Das Beispiel 1 würde auch dann noch auf die gleiche kritische Last F_{kr} führen, wenn der horizontale Trägerteil ***A-B*** eine zusätzliche Querbelastung tragen würde. Die typischen Einwände gegen die "theoretischen Annahmen" der Stabilitätstheorie (exakt zentrische Einleitung der Kraft, ideal gerader Träger, ...) sind damit gegenstandslos.
- Die Ergebnisse der beiden Beispiele lassen einige wichtige (verallgemeinerungsfähige) Tatsachen erkennen: Die Stablänge l vergrößert (quadratisch) die Knickempfindlichkeit, ein großes Flächenträgheitsmoment verringert sie, "lange schlanke Stäbe" sind besonders knickempfindlich. Im Gegensatz zu den bisher angestellten Festigkeitsuntersuchungen

kann (im elastischen Bereich) die **Knickgefährdung nicht durch die Verwendung hochfester Materialien verringert werden**, denn als Materialeigenschaft geht nur der Elastizitätsmodul in die kritische Kraft ein (und der ist z. B. für alle Stahlsorten annähernd gleich).

Die beiden behandelten Beispiele gehören zu den vier für den Praktiker wichtigsten Lagerungsfällen für Knickstäbe, deren Lösung schon LEONHARD EULER (1707-1783) gefunden hat und die nach ihm im allgemeinen kurz als die vier ***Euler-Fälle*** bezeichnet werden (die angegebenen Knicklasten gelten für eine konstante Biegesteifigkeit EI):

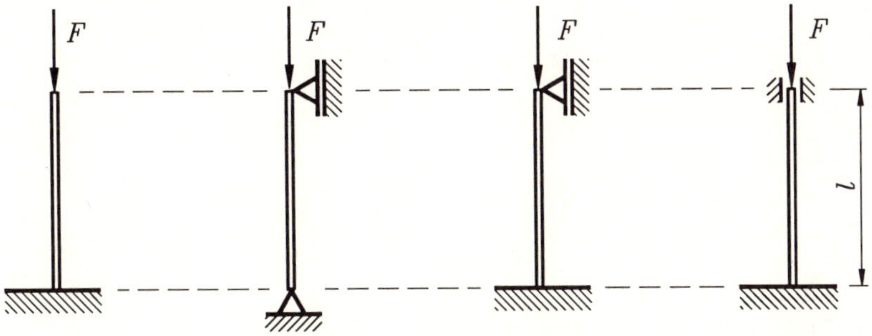

$$F_{kr} = \frac{\pi^2 EI}{4\,l^2} \qquad F_{kr} = \frac{\pi^2 EI}{l^2} \qquad F_{kr} = \frac{20{,}19\,EI}{l^2} \qquad F_{kr} = \frac{4\,\pi^2 EI}{l^2} \tag{23.1}$$

Konstruktionen werden in der Regel nur dann als tragfähig angesehen, wenn die aufgebrachte Last kleiner als die kritische Belastung ist. Im allgemeinen wird sogar die

$$\textbf{\textit{Knick-Sicherheit}} \qquad S_K = \frac{F_{kr}}{F_{vorh}} \tag{23.2}$$

größer gewählt als die übrigen Sicherheitsbeiwerte (zum Beispiel $S_K = 2 \ldots 5$).

Beispiel 3: Die drei Stäbe des skizzierten Systems haben kreisförmige Querschnitte.

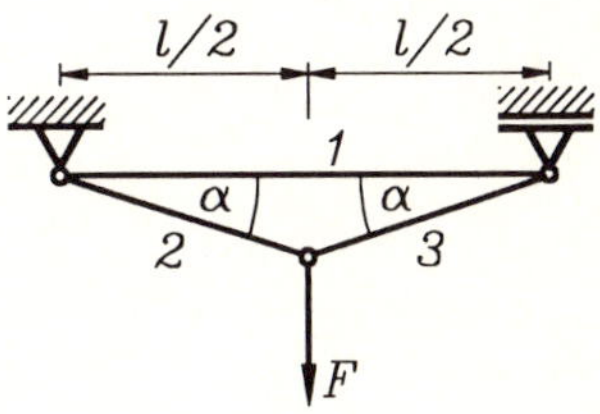

Gegeben: $F = 5\,kN$; $l = 300\,mm$;
$\alpha = 20°$; $E = 2{,}1 \cdot 10^5\,N/mm^2$.

Die Durchmesser sollen so festgelegt werden, daß eine zulässige Spannung $\sigma_{zul} = 200\,N/mm^2$ nicht überschritten wird und außerdem eine Sicherheit gegen Knicken von $S_K = 3$ garantiert ist.

Die Stabkräfte ergeben sich aus Gleichgewichtsbedingungen ("Rundum-Schnitte" um die Knoten):

$$F_1 = -\frac{F}{2\tan\alpha} \quad , \quad F_2 = F_3 = \frac{F}{2\sin\alpha} \; .$$

Die auf Zug beanspruchten Stäbe 2 und 3 können mit der Forderung $\sigma_{2,3} = F_{2,3}/A_{2,3} = \sigma_{zul}$ dimensioniert werden, da bei Zugstäben keine Knickgefahr besteht. Es ergibt sich:

$$d_{2,3erf} = 2\sqrt{\frac{F_2}{\pi\,\sigma_{zul}}} = 2\sqrt{\frac{F}{2\,\pi\,\sigma_{zul}\sin\alpha}} = \mathbf{6{,}82}\ mm\quad .$$

Für Stab 1 würde eine entsprechende Rechnung $\mathbf{d_1 = 6{,}61\,mm}$ ergeben. Die vorgegebene Knicksicherheit (Eulerfall mit beidseitig gelenkiger Lagerung) erfordert dagegen, wie die folgende Rechnung zeigt, einen größeren Durchmesser des Stabes 1, so daß dieser die Dimensionierung bestimmt:

$$S_K = \frac{F_{kr}}{F_{vorh}} = \frac{\dfrac{\pi^2 EI_{erf}}{l^2}}{\dfrac{F}{2\tan\alpha}} \Rightarrow I_{erf} = \frac{S_K F l^2}{2\,\pi^2 E\tan\alpha} = \frac{\pi\, d_{1,erf}^4}{64} \Rightarrow d_{1,erf} = 2\sqrt[4]{\frac{2\,S_K F l^2}{\pi^3\, E\tan\alpha}} = \mathbf{11{,}6}\,mm\,.$$

Beispiel 4: Die beiden skizzierten Fachwerke unterscheiden sich nur durch den zusätzlichen Stab 8, der im unteren Fachwerk eingezogen ist und den Untergurt in zwei Stäbe 6 und 7 teilt. Alle Stäbe sollen den gleichen Querschnitt haben. Die Knicksicherheit der Stäbe beider Fachwerke soll untersucht werden.

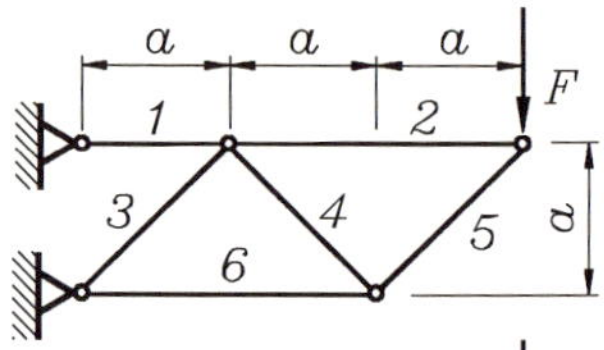

Gegeben: F , a .

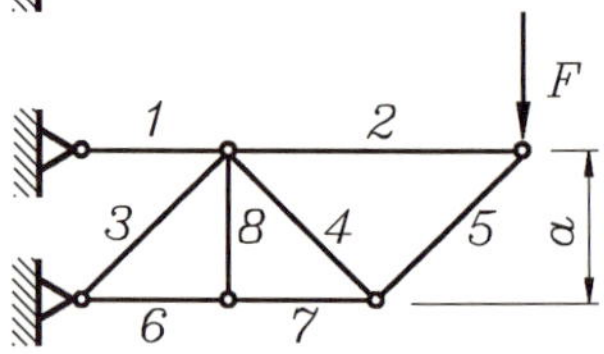

Da der Stab 8 ein Nullstab ist (vgl. Abschnitt 6.4.2), ergeben sich für beide Fachwerke die gleichen Stabkräfte. Für das Knickproblem sind nur die auf Druck belasteten Stäbe 3, 5 und 6 und 7 mit den Stabkräften

$$F_3 = F_5 = -\sqrt{2}\ F \quad , \quad F_6 = F_7 = -\,2\,F$$

von Bedeutung (zur Berechnung von Fachwerken vgl. Abschnitt 6.4). Für die Stäbe 3 und 5 ergibt sich die Knicksicherheit nach (23.2) in Verbindung mit der zweiten Formel von (23.1):

$$S_{K,3} = S_{K,5} = \frac{\pi^2 EI}{\left(\sqrt{2}\ a\right)^2 \sqrt{2}\ F} = \frac{\sqrt{2}}{4}\,\frac{\pi^2 EI}{F a^2}\quad .$$

Für den Stab 6 im oberen Fachwerk ergibt sich die geringste Knicksicherheit

$$S_{K,6} = \frac{\pi^2 EI}{(2\,a)^2\, 2\,F} = \frac{1}{8}\,\frac{\pi^2 EI}{F a^2}\quad ,$$

im unteren Fachwerk dagegen hat der Stab 6 im Vergleich dazu die vierfache Knicksicherheit:

$$S_{K,6} = S_{K,7} = \frac{\pi^2 EI}{a^2\, 2\,F} = \frac{1}{2}\,\frac{\pi^2 EI}{F a^2}\quad ,$$

die sogar noch größer ist als die Knicksicherheit der Stäbe 3 und 5.

- Der Nullstab, der die Stabkräfte nicht verändert und selbst keine Kraft aufnimmt, erhöht in diesem Fall die Knicksicherheit des Fachwerks erheblich.

- Für die Fachwerkstäbe wurde (entsprechend der üblichen Idealisierung des Fachwerks) der Eulerfall mit beidseitig gelenkiger Lagerung verwendet. Da Fachwerkknoten in der Regel durch Knotenbleche realisiert werden, liegt man damit auf der sicheren Seite.

- Wenn der Knickstab in eine beliebige Ebene ausweichen kann, ist stets das kleinste Flächenträgheitsmoment (Hauptträgheitsmoment I_2, vgl. Abschnitt 16.2) in die Formeln einzusetzen. Es gibt jedoch auch Lagerungen, bei denen für verschiedene Ebenen unterschiedliche Eulerfälle gelten. So darf zum Beispiel für ein Pleuel, für das in der Knickebene senkrecht zu Kolbenbolzen und Kurbelwelle die beidseitig gelenkige Lagerung zutrifft, in der anderen Ebene bei relativ breitem Lager auf der Kurbelwelle die günstigere Einspannung angenommen werden, so daß ein kleineres Flächenträgheitsmoment erforderlich ist (Pleuelquerschnitt elliptisch oder als Doppel-T).

- In Formelsammlungen findet man die Eulerfälle häufig durch eine einzige Formel

$$F_{kr} = \frac{\pi^2 EI}{l_{red}^2}$$

  mit der ***reduzierten Knicklänge*** l_{red} repräsentiert. Diese hat, wie man sich durch einen Vergleich mit (23.1) überzeugt, für die vier Eulerfälle die Werte $2l$, l, $0{,}7l$ und $l/2$.

- Alle bisherigen Untersuchungen setzten voraus, daß die Knicklast erreicht wird, bevor der Druckstab den linear-elastischen Bereich verläßt. Um dies gleich mit zu überprüfen, ersetzt der Praktiker gern die Berechnung der kritischen Kraft durch die Ermittlung der ***kritischen Spannung*** (Spannung, die beim Erreichen der kritischen Kraft im Stab wirkt)

$$\sigma_{kr} = \frac{F_{kr}}{A} = \frac{\pi^2 EI}{l_{red}^2 A} = \frac{\pi^2 E}{\lambda^2}$$

  mit dem Schlankheitsgrad $\lambda = \dfrac{l_{red}}{i}$ ***und dem Trägheitsradius*** $i = \sqrt{\dfrac{I}{A}}$.

  Die kritische Spannung darf für die Gültigkeit der Euler-Formeln nicht oberhalb der Proportionalitätsgrenze $|\sigma_P|$ des Materials liegen (vgl. Abschnitt 12.3), wobei der Wert im Druckbereich des Spannungs-Dehnungs-Diagramms verwendet werden muß. Wenn in der Formel für die kritische Spannung diese durch die Proportionalitätsgrenze ersetzt wird, kann man den nur noch von Materialwerten abhängigen ***Grenzschlankheitsgrad***

$$\lambda_0 = \pi \sqrt{\frac{E}{|\sigma_P|}}$$

  berechnen, der die Gültigkeit der Euler-Formeln begrenzt. Beispiel: Für den Stahl St37 mit $\sigma_P \approx 190\ N/mm^2$ und $E = 2{,}1 \cdot 10^5\ N/mm^2$ errechnet man $\lambda_0 = 104$. Für gedrungenere Stäbe mit kleinerem Schlankheitsgrad gelten die Euler-Formeln nicht. Gegebenenfalls kann mit einem der Verfahren für den nicht-elastischen Bereich gerechnet werden, die hier nicht behandelt werden können.

- Der Ingenieur in der Praxis muß sich gerade bei Stabilitätsuntersuchungen vielfach an branchentypische Vorschriften halten. So ist z. B. für den Brückenbau und den Kranbau das in der DIN 4114 genormte sogenannte ***ω-Verfahren*** vorgeschrieben, das allerdings (wie zahlreiche andere Verfahren auch) auf den hier behandelten Grundlagen basiert.

23.3 Differentialgleichung 4. Ordnung

Bei Aufgaben, die etwas komplizierter sind als die im vorigen Abschnitt behandelten Probleme, kann es lästig sein, den Biegemomentenverlauf am verformten System aufschreiben zu müssen, der als Voraussetzung für die Benutzung der Differentialgleichung der Biegelinie 2. Ordnung erforderlich ist. Andererseits sind solche Probleme meist ohnehin nur numerisch lösbar, und es ist wünschenswert, diese Berechnungen so stark zu formalisieren, wie es im Abschnitt 18.1 am Beispiel des Biegeträgers mit dem Differenzenverfahren auf der Basis der Differentialgleichung 4. Ordnung demonstriert wurde. Deshalb wird hier die Differentialgleichung 4. Ordnung für das Knickproblem hergeleitet, wobei auch ein veränderlicher Querschnitt und eine verteilte Längsbelastung q_z (z. B. das Eigengewicht des Knickstabs) berücksichtigt werden sollen.

Vorab sei noch einmal daran erinnert, daß die Theorie 2. Ordnung, die das Fundament für die Stabilitätsuntersuchungen darstellt, wie die Theorie 1. Ordnung von sehr kleinen Verformungen ausgeht, somit dürfen alle geometrischen Vereinfachungsmöglichkeiten, die sich daraus ergeben, genutzt werden. Auch der differentielle Zusammenhang zwischen Biegeverformung und Biegemoment (Differentialgleichung der Biegelinie 2. Ordnung)

$$M_b(z) = -EI(z)\, v''(z)$$

gilt weiterhin. Nur die aus der Statik bekannten Differentialbeziehungen der Schnittgrößen (7.1) müssen modifiziert werden, weil z. B. am verformten System die Querkraft und die Normalkraft nicht mehr unabhängig voneinander sind.

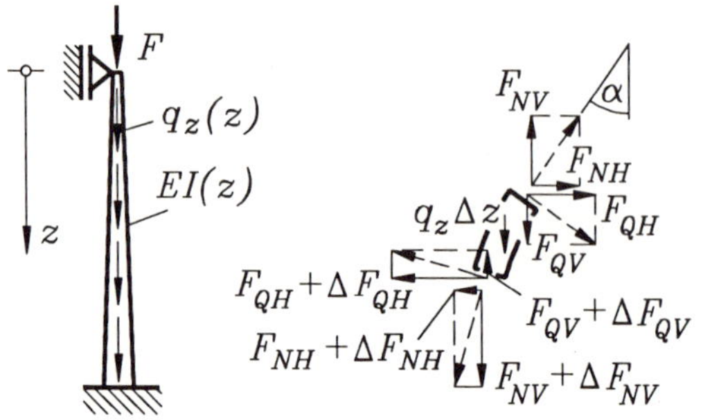

Die nebenstehende Skizze zeigt ein aus dem verformten Stab herausgeschnittenes Element mit diesen Schnittgrößen an beiden Schnittufern. Um die Skizze nicht noch mehr zu überladen, wurden die natürlich auch wirkenden Biegemomente nicht eingezeichnet, zumal sich die Beziehung

$$F_Q = \frac{dM_b}{dz} \quad ,$$

die aus der Statik für das unverformte Element bekannt ist (vgl. Abschnitt 7.2), auch am verformten Element ergibt (übrigens auch wie in der Statik aus einer Momentenbeziehung am Element).

Das obere Schnittufer ist zur Vertikalen um den Winkel α geneigt, die Schnittkräfte F_N und F_Q, die senkrecht bzw. parallel zur Schnittfläche liegen, verändern bis zum anderen Schnittufer sowohl ihre Größe als auch die Richtung. Deshalb wurden stellvertretend für die (gestrichelt angedeuteten) Schnittgrößen deren Horizontal- und Vertikalkomponenten

$$F_{NH} = F_N \sin\alpha \quad , \quad F_{NV} = F_N \cos\alpha \quad ,$$
$$F_{QH} = F_Q \cos\alpha \quad , \quad F_{QV} = F_Q \sin\alpha$$

und am anderen Schnittufer die "Komponenten plus Zuwächse" angegeben.

Der Winkel α ist der Biegewinkel der Verformungslinie, für den wegen der Kleinheit der Verformungen

$$\tan\alpha = \frac{dv}{dz} \approx \sin\alpha \qquad , \qquad \cos\alpha \approx 1$$

gesetzt werden darf. Aus dem Kräfte-Gleichgewicht in horizontaler Richtung

$$\Delta F_{NH} + \Delta F_{QH} = \Delta (F_N \sin\alpha) + \Delta (F_Q \cos\alpha) = 0$$

folgt nach Division durch Δz und dem Grenzübergang $\Delta z \to 0$ und damit

$$\lim_{\Delta z \to 0} \frac{\Delta(...)}{\Delta z} = \frac{d(...)}{dz} \quad : \qquad \frac{d}{dz}\left(F_N \frac{dv}{dz}\right) + \frac{dF_Q}{dz} = 0 \quad .$$

Werden in diese Gleichung die bekannten Beziehungen für F_Q und M_b (siehe vorige Seite) eingesetzt, ergibt sich die unten angegebene Differentialgleichung (23.4).

In das Kräfte-Gleichgewicht am Element in vertikaler Richtung geht ein Anteil aus der Linienlast in Längsrichtung q_z ein:

$$q_z \Delta z + \Delta F_{NV} - \Delta F_{QV} = q_z \Delta z + \Delta (F_N \cos\alpha) - \Delta (F_Q \sin\alpha) = 0 \quad .$$

Hier liefert der Grenzübergang (wie oben nach Division durch Δz unter Ausnutzung der Vereinfachungen für kleine Verschiebungen):

$$\frac{d}{dz}\left(F_N - F_Q \frac{dv}{dz}\right) = -q_z \quad .$$

Dies ist eine nichtlineare Beziehung (die in F_Q enthaltenen Verschiebungsableitungen werden mit der ersten Ableitung der Verschiebung multipliziert), die aber linearisiert werden darf, weil das Produkt aus der Querkraft und der (sehr kleinen) Verschiebungsableitung im Vergleich mit der Normalkraft vernachlässigbar ist, und man erhält:

$$\frac{dF_N}{dz} = -q_z \quad . \qquad (23.3)$$

Mit dieser Beziehung könnte die Normalkraft berechnet werden, die dann in die Differentialgleichung (23.4) einzusetzen ist. Andererseits sagt die Formel (23.3) aus, daß die Normalkraft F_N am unverformten Stab berechnet werden darf (und bei $q_z \equiv 0$ konstant ist), so daß sicher diese einfachere Variante vorzuziehen ist.

Differentialgleichung 4. Ordnung für den Knickstab:

$$\left[EI(z)\, v''(z)\right]'' - \left[F_N(z)\, v'(z)\right]' = 0 \quad . \qquad (23.4)$$

Die in (23.4) eingehende Normalkraft $F_N(z)$ darf am unverformten Stab ermittelt werden.

Für den Spezialfall des Knickstabs **mit konstanter Biegesteifigkeit und konstanter Normalkraft** vereinfacht sich (23.4) zu

$$v'''' - \frac{F_N}{EI} v'' = 0 \quad . \qquad (23.5)$$

23.4 Numerische Lösung von Knickproblemen

Die analytische Lösung von Knickproblemen gelingt nur für relativ wenige Spezialfälle (und auch dann erzwingt die Eigenwertgleichung häufig eine numerische Behandlung, vgl. Beispiel 2 im Abschnitt 23.2). Für die numerische Lösung von Stabilitätsproblemen der Elastostatik sind das Differenzenverfahren und die Methode der finiten Elemente vorzüglich geeignet.

Die Methode der finiten Elemente erfordert einige theoretische Voraussetzungen, die an dieser Stelle noch nicht behandelt worden sind (im Kapitel 33 werden dafür die Grundlagen vermittelt). Deshalb soll hier nur die Lösung der Differentialgleichung (23.4) mit Hilfe des Differenzenverfahrens an einem Beispiel demonstriert werden.

Der erste Term in (23.4) ist identisch mit der linken Seite der Differentialgleichung der Biegelinie 4. Ordnung des Biegeproblems, wofür im Abschnitt 18.1.3 bereits die Differenzenformel (18.7) angegeben wurde, so daß nur noch die Umwandlung des zweiten Ausdrucks $(F_N\, v')'$ behandelt werden muß. Da man davon ausgehen kann, daß die Normalkraft nicht numerisch nach (23.3) berechnet werden muß, sondern für jeden Punkt des (unverformten) Knickstabs angegeben werden kann, empfiehlt sich für die Approximation der ersten Ableitungen eine leichte Modifikation der als (18.1) angegebenen Differenzenformel:

Es werden jeweils **Nachbarpunkte im Abstand der halben Schrittweite** links und rechts vom betrachteten Punkt einbezogen, so daß die erste Formel in (18.1) zu

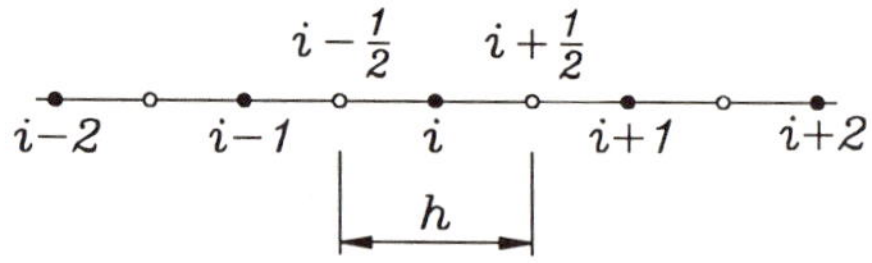

$$y_i' \approx \frac{1}{h}\left(-y_{i-1/2} + y_{i+1/2}\right)$$

wird. Bei der erforderlichen zweifachen Anwendung dieser Formel liegen die v-Werte dann doch wieder auf dem gewählten Raster mit dem h-Abstand, während die F_N-Werte für die Zwischenpunkte "$i-½$" und "$i+½$" eingehen. In zwei Schritten entsteht der Ausdruck, der den zweiten Term in (23.4) annähert:

$$\left[F_N\, v'\right]' \approx \frac{1}{h}\left[-\left(F_N\, v'\right)_{i-1/2} + \left(F_N\, v'\right)_{i+1/2}\right]$$

$$\approx \frac{1}{h}\left[-F_{N,i-1/2}\,\frac{1}{h}\left(-v_{i-1} + v_i\right) + F_{N,i+1/2}\,\frac{1}{h}\left(-v_i + v_{i+1}\right)\right] \; .$$

Damit und mit dem Ausdruck, der aus Formel (18.7) übernommen wird, kommt man zur

Differenzengleichung für den Knickstab mit veränderlicher Biegesteifigkeit und veränderlicher Normalkraft:

$$I_{i-1}\, v_{i-2} - \left(2 I_{i-1} + 2 I_i + \frac{h^2}{E} F_{N,i-1/2}\right) v_{i-1} + \left[I_{i-1} + 4 I_i + I_{i+1} + \frac{h^2}{E}\left(F_{N,i-1/2} + F_{N,i+1/2}\right)\right] v_i$$

$$- \left(2 I_i + 2 I_{i+1} + \frac{h^2}{E} F_{N,i+1/2}\right) v_{i+1} + I_{i+1}\, v_{i+2} = 0 \qquad \textbf{(23.6)}$$

Für den wichtigen Spezialfall konstanter Biegesteifigkeit und konstanter Normalkraft vereinfacht sich (23.6) zur

Differenzengleichung des Knickstabs für EI = konst. und F_N = konst.:

$$v_{i-2} - \left(4 + \frac{F_N h^2}{EI}\right) v_{i-1} + \left(6 + \frac{2\,F_N h^2}{EI}\right) v_i - \left(4 + \frac{F_N h^2}{EI}\right) v_{i+1} + v_{i+2} = 0 \qquad (23.7)$$

Für die Anwendung wird in Anlehnung an die Ermittlung von Verformungen (Abschnitt 18.1) folgendes Vorgehen empfohlen:

- Ein Knickstab der Länge l wird in n_A äquidistante Abschnitte unterteilt. Dabei entstehen $n_A + 1$ Stützstellen $0 \dots n_A$ bei einer Schrittweite $h = l/n_A$.
- Beim Aufschreiben der Differenzengleichungen für die Stützstellen gehen für die randnahen Punkte auch "Außenpunkte" in die Gleichungen ein (vgl. Abschnitt 18.1), für die zusätzliche Gleichungen (Randbedingungen) formuliert werden können.
- Da das entstehende Gleichungssystem im Gegensatz zur Verformungsberechnung (Abschnitt 18.1) homogen wird, ist nur die Frage zu beantworten, für welche Parameter nichttriviale Lösungen existieren. Deshalb ist die Formulierung der Gleichungen als Matrizeneigenwertproblem (vgl. nachfolgendes Beispiel) und dessen Lösung mit einem Computer-Programm zu empfehlen.
- Im Gegensatz zur Verformungsberechnung wird für das Knickproblem nicht empfohlen, die Randbedingungen zu den übrigen Differenzengleichungen hinzuzufügen. Vielmehr ist es sinnvoll, die Randbedingungs-Gleichungen zu nutzen, um die Außenpunkte zu eliminieren, weil dann das Eigenwertproblem mit symmetrischen Matrizen formuliert werden kann, was für dessen numerische Auswertung von erheblichem Vorteil ist.
- Wenn ein Randpunkt in einem starren Lager gelagert ist, sollte für diesen Punkt keine Differenzengleichung formuliert werden (seine Verschiebung ist ohnehin bekannt). Es geht dann nur ein Außenpunkt in die Rechnung ein, der mit Hilfe der anderen Randbedingung zu eliminieren ist.

Beispiel: Der skizzierte Stab mit konstantem Querschnitt ist nur durch sein Eigengewicht belastet. Es soll ermittelt werden, bei welcher "kritischen Länge" er allein durch die Eigengewichts-Belastung knickt.

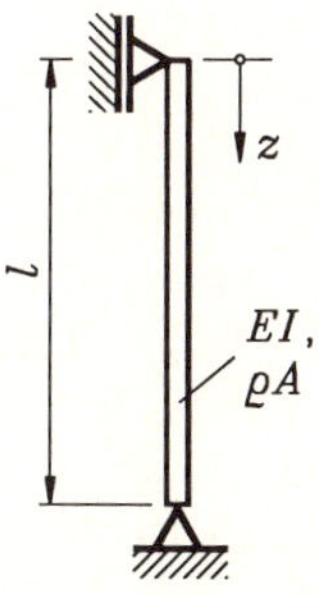

Stab, belastet durch sein Eigengewicht

Gegeben: EI, Dichte ϱ, Querschnittsfläche A.

Das Eigengewicht des Stabes bewirkt eine linear veränderliche Normalkraft (muß mit der über der Schnittstelle bei z liegenden Gewichtskraft im Gleichgewicht sein):

$$F_N = -\varrho\, g\, A\, z \quad .$$

Da die Biegesteifigkeit aber konstant ist, kann die Differenzengleichung (23.6) wenigstens teilweise vereinfacht werden, so daß mit folgender Gleichung gearbeitet wird:

$$v_{i-2} - \left(4 + \frac{h^2}{EI} F_{N,i-1/2}\right) v_{i-1} + \left[6 + \frac{h^2}{EI}\left(F_{N,i-1/2} + F_{N,i+1/2}\right)\right] v_i$$

$$- \left(4 + \frac{h^2}{EI} F_{N,i+1/2}\right) v_{i+1} + v_{i+2} = 0 \quad .$$

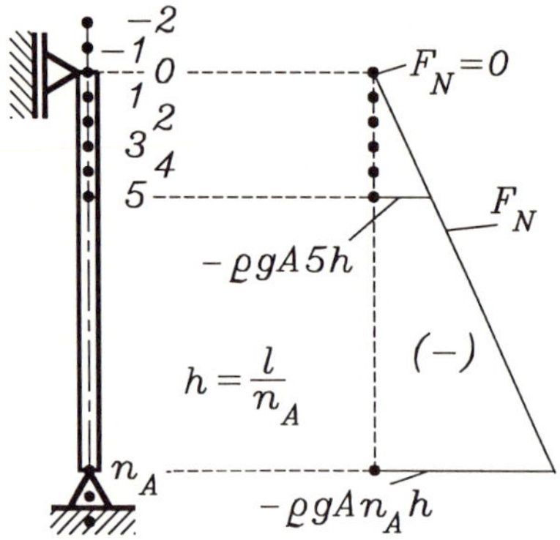

In der Skizze ist die gewählte Numerierung der Punkte angedeutet (die zu eliminierenden Außenpunkte am oberen Rand haben negative Punktnummern bekommen). Die linear veränderliche Normalkraft kann mit der Punktnummer formuliert werden, für die Zwischenpunkte gilt:

$$F_{N,i\pm 1/2} = -\varrho g A \left(i \pm \frac{1}{2}\right) h \quad .$$

Da an den beiden Rändern in v-Richtung unverschiebliche Lager angebracht sind, werden die Differenzengleichungen nur für die Innenpunkte $1 \ldots n_A - 1$ aufgeschrieben, so daß an jedem Rand nur ein Außenpunkt eingeht (der Punkt -2 am oberen Rand geht also in die Rechnung nicht ein). Die Randbedingungen werden gleich so umgeformt, daß für die verbleibenden Außenpunkte die Verschiebungen durch Verschiebungen von Innenpunkten ersetzt werden können:

$$1)\quad v_0 = 0 \qquad\qquad \Rightarrow \quad v_0 = 0 \quad ;$$

$$2)\quad M_0 = 0 \quad \Rightarrow \quad \frac{1}{h^2}\left(v_{-1} - 2 v_0 + v_1\right) = 0 \quad \Rightarrow \quad v_{-1} = -v_1 \quad ;$$

$$3)\quad v_{n_A} = 0 \qquad\qquad \Rightarrow \quad v_{n_A} = 0 \quad ;$$

$$4)\quad M_{n_A} = 0 \quad \Rightarrow \quad \frac{1}{h^2}\left(v_{n_A-1} - 2 v_{n_A} + v_{n_A+1}\right) = 0 \quad \Rightarrow \quad v_{n_A+1} = -v_{n_A-1} \quad .$$

Es wird zunächst die sehr grobe Einteilung $n_A = 4$ gewählt, so daß die Differenzengleichungen nur für die Punkte **1**, **2** und **3** aufgeschrieben werden müssen:

$$v_{-1} - \left(4 - \frac{\varrho g A h^3}{2EI}\right) v_0 + \left(6 - \frac{2 \varrho g A h^3}{EI}\right) v_1 - \left(4 - \frac{3 \varrho g A h^3}{2EI}\right) v_2 + v_3 = 0 \quad ;$$

$$v_0 - \left(4 - \frac{3 \varrho g A h^3}{2EI}\right) v_1 + \left(6 - \frac{4 \varrho g A h^3}{EI}\right) v_2 - \left(4 - \frac{5 \varrho g A h^3}{2EI}\right) v_3 + v_4 = 0 \quad ;$$

$$v_1 - \left(4 - \frac{5 \varrho g A h^3}{2EI}\right) v_2 + \left(6 - \frac{6 \varrho g A h^3}{EI}\right) v_3 - \left(4 - \frac{7 \varrho g A h^3}{2EI}\right) v_4 + v_5 = 0 \quad .$$

Die Verschiebungen der beiden Randpunkte v_0 und v_4 und der beiden Außenpunkte v_{-1} und v_5 werden mit Hilfe der Randbedingungen eliminiert. Es wird die Abkürzung

$$\kappa = \frac{\varrho g A h^3}{EI} = \frac{\varrho g A l^3}{n_A^3 EI} = \frac{\varrho g A l^3}{64 EI}$$

eingeführt, und es verbleiben drei Gleichungen für die drei Verschiebungen v_1, v_2 und v_3:

$$\begin{bmatrix} 5-2\kappa & -4+1{,}5\kappa & 1 \\ -4+1{,}5\kappa & 6-4\kappa & -4+2{,}5\kappa \\ 1 & -4+2{,}5\kappa & 5-6\kappa \end{bmatrix} \begin{bmatrix} v_1 \\ v_2 \\ v_3 \end{bmatrix} = \begin{bmatrix} 0 \\ 0 \\ 0 \end{bmatrix} .$$

Dieses homogene Gleichungssystem kann nur nichttriviale Lösungen haben, wenn

$$\begin{vmatrix} 5-2\kappa & -4+1{,}5\kappa & 1 \\ -4+1{,}5\kappa & 6-4\kappa & -4+2{,}5\kappa \\ 1 & -4+2{,}5\kappa & 5-6\kappa \end{vmatrix} = -22\kappa^3 + 85\kappa^2 - 80\kappa + 16 = 0$$

ist. Die Gleichung 3. Grades für κ liefert (Programm MCALCU, beiliegende Diskette) drei reelle Lösungen, deren kleinster Wert

$$\kappa_1 = 0{,}2742$$

der gesuchte Eigenwert ist, mit dem die kritische Länge berechnet werden kann:

$$l_{kr} = \sqrt[3]{\frac{n_A^3 EI}{\varrho g A}\kappa_1} = \sqrt[3]{\frac{64\,EI}{\varrho g A}\cdot 0{,}2742} = 2{,}60\sqrt[3]{\frac{EI}{\varrho g A}} .$$

Dieses Beispiel wurde auch deshalb gewählt, weil es einer analytischen Lösung (gerade noch) zugänglich ist (unter anderem unter Verwendung Besselscher Funktionen für die Lösung der Differentialgleichung). Trotz der außerordentlich groben Einteilung in nur vier Abschnitte weicht der mit dem Differenzenverfahren berechnete Wert vom exakten Wert

$$l_{kr,\,exakt} = 2{,}648\sqrt[3]{\frac{EI}{\varrho g A}}$$

um weniger als **2 %** ab.

♦ Das am Beispiel demonstrierte Vorgehen zur Lösung des Eigenwertproblems (Nullsetzen der Determinante, Entwickeln der Determinante und Lösen der entstehenden algebraischen Gleichung) ist bei feinerer Diskretisierung natürlich nicht mehr praktikabel. Es ist schon für das homogene Gleichungssystem mit drei Gleichungen nicht mehr zu empfehlen, wenn ein Rechenprogramm zur Lösung des ***allgemeinen Matrizeneigenwertproblems***

$$(\boldsymbol{A} - \kappa\boldsymbol{B})\,x = 0$$

verfügbar ist. Das gerade behandelte Beispiel müßte dafür folgendermaßen aufbereitet werden:

$$\left(\begin{bmatrix} 5 & -4 & 1 \\ -4 & 6 & -4 \\ 1 & -4 & 5 \end{bmatrix} - \kappa \begin{bmatrix} 2 & -3/2 & 0 \\ -3/2 & 4 & -5/2 \\ 0 & -5/2 & 6 \end{bmatrix}\right) \cdot \begin{bmatrix} v_1 \\ v_2 \\ v_3 \end{bmatrix} = \begin{bmatrix} 0 \\ 0 \\ 0 \end{bmatrix} .$$

Die computerorientierten Lösungsverfahren für die Matrizeneigenwertprobleme (Vektoriteration, GRAM-SCHMIDT-Orthogonalisierung, ...), auf die hier nicht eingegangen werden kann, sind außerordentlich leistungsfähig auch bei sehr großen Matrizen, zumal die Matrizen, die bei dem hier behandelten Differenzenverfahren anfallen, aus numerischer Sicht alle angenehmen Eigenschaften besitzen. Weil diese erst bei feinerer Diskretisierung deutlich werden, wird für das behandelte Beispiel das Eigenwertproblem noch einmal für $n_A = 8$ formuliert, wobei sich sieben Gleichungen ergeben:

$$\left(\begin{bmatrix} 5 & -4 & 1 & 0 & 0 & 0 & 0 \\ & 6 & -4 & 1 & 0 & 0 & 0 \\ & & 6 & -4 & 1 & 0 & 0 \\ & & & 6 & -4 & 1 & 0 \\ & & & & 6 & -4 & 1 \\ \textit{(symm.)} & & & & & 6 & -4 \\ & & & & & & 5 \end{bmatrix} - \kappa \begin{bmatrix} 2 & -1{,}5 & 0 & 0 & 0 & 0 & 0 \\ & 4 & -2{,}5 & 0 & 0 & 0 & 0 \\ & & 6 & -3{,}5 & 0 & 0 & 0 \\ & & & 8 & -4{,}5 & 0 & 0 \\ & & & & 10 & -5{,}5 & 0 \\ \textit{(symm.)} & & & & & 12 & -6{,}5 \\ & & & & & & 14 \end{bmatrix} \right) v = 0$$

Man erkennt die ausgeprägte Bandstruktur der symmetrischen Matrizen, die von den genannten Verfahren genutzt werden kann, und die Regelmäßigkeit des Aufbaus, die beim Erzeugen der Matrizen vorteilhaft ist. Mit dem CAMMPUS-Programm MATEIG (als Ergänzung zur Diskette über das Internet zu beziehen) ergab sich dafür die Lösung:

$$\kappa_1 = 0{,}03575 \quad \Rightarrow \quad l_{kr} = \sqrt[3]{\frac{n_A^3 EI}{\varrho g A}\kappa_1} = \sqrt[3]{\frac{512\,EI}{\varrho g A}\,0{,}03575} = 2{,}635\sqrt[3]{\frac{EI}{\varrho g A}} \; .$$

Bei $n_A = 100$ ergab die Rechnung nach dem Differenzenverfahren (Programm MATEIG unter Ausnutzung der Bandstruktur der Matrizen) den bereits angegebenen exakten Wert.

23.5 Aufgaben

Aufgabe 23.1: Ein Wandkran a) und ein Brückenkran b) sind durch die Kraft F belastet (Gesamtgewicht der Laufkatze mit angehängter Last), deren Stellung jeweils im Bereich $2a$ veränderlich ist. Der Stützstab ist für die ungünstigste Laststellung bei vorgegebener Knicksicherheit S_K zu dimensionieren.

Gegeben: $F = 20\,kN$; $a = 2\,m$; $l = 6\,m$; $h = 5\,m$; $S_K = 3$; $E = 2{,}1 \cdot 10^5\,N/mm^2$.

Gesucht: Außendurchmesser D_a der Stütze, wenn ein Rohr mit dem Durchmesserverhältnis $D_a/D_i = 1{,}2$ verwendet wird.

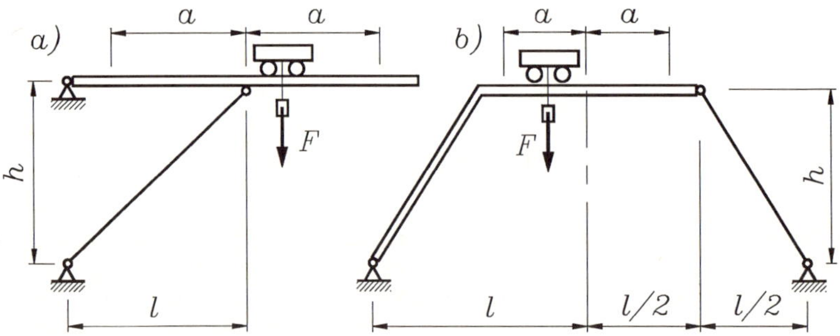

Aufgabe 23.2: Ein Knickstab ist entsprechend der Abbildung gelagert. Die scharnierartigen Lager können keine Momente um die x-Achse aufnehmen, wirken jedoch in der x-z-Ebene wie Einspannungen. Das linke Lager ist unverschieblich, das rechte Lager ist in z-Richtung verschieblich.

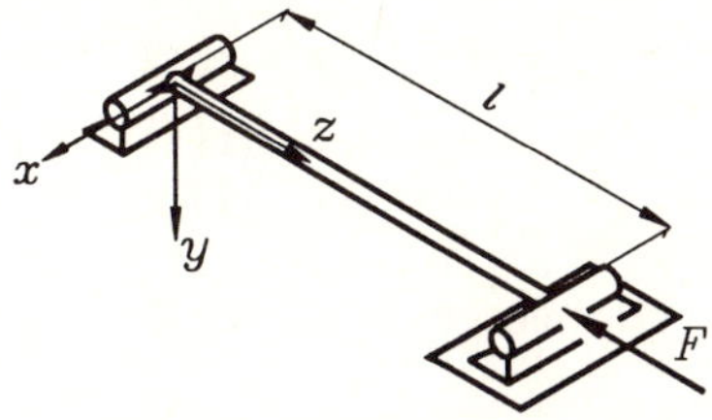

Gegeben: F, l, E, a, R.

Es sollen die beiden skizzierten Querschnittsvarianten untersucht werden. Gesucht ist jeweils die Abmessung b, so daß sich für beide Ebenen die gleiche Knicksicherheit ergibt.

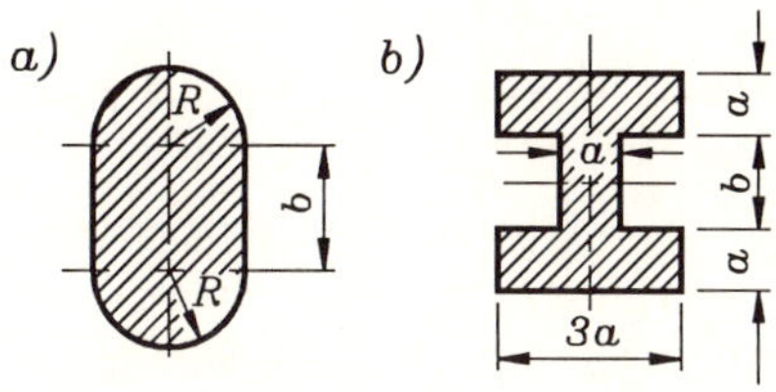

Aufgabe 23.3: Ein Stab mit Kreisquerschnitt, dessen Durchmesser linear veränderlich ist, wird durch eine Einzelkraft auf Druck beansprucht.

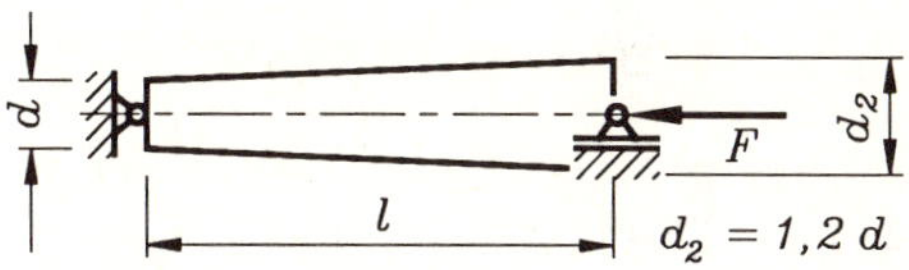

Gegeben: d, E, l.

Man ermittle

a) die kritische Last F_{kr} mit dem Differenzenverfahren bei einer Einteilung der Länge l in $n_A = 4$ Abschnitte,

b) die Matrizen A und B des allgemeinen Matrizeneigenwertproblems $(A - \kappa B)\,x = 0$ für die Einteilung der Länge l in $n_A = 8$ Abschnitte.

Aufgabe 23.4: Für einen Stab mit konstantem Querschnitt ist die kritische Länge l_{kr} zu ermitteln, bei der der Stab unter Eigengewichtseinfluß ausknicken würde.

Gegeben: EI, ϱ, A.

Man ermittle

a) l_{kr} allgemein mit dem Differenzenverfahren bei einer Einteilung der Stablänge in $n_A = 4$ Abschnitte,

b) die Matrizen A und B des allgemeinen Matrizeneigenwertproblems $(A - \kappa B)\,x = 0$ für die Einteilung der Stablänge in $n_A = 8$ Abschnitte

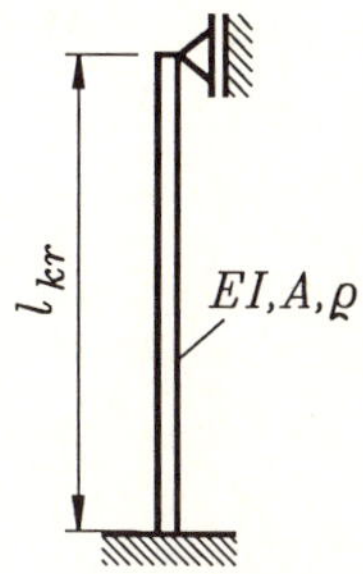

Stab, belastet durch sein Eigengewicht

c) und berechne für den unter a) ermittelten Näherungswert die kritische Länge l_{kr}, wenn der Durchmesser des kreisförmigen Stabes $d = 1\ cm$ beträgt und mit $E = 2{,}1 \cdot 10^5\ N/mm^2$ und $\varrho = 7{,}85\ g/cm^3$ die Werte für Stahl angenommen werden.

24 Formänderungsenergie

Mechanische ***Arbeit*** wird definiert als Produkt des Weges, den der Angriffspunkt einer Kraft $\boldsymbol{F}$ zurücklegt, und der in Wegrichtung wirkenden Komponente dieser Kraft (vgl. Kapitel 28).

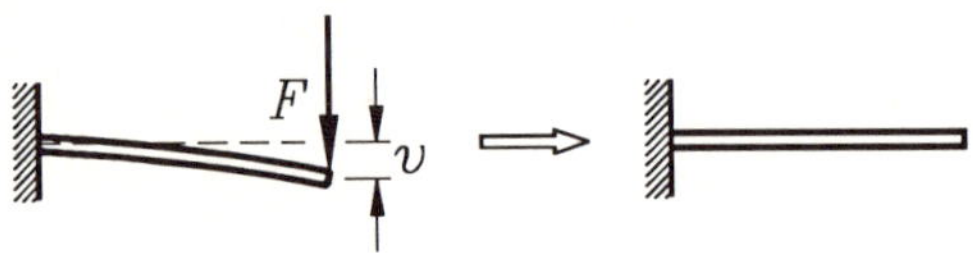

Be- und Entlastung eines elastischen Bauteils

Da die Kraft entlang des Weges s veränderlich sein kann, ist die Arbeit W nach

$$W = \int_s F\,ds \qquad \textbf{(24.1)}$$

zu berechnen. Auch bei der Deformation eines elastischen Bauteils leistet eine äußere Kraft eine Arbeit, die nach (24.1) berechnet werden muß, denn auch diese Kraft wächst entlang des Verformungsweges vom Wert Null auf ihren Endwert. Die geleistete Arbeit wird im Inneren des Bauteils als ***Energie*** ("Arbeitsvermögen") gespeichert, die wiederum dafür sorgt, daß ein elastisches Bauteil nach Entlastung wieder seine ursprüngliche Form annimmt.

24.1 Arbeitssatz

Betrachtet wird zunächst der skizzierte Zugstab, an dem eine Kraft F vom Anfangswert Null auf ihren Endwert F_0 anwächst, entsprechend wächst die Verschiebung w des Kraftangriffspunktes bis zu ihrem Endwert w_0. Während des gesamten Vorgangs gilt immer (vgl. Abschnitt 14.1)

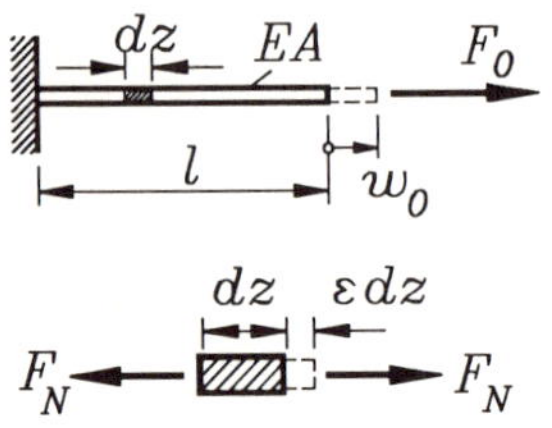

$$w = \frac{F\,l}{EA} \quad \Rightarrow \quad F = \frac{EA}{l}\,w \quad ,$$

bis der Endzustand

$$w_0 = \frac{F_0\,l}{EA}$$

erreicht ist. Dabei leistet die äußere Kraft die Arbeit

$$W_a = \int_{w=0}^{w_0} F\,dw = \int_{w=0}^{w_0} \frac{EA}{l}\,w\,dw = \frac{1}{2}\,\frac{EA}{l}\,w_0^2 = \frac{1}{2}\,\frac{F_0^2\,l}{EA} = \frac{1}{2}\,F_0\,w_0 \quad ,$$

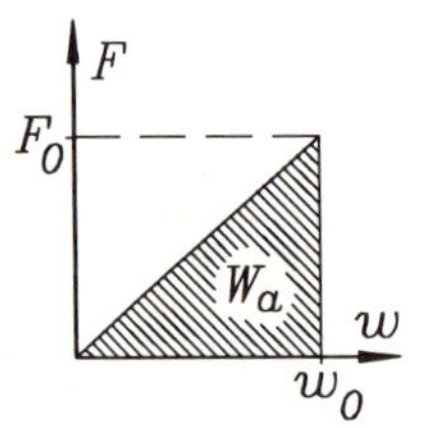

die im Kraft-Verformungs-Diagramm (nebenstehende Skizze) als Fläche unter der linearen Funktion $F(w)$ veranschaulicht werden kann. Es ist einleuchtend, daß sich eine entsprechende Formel (mit dem typischen Faktor ½) immer dann ergibt, wenn ein linearer Zusammenhang zwischen einer Belastungsgröße und der durch sie hervorgerufenen Verformung besteht (die Arbeit, die beim Spannen einer linear-elastischen Feder mit der Federkonstanten c zu leisten ist, kann zum Beispiel nach $W = \frac{1}{2} F_0 s_0 = \frac{1}{2} c\, s_0^2$ berechnet werden, wobei s_0 der Gesamt-Federweg und F_0 der Endwert der Kraft ist).

Es wird nun die Arbeit der inneren Kräfte berechnet, bei dem betrachteten Zugstab ist dies die Normalkraft F_N. Das herausgeschnittene differentiell kleine Element mit der Länge dz verlängert sich nach (14.4) um $\varepsilon\, dz$, und weil die Normalkraft natürlich auch von "Null auf ihren Endwert" anwächst, leistet sie am Element die Arbeit $\frac{1}{2} F_N \varepsilon\, dz$ (die Gesamtverschiebung wurde in der Skizze willkürlich an einem Schnittufer des Elements angetragen, so daß nur eine Kraft F_N Arbeit leistet, bei einer Aufteilung auf beide Schnittufer ändert sich insgesamt nichts). Die gesamte Arbeit der Normalkraft im Stab ergibt sich nach Integration über die Länge l. Mit $F_N = F_0$ für das betrachtete Beispiel und $\varepsilon = F_N/(EA)$ nach (14.3) und (14.2) erhält man

$$W_i = \int_{z=0}^{l} \frac{1}{2} F_N\, \varepsilon\, dz = \frac{1}{2} \int_{z=0}^{l} \frac{F_0^2}{EA}\, dz = \frac{1}{2} \frac{F_0^2\, l}{EA} \quad .$$

Dies ist exakt der Wert, der sich bereits für die Arbeit der äußeren Kraft ergeben hat: Die Arbeit, die die innere Kraft F_N bei der Verformung leistet (***Formänderungsarbeit***) wird als ***Formänderungsenergie*** im verformten System gespeichert, und die an dem einfachen Beispiel gewonnene Erkenntnis gilt allgemein als

Arbeitssatz:

Die an einem elastischen System von den äußeren Belastungen geleistete Arbeit W_a wird als Formänderungsenergie W_i im verformten System gespeichert, und es gilt:

$$W_i = W_a \tag{24.2}$$

- Der Arbeitssatz eignet sich zur Berechnung von Verformungen an den Angriffspunkten äußerer Lasten. Voraussetzung ist, daß die Formänderungsenergie, die im Inneren des Bauteils gespeichert wird, berechnet werden kann. Dafür werden im folgenden Abschnitt für die wichtigsten Grundbeanspruchungsarten die Formeln bereitgestellt.
- Für die Berechnung der Arbeit W_a, die die äußeren Belastungen leisten, können die am einfachen Beispiel des Zugstabs gewonnen Erkenntnisse verallgemeinert werden: Bei linear-elastischem Material (und kleinen Verformungen, so daß der Zusammenhang zwischen Belastung und Verformung auch linear ist) gilt immer $W_a = \frac{1}{2} \cdot$ "Endwert der Belastung" $\cdot$ "Endwert der Verformung". Wenn die äußere Belastung ein Moment ist, muß als Verformungsgröße ein Winkel eingesetzt werden.

Äußere Arbeit infolge einer Kraft bzw. eines Moments:

$$W_a = \frac{1}{2} F_0\, v_0 \quad ,$$
$$W_a = \frac{1}{2} M_0\, \varphi_0 \quad . \tag{24.3}$$

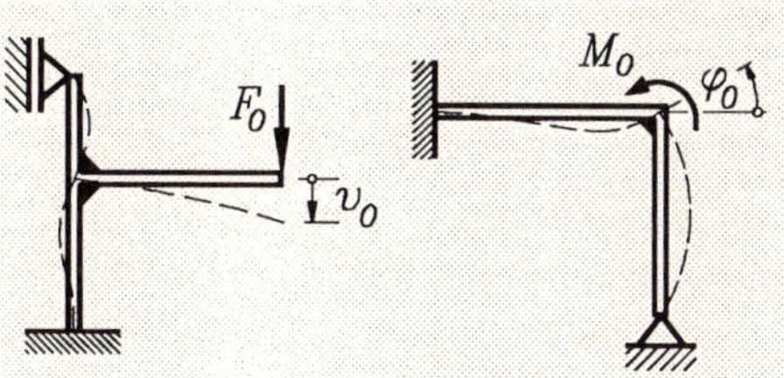

24.2 Formänderungsenergie für Grundbeanspruchungen

Für die Grundbeanspruchungsarten der "eindimensionalen Tragwerke" (eine Abmessung ist deutlich größer als die beiden anderen), für die in den Kapiteln 14 bis 21 Spannungs- und Verformungsberechnungen behandelt wurden, werden nachfolgend die Formeln für die Formänderungsenergie ermittelt.

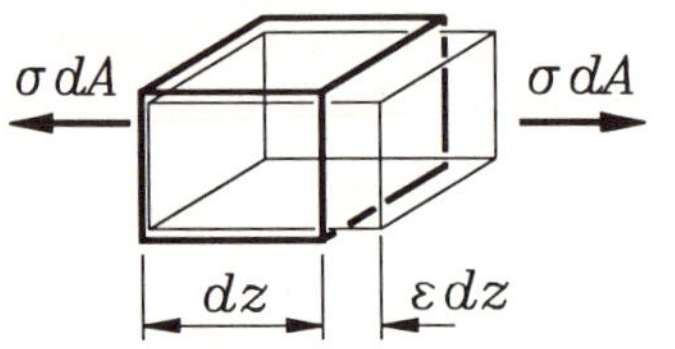

Die nebenstehende Skizze zeigt ein differentiell kleines Element mit der Länge dz und der Seitenfläche dA, das in dieser Fläche durch eine Normalspannung σ belastet ist (z. B. aus einem Zug/Druck-Stab oder einem Biegeträger herausgeschnitten). Es verlängert sich infolge der Spannung um εdz (vgl. das Einführungsbeispiel im vorigen Abschnitt). Die Spannung wird über die Fläche zu einer Kraft σdA zusammengefaßt, die die Formänderungsenergie des Elements ("½ · Kraft · Verschiebung")

$$dW_{i,\sigma} = \frac{1}{2}\,\sigma\, dA\, \varepsilon\, dz = \frac{1}{2}\,\sigma\,\varepsilon\, dV$$

liefert (es wurde das Volumen des Elements $dV = dA \cdot dz$ eingesetzt). Nach Division durch dV entsteht die (auf das Volumen bezogene) ***spezifische Formänderungsenergie infolge einer Normalspannung***

$$W^*_{i,\sigma} = \frac{dW_{i,\sigma}}{dV} = \frac{1}{2}\,\sigma\,\varepsilon = \frac{1}{2}\,E\,\varepsilon^2 = \frac{1}{2}\,\frac{\sigma^2}{E} \quad , \qquad (24.4)$$

wobei die beiden Umformungen durch Einsetzen des Hookeschen Gesetzes (12.3) entstanden. Auf entsprechendem Wege kommt man zur ***spezifischen Formänderungsenergie infolge einer Schubspannung***

$$W^*_{i,\tau} = \frac{dW_{i,\tau}}{dV} = \frac{1}{2}\,\tau\,\gamma = \frac{1}{2}\,G\,\gamma^2 = \frac{1}{2}\,\frac{\tau^2}{G} \quad . \qquad (24.5)$$

Wenn die zu einer bestimmten Schnittgröße gehörende Spannungsverteilung in (24.4) bzw. (24.5) eingesetzt wird, erhält man nach Integration über das Volumen

$$W_i = \int_V W^*_i\, dV$$

die gesuchte Formel für die Formänderungsenergie. Für einen ausschließlich durch eine Normalkraft F_N beanspruchten Stab ist die Spannungsverteilung entsprechend (14.2) über den Querschnitt konstant, so daß man mit $\sigma = F_N/A$ und $dV = A\,dz$ zur Formel für die ***Formänderungsenergie für den Zug/Druck-Stab*** kommt:

$$W_i = \frac{1}{2}\int_l \frac{F_N^2}{EA}\, dz \quad . \qquad (24.6)$$

Für den ausschließlich durch ein Biegemoment M_b beanspruchten Träger wird die Rechnung etwas komplizierter, weil mit der Biegespannungsverteilung $\sigma_b = M_b y / I_{xx}$ nach (16.1) eine Veränderlichkeit mit y über die Querschnittshöhe zu berücksichtigen ist, so daß das Volumenelement $dV = dA\,dz$ verwendet werden muß (dA ist ein Flächenelement im Abstand y von der Schwerpunktfaser). Es ergibt sich

$$W_i = \frac{1}{2}\int_V \frac{M_b^2}{EI_{xx}^2} y^2\,dA\,dz = \frac{1}{2}\int_l \frac{M_b^2}{EI_{xx}^2}\left(\int_A y^2\,dA\right)dz = \frac{1}{2}\int_l \frac{M_b^2}{EI_{xx}}\,dz \quad , \tag{24.7}$$

worin berücksichtigt wurde, daß unter dem Integral noch einmal das Flächenträgheitsmoment I_{xx} entsprechend (16.2) entstand.

Für die Beanspruchungsarten Torsion und Querkraftschub kommt man durch Einsetzen der Spannungsbeziehungen in die spezifische Formänderungsarbeit und Auswerten der Integrale zu ähnlichen Formeln, die in der folgenden Tabelle zusammengestellt worden sind.

Formänderungsenergie W_i für Grundbeanspruchungen: **(24.8)**

Normalkraft	Biegemoment	Torsionsmoment	Querkraft
$\frac{1}{2}\int_l \frac{F_N^2}{EA}\,dz$	$\frac{1}{2}\int_l \frac{M_b^2}{EI}\,dz$	$\frac{1}{2}\int_l \frac{M_t^2}{GI_t}\,dz$	$\frac{1}{2}\int_l \kappa_S \frac{F_Q^2}{GA}\,dz$

Man beachte den ähnlichen Aufbau, den die vier Formeln haben. Beim Querkraftschub wird diese typische Form allerdings erst durch Einführen eines Faktors κ_S erreicht. Da die Querkraftschubspannungen (wie die Biegespannungen) über die Querschnittshöhe nach (20.2) veränderlich sind, entsteht wie bei den Biegespannungen ein Integralausdruck unter dem Integral über die Trägerlänge (S_x ist immer von y abhängig, b kann von y abhängig sein):

$$W_i = \frac{1}{2}\int_V \frac{F_Q^2 S_x^2}{G b^2 I_{xx}^2}\,dA\,dz = \frac{1}{2}\int_l \frac{F_Q^2}{G I_{xx}^2}\left(\int_A \frac{S_x^2}{b^2}\,dA\right)dz = \frac{1}{2}\int_l \kappa_S \frac{F_Q^2}{GA}\,dz \quad .$$

Die Querschnittsfläche wurde in die Formel hineingenommen, wodurch eine gleichmäßige Schubspannungsverteilung (wie die Normalspannungsverteilung infolge F_N) simuliert werden kann, die durch den Faktor κ_S korrigiert wird, für den man aus der Formel abliest:

$$\kappa_S = \frac{A}{I_{xx}^2}\int_A \frac{S_x^2}{b^2}\,dA \quad . \tag{24.9}$$

Dieser Korrekturparameter darf zu den Querschnittskennwerten gezählt werden, weil nur geometrische Größen der Querschnittsfläche eingehen. Man errechnet z. B. für

beliebigen Rechteckquerschnitt $\kappa_S = \mathbf{1{,}2}$
und für den Kreisquerschnitt $\kappa_S = \mathbf{1{,}1}$.

Bei gleichzeitiger Beanspruchung eines Bauteils durch mehrere Grundbeanspruchungsarten dürfen die Anteile aus (24.8) addiert werden. Entsprechendes gilt für komplexe Bauteile: Die in den Arbeitssatz (24.2) eingehende Formänderungsenergie W_i bezieht sich immer auf das gesamte elastische System, darf aber bereichsweise formuliert und dann addiert werden.

Beispiel 3: Für den skizzierten Träger, dessen rechter Rand auf einer "linearen Feder" (vgl. Abschnitt 10.1) gelagert ist, soll die Vertikalverschiebung des Punktes ***B*** berechnet werden.

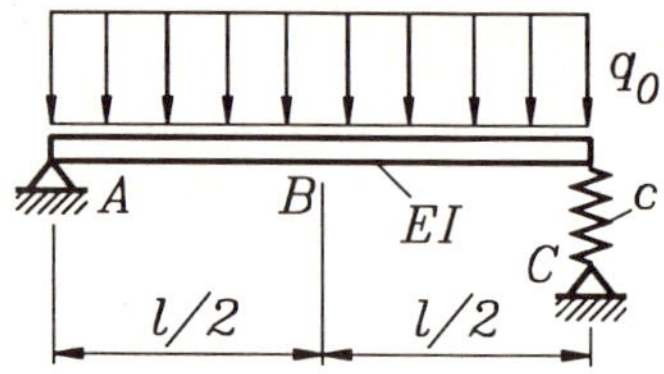

Gegeben: q_0 , EI , c , l .

Die Feder wird als elastisches Element betrachtet, dessen Formänderungsenergie in die Berechnung einbezogen wird. Bereits am Anfang des Abschnitts 24.1 ist diskutiert worden, daß eine äußere Kraft F_0, die eine Feder entlang des Federweges s_0 verkürzt oder verlängert, die Arbeit $W = \frac{1}{2} F_0 s_0$ verrichtet. Mit der Federkraft $F_C = F_0$ und dem Federgesetz $F_C = c\, s_0$ kann die in einer Feder gespeicherte Formänderungsenergie W_i wie die bereits behandelten Grundbeanspruchungen durch die innere Kraft F_C ausgedrückt werden:

$$W_{i,Feder} = \frac{1}{2} \frac{F_C^2}{c} \quad . \qquad \textbf{(24.14)}$$

Man beachte die Ähnlichkeit des Formelaufbaus mit den Formeln (24.8): Formänderungsenergie = ½ · "Quadrat der Schnittgröße" / "Steifigkeit".

Die Ableitung nach einer Belastungsgröße in den Formeln (24.11) darf nur nach einer Einzellast gebildet werden. Da das Ersetzen der Linienlast durch ihre Resultierende die Verformungsrechnung verfälschen würde, muß in der Trägermitte eine Hilfskraft F_H angetragen werden.

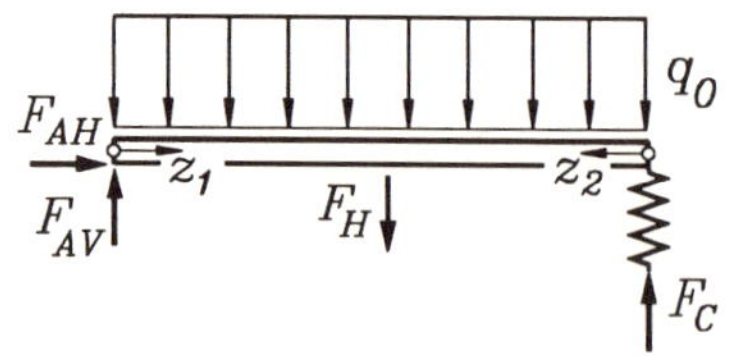

Aus Symmetriegründen nehmen das Lager A und die Feder jeweils die Hälfte der Belastung auf:

$$F_{AV} = F_C = \frac{1}{2}\left(q_0\, l + F_H\right) \quad ,$$

so daß auch die Biegemomente und damit die Formänderungsenergien in beiden Trägerhälften gleich werden. Deshalb wird das Biegemoment nur für eine Hälfte aufgeschrieben und mit dem Faktor **2** in der Formänderungsenergie berücksichtigt:

$$M_{b,1} = F_{AV} z_1 - \frac{1}{2} q_0 z_1^2 = \frac{1}{2}\left(q_0\, l + F_H\right) z_1 - \frac{1}{2} q_0 z_1^2 \quad ,$$

$$W_i = 2 \cdot \frac{1}{2} \int\limits_{z=0}^{l/2} \frac{M_{b,1}^2}{EI}\, dz_1 + \frac{1}{2} \frac{F_C^2}{c} \quad .$$

Die Ableitung von W_i nach F_H wird vor dem Einsetzen von $M_{b,1}$ und F_C ausgeführt. Dies entspricht der Empfehlung, mit (24.13) zu arbeiten, und liefert:

$$v_B = \frac{\partial W_i}{\partial F_H} = \frac{2}{EI} \int\limits_{z=0}^{l/2} M_{b,1} \frac{\partial M_{b,1}}{\partial F_H}\, dz_1 + \frac{1}{c} F_C \frac{\partial F_C}{\partial F_H}$$

$$= \frac{2}{EI} \int\limits_{z=0}^{l/2} \left(\frac{1}{2} q_0\, l\, z_1 - \frac{1}{2} q_0 z_1^2\right) \cdot \frac{z_1}{2}\, dz_1 + \frac{1}{c} \cdot \frac{1}{2} q_0\, l \cdot \frac{1}{2} = \frac{5\, q_0\, l^4}{384\, EI} + \frac{q_0\, l}{4\, c} \quad .$$

Beispiel 4: Für die skizzierte Biegefeder mit einem Rechteckquerschnitt konstanter Höhe t bei linear veränderlicher Breite soll die Absenkung des Kraftangriffspunktes berechnet werden.

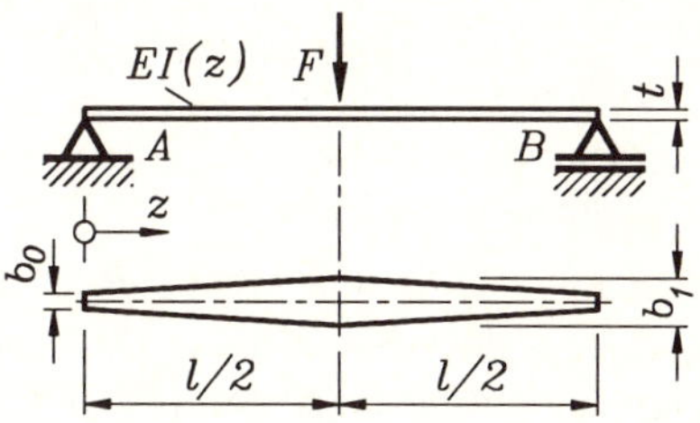

Gegeben: $t\,,\; b_0\,,\; b_1\,,\; l\,,\; F\,,\; E\,.$

Mit dem Biegemomentenverlauf

$$M_b(z) = \frac{1}{2} F z$$

bezüglich der skizzierten Koordinate z und dem ebenfalls mit z veränderlichen Flächenträgheitsmoment

$$I(z) = \frac{t^3\, b(z)}{12} = \frac{t^3}{12}\left[b_0 + 2\,(b_1 - b_0)\,\frac{z}{l}\right]$$

kann die Formänderungsenergie in der linken Symmetriehälfte aufgeschrieben werden. Für den gesamten Träger gilt dann der doppelte Wert, so daß sich entsprechend (24.13) die Verschiebung v_F des Kraftangriffspunktes aus dem folgenden Integral berechnet:

$$v_F = \frac{\partial W_i}{\partial F} = 2\int_{z=0}^{l/2} \frac{M_b(z)}{EI(z)}\,\frac{\partial M_b(z)}{\partial F}\,dz = 2\int_{z=0}^{l/2} \frac{\frac{1}{2}Fz}{\frac{Et^3}{12}\left[b_0 + 2\,(b_1 - b_0)\,\frac{z}{l}\right]}\,\frac{1}{2}\,z\,dz$$

$$= \frac{6Fl}{Et^3}\int_{z=0}^{l/2} \frac{z^2}{l b_0 + 2\,(b_1 - b_0)\,z}\,dz\;.$$

Die veränderliche Biegesteifigkeit führt auf ein Integral, dessen Lösung etwas mehr Mühe bereitet (gegebenenfalls muß man den Computer bemühen). In diesem Fall findet sich die Lösung recht problemlos:

$$v_F = \frac{3Fl^3}{8Et^3 b_0(\beta - 1)^3}\left(\beta^2 - 4\beta + 3 + 2\ln\beta\right) \qquad \textit{mit} \qquad \beta = \frac{b_1}{b_0}\;.$$

♦ Die Lösung gilt für jedes sinnvolle Breitenverhältnis β. Typisch für solche Probleme mit veränderlichem Querschnitt ist jedoch, daß bei $\beta = 1$ (Träger konstanter Breite) gerade für den einfachsten Spezialfall, mit dem man die Lösung gern kontrollieren würde, die Formel versagt. Eine Grenzwertbetrachtung entsprechend

$$v_F(\beta = 1) = \lim_{\beta \to 1}\left[\frac{3Fl^3}{8Et^3 b_0(\beta - 1)^3}\left(\beta^2 - 4\beta + 3 + 2\ln\beta\right)\right]\;,$$

durchgeführt nach der aus der Mathematik (hoffentlich) bekannten Regel von de l'Hospital, liefert im dritten Versuch das Ergebnis, das als Fall a^* im Abschnitt 17.4 angegeben ist:

$$v_F(\beta = 1) = \frac{Fl^3}{4Et^3 b_0} = \frac{Fl^3}{48EI_0} \qquad \textit{mit} \qquad I_0 = \frac{b_0 t^3}{12}\;.$$

Beispiel 5: Ein in der Horizontalebene zweifach abgewinkelter Träger mit Kreisquerschnitt (Durchmesser d) ist in allen drei Abschnitten aus gleichem Material mit dem Elastizitätsmodul E und dem Gleitmodul G gefertigt.

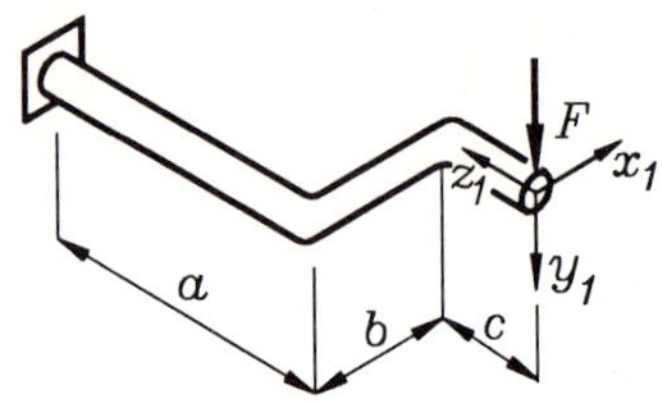

Gegeben: F, E, G, a, b, c, d.

Unter Vernachlässigung des Querkrafteinflusses sollen folgende Verformungsgrößen bestimmt werden:

a) Vertikalverschiebung v_F des Kraftangriffspunktes,
b) Biegewinkel φ_{Fx} am Kraftangriffspunkt (Drehung um die x_1-Achse),
c) Verdrehwinkel φ_{Fz} um die z_1-Achse am Kraftangriffspunkt.

Folgenden Lösungsschritte sind erforderlich:

- Einführen zweier Hilfsmomente M_{Hx} und M_{Hz} zur Bestimmung der gesuchten Winkel,
- Bereitstellen der Schnittgrößen (Biegung um die horizontale Achse in allen drei Abschnitten, Torsion eigentlich nur im zweiten und dritten Bereich, wegen des Hilfsmoments M_{Hz} muß ein Torsionsmoment auch im ersten Abschnitt berücksichtigt werden),
- Bilden der partiellen Ableitungen der Schnittgrößen nach F, M_{Hx} und M_{Hz},
- Berechnen der Verformungen: $v_F = \partial W_i / \partial F$, $\varphi_{Fx} = \partial W_i / \partial M_{Hx}$, $\varphi_{Fz} = \partial W_i / \partial M_{Hz}$.

Die Tabelle enthält die 6 erforderlichen Schnittgrößen:

$M_{b,k}$	$M_{t,k}$
$-F z_1 - M_{Hx}$	$-M_{Hz}$
$-F z_2 - M_{Hz}$	$F c + M_{Hx}$
$-F(c+z_3) - M_{Hx}$	$-F b - M_{Hz}$

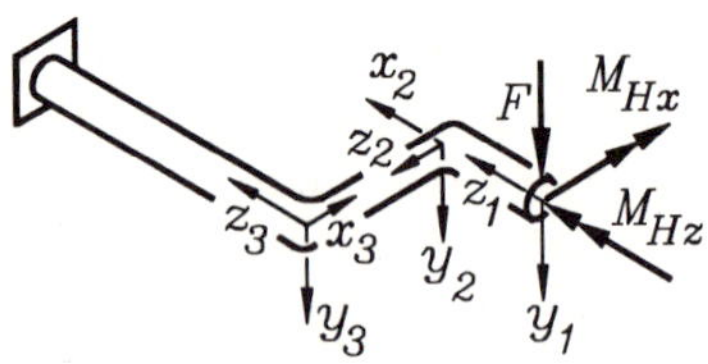

Nach dem Bilden der partiellen Ableitungen dürfen (vor der Integration) M_{Hx} und M_{Hz} Null gesetzt werden. Man errechnet:

$$v_F = \sum_{k=1}^{3} \left(\frac{1}{EI} \int_{z_k=0}^{l_k} M_{b,k} \frac{\partial M_{b,k}}{\partial F} dz_k + \frac{1}{GI_p} \int_{z_k=0}^{l_k} M_{t,k} \frac{\partial M_{t,k}}{\partial F} dz_k \right)$$

$$= \frac{1}{EI} \left[\int_0^c (-F z_1)(-z_1)\, dz_1 + \int_0^b (-F z_2)(-z_2)\, dz_2 + \int_0^a -F(c+z_3)[-(c+z_3)]\, dz_3 \right]$$

$$+ \frac{1}{GI_p} \left[\int_0^b F c^2\, dz_2 + \int_0^a F b^2\, dz_3 \right] = \frac{64\,F}{3\,E\,\pi\,d^4} \left[b^3 + (c+a)^3 \right] + \frac{32\,F}{G\,\pi\,d^4} \left[c^2 b + b^2 a \right] \; ;$$

$$\varphi_{Fx} = \frac{32\,F}{\pi\,d^4} \left[\frac{(c+a)^2}{E} + \frac{b\,c}{G} \right] \quad ; \quad \varphi_{Fz} = \frac{32\,F\,b}{\pi\,d^4} \left[\frac{b}{E} + \frac{a}{G} \right] \; .$$

24.4 Satz von Castigliano (statisch unbestimmte Systeme)

Systeme sind statisch unbestimmt gelagert, wenn man allein mit den Gleichgewichtsbedingungen die Lagerreaktionen (und damit die Schnittgrößen) nicht berechnen kann. In den Kapiteln 14 bis 21 wurde gezeigt, wie mit Verformungsbetrachtungen auch solche Probleme gelöst werden können (zusätzliche Lager gestatten immer zusätzliche Verformungsaussagen).

Da nach dem Satz von Castigliano die Verformungen an einzelnen Punkten sehr effektiv berechnet werden können, eignet sich dieses Verfahren in besonderem Maße für die Berechnung statisch unbestimmter Systeme. Das nachfolgende Beispiel demonstriert das Vorgehen im einfachsten Fall. Das "überzählige" Lager $\boldsymbol{B}$ wird durch eine Kraft (Lagerkraft $\boldsymbol{F_B}$) ersetzt. Nach dem Satz von Castigliano kann die Verschiebung des Kraftangriffspunktes v_B ermittelt werden. Da aber an dieser Stelle gerade keine Verschiebung auftreten kann, liefert die Bedingung $v_B = 0$ eine Bestimmungsgleichung für die gesuchte Lagerkraft.

Beispiel 1: Für das skizzierte System mit konstanter Biegesteifigkeit sollen die Lagerreaktionen bei $\boldsymbol{A}$ und $\boldsymbol{B}$ sowie die Horizontalverschiebung v_H und die Vertikalverschiebung v_F des Kraftangriffspunktes ermittelt werden (Normalkraft- und Querkraftanteile dürfen vernachlässigt werden).

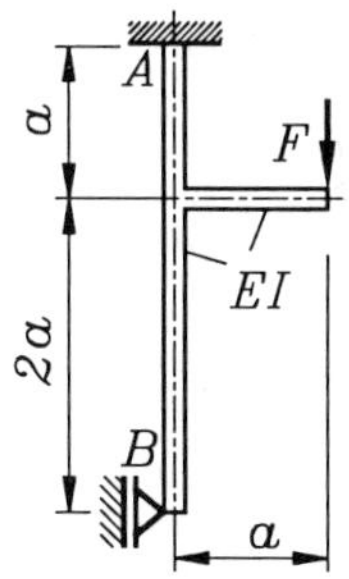

Gegeben: F , a , EI .

Das System ist einfach statisch unbestimmt. Als "Statisch Unbestimmte" wird die Lagerkraft F_B gewählt. Dann dürfen die übrigen Lagerreaktionen in den Biegemomentenverläufen nicht vorkommen.

Da auch die Horizontalverschiebung des Kraftangriffspunktes gesucht ist, wird dort die Hilfskraft F_H angebracht. Die Verschiebungen in Richtung der Kräfte F, F_H und F_B werden dann mit Hilfe der partiellen Ableitungen der Formänderungsenergie des Gesamtsystems nach diesen Kräften berechnet, wobei die Verschiebung am Lager $\boldsymbol{B}$ verhindert ist, so daß diese "Verschiebungsgleichung" zur Bestimmungsgleichung für die Lagerkraft wird.

Die Tabelle enthält die Biegemomentenverläufe (bezogen auf die skizzierten Koordinaten) und die benötigten partiellen Ableitungen:

$M_{b,k}$	$\dfrac{\partial M_{b,k}}{\partial F_B}$	$\dfrac{\partial M_{b,k}}{\partial F}$	$\dfrac{\partial M_{b,k}}{\partial F_H}$
$F z_1$	0	z_1	0
$F_B z_2$	z_2	0	0
$F_B(2a+z_3)+F_H z_3-Fa$	$2a+z_3$	$-a$	z_3

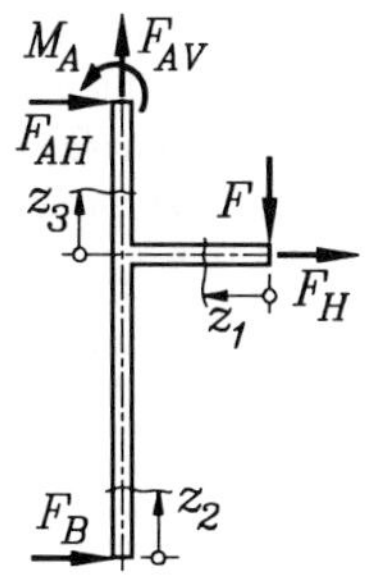

$$\frac{\partial W_i}{\partial F_{AH}} = 0 \quad \Rightarrow \quad \frac{1}{EI}\sum_{k=1}^{5}\int_{z_k=0}^{l_k} M_{b,k}\frac{\partial M_{b,k}}{\partial F_{AH}}\,dz_k = 0 \quad \Rightarrow \quad F_{AH} = -\frac{29}{92}F \quad ;$$

$$v_{F,rel} = \frac{\partial W_i}{\partial F} = \frac{1}{EI}\sum_{k=1}^{5}\int_{z_k=0}^{l_k} M_{b,k}\frac{\partial M_{b,k}}{\partial F}\,dz_k = \frac{57}{92}\frac{F a^3}{EI} \quad .$$

- Die wesentlich mühsamere Berechnung der beiden Verschiebungen der Kraftangriffspunkte liefert

$$v_{F,links} = \frac{259}{276}\frac{F a^3}{EI} \quad , \qquad v_{F,rechts} = -\frac{22}{69}\frac{F a^3}{EI} \quad ,$$

  wobei das Minuszeichen bei $v_{F,rechts}$ anzeigt, daß die Verschiebung entgegen dem Richtungssinn der rechten Kraft F erfolgt (beide Kraftangriffspunkte verschieben sich also nach rechts). Der errechnete Wert $v_{F,rel}$ ist die Summe dieser beiden Verschiebungen (und damit die Verkürzung des Abstands der beiden Kraftangriffspunkte).

- Die Wahl von F_{AH} als "Statisch Unbestimmte" im Beispiel 2 war willkürlich. In diesem Fall hätte auch jede andere Lagerreaktion gewählt werden dürfen, weil keine von ihnen aus statischen Gleichgewichtsbedingungen allein zu berechnen ist. Genau diese Voraussetzung muß allerdings erfüllt sein:

Als "Statisch Unbestimmte" dürfen nur Kräfte oder Momente gewählt werden, die nicht allein aus statischen Gleichgewichtsbedingungen zu berechnen sind.

Das nebenstehende Beispiel zeigt die Lagerreaktionen eines einfach statisch unbestimmt gelagerten Rahmens (zwei Festlager auf gleicher Höhe). F_{AV} und F_{BV} lassen sich aus dem Momenten-Gleichgewicht direkt berechnen. Als "Statisch Unbestimmte" müssen F_{AH} oder F_{BH} gewählt werden.

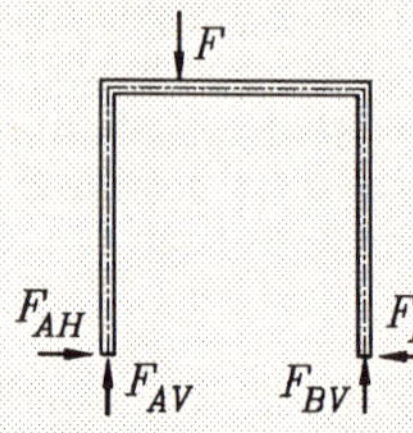

Die im Beispiel 2 genutzte Möglichkeit, die relative Verschiebung zweier Punkte zu berechnen, gestattet auch recht anschaulich die Behandlung sogenannter ***innerlich statisch unbestimmter Systeme***. Der skizzierte Rahmen ist äußerlich statisch bestimmt gelagert, die Lagerreaktionen bei ***A*** und ***B*** sind aus statischen Gleichgewichtsbedingungen zu berechnen, ebenso die Schnittgrößen in den Stielen ***A-C*** und ***B-D***.

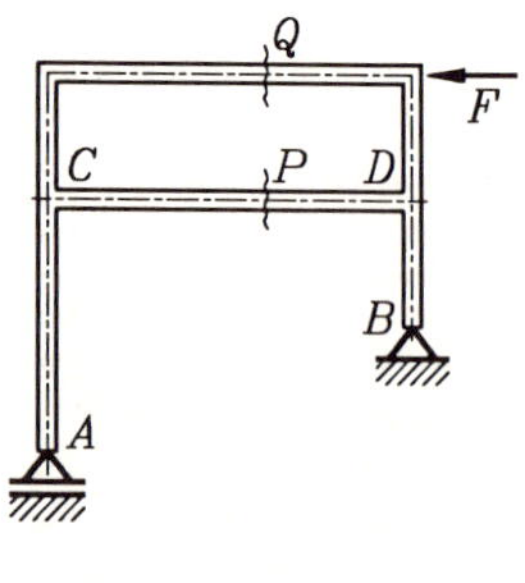

Die Schnittgrößenberechnung im geschlossenen Teil des Rahmens (z. B. in einem Schnitt bei dem beliebig gewählten Punkt ***P***) ist mit den Hilfsmitteln der Statik allein nicht möglich. Erst durch zwei Schnitte (z. B. bei ***P*** und im oberen Querriegel bei ***Q***) würden zwei Teilsysteme entstehen, an denen dann aber jeweils **sechs Schnittgrößen** anzutragen wären, für die nur **drei Gleichgewichtsbedingungen** zur Verfügung stehen: **Der geschlossene Rahmen ist innerlich dreifach statisch unbestimmt.**

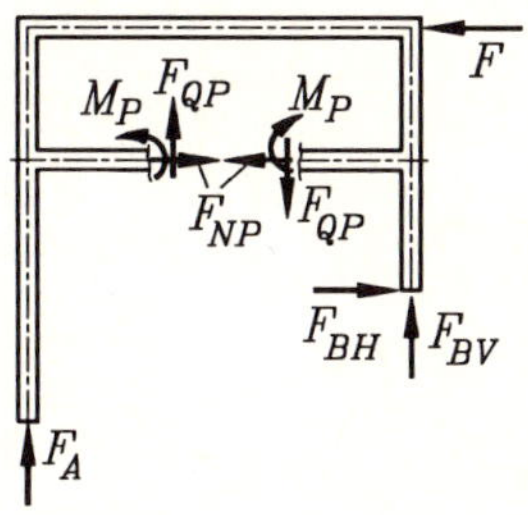

Die nebenstehende Skizze zeigt den Rahmen, der bei ***P*** geschnitten wurde, mit den an beiden Schnittufern angetragenen Schnittgrößen (um diese einzeichnen zu können, wurden die Schnittufer, die am gleichen geometrischen Punkt liegen, auseinandergezogen).

Wären $\boldsymbol{F_{NP}}$, $\boldsymbol{F_{QP}}$ und $\boldsymbol{M_P}$ bekannt, könnten alle Schnittgrößenverläufe und damit nach dem Satz von Castigliano auch beliebige Verformungsgrößen berechnet werden, natürlich z. B. auch die relative Verschiebung der Kraftangriffspunkte der beiden Kräfte $\boldsymbol{F_{NP}}$. Da diese aber Null sein muß (der verformte Rahmen würde sonst am Punkt ***P*** klaffen), steht mit der Verformungsbedingung eine Bestimmungsgleichung für $\boldsymbol{F_{NP}}$ zur Verfügung. Eine entsprechende Überlegung für $\boldsymbol{F_{QP}}$ und $\boldsymbol{M_P}$ führt zu zwei weiteren Gleichungen:

$$\frac{\partial W_i}{\partial F_{NP}} = 0 \quad ; \quad \frac{\partial W_i}{\partial F_{QP}} = 0 \quad ; \quad \frac{\partial W_i}{\partial M_P} = 0 \ .$$

Dies sind die drei Bestimmungsgleichungen für die drei "Statisch Unbestimmten". Es sind innere Kräfte bzw. Momente, die dafür (unter der Voraussetzung, nicht allein durch statisches Gleichgewicht berechenbar zu sein) genauso gewählt werden dürfen wie Lagerreaktionen und aus Gleichungen berechnet werden, wie sie auch für die Bestimmung statisch unbestimmter Lagerreaktionen aufgestellt wurden. Man darf sich vom Zwang zur Anschaulichkeit ("verhinderte Verschiebung") lösen und ganz allgemein formulieren:

Die **partielle Ableitung der gesamten Formänderungsenergie**, die in einem linearelastischen System gespeichert ist, **nach einer "Statisch Unbestimmten" wird immer Null**.

$$\frac{\partial W_i}{\partial F_{Stat.\,Unb.}} = 0 \ . \qquad \textbf{(24.15)}$$

Beispiel 3: Für das skizzierte Fachwerk sind die Stabkräfte zu ermitteln. Alle Stäbe haben den gleichen Querschnitt und sind aus dem gleichen Material gefertigt.

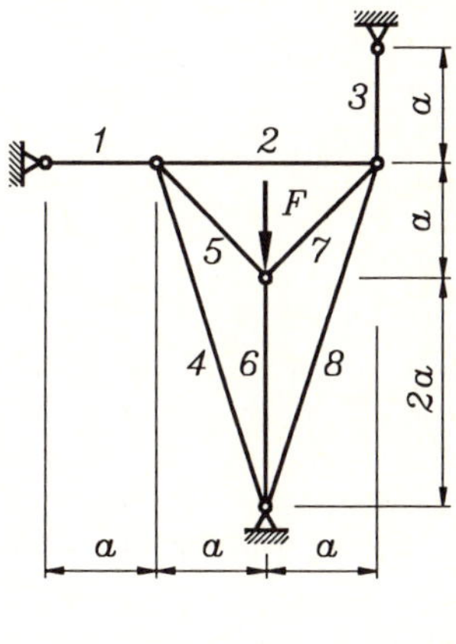

Gegeben: $\quad F \ , \ a \ .$

Wenn die Stäbe 1 und 3 jeweils als einwertige Lager angesehen werden, verbleiben 6 Stabkräfte und 4 Lagerreaktionen (2 Komponenten am unteren Festlager und die beiden Stabkräfte in den Stäben 1 und 3) für insgesamt 8 Gleichgewichtsbedingungen an 4 Knoten. Das Fachwerk ist **zweifach statisch unbestimmt**. Es ist sowohl äußerlich (4 Lagerreaktionen) als auch innerlich statisch unbestimmt (selbst bei bekannten Lagerreaktionen könnten die Stabkräfte nicht aus Gleichgewichtsbedingungen allein berechnet werden).

Es werden (willkürlich) die Stabkräfte F_{S1} und F_{S8} als "Statisch Unbestimmte" gewählt. Dabei ist es unerheblich, ob F_{S1} als Lagerkraft des Festlagers ("verhinderte Verschiebung") oder als Stabkraft aufgefaßt wird, in jedem Fall muß (24.15) für beide Stabkräfte gelten. Darin ist W_i ist die gesamte Formänderungsenergie in den 8 Stäben des Fachwerks.

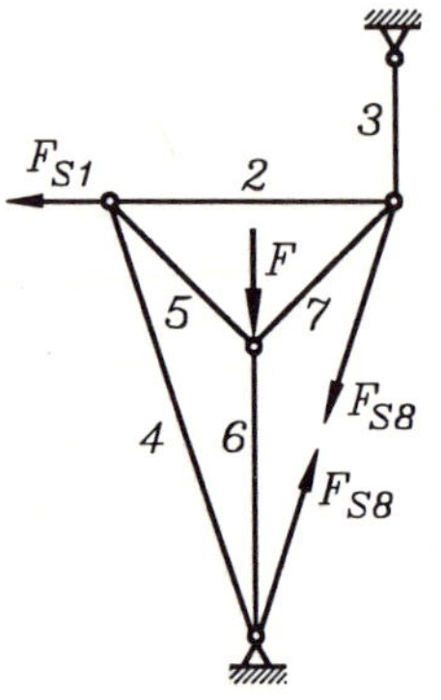

Statisch bestimmtes Fachwerk

Ein Fachwerkstab ist nur durch die über die Länge des Stabes konstante Stabkraft (Normalkraft) beansprucht, so daß sich die Normalkraft-Formel aus (24.8) entsprechend vereinfacht. Mit den Stablängen l_k errechnet sich W_i aus der Summe der in allen Stäben gespeicherten Energien:

$$W_i = \sum_{k=1}^{8} \frac{F_{Sk}^2 l_k}{2EA} \quad .$$

Damit werden die beiden Bestimmungsgleichungen (24.15) für F_{S1} und F_{S8} formuliert:

$$\frac{\partial W_i}{\partial F_{S1}} = \frac{1}{EA} \sum_{k=1}^{8} F_{Sk} \frac{\partial F_{Sk}}{\partial F_{S1}} l_k = 0 \quad ,$$

$$\frac{\partial W_i}{\partial F_{S8}} = \frac{1}{EA} \sum_{k=1}^{8} F_{Sk} \frac{\partial F_{Sk}}{\partial F_{S8}} l_k = 0 \quad .$$

k	l_k/a	$F_{Sk} = f(F, F_{S1}, F_{S8})$	F_{Sk}/F
1	1	F_{S1}	– 0,04301
2	2	$3F_{S1} + 2F_{S8}/\sqrt{10}$	– 0,17886
3	1	$-3F_{S1}$	0,12903
4	$\sqrt{10}$	$\sqrt{10}\,F_{S1} + F_{S8}$	– 0,21480
5	$\sqrt{2}$	$-3\sqrt{2}\,F_{S1} - 3F_{S8}/\sqrt{5}$	0,28818
6	2	$-F - 6F_{S1} - 6F_{S8}/\sqrt{10}$	– 0,59245
7	$\sqrt{2}$	$-3\sqrt{2}\,F_{S1} - 3F_{S8}/\sqrt{5}$	0,28818
8	$\sqrt{10}$	F_{S8}	– 0,07878

Alle Stabkräfte müssen (vor dem Bilden der partiellen Ableitungen) als Funktionen der Kraft F und der beiden "Statisch Unbestimmten" F_{S1} und F_{S8} aufgeschrieben werden. Dies gelingt an dem skizzierten statisch bestimmten Fachwerk (Stäbe 1 und 8 wurden durch die Stabkräfte ersetzt) nach den Verfahren des Abschnitts 6.4 (Ergebnis in der dritten Spalte der Tabelle). Nach dem Bilden der partiellen Ableitungen liefert das Einsetzen in die Bestimmungsgleichungen für F_{S1} und F_{S8} zwei lineare Gleichungen, aus denen die beiden Unbekannten berechnet werden:

$$F_{S1} = -0{,}04301\,F \quad ; \quad F_{S8} = -0{,}07878\,F \quad .$$

Mit Hilfe der Formeln aus Spalte 3 der Tabelle lassen sich die übrigen Stabkräfte ermitteln. Die Ergebnisse sind in Spalte 4 angegeben.

- Am Ende dieses wichtigen Kapitels über die Formänderungsenergie sind zur richtigen Einordnung des behandelten Stoffs einige ergänzende Bemerkungen angebracht:

  "Energiemethoden" (wie z. B. das Verfahren von Castigliano) sind die Basis fast aller modernen Berechnungsverfahren der Technischen Mechanik. Die auf der Grundlage der

Finite-Elemente-Methode entwickelten Programmsysteme für komplizierte Bauteile (Flächentragwerke, dreidimensionale Strukturen, ...), die dem Ingenieur heute zur Verfügung stehen, beziehen ihre theoretische Begründung fast ausschließlich aus Energiemethoden. Da aber ein erfolgreiches Benutzen dieser Programme (anders als in vielen anderen Zweigen der Ingenieurwissenschaft) kaum ohne Kenntnisse über die angewendeten Verfahren möglich ist, ist ein grundlegendes Verständnis für die Energiemethoden außerordentlich wichtig.

Das Verfahren von Castigliano mit seiner breiten Anwendbarkeit für unterschiedlichste Modelle und kombinierte Beanspruchung der Bauteile ist deshalb hier relativ ausführlich demonstriert worden. Es eignet sich auch vorzüglich, "schnell einmal ein spezielles Problem zu lösen".

Aber: Wenn ein geeignetes Computerprogramm für eine Aufgabe zur Verfügung steht, und wenn es (wie für die lineare Biegetheorie oder die Fachwerkberechnung) bedenkenlos angewendet werden darf, weil es im Rahmen der verwendeten Theorie exakte Ergebnisse liefert, kann ein "noch so elegantes Verfahren", wie es das Verfahren von Castigliano zweifelsfrei ist, nicht konkurrieren. Die Autoren dieses Buches gestehen, sämtliche Aufgaben dieses Kapitels "vorsichtshalber" mit den Finite-Elemente-Programmen des FEM-Baukastens FEMSET (beiliegende Diskette) nachgerechnet zu haben.

24.5 Aufgaben

Aufgabe 24.1:

Gegeben:

EI, l, F, M, q .

Gesucht:

Lagerkraft F_B.

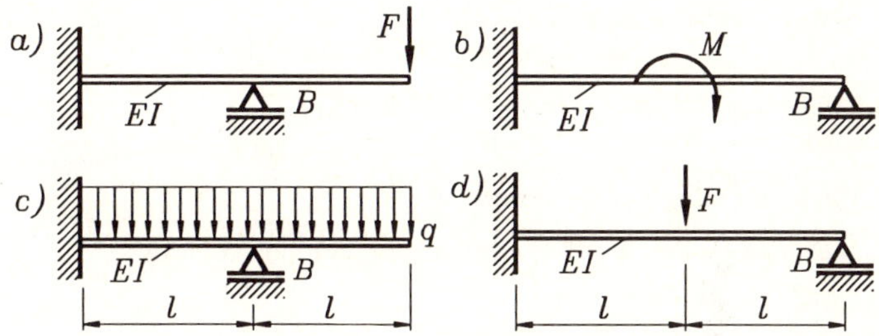

Aufgabe 24.2: Für den skizzierten Träger sind die Lagerreaktionen und die Verschiebung des Lagers B zu berechnen.

Gegeben: $q\ ,\ l\ ,\ EI$.

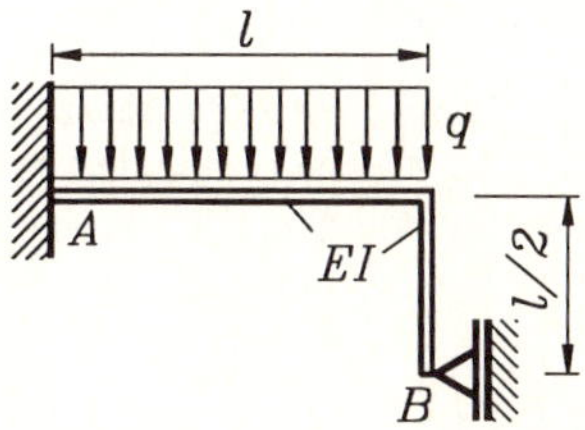

Aufgabe 24.3: Es sind die Absenkungen v_1 und v_2 an den Punkten 1 und 2 und der Biegewinkel an der Stelle 2 zu berechnen.

Gegeben: $q\ ,\ l\ ,\ EI$.

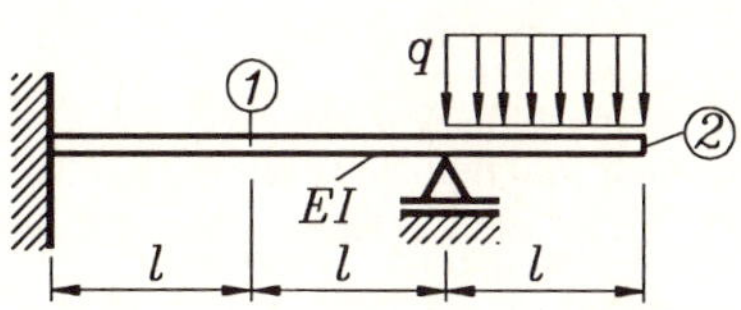

Aufgabe 24.4: Für einen Kragträger mit konstanter Höhe und linear veränderlicher Breite ist die Absenkung des Kraftangriffspunktes zu berechnen. Es ist zu zeigen, daß das Ergebnis für den Sonderfall $b_1 = b_2$ die Formel enthält, die für v_{max} des Lastfalls e in der Tabelle des Abschnitts 17.4 angegeben ist.

Gegeben: l, h, b_1, b_2, F, Elastizitätsmodul E.

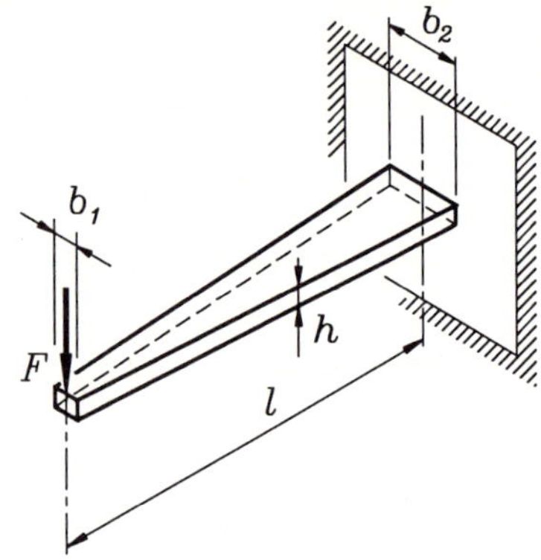

Aufgabe 24.5: Für die beiden nachstehend skizzierten (statisch unbestimmten) Fachwerke sind sämtliche Stabkräfte zu berechnen.

Gegeben: F , a , Dehnsteifigkeit EA ist für alle Stäbe gleich.

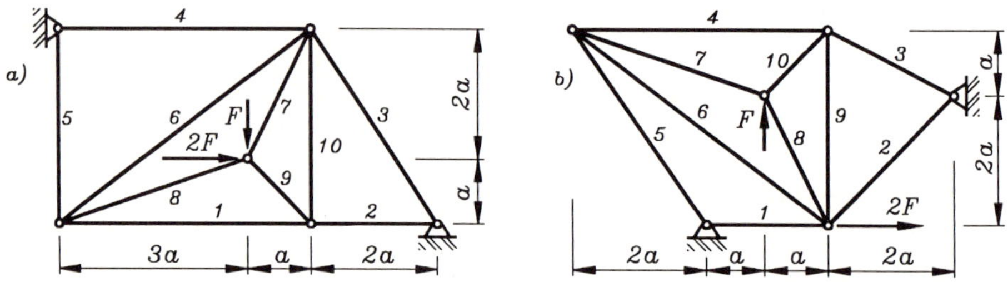

Aufgabe 24.6: Für das System aus zwei Stäben und einer Feder berechne man:

a) die Stabkräfte und die Federkraft,

b) Horizontal- und Vertikalverschiebungskomponenten des Kraftangriffspunktes.

Gegeben: F , l , $(EA)_1$, $(EA)_2 = 2\,(EA)_1$, $c = 4\,(EA)_1/l$.

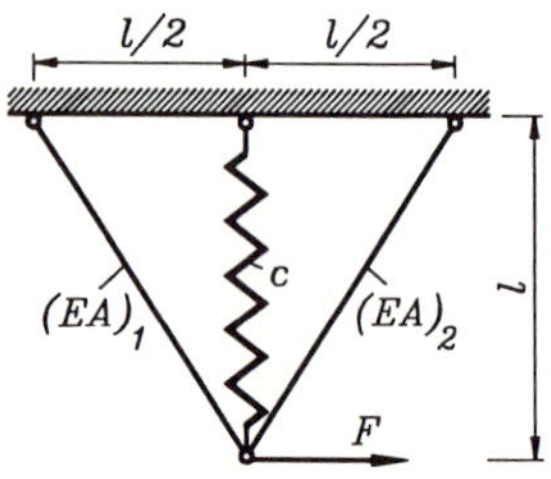

Aufgabe 24.7: Für den skizzierten Halbrahmen mit der Biegesteifigkeit EI, dessen Punkte C und D durch eine Feder verbunden sind, berechne man

a) die Kraft F_c in der Feder,

b) die relative Verschiebung v_{CD} der beiden Kraftangriffspunkte.

c) Man zeige, daß die berechneten Werte für F_c und v_{CD} dem Federgesetz genügen, und versuche, die Grenzwerte von F_c und v_{CD} für $\gamma \to 0$ und $\gamma \to \infty$ anschaulich zu deuten.

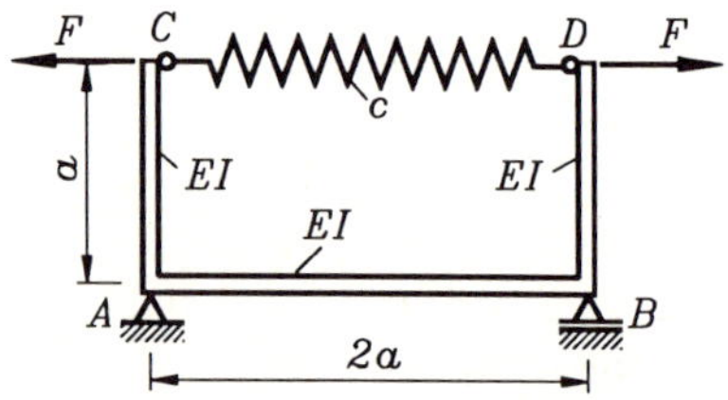

Gegeben: F , a , EI , $\gamma = (c\,a^3)/(EI)$.

25 Rotationssymmetrische Modelle

Von den im Abschnitt 22.1 vorgestellten Modellen der Festigkeitsberechnung sind bisher ausschließlich die "eindimensionalen Modelle" behandelt worden. In diesem Kapitel werden mit ausgewählten rotationssymmetrischen Berechnungsmodellen einige (einfache, aber für die Praxis wichtige) Probleme behandelt, die sich nicht eindimensional idealisieren lassen.

25.1 Rotationssymmetrische Scheiben

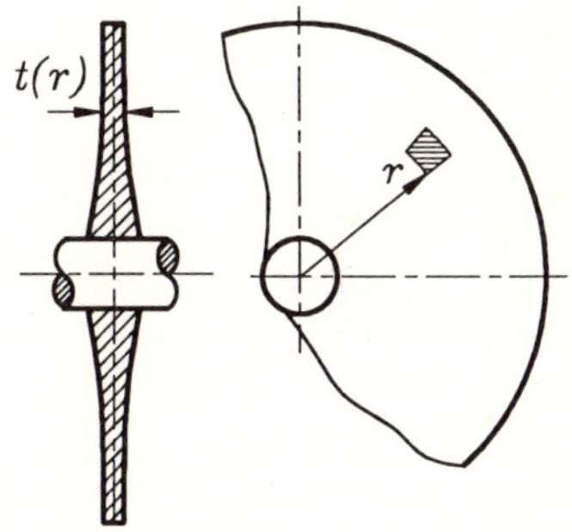

Scheiben sind ebene Flächentragwerke, die ausschließlich Belastungen aufnehmen, die in ihrer Mittelfläche liegen (vgl. Abschnitt 22.1). Betrachtet werden Kreis- und Kreisringscheiben, die rotationssymmetrisch belastet und gelagert sind. Für diesen besonders einfachen Fall kann der Spannungs- und Verformungszustand durch eine Koordinate beschrieben werden (Radius r), es ergibt sich jedoch ein **ebener Spannungszustand**.

Die Dicke t der Scheibe darf (mit r) veränderlich sein, Belastungen können am Außen- und Innenrand eingeleitet werden, außerdem sind Volumenlasten (auf das Volumenelement bezogene verteilte Belastungen) zugelassen. Wegen der vorausgesetzten Rotationssymmetrie können dies praktisch nur die (nach außen gerichteten) Zentrifugalkräfte einer rotierenden Scheibe sein.

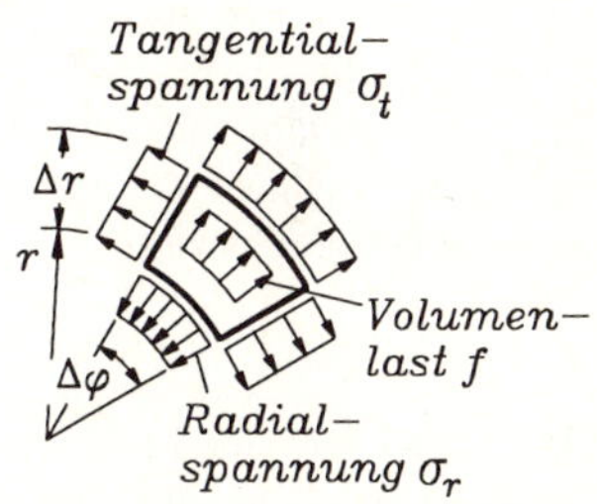

Die Skizze oben rechts zeigt eine typische rotationssymmetrische Scheibe. Rechts ist vergrößert das aus der Scheibe herausgeschnittene Element mit den Abmessungen $r\Delta\varphi$ (in Umfangsrichtung) und Δr (in radialer Richtung) zu sehen. Es ist durch Radialspannungen σ_r und Tangentialspannungen σ_t belastet (Tangentialspannungen entstehen dadurch, daß sich die "einzelnen Ringe" der Scheibe bei radialer Belastung aufweiten und dabei ihren Umfang verändern). Schubspannungen treten wegen der Rotationssymmetrie nicht auf. Eine mögliche Volumenlast f (Dimension: Kraft pro Volumen) ist durch die radial gerichteten Pfeile im Elementinneren angedeutet.

Die Spannungen werden durch Multiplikation mit den Schnittflächen und die Volumenlast durch Multiplikation mit dem (angenäherten) Elementvolumen zu Kräften, die am Element eine Gleichgewichtsgruppe bilden müssen. Nur für die radial gerichtete Kraft ist von einem Schnittufer zum anderen ein Zuwachs

$$F_r = \sigma_r t\, r\, \Delta\varphi$$
$$F_t = \sigma_t t\, \Delta r$$
$$F = f\, t\, r\, \Delta\varphi\, \Delta r$$

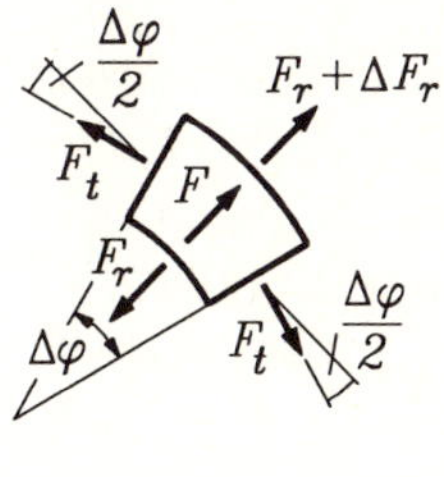

Kräfte am Element

ΔF_r zu berücksichtigen (Rotationssymmetrie!), dieser allerdings repräsentiert sowohl eine veränderliche Spannung σ_r als auch eine geänderte Schnittfläche. Das Kräfte-Gleichgewicht in radialer Richtung liefert:

$$\Delta F_r + F - 2\,F_t \sin\frac{\Delta\varphi}{2} = 0 \quad .$$

Einsetzen der in der Skizze angegebenen Ausdrücke für F_r, F_t und F und Division der Gleichung durch $\Delta\varphi$ und Δr ergibt:

$$\frac{\Delta(\sigma_r r t)}{\Delta r} + f r t - \sigma_t t\,\frac{\sin(\Delta\varphi/2)}{\Delta\varphi/2} = 0 \quad .$$

Der Grenzübergang $\Delta r \to 0$ und $\Delta\varphi \to 0$ und damit

$$\lim_{\Delta r \to 0} \frac{\Delta(\ldots)}{\Delta r} = \frac{d(\ldots)}{dr} \qquad \mathit{und} \qquad \lim_{\Delta\varphi \to 0} \frac{\sin\Delta\varphi/2}{\Delta\varphi/2} = 1$$

führt nach einigen elementaren Umformungen auf folgende Beziehung:

$$\frac{r}{t}\frac{d}{dr}\left(\sigma_r t\right) + \sigma_r - \sigma_t + r f = 0 \quad .$$

Da das Kräfte-Gleichgewicht in Umfangsrichtung identisch erfüllt ist, kann dieser Gleichung mit den beiden unbekannten Spannungen keine weitere Gleichgewichtsbedingung hinzugefügt werden. Dies ist typisch für Flächentragwerke: Die Spannungsberechnung ist stets mit einer Verformungsbetrachtung gekoppelt (die Scheibe ist "innerlich statisch unbestimmt").

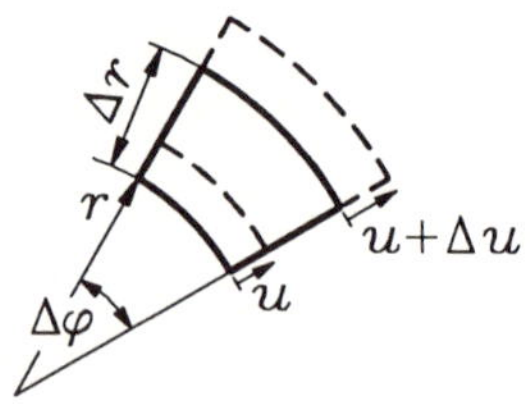

Die Skizze zeigt (gestrichelt) das verformte Element: Der Öffnungswinkel $\Delta\varphi$ bleibt erhalten (die verformten Elemente dürfen nicht auseinanderklaffen), die Umfangsfasern werden gedehnt. Die Dehnung in radialer Richtung ergibt sich aus der Differenz der Verschiebungen der beiden Schnittufer:

$$\varepsilon_r = \lim_{\Delta r \to 0} \frac{(u + \Delta u) - u}{\Delta r} = \frac{du}{dr} \quad .$$

Die Faser in Umfangsrichtung hat vor der Verformung die Länge $r\Delta\varphi$ und nach der Verformung die Länge $(r+u)\Delta\varphi$. Aus der Differenz berechnet sich die ***Tangentialdehnung***

$$\varepsilon_t = \frac{(r+u)\,\Delta\varphi - r\,\Delta\varphi}{r\,\Delta\varphi} = \frac{u}{r} \quad .$$

Diese Beziehung wird nach $u = r\,\varepsilon_t$ umgestellt und in die Formel für ε_r eingesetzt, so daß ein Zusammenhang zwischen den beiden Dehnungen entsteht:

$$\varepsilon_r = \frac{d}{dr}\left(r\,\varepsilon_t\right) = \varepsilon_t + r\,\frac{d\varepsilon_t}{dr} \quad .$$

Ersetzt man in dieser Beziehung die Dehnungen nach dem Hookeschen Gesetz

$$\varepsilon_r = \frac{1}{E}\left(\sigma_r - \nu\,\sigma_t\right) \quad , \qquad \varepsilon_t = \frac{1}{E}\left(\sigma_t - \nu\,\sigma_r\right) \qquad \textbf{(25.1)}$$

(vgl. Abschnitt 22.4) durch die Spannungen, ergibt sich eine zweite Gleichung für σ_r und σ_t. Die beiden Spannungen können also berechnet werden aus den beiden

Differentialgleichungen für die Spannungen σ_r und σ_t des rotationssymmetrischen ebenen Spannungszustandes:

$$\frac{r}{t}\,\frac{d(\sigma_r t)}{dr} + \sigma_r - \sigma_t = -rf \; ;$$
$$\frac{\nu r}{1+\nu}\left(\frac{d\sigma_r}{dr} - \frac{1}{\nu}\,\frac{d\sigma_t}{dr}\right) + \sigma_r - \sigma_t = 0 \quad . \qquad (25.2)$$

Radialverschiebung: $$u = r\,\varepsilon_t = \frac{r}{E}\left(\sigma_t - \nu\,\sigma_r\right) \quad . \qquad (25.3)$$

♦ Die Gleichungen (25.2) sind zwei lineare gekoppelte Differentialgleichungen mit veränderlichen Koeffizienten. Ihre allgemeine Lösung enthält zwei Integrationskonstanten, die aus Randbedingungen bestimmt werden müssen. Dafür müssen zwei Aussagen über die Spannung σ_r und die Radialverschiebung u am Innen- und Außenrand formuliert werden (Aussagen über σ_t sind nicht möglich, weil diese Spannung an keiner freien Fläche liegen kann).

♦ Die allgemeine Lösung von (25.2) kann nur für wenige spezielle Funktionen $t(r)$, die die Veränderlichkeit der Scheibendicke bestimmen, berechnet werden (es gelingt z. B. für die recht wichtigen "hyperbolischen Profile" mit $t = c/r^n$ bei beliebigem c und beliebigem n). Für alle denkbaren Funktionen $t(r)$ bieten sich natürlich numerische Methoden als Lösungsverfahren an (z. B. das Differenzenverfahren, weil die Differentialgleichungen linear sind). Für Scheiben konstanter Dicke wird im folgenden Beispiel die geschlossene Lösung ermittelt.

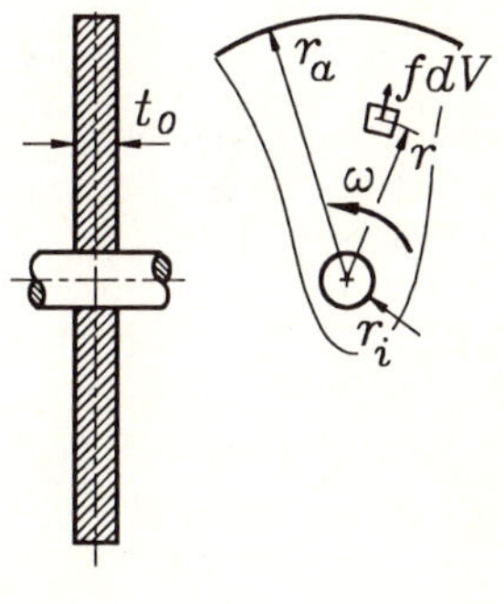

Beispiel 1: Für eine mit konstanter Winkelgeschwindigkeit ω umlaufende Kreisscheibe konstanter Dicke t_0 sollen die **allgemeine Lösung** der Differentialgleichungen (25.2) und die Radialverschiebung $u(r)$ nach (25.3) bereitgestellt werden.

Gegeben: $\omega\,,\; t_0 = konstant$.

Die an einer rotierenden Masse auftretenden Fliehkräfte berechnen sich aus dem Produkt der Masse, dem Abstand der Masse vom Drehpunkt und dem Quadrat der Winkelgeschwindigkeit (vgl. Abschnitt 29.2). An dem Volumenelement dV der Scheibe mit der Masse $dm = \varrho\, dV$ im Abstand r von der Drehachse der Welle wirkt demnach

$$f\,dV = dm\, r\,\omega^2 = r\,\omega^2\,\varrho\, dV \quad \Rightarrow \quad f = r\,\varrho\,\omega^2 \quad .$$

Dies wird in die erste Differentialgleichung (25.2) eingesetzt, aus der sich außerdem die konstante Dicke herauskürzt. Sie wird nach σ_t aufgelöst, und

$$\sigma_t = r\,\frac{d\sigma_r}{dr} + \sigma_r + r^2\,\varrho\,\omega^2 \qquad (25.4)$$

wird in die zweite Differentialgleichung (25.2) eingesetzt. Man erhält mit

$$r^2 \frac{d^2\sigma_r}{dr^2} + 3\,r\,\frac{d\sigma_r}{dr} = -(3+\nu)\,\varrho\,\omega^2 r^2 \tag{25.5}$$

eine lineare Differentialgleichung 2. Ordnung mit variablen Koeffizienten für die Radialspannung σ_r (Leser, die mit der Theorie der Lösung von Differentialgleichungen noch nicht vertraut sind, dürfen den folgenden Absatz ohne Einbuße des Verständnisses "überlesen").

Differentialgleichungen dieses Typs (als Koeffizient steht bei der k-ten Ableitung eine Potenz der unabhängigen Variablen mit dem gleichen Exponenten k) ergeben sich für verschiedene Probleme der Technischen Mechanik. Für die Lösung der homogenen Differentialgleichung führt ein Potenzansatz (hier: $\sigma_r = C\,r^\lambda$) zum Ziel (hier erhält man $\lambda_1 = 0$ und $\lambda_2 = -2$), und man bestätigt durch Einsetzen, daß $\sigma_{r,part.} = -\tfrac{1}{8}(3+\nu)\,\varrho\,\omega^2 r^2$ die inhomogene Differentialgleichung erfüllt und damit als Partikulärlösung verwendet werden kann.

Damit kann die allgemeine Lösung von (25.5) aufgeschrieben werden (zwei Anteile für die Lösung der homogenen Gleichung und die Partikulärlösung). Sie wird in (25.4) und (25.3) eingesetzt, und man erhält den

Spannungs- und Verschiebungszustand einer Scheibe konstanter Dicke unter Fliehkraftbelastung (allgemeine Lösung):

$$\begin{aligned}
\sigma_r &= C_1 + \frac{C_2}{r^2} - \frac{3+\nu}{8}\,\varrho\,\omega^2 r^2 \;, \\
\sigma_t &= C_1 - \frac{C_2}{r^2} - \frac{1+3\nu}{8}\,\varrho\,\omega^2 r^2 \;, \\
u &= \frac{r}{E}\left[C_1(1-\nu) - \frac{C_2}{r^2}(1+\nu) - \frac{\varrho\,\omega^2 r^2}{8}(1-\nu^2)\right] \;.
\end{aligned} \tag{25.6}$$

Die allgemeine Lösung (25.6) muß noch den Randbedingungen des aktuellen Problems angepaßt werden (Bestimmung der Integrationskonstanten C_1 und C_2, vgl. nachfolgendes Beispiel).

Beispiel 2: Eine mit der Winkelgeschwindigkeit ω rotierende Kreisscheibe konstanter Dicke t_0 ist auf eine **starre Nabe** aufgeklebt. Es soll untersucht werden, mit welcher Winkelgeschwindigkeit ω_{max} die Scheibe umlaufen darf, so daß in der Klebeverbindung eine zulässige Spannung σ_{zul} nicht überschritten wird, und welche Spannungsverteilungen σ_r und σ_t und Radialverschiebung sich bei dieser Winkelgeschwindigkeit in der Scheibe einstellen.

Gegeben: $r_i = 10\,cm$; $r_a/r_i = 5$; $\sigma_{zul} = 80\,N/mm^2$;
$\varrho = 7{,}85\,g/cm^3$; $\nu = 0{,}3$; $E = 2{,}1 \cdot 10^5\,N/mm^2$.

Die allgemeine Lösung (25.6) muß folgenden Randbedingungen angepaßt werden:

$\sigma_r\,(r = r_a) = 0$ (keine Belastung am Außenrand),

$u\;(r = r_i) = 0$ (keine Verschiebung an der starren Nabe).

Die beiden Randbedingungsgleichungen werden aufgeschrieben und jeweils nach C_1 umgestellt:

$$C_1 = \frac{3+\nu}{8} \varrho \, \omega^2 r_a^2 - \frac{C_2}{r_a^2} \quad ; \quad C_1 = \frac{C_2}{r_i^2} \frac{1+\nu}{1-\nu} + \frac{\varrho \, r_i^2 \, \omega^2}{8} (1+\nu) \; .$$

Gleichsetzen liefert eine Bestimmungsgleichung für C_2, und man berechnet:

$$C_2 = \frac{\varrho \, \omega^2}{8} \frac{\left[(3+\nu) r_a^2/r_i^2 - (1+\nu)\right](1-\nu) \, r_a^2 r_i^2}{(1+\nu) \, r_a^2/r_i^2 + 1 - \nu} \; .$$

Bei vorgegebener Winkelgeschwindigkeit könnte mit diesen Konstanten der Spannungs- und Verschiebungszustand nach (25.6) aufgeschrieben werden. Die gesuchte maximale Winkelgeschwindigkeit, ohne in der Klebefuge die zulässige Spannung zu überschreiten, ergibt sich aus der Grenzbedingung

$$\sigma_r (r = r_i) = \sigma_{zul} \; .$$

Man errechnet

$$\omega_{max} = \sqrt{\frac{4\left[(1+\nu) \, r_a^2/r_i^2 + 1 - \nu\right] \sigma_{zul}}{\varrho \, (r_a^2 - r_i^2)\left[(3+\nu) \, r_a^2/r_i^2 + 1 - \nu\right]}}$$

und mit den gegebenen Zahlenwerten: ω_{max} = **260,34** s^{-1}.

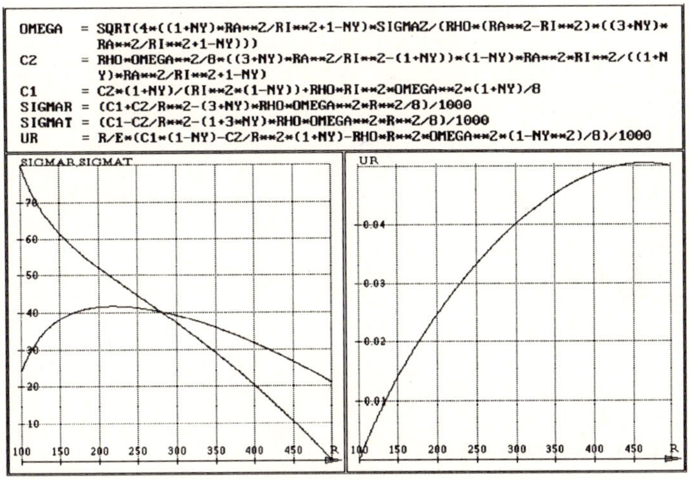

Der Bildschirm-Schnappschuß (Programm MCALCU der beiliegenden Diskette) zeigt die graphische Darstellung der Spannungen und der Radialverschiebung. Darüber sind die dem Programm als Satz von Funktionen mitgeteilten Ausdrücke in der Form zu sehen, wie sie für das Beispiel ermittelt wurden.

Es ist zu erkennen, daß die Randbedingungen und die Grenzbedingung für die Radialspannung erfüllt sind. Die größte Radialspannung tritt am Innenrand auf. Bei der Tangentialspannung ergibt sich ein Extremwert von σ_r = **41,7** N/mm^2 bei einem Radius zwischen **217** und **218** mm.

25.2 Spezielle Anwendungsbeispiele

Die im Abschnitt 25.1 für die rotationssymmetrischen Scheiben entwickelte allgemeine Lösung wird (zum Teil mit geringfügiger Modifikation) auf eine Reihe praktischer Probleme angewendet, von denen hier zwei vorgestellt werden sollen.

Das **Aufschrumpfen einer Scheibe** auf eine Welle oder Hülse kann für die Scheibe konstanter Dicke unmittelbar auf der Basis der Formeln (25.6) behandelt werden. Der Innenradius der Scheibe wird mit einem Untermaß Δr gefertigt. Im einfachsten Fall (Beispiel 1) wird angenommen, daß die Scheibe aufgeweitet und auf die als starr angenommene Welle gezogen wird (praktische Realisierung: Erwärmen der Scheibe, Aufbringen auf die Welle, bei der Abkühlung entspricht die Verhinderung des Zusammenziehens auf das Fertigungsmaß der Aufweitung um Δr).

Beispiel 1: Eine Kreisscheibe konstanter Dicke wird an ihrem Innenrand um den Betrag Δr aufgeweitet. Der Verformungs- und Spannungszustand $u(r)$, $\sigma_r(r)$ und $\sigma_t(r)$ und die Vergleichsspannung nach der Gestaltänderungshypothese sollen berechnet werden.

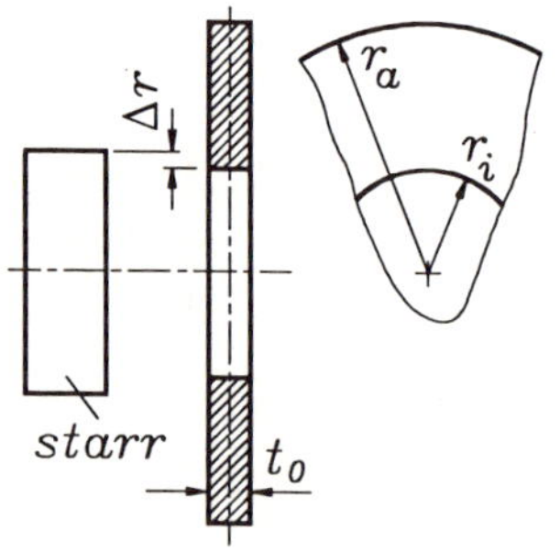

Gegeben: $r_a = 3\,r_i = 300\ mm$; $\nu = 0{,}3$; $\Delta r = 0{,}001\,r_i$; $E = 2{,}1 \cdot 10^5\ N/mm^2$.

Die Gleichungen (25.6) mit $\omega = 0$ müssen den Randbedingungen

$$\sigma_r(r = r_a) = 0 \quad , \quad u(r = r_i) = \Delta r$$

angepaßt werden. Daraus errechnen sich die Integrationskonstanten

$$C_1 = -\frac{C_2}{r_a^2} \quad , \quad C_2 = -\frac{\Delta r\,E\,r_i r_a^2}{(1-\nu)\,r_i^2 + (1+\nu)\,r_a^2} \quad ,$$

mit denen die gesuchten Funktionen aufgeschrieben werden können:

$$\sigma_r(r) = \frac{\Delta r\,E\,r_i}{(1-\nu)\,r_i^2 + (1+\nu)\,r_a^2}\left(1 - \frac{r_a^2}{r^2}\right) \quad ,$$

$$\sigma_t(r) = \frac{\Delta r\,E\,r_i}{(1-\nu)\,r_i^2 + (1+\nu)\,r_a^2}\left(1 + \frac{r_a^2}{r^2}\right) \quad ,$$

$$u_r(r) = \frac{\Delta r\,r_i\,r}{(1-\nu)\,r_i^2 + (1+\nu)\,r_a^2}\left(1 - \nu + (1+\nu)\,\frac{r_a^2}{r^2}\right) \quad .$$

Die Vergleichsspannung nach der Gestaltänderungshypothese ergibt sich für den ebenen Spannungszustand (ohne Schubspannung, σ_r und σ_t sind Hauptspannungen) nach (22.12) zu

$$\sigma_{V,3} = \sqrt{\sigma_r^2 + \sigma_t^2 - \sigma_r\,\sigma_t} \quad .$$

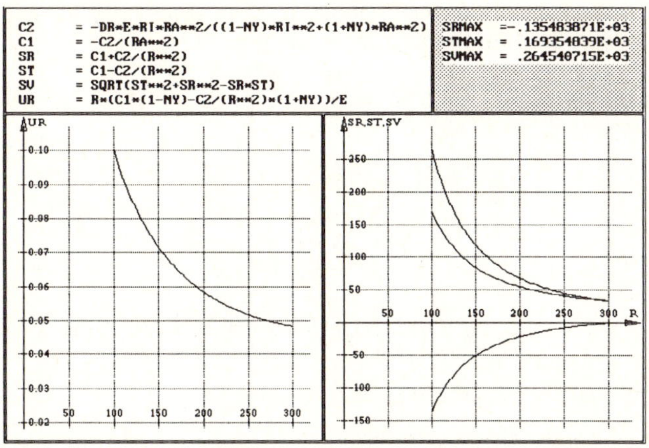

Der Bildschirm-Schnappschuß (Programm MCALCU, beiliegende Diskette) zeigt die Darstellung der Funktionen für die gegebenen Zahlenwerte. Die größte Beanspruchung tritt erwartungsgemäß am Innenrand auf (Vergleichsspannung $\sigma_{V,max}$ = **264,5** $\boldsymbol{N/mm^2}$).

- Mit der Annahme einer starren Welle wie im Beispiel 1 liegt man hinsichtlich der errechneten Spannungen in der Scheibe auf der sicheren Seite. Andererseits sind die Radialspannungen am Innenrand erwünscht, weil durch sie die Scheibe auf die Welle gepreßt wird. Da sich diese Radialspannungen bei Rotation von Welle und Scheibe verringern (durch die Zentrifugalkräfte werden die Scheibenpunkte und damit auch der Innenrand nach außen verschoben), ist für diesen Fall eine Berechnung unter zumindest angenäherter Erfassung der Elastizität der Welle sinnvoll.

  Eine übliche Näherung basiert auf der Idee, eine Scheibe der Welle mit der gleichen Breite wie die aufzuschrumpfende Scheibe in die Rechnung einzubeziehen, so daß "eine ringförmige Scheibe der Breite t_0 auf eine Vollscheibe der Breite t_0 aufgebracht wird" (Beispiel 2).

  Für eine **Vollscheibe** konstanter Dicke gilt auch die allgemeine Lösung (25.6). Weil die Spannungen im Mittelpunkt ("Innenrand") bei $\boldsymbol{r = 0}$ nicht unendlich werden dürfen, gilt für die Vollscheibe $\boldsymbol{C_2 = 0}$, die andere Integrationskonstante wird durch eine Bedingung am Außenrand bestimmt.

Beispiel 2: Die Kreisringscheibe des Beispiels 1 wird auf eine Vollscheibe gleicher Dicke und gleichen Materials aufgeschrumpft. Der Außenradius der Vollscheibe und der Innenradius der Kreisringscheibe unterscheiden sich um den im Beispiel 1 angegebenen Wert Δr.

Berechnet werden sollen die Schrumpfspannung σ_S, die nach dem Aufbringen der Kreisringscheibe in der Schrumpffuge zwischen Vollscheibe und Kreisringscheibe wirkt, und die Winkelgeschwindigkeit ω_0, bei der diese Spannung Null wird, wodurch sich die beiden Scheiben wieder voneinander lösen.

Die allgemeinen Lösungen nach (25.6) für die Kreisringscheibe 1 und die Vollscheibe 2 enthalten insgesamt drei Integrationskonstanten (für die Vollscheibe gilt $\boldsymbol{C_2 = 0}$, siehe die entsprechende Bemerkung vor diesem Beispiel). Hier werden nur die Funktionen für σ_r und u angegeben, weil σ_t zur Beantwortung der untersuchten Fragen nicht erforderlich ist:

***Kreisringscheibe*:**

$$\sigma_{r1} = C_1 + \frac{C_2}{r^2} - \frac{3+\nu}{8}\,\varrho\,\omega^2 r^2 \quad ,$$

$$u_1 = \frac{r}{E}\left[C_1(1-\nu) - \frac{C_2}{r^2}(1+\nu) - \frac{\varrho\,\omega^2 r^2}{8}(1-\nu^2)\right] \quad ,$$

***Vollscheibe*:**

$$\sigma_{r2} = \bar{C}_1 - \frac{3+\nu}{8}\,\varrho\,\omega^2 r^2 \quad ,$$

$$u_2 = \frac{r}{E}\left[\bar{C}_1(1-\nu) - \frac{\varrho\,\omega^2 r^2}{8}(1-\nu^2)\right] \quad .$$

Folgende Rand- und Übergangsbedingungen sind zu erfüllen:

1.) Freier Außenrand der Kreisringscheibe: $\sigma_{r1}(r_a) = \mathbf{0}$.

2.) Gleichheit der beiden Radialspannungen in der Schrumpffuge: $\sigma_{r1}(r_i) = \sigma_{r2}(r_i)$.

3.) Die Aufweitung des Innenrandes der Kreisringscheibe $u_{1i} = u_1(r_i)$ und die Zusammendrückung des Außenrandes der Vollscheibe $-u_{2i} = -u_2(r_i)$ müssen zusammen das Fehlmaß Δr ausgleichen (nebenstehende Skizze):

$$\Delta r = u_1(r_i) - u_2(r_i) \quad .$$

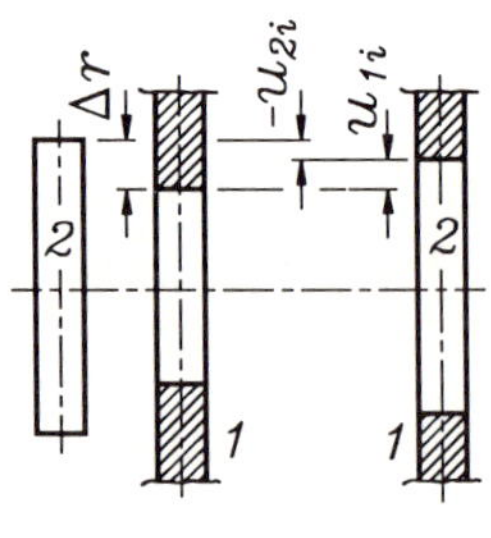

Daraus errechnet man (problemlos, wenn auch etwas mühsam) die drei Integrationskonstanten, mit denen die Fragestellungen der Aufgabe beantwortet werden können. Die Schrumpfspannung σ_S ergibt sich zu:

$$\sigma_S = \sigma_{r1}(r_i) = \sigma_{r2}(r_i) = \frac{1}{2}\,E\,\Delta r\, r_i\left(\frac{1}{r_a^2} - \frac{1}{r_i^2}\right) + \frac{3+\nu}{8}\,\varrho\,\omega^2\left(r_a^2 - r_i^2\right) \quad .$$

Die Spannung in der Schrumpffuge der nicht rotierenden Scheiben beträgt

$$\sigma_S(\omega = 0) = \mathbf{-\,93{,}3}\ N/mm^2$$

(im Vergleich zu $\sigma_S = \sigma_r(r_i) = -\,\mathbf{135{,}5}\ N/mm^2$ bei Annahme einer starren Welle im Beispiel 1). Die Spannung in der Schrumpffuge wird Null für

$$\omega_0 = \mathbf{600}\ s^{-1} \quad .$$

♦ Bei der Übertragung des Berechnungsmodells des Beispiels 2 auf die Kreisringscheibe, die auf eine Welle aufgeschrumpft wird, ist zu beachten, daß die Welle tatsächlich steifer ist als eine aus ihr herausgeschnittene Vollscheibe (die Querdehnung kann behindert sein, in jedem Fall widersetzen sich auch die Nachbarscheiben der Welle einer Zusammendrückung). Eine genauere Rechnung, die auch dies berücksichtigt, ist aufwendig, mit den hier vorgestellten Berechnungsmodellen nicht zu realisieren, allerdings für die meisten praktischen Fälle auch nicht erforderlich. Man beachte, daß die Verwendung des Modells des Beispiels 1 eine zu starre Welle annehmen würde, so daß die tatsächlichen Ergebnisse von beiden Berechnungsmodellen eingegrenzt werden.

Mit nur geringfügiger Modifikation kann die für den ebenen Spannungszustand in einer Scheibe konstanter Dicke entwickelte allgemeine Lösung (25.6) für die **Berechnung dickwandiger Rohre und dickwandiger zylindrischer Behälter** verwendet werden. Man betrachtet dafür eine von zwei Ebenen senkrecht zur Symmetrieachse des Rohrs bzw. Behälters herausgeschnittene Kreisringscheibe konstanter Dicke. Eine Vereinfachung ergibt sich zunächst dadurch, daß in (25.6) $\omega = \mathbf{0}$ gesetzt werden darf.

Allerdings muß bei einem ebenen Spannungszustand vorausgesetzt werden, daß sich die Verschiebungen senkrecht zur Scheibenfläche frei ausbilden können (infolge der Querkontraktion ändert sich die Scheibendicke durch die Wirkung von σ_r und σ_t), so daß keine Spannungen in dieser Richtung entstehen. Diese Spannungsfreiheit ist natürlich bei einer Scheibe, die aus dem (zylindrischen) Mittelteil des nebenstehend skizzierten Behälters herausgeschnitten wird, nicht gegeben. Vielmehr rufen der auch auf die Stirnflächen des Behälters wirkende Innendruck Zugspannungen und der Außendruck Druckspannungen hervor (angedeutet als σ_z in der unter dem Behälter gezeichneten Scheibe), deren Auswirkungen auf den Spannungs- und Verformungszustand zu untersuchen sind (das Eigengewicht kann bei den für sehr hohen Druck ausgelegten dickwandigen Behältern vernachlässigt werden).

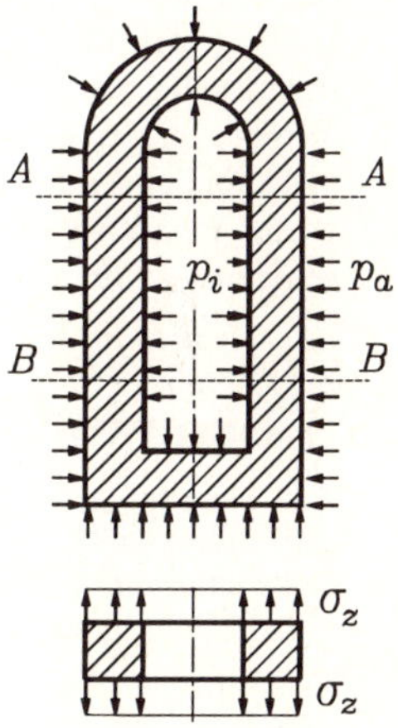

Behälter unter Innendruck p_i und Außendruck p_a

Mit guter Annäherung an die Realität darf vorausgesetzt werden, daß sich die Spannungen σ_z gleichmäßig über die Schnittfläche verteilen. Die Differenz der Kraft $p_i \pi r_i^2$, die der Innendruck auf die innere Stirnfläche ausübt, und der Kraft $p_a \pi r_a^2$, die der Außendruck auf die äußere Stirnfläche ausübt, wird durch die Querschnittsfläche $A = \pi(r_a^2 - r_i^2)$ der herausgeschnittenen Kreisringscheibe dividiert, und man erhält:

$$\sigma_z = \frac{p_i r_i^2 - p_a r_a^2}{r_a^2 - r_i^2} \quad . \tag{25.7}$$

Diese Spannung wirkt sich natürlich auch auf die Verformungen in der Scheibenebene aus (Querkontraktion), so daß das Hookesche Gesetz des ebenen Spannungszustands (25.1) um einen Anteil zu erweitern ist (dreidimensionaler Spannungszustand):

$$\varepsilon_r = \frac{1}{E}\left(\sigma_r - \nu\,\sigma_t - \nu\,\sigma_z\right) \quad , \qquad \varepsilon_t = \frac{1}{E}\left(\sigma_t - \nu\,\sigma_r - \nu\,\sigma_z\right) \quad . \tag{25.8}$$

Wenn nun (25.8) an Stelle von (25.1) für die Herleitung der Beziehungen (25.2) benutzt wird, zeigt sich, daß dies bei (vorausgesetzter) konstanter Spannung σ_z gar keine Auswirkungen auf die beiden Spannungs-Differentialgleichungen hat, nur die Formel für die Radialverschiebung muß korrigiert werden:

$$u = r\,\varepsilon_t = \frac{r}{E}\left(\sigma_t - \nu\,\sigma_r - \nu\,\sigma_z\right) \quad . \tag{25.9}$$

Damit gilt für die **Spannungen** σ_r und σ_t die allgemeine Lösung (25.6), die (mit $\omega = \mathbf{0}$) noch den Randbedingungen

$$\sigma_r(r_i) = -p_i \quad , \qquad \sigma_r(r_a) = -p_a$$

angepaßt werden muß. Man erhält schließlich zusammen mit (25.7) die

Spannungsformeln für den dickwandigen Kreiszylinder unter Innen- und Außendruck:

$$\sigma_r = -\frac{1}{r_a^2 - r_i^2}\left[p_i r_i^2\left(\frac{r_a^2}{r^2} - 1\right) + p_a r_a^2\left(1 - \frac{r_i^2}{r^2}\right)\right] ;$$

$$\sigma_t = \frac{1}{r_a^2 - r_i^2}\left[p_i r_i^2\left(\frac{r_a^2}{r^2} + 1\right) - p_a r_a^2\left(1 + \frac{r_i^2}{r^2}\right)\right] . \qquad (25.10)$$

Die (im allgemeinen allerdings kaum interessierende) Radialverschiebung u kann bei bekannten Spannungen nach (25.9) berechnet werden.

- ♦ Die Formeln (25.7) und (25.10) gelten nur für den mittleren zylindrischen Teil eines Behälters (in der Skizze auf der vorigen Seite etwa durch die Schnitte ***A-A*** und ***B-B*** angedeutet), weil die in der Herleitung der Formeln vorausgesetzte freie Radialverformung in der Nähe von Behälterboden und -deckel nachhaltig gestört ist. Diese Formeln sind also nur für eine grob überschlägige Dimensionierung geeignet. Der Ingenieur in der Praxis ist ohnehin gerade beim Sicherheitsnachweis für Druckbehälter im allgemeinen an branchentypische Vorschriften und Normen (z. B. DIN 2413) gebunden.

25.3 Dünnwandige Behälter (Membranspannungen)

Wenn die Wanddicke eines Behälters oder Rohres gegenüber den anderen Abmessungen klein ist, dann kann die Radialspannung gegenüber der Tangentialspannung vernachlässigt und letztere als konstant über die Dicke angenommen werden. Ein so idealisierter Körper setzt der Verbiegung seiner Wand keinen Widerstand entgegen (Membranspannungszustand).

Für einfache geometrische Formen des Behälters können die Spannungen aus einfachen Gleichgewichtsbetrachtungen ermittelt werden. Für den skizzierten **zylindrischen Behälter** unter Innendruck p mit der konstanten Wanddicke t und dem mittleren Radius r erhält man so die Längsspannungen σ_l (in Schnitten quer zur Zylinderlängsachse) und σ_t (in Längsschnitten).

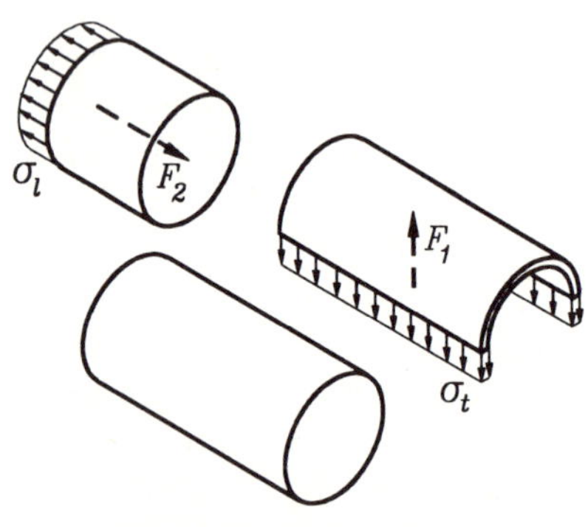

Dünnwandiger zylindrischer Behälter unter Innendruck p

Die resultierende Kraft F_2, die auf den Zylinderboden drückt, berechnet sich unabhängig von dessen geometrischer Form (Kraft = Druck · "projizierte" Fläche, die in jedem Fall ein Kreis ist) nach $F_2 = p r^2 \pi$ (vgl. im Abschnitt 19.3.1, Beispiel 1: Ermittlung der Resultierenden bei konstanter Linienlast an einem Kreisbogenträger). Die Resultierende der Längsspannung wird wegen der Dünnwandigkeit mit einer vereinfachten Kreisringfläche (Umfang · Dicke) ermittelt und muß mit F_2 im Gleichgewicht sein:

$$\sigma_l \, 2\pi r t = p r^2 \pi \quad \Rightarrow \quad \sigma_l = \frac{p r}{2t} .$$

Es ist einleuchtend, daß diese Formel auch für einen Kugelbehälter gilt. Die Tangentialspannung σ_t im Mittelteil des zylindrischen Behälters ergibt sich aus dem Gleichgewicht der resultierenden Kraft F_1, berechnet für ein Zylinderstück beliebiger Länge l, mit der Resultierenden aus der Spannung entlang der beiden Schnittgeraden.

Die einfachen (nur eingeschränkt gültigen) Formeln, die sich so ergeben, nennt der Praktiker

Kesselformeln für Zylinderbehälter: $\sigma_t = \dfrac{p\,r}{t}$, $\sigma_l = \dfrac{p\,r}{2t}$,

Kugelbehälter: $\sigma_l = \sigma_t = \dfrac{p\,r}{2t}$. **(25.11)**

♦ Die eingeschränkte Gültigkeit der Kesselformeln bezieht sich vor allen Dingen auf die nicht berücksichtigten Biegewirkungen am Zylinderboden und den unvermeidlichen Biegewirkungen an den Punkten, an denen der Behälter gelagert ist. Dagegen rechtfertigt sich die Vernachlässigung der Radialspannungen, die mit $\sigma_r = -p$ an der Innenwand ihren Maximalwert hätten: Die beiden anderen Spannungen enthalten jeweils den Faktor r/t, was zu wesentlich größeren Werte führt.

25.4 Aufgaben

Aufgabe 25.1: Für eine rotierende **Vollscheibe** konstanter Dicke sind der Spannungs- und Verformungszustand, die Spannungen im Mittelpunkt der Scheibe sowie die maximale Radialverschiebung zu berechnen und die Verläufe graphisch darzustellen.

Gegeben: $\omega = 260\ s^{-1}$; $r_a = 500\ mm$; $\varrho = 7{,}85\ g/cm^3$; $\nu = 0{,}3$;
$E = 2{,}1 \cdot 10^5\ N/mm^2$.

Aufgabe 25.2: Eine Buchse wird auf eine **starre Welle** aufgeschrumpft.

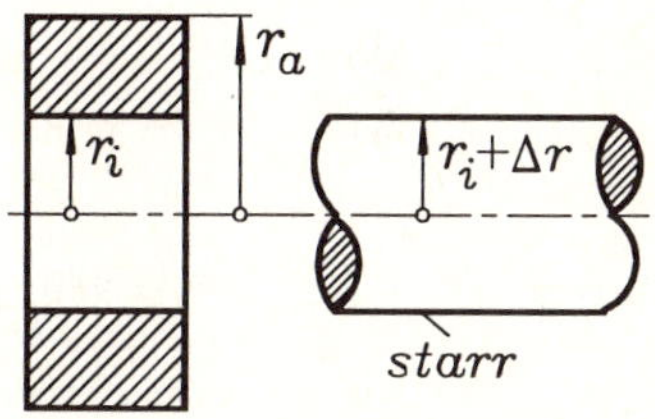

Gegeben: $r_a = 2\,r_i = 200\ mm$; $\nu = 0{,}3$;
$E = 2{,}1 \cdot 10^5\ N/mm^2$; $\varrho = 7{,}85\ g/cm^3$.

a) Welches Übermaß muß man der Welle geben, um im Schrumpfsitz nach der Montage eine Druckspannung von **150** N/mm^2 zu haben?

b) Bei welcher Winkelgeschwindigkeit würde für das unter a) ermittelte Übermaß die Schrumpfspannung auf **50** N/mm^2 abgebaut werden?

Aufgabe 25.3: Ein dickwandiger zylindrischer Behälter ist ausschließlich durch den Innendruck p_i belastet.

Gegeben: $r_i = 30\ cm$; $r_a = 50\ cm$; $p_i = 6\ MPa = 6\ N/mm^2$; $\nu = 0{,}3$;
$E = 2{,}1 \cdot 10^5\ N/mm^2$.

Man ermittle die Verläufe der Spannungen σ_r, σ_t und σ_z und der Radialverschiebung u in Abhängigkeit vom Radius r (einschließlich graphischer Darstellung).

26 Kinematik des Punktes

Die ***Kinematik*** ist die Lehre vom geometrischen und zeitlichen Ablauf von Bewegungen, ohne nach Ursachen (z. B. den Kräften) und Wirkungen zu fragen. Die ***Kinetik*** dagegen, die ab Kapitel 28 behandelt wird, untersucht die Wechselwirkungen zwischen Kräften und den Bewegungen von Massen (der vielfach auch gebräuchliche Begriff ***Dynamik*** schließt die Kinetik und die Statik als Lehre vom Gleichgewicht ruhender Körper ein).

Dem Prinzip der Darstellung in diesem Buch folgend, stets die einfachen Probleme an den Anfang zu stellen, um dann zu verallgemeinern, wird zunächst die ***Kinematik des Punktes*** behandelt. Dabei braucht man nicht die Vorstellung zu haben, nur den (unendlich kleinen) Punkt zu betrachten. Es wird die Bewegung eines einzelnen Punktes beschrieben, der durchaus zu einem Körper mit endlichen Abmessungen und komplizierter Struktur gehören darf. Vielfach werden sogar die wesentlichen Aussagen der Bewegung des Gesamtkörpers durch einen Punkt beschrieben (und deshalb können in den Kinematik-Beispielen durchaus Lokomotiven oder gar Planeten auftauchen).

Der wesentliche Unterschied der Kinematik des Punktes zur Kinematik des Körpers kann darin gesehen werden, daß ein Punkt keine Drehbewegung (um seine eigene Achse) ausführen kann (Beispiel: Planetenbahnen können so beschrieben werden, nicht aber die Rotation um eine Achse des Planeten).

26.1 Geradlinige Bewegung des Punktes

26.1.1 Weg, Geschwindigkeit, Beschleunigung

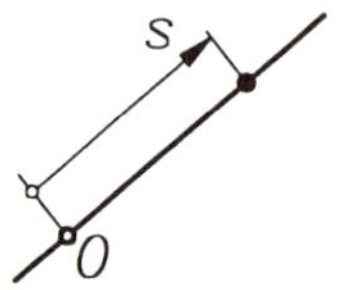

Die Bewegung eines Punktes entlang einer geraden Linie wird vollständig beschrieben durch die Angabe einer Weg-Zeit-Funktion

$$s = s(t) \quad .$$

Dabei wird die ***Wegkoordinate s*** von einem beliebig festzulegenden Anfangspunkt aus gezählt, $s(t)$ gibt dann die Lage des Punktes zu jedem ***Zeitpunkt t*** an. Auch der Beginn der Zeitzählung $(t = 0)$ muß eindeutig festgelegt werden. Es ist nicht zwingend (für die meisten Probleme aber sinnvoll), die Zeitmessung dann zu beginnen, wenn der Punkt den festgelegten Anfangspunkt der Wegmessung passiert.

Die ***Geschwindigkeit v*** ist ein Maß dafür, wie schnell sich die Wegkoordinate s mit der Zeit ändert. Der Quotient aus dem pro Zeitintervall Δt zurückgelegten Weg $\Delta s = s_2 - s_1$ und diesem $\Delta t = t_2 - t_1$ wird deshalb als ***mittlere Geschwindigkeit*** v_m im Zeitintervall definiert.

Analog dazu definiert man als Maß für die Geschwindigkeitsänderung die ***Beschleunigung a***: Die Differenz der Geschwindigkeiten $\Delta v = v_2 - v_1$ am Ende und am Beginn eines Zeitintervalls Δt wird durch Δt dividiert, es ist die ***mittlere Beschleunigung*** a_m im Zeitintervall.

Mittlere Geschwindigkeit: $$v_m = \frac{s_2 - s_1}{t_2 - t_1} = \frac{\Delta s}{\Delta t} \qquad (26.1)$$

Mittlere Beschleunigung: $$a_m = \frac{v_2 - v_1}{t_2 - t_1} = \frac{\Delta v}{\Delta t} \qquad (26.2)$$

Während (26.1) und (26.2) die Mittelwerte über ein endliches Zeitintervall definieren, kommt man mit dem Grenzübergang $\Delta t \to 0$ zur Geschwindigkeit und zur Beschleunigung zu einem Zeitpunkt t.

Momentangeschwindigkeit:

$$v = \lim_{\Delta t \to 0} \frac{\Delta s}{\Delta t} = \frac{ds}{dt} = \dot{s}(t) \qquad (26.3)$$

Momentanbeschleunigung:

$$a = \lim_{\Delta t \to 0} \frac{\Delta v}{\Delta t} = \frac{dv}{dt} = \frac{d^2 s}{dt^2} = \dot{v}(t) = \ddot{s}(t) \qquad (26.4)$$

- Wenn die Weg-Zeit-Funktion $s(t)$ bekannt ist, so ist damit der **Bewegungsvorgang vollständig beschrieben**. Die Geschwindigkeits-Zeit-Funktion $v(t)$ und die Beschleunigungs-Zeit-Funktion $a(t)$ erhält man durch ein- bzw. zweimalige Differentiation der Weg-Zeit-Funktion nach der Zeit (der Punkt über der Funktion wird als Ableitungssymbol nach der Zeit t vereinbart).
- Bei bekannter Geschwindigkeits-Zeit-Funktion gewinnt man die Weg-Zeit-Funktion durch Integration über die Zeit. Für die Bestimmung der sich dabei ergebenden Integrationskonstanten ist eine zusätzliche Aussage erforderlich (z. B. die Angabe der Wegkoordinate s_0 zu einem bestimmten Zeitpunkt t_0).
- Bei bekannter Beschleunigungs-Zeit-Funktion (dies ist der typische Fall in der Kinetik) sind zur kompletten Beschreibung der Bewegung noch zwei zusätzliche Angaben erforderlich. Da dies bei den meisten Aufgaben die Aussagen über die Wegkoordinate s_0 und die Geschwindigkeit v_0 beim Beginn der Betrachtung der Bewegung (Zeitpunkt t_0) sind, nennt man diese zusätzlichen Aussagen ***Anfangsbedingungen***. Natürlich können diese Zusatzbedingungen sich auf jeden beliebigen Zeitpunkt der Bewegung beziehen, auch auf verschiedene Zeitpunkte für Weg- und Geschwindigkeitsaussage, es können auch zwei Aussagen über die Wegkoordinate zu verschiedenen Zeitpunkten sein.

Beispiel 1: Zwischen den Kilometersteinen **67,5** und **70** zeigt der Tachometer eines Autos konstant **130** km/h. Tatsächlich werden für die Strecke **71** s benötigt.

Aus den Meßwerten ergibt sich nach (26.1) eine mittlere Geschwindigkeit von

$$v_m = \frac{70 - 67{,}5}{71}\,\frac{km}{s} = \frac{2{,}5}{71}\,\frac{km \cdot 3600}{h} = 126{,}76\ km/h \ ,$$

woraus sich ein relativer Fehler der Tachometeranzeige von **2,56%** errechnet.

- Empfehlung für die Zahlenrechnung mit unterschiedlichen Dimensionen der einzelnen Größen: Man beziehe die Dimensionen in die Rechnung mit ein, um auf diese Weise Umrechnungen möglichst sicher zu machen. Im Beispiel 1 wurde die Sekunde mit $s = h/3600$ durch die Stunde ersetzt, die **3600** geht in die Zahlenrechnung ein, die Sekunde *s* ersetzt die Stunde *h* in der Dimension des Ergebnisses.

Beispiel 2: Ein Pkw benötigt für eine **18 *km*** lange Strecke bei konstanter Geschwindigkeit von **90 *km/h*** eine Fahrzeit von **12 *min***. Auf der gleichen Strecke fährt ein zweiter Pkw die ersten **9 *km*** (halbe Stecke) mit **120 *km/h*** und den Rest mit **60 *km/h***, ein dritter Pkw fährt in den ersten **6** Minuten (halbe Zeit, die der erste Pkw für die Gesamtstrecke benötigt) mit **60 *km/h*** und den Rest der Strecke mit **120 *km/h***. Gibt es Unterschiede in der Gesamtfahrzeit?

Berechnung der Gesamtfahrzeiten t_{ges} für Pkw 2 und Pkw 3:

$$PKW\,2: \quad t_{ges,2} = \left(\frac{9}{120} + \frac{9}{60}\right) h = \frac{27}{120}\, h = 0{,}225\, h = 13{,}5\ \text{min} \quad ,$$

$$PKW\,3: \quad s_1 = v_1 t_1 \quad , \quad t_{ges,3} = t_1 + \frac{s_2}{v_2} = t_1 + \frac{s_{ges} - v_1 t_1}{v_2} = 12\ \text{min} \quad .$$

- Man beachte, daß der Begriff **"Mittlere Geschwindigkeit"** sich auf eine **Mittelwertbildung über die Zeit** bezieht. Im Beispiel 2 hat Pkw 3 (je **6 *min*** mit **60** bzw. **120 *km/h***) eine mittlere Geschwindigkeit für die Gesamtstrecke von **90 *km/h***. Dagegen hat Pkw 2 (je **9 *km*** mit **60** bzw. **120 *km/h***) nur eine mittlere Geschwindigkeit für die Gesamtstrecke von $v_m = (18\,km)/(13{,}5\,min) = 80\ km/h$.

Beispiel 3: Mit Kurvenscheibengetrieben sind fast beliebige Weg-Zeit-Funktionen zu realisieren. Der Endpunkt des skizzierten Stößels bewegt sich nach dem Weg-Zeit-Gesetz

$$s(t) = k_1 t^3 + k_2 t^2 + k_3 t + k_4$$

$$mit \quad k_1 = 0{,}004\ m/s^3 \ ; \quad k_2 = -0{,}04\ m/s^2 \ ;$$
$$k_3 = 0{,}1\ m/s \ ; \quad k_4 = 0{,}06\ m \quad .$$

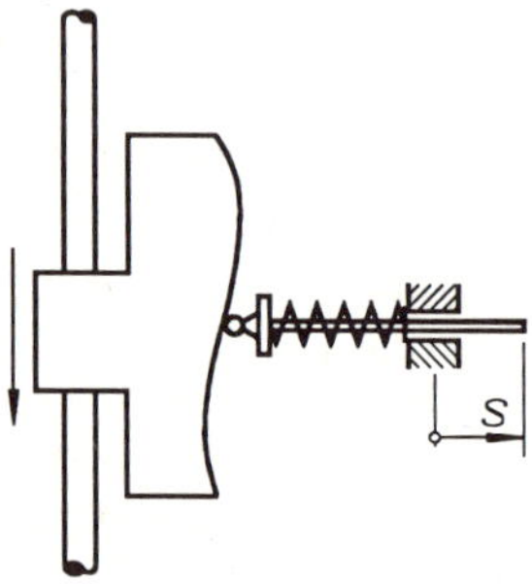

Damit ist die geradlinige Bewegung vollständig beschrieben. Man berechnet z. B. durch Differenzieren nach der Zeit:

$$v(t) = 3k_1 t^2 + 2k_2 t + k_3 \ ,$$
$$a(t) = 6k_1 t + 2k_2 \quad .$$

Für jeden Zeitpunkt sind alle Bewegungsgrößen berechenbar, nach $t = 4\,s$ erhält man z. B.:

$$s(4s) = 0{,}076\,m \ ; \quad v(4s) = -0{,}028\,m/s \ ; \quad a(4s) = 0{,}016\ m/s^2 \ .$$

- Interpretation der Vorzeichen: Eine negative Geschwindigkeit besagt, daß die momentane Bewegungsrichtung der Wegkoordinate *s* entgegengesetzt ist. Eine negative Beschleunigung bei positiver Geschwindigkeit bedeutet eine Verlangsamung (Verzögerung) der Geschwindigkeit, bei negativer Geschwindigkeit eine Vergrößerung des Absolutbetrags der Geschwindigkeit, im Beispiel bei $t = 4\,s$: "Bewegung nach links, langsamer werdend".

Die **Bewegung mit konstanter Geschwindigkeit** (***gleichförmige Bewegung***) ist als Sonderfall in der Formel (26.1) enthalten. Wenn der Beginn der Zeitzählung $t = 0$ mit dem Passieren des Ursprungs der Wegkoordinate $s = 0$ zusammenfällt, ergeben sich dafür die einfachen Formeln:

$$v_0 = \frac{s}{t} \quad \Rightarrow \quad s = v_0\, t \qquad (v_0 = \textit{konstant}) \;. \tag{26.5}$$

Da der Antrieb von Mechanismen vielfach mit konstanter Geschwindigkeit (oder konstanter Winkelgeschwindigkeit, vgl. Abschnitt 26.2.3) erfolgt, sind die Formeln (26.5) häufig der Einstieg in die Analyse der Bewegung.

Beispiel 4: Zwei Gleitsteine A und B sind durch eine starre Stange gekoppelt. Der Gleitstein A bewegt sich mit der konstanten Geschwindigkeit v_A. Zum Zeitpunkt $t = 0$ befinden sich die Gleitsteine in der skizzierten Lage.

Gegeben: $a = 4\,m \;;\; b = 3\,m \;;\; v_A = 0{,}8\,m/s$.

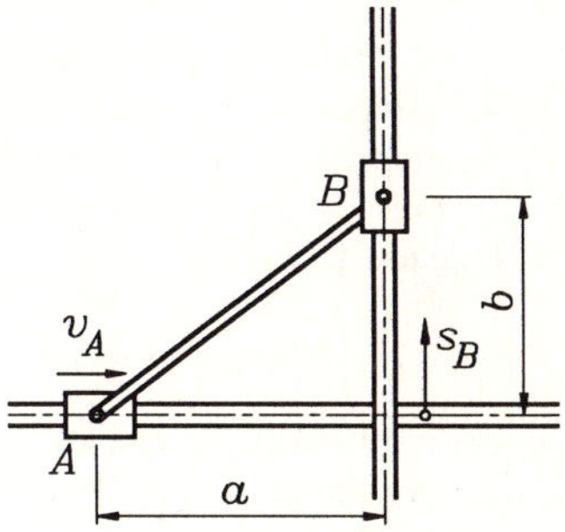

Für den Gleitstein B sollen die Funktionen $s_B(t)$, $v_B(t)$ und $a_B(t)$ ermittelt werden.

Die untere Skizze zeigt die geometrischen Verhältnisse des Mechanismus zu einem beliebigen Zeitpunkt t. Der vom Gleitstein A zurückgelegte Weg ist nach (26.5) $s_A = v_A\, t$, und für s_B liest man aus der Skizze ab:

$$s_B = \sqrt{a^2 + b^2 - (a - v_A t)^2} \;.$$

Durch Differenzieren erhält man die Geschwindigkeit und die Beschleunigung des Gleitsteins B:

$$s_B = \sqrt{b^2 + 2\,a\,v_A\,t - v_A^2\,t^2} \;,$$

$$v_B = \frac{(a - v_A t)\, v_A}{\sqrt{b^2 + 2\,a\,v_A\,t - v_A^2\,t^2}} \;,$$

$$a_A = -\frac{b^2 + a^2}{\left(\sqrt{b^2 + 2\,a\,v_A\,t - v_A^2\,t^2}\right)^3}\, v_A^2 \;.$$

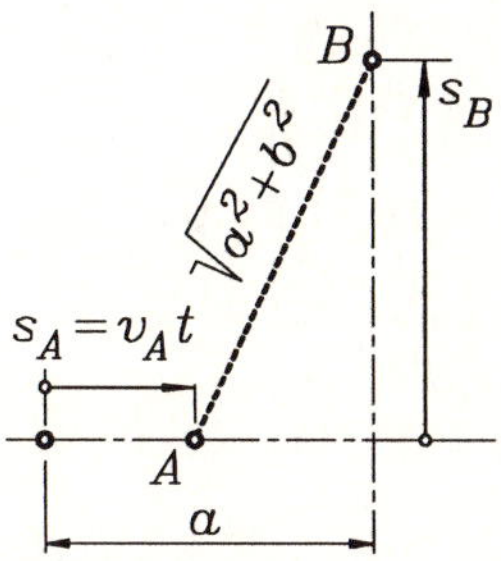

Für die **Bewegung mit konstanter Beschleunigung** (***gleichförmig beschleunigte Bewegung***) können $v(t)$ und $s(t)$ allgemein durch Integration ermittelt werden:

$$\begin{aligned} a &= a_0 \;, \\ v &= a_0\, t + v_0 \;, \\ s &= \frac{1}{2} a_0\, t^2 + v_0\, t + s_0 \;. \end{aligned} \tag{26.6}$$

Die Integrationskonstanten v_0 und s_0 in (26.6) sind interpretierbar: Die ***Anfangsgeschwindigkeit*** v_0 ist die Geschwindigkeit zum Beginn der Zeitzählung $t = 0$ und s_0 ist der Wert, den die Wegkoordinate zu diesem Zeitpunkt hat.

Wenn die **Bewegung mit konstanter Beschleunigung ohne Anfangsgeschwindigkeit mit der Zeitzählung $t = 0$ im Koordinatenursprung $s = 0$** beginnt, vereinfachen sich die Formeln (26.6) zu

$$v = a_0 t \quad , \qquad s = \frac{1}{2} a_0 t^2 \quad , \qquad v = \sqrt{2 a_0 s} \quad , \tag{26.7}$$

wobei die letzte dieser drei Formeln unmittelbar aus den beiden ersten folgt.

Beispiel 5: In einem Transportsystem, bestehend aus Vakuumröhren, bewegen sich die Gegenstände über eine vertikale Strecke im freien Fall (ohne Anfangsgeschwindigkeit). Für einen nachfolgenden Sortierprozeß wird die Information benötigt, aus welcher horizontalen Zuführung sie kommen. Mit einer Lichtschrankenmessung wird die Zeit t_{AB} ermittelt, die sie für das Durchfallen der Strecke s_{AB} benötigen. Nach welcher Formel kann aus t_{AB} und s_{AB} die Höhe h berechnet werden, die der fallende Körper bis zum Erreichen des Punktes A zurückgelegt hat?

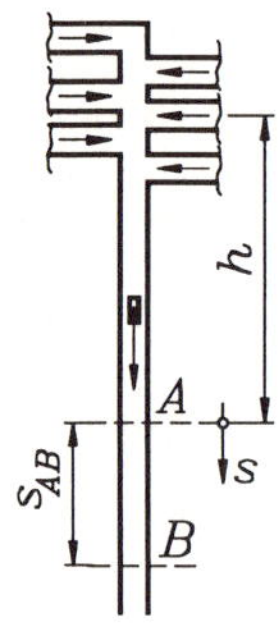

Der **freie Fall ohne Luftwiderstand** ist als Sonderfall mit der Erdbeschleunigung $g = 9{,}81\ m/s^2$ in den Formeln (26.6) und (26.7) enthalten. Für die eingezeichnete Koordinate s kann das Weg-Zeit-Gesetz nach (26.6) mit $s_0 = 0$ aufgeschrieben werden, wenn die Zeitzählung beim Passieren des Punktes A beginnt:

$$s = \frac{1}{2} g t^2 + v_0 t \qquad mit \qquad v_0 = \sqrt{2 g h} \quad ,$$

wobei sich die Anfangsgeschwindigkeit v_0, die der Körper am Beginn der Meßstrecke hat, nach (26.7) errechnet (freier Fall ohne Anfangsgeschwindigkeit von der horizontalen Zuführung bis zum Punkt A). Am Ende der Meßstrecke gilt $s(t = t_{AB}) = s_{AB}$, und durch Umstellen nach der gesuchten Höhe h ergibt sich daraus

$$h = \frac{\left(s_{AB} - \frac{1}{2} g t_{AB}^2\right)^2}{2 g t_{AB}^2} \quad .$$

26.1.2 Kinematische Diagramme

Die graphische Darstellung der Funktionen $s(t)$, $v(t)$ und $a(t)$ liefert einen guten Überblick über den Bewegungsablauf. Da die Geschwindigkeits-Zeit-Funktion durch Ableitung der Funktion $s(t)$ entsteht, sind die Werte der Funktion $v(t)$ proportional zum Tangentenanstieg der Funktion $s(t)$. Eine analoge Aussage gilt für die Funktionen $v(t)$ und $a(t)$.

Gelegentlich ist es zweckmäßig, den Weg s als unabhängige Variable zu wählen und zum Beispiel die Geschwindigkeits-Weg-Funktion $v(s)$ darzustellen. Man erhält die Funktion $v(s)$, indem man aus den Funktionen $v(t)$ und $s(t)$ die Zeit eliminiert.

Alle genannten graphischen Darstellungen bezeichnet man als ***kinematische Diagramme***.

Beispiel: Es sollen die kinematischen Diagramme der Funktionen $s_B(t)$, $v_B(t)$ und $a_B(t)$ für die Bewegung des Gleitsteins B des Beispiels 4 aus dem vorigen Abschnitt für den Bereich $0 \le t \le 11\ s$ gezeichnet und diskutiert werden.

Nebenstehend sind die drei kinematischen Diagramme in einer Skizze zusammengefaßt (es wurden die Zahlenwerte der Aufgabenstellung verwendet). Folgende Aussagen lassen sich ablesen:

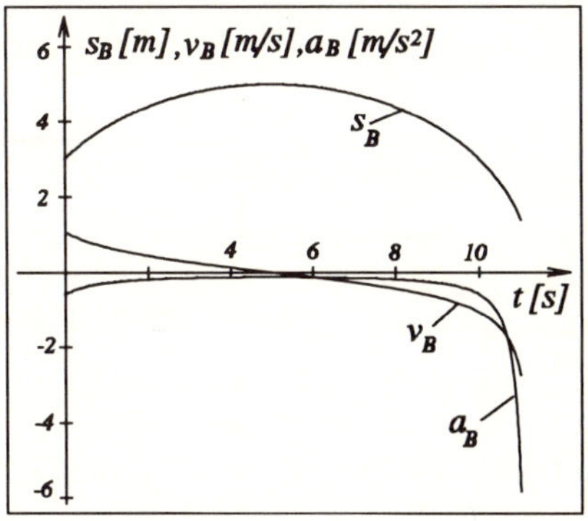

- Die Geschwindigkeit v_B hat einen Nulldurchgang zu dem Zeitpunkt, in dem die Wegkoordinate s_B ihren größten Wert annimmt. Das ist der obere Umkehrpunkt des Gleitsteins **B**. Die Umkehrzeit t_u kann z. B. aus
$$s_A(t = t_u) = v_A t_u = a$$
(Gleitstein *A* hat den Weg *a* zurückgelegt) berechnet werden: $t_u = a/v_A = 5\,\text{s}$.
- Die Beschleunigung a_B ist im gesamten Zeit-Bereich negativ (die Wahl der Richtung der Wegkoordinate s_B definiert auch die Richtungen positiver Geschwindigkeit und positiver Beschleunigung). Während der Aufwärtsbewegung kennzeichnet dies die Verzögerung (kleiner werdende Geschwindigkeit), nach dem Passieren des Umkehrpunktes die wieder schneller werdende Bewegung (Geschwindigkeit und Beschleunigung sind dann abwärts gerichtet, gleicher Richtungssinn dieser beiden Größen bedeutet immer, daß sich der Absolutbetrag der Geschwindigkeit vergrößert).
- Die Beschleunigung hat zu keinem Zeitpunkt den Wert Null, selbstverständlich auch nicht im Moment des Stillstands im Umkehrpunkt (Beschleunigung gleich Null im Moment des Stillstands würde diesen Zustand andauern lassen).
- Geschwindigkeit v_B und Beschleunigung a_B nehmen gegen Ende des betrachteten Zeitraumes stark zu. Beide Funktionen hätten (theoretisch) an der Stelle einen Pol, an der die Kurve von s_B außerhalb des betrachteten Zeitraumes einen Nulldurchgang hat. Der Zeitpunkt t_e, bei dem dies eintreten würde, kann aus dieser Bedingung errechnet werden:
$$s_B = \sqrt{b^2 + 2\,a\,v_A\,t_e - v_A^2\,t_e^2} = 0 \quad \Rightarrow \quad t_e = 11{,}25\,s \ .$$
Aus geometrischen Gründen kann sich der Gleitstein *A* mit konstanter Geschwindigkeit v_A nur begrenzte Zeit (kleiner als t_e) nach rechts bewegen.

♦ Für das Zeichnen der kinematischen Diagramme bietet sich das Programm MCALCU an (beiliegende Diskette). Dabei genügt es, die Funktion $s_B(t)$ einzugeben und $v_B(t)$ und $a_B(t)$ durch numerisches Differenzieren vom Programm erzeugen zu lassen.

♦ Für die Handrechnung muß bei Behandlung von Problemen der Kinematik und Kinetik mit besonderem Nachdruck empfohlen werden, möglichst erst am Ende der Rechnung Zahlenwerte einzusetzen, dann aber konsequent. Auf keinen Fall sollten teilweise Formelsymbole und Zahlenwerte in einer Formel verwendet werden, weil viele der üblichen Symbole mit den (gesetzlich vorgeschriebenen) Einheiten kollidieren, z. B.: "Weg *s*" und "Höhe ***h***" mit den Einheiten für die Zeitmessung *s* (Sekunde) und ***h*** (Stunde), "Masse ***m***" und "Erdbeschleunigung ***g***" mit der Längeneinheit ***m*** (Meter) und der Einheit für die Masse ***g*** (Gramm).

26.2 Allgemeine Bewegung des Punktes

Für die Darstellung der allgemeinen Bewegung eines Punktes (auf einer beliebigen Bahn) bieten sich zwei Möglichkeiten an:

a) Die Bewegung erfolgt auf einer vorgeschriebenen Bahn und wird durch Angabe der Funktion $s = s(t)$ beschrieben. Die Wegkoordinate s muß dabei allen Krümmungen der Bahn folgen.

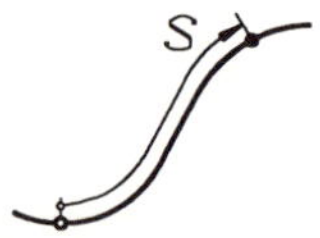

Vorteile dieser Darstellungsweise: Es gilt der gesamte (besonders einfache) Formelsatz (26.1) bis (26.7), der für die geradlinige Bewegung angegeben wurde, wobei die Beschleunigung allerdings jeweils nur die tangential zur Bahnkurve gerichtete sogenannte ***Bahnbeschleunigung*** ist.

Nachteile: Die Funktion $s(t)$ enthält keine Informationen über die Bahnkurve, auch nicht über einen bei einer gekrümmten Bahn immer vorhandenen zusätzlichen Beschleunigungsanteil (***Normalbeschleunigung***).

Für viele Aufgabenstellungen ist diese (im allgemeinen einfachere) Betrachtungsweise ausreichend (man denke an die "Fahrzeugaufgaben" des vorigen Abschnitts, bei denen die Einschränkung auf eine geradlinige Bewegung ohne weiteres fallengelassen werden kann, s entspricht dabei z. B. der Anzeige des Tageskilometerzählers).

b) Die Beschreibung der Bewegung in einem Koordinatensystem durch einen ***Ortsvektor*** $\vec{r}$, dessen Komponenten von der Zeit t abhängig sind, enthält die komplette Information über die Bahnkurve (die Komponenten des Ortsvektors definieren eine Parameterdarstellung der Bahnkurve) und die Lage des bewegten Punktes auf der Bahnkurve zu jedem beliebigen Zeitpunkt t.

26.2.1 Allgemeine Bewegung in einer Ebene

Betrachtet wird zunächst die ebene Bewegung eines Punktes, die in einem kartesischen Koordinatensystem durch den Ortsvektor

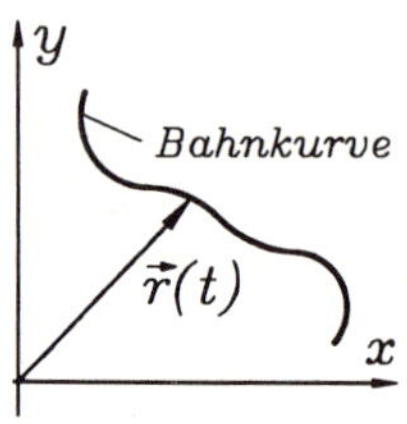

$$\vec{r}(t) = \begin{bmatrix} x(t) \\ y(t) \end{bmatrix}$$

beschrieben wird. Gleichwertig damit ist die Angabe der Komponenten von $\vec{r}$, was der Parameterdarstellung der Bahnkurve entspricht:

$$x = x(t) \quad ; \quad y = y(t) \quad .$$

Als Maß für die Änderung des Ortsvektors mit der Zeit wird (analog zur Änderung des zurückgelegten Weges pro Zeit, vgl. Abschnitt 26.1.1) der ***Geschwindigkeitsvektor*** definiert. Der Zuwachs des Ortsvektors im Zeitintervall Δt kann als Differenz der benachbarten Ortsvektoren (nebenstehende Skizze) aufgeschrieben werden:

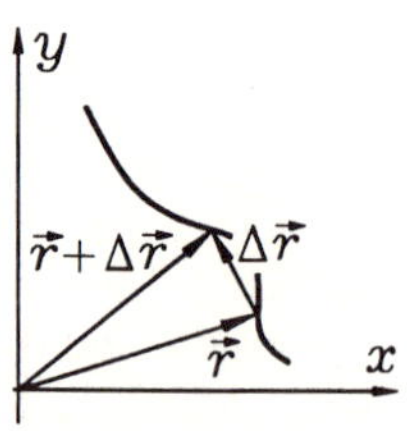

$$\Delta\vec{r} = \begin{bmatrix} \Delta x(t) \\ \Delta y(t) \end{bmatrix} = (\vec{r} + \Delta\vec{r}) - \vec{r} \quad .$$

Nach Division durch Δt liefert der Grenzübergang $\Delta t \to \mathbf{0}$ (und damit $\Delta x \to \mathbf{0}$ und $\Delta y \to \mathbf{0}$) die Definition für den

---

Geschwindigkeitsvektor:

$$\vec{v} = \lim_{\Delta t \to 0} \frac{\Delta \vec{r}}{\Delta t} = \lim_{\Delta t \to 0} \begin{bmatrix} \dfrac{\Delta x(t)}{\Delta t} \\ \dfrac{\Delta y(t)}{\Delta t} \end{bmatrix} = \begin{bmatrix} \dot{x}(t) \\ \dot{y}(t) \end{bmatrix} = \frac{d\vec{r}}{dt} \quad . \qquad \textbf{(26.8)}$$

- Die Richtung des Sekantenvektors $\Delta\vec{r}$ wird beim Grenzübergang zur Tangentenrichtung der Bahnkurve, und damit wird $\vec{v}$ **ein tangential zur Bahnkurve gerichteter Vektor**.
- Der Geschwindigkeitsvektor $\vec{v}(t)$ ergibt sich durch Ableitung des Ortsvektors nach der Zeit (ein Vektor wird nach einer skalaren Größe differenziert, indem seine Komponenten differenziert werden). Die Angabe eines "mittleren Geschwindigkeitsvektors" (analog zur mittleren Geschwindigkeit in einem Zeitintervall) ist nicht sinnvoll.

Es bleibt noch die Frage nach dem Zusammenhang zwischen dem Geschwindigkeitsvektor und der sich aus der Ableitung der Wegkoordinate $s(t)$ nach der Zeit ergebenden Bahngeschwindigkeit $v(t)$ zu klären ("Wie errechnet sich der auf dem Tachometer angezeigte Zahlenwert aus dem Ortsvektor?"). Der Betrag des Zuwachses des Ortsvektors $|\Delta\vec{r}|$ ist beim Übergang auf ein unendlich kleines Zeitintervall gleich dem Zuwachs der Bogenlänge der Bahnkurve (nebenstehende Skizze):

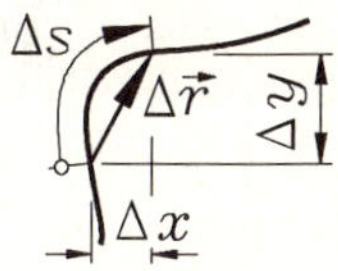

$$|\Delta\vec{r}| = \sqrt{(\Delta x)^2 + (\Delta y)^2} \approx \Delta s \qquad \Rightarrow \qquad |d\vec{r}| = ds$$

bzw.

$$\left|\frac{\Delta\vec{r}}{\Delta t}\right| = \sqrt{\left(\frac{\Delta x}{\Delta t}\right)^2 + \left(\frac{\Delta y}{\Delta t}\right)^2} \approx \frac{\Delta s}{\Delta t} \qquad \Rightarrow \qquad \left|\frac{d\vec{r}}{dt}\right| = \sqrt{\left(\frac{dx}{dt}\right)^2 + \left(\frac{dy}{dt}\right)^2} = \frac{ds}{dt} = \dot{s} = v \; .$$

Auf der linken Seite dieser Gleichung steht der Betrag des nach der Zeit abgeleiteten Ortsvektors, so daß der gesuchte Zusammenhang gefunden ist.

Der Betrag des Geschwindigkeitsvektors (Quadratwurzel aus der Summe der Quadrate seiner Komponenten) ist gleich der Bahngeschwindigkeit $v(t)$:

$$v = |\vec{v}| = \left|\frac{d\vec{r}}{dt}\right| = \sqrt{v_x^2 + v_y^2} = \sqrt{\dot{x}^2 + \dot{y}^2} \quad . \qquad \textbf{(26.9)}$$

- Der Geschwindigkeitsvektor muß also immer darstellbar sein als Produkt der (skalaren) Bahngeschwindigkeit mit einem tangential an die Bahnkurve gerichteten Einheitsvektor:

$$\vec{v}(t) = v(t) \cdot \vec{e}_t(t) \quad . \qquad \textbf{(26.10)}$$

Der ***Tangenteneinheitsvektor*** $\vec{e}_t$ hat die (konstante) Länge **1** und die (mit der Zeit t veränderliche) Richtung der Tangente an die Bahnkurve.

♦ Durch bestimmte Integration von (26.9) über die Zeit erhält man den zwischen zwei Zeitpunkten t_1 und t_2 zurückgelegten Weg (Länge $s_{1,2}$ eines Stücks der Bahnkurve):

$$s_{1,2} = \int_{t_1}^{t_2} \sqrt{\dot{x}^2 + \dot{y}^2}\, dt \quad . \qquad \textbf{(26.11)}$$

Beispiel: Ein Rad mit dem Radius R rollt (ohne zu gleiten) mit der konstanten Geschwindigkeit v_0 auf der Horizontalen. Für einen Punkt A im Abstand a vom Radmittelpunkt sollen die Bahnkurve und die Bahngeschwindigkeit ermittelt werden.

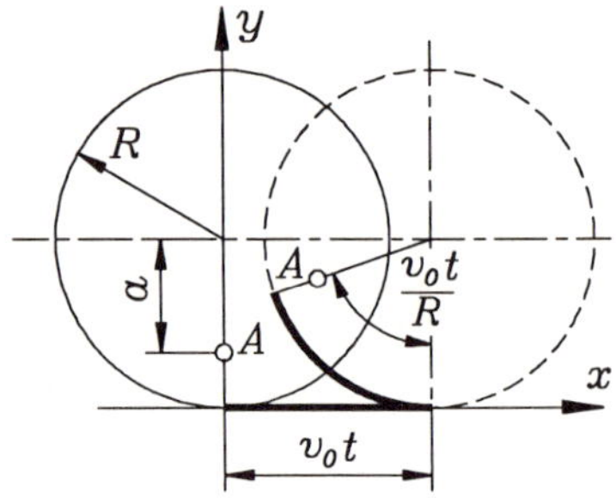

Das Koordinatensystem wird (wie skizziert) so gelegt, daß sich das Rad zur Zeit $t = 0$ bei $x = 0$ befindet und der Punkt A senkrecht unter dem Radmittelpunkt liegt. Nach einer Zeit t (gestrichelt gezeichnet) hat das Rad nach (26.5) den Weg $v_0 t$ zurückgelegt und die gleiche Strecke auf dem Umfang abgewälzt (fett gezeichnet), so daß der Punkt A unter dem eingezeichneten Winkel ("Bogen / Radius") zu finden ist. Für seine Lage zum Zeitpunkt t lassen sich die Koordinaten

$$x = v_0 t - a \sin\frac{v_0 t}{R} \quad , \qquad y = R - a \cos\frac{v_0 t}{R} \qquad \textbf{(26.12)}$$

ablesen. Es sind die beiden Komponenten des Ortsvektors $\vec{r}$, der die Bewegung des Punktes A beschreibt. Seine Bahngeschwindigkeit errechnet sich nach (26.9):

$$v = \sqrt{\dot{x}^2 + \dot{y}^2} = v_0 \sqrt{1 + \left(\frac{a}{R}\right)^2 - 2\,\frac{a}{R} \cos\frac{v_0 t}{R}} \quad .$$

Die Bahnkurve, die durch die Parameterdarstellung (26.12) beschrieben wird, heißt ***Zykloide*** (in Abhängigkeit vom Abmessungsverhältnis a/R "verkürzt", "spitz" oder "verlängert").

Der Bildschirm-Schnappschuß (Programm MCALCU, beiliegende Diskette) zeigt drei Kurven für spezielle Abmessungsverhältnisse.

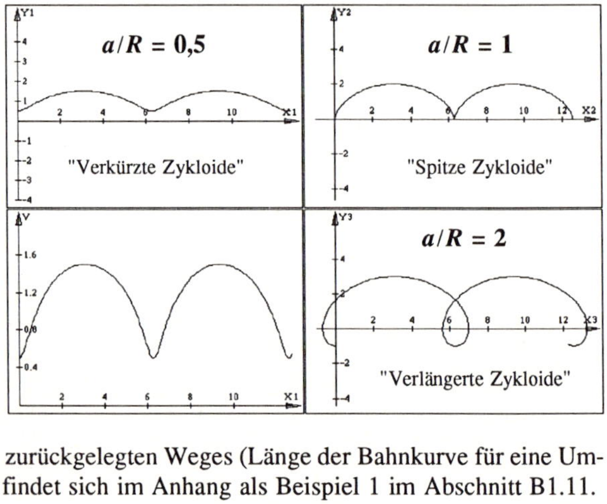

Unter der verkürzten Zykloide ist für diesen Fall die Bahngeschwindigkeit dargestellt (bezogen auf v_0). Man erkennt, daß sie größer ist als v_0, wenn sich der Punkt A oberhalb des Radmittelpunktes befindet, anderenfalls ist sie kleiner.

Die Berechnung des vom Punkt A zurückgelegten Weges (Länge der Bahnkurve für eine Umdrehung des Rades) nach (26.11) findet sich im Anhang als Beispiel 1 im Abschnitt B1.11.

26.2.2 Beschleunigungsvektor, Bahn- und Normalbeschleunigung

Als **Maß für die Änderung des Geschwindigkeitsvektors** mit der Zeit wird der ***Beschleunigungsvektor*** $\vec{a}$ als Ableitung des Geschwindigkeitsvektors nach der Zeit definiert. Für die in einem kartesischen Koordinatensystem beschriebene ebene Bewegung ergibt sich der

Beschleunigungsvektor:

$$\vec{a} = \frac{d\vec{v}}{dt} = \frac{d}{dt}\frac{d\vec{r}}{dt} = \frac{d^2\vec{r}}{dt^2} = \begin{bmatrix} \dot{v}_x(t) \\ \dot{v}_y(t) \end{bmatrix} = \begin{bmatrix} \ddot{x}(t) \\ \ddot{y}(t) \end{bmatrix} = \begin{bmatrix} a_x \\ a_y \end{bmatrix} , \qquad (26.13)$$

$$a = \sqrt{a_x^2 + a_y^2} \quad .$$

Da die Geschwindigkeit ein Vektor ist, bei dem sich sowohl der Betrag (Bahngeschwindigkeit v) als auch die Richtung mit der Zeit ändern können, ergibt sich **auch bei konstanter Bahngeschwindigkeit ein Beschleunigungsvektor, wenn die Bewegung nicht geradlinig ist.** Dies wird deutlich, wenn man den als Produkt von Bahngeschwindigkeit und Tangenteneinheitsvektor dargestellten Geschwindigkeitsvektor (26.10) nach der Zeit ableitet. Unter Beachtung der Produktregel erhält man:

$$\vec{a} = \frac{d\vec{v}}{dt} = \frac{d}{dt}\left[v(t) \cdot \vec{e}_t(t)\right] = \frac{dv(t)}{dt} \cdot \vec{e}_t(t) + v(t) \cdot \frac{d\vec{e}_t(t)}{dt} \quad . \qquad (26.14)$$

Der erste Anteil ist die tangential zur Bahnkurve gerichtete ***Bahnbeschleunigung*** (mit dem Betrag, der sich auch nach (26.4) ergeben würde). Zur Interpretation des zweiten Anteils muß vorab untersucht werden, was für ein Vektor der nach der Zeit abgeleitete Tangenteneinheitsvektor ist. Dazu sollen zunächst zwei Spezialfälle betrachtet werden.

♦ **Sonderfall: Geradlinige Bewegung**

Da der Tangenteneinheitsvektor bei der geradlinigen Bewegung konstant ist, gilt:

$$\frac{d\vec{e}_t}{dt} = \vec{o} \qquad \Rightarrow \qquad \vec{a} = \frac{dv}{dt} \cdot \vec{e}_t = a_t \cdot \vec{e}_t \quad .$$

($\vec{o}$ ist der Nullvektor). Die **Gesamtbeschleunigung** ist bei der geradlinigen Bewegung **identisch** mit der **Bahnbeschleunigung**.

♦ **Sonderfall: Kreisbewegung**

Betrachtet werden zwei sehr dicht benachbarte Lagen eines Punktes, der sich auf einem Kreis mit dem Radius R bewegt (Skizze auf der folgenden Seite). Er legt dabei die Strecke $\Delta s = R\,\Delta\alpha$ zurück, der Tangenteneinheitsvektor ändert seine Richtung um den Winkel $\Delta\alpha$: Der Vektor $\vec{e}_{t,1}$ geht über in den Vektor $\vec{e}_{t,2}$, wobei er sich um $\Delta\vec{e}_t$ ändert. Die Länge des Differenzvektors $\Delta\vec{e}_t$ kann aus dem gleichschenkligen Dreieck abgelesen werden, das er mit den beiden Einheitsvektoren bildet:

$$|\Delta\,\vec{e}_t| = 2\sin\frac{\Delta\,\alpha}{2} \approx \Delta\,\alpha \quad .$$

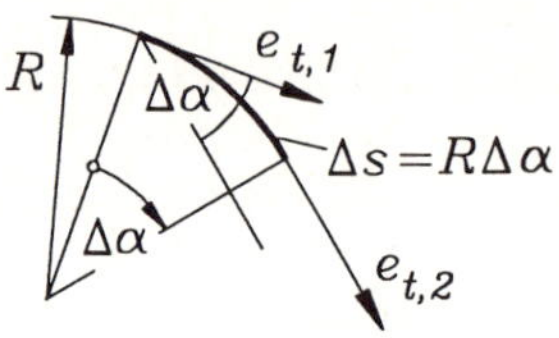

Für den Übergang zum unendlich kleinen Winkel entsprechend $\Delta\alpha \to d\alpha$ und damit $\Delta\vec{e}_t \to d\vec{e}_t$ liest man aus der Skizze ab:

- $d\vec{e}_t$ **steht** senkrecht auf $\vec{e}_{t,1}$ bzw. $\vec{e}_{t,2}$, also **senkrecht auf dem Tangenteneinheitsvektor** $\vec{e}_t$,
- $d\vec{e}_t$ hat die Länge $d\alpha$.

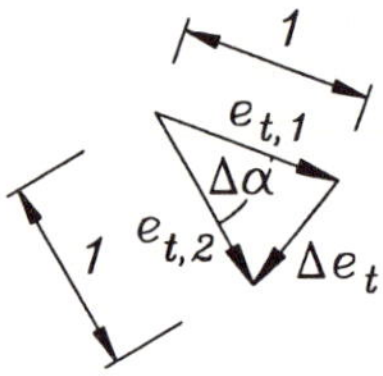

Damit kann $d\vec{e}_t$ als Produkt eines Einheitsvektors $\vec{e}_n$ (***Normaleneinheitsvektor***, weil er senkrecht auf dem Tangenteneinheitsvektor steht) und seines Betrages $d\alpha$ dargestellt werden:

$$d\vec{e}_t = d\alpha \cdot \vec{e}_n$$

($\vec{e}_n$ ist zum Kreismittelpunkt gerichtet). Jetzt kann die Frage beantwortet werden, wie die Ableitung des Tangenteneinheitsvektors nach der Zeit bei der Kreisbewegung zu interpretieren ist (für das differentiell kleine Kreisbogenstück ds wird $ds = R\,d\alpha$ gesetzt):

$$\frac{d\vec{e}_t}{dt} = \frac{d\vec{e}_t}{ds}\frac{ds}{dt} = \frac{d\vec{e}_t}{ds}v = \frac{d\vec{e}_t}{R\,d\alpha}v = \frac{v}{R}\vec{e}_n \ .$$

Wenn dies in (26.14) eingesetzt wird, ergibt sich der

Beschleunigungsvektor für die Bewegung eines Punktes auf einer Kreisbahn:

$$\vec{a}(t) = \frac{dv(t)}{dt}\cdot\vec{e}_t(t) + \frac{v^2(t)}{R}\cdot\vec{e}_n(t) = a_t\cdot\vec{e}_t + a_n\cdot\vec{e}_n \ . \qquad (26.15)$$

- Die **Tangentialbeschleunigung** (Bahnbeschleunigung) a_t ist immer dann vorhanden, wenn die Bahngeschwindigkeit v nicht konstant ist.
- Die **Normalbeschleunigung** $a_n = v^2/R$ **ist** bei der Kreisbewegung **immer vorhanden**. Sie ist zum Kreismittelpunkt gerichtet.

Für die **allgemeine ebene Bewegung** eines Punktes (Bewegung auf einer beliebigen ebenen Bahn) führt eine entsprechende Überlegung auf eine ähnliche Beziehung, wobei der (konstante) Radius der Kreisbahn durch den (im allgemeinen veränderlichen) **Krümmungsradius** ϱ der Bahnkurve zu ersetzen ist ($ds = \varrho\, d\alpha$). Dies ist jeweils der Radius des Krümmungskreises eines Kurvenpunktes. Der Krümmungskreis hat mit der Kurve im gemeinsamen Punkt die Koordinaten, die Tangente (Anstieg y') und die 2. Ableitung y'' gemeinsam.

Beschleunigungsvektor für die Bewegung eines Punktes auf einer ebenen Bahn:

$$\vec{a} = \vec{a}_t + \vec{a}_n = \dot{v}\cdot\vec{e}_t + \frac{v^2}{\varrho}\cdot\vec{e}_n \ ,$$

$$\varrho = \left|\frac{\left(1+y'^2\right)^{3/2}}{y''}\right| = \left|\frac{\left(\dot{x}^2+\dot{y}^2\right)^{3/2}}{\dot{x}\ddot{y}-\ddot{x}\dot{y}}\right| \ . \qquad (26.16)$$

- Der Beschleunigungsvektor der Bewegung eines Punktes setzt sich aus zwei senkrecht aufeinander stehenden Komponenten zusammen: Die Bahnbeschleunigung mit dem Betrag $a_t = dv/dt$ ist wie die Geschwindigkeit tangential zur Bahnkurve gerichtet (Tangentialbeschleunigung), die Normalbeschleunigung mit dem Betrag $a_n = v^2/\varrho$ ist senkrecht dazu zum Krümmungsmittelpunkt der Bahnkurve gerichtet.
- Die Bahnbeschleunigung hat den Wert Null, wenn die Bewegung mit konstanter Bahngeschwindigkeit erfolgt.
- Die Normalbeschleunigung ist bei Bewegung auf einer beliebigen Bahnkurve nur dann gleich Null, wenn die Bahn nicht gekrümmt ist (z. B. bei geradliniger Bewegung oder in Wendepunkten). Bei Bewegung eines Punktes auf einer Kreisbahn ist die Normalbeschleunigung stets ungleich Null.
- Der Betrag der Gesamtbeschleunigung kann nach

$$a = \sqrt{a_t^2 + a_n^2} \tag{26.17}$$

berechnet werden. Dies ergibt den gleichen Wert wie die Berechnung des Betrages des Beschleunigungsvektors nach (26.13). Die Gesamtbeschleunigung ist stets zur konkaven Seite der Bahn gerichtet (bei verschwindender Normalbeschleunigung tangential zur Bahnkurve).

Beispiel: Ein Gleitstein A bewegt sich mit konstanter Geschwindigkeit v_A auf einer vertikalen Führung abwärts. Er nimmt dabei die Stange A-B mit, die durch eine drehbar gelagerte Hülse gleitet. Bei $t = 0$ nimmt die Stange eine horizontale Lage ein.

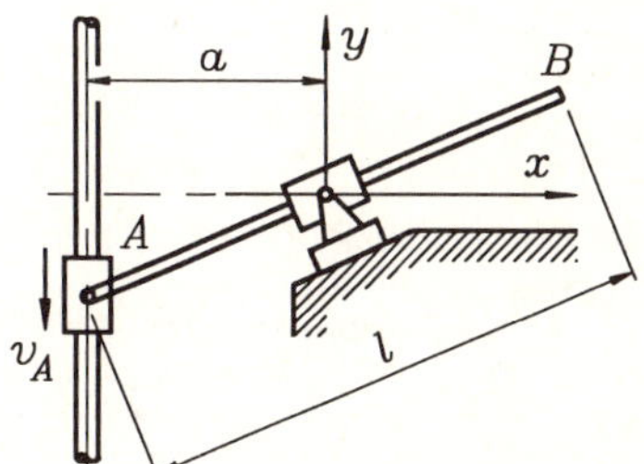

Es sollen die Bahnkurve, die Geschwindigkeit und die Beschleunigung des Punktes B ermittelt werden.

Gegeben: a, l, v_A, $l/a = 3$.

Bezüglich des skizzierten Koordinatensystems wird die Lage des Punktes B durch die Koordinaten x_B und y_B beschrieben. Mit dem Weg $v_A t$ nach (26.5), den der Gleitstein A bis zum Zeitpunkt t zurückgelegt hat, und den gegebenen geometrischen Größen liest man aus nebenstehender Skizze z. B. ab:

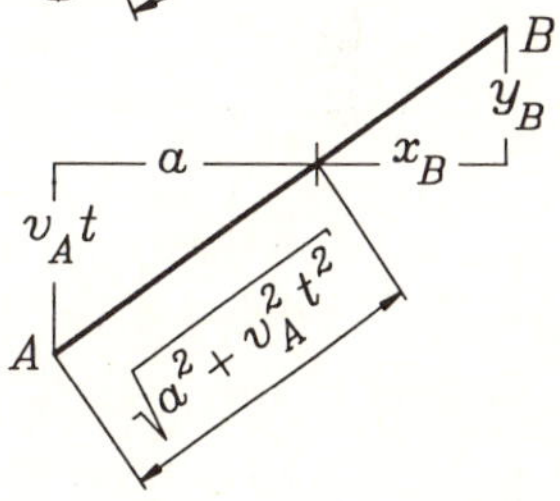

$$\frac{x_B}{a} = \frac{l - \sqrt{a^2 + v_A^2 t^2}}{\sqrt{a^2 + v_A^2 t^2}}$$

(Strahlensatz). Eine entsprechende Beziehung (ebenfalls nach dem Strahlensatz findet sich für y_B, und damit sind die Komponenten des Ortsvektors von B (Parameterdarstellung der Bahnkurve) bekannt:

$$x_B = a\left(\frac{l}{\sqrt{a^2 + v_A^2 t^2}} - 1\right) \quad , \quad y_B = v_A t\left(\frac{l}{\sqrt{a^2 + v_A^2 t^2}} - 1\right) .$$

Durch Differenzieren nach der Zeit t erhält man die Komponenten des Geschwindigkeitsvektors und des Beschleunigungsvektors:

$$v_{Bx} = \dot{x}_B = -\frac{a\,l\,v_A^2\,t}{\left(a^2+v_A^2t^2\right)^{3/2}} \quad , \quad v_{By} = \dot{y}_B = v_A\left[\frac{a^2\,l}{\left(a^2+v_A^2t^2\right)^{3/2}} - 1\right] ,$$

$$a_{Bx} = \dot{v}_{Bx} = \frac{v_A^2\,a\,l}{\left(a^2+v_A^2t^2\right)^{3/2}}\left(\frac{3\,v_A^2t^2}{a^2+v_A^2t^2} - 1\right) \quad , \quad a_{By} = \dot{v}_{By} = -\frac{3\,v_A^3\,a^2\,l\,t}{\left(a^2+v_A^2t^2\right)^{5/2}} \quad .$$

Die Darstellung der Bahnkurve zeigt die auf die Länge a bezogenen Koordinaten des Punktes B für $l/a = 3$ entsprechend

$$\frac{x_B}{a} = \frac{l/a}{\sqrt{1+v_A^2t^2/a^2}} - 1 \quad ,$$

$$\frac{y_B}{a} = \frac{v_A\,t}{a}\left(\frac{l/a}{\sqrt{1+v_A^2t^2/a^2}} - 1\right)$$

für einen Bereich der "dimensionslosen Zeit" $v_A t/a$ von

$$-2 \le \bar{t} = \frac{v_A\,t}{a} \le +2 \quad .$$

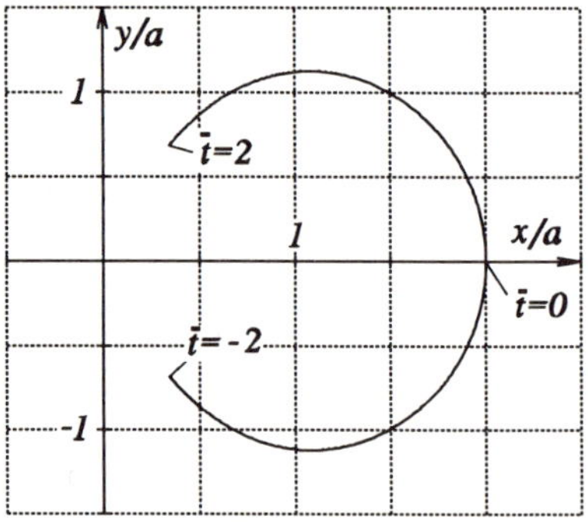

Für den Zeitpunkt $t = 0$ (Horizontale Lage der Stange A-B) soll versucht werden, die Ergebnisse anschaulich zu deuten:

$$\vec{r}_B(t=0) = \begin{bmatrix} l-a \\ 0 \end{bmatrix} \quad , \quad \vec{v}_B(t=0) = \begin{bmatrix} 0 \\ v_A(l-a)/a \end{bmatrix} \quad , \quad \vec{a}_B(t=0) = \begin{bmatrix} -l\,v_A^2/a^2 \\ 0 \end{bmatrix} .$$

Der Ortsvektor enthält die Koordinaten des Punktes B (Lage auf der x-Achse). Die verschwindende Horizontalkomponente der Geschwindigkeit $v_{Bx} = 0$ bestätigt die vertikale Tangente an die Bahnkurve zu diesem Zeitpunkt. Die (positive, also wie die y-Achse nach oben gerichtete) Geschwindigkeitskomponente v_{By} enthält das "Übersetzungsverhältnis" $(l-a)/a$ für die horizontale Lage.

Die horizontale Komponente der Beschleunigung a_{Bx} kann (weil senkrecht zur Bahnkurve gerichtet) nur die Normalbeschleunigung sein, die sich auf anderem Wege bestätigen läßt. Nach (26.16) wird der Krümmungsradius der Bahn für $t = 0$ mit den bereits berechneten Größen aufgeschrieben. Bahngeschwindigkeit und Krümmungsradius liefern dann die Normalbeschleunigung:

$$\varrho(t=0) = \left|\frac{\left(\dot{x}^2+\dot{y}^2\right)^{3/2}}{\dot{x}\ddot{y} - \ddot{x}\dot{y}}\right|_{t=0} = l\left(1-\frac{a}{l}\right)^2 \quad \Rightarrow \quad a_n(t=0) = \frac{v_B^2(t=0)}{\varrho(t=0)} = \frac{l}{a^2}\,v_A^2 \quad .$$

Man erhält so den Betrag der Normalbeschleunigung, der (wie erwartet) in der vektoriellen Darstellung den gleichen Wert hat. Das Minuszeichen dort zeigt, daß die Normalbeschleunigung zur konkaven Seite der Bahnkurve gerichtet ist.

26.2.3 Winkelgeschwindigkeit, Winkelbeschleunigung

Die Bewegung eines Punktes auf einer Kreisbahn ist ein wichtiger Spezialfall der allgemeinen Bewegung des Punktes. Zur Beschreibung der Lage des Punktes auf der Kreisbahn ist die Angabe einer Winkelkoordinate $\varphi(t)$ meist besser geeignet als die Wegkoordinate $s(t)$ und wohl immer günstiger als die Beschreibung durch einen Ortsvektor.

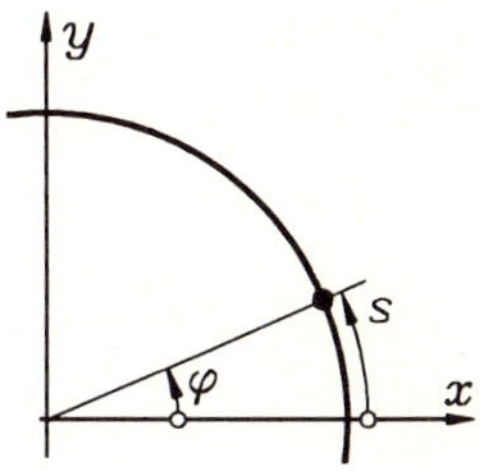

Wenn R der Radius der Kreisbahn ist, dann gilt

$$s(t) = R\,\varphi(t) \quad ,$$
$$v(t) = \dot{s}(t) = R\,\dot{\varphi}(t) \quad , \qquad (26.18)$$
$$a_t(t) = \dot{v}(t) = R\,\ddot{\varphi}(t) \quad .$$

Es ist üblich und zweckmäßig, analog zur Winkelkoordinate $\varphi(t)$ auch eine ***Winkelgeschwindigkeit*** und eine ***Winkelbeschleunigung*** zur Beschreibung der Bewegung eines Punktes auf der Kreisbahn zu definieren:

Winkelgeschwindigkeit: $\omega(t) = \dot{\varphi}(t)$, **(26.19)**

Winkelbeschleunigung: $\alpha(t) = \dot{\omega}(t) = \ddot{\varphi}(t)$. **(26.20)**

- Die Winkelgeschwindigkeit wird üblicherweise in s^{-1} angegeben, die Winkelbeschleunigung in s^{-2}.
- Eine Winkelgeschwindigkeit $\omega = 1\,s^{-1}$ bedeutet, daß sich der Winkel in einer Sekunde um **1 *rad*** vergrößert (**1 *rad* = 180°/π ≈ 57,3°**).
- In der technischen Praxis wird bei Drehbewegungen gern die Drehzahl n (im allgemeinen: Anzahl der Umdrehungen pro Minute) zur Beschreibung der Geschwindigkeit einer Rotationsbewegung verwendet. Es gilt (**1** Umdrehung → Winkel **2π**)

  $$\omega = 2\pi n \quad , \qquad \textbf{(26.21)}$$

  wobei sich ω mit der gleichen Dimension wie n ergibt (gewarnt wird vor den Fehlerquellen bei Verwendung sogenannter "Praktiker"-Formeln wie $\omega = \pi n/30$ oder gar $\omega \approx n/10$, in denen ω und n unterschiedliche Dimensionen haben).
- Durch die Winkelbeschleunigung (als Maß für die Änderung der Winkelgeschwindigkeit) wird entsprechend $a_t = R\,\alpha$ nur die Bahnbeschleunigung (als Maß für die Änderung der Bahngeschwindigkeit) repräsentiert. Natürlich gibt es bei einer Kreisbewegung **immer** (auch bei konstanter Winkelgeschwindigkeit) eine Normalbeschleunigung

  $$a_n = \frac{v^2}{R} = R\,\omega^2 \quad . \qquad \textbf{(26.22)}$$

- Für den sehr wichtigen Sonderfall **konstanter Winkelgeschwindigkeit** berechnet sich der seit dem Beginn der Zeitzählung $t = 0$ zurückgelegte Winkel φ nach:

  $$\varphi = \omega_0 t \qquad (\omega_0 = \textit{konstant}) \quad . \qquad \textbf{(26.23)}$$

Während die meisten Menschen eine recht gute Vorstellung von Geschwindigkeiten haben (zumindest in den Größenordnungen, die von Autos erreicht werden), ist die Vorstellungskraft für Beschleunigungen im allgemeinen nicht sehr groß (Autohersteller wissen das und verstecken den Begriff der Beschleunigung in einer Geschwindigkeitsaussage: "Beschleunigt von **0** auf **100** ***km/h*** in **8,3** ***s***"). Deshalb werden in den Beispielen 1 bis 4 einige Zahlenwerte berechnet.

Beispiel 1: Ein Pkw beschleunigt von **0** auf **100** ***km/h*** in **8,3** ***s***. Wie groß ist die mittlere Beschleunigung?

Nach (26.2) berechnet man:

$$a_m = \frac{100\ km}{8{,}3\ s\ h} = \frac{100 \cdot 1000\ m}{8{,}3 \cdot 3600\ s^2} = 3{,}35\ \frac{m}{s^2} \quad .$$

Dies ist für ein anfahrendes Auto ein beachtlicher Wert. Beim freien Fall (ohne Luftwiderstand) allerdings tritt die Beschleunigung $g = 9{,}81\ m/s^2$ auf, ein Wert, der von keinem Pkw erreicht wird (es sei denn, er durchbricht ein Brückengeländer und geht zum freien Fall über).

Beispiel 2: Ein Pkw fährt mit konstanter Geschwindigkeit $v = 40\ km/h$ eine Kurve mit dem Radius $R = 20\ m$. Wie groß ist die Normalbeschleunigung?

Nach (26.22) berechnet man:

$$a_n = \frac{v^2}{R} = \frac{40^2\ km^2}{20\ m\ h^2} = \frac{40^2 \cdot 10^6\ m^2}{20 \cdot 3600^2\ m\ s^2} = 6{,}173\ \frac{m}{s^2} \quad .$$

Auch dieses Ergebnis ist repräsentativ für die meisten technischen Bewegungsabläufe: Die Normalbeschleunigungen sind im allgemeinen deutlich größer als die Bahnbeschleunigungen. Das folgende Beispiel zeigt allerdings eine Ausnahme von dieser Regel.

Beispiel 3: Bei einem Crash-Test prallt ein Pkw mit **50** ***km/h*** gegen eine starre Wand. Nach **80** ***ms*** sind Fahrzeug und Dummies auf die Geschwindigkeit **0** abgebremst. Wie groß ist die mittlere Beschleunigung während des Aufpralls?

Aus der Geschwindigkeitsdifferenz und der Abbremszeit ergibt sich nach (26.2):

$$a_m = \frac{v_2 - v_1}{t_2 - t_1} = \frac{(0 - 50)\ km}{0{,}08\ s\ h} = -\frac{50 \cdot 10^3\ m}{0{,}08 \cdot 3600\ s^2} = -173{,}6\ \frac{m}{s^2} \quad .$$

Beispiel 4: Ein Pkw-Motor läuft mit einer Drehzahl $n = 5000\ min^{-1}$. Wie groß ist die Winkelgeschwindigkeit ω? Welche Normalbeschleunigung a_n erfährt ein Punkt auf der Kurbelwelle, der $R = 6\ cm$ von der Drehachse entfernt ist?

Die Winkelgeschwindigkeit wird nach (26.21) berechnet:

$$\omega = 2\pi n = 2\pi \cdot 5000 \cdot \frac{1}{60\,s} = 523{,}6\ s^{-1} \quad .$$

Damit ergibt sich die sehr große Normalbeschleunigung für den Punkt auf der Kurbelwelle:

$$a_n = R\,\omega^2 = 16449\ \frac{m}{s^2} \quad .$$

Beispiel 5: Der Mitnehmer der skizzierten Gabel bewegt sich mit konstanter Geschwindigkeit v_A nach rechts. Zum Zeitpunkt $t = 0$ sei $\varphi = 0$. Für die Bewegung der Gabel sollen das Bewegungsgesetz $\varphi(t)$, die Winkelgeschwindigkeit $\omega_G(t)$ und die Winkelbeschleunigung $\alpha_G(t)$ ermittelt werden.

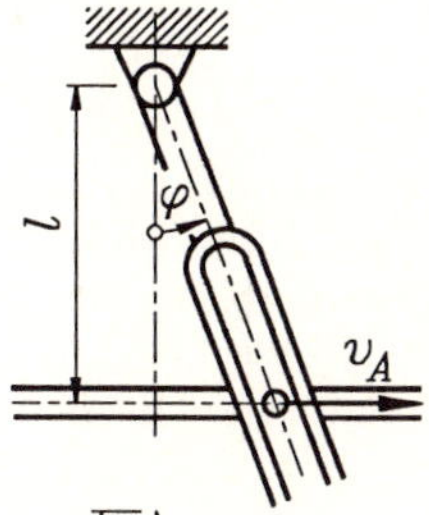

Gegeben: v_A , l .

Mit dem Weg $v_A t$ nach (26.5), den der Mitnehmer bis zum Zeitpunkt t zurückgelegt hat, entnimmt man dem rechtwinkligen Dreieck das Bewegungsgesetz:

$$\tan\varphi = \frac{v_A t}{l} \quad \Rightarrow \quad \varphi(t) = \arctan\frac{v_A t}{l} \ .$$

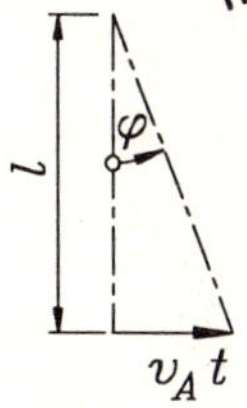

Durch Differenzieren erhält man die Winkelgeschwindigkeit und die Winkelbeschleunigung der Gabel:

$$\omega_G(t) = \dot{\varphi}(t) = \frac{1}{1+(v_A t/l)^2}\,\frac{v_A}{l} = \frac{v_A l}{l^2+v_A^2 t^2} \ ,$$

$$\alpha_G(t) = \dot{\omega}_G(t) = \frac{-2 v_A^3 l t}{\left(l^2+v_A^2 t^2\right)^2} \ .$$

Beispiel 6: Eine Kurbel mit dem Radius R läuft mit der konstanten Winkelgeschwindigkeit ω_0 um und nimmt dabei eine Schwinge mit. Es sollen das Bewegungsgesetz der Schwinge $\varphi(t)$, ihre Winkelgeschwindigkeit $\omega_S(t)$ und ihre Winkelbeschleunigung $\alpha_S(t)$ ermittelt werden.

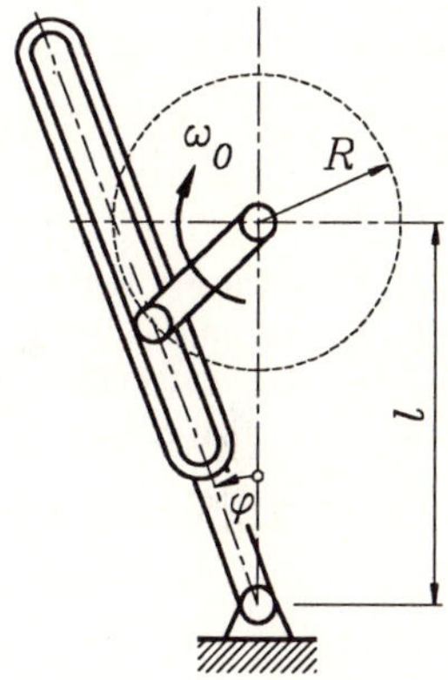

Gegeben: ω_0 , $\beta = l/R = 3$.

Als Beginn der Zeitzählung $t = 0$ wird die vertikale Lage der Schwinge $\varphi = 0$ gewählt, bei der der Mitnehmer der Kurbel seine tiefste Lage hat. Dann ist der bis zum Zeitpunkt t von der (mit konstanter Winkelgeschwindigkeit umlaufenden) Kurbel zurückgelegte Winkel nach (26.23) gleich $\omega_0 t$.

Die Schwinge hat sich bis zu diesem Zeitpunkt um den Winkel φ gedreht, und der Skizze unten rechts wird der geometrische Zusammenhang

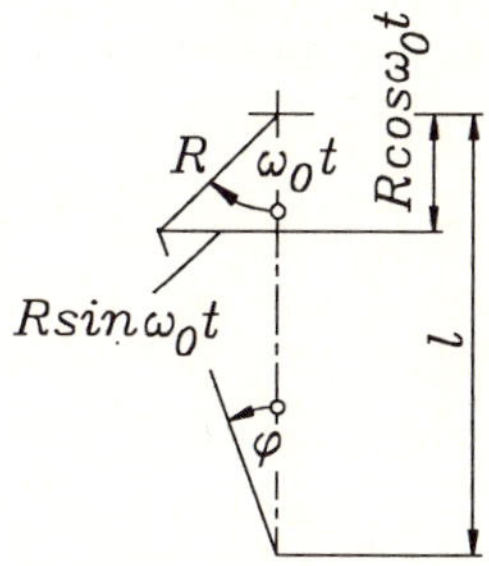

$$\tan\varphi = \frac{R\sin\omega_0 t}{l - R\cos\omega_0 t}$$

entnommen, der das Bewegungsgesetz der Schwinge liefert:

$$\varphi(t) = \arctan\frac{\sin\omega_0 t}{\beta - \cos\omega_0 t} \ .$$

Differenzieren nach der Zeit liefert Winkelgeschwindigkeit und Winkelbeschleunigung:

$$\omega_S(t) = \dot{\varphi}(t) = \frac{\beta \cos \omega_0 t - 1}{\beta^2 - 2\beta \cos \omega_0 t + 1}\,\omega_0 \quad ,$$

$$\alpha_S(t) = \dot{\omega}_S(t) = \frac{1 - \beta^2}{\left(\beta^2 - 2\beta \cos \omega_0 t + 1\right)^2}\,\beta\,\omega_0^2 \sin \omega_0 t \quad .$$

Der Bildschirm-Schnappschuß (Programm MCALCU, beiliegende Diskette) zeigt die drei Funktionen für einen vollen Umlauf der Kurbel. Es sind sogar vier Kurven dargestellt, weil zur Kontrolle die vom Programm numerisch berechnete zweite Ableitung der Funktion $\varphi(t)$ zusätzlich gezeichnet wurde. Sie weicht allerdings von der exakten Funktion $\alpha_S(t)$ so geringfügig ab, daß in der graphischen Darstellung kein Unterschied zu erkennen ist.

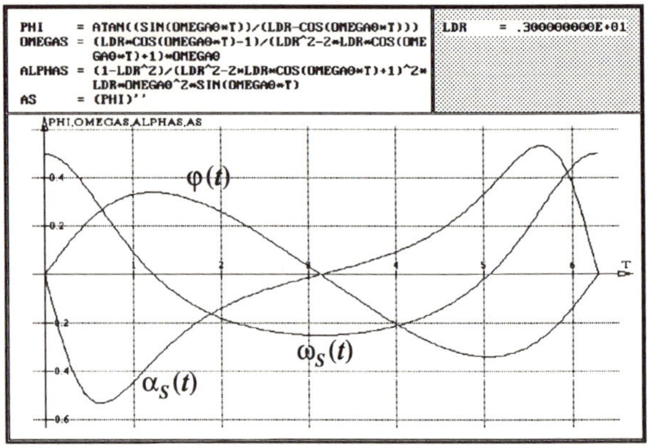

- ♦ Die Frage, ob sich die Mühe lohnt, die exakten Ableitungen zu bilden, obwohl das numerische Differenzieren praktisch exakte Ergebnisse liefert, ist von Fall zu Fall im Hinblick darauf zu entscheiden, wofür die Funktionen $\omega_S(t)$ und $\alpha_S(t)$ benötigt werden.
- ♦ Der Antrieb mit konstanter Winkelgeschwindigkeit über eine Schwinge, die die Bewegung umwandelt, ist in der technischen Praxis recht häufig anzutreffen. Neben der Möglichkeit, gleichmäßige Drehbewegungen in "Hin-und-Herbewegungen" umzuformen (Werkzeugmaschinen, Schwingtische, ...), zeigt das nachfolgende Beispiel eine weitere Variante.

Beispiel 6: Das sogenannte "Malteserkreuz" ist ein Mechanismus, der eine kontinuierliche Drehbewegung in eine periodische (durch Rasten unterbrochene) Drehbewegung umwandelt (Anwendungsbeispiele: Filmtransport, Antrieb für Druckerwalzen, ...).

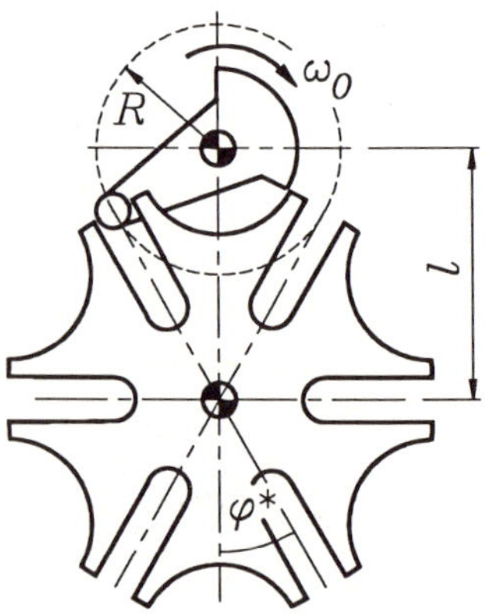

Der Mitnehmer der sich mit ω_0 drehenden Kurbel nimmt nur auf einem Teil seines Weges (während des Eingriffs in einen Schlitz) das Malteserkreuz mit, das sich bei einem Eingriff um den Winkel $2\varphi^*$ weiterdreht. Die Skizze zeigt gerade das Ende eines Eingriffs und den Beginn der Ruhephase.

Während des Eingriffs gilt genau das Bewegungsgesetz, das für die Schwinge des Beispiels 5 hergeleitet wurde. Die kinematischen Diagramme dieses Beispiels zeigten erwartungsgemäß, daß für den Punkt des größten Ausschlags der Schwinge (Umkehrpunkt ihrer Bewegung) die Winkelgeschwindigkeit ω_S gleich Null war. Wenn nun das Malteserkreuz so konstruiert wird, daß der Austrittspunkt des Mitnehmers aus dem Schlitz (und aus Symmetriegründen damit auch der Eintrittspunkt) mit dem Stillstand des Malteserkreuzes zusammenfällt, dann beginnt dessen Ruhephase genau in dem Moment, in dem es ohnehin keine Winkelgeschwindigkeit hat, so daß es nicht zusätzlich gebremst werden muß (es wird allerdings sicherheitshalber während der Ruhephase vom hinteren Teil des Mitnehmers, der genau in die bogenförmigen Aussparungen des Malteserkreuzes paßt, arretiert).

Aus den für das Beispiel 5 ermittelten Funktionen entnimmt man, daß $\omega_S = \mathbf{0}$ wird, wenn

$$\cos\omega_0 t^* = \boldsymbol{R}/\boldsymbol{l}$$

ist. $\boldsymbol{R}$ und $\boldsymbol{l}$ sind zum Zeitpunkt t^* also Kathete bzw. Hypotenuse eines rechtwinkligen Dreiecks, der Winkel φ^* berechnet sich in diesem rechtwinkligen Dreieck aus

$$\varphi^* = \arcsin \boldsymbol{R}/\boldsymbol{l} \quad .$$

Während des Mitnehmereingriffs dreht sich das Malteserkreuz um den Winkel $2\varphi^*$. Es ist klar, daß eine volle Umdrehung (**360°**) ein ganzzahliges Vielfaches von $2\varphi^*$ sein muß, so daß nur spezielle Abmessungsverhältnisse sinnvoll sind, von denen die Tabelle einige zeigt:

$2\varphi^*$	120°	90°	72°	60°
R/l	0,866	0,707	0,588	0,500

26.2.4 Darstellung der Bewegung mit Polarkoordinaten

Die Willkürlichkeit, die der Komponentendarstellung eines Vektors bei Wahl eines kartesischen Koordinatensystems mit festen (zeitlich unveränderlichen) Einheitsvektoren $\vec{e}_x$ und $\vec{e}_y$ anhaftet, war der Grund dafür, im Abschnitt 26.2.2 die Beschleunigung in ihre "natürlichen Komponenten" (tangential und normal zur Bahnkurve) zu zerlegen. Bei der Verwendung dieser ***natürlichen Koordinaten*** mußte beachtet werden, daß die Einheitsvektoren $\vec{e}_t$ und $\vec{e}_n$ ständig ihre Richtung ändern (zeitabhängig sind), was beim Differenzieren nach der Zeit beachtet werden mußte.

Eine ähnlich Situation liegt vor, wenn die Bewegung mit Hilfe von Polarkoordinaten beschrieben wird, was für eine Reihe von Problemen vorteilhaft sein kann. Zur Beschreibung der Lage des bewegten Punktes wird sein Abstand $r(t)$ von einem zu wählenden festen Punkt und der Winkel $\varphi(t)$ bezüglich einer Bezugsgeraden benutzt (nebenstehende Skizze). Mit dem Einheitsvektor $\vec{e}_r$, der stets die Richtung des Ortsvektors hat, kann der **Ortsvektor** in der Form

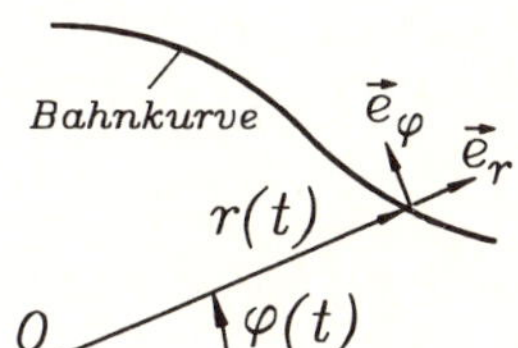

$$\vec{r}(t) = r(t) \cdot \vec{e}_r(t) \qquad \textbf{(26.24)}$$

angegeben werden. Die Koordinate φ steckt bei dieser Darstellung in dem Einheitsvektor $\vec{e}_r$. Da Geschwindigkeits- und Beschleunigungsvektor nicht die Richtung von $\vec{e}_r$ haben, wurde in die Skizze auch gleich der zweite erforderliche Einheitsvektor $\vec{e}_\varphi$ eingezeichnet.

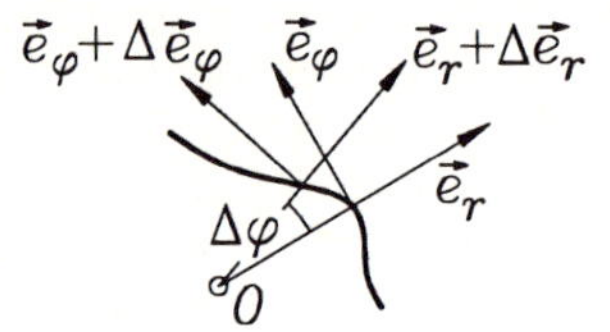

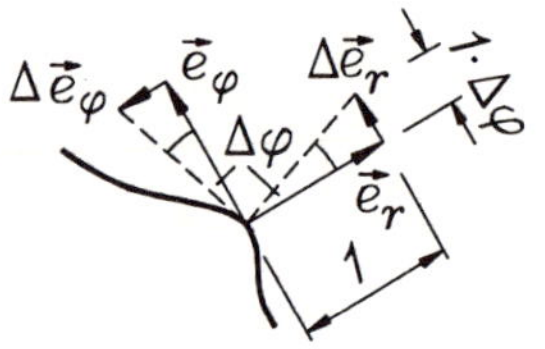

Um aus (26.24) zum Geschwindigkeitsvektor zu kommen, muß geklärt werden, was aus $\vec{e}_r$ beim Ableiten nach der Zeit wird. Die nebenstehende Skizze zeigt, wie sich für zwei eng benachbarte Punkte (φ ändert sich um $\Delta\varphi$) der Einheitsvektor $\vec{e}_r$ um $\Delta\vec{e}_r$ ändert. $\Delta\vec{e}_r$ steht senkrecht auf $\vec{e}_r$ (und hat damit die Richtung von $\vec{e}_\varphi$). Die Länge von $\Delta\vec{e}_r$ kann für sehr kleine Winkel $\Delta\varphi$ (im rechtwinkligen Dreieck mit $\tan\Delta\varphi \approx \Delta\varphi$ und dem Einheitsvektor als Kathete mit der Länge **1**) mit $\Delta\varphi$ angegeben werden, so daß der Zuwachs von $\vec{e}_r$ als

$$\Delta\vec{e}_r = \Delta\varphi \cdot \vec{e}_\varphi$$

aufgeschrieben werden kann. Entsprechend liest man ab, daß die Änderung von $\vec{e}_\varphi$ gerade die entgegengesetzte Richtung von $\vec{e}_r$ hat, die Länge von $\Delta\vec{e}_\varphi$ kann (wie die Länge von $\Delta\vec{e}_r$) als $\Delta\varphi$ angenommen werden, und für $\Delta\vec{e}_\varphi$ gilt also:

$$\Delta\vec{e}_\varphi = -\Delta\varphi \cdot \vec{e}_r \quad .$$

Division durch $\Delta\varphi$ und der Grenzübergang $\Delta\varphi \to 0$ liefern die Ableitungen der Einheitsvektoren nach φ und damit auch nach der Zeit:

$$\begin{aligned} \frac{d\vec{e}_r}{d\varphi} &= \vec{e}_\varphi \quad \Rightarrow \quad \frac{d\vec{e}_r}{dt} = \frac{d\vec{e}_r}{d\varphi}\frac{d\varphi}{dt} = \vec{e}_\varphi\,\dot{\varphi} \;, \\ \frac{d\vec{e}_\varphi}{d\varphi} &= -\vec{e}_r \quad \Rightarrow \quad \frac{d\vec{e}_\varphi}{dt} = \frac{d\vec{e}_\varphi}{d\varphi}\frac{d\varphi}{dt} = -\vec{e}_r\,\dot{\varphi} \;. \end{aligned} \qquad (26.25)$$

Nun kann der Ortsvektor (26.24) nach der Zeit t abgeleitet werden, und man erhält unter Beachtung von (26.25)

Geschwindigkeitsvektor und Beschleunigungsvektor in Polarkoordinaten:

$$\begin{aligned} \vec{v}(t) &= \frac{d\vec{r}}{dt} = \dot{r}\cdot\vec{e}_r + r\,\dot{\varphi}\cdot\vec{e}_\varphi \;, \\ \vec{a}(t) &= \frac{d\vec{v}}{dt} = (\ddot{r} - \dot{\varphi}^2 r)\cdot\vec{e}_r + (r\,\ddot{\varphi} + 2\,\dot{r}\,\dot{\varphi})\cdot\vec{e}_\varphi \;. \end{aligned} \qquad (26.26)$$

- Der **Sonderfall** $r = konstant$ **(Kreisbewegung)** ist in diesen Formeln enthalten (für die Kreisbewegung sind Polarkoordinaten die natürlichen Koordinaten). Man erkennt die Bahngeschwindigkeit $r\dot{\varphi}$, die Bahnbeschleunigung $r\ddot{\varphi}$ und die Normalbeschleunigung $r\dot{\varphi}^2$, deren Minuszeichen anzeigt, daß sie dem Einheitsvektor $\vec{e}_r$ entgegengesetzt gerichtet ist.
- In Erweiterung der für die Kreisbewegung eingeführten Begriffe werden auch für die allgemeine Bewegung $\dot{\varphi}$ als Winkelgeschwindigkeit und $\ddot{\varphi}$ als Winkelbeschleunigung bezeichnet.
- Man kann sich eine in **kartesischen Koordinaten** beschriebene allgemeine Bewegung als Überlagerung von zwei (rechtwinklig zueinander verlaufenden) geradlinigen Bewegungen

vorstellen (realisiert z. B. in Flachbettplottern, bei denen der Plotterstift zwei geradlinige Bewegungen ausführt und dabei seine eigene allgemeine Bahnkurve zeichnet).

Analog dazu darf man sich eine mit **Polarkoordinaten** beschriebene Bewegung als Überlagerung einer geradlinigen Bewegung und einer Drehbewegung vorstellen (Beispiel: Ein Baukran dreht sich und die Laufkatze bewegt sich nach außen). Dementsprechend findet man in (26.25) den Geschwindigkeitsanteil $\dot{r}$ und den Beschleunigungsanteil $\ddot{r}$ der geradlinigen Bewegung und die bereits diskutierten Anteile der Kreisbewegung. Eine gewisse Sonderstellung nimmt der Beschleunigungsanteil $2\dot{r}\dot{\varphi}$ ein. Für das "Baukran-Beispiel" würde also neben den bekannten Anteilen noch eine zusätzliche Beschleunigung auch dann auftreten, wenn die Drehbewegung mit konstanter Winkelgeschwindigkeit $\dot{\varphi}$ und die Laufkatze sich mit konstanter Geschwindigkeit $\dot{r}$ nach außen bewegt. Die beschleunigende Wirkung entsteht dadurch, daß sich die Laufkatze in Richtung von Kreisbahnen mit größerem Umfang (und damit größerer Bahngeschwindigkeit) bewegt. Dieser etwas schwierige Sachverhalt wird im Abschnitt 27.2 ausführlicher diskutiert.

Beispiel: Für den als Beispiel im Abschnitt 26.2.2 bereits mit kartesischen Koordinaten untersuchten Mechanismus soll die Bahnkurve in Polarkoordinaten formuliert werden.

Gegeben: $a\ ,\ l\ ,\ v_A = konstant\ .$

Wenn die Zeitzählung mit $t = 0$ beginnt, wenn die Stange ***A-B*** die horizontale Lage einnimmt, gilt entsprechend nebenstehender Skizze:

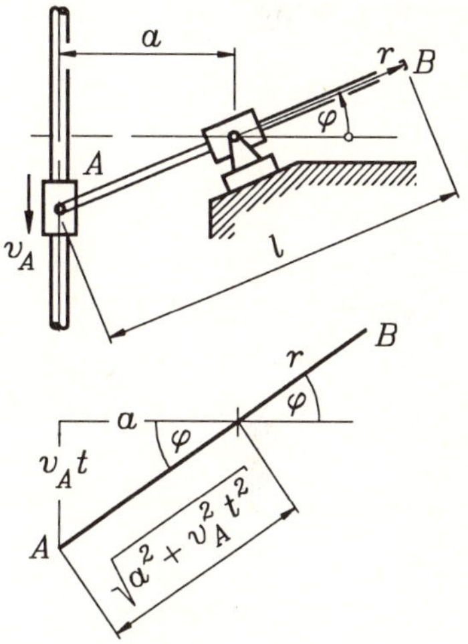

$$r(t) = l - \sqrt{a^2 + v_A^2 t^2}\ ,$$

$$\varphi(t) = \arctan \frac{v_A t}{a}\ .$$

Diese Darstellung enthält alle Informationen über den Bewegungsablauf, und es ist im allgemeinen nicht sinnvoll, nach (26.24) den Ortsvektor mit dem zeitlich veränderlichen Einheitsvektor

$$\vec{e}_r(t) = \begin{bmatrix} \cos\varphi(t) \\ \sin\varphi(t) \end{bmatrix}$$

aufzuschreiben, zumal sämtliche Geschwindigkeits- und Beschleunigungsanteile nach (26.26) durch Differenzieren von $r(t)$ und $\varphi(t)$ gewonnen werden können. Man erhält z. B.:

$$\dot{r}(t) = -\frac{v_A^2 t}{\sqrt{a^2 + v_A^2 t^2}}\ , \qquad \ddot{r}(t) = -\frac{a^2 v_A^2}{\left(a^2 + v_A^2 t^2\right)^{3/2}}\ ,$$

$$\dot{\varphi}(t) = \frac{1}{1 + v_A^2 t^2 / a^2}\,\frac{v_A}{a}\ , \qquad \ddot{\varphi}(t) = -\frac{2 v_A^3 t / a^3}{\left(1 + v_A^2 t^2 / a^2\right)^2}\ .$$

Damit kann man sämtliche Geschwindigkeits- und Beschleunigungsanteile aufschreiben. Sie sind radial gerichtet bzw. senkrecht dazu (**nicht** normal bzw. tangential zur Bahnkurve).

26.2.5 Allgemeine Bewegung im Raum

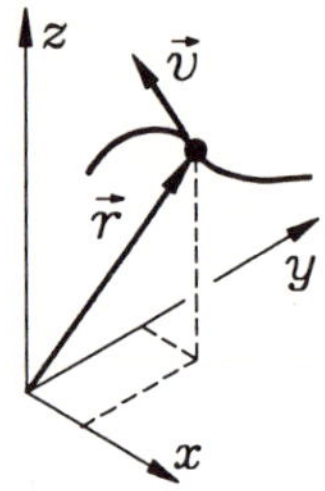

Wenn die allgemeine Bewegung eines Punktes im Raum analog zur Bewegung in der Ebene (Abschnitt 26.2.1) durch einen Ortsvektor

$$\vec{r}(t) = \begin{bmatrix} x(t) \\ y(t) \\ z(t) \end{bmatrix}$$

beschrieben wird, gelten in sinnvoller Erweiterung die Formeln (26.8) bis (26.14), die hier noch einmal zusammengestellt werden:

Geschwindigkeitsvektor:
$$\vec{v}(t) = \begin{bmatrix} \dot{x}(t) \\ \dot{y}(t) \\ \dot{z}(t) \end{bmatrix} = \frac{d\vec{r}}{dt} \tag{26.27}$$

Bahngeschwindigkeit:
$$v(t) = |\vec{v}| = \sqrt{\dot{x}^2 + \dot{y}^2 + \dot{z}^2} \tag{26.28}$$

Länge der Bahnkurve:
$$s_{1,2} = \int_{t_1}^{t_2} \sqrt{\dot{x}^2 + \dot{y}^2 + \dot{z}^2}\, dt \quad . \tag{26.29}$$

Beschleunigungsvektor:
$$\vec{a}(t) = \frac{d^2\vec{r}}{dt^2} = \begin{bmatrix} \ddot{x}(t) \\ \ddot{y}(t) \\ \ddot{z}(t) \end{bmatrix} \tag{26.30}$$

Gesamtbeschleunigung:
$$a = \sqrt{\ddot{x}^2 + \ddot{y}^2 + \ddot{z}^2} \tag{26.31}$$

- Auch für die Bewegung im Raum gilt, daß der Geschwindigkeitsvektor in jedem Punkt tangential zur Bahnkurve gerichtet ist und damit als Produkt aus Bahngeschwindigkeit und Tangenteneinheitsvektor dargestellt werden kann:

$$\vec{v}(t) = v(t) \cdot \vec{e}_t(t) \quad . \tag{26.32}$$

- Durch Differenzieren von (26.32) nach der Zeit ergibt sich der Beschleunigungsvektor

$$\begin{aligned} \vec{a} = \frac{d\vec{v}}{dt} &= \frac{dv}{dt} \cdot \vec{e}_t + v \cdot \frac{d\vec{e}_t}{dt} = \dot{v} \cdot \vec{e}_t + v \cdot \frac{d\vec{e}_t}{ds}\frac{ds}{dt} \\ &= \dot{v} \cdot \vec{e}_t + v^2 \cdot \frac{d\vec{e}_t}{ds} = \dot{v} \cdot \vec{e}_t + \frac{v^2}{\varrho} \cdot \vec{e}_n \end{aligned} \tag{26.33}$$

mit den gleichen Beschleunigungsanteilen (Bahnbeschleunigung $\dot{v}$ und Normalbeschleunigung v^2/ϱ) wie im ebenen Fall. Der Einheitsvektor $\vec{e}_n$ ist der senkrecht zum Tangenteneinheitsvektor $\vec{e}_t$ gerichtete ***Hauptnormalenvektor***, der zum Krümmungsmittelpunkt der Bahnkurve zeigt, ϱ ist der Krümmungsradius.

♦ Die Einheitsvektoren $\vec{e}_t$ und $\vec{e}_n$ spannen die ***Schmiegungsebene*** der Bahnkurve in dem betrachteten Punkt auf. In ihr liegen der Geschwindigkeitsvektor und beide Beschleunigungsanteile (und damit auch der Vektor der Gesamtbeschleunigung). Es gibt also in jedem Punkt der Bahnkurve eine "beschleunigungsfreie" Richtung. Es ist die Richtung des ***Binormalenvektors*** $\vec{e}_b$, der senkrecht zu $\vec{e}_t$ und $\vec{e}_n$ gerichtet ist und mit diesen das ***begleitende Dreibein*** der Bahnkurve bildet. Die räumliche Bewegung eines Punktes kann zu jedem Zeitpunkt wie eine ebene Bewegung in der Schmiegungsebene des aktuellen Punktes der Bahnkurve betrachtet werden.

26.3 Aufgaben

Aufgabe 26.1: Ein Formel-1-Rennwagen beschleunigt (im Jahr 1993) aus dem Stand auf eine Geschwindigkeit von **100** ***km/h*** in **2,6** ***s***. Aus einer Geschwindigkeit von **280** ***km/h*** stoppt er bei Vollbremsung nach **151,3** ***m***.

a) Wie groß ist die mittlere Beschleunigung a_m in m/s^2 während des Anfahrvorgangs?

b) Wie groß ist die mittlere Bremsverzögerung (negative Beschleunigung) bei dem beschriebenen Bremsvorgang?

Aufgabe 26.2: Der Steg eines Planetengetriebes dreht sich mit der konstanten Winkelgeschwindigkeit ω_S und treibt ein Planetenrad, das auf dem feststehenden Sonnenrad abrollt. Die Bewegung des Punktes A im Abstand a vom Mittelpunkt des Planetenrades soll analysiert werden.

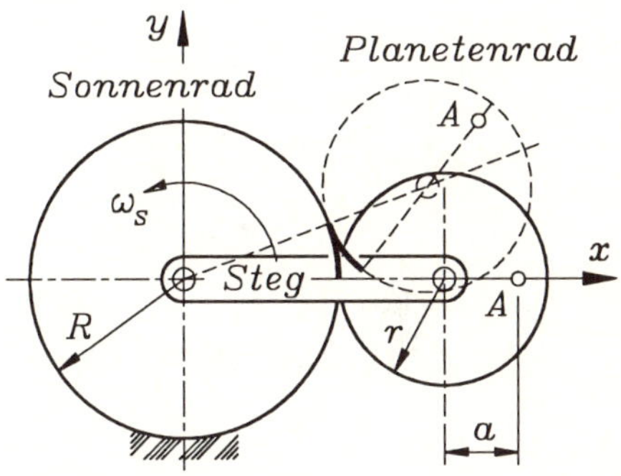

Gegeben: $R\ ,\ r\ ,\ a\ ,\ \omega_S$.

a) Zum Zeitpunkt $t = 0$ befindet sich das Planetenrad in der skizzierten horizontalen Lage. Es ist die Bahnkurve des Punktes A in Parameterdarstellung $x(t)$ und $y(t)$ bezüglich des skizzierten Koordinatensystems zu ermitteln.

b) Für welche Radienverhältnisse r/R ist der Punkt A nach einem vollen Umlauf des Steges wieder in der skizzierten Lage?

c) Man ermittle die Funktionen für die Bahngeschwindigkeit $v(t)$ und die Gesamtbeschleunigung $a(t)$.

d) Mit dem Programm MCALCU (beiliegende Diskette) stelle man die Bahnkurve des Punktes A für $a/r = 2$ und $R/r = 1,5$ graphisch dar und berechne die Länge des Weges, den der Punkt bei zwei vollen Stegumläufen zurücklegt (vgl. Beispiel 2 des Abschnitts B1.11 im Anhang B).

Aufgabe 26.3: Ein sternförmiger Mitnehmer rotiert mit der konstanten Winkelgeschwindigkeit ω_0. Er führt Werkstücke in einer Rinne. Betrachtet werden soll die Bewegung eines Werkstücks im geraden Rinnenabschnitt von *A* nach *B*.

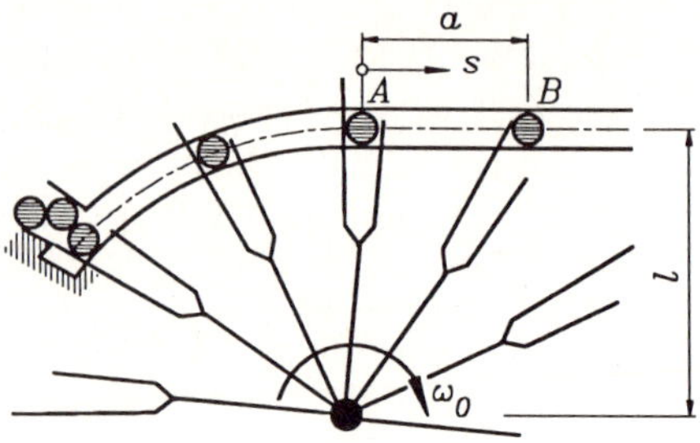

Gegeben: $l = 10\ cm$;
$a = 6\ cm$; $\omega_0 = 0{,}3\ s^{-1}$.

Man ermittle

a) das Bewegungsgesetz $s(t)$ eines Werkstücks, wenn es bei $t = 0$ den Punkt *A* passiert,
b) das Geschwindigkeits-Zeit-Gesetz $v(t)$ und das Beschleunigungs-Zeit-Gesetz $a(t)$,
c) die Zeit t_{AB}, die das Werkstück für die Bewegung von *A* bis *B* benötigt,
d) die Geschwindigkeit v_B des Werkstücks, die es bei Punkt *B* hat.

Aufgabe 26.4: Eine Kurbel dreht sich mit der konstanten Winkelgeschwindigkeit ω_0 und nimmt die Stange *A-B* mit. Bei $t = 0$ befindet sich *A* im Punkt *D*.

Gegeben: a , l , R , ω_0 .

Unter Verwendung des skizzierten Koordinatensystems ermittle man

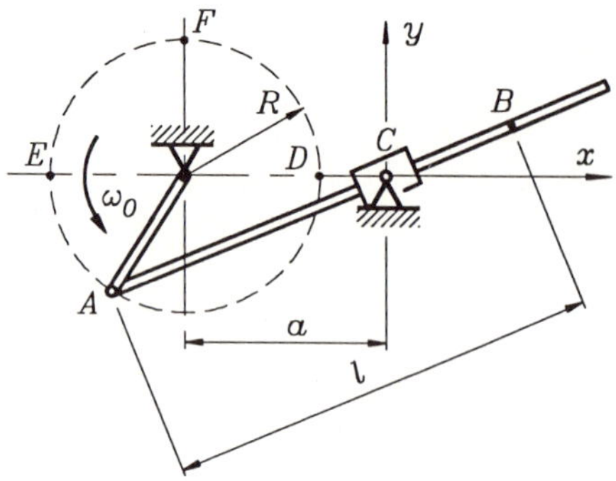

a) die Bahnkurve von *B* in Parameterdarstellung $x(t)$ und $y(t)$ (vgl. Beispiel 1 des Abschnitts B1.10 im Anhang B),
b) die Komponenten v_{Bx} und v_{By} des Geschwindigkeitsvektors des Punktes *B* allgemein,
c) die Beträge der Geschwindigkeiten des Punktes *B* für $a = 2R$ und $l = 4R$, wenn *A* sich in *E* bzw. *F* befindet.

Aufgabe 26.5: Ein Zahnrad mit dem Radius *R* treibt eine horizontal geführte Zahnstange nach dem Winkel-Zeit-Gesetz

$$\varphi(t) = \varphi_0 \sin k_1 t$$

an. Die Zahnstange ist über einen starren Hebel gelenkig mit dem Gleitstein *G* verbunden. Dieser wird auf einer vertikalen Bahn geführt. Das System nimmt zur Zeit $t = 0$ die dargestellte Lage ein.

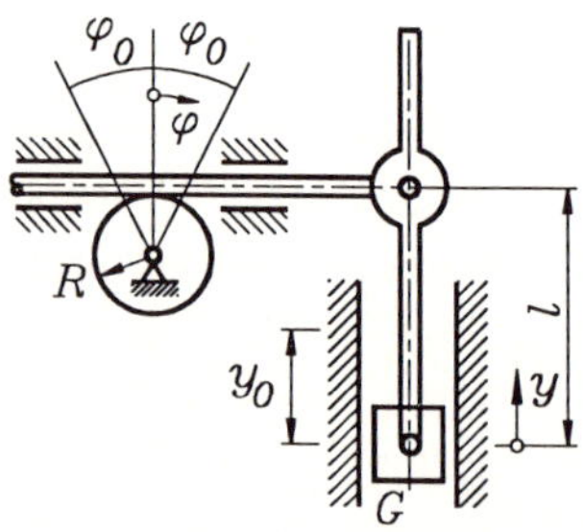

Gegeben: R ; $l = 2R$; k_1 ; $\varphi_0 = \pi/4$.

Man ermittle
a) das Bewegungsgesetz $y(t)$ des Gleitsteins *G*,
b) den maximalen Hub y_0 des Gleitsteines und die Zeit t_1 bis zum ersten Erreichen des oberen Totpunktes.

27 Kinematik starrer Körper

Ein ***starrer Körper*** besteht aus einer unendlichen Anzahl von Punkten, die ihre Lage zueinander nicht ändern. Für die weitaus meisten Probleme der Kinematik und Kinetik ist dieses fiktive Gebilde das völlig ausreichende Modell zur Untersuchung von Bewegungsvorgängen (wie in der Statik zur Untersuchung von Gleichgewichtszuständen).

27.1 Die ebene Bewegung des starren Körpers

Man könnte die ebene Bewegung des starren Körpers mit den Verfahren aus dem Kapitel 26 (Kinematik des Punktes) beschreiben, wenn man die Bewegung von zwei Punkten des Körpers beschreiben würde. Da der Abstand der Punkte konstant bleibt, genügt jedoch bereits die Angabe der zeitlichen Abhängigkeit

- der beiden Koordinaten eines Punktes und einer Koordinate eines zweiten Punktes oder
- der beiden Koordinaten eines Punktes und einer zusätzlichen Winkelkoordinate.

Der starre (durch keine Bindungen behinderte) Körper in der Ebene hat drei Freiheitsgrade. Seine Lage ist durch die Angabe von drei geeigneten Koordinaten eindeutig bestimmt, seine Bewegung wird durch die zeitliche Abhängigkeit dieser Koordinaten beschrieben.

♦ Durch zusätzliche Bindungen (z. B. an eine vorgeschriebene Bahn) kann die Anzahl der Freiheitsgrade eingeschränkt sein. Für die Probleme der technischen Praxis ist die Untersuchung der Bewegung eines Körpers mit nur einem Freiheitsgrad sogar eher die Regel als die Ausnahme.

27.1.1 Translation und Rotation

Wenn jede beliebige Gerade, die zwei Punkte des starren Körpers verbindet, während der Bewegung ihre Richtung beibehält, so führt der Körper eine reine ***Translation*** aus (Bewegung mit zwei Freiheitsgraden). Bei einer solchen translatorischen Bewegung bewegen sich alle Punkte des Körpers auf kongruenten Bahnen, so daß die Beschreibung der Bewegung eines Punktes genügt (Kinematik des Punktes, Kapitel 26).

♦ Die Bahnen bei der translatorischen Bewegung können beliebige Kurven sein, zum Beispiel auch Kreise: Die Kabine eines Paternosters führt (zum Glück für verträumte Mitfahrer) während der gesamten Bewegung eine Translation aus, auch in den Umkehrbereichen, in denen sich alle Punkte der Kabine auf Kreisbahnen bewegen.

Wenn ein Punkt des starren Körpers festgehalten wird, kann der Körper nur noch eine reine ***Rotation*** um diesen Punkt ausführen (Bewegung mit einem Freiheitsgrad).

Es ist üblich (und meist zweckmäßig), die allgemeine Bewegung als eine Überlagerung einer Translation mit einer Rotation zu beschreiben.

Beispiel 1: Das skizzierte Dreieck bewegt sich aus der Anfangslage ***ABC*** in die Endlage ***A'B'C'***. Man kann diese Bewegung zum Beispiel auffassen als eine reine Translation aus ***ABC*** nach ***A'B''C''*** (alle Punkte bewegen sich auf kongruenten Bahnen) und eine Drehung um den Punkt ***A'***.

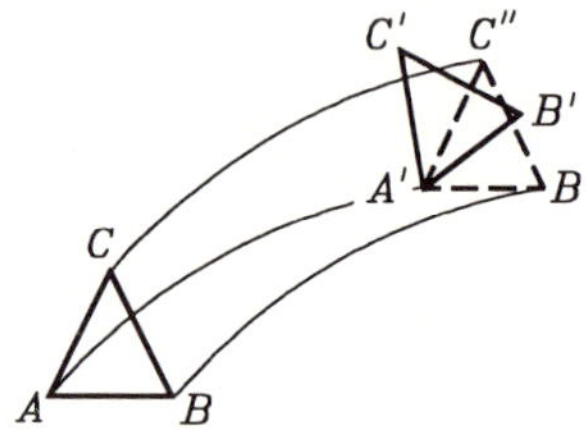

Translation und Rotation

Bei dieser Betrachtung wurde der Punkt ***A*** als Bezugspunkt (zur Beschreibung der Translation und als Zentrum der Rotation) verwendet. Natürlich kann dafür auch jeder andere Punkt benutzt werden.

Die mit dem Beispiel 1 demonstrierte Betrachtungsweise ist selbst dann in vielen Fällen noch sinnvoll, wenn eine Bewegung mit nur einem Freiheitsgrad untersucht wird. Sie ist für die Analyse komplizierter Bewegungsabläufe so wichtig, daß sie nachfolgend an zwei einfachen Beispielen noch einmal verdeutlicht werden soll.

Beispiel 2: Eine Walze, die auf einer schiefen Ebene eine reine (schlupffreie) Rollbewegung ausführt, hat nur einen Freiheitsgrad.

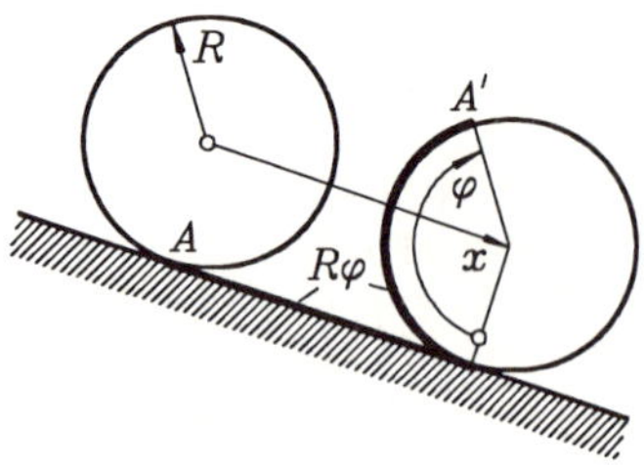

Die Translation (beschrieben zum Beispiel durch eine Koordinate x, die die jeweilige Lage des Mittelpunktes angibt) erfolgt auf einer Geraden, und die Drehbewegung ist von der Translation nicht unabhängig, weil die auf dem Umfang abgewälzte Strecke gleich sein muß mit der Strecke, die der Mittelpunkt zurückgelegt hat. Es gilt die sogenannte

$$\textbf{\textit{Rollbedingung:}} \qquad x = R\,\varphi \; . \tag{27.1}$$

Obwohl natürlich Translation und Rotation gleichzeitig ablaufen, ist es vielfach zweckmäßig, auch hier Translation und Rotation gesondert zu betrachten:

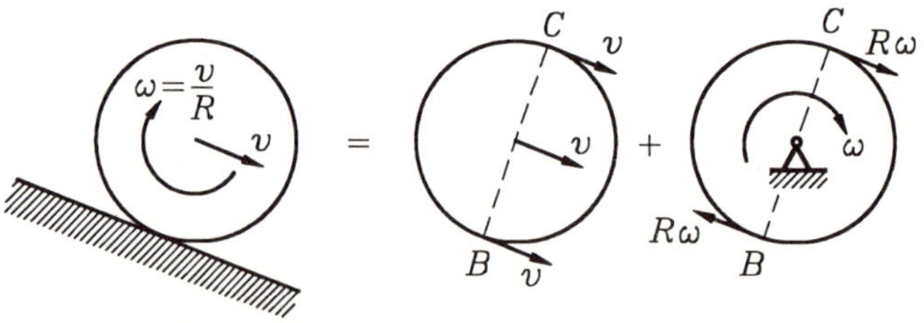

Aus der Rollbedingung ergibt sich durch Differentiation nach der Zeit der Zusammenhang zwischen der Geschwindigkeit des Mittelpunktes und der Winkelgeschwindigkeit der Rotation:

$$v = \dot{x} = R\,\dot{\varphi} = R\,\omega \; .$$

Man beachte, daß durch Überlagerung der translatorischen und der rotatorischen Geschwindigkeit für jeden Punkt der Walze Betrag und Richtung der Geschwindigkeit bestimmt werden können. So erhält man zum Beispiel für den Punkt C

$$v_C = v + R\,\omega = 2\,v\,,$$

während der Punkt B wegen $v_B = v - R\,\omega$ **momentan** in Ruhe ist.

♦ Die Wahl des Mittelpunktes im Beispiel 2 für die Beschreibung des Translationsanteils der Bewegung ist willkürlich. Natürlich kann dafür jeder beliebige Punkt benutzt werden. Dazu wird das folgende Beispiel betrachtet.

Beispiel 3: Die Bewegung eines bei ***A*** drehbar gelagerten Stabes, der sich aus der vertikalen Lage um den Winkel φ gedreht hat, wird durch Überlagerung einer Translation, bei der der Stab die vertikale Lage beibehält, mit einer Rotation beschrieben. Dabei werden unterschiedliche Punkte (***A***, ***B***, ***C***) des Stabes zur Beschreibung der Translation benutzt.

Um den gleichen Endzustand der Bewegung zu erreichen, muß der Stab (abhängig vom gewählten Bezugspunkt) unterschiedliche translatorische Wege zurücklegen (für den Bezugspunkt ***C*** ist der translatorische Weg am größten, bei Wahl des Punktes ***A*** ist er Null), während sich der Stab in allen drei betrachteten Varianten immer um den gleichen Winkel drehen muß. Da dies zu jedem Zeitpunkt der Bewegung gilt, ist auch die Ableitung der Winkelkoordinate nach der Zeit unabhängig vom gewählten Bezugspunkt für die Rotation:

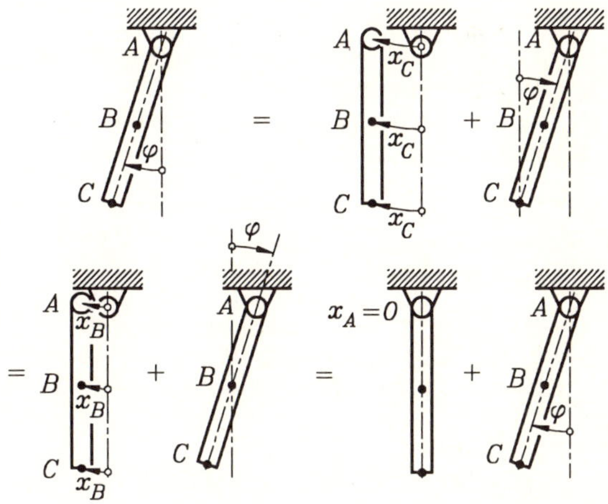

Die Winkelgeschwindigkeit des rotatorischen Anteils der ebenen Bewegung eines starren Körpers ist von der Wahl des Bezugspunktes (Drehpunkt für die Rotation) unabhängig.

♦ Offensichtlich bietet sich für das betrachtete Beispiel die Wahl des Punktes ***A*** als Bezugspunkt an, weil dann kein translatorischer Anteil berücksichtigt werden muß. Es gibt jedoch (bei Problemen der Kinetik) häufig gute Gründe, den Schwerpunkt als Bezugspunkt zu wählen, so daß selbst eine reine Rotation (wie in diesem Beispiel) als Kombination aus Translation und Rotation betrachtet wird.

♦ Andererseits ist die reine Rotation besonders einfach zu analysieren. Deshalb widmet der folgende Abschnitt dieser Bewegung eine spezielle Betrachtung.

27.1.2 Der Momentanpol

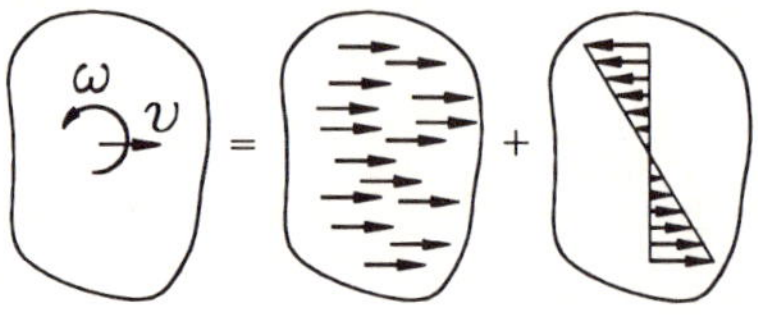

Translations- und Rotationsgeschwindigkeiten

Bei einer **reinen Translation** haben alle Punkte des Körpers die gleiche Geschwindigkeit $\boldsymbol{v}$. Bei einer **reinen Rotation** mit der Winkelgeschwindigkeit ω ist der Drehpunkt in Ruhe, alle anderen Punkte bewegen sich auf Kreisbahnen um den Drehpunkt mit Bahngeschwindigkeiten v_{rot}, die nach (26.18) entsprechend $v_{rot} = r\,\omega$ mit der Entfernung vom Drehpunkt linear anwachsen.

Bei gleichzeitiger Translation und Rotation können die Geschwindigkeiten aller Punkte des Körpers aus der Überlagerung der beiden Anteile ermittelt werden. Es ist einleuchtend, daß es **in der Ebene** genau einen Punkt geben muß, für den sich die beiden Geschwindigkeitsanteile gerade aufheben. Wenn dieser Punkt als Bezugspunkt für die Bewegung gewählt wird, entfällt also der translatorische Anteil.

Zu jedem Zeitpunkt der allgemeinen Bewegung eines starren Körpers in der Ebene kann der Geschwindigkeitszustand wie bei einer (momentanen) reinen Rotation um einen festen Punkt, den sogenannten *Momentanpol*, analysiert werden.

- Der Momentanpol befindet sich in dem betrachteten Augenblick in Ruhe, während alle übrigen Punkte des Körpers Rotationen um ihn ausführen. Die Geschwindigkeiten dieser Punkte sind tangential an die (konzentrischen) Kreise um den Momentanpol gerichtet.
- Der Momentanpol liegt in der Bewegungsebene (muß kein Punkt des bewegten Körpers selbst sein). Er ändert im allgemeinen ständig seine Lage. Er ist im betrachteten Moment geschwindigkeitsfrei, in der Regel aber nicht beschleunigungsfrei.

Beispiel 1: Im Beispiel 2 des vorigen Abschnitts wurde herausgefunden, daß der Berührungspunkt zwischen Rad und Unterlage momentan in Ruhe ist. Dieser Punkt ist der **Momentanpol *M*** der Bewegung. Die Geschwindigkeit des beliebigen Punktes ***B*** des Rades ist dann senkrecht zur Verbindungslinie ***MB*** gerichtet. Wenn die Geschwindigkeit v_A eines Punktes *A* des starren Körpers bekannt ist (hier soll es die horizontale Geschwindigkeit des Radmittelpunktes sein), kann die momentane Winkelgeschwindigkeit ω des Körpers nach

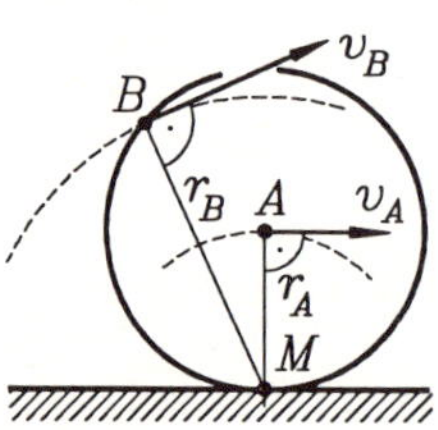

$$\omega = \frac{v_A}{r_A} \qquad (27.2)$$

berechnet werden (r_A ist der Abstand des Punktes *A* vom Momentanpol *M*). Da für jeden Punkt des Körpers eine entsprechende Formel gilt, kann z. B. für den Punkt ***B*** im Abstand r_B vom Momentanpol die Geschwindigkeit nach

$$v_B = r_B\,\omega \qquad (27.3)$$

berechnet werden. Diese am speziellen Beispiel gewonnenen Erkenntnisse gelten allgemein.

Die Geschwindigkeiten zweier Punkte *A* und *B* eines starren Körpers verhalten sich wie ihre Abstände vom Momentanpol:

$$\frac{v_A}{v_B} = \frac{r_A}{r_B} \tag{27.4}$$

Die Geschwindigkeiten sind senkrecht zu den Verbindungslinien der Punkte ***A*** bzw. ***B*** mit dem Momentanpol gerichtet.

Diese Aussagen ermöglichen es, die Geschwindigkeiten beliebiger Punkte eines starren Körpers anzugeben, wenn die Lage des Momentanpols und die Geschwindigkeit eines Punktes bekannt sind. Andererseits kann die Lage des Momentanpols auf der Grundlage dieser Erkenntnisse gefunden werden.

Im allgemeinen kann man die Lage des Momentanpols der Bewegung eines starren Körpers mit einer der vier folgenden Aussagen finden:

- Bei **reinem Rollen** eines starren Körpers (ohne Schlupf) auf einer ruhenden Unterlage ist immer der Berührungspunkt zwischen Körper und Unterlage der Momentanpol.
- Wenn die (nicht parallelen) Geschwindigkeits**richtungen** zweier Punkte ***A*** und ***B*** bekannt sind, findet man den Momentanpol als Schnittpunkt der Senkrechten zu diesen Richtungen.
- Bei bekannten **parallelen Geschwindigkeitsrichtungen** zweier Punkte ***A*** und ***B*** müssen zusätzlich auch Richtungssinn und die Größe der Geschwindigkeiten bekannt sein. Der Momentanpol liegt auf der Verbindungsgeraden der beiden Punkte, die Abstände der Punkte vom Momentanpol sind nach (27.4) proportional zu den Beträgen ihrer Geschwindigkeiten (Strahlensatz-Figur).
- Bei parallelen Geschwindigkeiten zweier Punkte mit gleichem Richtungssinn und gleicher Größe liegt der Momentanpol "im Unendlichen" (reine Translation).

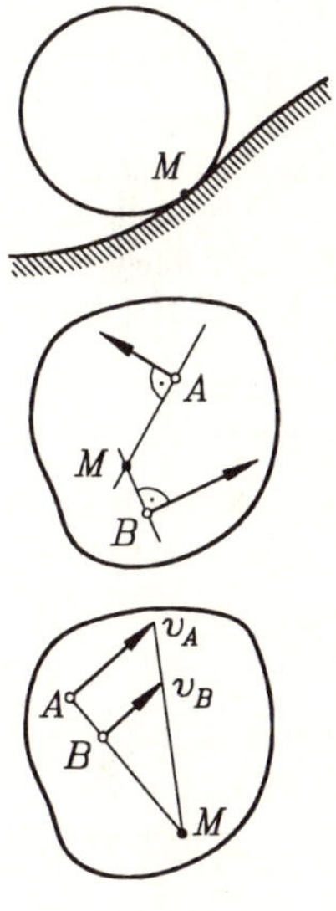

Lage des Momentanpols

Beispiel 2: Für das (schraffiert gezeichnete) Pleuel einer Schubkurbel soll der Momentanpol für die skizzierte Lage bestimmt werden.

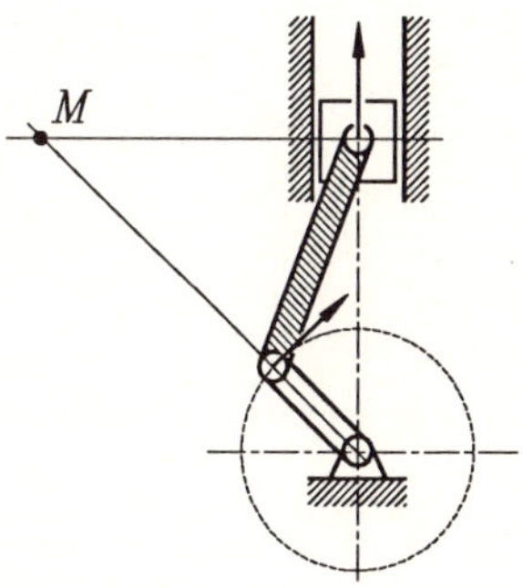

Für die beiden Endpunkte des Pleuels sind die Geschwindigkeitsrichtungen bekannt, da sich der Kolben nur vertikal bewegen kann und die Kurbel eine Kreisbewegung (mit tangential gerichteter Geschwindigkeit) ausführt. Der Schnittpunkt der Senkrechten auf die Geschwindigkeitsrichtungen ist der gesuchte Momentanpol ***M***.

Die Drehrichtung der Kurbel (hier rechtsdrehend gezeichnet) hat keinen Einfluß auf die Lage des Momentanpols.

Beispiel 3: Die Koppel BC der skizzierten Viergelenkkette führt bei Antrieb durch eine der beiden Kurbeln (z. B. Kurbel AB) eine relativ komplizierte Bewegung aus.

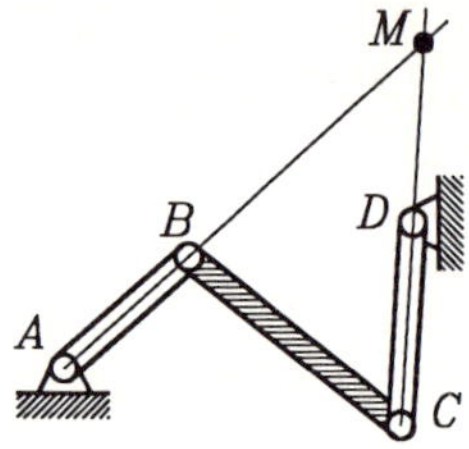

Für jede Lage findet man den Momentanpol auf der Verlängerungslinie der beiden Kurbeln, weil sich die Punkte B und C auf Kreisen um A bzw. D mit tangential zu den Kreisen gerichteten Geschwindigkeiten bewegen.

Beispiel 4: Die Endpunkte zweier Seile, die auf unterschiedlichen Radien eine Walze umschlingen, werden wie skizziert bewegt.

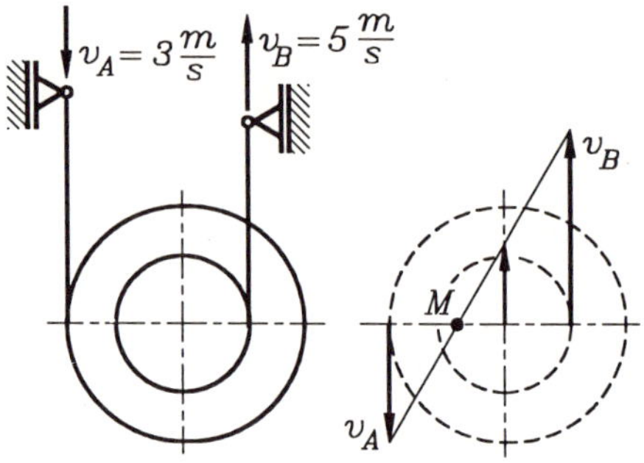

Man findet den Momentanpol der Bewegung der Walze nach der Strahlensatz-Figur und könnte bei gegebenen Radien für jeden Punkt der Walze die Geschwindigkeit ermitteln. Der Skizze ist zu entnehmen, daß die Walze eine Linksdrehung ausführt und der Mittelpunkt (mit der eingezeichneten Geschwindigkeit) angehoben wird.

Beispiel 5: Die Gleitsteine A und B sind durch eine starre Stange gekoppelt. In der skizzierten Stellung bewegt sich Gleitstein A mit v_A. Die Geschwindigkeit v_B des Punktes B sowie Richtung und Betrag der Geschwindigkeit v_C des Mittelpunktes C der Stange AB sollen ermittelt werden.

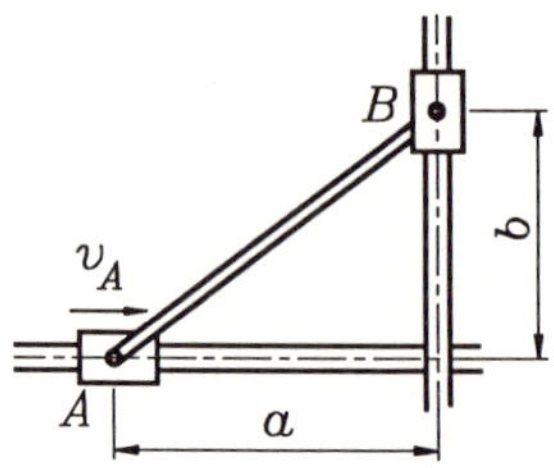

Gegeben: $v_A\,,\quad a = 2\,b\,.$

Die beiden Senkrechten zu den Geschwindigkeiten in den Punkten A und B schneiden sich im Momentanpol M. Nach (27.4) errechnet man

$$v_B / v_A = a/b \quad \Rightarrow \quad v_B = v_A\, a/b = 2\,v_A\ .$$

Da der Punkt C in der Mitte der Stange liegt, ist sein Abstand zum Momentanpol gleich der halben Diagonalen:

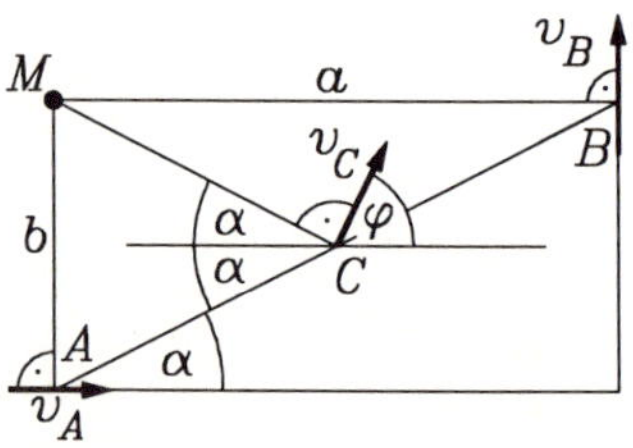

$$\frac{v_C}{v_A} = \frac{\frac{1}{2}\sqrt{a^2 + b^2}}{b}\ ,$$

$$v_C = \frac{v_A}{2}\sqrt{\frac{a^2}{b^2} + 1} = \frac{\sqrt{5}}{2}\,v_A\ .$$

Wegen der Gleichschenkligkeit von MAC liest man ab:

$$\varphi = \frac{\pi}{2} - \alpha \qquad mit \qquad \alpha = \arctan\frac{b}{a} \qquad \Rightarrow \qquad \varphi = 63{,}43°\ .$$

27.1.3 Geschwindigkeit und Beschleunigung

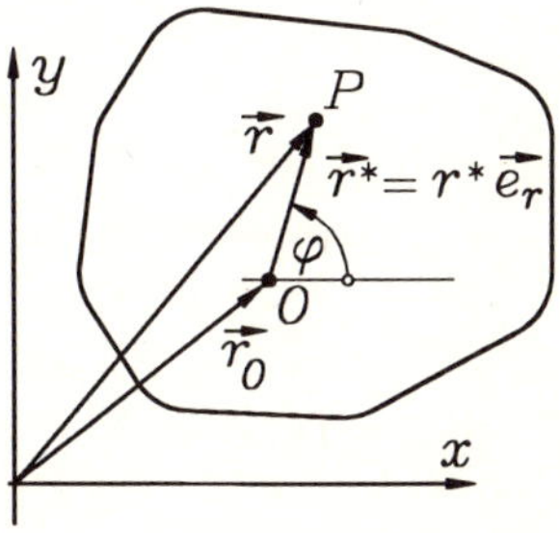

Entsprechend der Idee, die Bewegung eines starren Körpers durch die Translation eines Punktes des Körpers und eine Rotation um diesen Punkt zu beschreiben, wird dieser ausgewählte Punkt ***O*** mit dem Ortsvektor $\vec{r}_0$ verfolgt. Dieser beschreibt die Translation des Körpers nach den Regeln der Kinematik des Punktes (Kapitel 26), wofür ein geeignetes raumfestes Koordinatensystem verwendet wird (in der Skizze wurde willkürlich ein kartesisches Koordinatensystem eingezeichnet, es könnten z. B. durchaus auch Polarkoordinaten sein).

Für die Beschreibung der Rotation um den Punkt ***O*** werden Polarkoordinaten mit dem Ursprung in ***O*** gewählt (in der Skizze wurde die Lage eines beliebigen Punktes ***P*** des Körpers durch r^* und φ festgelegt). Weil für den starren Körper der Abstand r^* der Punkte ***O*** und ***P*** konstant bleibt, ist in dem Vektor $\vec{r}^*$, der die Lage von ***P*** relativ zu ***O*** beschreibt, nur der Einheitsvektor $\vec{e}_r$ von der Zeit abhängig.

Für den beliebigen Punkt ***P*** des Körpers, dessen Lage im raumfesten Koordinatensystem durch

$$\vec{r}(t) = \vec{r}_0(t) + \vec{r}^*(t) = \vec{r}_0(t) + r^* \cdot \vec{e}_r(t) \qquad (27.5)$$

beschrieben wird, können der Geschwindigkeitsvektor und der Beschleunigungsvektor durch ein- bzw. zweimaliges Ableiten von (27.5) nach der Zeit ermittelt werden. Mit den Formeln (26.25) für die Ableitung der zeitabhängigen Einheitsvektoren (Abschnitt 26.2.4) erhält man:

$$\vec{v} = \frac{d\vec{r}}{dt} = \frac{d\vec{r}_0}{dt} + \frac{d\vec{r}^*}{dt} = \frac{d\vec{r}_0}{dt} + r^* \frac{d\vec{e}_r}{dt} = \frac{d\vec{r}_0}{dt} + r^* \dot{\varphi} \cdot \vec{e}_\varphi \ ,$$

$$\vec{a} = \frac{d\vec{v}}{dt} = \frac{d^2\vec{r}_0}{dt^2} + r^* \ddot{\varphi} \cdot \vec{e}_\varphi + r^* \dot{\varphi} \frac{d\vec{e}_\varphi}{dt} = \frac{d^2\vec{r}_0}{dt^2} + r^* \ddot{\varphi} \cdot \vec{e}_\varphi - r^* \dot{\varphi}^2 \cdot \vec{e}_r \ .$$

Die Ableitung des Winkels φ nach der Zeit ist nach (26.19) die Winkelgeschwindigkeit ω der Rotation um den Punkt ***O***. Damit erhält man (wegen $\vec{e}_\varphi = \vec{e}_t$ und $\vec{e}_r = -\vec{e}_n$ für die Kreisbewegung um den Punkt ***O***) die

Vektoren der Gesamtgeschwindigkeit und Gesamtbeschleunigung eines beliebigen Punktes *P* des starren Körpers:

$$\vec{v} = \frac{d\vec{r}}{dt} = \frac{d\vec{r}_0}{dt} + r^* \omega \cdot \vec{e}_t = \vec{v}_{trans} + \vec{v}_{rot} \ ,$$

$$\vec{a} = \frac{d\vec{v}}{dt} = \frac{d^2\vec{r}_0}{dt^2} + r^* \dot{\omega} \cdot \vec{e}_t + r^* \omega^2 \cdot \vec{e}_n = \vec{a}_{trans} + \vec{a}_{t,rot} + \vec{a}_{n,rot} \ . \qquad (27.6)$$

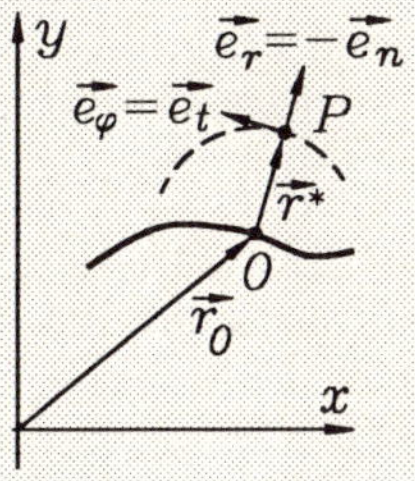

- Die **ebene Bewegung des starren Körpers** wird beschrieben durch die Translation eines beliebigen Bezugspunktes ***O***, der eine Rotation um den Bezugspunkt überlagert ist. Die ***Translation*** des Bezugspunktes kann auf einer beliebigen (im allgemeinen gekrümmten) Bahnkurve erfolgen und wird nach den Regeln der "Kinematik des Punktes" (Kapitel 26) beschrieben. Die ***Rotation*** um den Bezugspunkt erfolgt mit der (im allgemeinen zeitlich veränderlichen) Winkelgeschwindigkeit ω um den Bezugspunkt, wobei jeder Punkt des starren Körpers eine Kreisbewegung um den Bezugspunkt ausführt.

- Die **Geschwindigkeit eines beliebigen Punktes *P*** setzt sich aus einem translatorischen Anteil v_{trans} und dem rotatorischen Anteil v_{rot} zusammen. Dabei ist

v_{trans} die Bahngeschwindigkeit des Bezugspunktes ***O***,

$v_{rot} = r^* \omega$ die Bahngeschwindigkeit der Kreisbewegung von ***P*** auf einem Kreis mit dem Radius r^* um den Bezugspunkt ***O***.

Die beiden Anteile v_{trans} und v_{rot} sind vektoriell zur Gesamtgeschwindigkeit v des Punktes ***P*** zu überlagern.

Hinweis: Um die momentane Geschwindigkeit eines Punktes ***P*** des starren Körpers zu bestimmen, ist es meist günstiger, als Bezugspunkt ***O*** den Momentanpol zu wählen, so daß für den Punkt ***P*** nur der Rotationsanteil zu berücksichtigen ist.

- Die **Beschleunigung eines beliebigen Punktes *P*** setzt sich aus einem translatorischen Anteil a_{trans} und dem rotatorischen Anteil a_{rot} zusammen. Dabei ist

a_{trans} die Gesamtbeschleunigung des Bezugspunktes ***O***, die sich im allgemeinen nach (26.15) aus der Bahnbeschleunigung des Bezugspunktes $a_{t,trans}$ und seiner Normalbeschleunigung

$$a_{n,trans} = \frac{v_{trans}^2}{\varrho}$$

(ϱ - Krümmungsradius der Bahn des Bezugspunktes) zusammensetzt,

a_{rot} die sich im allgemeinen auch aus zwei Anteilen ($a_{t,rot}$ und $a_{n,rot}$) zusammensetzende Beschleunigung der Kreisbewegung des Punktes ***P*** um den Bezugspunkt ***O***:

$$a_{t,rot} = r^* \dot{\omega} \quad , \quad a_{n,rot} = r^* \omega^2 \ .$$

Im allgemeinen Fall ist also die Gesamtbeschleunigung des Punktes ***P*** aus vier Anteilen vektoriell zusammenzusetzen.

Beispiel 1: Ein Planetenrad mit dem Radius r rollt auf einem feststehenden Sonnenrad (Radius R) ab. Der Steg dreht sich mit der konstanten Winkelgeschwindigkeit ω_S.

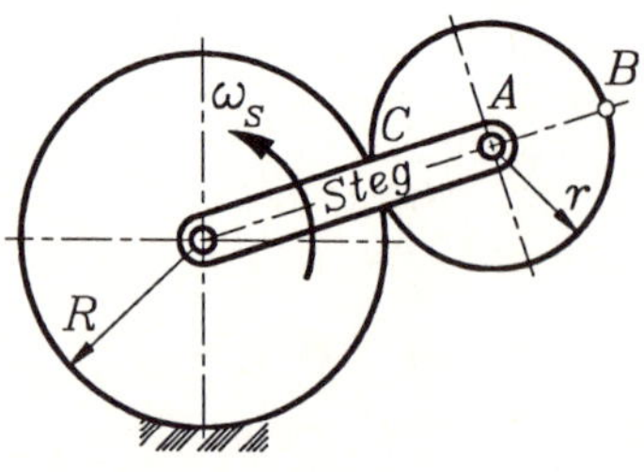

Sonnenrad und Planetenrad

Gegeben: R , r , ω_S .

Für den Außenpunkt ***B*** und den Punkt ***C*** (Berührungspunkt mit dem Sonnenrad) des Planetenrades sollen die Beträge der Geschwindigkeiten v_B bzw. v_C und die Beträge der Gesamtbeschleunigungen a_B bzw. a_C ermittelt werden.

Infolge der Drehbewegung des Steges mit konstanter Winkelgeschwindigkeit bewegt sich der Punkt A, der zum Steg und zum Planetenrad gehört, nach (26.18) mit der Geschwindigkeit

$$v_A = (R + r)\,\omega_S$$

auf einer Kreisbahn. Für die Ermittlung der Geschwindigkeiten der Punkte B und C werden zwei Wege demonstriert:

a) Der **Momentanpol M_P** des Planetenrades ist der Berührungspunkt C des rollenden Rades mit dem feststehenden Sonnenrad. Die Geschwindigkeit des Punktes A ist bekannt, und damit ergibt sich nach (27.4)

$$v_B = 2\,v_A = 2\,(R + r)\,\omega_S \quad , \qquad v_C = 0 \ .$$

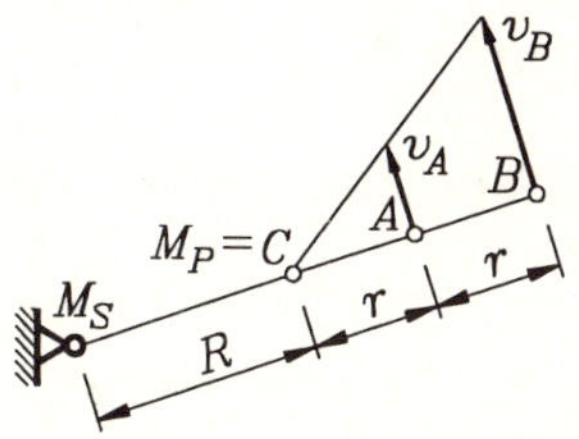

Die Winkelgeschwindigkeit des Planetenrades errechnet sich nach (27.2):

$$\omega_P = \frac{v_A}{r} = \left(1 + \frac{R}{r}\right)\omega_S \ .$$

b) Für die **Überlagerung einer Translation mit einer Rotation** nach (27.6) wird der Mittelpunkt A als Bezugspunkt gewählt. Allen Punkten des Planetenrades wird die translatorische Geschwindigkeit v_A zugeordnet, und der Translation wird die Rotation um den Punkt A mit der Winkelgeschwindigkeit ω_P überlagert. Die Überlagerung nach (27.6) liefert:

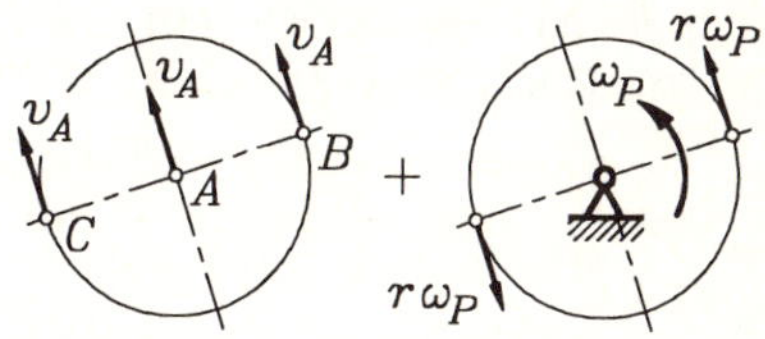

$$v_B = v_A + r\,\omega_P = 2\,(R + r)\,\omega_S \ ,$$
$$v_C = v_A - r\,\omega_P = 0 \ .$$

c) Die **Beschleunigungen** werden ebenfalls durch Überlagerung nach (27.6) ermittelt. Da die Translation eine Kreisbewegung mit konstanter Winkelgeschwindigkeit ω_S ist, gibt es nur eine Normalbeschleunigung als translatorischen Anteil, der für alle Punkte des Planetenrades in gleicher Größe und Richtung gilt. Auch die Rotation erfolgt mit konstanter Winkelgeschwindigkeit ω_P, so daß auch der rotatorische Anteil nur eine Normalbeschleunigung liefert, die aber immer vom betrachten Punkt zum Bezugspunkt A gerichtet ist und vom Abstand des Punktes zum Drehpunkt A abhängt. In der Skizze sind die Beschleunigungsanteile in den Punkten B und C angetragen. Da sie gleich bzw. entgegengesetzt zu den Translationsanteilen gerichtet sind, können sie skalar zusammengefaßt werden, und es entsteht:

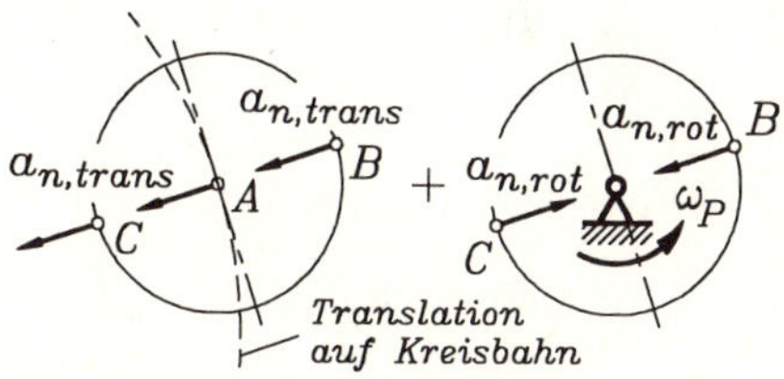

$$a_B = a_{n,trans} + a_{n,rot} = (R + r)\,\omega_S^2 + r\,\omega_P^2 = \left(3\,R + 2\,r + \frac{R^2}{r}\right)\omega_S^2 \ ,$$

$$a_C = a_{n,trans} - a_{n,rot} = (R + r)\,\omega_S^2 - r\,\omega_P^2 = -R\left(1 + \frac{R}{r}\right)\omega_S^2 \ .$$

- Für die Ermittlung der Geschwindigkeiten erweist sich die Methode, den Momentanpol der Bewegung zu bestimmen, um dann auf sehr einfache Weise für alle Punkte zu den gewünschten Aussagen zu kommen, fast immer als der günstigere Weg.
- Die (hier nicht behandelte) Möglichkeit, die Analyse des Beschleunigungszustandes mit Hilfe des ***Beschleunigungspols*** (Punkt, der momentan keine Beschleunigung erfährt) durchzuführen, kann nicht empfohlen werden. Die Betrachtung der Bewegung als Translation (beschrieben durch die Bewegung eines Punktes) mit überlagerter Rotation ist dafür im allgemeinen übersichtlicher.

Beispiel 2: Die Achse eines Rades wird mit der konstanten horizontalen Geschwindigkeit v_0 geführt. Das Rad durchfährt eine Bodenwelle, die man im Bereich $A \ldots B$ als kreisförmig ansehen darf. Beim Passieren des Punktes A sei $t = 0$.

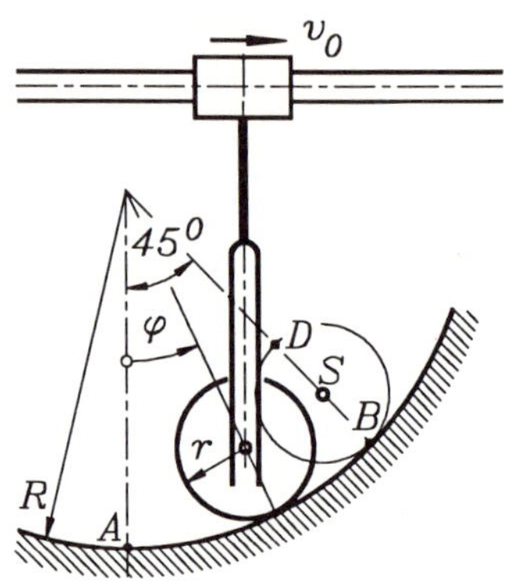

Gegeben: $R\,,\ r\,,\ v_0\,.$

Berechnet werden sollen

a) die Bahngeschwindigkeit $v_S(t)$ und die Gesamtbeschleunigung $a_S(t)$ des Radmittelpunktes und die Winkelgeschwindigkeit $\omega(t)$ sowie die Winkelbeschleunigung $\alpha(t)$ des Rades,

b) für $\varphi = 45°$ die Geschwindigkeit v_D und die Gesamtbeschleunigung a_D des Punktes D.

a) Der Radmittelpunkt bewegt sich auf einer Kreisbahn mit dem Radius $R-r$. Für diese Bewegung wird das Bewegungsgesetz $\varphi(t)$ formuliert, um dann nach (26.18) die Bahngeschwindigkeit und die Bahnbeschleunigung zu berechnen.

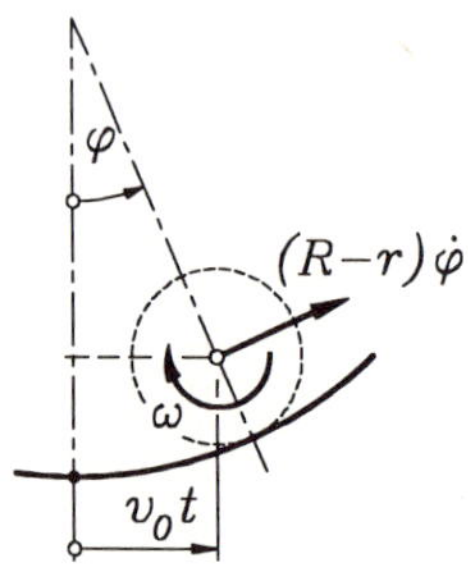

Nach (26.5) ist $v_0 t$ der bei konstanter Geschwindigkeit v_0 bis zum Zeitpunkt t zurückgelegte (horizontale) Weg, und aus der Skizze liest man ab (rechtwinkliges Dreieck):

$$\sin\varphi = \frac{v_0 t}{R-r} \quad \Rightarrow \quad \varphi(t) = \arcsin\frac{v_0 t}{R-r} \quad .$$

Nach (26.18) erhält man die Bahngeschwindigkeit

$$v_S = (R-r)\,\dot{\varphi} = \frac{(R-r)\,v_0}{\sqrt{(R-r)^2 - v_0^2 t^2}}$$

und die Bahnbeschleunigung

$$a_{t,S}(t) = (R-r)\,\ddot{\varphi}(t) = (R-r)\,\frac{v_0^3\,t}{\left[(R-r)^2 - v_0^2 t^2\right]^{3/2}} \quad .$$

Die Gesamtbeschleunigung berechnet sich nach (26.17) aus der Bahnbeschleunigung $a_{t,S}$ und der Normalbeschleunigung $a_{n,S}$, für die (26.22) gilt:

$$a_S = \sqrt{a_{t,S}^2 + a_{n,S}^2} = \sqrt{a_{t,S}^2 + \left[v_S^2/(R-r)\right]^2} = \frac{(R-r)^2 v_0^2}{\left[(R-r)^2 - v_0^2 t^2\right]^{3/2}} \quad .$$

Der Berührungspunkt zwischen Rad und Boden ist der Momentanpol der Bewegung des Rades. Der Radmittelpunkt mit der Geschwindigkeit v_S hat vom Momentanpol den Abstand r, so daß man nach (27.2) die Winkelgeschwindigkeit des Rades erhält:

$$\omega(t) = \frac{v_S}{r} = \left(\frac{R}{r} - 1\right) \frac{v_0}{\sqrt{(R-r)^2 - v_0^2 t^2}} \quad .$$

Die Winkelbeschleunigung des Rades ergibt sich nach (26.20):

$$\alpha(t) = \dot{\omega}(t) = \left(\frac{R}{r} - 1\right) \frac{v_0^3 t}{\left[(R-r)^2 - v_0^2 t^2\right]^{3/2}} \quad .$$

b) Aus dem Bewegungsgesetz $\varphi(t)$ errechnet sich die Zeit t_B, nach der ein Winkel von $\varphi = 45°$ erreicht wird:

$$t_B = \frac{R-r}{v_0} \sin 45° = \frac{R-r}{\sqrt{2}\, v_0} \quad .$$

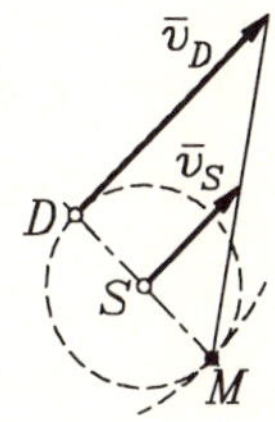

Dies wird in die Formel für v_S eingesetzt, und man erhält die Geschwindigkeit des Mittelpunktes zum Zeitpunkt t_B. Der Punkt D mit der doppelten Entfernung vom Momentanpol hat die doppelte Geschwindigkeit:

$$\bar{v}_S = v_S(t_B) = \sqrt{2}\, v_0 \quad \Rightarrow \quad \bar{v}_D = 2\sqrt{2}\, v_0 \quad .$$

Für die Berechnung der Beschleunigung des Punktes D wird die Bewegung als Translation des Mittelpunktes S und Rotation um diesen Punkt betrachtet. Beide Bewegungen liefern je einen Bahnbeschleunigungsanteil $\bar{a}_t$ und einen Normalbeschleunigungsanteil $\bar{a}_n$, so daß sich die Beschleunigung des Punktes D aus vier Anteilen zusammensetzt. Die für den Punkt S (Bewegung auf einer Kreisbahn mit dem Radius $R-r$) aufzuschreibenden Anteile werden als Translations-Beschleunigung für alle Punkte des Rades (mit Betrag und Richtung) übernommen, für die Rotation um diesen Punkt (mit ω und α) gelten (26.18) und (26.22). Aus den vier Beschleunigungsanteilen errechnet sich die Gesamtbeschleunigung für den Punkt D:

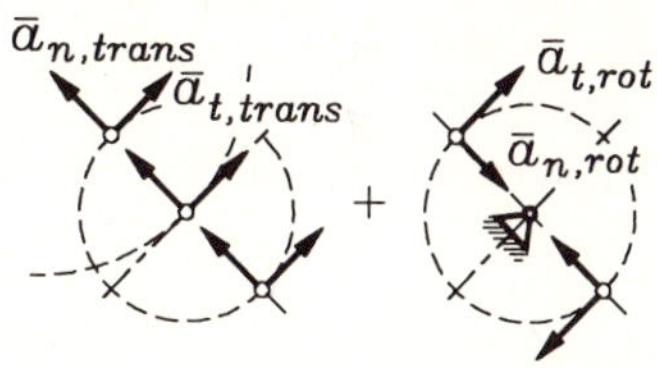

$$\bar{a}_{t,trans} = a_{t,S}(t_B) = \frac{2 v_0^2}{R-r} \quad , \quad \bar{a}_{n,trans} = \frac{v_S^2(t_B)}{R-r} = \frac{2 v_0^2}{R-r} \quad ,$$

$$\bar{a}_{t,rot} = r\,\alpha(t_B) = \frac{2 v_0^2}{R-r} \quad , \quad \bar{a}_{n,rot} = r\,\omega^2(t_B) = \frac{2 v_0^2}{r} \quad .$$

$$\bar{a}_D = \sqrt{(\bar{a}_{t,trans} + \bar{a}_{t,rot})^2 + (\bar{a}_{n,trans} - \bar{a}_{n,rot})^2} = \frac{2 v_0^2}{R-r} \sqrt{8 - 4\frac{R}{r} + \left(\frac{R}{r}\right)^2} \quad .$$

27.2 Ebene Relativbewegung eines Punktes

Jede Bewegung kann nur relativ zu einem Bezugssystem beschrieben werden. Bewegt sich das Bezugssystem selbst, so stellt sich die Bewegung relativ zum Bezugssystem bzw. relativ zu einem "festen System" unterschiedlich dar (die Anführungsstriche sollen andeuten, daß es ein solches System eigentlich nicht gibt).

Beispiel 1: In einem sich bewegenden Fahrzeug wird ein Gegenstand senkrecht nach oben geworfen: Die Beobachter im Fahrzeug bzw. außenstehende Beobachter (im ruhenden System) sehen unterschiedliche Bahnkurven.

Ein Punkt auf dem Umfang eines Rades führt aus der Sicht des mitfahrenden Beobachters eine Kreisbewegung aus, für den ruhenden Beobachter bewegt sich der Punkt auf einer Zykloide (vgl. Beispiel im Abschnitt 26.2.1).

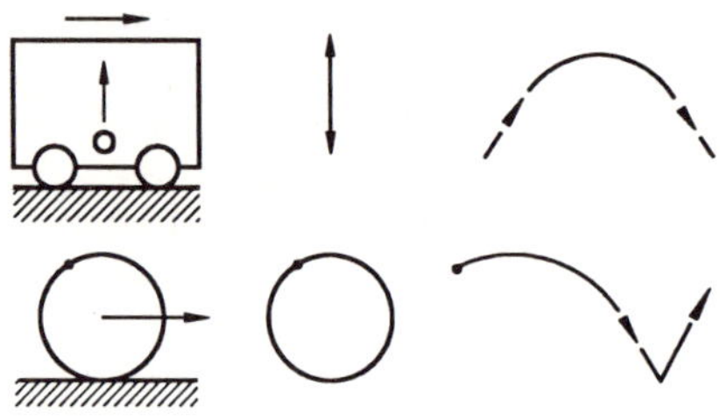

Bahnkurven für mitfahrende und nicht mitfahrende Beobachter

In diesem Abschnitt sollen Probleme behandelt werden, bei denen sich **ein Punkt relativ zu einem sich ebenfalls bewegenden starren Körper bewegt**. Natürlich kann die Bewegung des Punktes immer mit Bezug auf ein festes Koordinatensystem betrachtet werden. Vielfach ist es jedoch zweckmäßiger, die ***Führungsbewegung*** (Bewegung des starren Körpers im festen Koordinatensystem) und die ***Relativbewegung*** (des Punktes relativ zum starren Körper) gesondert zu betrachten und die beiden Bewegungen anschließend zu überlagern. Das folgende Beispiel zeigt, was dabei zu beachten ist.

Beispiel 2: Eine Kreisscheibe rotiert mit der konstanten Winkelgeschwindigkeit ω_0. Zum Zeitpunkt $t = 0$ beginnt ein Punkt P vom Außenrand aus eine Bewegung mit konstanter Relativgeschwindigkeit v_{rel} radial nach innen.

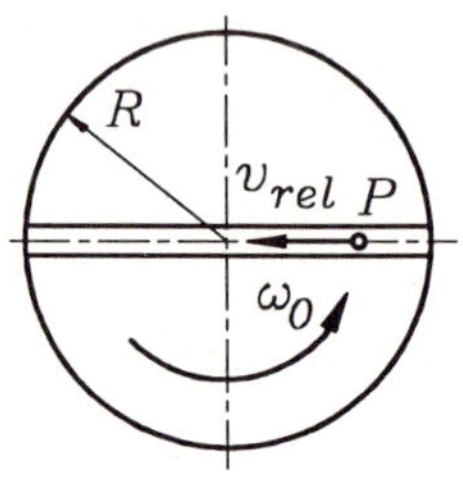

Gegeben: $R\ ,\ \omega_0\ ,\ v_{rel}\ .$

In einem festen (nicht mitrotierenden) Koordinatensystem sollen der Ortsvektor, der Geschwindigkeitsvektor und der Beschleunigungsvektor für den Punkt P ermittelt werden.

Bis zum Zeitpunkt t hat sich die Scheibe nach (26.23) um den Winkel $\omega_0 t$ gedreht, der Punkt ist nach (26.5) um $v_{rel}t$ radial nach innen gewandert. Bezüglich des skizzierten (festen) Koordinatensystems wird seine Lage durch den Ortsvektor

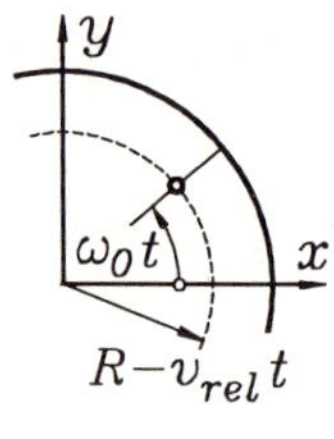

$$\vec{r}(t) = (R - v_{rel}t)\begin{bmatrix}\cos\omega_0 t\\ \sin\omega_0 t\end{bmatrix}$$

beschrieben.

Die Ableitung des Ortsvektors nach der Zeit liefert den Geschwindigkeitsvektor und den Beschleunigungsvektor:

$$\vec{v}(t) = (R - v_{rel}\,t)\,\omega_0 \begin{bmatrix} -\sin\omega_0 t \\ \cos\omega_0 t \end{bmatrix} + \quad v_{rel} \begin{bmatrix} -\cos\omega_0 t \\ -\sin\omega_0 t \end{bmatrix},$$

$$\vec{a}(t) = (R - v_{rel}\,t)\,\omega_0^2 \begin{bmatrix} -\cos\omega_0 t \\ -\sin\omega_0 t \end{bmatrix} + 2\,v_{rel}\,\omega_0 \begin{bmatrix} \sin\omega_0 t \\ -\cos\omega_0 t \end{bmatrix}.$$

Die Vektoren

$$\vec{e}_t = \begin{bmatrix} -\sin\omega_0 t \\ \cos\omega_0 t \end{bmatrix} \quad \text{und} \quad \vec{e}_n = \begin{bmatrix} -\cos\omega_0 t \\ -\sin\omega_0 t \end{bmatrix}$$

sind der tangentiale Einheitsvektor bzw. der (nach innen gerichtete) Normalen-Einheitsvektor, so daß die Faktoren vor diesen Vektoren deren Beträge sind. Das Ergebnis gestattet eine anschauliche Interpretation der Geschwindigkeits- und Beschleunigungsanteile:

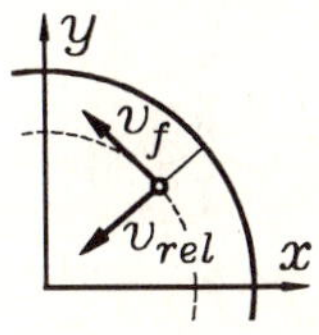

Der Geschwindigkeitsvektor $\vec{v}$ setzt sich wie erwartet aus der ***Führungsgeschwindigkeit*** mit dem Betrag

$$v_f = (R - v_{rel}\,t)\,\omega_0$$

(Bahngeschwindigkeit des Punktes der rotierenden Scheibe, in dem sich der Punkt P zur Zeit t gerade befindet) und der ***Relativgeschwindigkeit*** mit dem Betrag v_{rel} zusammen. Die nebenstehende Skizze zeigt diese beiden Anteile.

Auch bei der Beschleunigung wird der erste Summand des Ergebnisses durch die Führungsbewegung (Drehung der Scheibe) verursacht: Es ist die Normalbeschleunigung der Punkte der Scheibe, die sich auf einer Kreisbahn mit dem Radius $(R - v_{rel}\,t)$ bewegen (dort befindet sich P gerade). Diese sogenannte ***Führungsbeschleunigung*** a_f könnte im allgemeinen Fall noch um die Bahnbeschleunigung dieses Punktes ergänzt werden müssen, wenn die Führungsgeschwindigkeit (hier die Winkelgeschwindigkeit ω_0) nicht konstant ist.

Eine im allgemeinen auch mögliche ***Relativbeschleunigung*** a_{rel} kommt im Ergebnis nicht vor, weil die Relativgeschwindigkeit des Punktes P gegenüber der Scheibe konstant ist.

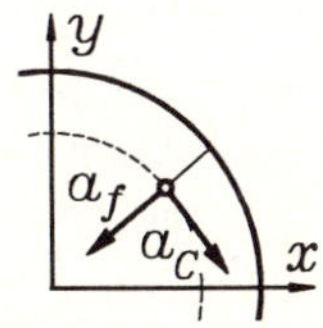

Dafür tritt ein Beschleunigungsanteil auf, der nur in der Kombination der beiden Bewegungen seine Ursache haben kann, da diese sogenannte ***Coriolisbeschleunigung***

$$a_C = 2\,\omega_0\,v_{rel}$$

(nach dem französischen Physiker GUSTAVE GASPARD CORIOLIS, 1792 - 1843) das Produkt der Winkelgeschwindigkeit der Führungsbewegung und der Relativgeschwindigkeit enthält. In dem betrachteten Beispiel kann die Coriolisbeschleunigung als "Verzögerung" interpretiert werden, die der Punkt P erfährt, weil er sich aus Bereichen höherer Führungsgeschwindigkeit auf das Niveau geringerer Führungsgeschwindigkeit (kleinerer Radius bei gleicher Winkelgeschwindigkeit ω_0) begibt (wenn man im Karussell weit außen sitzt, fährt man besonders schnell, bewegt man sich nach innen, wird man langsamer). Dementsprechend ist dieser Beschleunigungsanteil in diesem Fall der Führungsgeschwindigkeit entgegengerichtet.

Aber auch dann, wenn die Relativbewegung nicht in radialer Richtung erfolgt, ergibt sich ein entsprechender Beschleunigungsanteil, wie das nachfolgende Beispiel einer Relativbewegung in Umfangsrichtung zeigt.

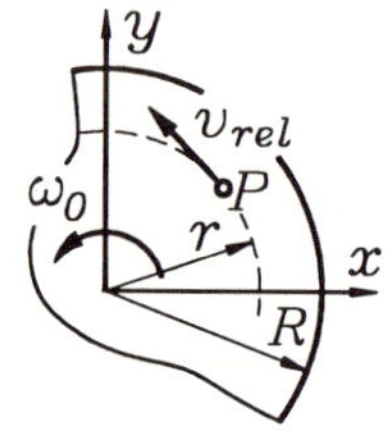

Beispiel 3: Ein Punkt P bewegt sich in einer kreisförmigen Rinne mit dem Radius r auf einer mit der konstanten Winkelgeschwindigkeit ω_0 rotierenden Scheibe. Die ebenfalls konstante Relativgeschwindigkeit v_{rel} habe die gleiche Richtung wie die Führungsgeschwindigkeit

$$v_f = r\,\omega_0$$

(Bahngeschwindigkeit des Scheibenpunktes, in dem sich P gerade befindet), so daß sich P mit der konstanten Gesamtgeschwindigkeit

$$v = r\,\omega_0 + v_{rel}$$

auf einem Kreis mit dem Radius r bewegt. Dann erfährt er ausschließlich eine Normalbeschleunigung, die nach (26.22) aufgeschrieben werden kann:

$$a = \frac{v^2}{r} = \frac{\left(r\,\omega_0 + v_{rel}\right)^2}{r} = r\,\omega_0^2 + \frac{v_{rel}^2}{r} + 2\,\omega_0\,v_{rel} = a_f + a_{rel} + a_C \quad .$$

Auch in diesem Fall kommt zur Führungsbeschleunigung a_f (Normalbeschleunigung infolge der Kreisbewegung mit ω_0) und zur Relativbeschleunigung a_{rel} (Normalbeschleunigung infolge der Kreisbewegung mit v_{rel}) noch der Anteil der Coriolis-Beschleunigung a_C (Beschleunigung infolge Überlagerung zweier Kreisbewegungen) hinzu.

- Die Coriolis-Beschleunigung des Beispiels 3 hat den gleichen Betrag wie bei der radial gerichteten Relativbewegung im Beispiel 2 und ist wie dort senkrecht zur Relativgeschwindigkeit gerichtet. Man darf also schlußfolgern, daß eine beliebig gerichtete Relativgeschwindigkeit (diese ließe sich in eine tangentiale und eine radiale Komponente zerlegen) eine Coriolis-Beschleunigung $a_C = 2\,\omega\,v_{rel}$ hervorruft, die senkrecht zur Relativgeschwindigkeit gerichtet ist.
- Schon bei der Beschreibung der Bewegung eines Punktes mit Polarkoordinaten (Abschnitt 26.2.4) war in der Beschleunigungsformel (26.26) ein Anteil aufgetaucht, der der Coriolis-Beschleunigung entsprach, weil man sich eine Bewegung in Polarkoordinaten als Drehung um den Winkel $\varphi(t)$ vorstellen kann, der eine radiale "Relativbewegung" $r(t)$ überlagert wird.

Die an den Beispielen 2 und 3 angestellten Überlegungen demonstrierten zwei grundsätzlich unterschiedliche Betrachtungsweisen für die Behandlung der Bewegung eines Punktes relativ zu einem sich ebenfalls bewegenden starren Körper:

a) Die Bewegung des Punktes wird mit einem Ortsvektor bezüglich eines festen Koordinatensystems beschrieben. Dann lassen sich Geschwindigkeit und Beschleunigung (bezogen auf das ruhende System) nach den Regeln der Kinematik des Punktes (Kapitel 26) durch Differenzieren ermitteln. Dieser Weg ist in vielen Fällen recht aufwendig.

b) Die Führungsbewegung bezüglich eines festen Koordinatensystems und die Relativbewegung werden gesondert betrachtet. Dann können die ***Absolutgeschwindigkeit*** und die ***Absolutbeschleunigung*** (Geschwindigkeit bzw. Beschleunigung bezüglich des ruhenden Systems) durch **Überlagerung** nach folgenden Regeln ermittelt werden:

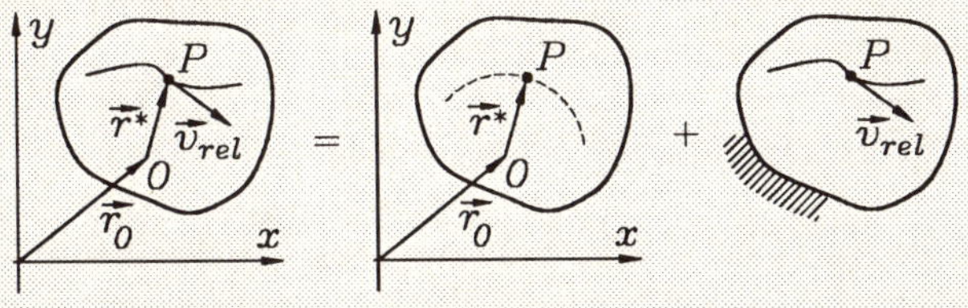

Absolutbewegung = Führungsbewegung + Relativbewegung

Die **Führungsbewegung** des starren Körpers wird in einem festen Koordinatensystem beschrieben. Für den Punkt des starren Körpers, in dem sich der Punkt ***P***, der die Relativbewegung ausführt, gerade befindet, werden nach den Formeln (27.6) die **Führungsgeschwindigkeit** $\vec{v}_f$ (maximal zwei Anteile) und die **Führungsbeschleunigung** $\vec{a}_f$ (maximal vier Anteile) ermittelt.

Für die Untersuchung der **Relativbewegung** des Punktes ***P*** darf man das Führungssystem als in Ruhe befindlich ansehen. Nach den Regeln der Kinematik des Punktes werden die **Relativgeschwindigkeit** $\vec{v}_{rel}$ und die **Relativbeschleunigung** $\vec{a}_{rel}$ (maximal zwei Anteile) ermittelt.

Die **Absolutgeschwindigkeit** (Geschwindigkeit des Punktes ***P*** bezüglich des festen Koordinatensystems) ergibt sich durch Addition von Führungs- und Relativgeschwindigkeit:

$$\vec{v} = \vec{v}_f + \vec{v}_{rel} \quad . \tag{27.7}$$

Die **Absolutbeschleunigung** (Beschleunigung des Punktes ***P*** bezüglich des festen Koordinatensystems) ergibt sich durch Addition von Führungs-, Relativ- und Coriolisbeschleunigung:

$$\vec{a} = \vec{a}_f + \vec{a}_{rel} + \vec{a}_C \quad . \tag{27.8}$$

Der Vektor der **Coriolisbeschleunigung** hat den Betrag

$$a_C = 2\, \omega_f\, v_{rel} \tag{27.9}$$

(ω_f ist die Winkelgeschwindigkeit der Führungsbewegung). Seine Richtung findet man durch Drehung des Vektors $\vec{v}_{rel}$ um **90°** mit dem Drehsinn von ω_f.

Beispiel 4: Der Mittelpunkt einer starren Scheibe bewegt sich mit der Winkelgeschwindigkeit ω_0 und der Winkelbeschleunigung α_0 auf einer Kreisbahn mit dem Radius ***R***. Die Scheibe dreht sich um ihren Mittelpunkt mit ω_1 und α_1 (alle vier Werte beziehen sich auf die "ruhende Welt"). In einer kreisförmigen Führungsrinne (Radius ***r***) bewegt sich **relativ** zur Scheibe ein Punkt ***P*** mit v_{rel} und a_{rel}. Zum betrachteten Zeitpunkt hat ***P*** den Abstand r^* vom Mittelpunkt der Scheibe.

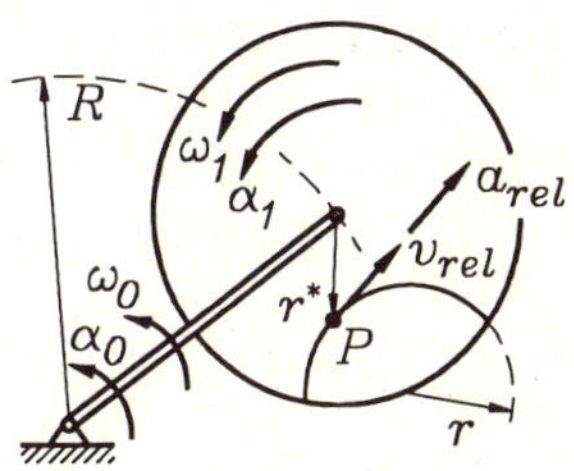

Gegeben: $\omega_0\,,\ \alpha_0\,,\ R\,,\ \omega_1\,,\ \alpha_1\,,\ r^*\,,\ v_{rel}\,,\ a_{rel}\,,\ r\,.$

Bei diesem Beispiel kommen alle Geschwindigkeits- und Beschleunigungsanteile vor, die für den Punkt $\boldsymbol{P}$ überhaupt möglich sind. Die **Führungsbewegung**, die $\boldsymbol{P}$ erfährt, wird als Translation mit dem Scheibenmittelpunkt als Bezugspunkt (Bewegung auf einer Kreisbahn mit dem Radius $\boldsymbol{R}$) und einer Rotation um diesen Punkt (Radius $\boldsymbol{r}^*$) betrachtet. Die **Relativbewegung** ist eine Bewegung auf einer Kreisbahn mit dem Radius $\boldsymbol{r}$.

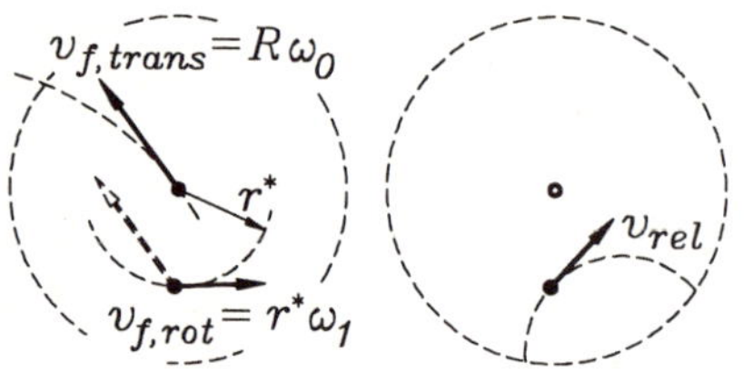

Führungsgeschwindigkeiten Relativgeschwindigkeit

Der translatorische Anteil der Führungsgeschwindigkeit (Bahngeschwindigkeit des Scheibenmittelpunktes) gilt für alle Scheibenpunkte und damit auch für $\boldsymbol{P}$ (in der Skizze gestrichelt angedeutet). Hinzu kommt die Bahngeschwindigkeit der Rotation um den Mittelpunkt. Zusammen mit der Relativgeschwindigkeit muß die Absolutgeschwindigkeit also aus drei Anteilen vektoriell zusammengesetzt werden.

Die Führungsbeschleunigung besteht aus vier Anteilen: Der Bezugspunkt (Scheibenmittelpunkt) erfährt eine Bahnbeschleunigung und eine Normalbeschleunigung, beide gelten auch für $\boldsymbol{P}$ (gestrichelt angedeutet), die Rotation um den Bezugspunkt (Kreisbahn mit dem Radius $\boldsymbol{r}^*$) liefert ebenfalls zwei Anteile. Die Relativbewegung (Punkt $\boldsymbol{P}$ auf Kreisbahn mit dem Radius $\boldsymbol{r}$) steuert noch einmal zwei Anteile bei, gemeinsam mit der Coriolisbeschleunigung (senkrecht zu $\boldsymbol{v}_{rel}$, in Drehrichtung von ω_1 gedreht, setzt sich die Absolutbeschleunigung also aus sieben Anteilen vektoriell zusammen:

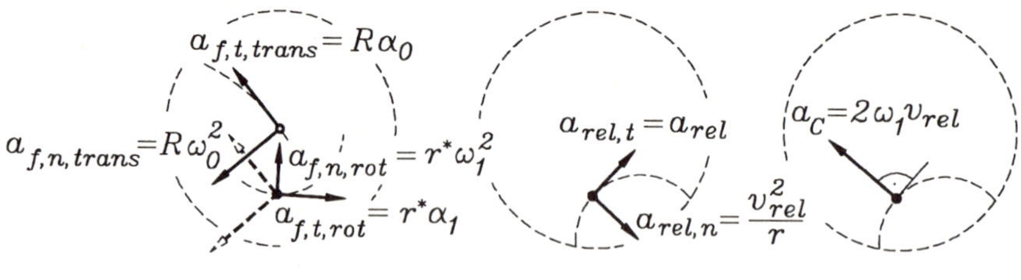

Führungsbeschleunigungen Relativbeschleunigungen Coriolisbeschleunigung

27.3 Bewegung des starren Körpers im Raum

Die Lage zweier Punkte eines starren Körpers im Raum sei durch die Ortsvektoren $\vec{r}_1$ und $\vec{r}_2$ gegeben. Dann sind einerseits die sechs Koordinaten in den beiden Vektoren nicht unabhängig voneinander, weil der feste Abstand der beiden Punkte

$$l = \sqrt{(x_2 - x_1)^2 + (y_2 - y_1)^2 + (z_2 - z_1)^2} \qquad (27.10)$$

in jeder Lage des starren Körpers eingehalten wird. Andererseits ist die Lage des starren Körpers noch nicht eindeutig beschrieben, weil er sich noch um die Verbindungslinie der beiden Punkte drehen kann. Die Lage des starren Körpers im Raum ist also z. B. durch fünf Koordinaten zweier Punkte und eine sechste (Winkel-)Koordinate, die die Drehung um die Verbindungslinie der beiden Punkte beschreibt, eindeutig festgelegt. Allgemein gilt:

Der starre (durch keine Bindungen behinderte) Körper im Raum hat sechs Freiheitsgrade. Seine Lage ist durch die Angabe von sechs geeigneten Koordinaten eindeutig bestimmt (z. B. drei Koordinaten eines Punktes und drei Winkel um drei senkrecht aufeinander stehende Achsen), seine Bewegung wird durch die zeitliche Abhängigkeit der Koordinaten beschrieben.

Eine **reine Translation** eines starren Körpers im Raum ist eine Bewegung mit drei Freiheitsgraden (jede beliebige Gerade, die zwei Punkte des starren Körpers verbindet, behält ihre Richtung, alle Punkte bewegen sich auf kongruenten Bahnen). Die reine Translation wird durch die Bewegung eines einzelnen Punktes eindeutig beschrieben, und es gilt der komplette Formelsatz (26.27) bis (26.33), der für die allgemeine Bewegung des Punktes im Raum bereitgestellt wurde.

27.3.1 Rotation

Wenn ein Punkt ***O*** des starren Körpers festgehalten wird, kann der Körper nur noch eine **reine Rotation** ausführen. Zunächst wird angenommen, daß sich alle Punkte auf Kreisbahnen um eine durch ***O*** gehende raumfeste Achse bewegen. Die Richtung dieser Achse wird durch einen Einheitsvektor $\vec{e}_\omega$ festgelegt. Diese ***Rotation um eine feste Achse*** kann also durch den Punkt ***O***, den Einheitsvektor $\vec{e}_\omega$ und eine skalare Winkelgeschwindigkeit $\omega(t)$ eindeutig beschrieben werden. Bahngeschwindigkeit, Tangentialbeschleunigung und Normalbeschleunigung beliebiger Punkte des Körpers können nach (26.18) bis (26.22) ermittelt werden (allgemeine Bewegung eines Punktes auf einer Kreisbahn), wenn als Radius ihr jeweiliger senkrechter Abstand von der Drehachse $\bar{r}$ eingesetzt wird.

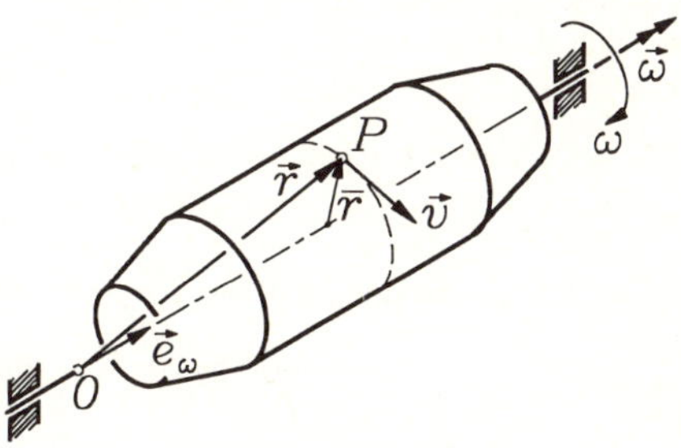

Rotation um eine feste Achse

Es ist üblich und zweckmäßig, einen ***Vektor der Winkelgeschwindigkeit*** entsprechend

$$\vec{\omega}(t) = \vec{e}_\omega \cdot \omega(t)$$

zu definieren, wobei der Einheitsvektor $\vec{e}_\omega$ neben der Drehachse auch noch den Drehsinn nach der "Rechte-Hand-Regel" festlegt (Daumen in Pfeilrichtung, dann zeigen die gekrümmten Finger die Drehrichtung an).

Mit dem Vektor der Winkelgeschwindigkeit kann für einen beliebigen Punkt ***P*** des Körpers, der durch einen Vektor $\vec{r}$ beschrieben wird, der Geschwindigkeitsvektor nach

$$\vec{v} = \vec{\omega} \times \vec{r} = \omega(t) \cdot \vec{e}_\omega \times \vec{r}(t) \tag{27.11}$$

berechnet werden ($\vec{r}$ zeigt von einem beliebigen Punkt ***O*** der Drehachse zum Punkt ***P***).

Zur Erinnerung: Das Vektorprodukt liefert als Ergebnis wieder einen Vektor, dessen Betrag in diesem Fall $\omega\,|\vec{r}|\,\sin\alpha$ ist (α ist der von $\vec{r}$ und $\vec{e}_\omega$ eingeschlossene Winkel). Da

$|\vec{r}|\sin\alpha$ gerade der senkrechte Abstand $\bar{r}$ des Punktes P von der Drehachse ist, hat der Ergebnisvektor $\vec{v}$ den Betrag der Bahngeschwindigkeit $\bar{r}\omega$. Außerdem liegt der Ergebnisvektor des Vektorprodukts senkrecht zu beiden Faktoren (und damit zwangsläufig tangential an der Kreisbahn von P). Die Vektoren $\vec{e}_\omega$, $\vec{r}$ und $\vec{v}$ bilden in dieser Reihenfolge ein Rechtssystem, so daß die Definition des Drehsinns für den Vektor der Winkelgeschwindigkeit und die sich daraus ergebende Richtung der Bahngeschwindigkeit "zueinander passen".

Die Ableitung von (27.11) nach der Zeit (unter Beachtung der Produktregel) ergibt

$$\vec{a} = \frac{d\vec{v}}{dt} = \dot{\omega}(t)\cdot\vec{e}_\omega \times \vec{r}(t) + \omega(t)\cdot\vec{e}_\omega \times \frac{d\vec{r}(t)}{dt} \quad .$$

In diesem Ausdruck taucht noch einmal die Bahngeschwindigkeit des Punktes P

$$\frac{d\vec{r}}{dt} = \vec{v} = \vec{\omega}\times\vec{r} = \omega(t)\cdot\vec{e}_\omega \times \vec{r}(t)$$

auf, und es ergibt sich schließlich der **Vektor der Beschleunigung bei Rotation eines starren Körpers um eine feste Achse**:

$$\vec{a} = \dot{\omega}(t)\cdot\vec{e}_\omega \times \vec{r}(t) + \omega^2(t)\cdot\vec{e}_\omega \times \left(\vec{e}_\omega \times \vec{r}(t)\right) = \vec{a}_t + \vec{a}_n \quad . \qquad \textbf{(27.12)}$$

Man erkennt, daß der erste Anteil wie die Geschwindigkeit nach (27.11) tangential zur Bahnkurve von P gerichtet ist (man vergleiche die Diskussion zur Formel für den Geschwindigkeitsvektor). Es ist die Bahnbeschleunigung $\vec{a}_t$ auf der Kreisbahn mit dem Betrag $\bar{r}\dot{\omega}$. Das zweifache Vektorprodukt des zweiten Summanden liefert (in der durch die Klammer vorgegebenen Reihenfolge, das Vektorprodukt ist weder kommutativ noch assoziativ) einen Vektor, der zur Drehachse weist. Es ist die Normalbeschleunigung $\vec{a}_n$ mit dem Betrag $\bar{r}\omega^2$.

Übrigens: Daß die Regeln des Vektorprodukts so hervorragend zu diesem Problem passen (wie z. B. auch schon zur Definition des Momentes, vgl. Abschnitt 8.3.2), ist durchaus kein Zufall. Es ist vielmehr speziell für die Anwendungen in der Mechanik (und in einigen anderen Gebieten der Physik) so sinnvoll definiert worden.

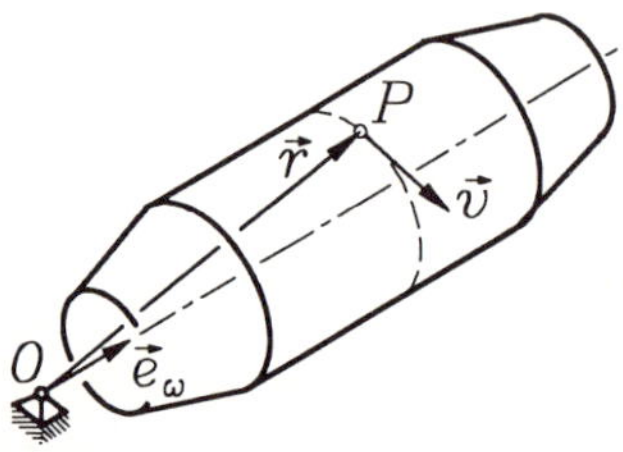

Rotation um einen festen Punkt

Der allgemeine Fall der Rotation liegt vor, wenn nur noch ein Punkt O des starren Körpers festgehalten wird, so daß die Drehachse keine raumfeste Lage mehr hat (und selbst eine Rotation um O ausführt). Dann wird auch der Einheitsvektor $\vec{e}_\omega(t)$, der ihre Lage kennzeichnet, zeitabhängig.

Die Lage des Punktes P wird durch einen vom Punkt O ausgehenden Vektor $\vec{r}$ beschrieben. Durch Ableitung von $\vec{r}$ nach der Zeit, wobei zusätzlich die Zeitabhängigkeit von $\vec{e}_\omega(t)$ beachtet werden muß, erhält man **Geschwindigkeits- und Beschleunigungsvektor für die Rotation des starren Körpers um einen festen Punkt**:

$$\vec{v} = \vec{\omega}\times\vec{r} = \omega\cdot\vec{e}_\omega \times \vec{r} \quad ,$$

$$\vec{a} = \frac{d\vec{v}}{dt} = \omega\cdot\frac{d\vec{e}_\omega}{dt}\times\vec{r} + \dot{\omega}\cdot\vec{e}_\omega\times\vec{r} + \omega^2\cdot\vec{e}_\omega\times\left(\vec{e}_\omega\times\vec{r}\right) \quad . \qquad \textbf{(27.13)}$$

Bis auf den ersten Term im Ausdruck für die Beschleunigung, der die Veränderlichkeit der Drehachse kennzeichnet, stehen in (27.13) wieder die bekannten Anteile.

27.3.2 Allgemeine Bewegung

Die allgemeine Bewegung des starren Körpers im Raum wird (wie in der Ebene, vgl. Abschnitt 27.1.3) als Translation, die durch die Bewegung eines Bezugspunktes ***O*** beschrieben wird, mit einer überlagerten Rotation um diesen Punkt aufgefaßt. Die nebenstehende Skizze zeigt die beiden Vektoren (Bezeichnungen für die Vektoren wie im Abschnitt 27.1.3), die mit ihren zeitlich veränderlichen Komponenten die Bewegung beschreiben. Mit den Formeln für die Bewegung des Punktes im Raum (26.27) bis (26.33) und den im vorigen Abschnitt entwickelten Formeln für die Rotation des starren Körpers um einen Punkt ergeben sich die Beziehungen für die allgemeine

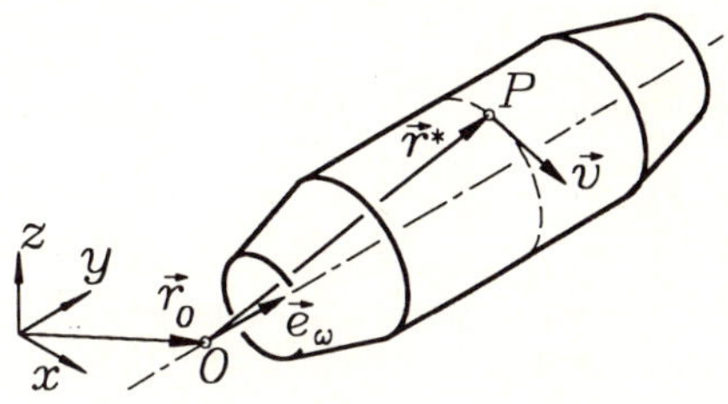

"Translation" + "Rotation um den Punkt ***O***"

Bewegung eines starren Körpers im Raum:

$$\vec{r} = \vec{r}_0 + \vec{r}^* \quad ,$$

$$\vec{v} = \frac{d\vec{r}_0}{dt} + \vec{\omega} \times \vec{r}^* = \frac{d\vec{r}_0}{dt} + \omega \cdot \vec{e}_\omega \times \vec{r}^* \quad , \tag{27.14}$$

$$\vec{a} = \frac{d^2\vec{r}_0}{dt^2} + \omega \cdot \frac{d\vec{e}_\omega}{dt} \times \vec{r}^* + \dot{\omega} \cdot \vec{e}_\omega \times \vec{r}^* + \omega^2 \cdot \vec{e}_\omega \times \left(\vec{e}_\omega \times \vec{r}^*\right) \quad .$$

27.3.3 Relativbewegung eines Punktes

Zunächst muß diskutiert werden, welche Konsequenzen der im Abschnitt 27.2 für die ebene Relativbewegung verwendete "Trick", mit zwei unterschiedlichen Koordinatensystemen zu operieren (festes System für die Führungsbewegung und bewegtes System für die Relativbewegung), für das Arbeiten mit Vektoren hat. Der Führungsgeschwindigkeit, beschrieben im ruhenden Koordinatensystem nach (27.14) durch

$$\vec{v} = \frac{d\vec{r}_0}{dt} + \vec{\omega} \times \vec{r}^* \quad ,$$

(siehe Skizze oben) wird die Relativgeschwindigkeit $\vec{v}_{rel}$ überlagert, die sich für einen Beobachter im bewegten System als Änderung des Vektors $\vec{r}^*$ darstellt:

$$\vec{v}_{rel} = \frac{d^* \vec{r}^*}{dt} \quad .$$

Der Stern beim Ableitungssymbol deutet an, daß es die "Ableitung im bewegten System" ist, die nicht berücksichtigt, daß sich $\vec{r}^*$ auch durch Bewegung des starren Körpers ändert.

Die Absolutgeschwindigkeit kann also entweder nach

$$\vec{v} = \frac{d\vec{r}_0}{dt} + \vec{\omega} \times \vec{r}^* + \vec{v}_{rel} = \frac{d\vec{r}_0}{dt} + \vec{\omega} \times \vec{r}^* + \frac{d^*\vec{r}^*}{dt} \tag{27.15}$$

oder durch Ableitung des Ortsvektors im ruhenden System

$$\vec{v} = \frac{d\vec{r}_0}{dt} + \frac{d\vec{r}^*}{dt}$$

ermittelt werden. Ein Vergleich dieser beiden Formeln liefert mit

$$\frac{d\vec{r}^*}{dt} = \vec{\omega} \times \vec{r}^* + \frac{d^*\vec{r}^*}{dt} \tag{27.16}$$

den **allgemeingültigen Zusammenhang der Ableitung eines Vektors nach der Zeit im ruhenden bzw. bewegten Koordinatensystem**, der z. B. auch für die Ableitung von $\vec{v}_{rel}$ gilt:

$$\frac{d\vec{v}_{rel}}{dt} = \vec{\omega} \times \vec{v}_{rel} + \frac{d^*\vec{v}_{rel}}{dt} \quad .$$

Nach (27.15) kann die Absolutgeschwindigkeit also durch die einfachere Betrachtung in zwei unterschiedlichen Koordinatensystemen gewonnen werden. Um zu einer entsprechenden Formel für die Beschleunigung zu kommen, wird (27.15) nach der Zeit abgeleitet:

$$\begin{aligned}\vec{a} = \frac{d\vec{v}}{dt} &= \frac{d^2\vec{r}_0}{dt^2} + \frac{d\vec{\omega}}{dt} \times \vec{r}^* + \vec{\omega} \times \frac{d\vec{r}^*}{dt} + \frac{d\vec{v}_{rel}}{dt} \\ &= \frac{d^2\vec{r}_0}{dt^2} + \frac{d\vec{\omega}}{dt} \times \vec{r}^* + \vec{\omega} \times \left(\vec{\omega} \times \vec{r}^* + \frac{d^*\vec{r}^*}{dt}\right) + \vec{\omega} \times \vec{v}_{rel} + \frac{d^*\vec{v}_{rel}}{dt} \\ &= \frac{d^2\vec{r}_0}{dt^2} + \frac{d\vec{\omega}}{dt} \times \vec{r}^* + \vec{\omega} \times (\vec{\omega} \times \vec{r}^*) + 2\,\vec{\omega} \times \vec{v}_{rel} + \frac{d^*\vec{v}_{rel}}{dt} \\ &= \vec{a}_f + \vec{a}_C + \vec{a}_{rel} \;.\end{aligned} \tag{27.17}$$

- ♦ Diese Formel bestätigt, daß die Strategie, die für die ebene Bewegung (Abschnitt 27.2) empfohlen wurde, ungeändert für die Bewegung im Raum übernommen werden kann.
  - Die ersten drei Glieder in (27.17) entsprechen exakt der Beschleunigungsformel (27.14). Es ist die **Führungsbeschleunigung** des Punktes P des starren Körpers, die ohne Berücksichtigung der Relativbewegung ermittelt werden kann.
  - Der letzte Term in (27.17) ist die **Relativbeschleunigung**, betrachtet im **bewegten Koordinatensystem**. Man darf für ihre Berechnung den starren Körper also als momentan in Ruhe befindlich ansehen.
  - Schließlich ergibt sich als dritter Anteil wie im ebenen Fall die **Coriolisbeschleunigung**, für die folgende Vektorformel gilt:

$$\vec{a}_C = 2\,\vec{\omega} \times \vec{v}_{rel} \tag{27.18}$$

- ♦ Für die ebene Bewegung, bei der der Vektor der Winkelgeschwindigkeit der Führungsbewegung $\vec{\omega}$ konstante Richtung (senkrecht zur Ebene und damit senkrecht zur Relativgeschwindigkeit) hat, ergibt sich auch nach (27.18) der Betrag, den die Formel (27.9) ausweist. Bei der räumlichen Bewegung können $\vec{\omega}$ und $\vec{v}_{rel}$ einen beliebigen Winkel bilden. Nach der Definition des Vektorprodukts gilt für den Betrag der Coriolisbeschleunigung

$$a_C = 2\,\omega\,v_{rel}\sin\alpha \tag{27.19}$$

mit dem von den beiden Vektoren eingeschlossenen Winkel α. Die Coriolisbeschleunigung ist gleich Null, wenn der Vektor der Winkelgeschwindigkeit der Führungsbewegung und der Vektor der Relativgeschwindigkeit parallel sind.

Beispiel: Ein Pkw auf der Autobahn in Richtung Norden kurz vor Hamburg (etwa 53,5° nördlicher Breite) fährt mit **200 *km/h*** (nur ganz kurzzeitig bei schönem Wetter im Sommer um 4.30 Uhr, wenn es schon hell und die Autobahn noch leer ist und eigentlich ohnehin nur wegen dieser Aufgabe). Welcher Coriolisbeschleunigung infolge der Erddrehung ist das Fahrzeug ausgesetzt?

Der Vektor der Winkelgeschwindigkeit der Erde ω_{Erde} und der Vektor der Relativgeschwindigkeit v_{rel} des Fahrzeugs schließen den Winkel $\alpha = 53{,}5°$ ein. Mit der Drehzahl der Erde $n_{Erde} = 1\,d^{-1}$ (eine Umdrehung pro Tag) und der Winkelgeschwindigkeit ω nach (26.21) errechnet man nach (27.19):

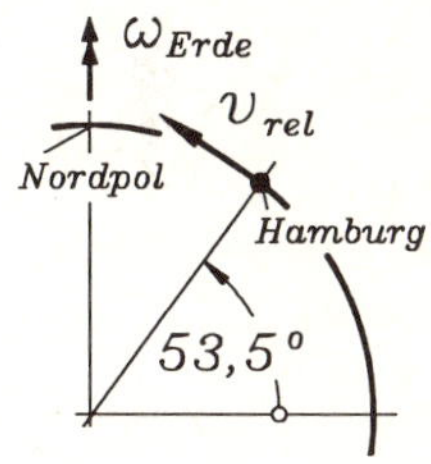

$$a_C = 2\,\omega_{Erde}\,v_{rel}\sin\alpha = 2\cdot 2\pi\cdot 200\,\frac{km}{d\,h}\sin 53{,}5°$$
$$= 800\,\pi\cdot\sin 53{,}5°\cdot\frac{1000\,m}{86400\cdot 3600\,s^2} = 0{,}00650\,\frac{m}{s^2}\;.$$

Sie ist nach Westen gerichtet. Der Fahrer hat sie nicht bemerkt.

27.4 Systeme starrer Körper

Der durch keine Bindungen gefesselte starre Körper hat im Raum **6** Freiheitsgrade (vgl. Abschnitt 27.3), in der Ebene **3** Freiheitsgrade (vgl. Abschnitt 27.1). Um seine Lage eindeutig zu beschreiben, sind **6** bzw. **3** geeignete Koordinaten erforderlich.

Häufig ist die Bewegungsmöglichkeit des Körpers durch Bindung an vorgeschriebene Bahnen oder Fixierung einzelner Punkte eingeschränkt. So hat z. B. ein Körper mit einem festgehaltenen Punkt in der Ebene noch einen Freiheitsgrad (Drehung), im Raum noch drei Freiheitsgrade (Drehungen um drei Achsen).

Bei einem aus verschiedenen starren Körpern bestehenden ***System starrer Körper*** kann jeder einzelne solchen Bindungen unterworfen sein, außerdem können sie untereinander gekoppelt sein. Diese Kopplungen können starr (z. B. Gelenke, starre Seile oder Stäbe) oder nicht starr (z. B. elastische Federn) sein.

Kopplungen, die nicht starr sind, schränken die Anzahl der Freiheitsgrade nicht ein, es wirken aber über die Kopplungselemente Kräfte zwischen den Körpern, die bei den Problemen in der Kinetik berücksichtigt werden müssen. Starre Kopplungen (***kinematische*** Kopplungen) schränken die Anzahl der Freiheitsgrade ein, da zwischen den Koordinaten, die die Lage der Körper beschreiben, feste Beziehungen bestehen (***Zwangsbedingungen***). Ein sehr häufig auftretendes Problem ist es, die Anzahl der verbleibenden Freiheitsgrade zu ermitteln.

Die Anzahl der Koordinaten, die mindestens erforderlich ist, um die Lage eines Systems starrer Körper eindeutig zu beschreiben, entspricht der Anzahl der Freiheitsgrade des Systems.

- Häufig ist folgendes Gedankenexperiment recht nützlich: Man behindert nacheinander die einzelnen Freiheitsgrade der starren Körper des Systems durch Arretieren (entspricht dem Einführen einer notwendigen Koordinate). Wenn das System keine Bewegungsmöglichkeit mehr hat, entspricht die Anzahl der Arretierungen der Anzahl der Freiheitsgrade.

Beispiel 1: Das skizzierte kinematische Modell eines Satelliten mit "Sonnenpaddeln" besteht aus **5** starren Körpern und hat **10** Freiheitsgrade: Die Lage eines Körpers (z. B. des Satellitenkörpers) ist durch die Angabe von **6** Koordinaten eindeutig festgelegt. Nach Fixierung des Satellitenkörpers durch Arretierung dieser **6** Bewegungsmöglichkeiten können die beiden unmittelbar an ihm befestigten Paddel nur noch je eine (von der Lage des Satelliten unabhängige) Drehbewegung ausführen, die durch jeweils eine weitere Koordinate beschrieben wird. Entsprechendes gilt für die Außenpaddel, nachdem auch die Lage der Innenpaddel festgelegt wurde.

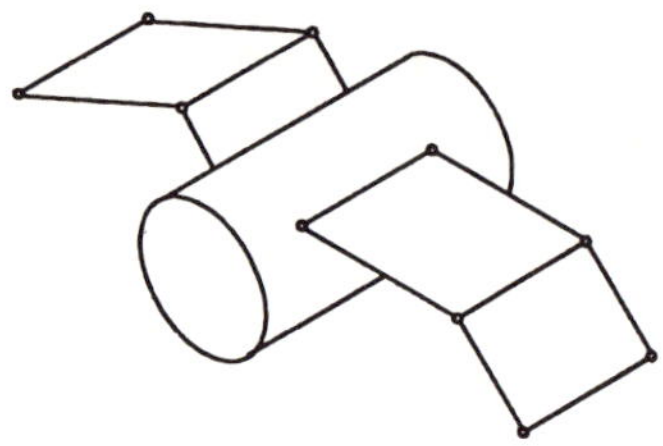

Zur Beschreibung der Bewegung eines Systems starrer Körper (insbesondere in der Kinetik) ist es meist vorteilhaft, eine größere Anzahl von Koordinaten einzuführen. Fast immer ist man jedoch gezwungen, irgendwann die Anzahl der Koordinaten auf die Anzahl der Freiheitsgrade des Systems zu reduzieren. Dafür müssen die Zwangsbedingungen, die die Koordinaten untereinander verknüpfen, formuliert werden.

Zwangsbedingungen sind Gleichungen, die die von den einzelnen Koordinaten anzunehmenden Werte auf die geometrisch verträglichen Möglichkeiten einschränken. Dementsprechend können sie im allgemeinen aus Geometriebetrachtungen gewonnen werden. Ihre Ableitungen nach der Zeit führen auf die Zwangsbedingungen, die für die Geschwindigkeiten und die Beschleunigungen gelten müssen.

Vielfach ist es (besonders bei ebener Bewegung) einfacher, unter Ausnutzung der Eigenschaften des Momentanpols (vgl. Abschnitt 27.1.2) zunächst die Zwangsbedingungen für die Geschwindigkeiten zu formulieren, um dann durch Integration auf die Bedingungen für die Bewegungskoordinaten zu kommen. Die dabei auftretenden Integrationskonstanten werden durch Vergleich der Werte für die einzelnen Koordinaten zu einem speziellen Zeitpunkt bestimmt, was jedoch meist unproblematisch ist. Da man im allgemeinen den Koordinatenursprung für jede einzelne Koordinate willkürlich festlegen kann, ist es zweckmäßig, folgende Regel einzuhalten: **Alle Koordinaten, die die Lage eines Systems starrer Körper beschreiben und durch Zwangsbedingungen verknüpft sind, sollten zum gleichen Zeitpunkt den Wert Null annehmen.**

An den nachfolgenden Beispielen wird das Aufschreiben der Zwangsbedingungen demonstriert.

Beispiel 2: Die skizzierte Seilwinde mit Gegengewicht wird von dem Antriebsrad 3 angetrieben. Es darf angenommen werden, daß das Seil und die Verbindungsstangen zwischen den Körpern 1 und 2 bzw. 4 und 5 dehnstarr sind und daß sich das Seil schlupffrei über die Rollen bewegt.

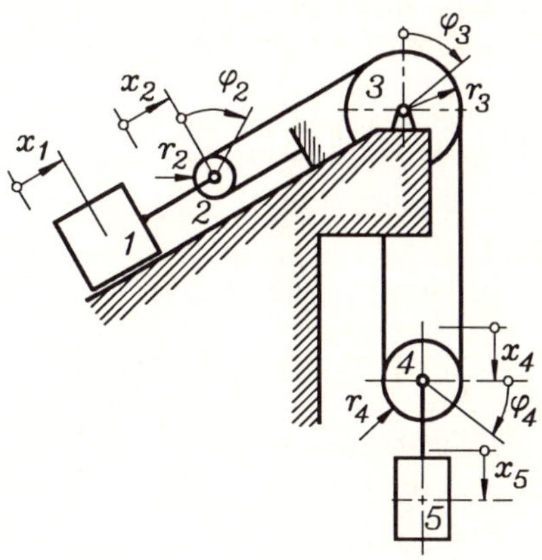

Gegeben: r_2, r_3, r_4.

Die Körper 2 und 4 führen jeweils eine allgemeine Bewegung aus (Translation und Rotation), das Antriebsrad 3 eine reine Rotation, das Gegengewicht 5 und der Körper 1 jeweils eine reine Translation. In der Skizze sind dementsprechend 7 Koordinaten eingetragen, die unter den genannten Voraussetzungen natürlich nicht unabhängig voneinander sind.

Das System hat nur einen Freiheitsgrad. Bei Vorgabe einer Bewegung (z. B. des Antriebsrades 3) bewegen sich alle anderen Körper zwangsläufig, so daß 6 Zwangsbedingungen formuliert und die 7 Koordinaten durch eine ersetzt werden können. Als verbleibende Koordinate wird der Winkel φ_3 des Antriebsrades gewählt.

Die Zwangsbedingungen werden zunächst für die Geschwindigkeiten aufgeschrieben. Die nebenstehende Skizze zeigt die Umfangsgeschwindigkeit des Antriebsrades $r_3\dot{\varphi}_3$, die über das Seil an die Rollen 2 und 4 weitergegeben wird.

Der untere Seilstrang an der Rolle 2 ist in Ruhe, diese kann deshalb nur "auf diesem Seilstrang rollen". Der Momentanpol M_2 dieser Rollbewegung ist eingezeichnet. Da sich die Geschwindigkeiten der Punkte der Rolle 2 nach (27.4) wie die Abstände vom Momentanpol verhalten, hat der Mittelpunkt die halbe Geschwindigkeit des oberen Punktes. Die Winkelgeschwindigkeit, mit der sich die Rolle 2 dreht, berechnet sich nach (27.2) zu

$$\dot{\varphi}_2 = \dot{x}_2 / r_2 .$$

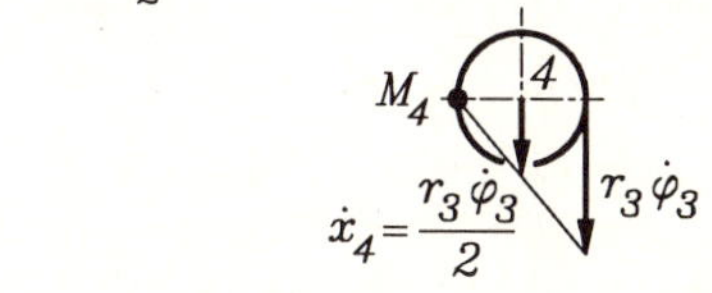

Entsprechende Überlegungen führen zu den Geschwindigkeiten an der Rolle 4, die auf dem in Ruhe befindlichen linken Seilstrang rollt.

Die Geschwindigkeiten der Mittelpunkte der Rollen 2 bzw. 4 werden auf den Körper 1 bzw. das Gegengewicht 5 übertragen. Nachfolgend werden die 6 Zwangsbedingungen in der Form zusammengestellt, die alle Geschwindigkeiten durch $\dot{\varphi}_3$ ausdrückt:

$$\dot{x}_1 = \frac{r_3}{2}\dot{\varphi}_3 \quad ; \quad \dot{x}_2 = \frac{r_3}{2}\dot{\varphi}_3 \quad ; \quad \dot{\varphi}_2 = \frac{r_3}{2\,r_2}\dot{\varphi}_3 \quad ;$$

$$\dot{x}_4 = \frac{r_3}{2}\dot{\varphi}_3 \quad ; \quad \dot{\varphi}_4 = \frac{r_3}{2\,r_4}\dot{\varphi}_3 \quad ; \quad \dot{x}_5 = \frac{r_3}{2}\dot{\varphi}_3 \quad .$$

- Die Zwangsbedingungen für die Beschleunigungen haben die gleiche Form ("mit einem zusätzlichen Punkt über den Koordinaten"). Unter der Voraussetzung, daß alle Koordinaten gleichzeitig Null werden (es braucht nicht unbedingt der Zeitpunkt $t = 0$ zu sein, für den dies gilt, aber meistens ist es sinnvoll, die Zeitzählung zu beginnen, wenn die Koordinaten den Wert Null haben), gelten die für die Geschwindigkeit formulierten Bedingungen auch für die Koordinaten selbst ("ohne Punkt über den Koordinaten").
- Es ist im allgemeinen zweckmäßig, die Bewegungskoordinaten so einzuführen, daß alle gleichzeitig positiv werden. So werden Minuszeichen in Zwangsbedingungen vermieden.

Beispiel 3: Das skizzierte Planetengetriebe (Umlaufgetriebe) kann mit einem Freiheitsgrad oder mit zwei Freiheitsgraden betrieben werden.

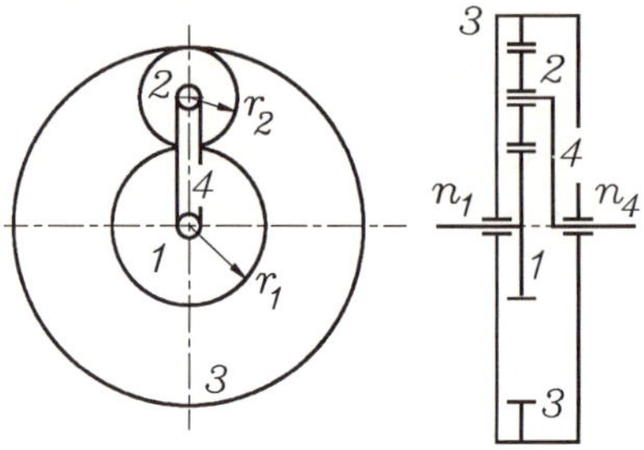

Gegeben: r_1 , r_2 .

Bei **feststehendem Gehäuse** 3 (**Getriebe hat einen Freiheitsgrad**) gibt es einen eindeutigen Zusammenhang zwischen der Drehzahl des Steges 4 und der Drehzahl des Sonnenrades 1. Es wird angenommen, daß der Steg 4 mit der Winkelgeschwindigkeit $\omega_4 = 2\pi n_4$ umläuft. Der sich auf einer Kreisbahn mit dem Radius $(r_1 + r_2)$ bewegende äußere Stegpunkt treibt den Mittelpunkt des Planetenrades 2 mit seiner Bahngeschwindigkeit $(r_1 + r_2)\,\omega_4$.

Das Planetenrad kann bei feststehendem Gehäuse nur eine Rollbewegung auf dessen Innenverzahnung ausführen, der Berührungspunkt ist der Momentanpol M_2 für die Bewegung des Planetenrades. Dessen Eingriffspunkt mit dem Sonnenrad 1 hat die doppelte Geschwindigkeit des Mittelpunktes (doppelte Entfernung vom Momentanpol, siehe Skizze). Diese Geschwindigkeit ist gleichzeitig die Umfangsgeschwindigkeit für das Sonnenrad, dessen Winkelgeschwindigkeit (und damit auch Drehzahl) sich daraus errechnen läßt:

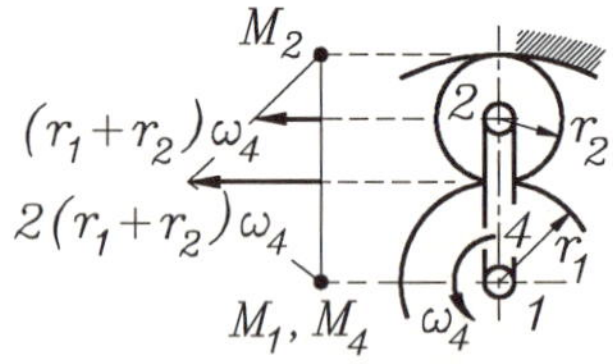

Feststehendes Gehäuse 3

$$\omega_1 = \frac{2\,(r_1 + r_2)\,\omega_4}{r_1} \qquad \Rightarrow \qquad n_1 = 2\left(1 + \frac{r_2}{r_1}\right) n_4 \ .$$

Wenn auch das **Gehäuse drehbar gelagert** ist (**Getriebe hat zwei Freiheitsgrade**), können zwei Drehzahlen vorgegeben werden, die sich überlagern ("Differential") und in dem dritten Getriebeglied eine eindeutige (zu berechnende) Drehzahl erzeugen. Es wird angenommen, daß der Steg 4 mit der Winkelgeschwindigkeit $\omega_4 = 2\pi n_4$ umläuft und sich das Gehäuse mit der Winkelgeschwindigkeit $\omega_3 = 2\pi n_3$ dreht (nebenstehende Skizze).

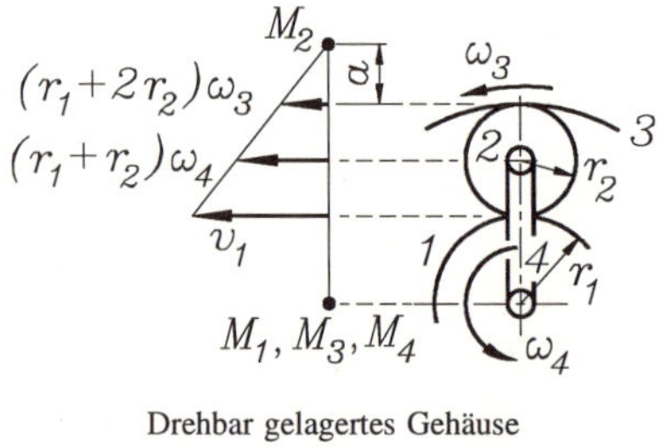

Drehbar gelagertes Gehäuse

Dann sind zwei Punkte des Planetenrades 2 zwangsgeführt: Der Eingriffspunkt an der Innenverzahnung des Gehäuses muß sich mit der Bahngeschwindigkeit der Innenverzahnung $(r_1 + 2\,r_2)\,\omega_3$ bewegen, der Mittelpunkt mit der Bahngeschwindigkeit $(r_1 + r_2)\,\omega_4$, die der Steg ihm aufzwingt. Beide Geschwindigkeiten sind parallel, so daß sich der Momentanpol M_2 des Planetenrades 2 nach der Strahlensatzfigur finden ließe (vgl. Abschnitt 27.1.2). Es ist aber nicht erforderlich, die Strecke a, die die Lage von M_2 kennzeichnet, zu berechnen, weil man der Skizze auch entnimmt, daß die Geschwindigkeit des Mittelpunktes des Planetenrades das arithmetische Mittel der beiden Geschwindigkeiten an den Eingriffspunkten mit Gehäusezahnkranz und Sonnenrad sein muß:

$$(r_1 + r_2)\,\omega_4 = \frac{1}{2}\left[v_1 + (r_1 + 2\,r_2)\,\omega_3\right] \quad \Rightarrow \quad v_1 = 2\,(r_1 + r_2)\,\omega_4 - (r_1 + 2\,r_2)\,\omega_3 \quad .$$

Mit der Bahngeschwindigkeit v_1 des Sonnenrades sind auch dessen Winkelgeschwindigkeit $\omega_1 = v_1 / r_1$ und natürlich auch seine Drehzahl bekannt. Man errechnet:

$$n_1 = 2\left(1 + \frac{r_2}{r_1}\right) n_4 - \left(1 + 2\,\frac{r_2}{r_1}\right) n_3 \quad .$$

Dieses Ergebnis gestattet für zwei vorgegebene Drehzahlen die Berechnung der Drehzahl des dritten Getriebegliedes. Da alle Winkelgeschwindigkeiten linksdrehend angenommen wurden, müßte eine Rechtsdrehung mit negativem Vorzeichen eingehen.

Die willkürliche Annahme, daß die Bahngeschwindigkeit der Innenverzahnung des Gehäuses kleiner als die Bahngeschwindigkeit des äußeren Punktes des Steges ist (und die sich daraus ergebende Lage des Momentanpols des Planetenrades) hat natürlich keinen Einfluß auf das Ergebnis.

Beispiel 4: Der skizzierte Mechanismus (exzentrische Schubkurbel) ist ein System aus drei starren Körpern. Die Kurbel dreht sich mit der konstanten Winkelgeschwindigkeit ω_0 und befindet sich zum Zeitpunkt $t = 0$ in der dargestellten Lage.

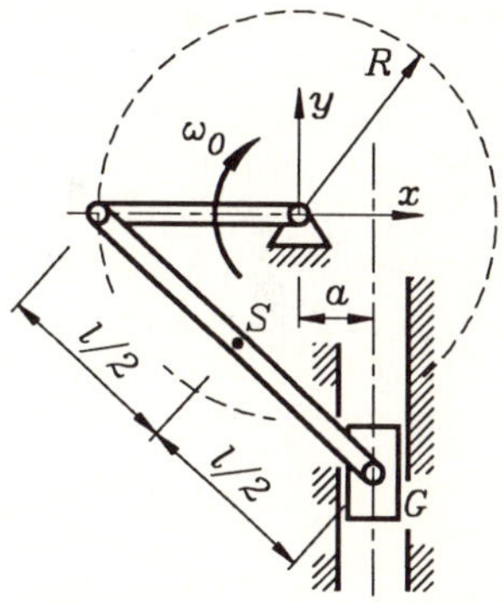

Gegeben: R , l , a , ω_0 .

Für den Gleitstein G und den Mittelpunkt S der Verbindungsstange sollen die Geschwindigkeits-Zeit-Gesetze $v_G(t)$ bzw. $v_S(t)$, für die Verbindungsstange auch das Winkelgeschwindigkeits-Zeit-Gesetz $\omega_S(t)$ ermittelt werden.

Die nebenstehende Skizze zeigt das System zum Zeitpunkt t, die Kurbel hat sich nach (26.23) um den Winkel $\omega_0 t$ gedreht. Für die Verbindungsstange sind zwei Geschwindigkeitsrichtungen bekannt: Ihr Momentanpol M wird gefunden als Schnittpunkt der Senkrechten zur Bewegungsrichtung des Punktes G und der Senkrechten zur Bewegungsrichtung des Punktes A, der auf dem Kurbelkreis mit der konstanten Bahngeschwindigkeit $R\omega_0$ umläuft (Geschwindigkeit ist tangential zum Kreis mit dem Radius R gerichtet).

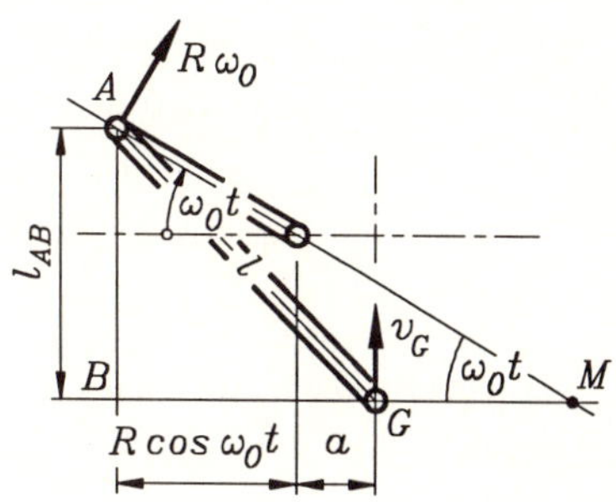

Im Dreieck ***ABG*** errechnet man die Länge l_{AB} und damit im Dreieck ***ABM*** den Abstand l_{AM} des Punktes ***A*** vom Momentanpol ***M*** und die Länge l_{BM} (Abstand des Punktes ***B*** von ***M***):

$$l_{BG} = a + R\cos\omega_0 t \quad ; \quad l_{AB} = \sqrt{l^2 - l_{BG}^2} \quad ; \quad l_{AM} = \frac{l_{AB}}{\sin\omega_0 t} \quad ; \quad l_{BM} = \frac{l_{AB}}{\tan\omega_0 t} \quad .$$

Für $t = 0$ (und allgemein für $\omega_0 t = k\pi$, dies sind die horizontalen Lagen der Kurbel) werden l_{AM} und l_{BM} unendlich. Zu diesen Zeitpunkten bewegt sich die Verbindungsstange rein translatorisch ("Momentanpol liegt im Unendlichen").

Für die Verbindungsstange ist die Geschwindigkeit des Punktes ***A*** bekannt. Mit dem Abstand dieses Punktes vom Momentanpol l_{AM} ergibt sich nach (27.2) ihre Winkelgeschwindigkeit

$$\omega_S(t) = \frac{R\,\omega_0}{l_{AM}} = \frac{R\,\omega_0}{l_{AB}}\sin\omega_0 t$$

und nach (27.3) die Geschwindigkeit des Punktes ***G***:

$$v_G(t) = (l_{BM} - l_{BG})\,\omega_S = \left(\frac{l_{AB}}{\tan\omega_0 t} - l_{BG}\right)\frac{R\,\omega_0}{l_{AB}}\sin\omega_0 t = R\,\omega_0\left(\cos\omega_0 t - \frac{l_{BG}}{l_{AB}}\sin\omega_0 t\right)$$

ist auch die gesuchte Geschwindigkeit des Gleitsteins.

Für die Berechnung der Geschwindigkeit des Mittelpunktes $v_S(t)$ stehen nun verschiedene Möglichkeiten zur Verfügung.

- Es wird der Abstand des Punktes ***S*** vom Momentanpol ermittelt (***S*** liegt in horizontaler Richtung um $l_{BG}/2$ und in vertikaler Richtung um $l_{AB}/2$ von ***B*** entfernt, der Abstand von ***M*** errechnet sich aus einem rechtwinkligen Dreieck). Dann kann $v_S(t)$ wie $v_G(t)$ berechnet werden. Hier sollen zwei andere Möglichkeiten demonstriert werden:

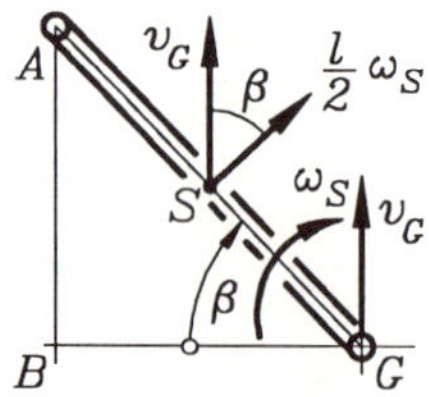

- Mit $v_G(t)$ ist die Geschwindigkeit eines Punktes der Verbindungsstange und mit $\omega_S(t)$ ist ihre Winkelgeschwindigkeit bekannt. Man kann den damit vollständig beschriebenen Bewegungszustand als **Translation** mit dem Bezugspunkt ***G*** **und Rotation** um diesen Punkt ansehen. Die Geschwindigkeit $v_G(t)$ ist dann allen Punkten des Körpers (auch ***S***, siehe Skizze) zuzuordnen, der die Bahngeschwindigkeit der Rotation um ***G*** zu überlagern ist (für den Punkt ***S***: $v_{rot} = \omega_S\, l/2$). Es werden zunächst die Komponenten in horizontaler bzw. vertikaler Richtung aufgeschrieben, aus denen sich dann die Gesamtgeschwindigkeit des Punktes ***S*** errechnet:

$$v_x = \frac{l}{2}\,\omega_S \sin\beta = \frac{l}{2}\,\omega_S\frac{l_{AB}}{l} = \frac{R\,\omega_0}{2}\sin\omega_0 t \quad ,$$

$$v_y = v_G + \frac{l}{2}\,\omega_S\cos\beta = v_G + \frac{l}{2}\,\omega_S\frac{l_{BG}}{l} = R\,\omega_0\left(\cos\omega_0 t - \frac{l_{BG}}{2\,l_{AB}}\sin\omega_0 t\right) \quad ,$$

$$v_S(t) = \sqrt{v_x^2 + v_y^2} \quad .$$

- Schließlich kann $v_S(t)$ auch nach den Regeln der **Kinematik des Punktes** (Kapitel 26) ermittelt werden. Die Komponenten des Ortsvektors werden in einem geeigneten Koordinatensystem aufgeschrieben. Nach (26.9) ergibt sich dann die Bahngeschwindigkeit.

Bezüglich des in der Aufgabenstellung angegebenen Koordinatensystems liest man aus nebenstehender Skizze ab:

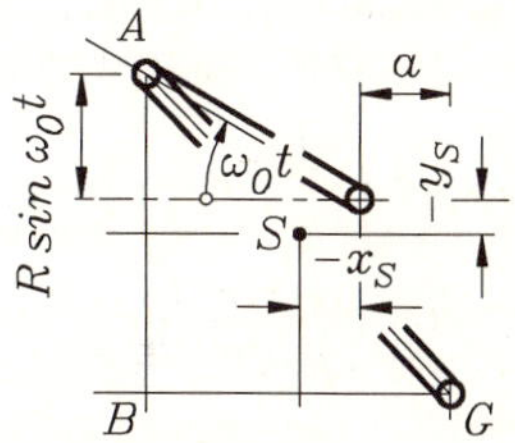

$$-x_S + a = \frac{1}{2}\,l_{BG} \quad ; \quad -y_S + R\sin\omega_0 t = \frac{1}{2}\,l_{AB} \ .$$

Die Bahnkurve des Punktes S wird also beschrieben durch

$$x_S(t) = a - \frac{1}{2}\,l_{BG} \quad ; \quad y_S(t) = R\sin\omega_0 t - \frac{1}{2}\,l_{AB} \ ,$$

und das Differenzieren dieser beiden Komponenten des Ortsvektors nach der Zeit ergibt wieder die bereits angegebenen Geschwindigkeitskomponenten v_x und v_y.

Der nebenstehende Bildschirm-Schnappschuß (Programm MCALCU, beiliegende Diskette) zeigt die Funktionen $\omega_S(t)$, $v_S(t)$ und $v_G(t)$ für einen vollen Umlauf der Kurbel bei Annahme folgender Abmessungsverhältnisse:

$R/a = 2$;
$l/a = 4$.

Im rechten unteren Fenster ist die Bahnkurve des Punktes S dargestellt.

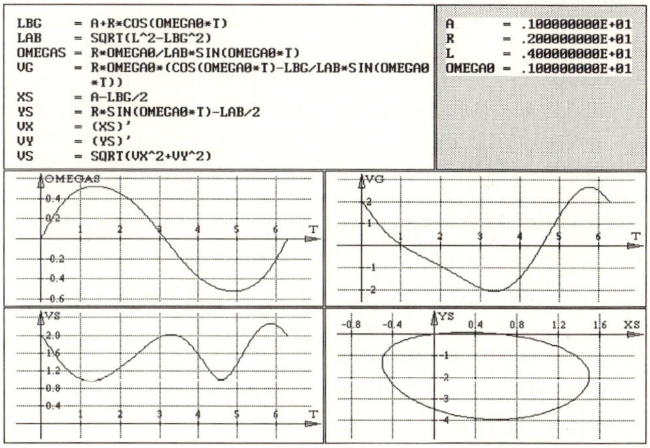

- Typisch für die Analyse der Bewegung von Mechanismen ist (im Beispiel 4 wurde ein recht einfacher Vertreter untersucht), daß die Funktionen, die den kinematischen Vorgang beschreiben, ziemlich unbequem in der Handhabung werden. Der Ehrgeiz, durch "Einsetzen und Vereinfachen" zu möglichst "schönen Endformeln" zu kommen, rächt sich häufig durch die Rechenfehler, die dabei auftauchen. Deshalb sollte man die Funktionen durch einen "Funktionensatz" in dem Sinne aufschreiben, daß jede Funktion neben den gegebenen Größen nur die vorab definierten Funktionen enthält.

  Das Programm MCALCU kann solche Funktionensätze verarbeiten. In dem oben gezeigten Bildschirm-Schnappschuß ist der für die Darstellungen verwendete Funktionensatz zu sehen. Außerdem wurde die Möglichkeit genutzt, Funktionen vom Programm numerisch differenzieren zu lassen, so daß die Geschwindigkeitskomponenten des Punktes S nicht als Funktionen eingegeben werden mußten, sondern aus den Komponenten des Ortsvektors, der die Bahnkurve definiert, ermittelt wurden.

- Das Beispiel 4 am Ende dieses Kapitels über die Kinematik des starren Körpers soll noch einmal eine wichtige Tatsache verdeutlichen, die bereits in einem einleitenden Beispiel erläutert und dann immer wieder genutzt wurde:

  Bei der Bewegung eines starren Körpers hat zu einem bestimmten Zeitpunkt in der Regel jeder Punkt eine andere Geschwindigkeit (Ausnahme ist die reine Trans-

lation), es gibt zu einem Zeitpunkt aber immer nur eine Winkelgeschwindigkeit, die für den gesamten Körper gilt. Diese Aussage gilt auch für die Bewegung im Raum, bei der es zu jedem Zeitpunkt nur einen (für den gesamten Körper gültigen) Winkelgeschwindigkeitsvektor gibt. Es ist also nicht sinnvoll, von der "Winkelgeschwindigkeit bezüglich eines Punktes" zu sprechen.

Da diese Aussage erfahrungsgemäß dem Anfänger einige Schwierigkeiten bereitet, soll die Starrkörperbewegung der Verbindungsstange, die im Beispiel 4 als "Translation mit dem Bezugspunkt *G* und Rotation um *G*" behandelt wurde, noch einmal mit einem anderen Bezugspunkt analysiert werden. Die Geschwindigkeit des Punktes *A* ist bekannt: $v_A = R\,\omega_0$ ist tangential zum Kurbelkreis gerichtet. Wenn die Bewegung der Verbindungsstange nun als Translation mit dem Punkt *A* als Bezugspunkt und Drehung um *A* betrachtet wird, ist diese Geschwindigkeit allen Punkten (und damit auch *S*, siehe Skizze) zuzuordnen. Für die Rotation ist aber wieder die gleiche Winkelgeschwindigkeit ω_S wie für die Berechnung mit *G* als Bezugspunkt zu verwenden. Sie erzeugt allerdings eine andere Bahngeschwindigkeit für den Punkt *S*. Das Ergebnis aus der Überlagerung dieser beiden Geschwindigkeiten ist aber unabhängig von der Wahl des Bezugspunktes, was hier nur für eine Komponente gezeigt werden soll:

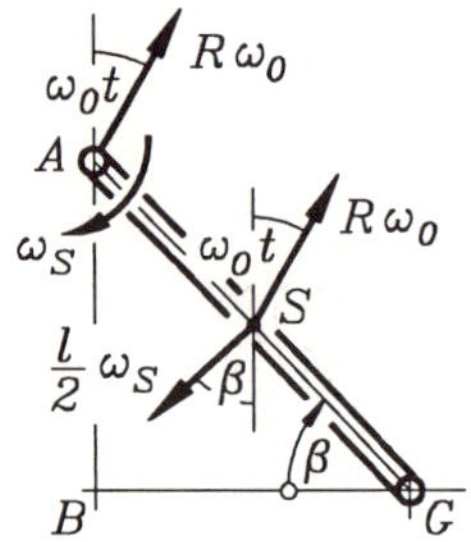

$$v_y = R\,\omega_0 \cos\omega_0 t - \frac{l}{2}\,\omega_S \cos\beta = R\,\omega_0 \left(\cos\omega_0 t - \frac{l_{BG}}{2\,l_{AB}} \sin\omega_0 t\right) .$$

27.5 Aufgaben

Aufgabe 27.1: Eine große Walze bewegt sich (reine Rollbewegung ohne Schlupf) auf der Horizontalen und zieht über eine exzentrisch angebrachte Stange eine kleine Walze nach, die ebenfalls auf einer Horizontalen rollt. Man zeichne für den dargestellten Bewegungszustand den Momentanpol der Bewegung der (schraffiert dargestellten) Verbindungsstange ein.

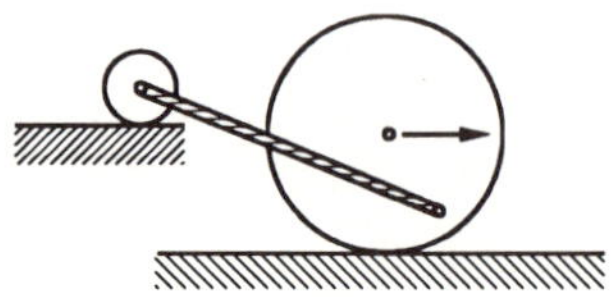

Aufgabe 27.2: Die skizzierte Walze führt eine reine Rollbewegung aus, die Seile sind starr und laufen ohne Schlupf über die Rollen.

Die Masse 4 bewegt sich mit der Geschwindigkeit v_4 abwärts.

Gegeben: $R_1 = 2\,r_1\,,\; r_2\,,\; v_4\,.$

Man ermittle die Winkelgeschwindigkeit ω_2 der Umlenkrolle 2 und die Geschwindigkeit v_1 des Mittelpunkts der Walze 1.

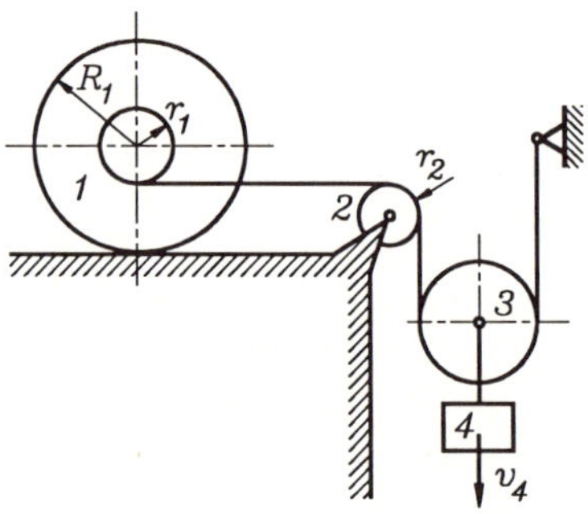

Aufgabe 27.3: In dem skizzierten Mechanismus dreht sich die Kurbel mit der konstanten Winkelgeschwindigkeit ω_0.

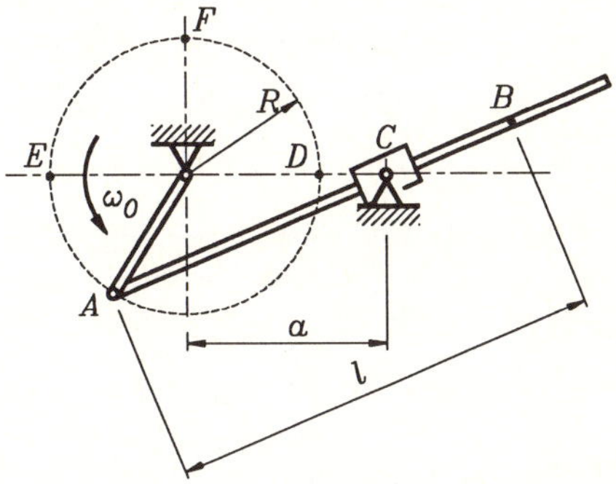

Gegeben: $\omega_0 \,, \; a = 2R \,, \; l = 4R \,.$

Man ermittle die Momentanpole der Bewegung der Stange ***AB*** für die spezielle Lagen, wenn der Punkt ***A*** die Punkte ***E*** bzw. ***F*** passiert. Für beide Lagen sind mit Hilfe des Momentanpols die Geschwindigkeiten des Punktes ***B*** zu berechnen und mit den Ergebnissen der Aufgabe 26.4 zu vergleichen.

Aufgabe 27.4: Ein Kettenfahrzeug bewegt sich mit der Geschwindigkeit v und der Beschleunigung a. Man ermittle die Geschwindigkeiten der Kettenpunkte P_1, P_2 und P_3 und die Gesamtbeschleunigung für P_1.

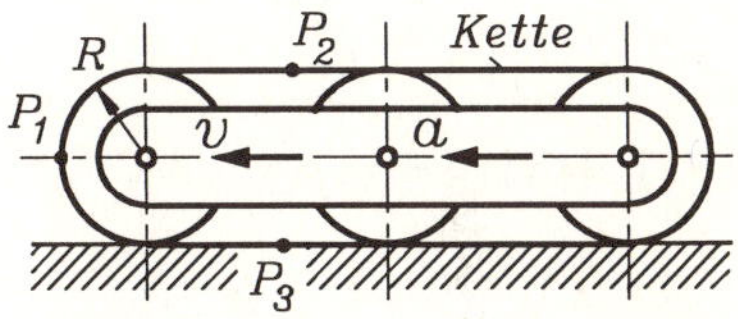

Gegeben: $v \,, \; a \,, \; R \,.$

Aufgabe 27.5: Bei dem skizzierten Planetengetriebe treibt der Steg 4 die beiden Planetenräder 2 und 3, die mit dem Sonnenrad 1 bzw. dem Gehäuse 5 im Eingriff sind.

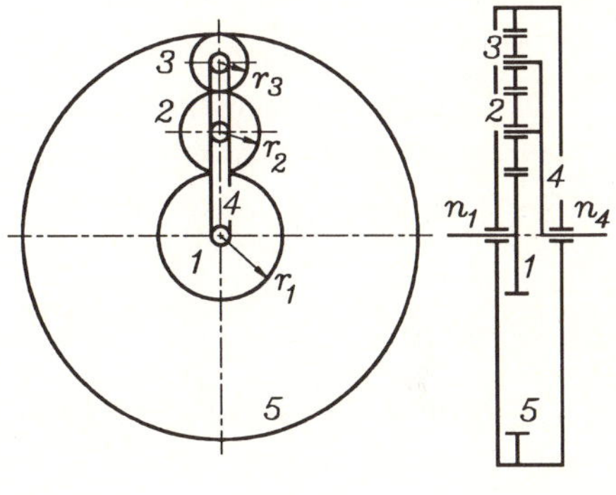

Gegeben: $r_1 \,, \; r_2 \,, \; r_3 \,.$

a) Man ermittle das Drehzahlverhältnis n_1 / n_4 unter der Annahme, daß das Gehäuse 5 festgehalten wird.

b) Welche Drehzahl n_1 hat das Sonnenrad, wenn der Steg mit n_4 und das Gehäuse (gleichsinnig) mit n_5 gedreht werden?

Aufgabe 27.6: Die Laufkatze eines Drehkrans bewegt sich mit der konstanten Geschwindigkeit v_K nach außen und hebt dabei eine Last mit der konstanten Geschwindigkeit v_L an, während sich der Kran mit der konstanten Winkelgeschwindigkeit ω dreht.

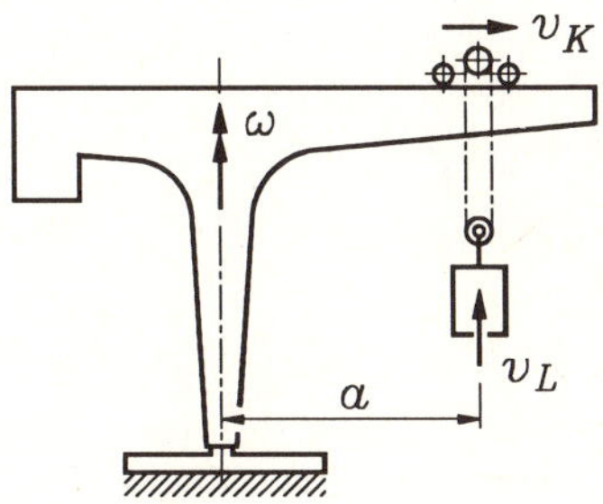

Gegeben: $v_K = 0{,}5\ m/s \,; \; \omega = 0{,}1\ s^{-1} \,;$
$v_L = 0{,}3\ m/s \,; \; a = 4{,}5\ m \,.$

Für die skizzierte Laststellung ermittle man die resultierende Geschwindigkeit der Last, die Führungs- und die Coriolisbeschleunigung (Führungsbewegung ist die Drehung des Krans).

28 Kinetik des Massenpunktes

Während in der Statik das Gleichgewicht der Kräfte in ruhenden Systemen betrachtet wurde und die Kinematik die Bewegungsabläufe ohne Frage nach ihren Ursachen (Kräfte) untersucht, wird in der ***Kinetik*** der Zusammenhang zwischen den kinematischen Größen (Weg, Zeit, Geschwindigkeit, Beschleunigung, ...) und den Kräften behandelt.

Die Beschränkung in diesem Kapitel auf den ***Massenpunkt*** hat nichts mit der Größe der Abmessungen des Körpers zu tun (vgl. die entsprechende Bemerkung am Anfang des Kapitels 26). Die Abmessungen dürfen allerdings keinen Einfluß auf die zu untersuchende Bewegung haben, und nach den Ausführungen in den Kapiteln 26 und 27 ist die Konsequenz dieser Beschränkung klar: Ein Massenpunkt kann keine (bzw. nur eine zu vernachlässigende) Rotationsbewegung ausführen.

28.1 Dynamisches Grundgesetz

Zu den Axiomen der Statik (Abschnitt 1.2), die auch weiterhin gelten, kommt in der Kinetik nur ein weiteres hinzu. Es ist das

---

2. NEWTONsche Gesetz (nach ISAAC NEWTON, 1643 - 1727):

"Die zeitliche Änderung der Bewegungsgröße ist der einwirkenden Kraft proportional und geschieht in Richtung dieser Kraft."

Als ***Bewegungsgröße*** ist das Produkt aus Masse und Geschwindigkeit zu verstehen, die zeitliche Änderung ist die erste Ableitung nach der Zeit t:

$$\vec{F} = \frac{d(m\vec{v})}{dt} \qquad \textbf{(28.1)}$$

ist das ***dynamische Grundgesetz*** mit dem ***Vektor des Impulses*** $\vec{p} = m\,\vec{v}$.

- Das 1. Newtonsche Gesetz ist ein Sonderfall des 2. Gesetzes: "Die Bewegungsgröße ändert sich nicht, wenn keine Kraft auf den Massenpunkt einwirkt." Das 3. Newtonsche Gesetz ist das bereits aus der Statik bekannte Wechselwirkungsgesetz ("actio = reactio").
- Wenn die Masse m zeitlich unveränderlich ist, vereinfacht sich (28.1) zu

  $$\vec{F} = m\,\frac{d\vec{v}}{dt} = m\,\vec{a} \qquad \textbf{(28.2)}$$

  ("Kraft = Masse · Beschleunigung").
- Die Gültigkeit von (28.1) und (28.2) ist an zwei Bedingungen geknüpft: Die Geschwindigkeit muß wesentlich kleiner als die Lichtgeschwindigkeit sein (diese Bedingung ist in der Technischen Mechanik wohl immer erfüllt, anderenfalls ist die Relativitätstheorie zuständig), und das Bezugssystem muß ein ***Inertialsystem*** (beschleunigungsfreies System) sein. Da Beschleunigungsfreiheit nur bei Bewegung auf gerader Bahn möglich ist (vgl.

Abschnitt 26.2), kann es ein Inertialsystem auf der Erde nicht geben. Für die weitaus meisten technischen Anwendungen darf die Erde jedoch als ruhendes Bezugssystem angesehen werden.

- Da zwei Vektoren nur gleich sein können, wenn jede Komponente des einen Vektors gleich der entsprechenden Komponente des anderen Vektors ist, stehen (28.1) bzw. (28.2) für drei skalare Gleichungen (für die drei Freiheitsgrade des Massenpunktes im Raum).
- Das 2. Newtonsche Gesetz setzt natürlich voraus, daß die angreifenden Kräfte die Beschleunigungen auch tatsächlich hervorrufen können (und nicht etwa durch Führungen, Lager oder ähnliches auch nur teilweise daran gehindert werden, dazu mehr im Abschnitt 28.2.2). Das nachfolgende Beispiel behandelt einen der wenigen Sonderfälle (schiefer Wurf unter Vernachlässigung von Bewegungswiderständen), für den dies erfüllt ist.

Beispiel: Ein Leichtathlet stößt die Kugel $w = 22\ m$ weit (diese Aufgabe stammt aus der Zeit vor der Einführung der strengen Dopingkontrollen). Unter der Annahme, daß der Luftwiderstand vernachlässigt werden darf und daß die Kugel die Hand in einer Höhe $h = 2\ m$ unter einem Winkel zur Horizontalen von $\alpha = 44°$ verläßt, ist ihre Anfangsgeschwindigkeit v_0 (beim Verlassen der Hand) zu ermitteln. Welche Weite w_1 würde erzielt werden, wenn mit gleicher Anfangsgeschwindigkeit und bei gleicher Abwurfhöhe unter einem Winkel von $\alpha_1 = 45°$ gestoßen würde, bei welchem Abwurfwinkel α_0 würde die größte Weite erzielt werden?

Während des Fluges wirkt auf die Kugel nur ihr Eigengewicht mg (senkrecht nach unten). Die Masse m ist konstant, die Flugbahn eine ebene Kurve, so daß (28.2) nur für zwei Komponenten aufgeschrieben werden muß. In einem kartesischen Koordinatensystem mit nach oben gerichteter positiver y-Achse gilt also:

$$\vec{F} = m\vec{a} \quad \rightarrow \quad \begin{bmatrix} 0 \\ -mg \end{bmatrix} = m \begin{bmatrix} a_x \\ a_y \end{bmatrix} .$$

Nach (26.27) und (26.30) ist der Geschwindigkeitsvektor die Ableitung des Ortsvektors und der Beschleunigungsvektor die Ableitung des Geschwindigkeitsvektors nach der Zeit. Dieser Weg muß also in umgekehrter Richtung (Integration) beschritten werden, er wird für die einzelnen Komponenten aufgeschrieben:

$$\begin{aligned} a_x &= 0 , & a_y &= -g , \\ v_x &= C_1 , & v_y &= -g t + C_3 , \\ x &= C_1 t + C_2 , & y &= -\frac{1}{2} g t^2 + C_3 t + C_4 . \end{aligned}$$

Für die vier Integrationskonstanten müssen vier Anfangsbedingungen formuliert werden. Wenn das Koordinatensystem (willkürlich) so gelegt wird, daß sich der Abwurfpunkt bei $x = 0$ und $y = h$ befindet, und die Abwurfgeschwindigkeit in eine horizontale und eine vertikale Komponente zerlegt wird, lauten diese (Zeitzählung beginnt beim Abwurf):

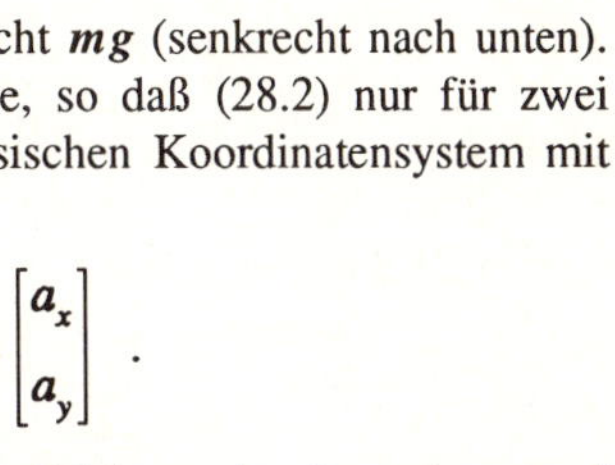

$$\begin{aligned} x(t=0) &= 0 , & v_x(t=0) &= v_0 \cos\alpha , \\ y(t=0) &= h , & v_y(t=0) &= v_0 \sin\alpha . \end{aligned}$$

Mit den daraus berechneten Konstanten

$$C_1 = v_0 \cos\alpha \quad , \quad C_2 = 0 \quad , \quad C_3 = v_0 \sin\alpha \quad , \quad C_4 = h$$

erhält man die Komponenten des Ortsvektors der Bahnkurve

$$x = v_0 t \cos\alpha \quad , \quad y = -\frac{1}{2} g t^2 + v_0 t \sin\alpha + h \quad ,$$

die (in Parameterdarstellung) die Flugbahn der Kugel beschreiben. Wenn man die Zeit t aus den beiden Gleichungen eliminiert, wird deutlich, daß es eine Parabel ist (***Wurfparabel***):

$$y = -\frac{1}{2} g \frac{x^2}{v_0^2 \cos^2\alpha} + x \tan\alpha + h \quad .$$

Am Auftreffpunkt ist $y = 0$ (und $x = w$):

$$-\frac{1}{2} g \frac{w^2}{v_0^2 \cos^2\alpha} + w \tan\alpha + h = 0$$

muß zur Beantwortung der Fragestellungen einmal nach v_0 und einmal nach w umgestellt werden:

$$v_0 = w \sqrt{\frac{g}{w \sin 2\alpha + 2 h \cos^2\alpha}} \quad ,$$

$$w = \frac{v_0^2}{2g} \sin 2\alpha + \sqrt{\frac{v_0^4}{4 g^2} \sin^2 2\alpha + 2 \frac{v_0^2}{g} h \cos^2\alpha}$$

(die zweite Lösung der quadratischen Gleichung zur Bestimmung von w liefert die nicht interessierende Nullstelle der Parabel im negativen x-Bereich).

Bei einem Abwurfwinkel von $\alpha = 44°$ wird die Wurfweite von **22 *m*** bei einer Anfangsgeschwindigkeit von $v_0 = 14{,}05\ m/s$ erreicht. Mit diesem v_0 ergibt sich bei $\alpha_1 = 45°$ eine Wurfweite $w_1 = 21{,}95\ m$.

Die Berechnung des Extremwertes der Funktion $w(\alpha)$ bereitet analytisch schon einige Mühe. Empfohlen wird deshalb die Extremwertberechnung mit dem Programm MCALCU der beiliegenden Diskette. Man erhält für $\alpha_0 = 42{,}41°$ die Wurfweite $w_0 = 22{,}03\ m$.

Der günstigste Abwurfwinkel zur Erzielung großer Wurfweiten beträgt nur dann **45°**, wenn Abwurf- und Auftreffpunkt auf gleicher Höhe liegen.

28.2 Kräfte am Massenpunkt

Wie in der Statik ist es sinnvoll, zu unterscheiden zwischen ***eingeprägten Kräften*** (Gewicht, Antriebskräfte, Magnetkräfte, ...) und ***Reaktionskräften*** (Zwangskräfte, die durch Bewegungseinschränkung hervorgerufen werden, z. B.: Kräfte an Führungen, die Normalkraft zwischen Masse und schiefer Ebene, Lagerreaktionen, Federkräfte, Haftkräfte, ...). Bei bewegten Massen kommen noch ***Bewegungswiderstände*** und die sogenannten ***Massenkräfte*** hinzu, die in den folgenden beiden Unterabschnitten behandelt werden.

28.2.1 Geschwindigkeitsabhängige Bewegungswiderstände

Einem sich mit der Geschwindigkeit $\boldsymbol{v}$ bewegenden Massenpunkt können durch das umgebende Medium oder eine Führung Widerstandskräfte entgegenwirken. Obwohl diese Kräfte von ihrem Charakter her Reaktionskräfte sind, werden sie hier gesondert aufgeführt, denn in der Rechnung müssen sie eher wie die eingeprägten Kräfte behandelt werden. Diese Besonderheit wird noch mehrfach an Beispielen verdeutlicht.

Die Erfassung der geschwindigkeitsabhängigen Widerstandskräfte ist immer mit einer gewissen Unsicherheit verbunden, weil die Kennwerte von zahlreichen Einflüssen abhängen. Hier sollen die drei wichtigsten Varianten zur Einbeziehung dieser Kräfte in die Berechnung vorgestellt werden.

Der Widerstand, den die Oberfläche eines Körpers aufbringt, über den eine bewegte Masse gleitet, wird (auch bei einer Schmierschicht zwischen den Flächen) berücksichtigt durch die

---

COULOMBsche Reibung (Gleitreibung):

$$F_R = -\mu F_N \, sgn\, v \quad . \qquad (28.3)$$

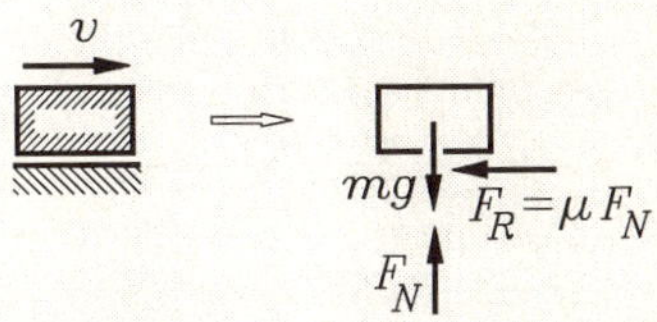

Die Geschwindigkeit dient nur als Steuergröße für die Richtung der Kraft $\boldsymbol{F_R}$, die immer der Geschwindigkeit der sich bewegenden Masse entgegengesetzt gerichtet ist.

- In (28.3) ist $\boldsymbol{F_N}$ die Normalkraft (senkrecht zu den sich berührenden Gleitflächen), μ ist der ***Gleitreibungskoeffizient***, der vom Material und der Oberflächenbeschaffenheit der Gleitflächen abhängig ist. Da er auch von anderen Größen (Temperatur, Feuchtigkeit, unter Umständen auch von der Größe von $\boldsymbol{F_N}$) beeinflußt wird, ist eine gewisse Vorsicht geboten, wenn man diesen Kennwert aus Tabellenbüchern entnimmt. Für höhere Genauigkeitsanforderungen an die Rechnung sind gegebenenfalls Versuche zur Ermittlung von μ (möglichst unter Betriebsbedingungen) empfehlenswert.
- Die **sgn**-Funktion eignet sich nicht für die analytische Rechnung (bei numerischen Auswertungen kann sie durchaus nützlich sein). Deshalb sollte man die Kraft $\boldsymbol{F_R}$ entgegen der **angenommenen** Geschwindigkeitsrichtung antragen. Wenn sich die angenommene Richtung im Verlauf der Rechnung als falsch herausstellt, muß man die Rechnung **mit korrigierter** Richtung wiederholen.
- Da die Gleitreibung wie die im Kapitel 9 behandelte Haftung mit dem Namen Coulomb verbunden ist und das Haftungsgesetz (9.1) sich von (28.3) formal kaum unterscheidet, muß nachdrücklich auf die Unterschiede aufmerksam gemacht werden:
  - Der Haftungskoeffizient μ_0 ist in der Regel größer als der Gleitreibungskoeffizient μ.
  - Besonders wichtig ist die Beachtung des unterschiedlichen Charakters der beiden Kräfte. Die **Gleitreibungskraft geht** in der von (28.3) gegebenen Größe (wie eine eingeprägte Kraft) **in das Gleichgewicht der Kräfte** ein. Die **Haftkraft wird** (wie eine Lagerreaktion) **aus dem Gleichgewicht der Kräfte berechnet**, denn die durch das Haftungsgesetz zu ermittelnde Größe definiert nur das obere Limit (und nicht die tatsächliche Größe) der Haftkraft (vgl. Beispiel 1 im Abschnitt 9.1).

Neben der Coulombschen Reibung sind noch die beiden folgenden Annahmen für die Berücksichtigung von Bewegungswiderständen in der technischen Praxis gebräuchlich:

Eine geschwindigkeitsproportionale Widerstandskraft

$$F_{W1} = -k_1 v \tag{28.4}$$

gilt mit häufig ausreichender Annäherung an die Realität für ***laminare Strömungen*** (in Medien mit relativ großer Zähigkeit). Der von der Körperform der Masse und dem Medium, in dem sich die Masse bewegt, abhängige Proportionalitätsfaktor k_1 muß durch Versuche ermittelt werden.

Eine Widerstandskraft proportional zum Quadrat der Geschwindigkeit

$$F_{W2} = -k_2 v^2 \, sgn \, v \tag{28.5}$$

wird für die Erfassung des Widerstands infolge ***turbulenter Strömung*** verwendet. Der Proportionalitätsfaktor k_2 muß dabei sowohl den Reibungswiderstand als auch den Druckwiderstand (infolge des Unterdrucks durch Strömungsablösung und Wirbelbildung) erfassen.

- Der lineare Ansatz (28.4) ist für theoretische Untersuchungen sehr beliebt, weil er auf lineare Differentialgleichungen führt. In der Schwingungslehre werden die unterschiedlichsten Dämpfungsursachen deshalb gern pauschal in dieser Form (natürlich nur näherungsweise) berücksichtigt.

  Bei der Erfassung der Wirkung von Stoßdämpfern mit diesem linearen Ansatz kann die Realität durchaus gut abgebildet werden (Empfehlung: Herstellerangaben beachten), es gibt jedoch moderne Ausführungen, bei denen eine konstante Widerstandskraft entlang des Dämpfungsweges angenommen werden darf.

- Der Proportionalitätsfaktor in (28.5) kann in der Form

$$k_2 = c_W \frac{\varrho A_P}{2} \tag{28.6}$$

  angesetzt werden. In (28.6) ist ϱ die Dichte des umströmenden Mediums, A_p die Projektionsfläche (Schattenfläche) des sich darin bewegenden Körpers und der "c_W-Wert" eine dimensionslose Widerstandszahl, die von der Körperform (und in einigen Fällen auch von der Reynold-Zahl, dem Maß für die Zähigkeit des umströmenden Mediums) abhängt und durch Versuche ermittelt werden muß, einige Beispiele: Für den langen Kreiszylinder gilt $c_W = 1$, für eine Kreisplatte $c_W = 1{,}11$ und für eine Kugel in Abhängigkeit von der Reynold-Zahl $c_W = 0{,}09 \ldots 0{,}47$. Moderne Pkw-Formen liegen im Bereich $c_W = 0{,}3 \ldots 0{,}4$.

- Mit den mathematischen Modellen für die Bewegungswiderstände (28.3) bis (28.5) wird in jedem Fall die Realität nur unvollkommen angenähert. Die Formel (28.5) führt im Gegensatz zu den beiden anderen auf einen nichtlinearen Term in der Bewegungs-Differentialgleichung, so daß diese (bis auf wenige Ausnahmen) nur numerisch gelöst werden kann. Bessere Annäherungen an die Realität könnten den mathematischen Aufwand dann kaum mehr vergrößern, allerdings müßten dafür brauchbare Hypothesen und entsprechende Versuchsergebnisse zur Verfügung stehen.

28.2.2 Massenkraft, das Prinzip von d'Alembert

In dem Beispiel des Abschnitts (28.1) zur Anwendung des dynamischen Grundgesetzes (schiefer Wurf) durfte vorausgesetzt werden, daß alle auf den Körper einwirkenden Kräfte (im Beispiel nur die Gewichtskraft) in Beschleunigungen umgesetzt werden können. Bei geführten Bewegungen und bei geschwindigkeitsabhängigen Bewegungswiderständen (Abschnitt 28.2.1) gibt es natürlich Anteile der eingeprägten Kräfte, die sich nicht in Beschleunigungen umsetzen, sondern von den Reaktionskräften bzw. den Widerstandskräften im Gleichgewicht gehalten werden.

Beispiel 1: Die eingeprägten Kräfte ***F*** und ***mg*** haben unterschiedliche Wirkungen auf die nebenstehend skizzierte Masse ***m***. Bei reibungsfreier Bewegung wirkt die **Kraft *F*** beschleunigend auf ***m***, bei reibungsbehafteter Bewegung nur die Differenz zwischen ***F*** und der Widerstandskraft.

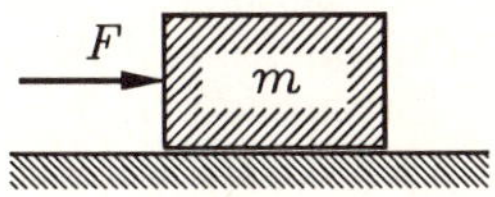

Die **Kraft *mg*** wirkt nicht beschleunigend, da sie mit der Normalkraft (Reaktionskraft der Unterlage) im Gleichgewicht ist.

Aus dieser Überlegung resultiert folgende **Schlußfolgerung:** Man muß **bei geführten Massen** und auftretenden **Bewegungswiderständen** in die Formeln des dynamischen Grundgesetzes (28.1) bzw. (28.2) **alle eingeprägten Kräfte, die Zwangskräfte und die Bewegungswiderstände** einsetzen:

$$\vec{F}_e + \vec{F}_Z + \vec{F}_W - m\vec{a} = 0 \quad . \qquad (28.7)$$

Diese Vektorgleichung repräsentiert im Fall des betrachteten Beispiels zwei skalare Gleichungen (a_h ist die Beschleunigung in horizontaler und a_v in vertikaler Richtung):

$$\begin{aligned} F \quad - \quad F_R - m a_h &= 0 \quad , \\ -mg + F_N \quad - m a_v &= 0 \quad . \end{aligned}$$

Aus der zweiten Gleichung erhält man wegen $F_N = mg$ in diesem Fall für die vertikale Beschleunigungskomponente $a_v = 0$ (eingeprägte Kraft mg erzeugt keine Beschleunigung).

Nicht unabsichtlich wurde in der Gleichung (28.7) das Produkt $m\vec{a}$ auf die linke Seite geschrieben, denn in dieser Form verdeutlicht die Gleichung eine sehr elegante Strategie für das Aufschreiben der Bewegungs-Differentialgleichungen, das

---

Prinzip von d'Alembert (nach JEAN LE ROND d'ALEMBERT, 1717 - 1783):

Der bewegte Körper wird freigeschnitten, es werden angetragen

- alle eingeprägten Kräfte,
- alle Zwangskräfte (Reaktionskräfte) infolge äußerer Bindungen und Führungen,
- die Bewegungswiderstände,
- die Massenkräfte $-m\vec{a}$ (***d'Alembertsche Kräfte***).

Danach können die **Gleichgewichtsbedingungen (wie in der Statik)** aufgeschrieben werden.

♦ Die Idee der Einführung negativer Massenkräfte gestattet die Behandlung von Problemen der Kinetik mit den aus der Statik vertrauten Gleichgewichtsbedingungen. Diese Massenkräfte werden hier wie üblich als "d'Alembertsche Kräfte" bezeichnet, obwohl sie erstmals bereits bei JOHANNES KEPLER (1571 - 1630) auftauchen.

Das Minuszeichen vor der **d'Alembertschen Kraft** fordert, daß diese **entgegen der positiven Beschleunigungsrichtung** angetragen werden muß, was (bei gekrümmter Bahn) sowohl für die Bahnbeschleunigung als auch für die Normalbeschleunigung (und bei Relativbewegung auch für die Coriolisbeschleunigung) gilt. Die positive Richtung der Bahnbeschleunigung kann selbst bei einfachen Problemen nicht immer vorausgesagt werden (ob sich eine Masse auf der schiefen Ebene unter Einwirkung einer aufwärts gerichteten Kraft auch aufwärts bewegt, ist vom Anstiegswinkel, der Größe der Kraft und der Größe der Masse abhängig). Die d'Alembertschen Kräfte für die **Bahnbeschleunigungen** werden deshalb **entgegen der frei zu wählenden Koordinatenrichtung** angetragen, was automatisch auch bei Verzögerungen (negativen Beschleunigungen) und Richtungsumkehr der Bewegung zu richtigen Ergebnissen führt.

Die Richtung der Massenkraft, die für die **Normalbeschleunigung** angetragen werden muß, ist dagegen eindeutig vorgegeben, weil die Normalbeschleunigung immer zum Krümmungsmittelpunkt der Bahnkurve gerichtet ist:

Bei der Bewegung eines Massenpunktes auf einer gekrümmten Bahn ist immer eine **vom Krümmungsmittelpunkt der Bahnkurve nach außen gerichtete** Massenkraft infolge der zum Krümmungsmittelpunkt weisenden Normalbeschleunigung (26.15) zu berücksichtigen. Es ist die ***Zentrifugalkraft (Fliehkraft)***

$$m\,a_n = m\,\frac{v^2}{\varrho} \qquad (28.8)$$

(ϱ ist der Krümmungsradius und v die Bahngeschwindigkeit). Speziell für die **Bewegung auf einem Kreis mit dem Radius R** gilt:

$$m\,a_n = m\,R\,\omega^2 = m\,R\,\dot{\varphi}^2 \quad . \qquad (28.9)$$

Beispiel 2: Auf einer schiefen Ebene beginnt eine Masse m zum Zeitpunkt $t = 0$ aus der Ruhelage heraus abwärts zu rutschen. Unter Berücksichtigung von Gleitreibung zwischen der Masse und der schiefen Ebene sollen das Weg-Zeit-Gesetz und das Geschwindigkeits-Zeit-Gesetz ermittelt werden:

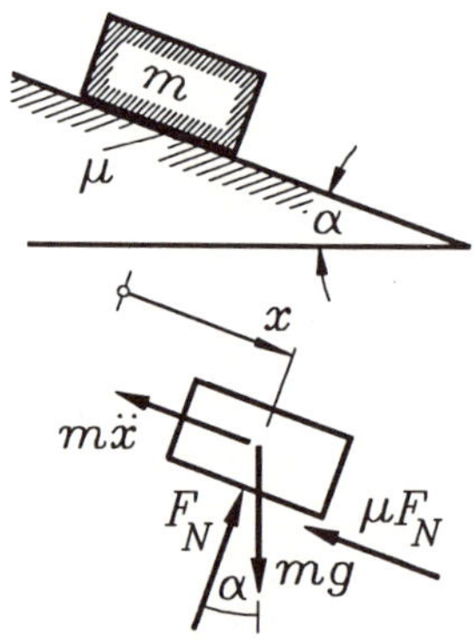

Gegeben: m , α , μ .

Es wird eine x-Koordinate zur Verfolgung der Masse vom Startpunkt der Bewegung aus eingeführt. Die Skizze zeigt die freigeschnittene Masse mit der Gewichtskraft $m\,g$ (eingeprägte Kraft), der Normalkraft F_N (Zwangskraft, die die Masse an ihre Bahn bindet), dem Bewegungswiderstand $F_R = \mu\,F_N$ und der d'Alembertschen Kraft, die entgegen der eingeführten Bewegungskoordinate angetragen wurde.

Die Gleichgewichtsbedingungen in Hangrichtung bzw. senkrecht dazu liefern mit

$$\nwarrow \quad m\ddot{x} + \mu F_N - mg\sin\alpha = 0 \quad ,$$
$$\nearrow \quad F_N - mg\cos\alpha = 0$$

zwei Gleichungen, aus denen die nicht interessierende Kraft F_N eliminiert wird. Es verbleibt ein Ausdruck für die (in diesem Fall konstante) Beschleunigung, der zweimal integriert wird:

$$\ddot{x} = (\sin\alpha - \mu\cos\alpha)\,g = a \quad , \qquad \dot{x} = a\,t + C_1 \quad , \qquad x = \frac{1}{2}a\,t^2 + C_1\,t + C_2 \quad .$$

Für die Berechnung der Integrationskonstanten stehen zwei Anfangsbedingungen zur Verfügung. Es ist typisch, daß eine durch die Problemstellung ("aus der Ruhelage heraus") vorgegeben ist, die andere von der (willkürlichen) Wahl des Koordinatensystems bestimmt wird:

$$x(t=0) = 0 \quad \Rightarrow \quad C_2 = 0 \quad ,$$
$$\dot{x}(t=0) = 0 \quad \Rightarrow \quad C_1 = 0 \quad .$$

Damit können die gesuchten Bewegungsgesetze aufgeschrieben werden:

$$x(t) = \frac{1}{2}(\sin\alpha - \mu\cos\alpha)\,g\,t^2 \quad , \qquad \dot{x}(t) = (\sin\alpha - \mu\cos\alpha)\,g\,t \quad .$$

- ♦ Eigentlich hätte man bei diesem Beispiel noch überprüfen müssen, ob die Bewegung aus der Ruhelage heraus überhaupt beginnt. Dazu wäre allerdings die Kenntnis des Haftungskoeffizienten μ_0 nötig.

- ♦ Auf jeden Fall muß das Ergebnis mit dem Zusatz gekennzeichnet werden, daß es nur für positive Geschwindigkeit $\dot{x} \geq 0$ gilt, weil diese Bedingung bei der Annahme der Richtung der Gleitreibkraft vorausgesetzt wurde. Der Einwand, daß diese Bedingung ja wohl automatisch erfüllt ist, weil eine Masse, die nur durch ihr Eigengewicht belastet ist, aus der Ruhe heraus keine Aufwärtsbewegung beginnen kann, ist für die Praxis richtig, die errechneten Bewegungsgesetze lassen dies zu (man setze z. B. die sehr sinnvollen Werte $\mu = 0{,}3$ und $\alpha = 15°$ ein, und schon geht es aufwärts). Die Bewegungsgesetze des Beispiels 2 müssen also unbedingt mit dem Zusatz

  $$\sin\alpha \geq \mu\cos\alpha \qquad \text{bzw.} \qquad \tan\alpha \geq \mu$$

  versehen werden.

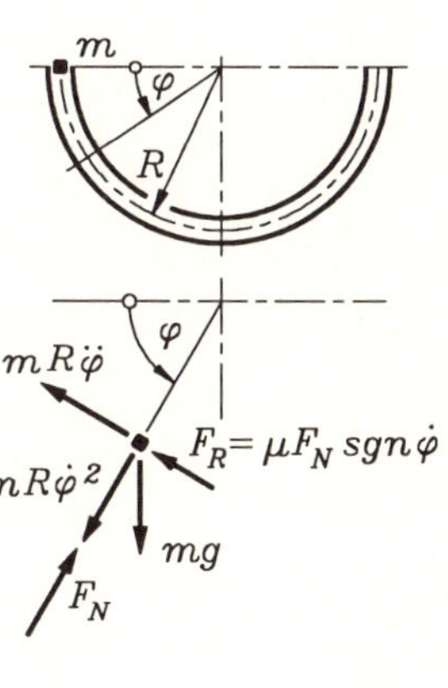

Beispiel 3: Ein Massenpunkt m wird wie skizziert in eine halbkreisförmige Rinne gelegt und ohne Anfangsgeschwindigkeit freigegeben. Das Bewegungsgesetz $\varphi(t)$ soll

a) bei Vernachlässigung der Gleitreibung,
b) bei Berücksichtigung der Gleitreibung

zwischen Massenpunkt und Rinne berechnet werden.

Gegeben: R , m , μ .

Die untere Skizze zeigt den freigeschnittenen Massenpunkt mit allen wirkenden Kräften. Die Zentrifugalkraft wurde entgegen der (zum Kreismittelpunkt gerichteten) Normalbeschleunigung angetragen, die d'Alembertsche Kraft infolge der Bahnbeschleunigung entgegen der gewählten Koordinatenrichtung (die positive Richtung von φ gilt natürlich auch für $\dot{\varphi}$ und $\ddot{\varphi}$). Auch bei Umkehr der Bewegungsrichtung ergeben sich für diese Kräfte die korrekten Richtungen, die für die Reibkraft durch Multiplikation mit der **sgn**-Funktion erreicht werden. Das Kräfte-Gleichgewicht in Bahnrichtung bzw. senkrecht dazu

$$\nwarrow \quad m R \ddot{\varphi} + \mu F_N \, sgn \dot{\varphi} - m g \cos\varphi = 0 \quad ,$$

$$\nearrow \quad F_N - m R \dot{\varphi}^2 - m g \sin\varphi = 0$$

liefert nach Elimination der Normalkraft F_N die Differentialgleichung

$$R \ddot{\varphi} + \mu \, (R \dot{\varphi}^2 + g \sin\varphi) \, sgn \dot{\varphi} - g \cos\varphi = 0 \quad .$$

Für die analytische Berechnung müßte zunächst $\mathbf{sgn}\,\dot{\varphi} = \mathbf{1}$ gesetzt werden, um die Differentialgleichung für die "Bewegung von m nach rechts" zu lösen, nach Ermittlung des Umkehrpunktes (Zeitpunkt, zu dem $\dot{\varphi} = \mathbf{0}$ wird), wäre dann mit neuen Anfangsbedingungen und $\mathbf{sgn}\,\dot{\varphi} = \mathbf{-1}$ die "Lösung für den Rückweg" zu berechnen, wieder bis zum (linken) Umkehrpunkt, dann könnte (mit wieder neuen Anfangsbedingungen) wieder die Lösung der ersten Differentialgleichung (mit $\mathbf{sgn}\,\dot{\varphi} = \mathbf{1}$) verwendet werden, wenn es überhaupt gelingen würde, diese Lösung analytisch zu berechnen. Weil dies aber nicht möglich ist, scheidet dieser mühsame Weg aus.

Auch die Vereinfachung (Fragestellung a), die sich ergibt, wenn die Gleitreibung vernachlässigt wird, führt mit

$$R \ddot{\varphi} - g \cos\varphi = 0$$

auf eine Differentialgleichung, die in geschlossener Form (zumindest bei Verwendung der elementaren Funktionen) nicht lösbar ist.

♦ Die Bewegungs-Differentialgleichungen, die das sehr einfache Beispiel 3 lieferte, charakterisieren das typische Problem bei Aufgaben der Kinetik. Bis auf wenige "akademische Beispiele" führen sie auf nichtlineare Differentialgleichungen, die sich einer geschlossenen Lösung entziehen (der sich reibungsfrei auf einer Kreisbahn bewegende Massenpunkt entspricht der Bewegung des "mathematischen Pendels", das im Physikunterricht im allgemeinen auch nur mit der Beschränkung auf "sehr kleine Ausschläge" behandelt wird). Die Ermittlung der Bewegungsgesetze des Massenpunktes des Beispiels 3 wird deshalb zurückgestellt und am Ende des folgenden Abschnitts 28.3 "nachgeliefert".

Beispiel 4: Eine horizontale Scheibe dreht sich mit der konstanten Winkelgeschwindigkeit ω_0. In einer radialen Rinne (mit rechteckigem Querschnitt) wird ein Massenpunkt m im Abstand a vom Mittelpunkt der Scheibe festgehalten und zum Zeitpunkt $t = 0$ freigelassen.

Unter Berücksichtigung der Gleitreibung zwischen der Masse m und der Rinne soll der Zeitpunkt t_R ermittelt werden, zu dem der Massenpunkt die Rinne verläßt (die konstante Winkelgeschwindigkeit ω_0 soll durch die Bewegung von m nicht beeinflußt werden).

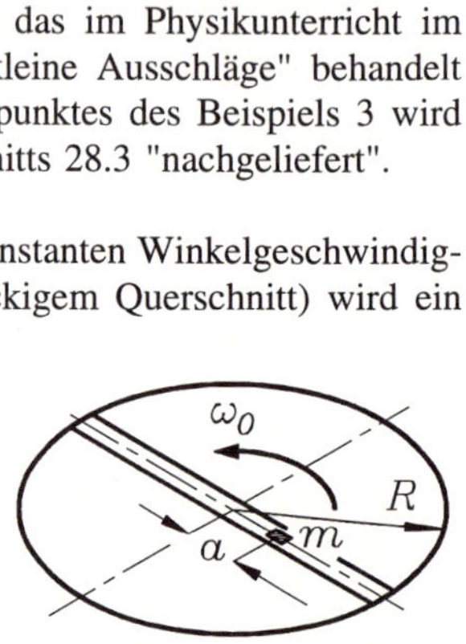

Gegeben: $\quad a = 1\,m \; ; \; R = 10\,m \; ; \; \omega_0 = 2\,s^{-1} \; ; \; \mu = 0{,}3 \; .$

Das Problem wird als Relativbewegung des Punktes mit einer Koordinate x behandelt, die die Bewegung des Massenpunktes in der Rinne verfolgt und die Drehbewegung der Scheibe mitmacht (der Punkt $x = 0$ soll im Scheibenmittelpunkt liegen). Für eine beliebige Lage des Punktes zeigt die obere Skizze die Beschleunigungen, die sich nach den Regeln der Relativbewegung des Punktes (Abschnitt 27.2) ergeben: Die Führungsbewegung (Drehung der Scheibe mit konstanter Winkelgeschwindigkeit) trägt nur einen Anteil bei (Normalbeschleunigung des Punktes, in dem sich m gerade befindet), die Relativbeschleunigung der geradlinigen Bewegung ist nach außen gerichtet, während die Coriolisbeschleunigung tangentiale Richtung hat (der Vektor der Winkelgeschwindigkeit steht senkrecht auf der Scheibenebene, die Relativgeschwindigkeit ist radial nach außen gerichtet).

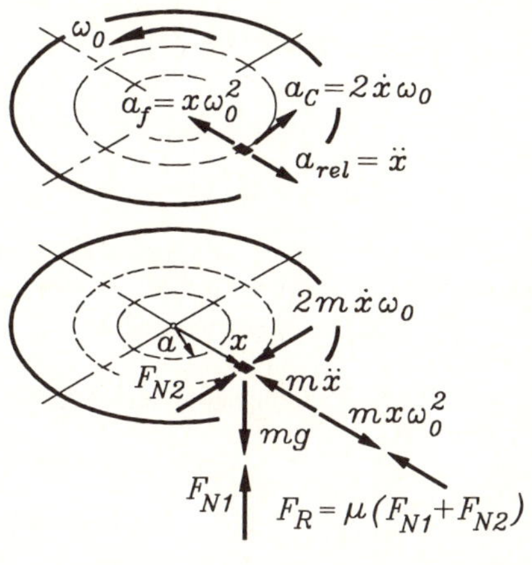

Die untere Skizze zeigt die Massenkräfte, die nach dem d'Alembertschen Prinzip gegen die Beschleunigungsrichtungen angetragen wurden.

Gleitreibkräfte treten am Boden der Rinne und an der Seitenführung auf. Sie werden zu einer Kraft F_R zusammengefaßt, die bei dieser Aufgabe nur nach innen zeigen kann, weil die Relativgeschwindigkeit nach außen gerichtet ist, eine Bewegungsumkehr ist unmöglich.

Die Gleichgewichtsbedingungen werden für drei Richtungen formuliert:

$$F_{N1} = m g \quad , \quad F_{N2} = 2 m \dot{x} \omega_0 \quad , \quad m \ddot{x} - m x \omega_0^2 + \mu (F_{N1} + F_{N2}) = 0 \quad .$$

Nach Elimination der Normalkräfte erhält man mit

$$\ddot{x} + 2 \mu \omega_0 \dot{x} - \omega_0^2 x = - \mu g$$

eine lineare Differentialgleichung 2. Ordnung mit konstanten Koeffizienten, die in geschlossener Form lösbar ist. Die beiden Integrationskonstanten der allgemeinen Lösung werden mit den Randbedingungen

$$x(t=0) = a \quad , \quad \dot{x}(t=0) = 0$$

bestimmt, die Frage der Aufgabenstellung kann aus dem dann bekannten Bewegungsgesetz der Masse m über die Bedingung

$$x(t=t_R) = R$$

berechnet werden. Man erhält mit den gegebenen Zahlenwerten $t_R = 2{,}69\ s$.

♦ Lineare Differentialgleichungen 2. Ordnung mit konstanten Koeffizienten sind typisch für Schwingungsprobleme (Schwingungen mit kleinen Ausschlägen), die im Kapitel 31 ausführlich besprochen werden. Ihre allgemeine Lösung ist nicht schwierig, viele grundsätzliche Erkenntnisse sind aus dieser Lösung abzulesen.

Ob man für ein spezielles Problem (das gerade behandelte Beispiel 4) zur Beantwortung einer speziellen Fragestellung eine solche Differentialgleichung geschlossen lösen sollte, kann wohl nicht generell entschieden werden. Die Autoren geben zu, daß sie von der Verfügbarkeit eines Programms zur numerischen Lösung (MCALCU, beiliegende Diskette) dazu verleitet werden, den Rechenaufwand vom Computer erledigen zu lassen.

28.3 Numerische Integration von Anfangswertproblemen

Das einfache Beispiel 3 des vorigen Abschnitts ist repräsentativ für viele Probleme der Kinetik: Die Bewegungs-Differentialgleichungen sind nichtlinear und entziehen sich einer geschlossenen Lösung.

Das für verschiedene Aufgaben der Festigkeitsberechnung (lineare Randwertprobleme) so erfolgreich verwendete Differenzenverfahren (vorgestellt im Kapitel 18) scheidet für die Lösung nichtlinearer Differentialgleichungen aus. Das Ersetzen der Differentialquotienten durch Differenzenquotienten an einer großen Anzahl ausgewählter Punkte würde auf ein nichtlineares Gleichungssystem und damit in der Regel zu unüberwindlichen Schwierigkeiten führen.

Glücklicherweise treten die nichtlinearen Probleme der Kinetik im allgemeinen als ***Anfangswertaufgaben*** auf (an einem bestimmten Punkt, in der Regel am Anfang der Bewegung, sind alle interessierenden Größen bekannt). Für diesen Aufgabentyp stehen leistungsfähige numerische Verfahren zur Verfügung. Der nachfolgend gegebene kurze Einblick vermittelt nur die nötigsten Erkenntnisse, auf die auch dann nicht verzichtet werden kann, wenn ein fertiges Computerprogramm genutzt werden soll.

28.3.1 Eine Differentialgleichung 1. Ordnung

Die Idee der numerischen Integration und einige Integrationsformeln sollen am einfachsten Anfangswertproblem vorgestellt werden. Für das ***Anfangswertproblem 1. Ordnung***

$$\dot{x} = f(t,x) \quad , \quad x(t=t_0) = x_0 \tag{28.10}$$

(eine Differentialgleichung 1. Ordnung und die dazugehörige Anfangsbedingung) ist die Funktion $x(t)$ gesucht, die die Differentialgleichung und die Anfangsbedingung erfüllt. Ausgehend vom einzigen Zeitpunkt, für den der gesuchte x-Wert bekannt ist, dem "Anfangspunkt" t_0 mit dem Wert x_0, sucht man den Wert x_1 für den Zeitpunkt $t_1 = t_0 + \Delta t$, um anschließend auf gleiche Weise zum nächsten Zeitpunkt zu kommen usw.

Dieser Prozeß sei bis zum Zeitpunkt t_i abgelaufen, x_i ist also bekannt. Dann ist das Berechnen von x_{i+1} für den Zeitpunkt $t_{i+1} = t_i + \Delta t$ der typische Integrationsschritt des Verfahrens.

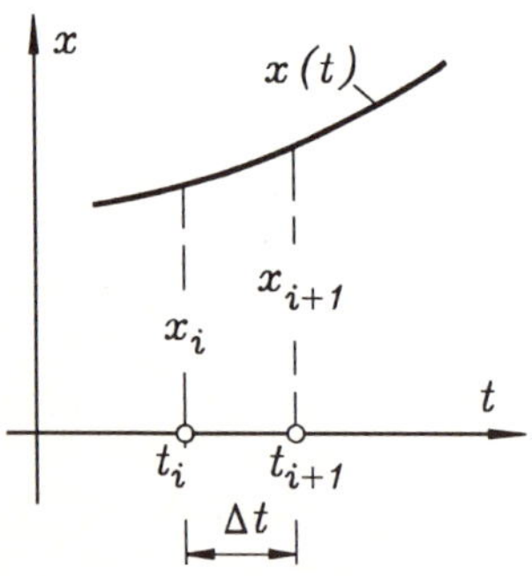

Beide Seiten der Differentialgleichung des Anfangswertproblems (28.10) werden über dieses Zeitintervall Δt integriert:

$$\int_{t_i}^{t_{i+1}} \dot{x}(t)\,dt = \int_{t_i}^{t_{i+1}} f(t,x)\,dt \quad ,$$

$$\left[x(t)\right]_{t_i}^{t_{i+1}} = x_{i+1} - x_i = \int_{t_i}^{t_{i+1}} f(t,x)\,dt \quad ,$$

$$x_{i+1} = x_i + \int_{t_i}^{t_{i+1}} f(t,x)\,dt \quad . \tag{28.11}$$

Das Integral auf der rechten Seite von (28.11), das den Zuwachs des Funktionswertes vom Punkt i zum Punkt $i+1$ repräsentiert, muß näherungsweise gelöst werden, weil die im Integranden enthaltene Funktion $x(t)$ nicht bekannt ist. Die verschiedenen Verfahren der numerischen Integration von Anfangswertproblemen unterscheiden sich im wesentlichen in der Art und Qualität, wie dieses Integral angenähert wird.

Die gröbste Näherung für das Integral in (28.11) ist die Annahme, der Integrand $f(t,x)$ sei im gesamten Integrationsintervall $t_i \le t \le t_{i+1}$ konstant und kann durch den Wert $f(t_i, x_i)$ am linken Rand des Integrationsintervalls ersetzt werden (t_i und x_i sind bekannt). Mit

$$\int_{t_i}^{t_{i+1}} f(t,x)\,dt \approx \left[t\,f(t_i,x_i)\right]_{t_i}^{t_{i+1}} = f(t_i,x_i)\,(t_{i+1}-t_i) = \dot{x}_i\,\Delta t$$

wird aus (28.11) die ***Integrationsformel von EULER-CAUCHY***:

$$x_{i+1} = x_i + \dot{x}_i\,\Delta t \quad ; \quad t_{i+1} = t_i + \Delta t \ . \tag{28.12}$$

Dies ist die einfachste Näherungsformel für die numerische Integration eines Anfangswertproblems, die Lösung $x(t)$ wird durch einen Polygonzug approximiert. Die einfache Berechnungsvorschrift verdeutlicht in besonderer Schärfe das Problem aller Integrationsformeln für Anfangswertprobleme: Die Näherungslösung für das Integral in (28.11) erzeugt einen Fehler ("Quadraturfehler"), der in die Berechnung von $\dot{x}$ für den nächsten Integrationsschritt eingeht und dabei einen weiteren Fehler (Steigungsfehler) erzeugt.

Eine Verbesserung der Näherung für das Integral in (28.11) kann nur durch das Einbeziehen weiterer Punkte des Integrationsintervalls Δt erreicht werden. Wenn der Integrand nicht nur durch einen Funktionswert (am linken Rand des Intervalls) ersetzt wird, sondern z. B. auch der Funktionswert am rechten Rand $f(t_{i+1}, x_{i+1})$ in die Näherung einbezogen wird, kann der Integrand als linear veränderliche Größe angenähert werden ("Rechteck"-Näherung wird zur deutlich besseren "Trapez"-Näherung). Mit

$$\int_{t_i}^{t_{i+1}} f(t,x)\,dt \approx \frac{f(t_i,x_i) + f(t_{i+1},x_{i+1})}{2}\,(t_{i+1}-t_i) = (\dot{x}_i + \dot{x}_{i+1})\,\frac{\Delta t}{2}$$

liefert (28.11) zwar die wesentlich bessere Integrationsformel

$$x_{i+1} = x_i + \left(\dot{x}_i + \dot{x}_{i+1}\right)\frac{\Delta t}{2} \ , \tag{28.13}$$

die allerdings nicht ohne Vorleistung anwendbar ist, denn in (28.13) geht auf der rechten Seite über $\dot{x}_{i+1} = f(t_{i+1}, x_{i+1})$ der Wert x_{i+1} ein, der mit dieser Formel erst ermittelt werden soll. Man berechnet deshalb einen vorläufigen Näherungswert (***Prädiktor***) nach (28.12), der dann eine (gegebenenfalls mehrfache) Verbesserung nach (28.13) erfährt (***Korrektor***-Schritte):

$$\begin{array}{llll} & \textit{Prädiktor:} & p_{i+1} = x_i + \dot{x}_i\,\Delta t \quad ; & t_{i+1} = t_i + \Delta t \\ & & \downarrow & \\ p_{i+1} = x_{i+1} & \Rightarrow & \dot{x}_{i+1} = f(t_{i+1}, p_{i+1}) & \\ \uparrow & & \downarrow & \\ \Leftarrow \ \Leftarrow & \Leftarrow \ \Leftarrow & x_{i+1} = x_i + \left(\dot{x}_i + \dot{x}_{i+1}\right)\dfrac{\Delta t}{2} & (\textit{Korrektor}) \end{array} \tag{28.14}$$

Der Algorithmus (28.14) wird als ***Verfahren von HEUN*** bezeichnet und kann mit einer festen Anzahl von Korrektorschritten arbeiten oder aber einen Integrationsschritt erst dann beenden, wenn sich x_{i+1} nicht mehr ändert.

Mit (28.12) und (28.14) wurden zwei einfache Vertreter einer kaum zu überblickenden Anzahl von Integrationsverfahren vorgestellt, an denen aber die typischen Probleme sichtbar werden, die der Anwender beachten muß. Die verschiedenen Verfahren unterscheiden sich im wesentlichen in der Anzahl der Funktionswertberechnungen für den Integranden von (28.11) für einen Integrationsschritt (beeinflußt die Qualität der Näherung des Integrals), in der Strategie der Berechnung von x_{i+1} (feste oder variable Anzahl von Operationen) und in der Festlegung der Schrittweiten Δt für die Integrationsschritte (feste oder variable Schrittweite).

Auf dieses weite Feld kann hier nicht weiter eingegangen werden. Nachfolgend werden nur noch die Formeln des Verfahrens angegeben, das im Programm MCALCU der beiliegenden Diskette realisiert ist. Es ist ein Vertreter der ***RUNGE-KUTTA-Algorithmen***, die aus Funktionswerten für den Integranden in (28.11) an verschiedenen Punkten des Integrationsintervalls Δt den Wert für x_{i+1} am rechten Intevallrand so ermitteln, daß die Genauigkeit der Berücksichtigung möglichst vieler Glieder der Taylorreihen-Entwicklung der Lösung entspricht. Programmiert wurde ein Runge-Kutta-Verfahren 4. Ordnung, das für einen Integrationsschritt vier Funktionswerte des Integranden berechnet und mit folgendem Formelsatz arbeitet:

$$x_{i+1} = x_i + \frac{\Delta t}{6}(k_1 + 2k_2 + 2k_3 + k_4) \quad , \quad t_{i+1} = t_i + \Delta t$$

$$\begin{aligned} \textit{mit} \quad k_1 &= f(t_i, x_i) \quad , \\ k_2 &= f(t_i + \frac{\Delta t}{2}, x_i + \frac{\Delta t}{2} k_1) \quad , \\ k_3 &= f(t_i + \frac{\Delta t}{2}, x_i + \frac{\Delta t}{2} k_2) \quad , \\ k_4 &= f(t_i + \Delta t, x_i + \Delta t\, k_3) \quad . \end{aligned} \qquad \textbf{(28.15)}$$

Bei einem Verfahren 4. Ordnung (Übereinstimmung mit den ersten 5 Gliedern der Taylorreihen-Entwicklung) entsteht in jedem Integrationsschritt ein Fehler in der Größenordnung $(\Delta t)^5$, der bei genügend kleiner Schrittweite sehr klein ist, andererseits reagiert das Verfahren bei zu großer Schrittweite sehr empfindlich. Gerade für die Runge-Kutta-Algorithmen gibt es eine recht ausgefeilte Theorie zur geeigneten Schrittweitenwahl (und damit auch der Schrittweitenänderung während der Rechnung), die allerdings den gravierenden Mangel hat, daß sie sichere Werte nur dann liefert, wenn die Lösung bekannt ist.

Bei der numerischen Integration eines Anfangswertproblems ist die Wahl einer geeigneten Schrittweite Δt ebenso wichtig wie schwierig.

Dem Praktiker kann deshalb als effektives Verfahren zur Beurteilung der Qualität einer Rechnung nur empfohlen werden, eine zusätzliche Kontrollrechnung mit halber Schrittweite (und doppelter Anzahl von Integrationsschritten) auszuführen. Die Übereinstimmung beider Lösungen (bei einer vertretbaren Toleranz) ist das sicherste Kriterium für die Bestätigung der Schrittweitenwahl.

28.3.2 Differentialgleichungssysteme und Differentialgleichungen höherer Ordnung

Die im Abschnitt 28.3.1 vorgestellten Lösungsverfahren sind problemlos auf Differentialgleichungssysteme 1. Ordnung übertragbar, indem die Integrationsformeln für jede der zu berechnenden Funktionen aufgeschrieben werden. Ein Anfangswertproblem mit zwei Differentialgleichungen 1. Ordnung

$$\begin{aligned} \dot{x} &= f_1(t,x,y) \quad , \quad x(t=t_0) = x_0 \; , \\ \dot{y} &= f_2(t,x,y) \quad , \quad y(t=t_0) = y_0 \end{aligned} \qquad (28.16)$$

wird z. B. durch Erweiterung der Euler-Cauchy-Vorschrift (28.12) entsprechend

$$\begin{aligned} x_{i+1} &= x_i + \dot{x}_i\,\Delta t \quad , \\ y_{i+1} &= y_i + \dot{y}_i\,\Delta t \quad , \quad t_{i+1} = t_i + \Delta t \end{aligned} \qquad (28.17)$$

gelöst. Auf gleiche Weise lassen sich auch (28.14) und (28.15) modifizieren.

Damit ist auch eine Möglichkeit der numerischen Integration von Differentialgleichungen (und Differentialgleichungssystemen) höherer Ordnung gegeben: Durch Einführen von zusätzlichen Variablen für die ersten Ableitungen werden Differentialgleichungen höherer Ordnung in ein Differentialgleichungssystem 1. Ordnung überführt. Für die numerische Integration von Bewegungs-Differentialgleichungen bedeutet das, daß neben der Bewegungskoordinate (z. B.: x) auch noch die Geschwindigkeit (z. B.: $v = \dot{x}$) als Variable auftritt, so daß das Beschleunigungsglied (2. Ableitung) durch die erste Ableitung der Geschwindigkeit ersetzt wird. Das nachfolgende Beispiel demonstriert dieses Vorgehen.

Der Runge-Kutta-Algorithmus im Programm MCALCU (beiliegende Diskette) ist für ein Differentialgleichungssystem 1. Ordnung geschrieben, so daß Bewegungs-Differentialgleichungen (und Differentialgleichungssysteme) gelöst werden können. Für weitere Informationen wird auf die Beschreibung und die Beispiele im Abschnitt B1.12 des Anhangs B verwiesen.

Es soll noch darauf aufmerksam gemacht werden, daß die einfachen Algorithmen, die im vorigen Abschnitt vorgestellt wurden, sich auch vorzüglich für die Implementierung auf programmierbaren Taschenrechnern eignen, denn der Speicherbedarf ist außerordentlich gering, weil immer nur die Ergebnisse des letzten Integrationsschrittes für den Start des folgenden Schrittes benötigt werden. Da die Ergebnisse allerdings punktweise anfallen, ist deren graphische Darstellung im allgemeinen wünschenswert, aber auch in dieser Hinsicht bieten moderne Taschenrechner ja schon respektable Möglichkeiten an.

Beispiel 1: Die Fragestellung a) des Beispiels 3 im Abschnitt 28.2 führte auf die Differentialgleichung

$$R\ddot{\varphi} - g\cos\varphi = 0 \; ,$$

die unter Beachtung der Anfangsbedingungen

$$\varphi(t=0) = 0 \quad , \quad \dot{\varphi}(t=0) = 0$$

gelöst werden muß (und in geschlossener Form nicht lösbar ist). Durch Einführen der zusätzlichen Variablen

$$\omega = \dot{\varphi}$$

entsteht das Anfangswertproblem 1. Ordnung:

$$\dot{\varphi} = \omega \quad , \quad \varphi(t=0) = 0 \ ,$$

$$\dot{\omega} = \frac{g}{R}\cos\varphi \quad , \quad \omega(t=0) = 0 \ .$$

In dieser Form kann es dem Programm MCALCU angeboten werden. Die wesentlich kompliziertere Differentialgleichung für die Fragestellung b) dieses Beispiels (Berücksichtigung der Gleitreibung) kann natürlich ebenso problemlos aufbereitet werden.

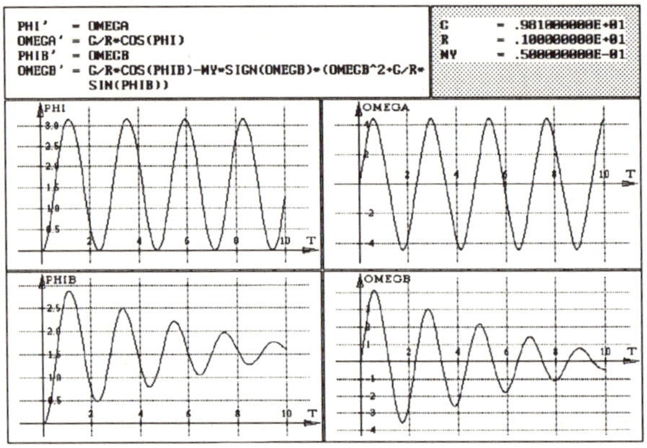

Der nebenstehende Bildschirm-Schnappschuß zeigt die Lösung beider Anfangswertprobleme für

$$R = 1\,m \quad \text{und} \quad \mu = 0{,}05$$

im Zeitbereich

$$0 \le t \le 10\,s \ .$$

In den beiden oberen Diagrammen sind die Funktionen $\varphi(t)$ und $\dot{\varphi}(t)$ bei Vernachlässigung der Gleitreibung (Fragestellung a) zu sehen, darunter die entsprechenden Funktionen bei Berücksichtigung der Reibung.

- Die Verläufe der Funktionen, die sich bei Vernachlässigung der Gleitreibung ergeben, deuten schon an, daß die numerische Rechnung "gesund" ist. Mit den Überlegungen, die im Abschnitt 28.4.3 angestellt werden, wird klar, daß der Massenpunkt theoretisch immer wieder die Ausgangshöhe erreichen muß.
- Die Rechnung wurde mit $n = 500$ Integrationsschritten (Voreinstellung des Programms MCALCU) für das gesamte Intervall $0 \le t \le 10\,s$ ausgeführt ($\Delta t = 0{,}02\,s$). Die nachfolgende Tabelle gibt die Funktionswerte am Ende des Intervalls bei $t = 10\,s$ auch für einige andere Schrittweiten an (der Index b steht für die Berücksichtigung der Gleitreibung bei "Fragestellung b"):

n	φ_{end}	$\omega_{end}\ [s^{-1}]$	$\varphi_{b,end}$	$\omega_{b,end}\ [s^{-1}]$
500	**1,292**	**4,343**	**1,607**	**– 0,4434**
250	**1,292**	**4,343**	**1,608**	**– 0,4437**
100	**1,294**	**4,343**	**1,600**	**– 0,4433**
50	**1,376**	**4,341**	**1,615**	**– 0,4410**
25	**2,464**	**1,780**	**1,583**	**– 0,0974**

Man erkennt, daß bei **250** und auch bei **100** Integrationsschritten kaum nennenswerte Abweichungen zu sehen sind (kleiner als **0,5%**), die Rechnung aber bei zu grober Schrittweite (**50** Schritte) empfindlich reagiert und bei **25** Schritten unbrauchbar wird.

Beispiel 2: Ein Gleitstein mit der Masse m kann auf einer vertikalen Führung reibungsfrei gleiten. Er ist durch eine (lineare) Feder gefesselt, die im entspannten Zustand die Länge b hat. Der Gleitstein wird um x_1 bzw. x_2 ausgelenkt und zum Zeitpunkt $t = 0$ ohne Anfangsgeschwindigkeit freigelassen. Für das Intervall $0 \leq t \leq 20\,s$ sollen die Bewegungsgesetze $x(t)$ für die Anfangsauslenkungen

$$x_1 = -4{,}493\,a \quad \text{bzw.} \quad x_2 = -4{,}492\,a$$

ermittelt werden.

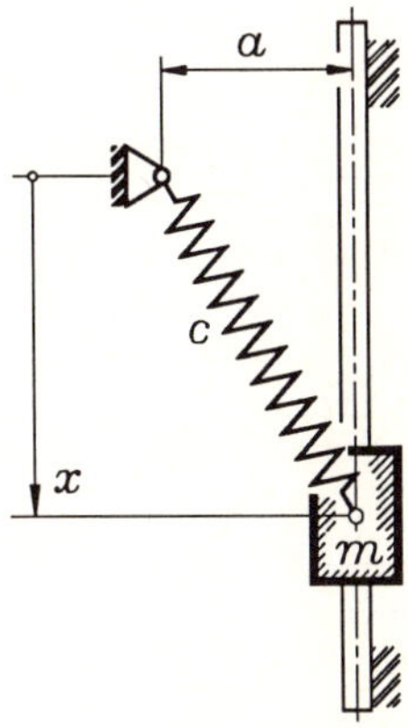

Gegeben: $\frac{ca}{mg} = 1 \;;\; \frac{b}{a} = 4 \;;\; \frac{g}{a} = 9{,}81\,s^{-2}$.

Die untere Skizze zeigt die freigeschnittene Masse mit der eingeprägten Kraft mg, den Reaktionskräften F_N und F_c (Federkraft) und der d'Alembertschen Kraft $m\ddot{x}$, die der Weg-Koordinate x entgegengerichtet ist (kein Bewegungswiderstand, weil reibungsfreie Führung).

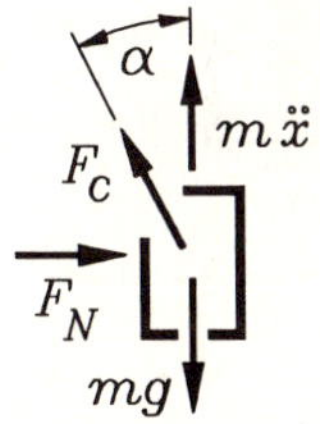

Die Gleichgewichtsbedingung für die horizontalen Kraftkomponenten wird nicht benötigt, weil die Normalkraft F_N nicht gefragt ist und wegen der Vernachlässigung der Gleitreibung in der Gleichgewichtsbedingung für die vertikalen Kraftkomponenten nicht erscheint. Das Kräfte-Gleichgewicht in vertikaler Richtung

$$\uparrow \qquad m\ddot{x} + F_c \cos\alpha - mg = 0$$

enthält die Federkraft, für die nach dem Federgesetz

$$F_c = c\left(\sqrt{a^2 + x^2} - b\right)$$

eingesetzt werden kann ("Federkonstante · Differenz aus Federlänge und Länge der entspannten Feder", vgl. Abschnitt 10.1). Für die Winkelfunktion liest man aus der Skizze ab:

$$\cos\alpha = \frac{x}{\sqrt{a^2 + x^2}} \;,$$

und damit erhält man die (nichtlineare) Bewegungs-Differentialgleichung:

$$m\ddot{x} + c\left(\sqrt{a^2 + x^2} - b\right)\frac{x}{\sqrt{a^2 + x^2}} - mg = 0 \;.$$

Division dieser Gleichung durch mg und Ausklammern des Faktors a, um die gegebenen (dimensionslosen) Größen zu erzeugen, zeigt, daß es sinnvoll ist, auch noch zu einer dimensionslosen Bewegungskoordinate überzugehen. Dafür wird $\xi = x/a$ gewählt, und nach einigen elementaren Umrechnungen erhält man das (nichtlineare) Anfangswertproblem

$$\ddot{\xi} = \frac{g}{a}\left[1 - \frac{ca}{mg}\left(\sqrt{1 + \xi^2} - \frac{b}{a}\right)\frac{\xi}{\sqrt{1 + \xi^2}}\right] \;;$$

$$\xi(t = 0) = \frac{x_{anf}}{a} \quad ; \quad \dot{\xi}(t = 0) = 0 \;.$$

Für die Lösung wird die Differentialgleichung 2. Ordnung mit einer neuen Variablen für $\dot{\xi}$ durch zwei Differentialgleichungen 1. Ordnung ersetzt, das Anfangswertproblem wird mit dem Programm MCALCU (beiliegende Diskette) gelöst.

```
"Taschenrechner" MCALCU  -  Protokoll

Beispiel auf Seite 501
======================

CADMG  = 1.000000000
BDA    = 4.000000000
GDA    = 9.810000000

XI'    = XIP
XIP'   = GDA*(1-CADMG*(SQRT(1+XI^2)-BDA)
         *XI/SQRT(1+XI^2))

   T              XI              XIP

 0.000000000  -4.493000000   0.000000000
 0.400000000  -3.393966847   4.799731764
 0.800000000  -1.479936693   3.821122657
 1.200000000  -0.579314740   0.994271356
 ...
```

Nebenstehender Ausschnitt aus einem Protokoll-File der Rechnung zeigt die Definition der beiden Differentialgleichungen, wie sie dem Programm eingegeben wurde (für ξ ist **XI** und für $\dot{\xi}$ ist **XIP** als Variablenname gewählt worden, die Namen für die Problemparameter sind wohl selbsterklärend, z. B. **GDA** für "$\boldsymbol{g}$ durch $\boldsymbol{a}$"). In der ersten Zeile der Wertetabelle sind die Anfangswerte für diese Rechnung zu sehen. Der negative Wert für die Anfangsauslenkung bedeutet, daß die Masse die Bewegung aus einer Position oberhalb des Lagers, an dem die Feder befestigt ist, beginnt.

Der nachfolgende Bildschirm-Schnappschuß zeigt die graphische Darstellung der Weg-Zeit-Gesetze (obere Fenster) und der Geschwindigkeits-Zeit-Gesetze (untere Fenster) für die beiden Varianten der Anfangsauslenkung.

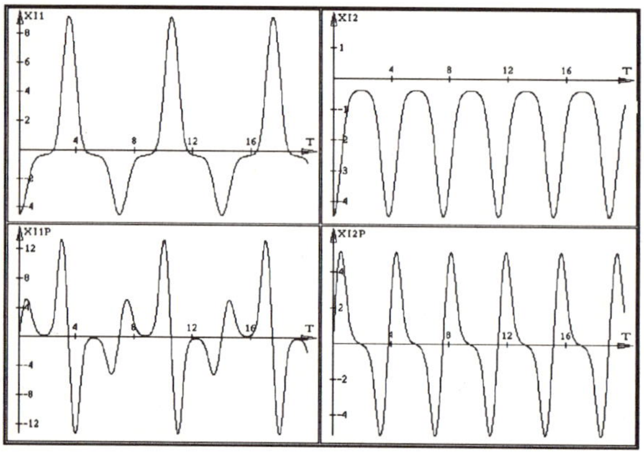

$\xi\,(t = 0) = -\,4{,}493$ $\xi\,(t = 0) = -\,4{,}492$

Links sind die Funktionen für die Anfangsbedingung

$$\xi(t=0) = x_1/a = -\,4{,}493$$

zu sehen. Die Geschwindigkeit wird sowohl bei der Abwärts- als auch bei der Aufwärtsbewegung vorübergehend fast Null. Dies geschieht an dem Punkt der größten Zusammendrückung der Feder. Bei der nur unwesentlich geringeren Anfangsauslenkung

$$\xi(t=0) = x_2/a = -\,4{,}492$$

(Funktionsverläufe in den beiden rechten Fenstern) kommt die Masse an diesem Punkt nicht vorbei (der Punkt der größten Federzusammendrückung wird zum Umkehrpunkt der Bewegung), und es ergeben sich völlig andere Bewegungsgesetze.

Da keine Reibungsverluste berücksichtigt werden (vgl. Abschnitt 28.4.3), muß die Masse in jedem Fall die Ausgangshöhe immer wieder erreichen. Die graphischen Darstellungen der Funktionen bestätigen das.

28.4 Integration des dynamischen Grundgesetzes

In Abhängigkeit von der Aufgabenstellung kann es zweckmäßig sein, das Prinzip von d'ALEMBERT (Abschnitt 28.2.2) zu nutzen und über die **Gleichgewichtsbedingungen mit anschließender Integration** zu den Bewegungsgleichungen zu kommen oder aber einen der nachfolgend behandelten Wege der **Integration des dynamischen Grundgesetzes** zu wählen.

28.4.1 Der Impulssatz

Aus dem dynamischen Grundgesetz (28.1) ergibt sich durch bestimmte Integration von

$$\vec{F}\,dt = d\,(m\,\vec{v})$$

über die Zeit der

Impulssatz: Das Zeitintegral über die Kraftwirkung ergibt die Impulsänderung.

$$\int_{t_0}^{t_1} \vec{F}\,dt = (m\,\vec{v})_1 - (m\,\vec{v})_0 = \vec{p}_1 - \vec{p}_0 \quad . \qquad (28.18)$$

Der Impulssatz (28.18) eignet sich für die Lösung von Problemen, bei denen nach einer Geschwindigkeit bei bekannter Kraftwirkung über die Zeit gefragt wird.

Beispiel: Durch Einwirkung einer konstanten Bremskraft $F = 3\ kN$ über $\Delta t = 5\ s$ wird ein Pkw mit der Masse $m = 1000\ kg$, der sich mit $v = 150\ km/h$ bewegte, abgebremst. Wie groß ist danach seine Geschwindigkeit v_e?

Da die Kraft während des Bremszeitraumes konstant ist und der Bewegungsrichtung entgegengesetzt wirkt, folgt aus dem Impulssatz:

$$-\,F\,\Delta t = m\,v_e - m\,v \quad ,$$

$$v_e = v - \frac{F}{m}\,\Delta t = 150\,\frac{km}{h} - \frac{3000\ N}{1000\ kg}\cdot 5\ s = 96\,\frac{km}{h} \quad .$$

♦ Für den einzelnen Massenpunkt hat der Impulssatz (28.18) nur untergeordnete Bedeutung, er wird deshalb im Kapitel 30 (Kinetik des Massenpunktsystems) ausführlicher behandelt.

28.4.2 Arbeit, Energie, Leistung

Der Behandlung einer weiteren Variante der Integration des dynamischen Grundgesetzes sollen einige Definition mechanischer Größen vorangestellt werden.

Mechanische Arbeit ist das Produkt aus dem Weg und der tangential zur Bahnrichtung wirkenden Kraft:

$$W = \int_{\vec{r}_1}^{\vec{r}_2} \vec{F}\,d\vec{r} = \int_{s_1}^{s_2} F_S\,ds \quad . \qquad (28.19)$$

- Das skalare Produkt zweier Vektoren ist gerade so definiert, daß es zur Definition des mechanischen Arbeitsbegriffs paßt. Dagegen muß in der skalaren Form der Gleichung (28.19) für F_S der Betrag der Komponente des Kraftvektors in Richtung der Bahntangente des Weges eingesetzt werden. Die Arbeit W ist eine skalare Größe mit der Dimension "Kraft · Länge" und wird z. B. in Nm ("Newtonmeter") oder J ("Joule") gemessen:

$$1\,Nm = 1\,J \ .$$

- Erfolgt die Bewegung auf einer Kreisbahn mit dem Radius R, dann hat die tangential gerichtete Kraftkomponente F_S bezüglich des Mittelpunktes ein Drehmoment $M = F_S R$ und mit $ds = R\,d\varphi$ bzw. $F_S\,ds = F_S R\,d\varphi = M\,d\varphi$ erhält man die Formel für die **Arbeit bei einer Drehbewegung**:

$$W = \int_{\varphi_1}^{\varphi_2} M\,d\varphi \ . \qquad \textbf{(28.20)}$$

Bei dreidimensionalen Problemen ist zu beachten, daß M in (28.20) nur der Betrag der Komponente des Momentvektors parallel zur Drehachse ist.

- Arbeit kann immer nur von den an einem System angreifenden **äußeren** Kräften bzw. Momenten geleistet werden (vgl. die im Kapitel 24 angestellten Überlegungen zur Formänderungsarbeit an elastischen Systemen).

Beispiel 1: Ein Waggon wird mit einer Kraft $F = 12\,kN$, die unter einem Winkel $\alpha = 25°$ angreift, über eine Strecke $s = 50\,m$ bewegt. Welche Arbeit wird dabei geleistet.

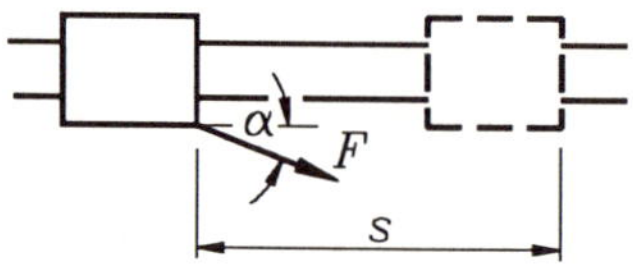

Da die Kraft konstant ist und nur die Komponente in Wegrichtung Arbeit leistet, errechnet man:

$$W = F\cos\alpha\; s = 544\;kN\,m = 544\;kJ \ .$$

Beispiel 2: Es soll die **Arbeit** berechnet werden, die von **der Gewichtskraft** einer Masse m geleistet wird, die auf einer schiefen Ebene reibungsfrei entlang des Weges s abwärts gleitet und dabei den Höhenunterschied $h = h_1 - h_2$ überwindet.

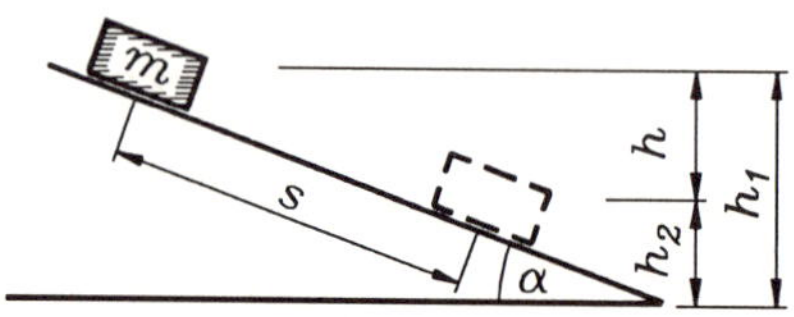

Auch hier leistet nur die in Wegrichtung fallende Komponente der Gewichtskraft $mg\sin\alpha$ eine Arbeit, und es wird

$$W = mg\sin\alpha\; s = mg\sin\alpha\,\frac{h}{\sin\alpha} = mgh = mg(h_1 - h_2) \ .$$

- In das Ergebnis des Beispiels 2 gehen weder die Strecke s noch der Winkel α ein. Eine steilere schiefe Ebene und ein kürzerer Weg s würde wie eine flachere schiefe Ebene und ein längerer Weg s dann die gleiche Arbeit der Gewichtskraft liefern, wenn die Höhendifferenzen von Ausgangs- und Endpunkt gleich sind. Es ist klar, daß dies nicht nur für die schiefe Ebene (mit einer geradlinigen Wegstrecke) gilt, denn das am Beispiel 2 ermittelte Ergebnis gilt für die geleistete Arbeit der Gewichtskraft entlang einer beliebigen differentiell kleinen Wegstrecke ds und damit auch für das Integral (28.19), mit dem die differentiell kleinen Arbeitsanteile summiert werden.

Die **Arbeit der Gewichtskraft** einer Masse m ist vom Weg unabhängig, in das Ergebnis geht nur die Höhendifferenz $h = h_1 - h_2$ des Anfangs- und Endpunktes der Bewegung ein:

$$W = m\,g\,h = m\,g\,(h_1 - h_2) \quad . \tag{28.21}$$

- Das Arbeitsvermögen der Gewichtskraft einer Masse m (das ***Potential*** der Gewichtskraft) hängt also ausschließlich von der Höhe h ab, in der sich die Masse über einer willkürlich zu definierenden Bezugsebene befindet. Die Arbeit, die sie bei einer Bewegung bis zum Erreichen dieser Bezugsebene leistet, ist nach (28.21) vom Weg dahin völlig unabhängig. Das Arbeitsvermögen (die Fähigkeit, Arbeit zu leisten) wird als ***Energie*** bezeichnet: Eine Masse m in der Höhe h über einer Bezugsebene hat die ***potentielle Energie***

$$U = m\,g\,h \quad . \tag{28.22}$$

- Kräfte, die (wie die Gewichtskraft) ein Potential besitzen, so daß die von ihnen geleistete Arbeit nur vom Anfangs- und Endpunkt der Bewegung abhängt (und nicht von dem Weg, der dabei zurückgelegt wird), nennt man ***konservative Kräfte***. Neben der Gewichtskraft ist die Federkraft ein Beispiel dafür: Eine Feder mit der Federkonstanten c hat (vgl. Abschnitt 24.1) die potentielle Energie

$$U = \frac{1}{2}\,c\,s_0^2 \tag{28.23}$$

(s_0 ist der "Federweg", die Verlängerung oder Verkürzung bezüglich der Länge der entspannten Feder).

- Arbeit und Energie sind äquivalente Größen und werden dementsprechend mit den gleichen physikalischen Einheiten gemessen.

- Weil in die Arbeit die Zeit, in der sie verrichtet wird, nicht eingeht, definiert man als Maß für die pro Zeiteinheit verrichtete Arbeit die

Leistung:

$$P = \frac{dW}{dt} \quad . \tag{28.24}$$

Für eine **in Wegrichtung konstante Kraft** F gilt

$$P = F\,\frac{ds}{dt} = F\,v \tag{28.25}$$

und für eine **Drehbewegung mit konstantem Moment:**

$$P = M\,\omega \quad . \tag{28.26}$$

- Die Leistung ist eine skalare Größe mit der Dimension "Arbeit/Zeit", z. B.:

$$1\,Nm/s = 1\,J/s = 1\,W \quad .$$

Die Leistungseinheiten W ("Watt") und kW ("Kilowatt") werden auch häufig als Ws ("Wattsekunde") bzw. kWh ("Kilowattstunde") für die Arbeit verwendet.

28.4.3 Der Energiesatz

Die **Integration des dynamischen Grundgesetzes (28.2) über den Weg**

$$\int_{\vec{r}_1}^{\vec{r}_2} \vec{F}\, d\vec{r} = m \int_{\vec{r}_1}^{\vec{r}_2} \frac{d\vec{v}}{dt}\, d\vec{r} = m \int_{\vec{r}_1}^{\vec{r}_2} \frac{d\vec{r}}{dt}\, d\vec{v} = m \int_{\vec{r}_1}^{\vec{r}_2} \vec{v}\, d\vec{v}$$

(Voraussetzung: Masse m ist konstant) liefert unter Ausnutzung von (28.19) für das Integral auf der linken Seite den

Arbeitssatz:

$$\int_{s_1}^{s_2} F_S\, ds = \frac{m}{2} v_2^2 - \frac{m}{2} v_1^2 = T_2 - T_1 \quad . \qquad \textbf{(28.27)}$$

Die von der (tangential an die Bahnkurve gerichteten) äußeren Kraft F_S längs des Weges s geleistete Arbeit ist gleich der Differenz der kinetischen Energie des Massenpunktes m zwischen Endpunkt und Anfangspunkt der Bewegung.

Die ***kinetische Energie***

$$T = \frac{1}{2} m v^2 \qquad \textbf{(28.28)}$$

ist das Arbeitsvermögen des Massenpunktes m infolge seiner Bewegung mit der Geschwindigkeit v.

Im vorigen Abschnitt wurde am Beispiel der Gewichtskraft der Masse m gezeigt, daß das **Integral auf der linken Seite von (28.27) für Potentialkräfte vom Integrationsweg unabhängig ist.** Bei ausschließlicher Wirkung der Gewichtskraft des Massenpunktes m kann dieses Integral durch (28.21) ersetzt werden. Aus

$$m g (h_1 - h_2) = \frac{1}{2} m v_2^2 - \frac{1}{2} m v_1^2$$

folgt mit

$$m g h_1 + \frac{1}{2} m v_1^2 = m g h_2 + \frac{1}{2} m v_2^2 \qquad \textbf{(28.29)}$$

die einfachste Form des ***Energiesatzes***, weil die Arbeit der äußeren Kraft (Gewichtskraft des Massenpunktes m) durch Terme in Form der potentiellen Energie des Massenpunktes (28.22) ausgedrückt wurde. Mit (28.22) und (28.28) wird aus (28.29) der

Energiesatz für die Bewegung eines Massenpunktes:

$$U_1 + T_1 = U_2 + T_2 = \mathit{konstant} \; . \qquad \textbf{(28.30)}$$

Unter der Voraussetzung, daß ausschließlich konservative Kräfte (Potentialkräfte) auf den Massenpunkt einwirken, ist die Summe aus potentieller und kinetischer Energie konstant.

♦ Die Entwicklung des Energiesatzes, die unter ausschließlicher Berücksichtigung der Gewichtskraft für das Integral auf der linken Seite des Arbeitssatzes auf (28.29) führte, würde bei Berücksichtigung anderer Potentialkräfte entsprechend verlaufen, so daß der **Energiesatz in der Fassung (28.30) bei Wirkung beliebiger Potentialkräfte gilt**, z. B. auch für Federkräfte, deren potentielle Energie nach (28.23) einfließen kann.

♦ Bei ausschließlicher Wirkung konservativer Kräfte fließen in die Gleichung des Energiesatzes (28.30) nur Zustandsgrößen zweier ausgewählter Zeitpunkte der Bewegung ein (und die Zeit kommt in dieser Gleichung nicht einmal explizit vor). Der Energiesatz (28.30) vergleicht gewissermaßen zwei "Momentaufnahmen", ohne den Verlauf der Bewegung im Detail zu verfolgen. Er ermöglicht gerade bei komplizierten Bewegungen vielfach einige spezielle Aussagen über das Verhalten des bewegten Massenpunktes.

Wenn neben den konservativen noch andere ("nicht-konservative") Kräfte auf den Massenpunkt einwirken (ihre Wirkung kann nicht über die potentielle Energie erfaßt werden), so muß die von ihnen verrichtete Arbeit über das Arbeitsintegral (linke Seite des Arbeitssatzes) in die Energiebilanz einbezogen werden. Nachfolgend wird angenommen, daß die Arbeit dieser Kräfte (Antriebskraft, Gleitreibungskraft, ...) nach (28.19) berechnet wird. Wenn mit dem Symbol W die gesamte Arbeit der Nichtpotentialkräfte erfaßt wird, erfährt der Energiesatz mit diesem Anteil (der linken Seite des Arbeitssatzes) folgende sinnvolle Erweiterung.

Erweiterter Energiesatz für die Bewegung eines Massenpunktes:

$$U_1 + T_1 + W = U_2 + T_2 \quad . \qquad \textbf{(28.31)}$$

Die Gleichung (28.31) vergleicht zwei Bewegungszustände 1 und 2 mit den zugehörigen potentiellen Energien U_1 und U_2 und den kinetischen Energien T_1 und T_2.

W ist die während der Bewegung von 1 nach 2 durch die **Nichtpotentialkräfte** verrichtete Arbeit, die nach (28.19) berechnet werden kann. W enthält positive Anteile, wenn Energie zugeführt wird (Antriebskräfte), und negative Anteile, wenn Energie abgeführt wird (Abtriebskräfte, Reibung).

Empfohlenes Vorgehen bei der Lösung von Problemen mit Hilfe des Energiesatzes:

- Definition der beiden zu betrachtenden Zustände 1 und 2,
- Festlegen des ***Null-Potentials*** (horizontale Ebene) als Bezugsfläche für die potentielle Energie der Lage (infolge der Gewichtskraft),
- Aufstellen der ***Energiebilanz***:

Summe aus kinetischer und potentieller Energie im Zustand 1

+

Zugeführte Energie (Antrieb) während der Bewegung von 1 nach 2

−

Abgeführte Energie während der Bewegung von 1 nach 2 (Abtrieb, Reibung)

=

Summe aus kinetischer und potentieller Energie im Zustand 2

- Aus den Energiebilanz-Gleichungen (28.30) und (28.31) wird deutlich, daß die Höhe, in der das Null-Potential angesiedelt wird, beliebig gewählt werden darf, denn unterschiedliche Höhen resultieren in unterschiedlichen additiven Konstanten, die auf beiden Seiten der Gleichungen in gleicher Größe auftauchen.
- Da in die Energiebetrachtungen im wesentlichen Geschwindigkeiten und Wege eingehen, liefert der Energiesatz unmittelbar einen Zusammenhang zwischen der Geschwindigkeit des Massenpunktes und seiner Lage (im Unterschied zur Behandlung von Problemen mit dem Prinzip von d'Alembert, die primär auf Abhängigkeiten von der Zeit führt).
- Natürlich können mit dem Energiesatz nicht nur die Bewegungsgrößen zu speziellen Zeitpunkten betrachtet werden. Wenn man z. B. den Zustand 2 als den Bewegungszustand zu einem beliebigen Zeitpunkt t ansieht, erhält man ein Bewegungsgesetz, das den **Verlauf der Bewegung** beschreibt. Es ist eine Geschwindigkeits-Weg-Funktion, die gegebenenfalls durch Differenzieren nach der Zeit in eine Beschleunigungs-Zeit-Funktion umgewandelt werden kann (vgl. Beispiel 2).

Beispiel 1: Eine Masse m wird in der Höhe h mit der Anfangsgeschwindigkeit v_0 senkrecht nach oben geworfen. Wie groß ist ihre Geschwindigkeit beim Aufprall auf dem Erdboden (Luftwiderstand ist zu vernachlässigen)? Wie ändert sich das Ergebnis, wenn die Masse in beliebiger Richtung abgeworfen wird?

Als Bewegungszustand 1 wird der Abwurf (Masse hat in der Höhe h die Geschwindigkeit v_0) und als Bewegungszustand 2 wird das Auftreffen auf dem Boden definiert. Das Null-Potential wird bei 2 angenommen, so daß aus der Energiebilanz nach (28.30)

$$m g h + \frac{1}{2} m v_0^2 = \frac{1}{2} m v_2^2$$

die Aufprallgeschwindigkeit

$$v_2 = \sqrt{v_0^2 + 2 g h}$$

berechnet werden kann.

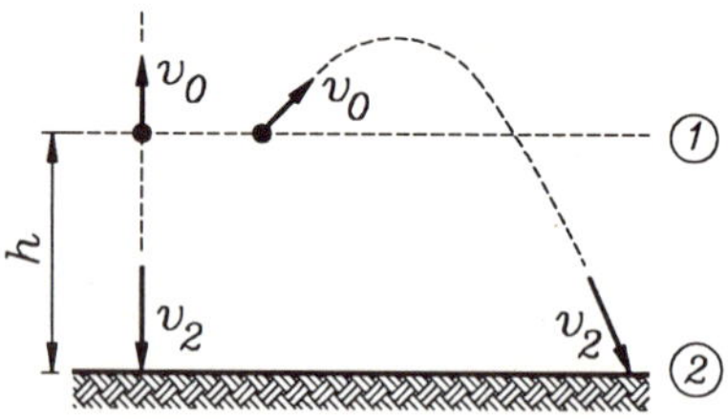

- Die Größe der Aufprallgeschwindigkeit ist von der Abwurfrichtung unabhängig, nicht aber ihre Richtung, auch nicht die von der Masse während des Flugs erreichte Höhe.

  Das mit dem Energiesatz auch für den schiefen Wurf mühelos ermittelte Ergebnis wäre mit Hilfe des Prinzips von d'Alembert nur unter erheblichem Aufwand zu erlangen (vgl. das Beispiel im Abschnitt 28.1). Andererseits gibt die Energiebilanz (im Gegensatz zur d'Alembert-Rechnung) keine Auskünfte über Wurfweite, Auftreffwinkel und Flugzeiten.

Beispiel 2: Ein Massenpunkt m wird bei $\varphi = 0$ in eine kreisförmige Rinne gelegt und ohne Anfangsgeschwindigkeit freigegeben. Seine Bewegung wird durch die Koordinate φ verfolgt. Unter Vernachlässigung von Reibungseinflüssen soll $\dot{\varphi}$ in Abhängigkeit von φ ermittelt werden.

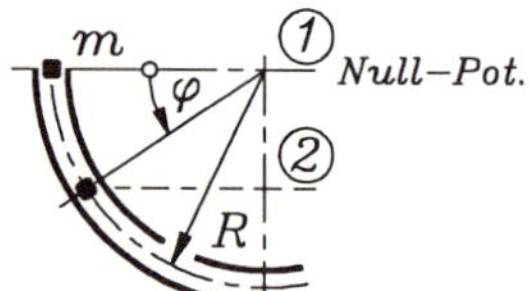

Die Startposition wird (wie skizziert) als Bewegungszustand 1 definiert und der beliebige Zeitpunkt, zu dem der Winkel φ erreicht wird, als Zustand 2. Das Null-Potential soll mit Zustand 1 zusammenfallen. Dann lautet die Energiebilanz nach (28.30) mit der Bahngeschwindigkeit $R\dot{\varphi}$:

$$0 = -m\,g\,R\sin\varphi + \frac{1}{2}m\,(R\,\dot{\varphi})^2$$

(keine potentielle Energie im Zustand 1, weil die Bewegung ohne Anfangsgeschwindigkeit beginnt, und auch keine potentielle Energie wegen der Wahl des Null-Potentials auf dieser Höhe, im Zustand 2 wird die potentielle Energie negativ, weil der Massenpunkt **unter** dem gewählten Null-Potential liegt). Die gesuchte Funktion lautet:

$$\dot{\varphi} = \sqrt{2\,\frac{g}{R}\sin\varphi}\quad . \tag{28.32}$$

- Die erstaunlich problemlose Ermittlung der Funktion $\dot{\varphi}(\varphi)$ für das gerade behandelte Beispiel steht im Gegensatz zu den Schwierigkeiten, die mit der Berechnung des Bewegungsgesetzes $\dot{\varphi}(t)$ für die gleiche Aufgabe (Beispiel 3 im Abschnitt 28.2.2) verbunden war (und schließlich nur numerisch gelungen ist, Beispiel 1 im Abschnitt 28.3.2). Mit (28.32) ist natürlich auch eine hervorragende Kontrollmöglichkeit (für jedes einzelne Wertepaar) der numerisch ermittelten Funktionen $\varphi(t)$ und $\dot{\varphi}(t)$ gegeben.

- Auch über den Energiesatz kann man zu den zeitabhängigen Funktionen gelangen: Differentiation von (28.32) auf beiden Seiten nach der Zeit entsprechend

$$\ddot{\varphi} = \frac{g\cos\varphi}{R\sqrt{2\,\frac{g}{R}\sin\varphi}}\,\dot{\varphi} = \frac{g\cos\varphi}{R\,\dot{\varphi}}\,\dot{\varphi} = \frac{g}{R}\cos\varphi$$

führt auf die gleiche Differentialgleichung, die sich auch nach dem Prinzip von d'Alembert ergab. Sie ist der Ausgangspunkt für die Berechnung von $\dot{\varphi}(t)$ und $\varphi(t)$.

- Ausdrücklich gewarnt werden muß vor dem (naheliegenden) Versuch, (28.32) direkt numerisch lösen zu wollen, denn eigentlich liegt mit

$$\dot{\varphi} = f(t,\varphi) = \sqrt{2\,\frac{g}{R}\sin\varphi}\quad , \qquad \varphi\,(t=0) = 0$$

genau das Anfangswertproblem (28.10) vor, für das im Abschnitt 28.3.1 die numerischen Lösungsmöglichkeiten vorgestellt wurden. Daß sich als Lösung

$$\varphi \equiv 0$$

ergibt, darf auch nicht dem numerischen Lösungsverfahren angelastet werden, denn es ist tatsächlich eine Lösung dieses Anfangswertproblems (man überzeugt sich leicht durch Einsetzen). In der Mathematik wird gezeigt,. daß die Eindeutigkeit der Lösung des Anfangswertproblems an die Erfüllung der sogenannten ***Lipschitz-Bedingung***

$$\left|\frac{\partial f(t,\varphi)}{\partial\varphi}\right| \le K \tag{28.33}$$

gebunden ist (mit der beliebigen, aber endlichen ***Lipschitz-Konstanten*** K). Für $\varphi = 0$ ist (28.33) aber bei dem betrachteten Anfangswertproblem nicht erfüllt. Dies ist typisch für solche mit dem Energiesatz formulierten Anfangswertprobleme.

Beispiel 3: Die Walzen eines Walzwerks (Durchmesser d) drehen sich mit der Drehzahl n. Ein Stahlblock mit der Masse m, der das Walzwerk verläßt, kommt auf einer horizontalen Bremsstrecke nach s_0 zur Ruhe.

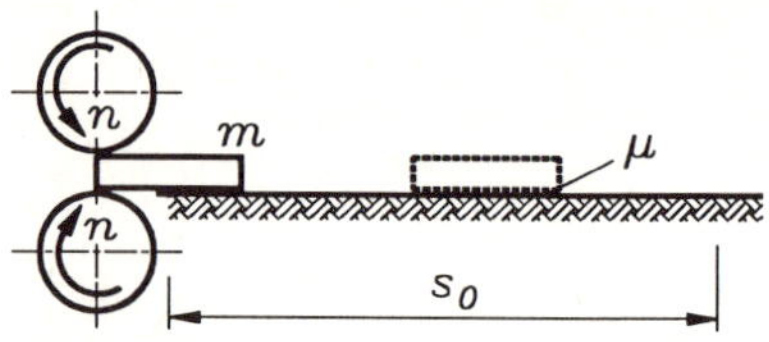

Gegeben: $n = 300\ min^{-1}$; $s_0 = 28\ m$; $d = 480\ mm$; $m = 500\ kg$.

Wie groß ist der Gleitreibungskoeffizient μ auf der Bremsstrecke? Wie stark würde ein masseloser elastischer Puffer (Federzahl $c = 1000\ N/cm$) bei $s = 20\ m$ von dem aufprallenden Stahlblock zusammengedrückt werden?

Beim Verlassen des Walzwerkes hat der Stahlblock die Umfangsgeschwindigkeit der Walzen. Seine kinetische Energie (potentielle Energie braucht nicht berücksichtigt zu werden, weil der Stahlblock sich immer auf gleicher Höhe bewegt) wird um die Reibarbeit vermindert und im Zustand 2 (Ruhe) ist auch keine kinetische Energie mehr vorhanden. Aus der Bilanz nach (28.31) berechnet man mit der Umfangsgeschwindigkeit der Walzen nach (26.18) bis (26.21) und der Reibarbeit $W = -F_R\, s_0$ (konstante Reibkraft infolge konstanter Normalkraft):

$$\frac{1}{2}\, m\, v_1^2 - \mu\, F_N s_0 = 0 \quad \Rightarrow \quad \frac{1}{2}\, m \left(2\,\pi\, n\, \frac{d}{2}\right)^2 - \mu\, m\, g\, s_0 = 0 \quad ,$$

$$\mu = \frac{(\pi\, d\, n)^2}{2\, g\, s_0} = 0{,}103 \quad .$$

Wird der Block schon vorher durch die Pufferfeder abgebremst, lautet die Energiebilanz mit der im Zustand 2 um den Federweg x zusammengedrückten Feder, deren potentielle Energie sich nach (28.23) berechnet:

$$\frac{1}{2}\, m\, v_1^2 - \mu\, F_N s = \frac{1}{2}\, c\, x^2 \quad \Rightarrow \quad x = 28{,}5\ cm \quad .$$

Der unwesentliche Anteil der auf dem Federweg noch anfallenden Reibarbeit wurde vernachlässigt, wäre jedoch relativ problemlos durch den Weg $s + x$ (an Stelle von s) im Reibarbeitsanteil zu berücksichtigen.

28.5 Aufgaben

Aufgabe 28.1: Ein Massenpunkt gleitet reibungsfrei eine Schanze hinab. Er beginnt die Bewegung in der Höhe h ohne Anfangsgeschwindigkeit und verläßt die Schanze aus dem letzten kreisförmigen Teil unter einem Winkel von **45°**.

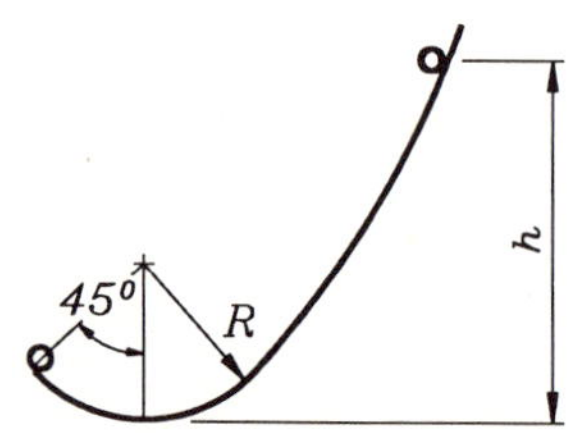

Wie groß ist seine Anfangsgeschwindigkeit für den sich anschließenden schiefen Wurf?

Gegeben: $h = 2\ m$; $R = 0{,}5\ m$.

Aufgabe 28.2: Eine Winde zieht mit konstantem Moment M_0 eine Masse m eine schiefe Ebene hinauf. Zwischen der Masse m und der schiefen Ebene ist Gleitreibung mit dem Gleitreibungskoeffizienten μ zu berücksichtigen. Die Masse der Winde kann vernachlässigt werden. Die Bewegung beginnt aus der Ruhe heraus.

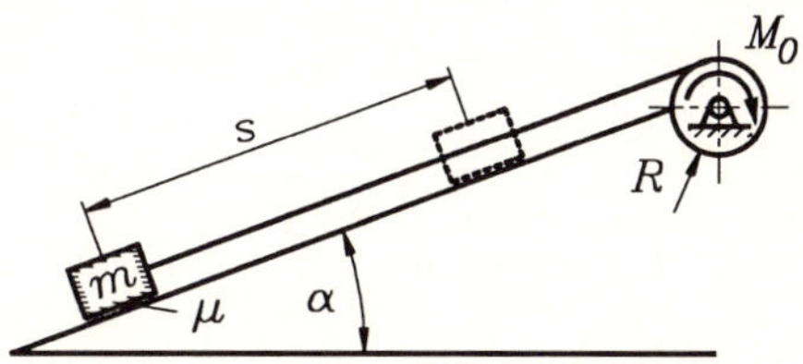

Gegeben: M_0 , m , α , s , R , μ .

Wie groß ist die Geschwindigkeit v der Masse m, nachdem sie den Weg s zurückgelegt hat?

Aufgabe 28.3: Ein Massenpunkt m wird mit der Anfangsgeschwindigkeit v_0 in eine Kreisbahn mit dem Radius r geschossen.

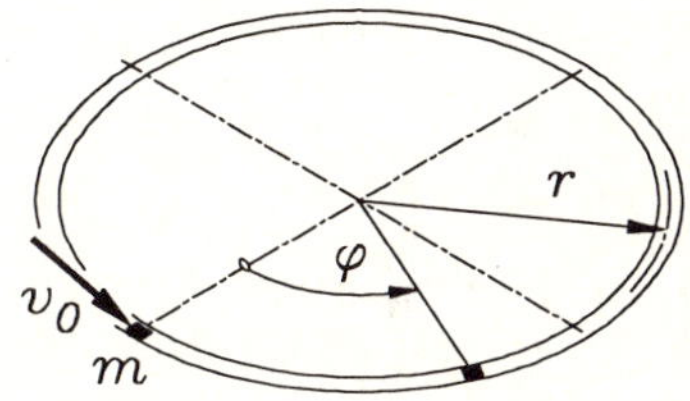

Gegeben: $m = 1\ kg$; $r = 1\ m$;
$v_0 = 4\ m/s$; $\mu = 0{,}2$.

a) Die Kreisbahn liegt als Rinne in der Horizontalebene. Reibung ist am Boden der Rinne und am Außenrand zu berücksichtigen.

   Man ermittle die graphischen Darstellungen der Funktionen $\varphi(t)$ und $\dot{\varphi}(t)$ sowie den Winkel φ_{end} und die Zeit t_{end} am Ende der Bewegung.

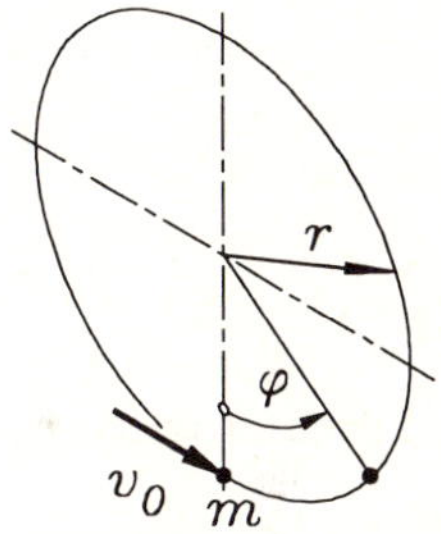

b) Die Kreisbahn liegt in der Vertikalebene. Unter Berücksichtigung von Gleitreibung sind die graphischen Darstellungen der Funktionen $\varphi(t)$, $\dot{\varphi}(t)$ und der Normalkraft $F_N(t)$ zu ermitteln.

Aufgabe 28.4: Eine horizontale Scheibe dreht sich mit der konstanten Winkelgeschwindigkeit ω_0. In einer geraden Rinne wird ein Massenpunkt m in der skizzierten Lage festgehalten und zum Zeitpunkt $t = 0$ freigelassen.

a) Bei Vernachlässigung von Reibungseinflüssen ermittle man für den Massenpunkt die Bewegungsgesetze $x_{rel}(t)$ und $\dot{x}_{rel}(t)$ bezüglich der mit der Scheibe mitrotierenden Koordinate x_{rel} und die horizontale Normalkraftkomponente $F_N(t)$, mit der der Massenpunkt seitlich gegen die Führung drückt.

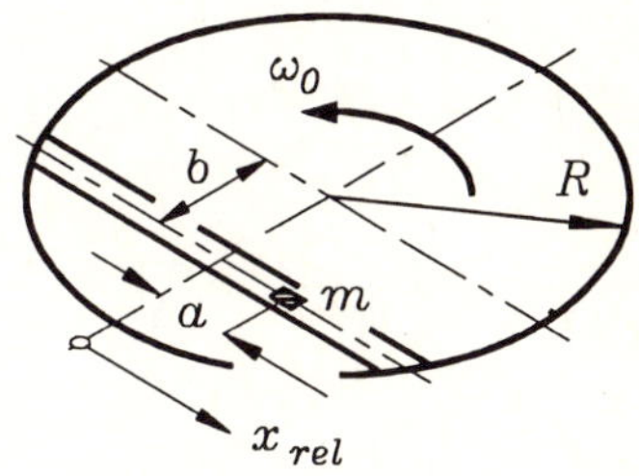

b) Zu welchem Zeitpunkt t_R verläßt der Massenpunkt die Rinne, welche Relativgeschwindigkeit und welche Absolutgeschwindigkeit hat er in diesem Moment?

Gegeben: $a = 10\ cm$; $b = 8\ cm$; $R = 80\ cm$; $\omega_0 = 1{,}5\ s^{-1}$; $m = 2\ kg$.

29 Kinetik starrer Körper

Die allgemeine Bewegung eines starren Körpers wird aufgefaßt (vgl. Kapitel 27) als **Translation**, beschrieben durch die Bewegung eines Bezugspunktes, und **Rotation** aller übrigen Körperpunkte um diesen Punkt. Zunächst werden einige wichtige Sonderfälle untersucht.

29.1 Reine Translation

Für die translatorische Bewegung (alle Punkte bewegen sich auf kongruenten Bahnen) kann man sich die Masse des Körpers in einem Punkt konzentriert denken und die Gesetze für die Kinetik des Massenpunktes anwenden.

In den nachfolgenden Abschnitten wird gezeigt, daß der starre Körper, der keinen äußeren Zwängen unterliegt, immer dann wie ein Massenpunkt behandelt werden darf, wenn die Wirkungslinien aller angreifenden Kräfte durch den Schwerpunkt des Körpers gehen (und keine Momente angreifen). Man beachte, daß diese Forderung auch die Zwangskräfte (durch Führungen) einschließt, da der auf eine Bahn gezwungene starre Körper unter Umständen auch Rotationen ausführen muß (z. B.: Schienenfahrzeug in der Kurve). Andererseits können Führungen auch eine rein translatorische Bewegung erzwingen (z. B.: Paternoster).

Wenn der starre Körper eine rein translatorische Bewegung ausführt, gelten für die kinetischen Untersuchungen die Regeln der "Kinetik des Massenpunktes".

29.2 Rotation um eine feste Achse

Zunächst wird der einfachste Fall betrachtet, für den die Bewegung des starren Körpers nicht mehr durch die Bewegung eines einzelnen Punktes beschrieben werden kann: Eine Masse $\boldsymbol{m}$ rotiert um eine feste Achse $\bar{z}$, so daß alle Punkte Kreisbewegungen um diese Achse ausführen. In der Skizze ist eine Ebene des Körpers dargestellt, die Drehachse $\bar{z}$ verläuft senkrecht zur Zeichenebene. Der Querstrich über der Koordinate deutet an, daß es sich **nicht** um eine spezielle Achse (z. B. eine Schwerpunktachse) handeln muß. Alle Untersuchungen für diesen Fall dürfen zunächst in der Ebene angestellt werden, weil Kraftkomponenten parallel zur Drehachse nur eine Translation in Achsrichtung hervorrufen könnten und die Achse die Momente, die nicht um die Achse $\bar{z}$ drehen, aufnehmen würde.

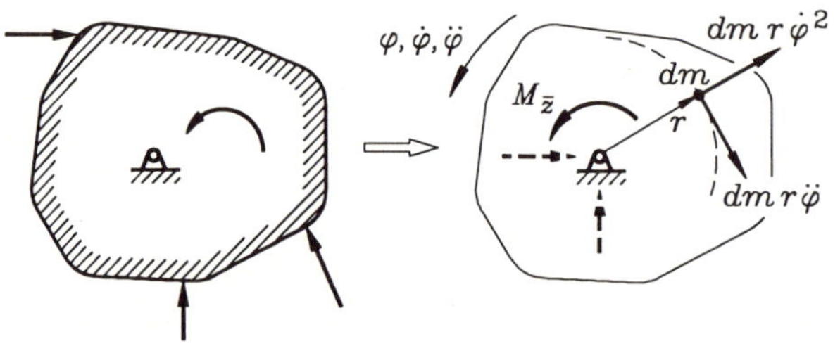

Alle äußeren Kräfte und Momente werden nach den Regeln der Statik (Abschnitt 3.5) zu einer resultierenden Kraft, deren Wirkungslinie die Drehachse schneidet, und einem resultierenden Moment zusammengefaßt. Die resultierende Kraft (in der Skizze durch ihre beiden gestrichelt gezeichneten Komponenten angedeutet) wird von der Drehachse aufgenommen, so daß nur noch das resultierende Moment $M_{\bar{z}}$ eine Bewegung hervorrufen kann. Diese soll nun (ausschließlich unter Verwendung der für den Massenpunkt bereits behandelten Hilfsmittel) untersucht werden.

Ein beliebiger (differentiell kleiner) Massenpunkt $\boldsymbol{dm}$ im Abstand $\boldsymbol{r}$ von der Drehachse führt eine Kreisbewegung aus mit einer Bahnbeschleunigung nach (26.18) und einer (radial zum Drehpunkt gerichteten) Normalbeschleunigung nach (26.22):

$$a_t = r\,\ddot{\varphi} \qquad ; \qquad a_n = r\,\dot{\varphi}^2 \quad .$$

Nach dem Prinzip von d'Alembert (Abschnitt 28.2.2) sind also die Massenkräfte

$$dm\; r\,\ddot{\varphi} \qquad \textit{und} \qquad dm\; r\,\dot{\varphi}^2$$

(den Beschleunigungsrichtungen entgegengesetzt) anzutragen. Auch ihre resultierende Kraft wird (wie die Resultierende der äußeren Kräfte) von der Drehachse aufgenommen.

Die Wirkungslinien der Zentrifugalkräfte $\boldsymbol{dm\,r}\,\dot{\varphi}^2$ gehen für alle Massenpunkte durch den Drehpunkt, so daß nur die tangential gerichteten Massenkräfte eine Momentwirkung (jeweils mit dem Hebelarm $\boldsymbol{r}$) haben. Diese Momentwirkungen aller Massenpunkte werden addiert (integriert) und müssen mit dem äußeren Moment $M_{\bar{z}}$ im Gleichgewicht sein:

$$M_{\bar{z}} = \int_m r^2\,\ddot{\varphi}\; dm = \ddot{\varphi}\int_m r^2\; dm = J_{\bar{z}}\,\ddot{\varphi} = J_{\bar{z}}\,\dot{\omega} \quad . \qquad \textbf{(29.1)}$$

Damit ist der Zusammenhang zwischen der äußeren Belastung und der **Drehbewegung einer Masse um eine feste Achse** bekannt. Der Integralausdruck in (29.1) ist das

---

Massenträgheitsmoment der Masse $\boldsymbol{m}$:

$$J_{\bar{z}} = \int_m r^2\; dm \quad . \qquad \textbf{(29.2)}$$

- Analog zur d'Alembertschen Kraft ("Masse · Bahnbeschleunigung", angetragen entgegen der gewählten Bahnkoordinate, vgl. Abschnitt 28.2.2) wird

  $$J_{\bar{z}}\,\ddot{\varphi} \qquad \textbf{(29.3)}$$

  ("Massenträgheitsmoment · Winkelbeschleunigung", angetragen entgegen der gewählten Winkelkoordinate) als ***d'Alembertsches Moment*** bezeichnet. Es repräsentiert die Trägheitswirkung eines Körpers gegen eine Drehbewegung.

- Die **kinetische Energie** einer Masse, die sich um eine feste Achse dreht, berechnet sich auf der Basis von (28.28) analog zur Herleitung von (29.1) als Summe der kinetischen Energien der differentiell kleinen Massenelemente $\boldsymbol{dm}$, die sich auf Kreisbahnen mit den Bahngeschwindigkeiten $\boldsymbol{r}\dot{\varphi}$ bewegen. Aus

  $$T_{rot} = \int_m \frac{1}{2}\,(r\,\dot{\varphi})^2\; dm = \frac{1}{2}\,\dot{\varphi}^2 \int_m r^2\; dm$$

ergibt sich die ***kinetische Rotationsenergie***:

$$T_{rot} = \frac{1}{2} J_{\bar{z}} \dot{\varphi}^2 = \frac{1}{2} J_{\bar{z}} \omega^2 \quad . \qquad \textbf{(29.4)}$$

- Analog zum Impuls $\boldsymbol{m v}$ (vgl. Abschnitt 28.1) wird für die Drehbewegung der ***Drehimpuls*** (auch: ***Drall***)

$$L_{\bar{z}} = J_{\bar{z}} \omega \qquad \textbf{(29.5)}$$

definiert. Damit kann (29.1) auch in der Form

$$M_{\bar{z}} = \dot{L}_{\bar{z}} \qquad \textbf{(29.6)}$$

aufgeschrieben werden und ist in dieser Form eine einfache Variante des später noch ausführlicher zu behandelnden ***Drallsatzes*** (auch: ***Impulsmomentensatz***):

Die zeitliche Änderung des Dralls ist gleich der Wirkung des resultierenden äußeren Moments.

- Man beachte die Analogien, die sich in den Formeln für die Translation bzw. Rotation widerspiegeln. Wenn man den

Translationsgrößen	s ,	v ,	a ,	m ,	F
die ***Rotationsgrößen***	φ ,	ω ,	α ,	J ,	M

zuordnet, ergeben sich alle "Rotationsformeln" durch Austausch der äquivalenten Größen aus den "Translationsformeln", z. B.:

	Translation	Rotation
Geschwindigkeit/Winkelgeschwindigkeit	$v = \dot{s}$	$\omega = \dot{\varphi}$
Beschleunigung/Winkelbeschleunigung	$a = \dot{v}$	$\alpha = \dot{\omega}$
Arbeit	$\int F_S \, ds$	$\int M \, d\varphi$
Leistung	$F v$	$M \omega$
d'Alembertsche Kraft / d'Alembertsches Moment	$m \ddot{x}$	$J \ddot{\varphi}$
Kinetische Energie	$\frac{1}{2} m v^2$	$\frac{1}{2} J \omega^2$
Impuls / Drehimpuls	$m v$	$J \omega$

Die Behandlung der Rotation eines Körpers um eine feste Achse als ebenes Problem (hier ausgeführt unter alleiniger Wirkung des Moments $M_{\bar{z}}$) ist für die Analyse der Drehbewegung ausreichend. Für die in der Praxis besonders wichtige Berechnung der auftretenden Kräfte und Momente, speziell in den Lagern, die die Drehachse fixieren, ist eine dreidimensionale Untersuchung erforderlich.

Es wird auch weiterhin angenommen, daß der Rotor um die $\bar{z}$-Achse rotiert, $\bar{x}$-Achse und $\bar{y}$-Achse eines kartesischen Koordinatensystems liegen also parallel zum Rotorquerschnitt. Die Drehbewegung wird durch die Winkelkoordinate φ (und die Winkelgeschwindigkeit $\dot{\varphi}$ und die Winkelbeschleunigung $\ddot{\varphi}$) beschrieben.

Zur Erinnerung: Der Querstrich über den Koordinaten bedeutet, daß es (außer der hier gültigen Besonderheit, daß $\bar{z}$ mit der Rotationsachse übereinstimmt) ein allgemeines Koordinatensystem ist (der Schwerpunkt des Körpers braucht weder auf der Rotationsachse noch auf einer der Koordinatenachsen zu liegen).

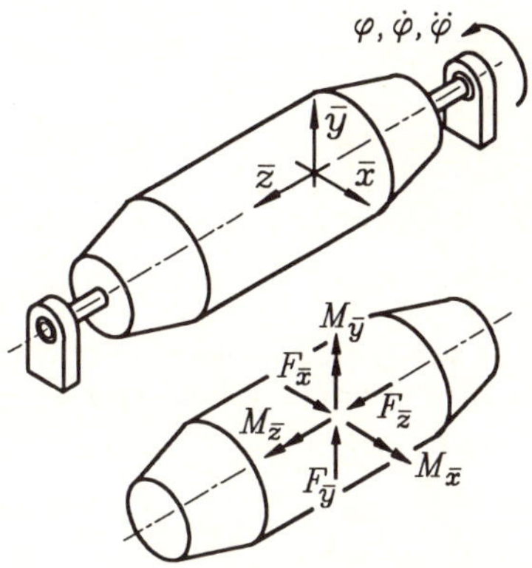

Eine andere über dieses Koordinatensystem zu treffende Vereinbarung muß bei den nachfolgenden Untersuchungen (und vor allen Dingen bei der Anwendung der herzuleitenden Formeln) unbedingt beachtet werden: **Das verwendete $\bar{x}$-$\bar{y}$-$\bar{z}$-Koordinatensystem ist mit dem Rotor fest verbunden, macht also die Rotationsbewegung mit.**

Nach dem Freischneiden des Rotors werden sämtliche äußeren Kräfte (einschließlich der Kräfte in den Lagern) zu einer resultierenden Kraft und einem resultierenden Moment zusammengefaßt. Die nebenstehende Skizze zeigt jeweils die drei Komponenten dieser beiden Größen, die mit den Massenkräften (d'Alembertschen Kräften) des Rotors ein Gleichgewichtssystem bilden müssen.

♦ Eine erste Konsequenz des mitrotierenden Koordinatensystems wird deutlich: Da auch die äußeren Kräfte und Momente auf dieses System bezogen werden müssen, erhält man z. B. bei der Bestimmung der Lagerreaktionen "mitrotierende Lagerkraftkomponenten". Dies stellt keinen nennenswerten Nachteil dar. Bei Berücksichtigung des Eigengewichts (und nicht vertikal stehender Rotationsachse) muß allerdings berücksichtigt werden, daß die Richtung dieser Kraft (im Gegensatz zu ihrem Angriffspunkt) natürlich nicht mitrotiert und bezüglich des $\bar{x}$-$\bar{y}$-$\bar{z}$-Koordinatensystems zeitlich veränderlich ist.

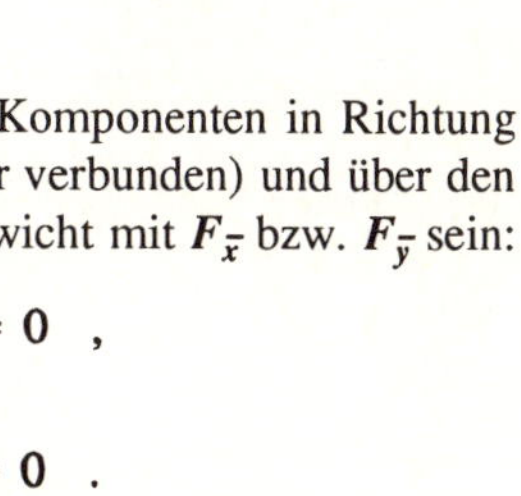

Da alle Punkte des starren Körpers auf ebenen Kreisbahnen um die $\bar{z}$-Achse rotieren, sind am differentiell kleinen Massenpunkt ***dm*** (wie bereits bei der Herleitung von (29.1) besprochen) nur die beiden Kräfte anzutragen, die die nebenstehende Skizze zeigt. Da keine Massenkräfte in $\bar{z}$-Richtung wirken, wird die äußere Kraft $\boldsymbol{F}_{\bar{z}}$ nicht weiter betrachtet (wenn eine äußere Kraft $\boldsymbol{F}_{\bar{z}}$ vorhanden ist, muß sie entweder durch entsprechende Lager abgefangen werden, oder der Rotor bewegt sich translatorisch in $\bar{z}$-Richtung, was hier nicht untersucht wird).

Die Massenkräfte $dm\,r\,\dot{\varphi}^2$ und $dm\,r\,\ddot{\varphi}$ werden jeweils in zwei Komponenten in Richtung der Achsen $\bar{x}$ bzw. $\bar{y}$ zerlegt ($\bar{\varphi}$ ist wie $\bar{x}$ und $\bar{y}$ fest mit dem Rotor verbunden) und über den gesamten Rotor addiert (integriert). Sie müssen im Kraftgleichgewicht mit $F_{\bar{x}}$ bzw. $F_{\bar{y}}$ sein:

$$F_{\bar{x}} + \int_m r\,\dot{\varphi}^2 \cos\bar{\varphi}\; dm + \int_m r\,\ddot{\varphi}\, \sin\bar{\varphi}\; dm = 0 \quad ,$$

$$F_{\bar{y}} + \int_m r\,\dot{\varphi}^2 \sin\bar{\varphi}\; dm - \int_m r\,\ddot{\varphi}\, \cos\bar{\varphi}\; dm = 0 \quad .$$

Diese Gleichungen lassen sich mit den aus der Skizze abzulesenden Beziehungen

$$\bar{x} = r\cos\bar{\varphi} \quad , \quad \bar{y} = r\sin\bar{\varphi}$$

umformen zu

$$F_{\bar{x}} = -\dot{\varphi}^2 \int_m \bar{x}\, dm - \ddot{\varphi} \int_m \bar{y}\, dm \quad ,$$

$$F_{\bar{y}} = -\dot{\varphi}^2 \int_m \bar{y}\, dm + \ddot{\varphi} \int_m \bar{x}\, dm \quad .$$

Die Integrale auf den rechten Seiten sind die aus der Statik (Berechnung von Schwerpunkten) bekannten statischen Momente der Masse m bezüglich der $\bar{z}$-Achse (vgl. Abschnitt 4.1). Mit den Gleichungen (4.3) in der Form

$$\int_m \bar{x}\, dm = m\,\bar{x}_S \quad , \quad \int_m \bar{y}\, dm = m\,\bar{y}_S$$

(m - Gesamtmasse des Körpers, $\bar{x}_S$, $\bar{y}_S$ - Schwerpunktkoordinaten) erhält man:

$$\begin{aligned} F_{\bar{x}} &= -m\,\bar{x}_S\,\dot{\varphi}^2 - m\,\bar{y}_S\,\ddot{\varphi} \\ F_{\bar{y}} &= -m\,\bar{y}_S\,\dot{\varphi}^2 + m\,\bar{x}_S\,\ddot{\varphi} \end{aligned} \qquad \textbf{(29.7)}$$

♦ Die Formeln (29.7) zeigen einen ersten Vorteil des mitrotierenden Koordinatensystems: Die Schwerpunktkoordinaten des starren Körpers $\bar{x}_S$ und $\bar{y}_S$ sind unveränderliche Größen.

Die rechten Seiten von (29.7) sind die durch die Rotation hervorgerufenen Massenkräfte, und man liest aus den Gleichungen ab:

Bei der Rotation einer Masse um eine feste Achse treten keine resultierenden Massenkräfte auf, wenn ihr Schwerpunkt mit der Rotationsachse zusammenfällt.

Dies gilt sowohl bei Rotation mit konstanter Winkelgeschwindigkeit als auch bei veränderlicher Winkelgeschwindigkeit (Anfahr- und Bremsvorgänge).

Das Momentengleichgewicht um die $\bar{z}$-Achse wurde bereits untersucht und lieferte Gleichung (29.1). Die Momenten-Gleichgewichtsbedingungen um die $\bar{x}$-Achse und die $\bar{y}$-Achse lauten (die Komponenten der differentiell kleinen Massenkräfte haben jeweils den Hebelarm $\bar{z}$):

$$M_{\bar{x}} - \int_m \bar{z}\, r\, \dot{\varphi}^2 \sin\bar{\varphi}\, dm + \int_m \bar{z}\, r\, \ddot{\varphi} \cos\bar{\varphi}\, dm = 0 \quad ,$$

$$M_{\bar{y}} + \int_m \bar{z}\, r\, \dot{\varphi}^2 \cos\bar{\varphi}\, dm + \int_m \bar{z}\, r\, \ddot{\varphi} \sin\bar{\varphi}\, dm = 0 \quad .$$

Die gleichen Umformungen wie bei den Kraft-Gleichgewichtsbedingungen führen auf:

$$\begin{aligned} M_{\bar{x}} &= \dot{\varphi}^2 \int_m \bar{z}\,\bar{y}\, dm - \ddot{\varphi} \int_m \bar{z}\,\bar{x}\, dm \quad , \\ M_{\bar{y}} &= -\dot{\varphi}^2 \int_m \bar{z}\,\bar{x}\, dm - \ddot{\varphi} \int_m \bar{z}\,\bar{y}\, dm \quad . \end{aligned} \qquad \textbf{(29.8)}$$

Die Integralausdrücke auf den rechten Seiten der Momentengleichungen (29.8) brauchen im Unterschied zu den Kraftgleichungen (29.7) auch dann nicht den Wert Null zu haben, wenn der Schwerpunkt des rotierenden Körpers auf der Rotationsachse liegt. Sie werden als ***Deviationsmomente*** (auch: ***Zentrifugalmomente***)

$$J_{\bar{x}\bar{z}} = -\int_m \bar{x}\,\bar{z}\,dm \quad , \quad J_{\bar{y}\bar{z}} = -\int_m \bar{y}\,\bar{z}\,dm \tag{29.9}$$

in Anlehnung an das ähnliche Integral aus der Biegetheorie (vgl. Abschnitt 16.2.1) auch mit einem Minuszeichen definiert und im Abschnitt 29.3.3 ausführlich behandelt. Die Gleichungen (29.8) nennt man in Verbindung mit (29.1) den

Momentensatz für die Rotation einer Masse um eine feste Achse $\bar{z}$:

$$M_{\bar{x}} = -J_{\bar{y}\bar{z}}\,\dot{\varphi}^2 + J_{\bar{x}\bar{z}}\,\ddot{\varphi} \quad , \quad M_{\bar{y}} = J_{\bar{x}\bar{z}}\,\dot{\varphi}^2 + J_{\bar{y}\bar{z}}\,\ddot{\varphi} \quad , \quad M_{\bar{z}} = J_{\bar{z}}\,\ddot{\varphi} \tag{29.10}$$

- Bei den Beziehungen (29.10) zeigt sich der entscheidende Vorteil des mitrotierenden Koordinatensystems, weil die Deviationsmomente sich auch auf dieses System beziehen und damit (wie die Masse, die Schwerpunktkoordinaten und die Massenträgheitsmomente) als Kennwerte des Körpers unveränderliche Größen sind.
- Für die Analyse der Bewegung ist die dritte Gleichung in (29.10) ausreichend. Die Achse $\bar{z}$ ist die feste Rotationsachse, sonst muß sie keine speziellen Bedingungen erfüllen. Die beiden anderen Gleichungen in (29.10) werden im Zusammenhang mit den Gleichungen (29.7) für die Berechnung der äußeren Kräfte (z. B.: Lagerreaktionen) benötigt.
- Auf Beispiele wird zunächst verzichtet, weil im nachfolgenden Abschnitt erst die Massenträgheitsmomente und die Deviationsmomente ausführlich behandelt werden. Es wird jedoch auf die Beispiele zur Rotation um eine feste Achse im Abschnitt 29.4 verwiesen.

29.3 Massenträgheitsmomente

Das Massenträgheitsmoment einer Masse $\boldsymbol{m}$ berechnet sich nach der Formel (29.2). Es wird z. B. mit der Dimension $\boldsymbol{kg\,cm^2}$ angegeben. Als Maß für die Drehträgheit der Masse bezieht es sich immer auf eine ganz bestimmte Drehachse, so daß zu jeder Angabe eines Massenträgheitsmoments die Angabe der Drehachse gehört.

In die Formel (29.2) geht der Abstand der Masseteilchen quadratisch ein, so daß mit der Anordnung von Teilmassen in großem Abstand von der Drehachse ein sehr großes Massenträgheitsmoment erreicht werden kann. Das wird in der technischen Praxis vielfach genutzt (z. B.: Schwungräder).

Die formale Ähnlichkeit der Formel (29.2) mit den Formeln für die Flächenträgheitsmomente (16.6) hat letzteren zu dem etwas unpassenden Namen verholfen. Viele im Abschnitt 16.2 besprochene Eigenschaften der Flächenträgheitsmomente sind übertragbar, z. B. folgt aus der Definition (29.2) für Körper, die sich **aus mehreren Teilmassen** zusammensetzen:

Massenträgheitsmomente, die sich **auf gleiche Drehachsen beziehen**, dürfen addiert bzw. subtrahiert werden.

29.3.1 Massenträgheitsmomente einfacher Körper

Beispiel 1: Für einen **DÜNNEN STAB** (Masse m, Länge l) darf angenommen werden, daß alle Massenelemente in einem Querschnitt den gleichen Abstand r von der Drehachse haben. Mit dem differentiell kleinen Massenelement (A - Querschnittsfläche, ϱ - Dichte)

$$dm = \varrho\, A\, dr$$

berechnet man die Massenträgheitsmomente bezüglich einer Drehachse im Schwerpunkts S

$$J_S = \int\limits_{r=-l/2}^{l/2} r^2 \varrho A\, dr = \frac{1}{12}\varrho A l^3 = \frac{1}{12} m\, l^2 \qquad (29.11)$$

bzw. einer Drehachse im Endpunkt A:

$$J_A = \int\limits_{r=0}^{l} r^2 \varrho A\, dr = \frac{1}{3}\varrho A l^3 = \frac{1}{3} m\, l^2 \ . \qquad (29.12)$$

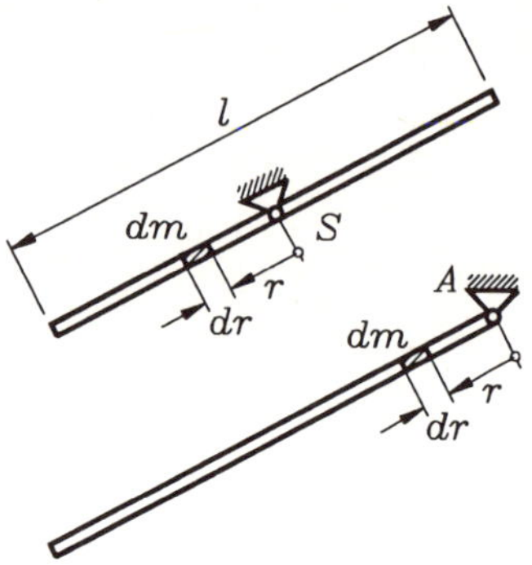

Beispiel 2: Für die Berechnung des Massenträgheitsmoments eines kreiszylindrischen Körpers (Voll- bzw. Hohlzylinder) bezüglich der Zylinderachse wählt man zweckmäßig als Massenelement dm einen unendlich dünnen Hohlzylinder (unterste der drei Skizzen):

$$dm = 2\,\pi\, r\, dr\, l\, \varrho \ .$$

Hinweis: Im allgemeinsten Fall ist (29.2) ein Volumenintegral. Durch geschicktes Aufschreiben von dm kann daraus ein Flächenintegral oder ein einfaches Integral werden. Natürlich müssen alle in dm einfließenden Massenteilchen den gleichen Abstand von der Drehachse haben.

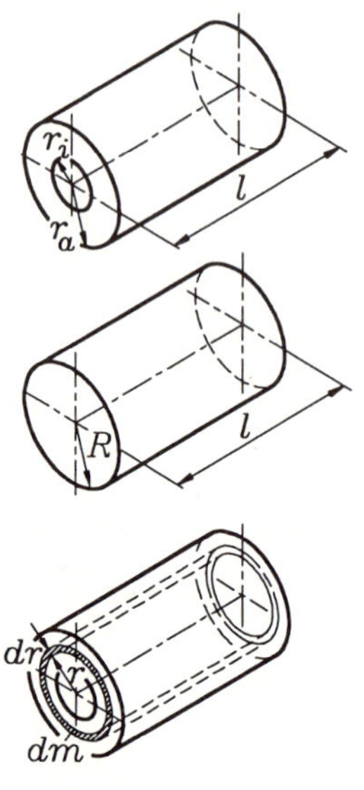

Für den **HOHLZYLINDER** errechnet man

$$J_S = \int\limits_{r=r_i}^{r_a} r^2\, 2\,\pi\, r\, l\, \varrho\, dr = \frac{1}{2}\pi\, l\, \varrho \left(r_a^4 - r_i^4\right) \ ,$$

was mit der Gesamtmasse $m = \pi\,\varrho\, l\,(r_a^{\,2} - r_i^{\,2})$ umgeformt werden kann zu:

$$J_S = \frac{1}{2} m \left(r_a^2 + r_i^2\right) \ . \qquad (29.13)$$

Mit $r_i = 0$ und $r_a = R$ entsteht ein **VOLLZYLINDER**:

$$J_S = \frac{1}{2} m\, R^2 \ . \qquad (29.14)$$

Der Hohlzylinder könnte natürlich auch als Differenz zweier Vollzylinder angesehen werden, wobei zu beachten ist, daß in den Formeln (29.11) bis (29.14) m immer für die Gesamtmasse des Körpers steht, so daß bei der Differenzbildung zwei unterschiedliche Massen einzusetzen sind (großer Vollzylinder und kleiner Vollzylinder).

Die Formeln in der nachfolgenden Tabelle gelten für Achsen (aus Gründen, die im Abschnitt 29.3.3 erläutert werden, durch Doppel-Indizes bei J angedeutet), die durch den Schwerpunkt des Körpers gehen. Es sind **Massenträgheitsmomente ausgewählter homogener Körper:**

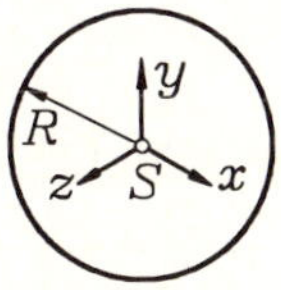	*Kugel:* $J_{xx} = J_{yy} = J_{zz} = \frac{2}{5} m R^2$
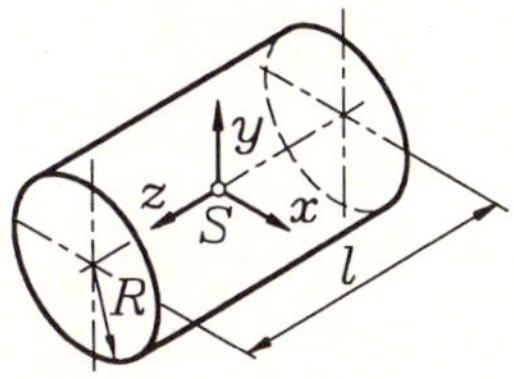	*Kreiszylinder:* $J_{zz} = \frac{1}{2} m R^2$ $J_{xx} = J_{yy} = \frac{1}{12} m (3R^2 + l^2)$
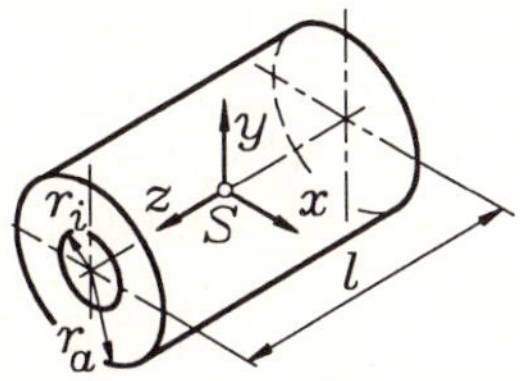	*Hohlzylinder:* $J_{zz} = \frac{1}{2} m (r_a^2 + r_i^2)$ $J_{xx} = J_{yy} = \frac{1}{12} m (3r_a^2 + 3r_i^2 + l^2)$
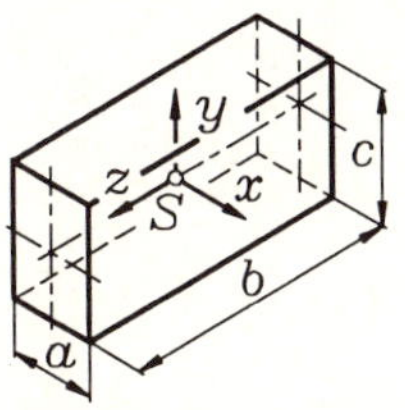	*Quader:* $J_{xx} = \frac{1}{12} m (b^2 + c^2)$ $J_{yy} = \frac{1}{12} m (a^2 + b^2)$; $J_{zz} = \frac{1}{12} m (a^2 + c^2)$
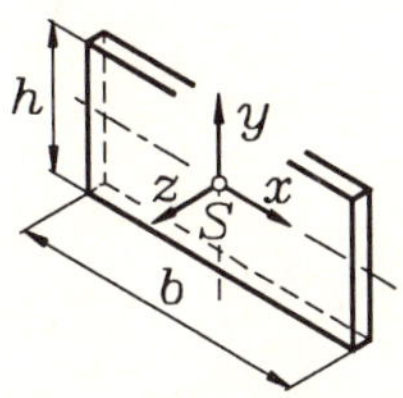	*Dünne Rechteckscheibe:* $J_{xx} = \frac{1}{12} m h^2$ $J_{yy} = \frac{1}{12} m b^2$; $J_{zz} = \frac{1}{12} m (b^2 + h^2)$
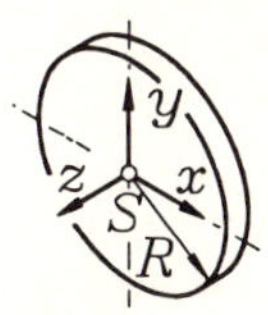	*Dünne Kreisscheibe:* $J_{zz} = \frac{1}{2} m R^2$ $J_{xx} = J_{yy} = \frac{1}{4} m R^2$

Rotoren haben vornehmlich eine rotationssymmetrische Form. Wenn diese durch eine Konturlinie $\bar{y}(\bar{x})$ beschrieben wird (Skizze), kann man sich den Rotor aus unendlich vielen unendlich dünnen Scheiben zusammengesetzt denken (Scheibendicke jeweils $d\bar{x}$, Scheibenradius $\bar{y}$).Eine solche Scheibe hat die Masse $dm = \varrho\,\pi\,\bar{y}^2\,d\bar{x}$ und bei Rotation um die $\bar{x}$-Achse das Massenträgheitsmoment $\frac{1}{2}\,dm\,\bar{y}^2$. Die Summation der differentiell kleinen Trägheitsmomente (Integration von a bis b) ergibt eine Formel für das **Massenträgheitsmoment eines Rotationskörpers**:

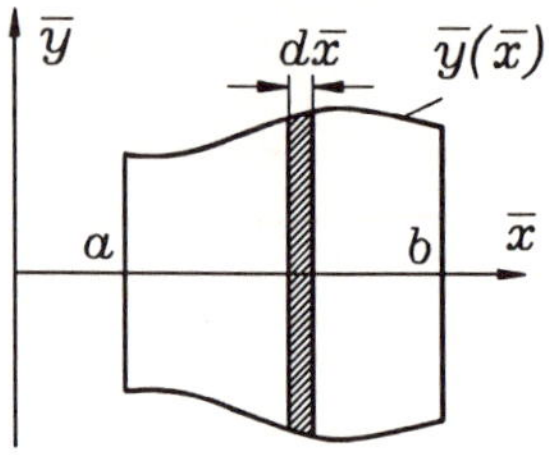

$$J_{\bar{x}\bar{x}} = \frac{\pi}{2}\,\varrho \int_{\bar{x}=a}^{b} \bar{y}^4\,d\bar{x} = \frac{m}{2}\,\frac{\int_{\bar{x}=a}^{b} \bar{y}^4\,d\bar{x}}{\int_{\bar{x}=a}^{b} \bar{y}^2\,d\bar{x}} \quad , \qquad (29.15)$$

wobei die Formel mit der Gesamtmasse des Rotationskörpers m durch Einsetzen der Volumenformel für Rotationskörper entstand.

29.3.2 Der Satz von Steiner

Analog zum STEINERschen Satz für Flächenträgheitsmomente (Abschnitt 16.2.3) gibt es auch für die Massenträgheitsmomente eine Formel, mit der bei gegebenem Trägheitsmoment bezüglich einer Schwerpunktachse das Trägheitsmoment für eine parallele Achse zu berechnen ist.

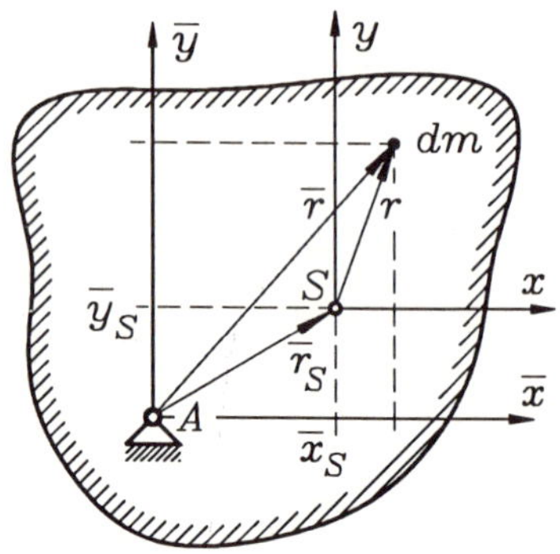

Die Achsen x und y gehen durch den Schwerpunkt des Körpers. Gegeben sind das Massenträgheitsmoment J_S bezüglich einer Achse z senkrecht zu x und y und die Masse des Körpers m, gesucht ist das Massenträgheitsmoment J_A für eine zur Achse z parallele Achse durch den Punkt A im Abstand $\bar{r}_S$ von S.

Aus der Skizze kann man die Beziehung

$$\bar{r}^2 = (\bar{x}_S + x)^2 + (\bar{y}_S + y)^2$$

ablesen. Dieser Ausdruck wird in die Formel für das Trägheitsmoment bezüglich des Punktes A eingesetzt:

$$J_A = \int_m \bar{r}^2\,dm = \int_m \left(\bar{x}_S^2 + 2\,\bar{x}_S x + x^2\right) dm + \int_m \left(\bar{y}_S^2 + 2\,\bar{y}_S y + y^2\right) dm$$

$$= \int_m \left(\bar{x}_S^2 + \bar{y}_S^2\right) dm + \int_m (x^2 + y^2)\,dm = \bar{r}_S^2 \int_m dm + \int_m r^2\,dm \quad ,$$

wobei berücksichtigt wurde, daß die statischen Momente

$$\int_m x\,dm \qquad \text{und} \qquad \int_m y\,dm \quad ,$$

die sich auf die Schwerpunktachsen beziehen, verschwinden (vgl. Abschnitt 4.1). Es verbleibt die gesuchte Formel, auch für die Massenträgheitsmomente bezeichnet als

STEINERscher Satz: $$J_A = J_S + m\,\bar{r}_S^2 \quad . \tag{29.16}$$

♦ Bei der Anwendung der Formel (29.16) ist zu beachten, daß A ein beliebiger Punkt ist, während S der **Schwerpunkt** des Körpers sein muß. Die beiden durch diese Punkte gehenden Achsen, auf die sich J_A bzw. J_S beziehen, müssen parallel sein. Ihr Abstand ist $\bar{r}_S$, und m ist die Gesamtmasse des Körpers.

Beispiel 1: Als Beispiel 1 im Abschnitt 29.3.1 wurden die Massenträgheitsmomente des dünnen Stabes bezüglich des Schwerpunktes S und des Endpunktes A berechnet. Natürlich läßt sich J_A bei bekanntem J_S auch nach (29.16) berechnen. Mit dem Abstand $l/2$ des Punktes A vom Schwerpunkt S ergibt der Steinersche Satz mit

$$J_A = J_S + m\left(\frac{l}{2}\right)^2 = \frac{1}{12}m\,l^2 + \frac{1}{4}m\,l^2 = \frac{1}{3}m\,l^2$$

wieder das Ergebnis (29.12).

Beispiel 2: Das skizzierte Schwungrad dreht sich mit der Drehzahl n. Es soll die kinetische Energie berechnet werden, die in dem sich drehenden Rad gespeichert ist.

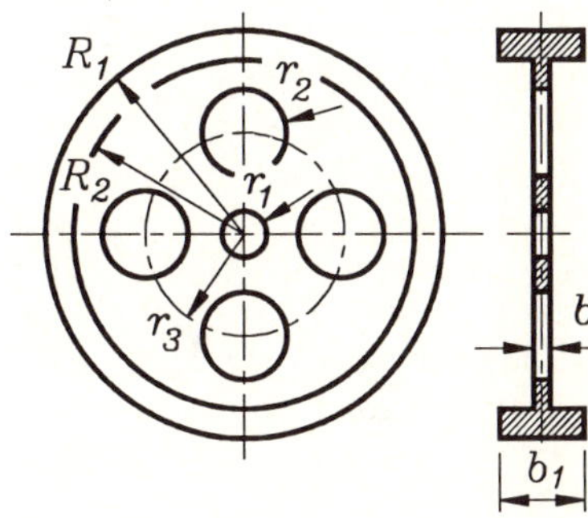

Gegeben: $b_1 = 120\ mm$; $b_2 = 30\ mm$;
$R_1 = 800\ mm$; $R_2 = 750\ mm$;
$r_1 = 80\ mm$; $r_2 = 180\ mm$;
$r_3 = 400\ mm$; $\varrho = 7{,}85\ g/cm^3$;
$n = 800\ min^{-1}$.

Das Massenträgheitsmoment wird zusammengesetzt aus zwei Hohlzylindern (Scheibe mit der Breite b_2 und Kranz mit der Breite b_1), von denen die vier zylindrischen Bohrungen (Radius r_2) subtrahiert werden. Nur für die vier Bohrungen sind Steiner-Anteile (Abstand r_3 von der Drehachse) zu berücksichtigen:

$$\begin{aligned} J_S &= \frac{1}{2}\varrho\,\pi\,(R_2^2 - r_1^2)\,b_2\,(R_2^2 + r_1^2) + \frac{1}{2}\varrho\,\pi\,(R_1^2 - R_2^2)\,b_1\,(R_1^2 + R_2^2) \\ &\quad - 4\left[\frac{1}{2}\varrho\,\pi\,r_2^2\,b_2\,r_2^2 + \varrho\,\pi\,r_2^2\,b_2\,r_3^2\right] \\ &= \frac{\pi}{2}\varrho\left[b_2\,(R_2^4 - r_1^4 - 4\,r_2^4 - 8\,r_2^2\,r_3^2) + b_1\,(R_1^4 - R_2^4)\right] = 238\ kg\,m^2 \quad . \end{aligned}$$

Die kinetische Energie errechnet sich nach (29.4) in Verbindung mit (26.21):

$$T_{rot} = \frac{1}{2}J\,(2\,\pi\,n)^2 = \frac{1}{2}\cdot 238\ kgm^2\cdot\left(2\,\pi\cdot\frac{800}{60\,s}\right)^2 = 0{,}835\cdot 10^6\ Nm = 835\ kJ \quad .$$

29.3.3 Deviationsmomente, Hauptachsen

Die Definition des Massenträgheitsmoments (29.2) läßt entsprechend

$$J_{\bar{z}\bar{z}} = \int_m r^2\,dm = \int_m \bar{x}^2\,dm + \int_m \bar{y}^2\,dm$$

($\bar{z}$ ist die Rotationsachse) die mathematische Verwandtschaft mit den Flächenträgheitsmomenten (16.6) erkennen, bei den Deviationsmomenten (29.9) ist die Ähnlichkeit mit (16.6) sogar unmittelbar gegeben. Der Unterschied besteht im nunmehr dreidimensionalen Integrationsgebiet über die Masse des Körpers gegenüber der zweidimensionalen Fläche bei den Flächenkennwerten der Biegetheorie.

Die Fragestellungen, die sich ergeben, sind ebenfalls ähnlich (Achsen für minimale und maximale Trägheitsmomente, Transformation von einem Koordinatensystem in ein anderes, ...), sie werden mit entsprechenden (etwas aufwendigeren) Überlegungen beantwortet, wie sie im Abschnitt 16.2 demonstriert wurden, nachfolgend werden die wichtigsten Aussagen zusammengestellt.

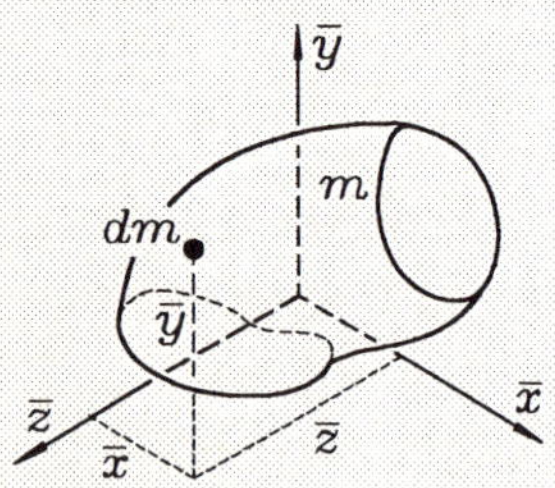

Die Definitionen der Massenträgheitsmomente und der Deviationsmomente beziehen sich auf ein beliebiges kartesisches Koordinatensystem.

Axiale Massenträgheitsmomente:

$$J_{\bar{x}\bar{x}} = \int_m (\bar{y}^2 + \bar{z}^2)\,dm$$
$$J_{\bar{y}\bar{y}} = \int_m (\bar{x}^2 + \bar{z}^2)\,dm \qquad (29.17)$$
$$J_{\bar{z}\bar{z}} = \int_m (\bar{x}^2 + \bar{y}^2)\,dm$$

Deviationsmomente (Zentrifugalmomente):

$$J_{\bar{x}\bar{y}} = -\int_m \bar{x}\,\bar{y}\,dm$$
$$J_{\bar{x}\bar{z}} = -\int_m \bar{x}\,\bar{z}\,dm \qquad (29.18)$$
$$J_{\bar{y}\bar{z}} = -\int_m \bar{y}\,\bar{z}\,dm$$

- Die axialen Massenträgheitsmomente sind stets positiv, Deviationsmomente können positiv oder negativ sein.
- Die Größe der Massenträgheitsmomente und der Deviationsmomente ist von der Lage des Koordinatenursprungs und den Richtungen der Achsen abhängig. Für jeden Koordinatenursprung gibt es mindestens drei Achsen, für die die Deviationsmomente Null werden. Es sind die ***Hauptachsen*** für den gewählten Koordinatenursprung. In Punkten mit genau drei solcher Achsen stehen diese senkrecht aufeinander.
- Jede Senkrechte zu einer Symmetrieebene ist Hauptachse.

- Ein ***Hauptachsensystem*** ist dadurch gekennzeichnet, daß ein axiales Massenträgheitsmoment ein Maximum und das Massenträgheitsmoment um eine zweite dieser Koordinatenachsen ein Minimum wird. Das Massenträgheitsmoment um die dritte Hauptachse liegt zwischen diesen beiden Werten.

- Hauptachsen im Schwerpunkt des Körpers nennt man ***Hauptzentralachsen.*** Schnittlinien zweier Symmetrieebenen eines Körpers (damit auch jede Rotationssymmetrielinie) sind immer Hauptzentralachsen. Wenn das größte und das kleinste Massenträgheitsmoment bezüglich der Hauptzentralachsen den gleichen Wert haben (Kugel, Würfel, ...), sind sämtliche Achsen durch den Schwerpunkt Hauptzentralachsen.

Häufig lassen sich die Massenträgheitsmomente von Körpern zusammensetzen aus den bekannten Massenträgheitsmomenten von Teilkörpern (in der Regel auf Schwerpunktachsen der Teilkörper bezogen, vgl. Tabelle im Abschnitt 29.3.1). Da sie nur addiert bzw. subtrahiert werden dürfen, wenn sie sich auf gleiche Achsen beziehen, müssen der Steinersche Satz (für Parallelverschiebung) und Transformationsformeln für die Drehung des Koordinatensystems benutzt werden. Die folgenden Formeln setzen zunächst voraus, daß keine Drehung der Koordinatensysteme erforderlich ist. Dann berechnen sich die

Massenträgheitsmomente und Deviationsmomente zusammengesetzter Körper:

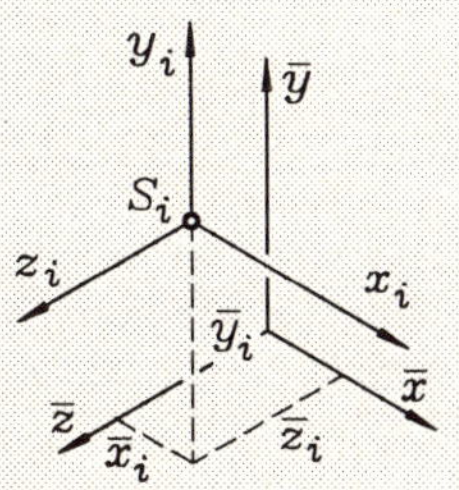

$$J_{\bar{x}\bar{x}} = \sum_i \left[J_{xx_i} + \left(\bar{y}_i^{\,2} + \bar{z}_i^{\,2}\right) m_i \right]$$
$$J_{\bar{y}\bar{y}} = \sum_i \left[J_{yy_i} + \left(\bar{z}_i^{\,2} + \bar{x}_i^{\,2}\right) m_i \right]$$
$$J_{\bar{z}\bar{z}} = \sum_i \left[J_{zz_i} + \left(\bar{x}_i^{\,2} + \bar{y}_i^{\,2}\right) m_i \right]$$
$$J_{\bar{x}\bar{y}} = \sum_i \left[J_{xy_i} - \bar{x}_i\, \bar{y}_i\, m_i \right] \qquad (29.19)$$
$$J_{\bar{y}\bar{z}} = \sum_i \left[J_{yz_i} - \bar{y}_i\, \bar{z}_i\, m_i \right]$$
$$J_{\bar{x}\bar{z}} = \sum_i \left[J_{xz_i} - \bar{x}_i\, \bar{z}_i\, m_i \right]$$

$\bar{x}\,,\bar{y}\,,\bar{z}$ - Koordinatensystem für das Trägheitsmoment des Gesamtkörpers,
$x_i\,, y_i\,, z_i$ - Koordinatensystem im Schwerpunkt des i-ten Teilkörpers parallel zum $\bar{x}$-$\bar{y}$-$\bar{z}$-System

Auch die axialen Massenträgheitsmomente in (29.17) bzw. (29.19) wurden aus formalen Gründen mit zwei Indizes versehen, weil es üblich und sinnvoll ist, sie mit den Deviationsmomenten zum ***Trägheitstensor*** zusammenzufassen. Die sechs zu einem speziellen Koordinatensystem gehörenden Werte werden als symmetrische Matrix angeordnet:

$$\bar{J} = \begin{bmatrix} J_{\bar{x}\bar{x}} & J_{\bar{x}\bar{y}} & J_{\bar{x}\bar{z}} \\ J_{\bar{x}\bar{y}} & J_{\bar{y}\bar{y}} & J_{\bar{y}\bar{z}} \\ J_{\bar{x}\bar{z}} & J_{\bar{y}\bar{z}} & J_{\bar{z}\bar{z}} \end{bmatrix} \qquad (29.20)$$

Der Übergang vom beliebigen $\bar{x}$-$\bar{y}$-$\bar{z}$-Koordinatensystem zu einem parallelen x-y-z-System, dessen Ursprung im **Schwerpunkt des Gesamtkörpers** liegt, ist durch den im vorigen Abschnitt behandelten Steinerschen Satz gegeben, der auch schon für das Aufschreiben von (29.19) genutzt wurde. Der Zusammenhang zwischen dem Trägheitstensor nach (29.20) und einem Trägheitstensor $\boldsymbol{J}$, der sich auf das parallele Schwerpunktsystem bezieht, ist unmittelbar aus (29.19) abzulesen ("Körper, der aus nur einem Teilkörper besteht") als

Steinerscher Satz für Massenträgheitsmomente und Deviationsmomente:

$$\boldsymbol{J} = \begin{bmatrix} J_{xx} & J_{xy} & J_{xz} \\ J_{xy} & J_{yy} & J_{yz} \\ J_{xz} & J_{yz} & J_{zz} \end{bmatrix} = \bar{\boldsymbol{J}} - m \begin{bmatrix} \bar{y}_S^2 + \bar{z}_S^2 & -\bar{x}_S \bar{y}_S & -\bar{x}_S \bar{z}_S \\ -\bar{x}_S \bar{y}_S & \bar{z}_S^2 + \bar{x}_S^2 & -\bar{y}_S \bar{z}_S \\ -\bar{x}_S \bar{z}_S & -\bar{y}_S \bar{z}_S & \bar{x}_S^2 + \bar{y}_S^2 \end{bmatrix} \qquad (29.21)$$

mit den Koordinaten des Gesamtschwerpunkts $\bar{x}_S$, $\bar{y}_S$, $\bar{z}_S$ der Masse m, gemessen im allgemeinen $\bar{x}$-$\bar{y}$-$\bar{z}$-Koordinatensystem.

Man beachte, daß (29.21) in der Form "Übergang vom allgemeinen zum speziellen Koordinatensystem" aufgeschrieben wurde, weil diese Formel vornehmlich so gebraucht wird (deshalb das Minuszeichen vor dem "Steiner-Anteil").

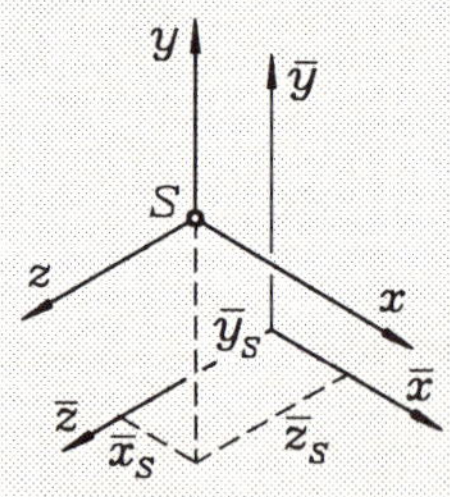

Auch die Drehung des Koordinatensystems ist nach den aus der Mathematik bekannten Regeln formalisierbar. Der Trägheitstensor nach (29.21) möge für ein x-y-z-Koordinatensystem gegeben sein, es sollen die axialen Massenträgheitsmomente und die Deviationsmomente für ein gedrehtes ξ-η-ζ-System bestimmt werden (Hinweis: Die nachfolgend angegebenen Transformationsformeln, hier aufgeschrieben für das Schwerpunkt-Koordinatensystem mit x, y und z, gelten uneingeschränkt auch für das beliebige $\bar{x}$-$\bar{y}$-$\bar{z}$-Koordinatensystem). Wenn

α_1, β_1 und γ_1 die Winkel zwischen x-, y- bzw. z- Achse und der ξ-Achse,
α_2, β_2 und γ_2 die Winkel zwischen x-, y- bzw. z- Achse und der η-Achse und
α_3, β_3 und γ_3 die Winkel zwischen x-, y- bzw. z- Achse und der ζ-Achse

sind (die Skizze zeigt als Beispiel die Winkel, die die Lage der ξ-Achse definieren), dann gilt für die Koordinatentransformation

$$\begin{bmatrix} \xi \\ \eta \\ \zeta \end{bmatrix} = \boldsymbol{C}^T \begin{bmatrix} x \\ y \\ z \end{bmatrix}$$

$$mit \quad \boldsymbol{C} = \begin{bmatrix} \cos\alpha_1 & \cos\alpha_2 & \cos\alpha_3 \\ \cos\beta_1 & \cos\beta_2 & \cos\beta_3 \\ \cos\gamma_1 & \cos\gamma_2 & \cos\gamma_3 \end{bmatrix} \qquad (29.22)$$

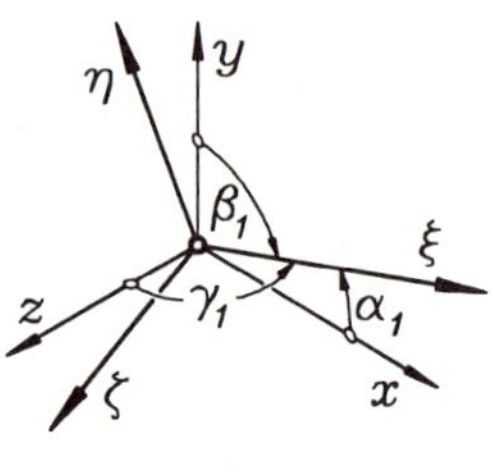

Winkel, die die Lage der ξ-Achse definieren

($\boldsymbol{C}^T$ ist die transponierte Matrix) und damit für die

Transformation der Massenträgheitsmomente und Deviationsmomente bei Drehung des Koordinatensystems:

$$\tilde{J} = C^T J C \tag{29.23}$$

mit der Transformationsmatrix C nach (29.22) und J nach (29.21) oder auch (29.20).

In der Transformationsmatrix C ist jede Spalte ein Einheitsvektor, der die Richtung einer Koordinatenachse des ξ-η-ζ-Systems im x-y-z-Koordinatensystem hat. Wenn nun eine Transformation (29.23) gefunden werden kann, die J in eine Diagonalmatrix überführt (die auf den Nichtdiagonalpositionen stehenden Deviationsmomente sollen Null werden), dann würden die Spalten dieser speziellen Transformationsmatrix C_H die Richtungen der Hauptzentralachsen definieren (bei einem allgemeinen Koordinatensystem die Richtungen der Hauptachsen für den entsprechenden Koordinatenursprung), und die Transformation

$$C_H^T J C_H = \begin{bmatrix} J_1 & 0 & 0 \\ 0 & J_2 & 0 \\ 0 & 0 & J_3 \end{bmatrix} \tag{29.24}$$

liefert die drei Hauptträgheitsmomente J_1, J_2 und J_3.

Das Finden einer ***Hauptachsentransformation*** (29.24) für eine gegebene Matrix J entspricht genau der Aufgabenstellung des ***speziellen Matrizeneigenwertproblems***

$$(J - \kappa E)x = 0 \quad , \tag{29.25}$$

für dessen Lösung die Verwendung eines geeignetes Computerprogramms empfohlen wird. Da auf der beiliegenden Diskette Programme für die Lösung von Matrizeneigenwertproblemen keinen Platz mehr gefunden haben, soll hier kurz eine (für dieses kleine Problem durchaus zumutbare) Lösungsmöglichkeit für die Handrechnung beschrieben werden:

(29.25) ist ein homogenes lineares Gleichungssystem (E steht für eine Einheitsmatrix), die drei ***Eigenwerte*** κ_i, für die es nichttriviale Lösungen hat, sind die gesuchten Hauptträgheitsmomente J_1, J_2 und J_3. Die zugehörigen (bis auf einen Faktor bestimmbaren) nichttrivialen Lösungsvektoren x_i (***Eigenvektoren***) sind die Spalten der gesuchten Transformationsmatrix C (und damit die Richtungsvektoren der Hauptzentralachsen bzw. Hauptachsen).

Da ein homogenes Gleichungssystem nur dann nichttriviale Lösungen haben kann, wenn die Koeffizientendeterminante verschwindet, können aus der Bedingung

$$\begin{vmatrix} J_{xx} - \kappa & J_{xy} & J_{xz} \\ J_{xy} & J_{yy} - \kappa & J_{yz} \\ J_{xz} & J_{yz} & J_{zz} - \kappa \end{vmatrix} = 0$$

die drei gesuchten κ-Werte berechnet werden (die Entwicklung der Determinante führt auf eine Gleichung dritten Grades). Für jeden κ-Wert findet man einen Lösungsvektor des homogenen Gleichungssystems (29.25). Sinnvoll ist es, diese Lösungsvektoren durch ihre Beträge zu dividieren, so daß Einheitsvektoren entstehen, deren Komponenten dann die Richtungskosinusse der Hauptzentralachsen (bzw. Hauptachsen) sind.

Beispiel 1: Für den skizzierten Kreiszylinder soll der Trägheitstensor bezüglich des eingezeichneten Schwerpunkt-Koordinatensystems ermittelt werden (die ζ-Achse durchstößt die Stirnflächen jeweils im Abstand $\boldsymbol{a}$ vom Kreismittelpunkt.)

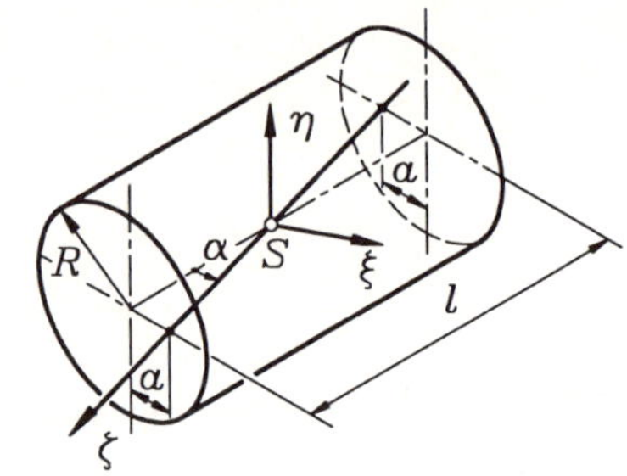

Gegeben: $\quad \boldsymbol{m}\ ,\ \boldsymbol{a}\ ,\ \boldsymbol{R = 2\,a}\ ,\ \boldsymbol{l = 6\,a}\ .$

Da es ein typisches Problem ist, die Massenträgheitsmomente und Deviationsmomente für ein Koordinatensystem zu suchen, das gegenüber dem System der Hauptzentralachsen nur um eine Achse gedreht ist (hier: Drehung um die $\boldsymbol{y}$-Achse um den Winkel α), soll die Rechnung zunächst allgemein ausgeführt werden. Die Skizze zeigt von den neun Winkeln, die die Transformationsmatrix (29.22) bilden, nur die vier, die von **0°** und **90°** verschieden sind. Zur Erinnerung: Die Winkel α_1, β_1 und γ_1 zählen von der x-, y- bzw. z- Achse bis zur ξ-Achse, entsprechend die Winkel mit den Indizes **2** und **3** bis zur η- bzw. ζ-Achse. Aus der Skizze liest man ab:

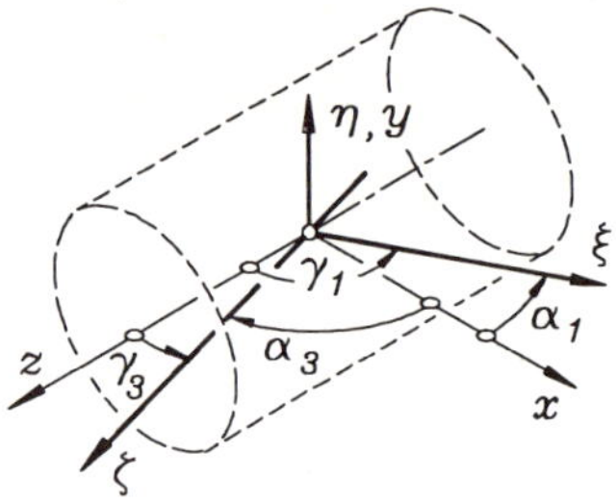

$$\begin{array}{llll} \alpha_1 = \alpha & ;\ \alpha_2 = \pi/2 & ;\ \alpha_3 = \pi/2 - \alpha & ; \\ \beta_1 = \pi/2 & ;\ \beta_2 = 0 & ;\ \beta_3 = \pi/2 & ; \\ \gamma_1 = \pi/2 + \alpha & ;\ \gamma_2 = \pi/2 & ;\ \gamma_3 = \alpha & ; \end{array} \quad \Rightarrow \quad C = \begin{bmatrix} c_\alpha & 0 & s_\alpha \\ 0 & 1 & 0 \\ -s_\alpha & 0 & c_\alpha \end{bmatrix}$$

mit den Abkürzungen $c_\alpha = \cos\alpha$ und $s_\alpha = \sin\alpha$. Damit erhält man nach (29.23) eine allgemeingültige Beziehung für die Berechnung der Massenträgheits- und Deviationsmomente bezüglich eines Koordinatensystems, das sich aus dem System der Hauptzentralachsen durch Drehung um die $\boldsymbol{y}$-Achse ergibt:

$$\tilde{J} = C^T \begin{bmatrix} J_{xx} & 0 & 0 \\ 0 & J_{yy} & 0 \\ 0 & 0 & J_{zz} \end{bmatrix} C = \begin{bmatrix} J_{xx} c_\alpha^2 + J_{zz} s_\alpha^2 & 0 & (J_{xx} - J_{zz}) s_\alpha c_\alpha \\ 0 & J_{yy} & 0 \\ (J_{xx} - J_{zz}) s_\alpha c_\alpha & 0 & J_{xx} s_\alpha^2 + J_{zz} c_\alpha^2 \end{bmatrix} . \qquad \mathbf{(29.26)}$$

Für das aktuelle Beispiel sind die Massenträgheitsmomente für die Hauptzentralachsen bekannt. Man entnimmt der Tabelle im Abschnitt 29.3.1

$$J_{xx} = J_{yy} = \frac{1}{12} m (3 R^2 + l^2) \quad , \quad J_{zz} = \frac{1}{2} m R^2$$

und errechnet mit den gegebenen Größen:

$$\tilde{J} = \begin{bmatrix} J_{\xi\xi} & J_{\xi\eta} & J_{\xi\zeta} \\ J_{\xi\eta} & J_{\eta\eta} & J_{\eta\zeta} \\ J_{\xi\zeta} & J_{\eta\zeta} & J_{\zeta\zeta} \end{bmatrix} = \frac{m a^2}{5} \begin{bmatrix} 19 & 0 & 3 \\ 0 & 20 & 0 \\ 3 & 0 & 11 \end{bmatrix} .$$

Beispiel 2: Für den aus einem Quader und einem Würfel zusammengesetzten homogenen Körper sollen

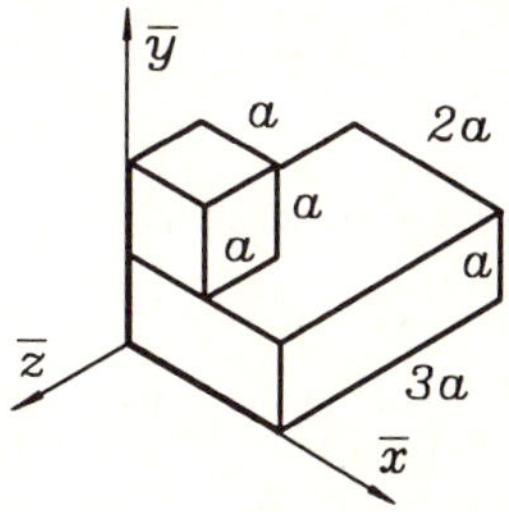

a) alle Komponenten des Trägheitstensors bezüglich des skizzierten Koordinatensystems und

b) die Lage der Hauptzentralachsen und die zugehörigen Hauptträgheitsmomente ermittelt werden.

Gegeben: a , Dichte ϱ .

a) Die Massenträgheitsmomente der beiden Teilkörper (jeweils bezogen auf die Teilkörperschwerpunkte, der Würfel ist natürlich auch nur ein Sonderfall des Quaders) können der Tabelle des Abschnitts 29.3.1 entnommen werden. Nach (29.19) berechnet man z. B.:

$$J_{\bar{x}\bar{x}} = \frac{1}{12}\varrho \cdot 6a^3 \cdot \left[(3a)^2 + a^2\right] + \left[\left(\frac{a}{2}\right)^2 + \left(\frac{3a}{2}\right)^2\right]\varrho \cdot 6a^3$$

$$+ \frac{1}{12}\varrho a^3 \cdot \left(a^2 + a^2\right) + \left[\left(\frac{3a}{2}\right)^2 + \left(\frac{a}{2}\right)^2\right]\varrho a^3 = \frac{68}{3}\varrho a^5 \quad .$$

Bei der Berechnung der Deviationsmomente ist zu beachten, daß die Symmetrieachsen der Teilkörper Hauptzentralachsen sind und nur für den Gesamtkörper infolge der Steiner-Anteile in (29.19) Deviationsmomente entstehen, z. B.:

$$J_{\bar{x}\bar{y}} = -\frac{2a}{2}\frac{a}{2}\varrho \cdot 6a^3 - \frac{a}{2}\frac{3a}{2}\varrho \cdot a^3 = -\frac{15}{4}\varrho a^5 \quad .$$

Entsprechend errechnen sich die anderen Elemente des Trägheitstensors, man erhält:

$$\bar{J} = \frac{\varrho a^5}{12}\begin{bmatrix} 272 & -45 & 111 \\ -45 & 320 & 63 \\ 111 & 63 & 152 \end{bmatrix}$$

b) Die Schwerpunktberechnung wurde im Kapitel 4 behandelt. Nach (4.4) erhält man:

$$\bar{x}_S = \frac{1}{a^3 + 6a^3}\left(a^3 \cdot \frac{a}{2} + 6a^3 \cdot \frac{2a}{2}\right) = \frac{13}{14}a \quad ; \quad \bar{y}_s = \frac{9}{14}a \quad ; \quad \bar{z}_S = -\frac{19}{14}a \quad .$$

Der Trägheitstensor J bezüglich eines Koordinatensystems im Schwerpunkt mit Achsen parallel zum $\bar{x}$-$\bar{y}$-$\bar{z}$-System kann nun nach (29.21) mit den laut Aufgabenstellung a) errechneten Werten und der Gesamtmasse $m = 7\varrho a^3$ aufgeschrieben werden:

$$J = \bar{J} - 7\varrho a^3 \begin{bmatrix} \bar{y}_S^2 + \bar{z}_S^2 & -\bar{x}_S\bar{y}_S & -\bar{x}_S\bar{z}_S \\ -\bar{x}_S\bar{y}_S & \bar{z}_S^2 + \bar{x}_S^2 & -\bar{y}_S\bar{z}_S \\ -\bar{x}_S\bar{z}_S & -\bar{y}_S\bar{z}_S & \bar{x}_S^2 + \bar{y}_S^2 \end{bmatrix} = \frac{\varrho a^5}{42}\begin{bmatrix} 289 & 18 & 18 \\ 18 & 325 & -36 \\ 18 & -36 & 157 \end{bmatrix} \quad .$$

Die Eigenvektoren dieser Matrix J definieren die Richtungen der Hauptzentralachsen des Körpers, die Eigenwerte sind die zugehörigen Hauptträgheitsmomente. Mit dem CAMM-

PUS-Programm MJACOBI (befindet sich nicht auf der beiliegenden Diskette) wurden berechnet:

$$C_H = \begin{bmatrix} 0{,}2953 & 0{,}9438 & -0{,}1485 \\ 0{,}9420 & -0{,}2618 & 0{,}2098 \\ -0{,}1591 & 0{,}2018 & 0{,}9664 \end{bmatrix} \quad ; \quad C_H^T J C_H = \varrho\, a^5 \begin{bmatrix} 8{,}017 & 0 & 0 \\ 0 & 6{,}854 & 0 \\ 0 & 0 & 3{,}486 \end{bmatrix} .$$

Die normierten Spalten der Matrix C_H sind Einheitsvektoren, die die Richtungen der drei Hauptzentralachsen anzeigen. Die Skizze zeigt den Einheitsvektor

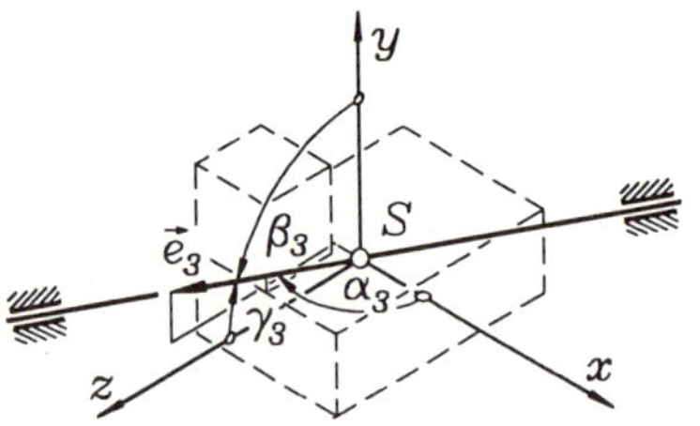

$$\vec{e}_3 = \begin{bmatrix} -0{,}1485 \\ 0{,}2098 \\ 0{,}9664 \end{bmatrix} = \begin{bmatrix} \cos\alpha_3 \\ \cos\beta_3 \\ \cos\gamma_3 \end{bmatrix} = \begin{bmatrix} \cos 98{,}5° \\ \cos 77{,}9° \\ \cos 14{,}9° \end{bmatrix} ,$$

der die Hauptzentralachse mit dem kleinsten Hauptträgheitsmoment

$$J_3 = 3{,}486\, \varrho\, a^5$$

definiert.

- Das kleinste der drei Hauptträgheitsmomente bezüglich der Schwerpunktachsen ist das kleinste Massenträgheitsmoment des Körpers überhaupt (wegen der immer positiven Steiner-Anteile der axialen Massenträgheitsmomente haben alle parallelen Achsen größere Trägheitsmomente). Die in der Skizze eingezeichnete Drehachse ist für diesen Körper also die Achse mit der geringsten Drehträgheit.
- Zur Erinnerung: Nur bei Rotation um eine der drei Haupt**zentral**achsen (im gerade behandelten Beispiel durch die Spalten der Matrix C_H definiert) werden die Lager ausschließlich durch die Gewichtskraft der Masse (und eventuell weiterer äußerer Kräfte) und nicht durch die Trägheitskräfte der Bewegung belastet.

29.4 Beispiele zur Rotation um eine feste Achse

29.4.1 Allgemeine Beispiele

Beispiel 1: Der skizzierte dünne Stab mit der Masse m wird in der horizontalen Lage gehalten und beginnt nach Durchtrennen des Fadens infolge seines Eigengewichts eine Drehbewegung um den Punkt A.

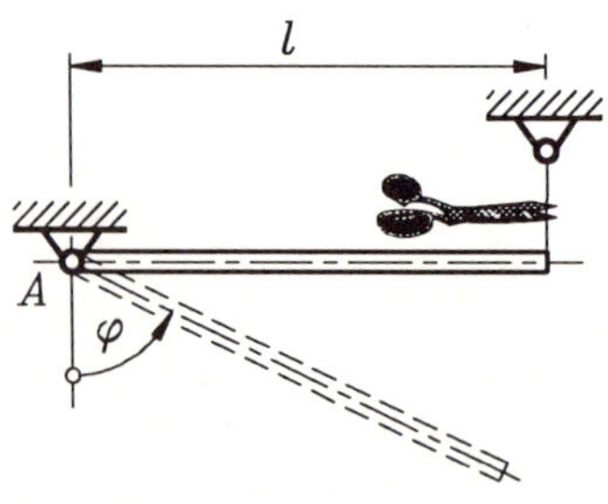

Gegeben: l , m .

Es sollen das Bewegungsgesetz $\varphi(t)$ und die Lagerreaktionen im Lager A unmittelbar nach Durchtrennen des Fadens ermittelt werden.

Für die Analyse der Bewegung des Stabs genügt die dritte Gleichung von (29.10), das Massenträgheitsmoment des dünnen Stabs bezüglich des

Punktes A ist durch die Beziehung (29.12) gegeben. Das Eigengewicht erzeugt ein Moment um den Drehpunkt, das infolge des sich ständig ändernden Hebelarms auch veränderlich ist.

Nach den Definitionen der positiven Koordinatenrichtungen, die den Formeln (29.10) zugrunde liegen, ist (bei linksdrehend positivem Winkel φ) das Moment $M_{\bar{z}}$ linksdrehend positiv einzusetzen. Aus

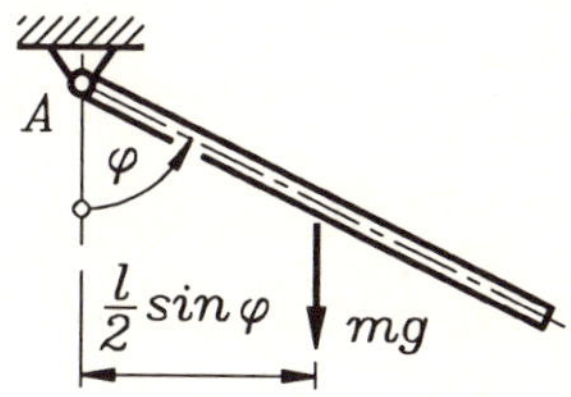

$$M_{\bar{z}} = -mg\frac{l}{2}\sin\varphi$$

und mit dem Massenträgheitsmoment nach (29.12) erhält man die Bewegungs-Differentialgleichung:

$$-mg\frac{l}{2}\sin\varphi = \frac{1}{3}ml^2\ddot{\varphi} \quad \Rightarrow \quad \ddot{\varphi} = -\frac{3g}{2l}\sin\varphi \quad .$$

Selbst dieses einfache Problem führt auf eine nichtlineare Differentialgleichung, die nicht in geschlossener Form lösbar ist. Mit den Anfangsbedingungen (Start aus der Horizontalen ohne Anfangsgeschwindigkeit) wird das Anfangswertproblem

$$\ddot{\varphi} = -\frac{3g}{2l}\sin\varphi \quad , \quad \varphi(t=0) = \frac{\pi}{2} \quad , \quad \dot{\varphi}(t=0) = 0$$

im Anhang B (Beispiel 1 im Abschnitt B1.12) zur Demonstration der numerischen Lösung mit dem Programm MCALCU (beiliegende Diskette) ausführlich behandelt.

Zur Berechnung der Lagerreaktionen stehen die Gleichungen (29.7) zur Verfügung. Für den Zeitpunkt $t = 0$ kann man die dafür benötigten Bewegungsgrößen auch ohne Integration des Anfangswertproblems angeben. Die nebenstehende Skizze zeigt die äußeren Kräfte und das Koordinatensystem. Mit den Schwerpunktkoordinaten

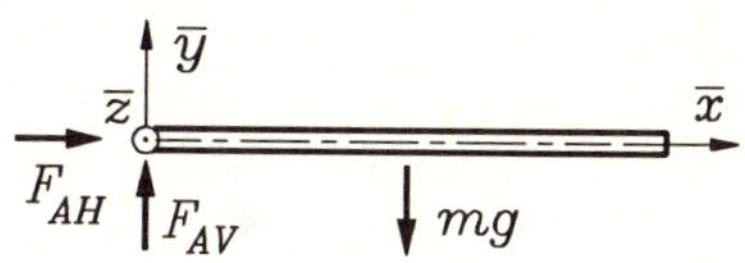

$$\bar{x}_S = l/2 \quad , \quad \bar{y}_S = 0$$

und den Bewegungsgrößen für den Startzeitpunkt

$$\dot{\varphi}(t=0) = 0 \quad , \quad \ddot{\varphi}(t=0) = -\frac{3g}{2l}$$

errechnet man:

$$F_{\bar{x}} = F_{AH} = 0 \quad ,$$

$$F_{\bar{y}} = F_{AV} - mg = m\frac{l}{2}\left(-\frac{3g}{2l}\right) \quad \Rightarrow \quad F_{AV} = \frac{1}{4}mg \quad .$$

- Man beachte unbedingt, daß die Beziehungen (29.7) und (29.10) an feste Koordinatenvereinbarungen gebunden sind. In jedem Fall muß $\bar{z}$ mit der Drehachse übereinstimmen, $\bar{x}$, $\bar{y}$ und $\bar{z}$ müssen in dieser Reihenfolge ein Rechtssystem bilden. Die Richtungen der äußeren Kräfte in (29.7) und der äußeren Momente in (29.10) orientieren sich an diesen Koordinaten, und auch die Koordinate φ muß "passen": Sie muß die gleiche positive Drehrichtung haben wie das äußere Moment $M_{\bar{z}}$.
- Wenn die Kräfte in dem behandelten Beispiel für eine andere Lage des Stabes berechnet werden müssen, ist darauf zu achten, daß $\bar{x}$, $\bar{y}$ und $\bar{z}$ "mitrotierende Koordinaten" sind (vgl. Beispiel 3).

Beispiel 2: Ein Kreiszylinder kann um eine vertikale Achse rotieren, die durch seinen Schwerpunkt geht, aber nicht mit der Zylinderachse übereinstimmt. Er wird durch ein konstantes Moment M_0 angetrieben.

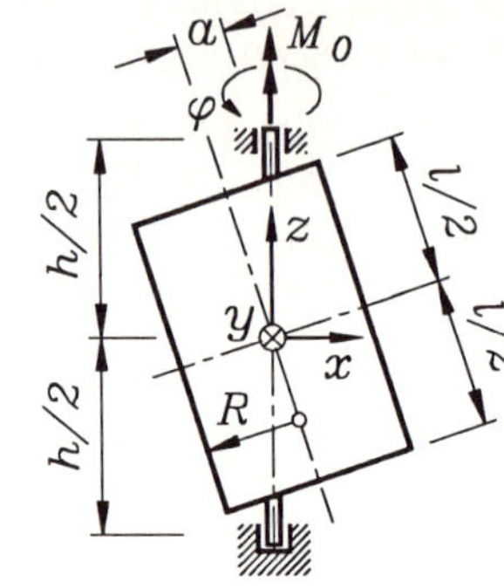

Gegeben: $m\ ,\ a\ ,\ M_0\ ,\ R = 2a\ ,\ l = 6a\ ,\ h\ .$

Die Abmessungen des Zylinders entsprechen denen des Beispiels 1 im vorigen Abschnitt, die Lage der Drehachse entspricht der ζ-Achse dieses Beispiels.

Die Bewegung beginnt aus der Ruhe heraus. Es sollen die zeitabhängigen Lagerreaktionen und die Gesamtzeit t_1 berechnet werden, die für die erste volle Umdrehung benötigt wird.

Die Analyse der Bewegung ist in diesem Fall einfach. Für die in der Skizze angegebene Koordinate (φ hat den gleichen Drehsinn wie das äußere Moment) und die Anfangsbedingungen

$$\varphi\,(t=0) = 0 \quad , \quad \dot\varphi\,(t=0) = 0$$

(die Bedingung für φ ist willkürlich, die für $\dot\varphi$ durch die Aufgabenstellung vorgegeben) kann die dritte Gleichung von (29.10) aufgeschrieben und integriert werden:

$$M_0 = J_{zz}\ddot\varphi \quad\Rightarrow\quad \ddot\varphi = \frac{M_0}{J_{zz}} \quad\Rightarrow\quad \dot\varphi = \frac{M_0}{J_{zz}}\,t \quad\Rightarrow\quad \varphi = \frac{M_0}{J_{zz}}\,t^2 \ .$$

Die Integrationskonstanten wurden Null wegen der speziellen Anfangsbedingungen, für J_{zz} kann der im Beispiel 1 des Abschnitts 29.3.3 errechnete Wert $J_{\zeta\zeta}$ eingesetzt werden, so daß die Frage nach der Zeit für die erste volle Umdrehung bereits zu beantworten ist:

$$t_1 = t\,(\varphi = 2\pi) = \sqrt{2\pi\,\frac{J_{zz}}{M_0}} = \sqrt{2\pi\,\frac{11\,m\,a^2}{5\,M_0}} = 3{,}72\,a\sqrt{\frac{m}{M_0}} \ .$$

Da die Drehachse durch den Schwerpunkt der rotierenden Masse verläuft, gibt es keine resultierenden Massenkräfte infolge der Bewegung. Aus Gleichgewichtsgründen muß deshalb

$$F_{Ax} = -F_{Bx} \quad , \quad F_{Ay} = -F_{By}$$

gelten, und die Gewichtskraft wird von der Vertikalkomponente bei B aufgenommen:

$$F_{Bz} = m\,g \ .$$

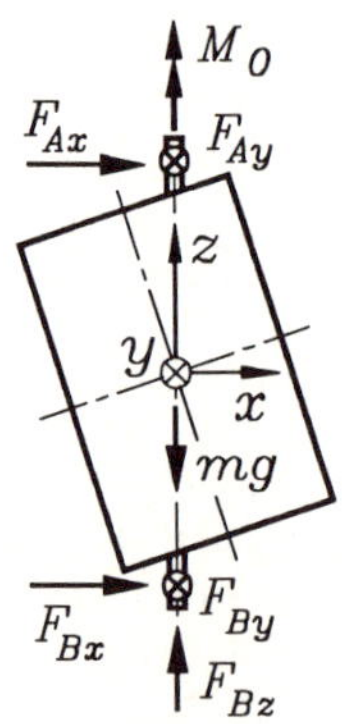

Die Momenten-Gleichgewichtsbedingungen um die x-Achse und um die y-Achse werden von den ersten beiden Gleichungen (29.10) erfüllt. Dabei ist für die Momentwirkung der äußeren Kräfte (Lagerkraftkomponenten) die Vereinbarung über die Drehrichtung zu beachten (Momentenpfeile haben den Richtungssinn der x- bzw. y-Achse):

$$M_x = -F_{Ay}\frac{h}{2} + F_{By}\frac{h}{2} = -F_{Ay}\,h = -J_{yz}\,\dot\varphi^2 + J_{xz}\,\ddot\varphi \ ,$$

$$M_y = F_{Ax}\frac{h}{2} - F_{Bx}\frac{h}{2} = F_{Ax}\,h = J_{xz}\,\dot\varphi^2 + J_{yz}\,\ddot\varphi \ .$$

Massenträgheitsmoment und Deviationsmomente werden vom Beispiel 1 des vorigen Abschnitts übernommen:

$$J_{zz} = J_{\zeta\zeta} = \frac{11}{5}\,m\,a^2 \quad , \quad J_{xz} = J_{\xi\zeta} = \frac{3}{5}\,m\,a^2 \quad , \quad J_{yz} = J_{\eta\zeta} = 0 \quad ,$$

und man erhält die Lagerreaktionen:

$$F_{Ay} = -F_{By} = -\frac{1}{h}\,J_{xz}\,\ddot{\varphi} = -\frac{1}{h}\,J_{xz}\,\frac{M_0}{J_{zz}} = -\,\frac{3}{11}\,\frac{M_0}{h} \quad ;$$

$$F_{Ax} = -F_{Bx} = \frac{1}{h}\,J_{xz}\,\dot{\varphi}^2 = \frac{1}{h}\,J_{xz}\left(\frac{M_0}{J_{zz}}\,t\right)^2 = \frac{15}{121}\,\frac{M_0\,t^2}{m\,a^2\,h} \quad .$$

♦ Die Komponenten der Lagerreaktionen im gerade behandelten Beispiel beziehen sich auf die Richtungen der x- bzw. y-Achse des Rotors, machen also die Drehbewegung mit und haben damit bezüglich des rotierenden Körpers immer die Richtung der in der Skizze zur Aufgabenstellung eingezeichneten Koordinaten. Man erkennt, daß die x-Komponenten der Lagerreaktionen dem durch die Fliehkräfte erzeugten Moment um die y-Achse entgegenwirken müssen. Dieses Moment, das natürlich auch bei konstanter Drehzahl vorhanden ist, wird bei dem Beispiel ausschließlich durch die Schiefstellung der Masse hervorgerufen (der "Rotor ist nicht dynamisch ausgewuchtet", vgl. Abschnitt 29.4), und die Vorzeichen der Lagerreaktionen zeigen, daß der **Rotor die Tendenz hat, die Schiefstellung zu vergrößern** (und dies auch tun würde, wenn die durch die umlaufenden Kräfte erheblich belasteten Lager dies nicht verhindern würden).

Beispiel 3: Die skizzierte Masse wird von den beiden Stäben 1 und 2 gehalten. Infolge eines Bruchs von Stab 2 beginnt die Masse eine Drehbewegung um den Stab 1. Es sollen der Winkel und die Winkelgeschwindigkeit, die die Drehbewegung beschreiben, sowie die Lagerreaktionen bei A und B in Abhängigkeit von der Zeit ermittelt werden.

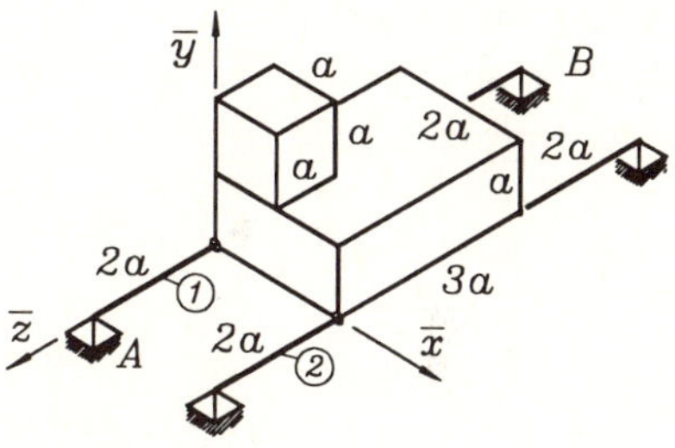

Der komplette Trägheitstensor für diese Masse wurde im Beispiel 2 des vorigen Abschnitts berechnet. Es wird deshalb auch das dort verwendete Koordinatensystem benutzt, um die benötigten Massenträgheitsmomente und Deviationsmomente übernehmen zu können (Schwerpunkt-Koordinatensystem kann nicht benutzt werden, weil die $\bar{z}$-Achse mit der Drehachse übereinstimmen muß).

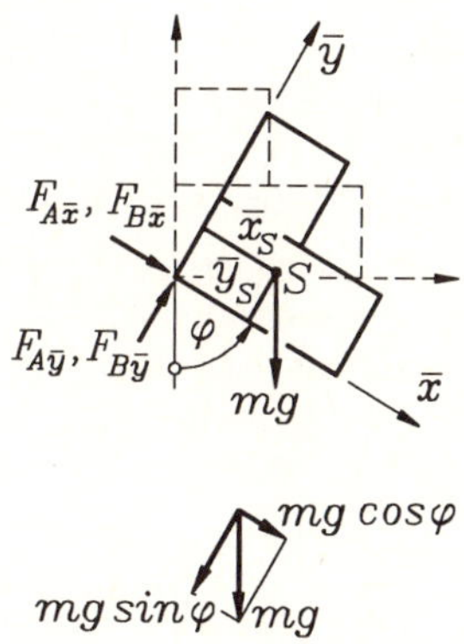

Die nebenstehende Skizze zeigt die Definition des Drehwinkels (linksdrehend positiv, passend zum Koordinatensystem). Er verfolgt die Unterkante der Masse. Das Koordinatensystem rotiert mit, so daß die Schwerpunktkoordinaten unveränderlich sind. Auch die Komponenten der Lagerreaktionen folgen der Drehbewegung, so daß nur das Eigengewicht mg nicht die Richtung der Koordinatenachsen hat und wie skizziert in zwei Komponenten zerlegt wird.

Das Bewegungsgesetz folgt aus der dritten Gleichung von (29.10). Die äußeren Kräfte (Komponenten des Eigengewichts) drehen entgegen der positiven φ-Richtung, das Moment wird negativ:

$$-m g \bar{x}_S \sin\varphi - m g \bar{y}_S \cos\varphi = J_{\bar{z}\bar{z}}\,\ddot{\varphi} \quad .$$

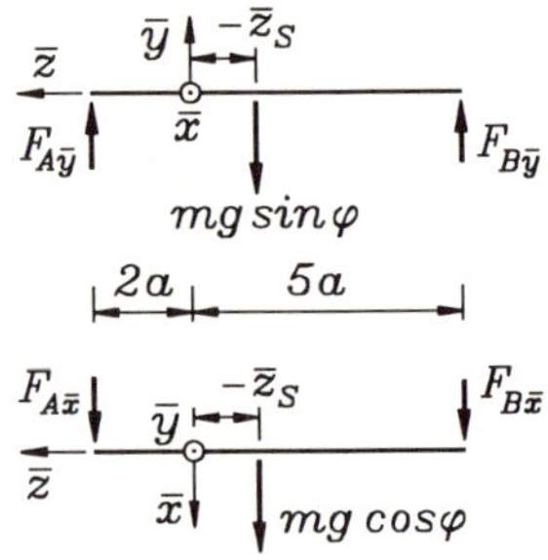

Für die Berechnung der vier Lagerkraftkomponenten stehen die beiden restlichen Gleichungen von (29.10) und die Gleichungen (29.7) zur Verfügung. Die nebenstehende Skizze zeigt noch einmal die Kräfte, die in der $\bar{y}$-$\bar{z}$-Ebene bzw. der $\bar{x}$-$\bar{z}$-Ebene wirken. (29.7) liefert:

$$F_{A\bar{x}} + F_{B\bar{x}} + m g \cos\varphi = -m \bar{x}_S \dot{\varphi}^2 - m \bar{y}_S \ddot{\varphi} \quad ,$$

$$F_{A\bar{y}} + F_{B\bar{y}} - m g \sin\varphi = -m \bar{y}_S \dot{\varphi}^2 + m \bar{x}_S \ddot{\varphi} \quad .$$

Beim Aufschreiben der restlichen Momentenbeziehungen nach (29.10) ist zu beachten, daß die Schwerpunktkoordinate $\bar{z}_S$ einen negativen Wert hat:

$$-F_{A\bar{y}} \cdot 2a + F_{B\bar{y}} \cdot 5a - m g \sin\varphi \cdot (-\bar{z}_S) = -J_{\bar{y}\bar{z}}\,\dot{\varphi}^2 + J_{\bar{x}\bar{z}}\,\ddot{\varphi} \quad ,$$

$$F_{A\bar{x}} \cdot 2a - F_{B\bar{x}} \cdot 5a - m g \cos\varphi \cdot (-\bar{z}_S) = J_{\bar{x}\bar{z}}\,\dot{\varphi}^2 + J_{\bar{y}\bar{z}}\,\ddot{\varphi} \quad .$$

Diese fünf Gleichungen beschreiben die Bewegung und gestatten die Berechnung der Lagerreaktionen. Vom Beispiel 2 des Abschnitts 29.3.3 werden übernommen:

$$\bar{x}_S = \frac{13}{14} a \quad , \quad \bar{y}_S = \frac{9}{14} a \quad , \quad \bar{z}_S = -\frac{19}{14} a \quad ,$$

$$J_{\bar{z}\bar{z}} = \frac{38}{3} \varrho a^5 = \frac{38}{21} m a^2 \quad , \quad J_{\bar{x}\bar{z}} = \frac{37}{4} \varrho a^5 = \frac{37}{28} m a^2 \quad , \quad J_{\bar{y}\bar{z}} = \frac{21}{4} \varrho a^5 = \frac{3}{4} m a^2 \quad ,$$

wobei für die Gesamtmasse $m = 7 a^3 \varrho$ eingesetzt wurde. Damit wird z. B. aus der Bewegungs-Differentialgleichung:

$$-m g \left(\frac{13}{14} a \sin\varphi + \frac{9}{14} a \cos\varphi \right) = \frac{38}{21} m a^2 \ddot{\varphi} \quad ,$$

$$\ddot{\varphi} = -\frac{3}{76} (13 \sin\varphi + 9 \cos\varphi) \frac{g}{a} \quad .$$

Zunächst muß diese Differentialgleichung unter Beachtung der Anfangsbedingungen

$$\varphi(t=0) = \frac{\pi}{2} \quad , \quad \dot{\varphi}(t=0) = 0$$

gelöst werden, was nur numerisch gelingt. Die Aufbereitung der Gleichungen für die Computer-Rechnung soll zum Anlaß genommen werden, die (gerade für die numerische Rechnung) besonders elegante Verwendung ausschließlich dimensionsloser Größen zu demonstrieren.

Die Winkelkoordinate φ ist ohnehin dimensionslos, von den veränderlichen Größen sind nur die Winkelgeschwindigkeit, die Winkelbeschleunigung und die Zeit dimensionsbehaftet. Der Faktor auf der rechten Seite der Differentialgleichung gibt den Hinweis, daß man mit der "dimensionslosen Zeit"

$$\tau = \sqrt{\frac{g}{a}}\; t$$

und den entsprechend umgeschriebenen Ableitungen der Winkelkoordinate nach der Zeit

$$\dot{\varphi} = \frac{d\varphi}{dt} = \frac{d\varphi}{d\tau}\frac{d\tau}{dt} = \varphi'\sqrt{\frac{g}{a}} \quad , \quad \ddot{\varphi} = \frac{d^2\varphi}{dt^2} = \frac{d\dot{\varphi}}{d\tau}\frac{d\tau}{dt} = \varphi''\frac{g}{a}$$

zu einer dimensionslosen Bewegungs-Differentialgleichung kommen kann (der Strich symbolisiert die Ableitung nach τ):

$$\varphi'' = -\frac{3}{76}(13\sin\varphi + 9\cos\varphi) \ .$$

In den vier Gleichungen für die Berechnung der vier Lagerkraftkomponenten werden ebenfalls die Ableitungen nach t durch Ableitungen nach τ ersetzt, und die Werte für die Schwerpunktkoordinaten und die Deviationsmomente werden eingesetzt. Dann verbleiben zweimal zwei Gleichungen mit je zwei unbekannten Lagerkräften, die nach diesen auflösbar sind:

$$F_{A\bar{x}} = \frac{1}{196}\left(-102\cos\varphi - 93\,\varphi'^2 - 69\,\varphi''\right) m g \quad ,$$

$$F_{A\bar{y}} = \frac{1}{196}\left(\ 102\sin\varphi - 69\,\varphi'^2 + 93\,\varphi''\right) m g \quad ,$$

$$F_{B\bar{x}} = \frac{1}{196}\left(-\ 94\cos\varphi - 89\,\varphi'^2 - 57\,\varphi''\right) m g \quad ,$$

$$F_{B\bar{y}} = \frac{1}{196}\left(\ 94\sin\varphi - 57\,\varphi'^2 + 89\,\varphi''\right) m g \quad .$$

Der Vorteil der dimensionslosen Rechnung wird deutlich: In den Klammern stehen nur dimensionslose Größen, und natürlich geht man nach Division der vier Gleichungen durch $\boldsymbol{mg}$ auch noch zu dimensionslosen Kräften über. Dann fließen weder aktuelle Werte für die Abmessung $\boldsymbol{a}$ noch für die Masse $\boldsymbol{m}$ in die Rechnung ein. Die numerische Berechnung wird "parametrisiert". Die Ergebnisse können dann mit den speziellen Parametern für ein aktuelles Problem multipliziert werden, falls z. B. für die Kräfte die Aussage nicht ohnehin schon ausreichend ist, daß "die maximale Lagerkraftkomponente etwa das 1,4-fache des Eigengewichts ist". Der nachfolgende Bildschirm-Schnappschuß (Programm MCALCU, beiliegende Diskette) zeigt links die numerisch ermittelten Funktionen $\varphi(t)$ und $\varphi'(t)$, rechts oben die Lagerkraftkomponenten und rechts unten die resultierenden Lagerkräfte.

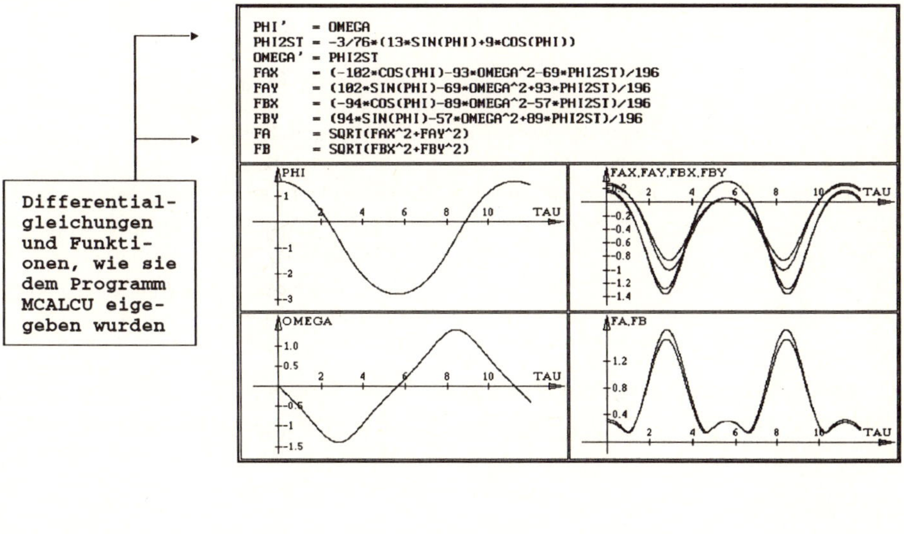

29.4.2 Auswuchten von Rotoren

Rotoren werden im allgemeinen so ausgelegt, daß die Rotationsachse eine Hauptzentralachse ist. Wenn dies praktisch exakt zu realisieren sein würde, wäre der Rotor "ideal ausgewuchtet". Die Lager würden dann nicht durch die Massenkräfte zusätzlich belastet werden.

Definition: Bringt man an einen ideal ausgewuchteten Rotor im Abstand $\boldsymbol{r}$ von der Rotationsachse eine Masse $\boldsymbol{m}$ an, dann hat der Rotor die ***Unwucht***

$$\vec{U} = m\,\vec{r} \quad . \qquad (29.27)$$

Der so definierte ***Unwuchtvektor*** kennzeichnet die Richtung und mit seinem Betrag auch die Größe der Unwucht.

Von einer ***statischen Unwucht*** spricht man, wenn die ***Drehachse parallel zu einer Hauptzentralachse*** des Rotors liegt. Die Skizze zeigt dafür eine Modellvorstellung: Eine Zusatzmasse wurde am ideal ausgewuchteten Rotor in der zur Rotationsachse senkrechten Schwerpunktebene angebracht.

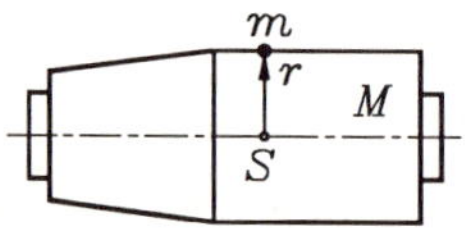

Modell einer statischen Unwucht

Die Zusatzmasse $\boldsymbol{m}$ im Abstand $\boldsymbol{r}$ von der Drehachse des Rotors mit der Masse $\boldsymbol{M}$ ruft die Unwucht $m\,\vec{r}$ hervor und verschiebt den Schwerpunkt und damit die Hauptzentralachse des Rotors um

$$e = \frac{m\,r}{M + m}$$

(zur Berechnung von Schwerpunkten vgl. Kapitel 4). Das Produkt aus der Gesamtmasse $m_{ges} = M + m$ und dem Abstand $\boldsymbol{e}$ des Gesamtschwerpunkts von der Rotationsachse

$$(M + m)\,e = (M + m)\,m\,r/(M + m) = m\,r$$

zeigt, daß bei bekannter Gesamtmasse m_{ges} und der Exzentrizität des Schwerpunkts $\boldsymbol{e}$ die Unwucht auch nach

$$\vec{U} = m_{ges}\,\vec{e}$$

berechnet werden kann.

Der Begriff "statische Unwucht" besagt, daß sie auch mit den Mitteln der Statik nachweisbar ist (der nur durch sein Eigengewicht belastete Rotor wäre nur im stabilen statischen Gleichgewicht, wenn der Unwuchtvektor nach unten zeigt, und würde sich selbständig in diese Lage drehen). Dies ist bei einer "rein dynamischen Unwucht" nicht der Fall. Die Skizze zeigt ein Modell dafür: Dieser Rotor wäre in jeder Lage im statischen Gleichgewicht, aber seine Haupzentralachse weicht von der Rotationsachse ab.

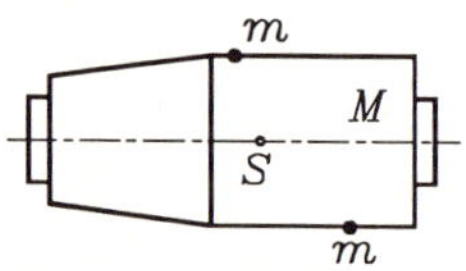

"Rein dynamische Unwucht"

Der allgemeine Fall liegt vor, wenn in verschiedenen Querschnittsebenen des Rotors unterschiedliche Unwuchten existieren.

- Immer dann, wenn die Rotationsachse nicht mit einer Hauptzentralachse des Rotors zusammenfällt, spricht man von einer ***dynamischen Unwucht***. In diesem Begriff sind die statische und die rein dynamische Unwucht als Sonderfälle enthalten.

Dem Ziel, die dynamische Unwucht eines Rotors zu beseitigen, kommt man durch Klärung folgender Frage sehr nahe: "Wie kann der allgemeine Fall eines Unwuchtzustands durch möglichst wenige Unwuchtvektoren beschrieben werden?" Da die Unwuchtvektoren sich nur durch den skalaren Faktor ω^2 von den Fliehkräften unterscheiden, bietet sich folgende für Kräfte erlaubte Überlegung an:

Man zerlegt alle Unwuchtvektoren in zwei Komponenten in x- bzw. y-Richtung (naheliegend, aber nicht zwingend, ist die Verwendung kartesischer Koordinaten, es können jedoch zwei beliebige, aber für alle Unwuchtvektoren gleiche Richtungen senkrecht zur Rotationsachse sein, die nicht senkrecht zueinander sein müssen). Dann können alle x-Komponenten nach den Regeln der Zusammenfassung paralleler Kräfte zu einer Unwucht in einer bestimmten Ebene zusammengefaßt werden, dementsprechend die y-Komponenten, wobei sich im allgemeinen eine andere Ebene für diese Resultierende ergeben wird. Die Richtungen von x und y sind dabei natürlich frei wählbar, bei anderen Richtungen wird sich ein anderes ***Unwuchtpaar*** in zwei anderen Ebenen ergeben. Aus dieser Überlegung folgt:

"Der allgemeine Unwuchtzustand (***dynamische Unwucht***) ist darstellbar durch zwei Unwuchtvektoren in zwei verschiedenen (frei wählbaren) Ebenen."

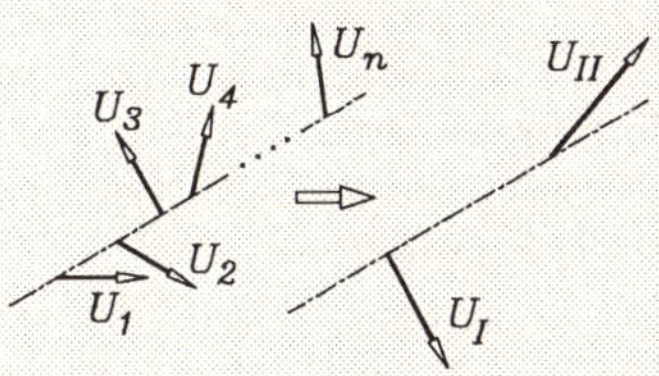

Damit ist die Möglichkeit des ***Auswuchtens*** (Beseitigen der Unwucht) vorgezeichnet: Man bringt in den beiden Ebenen der resultierenden Unwuchten die entsprechenden "negativen Unwuchten" (Zusatzmassen gerade auf der entgegengesetzten Seite des Rotors) an.

In der Praxis sind dabei meist die beiden Ebenen vorgeschrieben, in denen die "Gegenunwuchten" angebracht werden können (beim Auswuchten von Kraftfahrzeugrädern werden im allgemeinen Bleigewichte an den Felgenrändern befestigt). Die Aufgabe, einen Unwuchtvektor in einer Ebene durch ein Paar äquivalenter Unwuchtvektoren in zwei parallelen Ebenen zu ersetzen, ist in gleicher Weise wie das statisch äquivalente Ersetzen einer Kraft durch zwei parallele Kräfte zu lösen: Die beiden "Ersatzunwuchten" sind parallel zur "Originalunwucht" und haben gemeinsam gleiche "Kraftwirkung" und "Momentwirkung" bezüglich einer beliebigen Achse wie die Originalunwucht (vgl. Beispiel 2).

♦ Folgende Möglichkeiten werden in der technischen Praxis genutzt, um den Unwuchtzustand eines Rotors auszugleichen:

Man ermittelt (experimentell, eventuell auch durch Rechnung) die tatsächliche Hauptzentralachse des Rotors, markiert sie (z. B. durch Zentrierbohrungen) und paßt die Lagerzapfen entsprechend an (***Wuchtzentrieren***).

Dazu alternativ ist die Korrektur der Hauptzentralachse des Rotors, bis sie mit der Rotationsachse übereinstimmt durch **Zugabe von Material** (z. B. Bleigewichte, ...), **Wegnahme von Material** (Abschleifen, Anbringen von Bohrungen, ...), **Verlagern von Material** (z. B. durch Verändern der Einschraubtiefe von Schrauben, die in der Konstruktion für diesen Zweck vorgesehen sind, ...).

Beispiel 1: Eine Stiftwalze besteht aus dem zylindrischen Grundkörper und vier jeweils um **90°** versetzt angebrachten Massen $\boldsymbol{m}$, deren Schwerpunkte sich im Abstand $\boldsymbol{R}$ von der Walzenachse befinden.

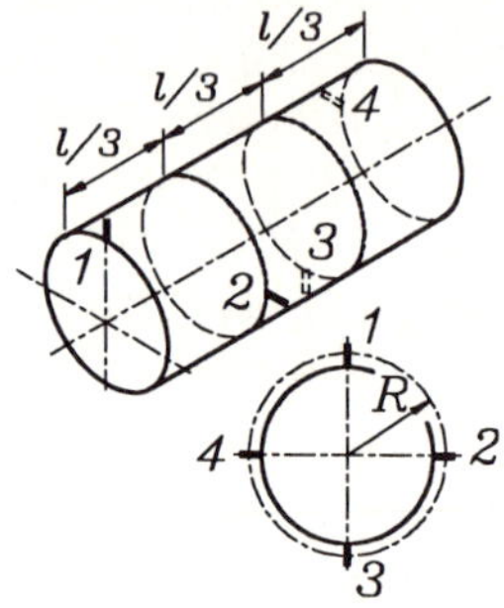

Der Unwuchtzustand infolge der Zusatzmassen $\boldsymbol{m}$ soll durch Betrag und Richtung zweier Unwuchtvektoren angegeben werden, die in den Ebenen 1 bzw. 4 liegen.

Die vier Unwuchtvektoren in den Ebenen 1 bis 4 haben alle den gleichen Betrag

$$U_1 = U_2 = U_3 = U_4 = m R$$

bei unterschiedlichen Richtungen. Um den Unwuchtzustand nur durch zwei Vektoren in den beiden Ebenen 1 bzw. 4 beschreiben zu können, müssen zunächst die beiden Vektoren der Ebenen 2 und 3 durch jeweils ein äquivalentes Vektorpaar ersetzt werden. Die nebenstehende Skizze zeigt das für die Unwucht U_2, die durch die beiden Unwuchten $U_{2,1}$ (in der Ebene 1) und $U_{2,4}$ (in der Ebene 4) ersetzt wird.

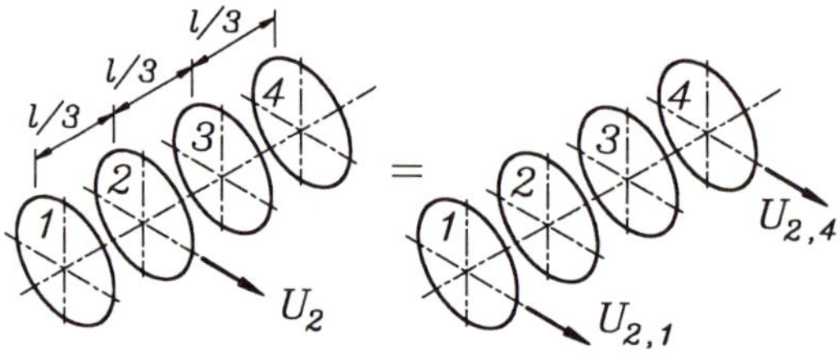

Äquivalenz ist gegeben, wenn U_2 einerseits und $U_{2,1}$ und $U_{2,4}$ andererseits die gleiche resultierende "Kraftwirkung" und die gleiche resultierende "Momentwirkung bezüglich einer beliebigen Achse" haben (vgl. Kapitel 3). Um eine beliebige vertikale Achse in der Ebene 1 hat $U_{2,1}$ keine Momentwirkung, die Gleichheit der Momentwirkungen von U_2 bzw. $U_{2,4}$ um eine solche Achse liefert

$$U_{2,4}\, l = U_2 \frac{1}{3} l \quad \Rightarrow \quad U_{2,4} = \frac{1}{3} U_2 = \frac{1}{3} m R \ .$$

Die Äquivalenz der Momentwirkungen um eine vertikale Achse in der Ebene 4 ergibt:

$$U_{2,1}\, l = U_2 \frac{2}{3} l \quad \Rightarrow \quad U_{2,1} = \frac{2}{3} U_2 = \frac{2}{3} m R \ .$$

Auf entsprechende Weise wird die Unwucht U_3 äquivalent ersetzt:

$$U_{3,1} = \frac{1}{3} U_3 = \frac{1}{3} m R \quad , \quad U_{3,4} = \frac{2}{3} U_3 = \frac{2}{3} m R \ .$$

Die vier Unwuchten in vier Ebenen sind durch sechs Unwuchten in zwei Ebenen ersetzt worden. Innerhalb der Ebenen werden die jeweils drei Unwuchten (Skizze) nach den "Regeln des Kräfteparallelogramms" zusammengefaßt:

$$U_{1,red} = \sqrt{\left(U_1 - U_{3,1}\right)^2 + U_{2,1}^2} = 0{,}943\, m R \ ,$$

$$U_{4,red} = \sqrt{\left(U_4 - U_{2,4}\right)^2 + U_{3,4}^2} = 0{,}943\, m R \ ,$$

$$\alpha_1 = 45° \quad , \quad \alpha_2 = 225° \ .$$

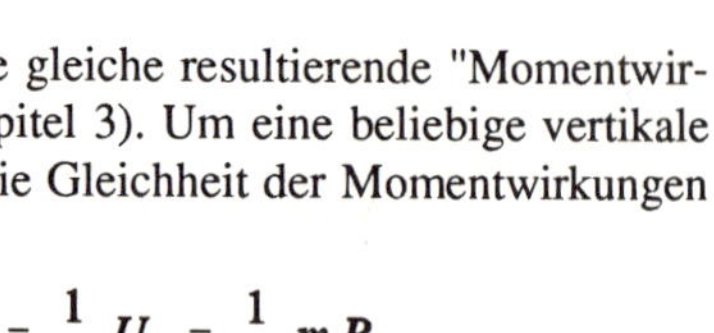

Beispiel 2: Mit Hilfe einer Auswuchtmaschine wurden in den Lagerebenen 1 und 2 (Abstand l) die Unwuchten U_1 und U_2 unter den Winkeln α_1 bzw. α_2 gemessen. Der Unwuchtzustand soll durch Zusatzmassen m_I und m_{II} in den Ebenen I und II ausgeglichen werden. Die Ausgleichsmassen m_I und m_{II} werden in den Abständen r_I bzw. r_{II} von der Drehachse angebracht.

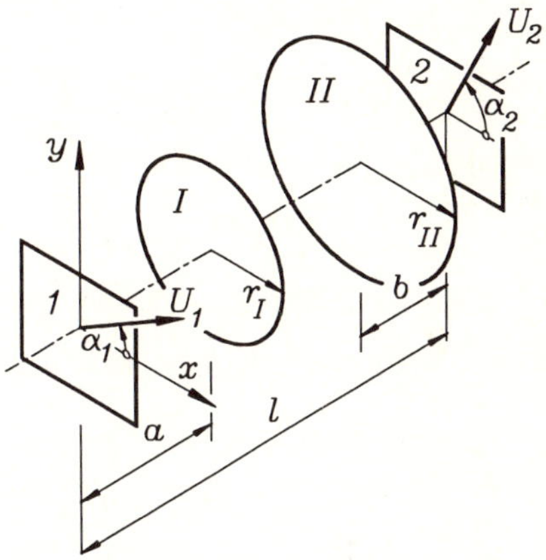

Gegeben: U_1, α_1, a, r_I, U_2, α_2, b, r_{II}, l.

Gesucht: m_I, m_{II}, α_I, α_{II}.

Zunächst werden die gemessenen Unwuchten in zwei zueinander senkrechte Komponenten in Richtung der Koordinaten x und y zerlegt:

$$U_{1x} = U_1 \cos\alpha_1 \quad , \quad U_{1y} = U_1 \sin\alpha_1$$
$$U_{2x} = U_2 \cos\alpha_2 \quad , \quad U_{2y} = U_2 \sin\alpha_2$$

Es werden nun in den Ebenen I und II auch je zwei Unwuchtkomponenten in x- bzw. y-Richtung definiert, die den äquivalenten Unwuchtzustand beschreiben sollen. Wie im Beispiel 1 wird äquivalente Momentwirkung (hier um vertikale und horizontale Achsen in den Ebenen I und II) gefordert, z. B. kann aus

$$U_{1x}(l-b) - U_{2x}b = U_{Ix}(l-b-a)$$

(Äquivalenz der Momentwirkungen um eine vertikale Achse in der Ebene II) die Unwucht U_{Ix} berechnet werden, und aus drei weiteren Gleichungen dieser Art errechnet man:

$$U_{Ix} = \frac{U_1(l-b)\cos\alpha_1 - U_2 b\cos\alpha_2}{l-b-a} \quad , \quad U_{Iy} = \frac{U_1(l-b)\sin\alpha_1 - U_2 b\sin\alpha_2}{l-b-a} \quad ,$$

$$U_{IIx} = \frac{U_2(l-a)\cos\alpha_2 - U_1 a\cos\alpha_1}{l-b-a} \quad , \quad U_{IIy} = \frac{U_2(l-a)\sin\alpha_2 - U_1 a\sin\alpha_1}{l-b-a} \quad .$$

Aus diesen Komponenten ergeben sich die äquivalenten Unwuchten in den Ebenen I und II und die Winkel, die Ihre Vektoren mit der x-Richtung einschließen:

$$U_I = \sqrt{U_{Ix}^2 + U_{Iy}^2} \quad , \quad U_{II} = \sqrt{U_{IIx}^2 + U_{IIy}^2} \quad ,$$

$$\tan\alpha_I = \frac{U_{Iy}}{U_{Ix}} \quad , \quad \tan\alpha_{II} = \frac{U_{IIy}}{U_{IIx}} \quad .$$

In welchen Quadranten des Koordinatensystems die Winkel α_I und α_{II} liegen, muß über die Vorzeichen der Unwuchtkomponenten entschieden werden. Der damit auf die Ebenen I und II reduzierte Unwuchtzustand kann in diesen Ebenen ausgeglichen werden, indem Zusatzmassen

$$m_I = \frac{U_I}{r_I} \quad \textit{bei} \quad \alpha_I^* = \alpha_I + 180° \qquad \textit{und} \qquad m_{II} = \frac{U_{II}}{r_{II}} \quad \textit{bei} \quad \alpha_{II}^* = \alpha_{II} + 180°$$

angebracht werden.

29.5 Ebene Bewegung starrer Körper

Die in den folgenden drei Abschnitten für die ebene Bewegung des starren Körpers herzuleitenden Aussagen beziehen sich auf die im Kapitel 27 behandelte Kinematik dieser Bewegung. Die Grundlagen der Kinetik, die dafür benötigt werden, sind komplett bereits im Kapitel 28 bei der Kinetik des Massenpunkts besprochen worden.

Es wird stets die gleiche Strategie sein: Die für den einzelnen Massenpunkt gefundene Gesetzmäßigkeit wird auf die unendlich vielen Massenpunkte des **starren Körpers** übertragen, die voraussetzungsgemäß untereinander **konstante Abstände** behalten.

29.5.1 Schwerpunktsatz, Drallsatz

Die Bewegung des starren Körpers wird betrachtet als Translation, beschrieben durch die Bewegung eines ausgewählten Bezugspunktes $\boldsymbol{O}$, der eine reine Rotation um diesen Punkt überlagert wird (vgl. Abschnitt 27.1). Für einen im ortsfesten Koordinatensystem durch $\boldsymbol{x}$ und $\boldsymbol{y}$ verfolgten beliebigen Punkt werden zunächst die Beschleunigungsanteile zusammengestellt:

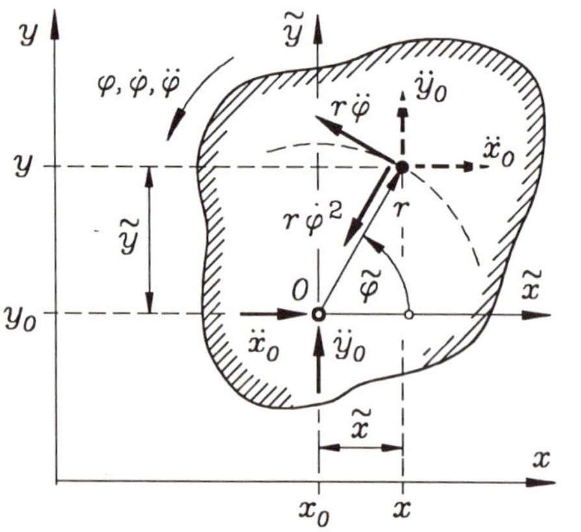

Die Beschleunigungskomponenten des Bezugspunktes $\ddot{x}_0$ und $\ddot{y}_0$ (translatorischer Anteil) sind auch dem betrachteten Punkt zuzuordnen (in der Skizze gestrichelt angedeutet), und die Bewegung des Punktes auf einem Kreis mit dem unveränderlichen Radius $\boldsymbol{r}$ (starrer Körper) steuert zwei weitere Anteile bei, die Bahnbeschleunigung $r\ddot{\varphi}$ und die Normalbeschleunigung $r\dot{\varphi}^2$.

Diese vier Beschleunigungsanteile werden zu zwei Komponenten in Richtung der Koordinaten zusammengefaßt. Dazu wird noch ein Hilfskoordinatensystem $\tilde{x}, \tilde{y}$ mit dem Ursprung in $\boldsymbol{O}$ eingeführt, das der Bewegung des Punktes $\boldsymbol{O}$ folgt, **nicht aber die Rotation des Körpers mitmacht**. Dementsprechend sind der Winkel $\tilde{\varphi}$ und auch

$$\tilde{x} = r\cos\tilde{\varphi} \quad , \quad \tilde{y} = r\sin\tilde{\varphi}$$

veränderlich. Der Winkel $\tilde{\varphi}$ unterscheidet sich von dem Winkel φ, der (gemeinsam mit x_0 und y_0) die **Lage des starren Körpers** beschreibt und von einer beliebig festzulegenden ortsfesten Geraden bis zu einer fest mit dem Körper verbundenen Geraden gemessen wird, während $\tilde{\varphi}$ gemeinsam mit r die **Lage eines beliebigen Punktes des starren Körpers** kennzeichnet. Damit sind die Beschleunigungskomponenten aus der Skizze abzulesen:

$$\begin{aligned} \ddot{x} &= \ddot{x}_0 - r\ddot{\varphi}\sin\tilde{\varphi} - r\dot{\varphi}^2\cos\tilde{\varphi} = \ddot{x}_0 - \ddot{\varphi}\,\tilde{y} - \dot{\varphi}^2\,\tilde{x} \quad , \\ \ddot{y} &= \ddot{y}_0 + r\ddot{\varphi}\cos\tilde{\varphi} - r\dot{\varphi}^2\sin\tilde{\varphi} = \ddot{y}_0 + \ddot{\varphi}\,\tilde{x} - \dot{\varphi}^2\,\tilde{y} \quad . \end{aligned} \qquad (29.28)$$

Dem für den Massenpunkt behandelten Prinzip von d'Alembert (Abschnitt 28.2.2) folgend, werden alle angreifenden äußeren Belastungen (eingeprägte Kräfte, Zwangskräfte, Bewegungswiderstände) und die Massenkräfte (d'Alembertsche Kräfte, den gewählten Koordinatenrichtungen entgegengerichtet) angetragen.

In der Skizze sind die äußeren Belastungen durch zwei Kraftkomponenten $\boldsymbol{F_x}$ und $\boldsymbol{F_y}$, deren Wirkungslinien durch den Bezugspunkt $\boldsymbol{O}$ gehen, und das Moment $\boldsymbol{M}$ repräsentiert (eine solche Zusammenfassung einer beliebigen ebenen Belastung ist nach den Regeln der Statik starrer Körper immer möglich). Stellvertretend für die (unendlich vielen) d'Alembertschen Kräfte der differentiell kleinen Massenpunkte $\boldsymbol{dm}$ wurden für einen Punkt die beiden Komponenten gezeichnet.

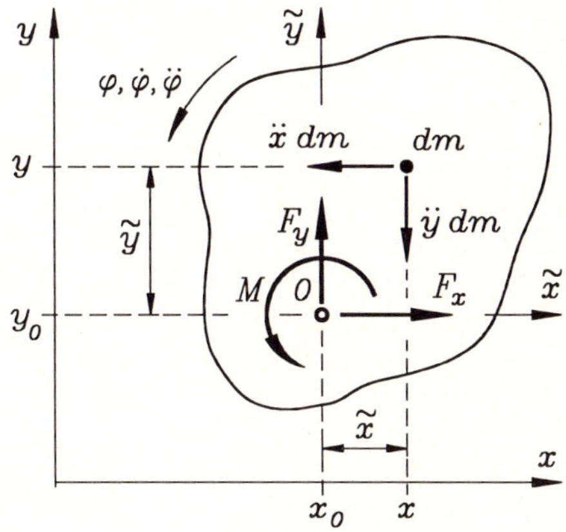

Die Summe (Integral) der Wirkungen der differentiellen Massenkräfte muß mit den äußeren Belastungen $\boldsymbol{F_x}$, $\boldsymbol{F_y}$ und $\boldsymbol{M}$ im Gleichgewicht sein, formuliert werden horizontales und vertikales Kräfte-Gleichgewicht und Momenten-Gleichgewicht bezüglich des Punktes $\boldsymbol{O}$:

$$
\begin{aligned}
F_x &= \int_m \ddot{x}\,dm &&= \ddot{x}_0 \int_m dm - \ddot{\varphi} \int_m \tilde{y}\,dm - \dot{\varphi}^2 \int_m \tilde{x}\,dm \quad , \\
F_y &= \int_m \ddot{y}\,dm &&= \ddot{y}_0 \int_m dm + \ddot{\varphi} \int_m \tilde{x}\,dm - \dot{\varphi}^2 \int_m \tilde{y}\,dm \quad , \\
M &= -\int_m \ddot{x}\tilde{y}\,dm + \int_m \ddot{y}\tilde{x}\,dm &&= -\ddot{x}_0 \int_m \tilde{y}\,dm + \ddot{\varphi} \int_m \tilde{y}^2\,dm + \dot{\varphi}^2 \int_m \tilde{x}\tilde{y}\,dm \\
& &&\quad + \ddot{y}_0 \int_m \tilde{x}\,dm + \ddot{\varphi} \int_m \tilde{x}^2\,dm - \dot{\varphi}^2 \int_m \tilde{y}\tilde{x}\,dm \\
& &&= -\ddot{x}_0 \int_m \tilde{y}\,dm + \ddot{y}_0 \int_m \tilde{x}\,dm + \ddot{\varphi} \int_m (\tilde{x}^2 + \tilde{y}^2)\,dm \quad .
\end{aligned}
\tag{29.29}
$$

Die verbleibenden Integrale in (29.29) sind interpretierbar. Es gilt:

$$
\int_m dm = m \quad , \quad \int_m (\tilde{x}^2 + \tilde{y}^2)\,dm = \int_m r^2\,dm = J_0 \quad . \tag{29.30}
$$

Für das Massenträgheitsmoment J_0 bezüglich einer Achse durch den Punkt $\boldsymbol{O}$ (senkrecht zur Zeichenebene) dürfen die im Abschnitt 29.3 für körperfeste Koordinaten ermittelten Formeln verwendet werden, weil sich $\boldsymbol{r}$ (im Gegensatz zu $\tilde{x}$ und $\tilde{y}$) während der Bewegung nicht ändert. Die beiden übrigen Integrale in (29.29) sind wieder (wie bei der Rotation um eine feste Achse, vgl. Abschnitt 29.2) die aus der Statik bekannten statischen Momente der Masse, wofür nach (4.3)

$$
\int_m \tilde{x}\,dm = m\,\tilde{x}_S \quad , \quad \int_m \tilde{y}\,dm = m\,\tilde{y}_S \tag{29.31}
$$

geschrieben werden kann, wobei zu beachten ist, daß $\bar{x}_S$ und $\bar{y}_S$ sich während der Bewegung ändern, so daß **nicht die für ein körperfestes Koordinatensystem ermittelten Schwerpunktkoordinaten** eingesetzt werden dürfen. Mit (29.30) und (29.31) wird aus (29.29):

$$\begin{aligned} F_x &= m\ddot{x}_0 - m\bar{y}_S\ddot{\varphi} - m\bar{x}_S\dot{\varphi}^2 \quad , \\ F_y &= m\ddot{y}_0 + m\bar{x}_S\ddot{\varphi} - m\bar{y}_S\dot{\varphi}^2 \quad , \\ M &= -m\bar{y}_S\ddot{x}_0 + m\bar{x}_S\ddot{y}_0 + J_0\ddot{\varphi} \quad . \end{aligned} \tag{29.32}$$

♦ Die ersten beiden Gleichungen (29.32) gehen für $\ddot{x}_0 = 0$ und $\ddot{y}_0 = 0$ "beinahe" in die Formeln (29.7) über, die für die Rotation um eine feste Achse gefunden wurden. Die Frage, weshalb an Stelle von $\bar{x}$ und $\bar{y}$ nicht wie dort ein mitrotierendes $\bar{x}$-$\bar{y}$-Koordinatensystem verwendet wurde, so daß wie in (29.7) die festen Schwerpunktkoordinaten in den Formeln auftauchen, findet eine recht pragmatische Antwort: Auch die äußeren Kräfte sind jeweils auf das verwendete Koordinatensystem bezogen. "Mitrotierende äußere Kräfte" (z. B. "mitrotierende Lagerreaktionen") sind bei Rotation um eine feste Achse kein nennenswerter Nachteil, bei der allgemeinen ebenen Bewegung würden sie erheblich stören. Sie sind deshalb vermieden worden, zumal die Unbequemlichkeit, die mit den sich ändernden Schwerpunktkoordinaten in den Gleichungen (29.32) verbunden ist, dann nicht auftaucht, **wenn man den Schwerpunkt *S* der Masse als Bezugspunkt *O*** wählt. Dann gehen die ersten beiden Gleichungen über in den

---

Schwerpunktsatz:

$$F_x = m\ddot{x}_S \quad , \quad F_y = m\ddot{y}_S \quad . \tag{29.33}$$

Der Schwerpunkt eines Körpers bewegt sich so, als würden alle äußeren Kräfte an ihm angreifen und die Gesamtmasse des Körpers in ihm konzentriert sein.

♦ (29.33) sagt nichts über eine mögliche Drehung des Körpers. Dies führt zu bemerkenswerten Konsequenzen des Schwerpunktsatzes:

- Eine an einem Körper angreifende Kräftegruppe darf beliebig verschoben (nicht gedreht) werden, ohne daß sich die **Bewegung des Schwerpunkts** ändert, die Bewegungen der anderen Körperpunkte werden natürlich beeinflußt.
- Ein äußeres Moment hat auf die Bewegung des Schwerpunkts allein keinen Einfluß. Das Gegenargument, daß ein Rad durch das Aufbringen eines Moments zum Rollen (und damit auch zu einer Bewegung seines Schwerpunkts) gebracht wird, ist leicht zu widerlegen: Ein äußeres Moment versetzt ein Rad zunächst nur in Rotation (man denke an die vom Drehmoment des Motors angetriebenen Räder eines Fahrzeugs auf spiegelblanker Eisfläche). Erst durch die Haftkraft zwischen Rad und Untergrund wird auch der Schwerpunkt des Rades in Bewegung gesetzt. Genau diese Kraft wäre in (29.33) einzusetzen.

Auch die dritte Gleichung (29.32) vereinfacht sich erheblich, wenn für den Bezugspunkt ***O*** der Schwerpunkt ***S*** gewählt wird. Da die gleiche Vereinfachung sich auch bei beschleunigungsfreiem Bezugspunkt ($\ddot{x}_0 = 0$ und $\ddot{y}_0 = 0$) ergibt, formuliert man diesen Spezialfall etwas allgemeiner. Es ist der

Drallsatz:

$$M = J_A \ddot{\varphi} = J_A \dot{\omega} = \dot{L}_A \quad . \tag{29.34}$$

Die zeitliche Änderung des Dralls ist gleich der Summe aller angreifenden äußeren Momente. Als Bezugspunkt *A* sind der Schwerpunkt oder ein beschleunigungsfreier Punkt des Körpers zugelassen.

♦ Die dritte Gleichung von (29.10), mit der die Drehbewegung um eine starre Achse beschrieben wurde, ist der Sonderfall des Drallsatzes (29.34) mit ruhendem Bezugspunkt. Die Gleichgewichtsbedingungen der ebenen Statik (5.1) sind die Sonderfälle von Schwerpunkt- und Drallsatz für den ruhenden Körper ($\ddot{x}_0 = 0$, $\ddot{y}_0 = 0$, $\ddot{\varphi} = 0$).

Schwerpunktsatz und Drallsatz werden im Abschnitt 29.6 und im Kapitel 30 noch einmal mit erweiterter Gültigkeit behandelt. Für die ebene Bewegung des starren Körpers sind sie die Basis für das Aufschreiben der Bewegungsgleichungen und gestatten, die für den Massenpunkt behandelte Strategie (Abschnitt 28.2.2), Aufgaben der Kinetik formal auf das Formulieren von Gleichgewichtsbedingungen zurückzuführen, auf den starren Körper zu erweitern.

29.5.2 Das Prinzip von d'Alembert

Die Herleitung von Schwerpunkt- und Drallsatz im vorigen Abschnitt erfolgte unter Verwendung der d'Alembertschen Kräfte für den differentiell kleinen Massenpunkt, deren Wirkung dann summiert (integriert) wurde. Mit dem Schwerpunkt als Bezugspunkt der Bewegung blieben nur zwei Integrale über die Gesamtmasse mit jeweils vertrauten Größen als Ergebnis übrig: Die **Gesamtmasse m** darf man sich laut Schwerpunktsatz "im Schwerpunkt konzentriert" vorstellen (damit ist für den translatorischen Anteil die Situation exakt wie beim Massenpunkt), und das **Massenträgheitsmoment J_S** repräsentiert die Trägheitswirkung der Masse gegenüber der Drehbewegung um den Schwerpunkt.

Die Konsequenzen für die Erweiterung des Prinzips von d'Alembert, das im Abschnitt 28.2.2 für den Massenpunkt formuliert wurde, sind damit klar: Die d'Alembertschen Kräfte müssen im Schwerpunkt des Körpers (den Richtungen der eingeführten Bewegungskoordinaten entgegengesetzt) angetragen werden und sind zu ergänzen durch das **d'Alembertsche Moment $J_S \ddot{\varphi}$, das der positiven Drehrichtung der für die Rotationsbewegung eingeführten Koordinate entgegengerichtet ist.**

Damit kann das kinetische Problem durch das Aufschreiben von Gleichgewichtsbedingungen gelöst werden (wie in der Statik kommt für das ebene Problem eine Momenten-Gleichgewichtsbedingung hinzu). Das d'Alembertsche Prinzip in dieser Form gestattet die Analyse von Bewegungsvorgängen auch mit mehreren Freiheitsgraden und die Berechnung der auftretenden Zwangskräfte. Bei der Behandlung von Systemen starrer Körper können die Kräfte in den Verbindungsgliedern berechnet werden (sollten diese Kräfte nicht interessieren und nur der Bewegungsablauf analysiert werden, ist für kompliziertere Systeme häufig eine spezielle Fassung des Prinzips von d'Alembert zu bevorzugen, die im Kapitel 33 behandelt wird). Bewährt für die Behandlung von Aufgaben hat sich ein schrittweises Vorgehen entsprechend den nachfolgend gegebenen

Empfehlungen für das Lösen von Problemen nach dem Prinzip von d'Alembert:

- **Wahl geeigneter Bewegungskoordinaten**: Zweckmäßig ist es, für jede Bewegungsmöglichkeit des starren Körpers eine eigene Koordinate zu wählen (z. B. für das rollende Rad eine Weg- und eine Winkelkoordinate), auch wenn zwischen den eingeführten Koordinaten Zwangsbedingungen zu berücksichtigen sind. Man sollte darauf achten, daß alle gewählten Koordinaten gleichzeitig positiv werden.

- **Freischneiden des starren Körpers von allen äußeren Bindungen**: Es ist sinnvoll, den (oder die) Körper in einer ausgelenkten Lage (alle Koordinaten ungleich Null und positiv) zu skizzieren. Bei Systemen starrer Körper ist es ratsam (und wird zur Vermeidung von Fehlern dringend empfohlen), auch die Bindungen zwischen den einzelnen Körpern zu schneiden (für kompliziertere Systeme ist gelegentlich das Arbeiten mit dem Prinzip von d'Alembert in der Fassung günstiger, die im Kapitel 33 behandelt wird).

- **Antragen aller wirkenden Kräfte und Momente**:

  - ***Eingeprägte Kräfte und Momente***, z. B.: Eigengewicht, Antriebskräfte, Antriebsmomente, ...

  - ***Zwangskräfte und -momente***, die durch das Freischneiden sichtbar werden: Dies sind die aus der Anwendung des Schnittprinzips in der Statik bekannten Lagerreaktionen, Seilkräfte, Kräfte zwischen den starren Körpern und Führungen, Haftkräfte, ...

  - ***Bewegungswiderstände***, z. B.: Gleitreibung, Rollreibung (**nicht:** Haftkräfte, die zu den Zwangskräften gehören und sich aus den Gleichgewichtsbedingungen ergeben), Luftwiderstand. Bewegungswiderstände sind immer **entgegen der tatsächlichen Bewegungsrichtung** anzutragen. Wenn diese nicht mit Sicherheit vorausgesagt werden kann, ist die Rechnung gegebenenfalls mit den korrigierten Richtungen für die Bewegungswiderstände zu wiederholen.

  - ***d'Alembertsche Kräfte*** (im Schwerpunkt) und ***d'Alembertsche Momente*** (Massenträgheitsmomente bezogen auf Schwerpunktachsen), die **entgegen** den Richtungen der **eingeführten Bewegungskoordinaten** anzutragen sind. Dabei spielt die tatsächliche Bewegungsrichtung keine Rolle, da sich die Bewegungsgrößen (Bahnbeschleunigung und Geschwindigkeit) mit dem sich ergebenden Vorzeichen auf die gewählten Koordinaten beziehen. Bei der Bewegung des Schwerpunkts auf einer gekrümmten Bahn ist entsprechend (28.8) oder (28.9) die vom Krümmungsmittelpunkt der Bahn nach außen gerichtete Zentrifugalkraft zu ergänzen, die von der Bewegungsrichtung ohnehin unabhängig ist.

- **Aufstellen der Gleichgewichtsbedingungen**: Dabei muß der Bezugspunkt für das Momentengleichgewicht natürlich nicht der Schwerpunkt sein. Es ist häufig (wie bei statischen Problemen) vorteilhaft, die Momentenbezugspunkte so zu wählen, daß die für die weitere Rechnung nicht interessierenden Kräfte gar nicht in den Gleichgewichtsbedingungen erscheinen.

- **Einsetzen der kinematischen Zwangsbedingungen in die Gleichgewichtsbeziehungen**: Die Anzahl der erforderlichen Zwangsbedingungen entspricht der Differenz der Anzahl der eingeführten Bewegungskoordinaten $\boldsymbol{n}$ und der Anzahl der Freiheitsgrade des Systems, bei einem System mit nur einem Freiheitsgrad müssen also $\boldsymbol{n-1}$ Zwangsbedingungen berücksichtigt werden. Nach Einsetzen der Zwangsbedingungen in die Gleichgewichtsbeziehungen muß die Anzahl der Unbekannten (Zwangskräfte, Beschleunigungen,

Winkelbeschleunigungen) mit der Anzahl der Gleichungen übereinstimmen. Wenn nur nach Zwangskräften oder Beschleunigungen gefragt ist, können diese aus dem entstandenen Gleichungssystem direkt berechnet werden.

Wenn nach den Bewegungsgesetzen (Geschwindigkeit-Zeit, Weg-Zeit, Geschwindigkeit-Weg) gefragt ist, müssen noch folgende Schritte abgearbeitet werden:

- Elimination der Zwangskräfte aus den Gleichgewichtsbeziehungen, so daß die Anzahl der verbleibenden Gleichungen der Anzahl der Freiheitsgrade des Systems entspricht. Diese Gleichungen enthalten noch die Bewegungskoordinaten und deren Ableitungen nach der Zeit (Geschwindigkeiten, Beschleunigungen).
- Integration dieser Gleichungen und Ermittlung der dabei anfallenden Integrationskonstanten aus Zusatzbedingungen, z. B. Anfangsbedingungen. Man erhält direkt das Geschwindigkeits-Zeit- und das Weg-Zeit-Gesetz, aus denen bei Bedarf auch das Geschwindigkeits-Weg-Gesetz bestimmt werden kann.

Das schrittweise Vorgehen nach diesen Empfehlungen soll zunächst an einem einfachen Beispiel, das jedoch fast alle typischen Probleme zeigt, demonstriert werden. Weitere Beispiele finden sich im Abschnitt 29.5.4.

Beispiel: Eine zylindrische Walze mit der Masse $\boldsymbol{m}$ beginnt unter Einwirkung einer Kraft $\boldsymbol{F}$ zum Zeitpunkt $t = 0$ aus der Ruhe heraus eine Bewegung auf einer horizontalen Bahn.

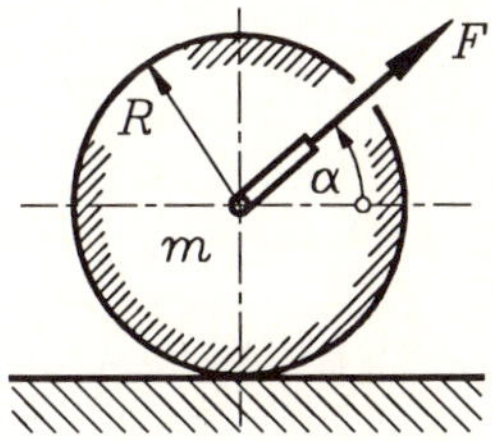

Gegeben: m ; $F = \frac{1}{2} mg$; $\alpha = 40°$; $R = 500\ mm$.

a) Welchen Weg hat die Walze nach $t = 5\ s$ zurückgelegt und um welchen Winkel hat sie sich gedreht, wenn eine reine Rollbewegung vorausgesetzt werden darf?

b) Wie groß muß der Haftungskoeffizient μ_0 zwischen Walze und Untergrund mindestens sein, damit sich eine reine Rollbewegung einstellt?

c) Wie ändern sich die unter a) gefragten Werte, wenn für den Haftungskoeffizienten $\mu_0 = 0{,}12$ und den Gleitreibungskoeffizienten $\mu = 0{,}1$ gilt?

a) Als **Bewegungskoordinaten** werden x (nach rechts positiv) zur Verfolgung des Schwerpunkts und φ (rechtsdrehend positiv) für die Drehbewegung gewählt, beide nehmen gleichzeitig positive Werte an. Die Skizze zeigt den von äußeren Bindungen (Unterlage) **freigeschnittenen Körper**, angetragen wurden die **eingeprägten Kräfte** $\boldsymbol{F}$ und das Eigengewicht $\boldsymbol{mg}$, als **Zwangskräfte** die Normalkraft $\boldsymbol{F_N}$ und die Haftkraft $\boldsymbol{F_H}$. **Bewegungungswiderstände** gibt es bei der Aufgabenstellung a) nicht, die **d'Alembertsche Kraft** und das **d'Alembertsche Moment** wurden jeweils entgegen der zugehörigen positiven Koordinatenrichtung eingezeichnet.

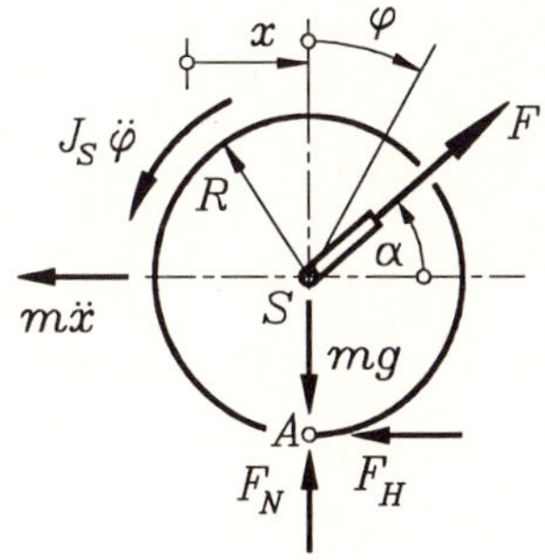

Da die Aufgabenstellung a) nach den Zwangskräften $\boldsymbol{F_N}$ und $\boldsymbol{F_H}$ nicht fragt, wird (bei Verzicht auf zwei mögliche weitere Gleichgewichtsbedingungen) nur die Momenten-**Gleichgewichtsbedingung** bezüglich des Punktes A aufgeschrieben, in die diese beiden Kräfte nicht eingehen. Mit dem Massenträgheitsmoment für den Kreiszylinder $J_S = \frac{1}{2} m R^2$ nach (29.14) ergibt sich:

$$\text{Ⓐ} \qquad F \cos\alpha \cdot R - m\ddot{x}R - J_S\ddot{\varphi} = 0 \qquad \Rightarrow \qquad \ddot{x} + \frac{1}{2}R\ddot{\varphi} = \frac{F}{m}\cos\alpha$$

Die **kinematische Zwangsbedingung** $\varphi = x/R$ für die reine Rollbewegung nach (27.1) und das Einsetzen des für F gegebenen Wertes führen auf:

$$\ddot{x} = \frac{2F}{3m}\cos\alpha = \frac{1}{3}g\cos\alpha \; ; \quad \dot{x} = \frac{1}{3}g\,t\cos\alpha + C_1 \; ; \quad x = \frac{1}{6}g\,t^2\cos\alpha + C_1 t + C_2 \; .$$

Die Integration war wegen der konstanten Beschleunigung besonders einfach, aus den Anfangsbedingungen $x(t{=}0) = 0$ (willkürlich) und $\dot{x}(t{=}0) = 0$ (Aufgabenstellung) ergeben sich die Integrationskonstanten $C_1 = 0$ und $C_2 = 0$, so daß das Bewegungsgesetz

$$x = \frac{1}{6}g\,t^2\cos\alpha \tag{29.35}$$

gemeinsam mit der kinematischen Zwangsbedingung die ersten Fragen beantworten kann:

$$x(t = 5\,s) = 31{,}3\;m \qquad ; \qquad \varphi(t = 5\,s) = x(t = 5\,s)\,/\,R = 62{,}62 = 3588° \quad .$$

b) Eine reine Rollbewegung stellt sich nur ein, wenn das Coulombsche Haftungsgesetz (9.1) $|F_H| \leq |F_{H,max}| = \mu_0 F_N$ erfüllt ist. F_H und F_N können aus den bisher nicht genutzten Kräfte-Gleichgewichtsbedingungen an der freigeschnittenen Walze berechnet werden:

$$\uparrow \qquad F_N = m g - F\sin\alpha = m g\left(1 - \frac{1}{2}\sin\alpha\right) \quad ,$$

$$\leftarrow \qquad F_H = F\cos\alpha - m\ddot{x} = F\cos\alpha - \frac{2}{3}F\cos\alpha = \frac{1}{6}m g\cos\alpha \quad .$$

Damit errechnet man aus (9.1) die Bedingung für reines Rollen der Walze:

$$\mu_0 \geq |F_H|\,/\,F_N = 0{,}188 \quad .$$

c) Die Bedingung für reines Rollen ist mit dem Haftungskoeffizienten, der für die Aufgabenstellung c) gegeben ist, nicht mehr erfüllt. Damit gilt auch die Zwangsbedingung für die beiden Bewegungskoordinaten (Rollbedingung) nicht mehr. Die Walze führt eine Bewegung mit zwei Freiheitsgraden aus. An die Stelle der Haftkraft (Zwangskraft) tritt die Gleitreibungskraft (Bewegungswiderstand), für die nach (28.3) die Formel für die Coulombsche Gleitreibung gilt (im Unterschied zur Haftkraft, die aus einer Gleichgewichtsbedingung berechnet wurde).

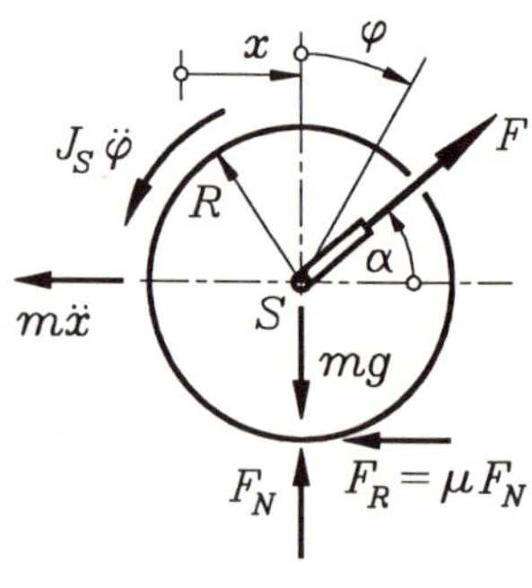

In diesem Fall werden alle drei Gleichgewichtsbedingungen benötigt:

$$\uparrow \qquad F_N - m g + F\sin\alpha = 0 \quad ,$$

$$\leftarrow \qquad m\ddot{x} - F\cos\alpha + \mu F_N = 0 \quad ,$$

$$\text{Ⓢ} \qquad J_S\ddot{\varphi} - \mu F_N R = 0 \quad .$$

Für das Momenten-Gleichgewicht wurde der Bezugspunkt S gewählt, um gleich zu entkoppelten Beschleunigungsgleichungen zu kommen. Die Normalkraft wird eliminiert, und nach Einsetzen von $J_S = \frac{1}{2} m R^2$ und des gegebenen Wertes für F verbleiben:

$$\ddot{x} = \frac{1}{2} g (\cos\alpha + \mu \sin\alpha - 2\mu) \quad , \quad \ddot{\varphi} = \mu \frac{g}{R} (2 - \sin\alpha) \quad .$$

Beschleunigung und Winkelbeschleunigung sind konstant und können problemlos integriert werden, mit den Anfangsbedingungen $x(t{=}0) = 0$, $\dot{x}(t{=}0) = 0$, $\varphi(t{=}0) = 0$, $\dot{\varphi}(t{=}0) = 0$ werden alle Integrationskonstanten Null, und aus dem Bewegungsgesetz

$$x = \frac{1}{4} g t^2 (\cos\alpha + \mu \sin\alpha - 2\mu) \quad , \quad \varphi = \frac{1}{2} \mu \frac{g}{R} t^2 (2 - \sin\alpha) \qquad \textbf{(29.36)}$$

ergeben sich die Antworten auf die Fragestellungen:

$$x(t = 5\,s) = 38{,}6\,m \quad ; \quad \varphi(t = 5\,s) = 33{,}29 = 1907° \quad .$$

- Das Ergebnis des gerade behandelten Beispiels ist im Hinblick auf den im folgenden Abschnitt behandelten Energiesatz interessant: Bei Gleitreibung wird ein Teil der von der Kraft F geleisteten Arbeit als Reibarbeit "verbraucht", die als Wärme abgeführt wird (und damit nicht zur Bewegung beiträgt). Trotzdem bewegt sich die rutschende Walze weiter als die Walze bei reiner Rollbewegung, weil sie nur einen geringeren Teil der geleisteten Arbeit in Rotationsenergie umsetzt (sie hat sich dementsprechend auch nur um einen wesentlich kleineren Winkel gedreht).

- Noch einmal soll auf den Unterschied zwischen Haftung und Gleitreibung aufmerksam gemacht werden:

  Das unter a) gefundene Bewegungsgesetz (29.35) gilt immer, wenn tatsächlich reines Rollen vorausgesetzt werden darf, auch dann, wenn man für die Haftkraft einen falschen Richtungssinn angenommen hat. Da diese aus einer Gleichgewichtsbedingung berechnet wird, korrigiert sich ein falscher Richtungssinn über das Vorzeichen des Ergebnisses.

  Das unter c) gefundene Bewegungsgesetz (29.36) gilt nur, wenn der für die Gleitreibungskraft angenommene Richtungssinn (nach links) richtig ist, wenn sich die Walze also tatsächlich nach rechts bewegt. Dem Ergebnis entnimmt man, daß dies nur erfüllt ist, wenn folgende Bedingung gilt:

$$\cos\alpha + \mu \sin\alpha - 2\mu > 0 \quad \Rightarrow \quad \mu < \frac{\cos\alpha}{2 - \sin\alpha} \quad . \qquad \textbf{(29.37)}$$

  Für die Werte der Aufgabenstellung c) ist diese Bedingung erfüllt, aber z. B. bei einem Winkel $\alpha = 85°$ (bei ansonsten ungeänderten Werten) müßte $\mu < 0{,}0868$ für die Gültigkeit von (29.36) gefordert werden. Im Gegensatz zu der ähnlichen Diskussion nach dem Beispiel 2 im Abschnitt 28.2.2 würde bei Nichterfüllung von (29.37) die Masse nicht in Ruhe bleiben, sondern eine Rollbewegung beginnen, weil dann die Bedingung für reines Rollen (Fragestellung b) erfüllt ist. Auf keinen Fall aber würde sie das tun, was (29.36) dafür ergeben würde, die "sich bei Rechtsdrehung nach links bewegende Walze".

- Eigentlich müßte auch noch überprüft werden, ob die Walze nicht "abhebt" (Indikator dafür ist eine negative Normalkraft), was genau dann passiert, wenn die Vertikalkomponente von F größer als das Eigengewicht der Walze ist. Mit dem Wert $F = \frac{1}{2} m g$ aus der Aufgabenstellung besteht aber in dieser Hinsicht keine Gefahr.

29.5.3 Energiesatz

Die im Abschnitt 28.4.3 demonstrierte Integration des dynamischen Grundgesetzes über den Weg kann auf den starren Körper übertragen werden, wenn für die kinetische Energie, die dort für den Massenpunkt definiert wurde, ein entsprechender Ausdruck für die unendlich vielen differentiell kleinen Massenpunkte ***dm*** verwendet wird.

Die Skizze zeigt den Bezugspunkt ***O*** des starren Körpers, der sich mit der Geschwindigkeit v_0 bewegt (gezeichnet sind die Komponenten $\dot{x}_0$ und $\dot{y}_0$). Der Massenpunkt ***dm*** bewegt sich zusätzlich auf einer Kreisbahn um ***O*** mit der Bahngeschwindigkeit $r\dot{\varphi}$. Wie bei der Herleitung von Schwerpunkt- und Drallsatz im Abschnitt 29.5.1 wird wieder ein Hilfskoordinatensystem $\tilde{x}, \tilde{y}$ mit dem Ursprung in ***O*** eingeführt, das (wie auch $\tilde{\varphi}$) der Bewegung des Punktes ***O*** folgt, **nicht aber die Rotation des Körpers mitmacht**. Damit sind die Komponenten der Geschwindigkeit des Massenpunktes ***dm*** aus der Skizze ablesbar:

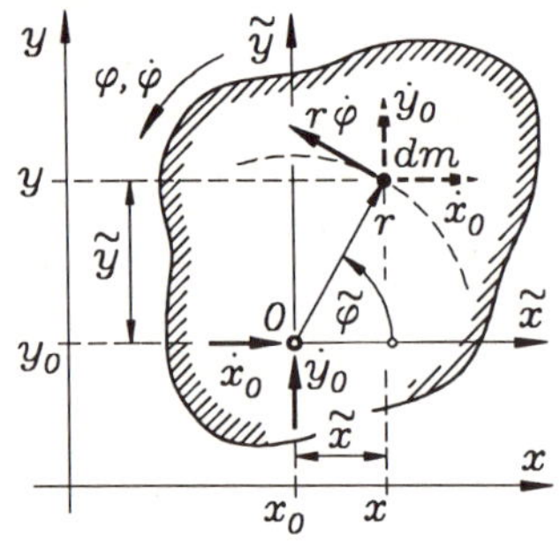

$$\begin{aligned} \dot{x} &= \dot{x}_0 - r\,\dot{\varphi}\,\sin\tilde{\varphi} = \dot{x}_0 - \dot{\varphi}\,\tilde{y} \ , \\ \dot{y} &= \dot{y}_0 + r\,\dot{\varphi}\,\cos\tilde{\varphi} = \dot{y}_0 + \dot{\varphi}\,\tilde{x} \ . \end{aligned} \qquad (29.38)$$

Nun kann die kinetische Energie für den Massenpunkt ***dm*** aufgeschrieben werden und nach Integration über die gesamte Masse ***m*** erhält man die gesuchte Formel:

$$\begin{aligned} T &= \frac{1}{2}\int_m v^2\,dm = \frac{1}{2}\int_m (\dot{x}^2 + \dot{y}^2)\,dm \\ &= \frac{1}{2}\left(\dot{x}_0^2 + \dot{y}_0^2\right)\int_m dm + \frac{1}{2}\dot{\varphi}^2\int_m (\tilde{x}^2 + \tilde{y}^2)\,dm + \dot{y}_0\,\dot{\varphi}\int_m \tilde{x}\,dm - \dot{x}_0\,\dot{\varphi}\int_m \tilde{y}\,dm \\ &= \frac{1}{2}v_0^2\int_m dm + \frac{1}{2}\dot{\varphi}^2\int_m r^2\,dm + \dot{\varphi}\left(\dot{y}_0\int_m \tilde{x}\,dm - \dot{x}_0\int_m \tilde{y}\,dm\right) \\ &= \frac{1}{2}m\,v_0^2 + \frac{1}{2}J_0\,\dot{\varphi}^2 + \dot{\varphi}\left(\ m\,\tilde{x}_S\,\dot{y}_0 - m\,\tilde{y}_S\,\dot{x}_0\ \right) \ , \end{aligned}$$

wobei wieder (29.30) und (29.31) genutzt wurden, und wie bei der Herleitung von Schwerpunkt- und Drallsatz im Abschnitt 29.5.1 verschwindet der Ausdruck in der Klammer bei geeigneter Wahl des Bezugspunktes.

Kinetische Energie bei der ebenen Bewegung des starren Körpers:

$$T = T_{trans} + T_{rot} = \frac{1}{2}m\,v_A^2 + \frac{1}{2}J_A\,\dot{\varphi}^2 = \frac{1}{2}m\,v_A^2 + \frac{1}{2}J_A\,\omega^2 \ . \qquad (29.39)$$

Die kinetische Energie setzt sich aus einem translatorischen und einem rotatorischen Anteil zusammen. Als Bezugspunkt *A* sind der Schwerpunkt oder ein momentan in Ruhe befindlicher Punkt des Körpers zugelassen.

- Man beachte den feinen (aber nicht ganz unwichtigen) Unterschied in der Gültigkeitsbeschränkung für den Drallsatz (29.34) und für die Formel der kinetischen Energie (29.39), wenn nicht der Schwerpunkt als Bezugspunkt gewählt wird. Für das Aufschreiben der kinetischen Energie zu einem bestimmten Zeitpunkt darf auch der Momentanpol als Bezugspunkt gewählt werden, während für den Drallsatz (29.34) ein beschleunigungsfreier Punkt gefordert wird, so daß der Momentanpol in der Regel dafür ausscheidet.

Der im Abschnitt 28.4.3 für den Massenpunkt formulierte Energiesatz (28.31) einschließlich der für seine Anwendung gegebenen Empfehlungen können auf die ebene Bewegung des starren Körpers unter Beachtung folgender Besonderheiten übertragen werden:

- Die kinetischen Energien T_1 und T_2 der beiden betrachteten Bewegungszustände 1 und 2 sind nach (29.39) aufzuschreiben.
- Die Höhe h (relativ zum Null-Potential) in der Formel für die potentielle Energie (28.22) bezieht sich beim starren Körper auf den Schwerpunkt. Bei einem System aus mehreren Körpern darf für jeden Körper ein eigenes Null-Potential festgelegt werden.

29.5.4 Beispiele

Zur Analyse der ebenen Bewegung starrer Körper wurden bisher der Schwerpunktsatz, der Drallsatz, das Prinzip von d'Alembert und der Energiesatz behandelt. Für das Lösen von Problemen sind Schwerpunkt- und Drallsatz einerseits und das Prinzip von d'Alembert, wie es im Abschnitt 29.5.2 dargestellt wurde, gleichwertig. Man darf die gegebenen "Empfehlungen für das Lösen von Problemen nach dem Prinzip von d'Alembert" durchaus auch als Strategie des möglichst sicheren Anwendens von Schwerpunkt- und Drallsatz ansehen.

Der Energiesatz dagegen hat seine eigenen Stärken und Schwächen. Die folgenden Beispiele sollen auch die Vor- und Nachteile der einzelnen Verfahren zu verdeutlichen.

Beispiel 1: Eine Kugel mit dem Radius r beginnt in der Höhe h aus der Ruhe heraus eine reine Rollbewegung, die im Punkt A in eine kreisförmige Loopingbahn mit dem Radius R mündet.

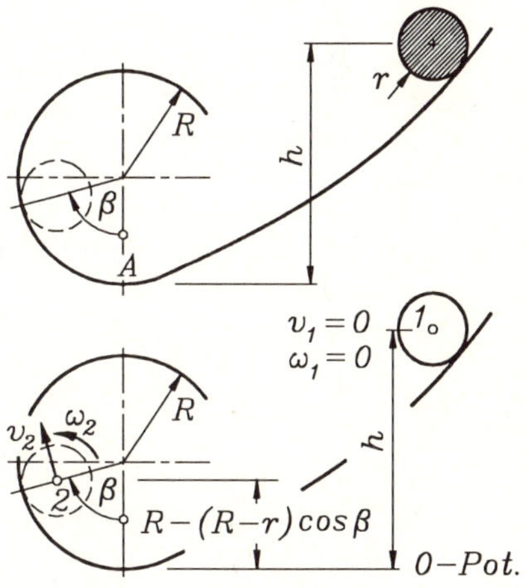

Gegeben: h , r , R .

a) Wie groß ist die Bahngeschwindigkeit des Kugelmittelpunkts in Abhängigkeit von β?

b) Aus welcher Höhe h^* muß sie starten, damit sie sich bei $\beta^* = 120°$ von der Kreisbahn löst, bei welcher Starthöhe h^{**} erreicht sie den höchsten Punkt der Loopingbahn?

Nur über den Energiesatz ist ein Einstieg in die Lösung zu finden, weil über die Bahnkurve vor dem Eintritt in die Loopingbahn nichts bekannt ist. Betrachtet werden (untere Skizze) die Bewegungszustände 1 (Start) und 2 (durch β

gekennzeichneter Punkt der Loopingbahn), das Nullpotential wird (willkürlich) auf dem Niveau des tiefsten Bahnpunktes festgelegt. Im Zustand 1 hat die Kugel nur potentielle Energie (Höhe h über dem Nullpotential), im Zustand 2 befindet sie sich in der Höhe $R-(R-r)\cos\beta$, ihr Mittelpunkt hat die Geschwindigkeit v_2, und sie dreht sich mit der Winkelgeschwindigkeit ω_2. Auf dem Weg von 1 nach 2 wird weder Energie zugeführt (kein Antrieb) nach abgeführt (keine Reibung), so daß die Energiebilanz lautet:

$$m g h = m g\left[R-(R-r)\cos\beta\right] + \frac{1}{2} m v_2^2 + \frac{1}{2} J_S \omega_2^2 \quad .$$

Nach Einsetzen der Zwangsbedingung $\omega_2 = v_2/r$ (reines Rollen) und des Massenträgheitsmoments für die Kugel, das man der Tabelle im Abschnitt 29.3.1 entnimmt, kürzt sich m aus der Energiebilanz heraus, die nach v_2 aufgelöst werden kann:

$$v_2 = \sqrt{\frac{10}{7} g\left[h-R+(R-r)\cos\beta\right]} \quad .$$

Um die Fragestellung b) zu beantworten, müssen die wirkenden Kräfte betrachtet werden. Die Skizze zeigt alle Kräfte, die bei Arbeit mit dem Prinzip von d'Alembert anzutragen wären: Eigengewicht (eingeprägte Kraft), Normalkraft und Haftkraft (Zwangskräfte), keine Bewegungswiderstände, d'Alembertsche Kräfte (entgegen der Bahnbeschleunigung des Schwerpunkts und die nach außen gerichtete Zentrifugalkraft) und das d'Alembertsche Moment. Bei der Zentrifugalkraft nach (28.8) ist der Radius $R-r$ der Kreisbahn einzusetzen, auf der sich der Schwerpunkt der Kugel bewegt.

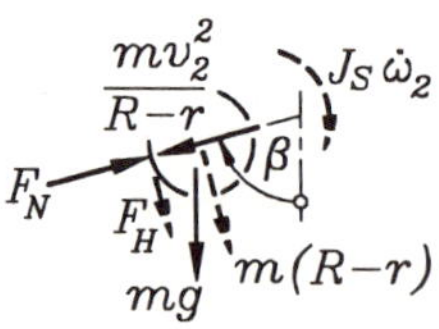

Wenn die Normalkraft F_N negativ wird, löst sich die Kugel von der Führung. Zur Berechnung der Normalkraft genügt die Gleichgewichtsbedingung in radialer Richtung

$$\nearrow \quad F_N - m g\cos\beta - \frac{m v_2^2}{R-r} = 0 \quad ,$$

in die neben einer Komponente des Eigengewichts nur die Zentrifugalkraft eingeht, die mit der bereits bekannten Geschwindigkeit aufgeschrieben werden kann, so daß die unbekannten Bewegungsgrößen (Bahnbeschleunigung $\dot{v}_2$ und Winkelbeschleunigung $\dot{\omega}_2$) nicht benötigt werden. Einsetzen von v_2 und Nullsetzen der Normalkraft liefert die Bestimmungsgleichung für den Punkt, bei dem sich die Kugel von der Bahn löst. Diese läßt sich vereinfachen zu

$$\cos\beta = -\frac{10}{17}\,\frac{h-R}{R-r}$$

und liefert für $\beta^* = 120°$ bzw. $\beta^{**} = 180°$ (höchster Punkt der Loopingbahn):

$$h^* = \frac{1}{20}(37R - 17r) \quad ; \quad h^{**} = \frac{1}{10}(27R - 17r) \quad .$$

♦ Wenn die Kugel bei β^* die Loopingbahn verläßt, beginnt sie eine freie Bewegung (ohne Zwangskräfte). Ihr Schwerpunkt bewegt sich nach (29.33) wie ein Massenpunkt, so daß die im Beispiel des Abschnitts 28.1 für den schiefen Wurf des Massenpunktes entwickelten Formeln bei einer Anfangsgeschwindigkeit $v_0 = v_2(\beta^*)$ und einem Abwurfwinkel $\alpha = 60°$ gelten. Da keine äußeren Momente mehr wirken, bleibt nach dem Drallsatz (29.34) die Winkelgeschwindigkeit der Kugel während des Fluges gleich $\omega_2(\beta^*)$.

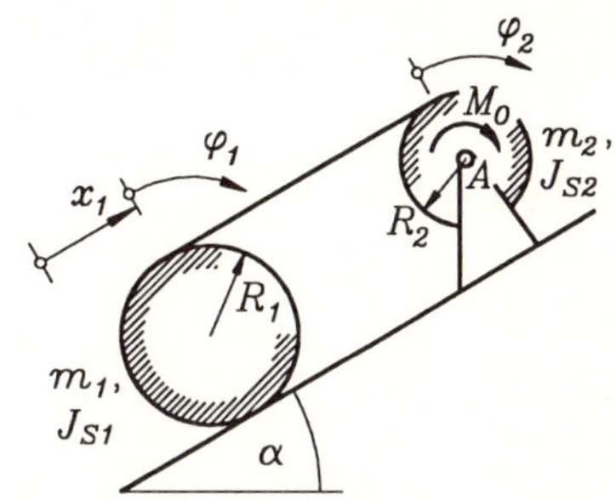

Beispiel 2: Eine Winde wird mit einem konstanten Moment M_0 angetrieben und zieht über ein (dehnstarres, masseloses) Seil eine Walze auf einer schiefen Ebene aufwärts. Die Bewegung möge zum Zeitpunkt $t = 0$ aus der Ruhe heraus beginnen. Die Walze führt eine reine Rollbewegung aus.

Gegeben: m_1, J_{S1}, R_1,
m_2, J_{S2}, R_2, M_0, α.

Der Index S bei den Massenträgheitsmomenten deutet an, daß sie sich jeweils auf den Schwerpunkt beziehen, der bei der Walze mit ihrem Mittelpunkt und bei der Winde mit dem Drehpunkt A zusammenfällt. Es sollen die Beschleunigung des Walzenmittelpunkts und die Kräfte im Seil sowie die Lagerkräfte bei A für den Bewegungszustand ermittelt werden.

In der Skizze sind die drei gewählten Bewegungskoordinaten eingetragen, mit x_1 wird die Bewegung des Walzenmittelpunkts verfolgt. Das System hat einen Freiheitsgrad, so daß zwei Zwangsbedingungen formuliert werden können. Für die Walze gilt die Rollbedingung $\dot{\varphi}_1 = \dot{x}_1 / R_1$. Ihr Momentanpol ist der Berührungspunkt mit der schiefen Ebene, der obere Punkt, an dem das Seil angreift, hat (wegen der doppelten Entfernung vom Momentanpol) die doppelte Geschwindigkeit des Mittelpunktes $2\dot{x}_1$. Dies ist dann auch die Geschwindigkeit des Seils und damit die Bahngeschwindigkeit am Außenradius der Winde, für deren Winkelgeschwindigkeit also $\dot{\varphi}_2 = 2\dot{x}_1 / R_2$ gelten muß. Alle Koordinaten sollen bei $t = 0$ ebenfalls Null sein, so daß die Zwangsbedingungen in gleicher Form für Weg, Geschwindigkeit und Beschleunigung gelten.

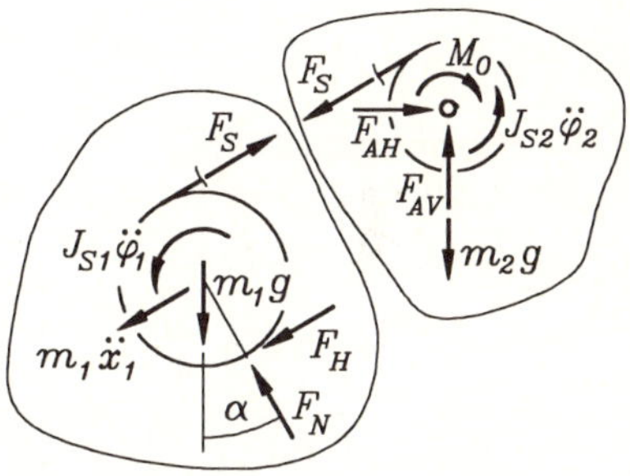

Wegen der gesuchten Kräfte wird das Prinzip von d'Alembert benutzt. Die Skizze zeigt die freigeschnittenen Massen mit allen angreifenden Kräften und Momenten. Für fünf unbekannte Kräfte und die unbekannte Beschleunigung stehen sechs Gleichgewichtsbedingungen zur Verfügung. Da F_H und F_N für die Walze nicht gefragt sind, wird nur eine Momenten-Gleichgewichtsbedingung (mit dem Angriffspunkt dieser Kräfte als Bezugspunkt) für die Walze formuliert, für die Winde werden drei Gleichgewichtsbedingungen aufgeschrieben:

$$F_S \cdot 2R_1 - m\ddot{x}_1 \cdot R_1 - J_{S1}\ddot{\varphi}_1 - m_1 g \sin\alpha \cdot R_1 = 0 \quad ,$$

$$M_0 - J_{S2}\ddot{\varphi}_2 - F_S \cdot R_2 = 0 \quad , \quad F_{AH} - F_S\cos\alpha = 0 \quad , \quad F_{AV} - m_2 g - F_S \sin\alpha = 0 \; .$$

In den beiden Momenten-Gleichgewichtsbedingungen werden die Winkelbeschleunigungen durch die Beschleunigung des Walzenmittelpunkts ersetzt (Zwangsbedingungen), und man erhält mit

$$\left(m_1 + \frac{J_{S1}}{R_1^2}\right)\ddot{x}_1 = 2F_S - m_1 g \sin\alpha \quad , \quad 2\frac{J_{S2}}{R_2^2}\ddot{x}_1 = \frac{M_0}{R_2} - F_S$$

zwei Gleichungen für die beiden Unbekannten F_S und $\ddot{x}_1$. Nach Elimination von F_S erhält man

$$\ddot{x}_1 = \frac{2\,\dfrac{M_0}{R_2} - m_1\, g\, \sin\alpha}{m_1 + \dfrac{J_{S1}}{R_1^2} + 4\,\dfrac{J_{S2}}{R_2^2}} \quad ,$$

und damit sind auch die gesuchten Kräfte bekannt:

$$F_S = \frac{M_0}{R_2} - 2\,\frac{J_{S2}}{R_2^2}\,\ddot{x}_1 \quad , \quad F_{AH} = F_S \cos\alpha \quad , \quad F_{AV} = m_2\, g + F_S \sin\alpha \quad .$$

- Die Beschleunigung ist in diesem Fall konstant, so daß auch das Geschwindigkeits-Zeit-Gesetz und das Weg-Zeit-Gesetz durch Integration problemlos zu berechnen wären. Der Ausdruck für die Beschleunigung zeigt einen typischen Aufbau (Kontrollmöglichkeit): Im Nenner stehen (sämtlich positiv) die "trägen Massen", im Zähler haben die antreibenden Größen (hier: M_0) ein positives und die bremsenden Größen (hier: Eigengewicht der Walze) ein negatives Vorzeichen.

- Wenn nur die Beschleunigung zu ermitteln gewesen wäre, hätte dafür auch der Energiesatz effektiv angewendet werden können: Für beide Massen werden getrennte Null-Potentiale in Höhe ihrer Schwerpunkte (bei $t = 0$) festgelegt, so daß im Zustand 1 (Start der Bewegung) weder potentielle noch kinetische Energie zu berücksichtigen ist. Auf dem Weg zum Zustand 2 (beliebiger Zeitpunkt t) wird die äußere Arbeit $M_0\varphi_2$ geleistet, im Zustand 2 liegt m_1 um $x_1 \sin\alpha$ über dem Null-Potential, und für beide Massen sind kinetische Energien nach (29.39) zu berücksichtigen. In der Energiebilanz

$$M_0\,\varphi_2 = m_1\, g\, x_1 \sin\alpha + \frac{1}{2} m_1 \dot{x}_1^2 + \frac{1}{2} J_{S1}\, \dot{\varphi}_1^2 + \frac{1}{2} J_{S2}\, \dot{\varphi}_2^2$$

werden die Winkelkoordinate und die Winkelgeschwindigkeiten unter Verwendung der Zwangsbedingungen ersetzt, und man erhält mit

$$\left(2\,\frac{M_0}{R_2} - m_1\, g\, \sin\alpha\right) x_1 = \frac{1}{2}\left(m_1 + \frac{J_{S1}}{R_1^2} + 4\,\frac{J_{S2}}{R_2^2}\right) \dot{x}_1^2$$

primär eine Geschwindigkeits-Weg-Beziehung (typisch bei Anwendung des Energiesatzes). Diese Beziehung wird auf beiden Seiten nach der Zeit t abgeleitet:

$$\left(2\,\frac{M_0}{R_2} - m_1\, g\, \sin\alpha\right) \dot{x}_1 = \frac{1}{2}\left(m_1 + \frac{J_{S1}}{R_1^2} + 4\,\frac{J_{S2}}{R_2^2}\right) 2\,\dot{x}_1\,\ddot{x}_1 \quad .$$

Die Geschwindigkeit $\dot{x}_1$ hebt sich heraus, und nach Umstellung erhält man die gleiche Beschleunigung wie nach dem Prinzip von d'Alembert.

- Die konstante Beschleunigung führt natürlich dazu, daß die Bewegung des Systems immer schneller wird. Ursache dafür ist die Annahme eines konstanten Antriebsmoments. Dies ist in der technischen Praxis in der Regel nicht realistisch. Vielmehr geben Motoren ein drehzahlabhängiges Moment ab, der Zusammenhang zwischen Drehmoment und Drehzahl wird als ***Kennlinie*** des Antriebs bezeichnet (vgl. folgendes Beispiel).

Beispiel 3: Eine Seilwinde wird von einem Antrieb mit "fallender Kennlinie" (Antriebsmoment wird bei größerer Drehzahl kleiner) angetrieben. Aus der Ruhe heraus wird eine Masse m angehoben (das Seil sei dehnstarr und masselos).

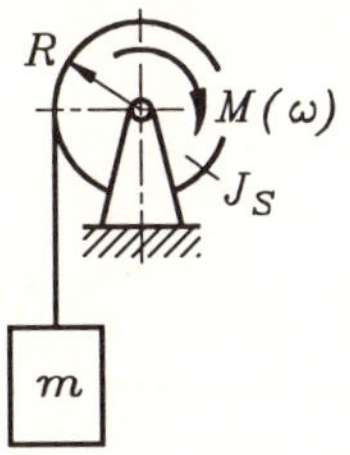

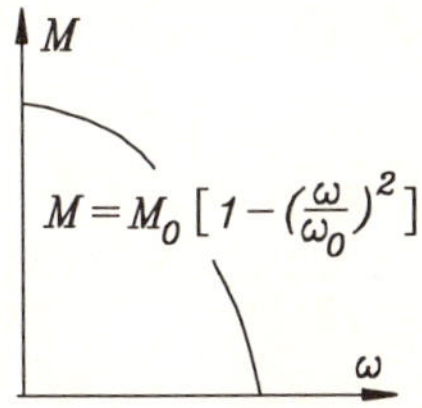

Gegeben: $\quad M_0/(mgR) = 3$;
$J_S/(mR^2) = 1{,}5$;
$g/R = 19{,}62\ s^{-2}$; $\omega_0 = 30\ s^{-1}$.

Für den Anfahrvorgang sollen die Winkelgeschwindigkeit der Winde und das Antriebsmoment in Abhängigkeit von der Zeit ermittelt werden.

Die Skizze zeigt die freigeschnittenen Massen mit allen zu berücksichtigenden Kräften und Momenten (einschließlich der Kräfte im Lagerzapfen und des Eigengewichts der Winde, die nicht benötigt werden). Es werden das Momenten-Gleichgewicht an der Winde und das vertikale Kraft-Gleichgewicht für die Masse m formuliert:

$$M - J_S\,\dot\omega - F_S R = 0 \quad ,$$
$$F_S - m g - m\dot v = 0 \quad .$$

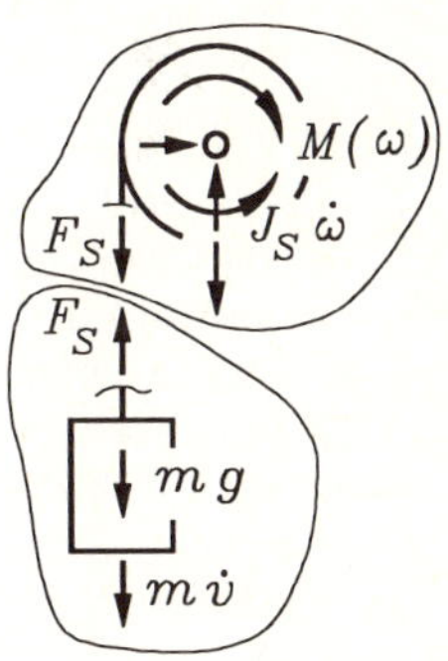

F_S wird eliminiert, und es verbleibt noch eine Gleichung. Mit der Zwangsbedingung $\omega = v/R$ und der gegebenen Kennlinienfunktion erhält man:

$$\left(J_S + m R^2\right) \dot\omega = M_0\left[1 - \left(\frac{\omega}{\omega_0}\right)^2\right] - m g R \quad .$$

Dies läßt sich umformen zu:

$$\dot\omega = \frac{1}{1 + J_S/(m R^2)}\,\frac{g}{R}\left\{\frac{M_0}{m g R}\left[1 - \left(\frac{\omega}{\omega_0}\right)^2\right] - 1\right\} \quad .$$

Die nichtlineare Differentialgleichung wurde numerisch mit dem Programm MCALCU (beiliegende Diskette) gelöst, dargestellt sind die Funktionen $\omega(t)$ und $M^*(t) = M/(mgR)$:

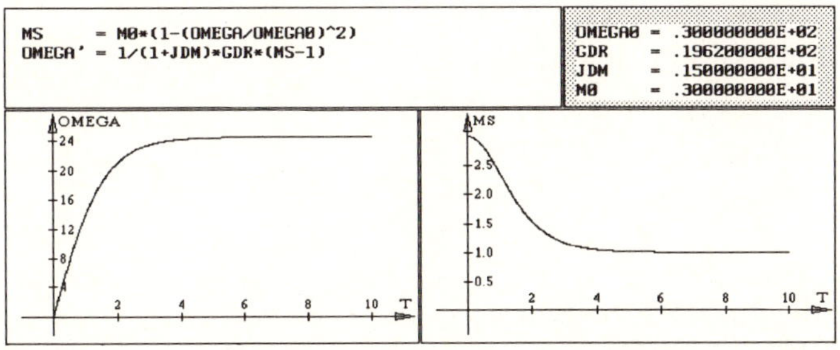

♦ Die Differentialgleichung läßt sich übrigens noch geschlossen lösen. Auf diese Ausnahme darf man bei praxisnahen Problemen in der Regel nicht hoffen. Kennlinien sind meist gar nicht mit den klassischen Funktionen zu beschreiben, sondern liegen nur punktweise vor. Das Programm MCALCU ermöglicht auch dafür die numerische Integration, indem es eine punktweise definierte Funktion als Polygon oder als kubischen Spline interpoliert.

Beispiel 4: Zwei Massen m_1 und m_2 können auf einer vertikalen bzw. einer horizontalen Führung reibungsfrei gleiten. Sie sind durch eine starre Stange (Masse m_S und Massenträgheitsmoment J_S bezüglich des Schwerpunktes S) gekoppelt. Das gesamte System wird aus der skizzierten Lage ohne Anfangsgeschwindigkeit freigelassen. Für den Bewegungsvorgang sollen die Kräfte in den Bolzen berechnet werden, die die Massen mit der Stange verbinden.

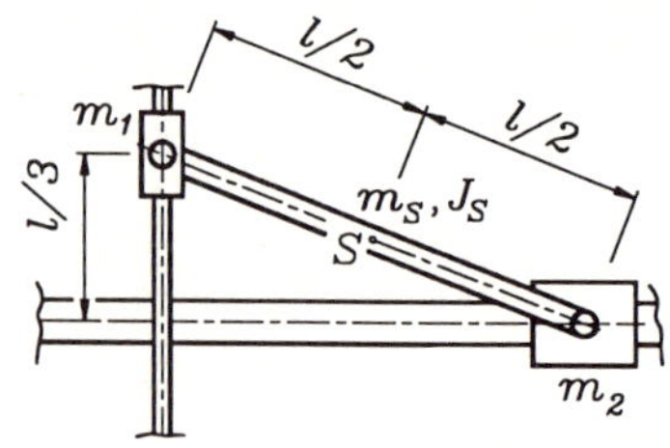

Gegeben: $$\frac{J_S}{m_S l^2} = \frac{1}{12} \quad ; \quad \frac{m_1}{m_S} = 0{,}5 \quad ; \quad \frac{m_2}{m_S} = 2 \quad ; \quad \frac{g}{l} = 29{,}43\ \frac{1}{s^2} \quad .$$

Während sich die Massen m_1 und m_2 rein translatorisch bewegen, führt die Stange eine allgemeine ebene Bewegung aus. Die nebenstehende Skizze zeigt die gewählten Koordinaten: Der Schwerpunkt der Stange wird durch x und y verfolgt, die Drehung der Stange durch den Winkel φ, für die beiden Massen wurden die Koordinaten y_1 bzw. x_2 definiert.

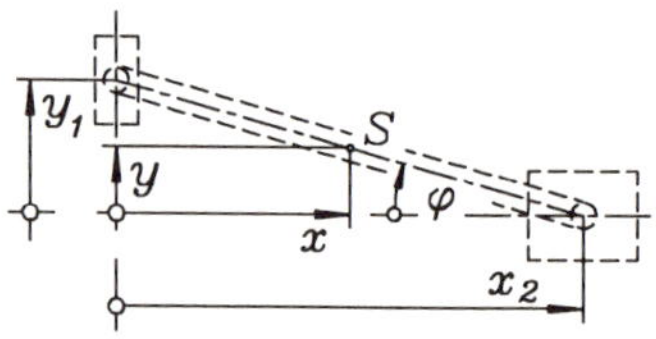

Die Massen werden von den Führungen gelöst, und die Stange wird von den Massen getrennt. Es müssen die eingeprägten Kräfte (Eigengewicht), die durch das Freischneiden sichtbar werdenden Zwangskräfte (Normalkräfte an den Führungen und die Kraftkomponenten in den Verbindungsbolzen) und die d'Alembertschen Kräfte und für die Verbindungsstange das d'Alembertsche Moment angetragen werden (Skizze). Für die zentralen Kraftsysteme an den Massen m_1 und m_2 können jeweils 2 Gleichgewichtsbedingungen und für die Stange 3 Gleichgewichtsbedingungen formuliert werden. Da die beiden Normalkräfte nicht interessieren, wird an jeder Masse auf eine Gleichgewichtsbedingung (und damit auf eine Unbekannte) verzichtet, so daß noch 5 Bedingungen aufzuschreiben sind:

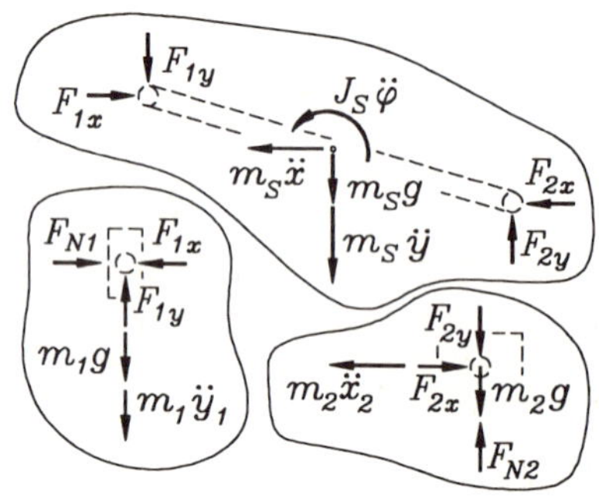

$$\uparrow (1): \quad F_{1y} - m_1 g - m_1 \ddot{y}_1 = 0 \quad , \qquad \rightarrow (2): \quad F_{2x} - m_2 \ddot{x}_2 = 0 \quad ,$$

$$\uparrow (S): \quad -F_{1y} + F_{2y} - m_S g - m_S \ddot{y} = 0 \quad , \qquad \rightarrow (S): \quad F_{1x} - F_{2x} - m_S \ddot{x} = 0 \quad ,$$

$$F_{1x} \frac{y_1}{2} + F_{2x} y - F_{1y} x - F_{2y} \frac{x_2}{2} - J_S \ddot{\varphi} = 0 \quad . \tag{29.40}$$

Dies sind 5 Gleichungen für 4 unbekannte Kräfte und die unbekannten Beschleunigungen. Da das System nur einen Freiheitsgrad hat, können alle Beschleunigungen durch eine ausgedrückt werden (Zwangsbedingungen), so daß (wie beim Beispiel 2) die Anzahl der Gleichungen mit der Anzahl der Unbekannten übereinstimmt. Trotzdem können die gesuchten Kräfte nicht unmittelbar aus diesen Gleichungen berechnet werden, weil die Zwangsbedingungen auch die anderen Bewegungsgrößen enthalten. Aus relativ einfachen geometrischen Zusammenhängen für die eingeführten Koordinaten erhält man für die Beschleunigungen wesentlich kompliziertere Ausdrücke. Es gilt z. B.:

$$\begin{aligned}
x &= \frac{l}{2}\cos\varphi &&\Rightarrow & \ddot{x} &= -\frac{l}{2}\left(\ddot{\varphi}\sin\varphi + \dot{\varphi}^2\cos\varphi\right) \;, \\
y &= \frac{l}{2}\sin\varphi &&\Rightarrow & \ddot{y} &= \frac{l}{2}\left(\ddot{\varphi}\cos\varphi - \dot{\varphi}^2\sin\varphi\right) \;, \\
x_2 &= l\cos\varphi &&\Rightarrow & \ddot{x}_2 &= -l\left(\ddot{\varphi}\sin\varphi + \dot{\varphi}^2\cos\varphi\right) \;, \\
y_1 &= l\sin\varphi &&\Rightarrow & \ddot{y}_1 &= l\left(\ddot{\varphi}\cos\varphi - \dot{\varphi}^2\sin\varphi\right) \;.
\end{aligned} \qquad (29.41)$$

Auch wenn alle Koordinaten durch eine ersetzt werden (z. B. durch φ), kann diese nicht direkt eliminiert werden, weil sie auch durch ihre beiden Ableitungen nach der Zeit in den Gleichungen vertreten ist. Zuerst muß also das Bewegungsgesetz ermittelt werden, danach erst sind auch die Kräfte berechenbar.

Die ersten 4 Gleichgewichtsbedingungen (29.40) können nach den Kräften aufgelöst werden:

$$\begin{aligned}
F_{1x} &= m_S\ddot{x} + m_2\ddot{x}_2 \;, & F_{1y} &= m_1 g + m_1\ddot{y}_1 \;, \\
F_{2x} &= m_2\ddot{x}_2 \;, & F_{2y} &= m_S g + m_S\ddot{y} + m_1 g + m_1\ddot{y}_1 \;.
\end{aligned} \qquad (29.42)$$

Die Kräfte nach (29.42) werden in die fünfte Gleichung (29.40) eingesetzt, in der auch noch alle Koordinaten mit Hilfe der Zwangsbedingungen (29.41) durch φ ersetzt werden, und man erhält die Bewegungs-Differentialgleichung

$$\left(\frac{1}{2} + 2\frac{m_2}{m_S}\sin^2\varphi + 2\frac{m_1}{m_S}\cos^2\varphi + 2\frac{J_S}{m_S l^2}\right)\ddot{\varphi}$$

$$+\left(\frac{m_2}{m_S} - \frac{m_1}{m_S}\right)\dot{\varphi}^2\sin 2\varphi + \left(2\frac{m_1}{m_S} + 1\right)\frac{g}{l}\cos\varphi = 0 \;,$$

die natürlich nur numerisch integriert werden kann. Danach können über die Zwangsbedingungen (29.41) auch die anderen Koordinaten und Beschleunigungen berechnet werden und mit diesen dann gesuchten Kräfte (29.42). Mit dem Programm MCALCU (beiliegende Diskette) kann die Integration des Anfangswertproblems gleich mit der Auswertung weiterer Funktionen gekoppelt werden. Nebenstehender Bildschirm-Schnappschuß zeigt $\varphi(t)$ und $\omega = \dot{\varphi}(t)$ und die resultierende Kraft im Bolzen der Masse 1, dargestellt ist

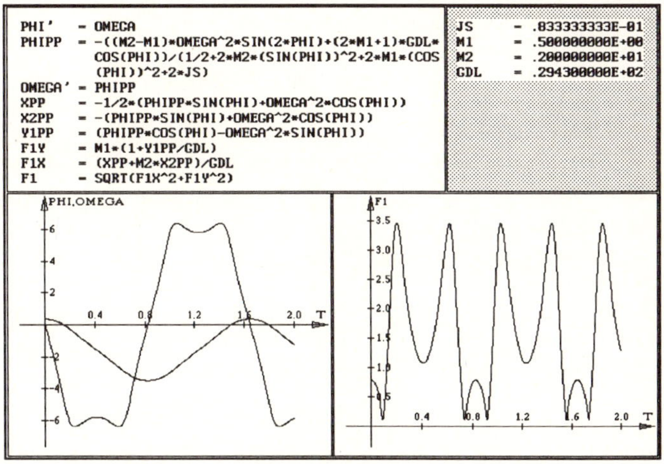

die dimensionslose Kraft

$$\frac{F_1}{m_S g} = \frac{1}{m_S g}\sqrt{F_{1x}^2 + F_{1y}^2} \quad .$$

Die numerische Behandlung dieser Aufgabe mit dem Programm MCALCU ist ausführlich als Beispiel 4 im Abschnitt B1.12 des Anhangs B beschrieben.

- ♦ Aufgaben dieser Art können mit dem Energiesatz allein nicht gelöst werden. Dieser eignet sich jedoch sehr gut zur Kontrolle einzelner Ergebnisse. Hier wird als Zustand 1 der Start der Bewegung und als Zustand 2 die horizontale Lage der Stange betrachtet.

Mit dem Null-Potential in Höhe der horizontalen Führung hat das System nur im Zustand 1 potentielle Energie. Im Zustand 2 befindet sich Masse 2 im Umkehrpunkt ihrer Bewegung, hat also keine kinetische Energie. Da sich damit auch der Drehpunkt der Stange in Ruhe befindet, ist er der Momentanpol für die Bewegung der Stange, deren kinetische Energie in der Form $\frac{1}{2}J_2\bar{\omega}^2$ aufgeschrieben werden darf. Dies ist nach (29.39) erlaubt, wenn (mit dem Steinerschen Satz) für $J_2 = J_S + m_S l^2/4$ das Massenträgheitsmoment bezüglich des Momentanpols eingesetzt wird.

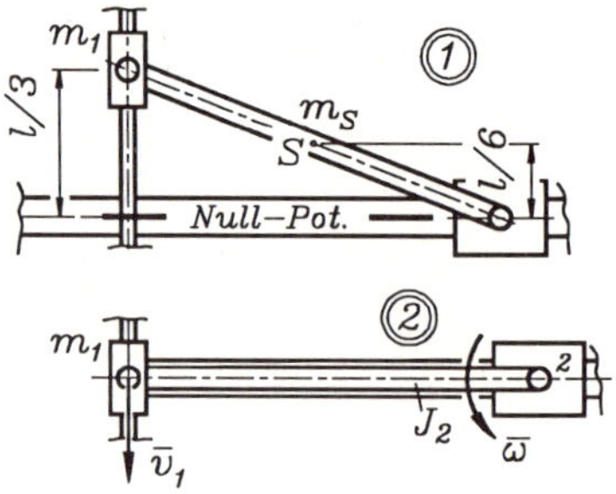

Für die Winkelgeschwindigkeit $\bar{\omega}$ der Stange und die Geschwindigkeit $\bar{v}_1$ der Masse m_1 gilt im Bewegungszustand 2 die Zwangsbedingung $\bar{v}_1 = \bar{\omega}\,l$, so daß aus der Energiebilanz

$$m_1 g \frac{l}{3} + m_S g \frac{l}{6} = \frac{1}{2} m_1 \bar{v}_1^2 + \frac{1}{2} J_2 \bar{\omega}^2 \quad .$$

die Winkelgeschwindigkeit $\bar{\omega}$ berechnet werden kann:

$$\bar{\omega} = \sqrt{\frac{2}{3}\,\frac{\dfrac{m_1}{m_S}+\dfrac{1}{2}}{\dfrac{m_1}{m_S}+\dfrac{J_S}{m_S l^2}+\dfrac{1}{4}}\,\frac{g}{l}} = 4{,}85\ s^{-1} \quad .$$

Dieser Wert stimmt exakt mit dem Zwischenergebnis überein, das sich für diese spezielle Lage aus der Integration der Bewegungs-Differentialgleichung ergab.

- ♦ Wäre nur die Bewegung zu untersuchen gewesen, hätte man sich auch des Energiesatzes bedienen können. Man müßte als Zustand 1 den Start und als Zustand 2 eine beliebige (durch die Bewegungskoordinaten definierte) Lage betrachten und dafür die Energiebilanz aufstellen.

- ♦ Am Ende des Abschnitts, in dem an Beispielen die Vor- und Nachteile der unterschiedlichen Verfahren demonstriert wurden, muß noch darauf hingewiesen werden, daß der Energiesatz sich (im Gegensatz zum Prinzip von d'Alembert, vgl. Beispiel im Abschnitt 29.5.2) nicht für Systeme mit mehreren Freiheitsgraden eignet, weil er **nur eine** Bilanzgleichung liefert. Das Aufschreiben von Bewegungs-Differentialgleichungen aus Energiebetrachtungen für kompliziertere Systeme wird im Abschnitt 33.4 gesondert behandelt.

29.6 Räumliche Bewegung starrer Körper

Die Strategie der Herleitung der Aussagen über die Kinetik der räumlichen Bewegung starrer Körper folgt dem bewährten Muster, das bereits für die ebene Bewegung im Abschnitt 29.5 verwendet wurde: Die Wirkung der (nun drei) Komponenten der d'Alembertschen Kraft am unendlich kleinen Massenpunkt dm wird über die gesamte Masse m summiert (integriert) und mit der Wirkung der äußeren Belastung ins Gleichgewicht gebracht.

Zur Vereinfachung der Schreibarbeit werden die (in einem raumfesten Koordinatensystem gemessenen) Koordinaten, Geschwindigkeits- und Beschleunigungskomponenten zu Vektoren zusammengefaßt:

$$\vec{r} = \begin{bmatrix} x \\ y \\ z \end{bmatrix} \quad , \quad \vec{v} = \begin{bmatrix} \dot{x} \\ \dot{y} \\ \dot{z} \end{bmatrix} \quad , \quad \vec{a} = \begin{bmatrix} \ddot{x} \\ \ddot{y} \\ \ddot{z} \end{bmatrix} \quad . \tag{29.43}$$

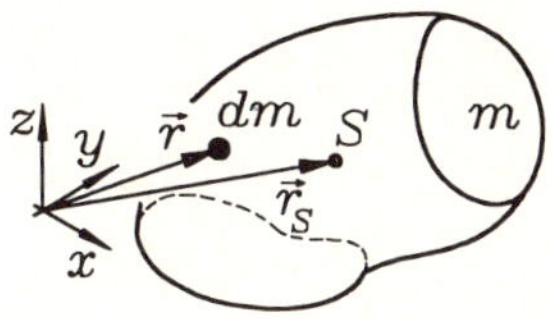

Auch die Koordinaten des Schwerpunkts der Masse m nach (4.3) werden vektoriell formuliert:

$$\vec{r}_S = \begin{bmatrix} x_S \\ y_S \\ z_S \end{bmatrix} = \frac{1}{m} \int_m \begin{bmatrix} x \\ y \\ z \end{bmatrix} dm = \frac{1}{m} \int_m \vec{r}\, dm \quad \Rightarrow \quad \int_m \vec{r}\, dm = m\, \vec{r}_S \quad . \tag{29.44}$$

29.6.1 Schwerpunktsatz, Drallsatz

Gewählt wird ein (zunächst beliebiger) körperfester Bezugspunkt O, auf den alle angreifenden äußeren Lasten reduziert werden. In der Skizze sind die Komponenten der resultierenden äußeren Lasten angedeutet, die ab sofort durch einen Kraftvektor und einen Momentvektor repräsentiert werden:

$$\vec{F}_0 = \begin{bmatrix} F_{0x} \\ F_{0y} \\ F_{0z} \end{bmatrix} \quad , \quad \vec{M}_0 = \begin{bmatrix} M_{0x} \\ M_{0y} \\ M_{0z} \end{bmatrix} \quad . \tag{29.45}$$

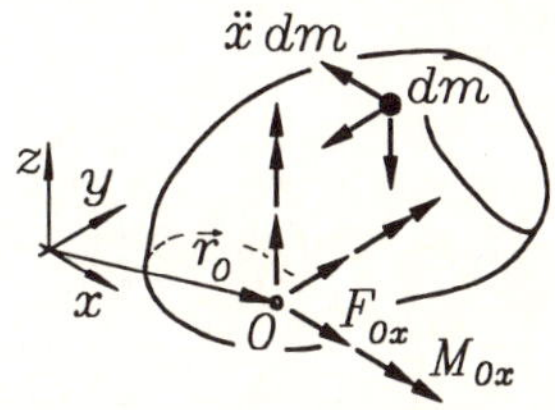

Die drei Komponenten der d'Alembertschen Kräfte des Massenpunkts dm werden entsprechend (29.43) im Vektor $\vec{a}\, dm$ zusammengefaßt. Das Gleichgewicht der äußeren Kräfte mit den über die Gesamtmasse integrierten Massenkräften liefert unter Berücksichtigung von (29.44):

$$\vec{F}_0 = \int_m \vec{a}\, dm = \int_m \frac{d^2 \vec{r}}{dt^2}\, dm = \frac{d^2}{dt^2} \int_m \vec{r}\, dm = \frac{d^2}{dt^2}\left(m\, \vec{r}_S\right) = m\, \vec{a}_S \quad . \tag{29.46}$$

Dies entspricht dem schon für die ebene Bewegung hergeleiteten ***Schwerpunktsatz***: Auch im Raum bewegt sich der Schwerpunkt eines Körpers so, als würden alle äußeren Kräfte an ihm angreifen und die Gesamtmasse des Körpers in ihm konzentriert sein.

Für das Momenten-Gleichgewicht aller Massenkräfte mit dem Moment der äußeren Belastung wird der Vektor $\vec{r}^*$ (vom Bezugspunkt **O** zum Massenpunkt **dm**) eingeführt:

$$\vec{M}_0 = \int_m \vec{r}^* \times \vec{a}\, dm = \int_m \vec{r}^* \times \frac{d\vec{v}}{dt}\, dm \quad . \qquad \textbf{(29.47)}$$

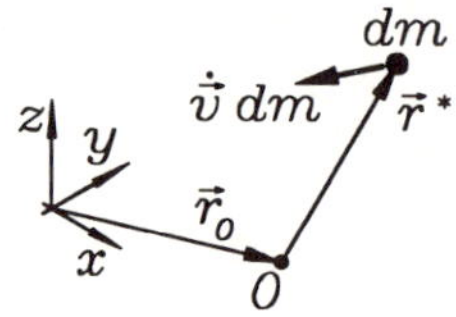

Mit der Identität

$$\frac{d}{dt}(\vec{r}^* \times \vec{v}) = \vec{r}^* \times \frac{d\vec{v}}{dt} + \frac{d\vec{r}^*}{dt} \times \vec{v}$$

(Differentiation eines Produkts) und den aus der Kinematik bekannten Beziehungen (27.14)

$$\frac{d\vec{r}^*}{dt} = \vec{\omega} \times \vec{r}^* \quad , \quad \vec{v} = \vec{v}_0 + \vec{\omega} \times \vec{r}^* \qquad \textbf{(29.48)}$$

läßt sich (29.47) folgendermaßen umformen:

$$\begin{aligned}
\vec{M}_0 &= \int_m \vec{r}^* \times \frac{d\vec{v}}{dt}\, dm = \int_m \left[\frac{d}{dt}(\vec{r}^* \times \vec{v}) - \frac{d\vec{r}^*}{dt} \times \vec{v}\right] dm \\
&= \frac{d}{dt}\int_m \vec{r}^* \times \vec{v}\, dm - \int_m (\vec{\omega} \times \vec{r}^*) \times (\vec{v}_0 + \vec{\omega} \times \vec{r}^*)\, dm \\
&= \frac{d}{dt}\int_m \vec{r}^* \times \vec{v}\, dm - \int_m (\vec{\omega} \times \vec{r}^*) \times \vec{v}_0\, dm - \int_m (\vec{\omega} \times \vec{r}^*) \times (\vec{\omega} \times \vec{r}^*)\, dm \\
&= \frac{d}{dt}\int_m \vec{r}^* \times \vec{v}\, dm - \int_m (\vec{\omega} \times \vec{r}^*) \times \vec{v}_0\, dm \quad .
\end{aligned}$$

Das erste Integral wird als ***Drall*** (***Drehimpuls***) der Masse bezüglich des Punktes **O**

$$\vec{L}_0 = \int_m \vec{r}^* \times \vec{v}\, dm \qquad \textbf{(29.49)}$$

bezeichnet, im zweiten Integral ist nur der mittlere Faktor über das Volumen der Masse veränderlich:

$$\vec{M}_0 = \frac{d\vec{L}_0}{dt} - \left(\vec{\omega} \times \int_m \vec{r}^*\, dm\right) \times \vec{v}_0 \quad . \qquad \textbf{(29.50)}$$

Man erkennt bereits, daß sich diese Beziehung wesentlich vereinfacht, wenn der Bezugspunkt **O** sich nicht bewegt. Um den von der ebenen Bewegung bekannten besonderen Einfluß des Schwerpunkts zu klären, wird $\vec{r}^*$ entsprechend nebenstehender Skizze ersetzt. Der "Umweg über den Schwerpunkt" liefert:

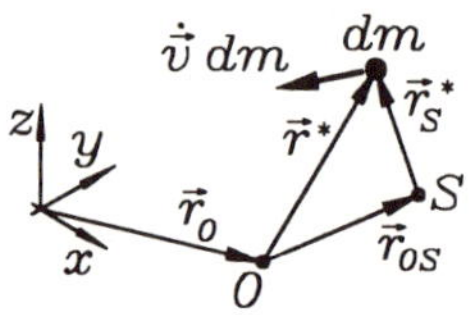

$$\vec{M}_0 = \frac{d\vec{L}_0}{dt} - \left[\vec{\omega} \times \left(\vec{r}_{0S}\int_m dm + \int_m \vec{r}_S^*\, dm\right)\right] \times \vec{v}_0 \quad .$$

Der Vektor $\vec{r}_{OS}$ als Verbindung zweier fester Punkte des Körpers durfte vor das Integral gezogen werden, das zweite Integral verschwindet (statisches Moment bezüglich des Schwerpunkts):

$$\vec{M}_0 = \frac{d\vec{L}_0}{dt} - m\,(\vec{\omega} \times \vec{r}_{0S}) \times \vec{v}_0 \quad . \qquad \textbf{(29.51)}$$

Damit wird noch eine zweite Möglichkeit erkennbar, das Momenten-Gleichgewicht des bewegten Körpers im Raum besonders einfach zu formulieren. Es ist der

Drallsatz (Momentensatz):

$$\vec{M}_A = \frac{d\vec{L}_A}{dt} \quad . \tag{29.52}$$

Die zeitliche Änderung des Drallvektors entspricht der Wirkung des resultierenden Momentvektors aller äußeren Belastungen. Als Bezugspunkt *A* sind der beliebig bewegte Schwerpunkt oder ein ruhender Punkt des Körpers zugelassen.

Der Drallvektor in (29.52) wird nach (29.49) berechnet, wobei die Geschwindigkeit nach (29.48) eingesetzt werden kann:

$$\vec{L}_A = \int_m \vec{r}^* \times \vec{v}\, dm = \int_m \vec{r}^* \times (\vec{v}_A + \vec{\omega} \times \vec{r}^*)\, dm$$

$$= \int_m \vec{r}^*\, dm \times \vec{v}_A + \int_m \vec{r}^* \times (\vec{\omega} \times \vec{r}^*)\, dm \quad .$$

Der erste Summand verschwindet in jedem Fall, denn *A* muß ein ruhender Punkt ($\vec{v}_A = \mathbf{0}$) oder der Schwerpunkt sein (dann ist das Integral als statisches Moment gleich Null):

$$\vec{L}_A = \int_m \vec{r}^* \times (\vec{\omega} \times \vec{r}^*)\, dm \quad . \tag{29.53}$$

Wenn für $\vec{r}^*$ und $\vec{\omega}$ die Komponentendarstellungen in kartesischen Koordinaten

$$\vec{r}^* = \begin{bmatrix} x^* \\ y^* \\ z^* \end{bmatrix} \quad , \quad \vec{\omega} = \begin{bmatrix} \omega_x \\ \omega_y \\ \omega_z \end{bmatrix}$$

in (29.53) eingesetzt werden, entstehen beim Ausmultiplizieren der Vektorprodukte genau die Integrale, die im Abschnitt 29.3.3 als axiale Massenträgheitsmomente (29.17) und Deviationsmomente (29.18) definiert wurden:

$$\vec{L}_A = \begin{bmatrix} L_{Ax^*} \\ L_{Ay^*} \\ L_{Az^*} \end{bmatrix} = \begin{bmatrix} J_{xx}^*\,\omega_x + J_{xy}^*\,\omega_y + J_{xz}^*\,\omega_z \\ J_{xy}^*\,\omega_x + J_{yy}^*\,\omega_y + J_{yz}^*\,\omega_z \\ J_{xz}^*\,\omega_x + J_{yz}^*\,\omega_y + J_{zz}^*\,\omega_z \end{bmatrix} = \begin{bmatrix} J_{xx}^* & J_{xy}^* & J_{xz}^* \\ J_{xy}^* & J_{yy}^* & J_{yz}^* \\ J_{xz}^* & J_{yz}^* & J_{zz}^* \end{bmatrix} \begin{bmatrix} \omega_x \\ \omega_y \\ \omega_z \end{bmatrix} = J^*\,\vec{\omega} \quad . \tag{29.54}$$

- Man beachte, daß der Drallsatz (29.52) für ein raumfestes Koordinatensystem formuliert wurde, so daß auch die Elemente des Trägheitstensors in (29.54) sich auf dieses System beziehen müssen und nicht einfach aus der üblichen Berechnung im körperfesten Koordinatensystem übernommen werden können. Gegebenenfalls kann die Drehung des Körpers während der Bewegung über die Transformation (29.23) erfaßt werden.

  In vielen Fällen ist es jedoch günstiger, mit körperfesten Koordinaten zu arbeiten. Dies wird im nachfolgenden Abschnitt besprochen.

29.6.2 Körperfeste Koordinaten, Eulersche Gleichungen, Kreiselbewegung

Im Bezugspunkt ***O*** des bewegten Körpers wird ein **körperfestes ξ-η-ζ-Koordinatensystem** definiert. Die Komponenten des Vektors $\vec{\omega}$ werden auf diese Koordinatenrichtungen bezogen, die Elemente des Trägheitstensors sind bezüglich dieses Systems konstant. Der analog zu (29.54) im bewegten Koordinatensystem aufzuschreibende Drallvektor

$$\vec{L}_A = \begin{bmatrix} L_{A\xi} \\ L_{A\eta} \\ L_{A\zeta} \end{bmatrix} = \begin{bmatrix} J_{\xi\xi} & J_{\xi\eta} & J_{\xi\zeta} \\ J_{\xi\eta} & J_{\eta\eta} & J_{\eta\zeta} \\ J_{\xi\zeta} & J_{\eta\zeta} & J_{\zeta\zeta} \end{bmatrix} \begin{bmatrix} \omega_\xi \\ \omega_\eta \\ \omega_\zeta \end{bmatrix} = \tilde{J}\,\vec{\omega} \tag{29.55}$$

darf natürlich nicht in (29.52) eingesetzt werden, weil sich die Zeitableitung in (29.52) auf das raumfeste Koordinatensystem bezieht. Im Abschnitt 27.3.3 wurde der Zusammenhang (27.16) zwischen der Ableitung eines Vektors im ruhenden bzw. bewegten Koordinatensystem hergeleitet, der hier für die Ableitung des Drallvektors genutzt wird:

$$\frac{d\vec{L}_A}{dt} = \vec{\omega} \times \vec{L}_A + \frac{d^*\vec{L}_A}{dt} \quad . \tag{29.56}$$

Der Stern beim Ableitungssymbol, deutet die "Ableitung im bewegten (körperfesten) System" an. Mit dieser "Transformation der zeitlichen Ableitung" wird aus (29.52) mit (29.55) der **Drallsatz bezüglich des bewegten (körperfesten) Systems**:

$$\vec{M}_A = \vec{\omega} \times \vec{L}_A + \frac{d^*\vec{L}_A}{dt} = \vec{\omega} \times \left(\tilde{J}\,\vec{\omega}\right) + \tilde{J}\,\frac{d^*\vec{\omega}}{dt} \quad . \tag{29.57}$$

- Der Vektor $\vec{\omega}$ in (29.57) ist mit seinen Komponenten für das bewegte System zu formulieren. Er beschreibt natürlich trotzdem die Drehung des Körpers (oder besser: "Drehung des körperfesten Koordinatensystems") gegenüber der "ruhenden Umwelt".

Wenn man sich für das Arbeiten mit einem körperfesten Koordinatensystem entscheidet, können (und sollten) dessen Achsen natürlich mit den Hauptachsen für den Punkt ***A*** zusammenfallen. Dann wird die Matrix in (29.55) zur Diagonalmatrix mit den Hauptträgheitsmomenten, die (vgl. Abschnitt 29.3.3) nach (29.24) als J_1, J_2 und J_3 bezeichnet werden. Dementsprechend sollen auch die Komponenten der Winkelgeschwindigkeit und des äußeren Momentvektors um diese Achsen die Indizes 1, 2 und 3 haben. (29.57) vereinfacht sich erheblich. Man erhält nach Ausführen der Multiplikationen die Komponenten des Momentvektors, nach LEONARD EULER bezeichnet als

***Eulersche Gleichungen*:**

$$\begin{aligned} M_1 &= J_1\,\dot{\omega}_1 - \left(J_2 - J_3\right)\omega_2\,\omega_3 \quad , \\ M_2 &= J_2\,\dot{\omega}_2 - \left(J_3 - J_1\right)\omega_3\,\omega_1 \quad , \\ M_3 &= J_3\,\dot{\omega}_3 - \left(J_1 - J_2\right)\omega_1\,\omega_2 \quad . \end{aligned} \tag{29.58}$$

Die Gleichungen gelten für ein **körperfestes Hauptachsensystem**, dessen Ursprung im Schwerpunkt oder in einem ruhenden Punkt des Körpers liegt.

♦ Der wesentliche Vorteil des Arbeitens mit körperfesten Koordinaten zeigt sich in den Gleichungen (29.58): Die Massenträgheitsmomente sind keine zeitabhängigen Größen. Allerdings beschreiben die Eulerschen Gleichungen auch nur die Drehbewegung des Körpers um die körperfesten Achsen, deren (sich im allgemeinen während der Bewegung ändernde) Lage im Raum kann allein aus diesen Gleichungen nicht berechnet werden. Wenn allerdings die Bewegung der Achsen (z. B. bei Zwangsführung) bekannt ist, können die Gleichungen (29.58) recht nützlich sein.

♦ Als ***Kreisel*** wird ein starrer Körper bezeichnet, der eine Bewegung um einen festen Punkt ausführen kann (drei Freiheitsgrade). Die Berechnung von Kreiselbewegungen ist ein typischer Anwendungsfall für die Eulerschen Gleichungen.

Für die Beschreibung der Bewegung der (körperfesten) Hauptachsen eines Kreisels sind drei Winkelkoordinaten erforderlich, die (auch auf einen Vorschlag L. Eulers zurückgehend) wie nebenstehend skizziert definiert werden. Im ruhenden Punkt des Kreisels liegt ein raumfestes x-y-z-Koordinatensystem.

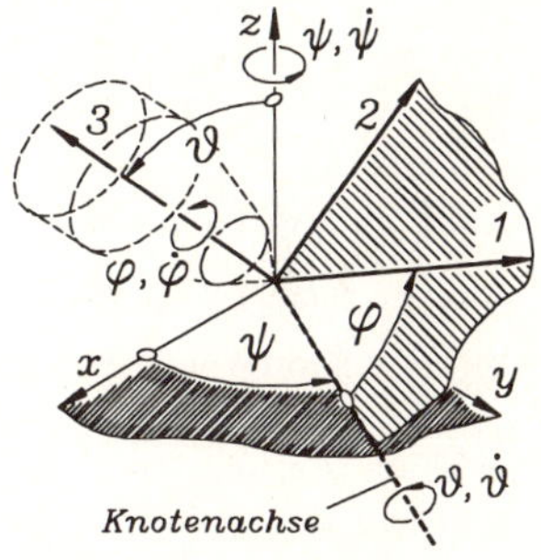

Eulersche Winkel

Die Neigung der Hauptachse 3 bezüglich der z-Achse wird durch den Winkel ϑ beschrieben (die Wahl der Hauptachse 3 ist willkürlich).

Die körperfesten Hauptachsen 1 und 2 behalten ihre rechtwinklige Lage zu 3 natürlich bei, die von 1 und 2 aufgespannte (körperfeste) Ebene schneidet die (raumfeste) x-y-Ebene entlang der sogenannten ***Knotenachse***. Die Drehung der Knotenachse in der x-y-Ebene wird durch den Winkel ψ verfolgt. Da die Hauptachse 3 senkrecht auf der von 1 und 2 gebildeten Ebene steht, ist auch die Knotenachse stets senkrecht zur Hauptachse 3 gerichtet.

Die beiden Koordinaten ϑ und ψ beschreiben die Lage der Hauptachse 3 eindeutig, der Kreisel kann allerdings noch eine Rotation um diese Achse ausführen, die durch eine dritte Koordinate beschrieben wird: Der Winkel φ wird in der durch 1 und 2 aufgespannten Ebene gemessen, beginnend an der Knotenachse wird von ihm die Lage der Achse 1 verfolgt.

Die Koordinaten ϑ, ψ und φ werden ***Eulersche Winkel*** genannt. Die Hauptachse 3 wurde von Euler als ***Figurenachse*** des Kreisels bezeichnet, dann kann $\dot{\varphi}$ angesehen werden als Winkelgeschwindigkeit der Eigendrehung um die Figurenachse, die selbst mit der Winkelgeschwindigkeit $\dot{\psi}$ um die raumfeste z-Achse rotiert. Zur Berechnung des Bewegungsgesetzes eines Kreisels, das durch die Funktionen $\vartheta(t)$, $\psi(t)$ und $\varphi(t)$ eindeutig beschrieben wird, können die Eulerschen Gleichungen (29.58) verwendet werden, es muß jedoch vorab der Zusammenhang zwischen den Winkelgeschwindigkeiten ω_1, ω_2 und ω_3 (bezüglich der körperfesten Achsen) und den durch $\dot{\vartheta}$, $\dot{\psi}$ und $\dot{\varphi}$ definierten Winkelgeschwindigkeiten geklärt werden.

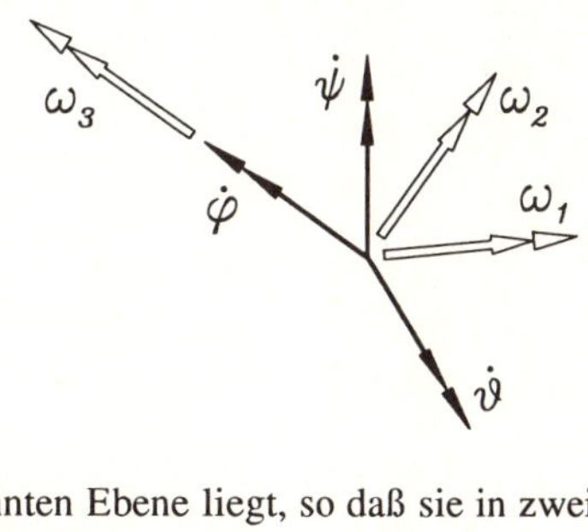

Die Skizze zeigt, daß $\dot{\varphi}$ die Richtung der Hauptachse 3 und damit der Winkelgeschwindigkeit ω_3 hat. Die Richtung der Knotenachse bestimmt die Richtung von $\dot{\vartheta}$, die damit in der von den Hauptachsen 1 und 2 aufgespannten Ebene liegt, so daß sie in zwei Komponenten in Richtung dieser Achsen zerlegt werden kann.

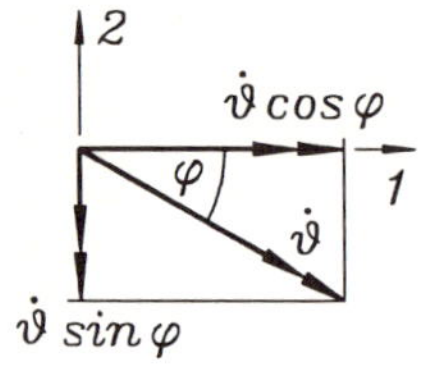

Die Skizze zeigt die von 1 und 2 aufgespannte Ebene (gesehen aus Hauptachsenrichtung 3). Eine Komponente von $\dot\vartheta$ hat die Richtung der Hauptachse 1 (und damit die Richtung von ω_1), die andere ist der Hauptachse 2 (und damit ω_2) entgegengerichtet.

Die raumfeste Lage von $\dot\psi$ führt dazu, daß diese Winkelgeschwindigkeit Komponenten für alle drei Hauptachsen liefert. Die erste Zerlegung in der von der z-Achse und der Achse 3 aufgespannten Ebene liefert die beiden skizzierten Komponenten. Die Komponente in der von 1 und 2 aufgespannten Ebene bildet mit der Achse 1 den Winkel $90° - \varphi$ und wird noch einmal zerlegt.

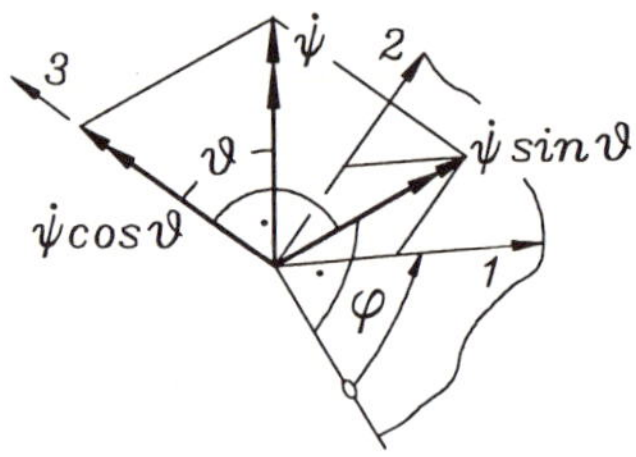

Insgesamt gilt also:

$$\begin{aligned} \omega_1 &= \dot\vartheta\cos\varphi + \dot\psi\sin\vartheta\sin\varphi \quad , \\ \omega_2 &= -\dot\vartheta\sin\varphi + \dot\psi\sin\vartheta\cos\varphi \quad , \\ \omega_3 &= \dot\varphi + \dot\psi\cos\vartheta \quad . \end{aligned} \tag{29.59}$$

Für die Eulerschen Gleichungen werden noch die Ableitungen nach der Zeit benötigt:

$$\begin{aligned} \dot\omega_1 &= \ddot\vartheta\cos\varphi - \dot\vartheta\dot\varphi\sin\varphi + \ddot\psi\sin\vartheta\sin\varphi + \dot\psi\dot\vartheta\cos\vartheta\sin\varphi + \dot\psi\dot\varphi\sin\vartheta\cos\varphi \quad , \\ \dot\omega_2 &= -\ddot\vartheta\sin\varphi - \dot\vartheta\dot\varphi\cos\varphi + \ddot\psi\sin\vartheta\cos\varphi + \dot\psi\dot\vartheta\cos\vartheta\cos\varphi - \dot\psi\dot\varphi\sin\vartheta\sin\varphi \quad , \\ \dot\omega_3 &= \ddot\varphi + \ddot\psi\cos\vartheta - \dot\psi\dot\vartheta\sin\vartheta \quad . \end{aligned} \tag{29.60}$$

Nach dem Einsetzen von (29.59) und (29.60) in die Eulerschen Gleichungen entsteht ein Differentialgleichungssystem zweiter Ordnung für die drei Winkelkoordinaten. Es ist hochgradig nichtlinear und im allgemeinen nur numerisch lösbar. Erschwerend kommt hinzu, daß die Differentialgleichungen auch in den zweiten Ableitungen gekoppelt sind (das Beispiel 3 im Abschnitt B1.12 des Anhangs B demonstriert, wie man bei solchen Kopplungen vorgeht).

Beispiel: Ein starrer Körper rotiert um seine Hauptachse 1 mit der konstanten Winkelgeschwindigkeit ω_1. Die Punkte A und B der Rotationsachse bewegen sich auf einer horizontalen Kreisbahn mit konstanter Geschwindigkeit, so daß dem rotierenden Körper eine Drehbewegung mit konstanter Winkelgeschwindigkeit ω_F um eine vertikale Achse überlagert wird ("geführter Kreisel"). Es soll untersucht werden, welche Momente erforderlich sind, um diese Bewegung hervorzurufen.

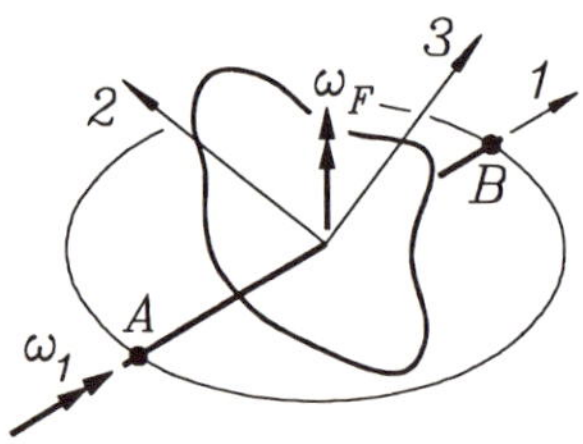

Gegeben: ω_1 , ω_F , J_1 , J_2 , J_3 .

Für das mitrotierende Hauptachsensystem gelten die Eulerschen Gleichungen, wenn ω_F in zwei Komponenten in Richtung dieser Achsen zerlegt wird. Die Skizze zeigt eine beliebige (durch den Winkel ϑ gekennzeichnete) Lage. Man liest ab:

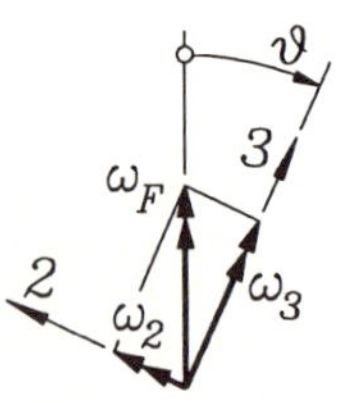

$$\omega_2 = \omega_F\sin\vartheta \quad , \qquad \omega_3 = \omega_F\cos\vartheta \quad .$$

Diese Winkelgeschwindigkeitskomponenten sind veränderlich, deshalb ergeben sich auch Winkelbeschleunigungskomponenten. Bei der Ableitung nach der Zeit taucht dabei auch die Ableitung des Winkels ϑ auf.

Weil die Hauptachse 1 stets in der Horizontalebene bleibt (der Euler-Winkel φ ist immer Null), liefert (29.59) dafür $\dot{\vartheta} = \omega_1$. Damit erhält man die Ableitungen von ω_2 und ω_3:

$$\dot{\omega}_2 = \omega_F \, \dot{\vartheta} \cos\vartheta = \omega_F \, \omega_1 \cos\vartheta \quad ,$$
$$\dot{\omega}_3 = -\omega_F \, \dot{\vartheta} \sin\vartheta = -\omega_F \, \omega_1 \sin\vartheta \quad .$$

Damit (und mit $\dot{\omega}_1 = 0$) ergeben die Eulerschen Gleichungen die gesuchten Momente:

$$M_1 = -(J_2 - J_3)\, \omega_F^2 \sin\vartheta \cos\vartheta \quad .$$
$$M_2 = J_2 \, \omega_F \, \omega_1 \cos\vartheta - (J_3 - J_1)\, \omega_F \, \omega_1 \cos\vartheta \quad ,$$
$$M_3 = -J_3 \, \omega_F \, \omega_1 \sin\vartheta - (J_1 - J_2)\, \omega_F \, \omega_1 \sin\vartheta \quad .$$

Bemerkenswert ist, daß ein (sich periodisch änderndes) Moment M_1 erforderlich wäre, wenn ω_1 auch bei zusätzlicher Drehung um eine vertikale Achse konstant bleiben soll. Wird dieses Moment nicht aufgebracht (und praktisch ist dies kaum möglich), dann wäre ω_1 nicht konstant. Vor einer Diskussion der anderen Ergebnisse werden die mitrotierenden Momente M_2 und M_3 in ein Moment M_F mit vertikaler und ein Moment M_H mit horizontaler Drehachse umgerechnet. Aus der Skizze liest man ab:

$$M_F = M_2 \sin\vartheta + M_3 \cos\vartheta \quad , \qquad M_H = M_2 \cos\vartheta - M_3 \sin\vartheta \quad .$$

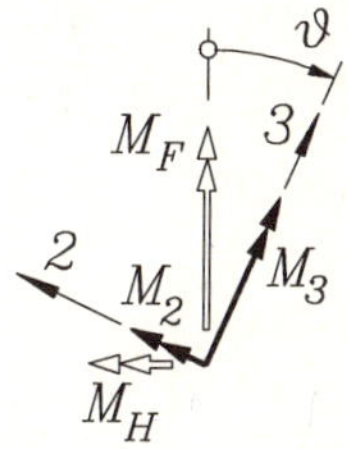

Nach dem Einsetzen der berechneten Werte für M_2 und M_3 ergibt sich:

$$M_F = (J_2 - J_3)\, \omega_1 \, \omega_F \sin 2\vartheta \quad ,$$
$$M_H = (J_2 - J_3)\, \omega_1 \, \omega_F (\cos^2\vartheta - \sin^2\vartheta) + J_1 \, \omega_1 \, \omega_F \quad .$$

- Auch um die vertikale Achse ist ein (praktisch kaum realisierbares) Moment erforderlich, um die Bewegung mit konstanten Winkelgeschwindigkeiten zu erzwingen. Allerdings verschwinden sowohl M_1 als auch M_F, wenn die Massenträgheitsmomente bezüglich der beiden Hauptachsen senkrecht zur Achse 1 gleich sind.

- Wenn die Bedingung $J_2 = J_3$ erfüllt ist, spricht man vom ***symmetrischen Kreisel***. Der symmetrische Kreisel ist ein für die Praxis besonders wichtiger Sonderfall (rotierende Massen sind häufig sogar rotationssymmetrisch). Für solche Körper sind alle Achsen senkrecht zur Rotationsachse Hauptachsen.

- Das Moment M_H verschwindet jedoch auch beim symmetrischen Kreisel nicht. Das verbleibende Moment

$$M_H = J_1 \, \omega_1 \, \omega_F \qquad \textbf{(29.61)}$$

muß von den Lagern aufgebracht werden. Bemerkenswert ist, daß es um eine horizontale Achse dreht, so daß vertikal gerichtete Kräfte von den Lagern auf das System aufgebracht werden müssen, damit es sich mit ω_F um eine vertikale Achse dreht (der Kreisel reagiert auf das Aufbringen eines Moments mit einer Drehung um eine Achse senkrecht zur Drehachse des Moments).

Das mit (29.61) zu berechnende Moment kann infolge des Produkts der beiden Winkelgeschwindigkeiten sehr groß werden. Es wird deshalb noch intensiver diskutiert werden, nachdem im folgenden Abschnitt ein allgemeinerer Fall untersucht wurde, der die weitaus meisten praktisch wichtigen Fälle erfaßt.

29.6.3 Das Kreiselmoment

Die folgenden Untersuchungen beschränken sich auf den für die technische Praxis besonders wichtigen **symmetrischen Kreisel**, für den alle Achsen senkrecht zur Rotationsachse Hauptachsen sind (er braucht nicht rotationssymmetrisch zu sein, zwei Hauptachsen senkrecht zur Rotationsachse mit gleichen Massenträgheitsmomenten garantieren die Erfüllung der genannten Bedingung). Für solche Körper bringt das mitrotierende Koordinatensystem keine Vorteile, es ist sogar lästig, weil Winkelgeschwindigkeitsvektoren mit raumfester Richtung (ω_F im Beispiel des vorigen Abschnitts) auf die rotierenden Achsen umgerechnet werden müssen.

Ein kleiner Trick hilft: Man wählt ein Koordinatensystem, das die Bewegung des Körpers nur insofern mitmacht, daß der Drallvektor bezüglich dieses Systems konstant bleibt. Die verbleibende Bewegung wird als ***Führungsbewegung*** dem **Koordinatensystem überlagert** und durch die Formel (29.56) erfaßt. Weil die Ableitung des Drallvektors sich in dieser Formel auf das bewegte Koordinatensystem bezieht, verschwindet dieser Anteil, wenn der Drallvektor im bewegten Koordinatensystem konstant ist. Der Winkelgeschwindigkeitsvektor im ersten Anteil ist dann nur die überlagerte Führungsbewegung (folgendes Beispiel), und der Drallsatz vereinfacht sich zu

$$\vec{M}_A = \frac{d\vec{L}_A}{dt} = \vec{\omega}_F \times \vec{L}_A \quad . \qquad (29.62)$$

Diese vereinfachte Form darf also angewendet werden, wenn der Drallvektor konstant ist bezüglich des verwendeten Koordinatensystems, das sich selbst jedoch gegenüber einem festen System mit der "Führungs-Winkelgeschwindigkeit" $\vec{\omega}_F$ dreht.

Beispiel 1: Ein symmetrischer Kreisel rotiert mit der konstanten Winkelgeschwindigkeit ω_K in einem Rahmen um seine Hauptzentralachse 1. Der Rahmen wird mit der konstanten Winkelgeschwindigkeit ω_F gedreht.

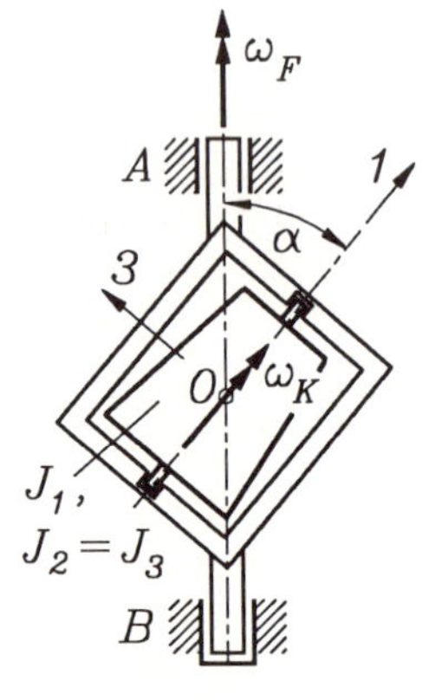

Gegeben: J_1 , $J_2 = J_3$, ω_K , ω_F , α .

Die Masse des Rahmens soll vernachlässigt werden, um die Wirkung des "geführten Kreisels" zu untersuchen.

Die Gesamt-Winkelgeschwindigkeit des Kreisels ergibt bei Überlagerung von ω_K und ω_F die beiden Komponenten in Richtung der Achsen 1 und 3 (Skizze unten rechts)

$$\omega_1 = \omega_K + \omega_F \cos\alpha \quad , \quad \omega_3 = \omega_F \sin\alpha \quad .$$

Weil Hauptachsen vorausgesetzt werden, kann der Drallvektor in der Form

$$\vec{L}_O = \begin{bmatrix} J_1\,\omega_1 \\ J_2\,\omega_2 \\ J_3\,\omega_3 \end{bmatrix} = \begin{bmatrix} J_1\,(\omega_K + \omega_F \cos\alpha) \\ 0 \\ J_3\,\omega_F \sin\alpha \end{bmatrix} \qquad (29.63)$$

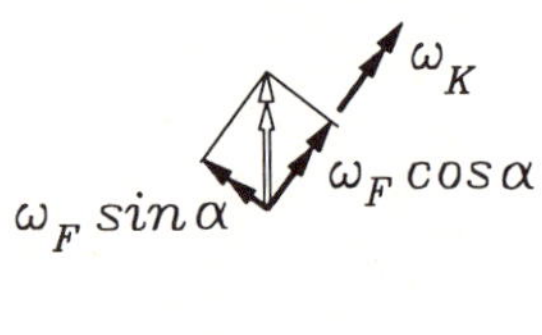

aufgeschrieben werden.

Der Bezugspunkt O ist der in Ruhe befindliche Punkt des Kreisels (Schnittpunkt der beiden Drehachsen), es braucht nicht der Schwerpunkt zu sein. Der Drall (29.63) mit konstanten Massenträgheitsmomenten gilt eigentlich für das mit dem Kreisel bewegte Hauptachsensystem. Da sich aber bei der Drehung um die Achse 1 die Massenträgheitsmomente des symmetrischen Kreisels nicht ändern, darf das Bezugssystem auch am Rahmen befestigt werden (Skizze) und ist dann nur noch der "Führungsdrehung" ω_F unterworfen, die in die vereinfachte Form des Drallsatzes (29.62) mit ihren beiden Komponenten eingeht:

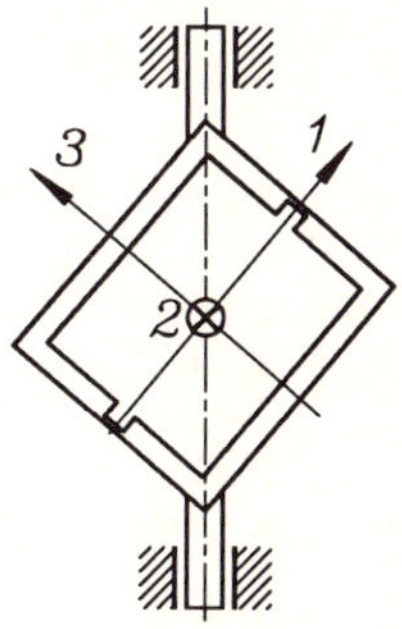

$$\vec{M} = \vec{\omega}_F \times \vec{L}_0 = \begin{vmatrix} \vec{e}_1 & \vec{e}_2 & \vec{e}_3 \\ \omega_F \cos\alpha & 0 & \omega_F \sin\alpha \\ J_1(\omega_K + \omega_F \cos\alpha) & 0 & J_3\,\omega_F \sin\alpha \end{vmatrix}$$

$$= \left[J_1\,\omega_K + (J_1 - J_3)\,\omega_F \cos\alpha\right] \omega_F \sin\alpha \cdot \vec{e}_2 \quad .$$

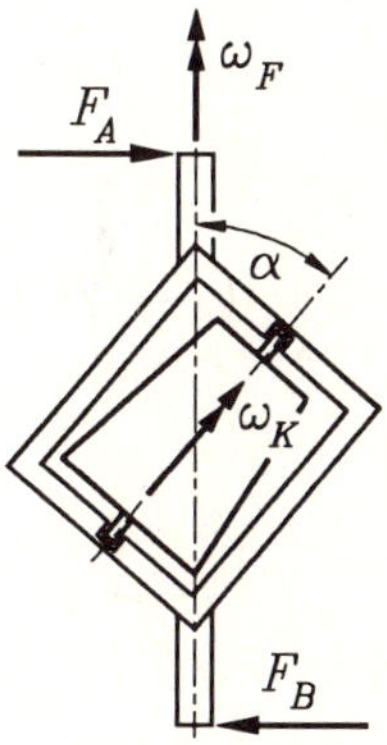

Der Vektor des äußeren Moments, das die Lager auf den Rahmen aufbringen müssen, steht senkrecht auf beiden Winkelgeschwindigkeits-Vektoren. Wenn J_3 nicht wesentlich größer als J_1 ist, wirkt auf den Rahmen ein rechtsdrehendes Moment (nebenstehende Skizze).

- Das Ergebnis dieses Beispiels ist auf viele Probleme anwendbar. Vor der weiteren Diskussion wird es etwas umgeformt:

$$\vec{M} = \left[J_1 + (J_1 - J_3)\,\frac{\omega_F}{\omega_K}\cos\alpha\right] \omega_F\,\omega_K \sin\alpha \cdot \vec{e}_2$$

$$= \left[J_1 + (J_1 - J_3)\,\frac{\omega_F}{\omega_K}\cos\alpha\right] \vec{\omega}_F \times \vec{\omega}_K \quad .$$

Dies ist das Moment, das auf den Rahmen wirkt. Es ist üblich, gerade das entgegengesetzt wirkende Moment, das auf die Lager wirkt, anzugeben (realisiert durch Vertauschen der Faktoren des Vektorprodukts). Es ist das

Kreiselmoment:

$$\vec{M}_K = \left[J_1 + (J_1 - J_3)\,\frac{\omega_F}{\omega_K}\cos\alpha\right] \vec{\omega}_K \times \vec{\omega}_F \quad . \tag{29.64}$$

Ein symmetrischer Kreisel (Rotor) dreht sich um seine Hauptzentralachse 1 mit der Winkelgeschwindigkeit ω_K (J_1 ist das Massenträgheitsmoment bezüglich der Achse 1, J_3 das Hauptträgheitsmoment einer dazu senkrechten Achse). Der Bewegung des Kreisels wird eine Führungsbewegung ω_F überlagert (die Drehachsen von ω_K und ω_F schließen den Winkel α ein).

Dann müssen die Lager (zusätzlich zu den anderen Belastungen, z. B. das Eigengewicht) das Kreiselmoment (29.64) aufnehmen, dessen Vektor stets senkrecht auf den Drehachsen von ω_K und ω_F steht, so daß die Lagerreaktionen mit ω_F umlaufen.

- Kreiselmomente können wegen des Produkts zweier Winkelgeschwindigkeiten sehr große Werte annehmen und dürfen im allgemeinen auch bei relativ geringen Winkelgeschwindigkeiten der Führungsbewegung nicht vernachlässigt werden.

- In der Maschinendynamik wird häufig nur der erste Summand von (29.64) berücksichtigt. Dies ist korrekt, wenn die Drehachsen von ω_K und ω_F senkrecht zueinander sind ($\cos\alpha = 0$), aber auch dann gerechtfertigt, wenn ω_F wesentlich kleiner als ω_K ist. Die vereinfachte Formel

$$\vec{M}_K = J_1\,\vec{\omega}_K \times \vec{\omega}_F \qquad (\omega_F \ll \omega_K) \tag{29.65}$$

darf z. B. verwendet werden, um den Einfluß der Drehung um eine Querachse eines Flugzeugs beim Start und bei der Landung bzw. um eine vertikale Achse beim Kurvenflug auf die Lager der Triebwerksturbine zu untersuchen. Auch die Drehungen um die Querachse eines Schiffes ("Stampfen") auf die Lagerkräfte der (in Längsrichtung liegenden) Antriebswelle werden nach (29.65) erfaßt.

- Auch für den Sonderfall $\omega_K = 0$ kann (29.64) nützlich sein. Die kleine Umformung

$$\vec{M}_K = \left[J_1 + (J_1 - J_3)\,\frac{\omega_F}{\omega_K}\cos\alpha\right]\omega_K\,\vec{e}_1 \times \vec{\omega}_F = \left[J_1\,\omega_K + (J_1 - J_3)\,\omega_F\cos\alpha\right]\vec{e}_1 \times \vec{\omega}_F$$

($\vec{e}_1$ ist der Einheitsvektor in Richtung der Hauptzentralachse 1) gestattet das Nullsetzen von ω_K (der Kreisel rotiert nicht mehr), und man erhält:

$$\begin{aligned}\vec{M}_S &= (J_1 - J_3)\,\omega_F\cos\alpha\cdot\vec{e}_1 \times \vec{\omega}_F\\ &= (J_3 - J_1)\,\omega_F^2\cos\alpha\,\sin\alpha\cdot\vec{e}_2\ .\end{aligned} \tag{29.66}$$

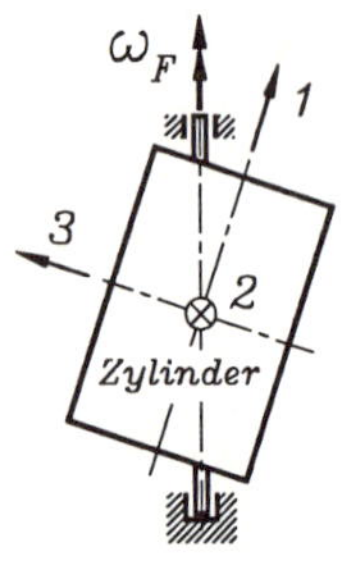

Damit können die Lagerreaktionen von Wellen mit "schief aufgebrachten" Scheiben und Zylindern berechnet werden (vgl. Beispiel 2 im Abschnitt 29.4.1). Leider hat sich der von R. GRAMMEL in seinem grundlegenden Werk über den Kreisel [4] für den Ausdruck (29.66) vorgeschlagene Begriff "Schleudermoment" nicht durchgesetzt. Vielfach wird auch der Effekt, der sich durch die schief aufgebrachten Scheiben und Zylinder ergibt, als "Kreiselwirkung" bezeichnet. Sicher ist es besser, von "dynamischer Unwuchtwirkung" (vgl. Abschnitt 29.4.2) zu sprechen.

Beispiel 2: In Kollermühlen verstärkt die Kreiselwirkung die Kraft, die der Läufer auf die Mahlplatte aufbringt. Der skizzierte Läufer wird mit der Winkelgeschwindigkeit ω_F um eine zentrale Achse bewegt. Sein Mittelpunkt bewegt sich auf einem Kreis mit dem Radius $R\cos\beta$ mit der Bahngeschwindigkeit $v = \omega_F R\cos\beta$, so daß sich der Läufer (reines Rollen vorausgesetzt) mit der Winkelgeschwindigkeit

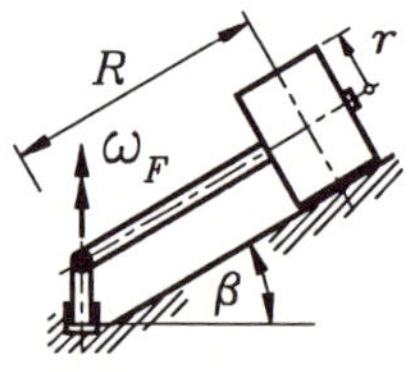

$$\omega_K = \frac{v}{r} = \omega_F\,\frac{R}{r}\cos\beta$$

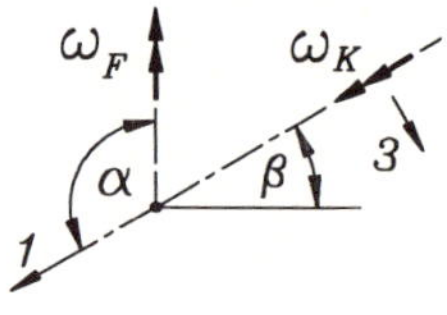

um seine eigene Längsachse dreht. Da die beiden Winkelgeschwindigkeiten von gleicher Größenordnung sind, muß das Kreiselmoment nach (29.64) aufgeschrieben werden. Mit den

Massenträgheitsmomenten um die Hauptachsen 1 und 3 (Skizze) und dem Winkel $\alpha = \pi/2 + \beta$ erhält man nach der Definition des Vektorprodukts ein rechtsdrehendes Moment mit dem Betrag

$$M_K = \left[J_1 + (J_1 - J_3) \frac{\omega_F}{\omega_K} \cos\alpha \right] \omega_K \, \omega_F \sin\alpha = \left[J_1 - (J_1 - J_3) \frac{r}{R} \tan\beta \right] \frac{R}{r} \, \omega_F^2 \cos^2\beta \; ,$$

das (zusätzlich zu der Komponente, die das Eigengewicht des Läufers liefert) eine Kraft $F_N = M_K / R$ auf die Mahlplatte aufbringt (senkrecht zur Oberfläche der Mahlplatte).

29.7 Aufgaben

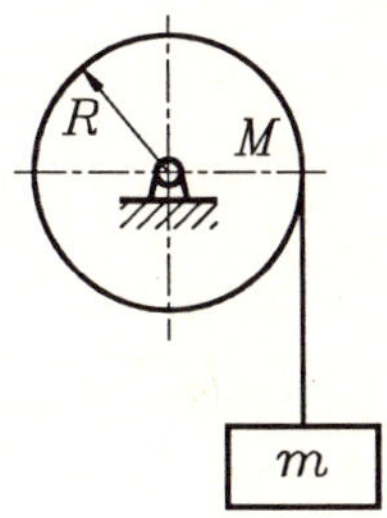

Aufgabe 29.1: Die an einem masselosen Seil hängende Masse m wird zur Zeit $t = 0$ freigelassen. Bei der Abwärtsbewegung rollt das Seil von der sich reibungsfrei drehenden zylindrischen Rolle (Masse M, Radius R) ab.

Gegeben: $M = 20 \; kg \; ; \; m = 5 \; kg$.

a) Man bestimme für die Masse m den nach $5 \; s$ zurückgelegten Weg und ihre Geschwindigkeit zu diesem Zeitpunkt.

b) Wie groß ist die Kraft F_S im Seil während der Bewegung?

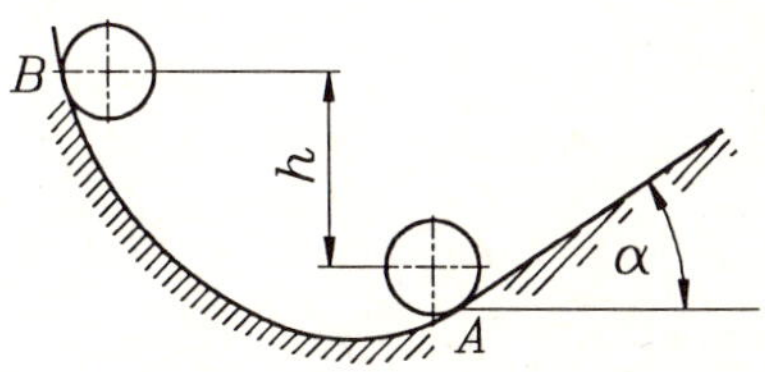

Aufgabe 29.2: Eine Kugel mit der Masse m rollt (ohne zu gleiten) von B (aus der Ruhelage heraus) nach A und dann auf einer schiefen Ebene aufwärts.

Gegeben: $h = 1 \; m \; ; \; \alpha = 30° \; ; \; m = 1 \; kg$.

a) Man ermittle die Zeit, die vom Passieren des Punktes A bis zum Erreichen des höchsten Punktes auf der schiefen Ebene vergeht.

b) Wie groß sind die Normalkraft F_N und die Haftungskraft F_H zwischen Kugel und schiefer Ebene?

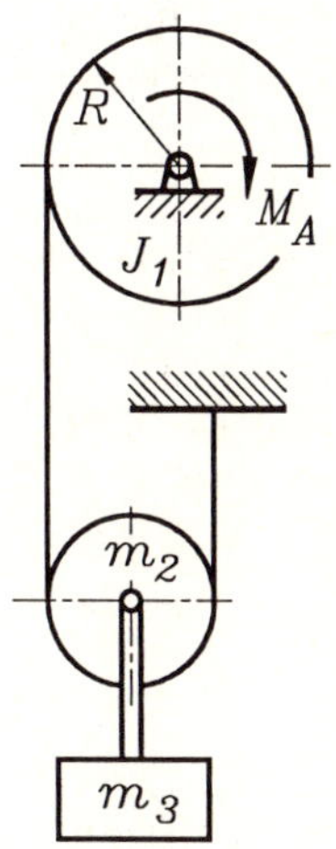

Aufgabe 29.3: Ein konstantes Antriebsmoment M_A an einer Scheibe mit dem auf den Drehpunkt bezogenen Massenträgheitsmoment J_1 hebt die Massen m_2 (zylindrische Rolle) und m_3, die durch einen masselosen starren Stab verbunden sind.

Gegeben: $R \; ; \; m_1 \; ; \; J_1 = m_1 R^2/2 \; ; \; m_2 = 4 \, m_1 \; ; \; m_3 = 12 \, m_1$.

Man ermittle

a) die Beschleunigung a_3 der Masse m_3,

b) die Kraft F_S im Stab zwischen den Massen m_2 und m_3.

c) Wie groß muß das Antriebsmoment M_A mindestens sein, damit sich die Masse m_3 aufwärts bewegt?

Aufgabe 29.4: Um das Massenträgheitsmoment J_S eines Zahnrades mit dem Radius R zu ermitteln, wird der skizzierte Versuchsaufbau verwendet: Eine Zahnstange mit der Masse m_1 wird aus der Ruhe heraus fallengelassen. Sie nimmt bei ihrer Bewegung das Zahnrad und drei zylindrische Führungsrollen schlupffrei mit. Die Führungsrollen haben alle den gleichen Radius und jeweils die Masse m. Die Zeit T, die die Zahnstange für das Durchfallen der Höhe H benötigt, wird gemessen.

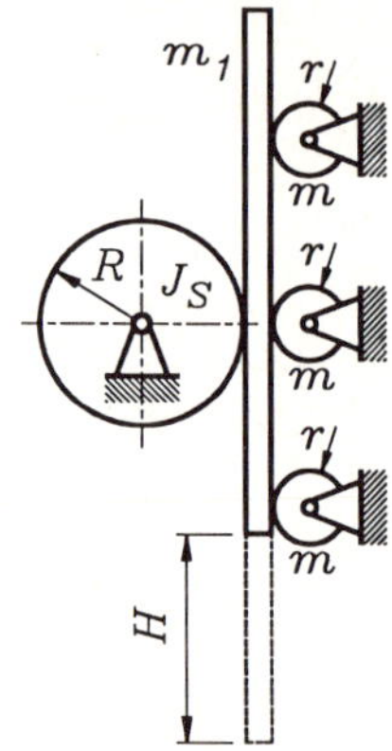

Gegeben: $R = 60\ mm\ ;\ m_1 = 2\ kg\ ;\ m = 0{,}4\ kg\ ;$
$H = 500\ mm\ ;\ T = 1{,}5\ s\ .$

Es sind das Massenträgheitsmoment J_S und die Geschwindigkeit v_{END} der Zahnstange am Ende der Meßstrecke zu ermitteln.

Aufgabe 29.5: Ein Rotor besteht aus einer Welle mit drei zylindrischen Scheiben gleicher Dicke. An der Scheibe 1 des ideal ausgewuchteten Rotors müssen nachträglich wie skizziert noch zwei Bohrungen (Durchmesser d) angebracht werden. Durch jeweils eine zusätzliche Bohrung gleichen Durchmessers in den Scheiben 2 und 3 soll der ausgewuchtete Zustand des Rotors wieder hergestellt werden.

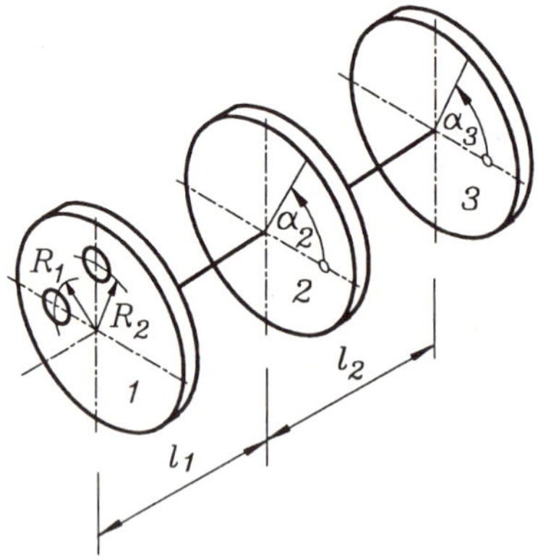

Gegeben: $R_1 = 30\ mm\ ;\ l_1 = 45\ mm\ ;$
$R_2 = 40\ mm\ ;\ l_2 = 90\ mm\ .$

In welchen Abständen r_2 bzw. r_3 von der Drehachse und unter welchen Winkeln α_2 bzw. α_3 müssen die Zusatzbohrungen angebracht werden?

Aufgabe 29.6: Ein Quader kann sich um seine untere Flächendiagonale drehen.

Gegeben: $\varrho\ ,\ a\ ,\ M_0\ .$

a) Man berechne den Trägheitstensor des Körpers bezüglich des $\bar{x}$-$\bar{y}$-$\bar{z}$-Koordinatensystems.

b) Es sind das Anfangswertproblem für die Berechnung der Drehbewegung um die $\bar{z}$-Achse (aus der dargestellten Ruhelage heraus) und die Bestimmungsgleichungen für die Lagerreaktionen bei A und B (beschrieben durch Komponenten im mitrotierenden $\bar{x}$-$\bar{y}$-$\bar{z}$-Koordinatensystem) zu formulieren. Die Lager der Wellenstutzen haben jeweils den Abstand a von den Eckpunkten des Körpers.

c) Mit dem Programm MCALCU (beiliegende Diskette) ist die numerische Lösung (Bewegungsablauf und Lagerreaktionen) für zwei volle Umdrehungen bei Verwendung des Parameters

$$\frac{M_0}{m g a} = \frac{M_0}{8 \varrho g a^4} = 1$$

zu erzeugen.

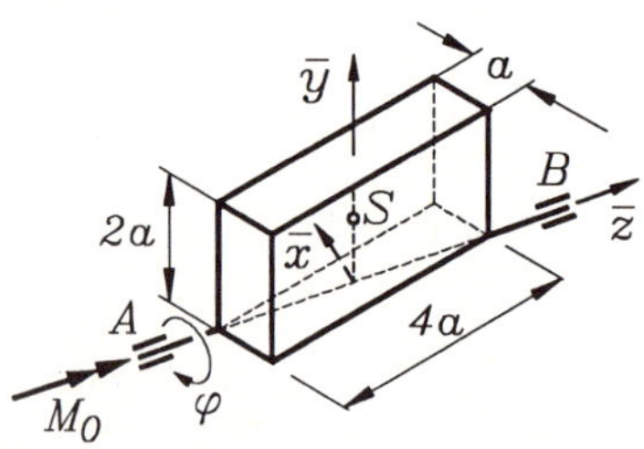

30 Kinetik des Massenpunktsystems

Ein ***Massenpunktsystem*** setzt sich aus $\boldsymbol{n}$ Massenpunkten zusammen, zwischen denen starre oder nicht starre Bindungen bestehen können. Seine Lage kann in jedem Fall durch $\mathbf{3}\,\boldsymbol{n}$ Koordinaten im Raum eindeutig beschrieben werden. Die $\mathbf{3}\,\boldsymbol{n}$ Freiheitsgrade, die das freie Massenpunktsystem hätte, können durch starre Lager und starre (kinematische) Bindungen der Punkte untereinander reduziert werden (Zwangsbedingungen). Auf die einzelnen Punkte können **äußere Kräfte** (einschließlich der Lagerkräfte) einwirken.

Der in den Kapiteln 27 und 29 behandelte ***starre Körper*** ist ein Sonderfall des Massenpunktsystems mit unendlich vielen unendlich kleinen Massenpunkten, die sämtlich starr miteinander verbunden sind.

30.1 Schwerpunktsatz, Impulssatz, Drallsatz

Die Lage der $\boldsymbol{n}$ Massenpunkte wird in einem raumfesten Koordinatensystem beschrieben. Der i-te Massenpunkt m_i wird vom Ortsvektor $\vec{r}_i$ verfolgt, die Lage des gemeinsamen Schwerpunkts aller Massenpunkte (vgl. Formel (4.1) im Abschnitt 4.1) durch den Vektor

$$\vec{r}_S = \frac{1}{m}\sum_{i=1}^{n} m_i\,\vec{r}_i \qquad mit \qquad m = \sum_{i=1}^{n} m_i \tag{30.1}$$

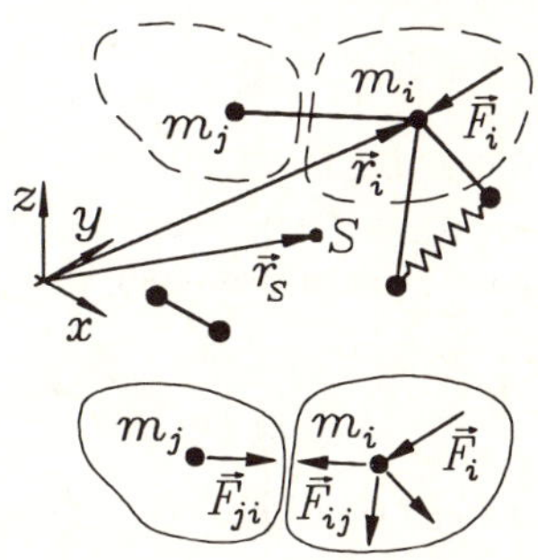

Die auf m_i wirkenden äußeren Kräfte (einschließlich der Lagerreaktionen) werden in einem Vektor zusammengefaßt, der mit dem Index i gekennzeichnet ist, die nach dem Freischneiden des Massenpunktes sichtbar werdenden inneren Kräfte erhalten zwei Indizes (Skizze). Es gilt:

$$\vec{F}_{ij} = -\vec{F}_{ji} \tag{30.2}$$

(Wechselwirkungsgesetz).

Nach dem dynamischen Grundgesetz (28.2) muß für jeden Massenpunkt gelten:

$$\vec{F}_i + \sum_{j=1}^{k} \vec{F}_{ij} = m_i\,\frac{d^2\vec{r}_i}{dt^2} \quad , \qquad i = 1,2,\ldots,n \tag{30.3}$$

($\boldsymbol{k}$ ist die Anzahl der inneren Bindungen des Massenpunkts m_i). Summiert man die $\boldsymbol{n}$ Gleichungen (30.3), so heben sich alle inneren Kräfte wegen (30.2) auf, und unter Ausnutzung der Ableitung von (30.1) nach der Zeit für die Summe auf der rechten Seite erhält man den

Schwerpunktsatz:

$$\vec{F}_R = \sum_{i=1}^{n} \vec{F}_i = m\,\frac{d^2\vec{r}_S}{dt^2} = m\,\vec{a}_S \quad . \tag{30.4}$$

Der Schwerpunkt eines Massenpunktsystems bewegt sich so, als ob in ihm die Gesamtmasse des Systems konzentriert wäre und als ob alle **äußeren Kräfte** (bzw. deren Resultierende) an ihm angreifen würden.

Der Ausdruck auf der rechten Seite von (30.3) ist die Ableitung des Impulses $\vec{p}_i = m_i\,\vec{v}_i$ des Massenpunkts m_i nach der Zeit (bei vorausgesetzter konstanter Masse m_i). Wenn der Gesamtimpuls des Massenpunktsystems als Summe der Impulse der einzelnen Massenpunkte entsprechend $\vec{p} = \sum \vec{p}_i$ definiert wird, kann (30.4) auch in der Form

$$\vec{F}_R = \sum_{i=1}^{n} \vec{F}_i = \frac{d}{dt}\left(\sum_{i=1}^{n} \vec{p}_i\right) = \frac{d}{dt}\left(\sum_{i=1}^{n} m_i\,\vec{v}_i\right) = \frac{d}{dt}\left(\sum_{i=1}^{n} m_i\,\frac{d\vec{r}_i}{dt}\right) = \frac{d\vec{p}}{dt} \qquad \textbf{(30.5)}$$

geschrieben werden. Mit der Ableitung von (30.1) nach der Zeit wird daraus der

---

Impulssatz:

$$\vec{F}_R = \frac{d\vec{p}}{dt} \qquad mit \qquad \vec{p} = \sum_{i=1}^{n} m_i\,\vec{v}_i = m\,\vec{v}_S \ . \qquad \textbf{(30.6)}$$

Die Ableitung des Gesamtimpulses eines Massenpunktsystems $\vec{p}$ nach der Zeit ist gleich der Resultierenden aller äußeren Kräfte. Der Gesamtimpuls kann als Summe der Impulse aller Einzelmassen oder als Produkt aus Gesamtmasse und Geschwindigkeit des Schwerpunktes des Massenpunktsystems gebildet werden.

Sonderfall: Ist die Resultierende der äußeren Kräfte gleich Null, dann bleibt der Gesamtimpuls eines Massenpunktsystems konstant (***Impulserhaltungssatz***).

Beispiel 1: Ein Mensch in einem Boot, das sich in Ruhe befindet, schießt ein Geschoß (Masse $m = 50\ g$) mit der Anfangsgeschwindigkeit $v_0 = 800\ m/s$ in horizontaler Richtung ab. Mensch, Boot und Gewehr haben die Gesamtmasse $M = 150\ kg$.

Unter der Annahme, daß die Einwirkung äußerer Kräfte vernachlässigt werden darf, kann die Geschwindigkeit, die die Masse M unmittelbar nach dem Schuß hat, mit dem Impulserhaltungssatz berechnet werden. Vor dem Schuß ist der Gesamtimpuls des Systems (Mensch, Boot, Gewehr, Geschoß) gleich Null (alles ist in Ruhe), nach dem Schuß tragen sowohl M als auch m einen Beitrag zum Gesamtimpuls bei, dessen Summe aber unverändert Null ist:

$$0 = m\,v_0 + M\,v_M \quad \Rightarrow \quad v_M = -\frac{m}{M}\,v_0 = -0{,}267\ \frac{m}{s} \ .$$

Da die Geschwindigkeit des Geschosses positiv angenommen wurde, bedeutet das negative Vorzeichen für v_M, daß sich das Boot in entgegengesetzter Richtung bewegt. Der errechnete Wert ist eine gute Näherung für die Anfangsgeschwindigkeit des Bootes, die sich natürlich sehr schnell durch Einwirkung äußerer Kräfte (Bewegungswiderstände) verringert.

♦ Man beachte, daß beim Impulssatz die Wirkungslinie der Resultierenden der äußeren Kräfte (wie beim Schwerpunktsatz) nicht durch den Schwerpunkt des Massenpunktsystems verlaufen muß, beim Impulserhaltungssatz dürfen die äußeren Kräfte durchaus ein resultierendes Moment haben. Deshalb liefern diese Sätze auch keine Aussage über eine eventuelle Drehung des Massenpunktsystems.

Wenn (wie bei der Herleitung des Impulssatzes) der Ausdruck auf der rechten Seite von (30.3) als Ableitung des Impulses $\vec{p}_i = m_i\,\vec{v}_i$ des Massenpunkts m_i nach der Zeit aufgefaßt wird, erhält man nach Multiplikation der Gleichung auf beiden Seiten mit $\vec{r}_i$:

$$\vec{r}_i \times \vec{F}_i + \sum_{j=1}^{k} \vec{r}_i \times \vec{F}_{ij} = \vec{r}_i \times \frac{d}{dt}\left(m_i\,\vec{v}_i\right) \ , \qquad i = 1, 2, \ldots, n \ . \qquad \textbf{(30.7)}$$

Es werden wieder alle n Gleichungen (30.7) addiert. Dabei heben sich sämtliche Momentanteile der inneren Kräfte auf, da die Kräfte paarweise (an unterschiedlichen Angriffspunkten, aber auf gleicher Wirkungslinie entgegengesetzt gleich groß) vorhanden sind. Auf der linken Seite entsteht das resultierende Moment aller äußeren Kräfte:

$$\vec{M}_0 = \sum_{i=1}^{n} \vec{r}_i \times \vec{F}_i = \sum_{i=1}^{n} \vec{r}_i \times \frac{d}{dt}(m_i \vec{v}_i) = \sum_{i=1}^{n} \frac{d}{dt}[\vec{r}_i \times (m_i \vec{v}_i)] \quad . \qquad \textbf{(30.8)}$$

Die Ableitung nach der Zeit auf der rechten Seite von (30.8) durfte vor das Vektorprodukt gezogen werden, weil beim Differenzieren des Produkts

$$\frac{d}{dt}[\vec{r}_i \times (m_i \vec{v}_i)] = \frac{d\vec{r}_i}{dt} \times (m_i \vec{v}_i) + \vec{r}_i \times \frac{d}{dt}(m_i \vec{v}_i) = \vec{v}_i \times (m_i \vec{v}_i) + \vec{r}_i \times \frac{d}{dt}(m_i \vec{v}_i)$$

der erste Summand verschwindet ($\vec{v}_i$ und $m_i \vec{v}_i$ haben gleiche Richtung). Der Ausdruck

$$\vec{L}_i = \vec{r}_i \times (m_i \vec{v}_i) \qquad \textbf{(30.9)}$$

ist das ***Impulsmoment*** (Drall) des Massenpunktes m_i bezüglich des **festen** Koordinatenursprungs. Die Summe der Impulsmomente (30.9) aller Massenpunkte ist der Gesamtdrall des Massenpunktsystems, und (30.8) geht damit über in den

Impulsmomentensatz (Drallsatz):

$$\vec{M}_0 = \frac{d\vec{L}_0}{dt} \quad mit \quad \vec{L}_0 = \sum_{i=1}^{n} \vec{r}_i \times (m_i \vec{v}_i) \quad . \qquad \textbf{(30.10)}$$

Die Ableitung des Gesamtdralls eines Massenpunktsystems nach der Zeit ist gleich dem resultierenden äußeren Moment.

Sonderfall: Ist das resultierende äußere Moment gleich Null, dann bleibt der Gesamtimpuls eines Massenpunktsystems konstant (***Drallerhaltungssatz***).

- Die formale Übereinstimmung von (30.10) mit dem für den starren Körper gefundenen Drallsatz (29.52) bestätigt, daß der starre Körper als Sonderfall des Massenpunktsystems angesehen werden darf. Wenn die Summe in (30.10) über "unendlich viele unendlich kleine" Massenpunkte ***dm*** erstreckt wird, entsteht die Integral-Formel (29.49).
- Der Drallsatz (30.10) für ein Massenpunktsystem darf also als allgemeine Formulierung angesehen werden, die für Massenpunktsysteme und starre Körper gilt. Der Drall setzt sich gegebenenfalls summarisch aus Anteilen (für Massenpunkte) nach (30.9) und (für starre Körper) nach (29.54) zusammen. Die (praktisch sehr wichtigen) Sonderfälle "Rotation um eine feste Achse" bzw. "ebene Bewegung", die für den starren Körper auf die besonders einfachen Formeln (29.5) bzw. (29.34) führten, sind natürlich auch in (30.10) enthalten. Für den **Massenpunkt, der um eine feste Achse rotiert** (bzw. eine ebene Rotation um einen festen Punkt ausführt), vereinfacht sich (30.9) zu

$$L_i = m_i r_i v_i = m_i r_i^2 \omega \quad . \qquad \textbf{(30.11)}$$

- Der Drallsatz für das Massenpunktsystem (30.10) gilt für einen **festen Bezugspunkt**. Es läßt sich zeigen (ist aber praktisch von untergeordneter Bedeutung), daß auch der Gesamtschwerpunkt (wie beim starren Körper) als Bezugspunkt verwendet werden darf.

Beispiel 2: Eine zylindrische Welle ***I*** (Länge: ***2 m***, Durchmesser: ***160 mm***) ist mit einer zylindrischen Kupplungsscheibe (Dicke: ***30 mm***, Durchmesser ***300 mm***) starr verbunden (Dichte des Materials von Welle und Kupplungsscheibe: $\varrho = 7{,}85\ g/cm^3$). Sie ist zunächst in Ruhe und soll durch eine Kraft ***F*** gegen eine mit der Drehzahl $n_{II} = 800\ min^{-1}$ rotierende Welle ***II*** gedrückt werden, bis beide Wellen gleiche Drehzahl haben. Welle ***II*** hat einschließlich Kupplungsscheibe die gleichen Abmessungen wie Welle ***I***, ist aber am anderen Ende noch wie skizziert mit einem Schwungrad verbunden (Abmessungen und Material des Schwungrades wie im Beispiel 2 des Abschnitts 29.3.2). Der Kupplungsvorgang geschieht im Leerlauf, so daß keine äußeren Momente auf die Wellen wirken.

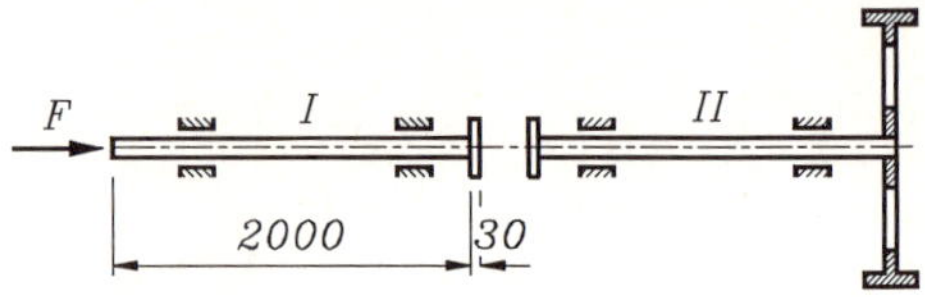

Es sollen die gemeinsame Drehzahl ***n*** der Wellen nach dem Kupplungsvorgang und der prozentuale Energieverlust infolge des Kupplungsvorgangs ermittelt werden.

Da keine äußeren Momente während des Kupplungsvorgangs wirken, gilt der Drallerhaltungssatz. Vor dem Kuppeln hat nur die Welle ***II*** einen Drehimpuls (Drall) und nach dem Kuppeln das Gesamtsystem, das sich dann mit der Drehzahl ***n*** dreht, so daß gilt:

$$J_{II}\,\omega_{II} = (J_I + J_{II})\,\omega \qquad \Rightarrow \qquad J_{II}\,2\,\pi\,n_{II} = (J_I + J_{II})\,2\,\pi\,n \quad .$$

Diese Beziehung wird nach ***n*** aufgelöst und dabei beachtet, daß sich J_{II} aus den Massenträgheitsmomenten von Welle mit Kupplung J_{W+K} und dem Schwungrad J_S zusammensetzt und $J_I = J_{W+K}$ gilt:

$$n = \frac{J_{II}}{J_I + J_{II}}\,n_{II} = \frac{J_{W+K} + J_S}{2\,J_{W+K} + J_S}\,n_{II} = \frac{1 + J_S/J_{W+K}}{2 + J_S/J_{W+K}}\,n_{II} \quad .$$

Die Größe der Drehzahl nach dem Kuppeln hängt wesentlich vom Massenträgheitsmoment des Schwungrades ab. Ohne Schwungrad würde sich die Drehzahl wegen der Gleichheit beider Wellen halbieren. Mit den gegebenen Abmessungen berechnet man

$$J_{W+K} = 1{,}197\ kgm^2 \quad ; \qquad J_S = 238\ kgm^2 \quad ; \qquad n = 796\ \mathrm{min}^{-1} \quad .$$

Der Energieverlust ist die Differenz der kinetischen Energien im System vor bzw. nach dem Kuppeln, so daß für den prozentualen Verlust p_V gilt:

$$p_V = \frac{\frac{1}{2}\,J_{II}\,(2\,\pi\,n_{II})^2 - \frac{1}{2}\,(J_I + J_{II})\,(2\,\pi\,n)^2}{\frac{1}{2}\,J_{II}\,(2\,\pi\,n_{II})^2}\ 100\ \% = \left(1 - \frac{J_I + J_{II}}{J_{II}}\,\frac{n^2}{n_{II}^2}\right)\ 100\ \%$$

$$= \left(1 - \frac{J_{II}}{J_I + J_{II}}\right)\ 100\ \% = \frac{J_I}{J_I + J_{II}}\ 100\ \% = \frac{1}{2 + J_S/J_{W+K}}\ 100\ \% \approx 0{,}5\ \% \quad .$$

♦ Die Kupplungskraft ***F***, Einzelheiten des Kupplungsvorgangs und die Bauart der Kupplung (z. B.: Klauenkupplung, Reibscheiben, ruckartiges oder "sanftes" Kuppeln) gehen in die Berechnung nicht ein, wirken sich weder auf die Drehzahl noch den Energieverlust aus. Natürlich haben sie auf die Kupplungszeit und die Beanspruchung der Kupplungselemente einen großen Einfluß. Dies ist typisch: Mit dem Drallerhaltungssatz, dem Impulserhaltungssatz und dem Energiesatz können Aussagen zu Bewegungszuständen gefunden werden, ohne die Übergangsphase analysieren zu müssen.

30.2 Stoß

Als ***Stoß*** wird das Aufeinandertreffen zweier Körper bezeichnet, wobei sich eine Bewegungsänderung ergibt. Die nachfolgend behandelte Theorie basiert auf folgenden Annahmen:

- Die Dauer t_S des Stoßvorgangs und die Deformationen der Körper sind so klein, daß die Lageänderung der Körper während des Stoßvorgangs nicht berücksichtigt werden muß. Die Bewegungen dürfen nach der Theorie der starren Körper analysiert werden.
- Die Kräfte an der Stoßstelle sind so groß, daß dagegen die Wirkungen aller übrigen auf die Körper wirkenden Kräfte während des Stoßvorgangs vernachlässigt werden dürfen.

Der Berührungspunkt der am Stoß beteiligten Körper wird Stoßpunkt genannt, die durch den Stoßpunkt gehende Gerade senkrecht zur Berührungsebene (Tangentialebene beider Körper) heißt ***Stoßnormale***.

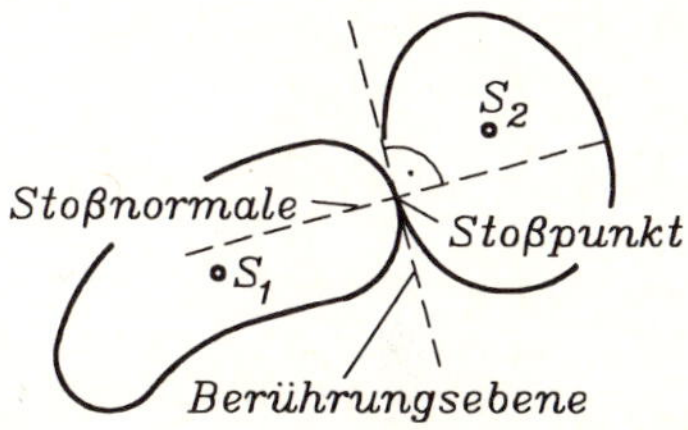

Liegen die Geschwindigkeiten der Stoßpunkte der beiden Massen unmittelbar vor dem Stoß in Richtung der Stoßnormalen, so ist es ein ***gerader Stoß***, anderenfalls ein ***schiefer Stoß***. Wenn die Schwerpunkte der beiden Massen auf der Stoßnormalen liegen, spricht man von einem ***zentrischen Stoß***, anderenfalls von einem ***exzentrischen Stoß***.

30.2.1 Der gerade zentrische Stoß

Die beiden Massen m_1 und m_2 haben vor dem Stoß die Geschwindigkeiten v_1 bzw. v_2 ($v_1 > v_2$), nach dem Stoß die Geschwindigkeiten $\bar{v}_1$ bzw. $\bar{v}_2$. Da äußere Kräfte vernachlässigt werden dürfen und die Kräfte an der Stoßstelle für das Massensystem innere Kräfte sind, gilt immer der Impulserhaltungssatz:

$$m_1 v_1 + m_2 v_2 = m_1 \bar{v}_1 + m_2 \bar{v}_2 \quad . \qquad \textbf{(30.12)}$$

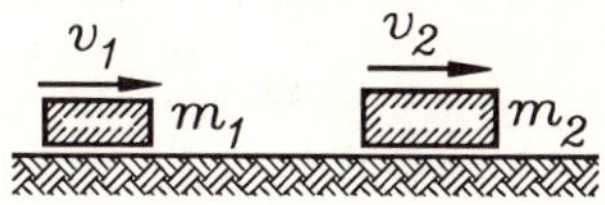

Diese Gleichung enthält bei bekannten Massen und bekannten Geschwindigkeiten vor dem Stoß als Unbekannte die beiden Geschwindigkeiten der Massen nach dem Stoß. Für zwei Sonderfälle läßt sich eine zweite Gleichung aufschreiben:

- Beim ***vollkommen plastischen Stoß*** nimmt man an, daß die beiden Massen sich nach dem Stoß gemeinsam bewegen, und damit gilt: $\bar{v}_1 = \bar{v}_2$.
- Beim ***vollkommen elastischen Stoß*** wird angenommen, daß sich alle durch den Stoß hervorgerufenen Deformationen elastisch zurückbilden, so daß kein Energieverlust entsteht:

$$\frac{1}{2} m_1 v_1^2 + \frac{1}{2} m_2 v_2^2 = \frac{1}{2} m_1 \bar{v}_1^2 + \frac{1}{2} m_2 \bar{v}_2^2 \quad .$$

Für diese beiden Idealfälle können die Geschwindigkeiten $\bar{v}_1$ und $\bar{v}_2$ aus jeweils zwei Gleichungen mit zwei Unbekannten errechnet werden. Man erhält folgende

Geschwindigkeiten der Massen nach idealisiertem geraden zentrischen Stoß:

Vollkommen plastisch:
$$\bar{v}_1 = \bar{v}_2 = \frac{m_1 v_1 + m_2 v_2}{m_1 + m_2} \quad , \qquad (30.13)$$

Vollkommen elastisch:
$$\bar{v}_1 = \frac{2 m_2 v_2 + (m_1 - m_2) v_1}{m_1 + m_2} \quad ,$$
$$\bar{v}_2 = \frac{2 m_1 v_1 + (m_2 - m_1) v_2}{m_1 + m_2} \quad . \qquad (30.14)$$

Für den interessanten Sonderfall gleicher Massen liefern diese Formeln mit $m_1 = m_2 = m$:

- Beim **vollkommen plastischen Stoß gleicher Massen** bewegen sich diese danach mit dem arithmetischen Mittel ihrer Geschwindigkeiten vor dem Stoß:
$$\bar{v}_1 = \bar{v}_2 = \frac{1}{2}(v_1 + v_2) \quad .$$
- Beim **vollkommen elastischen Stoß gleicher Massen** tauschen diese ihre Geschwindigkeiten aus:
$$\bar{v}_1 = v_2 \quad , \qquad \bar{v}_2 = v_1 \quad .$$

Der vollkommen plastische und der vollkommen elastische Stoß sind die Grenzzustände des realen Stoßvorgangs. Um diesen zu untersuchen, muß der Impulssatz für beide Massen gesondert formuliert werden. Dabei ist zu beachten, daß dann die zwischen den Massen wirkende Stoßkraft $F(t)$ für die einzelne Masse jeweils zur äußeren Kraft wird.

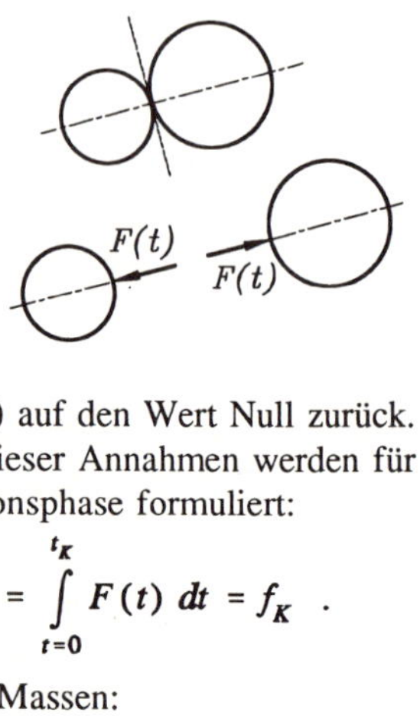

Das Erfassen des realen Ablaufs eines Stoßes ist sehr schwierig. Deshalb basieren die weiteren Überlegungen auf folgender Hypothese über den Stoßvorgang: Während einer ***Kompressionsperiode*** ($0 \le t \le t_K$) baut sich die Kraft $F(t)$ von Null bis zu ihrem Maximalwert auf. Zum Zeitpunkt t_K bewegen sich die Massen mit der gemeinsamen Geschwindigkeit v_K. In der sogenannten ***Restitutionsperiode*** ($t_K \le t \le t_S$) geht die Kraft $F(t)$ auf den Wert Null zurück. Zum Zeitpunkt t_S ist der Stoßvorgang beendet. Auf der Basis dieser Annahmen werden für beide Massen jeweils der Impulssatz (28.18) für die Kompressionsphase formuliert:

$$m_1 (v_K - v_1) = -\int_{t=0}^{t_K} F(t)\, dt = -f_K \quad , \qquad m_2 (v_K - v_2) = \int_{t=0}^{t_K} F(t)\, dt = f_K \quad .$$

Für die Restitutionsphase lauten die Impulssätze für die beiden Massen:

$$m_1 (\bar{v}_1 - v_K) = -\int_{t=t_K}^{t_S} F(t)\, dt = -f_R \quad , \qquad m_2 (\bar{v}_2 - v_K) = \int_{t=t_K}^{t_S} F(t)\, dt = f_R \quad .$$

Das Verhältnis der Kraftstöße in beiden Stoßperioden wird als ***Stoßzahl k*** definiert.
$$k = f_R / f_K \qquad (30.15)$$

Die Stoßzahl k kann experimentell ermittelt werden und wird für die weiteren Betrachtungen als bekannt vorausgesetzt. Damit stehen für fünf Unbekannte ($\bar{v}_1$, $\bar{v}_2$, v_K, f_K und f_R) fünf Gleichungen zur Verfügung, die vier Impulssätze für Kompressions- und Restitutionsphase beider Massen und (30.15). Wenn v_K, f_K und f_R eliminiert werden, verbleiben die beiden

Gleichungen für den geraden zentrischen Stoß:

$$m_1 v_1 + m_2 v_2 = m_1 \bar{v}_1 + m_2 \bar{v}_2 \quad , \qquad k = \frac{\bar{v}_1 - \bar{v}_2}{v_2 - v_1} \quad . \qquad (30.16)$$

- Es ist ein positiver Richtungssinn zu definieren, der dann für alle vier Geschwindigkeiten in den Formeln (30.16) gilt.
- Die erste Gleichung (30.16) ist der Impulserhaltungssatz, die zweite kann als Definitionsgleichung für die Stoßzahl k angesehen werden. Diese nimmt Werte im Bereich

$$0 \le k \le 1$$

an. Mit den Grenzwerten für k sind die beiden Idealfälle des Stoßvorgangs in den allgemeinen Gleichungen (30.16) enthalten:

$$k = 0 \quad \Rightarrow \quad \bar{v}_1 = \bar{v}_2 \qquad \text{(vollkommen plastisch),}$$

$$k = 1 \quad \Rightarrow \quad \bar{v}_1 - \bar{v}_2 = v_2 - v_1 \qquad \text{(vollkommen elastisch).}$$

Während der Gesamtimpuls bei einem Stoßvorgang erhalten bleibt, ergibt sich (mit Ausnahme des vollkommen elastischen Stoßes) ein "Energieverlust" (exakter: Verlust an kinetischer Energie). Aus der Differenz der kinetischen Energien vor und nach dem Stoß

$$\Delta T_{kin} = \frac{1}{2} m_1 v_1^2 + \frac{1}{2} m_2 v_2^2 - \frac{1}{2} m_1 \bar{v}_1^2 - \frac{1}{2} m_2 \bar{v}_2^2$$

ergibt sich mit $\bar{v}_1$ und $\bar{v}_2$ aus (30.16) nach etwas mühsamer Umformung die Formel für den

Energieverlust beim geraden zentrischen Stoß:

$$\Delta T_{kin} = \frac{1}{2} (1 - k^2) \frac{m_1 m_2}{m_1 + m_2} (v_1 - v_2)^2 \quad . \qquad (30.17)$$

Beispiel 1: Zur Ermittlung der Stoßzahl wird ein sogenannter **Rücksprungversuch** ausgeführt: Eine Masse m_1 wird in der Höhe H fallengelassen und trifft auf eine ruhende sehr große Masse m_2. Die von m_1 erreichte Rücksprunghöhe h wird gemessen. Unter der Voraussetzung, daß die Versuchsbedingungen die Vernachlässigung des Luftwiderstands gestatten und die Masse m_2 als sehr groß gegenüber m_1 angesehen werden darf ($m_2 \to \infty$), kann die Stoßzahl k berechnet werden.

Aus dem Impulssatz folgt (nach Division durch m_2) mit $m_2 \to \infty$ und $v_2 = 0$ (Geschwindigkeit vor dem Stoß), daß m_2 auch nach dem Stoß in Ruhe ist ($\bar{v}_2 = 0$). Die Auftreffgeschwindigkeit (Geschwindigkeit vor dem Stoß) der Masse m_1 folgt aus dem Energiesatz

$$m g H = \frac{1}{2} m v_1^2 \quad \Rightarrow \quad v_1 = \sqrt{2 g H} \quad ,$$

ebenso die Geschwindigkeit nach dem Stoß mit der gemessenen Rücksprunghöhe $\boldsymbol{h}$:

$$\frac{1}{2} m_1 \bar{v}_1^2 = m_1 g h \quad \Rightarrow \quad \bar{v}_1 = -\sqrt{2 g h} \;.$$

Das negative Vorzeichen für $\bar{v}_1$ muß gewählt werden, weil Auftreff- und Rücksprunggeschwindigkeit unterschiedliche Richtungen haben. Die Stoßzahl errechnet sich nach (30.16):

$$k = \frac{\bar{v}_1 - \bar{v}_2}{v_2 - v_1} = \frac{-\sqrt{2gh} - 0}{0 - \sqrt{2gH}} = \sqrt{\frac{h}{H}} \;.$$

- Die Stoßzahl $\boldsymbol{k}$ darf nicht als Materialkonstante angesehen werden. Neben den Materialeigenschaften beider am Stoß beteiligter Körper ist sie von zahlreichen anderen Einflüssen (Körperformen, Aufprallgeschwindigkeiten, umgebendes Medium) abhängig, so daß für genauere Untersuchungen spezielle Versuche (möglichst realitätsnah) zur Ermittlung von $\boldsymbol{k}$ erforderlich sind.

Beispiel 2: Ein Fahrzeug mit der Masse $m_1 = 1200\ kg$ fährt auf ein stehendes Fahrzeug (Masse $m_2 = 1000\ kg$) auf, das mit blockierten Rädern dadurch um die Strecke $s_2 = 16\ m$ verschoben wird. Wie groß war die Auffahrgeschwindigkeit v_1, wenn die Stoßzahl $k = 0{,}15$ und ein Gleitreibungskoeffizient zwischen Fahrzeug und Straße von $\mu = 0{,}5$ angenommen werden dürfen?

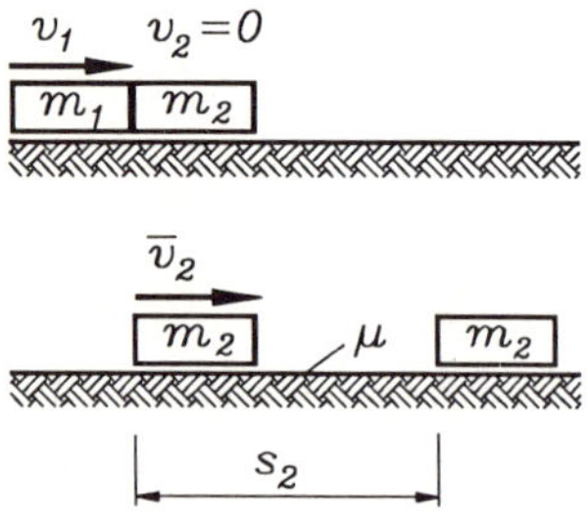

Der Energiesatz für die Bewegung von m_2 nach dem Stoß (untere Skizze) liefert die Geschwindigkeit $\bar{v}_2$, die dieses Fahrzeug unmittelbar nach dem Stoß hat:

$$\frac{1}{2} m_2 \bar{v}_2^2 - \mu\, m_2 g s_2 = 0 \quad \Rightarrow \quad \bar{v}_2 = \sqrt{2 \mu g s_2} \;.$$

Für den Stoß gelten die Gleichungen (30.16):

$$m_1 v_1 = m_1 \bar{v}_1 + m_2 \bar{v}_2 \;, \qquad k = \frac{\bar{v}_1 - \bar{v}_2}{-v_1} \;.$$

Nach Elimination der nicht interessierenden Unbekannten $\bar{v}_1$ (Geschwindigkeit von m_1 unmittelbar nach dem Stoß) verbleibt eine Gleichung für v_1:

$$v_1 = \frac{m_1 + m_2}{m_1 (1 + k)}\, \bar{v}_2 = \frac{m_1 + m_2}{m_1 (1 + k)} \sqrt{2 \mu g s_2} = 19{,}97\ \frac{m}{s} = 71{,}9\ \frac{km}{h} \;.$$

Beispiel 3: Für verschiedene technologische Verfahren (Hämmern, Schmieden, Rammen, ...), bei denen ein Werkzeug (Masse m_1) mit einer Geschwindigkeit v_1 auf ein in Ruhe befindliches Werkstück der Masse m_2 stößt, ist der mit (30.17) zu berechnende "relative Energieverlust" $\bar{\varphi} = \Delta T_{kin} / T_{kin}$ ein Maß für die Effektivität des Verfahrens ($T_{kin} = ½ m_1 v_1^2$ ist die kinetische Energie des Werkzeugs m_1 unmittelbar vor dem Stoß, der Querstrich bei $\bar{\varphi}$ soll Verwechslungen mit dem in der Umformtechnik anders definierten "Umformgrad φ" vorbeugen). Mit $v_2 = 0$ in (30.17) errechnet man:

$$\bar{\varphi} = \frac{\Delta T_{kin}}{T_1} = \left(1 - k^2\right) \frac{m_2}{m_1 + m_2} = \frac{1 - k^2}{m_1 / m_2 + 1} \;.$$

Bemerkenswert ist, daß die Geschwindigkeit des Werkzeugs v_1 in das Ergebnis nicht eingeht.

Wenn große Werte für $\overline{\varphi}$ gewünscht sind (z. B. beim Schmieden), sollte das Verhältnis m_1 / m_2 klein sein (da der Hammer des Schmieds nicht beliebig klein sein kann und das Werkstück vorgegeben ist, muß m_2 durch einen schweren Amboß "künstlich vergrößert" werden). Dagegen ist die Verwendung eines leichten Hammers der sicherste Weg, den Nagel, der eingeschlagen werden soll, zu verbiegen. Die Tatsache, daß es Menschen gibt, die mit jedem Hammer jeden Nagel krummschlagen, widerspricht dieser Aussage nicht.

30.2.2 Der schiefe zentrische Stoß

Bei der Behandlung des schiefen zentrischen Stoßes (Schwerpunkte liegen auf der Stoßnormalen, Geschwindigkeiten vor dem Stoß haben jedoch beliebige Richtungen) wird vorausgesetzt, daß die Oberflächen am Stoßpunkt glatt sind, so daß die Stoßkraft nur in Richtung der Stoßnormalen übertragen werden kann. Die x-Achse eines kartesischen Koordinatensystems wird so gelegt, daß sie mit der Stoßnormalen zusammenfällt (Skizze), die Geschwindigkeiten werden jeweils in zwei Komponenten in Richtung der Koordinaten zerlegt.

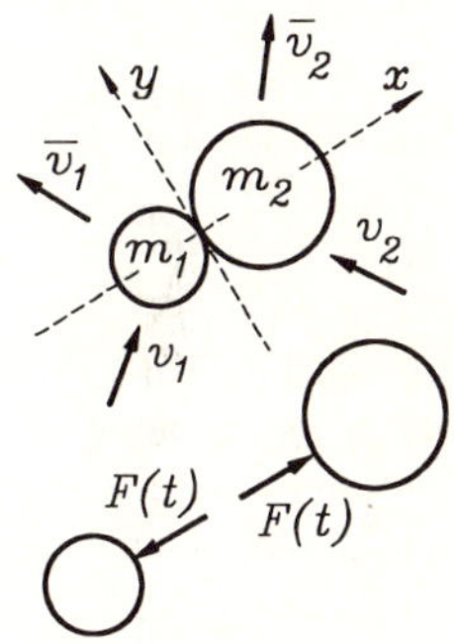

In x-Richtung dürfen wieder die Beziehungen des geraden zentrischen Stoßes aufgeschrieben werden. Da keine Kraftkomponente in y-Richtung übertragen wird, gilt für jede Masse der Impulserhaltungssatz für die Impuls-Komponenten in y-Richtung:

$$m_1\,\overline{v}_{1,y} - m_1\,v_{1,y} = 0 \quad , \quad m_2\,\overline{v}_{2,y} - m_2\,v_{2,y} = 0 \quad .$$

Zusammen mit (30.16) hat man damit die vier erforderlichen

Gleichungen für den schiefen zentrischen Stoß:

$$m_1 v_{1,x} + m_2 v_{2,x} = m_1 \overline{v}_{1,x} + m_2 \overline{v}_{2,x} \quad , \qquad k = \frac{\overline{v}_{1,x} - \overline{v}_{2,x}}{v_{2,x} - v_{1,x}} \quad , \tag{30.18}$$

$$\overline{v}_{1,y} = v_{1,y} \quad , \qquad \overline{v}_{2,y} = v_{2,y} \quad .$$

Der schiefe Stoß gegen eine starre glatte Wand ist als wichtiger Sonderfall in (30.18) enthalten. Mit $v_2 = 0$ und $m_2 \to \infty$ ergibt sich:

$$\overline{v}_y = v_y \quad , \qquad \overline{v}_x = -k\,v_x \tag{30.19}$$

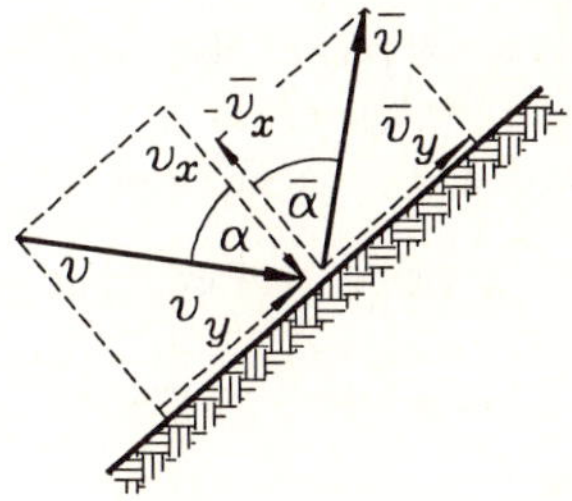

(Geschwindigkeitskomponente senkrecht zur Stoßnormalen bleibt konstant, Geschwindigkeitskomponente in Richtung der Stoßnormalen wird mit dem Faktor k reduziert und ändert ihre Richtung). Außerdem entnimmt man der Skizze:

$$\tan\alpha = v_y / v_x \quad , \qquad \tan\overline{\alpha} = -\overline{v}_y / \overline{v}_x \quad ,$$

und damit errechnen sich $\overline{\alpha}$ und $\overline{v}$ aus:

$$\tan\overline{\alpha} = \frac{1}{k}\tan\alpha \quad , \qquad \overline{v} = v\sqrt{\sin^2\alpha + k^2\cos^2\alpha} \quad . \tag{30.20}$$

Beispiel: Ein an einem Faden hängender Massenpunkt m_1 wird ohne Anfangsgeschwindigkeit losgelassen und stößt auf einen ruhenden Massenpunkt m_2 (Stoßzahl k_1). Die Bewegungen beider Massenpunkte nach dem Stoß sollen analysiert werden (k_2 ist die Stoßzahl für den Aufprall der Masse m_2 auf den starren Untergrund).

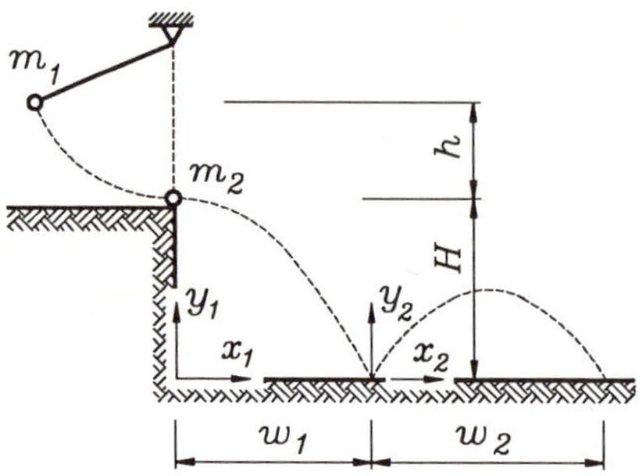

Gegeben: $m_2/m_1 = 3$;
$h = 50\ cm$; $k_1 = 0{,}6$;
$H = 30\ cm$; $k_2 = 0{,}5$.

Die Geschwindigkeit v_1 der Masse m_1 vor dem Stoß ergibt sich aus dem Energiesatz:

$$m_1 g h = \frac{1}{2} m_1 v_1^2 \quad \Rightarrow \quad v_1 = \sqrt{2gh} \quad .$$

Aus den Formeln für den geraden zentrischen Stoß (30.16) werden die Geschwindigkeiten beider Massen nach dem Stoß ermittelt:

$$\bar{v}_1 = \frac{1 - k_1\ m_2/m_1}{1 + m_2/m_1} v_1 = -\frac{v_1}{5} = -\frac{1}{5}\sqrt{2gh} \quad , \quad \bar{v}_2 = k_1 v_1 + \bar{v}_1 = \frac{2}{5} v_1 = \frac{2}{5}\sqrt{2gh} \ .$$

Dies sind die Anfangsgeschwindigkeiten der Bewegungen beider Massen nach dem Stoß. Die Masse m_1 pendelt nach links zurück ($\bar{v}_1$ ist negativ), und die Masse m_2 führt eine Wurfbewegung aus. Diese wird mit den Gleichungen, die das Beispiel im Abschnitt 28.1 lieferte, mit $\alpha = 0$ (horizontale Abwurfgeschwindigkeit) im x_1-y_1-Koordinatensystem beschrieben:

$$x_1 = \bar{v}_2 t \quad , \quad y_1 = -\frac{1}{2} g t^2 + H \quad \Rightarrow \quad y_1 = -\frac{g}{2\bar{v}_2^2} x_1^2 + H \quad ,$$

$$\dot{x}_1 = \bar{v}_2 \quad , \quad \dot{y}_1 = -gt \quad .$$

Die Wurfweite w_1 ergibt sich mit $y_1 = 0$ für den Auftreffpunkt:

$$w_1 = \sqrt{2\bar{v}_2^2 \frac{H}{g}} = \sqrt{\frac{16}{25} hH} = \frac{4}{5}\sqrt{hH} = 30{,}98\ cm \quad .$$

Die Geschwindigkeitskomponenten am Auftreffpunkt berechnen sich entsprechend:

$$v_x^* = \bar{v}_2 = \frac{2}{5}\sqrt{2gh} \quad , \quad t^* = \sqrt{2H/g} \quad \Rightarrow \quad v_y^* = \dot{y}_1(t^*) = -\sqrt{2gH} \quad .$$

Nach (30.19) ergeben sich daraus die Komponenten der Anfangsgeschwindigkeit der zweiten Wurfbewegung:

$$\bar{v}_x^* = v_x^* = \frac{2}{5}\sqrt{2gh} \quad , \quad \bar{v}_y^* = -k_2 v_y^* = \frac{1}{2}\sqrt{2gH} \quad .$$

Damit kann das Bewegungsgesetz der zweiten Wurfbewegung aufgeschrieben werden:

$$x_2 = \bar{v}_x^* t \quad , \quad y_2 = \bar{v}_y^* t - \frac{1}{2} g t^2 \quad \Rightarrow \quad y_2 = \frac{\bar{v}_y^*}{\bar{v}_x^*}\left(x_2 - \frac{1}{2}\frac{g}{\bar{v}_x^* \bar{v}_y^*} x_2^2\right) \quad .$$

Daraus errechnet sich z. B. die Wurfweite w_2:

$$w_2 = x_2(y_2 = 0) = \frac{4}{5}\sqrt{hH} = 30{,}98\ cm \quad .$$

30.2.3 Der exzentrische Stoß

Da beim exzentrischen Stoß (vgl. die Definition am Anfang des Abschnitts 30.2) die Stoßnormale nicht durch die Schwerpunkte der beiden Massen verläuft, ergibt sich für mindestens einen der beiden Körper ein Moment der Stoßkraft bezüglich seines Schwerpunkts. Dadurch wird zusätzlich zur Translation noch eine Rotation hervorgerufen.

Im allgemeinen Fall bewegen sich die Massen vor dem Stoß mit v_1 bzw. v_2 (Translationsbewegungen der Schwerpunkte) und ω_1 bzw. ω_2 (Winkelgeschwindigkeiten der Rotationen). Nach dem Stoß werden die Bewegungen dann durch die Geschwindigkeiten $\bar{v}_1$, $\bar{v}_2$ und die Winkelgeschwindigkeiten $\bar{\omega}_1$, $\bar{\omega}_2$ beschrieben. Die Bestimmungsgleichungen für die zusätzlichen Unbekannten liefert der Drallsatz (bei rauhen Oberflächen kommen gegebenenfalls auch kinematische Zwangsbedingungen hinzu).

Wie beim schiefen zentrischen Stoß werden für die folgenden Untersuchungen glatte Oberflächen angenommen, es soll auch weiter die Definition der Stoßzahl

$$k = \frac{\bar{v}_{1,x} - \bar{v}_{2,x}}{v_{2,x} - v_{1,x}} \tag{30.21}$$

(x ist die Richtung der Stoßnormalen) gelten: Zähler bzw. Nenner sind die Differenzen der Geschwindigkeitskomponenten des Stoßpunktes in Richtung der Stoßnormalen vor bzw. nach dem Stoß (Reihenfolge so, daß k positiv wird).

Im Regelfall müssen Drallsatz und Impulssatz auf jeden Körper einzeln angewendet werden, so daß die an der Stoßstelle übertragene Kraft in die Beziehungen eingeht (die zusätzliche Gleichung zur Elimination dieser zusätzlichen Unbekannten ist durch (30.21) gegeben). Nur im Ausnahmefall (Beispiel 1) kann der Drallerhaltungssatz gemeinsam für beide Körper (mit Bezug auf einen gemeinsamen festen Punkt) aufgeschrieben werden, so daß die an der Stoßstelle übertragene Kraft als innere Kraft nicht in die Rechnung eingeht.

Besondere Bedeutung haben die Fälle, bei denen mindestens einer der beiden am Stoß beteiligten Körper (drehbar) gelagert ist. Dabei ist zu beachten, daß durch den Stoß auch in den Lagern Kräfte hervorgerufen werden, die nicht gegenüber den Kräften an der Stoßstelle vernachlässigt werden dürfen, weil sie in der gleichen Größenordnung wie diese sind.

Beispiel 1: Ein Massenpunkt m_1 stößt gegen einen bei A drehbar gelagerten Körper (Masse m_2, Massenträgheitsmoment bezüglich des Punktes A: J_{2A}), der sich vor dem Stoß in Ruhe befand.

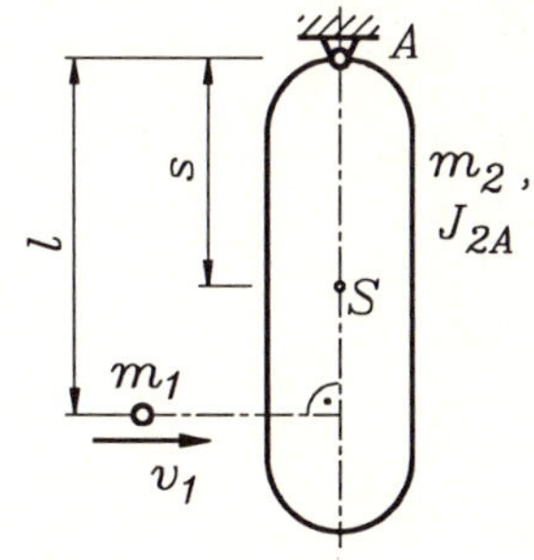

Gegeben: m_1 , v_1 , m_2 , J_{2A} , l , s , k .

Gesucht: $\bar{v}_1$ und $\bar{\omega}_2$ unmittelbar nach dem Stoß.

Da m_2 vor dem Stoß in Ruhe ist und nach dem Stoß eine reine Drehbewegung mit $\bar{\omega}_2$ ausführt (der Stoßpunkt bewegt sich dann mit der Bahngeschwindigkeit $\bar{v}_2 = \bar{\omega}_2 \, l$), gilt

$$k = \frac{\bar{v}_1 - \bar{\omega}_2 l}{-v_1} \quad .$$

Als zweite Bestimmungsgleichung darf der Drallerhaltungssatz bezüglich des Punktes A aufgeschrieben werden (Gesamtdrall beider Massen vor bzw. nach dem Stoß):

$$m_1 v_1 l = m_1 \bar{v}_1 l + J_{2A} \bar{\omega}_2 \quad .$$

Aus diesen beiden Gleichungen errechnet man die Geschwindigkeiten nach dem Stoß:

$$\bar{\omega}_2 = \frac{1+k}{1+\dfrac{J_{2A}}{m_1 l^2}} \frac{v_1}{l} \quad , \qquad \bar{v}_1 = \frac{1-k\dfrac{J_{2A}}{m_1 l^2}}{1+\dfrac{J_{2A}}{m_1 l^2}} v_1 \quad . \qquad (30.22)$$

Die für viele Probleme in der technischen Praxis interessante Frage, unter welchen Bedingungen die infolge des Stoßes im Lager A hervorgerufene Kraft Null ist, kann mit folgender Überlegung beantwortet werden: Die Lagerkraft als für das Massensystem (einzige) äußere Kraft müßte beim Aufschreiben des Impulssatzes mit einem entsprechenden Integralausdruck berücksichtigt werden. Wenn sie Null wird, kann dieser Anteil entfallen, und **nur für diesen Fall darf der Impulserhaltungssatz** verwendet werden:

$$m_1 v_1 = m_1 \bar{v}_1 + m_2 \bar{\omega}_2 s \quad .$$

Mit den bereits berechneten Werten für $\bar{v}_1$ und $\bar{\omega}_2$ ergibt sich daraus ein verallgemeinerungsfähiges Ergebnis. Es ist die

Lage des Stoßmittelpunktes:

$$l^* = \frac{J_{2A}}{m_2 s} \quad . \qquad (30.23)$$

Der Stoßmittelpunkt liegt im Abstand l^* von der Wirkungslinie der Stoßkraft auf einer Senkrechten zur Wirkungslinie, die durch den Schwerpunkt des Körpers geht. In (30.23) sind s der Abstand des Schwerpunkts vom Stoßmittelpunkt, J_{2A} das auf den Stoßmittelpunkt bezogene Massenträgheitsmoment, m_2 die Masse des Körpers.

- Wenn im Beispiel 1 das Lager A in dem durch (30.23) gegebenen Abstand vom Stoßpunkt liegt, treten in ihm keine Kräfte infolge des Stoßes auf. Bei stoßartig belasteten Bauteilen (Schlagwerke, Typenhebel, ...) sollte diese einfache Art, Lagerbelastungen zu minimieren, unbedingt genutzt werden. Ein Schmied weiß gefühlsmäßig (im wahrsten Sinne des Wortes) sehr genau, wo der Stoßmittelpunkt seines Hammers ist.

- Die hohe Geschwindigkeit einer kleinen Masse (Geschoß) kann mit einer Versuchsanordnung nach Beispiel 1 experimentell ermittelt werden. Der hängende Körper m_2 wird so gefertigt, daß m_1 eindringt und steckenbleibt (ideal plastischer Stoß). Man mißt den maximalen Winkelausschlag φ_{max} der Masse m_2. Ihr Schwerpunkt hebt sich also um $s(1-\cos\varphi_{max})$, und man kann mit dem Energiesatz

$$\frac{1}{2} J_{2A} \bar{\omega}_2^2 = m g s (1 - \cos\varphi_{\max})$$

$\bar{\omega}_2$ ermitteln. Damit ergibt sich aus (30.22) unter Beachtung von $k = 0$:

$$v_1 = \left(1 + \frac{J_{2A}}{m_1 l^2}\right) l \bar{\omega}_2 \quad .$$

Das nachfolgende Beispiel behandelt den typischen Fall: Der Drallsatz muß für jeden Körper gesondert formuliert werden, weil unterschiedliche Bezugspunkte gewählt werden müssen. Dabei wird der Drallsatz (30.10) über die gesamte Stoßzeit t_S integriert (die unterschiedlichen Verhältnisse in Kompressions- und Restitutionsperiode, die auf die Definition der Stoßzahl führten, werden auch weiterhin über diese erfaßt). Für das ebene Problem kann auf eine vektorielle Formulierung verzichtet werden:

$$\int_{t=0}^{t_S} M_0(t)\, dt = \bar{L}_0 - L_0 \tag{30.24}$$

(der Querstrich kennzeichnet den Wert des Dralls nach dem Stoß). M_0 ist das durch die Kraft an der Stoßstelle hervorgerufene Moment bezüglich des Bezugspunktes, wobei über die Stoßzeit t_S ein konstanter Hebelarm angenommen werden darf.

Beispiel 2: Ein bei A drehbar gelagerter Körper 1 (Massenträgheitsmoment bezüglich A: J_{1A}) stößt mit der Winkelgeschwindigkeit ω_1 auf einen bei B drehbar gelagerten Körper 2 (Massenträgheitsmoment bezüglich B: J_{2B}), der sich vor dem Stoß in Ruhe befindet.

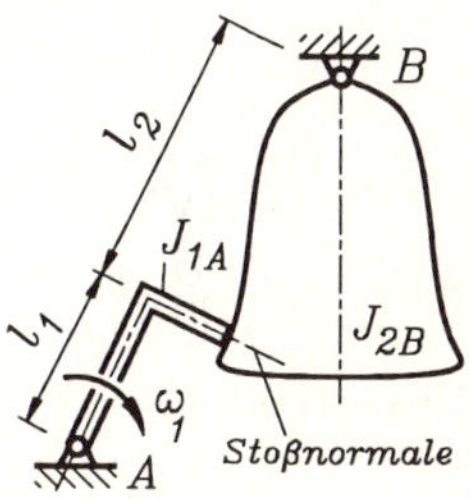

Gegeben: ω_1, J_{1A}, J_{2B}, l_1, l_2, k.

Es sollen die Gleichungen aufgeschrieben werden, mit denen die Winkelgeschwindigkeiten beider Körper unmittelbar nach dem Stoß berechnet werden können.

Mit den Geschwindigkeitskomponenten in Richtung der Stoßnormalen $v_1 = l_1\,\omega_1$ und $v_2 = 0$ vor dem Stoß und den Werten $\bar{v}_1 = l_1\,\bar{\omega}_1$ bzw. $\bar{v}_2 = -l_2\,\bar{\omega}_2$ nach dem Stoß (rechtsdrehende Winkelgeschwindigkeiten sollen für beide Körper positiv sein) gilt nach (30.21):

$$k = \frac{l_1\,\bar{\omega}_1 + l_2\,\bar{\omega}_2}{-l_1\,\omega_1} \; .$$

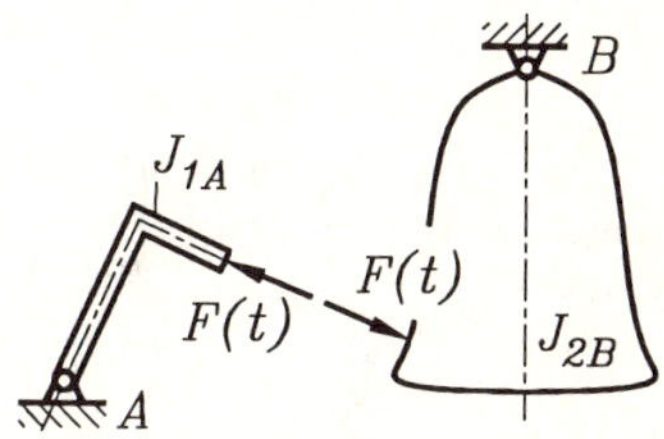

Für die beiden Körper werden Gleichungen nach (30.24) mit den Bezugspunkten A bzw. B formuliert, in die die Stoßkraft $F(t)$ eingeht (glatte Flächen, $F(t)$ in Stoßnormalen-Richtung):

$$\int_{t=0}^{t_S} M_A(t)\, dt = -l_1 \int_{t=0}^{t_S} F(t)\, dt = -l_1 f_S = J_{1A}\,\bar{\omega}_1 - J_{1A}\,\omega_1 \; ,$$

$$\int_{t=0}^{t_S} M_B(t)\, dt = -l_2 \int_{t=0}^{t_S} F(t)\, dt = -l_2 f_S = J_{2B}\,\bar{\omega}_2$$

(in beiden Gleichungen wurden rechtsdrehende Winkelgeschwindigkeiten und rechtsdrehende Momente positiv eingesetzt, diese Vereinbarung gilt dann auch für die Ergebnisse). Damit stehen insgesamt drei Gleichungen zur Verfügung, aus denen nach Elimination des Kraftstoßes f_S die beiden Winkelgeschwindigkeiten $\bar{\omega}_1$ und $\bar{\omega}_2$ berechnet werden können.

♦ Natürlich könnte auch der Kraftstoß f_S berechnet werden. Mit dem Impulssatz (je zwei Gleichungen beim ebenen Problem für die beiden Körper) könnten insgesamt vier weitere

Gleichungen formuliert werden, in die die insgesamt vier Komponenten der von den Lagern aufzunehmenden Kraftstöße eingehen, so daß auch diese berechnet werden könnten. Allerdings sind damit **nicht die durch den Stoß hervorgerufenen Kräfte** bekannt, so daß solche Berechnungen wenig praktischen Nutzen haben.

30.3 Aufgaben

Aufgabe 30.1: Die Masse m_1 wird in der Höhe h_1 ohne Anfangsgeschwindigkeit losgelassen, bewegt sich reibungsfrei abwärts und stößt bei A auf die ruhende Masse m_2 (Stoßzahl k).

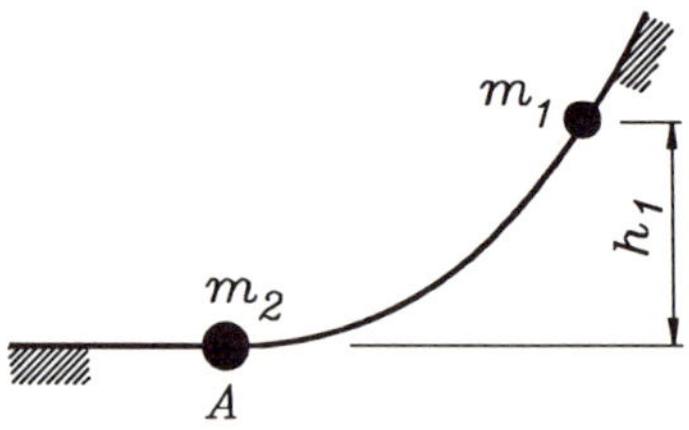

Gegeben: $m_2/m_1 = 4$; $k = 0{,}8$; h_1 .

Auf welche Höhe h_2 gleitet m_1 nach dem Stoß zurück, wie groß ist die Geschwindigkeit von m_2 unmittelbar nach dem Stoß?

Aufgabe 30.2: Der skizzierte Holzhammer besteht aus einem Quader und einem zylindrischen Griff, der als dünner Stab angesehen werden darf.

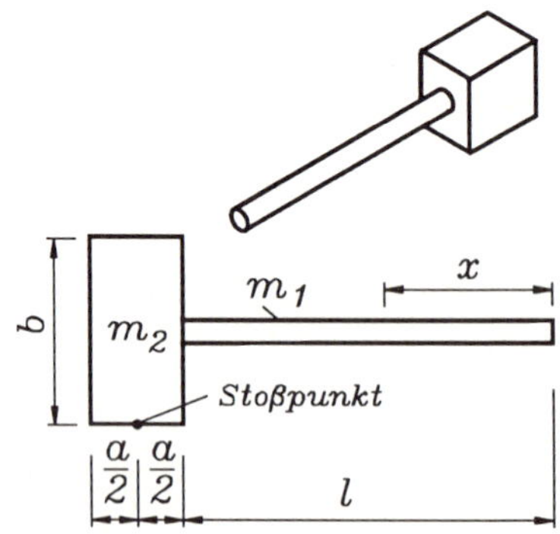

Gegeben: $l = 30\ cm$; $m_1 = 170\ g$;
$b = 14\ cm$; $m_2 = 720\ g$;
$a = 8\ cm$.

Wo muß man den Hammer anfassen (Stoßmittelpunkt), damit die Hand beim Schlag möglichst gering belastet wird?

Aufgabe 30.3: Ein Pendel 1 besteht aus einem dünnen Stab (Masse m_1) und einer Kreisscheibe (Masse m_2), das Pendel 2 aus zwei dünnen Stäben mit der Massebelegung ϱA. Pendel 1 wird aus der horizontalen Ruhelage freigegeben und stößt in seiner tiefsten Lage (Stoßzahl k) gegen Pendel 2.

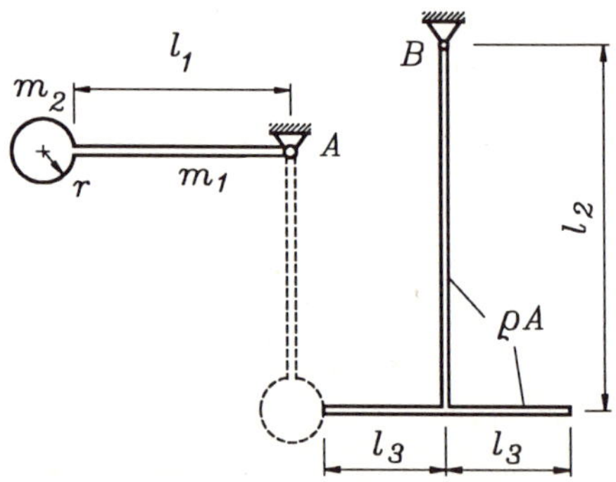

Gegeben: $r = 0{,}1\ m$; $k = 0{,}5$;
$l_1 = 5r$; $m_1 = m_2$;
$l_2 = 8r$; $\varrho A = m_1/r$;
$l_3 = 3r$.

Man ermittle

a) die Winkelgeschwindigkeit ω_1 des Pendels 1 unmittelbar vor dem Zusammenstoß,
b) die Winkelgeschwindigkeiten $\bar{\omega}_1$ und $\bar{\omega}_2$ der Pendel 1 und 2 unmittelbar nach dem Stoß,
c) den maximalen Pendelausschlag des Pendels 1 nach dem Stoß.

31 Schwingungen

Wenn sich bei einer Bewegung, die durch $x(t)$ beschrieben wird, die Bewegungsrichtung mehrmals ändert (Wechsel des Vorzeichens der Geschwindigkeit $\dot{x}$) und $x(t)$ mehrfach den gleichen Wert wieder annimmt, so spricht man von einer ***Schwingung.***

Eine Bewegung, die sich regelmäßig nach einer Zeit T wiederholt, so daß

$$x(t+T) = x(t)$$

gilt (vgl. Beispiel 2 im Abschnitt 28.3.2), wird ***periodische Schwingung*** genannt. Die für eine ***Schwingungsperiode*** benötigte Zeit T heißt ***Schwingungsdauer***. Ihr reziproker Wert

$$f = 1/T \qquad (31.1)$$

ist die ***Schwingungsfrequenz*** und gibt die Anzahl der Schwingungen pro Zeiteinheit an. Die Frequenz wird mit der physikalischen Einheit ***Hz*** (Hertz) gemessen:

$$1\,Hz = 1\,s^{-1} \quad .$$

31.1 Harmonische Schwingungen

Die skizzierte Masse m ist durch eine lineare Feder mit der Federkonstanten c gefesselt. Sie soll sich auf der Unterlage reibungsfrei bewegen können. Aus der statischen Ruhelage (Feder ist entspannt) wird sie um den Betrag x_0 nach rechts verschoben und dann losgelassen.

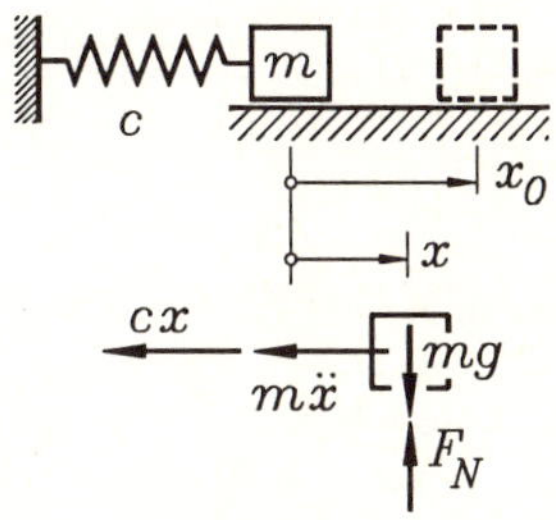

Nach dem Prinzip von d'Alembert wirken in horizontaler Richtung nur die d'Alembertsche Kraft der Masse m und die Rückstellkraft der Feder. Die Kraftgleichgewichtsbedingung in dieser Richtung liefert:

$$m\ddot{x} + cx = 0 \quad . \qquad (31.2)$$

Diese homogene lineare Differentialgleichung 2. Ordnung mit konstanten Koeffizienten hat die allgemeine Lösung

$$x = A\cos\left(\sqrt{\frac{c}{m}}\,t\right) + B\sin\left(\sqrt{\frac{c}{m}}\,t\right) \quad . \qquad (31.3)$$

Die Integrationskonstanten A und B ergeben sich aus den Anfangsbedingungen

$$x(t=0) = x_0 \quad , \quad \dot{x}(t=0) = 0 \quad \Rightarrow \quad A = x_0 \quad , \quad B = 0 \quad .$$

Damit ist das Bewegungsgesetz für die Masse m bekannt:

$$x = x_0\cos\left(\sqrt{\frac{c}{m}}\,t\right) \quad . \qquad (31.4)$$

Da die **cos**-Funktion die Extremwerte **−1** und **+1** annimmt, ist x_0 der jeweils größte (positive und negative) Wert, den x während einer Schwingungsperiode annimmt, die ***Amplitude***. Besondere praktische Bedeutung hat das Argument der **cos**-Funktion: Weil diese Funktion periodisch mit 2π ist, entspricht die Zeit, die bis zum Erreichen dieses Werts vergeht, der ***Schwingungsdauer T*** einer Periode, und nach (31.1) ergibt sich die ***Schwingungsfrequenz***:

$$\sqrt{\frac{c}{m}}\,T = 2\pi \quad \Rightarrow \quad T = 2\pi\sqrt{\frac{m}{c}} \quad \Rightarrow \quad f = \frac{1}{T} = \frac{1}{2\pi}\sqrt{\frac{c}{m}} \quad . \qquad (31.5)$$

In der technischen Praxis ist es üblich, mechanische Schwingungen durch die Angabe der ***Kreisfrequenz***

$$\omega = \sqrt{\frac{c}{m}} \qquad (31.6)$$

zu charakterisieren, die sich von der Frequenz f nur durch den Faktor 2π unterscheidet. Der Begriff "Kreisfrequenz" erklärt sich aus folgender Analogie: Ein mit der konstanten Winkelgeschwindigkeit ω auf einer Kreisbahn umlaufender Punkt hat dieselbe "Frequenz" (Anzahl von Umläufen) wie ein Schwinger mit der entsprechenden Kreisfrequenz. Man beachte die Analogie der Zusammenhänge (vgl. Gleichung (26.21) im Abschnitt 26.2.3):

$$\omega = 2\pi f \qquad \qquad \omega = 2\pi n \qquad (31.7)$$

Kreisfrequenz - Frequenz — Winkelgeschwindigkeit - Drehzahl

Schwingungen, die durch eine Differentialgleichung

$$m\ddot{x} + cx = 0 \qquad bzw. \qquad \ddot{x} + \omega^2 x = 0 \qquad (31.8)$$

beschrieben werden, nennt man ***harmonische Schwingungen***. Ihr Bewegungsgesetz wird durch **cos**- bzw. **sin**-Funktionen beschrieben. Die allgemeine Lösung von (31.8) ist durch (31.3) gegeben, kann jedoch auch folgendermaßen aufgeschrieben werden:

$$x(t) = C\cos(\omega t - \alpha) \quad . \qquad (31.9)$$

Die Lösung (31.9) mit den Integrationskonstanten C und α ist wegen

$$C\cos(\omega t - \alpha) = C\cos\alpha\,\cos\omega t + C\sin\alpha\,\sin\omega t$$

mit (31.3) identisch. Für die Integrationskonstanten der beiden Lösungen gilt der Zusammenhang:

$$A = C\cos\alpha \quad , \qquad B = C\sin\alpha \quad .$$

Daraus ergeben sich folgende Schlußfolgerungen:

- **Die Anfangsbedingungen haben auf die Kreisfrequenz der harmonischen Schwingung keinen Einfluß.** Wenn der Masse im eingangs behandelten Beispiel neben der Anfangsauslenkung auch noch eine Anfangsgeschwindigkeit erteilt wird, werden beide Integrationskonstanten in (31.3) ungleich Null. Die Überlagerung von **cos**- und **sin**-Funktion mit gleicher Kreisfrequenz ω führt aber entsprechend (31.9) wieder auf eine harmonische Bewegung mit der **gleichen** Kreisfrequenz. Es ergibt sich allerdings eine auf
$$C = \sqrt{A^2 + B^2}$$
vergrößerte Amplitude.

- Die Lösung (31.9) hat den Vorteil, daß beide Integrationskonstanten interpretierbar sind. C ist die Amplitude der Schwingung und die sogenannte ***Phasenverschiebung*** α bestimmt den Zeitpunkt t_0, zu dem die Schwingung erstmalig die Amplitude erreicht:
$$\cos(\omega t_0 - \alpha) = 1 \quad \Rightarrow \quad t_0 = \alpha/\omega \quad .$$

31.2 Freie ungedämpfte Schwingungen

Ein schwingungsfähiges System, das nach einmaligem Anstoß (z. B.: Anfangsauslenkung oder Anfangsgeschwindigkeit) sich selbst überlassen wird (und keinen äußeren "Erregerkräften" mehr ausgesetzt ist), führt eine ***freie Schwingung*** (***Eigenschwingung***) aus. Fließt während der Bewegung keine Energie ab, ist es eine ***freie ungedämpfte Schwingung***.

Wenn bei einem **Schwinger mit einem Freiheitsgrad** (wie im Beispiel des vorigen Abschnitts) die **Rückstellkraft linear** von der Bewegungskoordinate abhängt, wird die **freie ungedämpfte Schwingung** immer durch eine Bewegungs-Differentialgleichung der Form

$$\ddot{x} + \omega^2 x = 0 \qquad \textbf{(31.10)}$$

beschrieben, und der Schwinger führt eine **harmonische Bewegung** aus. Die Kreisfrequenz der Eigenschwingung wird ***Eigenkreisfrequenz*** genannt und **ist bei linearen Schwingern**, die durch eine Differentialgleichung des Typs (31.10) beschrieben werden, **von den Anfangsbedingungen unabhängig** (die Beispiele 1 und 2 im Abschnitt 28.3.2 behandelten dagegen nichtlineare ungedämpfte freie Schwinger, deren Frequenzen von den Anfangsbedingungen abhängig sind).

Wenn der tatsächliche Bewegungsverlauf einer linearen Schwingung nicht interessiert (bei den meisten Problemen der technischen Praxis ist dies der Fall), kann auf die Lösung der Differentialgleichung (31.10) verzichtet werden, weil die wichtigste Kenngröße, die Eigenkreisfrequenz, direkt aus der Differentialgleichung ablesbar ist.

Auch komplizierte Schwingungsprobleme können häufig mit ausreichender Genauigkeit durch (31.10) beschrieben werden, wenn eine **Beschränkung auf kleine Ausschläge** (Vermeiden "geometrischer Nichtlinearitäten") gerechtfertigt ist und die **schwingende Masse von der Federmasse getrennt** werden kann.

31.2.1 Schwingungen mit kleinen Ausschlägen

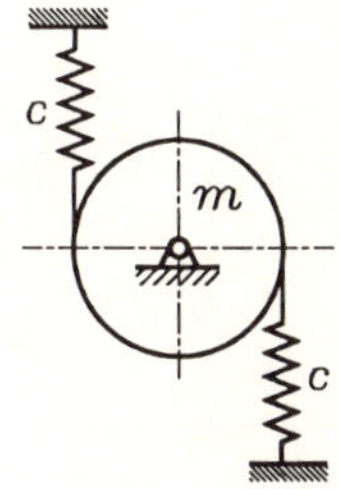

Beispiel 1: Eine zylindrische Kreisscheibe ist im Schwerpunkt drehbar gelagert und durch zwei Federn am Rand gefesselt. Für kleine Ausschläge soll die Eigenkreisfrequenz der Drehschwingung ermittelt werden.

Gegeben: c , m .

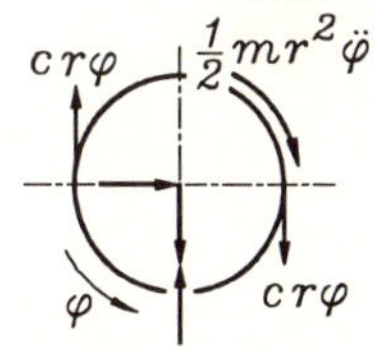

An der freigeschnittenen Scheibe werden für die gewählte Koordinatenrichtung das d'Alembertsche Moment (reine Drehbewegung, Massenträgheitsmoment der zylindrischen Scheibe: $J_S = \frac{1}{2} m r^2$) und die Feder-Rückstell-Kräfte angetragen. Bei Voraussetzung kleiner Ausschläge dürfen die Federkräfte in Richtung der unbelasteten Feder (tangential an den Kreis) angetragen und ihre Verlängerung näherungsweise durch $r\varphi$ erfaßt werden. Für große Winkel müßte die Schräglage der verformten Feder durch die genaue Erfassung der

Geometrie berücksichtigt werden, was zu nichtlinearen Zusammenhängen führen würde. Die Bewegungs-Differentialgleichung ergibt sich aus dem Momentengleichgewicht um den Lagerpunkt. Die Eigenkreisfrequenz der Schwingung kann direkt abgelesen werden:

$$\frac{1}{2} m r^2 \ddot{\varphi} + 2 c r \varphi r = 0 \quad \Rightarrow \quad \ddot{\varphi} + \frac{4c}{m} \varphi = 0 \quad \Rightarrow \quad \omega = 2 \sqrt{\frac{c}{m}} \quad .$$

- Für das Aufschreiben der Bewegungsgleichung des freien ungedämpften Schwingers mit einem Freiheitsgrad (Beispiel 1) bietet sich auch der Energiesatz in der Form

$$U + T = konstant \tag{31.11}$$

an. Potentielle und kinetische Energie werden für die beliebige Lage (in Abhängigkeit von der Bewegungskoordinate) formuliert, und die Ableitung von (31.11) nach der Zeit (vgl. Beispiel 2) führt auf die Bewegungs-Differentialgleichung (31.10).

Beispiel 2: Eine Zahnstange der Masse m ist auf zwei Zahnrädern mit dem Radius r (Massenträgheitsmomente J_S bezüglich der Drehpunkte) gelagert und durch zwei Federn gefesselt. Die Eigenkreisfrequenz des Schwingungssystems soll ermittelt werden.

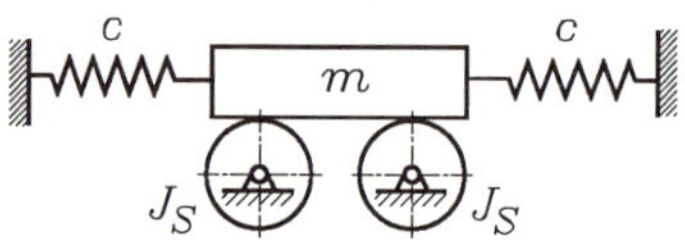

Gegeben: c , m , $J_S = 3{,}5\, m r^2$.

Wenn für die Bewegung von m eine Koordinate x eingeführt wird und für die Drehung der Zahnräder jeweils eine Winkelkoordinate φ, so daß alle Koordinaten gleichzeitig positiv werden, gilt die Zwangsbedingung $x = r\,\varphi$. Beim Aufschreiben des Energiesatzes ist potentielle Energie nur für die Federn zu berücksichtigen (alle Massen bleiben stets auf ihrer Ausgangshöhe):

$$\frac{1}{2} m \dot{x}^2 + 2\left(\frac{1}{2} J_S \dot{\varphi}^2 + \frac{1}{2} c x^2\right) = konst. \quad \Rightarrow \quad \frac{1}{2} m \dot{x}^2 + 3{,}5\, m r^2 \frac{\dot{x}^2}{r^2} + c x^2 = konst.$$

Die Beziehung wird noch vereinfacht und dann nach der Zeit abgeleitet. Aus der Differentialgleichung des Typs (31.10) kann die Eigenkreisfrequenz direkt abgelesen werden:

$$4 m \dot{x}^2 + c x^2 = konst.$$

$$\Rightarrow \quad 8 m \dot{x} \ddot{x} + 2 c x \dot{x} = 0 \quad \Rightarrow \quad \ddot{x} + \frac{c}{4m} x = 0 \quad \Rightarrow \quad \omega = \frac{1}{2} \sqrt{\frac{c}{m}} \quad .$$

Beispiel 3: An dem skizzierten einfachen Feder-Masse-Schwinger soll der Einfluß des Eigengewichts der Masse auf die Eigenkreisfrequenz untersucht werden.

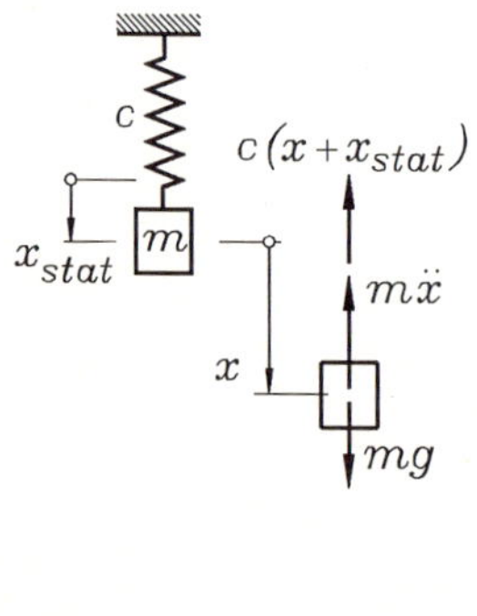

Die Bewegungskoordinate x wird von der statischen Gleichgewichtslage aus gezählt, in der die Feder bereits vorgespannt ist. Die Skizze zeigt alle zu berücksichtigenden Kräfte in der beliebigen ausgelenkten Lage, und nach dem Prinzip von d'Alembert liefert die Gleichgewichtsbedingung in vertikaler Richtung:

$$m\ddot{x} + c x + c x_{stat} - m g = 0 \quad .$$

Wegen $c x_{stat} = mg$ ergibt sich die gleiche Differentialgleichung wie beim horizontalen Feder-Masse-Schwinger (Einführungsbeispiel im Abschnitt 31.1):

$$m\ddot{x} + c x = 0 \quad .$$

- Die vertikal hängende Masse ***m*** schwingt mit der gleichen Eigenkreisfrequenz wie die reibungsfrei gelagerte horizontal schwingende Masse ***m***. Diese exemplarisch gefundene Aussage darf wie folgt verallgemeinert werden:
- Beim Aufstellen der Bewegungs-Differentialgleichung kann die statische Vorspannung der Feder unberücksichtigt bleiben, wenn gleichzeitig die diese Vorspannung hervorrufende Kraft (im Beispiel: Eigengewicht der Masse ***m***) nicht berücksichtigt wird und der **Koordinatenursprung mit der statischen Ruhelage zusammenfällt**.

Das Eigengewicht kann selbstverständlich nicht aus der Rechnung herausgelassen werden, wenn es selbst zur Rückstellkraft beiträgt (Rückstellkräfte werden durchaus nicht immer durch Federn hervorgerufen, siehe Beispiel 4).

Beispiel 4: Beim sogenannten "mathematischen Pendel" (Punktmasse am masselosen Faden) ist die in Bahnrichtung gerichtete Komponente des Eigengewichts die Rückstellkraft, und man erhält aus dem Kraftgleichgewicht in Bahnrichtung:

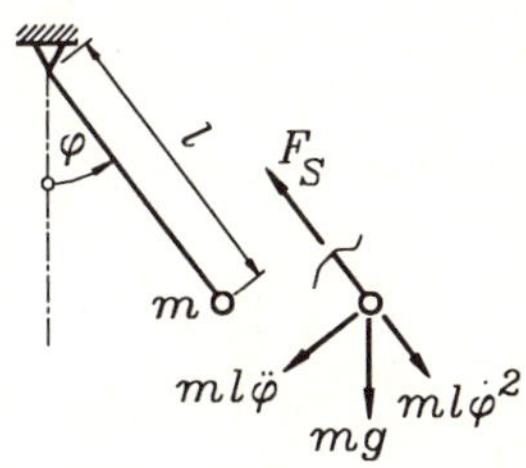

$$m\,l\,\ddot{\varphi} + m\,g\sin\varphi = 0 \quad\Rightarrow\quad l\,\ddot{\varphi} + g\sin\varphi = 0 \ .$$

Dies ist eine nichtlineare Differentialgleichung, deren (recht schwierig zu ermittelnde) Lösung zwar einen periodischen Vorgang beschreibt, dessen Frequenz allerdings von den Anfangsbedingungen abhängt. Nur unter der Voraussetzung sehr kleiner Pendelausschläge, für die **sin** $\varphi \approx \varphi$ gesetzt werden darf, ergibt sich eine lineare Differentialgleichung, aus der die Eigenkreisfrequenz abgelesen werden kann:

$$l\,\ddot{\varphi} + g\,\varphi = 0 \quad\Rightarrow\quad \omega = \sqrt{\frac{g}{l}} \ .$$

31.2.2 Elastische Systeme

Bei den elastischen Systemen, für die in den Kapiteln 14 bis 24 die Verformungsberechnungen behandelt wurden, ergab sich unter der Voraussetzung kleiner Verformungen stets ein linearer Zusammenhang zwischen den Belastungsgrößen (Kräfte und Momente) und den Verformungsgrößen (Verschiebungen und Verdrehwinkel). Für die beiden skizzierten einfachen elastischen Systeme (Zugstab, Biegeträger) soll gezeigt werden, daß dieser Zusammenhang für einen ausgewählten belasteten Punkt in der Form des linearen Federgesetzes aufgeschrieben werden kann. Für den Zugstab ist die benötigte Formel mit (14.6) gegeben, für den Biegeträger entnimmt man sie der Tabelle im Abschnitt 17.4:

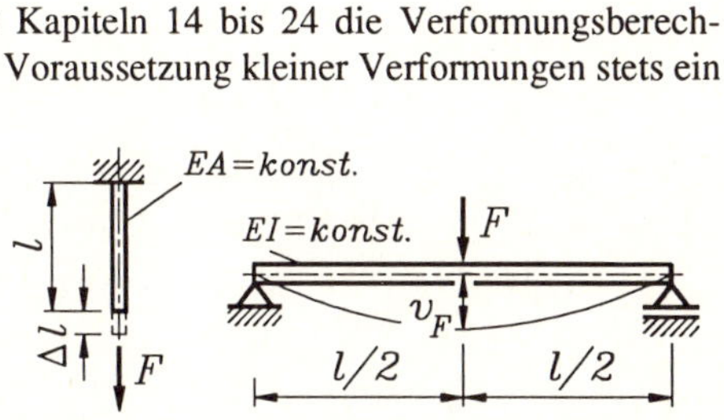

$$\Delta l = \frac{F\,l}{EA} \quad\Rightarrow\quad F = \frac{EA}{l}\,\Delta l = c_S\,\Delta l \quad \text{mit} \quad c_S = \frac{EA}{l} \ ,$$

$$v_F = \frac{F\,l^3}{48\,EI} \quad\Rightarrow\quad F = \frac{48\,EI}{l^3}\,v_F = c_B\,v_F \quad \text{mit} \quad c_B = \frac{48\,EI}{l^3} \ .$$

♦ Wenn sich an der Stelle, für die der Zusammenhang von Kraft und Verschiebung als Federgesetz formuliert wurde, eine Masse m befindet und das elastische System als masselos angesehen werden darf, kann das gesamte Feder-Masse-System durch das Modell des einfachen Schwingers aus dem Beispiel 3 im vorigen Abschnitt ersetzt werden, und die Eigenkreisfrequenz ergibt sich aus $\omega^2 = c/m$.

Beispiel 1: Die skizzierte Biegefeder (konstante Dicke t, linear veränderliche Breite) trägt eine Masse m. Es soll die Eigenkreisfrequenz dieses Schwingungssystems ermittelt werden (Biegefeder ist masselos).

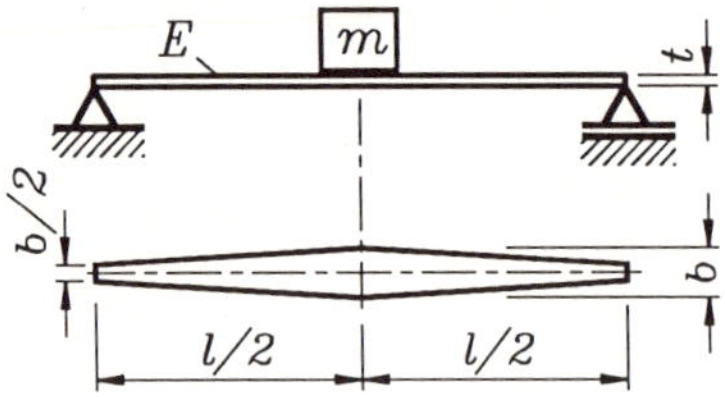

Gegeben: $t\ ,\ b\ ,\ l\ ,\ E\ ,\ m\ .$

Im Abschnitt 24.3 (Beispiel 4) wurde die Absenkung des Mittelpunktes des Trägers unter einer dort angreifenden Einzelkraft für ein beliebiges Breitenverhältnis β berechnet, für das hier $\beta = 2$ gesetzt werden muß. Die dort gefundene Formel wird als Federgesetz formuliert:

$$v_F = \frac{3\,F\,l^3}{4\,E\,b\,t^3}\,(-1 + 2\ln 2) \qquad \Rightarrow \qquad F = 3{,}45\,\frac{E\,b\,t^3}{l^3}\,v_F = c_B\,v_F \ .$$

Die Eigenkreisfrequenz ist die des einfachen Feder-Masse-Schwingers:

$$\omega = \sqrt{\frac{c_B}{m}} \qquad mit \qquad c_B = 3{,}45\,\frac{E\,b\,t^3}{l^3} \ .$$

♦ Die Federkonstanten, die sich für den Kraft-Verschiebungs-Zusammenhang ergeben, haben die Dimension "Kraft/Länge", der Zusammenhang von Torsionsmoment und Verdrehwinkel wird durch eine Drehfeder-Konstante mit der Dimension "Moment/Winkel" beschrieben (folgendes Beispiel).

Beispiel 2: Die Beziehung (21.12), mit der der Verdrehwinkel infolge eines Torsionsmoments berechnet wird, liefert die Drehfeder-Konstante:

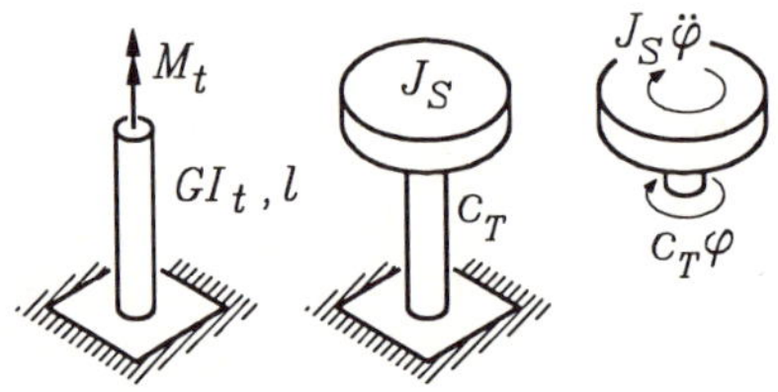

$$\varphi = \frac{M_t\,l}{G I_t} \qquad \Rightarrow \qquad M_t = \frac{G I_t}{l}\,\varphi = c_T\,\varphi$$

$$mit \qquad c_T = \frac{G I_t}{l} \ . \qquad (31.12)$$

Für die Berechnung der Torsionsschwingungen einer Scheibe mit dem Massenträgheitsmoment J_S (bezüglich der vertikalen Achse) kann aus dem Momenten-Gleichgewicht des d'Alembertschen Moments mit dem Rückstellmoment der Drehfeder die Differentialgleichung

$$J_S\,\ddot{\varphi} + c_T\,\varphi = 0$$

aufgeschrieben werden, die wieder vom Typ (31.10) ist, so daß unmittelbar die Eigenkreisfrequenz abzulesen ist:

$$\ddot{\varphi} + \frac{c_T}{J_S}\,\varphi = 0 \qquad \Rightarrow \qquad \omega = \sqrt{\frac{c_T}{J_S}}$$

♦ Die im Abschnitt 10.1 behandelte Möglichkeit, mehrere lineare Federn zu einer äquivalenten Ersatzfeder zusammenzufassen, gestattet es, auch kompliziertere elastische Systeme durch den einfachen Feder-Masse-Schwinger zu simulieren.

Beispiel 3: Eine Masse m ist wie skizziert über eine Feder (Federkonstante c) an einem elastischen Kreisbogenträger befestigt (κ ist der nach (19.13) definierte Querschnittsparameter für den gekrümmten Träger). Es soll die Eigenkreisfrequenz der Vertikalschwingungen der Masse ermittelt werden (Feder und Kreisbogen sind masselos).

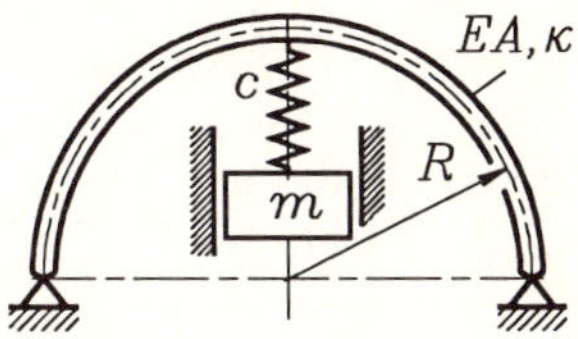

Gegeben: $m\,,\; c\,,\; R\,,\; EA\,,\; \kappa\,.$

Im Abschnitt 19.3.3 wurde der mit einer Kraft $2F$ belastete Kreisbogenträger als Beispiel behandelt (Kraftangriffspunkt war der Punkt, an dem hier die Feder befestigt ist). Die dort ermittelte Kraft-Verformungs-Beziehung wird für $\varphi = 0$ als Federgesetz formuliert:

$$v_F = \frac{FR}{2\kappa EA}\left(2 - \frac{3}{4}\pi + \frac{1}{\pi} - \frac{\pi}{2}\kappa\right) \quad \Rightarrow \quad F = \frac{2\kappa EA}{\left(2 - \frac{3}{4}\pi + \frac{1}{\pi} - \frac{\pi}{2}\kappa\right)R}\, v_F = c_B v_F \;.$$

Mit der so definierten Federkonstanten c_B wird der Kreisbogenträger durch eine Feder ersetzt, die mit der anderen Feder (Federkonstante c) "in Reihe geschaltet" ist und mit dieser nach (10.1) zu einer Ersatzfeder (Federkonstante c_{ers}) zusammengefaßt wird, so daß sich wieder das Modell des einfachen Feder-Masse-Schwingers (Beispiel 3 im vorigen Abschnitt) ergibt:

$$\omega = \sqrt{\frac{c_{ers}}{m}} \quad \text{mit} \quad \frac{1}{c_{ers}} = \frac{1}{c} + \frac{1}{c_B} \quad \text{und} \quad c_B = \frac{2\kappa EA}{\left(2 - \frac{3}{4}\pi + \frac{1}{\pi} - \frac{\pi}{2}\kappa\right)R} \;.$$

♦ Bei den bisher behandelten Beispielen wurden masselose Federn vorausgesetzt. Wenn die Bewegungs-Differentialgleichung mit dem Energiesatz formuliert wird, kann häufig auf relativ einfache Weise die Wirkung der Federmasse wenigstens näherungsweise erfaßt werden, indem sie bei der kinetischen Energie berücksichtigt wird. Die dabei zu treffende Näherungsannahme wird am nachfolgenden einfachen Beispiel demonstriert.

Beispiel 4: Die Eigenkreisfrequenz der Vertikalschwingung der Masse m soll bei genäherter Berücksichtigung der Masse m_B des Biegeträgers ermittelt werden.

Die Federkonstante ergibt sich aus dem Modell "Kragträger mit Einzelkraft am freien Ende" (Fall **e** im Abschnitt 17.4):

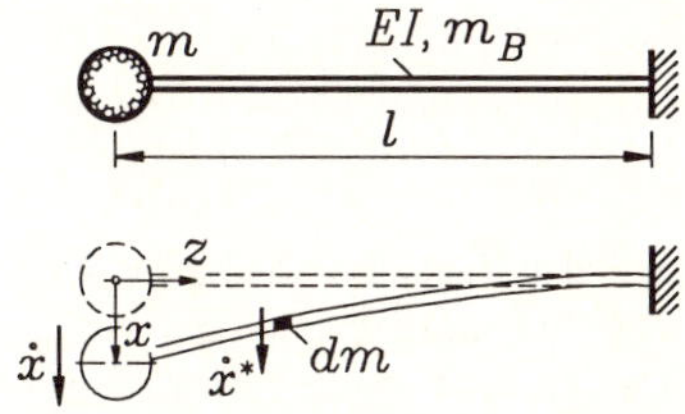

$$v_F = \frac{Fl^3}{3EI} \quad \Rightarrow \quad F = \frac{3EI}{l^3}\, v_F = c_B v_F \;.$$

Die Masse m bewegt sich mit der Geschwindigkeit $\dot{x}$. Es wird angenommen, daß sich das Massenteilchen des Trägers $dm = m_B\, dz/l$ an der Stelle z mit einer Geschwindigkeit $\dot{x}^*$ bewegt, die sich zu $\dot{x}$ verhält wie die statische Durchbiegung $v(z)$ (infolge F) zur statischen Durchbiegung v_F.

Die statische Biegelinie $v(z)$ wird ebenfalls der Tabelle des Abschnitts 17.4 entnommen, und man kann mit

$$\dot{x}^* = \frac{v(z)}{v_F}\,\dot{x} = \frac{\dot{x}}{2}\left[2-3\left(\frac{z}{l}\right)+\left(\frac{z}{l}\right)^3\right]$$

die kinetische Energie aufschreiben:

$$T_{kin} = \frac{1}{2}m\dot{x}^2 + \frac{1}{2}\int\limits_{z=0}^{l}\dot{x}^{*2}\,dm = \frac{\dot{x}^2}{2}\left\{m + m_B\int\limits_{z=0}^{l}\frac{1}{4l}\left[2-3\left(\frac{z}{l}\right)+\left(\frac{z}{l}\right)^3\right]^2 dz\right\} \quad .$$

Das Integral liefert den Faktor **33/140**, und das Gesamtsystem darf wieder durch den einfachen Feder-Masse-Schwinger ersetzt werden:

$$\omega = \sqrt{\frac{c_B}{m+\bar{m}_B}} \qquad mit \qquad c_B = \frac{3EI}{l^3} \qquad und \qquad \bar{m}_B = \frac{33}{140}\,m_B \quad .$$

- Die mit dem Beispiel 4 demonstrierte Erfassung der Federmasse ist eine (im allgemeinen recht gute) Näherung. Für Federn, deren Massenteilchen in Feder-Längsrichtung schwingen (Stab, Schraubenfeder) darf eine lineare Geschwindigkeitsverteilung angenommen werden, die auf $\frac{1}{3}m_C$ als zusätzlich zu berücksichtigende Masse führt (m_C - Federmasse).

31.2.3 Nichtlineare Schwingungen

Wenn die Bewegungs-Differentialgleichung, die einen Schwingungsvorgang beschreibt, nichtlinear ist, ist sie bis auf wenige Ausnahmen nur numerisch lösbar (Programm MCALCU, beiliegende Diskette). Dies kann fast immer nur die Analyse eines ganz speziellen Bewegungsvorgangs sein, weil im Gegensatz zu den linearen Problemen auch bei freien ungedämpften Schwingungen die Bewegungsabläufe (und damit die Eigenfrequenzen) von den Anfangsbedingungen abhängig sind. Dies soll an einem (bereits im Abschnitt 28.3.2 behandelten) relativ einfachen Beispiel verdeutlicht werden.

Beispiel: Die Masse m kann auf der vertikalen Führung reibungsfrei gleiten, so daß nach einmaliger Auslenkung eine freie Schwingung mit konstanter Amplitude entsteht. Die Schwingungsdauer für eine volle Schwingung soll in Abhängigkeit von der Anfangsauslenkung für die bereits im Abschnitt 28.3.2 benutzten Parameter

$$\frac{c\,a}{m\,g} = 1 \quad , \quad \frac{b}{a} = 4 \quad , \quad \frac{g}{a} = 9{,}81\;s^{-1}$$

(b - Länge der entspannten Feder) berechnet werden.

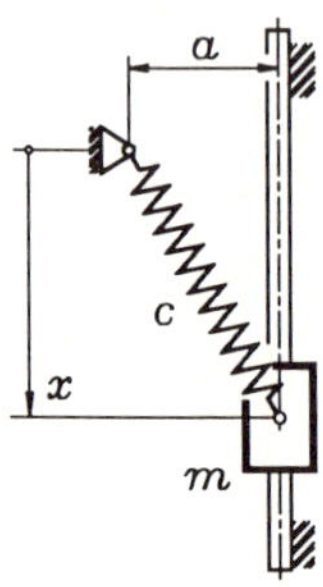

Die nichtlineare Differentialgleichung, die den Bewegungsvorgang beschreibt (vgl. Beispiel 2 im Abschnitt 28.3.2) muß für jede Anfangsauslenkung x_0/a gesondert numerisch integriert werden. Die Rechnung kann abgebrochen werden, wenn die Masse wieder die Ausgangslage erreicht hat. Die bis dahin vergangene Zeit ist die Schwingungsdauer T für die spezielle Anfangsauslenkung.

Das nachfolgende Diagramm zeigt die Funktion $T(x_0/a)$, in dem einige markante Punkte auffallen. Mit den im Kapitel 10 behandelten Verfahren kann man nachweisen, daß für die

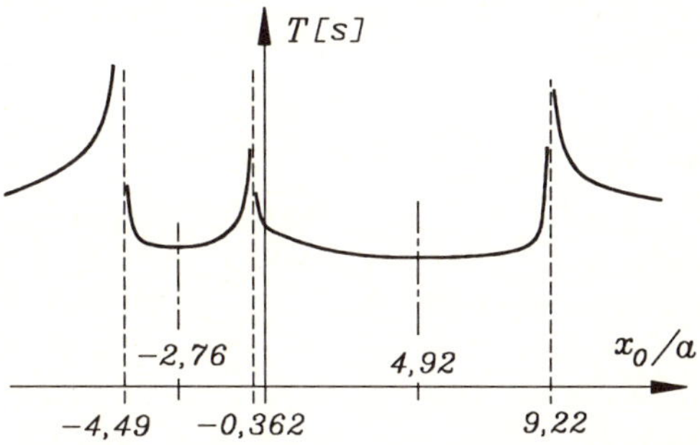

Masse drei statische Gleichgewichtslagen existieren (bei $x_0/a = -2{,}76$; $-0{,}362$; $4{,}92$), von denen eine ($x_0/a = -0{,}362$) instabil ist. Bei kleinen Anfangsauslenkungen aus einer stabilen Gleichgewichtslage schwingt die Masse mit einer Schwingungsdauer, die sich mit der Größe der Auslenkung nur unwesentlich ändert.

Eine besondere Rolle spielt die instabile statische Gleichgewichtslage, um die keine Schwingung möglich ist. Bei Anfangsauslenkungen mit $x_0/a \approx -0{,}362$ entstehen bei nur geringen Abweichungen völlig unterschiedliche Bewegungen. Gleiches gilt für die beiden Punkte bei $x_0/a \approx -4{,}49$ und $x_0/a \approx 9{,}22$: Kleine Abweichungen von diesen Anfangsauslenkungen nach oben bzw. unten führen zu völlig anderen Bewegungsgesetzen (vgl. Beispiel 2 im Abschnitt 28.3.2), abhängig davon, ob sich die Masse bei $x/a \approx -0{,}362$ "vorbeidrängeln" kann oder nicht.

Auf das weite (theoretisch sehr interessante) Gebiet der nichtlinearen Schwingungen kann hier nicht ausführlicher eingegangen werden. Für das spezielle Problem liefert die numerische Integration der Bewegungs-Differentialgleichung im allgemeinen die benötigten Aussagen.

31.3 Freie gedämpfte Schwingungen

Der Idealfall der ungedämpften Schwingung ist praktisch kaum realisierbar. Reibungswiderstände und Dämpfungskräfte (teilweise beabsichtigt, z. B.: Stoßdämpfer) sorgen dafür, daß die Amplituden einer freien Schwingung mit der Zeit kleiner werden. Hier soll nur der Spezialfall geschwindigkeitsproportionaler Dämpfung untersucht werden, bei dem die Widerstandskraft, die der Dämpfer der Bewegung entgegensetzt, nach (28.4) in der Form $F_W = -k\,v$ mit einer ***Dämpfungskonstanten k*** anzusetzen ist (zur Übereinstimmung dieser Annahme mit dem Verhalten realer Dämpfer beachte man die Bemerkung dazu im Abschnitt 28.2.1).

Die Skizze zeigt den einfachen Schwinger aus Masse, Feder und Dämpfungselement und die freigeschnittene Masse mit d'Alembertscher Kraft, Federkraft und Bewegungswiderstand. Die Koordinate x zählt von der statischen Ruhelage aus (Eigengewicht wurde deshalb nicht angetragen, vgl. Beispiel 3 im Abschnitt 31.2.1). Das Kräfte-Gleichgewicht in vertikaler Richtung liefert mit

$$m\ddot{x} + k\dot{x} + c\,x = 0 \qquad (31.13)$$

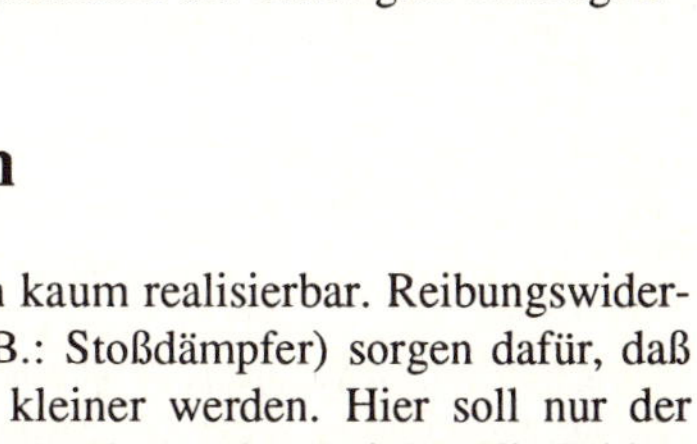

eine lineare homogene Differentialgleichung, die sich in entsprechender Form auch bei komplizierteren Systemen ergibt, wenn die Masse konstant ist, die Dämpfung linear von der Geschwindigkeit und die Rückstellkräfte linear vom Weg abhängig sind.

Im folgenden wird die Dämpfungskonstante k durch eine dimensionslose Größe, das sogenannte

LEHRsche Dämpfungsmaß $$D = \frac{k}{2\sqrt{m\,c}} \qquad (31.14)$$

ersetzt. Damit geht (31.13) über in

$$\ddot{x} + 2D\omega\dot{x} + \omega^2 x = 0 \quad , \qquad (31.15)$$

wobei die Abkürzung ω für die **Eigenkreisfrequenz der ungedämpften Schwingung** entsprechend (31.6) steht. (31.15) ist wieder eine lineare homogene Differentialgleichung mit konstanten Koeffizienten, deren Lösung aber im Gegensatz zur Lösung von (31.10) in Abhängigkeit von den Parametern ganz unterschiedliche Bewegungen beschreiben kann.

Mit dem Exponentialansatz $x = C\,e^{\lambda t}$ liefert (31.15) die charakteristische Gleichung

$$\lambda^2 + 2D\omega\lambda + \omega^2 = 0 \quad ,$$

deren Lösungen

$$\lambda_{1,2} = \omega\left(-D \pm \sqrt{D^2 - 1}\right) \qquad (31.16)$$

reell oder komplex sein können.

- Für $D > 1$ (*starke Dämpfung*, zwei unterschiedliche reelle Lösungen für λ) kann die Lösung der Differentialgleichung (31.15) in der Form

  $$x = C_1 e^{\lambda_1 t} + C_2 e^{\lambda_2 t} = e^{-D\omega t}\left(C_1 e^{\omega\sqrt{D^2-1}\,t} + C_2 e^{-\omega\sqrt{D^2-1}\,t}\right)$$

  aufgeschrieben werden. Der Faktor vor der Klammer sorgt dafür, daß sich x asymptotisch dem Wert Null nähert. Entsprechendes gilt für $D = 1$ (*aperiodischer Grenzfall*, reelle Doppellösung für λ) mit der Lösung von (31.15):

  $$x = C_1 e^{\lambda t} + C_2 t\,e^{\lambda t} = e^{-D\omega t}\left(C_1 + C_2 t\right) \quad .$$

  Beide Bewegungen (manchmal erwünscht, z. B. als Zeigerbewegungen in Meßinstrumenten) sind keine Schwingungsvorgänge und werden hier nicht weiter betrachtet.

Nur für den Fall $D < 1$ (*schwache Dämpfung*, zwei konjugiert komplexe Lösungen für λ) ergibt sich eine Schwingung (i ist die imaginäre Einheit, es wird die sogenannte ***Euler-Relation*** $e^{iz} = \cos z + i \sin z$ verwendet, der letzte Schritt entspricht der bereits für die harmonische Schwingung im Abschnitt 31.1 vorgenommenen Umformung):

$$\begin{aligned} x = C_1 e^{\lambda_1 t} + C_2 e^{\lambda_2 t} &= e^{-D\omega t}\left(C_1 e^{\omega i\sqrt{1-D^2}\,t} + C_2 e^{-\omega i\sqrt{1-D^2}\,t}\right) \\ &= e^{-D\omega t}\left(C_1 e^{i\omega_D t} + C_2 e^{-i\omega_D t}\right) \\ &= e^{-D\omega t}\left[C_1(\cos\omega_D t + i\sin\omega_D t) + C_2(\cos\omega_D t - i\sin\omega_D t)\right] \\ &= e^{-D\omega t}\left(A_1\cos\omega_D t + A_2\sin\omega_D t\right) \\ &= C\,e^{-D\omega t}\cos(\omega_D t - \alpha) \quad . \qquad (31.17) \end{aligned}$$

Aus dem Bewegungsgesetz für die freie gedämpfte Schwingung (31.17) lassen sich folgende Erkenntnisse herauslesen:

- Auch das (geschwindigkeitsproportional) gedämpfte Schwingungssystem schwingt mit konstanter Eigenfrequenz. Die ***Eigenkreisfrequenz der gedämpften Schwingung***

$$\omega_D = \omega \sqrt{1 - D^2} \qquad mit \qquad \omega = \sqrt{\frac{c}{m}} \tag{31.18}$$

ist kleiner als die Eigenkreisfrequenz des ungedämpften Schwingers, die ***Schwingungsdauer*** $T_D = 2\pi / \omega_D$ dementsprechend größer.

Nebenstehende Skizze zeigt eine durch (31.17) beschriebene Bewegung (Programm MCALCU, beiliegende Diskette). Analytisch läßt sich leicht bestätigen, was das Programm numerisch ermittelt und die graphische Darstellung (gegebenenfalls mit der Zoom-Funktion) verdeutlicht:

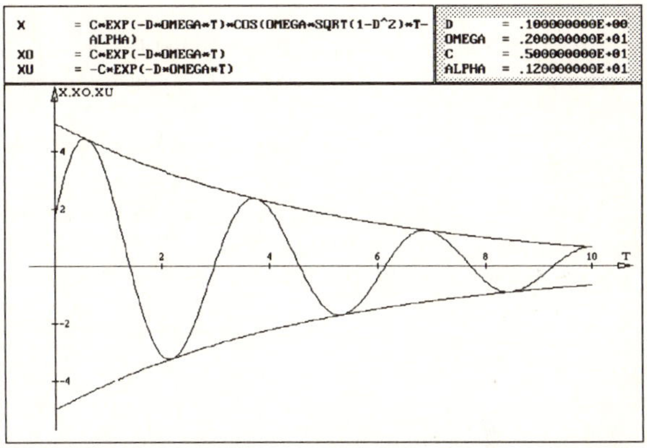

Das Weg-Zeit-Gesetz $x(t)$ der Schwingung wird von zwei Funktionen $x_o = C\,e^{-D\omega t}$ bzw. $x_u = -C\,e^{-D\omega t}$ "eingehüllt". Die Schnittpunkte dieser beiden "Einhüllenden" mit $x(t)$ liegen an den Stellen, an denen die **cos**-Funktion in (31.17) ihre Extremwerte annimmt. Dies sind nicht die Punkte, an denen die gedämpfte Schwingung ihre Amplituden hat.

- Die Schwingungsdauer T_D kann gemessen werden zwischen zwei aufeinanderfolgenden Amplituden gleichen Vorzeichens oder zwischen zwei benachbarten Schnittpunkten einer Einhüllenden mit der Funktion $x(t)$ oder zwischen zwei aufeinanderfolgenden gleichgerichteten Null-Durchgängen (z. B. von negativen zu positiven x-Werten).

- Die Ableitung der Funktion $x(t)$ nach der Zeit liefert das Geschwindigkeits-Zeit-Gesetz $\dot{x}(t)$ der Schwingung. Beide Funktionen können als Parameterdarstellung einer Funktion $\dot{x}(x)$ angesehen werden, der sogenannten ***Phasenkurve*** ("Darstellung in der ***Phasenebene***"), deren geometrische Gestalt allein schon wichtige Eigenschaften der Schwingung charakterisiert. Während Phasenkurven für ungedämpfte Schwingungen stets geschlossen sind, zeigt nebenstehende Skizze (Programm MCALCU) den typischen spiralförmigen Verlauf für die gedämpfte Schwingung, deren Weg-Zeit-Gesetz $x(t)$ oben dargestellt ist.

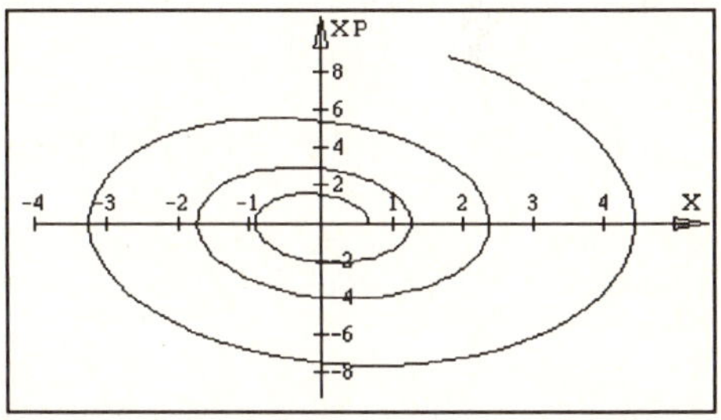

- Das Verhältnis zweier Schwingungsausschläge x im zeitlichen Abstand einer Schwingungsdauer (z. B. das Verhältnis der Amplituden zweier aufeinanderfolgender Perioden) ist konstant, wie sich mit (31.17) bestätigen läßt:

$$q = \frac{x(t)}{x(t + T_D)} = \frac{C\,e^{-D\omega t} \cos(\omega_D t - \alpha)}{C\,e^{-D\omega(t + T_D)} \cos[\omega_D (t + T_D) - \alpha]} = e^{\frac{2\pi D}{\sqrt{1 - D^2}}} = konst.$$

Der natürliche Logarithmus von q wird als ***logarithmisches Dekrement*** Λ bezeichnet und steht mit dem Dämpfungsmaß D in folgendem Zusammenhang:

$$\Lambda = \ln q = \frac{2\pi D}{\sqrt{1 - D^2}} \quad \Rightarrow \quad D = \frac{\Lambda}{\sqrt{4\pi^2 + \Lambda^2}} \quad . \qquad \textbf{(31.19)}$$

Wenn also z. B. die Amplitudengröße experimentell ermittelt werden kann, ist es möglich, aus dem Verhältnis der Amplituden zweier aufeinanderfolgender Perioden das Lehrsche Dämpfungsmaß nach (31.19) zu bestimmen.

Beispiel: Um eine Vorstellung vom Einfluß der Dämpfung auf die Eigenkreisfrequenz zu geben, soll angenommen werden, daß bei einem Schwingungsvorgang die Amplituden in jeder Periode auf die Hälfte des Wertes der vorhergehenden Periode zurückgehen. Dann erhält man mit $\boldsymbol{q = 1/0{,}5 = 2}$ ein logarithmisches Dekrement von $\boldsymbol{\Lambda = 0{,}693}$ und das Dämpfungsmaß $\boldsymbol{D = 0{,}110}$. Nach (31.18) errechnet sich die Eigenkreisfrequenz

$$\omega_D = \omega\sqrt{1 - D^2} = \mathbf{0{,}994}\ \omega \quad .$$

Bei $\boldsymbol{q = 2}$ verringert sich die Amplitude recht schnell. Die Schwingung ist nach wenigen Perioden praktisch abgeklungen. Trotzdem ist der Einfluß dieser (relativ starken) Dämpfung auf die Eigenkreisfrequenz des Schwingers außerordentlich gering, und die Aussage dieses Beispiels darf als wichtigste Erkenntnis aus den Betrachtungen in diesem Abschnitt gelten:

> Wenn nur die Eigenkreisfrequenz des freien gedämpften Schwingers interessiert, ist dafür mit der Eigenkreisfrequenz ω des ungedämpften Schwingers im allgemeinen eine sehr gute Näherung gegeben. Nur bei sehr starker Dämpfung muß die Größe des Lehrschen Dämpfungsmaßes (gegebenenfalls experimentell) ermittelt und ω_D nach (31.18) berechnet werden.

Die Untersuchungen in diesem Abschnitt beschränkten sich auf "lineare Probleme". Im Anhang B findet sich ein Beispiel einer nichtlinearen freien gedämpften Schwingung (Beispiel 2 im Abschnitt B1.12).

31.4 Erzwungene Schwingungen

Im Gegensatz zu den freien Schwingungen, bei denen die Bewegung nur durch die Anfangsbedingungen (Anfangsauslenkung, Anfangsgeschwindigkeit) verursacht wird, ist eine Schwingungsbewegung, die durch ständige Einwirkung einer zeitlich veränderlichen Kraft erzeugt wird, eine ***erzwungene Schwingung***. Von besonderer praktischer Bedeutung sind harmonisch veränderliche Erregerkräfte der Form $\boldsymbol{F(t) = F_0 \cos \Omega t}$ (Skizze), wobei Ω die ***Erregerkreisfrequenz*** ist.

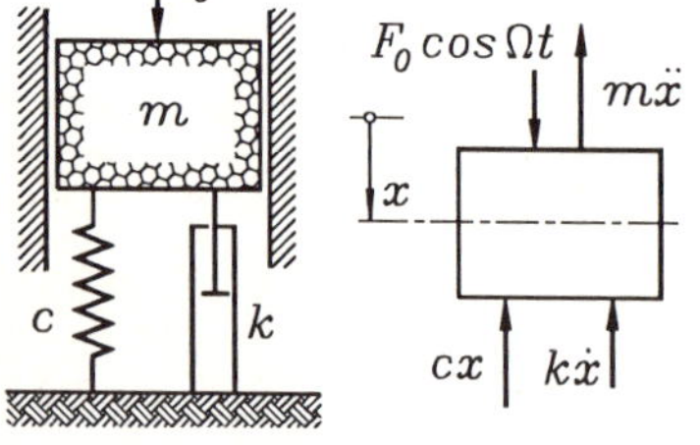

Aus der Schnittskizze liest man die Bewegungs-Differentialgleichung ab:

$$m\ddot{x} + k\dot{x} + cx = F_0 \cos\Omega t \quad . \qquad \textbf{(31.20)}$$

31.4.1 Schwingungen mit harmonischer Erregung der Masse

Mit den bereits verwendeten Symbolen (ω für die Eigenkreisfrequenz der ungedämpften freien Schwingung und dem Lehrschen Dämpfungsmaß D) wird aus (31.20):

$$\ddot{x} + 2D\omega\dot{x} + \omega^2 x = F_0 \frac{\omega^2}{c} \cos\Omega t \quad . \qquad (31.21)$$

Die Lösung dieser inhomogenen linearen Differentialgleichung setzt sich aus der Lösung x_{hom} der zugehörigen homogenen Differentialgleichung und einer Partikulärlösung x_{part} zusammen:

$$x = x_{hom} + x_{part} \quad . \qquad (31.22)$$

Für x_{hom} kann die Lösung (31.17) der Differentialgleichung (31.15) übernommen werden, für das Suchen nach einer Partikulärlösung wird der Ansatz

$$x_{part} = A\cos(\Omega t - \varphi) \qquad (31.23)$$

in (31.21) eingesetzt. Man erhält nach kurzer Rechnung:

$$(-F_0\omega^2/c - A\Omega^2\cos\varphi + 2AD\omega\Omega\sin\varphi + A\omega^2\cos\varphi)\cos\Omega t$$
$$+ (-A\Omega^2\sin\varphi - 2AD\omega\Omega\cos\varphi + A\omega^2\sin\varphi)\sin\Omega t = 0 \quad .$$

Diese Gleichung kann für beliebiges t nur erfüllt sein, wenn jede Klammer auf der linken Seite einzeln verschwindet. Nullsetzen der zweiten Klammer liefert:

$$\tan\varphi = \frac{2D\omega\Omega}{\omega^2 - \Omega^2} = \frac{2D\Omega/\omega}{1-(\Omega/\omega)^2} \quad . \qquad (31.24)$$

Das Nullsetzen der ersten Klammer führt nach Einsetzen von (31.24) und einigen elementarmathematischen Umformungen (**sin**- und **cos**-Funktionen werden durch **tan** ersetzt) auf:

$$A = \frac{F_0/c}{\sqrt{[1-(\Omega/\omega)^2]^2 + 4D^2(\Omega/\omega)^2}} \quad . \qquad (31.25)$$

Damit ist die Lösung von (31.21) komplett. Beide Lösungsanteile enthalten die **cos**-Funktion, so daß man sich die Bewegung als Überlagerung zweier Schwingungen vorstellen darf. Während der Anteil

$$x_{hom} = C e^{-D\omega t}\cos(\omega_D t - \alpha)$$

nach (31.17) wegen der Exponentialfunktion mit negativem Exponenten mit der Zeit immer kleiner wird, ist die Partikulärlösung (31.23) eine **cos**-Funktion mit der konstanten Amplitude (31.25). Der Bildschirm-Schnappschuß (Programm MCALCU) zeigt dies für zwei typische Fälle:

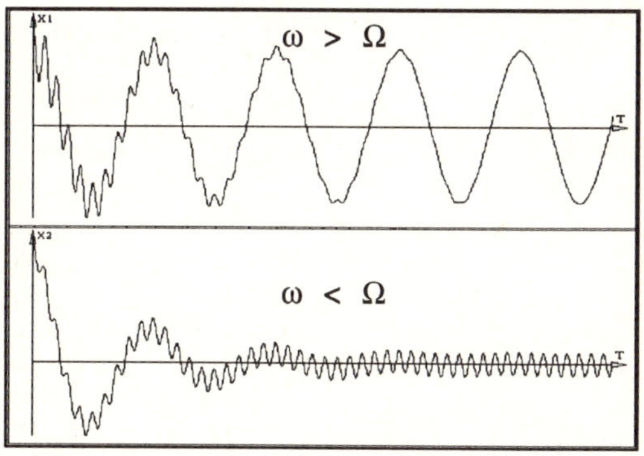

Sowohl für $\omega > \Omega$ (obere Kurve) als auch für $\omega < \Omega$ (untere Kurve) erkennt man das Abklingen der Eigenschwingung infolge der Dämpfung, und nach einer gewissen Zeit schwingt die Masse mit der Erregerkreisfrequenz Ω und der Amplitude A.

Nach einer bestimmten Einschwingzeit schwingt der durch die harmonisch veränderliche Kraft $F(t) = F_0 \cos \Omega t$ erregte gedämpfte Schwinger nach einem Bewegungsgesetz, das nur noch durch die Partikulärlösung der Bewegungs-Differentialgleichung bestimmt wird. Diese heißt deshalb ***stationäre Lösung***

$$x_{st} = \frac{F_0 / c}{\sqrt{(1-\eta^2)^2 + 4D^2\eta^2}} \cos(\Omega t - \varphi) \qquad \textbf{(31.26)}$$

mit dem ***Abstimmungsverhältnis***

$$\eta = \frac{\Omega}{\omega} = \frac{\Omega}{\sqrt{c/m}} , \qquad \textbf{(31.27)}$$

das als Quotient von Erregerkreisfrequenz Ω und Eigenkreisfrequenz ω des ungedämpften Schwingers definiert wird. **Die Schwingung im stationären Zustand erfolgt mit der Erregerkreisfrequenz Ω.** Die ***Phasenverschiebung*** φ in (31.26) berechnet sich aus

$$\tan\varphi = \frac{2D\eta}{1-\eta^2} . \qquad \textbf{(31.28)}$$

D ist das Lehrsche Dämpfungsmaß nach (31.14).

- Der Ausdruck vor der **cos**-Funktion in (31.26) kennzeichnet die Amplitude der Schwingung. Die Amplitude der stationären Schwingung ist konstant. Im Zähler des Bruchs, der die Größe der Amplitude angibt, steht mit

$$x_{statisch} = F_0 / c$$

die Auslenkung der Feder unter einer konstanten statischen Last F_0. Für **sehr kleine Erregerkreisfrequenzen** wird der Nenner des Bruchs näherungsweise **1** und die Schwingungsamplitude entspricht etwa der statischen Auslenkung.

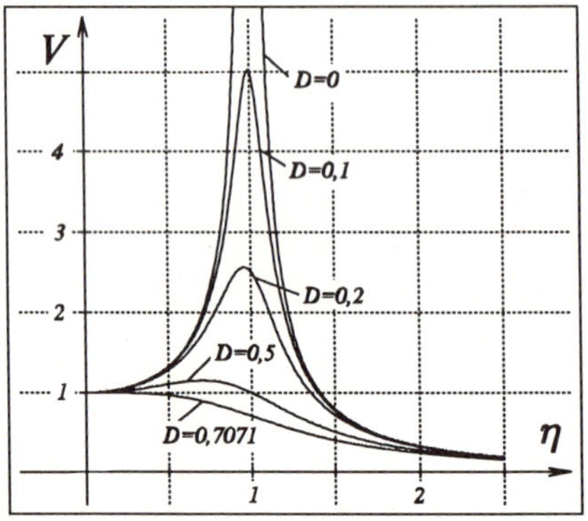

- Für beliebige Erregerkreisfrequenz Ω (bzw. ein beliebiges Abstimmungsverhältnis η) wird die Änderung der Amplitude im Verhältnis zur statischen Auslenkung durch die ***Vergrößerungsfunktion***

$$V(\eta) = \frac{1}{\sqrt{(1-\eta^2)^2 + 4D^2\eta^2}} \qquad \textbf{(31.29)}$$

beschrieben. Aus der Skizze, die $V(\eta)$ für verschiedene Dämpfungswerte zeigt, können folgende Erkenntnisse abgelesen werden:

- Bei sehr kleiner Dämpfung nimmt die Vergrößerungsfunktion in der Nähe von $\eta = 1$ sehr große Werte an (für $D = 0$ hat sie bei $\eta = 1$ eine Polstelle). **Eine Erregung mit einer Kreisfrequenz Ω, die der Eigenkreisfrequenz ω des ungedämpften Schwingers entspricht, führt bei kleiner Dämpfung zu sehr großen Amplituden (*Resonanz*).**

- Für $\eta > 1$ streben die Vergrößerungsfunktionen gegen den Wert Null. Bei ***überkritischer Erregung*** mit $\Omega > \omega$ ($\Omega = \omega$ wird als ***kritische Erregerkreisfrequenz*** bezeichnet) sind die Amplituden deutlich geringer als im ***unterkritischen Bereich*** $\Omega < \omega$.
- Die relativen Maxima der Vergrößerungsfunktionen liegen stets vor dem Punkt $\eta = 1$. Bei Dämpfungen oberhalb $D = 1/\sqrt{2} = 0{,}7071$ treten keine Maxima in der Nähe der Resonanzstelle mehr auf.
- Die **Phasenverschiebung** φ, die nach (31.28) berechnet werden kann, ist wie folgt zu interpretieren: Maxima, Minima und Nullstellen der Erregerkraft fallen mit den entsprechenden Punkten des Bewegungsgesetzes des Schwingers (31.26) zeitlich nicht zusammen. Bei sehr kleiner Dämpfung ist φ im unterkritischen Bereich annähernd Null, die Bewegung erfolgt phasengleich zur Erregung. Im überkritischen Bereich gilt wegen des negativen Nenners von (31.28) bei kleiner Dämpfung $\varphi \approx \pi$, und die Bewegungsrichtung des Schwingers ist stets der Richtung der Erregerkraft entgegengerichtet. Für $\eta = 1$ (Resonanzfall) gilt immer: $\varphi = \pi/2$. Das Diagramm zeigt die Phasenverschiebung in Abhängigkeit vom Abstimmungsverhältnis für verschiedene Dämpfungen.

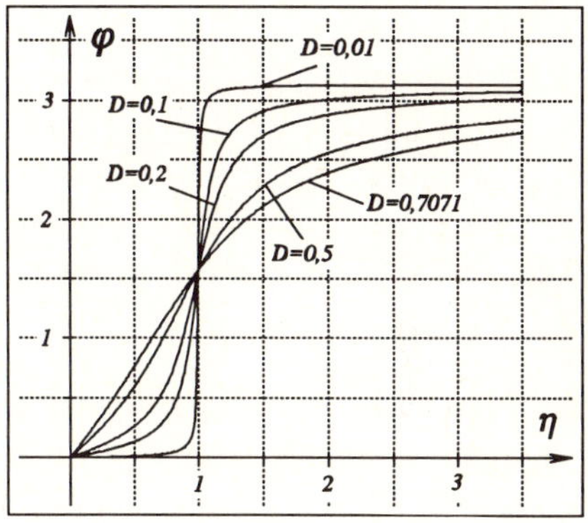

31.4.2 Erregung über Feder und Dämpfer

Unabhängig davon, ob eine Schwingung erwünscht ist (z. B.: Schwingsieb) oder nicht (z. B.: Kraftfahrzeug), ist es meist sinnvoll, die Erregung über eine Feder oder einen Dämpfer in das System einzuleiten. Dabei darf häufig angenommen werden, daß sich ein Punkt (der Feder oder des Dämpfers) nach einem vorgegebenen (harmonischen) Bewegungsgesetz bewegt.

Betrachtet wird zunächst das skizzierte Masse-Feder-Dämpfer-System, bei dem der Feder-Fußpunkt nach dem angegebenen Weg-Zeit-Gesetz bewegt wird. Dementsprechend nimmt die Masse über die Feder eine Kraft auf, die der Änderung der Federlänge (Differenz aus Weg des Feder-Fußpunktes und dem Weg x, den m zurückgelegt hat) proportional ist.

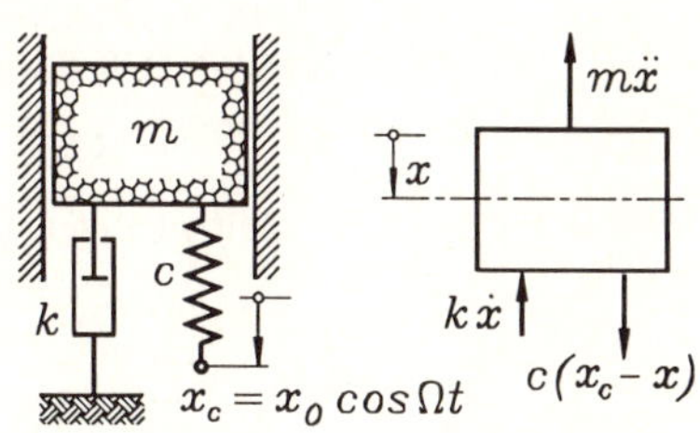

Das vertikale Gleichgewicht aller Kräfte

$$m\ddot{x} + k\dot{x} - c\,(x_0 \cos \Omega\, t - x) = 0$$

liefert nach Umstellen, Division durch m und Einführen der bekannten Abkürzungen mit

$$\ddot{x} + 2D\,\omega\,\dot{x} + \omega^2 x = x_0\,\omega^2 \cos \Omega\, t \qquad \textbf{(31.30)}$$

eine Differentialgleichung der Form (31.21), so daß nach Einführen von $x_0 = F_0/c$ alle im vorigen Abschnitt ermittelten Ergebnisse und die getroffenen Aussagen gelten. Für den

Schwinger, dessen Feder-Fußpunkt dem Bewegungsgesetz $x_c = x_0 \cos \Omega t$ unterworfen ist, gilt die stationäre Lösung

$$x_{st} = x_0 \, V(\eta) \cos(\Omega t - \varphi) \tag{31.31}$$

mit der Phasenverschiebung φ nach (31.28) und der Vergrößerungsfunktion V nach (31.29).

Wenn der **Fußpunkt des Dämpfers** einer harmonischen Bewegung folgen muß (nebenstehende Skizze), erhält man über

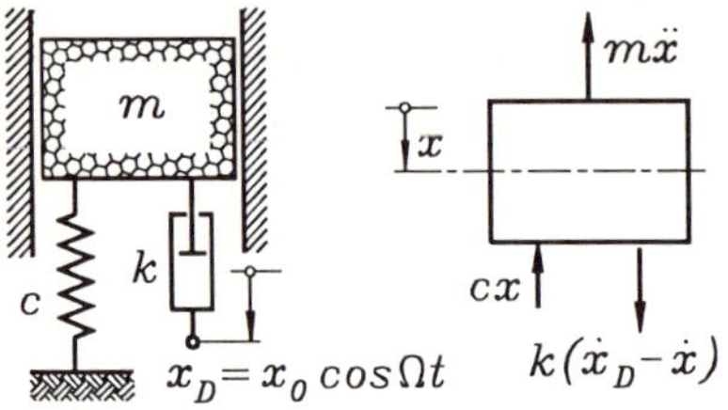

$$m\ddot{x} - k(\dot{x}_D - \dot{x}) + c\,x = 0$$

die Bewegungs-Differentialgleichung

$$\ddot{x} + 2D\omega\dot{x} + \omega^2 x = -2D\eta\, x_0\,\omega^2 \sin\Omega t \quad ,$$

für die auf dem gleichen Wege, der im Abschnitt 31.4.1 zur Lösung der Differentialgleichung (31.21) führte, eine Partikulärlösung gefunden wird. Man erhält für den **Schwinger, dessen Dämpfer-Fußpunkt dem Bewegungsgesetz $x_D = x_0 \cos \Omega t$ unterworfen ist**, die stationäre Lösung

$$x_{st} = -2D\eta\, x_0\, V(\eta) \sin(\Omega t - \varphi) = -x_0\, V_D(\eta) \sin(\Omega t - \varphi) \tag{31.32}$$

mit der Phasenverschiebung φ, die wieder nach (31.28) berechnet kann, und der Vergrößerungsfunktion V_D, die sich mit (31.29) berechnen läßt:

$$V_D(\eta) = 2D\,\eta\, V(\eta) \quad . \tag{31.33}$$

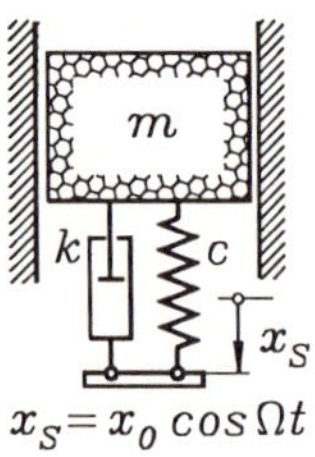

Wenn sowohl Feder-Fußpunkt als auch Dämpfer-Fußpunkt dem gleichen harmonischen Bewegungsgesetz unterworfen werden (sogenannte ***Stützenerregung* mit $x_S = x_0 \cos\Omega t$**, nebenstehende Skizze) kann die Lösung dafür wegen der Linearität der Bewegungs-Differentialgleichungen durch Überlagerung von (31.31) und (31.32) gewonnen werden:

$$x_{st} = x_0\, V(\eta)\,[\cos(\Omega t - \varphi) - 2D\eta\, \sin(\Omega t - \varphi)] \quad . \tag{31.34}$$

Nach etwas mühsamer (aber nicht schwieriger) Rechnung ergibt sich auch für (31.34) die Form des Bewegungsgesetzes, aus dem die Amplitude und die Phasenverschiebung abgelesen werden können:

$$x_{st} = x_0 \sqrt{1 + 4D^2\eta^2}\; V(\eta) \cos(\Omega t - \bar{\varphi}) = x_0\, V_S(\eta) \cos(\Omega t - \bar{\varphi}) \tag{31.35}$$

mit der **Vergrößerungsfunktion für die Stützenerregung**

$$V_S(\eta) = \sqrt{1 + 4D^2\eta^2}\; V(\eta) \quad . \tag{31.36}$$

Während für alle übrigen betrachteten Fälle die Phasenverschiebung nach (31.28) berechnet wird, ergibt sich auf dem Weg von (31.34) nach (31.35) ein davon abweichender Wert für die **Phasenverschiebung $\bar{\varphi}$ der Bewegung bei Stützenerregung**:

$$\tan\bar{\varphi} = \frac{2D\eta^3}{1 - \eta^2 + 4D^2\eta^2} \quad . \tag{31.37}$$

Für die Feder-Fußpunkt-Erregung sind die Vergrößerungsfunktionen identisch mit den Funktionen $V(\eta)$ für die harmonische Erregung (Abschnitt 31.4.1), einige Vergrößerungsfunktionen für Dämpfer-Fußpunkt-Erregung und Stützenerregung sind nachfolgend dargestellt.

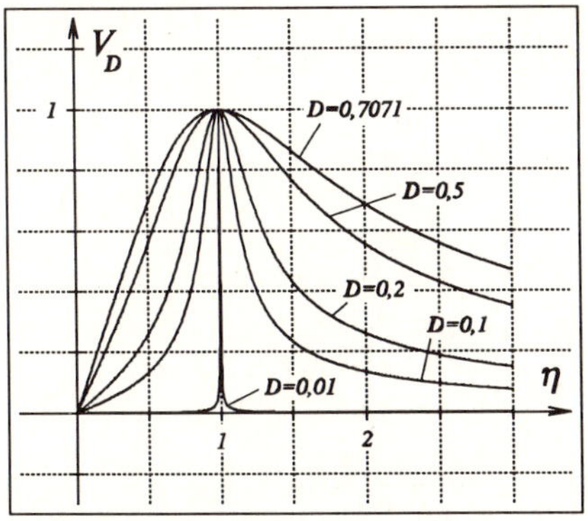

Dämpfer-Fußpunkt-Erregung

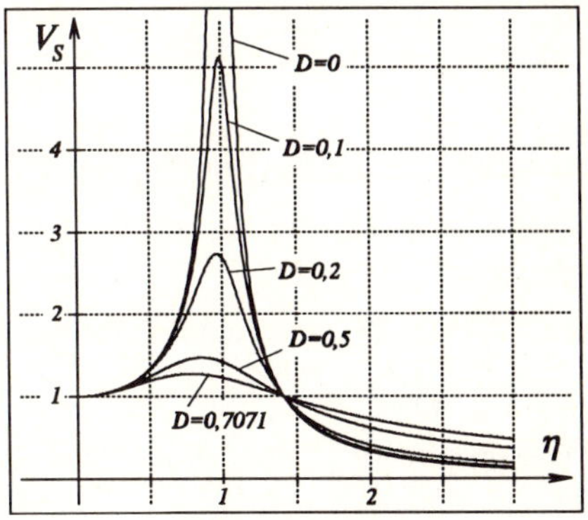

Stützenerregung

- Bei Schwingungserregung über den Dämpfer haben alle Vergrößerungsfunktionen ihr Maximum $V_{D,max} = 1$ bei $\eta = 1$. Die Masse schwingt in keinem Fall mit einer Amplitude, die größer als die Erregeramplitude ist.
- Bei den Vergrößerungsfunktionen der Stützenerregung fällt der Punkt $\eta = \sqrt{2}$ auf: Bei einer Erregerkreisfrequenz, die der $\sqrt{2}$-fachen Eigenkreisfrequenz des ungedämpften Schwingers entspricht, schwingt die Masse unabhängig von der Größe der Dämpfung mit der gleichen Amplitude wie die bewegte Stütze.
- Der stützenerregte Schwinger ist auch ein geeignetes Modell, um die Wirkung von ***Schwingungsisolierungen*** zu analysieren. Man geht davon aus, daß eine Arbeitsmaschine (z. B. infolge einer Unwucht, vgl. folgenden Abschnitt) eine Schwingungsbewegung x_S erzeugt, die über Feder und Dämpfer auf das Fundament übertragen wird (man denke sich das Bild auf der vorigen Seite um 180° gedreht, m ist dann die Fundamentmasse). Dann kann man V_S als "Durchlässigkeit der Isolierung" interpretieren und dem Diagramm entnehmen, daß eine Schwingungsisolierung erst für $\eta > \sqrt{2}$ möglich ist. Die Arbeitsmaschine sollte möglichst mit einer Winkelgeschwindigkeit $\Omega > \sqrt{2}\,\omega$ betrieben werden. Bemerkenswert ist, daß im Bereich $\eta > \sqrt{2}$ ein kleinerer Dämpfungswert vorteilhafter ist. Andererseits darf D nicht zu klein sein, um die Schwingungen in der Nähe von $\eta = 1$ nicht zu groß werden zu lassen (immerhin muß auch dieser Bereich beim Hochlaufen und beim Abbremsen der Arbeitsmaschine durchfahren werden).

31.4.3 Unwuchterregung

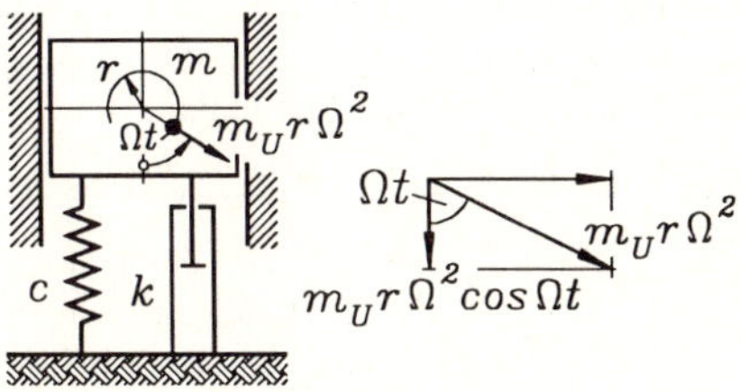

Der in der Praxis häufigste Fall ist die ***Unwuchterregung*** eines Schwingers: Eine mit der Winkelgeschwindigkeit Ω umlaufende Unwucht $m_u r$ erregt das System in vertikaler Richtung mit der Komponente der Fliehkraft

$$F(t) = m_u r \Omega^2 \cos \Omega t \quad .$$

Die Masse m soll die (im allgemeinen wesentlich kleinere) Unwuchtmasse mit einschließen. Dann kann die Differentialgleichung für die harmonische Erregung (31.20) mit

$$F_0 = m_u\, r\, \Omega^2 = \frac{m_u\, r}{m}\, m\, \Omega^2 = \frac{m_u\, r}{m}\, c\, \eta^2$$

aufgeschrieben werden, und durch entsprechende Modifizierung von (31.26) erhält man die **stationäre Lösung für den unwuchterregten Schwinger**:

$$x_{st} = \frac{m_u\, r}{m}\, \eta^2\, V(\eta)\, \cos(\Omega t - \varphi) = \frac{m_u\, r}{m}\, V_U(\eta)\, \cos(\Omega t - \varphi) \qquad \textbf{(31.38)}$$

mit der **Vergrößerungsfunktion für die Unwuchterregung**

$$V_U(\eta) = \eta^2\, V(\eta) \;, \qquad \textbf{(31.39)}$$

wobei φ wieder nach (31.28) und $V(\eta)$ nach (31.29) berechnet werden können.

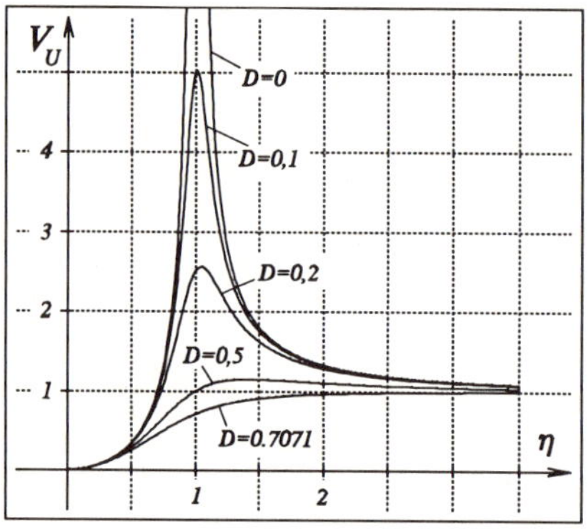

Unwuchterregung

Für die Unwuchterregung ist der Begriff der statischen Auslenkung nicht sinnvoll, weil erst durch die mit Ω kreisende Unwucht eine Erregerkraft entsteht. Als Bezugsgröße bei der Definition der Vergrößerungsfunktion wurde deshalb das Verhältnis aus der Unwucht $\boldsymbol{m_u\, r}$ und der schwingenden Masse $\boldsymbol{m}$ gewählt.

Die nebenstehende Skizze zeigt die Vergrößerungsfunktionen $V_U(\eta)$ für einige ausgewählte Dämpfungen (natürlich sind beliebige andere Funktionen mit dem Programm MCALCU der beiliegenden Diskette mühelos zu berechnen und darzustellen). Auf folgende Besonderheiten soll aufmerksam gemacht werden:

- Im **überkritischen Bereich** ($\eta > \mathbf{1}$) nähern sich die Werte aller Vergrößerungsfunktionen V_U dem Wert **1**: Für hohe Erregerfrequenzen sind die Amplituden der unwuchterregten Schwingung von der Erregerfrequenz und der Dämpfung nahezu unabhängig.
- Für Dämpfungswerte $\boldsymbol{D < 1/\sqrt{2} = 0{,}7071}$ haben die Kurven ein Maximum, das im Unterschied zu allen übrigen betrachteten Erregungen rechts von der Stelle $\eta = \mathbf{1}$ bei

$$\eta_{max} = \frac{1}{\sqrt{1 - 2D^2}} \qquad \textbf{(31.40)}$$

  liegt. Die zugehörige Erregerkreisfrequenz ist weder mit der Eigenkreisfrequenz des gedämpften noch mit der des ungedämpften Schwingers identisch, η_{max} liegt aber für kleine Dämpfungswerte sehr nahe bei **1** (Erregerkreisfrequenz gleich Eigenkreisfrequenz des ungedämpften Schwingers).

Die wichtigste Erkenntnis aus allen Untersuchungen in den Abschnitten 31.4.1 bis 31.4.3 ist: Bei jeder Art von Erregung führt eine Erregerkreisfrequenz, die sich nur wenig von der Eigenkreisfrequenz des ungedämpften Schwingers unterscheidet, zu besonders großen Amplituden der erzwungenen Schwingung.

31.4.4 Biegekritische Drehzahlen

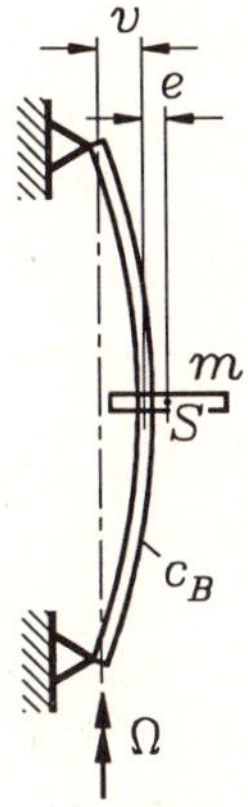

Eng verwandt mit dem Problem der erzwungenen Schwingungen ist das Phänomen, daß bei rotierenden Wellen bei bestimmten Drehzahlen sehr große Verformungen auftreten können. Betrachtet wird zunächst eine elastische (masselose) Welle, auf der eine Masse m befestigt ist. Es wird angenommen, daß der Schwerpunkt S der Masse nicht exakt auf der Wellenachse liegt (Exzentrizität e).

Bei Rotation mit der Winkelgeschwindigkeit Ω belastet die Masse m die Welle infolge der Exzentrizität mit einer Fliehkraft, die zur Verformung der Welle führt, und S bewegt sich schließlich auf einem Kreis mit dem Radius $(e+v)$. Die Fliehkraft beträgt nach (28.9) dann $m\,(e+v)\,\Omega^2$ und muß von der Welle aufgenommen werden. Wenn die Welle als Biegefeder aufgefaßt wird, kann ihre Reaktionskraft als $c_B\,v$ angesetzt werden mit der Biegefederzahl c_B, deren Ermittlung im Abschnitt 31.2.2 behandelt wurde. Aus dem Gleichgewicht der beiden Kräfte

$$m\,(e+v)\,\Omega^2 = c_B\,v$$

kann die Durchbiegung v der Welle berechnet werden. Für den dabei entstehenden Quotienten $c_B/m = \omega^2$ wird das Quadrat der Eigenkreisfrequenz der ungedämpften Schwingung des Biegefeder-Masse-Systems eingesetzt:

$$v = e\,\frac{\Omega^2 m}{c_B - \Omega^2 m} = e\,\frac{\Omega^2 m/c_B}{1 - \Omega^2 m/c_B} = e\,\frac{\Omega^2/\omega^2}{1-\Omega^2/\omega^2} = e\,\frac{\eta^2}{1-\eta^2} = e\,V_B(\eta) \quad .$$

Die Masse m führt natürlich gar keine Schwingung aus (sondern eine Kreisbewegung), auch die Biegefeder (Welle) hat bei konstantem Ω eine konstante Verformung. Trotzdem ergab sich für die Durchbiegung eine Formel, die die "Vergrößerung von e" kennzeichnet, und die Vergrößerungsfunktion V_B entspricht genau der Funktion V_U entsprechend (31.39) für die unwuchterregte Schwingung ohne Dämpfung. Das Verhältnis von Erregerkreisfrequenz und der Eigenkreisfrequenz der Biegeschwingung wurde wie bei den erzwungenen Schwingungen mit η bezeichnet.

Aus der Skizze der Funktion $V_B(\eta)$ entnimmt man, daß für $\eta = 1$ die Verformung der Welle "kritische Werte" annehmen würde.

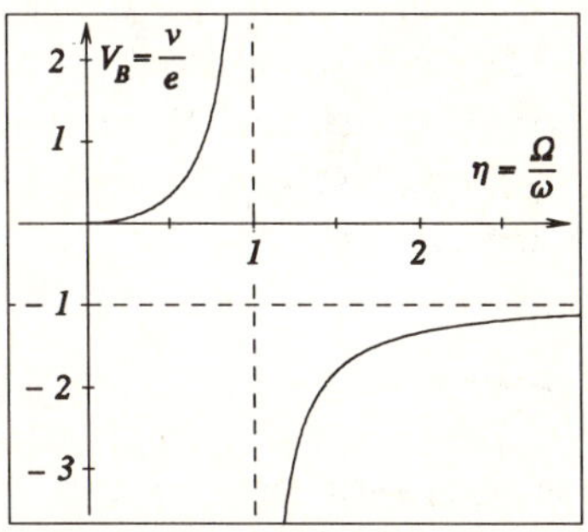

Wenn die Winkelgeschwindigkeit Ω der Welle gleich ihrer Biegeeigenkreisfrequenz ω ist, rotiert sie mit der **biegekritischen Drehzahl**

$$n_{krit} = \frac{\omega}{2\pi} = \frac{1}{2\pi}\sqrt{\frac{c_B}{m}} \quad . \qquad (31.41)$$

- Die Exzentrizität kann beliebig klein sein. Auch bei der ideal ausgewuchteten Welle führt die geringste (unvermeidliche) Störung bei kritischer Drehzahl zu sehr großen Verformungen.

- Die vernachlässigten (meist ohnehin unbedeutenden) Dämpfungseinflüsse würden das Ergebnis im allgemeinen nur geringfügig beeinflussen, führen aber immerhin dazu, daß die Verformungen der Welle endlich bleiben, so daß ein kurzzeitiges Arbeiten im kritischen Bereich (beim Hochfahren bzw. Abbremsen) zu keinen Schäden führen muß. Die vernachlässigte Wellenmasse kann gegebenenfalls näherungsweise bei der Berechnung der Biegeeigenkreisfrequenz berücksichtigt werden, wie es im Beispiel 4 des Abschnitts 31.2.2 demonstriert wurde.

- Im überkritischen Bereich ($\eta > 1$) wird die Vergrößerungsfunktion V_B negativ (im Gegensatz zur ansonsten identischen Vergrößerungsfunktion V_U des unwuchterregten Schwingers, bei dem sich allerdings der gleiche Effekt durch die Phasenverschiebung $\varphi = \pi$ äußert). Die Verschiebung v und die Exzentrizität e haben entgegengesetzte Richtungen, und bei großen Drehzahlen wird $v \approx -e$, so daß die Exzentrizität ausgeglichen wird. Diesen Effekt nennt man ***Selbstzentrierung***. Es ist also sinnvoll, Wellen so auszulegen, daß sie im überkritischen Bereich arbeiten, der kritische Bereich sollte möglichst schnell durchfahren werden.

- Die Herleitung der Formel (31.41) wurde mit einer vertikal angeordneten Welle (Skizze auf der vorigen Seite) durchgeführt, um den Einfluß des Gewichtskraft der Masse auf die Wellenverformung auszuschalten. Wie bei den Eigenschwingungen (vgl. Beispiel 3 im Abschnitt 31.2.1) ist das Eigengewicht in jeder Lage mit der statischen Verformung der Biegefeder im Gleichgewicht und hat auf die kritische Drehzahl keinen Einfluß, so daß (31.41) auch für die horizontal liegende Welle gilt.

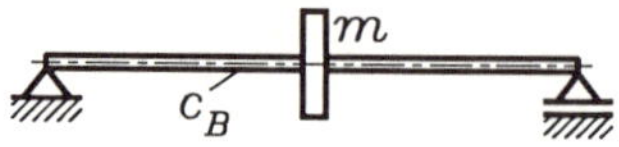

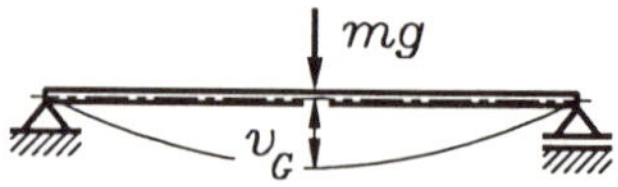

  Daß die Gewichtskraft der Masse (und damit die statische Durchbiegung der Welle) auf die Größe der kritischen Drehzahl keinen Einfluß hat, wird auch deshalb besonders betont, weil in vielen Büchern die kritische Drehzahl (durchaus korrekt) mit Hilfe der statischen Durchbiegung v_G infolge der Gewichtskraft mg der Masse berechnet wird. Das Federgesetz $mg = c_B v_G$ kann nach c_B umgestellt und in (31.41) eingesetzt werden. Man erhält

$$n_{krit} = \frac{1}{2\pi}\sqrt{\frac{g}{v_G}} \qquad \textbf{(31.42)}$$

  mit der Erdbeschleunigung g und der statischen Durchbiegung v_G der horizontal liegenden Welle unter der Gewichtskraft der Masse. Häufig findet man auch die Formel $n_{krit} = 299/\sqrt{v_G}$, die (durch Einsetzen des Zahlenwertes für die Erdbeschleunigung) aus (31.42) hervorgeht und n_{krit} **in** min^{-1} liefert, wenn man v_G **in** cm einsetzt.

- Die Formeln (31.41) bzw. (31.42) wurden unter Voraussetzung der üblichen idealisierenden Annahmen hergeleitet und liefern für die weitaus meisten praktischen Anwendungsfälle brauchbare Ergebnisse. Vorsicht ist geboten, wenn die Masse m bei der Verformung der Welle eine Schräglage einnimmt (z. B.: Scheibe, die nicht in der Wellenmitte angebracht ist). Die sich dabei einstellenden Kreiselwirkungen können die Größe der kritischen Drehzahl nennenswert beeinflussen.

31.5 Aufgaben

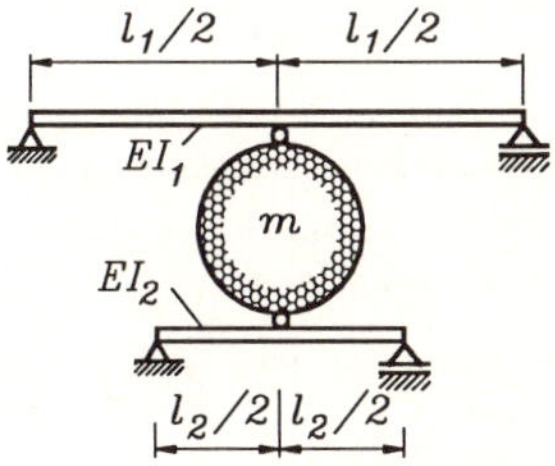

Aufgabe 31.1: Eine Masse m ist zwischen zwei masselosen Biegefedern gelagert.

Gegeben: $m\ ,\ l_2\ ,\ EI_2\ ,\ l_1 = 2\,l_2\ ,\ EI_1 = 16\,EI_2\ .$

Man ermittle die Eigenkreisfrequenz der Vertikalschwingung der Masse m.

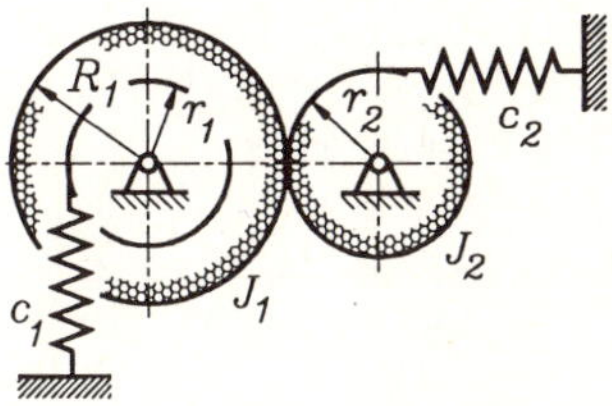

Aufgabe 31.2: Zwei miteinander im Eingriff stehende Zahnräder mit den Massenträgheitsmomenten J_1 bzw. J_2 sind in ihren Schwerpunktachsen gelagert und an zwei Federn gefesselt. Für Drehschwingungen mit kleinen Ausschlägen ist die Eigenkreisfrequenz ω zu ermitteln.

Gegeben: $R_1 = 3\,r_1 = 2\,r_2\ ,\ J_2 = J_1/4\ ,\ c_2 = 2\,c_1\ .$

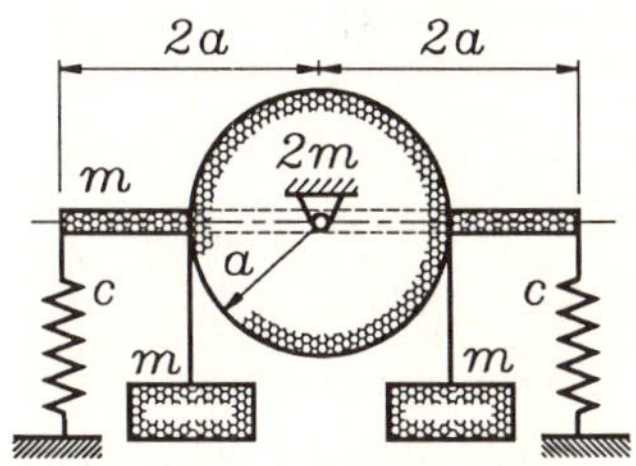

Aufgabe 31.3: Eine Kreisscheibe (Masse $2 \cdot m$) ist mit einem dünnen Stab (Masse m) starr verbunden und trägt über ein masseloses Seil zwei Massen m.

Gegeben: $m = 1\ kg\ ;\ \ a = 5\ cm\ ;\ \ c = 5\ N/mm\ .$

a) Wie groß ist die Eigenkreisfrequenz für Drehschwingungen des Systems bei kleinen Ausschlägen?

b) Welcher maximale Winkelausschlag ist zulässig (Seile können nur Zugkräfte aufnehmen)?

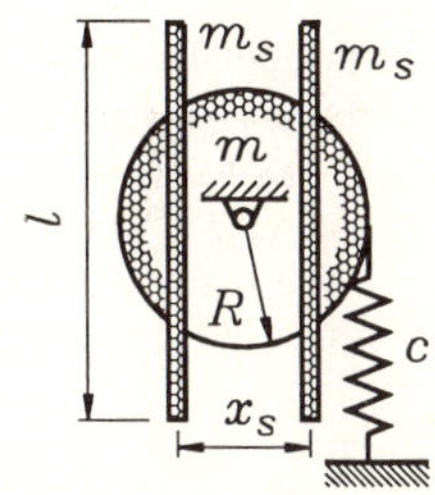

Aufgabe 31.4: Auf eine durch eine Feder gefesselte Kreisscheibe (Masse m) sollen symmetrisch zum Drehpunkt zwei dünne Stäbe (jeweils Länge l und Masse m_S) so aufgeklebt werden, daß sich dadurch die Eigenkreisfrequenz der Drehschwingungen mit kleinen Ausschlägen halbiert. Man ermittle x_S.

Gegeben: $l = 4\,R\ ,\ \ m_S = m/2\ .$

Aufgabe 31.5: Für die aus zwei Wellenabschnitten und einer starren Drehmasse bestehenden Schwinger a) und b) ermittle man die Eigenkreisfrequenz der Torsionsschwingung.

Geg.:
$G = 0{,}8 \cdot 10^5\ N/mm^2\ ;$
$I_{p1} = 1000\ mm^4\ ;$
$I_{p2} = 750\ mm^4\ ;$
$l_1 = 20\ cm\ ;$
$l_2 = 10\ cm\ ;$
$J_S = 250\ kg\,mm^2\ .$

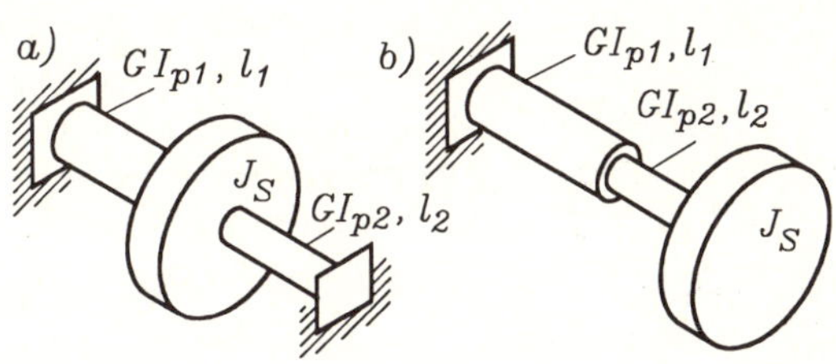

Aufgabe 31.6: Der Schwinger wird aus der statischen Ruhelage ausgelenkt und ohne Anfangsgeschwindigkeit freigelassen. Man berechne die Zeit, nach der erstmals eine Amplitude kleiner als **6%** der Anfangsauslenkung auftritt, und die Anzahl der vollen Schwingungen, die bis zu diesem Zeitpunkt ausgeführt wurden.

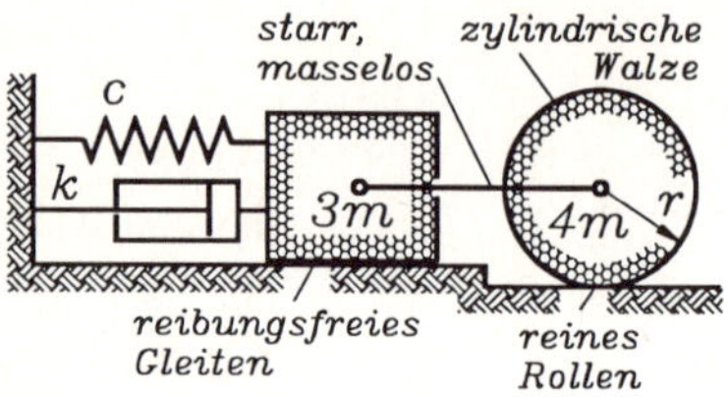

Gegeben: $m = 400\ kg\ ;\ \ c = 10^4\ N/cm\ ;\ \ k = 60\ Ns/cm$.

Aufgabe 31.7:

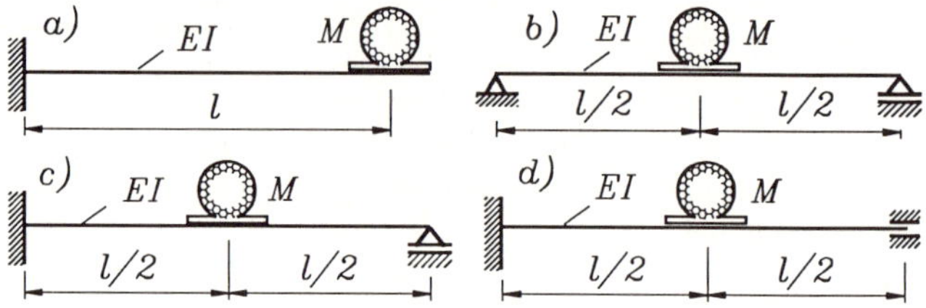

Gegeben:

$l\ = 1\ m$;
$M = 1000\ kg$;
$EI = 4{,}5 \cdot 10^6\ Nm^2$.

Die Motoren (Masse M) sind auf Trägern (Biegesteifigkeit EI) gelagert. Die Trägermassen können vernachlässigt werden. Man ermittle die kritischen Winkelgeschwindigkeiten Ω_{kr} der Motoranker, die mit den Eigenkreisfrequenzen der Biegeschwingungen übereinstimmen.

Aufgabe 31.8: Die Motoren der Aufgabe 31.7 haben im stationären Betrieb eine Drehzahl $n = 1000\ min^{-1}$. Wie groß müssen die Biegesteifigkeiten der Träger mindestens sein (Masse M und Trägerlänge l wie in Aufgabe 31.7), damit die Motoren im unterkritischen Bereich arbeiten?

Aufgabe 31.9: Ein Schwingsieb soll von zwei gegenläufig mit der Drehzahl $n = 1000\ min^{-1}$ umlaufenden Unwuchten in Resonanz betrieben werden. Man ermittle

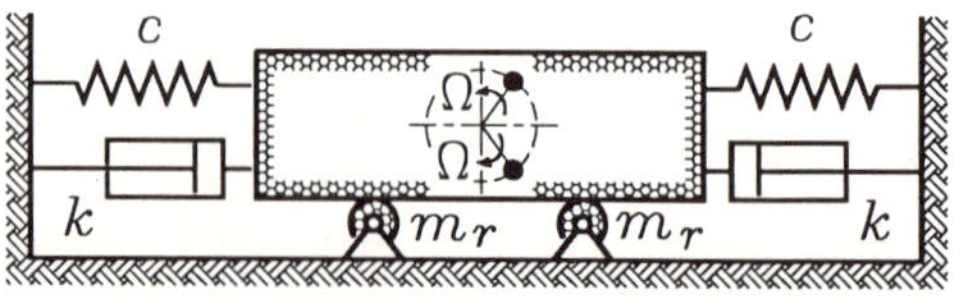

a) die Größe der Federzahl c der Stützfedern ohne Berücksichtigung der Dämpfung,

b) die Dämpfungszahl k von zusätzlich einzubauenden Dämpfungselementen, so daß die stationäre Schwingungsamplitude des Siebs durch den Wert $V_U = 3$ der Vergrößerungsfunktion für die Unwuchterregung bei einer Abstimmung $\eta = 1$ beschrieben wird,

Gegeben: $m\ = 500\ kg$ (Summe der Massen von Sieb, Siebgut und Unwuchten);
$m_r = 50\ kg$ (Masse einer von zwei zylindrischen Lagerrollen).

Aufgabe 31.10: Auf einer Welle mit der Masse m_W ist zusätzlich eine Einzelmasse m befestigt.

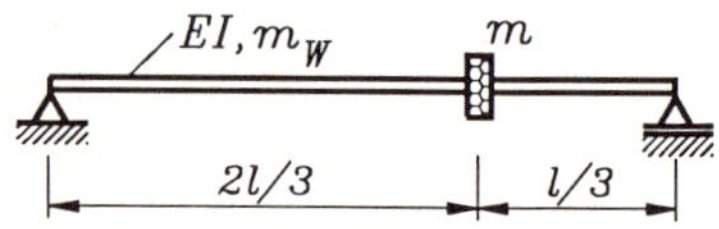

Gegeben: $EI = 2{,}5 \cdot 10^8\ N\,mm^2$;
$m_W = 1\ kg\ ;\ \ m = 10\ kg\ ;\ \ l = 1\ m$.

Man ermittle die kritische Drehzahl n_{krit} bei Vernachlässigung und die kritische Drehzahl n^*_{krit} bei näherungsweiser Berücksichtigung von m_W.

32 Systeme mit mehreren Freiheitsgraden

Für die eindeutige Beschreibung der Lage eines Systems mit f Freiheitsgraden werden f voneinander unabhängige Koordinaten benötigt. Zur Berechnung der Bewegungsgesetze ist dementsprechend ein System von Differentialgleichungen zu lösen, das z. B. nach dem Prinzip von d'Alembert aufgeschrieben werden kann. Dabei kann man weiter genau nach den Empfehlungen verfahren, die im Abschnitt 29.5.2 formuliert wurden. Bei n eingeführten Bewegungskoordinaten findet man jedoch nur $n-f$ Zwangsbedingungen, so daß in den f Bewegungs-Differentialgleichungen f Koordinaten verbleiben.

Der Energiesatz, der stets nur eine Energiebilanz-Gleichung liefert, genügt allein zum Aufstellen der Differentialgleichungen für ein System mit mehreren Freiheitsgraden nicht. Im Abschnitt 33.4 wird ein Verfahren behandelt, das auch bei mehr als einem Freiheitsgrad die Differentialgleichungen aus Energiebetrachtungen herleitet.

Vornehmlich für **lineare Systeme**, deren Bewegung durch lineare Differentialgleichungen beschrieben werden, können wesentliche verallgemeinerungsfähige Erkenntnisse gewonnen werden. Dieses Kapitel beschränkt sich auf solche Probleme, einige nichtlineare Systeme mit mehreren Freiheitsgraden werden im Kapitel 33 behandelt.

32.1 Freie ungedämpfte Schwingungen

Am einfachen Beispiel sollen zunächst die Probleme diskutiert werden, die für die Behandlung von Systemen mit mehreren Freiheitsgraden typisch sind.

Beispiel: Eine lineare Schwingerkette besteht wie skizziert aus drei Federn und zwei Massen, die sich auf der Unterlage reibungsfrei bewegen können.

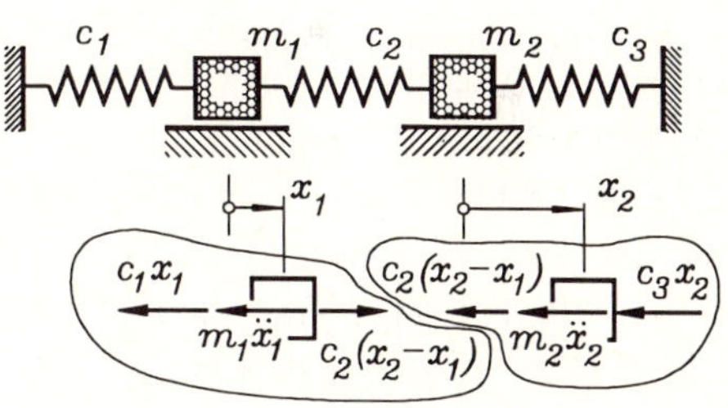

Gegeben: m_1 , m_2 , c_1 , c_2 , c_3 .

In der Skizze der in ausgelenkter Lage freigeschnittenen Massen wurde die Bewegungskoordinate x_2 (willkürlich) größer als x_1 angenommen, so daß die mittlere Feder verlängert wird und Zugkräfte auf beide Massen aufbringt. Das Gleichgewicht der Federkräfte mit den d'Alembertschen Kräften liefert das Differentialgleichungssystem

$$\begin{aligned} m_1\ddot{x}_1 + c_1x_1 - c_2(x_2 - x_1) &= 0 \quad , \\ m_2\ddot{x}_2 + c_3x_2 + c_2(x_2 - x_1) &= 0 \quad . \end{aligned} \qquad (32.1)$$

Wenn in das lineare homogenen Differentialgleichungssystem der Lösungsansatz

$$x_1 = A_1\cos(\omega t + \varphi) \quad , \quad x_2 = A_2\cos(\omega t + \varphi) \qquad (32.2)$$

eingesetzt wird, heben sich die **cos**-Anteile heraus, und es verbleibt:

$$\begin{aligned} (c_1 + c_2 - m_1 \omega^2) A_1 - \quad c_2 \quad A_2 &= 0 \quad , \\ - c_2 \quad A_1 + (c_2 + c_3 - m_2 \omega^2) A_2 &= 0 \quad . \end{aligned} \tag{32.3}$$

Dieses lineare homogene Gleichungssystem für die Ansatzparameter A_1 und A_2 kann (neben der trivialen Lösung $A_1 = A_2 = 0$, die den Ruhezustand beschreibt und hier nicht interessiert) nur dann nichttriviale Lösungen haben, wenn seine Koeffizientendeterminante verschwindet:

$$\begin{vmatrix} c_1 + c_2 - m_1 \omega^2 & -c_2 \\ -c_2 & c_2 + c_3 - m_2 \omega^2 \end{vmatrix} = 0 \tag{32.4}$$

führt auf eine quadratische Gleichung für ω^2:

$$m_1 m_2 \omega^4 - [(c_1 + c_2) m_2 + (c_2 + c_3) m_1] \omega^2 + (c_1 + c_2)(c_2 + c_3) - c_2^2 = 0 \tag{32.5}$$

hat die beiden Lösungen:

$$\omega_{1,2}^2 = \frac{(c_1 + c_2) m_2 + (c_2 + c_3) m_1}{2 m_1 m_2} \pm \sqrt{\left[\frac{(c_1 + c_2) m_2 + (c_2 + c_3) m_1}{2 m_1 m_2}\right]^2 + \frac{c_2^2 - (c_1 + c_2)(c_2 + c_3)}{m_1 m_2}} \quad . \tag{32.6}$$

Mit den beiden Werten ω_1 und ω_2 können also nach (32.2) zwei linear unabhängige Partikulärlösungen von (32.1) aufgeschrieben werden, die wegen der Linearität der Differentialgleichungen summiert werden dürfen. In

$$\begin{aligned} x_1 &= A_{11} \cos(\omega_1 t + \varphi_1) + A_{12} \cos(\omega_2 t + \varphi_2) \quad , \\ x_2 &= A_{21} \cos(\omega_1 t + \varphi_1) + A_{22} \cos(\omega_2 t + \varphi_2) \end{aligned} \tag{32.7}$$

sind die Koeffizienten A_{ij} nicht unabhängig voneinander, weil sowohl A_{11} und A_{21} als auch A_{12} und A_{22} das homogene Gleichungssystem (32.3) erfüllen müssen. Aus der ersten der beiden Gleichungen (32.3) folgt z. B.

$$A_{2j} = \frac{1}{c_2} (c_1 + c_2 - m_1 \omega_j^2) A_{1j} = \mu_j A_{1j} \quad , \tag{32.8}$$

und man erhält schließlich als allgemeine Lösung von (32.1):

$$\begin{aligned} x_1 &= A_{11} \cos(\omega_1 t + \varphi_1) + A_{12} \cos(\omega_2 t + \varphi_2) \quad , \\ x_2 &= \mu_1 A_{11} \cos(\omega_1 t + \varphi_1) + \mu_2 A_{12} \cos(\omega_2 t + \varphi_2) \end{aligned} \tag{32.9}$$

mit den Integrationskonstanten A_{11}, A_{12}, φ_1 und φ_2, die z. B. aus vier Anfangsbedingungen (Lagen und Geschwindigkeiten beider Massen beim Beginn der Bewegung) bestimmt werden.

- Es lassen sich immer Anfangsbedingungen finden, für die einer der beiden Faktoren der **cos**-Funktionen Null wird (z. B.: Auslenkungen, die sich um den Faktor μ_1 bzw. μ_2 unterscheiden und keine Anfangsgeschwindigkeiten). Dann schwingen beide Massen mit der gleichen ***Eigenkreisfrequenz*** ω_1 bzw. ω_2, ihre Amplituden unterscheiden sich bei diesen ***Eigenschwingungen*** um die Faktoren μ_1 bzw. μ_2, die als ***Modalkoeffizienten*** bezeichnet werden.

- Bei beliebigen Anfangsbedingungen sind die Bewegungsgesetze der beiden Massen entsprechend (32.9) Überlagerungen der beiden Eigenschwingungen.

♦ Mit dem Vietaschen Wurzelsatz läßt sich zeigen, daß die Lösungen (32.6) der Gleichung (32.5) immer positiv und damit ω_1 und ω_2 für jede Parameterkombination reell sind.

Am vereinfachten Modell (nebenstehende Skizze) sollen die Aussagen noch einmal veranschaulicht werden. Gleichzeitig wird demonstriert, wie der Lösungsweg (32.1) bis (32.7) mit Hilfe der Matrizenschreibweise formalisiert werden kann. Das Differentialgleichungssystem (32.1) wird zu:

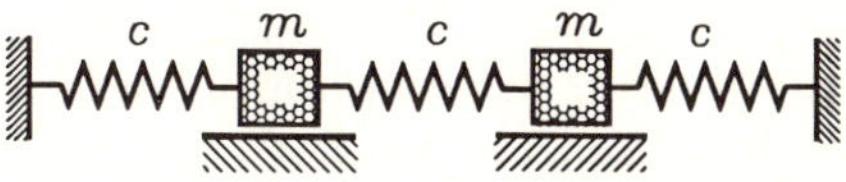

Vereinfachtes Modell: $m_1 = m_2 = m\ ,\quad c_1 = c_2 = c_3 = c$

$$\begin{bmatrix} m & 0 \\ 0 & m \end{bmatrix}\begin{bmatrix} \ddot{x}_1 \\ \ddot{x}_2 \end{bmatrix} + \begin{bmatrix} 2c & -c \\ -c & 2c \end{bmatrix}\begin{bmatrix} x_1 \\ x_2 \end{bmatrix} = \begin{bmatrix} 0 \\ 0 \end{bmatrix} \quad \Rightarrow \quad \boldsymbol{M}\,\ddot{\boldsymbol{x}} + \boldsymbol{K}\,\boldsymbol{x} = \boldsymbol{o}\ . \tag{32.10}$$

Der Lösungsansatz entsprechend (32.2)

$$\begin{bmatrix} x_1 \\ x_2 \end{bmatrix} = \begin{bmatrix} A_1 \\ A_2 \end{bmatrix} \cos(\omega\, t + \varphi) \quad \Rightarrow \quad \boldsymbol{x} = \boldsymbol{a}\cos(\omega\, t + \varphi) \tag{32.11}$$

führt analog zu (32.3) auf das ***allgemeine Matrizeneigenwertproblem***

$$\left(\begin{bmatrix} 2c & -c \\ -c & 2c \end{bmatrix} - \omega^2 \begin{bmatrix} m & 0 \\ 0 & m \end{bmatrix}\right)\begin{bmatrix} A_1 \\ A_2 \end{bmatrix} = \begin{bmatrix} 0 \\ 0 \end{bmatrix} \quad \Rightarrow \quad (\boldsymbol{K} - \omega^2 \boldsymbol{M})\,\boldsymbol{a} = \boldsymbol{o}\ . \tag{32.12}$$

Für diesen einfachen Fall kann (32.12) als homogenes Gleichungssystem aufgefaßt werden, aus dem die Eigenkreisfrequenzen und die Modalkoeffizienten berechnet werden können, wie es mit (32.4) bis (32.8) demonstriert wurde. Man erhält:

$$\omega_1 = \sqrt{\frac{c}{m}}\ ,\quad \omega_2 = \sqrt{3\,\frac{c}{m}}\ ,\quad \mu_1 = 1\ ,\quad \mu_2 = -1\ . \tag{32.13}$$

♦ Auch für (beliebig komplizierte) lineare ungedämpfte Schwingungssysteme entsteht ein Matrizeneigenwertproblem

$$(\boldsymbol{K} - \omega^2 \boldsymbol{M})\,\boldsymbol{a} = \boldsymbol{o} \tag{32.14}$$

mit der ***Steifigkeitsmatrix K*** und der ***Massenmatrix M***. Beide Matrizen sind symmetrisch (und die sich ergebenden Werte für ω^2 damit garantiert nicht negativ). Für die Lösung von (32.14) stehen in Programmbibliotheken leistungsfähige Programme bereit (vgl. die Diskussion am Ende des Abschnitts 23.4), so daß die wesentliche Arbeit mit dem Aufstellen des Differentialgleichungssystems (32.10) erledigt ist, weil daraus die Matrizen $\boldsymbol{K}$ und $\boldsymbol{M}$ unmittelbar abgelesen werden können.

♦ Programme zur Lösung von (32.14) liefern als Ergebnis einen Vektor $\boldsymbol{\omega}$, der die Eigenkreisfrequenzen enthält, und eine ***Modalmatrix A***, die (spaltenweise) die zugehörigen ***Eigenvektoren*** enthält. Wie die Modalkoeffizienten, die nach (32.8) nur die Verhältnisse der Schwingungsausschläge für die einzelnen Freiheitsgrade kennzeichnen (die tatsächlichen Ausschläge hängen von den Anfangsbedingungen ab), sind die Eigenvektoren in der Modalmatrix auch nur bis auf beliebige Faktoren bestimmbar. Um zu eindeutigen Ergebnissen zu kommen, ist es üblich, die Eigenvektoren zu normieren (jeder Vektor wird durch seinen Betrag dividiert und auf diese Weise zum Einheitsvektor). Das Ergebnis von (32.12) ergibt sich dann in der Form:

$$\omega = \begin{bmatrix} \omega_1 \\ \omega_2 \end{bmatrix} = \begin{bmatrix} 1 \\ \sqrt{3} \end{bmatrix} \sqrt{\frac{c}{m}} \quad ; \quad \boldsymbol{A} = \frac{1}{\sqrt{2}} \begin{bmatrix} 1 & 1 \\ 1 & -1 \end{bmatrix} . \qquad \textbf{(32.15)}$$

Der Faktor vor der Modalmatrix sorgt ausschließlich für die Normierung der Spalten. Die erste Spalte von $\boldsymbol{A}$ (Eigenvektor zur Eigenschwingung mit ω_1) zeigt wie der Modalkoeffizient μ_1 in (32.13), daß beide Massen mit gleicher Amplitude in die gleiche Richtung schwingen, der zweiten Spalte entnimmt man, daß bei einer Schwingung mit der Eigenkreisfrequenz ω_2 die Massen sich stets entgegengesetzt (aber auch mit gleicher Amplitude) bewegen.

Bei den weitaus meisten Problemen der technischen Praxis sind die aus der Lösung (32.15) zu gewinnenden Erkenntnisse ausreichend. Wenn tatsächlich der Schwingungsverlauf für vorgegebene Anfangsbedingungen interessiert, können die Bewegungsgesetze in sinnvoller Erweiterung von (32.9) aufgeschrieben werden. Günstiger ist es, bei einer größeren Anzahl von Freiheitsgraden auch dafür die übersichtliche Form der Matrizenschreibweise zu nutzen. Schließlich kann natürlich auch ein lineares Schwingungsproblem als Anfangswertproblem numerisch integriert werden (Programm MCALCU, beiliegende Diskette).

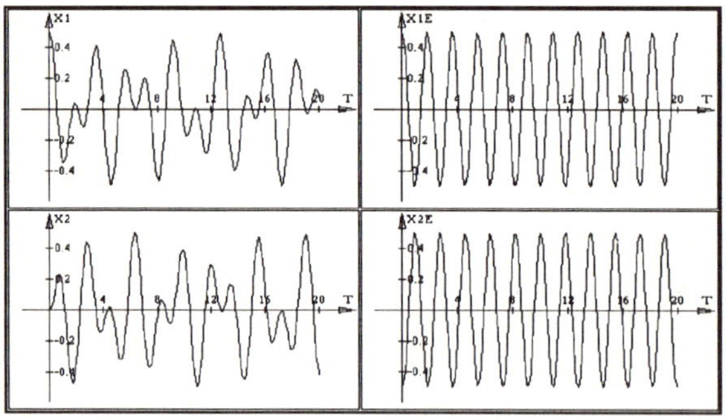

Der nebenstehende Bildschirm-Schnappschuß zeigt die Bewegungen der beiden Massen bei unterschiedlichen Anfangsauslenkungen (jeweils ohne Anfangsgeschwindigkeiten). Bei beliebiger Anfangsauslenkung (links, nur eine Masse wurde ausgelenkt) ergibt sich eine Überlagerung aus beiden Eigenschwingungen. Bei Anfangsauslenkungen proportional zum 2. Eigenvektor (rechts, gleiche Anfangsauslenkungen für beide Massen in entgegengesetzten Richtungen) schwingen die Massen mit der 2. Eigenkreisfrequenz.

32.2 Torsionsschwingungen

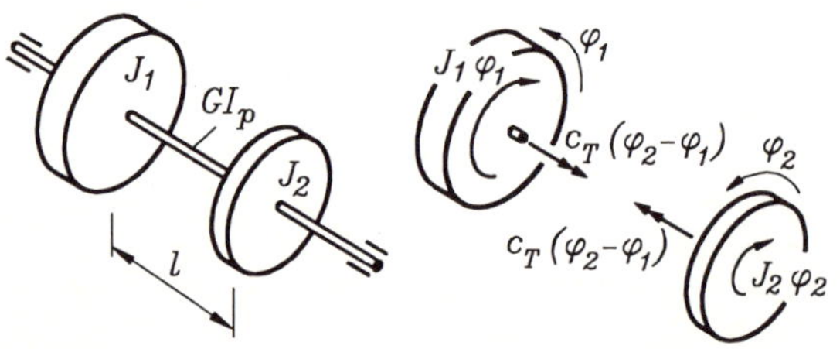

Betrachtet wird zunächst eine elastische (masselose) Welle mit Kreis- oder Kreisringquerschnitt mit der Torsionssteifigkeit $\boldsymbol{GI_p}$, auf der zwei Scheiben mit den Massenträgheitsmomenten $\boldsymbol{J_1}$ bzw. $\boldsymbol{J_2}$ befestigt sind.

Das System hat zwei Freiheitsgrade, denn infolge der Elastizität der Welle können die beiden Verdrehwinkel φ_1 und φ_2 unterschiedlich groß sein. Die rechte Skizze zeigt die freigeschnittenen Scheiben mit den d'Alembertschen Momenten (den gewählten Koordinatenrichtungen entgegengerichtet) und den von der Torsionsfeder (Welle) erzeugten Momenten, wobei (willkürlich) angenommen wurde, daß φ_2 größer als φ_1 ist. Für die Torsionsfederzahl gilt nach (31.12): $c_T = GI_p / l$. Aus dem Momentengleichgewicht um die Wellenachse für beide Scheiben ergibt sich das Differentialgleichungssystem

$$J_1 \ddot{\varphi}_1 - c_T(\varphi_2 - \varphi_1) = 0 \quad , \quad J_2 \ddot{\varphi}_2 + c_T(\varphi_2 - \varphi_1) = 0 \quad ,$$

das wie das System (32.1) im vorigen Abschnitt mit einem zu (32.2) analogen Ansatz

$$\varphi_1 = A_1 \cos(\omega t + \varphi) \quad , \quad \varphi_2 = A_2 \cos(\omega t + \varphi)$$

behandelt werden kann, und die Rechnung wie dort liefert:

$$\begin{aligned} -A_1 \omega^2 - \frac{c_T}{J_1}(A_2 - A_1) &= 0 \ , \\ -A_2 \omega^2 + \frac{c_T}{J_2}(A_2 - A_1) &= 0 \ , \end{aligned} \quad \Rightarrow \quad \begin{vmatrix} \frac{c_T}{J_1} - \omega^2 & -\frac{c_T}{J_1} \\ -\frac{c_T}{J_2} & \frac{c_T}{J_2} - \omega^2 \end{vmatrix} = 0 \quad \Rightarrow$$

$$\left(\frac{c_T}{J_1} - \omega^2\right)\left(\frac{c_T}{J_2} - \omega^2\right) - \frac{c_T}{J_1}\frac{c_T}{J_2} = 0 \quad \Rightarrow \quad \omega_1 = 0 \ , \quad \omega_2 = \sqrt{\frac{c_T}{J_1} + \frac{c_T}{J_2}} \ .$$

Eine Eigenkreisfrequenz $\omega_1 = 0$ ist typisch für Systeme, für die eine ***Starrkörperbewegung*** möglich ist. Im vorliegenden Fall kann sich die Welle ohne elastische Verformung drehen, beide Scheiben drehen sich dabei um gleiche Winkel. Dies ist keine Schwingung (bzw. eine "Schwingung mit der Eigenkreisfrequenz Null").

- Für die Behandlung komplizierterer Systeme (nachfolgendes Beispiel) empfiehlt sich die Formulierung des Differentialgleichungssystems in Matrizenschreibweise, aus dem ein allgemeines Matrizeneigenwertproblem abgelesen werden kann, das mit Hilfe des Computers gelöst werden sollte.

Beispiel: Für das skizzierte Getriebe mit fünf (starren) Rädern und drei (masselosen) Torsionsfedern (Wellenabschnitte) soll das Matrizeneigenwertproblem für die Berechnung der Eigenkreisfrequenzen der Torsionsschwingungen formuliert werden. Es darf vorausgesetzt werden, daß die beiden Zahnräder mit den Massenträgheitsmomenten J_2 und J_3 und den Teilkreisradien r_2 und r_3 spielfrei miteinander kämmen.

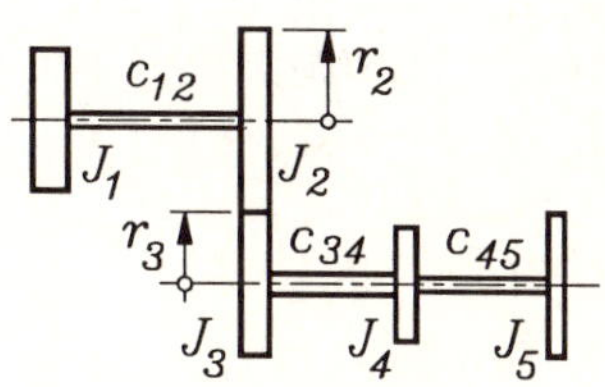

Gegeben: J_1 , J_2 , J_3 , J_4 , J_5 , c_{12} , c_{34} , c_{45} , r_2 , r_3 .

Für alle Räder wird eine Winkelkoordinate mit gleichem positiven Drehsinn definiert. Dann gilt für die Räder 2 und 3

$$r_2 \varphi_2 = -r_3 \varphi_3$$

(entgegengesetzter Drehsinn). Die Kraft F_{23} ist

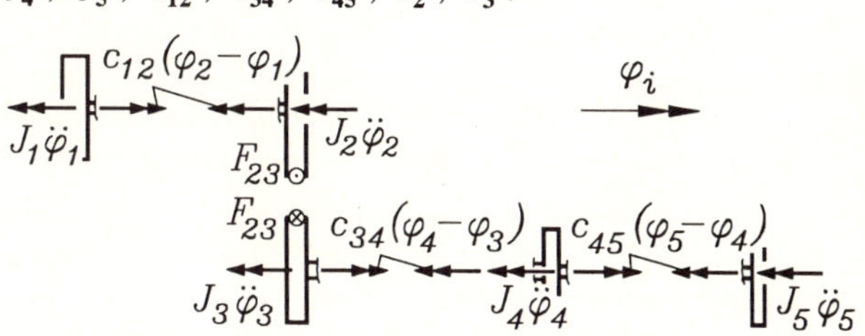

die tangentiale (ein Drehmoment bewirkende) Komponente der Kraft, die beim Freischneiden der beiden Räder 2 und 3 sichtbar wird. Beim Antragen der von den Torsionsfedern erzeugten Momente wurde (willkürlich) angenommen, daß sich jeweils am rechten Rad der größere Verdrehwinkel eingestellt hat.

Momenten-Gleichgewicht an den fünf Rädern liefert:

$$\begin{aligned}
&J_1\ddot{\varphi}_1 - c_{12}(\varphi_2-\varphi_1) &&= 0 \;, \\
&J_2\ddot{\varphi}_2 + c_{12}(\varphi_2-\varphi_1) + F_{23}r_2 &&= 0 \;, \qquad (*)\\
&J_3\ddot{\varphi}_3 - c_{34}(\varphi_4-\varphi_3) + F_{23}r_3 &&= 0 \;, \qquad (*)\\
&J_4\ddot{\varphi}_4 + c_{34}(\varphi_4-\varphi_3) - c_{45}(\varphi_5-\varphi_4) &&= 0 \;, \\
&J_5\ddot{\varphi}_5 + c_{45}(\varphi_5-\varphi_4) &&= 0 \;.
\end{aligned}$$

Die beiden mit (*) gekennzeichneten Gleichungen werden bei gleichzeitiger Elimination von $\boldsymbol{F}_{23}$ zu einer Gleichung zusammengefaßt, und in allen Gleichungen wird die Koordinate φ_2 durch $\varphi_2 = -\varphi_3 r_3/r_2$ ersetzt. Es verbleiben vier Differentialgleichungen:

$$\begin{bmatrix} J_1 & 0 & 0 & 0 \\ 0 & J_2\left(\frac{r_3}{r_2}\right)^2 + J_3 & 0 & 0 \\ 0 & 0 & J_4 & 0 \\ 0 & 0 & 0 & J_5 \end{bmatrix} \begin{bmatrix} \ddot{\varphi}_1 \\ \ddot{\varphi}_3 \\ \ddot{\varphi}_4 \\ \ddot{\varphi}_5 \end{bmatrix} + \begin{bmatrix} c_{12} & c_{12}\frac{r_3}{r_2} & 0 & 0 \\ c_{12}\frac{r_3}{r_2} & c_{12}\left(\frac{r_3}{r_2}\right)^2 + c_{34} & -c_{34} & 0 \\ 0 & -c_{34} & c_{34}+c_{45} & -c_{45} \\ 0 & 0 & -c_{45} & c_{45} \end{bmatrix} \begin{bmatrix} \varphi_1 \\ \varphi_3 \\ \varphi_4 \\ \varphi_5 \end{bmatrix} = \begin{bmatrix} 0 \\ 0 \\ 0 \\ 0 \end{bmatrix}$$

$$\boldsymbol{M} \qquad \ddot{\boldsymbol{\varphi}} \quad + \qquad \boldsymbol{K} \qquad \boldsymbol{\varphi} \;=\; \boldsymbol{o} \;.$$

Aus diesem Differentialgleichungssystem ist das Matrizeneigenwertproblem abzulesen:

$$(\boldsymbol{K} - \omega^2 \boldsymbol{M})\,\boldsymbol{a} = \boldsymbol{o}$$

mit den symmetrischen Matrizen $\boldsymbol{K}$ und $\boldsymbol{M}$. Folgende speziellen Werte werden angenommen:

$\boldsymbol{J_2 = 2J_1 \;;\; J_3 = 1{,}2J_1 \;;\; J_4 = 0{,}6J_1 \;;\; J_5 = 0{,}8J_1 \;;\; c_{34} = 2c_{12} \;;\; c_{45} = 1{,}5c_{12} \;;\; r_3 = 0{,}8r_2}$.

Das sich mit diesen Werten ergebende Matrizeneigenwertproblem

$$\left(\begin{bmatrix} 1 & 0{,}8 & 0 & 0 \\ 0{,}8 & 2{,}64 & -2 & 0 \\ 0 & -2 & 3{,}5 & -1{,}5 \\ 0 & 0 & -1{,}5 & 1{,}5 \end{bmatrix} - \lambda \begin{bmatrix} 1 & 0 & 0 & 0 \\ 0 & 2{,}48 & 0 & 0 \\ 0 & 0 & 0{,}6 & 0 \\ 0 & 0 & 0 & 0{,}8 \end{bmatrix}\right) \boldsymbol{a} = \boldsymbol{o} \qquad mit \qquad \lambda = \frac{J_1}{c_{12}}\,\omega^2$$

liefert vier Eigenwerte, die das Programmprotokoll (Programm MATEIG, als CAMMPUS-Ergänzung über das Internet zu beziehen, siehe Hinweis auf Seite IV) auf der folgenden Seite zusammen mit den (normierten) Eigenvektoren zeigt.

- Da das System eine Starrkörperbewegung zuläßt, wird ein λ-Wert (und damit ein ω-Wert) gleich Null. Der zugehörige 1. Eigenvektor kennzeichnet die Starrkörperdrehung: Die Komponenten für die Räder 3, 4 und 5 haben gleiche Werte, der Wert für Rad 1 entspricht diesen Werten unter Beachtung des Übersetzungsverhältnisses vom unteren zum oberen Wellenstrang (Zwangsbedingung zwischen φ_2 und φ_3).

```
CAMMPUS 3.0            Allgemeines Eigenwertproblem              MATEIG 1.0

I          Eigenwert                      Tolerierter absoluter Fehler
                                          fuer Eigenwerte:
1           .000000
2           .969985                       EPS  =   .100E-06
3          1.639368
4          7.163496

J     1. Eigenvektor    2. Eigenvektor    3. Eigenvektor     4. Eigenvektor

1     -.4193139343       .7392898516       .5352263889       -.0161590094
3      .5241424179      -.0277367954       .4277584988       -.1244949857
4      .5241424205       .2924646886      -.0908228556        .9350589288
5      .5241424170       .6059254009      -.7227078166       -.3315187545
```

♦ Es ergeben sich also drei Eigenkreisfrequenzen für die Torsionsschwingungen des Systems, deren kleinste den Wert

$$\omega_{min} = \sqrt{\lambda_{min} \frac{c_{12}}{J_1}} = 0{,}985 \sqrt{\frac{c_{12}}{J_1}}$$

hat. Der 2. Eigenvektor zeigt, daß sich die Räder 4 und 5 dabei gegen die Drehrichtung von Rad 3 drehen. Im Wellenstück zwischen Rad 3 und 4 liegt für diese Eigenschwingung ein ***Schwingungsknoten***.

32.3 Eigenschwingungen linear-elastischer Systeme

Wenn kleine Verformungen (kleine Schwingungsausschläge) und linear-elastisches Materialverhalten (Gültigkeit des Hookeschen Gesetzes) vorausgesetzt werden dürfen, führt die Untersuchung des Eigenschwingungsverhaltens auch bei komplizierteren Systemen auf ein Matrizeneigenwertproblem, wie es sich bereits in den Abschnitten 32.1 und 32.2. ergab. Die Vernachlässigung der Dämpfung bei der Ermittlung der Eigenfrequenzen ist ohnehin fast immer gerechtfertigt (vgl. das Beispiel am Ende des Abschnitts 31.3).

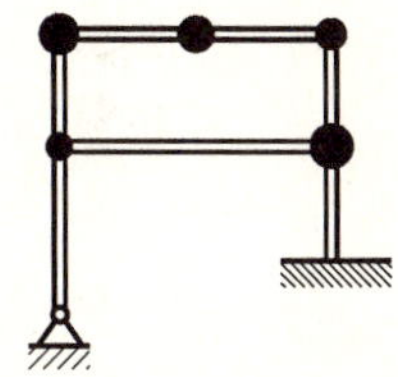

Betrachtet werden in diesem Abschnitt Systeme, bei denen die zu berücksichtigenden Massen an bestimmten Punkten konzentriert und durch (masselose) elastische Elemente (Federn) verknüpft sind (Skizze). Es brauchen allerdings keine Punktmassen zu sein (Drehträgheit kann durch die Massenträgheitsmomente berücksichtigt werden). Das Vorgehen wird am einfachen Beispiel demonstriert:

Beispiel: Ein (masseloser) Biegeträger (konstante Biegesteifigkeit EI) ist mit zwei Einzelmassen besetzt (Drehträgheit soll vernachlässigt werden).

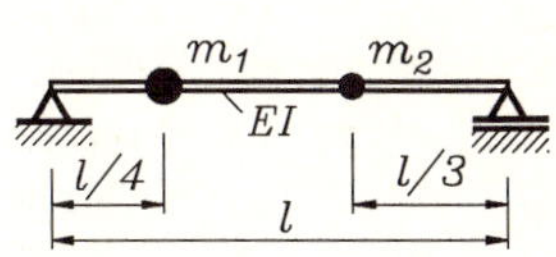

Gegeben: l , EI , m_1 , $m_2 = m_1/2$.

Es sollen die Eigenkreisfrequenzen der Vertikalschwingungen der Massen untersucht werden, wobei der Träger auf Biegung beansprucht wird (Biegeschwingungen).

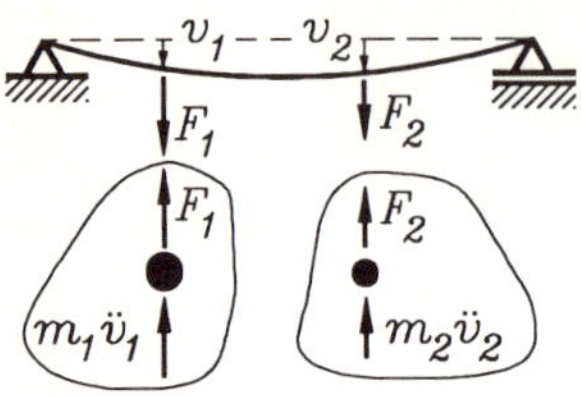

Die Bewegung der beiden Massen wird mit den Koordinaten v_1 und v_2 verfolgt. Die Skizze zeigt sie in ausgelenkter Lage, freigeschnitten vom Biegeträger (Schnittkräfte F_1 und F_2 werden sichtbar), die d'Alembertschen Kräfte sind den gewählten Koordinatenrichtungen entgegengerichtet. Aus dem Kräfte-Gleichgewicht ergibt sich:

$$F_1 + m_1 \ddot{v}_1 = 0 \quad ; \quad F_2 + m_2 \ddot{v}_2 = 0 \ . \qquad (32.16)$$

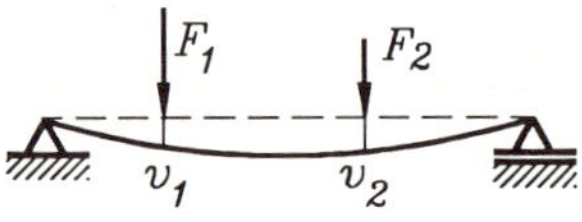

Der Zusammenhang zwischen den Kräften F_1 und F_2, die auf den Biegeträger wirken, und den dadurch hervorgerufenen Verschiebungen v_1 und v_2 kann mit einem geeigneten Verfahren aus der Festigkeitslehre formuliert werden (Biegelinie, Prinzip von Castigliano, Finite-Elemente-Methode, ...). Für das einfache Beispiel liefert die Tabelle im Abschnitt 17.4 (Fall a) die benötigten Formeln:

$$\begin{aligned} v_1 &= \frac{3\,l^3}{256\,EI} F_1 + \frac{119\,l^3}{10368\,EI} F_2 = \alpha_{11} F_1 + \alpha_{12} F_2 \ , \\ v_2 &= \frac{119\,l^3}{10368\,EI} F_1 + \frac{4\,l^3}{243\,EI} F_2 = \alpha_{12} F_1 + \alpha_{22} F_2 \end{aligned} \qquad (32.17)$$

(man erkennt die im Abschnitt 24.3 besprochene Symmetrie der Einflußzahlen α_{ij}). Einsetzen der nach den Kräften umgestellten Gleichgewichtsbedingungen (32.16) in (32.17) liefert:

$$v_1 = -\alpha_{11} m_1 \ddot{v}_1 - \alpha_{12} m_2 \ddot{v}_2 \quad , \quad v_2 = -\alpha_{12} m_1 \ddot{v}_1 - \alpha_{22} m_2 \ddot{v}_2 \ .$$

Dies stellt in der Form

$$\begin{bmatrix} \alpha_{11} m_1 & \alpha_{12} m_2 \\ \alpha_{12} m_1 & \alpha_{22} m_2 \end{bmatrix} \begin{bmatrix} \ddot{v}_1 \\ \ddot{v}_2 \end{bmatrix} + \begin{bmatrix} 1 & 0 \\ 0 & 1 \end{bmatrix} \begin{bmatrix} v_1 \\ v_2 \end{bmatrix} = \begin{bmatrix} 0 \\ 0 \end{bmatrix} \qquad (32.18)$$

wieder ein Differentialgleichungssystem vom Typ (32.10) dar. Man beachte, daß die erste Matrix im Gegensatz zu allen bisher behandelten Problemen nicht symmetrisch ist, was allerdings durch Multiplikation der zweiten Gleichung mit dem Faktor m_2/m_1 leicht zu beheben ist. Das einfache System ist (wie das Beispiel des Abschnitts 32.1) der "Handrechnung" noch zugänglich. Man erhält z. B. die beiden Eigenkreisfrequenzen

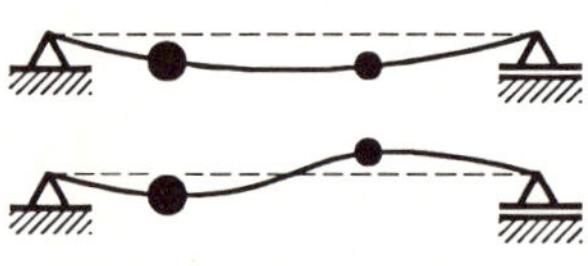

Eigenschwingungsformen

$$\omega_1 = 7{,}397 \sqrt{\frac{EI}{m_1\,l^3}} \quad ; \quad \omega_2 = 24{,}45 \sqrt{\frac{EI}{m_1\,l^3}} \ .$$

Die Skizze zeigt die zugehörigen Eigenschwingungsformen, die aus den Modalkoeffizienten oder den Eigenvektoren abzulesen sind.

- Bei komplizierteren Problemen ist es ratsam, den Algorithmus zur Formulierung des Differentialgleichungssystems zu formalisieren. Dies soll an dem behandelten Beispiel nach einer geringfügigen Modifikation des Lösungsweges noch diskutiert werden.

Alternativ zu der oben ausgeführten Rechnung werden zunächst die beiden Beziehungen (32.17) nach den Kräften umgestellt. Man erhält:

$$\begin{aligned} F_1 &= \frac{\alpha_{22}}{\alpha_{11}\alpha_{22}-\alpha_{12}^2}\, v_1 + \frac{-\alpha_{12}}{\alpha_{11}\alpha_{22}-\alpha_{12}^2}\, v_2 = k_{11} v_1 + k_{12} v_2 \ , \\ F_2 &= \frac{-\alpha_{12}}{\alpha_{11}\alpha_{22}-\alpha_{12}^2}\, v_1 + \frac{\alpha_{11}}{\alpha_{11}\alpha_{22}-\alpha_{12}^2}\, v_2 = k_{12} v_1 + k_{22} v_2 \ . \end{aligned} \tag{32.19}$$

Dies wird in (32.16) eingesetzt, und man erhält mit

$$\begin{bmatrix} m_1 & 0 \\ 0 & m_2 \end{bmatrix} \begin{bmatrix} \ddot{v}_1 \\ \ddot{v}_2 \end{bmatrix} + \begin{bmatrix} k_{11} & k_{12} \\ k_{12} & k_{22} \end{bmatrix} \begin{bmatrix} v_1 \\ v_2 \end{bmatrix} = \begin{bmatrix} 0 \\ 0 \end{bmatrix} \quad \Rightarrow \quad M\ddot{v} + Kv = o \tag{32.20}$$

ein Differentialgleichungssystem, das die gleichen Ergebnisse liefert wie (32.18). Die Vorteile dieses Weges, der (zumindest für das behandelte Beispiel) etwas umständlicher erscheint, werden erst bei komplizierteren Problemen deutlich:

- Das aus (32.20) abzulesende Matrizeneigenwertproblem

$$(K - \omega^2 M)\, a = o \tag{32.21}$$

hat symmetrische Matrizen (vorteilhaft für die numerische Lösung). Die "Massenmatrix" $\boldsymbol{M}$ ist eine Diagonalmatrix. Auf der Hauptdiagonalen stehen die zu den Verschiebungen in $\boldsymbol{v}$ gehörenden Massen, bei Winkelkoordinaten die Massenträgheitsmomente.

- Die Matrix $\boldsymbol{K}$ verknüpft entsprechend (32.19) die Verschiebungen mit den Kräften:

$$\begin{bmatrix} F_1 \\ F_2 \end{bmatrix} = \begin{bmatrix} k_{11} & k_{12} \\ k_{12} & k_{22} \end{bmatrix} \begin{bmatrix} v_1 \\ v_2 \end{bmatrix} \quad \Rightarrow \quad f = Kv \ . \tag{32.22}$$

$\boldsymbol{K}$ ist die ***Steifigkeitsmatrix*** des elastischen Systems. Damit ist der Weg vorgezeichnet, der zum **Matrizeneigenwertproblem (32.21) für komplizierte elastische Systeme** führt:

Mit Hilfe des Finite-Elemente-Algorithmus (für Biegeträger und biegesteife ebene Rahmen siehe Abschnitt 18.2) wird die **System-Steifigkeitsmatrix *K*** aufgebaut. Verhinderte Verschiebungen (an Lagern) werden durch Streichen der entsprechenden Zeilen und Spalten in $\boldsymbol{K}$ (vgl. Abschnitt 15.2) berücksichtigt. Zu jedem Freiheitsgrad (Verschiebung, Verdrehung) wird in der Massenmatrix $\boldsymbol{M}$ eine Masse bzw. ein Massenträgheitsmoment auf der Hauptdiagonalen plaziert. Natürlich kann das Matrizeneigenwertproblem nur numerisch gelöst werden (CAMMPUS-Ergänzung MATEIG, siehe Hinweis auf Seite IV).

Wenn zu einer Verformungsgröße keine Masse gehört, entsteht in $\boldsymbol{M}$ eine Zeile mit Nullelementen ($\boldsymbol{M}$ ist singulär). Da die entsprechende Gleichung des Differentialgleichungssystems keine Beschleunigungsglieder enthält, kann sie als Zwangsbedingung (Gleichung, die Verformungen verknüpft) aufgefaßt werden, mit der die Verformungsgröße (und damit die entsprechende Zeile im Matrizeneigenwertprobleme) eliminiert werden kann. Leistungsfähige numerische Verfahren für die Lösung von (32.21) verkraften auch eine singuläre Matrix $\boldsymbol{M}$ (MATEIG liefert eine reduzierte Anzahl von Eigenwerten), so daß die beschriebene Elimination nicht erforderlich ist.

Die Finite-Elemente-Methode bietet eine (hier nicht behandelte) sehr effektive Möglichkeit (vgl. z. B. [2]), die über die elastischen Elemente kontinuierlich verteilte Masse auf die Knoten zu reduzieren, wobei alle Diagonalelemente von $\boldsymbol{M}$ belegt werden.

32.4 Biegekritische Drehzahlen

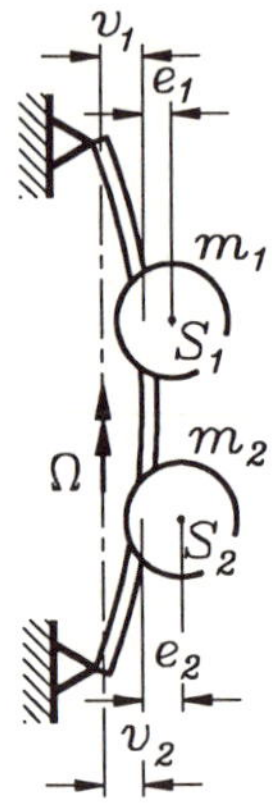

Das Phänomen der biegekritischen Drehzahl, das im Abschnitt 31.4.4 für eine Welle mit einer Masse behandelt wurde, soll hier zunächst am skizzierten speziellen Beispiel untersucht werden. Die mit der Winkelgeschwindigkeit Ω rotierende (masselose) Welle ist mit zwei Massen m_1 und m_2 besetzt. Es wird vereinfachend angenommen, daß beide Massen in der gleichen Ebene mit Exzentrizitäten e_1 bzw. e_2 montiert sind (es wird sich herausstellen, daß dadurch die Allgemeingültigkeit der zu gewinnenden Aussagen nicht beeinträchtigt wird).

Infolge der Exzentrizitäten treten bei der Rotation Fliehkräfte auf, die die Welle verformen, so daß die Schwerpunkte S_1 und S_2 sich schließlich auf Kreisen mit den Radien $(e_1 + v_1)$ bzw. $(e_2 + v_2)$ bewegen und die Massen die Fliehkräfte $m_1(e_1 + v_1)\Omega^2$ bzw. $m_2(e_2 + v_2)\Omega^2$ auf die Welle aufbringen. Der Zusammenhang dieser Kräfte mit den Verschiebungen v_1 und v_2 kann z. B. nach (32.19) aufgeschrieben werden:

$$m_1 (e_1 + v_1)\, \Omega^2 = k_{11} v_1 + k_{12} v_2 \quad , \qquad m_2 (e_2 + v_2)\, \Omega^2 = k_{12} v_1 + k_{22} v_2 \quad .$$

Das Gleichungssystem wird geordnet:

$$\begin{aligned} (k_{11} - m_1 \Omega^2)\, v_1 + k_{12}\, v_2 &= m_1 e_1 \Omega^2 \quad , \\ k_{12}\, v_1 + (k_{22} - m_2 \Omega^2)\, v_2 &= m_2 e_2 \Omega^2 \quad . \end{aligned}$$

Die Verformungen v_1 und v_2, die aus diesem linearen Gleichungssystem zu berechnen sind, können (bei beliebig kleinen Exzentrizitäten) sehr groß werden, wenn die Koeffizientendeterminante sehr klein ist, und für

$$\begin{vmatrix} k_{11} - m_1 \Omega^2 & k_{12} \\ k_{12} & k_{22} - m_2 \Omega^2 \end{vmatrix} = 0 \qquad (32.23)$$

wachsen sie (beim ungedämpften System) über alle Maßen. (32.23) ist die Bedingungsgleichung für die Berechnung der kritischen Winkelgeschwindigkeiten Ω_{krit}. Bei einem Vergleich mit der Bedingungsgleichung (32.21) für die Bestimmung der Eigenkreisfrequenzen ω des durch (32.20) beschriebenen Systems zeigt sich, daß für (32.21) formal die gleiche Determinantenbedingung für die Berechnung der ω-Werte formuliert werden könnte. Diese Erkenntnis läßt sich natürlich verallgemeinern:

Die Biegeeigenkreisfrequenzen ω_i einer mit n Massen besetzten (masselosen) Welle entsprechen den kritischen Winkelgeschwindigkeiten bei der Rotation der Welle. Es ergeben sich n **biegekritische Drehzahlen**:

$$n_{krit,i} = \frac{\omega_i}{2\pi} \quad , \qquad i = 1, 2, \ldots, n \quad . \qquad (32.24)$$

32.5 Zwangsschwingungen, Schwingungstilgung

Für die Untersuchung linearer Schwingungssysteme mit mehreren Freiheitsgraden, die einer harmonisch veränderlichen äußeren Einflußgröße (Krafterregung, Unwuchterregung, ...) unterworfen sind, lassen sich viele Erkenntnisse (auch hinsichtlich der mathematischen Behandlung) vom Schwinger mit einem Freiheitsgrad übertragen, wobei die beiden wesentlichen Unterschiede beachtet werden müssen: An die Stelle einer Differentialgleichung tritt ein Differentialgleichungssystem, das lineare Schwingungssystem mit n Freiheitsgraden besitzt n Eigenkreisfrequenzen.

- Die allgemeine Lösung eines linearen Differentialgleichungssystems setzt sich aus der Lösung des zugehörigen homogenen Systems und einer Partikulärlösung zusammen. Die homogene Lösung enthält die harmonischen Funktionen mit den Argumenten $\omega_i t$, wobei die ω_i die Eigenkreisfrequenzen des Systems sind (die Lösung des homogenen Differentialgleichungssystems beschreibt die Eigenschwingungen des Schwingungssystems).
- Für den gedämpften Schwinger klingen die homogenen Lösungen (Eigenschwingungen) auch bei kleinen Dämpfungen mit der Zeit ab. Die Eigenkreisfrequenzen des gedämpften Systems unterscheiden sich (Voraussetzung: Dämpfung ist nicht extrem groß) nur unwesentlich von denen des ungedämpften Systems, so daß bei ihrer Ermittlung in der Regel auf die Berücksichtigung der Dämpfung verzichtet werden kann.
- Nur für die Beschreibung von Anlaufvorgängen (bzw. für das Abbremsen oder Auslaufen) einer Anlage wird die allgemeine Lösung des Systems der Bewegungsdifferentialgleichungen benötigt. Zur Analyse solcher Vorgänge ist trotz analytischer Lösungsmöglichkeit eine numerische Behandlung meist bequemer (Programm MCALCU).

Von besonderem Interesse sind stationäre Zwangsschwingungen (Dauerschwingungen), die sich nach dem Abklingen der Eigenschwingungen einstellen. Auch die Erkenntnisse, die dafür beim Schwinger mit einem Freiheitsgrad gewonnen wurden, können sinngemäß auf ein System mit mehreren Freiheitsgraden übertragen werden:

- Eine Erregung mit einer Erregerkreisfrequenz, die in der Nähe einer Eigenkreisfrequenz liegt, führt zu großen Schwingungsausschlägen. **Bei jeder Eigenkreisfrequenz** ($\Omega = \omega_i$, $i = 1,\dots,n$) liegt eine **Resonanzstelle**. Beim ungedämpften System streben die Amplituden der stationären Schwingung bei Resonanz gegen unendlich. Dämpfungen reduzieren die Amplituden, auch bei Resonanz bleiben die Schwingungsausschläge endlich.

Die Berechnung der Zwangsschwingungen linearer Schwingungssysteme soll hier nur am nachfolgenden einfachen Beispiel demonstriert werden, an dem allerdings der für die technische Praxis wichtigste Effekt gezeigt werden kann.

Beispiel 1: Die Masse m_1 des skizzierten Zwei-Massen-Schwingers ist der harmonisch veränderlichen Erregerkraft $F_0 \cos\Omega_1 t$ unterworfen. Die Massen bewegen sich reibungsfrei auf der Unterlage, Dämpfung ist zu vernachlässigen. Es sollen die Amplituden der stationären Schwingungen beider Massen in Abhängigkeit von der Erregerkreisfrequenz Ω_1 ermittelt werden.

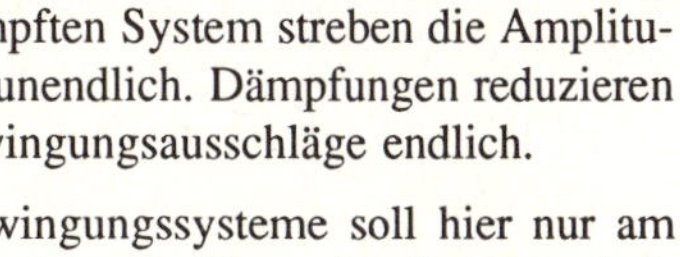

Gegeben: m_1, m_2, c_1, c_2, F_0.

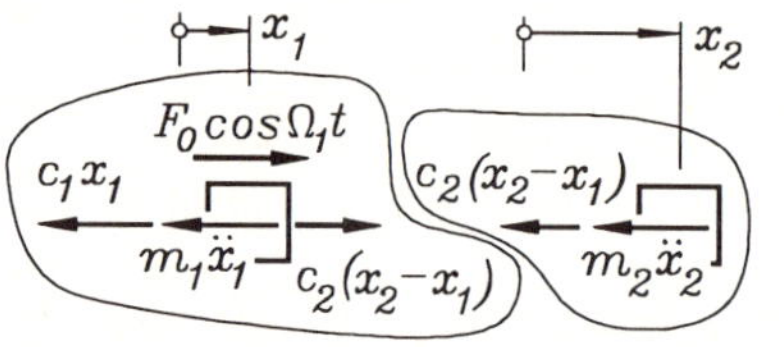

Die nebenstehende Skizze zeigt die gewählten Bewegungskoordinaten und die an den freigeschnittenen Massen in horizontaler Richtung wirkenden Kräfte. Gleichgewicht liefert:

$$m_1 \ddot{x}_1 + c_1 x_1 - c_2 (x_2 - x_1) = F_0 \cos \Omega_1 t \quad ,$$
$$m_2 \ddot{x}_2 + c_2 (x_2 - x_1) = 0 \quad .$$

Da nur das stationäre Schwingungsverhalten untersucht werden soll, wird für das inhomogene Differentialgleichungssystem nur eine Partikulärlösung gesucht. Wenn der Ansatz

$$x_1 = B_1 \cos \Omega_1 t \quad , \quad x_2 = B_2 \cos \Omega_1 t$$

(passend zur rechten Seite) in die Differentialgleichungen eingesetzt wird, ergibt sich über

$$[(c_1 + c_2 - m_1 \Omega_1^2) B_1 - c_2 B_2 - F_0] \cos \Omega_1 t = 0 \quad ,$$
$$[-c_2 B_1 + (c_2 - m_2 \Omega_1^2) B_2] \cos \Omega_1 t = 0$$

(Gleichungen können für beliebiges t nur erfüllt sein, wenn die Inhalte der eckigen Klammern verschwinden) das lineare Gleichungssystem für die Berechnung der Amplituden B_1 und B_2:

$$\begin{bmatrix} \frac{c_1 + c_2}{m_1} - \Omega_1^2 & -\frac{c_2}{m_1} \\ -\frac{c_2}{m_2} & \frac{c_2}{m_2} - \Omega_1^2 \end{bmatrix} \begin{bmatrix} B_1 \\ B_2 \end{bmatrix} = \begin{bmatrix} \frac{F_0}{m_1} \\ 0 \end{bmatrix} \quad \Rightarrow \quad A\,b = f \quad . \qquad (32.25)$$

Es wird mit Hilfe der Cramerschen Regel gelöst:

$$B_1 = \frac{\frac{F_0}{m_1}\left(\frac{c_2}{m_2} - \Omega_1^2\right)}{\det(A)} \quad ; \quad B_2 = \frac{\frac{F_0}{m_1}\,\frac{c_2}{m_2}}{\det(A)} \quad . \qquad (32.26)$$

Im Nenner der Ergebnisse steht jeweils mit

$$\det(A) = \begin{vmatrix} \frac{c_1 + c_2}{m_1} - \Omega_1^2 & -\frac{c_2}{m_1} \\ -\frac{c_2}{m_2} & \frac{c_2}{m_2} - \Omega_1^2 \end{vmatrix} = \Omega_1^4 - \left(\frac{c_1 + c_2}{m_1} + \frac{c_2}{m_2}\right) \Omega_1^2 + \frac{c_1 c_2}{m_1 m_2} \qquad (32.27)$$

die Koeffizientendeterminante der Matrix A des Gleichungssystems (32.25), die genau für die Ω_1-Werte Null wird, die den Eigenkreisfrequenzen der freien Schwingungen des Systems entsprechen, weil eine Gleichung der Form (32.27) sich auch als Bestimmungsgleichung für die Eigenkreisfrequenzen ergibt. Man vergleiche das Beispiel im Abschnitt 32.1, für das mit $c_3 = 0$ das hier betrachtete Schwingungssystem entsteht, Gleichung (32.5) wird zu

$$\omega^4 - \left(\frac{c_1 + c_2}{m_1} + \frac{c_2}{m_2}\right) \omega^2 + \frac{c_1 c_2}{m_1 m_2} = 0 \quad , \qquad (32.28)$$

und diese Gleichung, aus der ω_1 und ω_2 berechnet werden können, zeigt, daß die Nenner in (32.26) für $\Omega_1 = \omega_1$ und $\Omega_1 = \omega_2$ den Wert Null haben, und nach dem Vietaschen Wurzelsatz kann (32.27) deshalb in der Form

$$\det(A) = (\Omega_1^2 - \omega_1^2)(\Omega_1^2 - \omega_2^2)$$

aufgeschrieben werden. Damit erhält man für die Amplituden nach (32.26):

$$B_1 = \frac{\frac{F_0}{m_1}\left(\frac{c_2}{m_2} - \Omega_1^2\right)}{(\Omega_1^2 - \omega_1^2)(\Omega_1^2 - \omega_2^2)} \quad ; \quad B_2 = \frac{\frac{F_0}{m_1}\frac{c_2}{m_2}}{(\Omega_1^2 - \omega_1^2)(\Omega_1^2 - \omega_2^2)} \ . \qquad (32.29)$$

Aus diesem Ergebnis läßt sich ein bemerkenswertes Phänomen ablesen: Während die Masse m_2, auf die die Erregerkraft nur mittelbar (von der Masse m_1 über die zwischengeschaltete Feder) wirkt, bei jeder Parameterkombination Schwingungen mit der Amplitude B_2 ausführt, bleibt die Masse m_1 bei $\Omega_1^2 = c_2/m_2$ in Ruhe. Diesen Effekt nennt man

Schwingungstilgung:

Die stationäre Zwangsschwingung einer harmonisch mit der Erregerkreisfrequenz Ω_1 erregten Masse m_1 kann durch Anbringen eines zusätzlichen Schwingers (***Tilgers***) unterdrückt ("getilgt") werden. Bedingung für die Tilgung der Schwingung von m_1:

Erregerkreisfrequenz = Eigenkreisfrequenz des Tilgers .

- Man beachte, daß die Eigenkreisfrequenz ω des Tilgers so zu berechnen ist, als wäre er ein selbständiger Schwinger. Es gilt $\omega^2 = c_2/m_2$, so daß die beiden Parameter c_2 und m_2 für die Auslegung des Tilgers zur Verfügung stehen. Bei $\Omega_1 = \omega$ wird die Schwingung der Masse m_1 getilgt, unabhängig von ihrer Größe und unabhängig von der Federzahl c_1.
- Schwingungstilgung ist selbst dann möglich, wenn ein Schwinger (Masse m_1, Federzahl c_1) mit einer Erregerkreisfrequenz Ω_1 erregt wird, die seiner Eigenkreisfrequenz entspricht (Resonanz). Dann muß ein Tilger angekoppelt werden, dessen Eigenkreisfrequenz ebenfalls der Erregerkreisfrequenz Ω_1 entspricht. Das entstehende System mit zwei Freiheitsgraden hat zwei Eigenkreisfrequenzen, die sich von Ω_1 unterscheiden, bei Erregung mit Ω_1 bleibt die Masse m_1 in Ruhe (nachfolgendes Beispiel).

Beispiel 2: Der skizzierte Schwinger (Masse m_1, Federzahl c_1) wird mit der Erregerkreisfrequenz Ω_1 erregt. Für den Fall

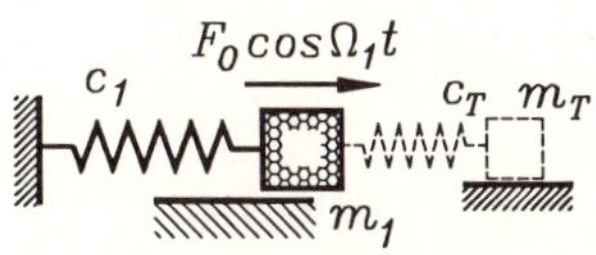

$$\Omega_1 = \sqrt{c_1/m_1}$$

(Resonanz) wachsen die Ausschläge über alle Maßen. Es soll ein Tilger (Masse $m_T = m_1/5$, Federzahl c_T) angebracht werden, der genau die Resonanzfrequenz tilgt. Dies wird erreicht, wenn folgende Bedingung gilt:

$$\omega_T = \sqrt{c_T/m_T} = \sqrt{c_1/m_1} \quad \Rightarrow \quad c_T/m_T = c_1/m_1 \quad \Rightarrow \quad c_T = c_1/5 \ .$$

Die beiden Eigenkreisfrequenzen des Schwingungssystems aus Masse m_1 und Tilger m_T werden nach (32.28) berechnet. Man erhält:

$$\omega_1 = 0{,}801\,\omega_T \quad ; \quad \omega_2 = 1{,}248\,\omega_T \ .$$

Damit können die Amplituden nach (32.29) aufgeschrieben werden. Der nachfolgende Bildschirm-Schnappschuß (Programm MCALCU) zeigt sie in der dimensionslosen Form

$$\bar{B}_1 = \frac{B_1}{F_0/c_1} = \frac{\frac{c_1}{m_1}\left(\frac{c_2}{m_2} - \Omega_1^2\right)}{(\Omega_1^2-\omega_1^2)(\Omega_1^2-\omega_2^2)} = \frac{\omega_T^2\,(\omega_T^2-\Omega_1^2)}{(\Omega_1^2-\omega_1^2)(\Omega_1^2-\omega_2^2)} = \frac{1-\eta^2}{(\eta^2-0{,}801^2)(\eta^2-1{,}248^2)} \ ;$$

$$\bar{B}_2 = \frac{B_2}{F_0/c_1} = \frac{\frac{c_1}{m_1}\frac{c_2}{m_2}}{(\Omega_1^2-\omega_1^2)(\Omega_1^2-\omega_2^2)} = \frac{\omega_T^4}{(\Omega_1^2-\omega_1^2)(\Omega_1^2-\omega_2^2)} = \frac{1}{(\eta^2-0{,}801^2)(\eta^2-1{,}248^2)} \ .$$

Es wurde $\eta = \Omega_1/\omega_T$ gesetzt, so daß der Tilgungspunkt bei $\eta = \mathbf{1}$ liegt:

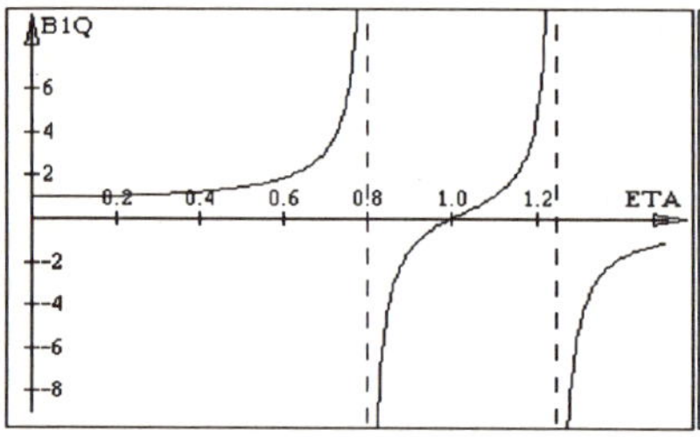

Amplituden der Masse m_1

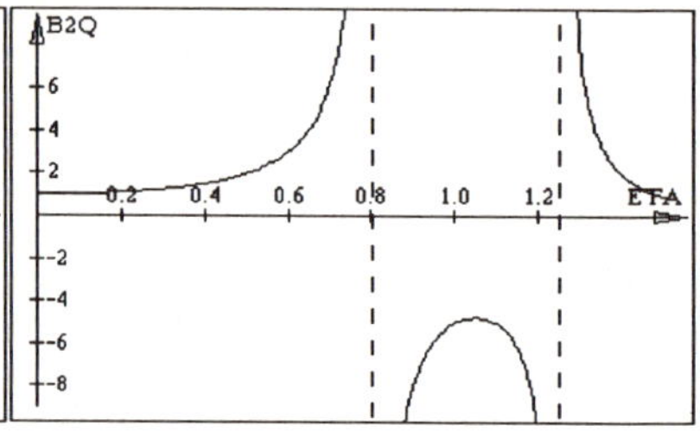

Amplituden des Tilgers

- Das Phänomen der Schwingungstilgung wurde hier nur für den ungedämpften Schwinger mit einer harmonischen Erregerkraft behandelt. Die gewonnenen Erkenntnisse (insbesondere die Tatsache, daß für die Schwingungstilgung die Eigenkreisfrequenz des Tilgers mit der Erregerkreisfrequenz übereinstimmen muß) lassen sich jedoch auf den Schwinger mit Unwuchterregung übertragen.
- Die Dämpfungsfreiheit ist praktisch natürlich nicht realisierbar. Dies hat den Vorteil, daß die Eigenschwingung in jedem Fall abklingt und (wie in beiden Beispielen geschehen) nur die stationäre Schwingung betrachtet werden muß. **Für gedämpfte Schwinger bleibt jedoch auch im stationären Zustand immer eine Restschwingung. Wenn Schwingungen getilgt werden sollen, sollte die Dämpfung also möglichst klein sein.** Bezüglich der unvermeidlichen Restschwingungen bei vorhandener Dämpfung beachte man die Ergebnisse der Aufgabe 32.3.

32.6 Aufgaben

Aufgabe 32.1: Ein masseloser Träger mit der konstanten Biegesteifigkeit ***EI*** ist mit zwei Massen gleicher Größe ***m*** besetzt.

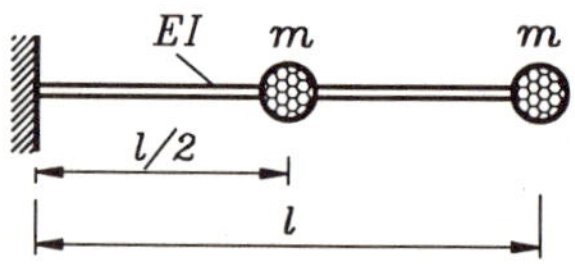

Gegeben: $m\ ,\ EI\ ,\ l\ .$

Man ermittle die beiden Eigenkreisfrequenzen für die Biegeschwingungen des Systems.

Aufgabe 32.2: Eine Anlage A wird von einem Motor mit dem Massenträgheitsmoment J_1 angetrieben. J_2, J_3 und J_4 sind die Massenträgheitsmomente des Verzweigungsgetriebes, J_5 das Massenträgheitsmoment des Lüftersystems.

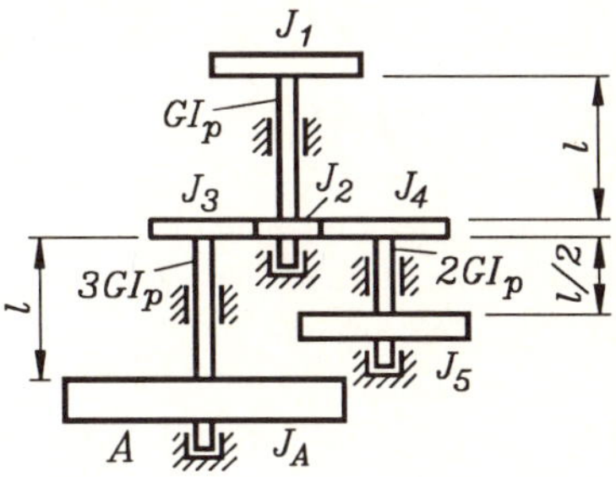

Das Massenträgheitsmoment J_A der anzutreibenden Anlage ist wesentlich größer als die anderen Drehmassen, so daß das Antriebssystem bezüglich seiner Drehschwingungen als an der Anlage A starr eingespannt betrachtet werden darf.

Gegeben: GI_p , l ,
J_1 , $J_2 = J_1/5$, $J_3 = J_4 = 2J_1$,
$J_5 = 10J_1$,
$r_3/r_2 = 5$, $r_4/r_2 = 2$.

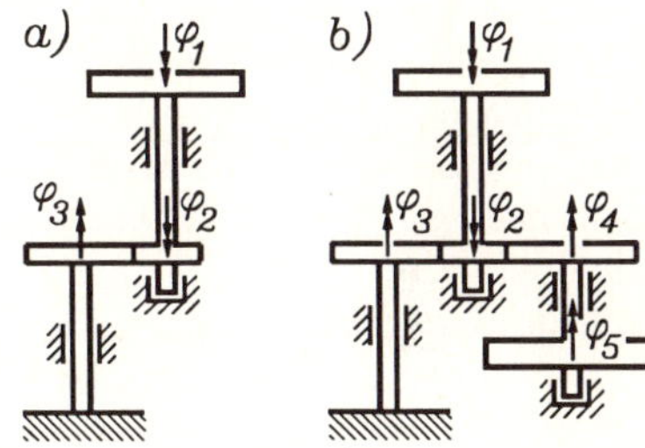

Man ermittle

a) für den Antrieb ohne Lüftersystem die Eigenkreisfrequenzen der Torsionsschwingungen,

b) für den Antrieb mit Lüftersystem das Matrizeneigenwertproblem, aus dem die Eigenkreisfrequenzen der Torsionsschwingungen berechnet werden könnten.

Aufgabe 32.3: Ein mit der Drehzahl n betriebener Motor ist auf einem elastisch und gedämpft abgestützten Kastenfundament befestigt. Die durch die Motorunwucht $U = m_u e$ verursachte Fliehkraft wird in horizontaler Richtung durch die Führung des Fundaments aufgenommen. Die vertikale Komponente kann zu störenden Vertikalschwingungen des Motor-Fundament-Blockes führen, wenn die Erregerkreisfrequenz in der Nähe der Eigenkreisfrequenz des erregten Systems liegt. Deshalb soll ein Tilger im Inneren des Fundaments diese Bewegung tilgen.

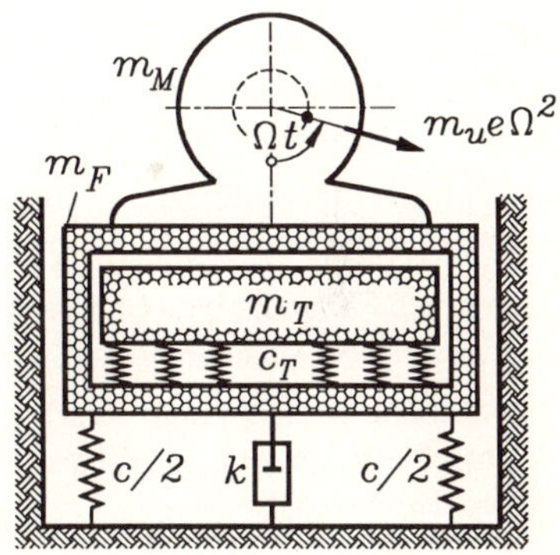

Gegeben: $m_M = 50\ kg$; $m_F = 100\ kg$;
$m_T = 75\ kg$; $m_u e = 0{,}1\ kg cm$;
$c = 2{,}6 \cdot 10^5\ N/m$; $k = 3{,}75 \cdot 10^3\ kg/s$; $n = 400\ min^{-1}$.

a) Man berechne die Federzahl c_T für den Schwingungstilger (c_T soll die resultierende Federzahl der parallel geschalteten Federn zwischen Fundament und Tilger sein).

b) Durch numerische Integration der Bewegungs-Differentialgleichungen (Programm MCALCU, beiliegende Diskette) ist der Einschwingvorgang zu analysieren: Man ermittle die Bewegung des Motor-Fundament-Blocks ohne Tilger und mit dem dimensionierten Tilger die Bewegungen von Motor-Fundament-Block und Tilger ($t = 0 \dots 1{,}5\ s$). Anfangsgeschwindigkeiten und -auslenkungen sollen gleich Null angenommen werden.

33 Prinzipien der Mechanik

Die Technische Mechanik kann vollständig auf wenigen Axiomen (mathematisch nicht beweisbaren, aber empirisch gesicherten und experimentell nachprüfbaren Aussagen) aufgebaut werden. Auf den Axiomen der Statik (Abschnitt 1.2) und dem 2. Newtonschen Axiom (Abschnitt 28.1) ruht das gesamte Gebäude der ***Klassischen Mechanik***.

Als ***Prinzipien der Mechanik*** werden Aussagen bezeichnet, die die klassischen Axiome ersetzen können. Sie haben damit selbst axiomatischen Charakter, könnten an Stelle der klassischen Axiome die Grundlage der Mechanik sein, sie erweitern jedoch das Gebiet der Klassischen Mechanik nicht. Natürlich dürfen die Prinzipien auch nicht im Widerspruch zu den klassischen Axiomen stehen. Sie sind wechselseitig auseinander herleitbar. Mit diesen Querverbindungen zwischen den klassischen Axiomen und den Prinzipien der Mechanik befaßt sich die ***Analytische Mechanik***, die darüber hinaus für spezielle Problemstellungen handliche Regeln für die mathematische Formulierung bereitstellt.

In diesem Kapitel werden die Prinzipien behandelt, die für wichtige spezielle Probleme erhebliche Vorteile gegenüber der Anwendung der klassischen Axiome bieten.

33.1 Prinzip der virtuellen Arbeit

Im Abschnitt 28.4 wurde die Arbeit als Produkt aus einer Verschiebung $d\vec{r}$ und der in Richtung der Verschiebung wirkenden Kraftkomponente definiert. Um den Arbeitsbegriff auch auf Probleme der Statik anwenden zu können, bei denen bekanntlich keine Verschiebungen auftreten, werden ***virtuelle Verschiebungen*** $\delta\vec{r}$ mit folgenden Eigenschaften definiert:

- Virtuelle (denkbare, nicht notwendigerweise tatsächlich auftretende) Verschiebungen bzw. Verdrehungen sind infinitesimal klein und können wie Differentiale behandelt werden.
- Virtuelle Verschiebungen bzw. Verdrehungen müssen mit den geometrischen Bindungen des Systems verträglich sein.

Die **virtuelle Arbeit einer Kraft** ist das skalare Produkt aus der Kraft und der virtuellen Verschiebung des Kraftangriffspunktes, analog dazu wird auch die **virtuelle Arbeit eines Moments** definiert:

$$\delta W = \vec{F} \cdot \delta\vec{r} \quad ; \quad \delta W = \vec{M} \cdot \delta\vec{\varphi} \quad . \tag{33.1}$$

Beispiel 1: Das Loslager bei B wird durch die Kraft F_B ersetzt. Der (damit nur teilweise von äußeren Bindungen gelöste) Träger kann sich dann um den Punkt A drehen, eingezeichnet ist die virtuelle Verdrehung $\delta\varphi$. Weil diese infinitesimal klein ist, dürfen die virtuellen Verschiebungen der Kraftangriffspunkte in der Form $a\,\delta\varphi$ bzw. $l\,\delta\varphi$ aufgeschrieben werden, und die von den beiden Kräften geleistete virtuelle Arbeit beträgt:

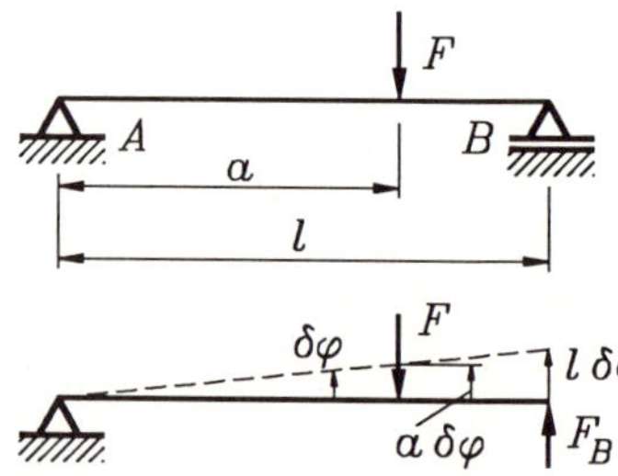

$$\delta W = F_B\, l\, \delta\varphi - F\, a\, \delta\varphi = (F_B\, l - F\, a)\, \delta\varphi$$

(Minuszeichen, weil die virtuelle Verschiebung des Angriffspunktes von $\boldsymbol{F}$ dem Richtungssinn der Kraft entgegengesetzt ist). In der Klammer steht exakt das Momentengleichgewicht um den Punkt $\boldsymbol{A}$, das nach den Regeln der Statik Null ist, so daß sich für die virtuelle Arbeit $\delta W = 0$ ergibt. Diese am speziellen Beispiel demonstrierte Aussage ist umkehrbar und verallgemeinerungsfähig und wird bezeichnet als

Prinzip der virtuellen Arbeit:

Ein mechanisches System befindet sich im **Gleichgewicht**, wenn bei einer virtuellen Verschiebung oder Verdrehung aus der Gleichgewichtslage heraus die dabei **von den äußeren Kräften und Momenten geleistete virtuelle Arbeit verschwindet**:

$$\delta W = \sum \vec{F}_{j,e} \cdot \delta\vec{r}_j + \sum \vec{M}_{j,e} \cdot \delta\vec{\varphi}_j = 0 \quad . \qquad (33.2)$$

- Das Prinzip der virtuellen Arbeit ist gleichwertig mit dem Gleichgewichtsaxiom der Statik und könnte an dessen Stelle die Grundlage sein, auf der die Statik aufbaut.
- Man beachte, daß in (33.2) nur die äußeren Belastungen eingehen. Zwangskräfte (im Beispiel 1 die Lagerreaktionen bei $\boldsymbol{A}$) sind keinen virtuellen Verschiebungen ausgesetzt und leisten dementsprechend keine virtuelle Arbeit. Genau dies ist der Vorteil (speziell für kompliziertere Systeme) bei der Anwendung des Prinzips der virtuellen Arbeit: Man löst nur so viele Bindungen (im Beispiel 1 das Lager $\boldsymbol{B}$), wie für das Aufschreiben der Gleichungen für die gesuchten Größen erforderlich ist. Diesem Vorteil steht der Nachteil gegenüber, gegebenenfalls komplizierte kinematische Überlegungen anstellen zu müssen. Diese können häufig anschaulich unter Beachtung der Regeln für die "Kinematik starrer Körper" (Kapitel 27) oder formal gewonnen werden, was nachfolgend beschrieben wird.

Wenn eine virtuelle Verschiebung eines System möglich sein soll, muß es mindestens einen Freiheitsgrad haben. Das Prinzip der virtuellen Arbeit bietet sich deshalb für die Ermittlung unbekannter Gleichgewichtslagen von Systemen an, die auch mehrere Freiheitsgrade haben dürfen. Bei einem statisch bestimmt gelagerten starren System muß dagegen mindestens eine Bindung gelöst werden (vgl. Beispiel 1).

Die Lage eines starren Systems mit f Freiheitsgraden kann immer durch f voneinander unabhängige (generalisierte) Koordinaten $q_1, \ldots, q_f$ eindeutig beschrieben werden. Häufig bietet sich folgender Weg für das Aufschreiben der virtuellen Verschiebung $\delta\vec{r}$ eines Kraftangriffspunktes an: Die Komponenten des Ortsvektors $\vec{r}$, der die Lage des Kraftangriffspunktes in einem festen Koordinatensystem beschreibt, werden in Abhängigkeit von den generalisierten Koordinaten formuliert. Weil eine virtuelle Verschiebung wie ein Differential behandelt werden darf, ergibt sich $\delta\vec{r}$ dann formal nach:

$$\vec{r} = \vec{r}(q_1, q_2, \ldots, q_f) \quad \Rightarrow \quad \delta\vec{r} = \frac{\partial\vec{r}}{\partial q_1}\,\delta q_1 + \frac{\partial\vec{r}}{\partial q_2}\,\delta q_2 + \ldots + \frac{\partial\vec{r}}{\partial q_f}\,\delta q_f \quad . \qquad (33.3)$$

Man beachte, daß die generalisierten Koordinaten q_i voneinander unabhängig sein müssen (bei einem System mit einem Freiheitsgrad gibt es deshalb nur eine Koordinate q_1), dementsprechend sind auch beliebige (voneinander unabhängige) virtuelle Verschiebungen δq_i möglich. Die virtuelle Arbeit kann schließlich immer in folgender Form aufgeschrieben werden:

$$\delta W = (\dots) \, \delta q_1 + (\dots) \, \delta q_2 + \dots + (\dots) \, \delta q_f = 0 \quad . \tag{33.4}$$

Da die δq_i beliebige Werte annehmen können, ist die Erfüllung der Gleichung (33.4) nur möglich, wenn jede Klammer für sich Null wird. Das Nullsetzen liefert f Bestimmungsgleichungen für f unbekannten Größen.

Beispiel 2: Eine Walze auf der schiefen Ebene wird über ein starres Seil von einem Gegengewicht im Gleichgewicht gehalten.

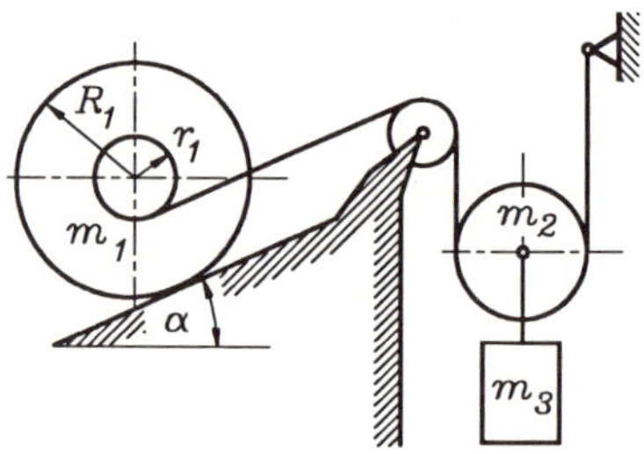

Gegeben: m_1 , m_2 , R_1 , r_1 , α .

Die Größe der Masse m_3 soll so bestimmt werden, daß das System im Gleichgewicht ist.

Das System hat einen Freiheitsgrad, so daß alle Verschiebungen durch eine Koordinate ausgedrückt werden können. Die kinematischen Zusammenhänge sind mit Hilfe der Momentanpole M_1 und M_2 der Bewegungen von Walze bzw. Rolle recht einfach zu analysieren (vgl. Abschnitt 27.1.2): Wenn der Masse m_3 die virtuelle Verschiebung δx_3 erteilt wird, bewegt sich auch der Mittelpunkt der Rolle m_2 um diese Strecke. Das Seil muß die doppelte Strecke zurücklegen und bringt die virtuelle Verschiebung $2\,\delta x_3$ auf die Walze m_1 auf, deren Mittelpunktverschiebung sich aus der skizzierten Strahlensatzfigur ergibt:

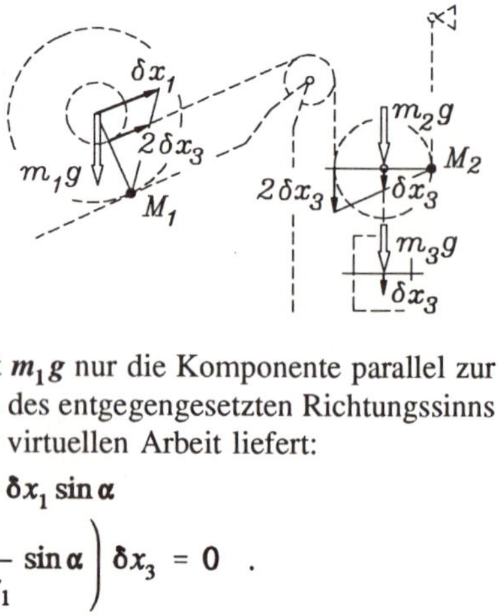

$$\frac{\delta x_1}{2\,\delta x_3} = \frac{R_1}{R_1 - r_1} \quad \Rightarrow \quad \delta x_1 = \frac{2\,R_1}{R_1 - r_1}\,\delta x_3 \quad .$$

Während sich die Gewichtskräfte $m_2 g$ und $m_3 g$ jeweils um δx_3 bewegen, wirkt von der Gewichtskraft $m_1 g$ nur die Komponente parallel zur schiefen Ebene $m_1 g \sin\alpha$ in Richtung von δx_1, wegen des entgegengesetzten Richtungssinns wird dieser Arbeitsanteil negativ, und das Prinzip der virtuellen Arbeit liefert:

$$\begin{aligned} \delta W &= m_3 g\,\delta x_3 + m_2 g\,\delta x_3 - m_1 g\,\delta x_1 \sin\alpha \\ &= \left(m_3 g + m_2 g - m_1 g \frac{2\,R_1}{R_1 - r_1} \sin\alpha \right) \delta x_3 = 0 \quad . \end{aligned}$$

Die virtuelle Arbeit kann für beliebige virtuelle Verschiebung nur Null sein, wenn der Ausdruck in der Klammer verschwindet. Das System ist im Gleichgewicht für

$$m_3 = 2\,m_1 \frac{R_1}{R_1 - r_1} \sin\alpha - m_2 \quad .$$

♦ Das Beispiel verdeutlicht, wann die Anwendung des Prinzips der virtuellen Arbeit einen Vorteil bringt. Weil das System nicht freigeschnitten werden mußte, gehen die Zwangskräfte (Normalkraft und Haftkraft zwischen Walze und schiefer Ebene, Seilkraft, ...) in die Rechnung nicht ein. Das äußere Gleichgewicht von Systemen starrer Körper kann auf diese Weise recht einfach analysiert werden. Wenn auch die Zwangskräfte interessieren, sollte man Gleichgewichtsbetrachtungen vorziehen.

Beispiel 3: Zwei Stäbe mit den Längen l_1 und l_2, deren Eigengewicht zu vernachlässigen ist, sind wie skizziert gelagert und durch die Gewichtskräfte der Massen m_B und m_C belastet.

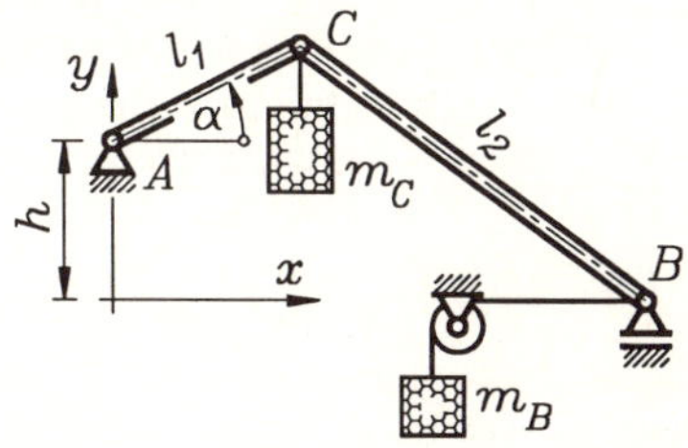

Gegeben: $\frac{l_2}{l_1} = 2{,}5$; $\frac{h}{l_1} = 1$; $\frac{m_B}{m_C} = 0{,}5$

Es soll der Winkel α ermittelt werden, für den das System im Gleichgewicht ist.

Das System hat einen Freiheitsgrad, seine Lage ist durch die Angabe einer Koordinate (Winkel α) eindeutig bestimmt. Es wird eine virtuelle Verdrehung δα aufgebracht und zunächst untersucht, welche virtuellen Verschiebungen sich dadurch für die Kraftangriffspunkte **B** und **C** einstellen. Wegen der etwas komplizierteren kinematischen Zusammenhänge werden die Ortsvektoren $\vec{r}_B(\alpha)$ bzw. $\vec{r}_C(\alpha)$ zu beiden Punkten in einem (willkürlich definierten) Koordinatensystem aufgeschrieben, $\delta\vec{r}_B$ und $\delta\vec{r}_C$ ergeben sich dann jeweils nach (33.3):

$$\vec{r}_B = \begin{bmatrix} l_1\cos\alpha + \sqrt{l_2^2 - (h + l_1\sin\alpha)^2} \\ 0 \end{bmatrix} \quad ; \quad \vec{r}_C = \begin{bmatrix} l_1\cos\alpha \\ h + l_1\sin\alpha \end{bmatrix} \quad ;$$

$$\delta\vec{r}_B = \frac{\partial\vec{r}_B}{\partial\alpha}\,\delta\alpha = \begin{bmatrix} -l_1\sin\alpha - \dfrac{(h + l_1\sin\alpha)\, l_1\cos\alpha}{\sqrt{l_2^2 - (h + l_1\sin\alpha)^2}} \\ 0 \end{bmatrix}\delta\alpha \quad ; \quad \delta\vec{r}_C = \begin{bmatrix} -l_1\sin\alpha \\ l_1\cos\alpha \end{bmatrix}\delta\alpha \quad .$$

Auf diesem formalen Weg ergeben sich auch die richtigen Vorzeichen der virtuellen Verschiebungen, deshalb ist es konsequent, die Kräfte ebenfalls als Vektoren bezüglich der gewählten Koordinaten aufzuschreiben. Mit

$$\vec{F}_B = \begin{bmatrix} -m_B g \\ 0 \end{bmatrix} \quad , \quad \vec{F}_C = \begin{bmatrix} 0 \\ -m_C g \end{bmatrix} \qquad \textit{und} \qquad \delta W = \vec{F}_B \cdot \delta\vec{r}_B + \vec{F}_C \cdot \delta\vec{r}_C$$

liefert das Prinzip der virtuellen Arbeit:

$$\delta W = \left\{ -m_B g \left[-l_1\sin\alpha - \frac{(h + l_1\sin\alpha)\, l_1\cos\alpha}{\sqrt{l_2^2 - (h + l_1\sin\alpha)^2}} \right] - m_C g\, l_1\cos\alpha \right\} \delta\alpha = 0 \quad .$$

Nullsetzen der geschweiften Klammer führt nach einigen elementaren Umformungen auf

$$\frac{m_B}{m_C}\left[\tan\alpha + \frac{\dfrac{h}{l_1} + \sin\alpha}{\sqrt{\left(\dfrac{l_2}{l_1}\right)^2 - \left(\dfrac{h}{l_1} + \sin\alpha\right)^2}} \right] - 1 = 0 \quad .$$

Mit den gegebenen Zahlenwerten liefert das Programm MCALCU (beiliegende Diskette) für diese transzendente Gleichung im Bereich **0° ≤ α ≤ 360°** die beiden Lösungen:

$$\alpha_1 = \mathbf{46{,}35°} \quad ; \quad \alpha_2 = \mathbf{242{,}92°} \quad .$$

- Die im Abschnitt 10.4 bei der Beurteilung von Gleichgewichtslagen gewonnenen Erkenntnisse lassen vermuten, daß nicht beide errechneten Gleichgewichtslagen stabil sind. Die Möglichkeit, auch die Stabilität von Gleichgewichtslagen mit dem Prinzip der virtuellen Arbeit zu beurteilen, wird im folgenden Abschnitt behandelt.

Beispiel 4: Es sollen die Gleichgewichtslagen ermittelt werden, die die beiden skizzierten Stäbe (Massen m_1 und m_2, Längen l_1 und l_2) einnehmen können. Der rechte Stab ist in einem Gleitstein G gelagert, der sich in einer vertikalen Führung reibungsfrei bewegen kann und mit einer Masse m_3 belastet ist. Die Führung selbst kann sich horizontal bewegen und ist durch die Masse m_4 belastet.

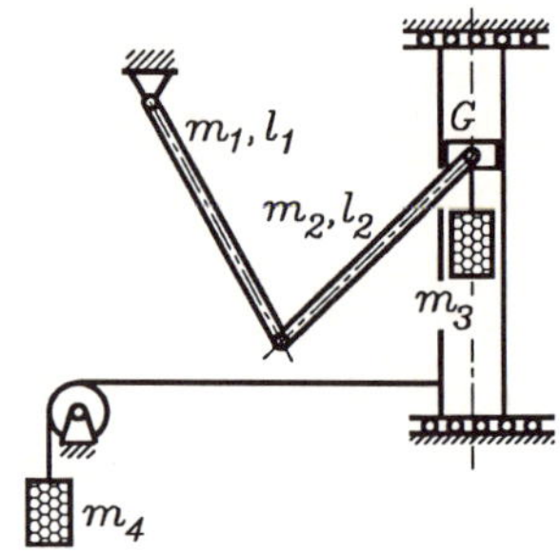

Gegeben: m_1, m_2, m_3, m_4, l_1, l_2.

Betrachtet wird der skizzierte Stabzweischlag, der bei G durch die Kräfte $F_H = m_4 g$ und $F_V = m_3 g$ belastet ist. Das System hat zwei Freiheitsgrade. Seine Lage wird z. B. eindeutig durch die beiden Winkelkoordinaten φ_1 und φ_2 festgelegt. Zunächst werden die Ortsvektoren der Kraftangriffspunkte bezüglich des skizzierten Koordinatensystems aufgeschrieben:

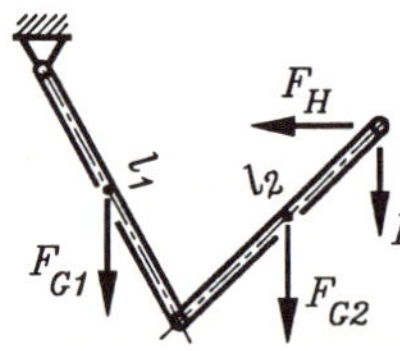

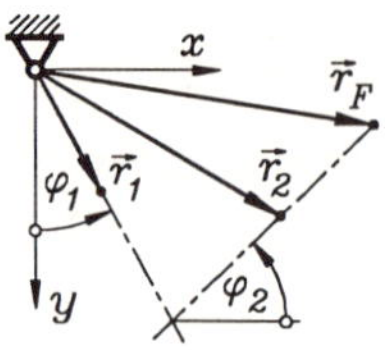

$$\vec{r}_F = \begin{bmatrix} l_1 \sin\varphi_1 + l_2 \cos\varphi_2 \\ l_1 \cos\varphi_1 - l_2 \sin\varphi_2 \end{bmatrix} ;$$

$$\vec{r}_1 = \begin{bmatrix} \frac{l_1}{2} \sin\varphi_1 \\ \frac{l_1}{2} \cos\varphi_1 \end{bmatrix} ; \quad \vec{r}_2 = \begin{bmatrix} l_1 \sin\varphi_1 + \frac{l_2}{2} \cos\varphi_2 \\ l_1 \cos\varphi_1 - \frac{l_2}{2} \sin\varphi_2 \end{bmatrix}$$

Nach (33.3) erhält man z. B. für die virtuelle Verschiebung des Angriffspunkts von $\boldsymbol{F}$:

$$\delta\vec{r}_F = \frac{\partial \vec{r}_F}{\partial \varphi_1}\,\delta\varphi_1 + \frac{\partial \vec{r}_F}{\partial \varphi_2}\,\delta\varphi_2 = \begin{bmatrix} l_1 \cos\varphi_1 \\ -l_1 \sin\varphi_1 \end{bmatrix} \delta\varphi_1 - \begin{bmatrix} l_2 \sin\varphi_2 \\ l_2 \cos\varphi_2 \end{bmatrix} \delta\varphi_2 \ .$$

Auf entsprechende Weise ergibt sich für die beiden anderen Kraftangriffspunkte:

$$\delta\vec{r}_1 = \begin{bmatrix} \frac{l_1}{2} \cos\varphi_1 \\ -\frac{l_1}{2} \sin\varphi_1 \end{bmatrix} \delta\varphi_1 \quad ; \quad \delta\vec{r}_2 = \begin{bmatrix} l_1 \cos\varphi_1 \\ -l_1 \sin\varphi_1 \end{bmatrix} \delta\varphi_1 - \begin{bmatrix} \frac{l_2}{2} \sin\varphi_2 \\ \frac{l_2}{2} \cos\varphi_2 \end{bmatrix} \delta\varphi_2 \ .$$

Mit den Kraftvektoren

$$\vec{F} = \begin{bmatrix} -m_4 g \\ m_3 g \end{bmatrix} , \quad \vec{F}_{G1} = \begin{bmatrix} 0 \\ m_1 g \end{bmatrix} , \quad \vec{F}_{G2} = \begin{bmatrix} 0 \\ m_2 g \end{bmatrix}$$

liefert das Prinzip der virtuellen Arbeit:

$$\begin{aligned}\delta W &= \vec{F}_{G1}\cdot\delta\vec{r}_1 + \vec{F}_{G2}\cdot\delta\vec{r}_2 + \vec{F}\cdot\delta\vec{r}_F \\ &= \left[\left(-m_1/2 - m_2 - m_3\right) l_1 \sin\varphi_1 - m_4 l_1 \cos\varphi_1\right] g\,\delta\varphi_1 \\ &+ \left[\left(-m_2/2 \qquad - m_3\right) l_2 \cos\varphi_2 + m_4 l_2 \sin\varphi_2\right] g\,\delta\varphi_2 = 0 \ .\end{aligned}$$

Für beliebige (voneinander unabhängige) virtuelle Verdrehungen $\delta\varphi_1$ und $\delta\varphi_2$ kann diese Gleichung nur erfüllt sein, wenn die beiden eckigen Klammern einzeln verschwinden, und man erhält zwei Gleichungen, aus denen φ_1 und φ_2 berechnet werden können:

$$\tan\varphi_1 = \frac{-m_4}{m_3 + m_1/2 + m_2} \quad ; \quad \tan\varphi_2 = \frac{m_2/2 + m_3}{m_4} \ .$$

Bemerkenswert ist, daß die Längen der Stäbe nicht in die Ergebnisse eingehen. Es ergeben sich im allgemeinen vier mögliche Gleichgewichtslagen. Für die Parameterkombination

$$m_2 = m_1 \ , \quad m_4 = 2\,m_1 \ , \quad m_3 = 0$$

(nur horizontale Belastung des Punktes G) sind es die nebenstehend dargestellten Varianten:

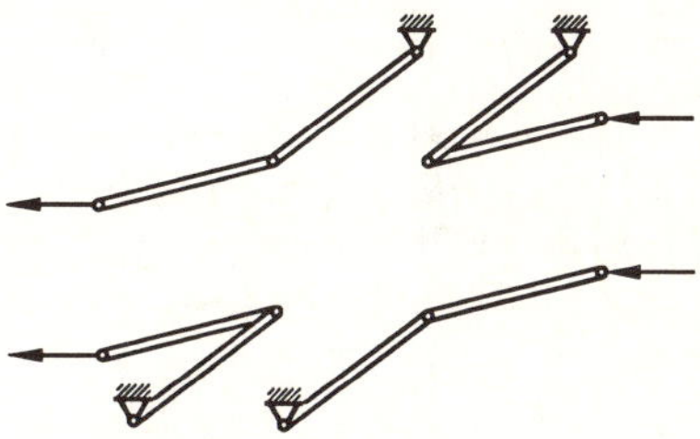

$\varphi_1 = -53{,}1°$ und $\varphi_2 = -166°$;
$\varphi_1 = -53{,}1°$ und $\varphi_2 = 14{,}0°$;
$\varphi_1 = 126{,}9°$ und $\varphi_2 = -166°$;
$\varphi_1 = 126{,}9°$ und $\varphi_2 = 14{,}0°$.

Auch diese Gleichgewichtslagen sind nicht sämtlich stabil (Stabilität wird im Beispiel 3 des nachfolgenden Abschnitts untersucht).

33.2 Prinzip der virtuellen Arbeit für Potentialkräfte, Stabilität des Gleichgewichts

Für konservative Kräfte (Potentialkräfte, z. B.: Gewichtskraft, Federkraft) ist die Arbeit, die bei einer Bewegung von einem Punkt 1 zu einem Punkt 2 geleistet wird, nur von der Lage dieser Punkte abhängig (und nicht vom Weg, der dabei zurückgelegt wird). Wenn die Masse m (mit der Gewichtskraft $F_G = m\,g$, nebenstehende Skizze) eine virtuelle Verschiebung von 1 nach 2 erfährt, ist die geleistete Arbeit der Gewichtskraft nur von der Höhendifferenz δr abhängig und errechnet sich zu $\delta W = -F_G\,\delta r = -m\,g\,\delta r$ (Minuszeichen, weil die angenommene aufwärts gerichtete Wegrichtung der Kraftrichtung entgegengesetzt ist).

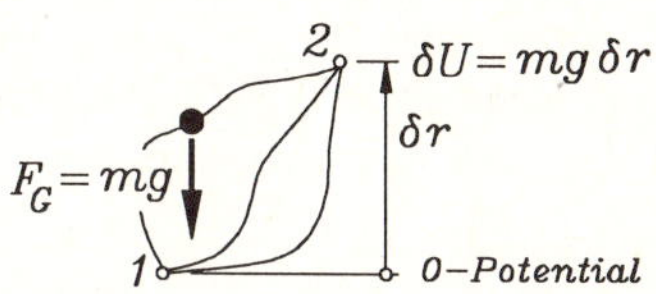

Im Abschnitt 28.4.2 wurde mit Formel (28.22) die potentielle Energie (das Potential) für die Gewichtskraft einer Masse eingeführt. Mit dem (willkürlich) auf die Höhe des Punktes 1 gelegten Null-Potential kann damit der virtuellen Verschiebung ein Zuwachs an potentieller Energie von $\delta U = m\,g\,\delta r$ zugeordnet werden. Es gilt also

$$\delta W = -\delta U \ , \qquad (33.5)$$

und dieser für die Gewichtskraft gefundene Zusammenhang gilt auch für andere Potentialkräfte (z. B. für Federkräfte, deren potentielle Energie sich nach (28.23) berechnet). Wenn ein System ausschließlich durch Potentialkräfte belastet ist, kann das Prinzip der virtuellen Arbeit (33.2) also auch mit der potentiellen Energie formuliert werden:

$$\delta U = 0 \; . \qquad \textbf{(33.6)}$$

Zunächst werden **Systeme mit nur einem Freiheitsgrad** betrachtet, deren Lage sich eindeutig in Abhängigkeit von einer Koordinate q beschreiben läßt. Dann kann die potentielle Energie in der Form $U(q)$ aufgeschrieben werden, und weil die virtuellen Größen wie Differentiale behandelt werden dürfen, folgt aus (33.6) unter Beachtung, daß diese Bedingung für eine beliebige virtuelle Verschiebung δq erfüllt sein muß:

$$\delta U = \frac{dU}{dq}\,\delta q = 0 \qquad \Rightarrow \qquad \frac{dU}{dq} = 0 \; . \qquad \textbf{(33.7)}$$

Gleichgewichtslagen

Die Skizze verdeutlicht die mit (33.7) gefundene Aussage: Gleichgewicht ist möglich, wenn die potentielle Energie (bei beliebiger Lage des Null-Potentials) ein **relatives** Extremum hat, und man erkennt, daß die Gleichgewichtslage für ein relatives Minimum stabil (Lagen 2 und 4) und für ein relatives Maximum instabil ist (Lagen 1, 3 und 5). Damit steht ein Kriterium zur Verfügung für die Beurteilung von

Gleichgewichtslagen konservativer Systeme mit einem Freiheitsgrad:

Die Funktion $U(q)$ (potentielle Energie in Abhängigkeit von der Koordinate q, die die Lage des Systems eindeutig beschreibt) hat für Gleichgewichtslagen eine horizontale Tangente, ihre erste Ableitung nach q muß entsprechend (33.7) verschwinden.

Die Gleichgewichtslage ist

stabil für $$\frac{d^2U}{dq^2} > 0 \; , \qquad \textbf{(33.8)}$$

instabil für $$\frac{d^2U}{dq^2} < 0 \; . \qquad \textbf{(33.9)}$$

- Wenn auch die zweite Ableitung von $U(q)$ verschwindet, müssen gegebenenfalls noch die höheren Ableitungen untersucht werden. Ist die erste nicht verschwindende Ableitung ungerade (z. B.: $U''' \neq 0$), dann hat $U(q)$ an dieser Stelle einen Sattelpunkt. Dieser Gleichgewichtszustand heißt ***indifferent***.

  Ist die erste nicht verschwindende Ableitung gerade, dann liegt ein relatives Extremum vor, das nach dem Vorzeichen dieser Ableitung in entsprechender Modifikation der Bedingungen (33.8) und (33.9) beurteilt werden kann.

- Für ein **System mit mehreren Freiheitsgraden** gilt $U = U(q_1, q_2, \ldots, q_f)$. Die Aussagen der Bedingungen (33.7) bis (33.9) dürfen sinngemäß durch die entsprechenden mathematischen Aussagen für die Berechnung und Beurteilung von Extremwerten für Funktionen mit mehreren unabhängigen Variablen ersetzt werden, z. B.: Das System kann nur im Gleichgewicht sein, wenn alle partiellen Ableitungen von U nach den generalisierten Koordinaten q_i verschwinden.

Beispiel 1: Für das Beispiel 3 aus dem vorigen Abschnitt soll die Stabilität der beiden Gleichgewichtslagen untersucht werden.

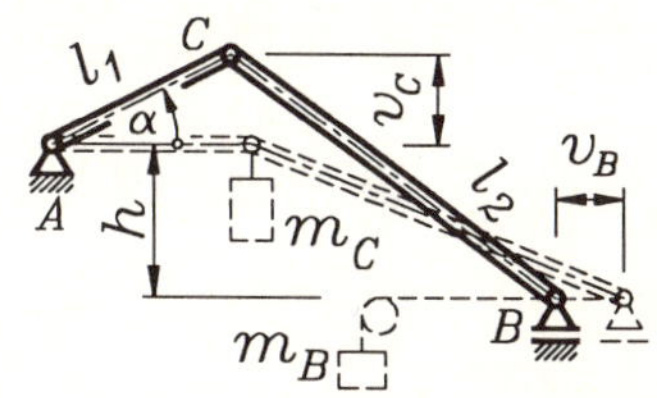

Der nebenstehend gestrichelt gezeichneten Lage wird (willkürlich) die potentielle Energie Null zugeordnet. In einer beliebigen (durch den Winkel α beschriebenen) Lage ist die Masse m_C dann um v_C angehoben (positive potentielle Energie) und die Masse m_B um v_B abgesenkt (negative potentielle Energie):

$$U(\alpha) = m_C g v_C - m_B g v_B$$

$$= m_C g l_1 \sin\alpha - m_B g \left[l_1 + \sqrt{l_2^2 - h^2} - \left(l_1 \cos\alpha + \sqrt{l_2^2 - (h + l_1 \sin\alpha)^2} \right) \right]$$

$$= m_C g l_1 \left\{ \sin\alpha - \frac{m_B}{m_C} \left[1 + \sqrt{\left(\frac{l_2}{l_1}\right)^2 - \left(\frac{h}{l_1}\right)^2} - \left(\cos\alpha + \sqrt{\left(\frac{l_2}{l_1}\right)^2 - \left(\frac{h}{l_1} + \sin\alpha\right)^2} \right) \right] \right\} .$$

Ableiten nach α und Nullsetzen dieses Ausdrucks (es genügt der Inhalt der geschweiften Klammer) entsprechend (33.7) führt auf die gleiche Beziehung, aus der bereits im Beispiel 3 des vorigen Abschnitts die Gleichgewichtslagen berechnet wurden. Bilden der zweiten Ableitungen und Einsetzen der Winkel, für die Gleichgewicht möglich ist, ergibt nach (33.8) bzw. (33.9) die Aussagen zur Stabilität.

Da das Bilden der Ableitungen etwas lästig ist (und die Gleichung für die Gleichgewichtslagen ohnehin nur numerisch lösbar ist), liegt es nahe, $U(\alpha)$ direkt numerisch auszuwerten. Der nebenstehende Bildschirm-Schnappschuß (Programm MCALCU, beiliegende Diskette) zeigt die Funktion und ihre relativen Extrema für die auch im vorigen Abschnitt verwendeten Parameter. Das relative Maximum bei α_1 = **46,35°** weist diese Gleichgewichtslage als instabil aus, während das relative Minimum bei α_2 = **242,92°** auf eine stabile Gleichgewichtslage hinweist.

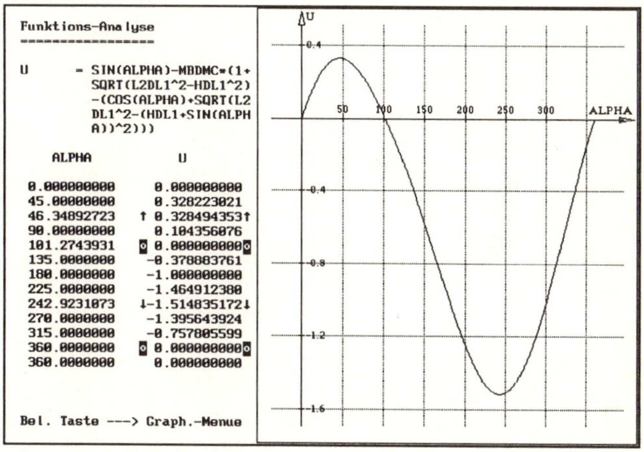

Beispiel 2: Im Abschnitt 10.3 wurde ein Beispiel behandelt (drehbar gelagerter Stab mit der Masse m, der in eine nicht vorgespannte Feder der Länge l_0 eingehängt wurde), bei dem sich vier Gleichgewichtslagen ergaben. Mit einem kleinen Trick konnte im Beispiel 2 des Abschnitts 10.4 anschaulich gezeigt werden, daß nur zwei Gleichgewichtslagen stabil sind. Die Ergebnisse (Gleichgewichtslagen und ihre Stabilität) sollen hier noch einmal durch eine Analyse der potentiellen Energie bestätigt werden.

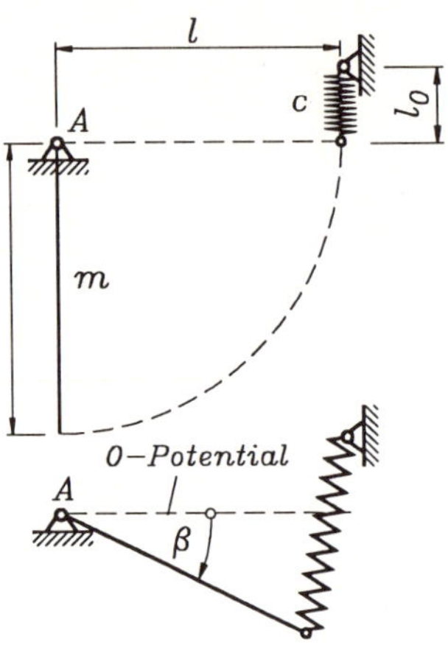

Das Null-Potential wird so gelegt, daß der horizontal liegende Stab keine potentielle Energie hat (in dieser Lage ist auch in der Feder keine Energie gespeichert). In der durch den Winkel β gekennzeichneten Lage gilt dann für die potentielle Energie

$$U = -mg\frac{l}{2}\sin\beta + \frac{1}{2}c\left[\sqrt{(l\sin\beta + l_0)^2 + (l - l\cos\beta)^2} - l_0\right]^2 ,$$

wobei in der eckigen Klammer die Differenz aus der Federlänge und der Länge der ungedehnten Feder steht.

Der nachfolgende Bildschirm-Schnappschuß zeigt die numerische Auswertung der geschweiften Klammer des folgendermaßen umgeformten Ausdrucks für die potentielle Energie unter Verwendung der bereits im Abschnitt 10.3 verwendeten Parameter:

$$U(\beta) = mg\frac{l}{2}\left\{-\sin\beta + \frac{cl}{mg}\left[\sqrt{\left(\sin\beta + \frac{l_0}{l}\right)^2 + (1-\cos\beta)^2} - \frac{l_0}{l}\right]^2\right\} .$$

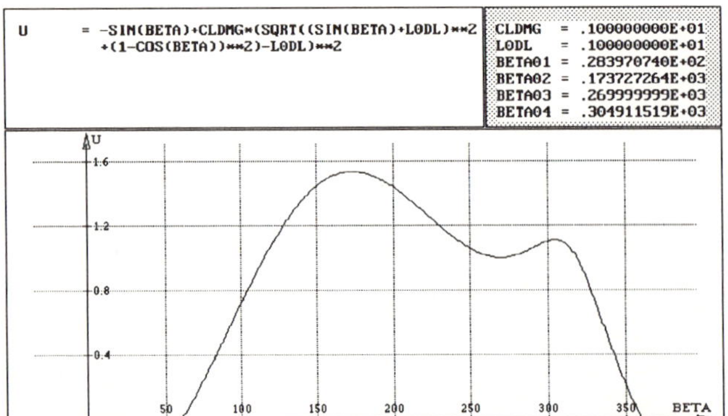

Die bereits im Abschnitt 10.3 errechneten β-Werte für die Gleichgewichtslagen ergeben sich als Abszissenwerte für die Extrema von $U(\beta)$. Der graphischen Darstellung entnimmt man, welche Extremwerte Minima bzw. Maxima sind. Die im Abschnitt 10.4 anschaulich als stabil bzw. instabil erkannten Gleichgewichtslagen werden bestätigt.

Beispiel 3: Das Beispiel 4 im vorigen Abschnitt behandelte ein System mit zwei Freiheitsgraden, für das sich vier Gleichgewichtslagen ergaben, deren Stabilität hier untersucht werden soll.

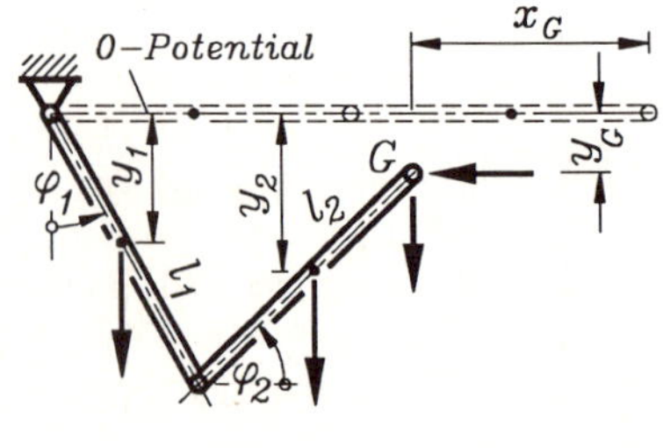

Wenn als Null-Potential wie skizziert die gestreckte Lage der beiden Stäbe definiert wird, haben sich bis zur beliebigen (durch φ_1 und φ_2 festgelegten)

Lage die Schwerpunkte der Stäbe um y_1 bzw. y_2, die Masse m_3 um y_G und die Masse m_4 um x_G abgesenkt:

$$U = -m_1 g \frac{l_1}{2} \cos\varphi_1 - m_2 g\left(l_1 \cos\varphi_1 - \frac{l_2}{2}\sin\varphi_2\right)$$
$$- m_3 g\left(l_1\cos\varphi_1 - l_2\sin\varphi_2\right) - m_4 g\left(l_1 + l_2 - l_1\sin\varphi_1 - l_2\cos\varphi_2\right) \quad .$$

Aus den **notwendigen Bedingungen für das Auftreten von Extremwerten** für Funktionen mit zwei Veränderlichen (hier φ_1 und φ_2)

$$\frac{\partial U}{\partial \varphi_1} = \left(\frac{1}{2}m_1 g + m_2 g + m_3 g\right) l_1 \sin\varphi_1 + m_4 g\, l_1 \cos\varphi_1 = 0 \quad ,$$
$$\frac{\partial U}{\partial \varphi_2} = \left(\frac{1}{2}m_2 g + m_3 g\right) l_2 \cos\varphi_2 - m_4 g\, l_2 \sin\varphi_2 = 0$$

folgen die im Beispiel 4 des vorigen Abschnitts gefundenen Bestimmungsgleichungen für die Gleichgewichtslagen. In der Mathematik wird gezeigt, daß ein Extremum für die Funktion mit zwei unabhängigen Variablen tatsächlich vorliegt, wenn

$$\frac{\partial^2 U}{\partial \varphi_1^2} \cdot \frac{\partial^2 U}{\partial \varphi_2^2} - \left(\frac{\partial^2 U}{\partial \varphi_1 \partial \varphi_2}\right)^2 > 0 \qquad (33.10)$$

für die aus den notwendigen Bedingungen errechneten Punkte gilt. Es ist ein

$$\text{Minimum für} \quad \frac{\partial^2 U}{\partial \varphi_1^2} > 0 \quad \text{und ein Maximum für} \quad \frac{\partial^2 U}{\partial \varphi_1^2} < 0 \quad . \qquad (33.11)$$

Für das aktuelle Beispiel errechnet man:

$$\frac{\partial^2 U}{\partial \varphi_1^2} = \left(\frac{1}{2}m_1 g + m_2 g + m_3 g\right) l_1 \cos\varphi_1 - m_4 g\, l_1 \sin\varphi_1 \quad ,$$
$$\frac{\partial^2 U}{\partial \varphi_2^2} = -\left(\frac{1}{2}m_2 g + m_3 g\right) l_2 \sin\varphi_2 - m_4 g\, l_2 \cos\varphi_2 \quad , \qquad \frac{\partial^2 U}{\partial \varphi_1 \partial \varphi_2} = 0 \quad .$$

Da die gemischte zweite Ableitung verschwindet, entscheiden ausschließlich die Vorzeichen der zweiten Ableitungen nach φ_1 bzw. φ_2 über die Stabilität der Gleichgewichtslagen. Der nachfolgenden Tabelle (Auswertung mit den Parametern des Beispiels 3 aus dem vorigen Abschnitt) ist zu entnehmen, daß für die Lagen b) und c) die Bedingung (33.10) nicht erfüllt ist, $U(\varphi_1, \varphi_2)$ hat für diese Werte einen Sattelpunkt, für die Werte der Lage d) hat $U(\varphi_1, \varphi_2)$ ein relatives Maximum, so daß nur die Gleichgewichtslage a) stabil ist.

	φ_1	φ_2	$\frac{\partial^2 U}{\partial \varphi_1^2}$	$\frac{\partial^2 U}{\partial \varphi_2^2}$
a)	– 53,1°	– 166°	> 0	> 0
b)	– 53,1°	14,0°	> 0	< 0
c)	126,9°	– 166°	< 0	> 0
d)	126,9°	14,0°	< 0	< 0

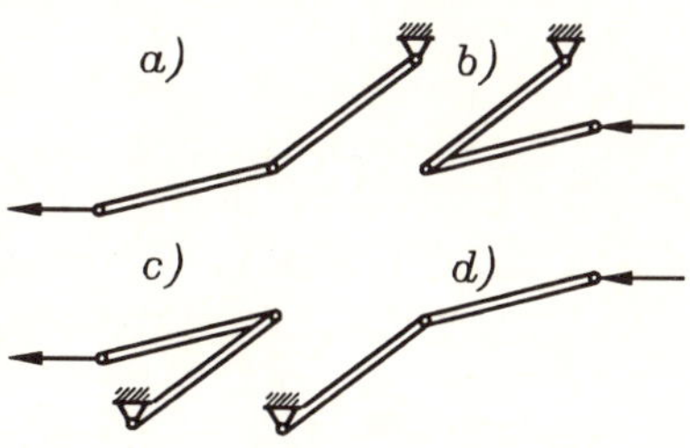

a) Stabile Gleichgewichtslage
b, c, d) Instabile Gleichgewichtslagen

33.3 Prinzip von d'Alembert in der Fassung von Lagrange

Mit dem in den Abschnitten 28.2.2 und 29.5.2 behandelten Prinzip von d'Alembert ist es möglich, durch Einführen von Kräften und Momenten, die die Trägheit der bewegten Massen berücksichtigen, die Bewegungsgleichungen für kinetische Probleme durch Aufschreiben von Gleichgewichtsbedingungen (wie in der Statik) zu gewinnen. Es erweist sich als besonders effektiv, wenn auch die Zwangskräfte (Kräfte an Führungen) zu ermitteln sind.

Wenn allerdings nur die Bewegungsgesetze gesucht sind, kann das Einbeziehen und anschließende Eliminieren der Zwangskräfte ausgesprochen lästig sein. Für diesen Fall bietet sich eine Kombination des Prinzips von d'Alembert mit dem Prinzip der virtuellen Arbeiten an. Betrachtet wird zunächst ein Massenpunkt m, auf den eingeprägte Kräfte, Zwangskräfte und die d'Alembertsche Kraft $m\vec{a}$ (keine Bewegungswiderstände wie Gleitreibung usw.) wirken. Beim Aufbringen einer virtuellen Verschiebung $\delta\vec{r}$, die mit den Zwangsführungen verträglich sein muß, leisten die (senkrecht zu den Führungen gerichteten) Zwangskräfte keine virtuelle Arbeit:

$$\vec{F}_Z\,\delta\vec{r} = 0 \quad . \tag{33.12}$$

Das Prinzip von d'Alembert (28.7) geht nach Multiplikation mit der virtuellen Verschiebung $\delta\vec{r}$ und bei Beachtung von (33.12) in die auf JOSEPH LOUIS COMTE de LAGRANGE (1736 - 1813) zurückgehende Fassung über:

$$\delta W = (\vec{F}_e - m\vec{a})\,\delta\vec{r} = 0 \quad . \tag{33.13}$$

Ein Massenpunkt bewegt sich so, daß bei einer virtuellen Verschiebung die Summe der von den eingeprägten Kräften und den d'Alembertschen Kräften geleisteten Arbeit verschwindet.

- Die Zwangskräfte erscheinen in dieser Fassung des d'Alembertschen Prinzips nicht. Die Gleichung (33.13) führt unmittelbar zu einer Bewegungs-Differentialgleichung.
- Für ein **System von Massenpunkten mit starren Bindungen** untereinander modifiziert sich (33.13) zu

  $$\delta W = \sum_i (\vec{F}_{i,e} - m_i\vec{a}_i)\,\delta\vec{r}_i = 0 \quad , \tag{33.14}$$

  weil auch die Kräfte in den starren Verbindungen keinen Beitrag zur virtuellen Arbeit leisten, da sie paarweise mit entgegengesetzten Richtungen auftreten und den gleichen virtuellen Verschiebungen ausgesetzt sind. Man beachte, daß diese Aussage bei nichtstarren Verbindungen (z. B. Federn) nicht gilt, weil die Endpunkte der Verbindungsglieder unterschiedliche virtuelle Verschiebungen erfahren.
- Die Aussagen (33.13) und (33.14) können sinngemäß auf **starre Körper** erweitert werden. Zu den d'Alembertschen Kräften kommen die d'Alembertschen Momente hinzu, auch eingeprägte Momente sind zulässig, und die virtuelle Arbeit dieser Momente errechnet sich durch Multiplikation mit virtuellen Verdrehungen analog zu Gleichung (33.2).
- Bei Systemen mit f Freiheitsgraden können die Ortsvektoren $\vec{r}_i$ bzw. die virtuellen Verschiebungen $\delta\vec{r}_i$ (gegebenenfalls auch virtuelle Verdrehungen) in Abhängigkeit von

f generalisierten Koordinaten $q_1, q_2, \ldots, q_f$ aufgeschrieben werden, und (33.14) kann in die Form

$$\delta W = (\ldots)\,\delta q_1 + (\ldots)\,\delta q_2 + \ldots + (\ldots)\,\delta q_f = 0 \tag{33.15}$$

gebracht werden. Da die δq_i beliebige (voneinander unabhängige) Werte annehmen können, ist Gleichung (33.15) nur erfüllbar, wenn jede Klammer für sich Null wird. Man erhält f Bewegungs-Differentialgleichungen für die f Freiheitsgrade.

Beispiel 1: Ein Hubwerk wird durch das konstante Moment M_0 angetrieben. Es soll die Beschleunigung ermittelt werden, mit der die Masse m angehoben wird.

Gegeben: $M_0\,,\ J_{S1}\,,\ J_{S2}\,,\ r_1\,,\ r_2\,,\ R_2\,,\ m\,.$

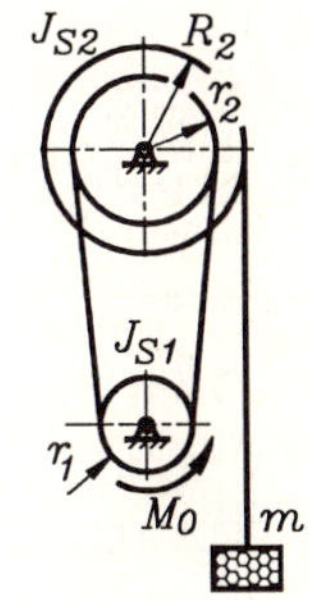

Das System hat einen Freiheitsgrad. Die virtuellen Verdrehungen der Scheiben $\delta\varphi_1$ bzw. $\delta\varphi_2$ und die virtuelle Verschiebung δx der Masse m sind durch folgende Zwangsbedingungen verknüpft:

$$\varphi_2 = \frac{x}{R_2} \quad \Rightarrow \quad \delta\varphi_2 = \frac{1}{R_2}\,\delta x\ ,$$

$$\varphi_1 = \frac{r_2}{r_1}\,\varphi_2 = \frac{r_2}{r_1 R_2}\,x \quad \Rightarrow \quad \delta\varphi_1 = \frac{r_2}{r_1 R_2}\,\delta x\ .$$

Aus der virtuellen Arbeit des Moments M_0, der Kraft $m\,g$ und der d'Alembertschen Momente sowie der d'Alembertschen Kraft

$$\delta W = (M_0 - J_{S1}\,\ddot{\varphi}_1)\,\delta\varphi_1 - J_{S2}\,\ddot{\varphi}_2\,\delta\varphi_2 + (-m\,g - m\ddot{x})\,\delta x = 0$$

folgt nach Einsetzen der Zwangsbedingungen

$$\left[\left(M_0 - J_{S1}\frac{r_2}{r_1 R_2}\,\ddot{x}\right)\frac{r_2}{r_1 R_2} - J_{S2}\frac{\ddot{x}}{R_2^2} + (-m\,g - m\,\ddot{x})\right]\delta x = 0\ .$$

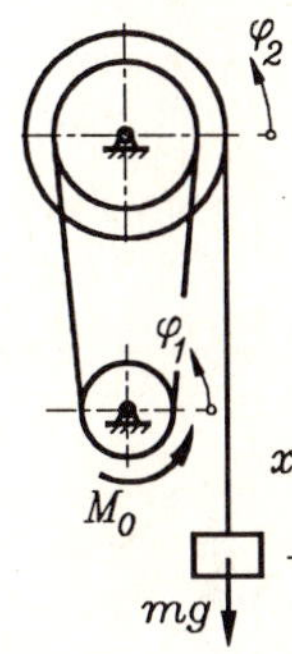

Für beliebige virtuelle Verschiebung δx muß die eckige Klammer verschwinden. Daraus errechnet sich die Beschleunigung

$$\ddot{x} = \frac{(M_0 r_2 - m\,g\,r_1 R_2)\,r_1 R_2}{m\,r_1^2 R_2^2 + J_{S1} r_2^2 + J_{S2} r_1^2}\ .$$

- Die Vorzeichenregel beim Aufschreiben der virtuellen Arbeit ist einfach: Eingeprägte Kräfte und Momente (im Beispiel $m\,g$ und M_0) liefern positive Anteile, wenn sie in Richtung der virtuellen Verschiebungen bzw. virtuellen Verdrehungen wirken, die d'Alembertschen Kräfte und Momente gehen immer mit negativem Vorzeichen ein.
- Der Versuch, das Beispiel 1 durch Freischneiden der drei Massen, Antragen aller Kräfte und Momente und Aufschreiben der Gleichgewichtsbedingungen zu lösen (vgl. die Empfehlungen für das Lösen von Problemen nach dem Prinzip von d'Alembert im Abschnitt 29.5.2), würde auf Schwierigkeiten stoßen. Die Kräfte im Übertragungsglied von der unteren zur oberen Scheibe (Seil, Flachriemen, Zahnriemen, Kette, ...) lassen sich allein aus den Gleichgewichtsbedingungen nicht berechnen. Es sind (vielfach nur experimentell zu ermittelnde) Zusatzannahmen über das Kraftverhältnis in den beiden Trums zu treffen, gegebenenfalls ist eine Vorspannung zu berücksichtigen. Wie der Energiesatz (vgl. Abschnitt 29.5.3) gestattet das Prinzip von d'Alembert in der Lagrange-

schen Fassung das Aufschreiben von Bewegungs-Differentialgleichungen auch ohne Kenntnis der inneren Kräfte. Im Gegensatz zum Energiesatz beschränkt sich die Anwendbarkeit des Prinzips von d'Alembert jedoch nicht auf Probleme mit einem Freiheitsgrad.

Beispiel 2: Für eine Laufkatze mit angehängter Last darf als einfaches Berechnungsmodell das skizzierte System mit zwei Massenpunkten m_K und m_L und einem masselosen dehnstarren Seil der Länge l verwendet werden. Es sollen die Bewegungs-Differentialgleichungen für dieses System mit zwei Freiheitsgraden formuliert werden.

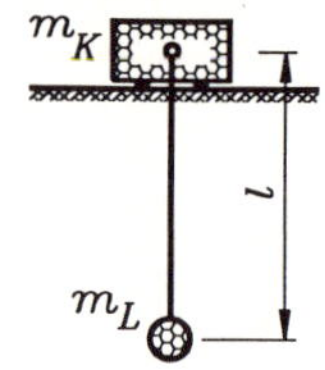

Als generalisierte Koordinaten werden x_K (horizontale Bewegung der Laufkatze) und φ (Pendelwinkel der Last) verwendet. Bei Systemen mit mehreren Freiheitsgraden empfiehlt sich das Aufschreiben der Ortsvektoren bezüglich eines festen Koordinatensystems (in Abhängigkeit von den generalisierten Koordinaten), um dann formal zu Beschleunigungen und virtuellen Verschiebungen zu kommen:

$$\vec{r}_K = \begin{bmatrix} x_K \\ 0 \end{bmatrix} \quad \Rightarrow \quad \delta\vec{r}_K = \begin{bmatrix} 1 \\ 0 \end{bmatrix} \delta x_K \quad , \quad \vec{a}_K = \frac{d^2\vec{r}_K}{dt^2} = \begin{bmatrix} \ddot{x}_K \\ 0 \end{bmatrix} ,$$

$$\vec{r}_L = \begin{bmatrix} x_K + l\sin\varphi \\ l\cos\varphi \end{bmatrix} \quad \Rightarrow \quad \delta\vec{r}_L = \begin{bmatrix} 1 \\ 0 \end{bmatrix} \delta x_K + \begin{bmatrix} l\cos\varphi \\ -l\sin\varphi \end{bmatrix} \delta\varphi \quad ,$$

$$\vec{a}_L = \frac{d^2\vec{r}_L}{dt^2} = \begin{bmatrix} \ddot{x}_K - l\,\dot{\varphi}^2\sin\varphi + l\,\ddot{\varphi}\cos\varphi \\ -l\,\dot{\varphi}^2\cos\varphi - l\,\ddot{\varphi}\sin\varphi \end{bmatrix} .$$

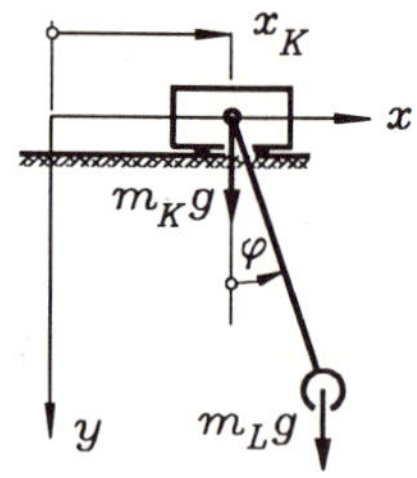

Mit diesen Vektoren liefert (33.14) nach Einsetzen und Sortieren:

$$\left(\vec{F}_{K,e} - m_K\vec{a}_K\right)\delta\vec{r}_K + \left(\vec{F}_{L,e} - m_L\vec{a}_L\right)\delta\vec{r}_L = 0 \quad mit \quad \vec{F}_{K,e} = \begin{bmatrix} 0 \\ m_K g \end{bmatrix} , \quad \vec{F}_{L,e} = \begin{bmatrix} 0 \\ m_L g \end{bmatrix}$$

$$\Rightarrow \quad \left[-(m_K + m_L)\,\ddot{x}_K - m_L l\,\ddot{\varphi}\cos\varphi + m_L l\,\dot{\varphi}^2\sin\varphi\right]\delta x_K$$
$$+ \left[-m_L l\,\ddot{x}_K\cos\varphi - m_L l^2\,\ddot{\varphi} - m_L g\, l\sin\varphi\right]\delta\varphi = 0 .$$

Für beliebige δx_K und $\delta\varphi$ kann diese Gleichung nur erfüllt sein, wenn beide eckigen Klammern einzeln verschwinden:

$$\begin{aligned} \ddot{x}_K(m_K + m_L) + \ddot{\varphi}\, m_L l\cos\varphi &= m_L l\,\dot{\varphi}^2\sin\varphi \quad , \\ \ddot{x}_K\cos\varphi + \ddot{\varphi}\, l &= -g\sin\varphi \quad . \end{aligned}$$

Dieses hochgradig nichtlineare Differentialgleichungssystem ist sogar in den Beschleunigungsgliedern gekoppelt und für beliebige Anfangsbedingungen nur numerisch lösbar. Im Abschnitt B1.12 des Anhangs B werden Beispiele demonstriert, wie dafür das Programm MCALCU (beiliegende Diskette) genutzt werden kann.

- Das Prinzip von d'Alembert in der Lagrangeschen Fassung ist bei Systemen starrer Körper, die untereinander **durch starre Verbindungsglieder gekoppelt** sind, besonders effektiv (und wurde in diesem Abschnitt auch nur für diesen Fall behandelt). Für die Berücksichtigung elastischer Verbindungsglieder (Federn) wird auf das im folgenden Abschnitt vorgestellte Verfahren verwiesen.

33.4 Lagrangesche Bewegungsgleichungen

Betrachtet wird zunächst ein System von n Massenpunkten m_i, deren Lagen in einem kartesischen Koordinatensystem durch die Ortsvektoren $\vec{r}_i$ beschrieben werden. Die Punkte sind untereinander durch starre oder nicht-starre Bindungen gekoppelt. Das Massenpunktsystem möge f Freiheitsgrade haben, so daß seine Lage eindeutig durch f (voneinander unabhängige) **generalisierte Koordinaten** q_j beschrieben werden kann. Unter der Voraussetzung, daß die nicht-starren Bindungen aufgetrennt werden, so daß die in ihnen wirkenden Kräfte als äußere Kräfte behandelt werden dürfen, gilt das Prinzip von d'Alembert (33.14):

$$\delta W = \sum_{i=1}^{n} (\vec{F}_{i,e} - m_i \vec{a}_i)\, \delta\vec{r}_i = \sum_{i=1}^{n} \vec{F}_{i,e}\, \delta\vec{r}_i - \sum_{i=1}^{n} m_i \vec{a}_i\, \delta\vec{r}_i = \delta W_e - \delta W_m = 0 \; . \qquad (33.16)$$

Die Ortsvektoren $\vec{r}_i$ können in Abhängigkeit von den generalisierten Koordinaten in der Form

$$\vec{r}_i = \vec{r}_i(q_1, \ldots, q_j, \ldots, q_f) \qquad (33.17)$$

aufgeschrieben werden, und für die virtuellen Verschiebungen gilt entsprechend (33.3):

$$\delta\vec{r}_i = \frac{\partial \vec{r}_i}{\partial q_1}\delta q_1 + \ldots + \frac{\partial \vec{r}_i}{\partial q_j}\delta q_j + \ldots + \frac{\partial \vec{r}_i}{\partial q_f}\delta q_f \; . \qquad (33.18)$$

33.4.1 Generalisierte Kräfte, Potentialkräfte

Der erste Term in (33.16), die virtuelle Arbeit der eingeprägten Kräfte, läßt sich mit (33.18) folgendermaßen umformen:

$$\begin{aligned}
\delta W_e &= \sum_{i=1}^{n} \vec{F}_{i,e}\,\delta\vec{r}_i = \sum_{i=1}^{n} \vec{F}_{i,e}\left(\frac{\partial \vec{r}_i}{\partial q_1}\delta q_1 + \ldots + \frac{\partial \vec{r}_i}{\partial q_j}\delta q_j + \ldots + \frac{\partial \vec{r}_i}{\partial q_f}\delta q_f\right)\\
&= \sum_{i=1}^{n} \vec{F}_{i,e}\frac{\partial \vec{r}_i}{\partial q_1}\delta q_1 + \ldots + \sum_{i=1}^{n} \vec{F}_{i,e}\frac{\partial \vec{r}_i}{\partial q_j}\delta q_j + \ldots + \sum_{i=1}^{n} \vec{F}_{i,e}\frac{\partial \vec{r}_i}{\partial q_f}\delta q_f\\
&= \quad Q_1 \quad \delta q_1 + \ldots + \quad Q_j \quad \delta q_j + \ldots + \quad Q_f \quad \delta q_f\\
&= \sum_{j=1}^{f} Q_j\,\delta q_j \qquad \textit{mit} \qquad Q_j = \sum_{i=1}^{n} \vec{F}_{i,e}\frac{\partial \vec{r}_i}{\partial q_j} \; . \qquad (33.19)
\end{aligned}$$

Die virtuelle Arbeit δW_e kann also aus dem Produkt der eingeprägten Kräfte mit den virtuellen Verschiebungen der Kraftangriffspunkte $\delta\vec{r}_i$ oder dem Produkt aus den nach (33.19) zu berechnenden Q_j und den virtuellen Verschiebungen δq_j berechnet werden. Man nennt deshalb die Q_j ***generalisierte Kräfte***.

Wenn die eingeprägten Kräfte ausschließlich Potentialkräfte sind, kann die virtuelle Arbeit δW_e entsprechend (33.5) durch $-\delta U$ ersetzt werden:

$$\delta W_e = -\delta U = -\frac{\partial U}{\partial q_1}\delta q_1 - \ldots - \frac{\partial U}{\partial q_j}\delta q_j - \ldots - \frac{\partial U}{\partial q_f}\delta q_f \; ,$$

und der Vergleich mit der Herleitung von (33.19) zeigt, daß die generalisierten Kräfte sich in diesem Fall recht einfach aus der potentiellen Energie berechnen lassen:

$$Q_j = -\frac{\partial U}{\partial q_j} \quad . \tag{33.20}$$

Wenn nur ein Teil der eingeprägten Kräfte Potentialkräfte sind, sollten diese durch (33.20) erfaßt und nur für die Nicht-Potentialkräfte (33.19) benutzt werden. Dabei ist es möglich, daß eine generalisierte Kraft aus beiden Quellen Anteile bezieht.

33.4.2 Virtuelle Arbeit der Massenkräfte

Der zweite Term in (33.16), die virtuelle Arbeit der Massenkräfte, läßt sich mit (33.18) folgendermaßen umformen:

$$\delta W_m = \sum_{i=1}^{n} m_i \vec{a}_i \, \delta\vec{r}_i = \sum_{i=1}^{n} m_i \vec{a}_i \left(\frac{\partial \vec{r}_i}{\partial q_1} \delta q_1 + \ldots + \frac{\partial \vec{r}_i}{\partial q_j} \delta q_j + \ldots + \frac{\partial \vec{r}_i}{\partial q_f} \delta q_f \right)$$

$$= \sum_{i=1}^{n} \left(m_i \vec{a}_i \sum_{j=1}^{f} \frac{\partial \vec{r}_i}{\partial q_j} \delta q_j \right) = \sum_{j=1}^{f} \sum_{i=1}^{n} m_i \vec{a}_i \frac{\partial \vec{r}_i}{\partial q_j} \delta q_j \quad . \tag{33.21}$$

Es soll nun gezeigt werden, wie δW_m mit der kinetischen Energie des Massenpunktsystems

$$T = \sum_{i=1}^{n} \left(\frac{1}{2} m_i v_x^2 + \frac{1}{2} m_i v_y^2 + \frac{1}{2} m_i v_z^2 \right) = \frac{1}{2} \sum_{i=1}^{n} m_i \left(v_x^2 + v_y^2 + v_z^2 \right) = \frac{1}{2} \sum_{i=1}^{n} m_i \vec{v}_i^{\,2} \tag{33.22}$$

zusammenhängt. Für die Geschwindigkeitsvektoren der Massenpunkte gilt mit (33.17):

$$\vec{v}_i = \frac{d\vec{r}_i}{dt} = \frac{\partial \vec{r}_i}{\partial q_1} \dot{q}_1 + \ldots + \frac{\partial \vec{r}_i}{\partial q_j} \dot{q}_j + \ldots + \frac{\partial \vec{r}_i}{\partial q_f} \dot{q}_f \quad . \tag{33.23}$$

Die Ableitungen der generalisierten Koordinaten nach der Zeit $\dot{q}_j$ sind die ***generalisierten Geschwindigkeiten***. Nachfolgend wird die partielle Ableitung von $\vec{v}_i$ nach $\dot{q}_j$ benötigt. Es gilt

$$\frac{\partial \vec{v}_i}{\partial \dot{q}_j} = \frac{\partial \vec{r}_i}{\partial q_j} \quad , \tag{33.24}$$

weil die Ortsvektoren $\vec{r}_i$ nicht von den generalisierten Geschwindigkeiten abhängig sind.

Mit den partiellen Ableitungen der kinetischen Energie (33.22) nach q_j bzw. $\dot{q}_j$

$$\frac{\partial T}{\partial q_j} = \sum_{i=1}^{n} m_i \vec{v}_i \frac{\partial \vec{v}_i}{\partial q_j} \quad , \quad \frac{\partial T}{\partial \dot{q}_j} = \sum_{i=1}^{n} m_i \vec{v}_i \frac{\partial \vec{v}_i}{\partial \dot{q}_j} = \sum_{i=1}^{n} m_i \vec{v}_i \frac{\partial \vec{r}_i}{\partial q_j}$$

und der nochmaligen Differentiation des zweiten Ausdrucks nach der Zeit

$$\frac{d}{dt}\left(\frac{\partial T}{\partial \dot{q}_j} \right) = \sum_{i=1}^{n} m_i \frac{d\vec{v}_i}{dt} \frac{\partial \vec{r}_i}{\partial q_j} + \sum_{i=1}^{n} m_i \vec{v}_i \frac{d}{dt}\left(\frac{\partial \vec{r}_i}{\partial q_j} \right) = \sum_{i=1}^{n} m_i \vec{a}_i \frac{\partial \vec{r}_i}{\partial q_j} + \sum_{i=1}^{n} m_i \vec{v}_i \frac{\partial \vec{v}_i}{\partial q_j}$$

ist folgender Zusammenhang zu erkennen:

$$\frac{d}{dt}\left(\frac{\partial T}{\partial \dot{q}_j} \right) - \frac{\partial T}{\partial q_j} = \sum_{i=1}^{n} m_i \vec{a}_i \frac{\partial \vec{r}_i}{\partial q_j} \quad . \tag{33.25}$$

Der Ausdruck auf der rechten Seite entspricht exakt der inneren Summe in (33.21), kann dort eingesetzt werden, und der Zusammenhang von δW_m und kinetischer Energie ist gefunden.

33.4.3 Lagrangesche Gleichungen 2. Art

In (33.16) können die virtuelle Arbeit der eingeprägten Kräfte nach (33.19) durch

$$\delta W_e = \sum_{j=1}^{f} Q_j \delta q_j \qquad mit \qquad Q_j = \sum_{i=1}^{n} \vec{F}_{i,e} \frac{\partial \vec{r}_i}{\partial q_j}$$

und die virtuelle Arbeit der Massenkräfte nach (33.21) in Verbindung mit (33.25)

$$\delta W_m = \sum_{j=1}^{f} \sum_{i=1}^{n} m_i \vec{a}_i \frac{\partial \vec{r}_i}{\partial q_j} \delta q_j = \sum_{j=1}^{f} \left[\frac{d}{dt}\left(\frac{\partial T}{\partial \dot{q}_j} \right) - \frac{\partial T}{\partial q_j} \right] \delta q_j$$

ersetzt werden. Man erhält:

$$\delta W = \delta W_e - \delta W_m = \sum_{j=1}^{f} \left\{ Q_j - \left[\frac{d}{dt}\left(\frac{\partial T}{\partial \dot{q}_j} \right) - \frac{\partial T}{\partial q_j} \right] \right\} \delta q_j = 0 \ . \qquad (33.26)$$

Da die f virtuellen Verschiebungen δq_j unabhängig voneinander sind (System hat f Freiheitsgrade), kann (33.26) nur erfüllt sein, wenn die geschweifte Klammer für jeden Summanden einzeln verschwindet. Die entstehenden Beziehungen heißen

Lagrangesche Gleichungen 2. Art:

$$\frac{d}{dt}\left(\frac{\partial T}{\partial \dot{q}_j} \right) - \frac{\partial T}{\partial q_j} = Q_j \ , \qquad j = 1, 2, \ldots, f \ . \qquad (33.27)$$

Die f Gleichungen gelten für ein System mit f Freiheitsgraden, dessen Lage durch genau f generalisierte Koordinaten beschrieben wird. T ist die kinetische Energie des Gesamtsystems, die generalisierten Kräfte Q_j können nach (33.19) aus den eingeprägten Kräften und den Ortsvektoren ihrer Angriffspunkte oder bei Potentialkräften aus der potentiellen Energie nach (33.20) berechnet werden.

Wenn ausschließlich Potentialkräfte wirken, kann (33.20) in (33.27) eingesetzt werden:

$$\frac{d}{dt}\left(\frac{\partial T}{\partial \dot{q}_j} \right) - \frac{\partial T}{\partial q_j} + \frac{\partial U}{\partial q_j} = 0 \quad \Rightarrow \quad \frac{d}{dt}\left(\frac{\partial (T-U)}{\partial \dot{q}_j} \right) - \frac{\partial (T-U)}{\partial q_j} = 0 \ .$$

Die potentielle Energie durfte auch im ersten Term in die Ableitung hineingezogen werden, weil sie nicht von den generalisierten Geschwindigkeiten $\dot{q}_j$ abhängt und deshalb bei der partiellen Ableitung ohnehin keinen Anteil liefert. Für die damit in beiden Ausdrücken stehende Energiedifferenz wird ein neuer Begriff eingeführt.

Lagrangesche Gleichungen 2. Art für konservative Systeme:

$$\frac{d}{dt}\left(\frac{\partial L}{\partial \dot{q}_j} \right) - \frac{\partial L}{\partial q_j} = 0 \ , \qquad j = 1, 2, \ldots, f \qquad (33.28)$$

mit der ***Lagrangeschen Funktion***

$$L = T - U \qquad (33.29)$$

- Man beachte, daß bei der Herleitung der Lagrangeschen Gleichungen 2. Art konsequent die Verwendung **generalisierter Koordinaten** vorausgesetzt wurde (diese dürfen nicht über Zwangsbedingungen voneinander abhängig sein). Die Lagrangesche Funktion $L(q_j, \dot{q}_j)$ darf also z. B. beim Einsetzen in (33.28) nur noch diese Koordinaten enthalten.

- Die Lagrangeschen Gleichungen 2. Art (33.27) und (33.28) wurden hier für Massenpunktsysteme hergeleitet, gelten aber auch für Systeme starrer Körper. Dann sind unter den generalisierten Koordinaten im allgemeinen auch Winkel, so daß (33.19) und (33.20) ***generalisierte Momente*** liefern. In die kinetische Energie fließen auch die rotatorischen Anteile ein.

- Vereinfachend wurde bei der Herleitung angenommen, daß die Ortsvektoren $\vec{r}_i$ entsprechend (33.17) nicht auch explizit von der Zeit t abhängig sind (natürlich sind sie von t abhängig über die zeitabhängigen generalisierten Koordinaten). Berücksichtigung auch einer expliziten Zeitabhängigkeit führt allerdings ebenfalls auf die Gleichungen (33.27) und (33.28), so daß diese Beziehungen auch für diesen Spezialfall gelten.

- Erinnerung an die Differentiationsregeln: Partielle Ableitungen nach einer Variablen werden gebildet, indem **alle** übrigen Größen als Konstanten betrachtet werden. Beim Bilden der partiellen Ableitung nach q_j ist also auch $\dot{q}_j$ wie eine Konstante zu behandeln (und umgekehrt). Im Gegensatz dazu bezieht sich die Ableitung nach der Zeit in den Lagrangeschen Gleichungen 2. Art auf alle zeitabhängigen Größen.

- Wenn nicht alle eingeprägten Kräfte Potentialkräfte sind, kann auch mit einer Kombination von (33.28) und (33.27) gearbeitet werden. Die Potentialkräfte werden über die Lagrangesche Funktion erfaßt, und für die Nicht-Potentialkräfte werden generalisierte Kräfte nach (33.19) berechnet, die entsprechend (33.27) einfließen.

Beispiel 1: Für ein Doppelpendel sollen die Bewegungs-Differentialgleichungen der freien Schwingungen hergeleitet werden. Die Massenträgheitsmomente der beiden Pendel beziehen sich jeweils auf die Schwerpunkte.

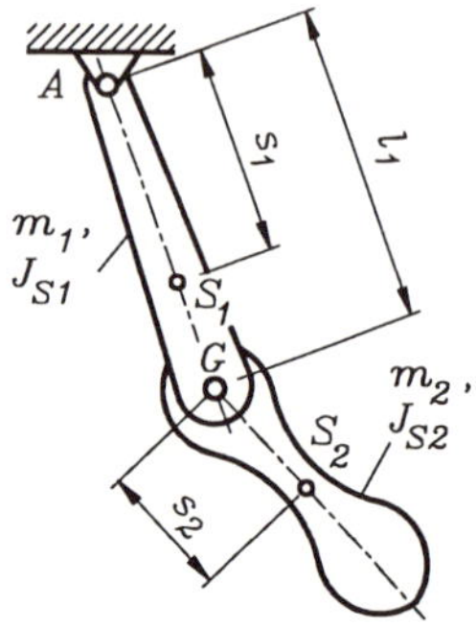

Gegeben: $m_1\,,\ m_2\,,\ J_{S1}\,,\ J_{S2}\,,\ s_1\,,\ s_2\,,\ l_1\,.$

Ein Doppelpendel hat zwei Freiheitsgrade. Als generalisierte Koordinaten eignen sich z. B. die beiden Winkel φ_1 und φ_2 (untere Skizze). Für das Aufschreiben der kinetischen Energie werden beide Pendelbewegungen als Translation des jeweiligen Schwerpunkts mit überlagerter Rotation betrachtet. Die Schwerpunktlagen sind durch die im x-y-Koordinatensystem aufzuschreibenden Ortsvektoren $\vec{r}_1$ und $\vec{r}_2$ zu verfolgen:

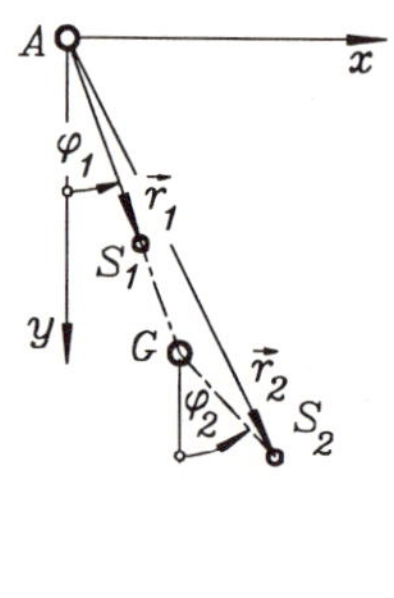

$$\vec{r}_1 = \begin{bmatrix} s_1 \sin\varphi_1 \\ s_1 \cos\varphi_1 \end{bmatrix} \quad , \quad \vec{r}_2 = \begin{bmatrix} l_1 \sin\varphi_1 + s_2 \sin\varphi_2 \\ l_1 \cos\varphi_1 + s_2 \cos\varphi_2 \end{bmatrix} \quad .$$

Die Komponenten der Geschwindigkeitsvektoren

$$\vec{v}_1 = \frac{d\vec{r}_1}{dt} = \begin{bmatrix} v_{1x} \\ v_{1y} \end{bmatrix} \quad , \quad \vec{v}_2 = \frac{d\vec{r}_2}{dt} = \begin{bmatrix} v_{2x} \\ v_{2y} \end{bmatrix}$$

ergeben sich aus den Komponenten der Ortsvektoren durch Differenzieren nach der Zeit und lassen sich zu den Bahngeschwindigkeiten der Schwerpunkte zusammenfassen:

$$v_1^2 = v_{1x}^2 + v_{1y}^2 = s_1^2\,\dot\varphi_1^2 \cos^2\varphi_1 + s_1^2\,\dot\varphi_1^2 \sin^2\varphi_1 = s_1^2\,\dot\varphi_1^2 \quad ,$$

$$\begin{aligned} v_2^2 = v_{2x}^2 + v_{2y}^2 &= (l_1\,\dot\varphi_1 \cos\varphi_1 + s_2\,\dot\varphi_2 \cos\varphi_2)^2 + (l_1\,\dot\varphi_1 \sin\varphi_1 + s_2\,\dot\varphi_2 \sin\varphi_2)^2 \\ &= l_1^2\,\dot\varphi_1^2 + s_2^2\,\dot\varphi_2^2 + 2\,l_1\,s_2\,\dot\varphi_1\,\dot\varphi_2 \cos(\varphi_1 - \varphi_2) \quad . \end{aligned}$$

Damit kann die kinetische Energie des Gesamtsystems aufgeschrieben werden:

$$T = \frac{1}{2} m_1 v_1^2 + \frac{1}{2} J_{S1}\,\dot\varphi_1^2 + \frac{1}{2} m_2 v_2^2 + \frac{1}{2} J_{S2}\,\dot\varphi_2^2 \quad .$$

Für das Aufschreiben der potentiellen Energie wird das Null-Potential (willkürlich) auf die Höhe des Punktes A gelegt, so daß beide Anteile negativ werden:

$$U = -m_1\,g\,s_1 \cos\varphi_1 - m_2\,g\,(l_1 \cos\varphi_1 + s_2 \cos\varphi_2) \quad .$$

Da nur Potentialkräfte wirken, wird für (33.28) die Lagrangesche Funktion formuliert:

$$\begin{aligned} L = T - U = {} & \frac{1}{2} m_1\,s_1^2\,\dot\varphi_1^2 + \frac{1}{2} J_{S1}\,\dot\varphi_1^2 \\ & + \frac{1}{2} m_2 \left[l_1^2\,\dot\varphi_1^2 + s_2^2\,\dot\varphi_2^2 + 2\,l_1\,s_2\,\dot\varphi_1\,\dot\varphi_2 \cos(\varphi_1 - \varphi_2) \right] + \frac{1}{2} J_{S2}\,\dot\varphi_2^2 \\ & + m_1\,g\,s_1 \cos\varphi_1 + m_2\,g\,(l_1 \cos\varphi_1 + s_2 \cos\varphi_2) \quad . \end{aligned}$$

Für die beiden Lagrangeschen Gleichungen 2. Art

$$\frac{d}{dt}\left(\frac{\partial L}{\partial \dot\varphi_1}\right) - \frac{\partial L}{\partial \varphi_1} = 0 \quad , \quad \frac{d}{dt}\left(\frac{\partial L}{\partial \dot\varphi_2}\right) - \frac{\partial L}{\partial \varphi_2} = 0$$

werden die benötigten Ableitungen bereitgestellt:

$$\begin{aligned} \frac{\partial L}{\partial \dot\varphi_1} &= m_1\,s_1^2\,\dot\varphi_1 + J_{S1}\,\dot\varphi_1 + m_2\,l_1^2\,\dot\varphi_1 + m_2\,l_1\,s_2\,\dot\varphi_2 \cos(\varphi_1 - \varphi_2) \quad ; \\ \frac{d}{dt}\left(\frac{\partial L}{\partial \dot\varphi_1}\right) &= m_1\,s_1^2\,\ddot\varphi_1 + J_{S1}\,\ddot\varphi_1 + m_2\,l_1^2\,\ddot\varphi_1 \\ & \quad + m_2\,l_1\,s_2\,\ddot\varphi_2 \cos(\varphi_1 - \varphi_2) - m_2\,l_1\,s_2\,\dot\varphi_2\,(\dot\varphi_1 - \dot\varphi_2) \sin(\varphi_1 - \varphi_2) \quad ; \\ \frac{\partial L}{\partial \varphi_1} &= -m_2\,l_1\,s_2\,\dot\varphi_1\,\dot\varphi_2 \sin(\varphi_1 - \varphi_2) - m_1\,g\,s_1 \sin\varphi_1 - m_2\,g\,l_1 \sin\varphi_1 \quad ; \\ \frac{\partial L}{\partial \dot\varphi_2} &= m_2\,s_2^2\,\dot\varphi_2 + J_{S2}\,\dot\varphi_2 + m_2\,l_1\,s_2\,\dot\varphi_1 \cos(\varphi_1 - \varphi_2) \quad ; \\ \frac{d}{dt}\left(\frac{\partial L}{\partial \dot\varphi_2}\right) &= m_2\,s_2^2\,\ddot\varphi_2 + J_{S2}\,\ddot\varphi_2 + m_2\,l_1\,s_2\,\ddot\varphi_1 \cos(\varphi_1 - \varphi_2) \\ & \quad - m_2\,l_1\,s_2\,\dot\varphi_1\,(\dot\varphi_1 - \dot\varphi_2) \sin(\varphi_1 - \varphi_2) \quad ; \\ \frac{\partial L}{\partial \varphi_2} &= m_2\,l_1\,s_2\,\dot\varphi_1\,\dot\varphi_2 \sin(\varphi_1 - \varphi_2) - m_2\,g\,s_2 \sin\varphi_2 \quad . \end{aligned}$$

Die sich damit ergebenden Bewegungs-Differentialgleichungen sind im Beispiel 3 des Abschnitts B1.12 angegeben und werden dort für spezielle Anfangsbedingungen gelöst.

Beispiel 2: Die Massen m_1 und m_2 sind über ein Feder-Dämpfer-Element (Stoßdämpfer mit linearem Federgesetz und geschwindigkeitsproportionaler Dämpfung) gekoppelt. Auf die Masse m_1 wirkt die periodisch veränderliche Kraft $F(t)$. In der skizzierten statischen Ruhelage ist das Verbindungselement nur durch die Gewichtskraft der Masse m_2 belastet, im Abstand l_0 der Punkte A und B ist die statische Auslenkung $s_{stat} = m_2 g/c$ enthalten.

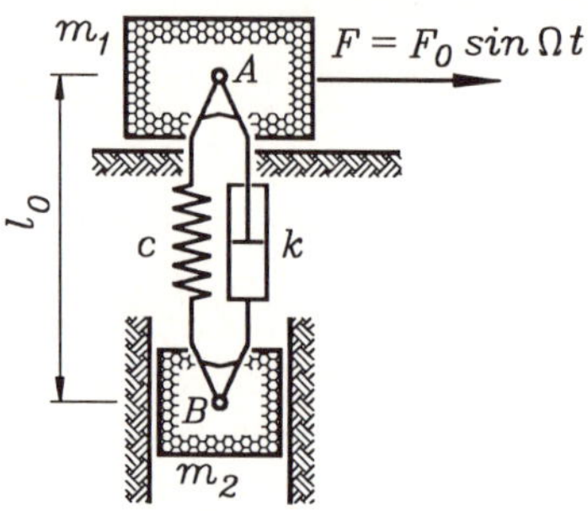

Gegeben: $m_1 \, , \; m_2 \, , \; l_0 \, , \; c \, , \; k \, , \; F_0 \, , \; \Omega \, .$

Es sollen die Bewegungs-Differentialgleichungen des Systems aufgestellt werden.

Das System zwei Freiheitsgrade. Die Kraft $F(t)$ und die Kraft im Dämpfer sind keine Potentialkräfte, deshalb wird (33.27) verwendet. Mit den generalisierten Koordinaten s_1 und s_2 hat das System die kinetische Energie

$$T = \frac{1}{2} m_1 \dot{s}_1^2 + \frac{1}{2} m_2 \dot{s}_2^2 \quad .$$

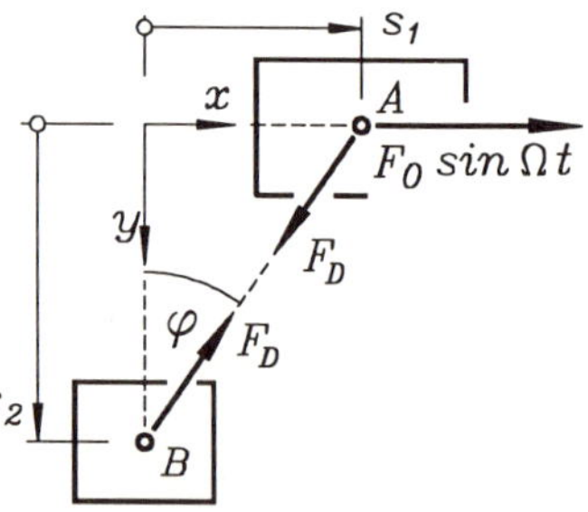

Die generalisierten Kräfte, die aus den Potentialkräften (Gewichtskräfte und Federkraft) hervorgehen, werden aus der potentiellen Energie berechnet. Mit dem Null-Potential in der Höhe der Masse m_1 ergibt sich:

$$U = -m_2 g s_2 + \frac{1}{2} c \left[\sqrt{s_1^2 + s_2^2} - \left(l_0 - s_{stat} \right) \right]^2 \quad .$$

Die Skizze zeigt die Nicht-Potentialkräfte. Die Dämpfungskraft F_D als innere Kraft mußte durch einen Schnitt sichtbar gemacht werden. Die an beiden Schnittufern anzutragenden Kräfte F_D dürfen dann wie eingeprägte Kräfte behandelt werden. Für die Angriffspunkte A und B der Nicht-Potentialkräfte werden die Kraftvektoren und die Ortsvektoren bezüglich des skizzierten x-y-Koordinatensystems formuliert:

$$\vec{F}_1 = \begin{bmatrix} F_0 \sin \Omega t - F_D \sin \varphi \\ F_D \cos \varphi \end{bmatrix} \quad , \quad \vec{r}_1 = \begin{bmatrix} s_1 \\ 0 \end{bmatrix} \quad \Rightarrow \quad \frac{\partial \vec{r}_1}{\partial s_1} = \begin{bmatrix} 1 \\ 0 \end{bmatrix} , \quad \frac{\partial \vec{r}_1}{\partial s_2} = \begin{bmatrix} 0 \\ 0 \end{bmatrix} \quad ,$$

$$\vec{F}_2 = \begin{bmatrix} F_D \sin \varphi \\ -F_D \cos \varphi \end{bmatrix} \quad , \quad \vec{r}_2 = \begin{bmatrix} 0 \\ s_2 \end{bmatrix} \quad \Rightarrow \quad \frac{\partial \vec{r}_2}{\partial s_1} = \begin{bmatrix} 0 \\ 0 \end{bmatrix} , \quad \frac{\partial \vec{r}_2}{\partial s_2} = \begin{bmatrix} 0 \\ 1 \end{bmatrix} \quad .$$

Die Dämpfungskraft F_D ist der Relativgeschwindigkeit zwischen den Punkten A und B in Richtung des Stoßdämpfers proportional (Proportionalitätskonstante k), für die Winkelfunktionen $\sin\varphi$ und $\cos\varphi$ liest man aus der Skizze ab:

$$F_D = k \frac{d}{dt} \left(\sqrt{s_1^2 + s_2^2} \right) = k \frac{s_1 \dot{s}_1 + s_2 \dot{s}_2}{\sqrt{s_1^2 + s_2^2}} \quad , \quad \sin\varphi = \frac{s_1}{\sqrt{s_1^2 + s_2^2}} \quad , \quad \cos\varphi = \frac{s_2}{\sqrt{s_1^2 + s_2^2}} \quad .$$

Damit sind die Ausgangsgrößen für das Aufschreiben der Bewegungs-Differentialgleichungen gegeben. Die generalisierten Kräfte ergeben sich für die Nicht-Potentialkräfte nach (33.19) und für die Potentialkräfte nach (33.20). Diese Formeln können zusammengefaßt werden zu

$$Q_1 = \vec{F}_1 \frac{\partial \vec{r}_1}{\partial s_1} + \vec{F}_2 \frac{\partial \vec{r}_2}{\partial s_1} - \frac{\partial U}{\partial s_1} \quad , \quad Q_2 = \vec{F}_1 \frac{\partial \vec{r}_1}{\partial s_2} + \vec{F}_2 \frac{\partial \vec{r}_2}{\partial s_2} - \frac{\partial U}{\partial s_2}$$

und führen gemeinsam mit der Ableitungsvorschrift für die kinetische Energie nach (33.27) zu den Bewegungs-Differentialgleichungen:

$$m_1 \ddot{s}_1 + c\, s_1 \left(1 - \frac{l_0 - s_{stat}}{\sqrt{s_1^2 + s_2^2}}\right) = F_0 \sin \Omega t - k \frac{s_1 (s_1 \dot{s}_1 + s_2 \dot{s}_2)}{s_1^2 + s_2^2} ,$$

$$m_2 \ddot{s}_2 + c\, s_2 \left(1 - \frac{l_0 - s_{stat}}{\sqrt{s_1^2 + s_2^2}}\right) = m_2 g - k \frac{s_2 (s_1 \dot{s}_1 + s_2 \dot{s}_2)}{s_1^2 + s_2^2} .$$

Bei diesem nichtlinearen Problem bildet die durch die statische Federauslenkung s_{stat} hervorgerufene Kraft während der Bewegung nicht (wie in der statischen Ruhelage) allein mit der Gewichtskraft $m_2 g$ ein Gleichgewichtssystem, so daß die beiden Glieder nicht wie bei linearen Systemen aus den Gleichungen verschwinden (vgl. Beispiel 3 im Abschnitt 31.2). Eine analytische Lösung des nichtlinearen Differentialgleichungssystems ist nicht möglich.

33.5 Prinzip vom Minimum des elastischen Potentials

Betrachtet werden in diesem Abschnitt linear-elastische Strukturen, die sich unter der Einwirkung äußerer Belastungen verformen.

Beispiel 1: Nach dem im Abschnitt 33.2 behandelten Prinzip der virtuellen Arbeit für Potentialkräfte kann die Verlängerung der Feder s infolge des Einhängens der Masse m aus der potentiellen Energie $U = -mgs + \frac{1}{2}cs^2$ nach (33.7) berechnet werden:

$$\frac{dU}{ds} = 0 \quad \Rightarrow \quad -mg + cs = 0 \quad \Rightarrow \quad s = \frac{mg}{c} .$$

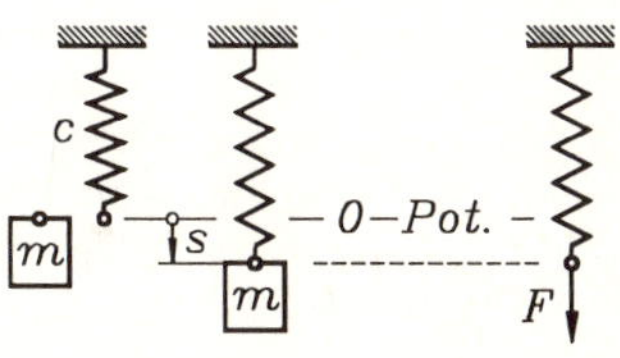

Im folgenden soll nur die Formänderungsenergie W_i in den elastischen Bauteilen durch die potentielle Energie erfaßt werden (im Beispiel 1 die Formänderungsenergie der Feder $\frac{1}{2}cs^2$), während die Arbeit der äußeren Kräfte (im Beispiel 1 die Gewichtskraft mg, in der rechten Skizze die Kraft F) gesondert als $\tilde{W}_a$ eingeht.

Im Abschnitt 33.2 wurde gezeigt, daß für die virtuelle Arbeit einer Potentialkraft δW und dem durch die gleiche virtuelle Verschiebung erzeugten Zuwachs an potentieller Energie δU entsprechend Gleichung (33.5) der Zusammenhang $\delta W = -\delta U$ besteht. Die daraus abgeleitete Beziehung (33.6) $\delta U = 0$ kann, wenn nur ein Teil der Belastung über die potentielle Energie erfaßt wird, zu $\delta(U - W) = 0$ modifiziert werden. Mit der gerade erwähnten gesonderten Erfassung von W_i und $\tilde{W}_a$ muß also

$$\delta(W_i - \tilde{W}_a) = 0 \tag{33.30}$$

gelten. Man überzeugt sich leicht, daß für das Beispiel 1 mit $W_i = \frac{1}{2}cs^2$ und $\tilde{W}_a = mgs$ bzw. $\tilde{W}_a = Fs$ die Bedingung $d(W_i - \tilde{W}_a)/ds = 0$ zu dem bekannten Ergebnis für die Verlängerung s der Feder führt.

Die Beziehung (33.30) ist eine Erweiterung des im Abschnitt 33.2 behandelten Prinzips der virtuellen Arbeit. Für die Differenz in der Klammer wird der Begriff ***elastisches Potential*** Π verwendet, und die im Abschnitt 33.2 gewonnene Erkenntnis, daß bei einer stabilen Gleichgewichtslage die potentielle Energie ein relatives Minimum hat, läßt sich erweitern zum

Prinzip vom Minimum des elastischen Potentials:

$$\Pi = W_i - \tilde{W}_a \quad \rightarrow \quad \textit{Minimum} \ . \qquad (33.31)$$

Darin ist W_i die in dem elastischen System gespeicherte Formänderungsenergie, $\tilde{W}_a$ ist die ***Endwertarbeit*** der äußeren Kräfte.

- Die virtuelle Arbeit einer äußeren Kraft ergibt sich nach (33.2) aus dem Produkt der Kraft und der virtuellen Verschiebung. Deshalb ist auch in (33.31) $\tilde{W}_a$ als Produkt "Kraft · Verschiebung" zu bilden (vgl. das Einführungsbeispiel: $\tilde{W}_a = m g s$ bzw. $\tilde{W}_a = F s$). **$\tilde{W}_a$ ist also nicht identisch mit der im Kapitel 24 eingeführten Arbeit der äußeren Kräfte W_a.** Während W_a die "tatsächlich zu leistende Arbeit" ist (vgl. Arbeitssatz (24.1): $W_i = W_a$), ist $\tilde{W}_a$ so zu bilden, als hätte die Kraft entlang des gesamten Verformungsweges bereits ihre volle Größe (deshalb der Begriff "Endwertarbeit"). **Zwangskräfte** (Lagerreaktionen) sind keinen virtuellen Verschiebungen ausgesetzt (vgl. Abschnitt 33.1) und **liefern keinen Beitrag zu $\tilde{W}_a$**.
- Die Formänderungsenergie W_i kann mit den im Abschnitt 24.2 für die Grundbeanspruchungsarten hergeleiteten Formeln aufgeschrieben werden, in denen die Schnittgrößen mit den in den Kapiteln 17 bis 21 entwickelten Zusammenhängen durch die Verformungen zu ersetzen sind, z. B. wird für Biegeprobleme aus (24.7) und (17.3):

$$W_i = \frac{1}{2}\int_l \frac{M_b^2}{EI}\,dz = \frac{1}{2}\int_l \frac{(-EI v'')^2}{EI}\,dz = \frac{1}{2}\int_l EI v''^2\,dz \ . \qquad (33.32)$$

Beispiel 2: Für den skizzierten Kragträger mit einer Kraft F am freien Ende beträgt die Endwertarbeit $\tilde{W}_a = F\,v(l)$, und mit der Formänderungsenergie nach (33.32) liefert (33.31):

$$\Pi = \frac{1}{2}\int_l EI v''^2\,dz - F\,v(l) \quad \Rightarrow \quad \textit{Minimum} \ .$$

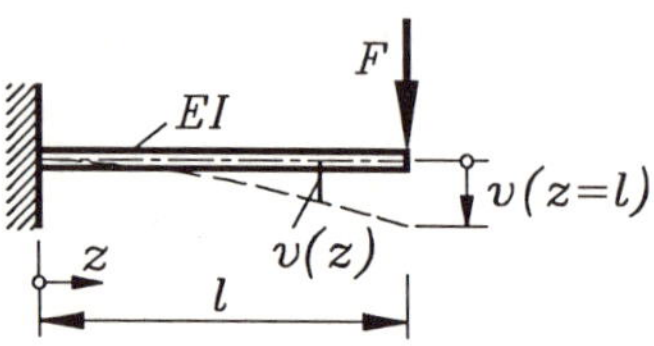

- Man beachte, daß damit für die Verformungsberechnung für ein elastisches Bauteil eine Formulierung gegeben ist, die sich von den bisher behandelten mathematischen Modellen wesentlich unterscheidet. Während bei den in den Kapiteln 17 bis 21 behandelten Randwertproblemen (z. B.: Differentialgleichung der Biegelinie einschließlich der Randbedingungen) eine Funktion gesucht war, die die Differentialgleichung und die Randbedingungen erfüllt, wird bei der Benutzung des Prinzips vom Minimum des elastischen Potentials eine Funktion gesucht, die einen Integralausdruck minimiert.

  Die Bedingung der Verträglichkeit virtueller Verschiebungen mit den geometrischen Bindungen (Abschnitt 33.1) überträgt sich sinngemäß auf die Funktionen, die zur Konkurrenz bei der Suche nach dem Minimum des elastischen Potentials zugelassen sind:

Die Funktionen, die die Verformungen eines Bauteils beschreiben, müssen die geometrischen Randbedingungen erfüllen. Nur unter diesen sogenannten (zulässigen) ***Vergleichsfunktionen*** dürfen diejenigen gesucht werden, für die das elastische Potential Π nach (33.31) zum Minimum wird.

- Bemerkenswert ist, daß sich die Anforderungen an die Vergleichsfunktionen auf die Erfüllung der **geometrischen Randbedingungen** beschränken (für ein Biegeproblem sind das die Aussagen über v und v'). Natürlich muß die Lösung auch die sogenannten **dynamischen Randbedingungen** erfüllen (bei Biegeproblemen die Aussagen über Biegemoment und Querkraft). Dies braucht jedoch nicht als gesonderte Forderung formuliert zu werden, weil sich das Minimum des elastischen Potentials nur für diese Funktionen einstellen kann.
- Die Frage, wie man (unter den im allgemeinen unendlich vielen zulässigen Vergleichsfunktionen) die Funktion herausfinden kann, die für einen vorgegebenen Integralausdruck einen Extremwert liefert, ist Gegenstand eines speziellen Zweiges der Mathematik. In der ***Variationsrechnung*** werden einerseits die Zusammenhänge zwischen den ***Variationsproblemen*** (Integralausdruck soll extrem werden) und den zugehörigen Randwertproblemen untersucht, andererseits werden sehr leistungsfähige Näherungsverfahren für die Variationsprobleme bereitgestellt. Die Überlegungen des nachfolgenden Beispiels bereiten auf das im nächsten Abschnitt zu behandelnde Verfahren vor.

Beispiel 3: Mit den im Kapitel 17 beschriebenen Verfahren (Differentialgleichungen der Biegelinie) ermittelt man für den Kragträger des Beispiels 2 unter der Voraussetzung konstanter Biegesteifigkeit EI die Lösung:

$$v(z) = \frac{F l^3}{6 EI}\left[3\left(\frac{z}{l}\right)^2 - \left(\frac{z}{l}\right)^3\right] .$$

Wenn diese Funktion in den Ausdruck für Π eingesetzt wird, der im Beispiel 2 angegeben ist, erhält man mit

$$\Pi_{\min} = \frac{EI}{2}\,\frac{F^2 l^2}{(EI)^2}\int\limits_{z=0}^{l}\left(1-\frac{z}{l}\right)^2 dz - F\,\frac{F l^3}{3 EI} = -\frac{F^2 l^3}{6 EI}$$

einen Wert, der von keiner zulässigen Vergleichsfunktion unterboten werden kann.

Die Funktion $v_1(z) = a z^4$ z. B. mit zunächst beliebigem Faktor a erfüllt die beiden geometrischen Randbedingungen $v_1(0) = 0$ und $v_1'(0) = 0$ und ist damit als Vergleichsfunktion zulässig. Mit v_1 ergibt sich

$$\Pi_1 = \frac{EI}{2}\int\limits_{z=0}^{l}(12 a z^2)^2\, dz - F a l^4 = \frac{72}{5} EI a^2 l^5 - F a l^4 ,$$

und Π_1 ist bei beliebigem a größer als Π_{min}, wie folgende Extremwertbetrachtung beweist:

$$\frac{\partial \Pi_1}{\partial a} = 0 \quad\Rightarrow\quad \frac{144}{5} EI \bar{a} l^5 - F l^4 = 0 \quad\Rightarrow\quad \bar{a} = \frac{5F}{144 EI l} \quad\Rightarrow\quad \bar{\Pi}_1 = -\frac{5 F^2 l^3}{288 EI} .$$

Der errechnete Wert (nicht sein Betrag) ist auch für das optimale $\bar{a}$ größer als Π_{min}.

33.5.1 Das Verfahren von Ritz

Das im Beispiel 3 des vorigen Abschnitts demonstrierte Vorgehen, eine Vergleichsfunktion mit einem zunächst unbestimmten Ansatzparameter zu wählen, um diesen dann so zu bestimmen, daß zwar im allgemeinen nicht Π_{min}, aber immerhin der für diese Vergleichsfunktion kleinste mögliche Wert für das elastische Potential erreicht wird, ist auch die Grundidee eines sehr effektiven Näherungsverfahrens. Es ist das nach WALTER RITZ (1878 - 1909) benannte

Verfahren von Ritz:

Für die unbekannte Verschiebungsfunktion $v(z)$ wird ein Ansatz mit n Vergleichsfunktionen $v_i(z)$ und unbestimmten Koeffizienten a_i in der Form

$$\tilde{v}(z) = \sum_{i=1}^{n} a_i\, v_i(z) \qquad (33.33)$$

gewählt (**jede Funktion** v_i muß die geometrischen Randbedingungen erfüllen). Die Koeffizienten a_i werden so bestimmt, daß das elastische Potential den für den Ansatz (33.33) möglichen minimalen Wert annimmt. Die dafür notwendigen Bedingungen

$$\frac{\partial \Pi}{\partial a_i} = 0 \quad , \qquad (i = 1, 2, \ldots, n) \qquad (33.34)$$

bilden ein lineares Gleichungssystem mit n Gleichungen für die n Koeffizienten a_i.

Das Verfahren soll zunächst an einem sehr einfachen Beispiel demonstriert werden.

Beispiel 1: Gegeben: l , F , $EI = konst.$

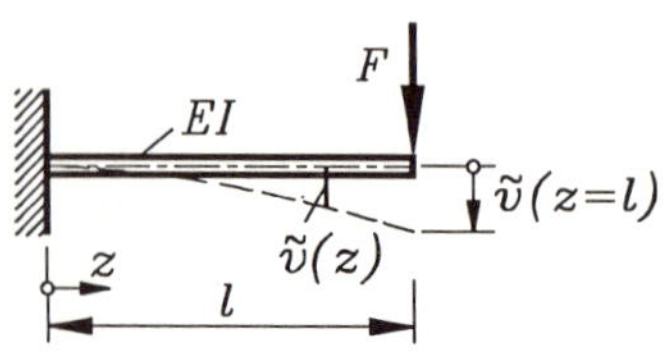

Mit den drei Funktionen $v_1(z) = z^2$, $v_2(z) = z^3$ und $v_3(z) = z^4$, die einzeln die geometrischen Randbedingungen $v(0) = 0$ und $v'(0) = 0$ erfüllen und damit als Vergleichsfunktionen zulässig sind, wird der Ansatz

$$\tilde{v}(z) = a_1 z^2 + a_2 z^3 + a_3 z^4$$

gebildet. Das elastische Potential (vgl. Beispiel 2 im vorigen Abschnitt) wird mit $\tilde{v}$ formuliert, und (33.34) liefert die Bestimmungsgleichungen für die Koeffizienten a_i:

$$\Pi = \frac{1}{2} \int_{z=0}^{l} EI\,\tilde{v}''^2\, dz - F\,\tilde{v}(l) \quad \Rightarrow \quad \textit{Minimum} \quad ,$$

$$\frac{\partial \Pi}{\partial a_i} = 0 \quad \Rightarrow \quad \int_{z=0}^{l} EI\,\tilde{v}''\,\frac{\partial \tilde{v}''}{\partial a_i}\, dz - F\,\frac{\partial \tilde{v}(l)}{\partial a_i} = 0 \ .$$

Mit

$$\tilde{v}'' = 2a_1 + 6a_2 z + 12 a_3 z^2 \quad , \quad \frac{\partial \tilde{v}''}{\partial a_1} = 2 \quad , \quad \frac{\partial \tilde{v}''}{\partial a_2} = 6z \quad , \quad \frac{\partial \tilde{v}''}{\partial a_3} = 12 z^2$$

können die drei Bestimmungsgleichungen für a_1, a_2 und a_3 aufgeschrieben werden:

$$\frac{\partial \Pi}{\partial a_1} = 0: \qquad EI \int_{z=0}^{l} (2a_1 + 6a_2 z + 12a_3 z^2)\; 2 \; dz - F l^2 = 0 \; ,$$

$$\frac{\partial \Pi}{\partial a_2} = 0: \qquad EI \int_{z=0}^{l} (2a_1 + 6a_2 z + 12a_3 z^2)\; 6z \; dz - F l^3 = 0 \; ,$$

$$\frac{\partial \Pi}{\partial a_3} = 0: \qquad EI \int_{z=0}^{l} (2a_1 + 6a_2 z + 12a_3 z^2)\; 12z^2 \; dz - F l^4 = 0 \; .$$

Nach der Integration erhält man ein lineares Gleichungssystem mit folgender Lösung:

$$\begin{bmatrix} 4 & 6l & 8l^2 \\ 6 & 12l & 18l^2 \\ 8 & 18l & \frac{144}{5}l^2 \end{bmatrix} \begin{bmatrix} a_1 \\ a_2 \\ a_3 \end{bmatrix} = \begin{bmatrix} 1 \\ 1 \\ 1 \end{bmatrix} \frac{Fl}{EI} \quad \Rightarrow \quad a_1 = \frac{Fl}{2EI} \; , \quad a_2 = -\frac{F}{6EI} \; , \quad a_3 = 0 \; ,$$

$$\tilde{v}(z) = \frac{Fl}{2EI} z^2 - \frac{F}{6EI} z^3 = \frac{Fl^3}{6EI} \left[3\left(\frac{z}{l}\right)^2 - \left(\frac{z}{l}\right)^3 \right] \; .$$

- Die "Näherungslösung" ist in diesem Fall mit der exakten Lösung identisch. Es gilt generell: Wenn im Ritz-Ansatz $\tilde{v}(z)$ (zufällig) die exakte Lösung enthalten ist, liefert das Verfahren die Koeffizienten a_i so, daß $\tilde{v}(z)$ zur exakten Lösung wird.
- Die Qualität der Näherungslösung wird wesentlich dadurch bestimmt, wie gut mit den Ansatzfunktionen $v_i(z)$ die tatsächliche (das elastische Potential minimierende) Lösungsfunktion anzunähern ist. Die Wahrscheinlichkeit, eine gute Näherung zu ermöglichen, erhöht sich natürlich mit einer größeren Anzahl von Ansatzfunktionen. Sollten völlig untaugliche Vergleichsfunktionen darunter sein, dann werden sie vom Verfahren ohnehin herausgefiltert ($a_3 = 0$ im gerade behandelten Beispiel sorgt dafür, daß die Ansatzfunktion $v_3(z) = z^4$ keinen Anteil zur Lösung beiträgt).
- Für das zentrale Problem bei der Benutzung des Ritzschen Verfahrens, geeignete Ansatzfunktionen zu finden, bietet sich (neben der speziellen Variante, die im Abschnitt 33.5.3 behandelt wird) meist eine recht pragmatische Lösung an: Man entnimmt Formelsammlungen oder Taschenbüchern die Lösung von Problemen mit gleichen geometrischen Randbedingungen (bei beliebigen Belastungen, Steifigkeiten, ...) und hat damit zulässige Vergleichsfunktionen. Dies demonstriert das nachfolgende Beispiel.

Beispiel 2: Für den skizzierten Biegeträger mit linear veränderlicher Linienlast und linear veränderlicher Biegesteifigkeit

$$q(z) = q_A(1 + z/l) \; ,$$
$$EI(z) = EI_A(1 + z/l)$$

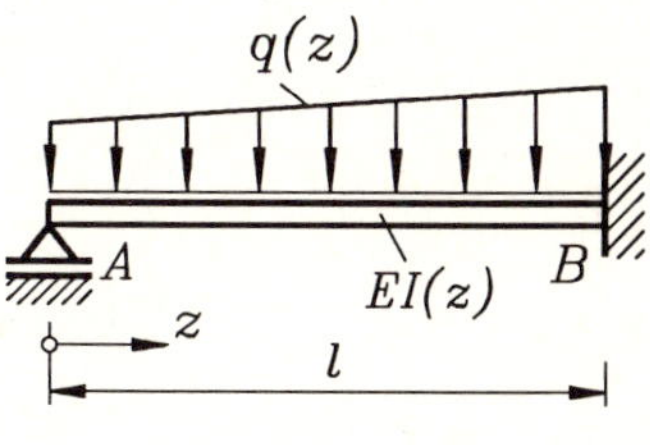

(entspricht dem Keil unter Eigengewichtsbelastung, vgl. Beispiel im Abschnitt 18.1.3) soll eine grobe Näherungslösung mit einem nur eingliedrigen Ritz-Ansatz für die Biegeverformung bestimmt werden.

Gegeben: $l \; , \; q_A \; , \; EI_A \; .$

Die Endwertarbeit der Linienlast ergibt sich aus dem Integral über die von den differentiell kleinen Kräften $q(z)\,dz$ entlang des Verformungsweges $v(z)$ geleisteten Arbeiten, so daß das elastische Potential wie folgt aufgeschrieben werden kann:

$$\Pi = \frac{1}{2}\int_{z=0}^{l} EI(z)\,v''^2(z)\,dz - \int_{z=0}^{l} q(z)\,v(z)\,dz \quad \Rightarrow \quad \textit{Minimum} \ . \qquad (33.35)$$

In einem Taschenbuch [5] findet man die Lösung für das nachstehend skizzierte Problem mit konstanter Biegesteifigkeit und konstanter Linienlast (aber den gleichen Randbedingungen wie für das Problem der Aufgabenstellung):

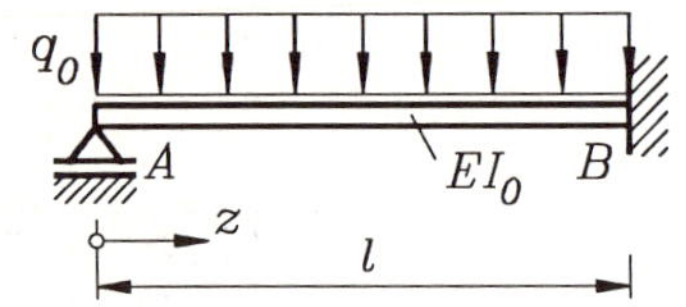

$$\bar{v}(z) = \frac{q_0\,l^4}{48\,EI_0}\left[\frac{z}{l} - 3\left(\frac{z}{l}\right)^3 + 2\left(\frac{z}{l}\right)^4\right] \ .$$

Diese Funktion ist also als Vergleichsfunktion zulässig (es genügt selbstverständlich der Ausdruck in der eckigen Klammer). Da nur ein eingliedriger Ritz-Ansatz verwendet werden soll, kann dieser folgendermaßen formuliert werden:

$$\tilde{v} = a_1\,v_1 = a_1\left[\frac{z}{l} - 3\left(\frac{z}{l}\right)^3 + 2\left(\frac{z}{l}\right)^4\right] \ .$$

Werden $\tilde{v} = a_1\,v_1$ und $\tilde{v}'' = a_1\,v_1''$ in die Formel für das elastische Potential eingesetzt, liefert die Minimalbedingung:

$$\frac{\partial\Pi}{\partial a_1} = 0 \quad \Rightarrow \quad a_1\int_{z=0}^{l} EI(z)\,v_1''^2(z)\,dz - \int_{z=0}^{l} q(z)\,v_1(z)\,dz = 0 \ ,$$

$$a_1 = \frac{\int_{z=0}^{l} q(z)\,v_1(z)\,dz}{\int_{z=0}^{l} EI(z)\,v_1''^2(z)\,dz} = \frac{13\,q_A\,l^4}{684\,EI_A} \quad \Rightarrow \quad \tilde{v} = \frac{13\,q_A\,l^4}{684\,EI_A}\left[\frac{z}{l} - 3\left(\frac{z}{l}\right)^3 + 2\left(\frac{z}{l}\right)^4\right] \ .$$

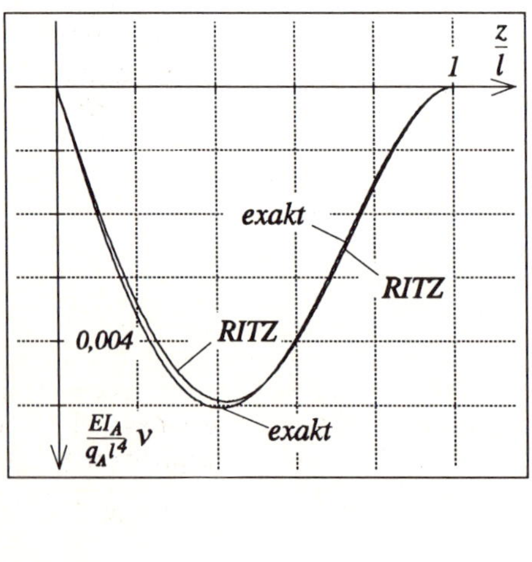

Die Skizze zeigt die Näherungsfunktion im Vergleich mit der exakten Lösung (die exakte Lösungsfunktion findet sich am Ende des Abschnitts 18.1). Obwohl nur mit einem eingliedrigen Ritz-Ansatz gerechnet wurde, ist des Ergebnis recht gut.

Wenn man weitere Vergleichsfunktionen finden kann (z. B. die exakte Lösung für eine Dreieckslast bei konstanter Biegesteifigkeit) würde sich die Näherung mit einem zweigliedrigen Ritz-Ansatz noch verbessern, allerdings steigt auch der Aufwand für die Berechnung.

33.5.2 Randwertproblem und Variationsproblem

Im Beispiel 2 des vorigen Abschnitts wurde mit (33.35) das Prinzip vom Minimum des elastischen Potentials für den durch eine Linienlast belasteten Biegeträger angegeben. Das so formulierte **Variationsproblem** ist dem **Randwertproblem** gleichwertig, zu dem nach (17.4) die Differentialgleichung

$$[EI(z)\, v''(z)]'' = q(z) \qquad \textbf{(33.36)}$$

und die Randbedingungen gehören.

Wenn auch diskrete Belastungen (Einzelkräfte, Einzelmomente) wirken, die beim Randwertproblem über die Randbedingungen einfließen, muß das Variationsproblem um entsprechende Anteile der Endwertarbeit erweitert werden (vgl. Beispiel 1 im vorigen Abschnitt, wo dies für eine Einzelkraft gezeigt wurde). Diskrete Federn (ihre Wirkungen wären beim Randwertproblem auch über die Randbedingungen zu erfassen), könnten durch zusätzliche Anteile bei der Formänderungsenergie ($W_i = ½ c_i v_i^2$) berücksichtigt werden. Zu allen mit (33.36) zu formulierenden Randwertproblemen existiert also ein äquivalentes Variationsproblem

$$\frac{1}{2}\int_l EI(z)\, v''^2(z)\, dz - \int_l q(z)\, v(z)\, dz + W_i^* - \tilde{W}_a^* \;\Rightarrow\; \textit{Minimum}\,, \qquad \textbf{(33.37)}$$

wobei die Sterne bei W_i^* und $\tilde{W}_a^*$ andeuten sollen, daß nur die Anteile gemeint sind, die nicht bereits über die Integrale einfließen.

Entsprechende Zusammenhänge mit einem äquivalenten Variationsproblem lassen sich für alle Randwertprobleme finden, die in den Kapiteln 14 bis 23 behandelt wurden. Mit den Mitteln der Variationsrechnung, auf die hier nicht näher eingegangen werden kann, läßt sich diese Zuordnung auch formal-mathematisch nachweisen:

Zu einem Randwertproblem, das mit einer Differentialgleichung des Typs

$$[f_1(z)\, v''(z)]'' - [f_2(z)\, v'(z)]' + f_3(z)\, v(z) = r(z) \qquad \textbf{(33.38)}$$

formuliert werden kann, gehört das äquivalente Variationsproblem

$$\frac{1}{2}\int_l \left[f_1(z)\, v''^2(z) + f_2(z)\, v'^2(z) + f_3(z)\, v^2(z) - 2\, r(z)\, v(z)\right] dz$$
$$+ W_i^* - \tilde{W}_a^* \;\Rightarrow\; \textit{Minimum}\,. \qquad \textbf{(33.39)}$$

W_i^* und $\tilde{W}_a^*$ sind diskrete Anteile, die beim Randwertproblem über die Randbedingungen erfaßt werden. Bei elasto-statischen Problemen fließt über W_i^* die Formänderungsenergie diskreter Federn ein, $\tilde{W}_a^*$ ist die Endwertarbeit, die von äußeren Einzelkräften bzw. -momenten geleistet wird.

- Man erkennt, daß (33.36) und (33.37) Sonderfälle von (33.38) bzw. (33.39) für $f_2 = 0$ und $f_3 = 0$ sind. Unter anderem sind auch die Differentialgleichung der Biegelinie des elastisch gebetteten Trägers (19.3), die Differentialgleichung für den Torsionswinkel (21.11) und die Differentialgleichung für den Knickstab (23.4) Sonderfälle von (33.38), so daß mit (33.39) die zugehörigen Variationsprobleme gegeben sind.

Beispiel: Ein Stab mit konstantem Querschnitt ist nur durch sein Eigengewicht belastet (vgl. Beispiel im Abschnitt 23.4). Seine kritische Länge soll näherungsweise mit dem Verfahren von Ritz berechnet werden.

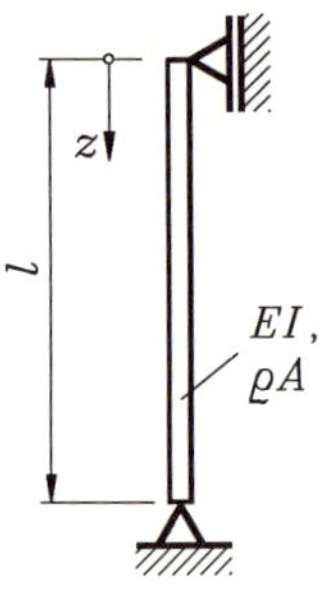

Gegeben: EI , Dichte ϱ , Querschnittsfläche A .

Zur Differentialgleichung 4. Ordnung für den Knickstab (23.4) gehört nach (33.39) das äquivalente Variationsproblem

$$\Pi = \frac{1}{2}\int_{z=0}^{l}\left[EI(z)\,v''^2(z) + F_N(z)\,v'^2\right]dz \quad \Rightarrow \quad \textit{Minimum}$$

mit der Normalkraft F_N, für die bei Eigengewichtsbelastung bezüglich der skizzierten Koordinate

$$F_N = -\varrho g A z$$

einzusetzen ist. Für den einfachen Lagerungsfall lassen sich problemlos Vergleichsfunktionen für das Ritzsche Verfahren finden. Man überzeugt sich leicht, daß z. B.

$$v_1 = z\,(l-z) \qquad \textit{und} \qquad v_2 = z^2\,(l-z)^2$$

jeweils die geometrischen Randbedingungen $v(0) = 0$ und $v(l) = 0$ erfüllen. Nach dem Einsetzen des zweigliedrigen Ritz-Ansatzes

$$\tilde{v} = a_1 v_1 + a_2 v_2 \quad , \quad \tilde{v}' = a_1 v_1' + a_2 v_2' \quad , \quad \tilde{v}'' = a_1 v_1'' + a_2 v_2''$$

in das Variationsproblem liefern die Minimalbedingungen:

$$\frac{\partial \Pi}{\partial a_1} = 0 \quad \Rightarrow \quad \int_{z=0}^{l}\left[EI\left(a_1 v_1'' + a_2 v_2''\right)v_1'' - \varrho g A z\left(a_1 v_1' + a_2 v_2'\right)v_1'\right]dz = 0 \quad ,$$

$$\frac{\partial \Pi}{\partial a_2} = 0 \quad \Rightarrow \quad \int_{z=0}^{l}\left[EI\left(a_1 v_1'' + a_2 v_2''\right)v_2'' - \varrho g A z\left(a_1 v_1' + a_2 v_2'\right)v_2'\right]dz = 0 \quad .$$

Nach dem Berechnen der Integrale ergibt sich mit

$$\begin{bmatrix} 4 - \dfrac{\varrho g A l^3}{6EI} & -\dfrac{\varrho g A l^5}{30EI} \\ -\dfrac{\varrho g A l^5}{30EI} & \dfrac{4}{5}l^4 - \dfrac{\varrho g A l^7}{105EI} \end{bmatrix}\begin{bmatrix} a_1 \\ a_2 \end{bmatrix} = \begin{bmatrix} 0 \\ 0 \end{bmatrix} \quad \Rightarrow \quad \begin{vmatrix} 4 - \dfrac{\varrho g A l^3}{6EI} & -\dfrac{\varrho g A l^5}{30EI} \\ -\dfrac{\varrho g A l^5}{30EI} & \dfrac{4}{5}l^4 - \dfrac{\varrho g A l^7}{105EI} \end{vmatrix} = 0$$

ein **homogenes** lineares Gleichungssystem für die Ansatzparameter a_1 und a_2, das (wie angedeutet) nur dann nichttriviale Lösungen haben kann, wenn seine Koeffizientendeterminante verschwindet. Diese Bedingung führt auf eine quadratische Gleichung

$$\lambda^2 - 360\,\lambda + 6720 = 0 \qquad \textit{mit} \qquad \lambda = \frac{\varrho g A l^3}{EI} \quad ,$$

deren kleinere Lösung $\lambda_{min} = \mathbf{19{,}75}$ die gesuchte kritische Länge liefert:

$$l_{kr} = \sqrt[3]{\lambda_{\min}\frac{EI}{\varrho g A}} = 2{,}70\sqrt[3]{\frac{EI}{\varrho g A}}$$

weicht nur etwa **2,1 %** vom exakten Wert ab (vgl. Beispiel im Abschnitt 23.4).

33.5.3 Verfahren von Ritz und Finite-Elemente-Methode

Die Genauigkeit einer Näherungslösung nach dem Verfahren von Ritz (Abschnitt 33.5.1) ist wesentlich davon abhängig, ob die gewählten Ansatzfunktionen flexibel genug sind, die exakte Lösung möglichst gut nachzubilden. Dieses Ziel kann erreicht werden durch

- Verwendung einer großen Anzahl von Ansatzfunktionen (dabei kann unter Umständen die Suche nach zulässigen Vergleichsfunktionen schwierig sein) oder
- Aufschreiben der Ansatzfunktionen für Teilbereiche bei möglichst großer Anzahl von Bereichen (die Lösung wird "stückweise angenähert"). Bei dieser Variante muß natürlich auch die Einschränkung der Auswahlmöglichkeiten (Abschnitt 33.5.1) beachtet werden:

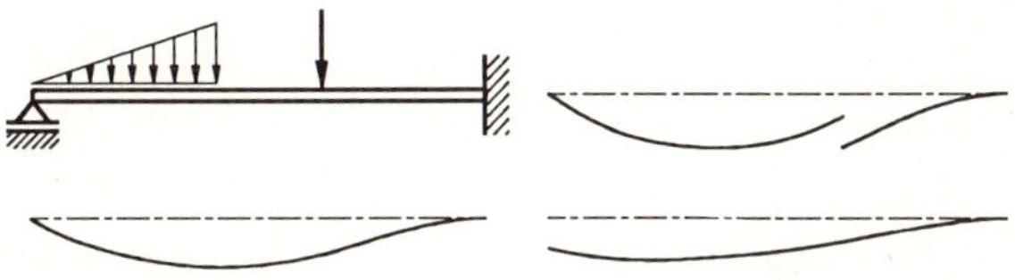
Zulässige Vergleichsfunktion — Unzulässige Vergleichsfunktionen

Die Ansatzfunktionen für das Verfahren von Ritz müssen den Kriterien für zulässige **Vergleichsfunktionen** genügen ("geometrisch zulässig" sein). Der nebenstehend skizzierte Biegeträger zeigt das noch einmal: Zulässige Vergleichsfunktionen erfüllen die geometrischen Rand- und Übergangsbedingungen. Für Biegeprobleme bedeutet das Stetigkeit der Biegelinie und ihrer ersten Ableitung (kein "Sprung", kein "Knick").

Das nachfolgende Beispiel demonstriert das Aufschreiben der Ansatzfunktionen für zwei Teilbereiche, wobei zunächst die geometrische Kompatibilität an den Lagern und der Übergangsstelle hergestellt werden muß.

Beispiel: Für den skizzierten Träger mit konstanter Biegesteifigkeit soll die Durchbiegung näherungsweise nach dem Verfahren von Ritz berechnet werden, indem für die beiden Bereiche jeweils eine Ansatzfunktion dritten Grades verwendet wird.

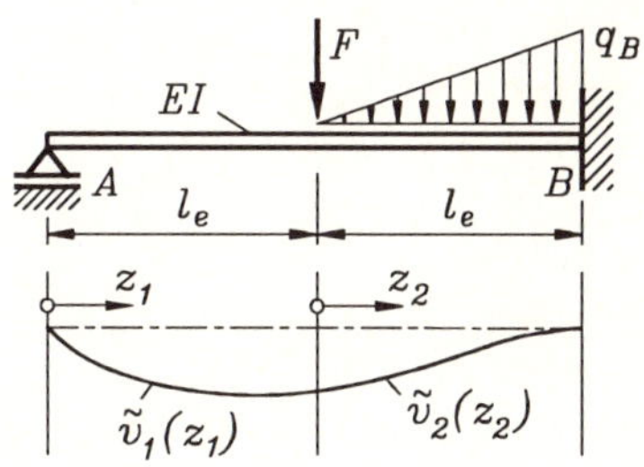

Gegeben: l_e , EI , F , q_B .

Die 8 Parameter der beiden Ansatzfunktionen

$$\tilde{v}_1 = a_0 + a_1 z_1 + a_2 z_1^2 + a_3 z_1^3 \quad ,$$
$$\tilde{v}_2 = \bar{a}_0 + \bar{a}_1 z_2 + \bar{a}_2 z_2^2 + \bar{a}_3 z_2^3 \quad ,$$

müssen zunächst für die geometrische Kompatibilität sorgen, die bei Erfüllung folgender geometrischer Rand- und Übergangsbedingungen gegeben ist:

$$\tilde{v}_1(z_1 = 0) = 0 \quad \Rightarrow \quad a_0 = 0 \quad ,$$
$$\tilde{v}_1(z_1 = l_e) = \tilde{v}_2(z_2 = 0) \quad \Rightarrow \quad a_1 l_e + a_2 l_e^2 + a_3 l_e^3 = \bar{a}_0 \quad ,$$
$$\tilde{v}_1'(z_1 = l_e) = \tilde{v}_2'(z_2 = 0) \quad \Rightarrow \quad a_1 + 2 a_2 l_e + 3 a_3 l_e^2 = \bar{a}_1 \quad ,$$
$$\tilde{v}_2(z_2 = l_e) = 0 \quad \Rightarrow \quad \bar{a}_0 + \bar{a}_1 l_e + \bar{a}_2 l_e^2 + \bar{a}_3 l_e^3 = 0 \quad ,$$
$$\tilde{v}_2'(z_2 = l_e) = 0 \quad \Rightarrow \quad \bar{a}_1 + 2 \bar{a}_2 l_e + 3 \bar{a}_3 l_e^2 = 0 \quad .$$

Nach Erfüllung dieser 5 Rand- und Übergangsbedingungen bleiben von den 8 Ansatzparametern 3 unbestimmt. Als verbleibende Parameter werden $\bar{a}_0$, a_1 und $\bar{a}_1$ gewählt, weil sich deren geometrische Interpretierbarkeit als Vorteil erweisen wird: $\bar{a}_0$ ist die Verschiebung in Trägermitte (wegen $\tilde{v}_2(z_2=0) = \bar{a}_0$), a_1 und $\bar{a}_1$ sind die Biegewinkel $\tilde{v}_1'$ am linken Lager bzw. $\tilde{v}_2'$ in der Trägermitte. Dafür werden

$$a_1 = \varphi_1 \quad , \quad \bar{a}_0 = v_2 \quad , \quad \bar{a}_1 = \varphi_2$$

gesetzt, die übrigen Ansatzparameter können mit den Rand- und Übergangsbedingungen durch diese drei Größen ersetzt werden, und man erhält (nach etwas mühsamer Rechnung) die beiden Ansatzfunktionen mit insgesamt nur noch drei freien Parametern:

$$\tilde{v}_1 = \varphi_1\left(z_1 - 2\frac{z_1^2}{l_e} + \frac{z_1^3}{l_e^2}\right) + v_2\left(3\frac{z_1^2}{l_e^2} - 2\frac{z_1^3}{l_e^3}\right) + \varphi_2\left(-\frac{z_1^2}{l_e} + \frac{z_1^3}{l_e^2}\right) = \varphi_1 g_1 + v_2 g_2 + \varphi_2 g_3$$

$$\tilde{v}_2 = v_2\left(1 - 3\frac{z_2^2}{l_e^2} + 2\frac{z_2^3}{l_e^3}\right) + \varphi_2\left(z_2 - 2\frac{z_2^2}{l_e} + \frac{z_2^3}{l_e^2}\right) = v_2\bar{g}_2 + \varphi_2\bar{g}_3$$

(für die Klammern wurden die Abkürzungen $g_1, g_2, \ldots$ gesetzt). Das Prinzip vom Minimum des elastischen Potentials muß mit den Anteilen aus beiden Bereichen aufgeschrieben werden:

$$\Pi = \frac{1}{2}\int_{z_1=0}^{l_e} EI\tilde{v}_1''^2\,dz_1 + \frac{1}{2}\int_{z_2=0}^{l_e} EI\tilde{v}_2''^2\,dz_2 - \int_{z_2=0}^{l_e} q_2\tilde{v}_2\,dz - Fv_2 \rightarrow \textit{Minimum}$$

mit $q_2 = q_B z_2/l_e$. Die Minimalbedingungen

$$\frac{\partial\Pi}{\partial\varphi_1} = 0 \quad , \quad \frac{\partial\Pi}{\partial v_2} = 0 \quad , \quad \frac{\partial\Pi}{\partial\varphi_2} = 0$$

liefern schließlich ein lineares Gleichungssystem für die Ansatzparameter:

$$\begin{bmatrix} k_{11} & k_{12} & k_{13} \\ k_{12} & k_{22} & k_{23} \\ k_{13} & k_{23} & k_{33} \end{bmatrix}\begin{bmatrix} \varphi_1 \\ v_2 \\ \varphi_2 \end{bmatrix} = \begin{bmatrix} b_1 \\ b_2 \\ b_3 \end{bmatrix} \quad \textit{mit} \quad k_{1j} = \int_{z_1=0}^{l_e} EI g_1'' g_j''\,dz_1 \quad (j = 1,2,3) \quad ,$$

$$k_{ij} = \int_{z_1=0}^{l_e} EI g_i'' g_j''\,dz_1 + \int_{z_2=0}^{l_e} EI\bar{g}_i''\bar{g}_j''\,dz_2 \quad (i,j = 2,3) \quad ,$$

$$b_1 = 0 \quad , \quad b_2 = \int_{z_2=0}^{l_e} q_2\bar{g}_2\,dz_2 + F \quad , \quad b_3 = \int_{z_2=0}^{l_e} q_2\bar{g}_3\,dz_2 \quad .$$

Das Erzeugen dieses Gleichungssystems war nicht schwierig, ist allerdings etwas aufwendig, und dieser Algorithmus ist deshalb für die Handrechnung nicht zu empfehlen. Man erkennt jedoch einen bemerkenswert formalen Aufbau der Integrale, die die Koeffizienten des Gleichungssystems bilden. Die Vermutung liegt nahe (und wird sich als richtig erweisen), daß sich das Aufschreiben der Integrale auch bei komplizierteren Problemen formalisieren läßt. Die Matrix ist symmetrisch, es gehen Abmessungen und Steifigkeiten ein ("Steifigkeitsmatrix"), die Belastungen stehen im Vektor der rechten Seite ("Belastungsvektor"), die Verwandtschaft mit der Finite-Elemente-Methode wird deutlich.

Nachfolgend wird für den Biegeträger der Zusammenhang des Ritzschen Verfahrens mit der Methode der finiten Elemente gezeigt. Am Beispiel wird dargestellt, wie aus einem Variationsproblem eine Elementsteifigkeitsmatrix (und damit die Grundlage für die Berechnung von Aufgaben einer ganzen Problemklasse) abgeleitet werden kann.

Behandelt wird exemplarisch der durch eine Linienlast belastete Biegeträger, für den das Prinzip vom Minimum des elastischen Potentials auf das Variationsproblem (33.35) führt. Die Durchbiegung soll mit dem Ritzschen Verfahren berechnet werden, wobei bereichsweise (elementweise) Ansatzfunktionen 3. Grades verwendet werden.

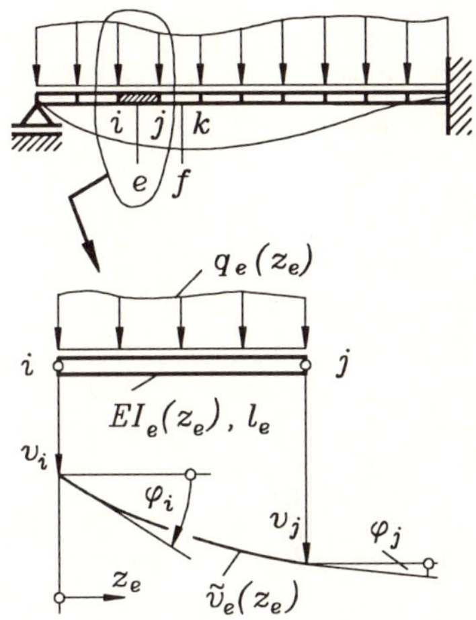

Betrachtet wird zunächst ein beliebiges **Element** $\boldsymbol{e}$ mit den **Knoten** $\boldsymbol{i}$ und $\boldsymbol{j}$, der Länge l_e und einer eigenen Elementkoordinate z_e. Die Biegesteifigkeit $EI_e(z_e)$ und die Linienlast $q_e(z_e)$ werden als bekannt vorausgesetzt. Bezogen auf die elementeigene Koordinate werden die vier Ansatzparameter einer allgemeinen Funktion dritten Grades

$$\tilde{v}_e(z_e) = a_0 + a_1 z_e + a_2 z_e^2 + a_3 z_e^3 \qquad (33.40)$$

durch die Verformungsgrößen v_i, φ_i, v_j und φ_j an den Knoten i bzw. j ersetzt (vgl. das behandelte Beispiel). Aus den vier Bedingungen

$$\tilde{v}_e(z_e{=}0) = v_i\,, \quad \tilde{v}_e'(z_e{=}0) = \varphi_i\,, \quad \tilde{v}_e(z_e{=}l_e) = v_j\,, \quad \tilde{v}_e'(z_e{=}l_e) = \varphi_j \qquad (33.41)$$

werden (mit erträglicher Mühe) a_0, a_1, a_2, a_3 berechnet und in (33.40) eingesetzt:

$$\tilde{v}_e = v_i\left(1 - 3\frac{z_e^2}{l_e^2} + 2\frac{z_e^3}{l_e^3}\right) + \varphi_i\left(z_e - 2\frac{z_e^2}{l_e} + \frac{z_e^3}{l_e^2}\right) + v_j\left(3\frac{z_e^2}{l_e^2} - 2\frac{z_e^3}{l_e^3}\right) + \varphi_j\left(-\frac{z_e^2}{l_e} + \frac{z_e^3}{l_e^2}\right)$$

$$= v_i\,g_1(z_e) + \varphi_i\,g_2(z_e) + v_j\,g_3(z_e) + \varphi_j\,g_4(z_e) \quad . \qquad (33.42)$$

Dieser Verschiebungsansatz für das Element e wird nun (bezogen auf die jeweils elementeigene Koordinate) mit den gleichen Funktionen für alle Elemente verwendet, wobei als Ansatzparameter jeweils die Verformungsgrößen des entsprechenden Elements gewählt werden, für das Nachbarelement f mit den Knoten j und k also zum Beispiel:

$$\tilde{v}_f = v_j\,g_1(z_f) + \varphi_j\,g_2(z_f) + v_k\,g_3(z_f) + \varphi_k\,g_4(z_f) \quad .$$

Da für das Element f dann automatisch die sinngemäß modifizierten Bedingungen (33.41)

$$\tilde{v}_f(z_f{=}0) = v_j \quad , \quad \tilde{v}_f'(z_f{=}0) = \varphi_j \quad , \quad \tilde{v}_f(z_f{=}l_f) = v_k \quad , \quad \tilde{v}_f'(z_f{=}l_f) = \varphi_k$$

gelten, ist gesichert, daß sich an den Elementgrenzen (hier: Knoten j) zweier benachbarter Elemente (hier: Elemente e und f) gleiche Verformungsgrößen (hier: v_j und φ_j) einstellen.

Durch die Wahl der Verformungsgrößen an den Knoten als Ansatzparameter für die elementweise geltenden Ansatzfunktionen wird automatisch die innere geometrische Verträglichkeit der verformten Struktur garantiert.

♦ Die Einschränkung dieser Aussage auf die "innere" geometrische Verträglichkeit ist erforderlich, weil z. B. die Verformungsbehinderung "von außen" (durch Lager) noch nicht berücksichtigt ist. Man sollte sich die geometrischen Randbedingungen infolge der Lager dadurch erfüllt denken, daß die entsprechenden Verformungsgrößen v_L bzw. φ_L den Wert Null haben, und Teile der Ansatzfunktionen entfallen.

Das elastische Potential wird mit diesen Ansatzfunktionen für das gesamte System (Summe über alle Elemente) aufgeschrieben:

$$\begin{aligned} \Pi = \ldots + \frac{1}{2}\int_{l_e} EI_e(z_e)\,\tilde{v}_e''^2(z_e)\,dz_e + \frac{1}{2}\int_{l_f} EI_f(z_f)\,\tilde{v}_f''^2(z_f)\,dz_f + \ldots \\ \ldots - \int_{l_e} q_e(z_e)\,\tilde{v}_e(z_e)\,dz_e - \int_{l_f} q_f(z_f)\,\tilde{v}_f(z_f)\,dz_f - \ldots \quad \Rightarrow \quad \textit{Minimum} \;. \end{aligned} \tag{33.43}$$

Es wird minimal, wenn die partiellen Ableitungen nach sämtlichen Ansatzparametern $v_1, \varphi_1, \ldots, v_i, \varphi_i, v_j, \varphi_j, \ldots$ verschwinden. Dabei liefern immer nur wenige Integrale einen Beitrag, für die partiellen Ableitungen nach v_j und φ_j zum Beispiel sind es nur die in (33.43) angedeuteten vier Integrale, weil v_j und φ_j nur in den Ansatzfunktionen der Elemente e und f enthalten sind.

Da außerdem in allen Integralen gleichartige Funktionen stehen, ist es sinnvoll, zunächst die Frage zu untersuchen, **welchen Anteil ein Element** zu den Minimalbedingungen liefert, um danach die Anteile der (beiden) Elemente zu den Minimalbedingungen eines Knotens zusammenzusetzen. Zum Beispiel kann aus der partiellen Ableitung des Potentials Π nach v_j

$$\frac{\partial \Pi}{\partial v_j} = 0 \quad \Rightarrow \quad \int_{l_e} EI_e \tilde{v}_e'' g_3'' \, dz_e + \int_{l_f} EI_f \tilde{v}_f'' g_1'' \, dz_f - \int_{l_e} q_e g_3 \, dz_e - \int_{l_f} q_f g_1 \, dz_f = 0$$

der "Element-e-Anteil" separiert werden:

$$\int_{l_e} EI_e \tilde{v}_e'' g_3'' \, dz_e - \int_{l_e} q_e g_3 \, dz_e = 0$$

Nach Einsetzen der kompletten Ansatzfunktion (33.42) kann dieser Anteil in der Form

$$v_i \int_{l_e} EI_e g_1'' g_3'' dz_e + \varphi_i \int_{l_e} EI_e g_2'' g_3'' dz_e + v_j \int_{l_e} EI_e g_3''^2 dz_e + \varphi_j \int_{l_e} EI_e g_4'' g_3'' dz_e - \int_{l_e} q_e g_3 dz_e = 0$$

aufgeschrieben werden, und aus den partiellen Ableitungen nach den drei anderen Ansatzparametern, für die das **Element** e Beiträge liefert, resultieren entsprechende Beziehungen:

$$\begin{aligned} \frac{\partial \Pi}{\partial v_i} = 0 \quad &\Rightarrow \quad k_{11}^{(e)} v_i + k_{12}^{(e)} \varphi_i + k_{13}^{(e)} v_j + k_{14}^{(e)} \varphi_j - f_1^{(e)} = 0 \;, \\ \frac{\partial \Pi}{\partial \varphi_i} = 0 \quad &\Rightarrow \quad k_{21}^{(e)} v_i + k_{22}^{(e)} \varphi_i + k_{23}^{(e)} v_j + k_{24}^{(e)} \varphi_j - f_2^{(e)} = 0 \;, \\ \frac{\partial \Pi}{\partial v_j} = 0 \quad &\Rightarrow \quad k_{31}^{(e)} v_i + k_{32}^{(e)} \varphi_i + k_{33}^{(e)} v_j + k_{34}^{(e)} \varphi_j - f_3^{(e)} = 0 \;, \\ \frac{\partial \Pi}{\partial \varphi_j} = 0 \quad &\Rightarrow \quad k_{41}^{(e)} v_i + k_{42}^{(e)} \varphi_i + k_{43}^{(e)} v_j + k_{44}^{(e)} \varphi_j - f_4^{(e)} = 0 \end{aligned} \tag{33.44}$$

$$\textit{mit} \quad k_{mn} = \int_{l_e} EI_e g_m'' g_n'' dz_e \quad \textit{und} \quad f_m = \int_{l_e} q_e g_m dz_e \quad (m,n = 1,2,3,4) \;.$$

Entsprechende Beziehungen sind für alle Elemente aufzuschreiben, wobei sich die Integrale, die die k_{mn}-Werte liefern, nur durch die Funktionen für die Biegesteifigkeit unterscheiden, in den Integralen für die f_m-Werte ist jeweils die Funktion für die Linienlast des aktuellen Elements einzusetzen. Im betrachteten Beispiel würde der **"Element-*f*-Anteil"** der partiellen Ableitung nach v_j formal den gleichen Aufbau haben wie die erste Zeile in (33.44):

$$\frac{\partial \Pi}{\partial v_j} = 0 \quad \Rightarrow \quad k_{11}^{(f)} v_j + k_{12}^{(f)} \varphi_j + k_{13}^{(f)} v_k + k_{14}^{(f)} \varphi_k - f_1^{(f)} = 0 \quad .$$

Dieser Anteil des Elements f kann mit dem entsprechenden **"Element-*e*-Anteil"** dieser partiellen Ableitung aus der 3. Zeile in (33.44) zu einer **kompletten Minimalbedingung** zusammengesetzt werden:

$$\frac{\partial \Pi}{\partial v_j} = 0 \quad \Rightarrow \quad k_{31}^{(e)} v_i + k_{32}^{(e)} \varphi_i + \left(k_{33}^{(e)} + k_{11}^{(f)}\right) v_j$$
$$+ \left(k_{34}^{(e)} + k_{12}^{(f)}\right) \varphi_j + k_{13}^{(f)} v_k + k_{14}^{(f)} \varphi_k - f_3^{(e)} - f_1^{(f)} = 0 \quad . \qquad \textbf{(33.45)}$$

Dies entspricht exakt dem Algorithmus der Finite-Elemente-Methode (Kapitel 15 und 18), aus Elementbeziehungen die für das System geltenden Gleichungen zusammenzubauen, was noch deutlicher wird, wenn man (33.44) als **Element-Steifigkeitsbeziehung** in der Form aufschreibt, wie sie im Abschnitt 18.2.2 für den Biegeträger hergeleitet wurde:

$$\begin{bmatrix} k_{11}^{(e)} & k_{12}^{(e)} & k_{13}^{(e)} & k_{14}^{(e)} \\ k_{21}^{(e)} & k_{22}^{(e)} & k_{23}^{(e)} & k_{24}^{(e)} \\ k_{31}^{(e)} & k_{32}^{(e)} & k_{33}^{(e)} & k_{34}^{(e)} \\ k_{41}^{(e)} & k_{42}^{(e)} & k_{43}^{(e)} & k_{44}^{(e)} \end{bmatrix} \begin{bmatrix} v_i \\ \varphi_i \\ v_j \\ \varphi_j \end{bmatrix} - \begin{bmatrix} f_1^{(e)} \\ f_2^{(e)} \\ f_3^{(e)} \\ f_4^{(e)} \end{bmatrix} = 0 \qquad \begin{array}{ll} \textit{mit} & k_{mn} = \int\limits_{l_e} EI_e g_m'' g_n'' \, dz_e \\ \textit{und} & f_m = \int\limits_{l_e} q_e g_m \, dz_e \\ & (m,n = 1,2,3,4) \quad . \end{array} \qquad \textbf{(33.46)}$$

- Der Algorithmus zur Herstellung der kompletten Minimalbedingungen kann also durch die "Einspeicherungsvorschrift" für den Aufbau von System-Steifigkeitsbeziehungen aus Element-Steifigkeitsbeziehungen (im Kapitel 15 ausführlich beschrieben) ersetzt werden. Auch die in der Finite-Elemente-Methode übliche Strategie, die äußeren geometrischen Bedingungen (verhinderte Verschiebungen) erst nachträglich (in der System-Steifigkeitsbeziehung) zu berücksichtigen, kann übernommen werden.

- Die Integrale, aus denen die k_{mn} berechnet werden, liefern für konstante Biegesteifigkeit exakt die Werte der Element-Steifigkeitsmatrix in (18.11), z. B. für $m = n = 1$:

$$g_1''(z_e) = -\frac{6}{l_e^2} + 12\frac{z_e}{l_e^3} \quad \Rightarrow \quad k_{11} = EI \int\limits_{z_e=0}^{l_e} \left(-\frac{6}{l_e^2} + 12\frac{z_e}{l_e^3}\right)^2 dz_e = \frac{12\,EI}{l_e^3} \quad .$$

  Die f_m-Werte, die sich nach (33.46) ergeben, entsprechen den reduzierten Knotenlasten in (18.11). Für linear veränderliche Linienlast erhält man auch hier die im Abschnitt 18.2.2 auf anderem Wege erhaltenen Formeln (18.10).

- Die in der Element-Steifigkeitsbeziehung (18.11) auf der linken Seite stehenden Element-Knotenlasten tauchen als innere Kräfte bzw. Momente des Systems in der nach dem Ritzschen Verfahren gefundenen Formulierung gar nicht auf. Die Vorschrift zum Aufbau der System-Steifigkeitsbeziehung, die im Kapitel 15 hergeleitet wurde, basiert auf dem Gleichgewicht dieser Element-Knotenlasten mit den äußeren Knotenlasten. Bemerkenswert ist, daß mit dem Ritzschen Verfahren auf anderem Weg der gleiche Algorithmus zum Aufbau der System-Beziehungen gefunden wird.

- Fazit: Der im Kapitel 15 anschaulich (Gleichgewicht und Kompatibilität) hergeleitete Finite-Elemente-Algorithmus entspricht dem Ritzschen Verfahren und wird durch dieses um die Möglichkeit erweitert, Element-Steifigkeitsbeziehungen für beliebige Problemklassen zu erzeugen, die durch ein Variationsproblem beschrieben werden. Damit ist die Anwendbarkeit der Finite-Elemente-Methode weit über die Elastomechanik hinaus möglich. Wenn das Variationsproblem auf der Basis des Prinzips vom Minimum des elastischen Potentials formuliert wird, ergibt sich nach dem Verfahren von Ritz (wie mit (33.46) für das Biegeproblem demonstriert) eine Vorschrift für den Aufbau der Element-Steifigkeitsmatrix und die Reduktion der äußeren Belastung auf Knotenlasten.
- Die mit (33.46) gegebene Möglichkeit, für beliebig veränderliche Biegesteifigkeit und beliebige Linienlasten die Element-Steifigkeitsbeziehung zu formulieren, verdeutlicht, daß die Finite-Elemente-Methode ein Näherungsverfahren ist, denn mit den Ansatzfunktionen (hier: Polynome 3. Grades) kann natürlich nur für die bereits erwähnten Sonderfälle die tatsächliche Verformungsfunktion exakt nachgebildet werden. Es ist deshalb auch dann sinnvoll, den Biegeträger in eine größere Anzahl von Elementen zu unterteilen, wenn dies nicht (durch äußere Einzellasten, sprunghaft veränderlichen Querschnitt, ...) ohnehin zwingend ist. Diese Aussage gilt sinngemäß besonders bei der Behandlung von zwei- und dreidimensionalen Problemen, auf die hier nicht eingegangen werden kann.

Die Methode der finiten Elemente ist ein Näherungsverfahren. Bis auf wenige Ausnahmen, bei denen ein Berechnungsmodell exakt erfaßt werden kann (z. B. die in den Kapiteln 15 und 18 behandelten Probleme) werden die tatsächlichen Lösungsfunktionen (bei den hier vorgestellten Beispielen die Verschiebungsfunktionen) durch Näherungsansätze nachgebildet.

Mit sehr komfortablen Finite-Elemente-Programmsystemen auf leistungsfähigen Computern sind beinahe beliebig komplizierte Bauteile der Berechnung zugänglich. Auf die Wahl der Ansatzfunktionen für die Elemente kann der Benutzer eines solchen Programmsystems in der Regel nur bedingt Einfluß nehmen, indem er aus einem Elementkatalog die für seine Aufgabe passenden Elemente auswählt. Dabei muß er in jedem Fall beachten, daß die Näherungslösung nur so gut sein kann wie die Möglichkeit, die (unbekannten) Lösungsfunktionen durch die Ansatzfunktionen nachzubilden.

Mit einer sinnvollen Einteilung des Systems in (sehr viele) Elemente (bei zwei- und dreidimensionalen Problemen durch eine "feine Vernetzung") vergrößert sich die Wahrscheinlichkeit für eine "gute Näherung". Diese Aussage ist umkehrbar: Eine schlechte Vernetzung kann zu beliebig unsinnigen Ergebnissen führen. Die zu guten Programmsystemen gehörenden "Netz-Generatoren" nehmen dem Benutzer die mühsame Arbeit weitgehend ab. Dabei kann kaum garantiert werden, daß die entstehende Element-Einteilung bei automatischer Vernetzung auch zu guten Näherungen führt. **Ein gewisses Verständnis für den Näherungscharakter der Methode ist für eine erfolgreiche Benutzung von Finite-Elemente-Programmsystemen unabdingbar.**

33.6 Aufgaben

Aufgabe 33.1: Für den skizzierten Gerber-Träger (vgl. Beispiel 2 im Abschnitt 6.1) ist die Lagerkraft F_B mit Hilfe des Prinzips der virtuellen Arbeit zu berechnen (man ersetze nur das Lager B durch eine Kraft und bringe eine virtuelle Verschiebung in Richtung dieser Kraft auf).

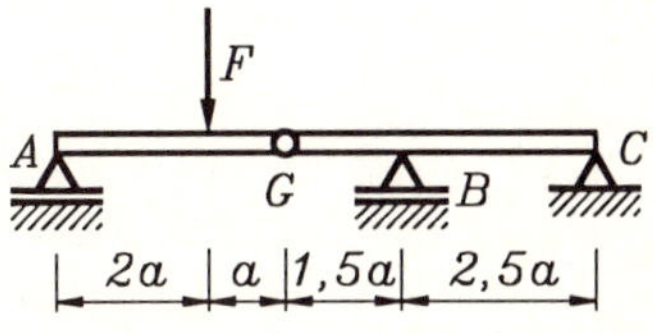

Gegeben: F .

Aufgabe 33.2: Für den durch zwei Federn in einer Führung gehaltenen Gleitstein der Aufgaben 10.2 und 10.3 im Kapitel 10 ermittle man für die dort angegebenen Parameterkombinationen durch graphische Darstellung der potentiellen Energie des Systems in Abhängigkeit von der Lage des Gleitsteins (Programm MCALCU) die Gleichgewichtslagen und entscheide über deren Stabilität.

Aufgabe 33.3: Das Pendeln der Last einer auf der Kranbahn stehenden Laufkatze regt gleichzeitig Biegeschwingungen der elastischen Kranbahn an. Die Bewegung des Systems kann durch das angegebene Berechnungsmodell erfaßt werden. Gegeben sind die Federzahl c der als Biegeträger idealisierten Kranbahn für die jeweilige Katzstellung, die Pendellänge l der Last, die Masse m_1 der Laufkatze einschließlich der anteilig mitschwingenden Trägermasse, die Lastmasse m_2.

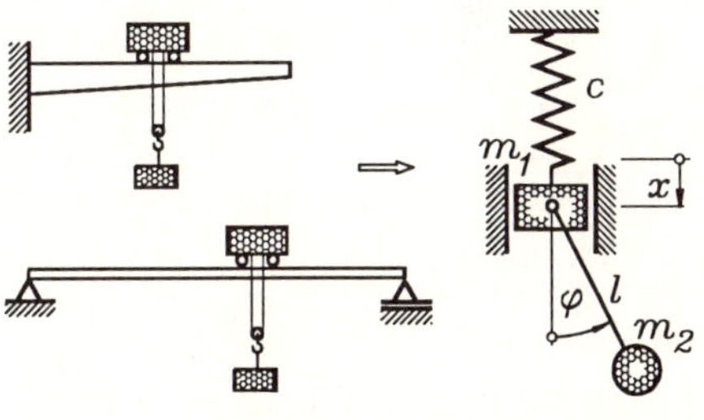

Ausgangssystem Berechnungsmodell

Man ermittle die Bewegungs-Differentialgleichungen (Verwendung der Lagrangeschen Gleichungen 2. Art) für das System mit zwei Freiheitsgraden. Die Koordinate x zählt von der statischen Gleichgewichtslage aus.

Aufgabe 33.4: Für die skizzierte Biegefeder mit einem Rechteckquerschnitt konstanter Höhe t bei linear veränderlicher Breite soll näherungsweise die Biegelinie mit dem Verfahren von Ritz (eingliedriger Ansatz) berechnet werden.

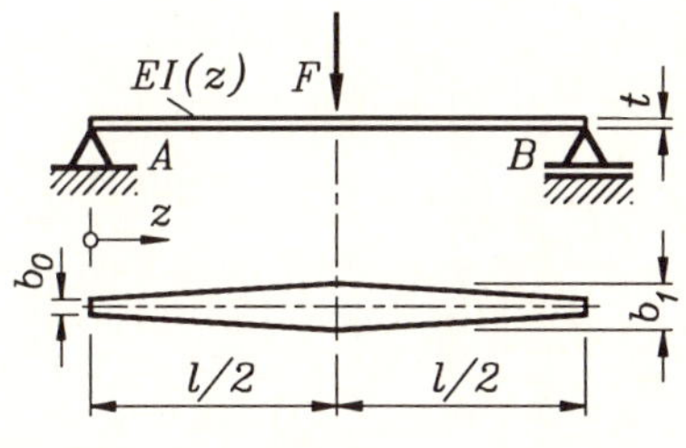

Gegeben: t , b_0 , b_1 , l , F , E .

Man verwende als Ritz-Ansatz die Funktion der Biegelinie für den Träger mit konstantem Querschnitt (Tabelle im Abschnitt 17.4) und vergleiche die Näherungslösung für die Absenkung des Kraftangriffspunktes mit der exakten Lösung (Beispiel 4 im Abschnitt 24.3) für die Breitenverhältnisse $b_1/b_0 = 1;\ 1{,}2;\ 1{,}5;\ 2$.

Anhang A (Lösungen zu den Aufgaben)

Lösung 4.1: $x_S = 140\ mm\ ;\ y_S = z_S = 86{,}7\ mm$.

Lösung 4.2: $H = 1{,}73\ R$.

Lösung 4.3: Dreieck mit Halbkreisausschnitt: $x_S = 27{,}3\ mm\ ;\ y_S = 22{,}4\ mm$.

Fläche mit Kreisausschnitt: $x_S = 0{,}146\ a\ ;\ y_S = 0{,}292\ a$.

Lösung 5.1: $F_{AH} = 0{,}305\ F$; $F_{AV} = 0{,}753\ F$.

Lösung 5.2: $F_1 = 94{,}3\ N$; $F_2 = 333\ N$; $F_3 = -377\ N$.

Lösung 5.3: $F_A = 5{,}70\ kN$; $F_{BH} = 5{,}21\ kN$; $F_{BV} = 4{,}96\ kN$.

Lösung 6.1: $F_{AH} = F$; $F_{AV} = 2{,}5\ F$; $F_{BH} = 2\ F$; $F_{BV} = 1{,}5\ F$; $F_{GH} = 2\ F$; $F_{GV} = 2{,}5\ F$.

Lösung 6.2: $F_{AH} = 0$; $F_{AV} = 1{,}5\ q_1 a + 0{,}4\ F$; $F_B = 0{,}6\ F$; $M_A = 1{,}5\ q_1 a^2 + 1{,}2\ F a$; $F_{GH} = 0$; $F_{GV} = 0{,}4\ F$.

Lösung 6.3: $F_{AH} = 22{,}5\ N$; $F_{AV} = 90{,}0\ N$; $M_A = 675\ Ncm$; $F_{GH} = 100\ N$; $F_{GV} = 45{,}0\ N$.

Lösung 6.4: $F_{S1} = \frac{2}{5}\sqrt{3}\ m_1 g$; $F_{S2} = \frac{3}{5} m_1 g$; $F_{S3} = \frac{7}{5} m_1 g$; $F_{S4} = 0$.

Lösung 6.5: $F_{AH} = \frac{3}{4} M g$; $F_{AV} = \frac{1}{8} M g$; $F_{BH} = \frac{3}{4} M g$; $F_{BV} = M g$; $M_A = \frac{17}{2} M g$.

Lösung 6.6: **Fachwerk 1:**

i	1	2	3	4	5	6	7	8	9
F_{Si} [kN]	5	5	5	5	−10	−7,07	0	0	0

10	11	12	13	14	15	16	17	18	19
0	0	−7,07	−10	0	0	0	0	−7,07	−7,07

Fachwerk 2:

i	1	2	3	4	5	6	7	8	9	10
F_{Si}/F	−1	0	1,677	−0,559	−0,75	0,25	1,5	1,118	−1,118	−0,5

Fachwerk 3: $F_{S1} = -5{,}77\ kN$; $F_{S2} = -4{,}71\ kN$; $F_{S3} = -5{,}32\ kN$.

Fachwerk 4:

i	1	2	3	4	5	6	7
F_{Si}/F	−0,5	0	−1,5	1	−1,414	−1,414	−1
i	8	9	10	11	12	13	14
F_{Si}/F	0,5	−1	−1	−1	−1,414	1,118	0

Fachwerk 5: $F_{S1} = -8\ kN$; $F_{S2} = 0$; $F_{S3} = 10\ kN$; $F_{S4} = 0$.

Lösung 7.1:

$F_{N1} = 2q_0 a$; $F_{Q1} = 1{,}5\, q_0 a$; $M_{b1} = 0{,}5\, q_0 a^2 (-4 + 3\, z_1/a)$;
$F_{N2} = 2q_0 a$; $F_{Q2} = 0{,}5\, q_0 a$; $M_{b2} = 0{,}5\, q_0 a^2 (-1 + z_2/a)$;
$F_{N3} = 2\, q_0 a$; $F_{Q3} = 0{,}5\, q_0 a (1 - 2\, z_3/a)$;
$M_{b3} = 0{,}5\, q_0 a^2 [z_3/a - (z_3/a)^2]$;
$|M_b|_{max} = 2\, q_0 a^2$ an der Einspannstelle A.

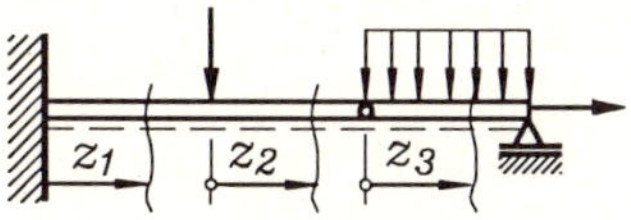

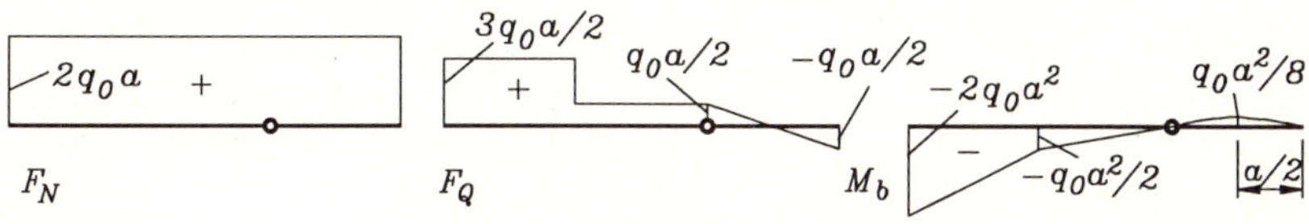

Lösung 7.2:

$F_A = 3\, q_0 a$;
$F_{BH} = 4\, q_0 a$;
$F_{BV} = q_0 a$;
$M_B = 8\, q_0 a^2$;
$F_{N1} = 0$;
$F_{N2} = q_0 a$;
$F_{N3} = q_0 a$;
$F_{Q1} = q_0 a (3 - z_1/a)$; $F_{Q2} = -4\, q_0 a$; $F_{Q3} = -4\, q_0 a$;
$M_{b1} = 0{,}5\, q_0 a^2 [6\, z_1/a - (z_1/a)^2]$; $M_{b2} = 4\, q_0 a^2 (1 - z_2/a)$; $M_{b3} = -4\, q_0 a z_3$.

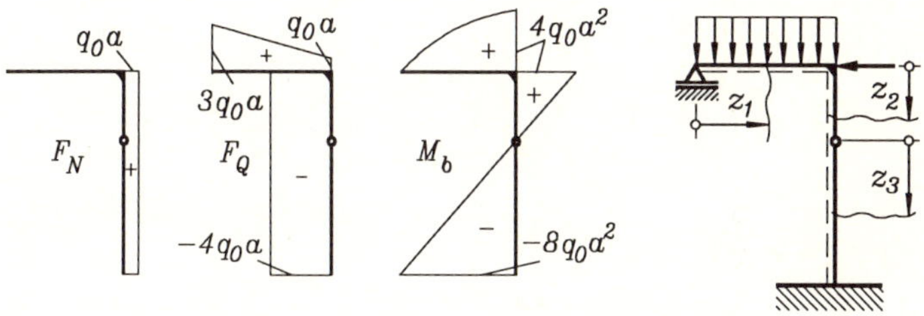

Lösung 7.3:

$F_{AH} = 3{,}46\, q_0 a$; $F_{AV} = 0$; $M_A = 0$;
$F_{N1} = 3{,}46\, q_0 a$; $F_{N2} = 0$; $F_{Q1} = -q_0 z_1$;
$F_{Q2} = q_0 (a - z_2)$; $M_{b1} = -0{,}5\, q_0 z_1^{\,2}$; $M_{b2} = -0{,}5\, q_0 (a - z_2)^2$.

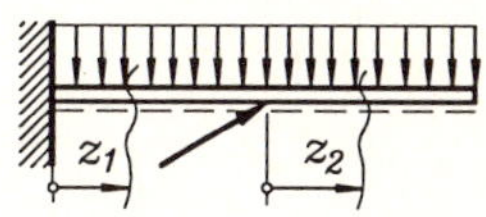

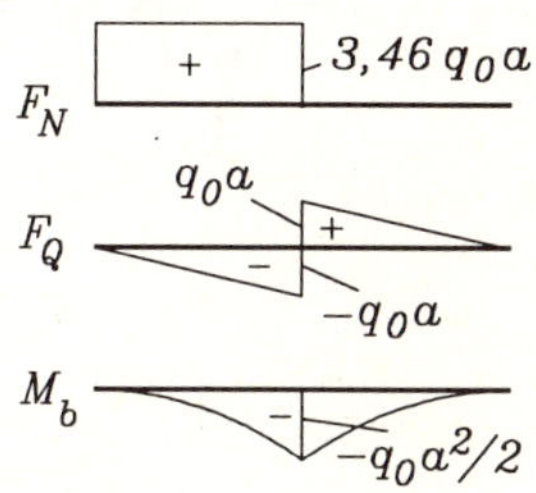

Lösung 8.1:

F_{S1}/F	F_{S2}/F	F_{S3}/F	F_{S4}/F	F_{S5}/F
1,1667	-2,9167	0,5833	0	1
F_{S6}/F	F_{S7}/F	F_{S8}/F	F_{S9}/F	
-2,1032	1,25	0,8333	1,25	

Lösung 8.2:

I: $F_{S1} = \sqrt{5}\, F$; $F_{S2} = \sqrt{10}\, F$; $F_{S3} = -\sqrt{14}\, F$;

II: $F_{S1} = \frac{\sqrt{5}}{2} F$; $F_{S2} = \frac{\sqrt{10}}{2} F$; $F_{S3} = -\frac{\sqrt{13}}{2} F$.

Lösung 8.3:

Kurbelwelle *I*: $M_A = ½ F a \sin\beta$;
$F_{AV} = F_{CV} = ½ F \sin\beta$; $F_{AH} = F_{CH} = ½ F \cos\beta$;

$M_{t1} = M_{t2} = \frac{1}{2} F a \sin\beta$; $M_{t3} = \frac{1}{4} F a \sin\beta$;
$M_{t4} = -\frac{1}{2} F a \sin\beta$; $M_{t5} = 0$.

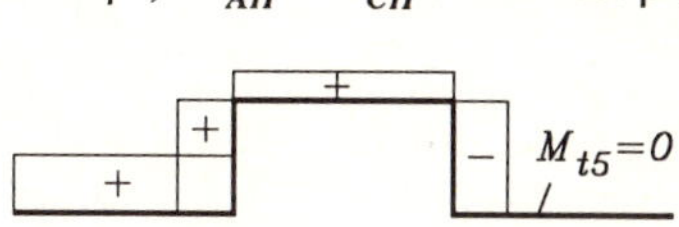

Kurbelwelle *II*: $M_A = 2\,F\,b\sin\beta$; $F_{AV} = F_{DV} = ¼\,F\sin\beta$; $F_{AH} = F_{DH} = ¼\,F\cos\beta$;

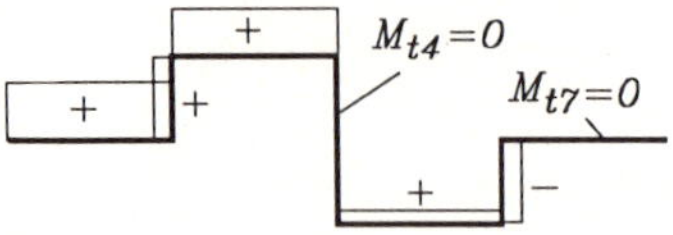

$M_{t1} = 2\,F\,b\sin\beta$; $M_{t2} = \frac{1}{2}F\,b\sin\beta$;

$M_{t3} = \frac{7}{4}F\,b\sin\beta$; $M_{t4} = 0$;

$M_{t5} = \frac{1}{4}F\,b\sin\beta$; $M_{t6} = -\frac{1}{2}F\,b\sin\beta$; $M_{t7} = 0$

Lösung 8.4:

$F_{u1} = 500\ N$;
$F_{u2} = 1000\ N$;
$F_{r1} = 182\ N$;
$F_{r2} = 364\ N$;
$F_A = 1440\ N$;
$F_B = 732\ N$.

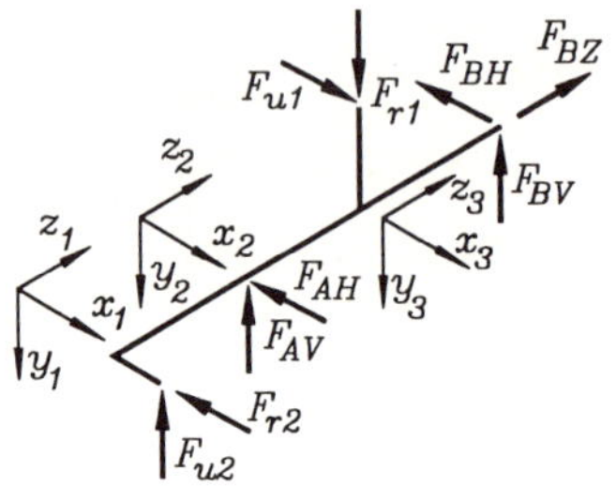

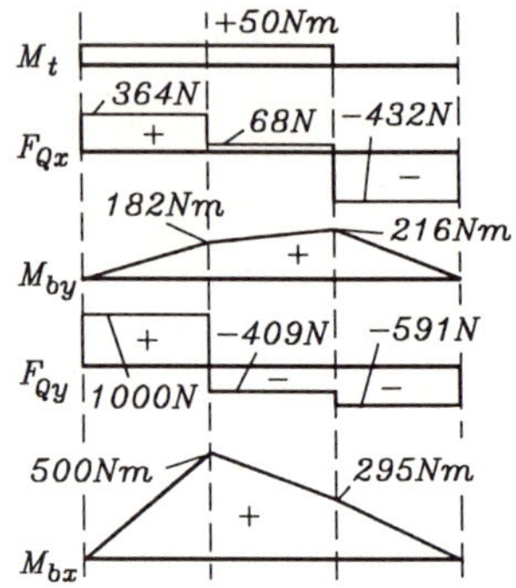

Lösung 9.1:

a) $F = \dfrac{M_0}{R}\,\dfrac{a + \mu_0\,(c + R)}{\mu_0\,(a + b)}$;

b) $F = \dfrac{M_0}{R}\,\dfrac{a - \mu_0\,(c + R)}{\mu_0\,(a + b)}$.

c) Für Drehrichtung b) liest man aus dem Ergebnis ab, daß die erforderliche Kraft F auch Null werden kann. Bei $\mu_0 \geq a/(c+R)$ spricht man von ***Selbsthemmung*** der Bremse.

Lösung 9.2: $\mu_0 \geq 0{,}5\ h/a$.

Lösung 9.3: $\mu_0 \geq c/b$.

Lösung 9.4:

$$F_{S1}\,e^{-[\mu_{01}(\frac{\pi}{2}+\alpha) + \mu_{02}(\frac{\pi}{2}+\beta)]} \leq F_{S2} \leq F_{S1}\,e^{[\mu_{01}(\frac{\pi}{2}+\alpha) + \mu_{02}(\frac{\pi}{2}+\beta)]} ;$$

$$22{,}68\ N \leq F_{S2} \leq 440{,}85\ N .$$

Lösung 10.1: $F_{kr} = l\,(c_1 + c_2)$

Lösung 10.2: a) $x/l_1 = 0{,}9647$; b) $x/l_1 = 0{,}9169$; c) $x/l_1 = 0{,}1260$.

Lösung 10.3:

a) Eine Gleichgewichtslage $x/l_1 =$ **0,9647 (stabil)** ;
b) eine Gleichgewichtslage $x/l_1 =$ **0,9169 (stabil)** ;
c) drei Gleichgewichtslagen $x_1/l_1 =$ **– 1,2336 (stabil)** ;
$x_2/l_1 =$ **– 0,9016 (instabil)** ; $x_3/l_1 =$ **0,1260 (stabil)** .

Lösung 10.4: $\beta_{01} = 51°$ **(stabil)** ; $\beta_{02} = 270°$ **(instabil)** .

Lösung 14.1: $\sigma_1 = 210\ N/mm^2$; $F_G = 714\ N$; $a = 91{,}8\ cm$.

Lösung 14.2: $F = 3637\ N$; $F_{max} = 5404\ N$.

Lösung 14.3: $F_{S1} = 18\ F/11$; $F_{S2} = 4\ F/11$.

Lösung 15.1:

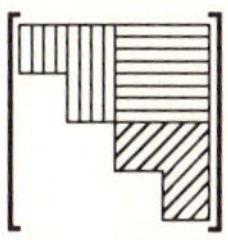

Element-Steifigkeitsmatrix

Jeweils drei 2*2-Untermatrizen einer Element-Steifigkeitsmatrix werden in die System-Steifigkeitsmatrix übertragen (Skizze rechts, durch die Schraffur gekennzeichnet).

Die "Nullen" in der System-Steifigkeitsmatrix deuten an, welche Positionen von keinem der 10 Elemente belegt werden.

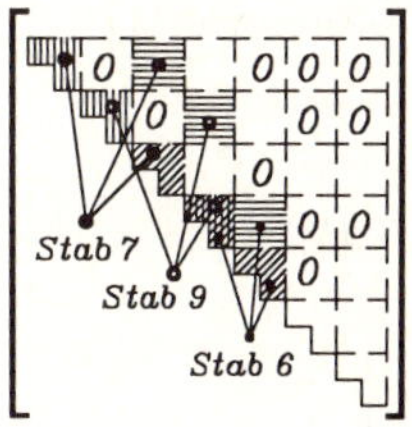

$$K_6 = \frac{EA}{a}\begin{bmatrix} 0 & 0 & 0 & 0 \\ & 1 & 0 & -1 \\ & & 0 & 0 \\ & & & 1 \end{bmatrix}, \quad K_7 = \frac{EA}{2a}\begin{bmatrix} 1 & 0 & -1 & 0 \\ & 0 & 0 & 0 \\ & & 1 & 0 \\ & & & 0 \end{bmatrix}, \quad K_9 = \frac{\sqrt{5}\,EA}{25a}\begin{bmatrix} 4 & 2 & -4 & -2 \\ & 1 & -2 & -1 \\ & & 4 & 2 \\ & & & 1 \end{bmatrix}$$

Lösung 15.2:

a) System-Steifigkeitsbeziehung, aus der sich mit $u_A = 0$, $F_B = 0$ und $u_C = 0$ die Ergebnisse für b) und c) ergeben:

$$\begin{bmatrix} (EA/l)_1 & -(EA/l)_1 & 0 \\ & (EA/l)_1 + (EA/l)_2 & -(EA/l)_2 \\ & & (EA/l)_2 \end{bmatrix}\begin{bmatrix} u_A \\ u_B \\ u_C \end{bmatrix} = \begin{bmatrix} F_A - (EA\,\alpha_t\,\Delta T)_1 \\ F_B + (EA\,\alpha_t\,\Delta T)_1 - (EA\,\alpha_t\,\Delta T)_2 \\ F_C + (EA\,\alpha_T\,\Delta T)_2 \end{bmatrix} ;$$

$$b) \quad u_B = -\tfrac{1}{3}\,l\,\alpha_t\,\Delta T = -1{,}6\cdot 10^{-4}\,l \quad ; \qquad b) \quad F_A = 2\,EA_1\,\alpha_t\,\Delta T = 322{,}56\ kN \ .$$

Lösung 15.3: Siehe Lösungen für die Fachwerke 1 bis 5 der Aufgabe 6.6.

Lösung 15.4: Aus den FEMSET-Bausteinen "Skelettprogramm", FACHFECH.PZL, FACHELMA.PZL und FACHSTKR.PZL wird das Programm FACHSKEL erzeugt (vgl. Abschnitte B3.4 und B3.5 im Anhang B). Es wird ein zusätzlicher Elementparameter **ET** für $(\alpha_t \Delta T + \varepsilon_0)$ entsprechend Formel (15.6) definiert (zusätzlich zur bereits definierten Dehnsteifigkeit **EA**). Folgende Programmzeilen sind zu ändern bzw. zu ergänzen:

```
1220  KP = 2                      'Zwei Parameter pro Element: EA und ET

8105  ET = EP(IE, 2)              '... ist der neue Parameter, ...

8400  EB(1, 1) = - EA * ET * CA   '... mit dem die vier Elemente des
8410  EB(1, 2) = - AE * ET * SA   '  Elementbelastungsvektors entsprechend
8420  EB(2, 1) = - EB(1, 1)       '  Formel (15.6) aufgebaut werden.
8430  EB(2, 2) = - EB(1, 2)

9234  UX = UX - EB(2, 1)          'Von den berechneten Knotenkräften wird nach
9236  UX = UX - EB(2, 2)          '(15.7) die Elementbelastung subtrahiert.
```

Bei der Eingabeaufforderung **"... ELEMENTPARAMETER 1 = "** ist die Dehnsteifigkeit **EA** einzugeben, bei der Eingabeaufforderung **"... ELEMENTPARAMETER 2 = "** der neue Parameter **ET**.

Für den Test des Programms mit dem Beispiel 4 des Abschnittes 14.3 dürfen alle Querschnittsflächen $A = 1$ und die Längen $l_1 = l_3 = 1$ gesetzt werden, weil keine Verschiebungen gefragt sind.

Lösung 16.1: a) $d_{erf} = 79{,}86\ mm$ $(d_{gew} = 80\ mm)$; b) $48{,}8\,\%$

Lösung 16.2: Das Aufrunden des errechneten Wertes für a genügt, das Eigengewicht erfordert keine größere Abmessung des Quadratquerschnittes. Dieses Ergebnis ist repräsentativ:

$$a_{erf} = \sqrt[3]{\frac{3Fl}{\sigma_{zul}}} = 24{,}66\ mm \Rightarrow a_{gew} = 25\ mm\ ,$$

$$\sigma_{max} = \frac{Fl/2 + \varrho g a_{gew}^2 l^2/8}{a_{gew}^3/6} = 194{,}3\ \frac{N}{mm^2}\ .$$

Im allgemeinen kann das Eigengewicht gegenüber der sonstigen Belastung vernachlässigt werden, was natürlich nicht gilt, wenn das Eigengewicht die wesentliche Belastung ist.

Lösung 16.3:

$$h(z) = \sqrt{\frac{6Fz}{b\,\sigma_{max}}}$$

Lösung 16.4:

$$b = \sqrt{3}\,D/3\ ,\qquad h = \sqrt{6}\,D/3\ .$$

Lösung 16.5: a) $|M_b|_{max} = 64{,}0\ Nm$ am Angriffspunkt der Kraft $3F$;
b) $b_{erf} = 8{,}43\ mm$.

Lösung 16.6: a) $a_{erf} = 6{,}35\ mm$; b) $d_{zul} = 7{,}92\ mm$.

Lösung 16.7: a) $|M_b|_{max} = 6960\ Nm$ am Angriffspunkt der Kraft F;
b) $\sigma_{b,max} = 140\ N/mm^2$.

Lösung 16.8: a) $|M_b|_{max} = 2250\ Ncm$ in der Mitte des Trägers;
b) $a_{erf,1} = 2{,}32\ mm$; $a_{erf,2} = 2{,}46\ mm$.

Lösung 16.9: a) $|M_b|_{max} = 2587{,}5\ Nm$ am Angriffspunkt der Kraft $3F$;
b) $\sigma_{b,max} = 219\ N/mm^2$; c) Ja .

Lösung 17.1:

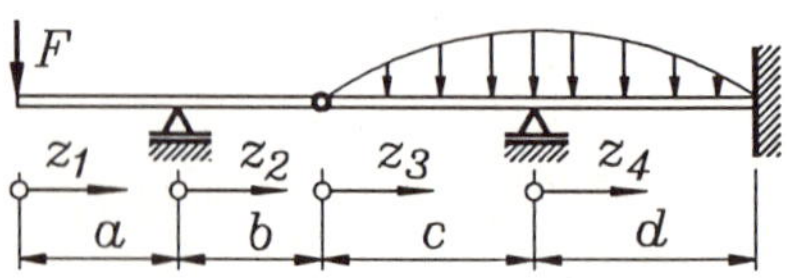

a)
1.) $v_1\ (z_1 = a) = 0$,
2.) $v_2\ (z_2 = 0) = 0$,
3.) $v_1'\ (z_1 = a) = v_2'\ (z_2 = 0)$,
4.) $v_2\ (z_2 = b) = v_3\ (z_3 = 0)$,
5.) $v_3\ (z_3 = c) = 0$,
6.) $v_4\ (z_4 = 0) = 0$,
7.) $v_3'\ (z_3 = c) = v_4'\ (z_4 = 0)$,
8.) $v_4\ (z_4 = d) = 0$,
9.) $v_4'\ (z_4 = d) = 0$.

b) Zusätzlich zu den unter a) angegebenen Randbedingungen:

10.) $v_1''\ (z_1 = 0) = 0$,
11.) $v_1'''\ (z_1 = 0) = F/EI$,
12.) $v_1''\ (z_1 = a) = v_2''\ (z_2 = 0)$,
13.) $v_2''\ (z_2 = b) = 0$,
14.) $v_3''\ (z_3 = 0) = 0$,
15.) $v_2'''\ (z_2 = b) = v_3'''\ (z_3 = 0)$,
16.) $v_3''\ (z_3 = c) = v_4''\ (z_4 = 0)$.

Lösung 17.2:

$$F = \frac{3}{13}\,q_0\,a\ .$$

Lösung 17.3:

$$F_A = \frac{l}{20}(7q_1 + 3q_2)\ ,\qquad M_A = \frac{l^2}{60}(3q_1 + 2q_2)\ ,$$

$$F_B = \frac{l}{20}(3q_1 + 7q_2)\ ,\qquad M_B = \frac{l^2}{60}(2q_1 + 3q_2)\ .$$

Lösung 17.4: Gesamtschwerpunkt bei $\bar{y}_S = 0{,}8184\ cm$;
Flächenträgheitsmoment: $I_{xx} = 13{,}59\ cm^4$.

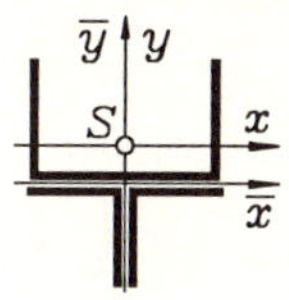

Eigengewichtbelastung entspricht konstanter Linienlast mit

$$q_0 = (4{,}87 + 2 \cdot 0{,}88)\ kg/m \cdot 9{,}81\ m/s^2 = 65{,}04\ N/m \quad .$$

Lastfalles f (Abschnitt 17.4) liefert: $v_{max} = (q_0 l^4)/(8EI) = 0{,}117\ mm$.

Lösung 18.1: Die Tabelle zeigt Durchbiegungen für einige ausgewählte Punkte, mit denen folgende Vergleichsrechnungen mit der Finite-Elemente-Methode möglich sind (Abweichungen in den Vorzeichen durch unterschiedliche Definition positiver Richtungen):

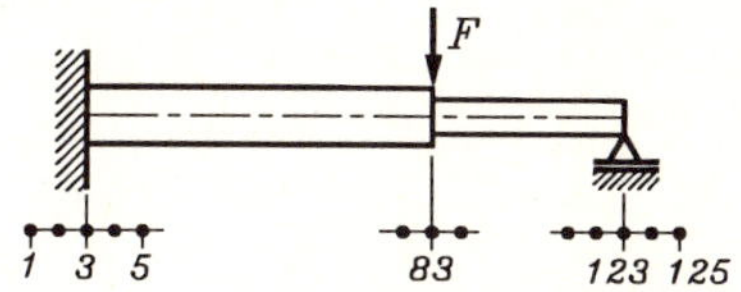

$$M_3 = -\frac{EI_a}{h^2}(v_2 - 2v_3 + v_4) = -0{,}1990\,F\,l \quad ;$$

$$\text{FEM:}\quad M_{1a} = \frac{9}{30} F\,l_a = \frac{9}{30} F \frac{2}{3} l = 0{,}2\,F\,l \quad .$$

$$F_{Q3} = -\frac{EI_a}{2h^3}(-v_1 + 2v_2 - 2v_4 + v_5) = 0{,}5323\,F \quad ;$$

$$\text{FEM:}\quad V_{1a} = \frac{16}{30} F = 0{,}5333\,F \quad .$$

$$v_{83} = 0{,}01793 \frac{F\,l^3}{EI_a} \quad ;$$

$$\text{FEM:}\quad v_{II} = -\frac{11\,F\,l_a^3}{180\,EI_a} = -0{,}01811 \frac{F l^3}{EI_a} \quad .$$

$$v'_{123} = \frac{1}{2h}(-v_{122} + v_{124}) = -0{,}08842 \frac{F\,l^2}{EI_a} \quad ;$$

$$\text{FEM:}\quad \varphi_{III} = \frac{36\,F\,l_a^2}{180\,EI_a} = \frac{36}{180}\left(\frac{2}{3}\right)^2 \frac{F\,l^2}{EI_a} = 0{,}08889 \frac{F\,l^2}{EI_a} \quad .$$

i	$\frac{EI_a}{F\,l^3} v_i$
1	0,000027941
2	0,000006908
3	0,000000000
4	0,000006908
5	0,000027325
83	0,017930667
122	0,000736796
123	0,000000000
124	–0,000736796

Lösung 18.2:

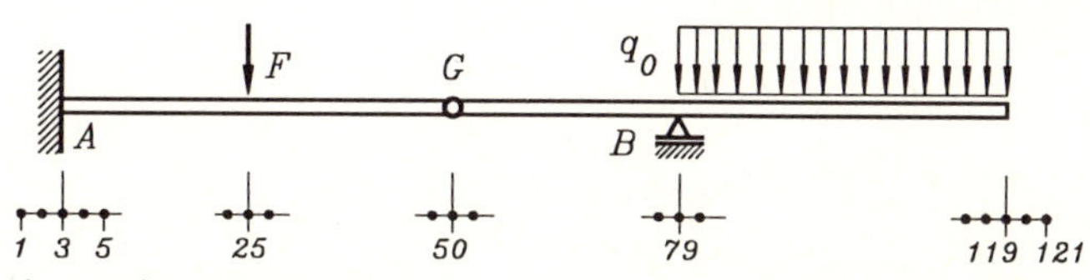

Für das Flächenträgheitsmoment am Gelenk gilt $I_{50} = 0$. Die Linienlast wird durch die Glieder $1/n_A^4 \cdot (q_0 l^4)/EI$ auf der rechten Seite der Gleichungen 80 bis 119 berücksichtigt. Die Gleichung 79 wird zu $v_{79} = 0$. Die Einzelkraft wird auf die Breite h "verschmiert" und geht als $1{,}2/n_A^3 \cdot (q_0 l^4)/EI$ auf der rechten Seite der Gleichung 25 ein. Einige ausgewählte Ergebnisse sind in der Tabelle auf der folgenden Seite zusammengestellt, zur Kontrolle werden das Einspannmoment und die Gelenkkraft berechnet ($n_A = 116$):

$$M_A = -M_3 = \frac{EI}{l^2} n_A^2 (v_2 - 2v_3 + v_4) = 0{,}1312\,q_0\,l^2 \quad ;$$

$$F_G = -F_{Q,50} = \frac{EI}{2\,l^3} n_A^3 (-v_{48} + 2v_{49} - 2v_{51} + v_{52}) = 0{,}2378\,q_0\,l \quad .$$

Da das System statisch bestimmt ist, kann mit exakten Werten verglichen werden:

$$M_A = 0{,}13123\ q_0 l^2 \ , \qquad F_G = 0{,}23781\ q_0 l \ .$$

Der nachfolgende Bildschirm-Schnappschuß (Programm MCALCU) zeigt die negativen Verschiebungen $\bar{v} = -v\,EI/(q_0 l^4)$, weil positive Verschiebungen nach unten gerichtet sind und die Darstellung so das tatsächliche Verformungsbild zeigt:

i	$\frac{EI}{q_0 l^4} v_i$
1	0,000020122
2	0,000004876
3	0,000000000
4	0,000004876
5	0,000018889
48	0,002073106
49	0,002091028
50	0,002108798
51	0,002014751
52	0,001920856
119	0,000569185

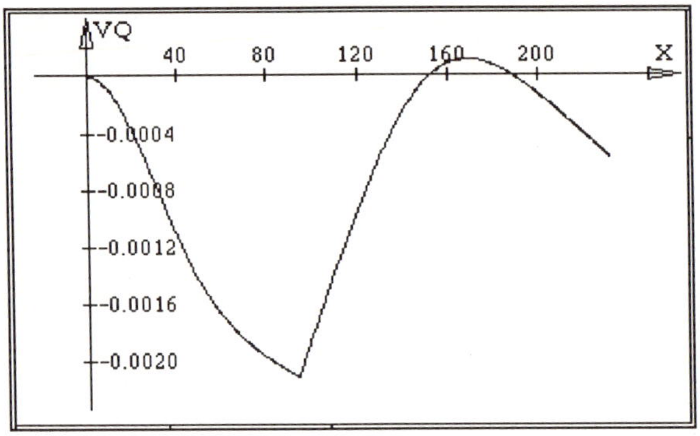

Lösung 18.3: Für den Punkt $i = 63$ (Übergangsquerschnitt) gilt $I_{63} = 1{,}5I$. Dieser Wert beeinflußt die Gleichungen 62, 63 und 64, die nach (18.7) aufgeschrieben werden. Die Tabelle zeigt einige ausgewählte Ergebnisse, im Bildschirm-Schnappschuß unten (Programm MCALCU) sind die Verschiebungen als $\bar{v} = -v\,EI/(F l^3)$ dargestellt (vgl. Bemerkung bei Aufgabe 18.2).

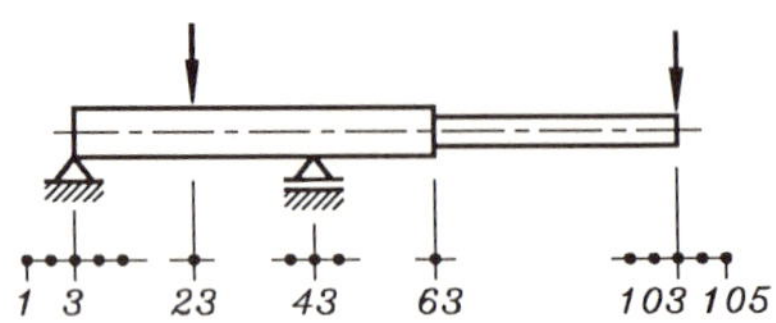

i	$\frac{EI}{F l^3} v_i$
23	−0,000330000
42	−0,000185125
43	0,000000000
44	0,000215125
63	0,009337500
103	0,058549167

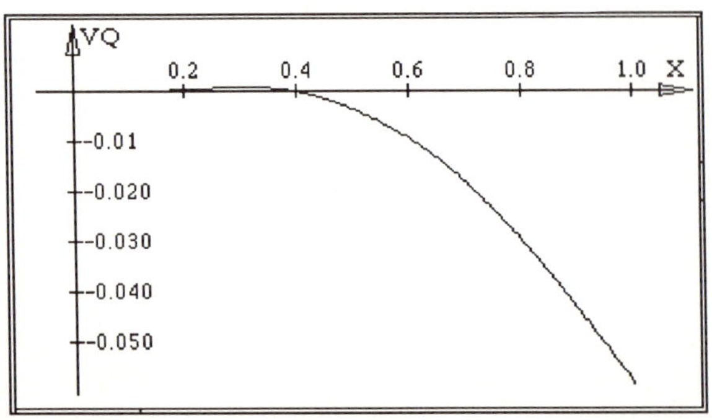

Die Biegemomente und die Querkräfte ergeben sich exakt, sie können für das statisch bestimmte System leicht überprüft werden. Auf der folgenden Seite sind die Verläufe als $M_b/(Fl)$ bzw. F_Q/F dargestellt. Man erkennt, daß die Querkraftsprünge am Angriffspunkt der Kraft und am Lager über die beiden Nachbarintervalle "verschmiert" werden.

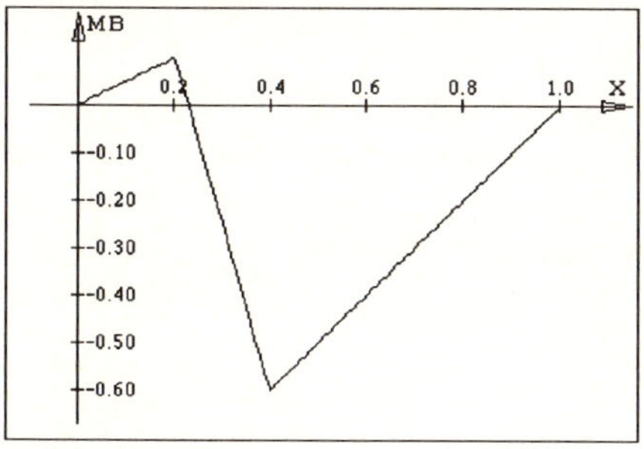

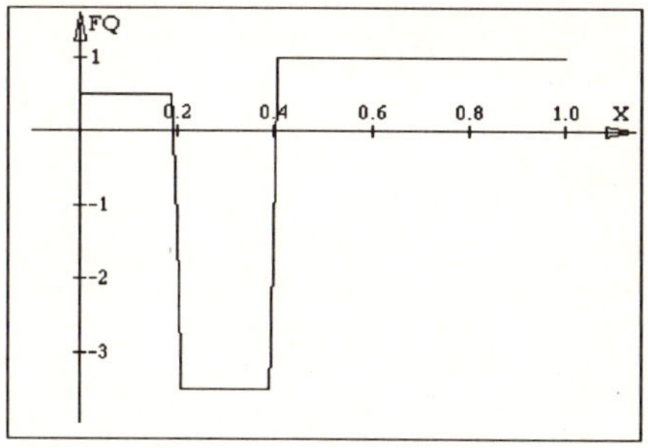

Lösung 18.4: a)

$$I(z_1) = \frac{b\,h_1^3}{12}\left[1 + 2\,(\lambda - 1)\,\frac{z_1}{l}\right]^3 = I_0\left[1 + 2\,(\lambda - 1)\,\frac{z_1}{l}\right]^3 \quad ,$$

$$I(z_2) = \frac{b\,h_1^3}{12}\left[\lambda - 2\,(\lambda - 1)\,\frac{z_2}{l}\right]^3 = I_0\left[\lambda - 2\,(\lambda - 1)\,\frac{z_2}{l}\right]^3 \quad .$$

Wird der Träger in n_A Abschnitte eingeteilt, so gehen mit zwei Außenpunkten rechts und links insgesamt $n_A + 5$ Punkte als Stützstellen in die Rechnung ein. Das Lager A liegt am Punkt **3**, das Lager B bei $n_A/2 + 3$ und das Trägerende bei $n_A + 3$:

$$\mu_i = \frac{I_i}{I_0} = \left[1 + 2\,(\lambda - 1)\,\frac{i-3}{n_A}\right]^3 \qquad \textit{für} \qquad i = 2 \quad \ldots \quad \frac{n_A}{2} + 3 \quad ;$$

$$\mu_i = \frac{I_i}{I_0} = \left[\lambda - 2\,(\lambda - 1)\,\frac{i - n_A/2 - 3}{n_A}\right]^3 \qquad \textit{für} \qquad i = \frac{n_A}{2} + 3 \;\ldots\; n_A + 4 \quad .$$

b) Bei $n_A = 100$ folgt aus $F = F_{Q,103}$ mit (18.8) und den bei a) angegebenen Formeln:

$$\mu_{102}v_{101} - 2\,\mu_{102}v_{102} + (\mu_{102} - \mu_{104})\,v_{103} + 2\,\mu_{104}v_{104} - \mu_{104}v_{105} = \frac{2}{100^3}\,\frac{Fl^3}{EI_0} \quad .$$

Die Ergebnisse der Fragestellungen a) und b) gelten auch für den statisch unbestimmt gelagerten Träger entsprechend Fragestellung g). Im folgenden werden die Ergebnisse nach g) als "Variante II" stets mit angegeben.

c) Ausgewählte Ergebnisse sind in den folgenden Tabellen für die beiden Lagerungsvarianten angegeben. Es gilt

$$v = \frac{F\,l^3}{EI_0}\,\bar{v} \quad .$$

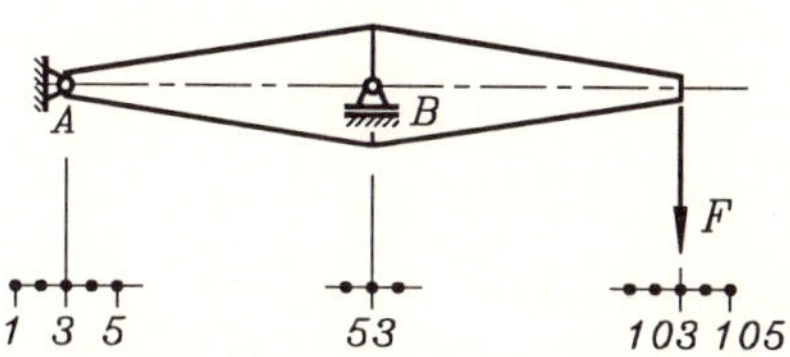

Variante I	λ	$\bar{v}_{52}$	$\bar{v}_{53}$	$\bar{v}_{54}$	$\bar{v}_{103}$
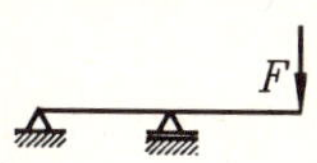	1	−0,000808500	0	0,000858500	0,083350000
	2	−0,000167248	0	0,000173498	0,017037315
	3	−0,000064613	0	0,000066464	0,006553854

Variante II	λ	$\bar{v}_{52}$	$\bar{v}_{54}$	$\bar{v}_{103}$	$\bar{v}_2 = \bar{v}_4$
	1	−0,000600375	0,000650375	0,072943746	−0,000012493
	2	−0,000125503	0,000131753	0,014950047	−0,000007348
	3	−0,000049008	0,000050860	0,005773638	−0,000005325

d)

$$M_B = M_{53} = -EI_0\,\mu_{53}\,\frac{n_A^2}{l^2}\,(v_{52} - 2\,v_{53} + v_{54}) \quad .$$

Für beide Varianten und alle λ-Werte ergibt sich stets das exakte Ergebnis $M_B = -\tfrac{1}{2}F\,l$.

e) **Variante I:** Lastfälle d) und e) aus der Tabelle im Abschnitt 17.4 werden überlagert. Dabei wird der erste Anteil (aus der Momentbelastung) durch Multiplikation des Biegewinkels am Lager mit $l/2$ berechnet:

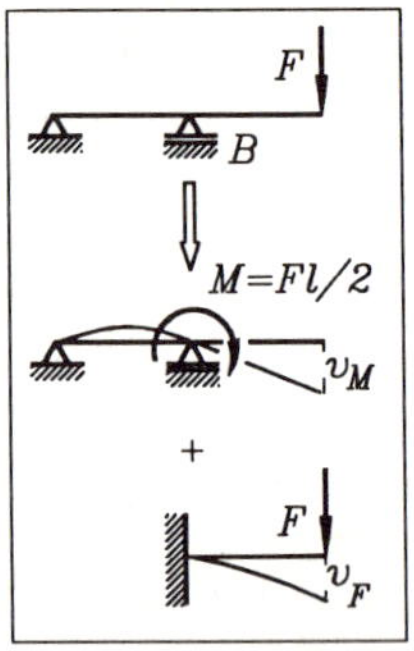

$$v_{103} = v_M + v_F = \frac{M}{3\,EI_0}\,\frac{l}{2}\,\frac{l}{2} + \frac{F}{3\,EI_0}\left(\frac{l}{2}\right)^3$$

$$= \frac{2\,F}{3\,EI_0}\left(\frac{l}{2}\right)^3 = \frac{Fl^3}{12\,EI_0} = 0{,}08333\,\frac{F\,l^3}{EI_0} \quad .$$

Variante II: Die Lagerreaktion F_B des statisch unbestimmten Systems wird aus der zusätzlichen Bedingung $v_B = 0$ ermittelt:

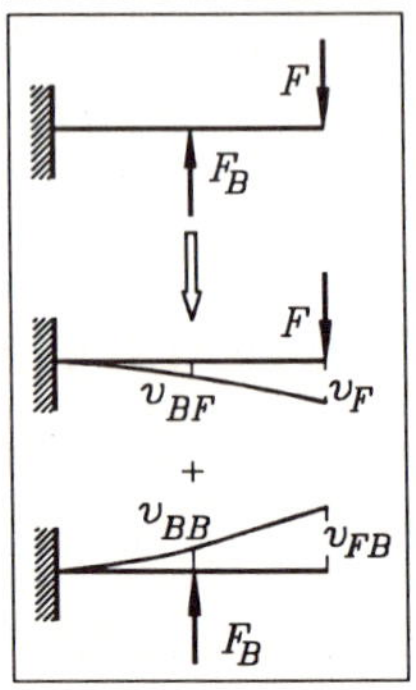

$$v_{BF} = \frac{5}{48}\,\frac{F\,l^3}{EI_0} \quad , \quad v_F = \frac{F\,l^3}{3\,EI_0} \quad , \quad v_{BB} = \frac{F_B}{3\,EI_0}\left(\frac{l}{2}\right)^3 \quad ,$$

$$v_{FB} = \frac{F_B}{3\,EI_0}\left(\frac{l}{2}\right)^3 + \frac{F_B}{2\,EI_0}\left(\frac{l}{2}\right)^2\frac{l}{2} = \frac{5}{48}\,\frac{F_B\,l^3}{EI_0} \quad ,$$

$$v_{BF} = v_{BB} \quad \Rightarrow \quad F_B = \frac{5}{2}\,F \quad ,$$

$$v_{103} = v_F - v_{FB} = \frac{7}{96}\,\frac{F\,l^3}{EI_0} = 0{,}07292\,\frac{F\,l^3}{EI_0} \quad .$$

Die Abweichungen der mit dem Differenzenverfahren ermittelten Werte sind kleiner als **0,04 %**.

f) Die nebenstehenden Bildschirm-Schnappschüsse (Programm MCALCU) zeigen in den oberen Fenstern jeweils die negativen Verschiebungen $\bar{v} = -v\,EI/(F\,l^3)$ (vgl. Bemerkung bei Aufgabe 18.2), in den unteren Fenstern das dimensionslose Biegemoment $M_b/(F\,l)$. Die Biegemomente zeigen den erwarteten stück-

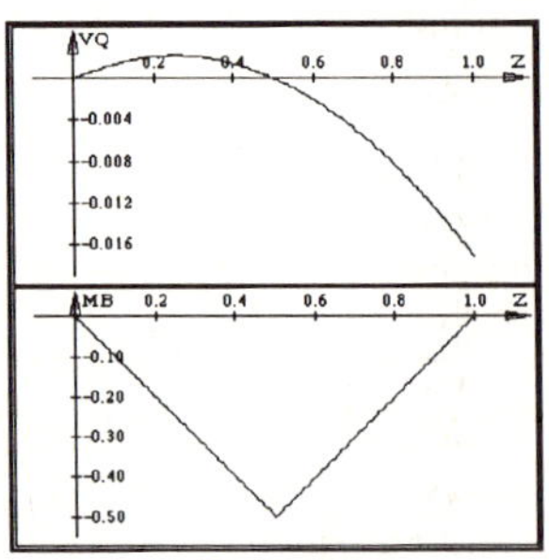

Variante I

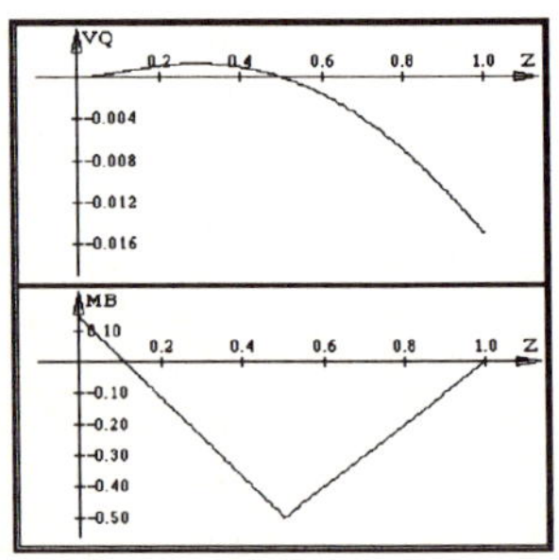

Variante II

weise linearen Verlauf mit den korrekten Maximalwerten am Lager $\boldsymbol{B}$. Da sie als Sekundärergebnisse durch numerische Differentiation aus den Verschiebungen entstehen, ist ihre Richtigkeit ein gutes Indiz für die Richtigkeit aller Ergebnisse.

g) Vgl. die unter c) bis f) angegebenen Ergebnisse. Das Einspannmoment ergibt sich mit den Werten für die Verschiebungen, die aus der Tabelle unter c) zu entnehmen sind. Wegen $v_2 = v_4$ gilt:

$$M_A = M_3 = -\mu_3 E I_0 \frac{n_A^2}{l^2}(v_2 - 2v_3 + v_4) = -20000\, F l \frac{EI_0}{F l^3} v_2 \, .$$

λ	M_A
1	0,24985 $F l$
2	0,14695 $F l$
3	0,10649 $F l$

Lösung 18.5:

Knoten	Ideales Fachwerk		Biegesteifes Tragwerk	
	u_x $[mm]$	u_y $[mm]$	u_x $[mm]$	u_y $[mm]$
3	0,2381	−0,5032	0,2380	−0,5032
4	0	−0,4437	0,00018	−0,4437
5	−0,0794	−0,4635	−0,0795	−0,4635
6	0,2381	−1,3238	0,2383	−1,3230
7	0,2002	−1,2445	0,1998	−1,2437

Element	Fachwerk	Biegesteifes Tragwerk		
	σ_S $[N/mm^2]$	σ_N $[N/mm^2]$	σ_{bmax} $[N/mm^2]$	σ_{max} $[N/mm^2]$
1	−33,33	−33,31	−5,88	−39,18
2	0	0,074	5,18	5,25
3	55,90	55,79	1,61	57,41
4	−18,63	−18,62	−4,26	−22,88
5	−25,00	−24,99	−2,04	−27,03
6	8,33	8,35	4,62	12,97
7	50,00	49,98	1,39	51,36
8	37,27	37,30	0,72	38,01
9	−37,27	−37,24	−0,52	−37,76
10	−16,67	−16,69	−0,58	−17,28

Die Spannungen ergaben sich aus den Stabkräften bzw. Schnittgrößen nach folgenden Formeln:

$$\sigma_S = \frac{F_S}{A} \; ; \quad \sigma_N = \frac{F_N}{A} \; ; \quad |\sigma_{b\max}| = \frac{|M_{b\max}|}{W} \; ; \quad A = 300\ mm^2 \; ; \quad W = 1000\ mm^3 \; .$$

Lösung 18.6:

a) Für die skizzierte Knotennumerierung zeigt die rechte Tabelle ausgewählte Verschiebungen (u_i nach rechts und v_i nach oben positiv).

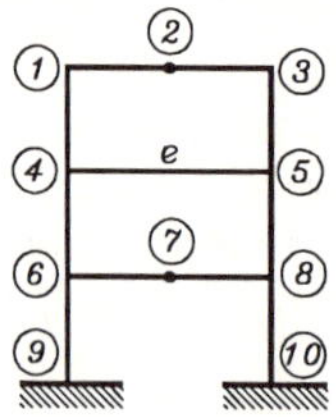

	Linien-lasten	Einzel-kräfte
$u_1\,[mm]$	20,4842	20,5420
$u_2\,[mm]$	20,4839	20,5418
$u_3\,[mm]$	20,4835	20,5417
$u_4\,[mm]$	15,4817	17,0795
$u_5\,[mm]$	15,4810	17,0779
$u_6\,[mm]$	6,6169	7,1544
$u_7\,[mm]$	6,6166	7,1543
$u_8\,[mm]$	6,6164	7,1542
$v_2\,[mm]$	−1,0852	−2,2629
$v_7\,[mm]$	−1,0252	−1,8501

b)

	Linienlasten	Einzelkräfte
$F_{N1} = F_{N2}$	$-1910{,}9\ N$	$-3880{,}1\ N$
$F_{Q1} = F_{Q2}$	$-2185{,}4\ N$	$-2076{,}9\ N$
M_{b1}	$4299{,}5\ Nm$	$3993{,}3\ Nm$
M_{b2}	$-4442{,}0\ Nm$	$-4314{,}2\ Nm$

c)	Linienlasten	Einzelkräfte
F_{AV}	$1862{,}5\ N$	$1711{,}4\ N$
F_{AH}	$4113{,}8\ N$	$3726{,}1\ N$
M_A	$5984{,}3\ Nm$	$6061{,}3\ Nm$
F_{BV}	$-9862{,}5\ N$	$-9711{,}4\ N$
F_{BH}	$4886{,}2\ N$	$5273{,}9\ N$
M_B	$6565{,}7\ Nm$	$7093{,}0\ Nm$

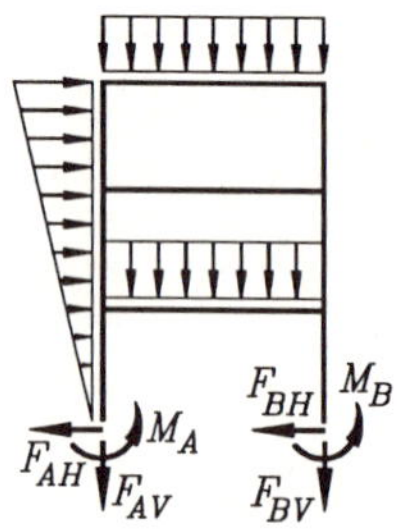

Definition der Lagerreaktionen

Lösung 19.1:

$$\sigma_{max\,1} = +0{,}614\ \frac{Fl}{a^3} \quad ; \quad \sigma_{max\,2} = -0{,}629\ \frac{Fl}{a^3}$$

(maximale Zugspannung in der linken obere, maximale Druckspannung in der rechten unteren Ecke des Einspannquerschnittes).

Lösung 19.2: a) $\sigma_{b,B} = -\ 14{,}8\ N/mm^2$;
$\sigma_{b,A} = \ 14{,}8\ N/mm^2$;
$\sigma_{b,C} = 0$;

b) *Spannungs-Null-Linie*: $y = -\frac{1}{3}\,x$;

c) $v_{max} = 1{,}26\ mm$; $\alpha = 18{,}4°$.

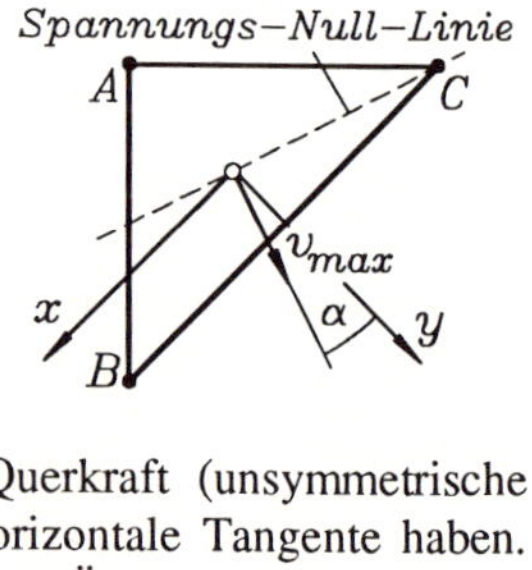

Lösung 19.3: a) Im Symmetrieschnitt verschwindet die Querkraft (unsymmetrische Schnittgröße), und die Biegelinie muß eine horizontale Tangente haben. Bezüglich der skizzierten Koordinaten ergeben sich folgende Rand- und Übergangsbedingungen:

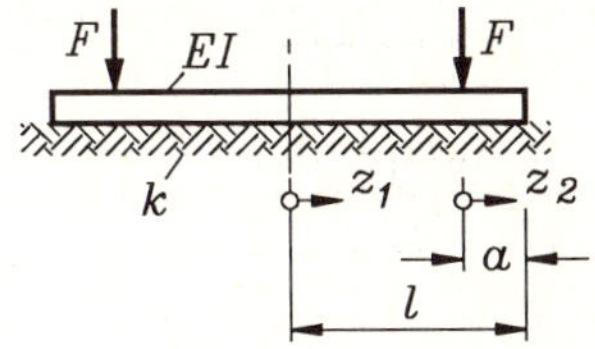

1.) $v_1'\,(z_1 = 0) = 0$,
2.) $v_1'''\,(z_1 = 0) = 0$,
3.) $v_1\,(z_1 = l - a) = v_2\,(z_2 = 0)$,
4.) $v_1'\,(z_1 = l - a) = v_2'\,(z_2 = 0)$,
5.) $v_1''\,(z_1 = l - a) = v_2''\,(z_2 = 0)$,
6.) $-v_1'''\,(z_1 = l - a) + v_2'''\,(z_2 = 0) = F/EI$,
7.) $v_2''\,(z_2 = a) = 0$,
8.) $v_2'''\,(z_2 = a) = 0$.

Mit diesen Randbedingungen sind die 8 Integrationskonstanten der folgenden allgemeinen Lösung zu bestimmen:

$$v_1(z_1) = e^{z_1/L}\,(C_1 \cos z_1/L + C_2 \sin z_1/L) + e^{-z_1/L}\,(C_3 \cos z_1/L + C_4 \sin z_1/L) \quad ,$$
$$v_2(z_2) = e^{z_2/L}\,(C_5 \cos z_2/L + C_6 \sin z_2/L) + e^{-z_2/L}\,(C_7 \cos z_2/L + C_8 \sin z_2/L) \quad .$$

Der Bildschirm-Schnappschuß zeigt die mit dem Differenzenverfahren berechneten Ergebnisse für eine Einteilung der halben Schwelle in $n_A = 100$ Abschnitte. Dargestellt sind oben die negativen dimensionslosen Verschiebungen $\bar{v} = -vEI/(Fl^3)$, unten das dimensionslose Biegemoment $M_b/(Fl)$, die Trägermitte ist bei $z = 0$.

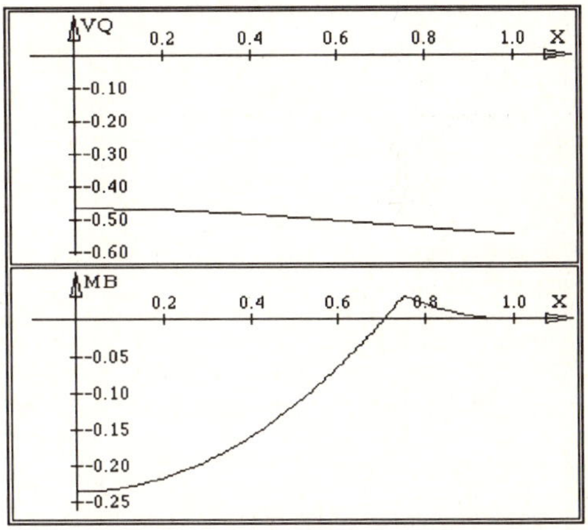

Spezielle Werte:

$$v_{Mitte} = 0{,}4685\,\frac{Fl^3}{EI} \quad ;$$
$$v_{Rand} = 0{,}5492\,\frac{Fl^3}{EI} \quad ;$$
$$M_{b,Mitte} = -0{,}2355\,Fl \quad ;$$
$$M_{b,F} = 0{,}0338\,Fl \quad .$$

Lösung 19.4: a) Die numerische Auswertung des nebenstehenden Integrals für den elliptischen Querschnitt (ausgewählte Werte in der nachfolgenden Tabelle) ergibt die gleichen Werte wie für einen Kreis bei gleichem Verhältnis e/R. Die Breite b der zweiten Halbachse der Ellipse beeinflußt die Größe der κ-Werte nicht, sie kommt im Integral gar nicht vor.

$$\kappa = -\frac{2}{\pi}\,\frac{R}{a} \int_{-\frac{a}{R}}^{\frac{a}{R}} \frac{\frac{y}{R}\sqrt{1 - \frac{y^2}{R^2}\,\frac{R^2}{a^2}}}{1 + \frac{y}{R}}\, d\!\left(\frac{y}{R}\right) \quad .$$

$e/R = a/R$	0,75	0,5	0,25	0,125	0,1
κ	0,2038	0,07180	0,01613	0,003937	0,002513

b) Werden jedoch ein Kreis und ein elliptischer Querschnitt mit Querschnittsflächen gleicher Größe benutzt, so sind für die Ellipse andere κ-Werte als für den Kreis zu verwenden, da sich mit der Änderung der Abmessung a das Verhältnis a/R auch verändert. Für $a/b = m$ folgt aus der Gleichheit von Kreis- und Ellipsenfläche $a/r = \sqrt{m}$. In der folgenden Tabelle sind einige Variantenrechnungen zusammengestellt, die nur eine kleine Veränderung der größten Spannungen am Innenrand des gekrümmten Trägers beim elliptischen Querschnitt gegenüber dem Kreisquerschnitt mit gleicher Fläche ausweisen, da die veränderten Parameter κ und a das Ergebnis gegenläufig beeinflussen ($\kappa_{Kreis} = \mathbf{0{,}071797}$ für $r/R = 0{,}5$).

$m = a/b$	2	1,5	0,5
a/r	$\sqrt{2}$	$\sqrt{1{,}5}$	$\frac{1}{2}\sqrt{2}$
$a/R = \frac{1}{2}\, a/r$	0,70711	0,61237	0,35355
$\kappa_{Ellipse}$	0,1716	0,1170	0,03337
$\sigma_{max,Ellipse} / \sigma_{max,Kreis}$	**1,011**	**0,9674**	**1,1904**

Lösung 19.5: $M_b = 2FR \; ; \quad F_N = -F \; ; \quad \kappa = 0{,}098612 \; ;$

$$\sigma_A = \frac{F}{A}\left(1 - \frac{2}{\kappa}\right) = -38{,}56\,\frac{F}{R^2} \; ; \quad \sigma_B = \frac{F}{A}\left(1 + \frac{2}{3\kappa}\right) = 15{,}52\,\frac{F}{R^2} \; .$$

Lösung 19.6:

a)
Dimensionsloses Biegemoment $M_b / (FR)$ (links) und dimensionslose Radialverschiebung $v\,EA / (FR)$ (rechts)

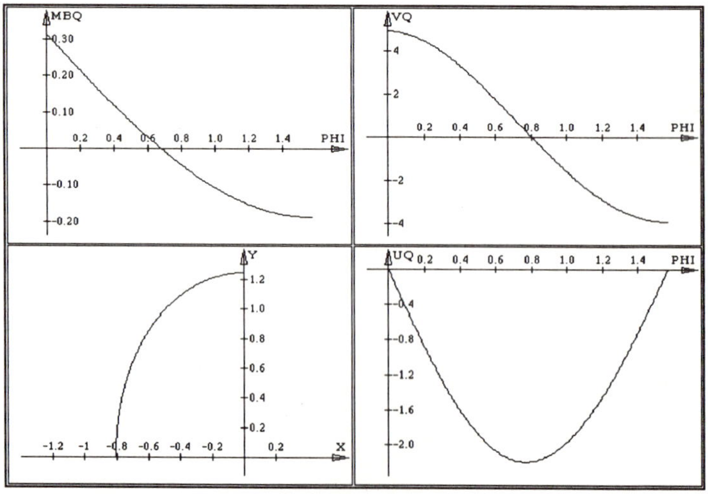

Verformtes Viertel eines Kettengliedes (links) und dimensionslose Tangentialverschiebung $u\,EA / (FR)$ (rechts)

b) $M_{b,max} = M_1 = \mathbf{0{,}3132}\,FR$ (Verlauf des Biegemoments siehe Skizze oben links).

Lösung 20.1: $\tau_{max} = \pm\, \mathbf{0{,}469}\; N/mm^2$ an den Trägerenden.

Lösung 20.2:
a) $F_{Q,max} = \mathbf{30}\; q_0 a$ an der Einspannstelle,
b) $\tau_{1,max} = \mathbf{8{,}563}\; q_0/a$ und $\tau_{2,max} = \mathbf{9{,}633}\; q_0/a$ an der Einspannstelle,
c) $\tau_{max} = \mathbf{10{,}40}\; q_0/a$ in der Schwerpunktfaser an der Einspannstelle.

Lösung 20.3:

$$a) \quad I: \quad \tau_B = 0{,}2387\,\frac{Fl}{hd^2} \; ; \qquad II: \quad \tau_B = 0{,}1790\,\frac{Fl}{hd^2} \; ;$$

$$b) \quad d_{erf,l} = 0{,}299\sqrt{\frac{Fl}{h\,\tau_{zul}}} \quad (\textit{links von } F) \; ; \qquad d_{erf,r} = 0{,}160\sqrt{\frac{Fl}{h\,\tau_{zul}}} \quad (\textit{rechts von } F) \; .$$

Lösung 21.1: a) $M = 191\ Nm$; b) $d_{gew} = 20\ mm$; c) $d_{i,gew} = 17\ mm$; d) $\varphi_{ges} = 1{,}78°$.

Lösung 21.2: a) $\kappa = \lambda$;
b) $d_{1,erf} = 32{,}9\ mm$; $d_{2,erf} = 27{,}7\ mm$.

Lösung 21.3: Bilden der zweiten partiellen Ableitungen von Φ und Einsetzen in (21.14) zeigt, daß die Poissonsche Differentialgleichung erfüllt ist. Für einen Rand, der der Ellipse $x^2/a^2 + y^2/b^2 = 1$ entspricht, wird in Φ der Ausdruck in der Klammer gleich **1** und damit der gesamte Ausdruck konstant, so daß auch die Randbedingung (21.15) erfüllt ist. Einsetzen von Φ in (21.16) und Auflösen des Integrals führt auf den Wert, der in der Tabelle des Abschnitts 21.4 angegeben ist.

Lösung 21.4: a) $I_{t,a} = 1{,}05 \cdot 10^6\ mm^4 > I_{t,b} = 6{,}42 \cdot 10^5\ mm^4$;
$W_{t,a} = 3{,}54 \cdot 10^4\ mm^3 > W_{t,b} = 2{,}06 \cdot 10^4\ mm^3$.
Die Variante a) mit zwei dünnwandigen **L**-Profilen ist günstiger.
b) $\tau_1/\tau_2 = 20{,}5$; $\Delta\varphi_1/\Delta\varphi_2 = 106$.

Lösung 21.5: $b_2 = h^2/b_1$.

Lösung 22.1: a) $\varepsilon_{1,2} = \frac{1}{3}(\varepsilon_a + \varepsilon_b + \varepsilon_c) \pm \frac{2}{3}\sqrt{\varepsilon_a^2 + \varepsilon_b^2 + \varepsilon_c^2 - \varepsilon_a\varepsilon_b - \varepsilon_a\varepsilon_c - \varepsilon_b\varepsilon_c}$;

b)
$$\sigma_{1,2} = \frac{E}{3(1-\nu^2)}\left[(1+\nu)(\varepsilon_a + \varepsilon_b + \varepsilon_c) \pm 2(1-\nu)\sqrt{\varepsilon_a^2 + \varepsilon_b^2 + \varepsilon_c^2 - \varepsilon_a\varepsilon_b - \varepsilon_a\varepsilon_c - \varepsilon_b\varepsilon_c}\right] .$$

Lösung 22.2:

a) $\sigma_{b,\max} = \dfrac{240\sqrt{5}}{\pi}\dfrac{F}{r^2}$;

b) $\sigma_{V,3,\max} = \dfrac{60\sqrt{83}}{\pi}\dfrac{F}{r^2}$.

c) Im Einspannquerschnitt wirken die Maximalspannungen an den skizzierten Punkten.

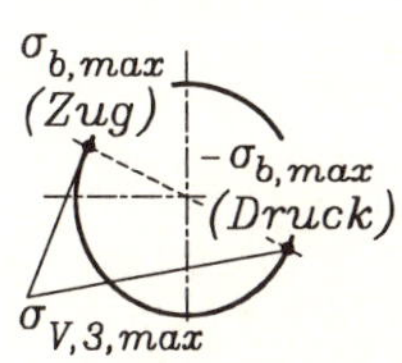

Lösung 22.3: Die Lösungen zu den Fragestellungen a), b) und c) entsprechen den Lösungen der Aufgabe 8.4.

d) Maximale Biegespannung am Lager A (Ort des größten resultierenden Biegemoments):
$$M_{b,res} = 532 Nm \quad \Rightarrow \quad \sigma_{b,\max} = 200{,}7\ N/mm^2 .$$

e) Maximale Torsionsschubspannung zwischen den Zahnrädern am Außenrand der Welle:
$$\tau_{t,\max} = 9{,}43\ N/mm^2 .$$

f) Die maximale Vergleichsspannung ergibt sich am Lager A:
$$\sigma_{V,1} = 201{,}18\ N/mm^2 ; \quad \sigma_{V,2} = 201{,}62\ N/mm^2 ; \quad \sigma_{V,3} = 201{,}40\ N/mm^2 .$$

Lösung 22.4:
$$l = \frac{1}{(F_1 + F_2)}\sqrt{\sigma_{zul}^2\left(\frac{\pi\, d^3}{32}\right)^2 - \frac{3}{4}(F_1 - F_2)^2 r^2} = 855\ mm .$$

Lösung 23.1: a) $D_a = 10{,}97\ cm$; b) $D_a = 7{,}41\ cm$.

Lösung 23.2: a) $b = 2{,}135\ R$; b) $b = 2{,}383\ a$.

Lösung 23.3: a) $F_{kr} = 0{,}6621\,\dfrac{E\,d^4}{l^2}$; b) $\kappa = \dfrac{F\,l^2}{\pi\,E\,d^4}$

Matrix A und Matrix B:

$$A = \begin{bmatrix} 5{,}63 & -4{,}64 & 1{,}22 & 0 & 0 & 0 & 0 \\ & 7{,}30 & -5{,}10 & 1{,}34 & 0 & 0 & 0 \\ & & 8{,}02 & -5{,}60 & 1{,}46 & 0 & 0 \\ & & & 8{,}79 & -6{,}13 & 1{,}6 & 0 \\ & \textit{(symmetrisch)} & & & 9{,}62 & -6{,}70 & 1{,}75 \\ & & & & & 10{,}50 & -7{,}31 \\ & & & & & & 9{,}37 \end{bmatrix} \qquad B = \begin{bmatrix} 2 & -1 & 0 & 0 & 0 & 0 & 0 \\ & 2 & -1 & 0 & 0 & 0 & 0 \\ & & 2 & -1 & 0 & 0 & 0 \\ & & & 2 & -1 & 0 & 0 \\ & \textit{(symm.)} & & & 2 & -1 & 0 \\ & & & & & 2 & -1 \\ & & & & & & 2 \end{bmatrix}$$

Lösung 23.4: a) $l_{kr} = 3{,}53\,\sqrt[3]{\dfrac{EI}{\varrho\,g\,A}}$; c) $l_{kr} = 9{,}08\ m$.

b) Matrix A und Matrix B:

$$A = \begin{bmatrix} 5 & -4 & 1 & 0 & 0 & 0 & 0 \\ & 6 & -4 & 1 & 0 & 0 & 0 \\ & & 6 & -4 & 1 & 0 & 0 \\ & & & 6 & -4 & 1 & 0 \\ & \textit{(symm.)} & & & 6 & -4 & 1 \\ & & & & & 6 & -4 \\ & & & & & & 7 \end{bmatrix} \qquad B = \begin{bmatrix} 2 & -1{,}5 & 0 & 0 & 0 & 0 & 0 \\ & 4 & -2{,}5 & 0 & 0 & 0 & 0 \\ & & 6 & -3{,}5 & 0 & 0 & 0 \\ & & & 8 & -4{,}5 & 0 & 0 \\ & \textit{(symmetrisch)} & & & 10 & -5{,}5 & 0 \\ & & & & & 12 & -6{,}5 \\ & & & & & & 14 \end{bmatrix}$$

Lösung 24.1: a) $F_B = \frac{5}{2}F$; b) $F_B = \frac{9}{16}M/l$; c) $F_B = \frac{17}{8}ql$; d) $F_B = \frac{5}{16}F$.

Lösung 24.2: $F_{AV} = q\,l$; $F_{AH} = F_B = \frac{2}{7}q\,l$; $M_A = \frac{5}{14}q\,l^2$; $v_B = \dfrac{3\,q\,l^4}{56\,EI}$.

Lösung 24.3: $v_1 = \dfrac{q\,l^4}{16\,EI}$; $v_2 = \dfrac{3\,q\,l^4}{8\,EI}$; $\varphi_2 = \dfrac{5\,q\,l^3}{12\,EI}$.

Lösung 24.4:

$$v_F = \frac{12\,F\,l^3\,b_1^2}{E\,h^3\,(b_2-b_1)^3}\left[\frac{1}{2}\left(\frac{b_2}{b_1}\right)^2 - 2\,\frac{b_2}{b_1} + \frac{3}{2} + \ln\left(\frac{b_2}{b_1}\right)\right] ;$$

$$\lim_{b_2 \to b_1} v_F = \frac{4\,F\,l^3}{E\,b_1\,h^3}$$

(z. B. durch dreimalige Anwendung der l'Hospitalschen Regel).

Lösung 24.5:

Fachwerk a:

i	1	2	3	4	5
F_{Si}/F	−0,0524	−1,3593	−0,9248	0,1277	0,2305
i	6	7	8	9	10
F_{Si}/F	−0,7439	−0,1018	0,6826	−1,8483	1,3069

Lösung 24.5 (Fortsetzung):

Fachwerk b:

i	1	2	3	4	5
F_{Si}/F	0,9324	− 1,3441	− 0,2518	0,1566	0,1949
i	6	7	8	9	10
F_{Si}/F	− 0,2217	− 0,0921	0,6585	0,4945	− 0,5401

Lösung 24.6:

$$F_1 = 0{,}8657\,F \quad ; \qquad F_2 = -1{,}3704\,F \quad ; \qquad F_c = 0{,}4514\,F \quad ;$$

$$v_H = 1{,}939\,\frac{F\,l}{(EA)_1} \quad ; \qquad v_V = 0{,}1128\,\frac{F\,l}{(EA)_1} \quad .$$

Lösung 24.7:

$$a)\quad F_c = \frac{F}{1 + \dfrac{3\,EI}{8\,c\,a^3}} \quad ; \qquad b)\quad v_{CD} = \frac{F/c}{1 + \dfrac{3\,EI}{8\,c\,a^3}} \quad ;$$

$$c)\quad F_c = c\,v_{CD} \quad ;$$

$$\gamma \to 0 \;\Rightarrow\; F_c \to 0 \;\Rightarrow\; v_{CD} = \frac{8\,F\,a^3}{3\,EI} \quad ; \qquad \gamma \to \infty \;\Rightarrow\; F_c \to F \;\Rightarrow\; v_{CD} = 0 \quad .$$

Lösung 25.1: Für die Vollscheibe gilt $C_2 = 0$, und aus $\sigma_r\,(r = r_a) = 0$ folgt C_1. Damit erhält man für die Spannungen und die Radialverschiebung (r_{max} kennzeichnet den Ort der maximalen Radialverschiebung):

$$\sigma_r = \frac{3+\nu}{8}\,\varrho\,\omega^2\left(r_a^2 - r^2\right) \quad ; \qquad \sigma_t = \frac{\varrho\,\omega^2}{8}\left[(3+\nu)\,r_a^2 - (1+3\,\nu)\,r^2\right] \quad ;$$

$$u = \frac{\varrho\,\omega^2\,(1-\nu)\,r}{8\,E}\left[(3+\nu)\,r_a^2 - (1+\nu)\,r^2\right] \quad ; \qquad \frac{du}{dr} = 0 \;\Rightarrow\; r_{\max} = \sqrt{\frac{3+\nu}{3+3\,\nu}}\;r_a \quad .$$

Der Bildschirm-Schnappschuß (Programm MCALCU) zeigt die Funktionen für die gegebenen Zahlenwerte (links die Radialverschiebung, rechts die beiden Spannungsverläufe). Die Tangentialspannung ist mit Ausnahme des Scheibenmittelpunktes stets größer als die Radialspannung.

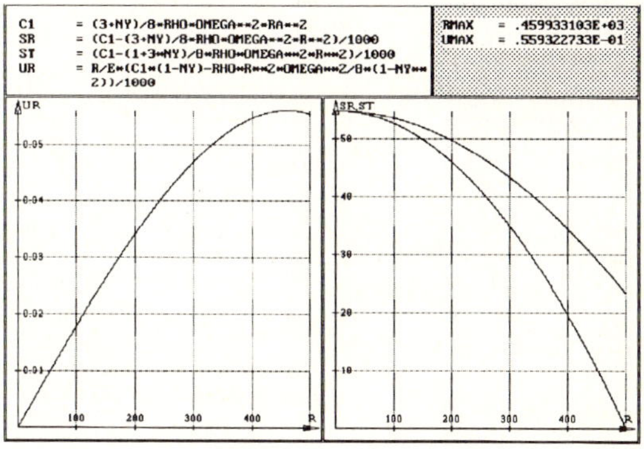

Die Auswertung ergibt folgende markanten Werte:

$\sigma_r(0) = 54{,}7\ N/mm^2$;
$\sigma_t(0) = 54{,}7\ N/mm^2$;
$r_{max} = 460\ mm$;
$u_{max} = u(r_{max}) = 0{,}0559\,mm$.

Lösung 25.2:

$$a)\quad \Delta r = -\frac{\sigma_S\,r_i}{E}\left(\frac{r_a^2 + r_i^2}{r_a^2 - r_i^2} + \nu\right) = 0{,}140\ mm \quad ;$$

$$b)\quad \omega = 849\ s^{-1} \quad .$$

Lösung 25.3:

Im linken Bild ist die obere Kurve die Tangentialspannung, die mittlere die konstante Spannung in Längsrichtung und die untere Kurve die Radialspannung, das rechte Bild zeigt die Tangentialverschiebung u_r (links oben sind die Funktionen aufgelistet).

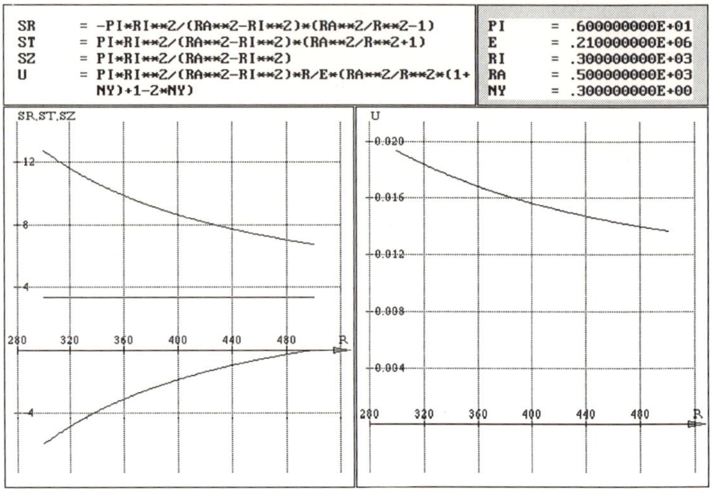

Lösung 26.1: a) $a_m = 10{,}68\ m/s^2$; b) $a_{mb} = -\,19{,}99\ m/s^2$.

Lösung 26.2: a)

$$x(t) = (R+r)\cos\omega_S t + a\cos[(R/r+1)\,\omega_S t] \quad ;$$
$$y(t) = (R+r)\sin\omega_S t + a\sin[(R/r+1)\,\omega_S t] \quad .$$

b) $r/R = 1/m$, $m = 1, 2, 3, ...$ (ganzzahlig);

c)
$$v(t) = (R+r)\,\omega_S\sqrt{1+\left(\frac{a}{r}\right)^2 + 2\,\frac{a}{r}\cos\left(\frac{R}{r}\,\omega_S t\right)} \quad ;$$

$$a(t) = (R+r)\,\omega_S^2\sqrt{1+\left(\frac{a}{r}\right)^2\left(\frac{R}{r}+1\right)^2 + 2\left(\frac{R}{r}+1\right)\frac{a}{r}\cos\left(\frac{R}{r}\,\omega_S t\right)} \quad .$$

d) $s = 66{,}82\ r$, Bahnkurve im Bild rechts.

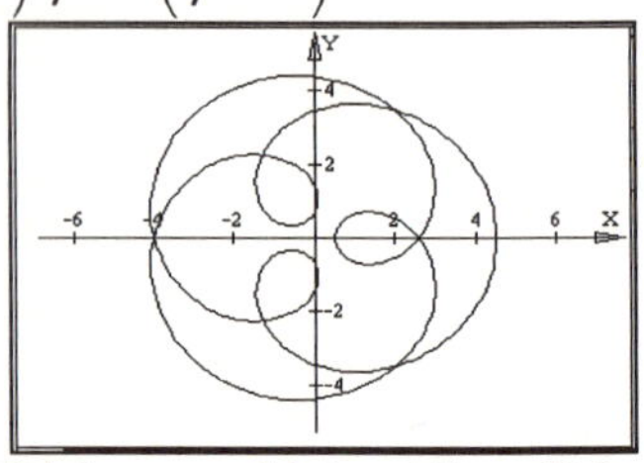

Bahnkurve von ***A*** bei zwei Stegumläufen

Lösung 26.3: a) $s(t) = l\tan\omega_0 t$;

b)
$$v(t) = l\,\omega_0(1+\tan^2\omega_0 t) \quad ;$$
$$a(t) = 2\,l\,\omega_0^2(1+\tan^2\omega_0 t)\tan\omega_0 t \quad ;$$

c) $t_{AB} = 1{,}80\ s$;

d) $v_B = 4{,}08\ cm/s$.

Lösung 26.4: a)

$$x(t) = (a - R\cos\omega_0 t)(\kappa - 1) \quad ;$$
$$y(t) = -R(\kappa-1)\sin\omega_0 t \quad mit \quad \kappa = \frac{l}{\sqrt{R^2 + a^2 - 2\,a\,R\cos\omega_0 t}} \quad .$$

b)
$$v_{Bx} = \left(\cos\omega_0 t - \frac{a}{R}\right)\left(\frac{R}{l}\right)^2 a\,\kappa^3\,\omega_0\sin\omega_0 t + (\kappa-1)\,R\,\omega_0\sin\omega_0 t \quad ;$$
$$v_{By} = \left(\frac{R}{l}\right)^2 a\,\kappa^3\,\omega_0\sin^2\omega_0 t - (\kappa-1)\,R\,\omega_0\cos\omega_0 t \quad ;$$

c) A in E: $v_B = 0{,}333\ R\omega_0$; A in F: $v_B = 0{,}961\ R\omega_0$.

Lösung 26.5: a) $y(t) = R\left(2 - \sqrt{4 - (\pi/4)^2 \sin^2 k_1 t}\right)$;

b) $y_0 = R\left(2 - \sqrt{4 - (\pi/4)^2}\right) = 0{,}1607\,R$; $t_1 = \dfrac{\pi}{2\,k_1}$.

Lösung 27.1: Punkt ***A*** bewegt sich horizontal, Punkt ***B*** bewegt sich auf einer Kreisbahn um den Momentanpol der großen Walze ***M****. Der Schnittpunkt der Senkrechten zu beiden Geschwindigkeitsrichtungen ist der Momentanpol ***M*** der Verbindungsstange.

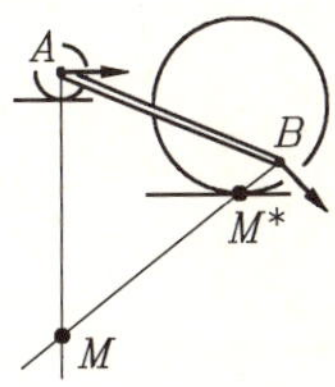

Lösung 27.2: $\omega_2 = \dfrac{2\,v_4}{r_2}$; $v_1 = \dfrac{R_1}{R_1 - r_1}\,2\,v_4 = 4\,v_4$.

Lösung 27.3: "***A*** passiert ***E***":

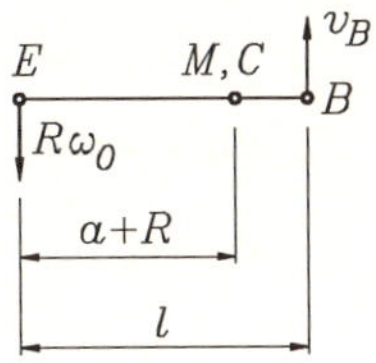

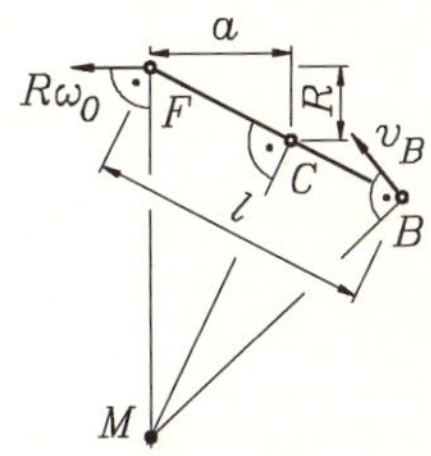

$$\frac{v_B}{R\,\omega_0} = \frac{l - (a + R)}{a + R} = \frac{1}{3} \ ;$$

"***A*** passiert ***F***":

$$\frac{v_B}{R\omega_0} = \frac{\sqrt{\left(l - \sqrt{a^2 + R^2}\right)^2 + a^4/R^2 + a^2}}{R + a^2/R} = 0{,}961 \ .$$

Lösung 27.4: $v_1 = \sqrt{2}\,v$; $v_2 = 2\,v$; $v_3 = 0$; $a_1 = \sqrt{\left(a - \dfrac{v^2}{R}\right)^2 + a^2}$.

Lösung 27.5: a) $n_1/n_4 = -2\,(r_2/r_1 + r_3/r_1)$;

b) $n_1 = -2\,n_4\,(r_2/r_1 + r_3/r_1) + n_5\,(2\,r_2/r_1 + 2\,r_3/r_1 + 1)$.

Lösung 27.6: $v = \sqrt{v_L^2 + v_K^2 + (\omega\,a)^2} = 0{,}7365\ m/s$;

$a_F = a\,\omega^2 = 0{,}045\ m/s^2$; $a_C = 2\,\omega\,v_K = 0{,}1\ m/s^2$.

Lösung 28.1: $v_2 = \sqrt{2\,g\,[h - R(1 - \cos 45°)]} = 6{,}03\ m/s$.

Lösung 28.2:

$$v = \sqrt{2\,s\left(\frac{M_0}{m\,R} - \mu\,g\cos\alpha - g\sin\alpha\right)} \ .$$

Lösung 28.3: a)

Der Bildschirm-Schnappschuß zeigt die numerische Lösung des Anfangswertproblems

$$\ddot\varphi\,(t) = -\frac{\mu}{r}\left(g + r\,\dot\varphi^2\right) \ ;$$

$$\varphi\,(t{=}0) = 0 \ ; \quad \dot\varphi\,(t{=}0) = v_0/r \ .$$

$$\varphi_{end} = 2{,}42 \ ;$$
$$t_{end} = 1{,}45\ s \ .$$

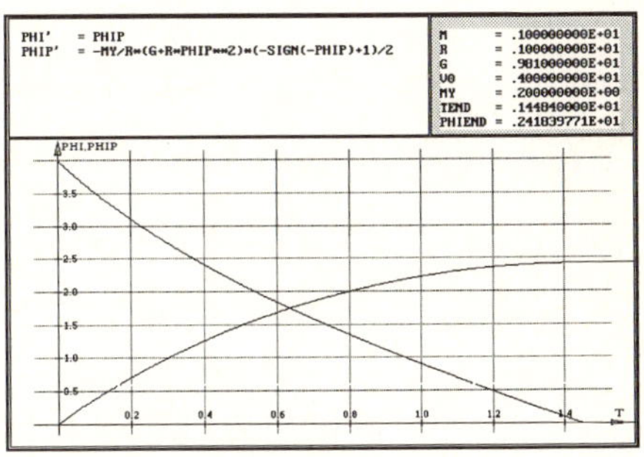

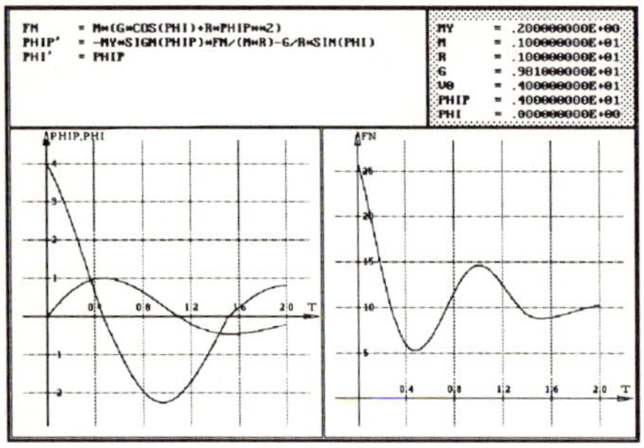

b) Der Bildschirm-Schnappschuß zeigt die numerische Lösung des Anfangswertproblems

$$F_N = m\,(g\cos\varphi + r\,\dot\varphi^2) \quad ;$$

$$\ddot\varphi\,(t) = -\frac{\mu F_N}{m\,r}\,sgn\,\dot\varphi - \frac{g}{r}\sin\varphi \quad ;$$

$$\varphi\,(t=0) = 0 \quad ; \quad \dot\varphi\,(t=0) = v_0/r \quad .$$

Das linke Fenster zeigt $\varphi(t)$ und $\dot\varphi(t)$, im rechten Fenster ist $F_N(t)$ dargestellt.

Lösung 28.4:

a) $x_{rel} = a\cosh\omega_0 t \quad ; \quad \dot x_{rel} = a\,\omega_0 \sinh\omega_0 t \quad ;$

$F_N = m\,b\,\omega_0^2 + 2\,m\,a\,\omega_0^2\sinh\omega_0 t \quad ;$

b) $t_R = 1{,}84\ s \quad ; \quad v_{rel} = \dot x_{rel}(t=t_R) = 118{,}5\ cm/s \quad ; \quad v_{abs} = 176{,}8\ cm/s \quad .$

Lösung 29.1:

a) $s = 40{,}9\ m \quad ; \quad v = 16{,}4\ m/s \quad ;$ b) $F_S = 32{,}7\ N \quad .$

Lösung 29.2:

a) $t^* = 1{,}07\ s \quad ;$ b) $F_N = 8{,}50\ N \quad ; \quad F_H = 1{,}40\ N \quad .$

Lösung 29.3:

a) $a_3 = \dfrac{M_A}{10\,m_1 R} - \dfrac{4}{5}\,g \quad ;$

b) $F_S = \dfrac{6}{5}\,(M_A/R + 2\,m_1 g) \quad ;$ c) $M_A > 8\,m_1 g R \quad .$

Lösung 29.4:

$J_S = 0{,}150\ kgm^2 \quad ; \quad v_{END} = 0{,}667\ m/s\ .$

Lösung 29.5:

$r_2 = 75\ mm \quad ; \quad \alpha_2 = -\,53{,}1° \quad ; \quad r_3 = 25\ mm \quad ; \quad \alpha_3 = 126{,}9°\ .$

Lösung 29.6:

a) $$\tilde J = \begin{bmatrix} J_{\bar x\bar x} & J_{\bar x\bar y} & J_{\bar x\bar z} \\ J_{\bar x\bar y} & J_{\bar y\bar y} & J_{\bar y\bar z} \\ J_{\bar x\bar z} & J_{\bar y\bar z} & J_{\bar z\bar z} \end{bmatrix} = \frac{2}{51}\,\varrho\,a^5 \begin{bmatrix} 529 & 0 & -60 \\ 0 & 289 & 0 \\ -60 & 0 & 304 \end{bmatrix} \quad ;$$

b) Aus $\ddot\varphi = \dfrac{51}{608}\left[\dfrac{M_0}{\varrho\,a^5} + 8\,\dfrac{g}{a}\sin\varphi\right]$ wird mit $\tau = \sqrt{\dfrac{g}{a}}\;t$:

$$\varphi'' = \frac{51}{76}\,(M_D + \sin\varphi) \quad mit \quad (\dots)'' = \frac{d(\dots)}{d\tau} \quad und \quad M_D = \frac{M_0}{8\,\varrho\,g\,a^4} \quad ;$$

$$\varphi\,(t=0) = 0 \quad ; \quad \varphi'(t=0) = 0 \quad ;$$

$$F_{A\bar x}/(m\,g) = \tfrac{1}{2}\,(K\,\varphi'^2 + \sin\varphi - \varphi'') \quad ; \quad F_{B\bar x}/(m\,g) = \tfrac{1}{2}\,(-K\,\varphi'^2 + \sin\varphi - \varphi'') \quad ;$$

$$F_{A\bar y}/(m\,g) = \tfrac{1}{2}\,(-K\,\varphi'' + \cos\varphi - \varphi'^2) \quad ; \quad F_{B\bar y}/(m\,g) = \tfrac{1}{2}\,(K\,\varphi'' + \cos\varphi - \varphi'^2)$$

$$mit \quad K = \frac{10}{17\,(\sqrt{17} + 2)} \quad und \quad m\,g = 8\,\varrho\,g\,a^3 \quad .$$

c)

```
PHIPP  = 51/76*(MD+SIN(PHI))
PHI'   = PHIP
PHIP'  = PHIPP
FAX    = 0.5*(K*PHIP^2-PHIPP+SIN(PHI))
FAY    = 0.5*(-K*PHIPP-PHIP^2+COS(PHI))
FBX    = 0.5*(-K*PHIP^2-PHIPP+SIN(PHI))
FBY    = 0.5*(K*PHIPP-PHIP^2+COS(PHI))
FA     = SQRT(FAX^2+FAY^2)
FB     = SQRT(FBX^2+FBY^2)

MD     = .100000000E+01
K      = .960681279E-01
```

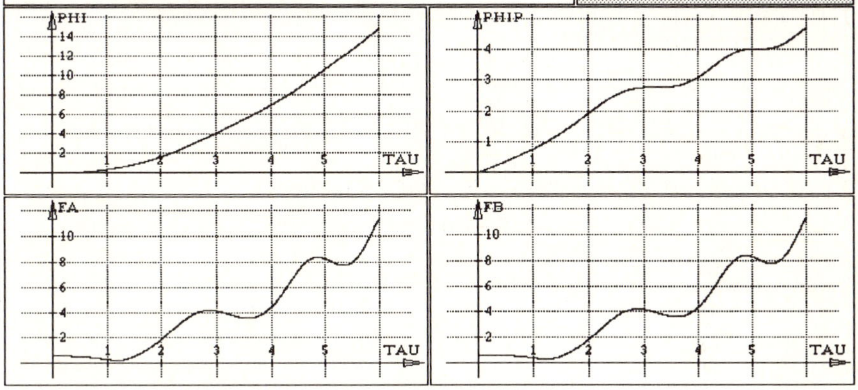

Lösung 30.1: $h_2 = 0{,}194\,h_1$; $\bar{v}_2 = 0{,}509\,\sqrt{g\,h_1}$.

Lösung 30.2: $x = 6{,}22\ cm$.

Lösung 30.3: $\omega_1 = 6{,}10\ s^{-1}$; $\bar{\omega}_1 = -\,1{,}93\ s^{-1}$; $\bar{\omega}_2 = 0{,}838\ s^{-1}$; $\varphi_{max} = 25{,}9°$.

Lösung 31.1: $\omega = 12\,\sqrt{EI_2/(m\,l_2^3)}$.

Lösung 31.2: $\omega = 3{,}08\,r_1\,\sqrt{c_1/J_1}$.

Lösung 31.3: $\omega = 96{,}1\ s^{-1}$; $\varphi_{max} = 1{,}22°$.

Lösung 31.4: $x_S = 0{,}816\ R$.

Lösung 31.5: $\omega_a = 2000\ s^{-1}$; $\omega_b = 980\ s^{-1}$.

Lösung 31.6: $n = 9$; $t = 3{,}40\ s$.

Lösung 31.7: $\Omega_{kr} = \sqrt{c/M}$.

Lagerfall	*a)*	*b)*	*c)*	*d)*
c	$3EI/l^3$	$48EI/l^3$	$768EI/(7l^3)$	$192EI/l^3$
$c\ [N/m]$	$1{,}35\cdot10^7$	$2{,}16\cdot10^8$	$4{,}94\cdot10^8$	$8{,}64\cdot10^8$
$\Omega_{kr}\ [s^{-1}]$	116,19	464,76	702,65	929,52

Lösung 31.8:

$$n_{kr} = \frac{\Omega_{kr}}{2\pi} = \frac{1}{2\pi}\sqrt{\frac{c}{M}} \quad ;$$

$$n < n_{kr} \quad \Rightarrow \quad c_{min} = 4\pi^2 n^2 M = 1{,}097 \cdot 10^7 \; N/m \quad .$$

Lagerfall	*a)*	*b)*	*c)*	*d)*
EI_{min}	$c_{min} l^3/3$	$c_{min} l^3/48$	$7 c_{min} l^3/768$	$c_{min} l^3/192$
$[Nm^2]$	$3{,}6554 \cdot 10^6$	$2{,}2846 \cdot 10^5$	$9{,}9952 \cdot 10^4$	$5{,}7116 \cdot 10^4$

Lösung 31.9: *a)* $c = 3{,}016 \cdot 10^6 \; N/m$; *b)* $k = 9{,}6 \cdot 10^3 \; Ns/m$.

Lösung 31.10: $n_{krit} = 372 \text{ min}^{-1}$; $n^*_{krit} = 362 \text{ min}^{-1}$.

Lösung 32.1: $\omega_1 = 1{,}65 \sqrt{EI/(m\,l^3)}$; $\omega_2 = 11{,}0 \sqrt{EI/(m\,l^3)}$.

Lösung 32.2: *a)* $\omega_1 = 0{,}2954 \sqrt{GI_p/(J_1\,l)}$; $\omega_2 = 2{,}216 \sqrt{GI_p/(J_1\,l)}$;

$$b) \quad \left(\begin{bmatrix} 1 & -1 & 0 \\ -1 & 2{,}12 & -2 \\ 0 & -2 & 4 \end{bmatrix} - \frac{J_1\,l}{GI_p}\,\omega^2 \begin{bmatrix} 1 & 0 & 0 \\ 0 & 0{,}78 & 0 \\ 0 & 0 & 10 \end{bmatrix} \right) \begin{bmatrix} A_1 \\ A_2 \\ A_3 \end{bmatrix} = 0 \quad ;$$

$$\omega_1 = 0{,}1635 \sqrt{GI_p/(J_1\,l)} \quad ; \quad \omega_2 = 0{,}8205 \sqrt{GI_p/(J_1\,l)} \quad ;$$

$$\omega_3 = 1{,}8488 \sqrt{GI_p/(J_1\,l)} \quad .$$

Lösung 32.3: *a)* $c_T = 1{,}316 \cdot 10^5 \; N/m$;

b)

X - Motor und Fundament ohne Tilger

X1, V1 - Motor und Fundament mit Tilger

X2, V2 - Tilger

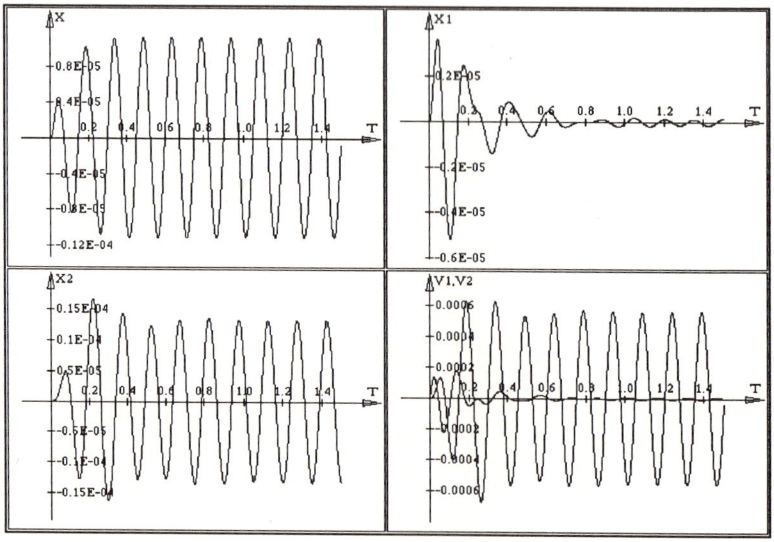

Lösung 33.1: Das Verhältnis der virtuellen Verschiebungen der beiden Kräfte ergibt sich aus der Geometrie:

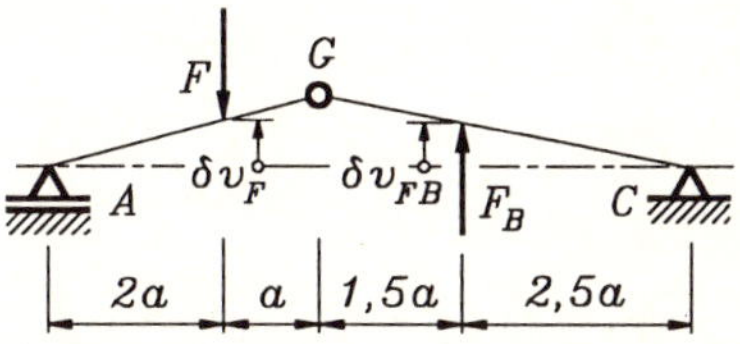

$$\frac{3a}{2a}\,\delta v_F = \frac{4a}{2{,}5\,a}\,\delta v_{FB} \quad\Rightarrow\quad \delta v_F = \frac{16}{15}\,\delta v_{FB}\ ;$$

$$\delta W = F_B\,\delta v_{FB} - F\,\delta v_F = 0 \quad\Rightarrow\quad F_B = \frac{16}{15}\,F\ .$$

Lösung 33.2: Wenn die potentielle Energie in der Lage $x = 0$ (willkürlich) Null gesetzt wird (die Federn sind in dieser Lage entspannt), gilt:

$$\frac{U}{m g l_1} = -\frac{x}{l_1}\sin\alpha + \frac{1}{2}\,\frac{c_1 l_1}{m g}\left[\sqrt{1 + 2\,\frac{x}{l_1}\sin\alpha + \left(\frac{x}{l_1}\right)^2} - 1\right]^2$$

$$+ \frac{1}{2}\,\frac{c_2 l_2}{m g}\,\frac{l_2}{l_1}\left[\sqrt{1 + 2\,\frac{l_1}{l_2}\,\frac{x}{l_1}\cos\alpha + \left(\frac{l_1}{l_2}\right)^2\left(\frac{x}{l_1}\right)^2} - 1\right]^2 .$$

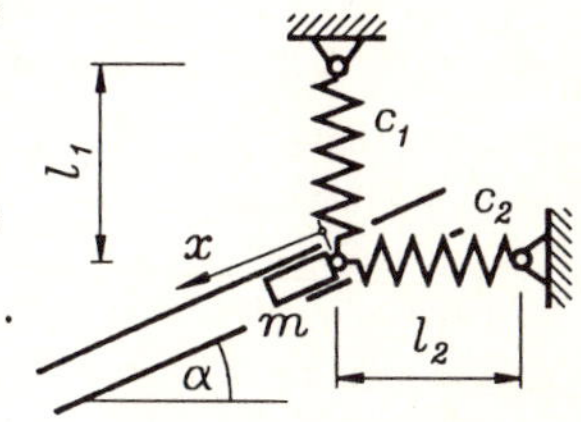

Die Bestimmung der Extremwerte dieser Funktion für die drei Parameterkombinationen (mit dem Programm MCALCU, nebenstehender Bildschirm-Schnappschuß zeigt die graphischen Darstellungen der Funktionen) bestätigt die Ergebnisse, die als Lösungen der Aufgaben 10.2 und 10.3 angegeben sind.

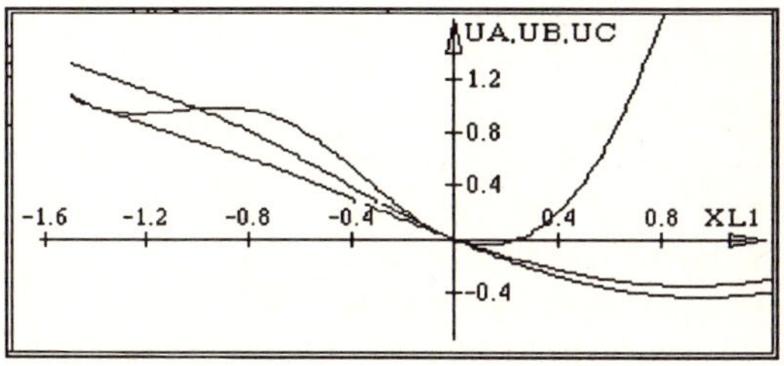

Lösung 33.3:

$$\ddot{x}\,(m_1 + m_2) - \ddot{\varphi}\,m_2\,l\sin\varphi - m_2\,l\,\dot{\varphi}^2\cos\varphi + c\,x = 0\ ;$$

$$-\ddot{x}\,m_2\,l\sin\varphi + \ddot{\varphi}\,m_2\,l^2 + m_2\,g\,l\sin\varphi = 0\ .$$

Lösung 33.4:

$$\tilde{v} = \frac{F l^3}{E t^3\,(b_0 + 3\,b_1)}\left[3\,\frac{z}{l} - 4\left(\frac{z}{l}\right)^3\right]\ ;$$

$$\tilde{v}_{max} = \tilde{v}\left(z = \frac{l}{2}\right) = \tilde{\kappa}\,\frac{F l^3}{E t^3\,b_0}\ .$$

b_1/b_0	1	1,2	1,5	2
$\tilde{\kappa}$	0,25	0,217	0,182	0,143
κ_{exakt}	0,25	0,218	0,183	0,145

Anhang B (CAMMPUS-Programme)

Die Programme der beiliegenden Diskette sind aus dem Programmsystem CAMMPUS (**C**omputer-Programme der **a**ngewandten **M**athematik und **M**echanik für **P**raxis **u**nd **S**tudium) mit dem Ziel ausgewählt worden, die in diesem Buch beschriebenen computerorientierten Lösungsverfahren weitgehend realisieren zu können. Die Auswahl wurde von der Absicht diktiert, den mathematischen (speziell numerischen) Aufwand, der nicht zum Verständnis der Grundlagen der Technischen Mechanik beiträgt, dem Computer übertragen zu können.

Fertige Programme, die das Verständnis der Zusammenhänge durch das Trainieren des Umgangs mit einer Benutzer-Oberfläche ersetzen, wurden (dem Charakter dieses Lehrbuchs entsprechend) ausgespart. Eine gewisse Ausnahme stellen die beiden Beispiel-Programme dar, die im Finite-Elemente-Baukasten enthalten sind (und natürlich die über das Internet zu beziehenden CAMMPUS-Ergänzungen, siehe Seite IV und Anhang C). Damit könnten Verformungen und Stabkräfte von Fachwerken und Verformungen und Schnittgrößen biegesteifer Rahmen-Tragwerke auch berechnet werden, ohne die theoretischen Grundlagen verstanden zu haben (wovor natürlich nachdrücklich gewarnt werden muß).

Die Programme laufen auf IBM-kompatiblen Personal-Computern. Sie wurden getestet mit dem Betriebssystem MS-DOS 5.0 unter Verwendung einer VGA-Graphikkarte. Sie sollten jedoch auch unter älteren Betriebssystem-Versionen (ab MS-DOS 3.2) und dem Betriebssystem DR-DOS sowie bei Benutzung einer EGA-Graphikkarte laufen. Wenn keine Graphik-Karte im Computer installiert ist, ist nur die graphische Darstellung der Funktionen unmöglich, alle übrigen Programmfunktionen sind verfügbar.

Die Programme müssen installiert werden (sie sind nicht direkt von der beiliegenden Diskette aus lauffähig). Folgende Schritte sind erforderlich für die

Installation:

1.) Einlegen der CAMMPUS-Diskette in ein Diskettenlaufwerk (in den nachfolgenden Beispiel-Anweisungen wird angenommen, daß dies das Laufwerk A ist, bei einem anderen Laufwerk sind diese Anweisungen entsprechend zu modifizieren).

2.) Das Laufwerk mit der CAMMPUS-Diskette wird zum aktuellen Laufwerk gemacht, und das Installationsprogramm wird gestartet:

A: **<Return>**
INSTALL **<Return>**

3.) Die Installation ist menügeführt, wobei in der Regel alle Voreinstellungen akzeptiert werden können. Das Drücken der Taste **S** (Start der Installation) unmittelbar nach dem Erscheinen des ersten Menüs erspart weitere Fragen.

4.) Am Ende der Installation erscheint ein Hinweis, wie CAMMPUS gestartet werden kann. Alle installierten Programme werden vom CAMMPUS-Menüprogramm aus erreicht.

Die nachfolgende Beschreibung der Programme enthält zum größten Teil Anwendungsbeispiele, die den Umgang mit den Programmfunktionen demonstrieren. Die Menüführung, die durch ein umfangreiches Hilfe-System bei Bedarf unterstützt wird, sollte die **Programmnutzung auch ohne vorheriges Lesen der Beschreibung** ermöglichen.

Eine Maus ist für die Bedienung der Programme nicht erforderlich, erleichtert jedoch die Arbeit. In den nachfolgenden Beschreibungen wird ausschließlich die Eingabe über die Tastatur erläutert, die nach den üblichen Zuordnungen durch Maus-Funktionen unterstützt und ersetzt werden kann. Es gelten durchgängig folgende Regeln:

- Alle Bewegungen (in den Menüs, in Listen, bei der Benutzung der Zoom-Funktion in graphischen Darstellungen), die über die Cursor-Tasten ausgelöst werden, sind auch durch eine Maus zu steuern.
- Das **Drücken der linken Maustaste** entspricht der **Bestätigung** eines Angebots, der **Auswahl** eines durch den Bildschirm-Cursor angezeigten Punktes bzw. einer Option und ersetzt damit in den meisten Fällen das Drücken der **Return**-Taste.
- Das **Drücken der rechten Maustaste** bedeutet **Ablehnung** eines Angebots, **Abbruch** einer Aktion oder **Wechsel** (z. B. des aktiven Bildschirm-Bereichs) und entspricht damit in den meisten Fällen dem Drücken der **ESC**-Taste.
- In zwei Fällen sind die Bewegungen der Maus von den "normalen" Tastatur-Cursor-Eingaben unabhängig. Bei der Eingabe von arithmetischen Ausdrücken und Funktionen bewegt man sich mit den Tastatur-Cursor-Tasten im eingegebenen Text, während mit Mausbewegungen Menüangebote angesteuert werden können. Entsprechendes gilt für die Eingabe von Matrizen: Der einzugebende Wert für ein Matrix-Element darf ein arithmetischer Ausdruck sein, in dem man sich mit den Tastatur-Cursor-Tasten bewegen kann, während die Mausbewegungen ein "Wandern durch die Matrix" auslösen. In beiden Fällen kann die spezielle Aktion, die die Maus auslöst, auch mit der Tastatur über "Shift-Cursor" erreicht werden.

B1 "Taschenrechner" MCALCU

Das Programm "Taschenrechner" MCALCU kann für folgende Aufgaben genutzt werden:

- Berechnen von reellen arithmetischen Ausdrücken, in denen die Grundrechenarten, Klammerstrukturen, Konstanten aus dem Konstantenspeicher und die mathematischen Standardfunktionen verwendet werden dürfen (Simulation der Arbeit mit einem Taschenrechner), die Ausdrücke werden unter Beachtung der Vorrangregeln für die Operationen ausgewertet,
- Definieren, Speichern und Auswerten von Formelsätzen, für die wiederholte Berechnungen mit unterschiedlichen Parametern durchgeführt werden sollen,
- Definieren und Speichern von Konstantensätzen zur Wiederverwendung in späteren Programmläufen,
- Auswerten von Funktionen einer unabhängigen Variablen (Wertetabelle, Nullstellen, Extremwerte, Polstellen, graphische Darstellung, Parameterdarstellung, numerisches Differenzieren, Interpolation äquidistanter Wertetabellen, die von einem File gelesen werden, ...),

- numerische Integration von Funktionen einer Variablen nach unterschiedlichen Verfahren,
- numerische Integration von Differentialgleichungssystemen 1. Ordnung (Anfangswertprobleme).

Die genannten Möglichkeiten werden ergänzt durch folgende Zusatzangebote:

- Konstanten, Formelsätze, definierte Funktionen, Differentialgleichungssysteme können auf editierbare Files geschrieben, gegebenenfalls mit einem Editor bearbeitet und in einem späteren Programmlauf wieder eingelesen werden.
- Auf einen Protokoll-File können die berechneten Ergebnisse eines Programmlaufs aufgezeichnet werden, es ist ein editierbarer File, der (eventuell nach Ergänzungen) ausgedruckt werden kann.
- Eingabe-Sequenzen können als Makro aufgezeichnet werden, mit dem in einem späteren Programmlauf die Aktionen automatisch wiederholt werden können.
- Über eine "Demo-Taste" sind für verschiedene typische Anwendungen automatisch ablaufende Anwendungsbeispiele abrufbar.
- Ein umfangreiches kontext-sensitives Hilfe-System unterstützt den Benutzer.

B1.1 Startmenü

Nach dem Start des Programms erscheint das "Taschenrechner"-Startmenü:

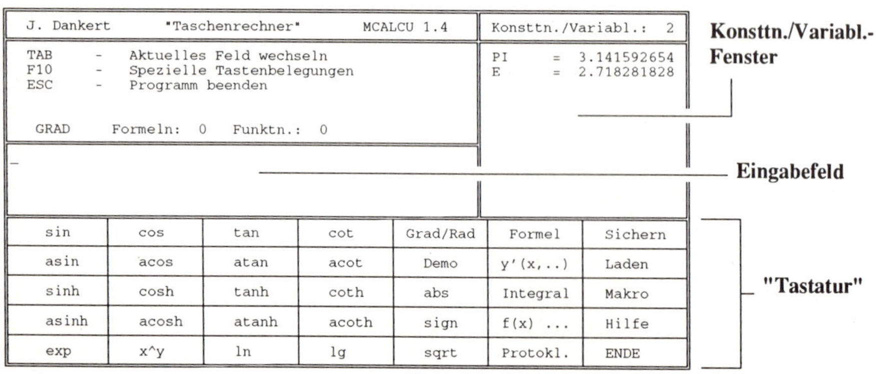

Der Cursor befindet sich im (aktiven, noch leeren) EINGABEFELD, im KONSTTN./VARIABL.-FENSTER rechts oben sind die vordefinierten Konstanten zu sehen, im unteren Bereich befindet sich die "TASTATUR". Eines dieser 3 Felder ist jeweils "aktiv", auf dem Bildschirm wird dies durch einen helleren Rahmen verdeutlicht, mit TAB wird das aktive Feld zyklisch gewechselt.

Das Eingabefeld dient zur Eingabe der zu berechnenden Ausdrücke, zur Konstantendefinition und zur Eingabe der vom Benutzer definierten Funktionen.

Im Konsttn./Variabl.-Fenster werden die vordefinierten und die während des Programmlaufs zusätzlich definierten Konstanten bzw. Variablen mit ihren Werten angezeigt. Wenn mehr

Werte definiert sind, als das Fenster zeigen kann, so kann man gegebenenfalls bei aktivem Konsttn./Variabl.-Fenster durch den gesamten Konsttn./Variabl.-Speicher "scrollen".

Die "Tastatur" dient als Menüfeld. Viele der dort angebotenen Optionen sind auch bei aktivem Eingabefeld über die Funktionstasten erreichbar (Anzeige der speziellen Tastenbelegungen: F10), am einfachsten sind sie jedoch mit der Maus auszuwählen. Die mathematischen Standardfunktionen, die man von der "Tastatur" in das Eingabefeld "holen" kann, können dort auch direkt hineingeschrieben werden.

> Das Programm MCALCU ist weitgehend selbsterklärend. Als Empfehlung gilt: Man starte das Programm und versuche, damit zu arbeiten. Gegebenenfalls ist auf das Hilfe-Angebot in fast allen Menüs oder auf die "Demo"-Funktion zurückzugreifen. Die schriftliche Dokumentation demonstriert das Arbeiten an speziellen Beispielen.

B1.2 Rechnen

Der Wert eines **arithmetischen Ausdrucks** (vgl. Definition im Abschnitt B1.4), der bei aktivem Eingabefeld eingegeben und durch <Return> abgeschlossen wird, wird sofort berechnet, und im unteren Teil des Eingabefeldes wird das Ergebnis angezeigt:

```
 TAB    -   Aktuelles Feld wechseln            | PI     =  3.141592654
 F10    -   Spezielle Tastenbelegungen         | E      =  2.718281828
 ESC    -   Programm beenden                   | SIGMAX =  180.0000000
                                               | SIGMAY = -125.0000000
                                               | PHI    =  39.00000000
  GRAD      Formeln:  1    Funktn.:  0         | TAUXY  =  98.00000000
-----------------------------------------------|
(sigmax+sigmay) / 2 + (sigmax-sigmay) / 2 * cos(2*phi)
+ tauxy * sin(2*phi)

                   =  155.0649977
```

Die Länge des arithmetischen Ausdrucks ist nicht durch die Größe des Eingabefeldes beschränkt. Die maximal möglich Zeichenanzahl ist installationsabhängig und kann über das Menüangebot "Grenzen" im Tastaturmenü "Hilfe" erfragt werden.

B1.3 Konstanten definieren

Eine durch <Return> abgeschlossene Eingabe, die ein **Gleichheitszeichen** enthält, wird als **Konstantendefinition** interpretiert. Aus den Zeichen vor dem Gleichheitszeichen wird ein (maximal sechsstelliger) **Name** gebildet, aus dem **arithmetischen Ausdruck** (vgl. Definitionen im folgenden Abschnitt) nach dem Gleichheitszeichen wird der Wert berechnet. Name und Wert werden im Konsttn./Variabl.-Speicher abgelegt und im Konsttn./Variabl.-Fenster angezeigt. Der folgende Bildschirmausschnitt zeigt eine Konstantendefinition unmittelbar vor dem Drücken der <Return>-Taste:

```
TAB    -  Aktuelles Feld wechseln            PI      =  3.141592654
F10    -  Spezielle Tastenbelegungen         E       =  2.718281828
ESC    -  Programm beenden                   SIGMAX  =  180.0000000
                                             SIGMAY  = -125.0000000
                                             PHI     =  39.00000000
 GRAD     Formeln:  1   Funktn.:  0          TAUXY   =  98.00000000

sigma1 = (sigmax + sigmay) / 2 + SQRT [ (sigmax -
         sigmay) ^ 2 / 4 + tauxy ^ 2]
```

Wenn eine Konstante oder Variable des gleichen Namens bereits existiert, so wird der gespeicherte Wert durch den neu berechneten Wert überschrieben. Die maximale Anzahl gleichzeitig definierter Konstanten und Variablen ist installationsabhängig und kann über die Option "Grenzen" im Tastaturmenü "Hilfe" erfragt werden.

B1.4 Arithmetische Ausdrücke

Arithmetische Ausdrücke dürfen **ZAHLEN**, definierte **KONSTANTEN** (bzw. Variablen), **STANDARDFUNKTIONEN**, öffnende und schließende Klammern ([{ }]) enthalten. Diese Elemente können durch die Symbole für die vier Grundrechenarten + – * / und das Symbol für das Potenzieren (^ oder **) verknüpft werden. Leerzeichen werden ignoriert, bei den Buchstaben wird nicht zwischen Groß- und Kleinbuchstaben unterschieden. Die arithmetischen Operationen werden unter Beachtung der Vorrangregeln ausgeführt.

- **ZAHLEN** können (optional) ein Vorzeichen, einen Dezimalpunkt und einen Exponenten (gegebenenfalls auch mit einem Vorzeichen) enthalten (Beispiele: **– 2.1 E–5** ; **5120** ; **.3125** ; **– 0.001**).
- **KONSTANTEN** (auch Variablen) werden durch einen **NAMEN** identifiziert und mit einem Wert, der aus einem arithmetischen Ausdruck gebildet wird, im Konsttn./Variabl.-Speicher abgelegt. Ein **NAME** besteht aus maximal 6 signifikanten Zeichen und muß mit einem Buchstaben beginnen, die übrigen Zeichen dürfen Buchstaben, Ziffern und der Unterstrich _ sein.
- **STANDARDFUNKTIONEN** werden auf ein Argument angewendet, das der Funktionsbezeichnung in Klammern folgen muß. Zulässig sind

  - die trigonometrischen Funktionen **sin**, **cos**, **tan**, **cot**,
  - die Arkus-Funktionen **asin**, **acos**, **atan**, **acot**,
  - die Hyperbelfunktionen **sinh**, **cosh**, **tanh**, **coth**,
  - die Area-Funktionen **asinh**, **acosh**, **atanh**, **acoth**,
  - die Logarithmus-Funktionen **ln** (natürlicher Logarithmus) und **lg** (dekadischer Logarithmus),
  - die *e*-Funktion **exp**,
  - die Quadratwurzel-Funktion **sqrt** bzw. **sqr**,
  - die Absolutwert-Funktion **abs**,
  - die Signum-Funktion **sign**.

Die Standardfunktionen können vom Tastaturmenü "abgeholt" werden (mit der Maus, aber auch so: Wechsel in das Tastaturmenü, mit Cursor-Tasten gewünschte Funktion ansteuern, nach Drücken der Return-Taste erscheint die Funktion mit den erforderlichen nachfolgenden Klammern im Eingabefeld, das Eingabefeld wird automatisch wieder aktiv), die Funktionsnamen können jedoch auch direkt in das Eingabefeld geschrieben werden.

Ein arithmetischer Ausdruck und der Name bei einer Konstantendefinition werden nach der Eingabe einer syntaktischen Kontrolle unterzogen. Wenn der arithmetische Ausdruck syntaktisch fehlerfrei ist, wird versucht, seinen Wert zu ermitteln, wobei weitere Kontrollen (Verwendung unerlaubter Argumente für die Standardfunktionen, Division durch Null, Überlaufgefahr, ...) durchgeführt werden. Fehler werden durch eine Ausschrift und durch Blinken des Bereichs der Eingabe angezeigt, in dem der Fehler entdeckt wurde.

Fehlerhafte Eingaben können editiert werden (beim ersten Tastendruck verschwindet das Blinken), wobei alle dafür sinnvollen Tasten genutzt werden können (Cursor-Tasten und die übrigen Positionierungs-Tasten, Einfügen/Überschreiben, Löschen, ...).

Beispiele für korrekte arithmetische Ausdrücke und Konstanten-Definitionen:

– 3 * sin (– 210)

A12 = PI / 2 + SQRT [1 + (cos (PI / 4)) ^ (3 / 2)]

Ob die Argumente der Winkelfunktionen in Grad oder Radian interpretiert werden, wird in der Statuszeile (unmittelbar über dem Eingabefeld) angezeigt. Die Einstellung kann über "Grad/Rad" (im Tastaturmenü) geändert werden (oder durch Strg-G bzw. Strg-R bei Arbeit im Eingabefeld). Die gewählte Einstellung gilt sowohl für die Argumente der Winkelfunktionen als auch für die Ergebnisse der Berechnung von Arkus-Funktionen.

Die Konstante π (als PI im Konsttn./Variabl.-Fenster sichtbar) und die Konstante ***e*** (Basis der natürlichen Logarithmen) sind vordefiniert, alle übrigen Konstanten, die verwendet werden, müssen vorher definiert werden. In den nachfolgenden Beispielen wird vorausgesetzt, daß die Konstanten RADIUS, HÖHE, XDL und YDL vorab definiert wurden:

VKEGEL = 1 / 3 * pi * RADIUS ^ 2 * HÖHE

3 * sinh (xdl / 4 + 2) + 4 * sqrt (0.98 * ydl + 2)

Beispiele für fehlerhafte arithmetische Ausdrücke:

3 * – 20	(zwei aufeinanderfolgende Operationssymbole)
SQRT 27.3	(Argument einer Standardfunktion muß eingeklammert werden)
LN (COS (PI))	(Logarithmus mit negativem Argument)
5 / SIN (PI)	(Division durch Null)
SINH (1000)	(Operation führt zu Überlauf)

B1.5 Konstanten sichern

Wenn ein Satz von Konstanten definiert wurde, der für eine spätere Rechnung wiederverwendbar ist, so kann im Tastaturmenü das Angebot "Sichern" (Option "Konstnt.") gewählt werden, um alle definierten Konstanten auf einen (editierbaren) File zu schreiben. Dieser kann gegebenenfalls nachträglich mit einem Editor korrigiert, ergänzt und mit Erläuterungen versehen werden (nebenstehendes Beispiel, mit ! beginnende Zeilen werden beim Wiedereinlesen ignoriert). So kann man sich für verschiedene Problembereiche Files mit passenden Konstantensätzen speichern.

```
!!  "Taschenrechner" MCALCU: Konstanten !!
PI     =      .314159265358979E+01
!   Erdbeschleunigung [m / s^2]:
G      =      .980665000000000E+01
!   Gravitationskonstante [N m^2 / kg^2]:
GRAV_G =      .667200000000000E-10
!   Lichtgeschwindigkeit [m / s]
C      =      .299792458000000E+09
!   Planck-Konstante [J s]
H      =      .662617600000000E-33
!   Ruhemasse des Elektrons [kg]:
ME     =      .910953400000000E-30
!   Ruhemasse des Neutrons [kg]:
MN     =      .167495430000000E-26
!   Ruhemasse des Protons [kg]:
MP     =      .167264850000000E-26
!   Ruhemasse des Myons [kg]:
MMY    =      .188356600000000E-27
```

Das Beispiel (rechts oben) zeigt einen Ausschnitt eines solchen Files mit physikalischen Konstanten. Nach dem Einlesen dieses Files über das Menüangebot "Laden" (Option "Konstnt.") stehen diese Konstanten im "Taschenrechner" zur Verfügung:

```
TAB    -  Aktuelles Feld wechseln          | PI     = 3.141592654
F10    -  Spezielle Tastenbelegungen       | E      = 2.718281828
ESC    -  Programm beenden                 | G      = 9.806650000
                                           | GRAV_G = 0.66720E-10
                                           | C      = 299792458.0
 GRAD     Formeln:  0   Funktn.:  0        | H      = 0.66262E-33
-------------------------------------------| ME     = 0.91095E-30
F = GRAV_G * 1420 * 79877 / 570 ^ 2        | MN     = 0.16750E-26
                                           | MP     = 0.16726E-26
                                           | MMY    = 0.18836E-27
```

B1.6 Formeln registrieren

Jeder Inhalt des Eingabefeldes (arithmetischer Ausdruck, Konstantendefinition, ...), auch wenn er syntaktisch noch nicht korrekt (weil er z. B. noch nicht komplett) ist, kann zum späteren Wiederabruf **registriert** werden. Dafür wird im Tastaturmenü das Angebot "Formel" (Option "Einfuegen") bereitgehalten, einfacher geschieht dies bei Arbeit im Eingabefeld durch Drücken der Funktionstaste F2. Es erscheint das Angebot, einen erklärenden Text zu ergänzen, der bei einer größeren Anzahl registrierter Formeln die Wiederverwendung erleichtert (optional, Angebot kann durch Drücken von <Return> abgelehnt werden).

Die Anzahl der registrierten Formeln wird in der Statuszeile (unmittelbar über dem Eingabefeld) angezeigt. Alle registrierten Formeln können über die Option "Listen" des Tastaturmenüs "Formeln" später wieder in das Eingabefeld geholt werden. Während des Listens wird auch die Option "Formel loeschen" angeboten, mit der eine einzelne Formel aus dem Satz der registrierten Formeln entfernt wird.

Während eine durch Drücken von F2 registrierte Formel immer an das Ende aller vorab registrierten Formeln angefügt wird, kann über die Option "Einfuegen" des Tastaturmenüs

"Formeln" eine im Eingabefeld stehende Formel an beliebiger Stelle in den Satz der registrierten Formeln eingefügt werden. Dies kann wichtig sein, wenn die registrierten Formeln als "Formelsatz" (siehe nächsten Abschnitt) abgearbeitet werden sollen.

Über das Tastaturmenü "Sichern" können alle registrierten Formeln (ein "Formelsatz") auf einen editierbaren File geschrieben und von dort (z. B. auch in einem späteren Programmlauf) über das Tastaturmenü "Laden" wieder geladen werden. Die Struktur des editierbaren Files ist weitgehend selbsterklärend (vgl. Beispiel im nächsten Abschnitt), so daß ein gesicherter Formelsatz gegebenenfalls mit einem Editor modifiziert werden kann. Wie bei den Konstanten-Files werden Zeilen, die mit ! beginnen, als Kommentarzeilen beim Einlesen ignoriert. Eine Formel kann beim Abspeichern auf mehrere Zeilen verteilt werden, jede Formel wird durch ~~~ am Anfang der nächsten Zeile abgeschlossen, den drei Tilden folgt gegebenenfalls unmittelbar der erläuternde Text zur Formel.

B1.7 Arbeiten mit Formelsätzen

Durch Registrieren von Formeln und anschließendes Abspeichern aller registrierten Formeln können Formelsätze für spezielle Probleme zusammengestellt werden, die mit Hilfe eines Editors sogar noch korrigiert, modifiziert und erweitert werden können.

Besonders effektiv kann ein Formelsatz mit der Option "Alle berechnen" des Tastaturmenüs "Formeln" ausgewertet werden. Nach Abfrage, mit welcher Formel gestartet werden soll, werden die gewählte und alle weiteren Formeln abgearbeitet. Dies ist natürlich nur sinnvoll, wenn es sich um Berechnungen handelt, deren Ergebnisse im Konsttn./Variabl.-Speicher abgelegt werden (alle registrierten Formeln sollten also ein Gleichheitszeichen enthalten).

Da die Formeln beim Registrieren nicht syntaktisch getestet werden, können auch unvollständige Formeln registriert werden. Dies kann genutzt werden, um in einen Formelsatz Eingabeaufforderungen einzufügen: Eine Formel, die nur aus einem Namen und einem Gleichheitszeichen besteht, führt bei der Abarbeitung des Formelsatzes zu einem Anhalten der Rechnung mit Warten auf die Komplettierung der Formel (Eingabe eines Wertes). Im Zusammenhang mit dem erklärenden Text, der beim Registrieren zu der Formel hinzugefügt werden kann, wirkt dies beim Abarbeiten wie eine Eingabeaufforderung ("Prompting").

Der nachfolgend gelistete File zeigt einen abgespeicherten Formelsatz. Die mit ! beginnenden Zeilen werden beim Einlesen ignoriert, die mit ~~~ beginnenden Zeilen schließen eine Formel ab und leiten den erklärenden Text zu dieser Formel ein:

```
!!  "Taschenrechner" MCALCU: Formeln  !!
!
Ixx =
~~~Traegheitsmoment bezogen auf x-Achse
Iyy =
~~~Traegheitsmoment bezogen auf y-Achse
Ixy =
~~~Deviationsmoment
wurzel = SQRT [(Ixx - Iyy) ^ 2 / 4 + Ixy ^ 2]
~~~Teil der Formeln fuer die Hauptträgheitsmomente
Imax = (Ixx + Iyy) / 2 + wurzel
~~~Maximales Traegheitsmoment
Imin = (Ixx + Iyy) / 2 - wurzel
~~~Minimales Traegheitsmoment
PHI = ATAN (Ixy / (Imax - Iyy))
~~~Winkel zwischen x-Achse und der Achse des maximalen Traegheitsmomentes
```

Von den 7 abgespeicherten Formeln sind die ersten 3 unvollständig. Sie fordern die Werte für I_{xx}, I_{yy} und I_{xy} an, die dann in den 4 folgenden (kompletten) Formeln verwendet werden. Nach dem Laden dieses Formelsatzes könnte man ihn z. B. folgendermaßen abarbeiten:

- Nach Auswahl der Option "Alle berechnen" im Tastaturmenü "Formeln" wird die erste Formel (einschließlich Erläuterungstext) gelistet. Bestätigen der Frage "Start mit dieser Formel?" durch Drücken von **J** startet die automatische Abarbeitung des Formelsatzes.
- Die erste (unvollständige) Formel fordert zur Eingabe des Wertes für I_{xx} auf, anschließend werden I_{yy} und I_{xy} angefordert. Der nachfolgende Bildschirm-Schnappschuß (übrigens hergestellt durch Drücken von Strg-F10) zeigt im Konsttn./Variabl.-Fenster die bereits eingegebenen Werte für I_{xx} und I_{yy} und die Anforderung eines Wertes für I_{xy}.
- Nach der Eingabe von I_{xy} werden alle restlichen (kompletten) Formeln automatisch abgearbeitet, die Ergebnisse erscheinen im Konsttn./Variabl.-Fenster.

```
J. Dankert       "Taschenrechner"      MCALCU 1.4   | Konsttn./Variabl.:  4
                                                    |
Strg-G  -   Grad                                    | PI     =  3.141592654
Strg-R  -   Radian                                  | E      =  2.718281828
                                                    | IXX    =  696.0000000
ESC     -  Bitte Wert eingeben:    arbeitung        | IYY    =  726.0000000

Ixy =

Deviationsmoment

               ** Automatisches Abarbeiten eines Formelsatzes **

               Anzahl der bereits abgearbeiteten Formeln:     2
```

Bei einer Berechnung mit geänderten Eingabewerten für I_{xx}, I_{yy} und I_{xy} kann der Ablauf wie beschrieben wiederholt werden. Wenn sich aber z. B. nur einer der Eingabewerte ändern soll, kann der Wert über das Eingabefeld im Konsttn./Variabl.-Speicher geändert und die Berechnung dann mit der vierten Formel gestartet werden. Diese Vorgehensweise ist immer dann empfehlenswert, wenn sich nur wenige Eingabewerte bei einer Variantenrechnung ändern.

Die Abarbeitung eines Formelsatzes kann (z. B. beim Testen eines sehr umfangreichen Formelsatzes) auch in Einzelschritten geschehen: Über das "Listen" im Tastaturmenü "Formeln" wird die gewünschte Startformel mit F1 in das Eingabefenster geholt. Danach kann die jeweils nächste Formel durch Drücken der Taste F3 abgerufen werden. Wenn sicher ist, daß alle folgenden Formeln komplett sind (und damit sofort der Wert berechnet werden kann), darf Shift-F3 gedrückt werden ("nächste" Formel abrufen und sofort abarbeiten).

B1.8 Protokoll

Alle mit dem "Taschenrechner" ausgeführten wesentlichen Aktionen können simultan auf einen (editierbaren) File protokolliert werden (dies macht z. B. auch die im vorigen Abschnitt beschriebene Abarbeitung eines Formelsatzes wesentlich effektiver). Über die Taste "Protokl." im Tastaturmenü wird die Option "Protokoll-File" erreicht (bei Arbeit im Eingabefeld einfacher über Shift-F4). Danach wird der Name für den gewünschten Protokoll-File abgefragt, der File wird geöffnet, und folgende Aktionen werden protokolliert:

- Auswertung einer Formel (Formel und das errechnete Ergebnis),
- Definition einer Konstanten (komplette Eingabezeile und der errechnete Wert),
- Auswertung von Funktionen (Wertetabelle, Nullstellenberechnung, ...), wobei die komplette Bildschirmausgabe auf den Protokoll-File geschrieben wird (nur Text, keine Graphik),
- Berechnung von Anfangswertproblemen (Differentialgleichungssystem 1. Ordnung), komplette Bildschirmausgabe wird auf den Protokoll-File geschrieben (nur Text).

Das Protokollieren kann jederzeit ab- und auch wieder angeschaltet werden, dabei bleibt der Protokoll-File geöffnet. Das An- und Abschalten erfolgt über die Option "Protokoll an/aus" im Tastaturmenü "Protokl." (oder bei Arbeit im Eingabefeld über F4). Bei geöffnetem Protokoll-File wird dies in der Statuszeile (unmittelbar über dem Eingabefeld) durch eine entsprechende Ausschrift angezeigt.

Wenn die Option "Protokoll-File" im Tastaturmenü "Protokl." ein weiteres Mal angenommen wird, wird der Protokoll-File geschlossen, bei nochmaliger Annahme wird der Name für einen neuen Protokoll-File abgefragt (ist der Name mit dem des alten Protokoll-Files identisch, wird dieser überschrieben).

Die Option "Protokoll-Zeile" im Tastaturmenü "Protokl." (bei Arbeit im Eingabefeld: Strg-F4) gestattet die Eingabe einer beliebigen Textzeile (maximal 68 Zeichen), die (z. B. als Überschrift, Erläuterung, ...) in das Protokoll übernommen wird.

Der Protokoll-File bleibt nach Beendigung der Arbeit mit dem "Taschenrechner" erhalten, kann gegebenenfalls modifiziert, gedruckt oder in Textverarbeitungssysteme geladen werden.

Nachfolgend ist der Protokoll-File zu sehen, der bei Abarbeitung des Beispiels aus dem vorigen Abschnitt entstand. Dazu wurde vor Abarbeitung des Formelsatzes der Protokoll-File wie beschrieben geöffnet, und über das Angebot "Protokoll-Zeile" (Strg-F4) wurde die problembezogene Überschrift "Beleg ..." eingefügt:

```
                Taschenrechner "MCALCU" -  Protokoll

Beleg "Strömungslehre" (Hauptträgheitsmomente für Schaufel)
===========================================================

IXX      =   696                                    =  696.0000000
IYY      =   726                                    =  726.0000000
IXY      =   212                                    =  212.0000000
WURZEL   =   SQRT [(Ixx - Iyy) ^ 2 / 4 + Ixy ^ 2]   =  212.5299979
IMAX     =   (Ixx + Iyy) / 2 + wurzel               =  923.5299979
IMIN     =   (Ixx + Iyy) / 2 - wurzel               =  498.4700021
PHI      =   ATAN (Ixy / (Imax - Iyy))              =  47.02360096
```

Bei Änderung einzelner Werte (z. B. für eine Variantenrechnung) werden nur die geänderten Werte ins Protokoll geschrieben. Um auch die übrigen Werte in das Protokoll schreiben zu können, wird bei aktivem Konsttn./Variabl.-Fenster und geöffnetem Protokoll-File eine Option angeboten, die eine Eintragung mit Namen und Wert in das Protokoll schreibt.

B1.9 Arbeiten mit definierten Funktionen

Drei Menüangebote des Tastaturmenüs arbeiten mit **Funktionen**, die vom Benutzer definiert werden müssen:

- **"f(x) ..."** gestattet die Definition von Funktionen einer unabhängigen Variablen, für die die Berechnung von Wertetabellen, Nullstellen, Extremwerten und Polstellen sowie graphische Darstellungen in ein, zwei oder vier Graphikfenstern möglich sind.
- **"Integral"** berechnet nach verschiedenen Verfahren numerisch den Wert eines bestimmten Integrals der Funktion einer unabhängigen Variablen.
- **"y'(x,..)"** dient zur numerischen Integration eines Anfangswertproblems (Differentialgleichungssystem 1. Ordnung).

Für jedes dieser drei Menüangebote existiert eine Option, die die Definition der Funktionen menügeführt steuert. Die Funktionen können jedoch auch bei Arbeit im Eingabefeld definiert werden, indem die Eingabe mit der F5-Taste (an Stelle der <Return>-Taste) abgeschlossen wird.

Die Syntax der Funktionsdefinition

NAME = BERECHNUNGSVORSCHRIFT

entspricht der Syntax der Konstantendefinition. Wenn beide Eingabemöglichkeiten bestehen, wird durch die Auslösung der Eingabe (<Return> → Konstantendefinition, F5 → Funktionsdefinition) unterschieden, ob eine Konstante oder eine Funktion definiert wird.

Der **NAME** besteht aus sechs signifikanten Zeichen und muß mit einem Buchstaben beginnen. Für die Folgezeichen sind Buchstaben, Ziffern und der Unterstrich _ zugelassen. Der Name für eine Differentialgleichung muß mit dem Zeichen ' enden.

Die **BERECHNUNGSVORSCHRIFT** einer Funktion darf alle Elemente eines arithmetischen Ausdrucks (wie bei einer Formel oder einer Konstantendefinition) enthalten, zusätzlich

- darf EINE **Funktionsvariable** verwendet werden (voreingestellter Name für die Funktionsvariable: **X**, kann geändert werden, es darf jedoch stets nur eine Funktionsvariable gültig sein),
- können alle **VORHER** bereits definierten Funktionsnamen verwendet werden,
- darf die **gesamte Berechnungsvorschrift** eingeklammert und mit ein bis vier Zeichen ' ergänzt werden, um numerisch die erste bis vierte Ableitung der Berechnungsvorschrift zu ermitteln, Beispiel:

  MB = (– EI * v) ''

  definiert eine Funktion **MB** als zweite Ableitung des Produkts der Faktoren **EI** und **v**, von denen mindestens einer selbst eine Funktion sein sollte.

Bei der Definition der Funktionen ist die Reihenfolge konsequent so einzuhalten, daß jede Funktion nur bereits vorher definierte Funktionen verwendet. Da eine neue Funktion immer als letzte Funktion betrachtet wird, ist dadurch auch gesichert, daß (unerlaubte) Rekursivität unmöglich ist. Wird allerdings eine Funktion mit dem Namen einer bereits existierenden

Funktion definiert, so ersetzt sie die alte Funktion an der Stelle, wo diese in der Reihenfolge der Definitionen stand.

Da die Funktionen bei der Definition nur auf syntaktische Richtigkeit getestet werden können, ist besonders sorgfältig zu verfahren, um unerlaubte Operationen (Wurzeln aus negativen Zahlen, Division durch Null, ...) bei der Benutzung der Funktionen weitgehend auszuschließen. Allerdings reagiert das Programm auf diese Fehler (wenn möglich) auch nicht so empfindlich wie bei Konstantendefinitionen. Wertetabellen und graphische Darstellungen lassen die Funktionswertberechnungen in solchen Fällen einfach aus und gehen zum nächsten Funktionswert weiter.

Die definierten Funktionen können (wie registrierte Formeln oder definierte Konstanten) auf einen (editierbaren) File geschrieben werden (Option "Funktnn." im Tastaturmenü "Sichern") und (auch in einem späteren Programmlauf) wieder eingelesen werden (Option "Funktnn." im Tastaturmenü "Laden"). Dabei wird auch der Name der aktuellen Funktionsvariablen mit gesichert, so daß der im aktuellen Programmlauf eingestellte Name beim Laden eines Files gegebenenfalls geändert wird.

Nach der Definition von Funktionen sollte der Name der Funktionsvariablen nicht mehr geändert werden, es sei denn, es wird eine Konstante gleichen Namens definiert, und der neue Name der Funktionsvariablen ersetzt eine bisherige Konstante. Dies entspricht einem Austausch der Variablen und gestattet, verschiedene Abhängigkeiten **nacheinander** abzuarbeiten.

Die Anzahl der Funktionen, die gleichzeitig definiert sein können, ist installationsabhängig und kann über die Option "Grenzen" im Tastaturmenü "Hilfe" erfragt werden, wonach etwa die folgende Ausschrift kommen könnte:

```
Grenzen dieser Programm-Installation:

Maximale Zeichenanzahl fuer eine Formel-Eingabe:                320
Maximale Anzahl gleichzeitig definierter Konstanten:            500
Maximale Anzahl zu definierender Funktionen:                     30
Maximale Gesamt-Zeichenanzahl aller definierten Funktionen:    1000

Graphik-Ausgabe moeglich:                                        JA

Weiter ---> Beliebige Taste
```

Der Funktionsvariablen ist kein einzelner Wert, sondern ein Bereich zugeordnet, in dem die Funktion ausgewertet werden soll. Dieser ist (wie der Name der Funktionsvariablen) vordefiniert und kann geändert werden (Option "Variable/Bereich" im Tastaturmenü "f(x) ...").

Alle definierten Funktionen können über die Option "Listen/Editieren" der Tastaturmenüs "f(x) ..." oder "y'(x,..)" kontrolliert werden. Dabei werden die Angebote gemacht, die gerade gelistete Funktion syntaktisch zu testen (sinnvoll, weil z. B. auch nach der Funktionsdefinition Konstanten gelöscht werden können) und in das Eingabefeld zu übernehmen. Letzteres ist sinnvoll, wenn eine Funktion korrigiert werden muß oder bei der Definition einer weiteren Funktion, die einer anderen sehr ähnlich ist. In jedem Fall ist darauf zu achten, daß eine Funktionsdefinition (oder -änderung) aus dem Eingabefeld mit der Taste F5 abzuschließen ist.

Für weitere Informationen zum Arbeiten mit Funktionen wird auf die nachfolgenden Beispiele, das Hilfe-System des Programms und auf die automatisch ablaufenden Beispiele verwiesen, die über das Angebot "Demo" im Tastaturmenü abzurufen sind.

B1.10 Analyse von Funktionen

Die Möglichkeiten und Probleme bei der Analyse von Funktionen sollen hier an zwei Beispielen beschrieben werden:

Beispiel 1: Eine Kurbel dreht sich mit der Winkelgeschwindigkeit ω_0 (konst.) und nimmt die Stange ***AB*** mit (vgl. Aufgabe 26.4).

Wenn sich der Punkt ***A*** zum Zeitpunkt $t = 0$ im Punkt ***D*** befindet, kann die Bewegung des Punktes ***B*** bezüglich des skizzierten Koordinatensystems durch folgende Beziehungen beschrieben werden:

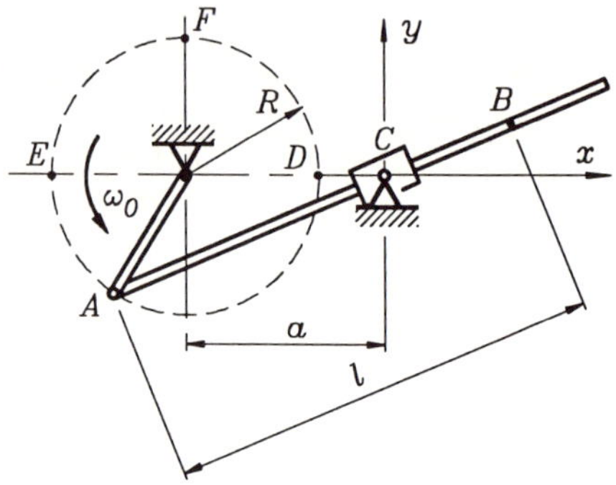

$$x(t) = \left(a - R\cos\omega_0 t\right)(\kappa - 1) \quad ,$$

$$y(t) = -R\,(\kappa - 1)\sin\omega_0 t$$

$$mit \quad \kappa = \frac{l}{\sqrt{R^2 + a^2 - 2aR\cos\omega_0 t}} \; .$$

Gegeben: $R = 2\ cm\;;\quad l = 4\ cm\;;\quad a = 3\ cm\;;\quad \omega_0 = 20\ s^{-1}\;.$

Die Bahnkurve des Punktes ***B*** soll analysiert werden.

Um die Parameter ***R***, ***l***, ***a*** und ω_0 nicht mit ihren gegebenen Zahlenwerten in die Funktionsdefinitionen schreiben zu müssen (und damit weitere Berechnungen mit geänderten Parametern auf einfache Weise zu ermöglichen), werden sie als Konstanten definiert:

- Wechseln in das Eingabefeld (nicht erforderlich nach dem Programmstart) und eingeben:

R = 2	**<Return>**
A = 3	**<Return>**
L = 4	**<Return>**
omega0 = 20	**<Return>**

Die Funktionen werden vom Tastaturmenü aus definiert. Dabei muß die Abkürzung κ, die in beiden Funktionen vorkommt, als erste Funktion definiert werden. Vor dem Eingeben der Funktionen wird die Funktionsvariable geändert:

- Wechseln in das Tastaturmenü (mit **TAB TAB**), **"f(x) ..."** auswählen, danach die Option **"Definieren"** wählen. Es erscheint das Funktionsdefinitions-Menü, der Cursor blinkt im Eingabefeld, darüber sind die Auswirkungen spezieller Tasten aufgelistet. Eingabe:

<Shift-F5>	... zum Umstellen der unabhängigen Variablen ...
t <Return>	... auf ***t*** (wird unten rechts angezeigt).
kappa = L / sqrt [R^2 + A^2	
-2*A*R*cos(omega0*t)] <F5>	... wird mit F5 abgeschlossen, weil weitere ...
X = [A - R * cos (omega0*t)]	... Funktionsdefinitionen folgen.
*** (kappa - 1) <F5>**	... wird noch einmal mit F5 abgeschlossen, ...
Y = - R * (kappa - 1) *	... die letzte Funktionsdefinition kann ...
sin (omega0*t) <Return>	... mit <Return> abgeschlossen werden.

Der folgende Bildschirm-Schnappschuß zeigt die gerade beschriebene Funktionsdefinition unmittelbar vor der Eingabe (durch F5) der Funktion "kappa":

```
J. Dankert       "Taschenrechner"       MCALCU 1.4   | Konsttn./Variabl.:  6

Return     -  Funktionsdefinition abschliessen        | PI     =  3.141592654
F5         -  Funktion eingeben, weitere Funktion ... | E      =  2.718281828
Shift-F5   -  Andere unabhaengige Variable            | R      =  2.000000000
TAB        -  Wechsel ins Konsttn./Variabl.-Feld      | A      =  3.000000000
                                                      | L      =  4.000000000
ESC        -  Funktionsdefinition abbrechen           | OMEGA0 =  20.00000000

kappa = L / sqrt [R^2 + A ^2 - 2 * A * R *
        cos (OMEGA0 * T)]

 sin   | cos   | tan   | cot   | Grad/Rad | Definition einer
 asin  | acos  | atan  | acot  | Demo     | Funktion
 sinh  | cosh  | tanh  | coth  | abs      | ================
 asinh | acosh | atanh | acoth | sign     | Syntax:
 exp   | x^y   | ln    | lg    | sqrt     | NAME = AUSDRUCK
                                          | Unabhaengige
                                          | Variable:  T
```

Man erkennt, daß die unabhängige Variable auf **T** umgestellt wurde (unten rechts), im Konsttn./Variabl.-Fenster sind die definierten Konstanten zu sehen. Die Definition der Funktion "kappa" steht noch im Eingabefeld.

- ♦ Nach Abschluß der Funktionsdefinitionen kehrt das Programm zum Tastaturmenü zurück. Es wird wieder **"f(x) ..."** gewählt. Die vier angebotenen Optionen für die Analyse der definierten Funktionen **"Wertetabelle"**, **"Wertetb./Nullst."**, **"Wtb./Spez. Pkte."** und **"Graphik/Wertetb."** führen alle auf das gleiche Folgemenü, das jeweils unterschiedlich vorbelegt ist, bei der Option **"Graphik/Wertetb."** hat es folgendes Aussehen:

```
Wertetabelle, graphische Darstellung                    ==============RADIAN
====================================                     Einstellung richtig?
                                                         Aendern: Grad/Radian
Bereich
bis T-anf <-10.00000000> = 0
bis T-end < 10.00000000> = 2 * pi / omega0
Delta-T   =  0.500000000                          ***  Ausgabe:  ***
                                          ========= Werte- Graphik-Fenster ==
                                                    Tab.  1     2     3     4

Anzahl der Funktionswerte                 Koord.-S.         J
fuer Graphik:                             Raster            J
NGRAPH =    201                           KAPPA       N     N
                                          X           N     N
Stopp bei vollem Bildschirm:  NEIN        Y           J     J
Kurvendarstellung:            Farbe

Graphikfenster (0, 1, 2 oder 4):
NFENST =  1

 Start Rechng | Bereich | Delta-T | NGRAPH   | Stopp/Scroll
 Grad/Radian  | NFENST  | Ausgabe | Optionen | Hilfe
```

Für alle Ausgabeparameter werden Voreinstellungen angezeigt. Es werden 10 Angebote unterbreitet, diese Einstellungen zu modifizieren. In dem oben gezeigten Schnappschuß sind zwei Änderung bereits geschehen: Die Interpretation der Argumente der Winkelfunktionen wurde von Grad auf Radian geändert (Anzeige rechts oben), und der Bereich für die Funktionsanalyse wurde dem aktuellen Problem angepaßt (Anzeige links oben: Man sieht, daß auch für diese Eingaben arithmetische Ausdrücke erlaubt sind).

Empfehlenswert ist noch eine Anpassung der Schrittweite für die Wertetabelle (**Delta-T** wählen und z. B. auf den Wert **2*pi/omega0/50** umstellen). Die vom Programm gewählte (ausreichend große) Anzahl der Funktionswerte, die für die graphische Darstellung benutzt werden (**NGRAPH**), kann akzeptiert werden.

In dem Fenster rechts (***** Ausgabe: *****) wird die Voreinstellung für die Ausgabe gezeigt: Für die zuletzt eingegebene Funktion (hier: **Y**) werden eine Wertetabelle und im Graphik-Fenster 1 die graphische Darstellung ausgegeben. Dies soll wie folgt modifiziert werden: Die Wertetabelle soll auch für die Funktion **X** geschrieben und in insgesamt zwei Graphikfenstern sollen **X(T)**, **Y(T)** und **Y(X)** dargestellt werden. Außerdem sind für die Funktion **Y** alle speziellen Punkte zu berechnen. Dies wird folgendermaßen realisiert:

- Das Menüangebot **"NFENST"** (Anzahl der Graphik-Fenster) wird gewählt und eine **2** eingegeben, die Anzeige im Ausgabe-Fenster erweitert sich automatisch.
- Das Menüangebot **"Ausgabe"** wird gewählt, der Cursor erscheint im Ausgabe-Fenster, und mehrere zusätzliche Optionen werden angeboten:

```
Wertetabelle, graphische Darstellung                       ==========RADIAN
====================================                       Einstellung richtig?
                                                           Aendern: Grad/Radian
Ausgabe auf Bildschirm

Abszissenachse in Graphik-Fenstern (wenn nicht durch "A" geaendert):  T
                                                   ***  Ausgabe:  ***
                                          ======= Werte- Graphik-Fenster =
J   -->  Funktion ausgeben                        Tab.  1    2    3    4
N   -->  Funktion nicht ausgeben
A   -->  Variable fuer Abszissenachse     Koord.-S.      J    J
0   -->  Nullstellen,                     Raster         J    J
S   -->  Nullstellen, Extremwerte und     KAPPA     N    N    N
         Polstellen fuer diese (eine)     X         J    J    A
         Funktion (0 bzw. S in Spalte     Y         S    J    J
         "Werte-Tab." einsetzen)

ESC    --->   Zurueck zum Menue

  Start Rechng  |  Bereich  |  Delta-T  |  NGRAPH    |  Stopp/Scroll
  Grad/Radian   |  NFENST   |  Ausgabe  |  Optionen  |  Hilfe
```

Folgende Änderungen wurden bereits vorgenommen:

J in der Zeile für die Funktion **X** in der Spalte "Werte-Tab." und

J in der Zeile für die Funktion **X** in der Spalte "Graphik-Fenster 1" zeigen an, daß neben **Y(T)** auch die Funktion **X(T)** als Wertetabelle ausgegeben und in das Graphik-Fenster 1 gezeichnet wird.

S in der Zeile für die Funktion **Y** in der Spalte "Werte-Tab." zeigt an, daß für **Y(T)** zusätzlich alle speziellen Funktionswerte berechnet werden.

J in der Zeile für die Funktion **Y** in der Spalte "Graphik-Fenster 2" und

A in der Zeile für die Funktion **X** in der gleichen Spalte zeigen an, daß die Funktion **Y(X)** in dieses Fenster gezeichnet wird (der Indikator **A** ist nur für **eine** Funktion pro Graphik-Fenster erlaubt und wählt diese Funktion an Stelle der unabhängigen Variablen als Abszisse).

Mit **ESC** kommt man aus dem Ausgabe-Fenster wieder in das Menü zurück.

"Stopp/Scroll" ändert die Anzeige auf **"Stopp bei vollem Bildschirm: JA"** und gestattet ein Betrachten aller auszugebenden Funktionswerte vor dem "Scrollen". Nachdem **"Start Rechnung"** gewählt wurde, beginnt die Ausgabe der Ergebnisse. Der folgende Bildschirm zeigt einen Ausschnitt aus der berechneten Wertetabelle mit einer Nullstelle und einem relativen Extremwert (Minimum) und der noch unvollständigen graphischen Darstellung:

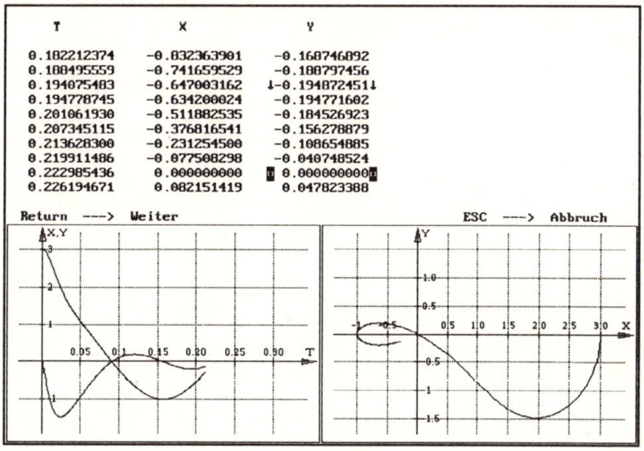

Nach kompletter Berechnung werden die Graphik-Fenster automatisch an die dargestellten Funktionen angepaßt. Durch Drücken einer beliebigen Taste kommt man ins Graphik-Menü, mit dem die Anordnung der Graphik-Fenster verändert und auch der gesamte Bildschirm mit einem Graphik-Fenster gefüllt werden kann. Das folgende Bild zeigt die bildschirmfüllende Darstellung des Fensters 1 (Menüauswahl **1** und **1**) mit darübergelegtem Menü:

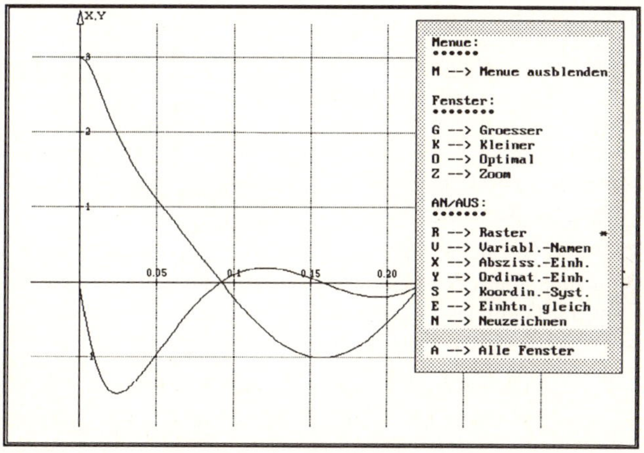

Unter den zu erkennenden verschiedenen Varianten der Darstellungsänderung ist natürlich auch das Ausblenden des Menüs (und Wiedereinblenden nach beliebigem Tastendruck), so daß der graphischen Darstellung der gesamte Bildschirm reserviert wird.

Aus dem Graphik-Menü **"Alle Fenster"** kann mit **ESC** das Graphik-Menü geschlossen werden, ohne daß die berechneten Werte verlorengehen (die definierten Konstanten und Funktionen bleiben ohnehin erhalten, bis sie vom Programmbenutzer gelöscht werden). Das Menü, das auf die Graphik folgt, bietet eine "letzte Chance", die berechneten Funktionswerte noch einmal zu nutzen:

```
Letzte Chance:   Alle berechneten Werte sind noch gespeichert und werden
                 bei Verlassen dieses Menues (ueber ENDE) geloescht.

                                         Werte- Graphik-Fenster
                                          Tab.  1    2    3    4

                                 Koord.-S.      J    J
                                 Raster         J    J
                                 T        J     A    N
                                 X        J     J    A
                                 Y        J     J    J
Kurvendarstellung:         Farbe

Graphikfenster (0, 1, 2 oder 4):
NFENST =  2

   Graphik    | Wertetabelle | Graphik + .. |           |   Hilfe
 Wtab. > File |    NFENST    |   Ausgabe    | Optionen  |   ENDE
```

- Die Menüangebote **"NFENST"** und **"Ausgabe"** entsprechen denen, die vor der Berechnung angeboten wurden.
- Mit dem Angebot **"Graphik"** kommt man in das gerade verlassene Graphik-Menü zurück. Vorher könnte man die Anzahl der Graphik-Fenster und den Inhalt der einzelnen Graphik-Fenster über **"NFENST"** bzw. **"Ausgabe"** ändern.
- Das Angebot **"Optionen"** bezieht sich vornehmlich auf die graphische Ausgabe. Wenn mit der "Druck"-Taste eine Hardcopy auf einem graphikfähigen Drucker erzeugt werden soll, wird diese im allgemeinen besser, wenn die Graphik in "intensivem Weiß" auf dem Bildschirm dargestellt ist, was neben der Möglichkeit, die Fenstergrenzen einzustellen, als Option angeboten wird.
- Mit dem Angebot **"Wertetabelle"** werden alle berechneten Funktionswerte auf dem Bildschirm angezeigt (bei vorheriger Graphik-Ausgabe auch die nur für die Graphik benutzten Werte, eventuell auch für mehr als vier Funktionen, wenn diese graphisch dargestellt wurden). Es ist möglich, einzelne Werte (z. B. spezielle Funktionswerte, Nullstellen, ...) mit einem Namen zu versehen und in den Konsttn./Variabl.-Speicher (für die spätere Weiterverwendung) zu übertragen.
- Mit dem Angebot **"Wtab. > File"** kann eine Wertetabelle auf einen editierbaren File geschrieben werden. Eine Zeile der Bildschirmausgabe (Angebot "Wertetabelle") wird jeweils in einen Record geschrieben. Die File-Ausgabe ist für die Verwendung der Ergebnisse in anderen Programmen gedacht und verzichtet deshalb auf Überschriften und sonstige Erläuterungen (für kommentierte Ausgaben dient die Protokollfile-Ausgabe).
- Das Angebot **"Graphik + .."** gibt zusätzlich zu den graphischen Darstellungen in einem Textfenster die Funktion aus und (optional) in einem weiteren Textfenster auszuwählende Konstanten. So kann man sich (z. B. für eine Hardcopy) auf dem Bildschirm die definierten Funktionen, die wichtigsten Parameter der Rechnung und die graphische Darstellung der Ergebnisse zusammenstellen.

Für das behandelte Beispiel soll hier noch die Annahme des Angebots **"Graphik + .."** demonstriert werden. Es erscheint ein Menü, aus dem die definierten Konstanten für die Anzeige ausgewählt werden können:

```
                                              Konstanten/Variable

  Konstanten, die im Graphik-Fenster        PI      = .314159265E+01
  angezeigt werden sollen                   E       = .271828183E+01
  ==================================        *R      = .200000000E+01
                                            *A      = .300000000E+01
                                            *L      = .400000000E+01
                                            *OMEGA0 = .200000000E+02
  Bitte maximal 12 Konstanten               *YMIN   =-.148321454E+01
  auswaehlen:                               *YMAX   = .148321454E+01
                                            *XMAX   = .196346192E+01
  F1   --->  Konstante auswaehlen           *TMAX   = .290039141E+00
  ESC  --->  Auswahl beenden
```

Neben den Konstanten **R**, **A**, **L** und **OMEGA0** sind die Werte für **YMIN**, **YMAX**, **XMAX** und **TMAX** zu erkennen, die vorher über das Menüangebot **"Wertetabelle"** ausgewählt und mit diesen Namen im Konsttn./Variabl.-Speicher abgelegt wurden. Diese acht Wert wurden auch (mit F1) zur Anzeige in der Graphik-Ausgabe ausgewählt, was durch das Zeichen * im Fenster angezeigt wird. Mit ESC wird diese Auswahl beendet, und die nachfolgende Graphik wird ergänzt durch ein Textfenster mit allen verwendeten Funktionen und einem weiteren Textfenster mit den ausgewählten Konstanten:

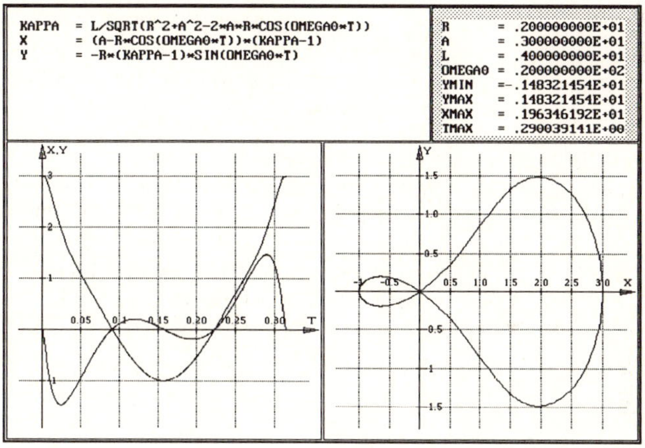

Beispiel 2: Für das Beispiel im Abschnitt 10.3 waren die Nullstellen der Funktion

$$f(\beta) = \frac{1}{2}\frac{a}{l} - \frac{F_C}{mg}\left(\frac{a}{l}\cos\delta + \frac{b}{l}\sin\delta\right)$$

mit den nebenstehend angegebenen Abkürzungen und den Parametern

$$\frac{c\,l}{m\,g} = 1 \quad \textit{und} \quad \frac{l_0}{l} = 1$$

zu berechnen.

$$\frac{a}{l} = \cos\beta \quad , \quad \frac{b}{l} = \sin\beta \quad ,$$

$$\frac{l^*}{l} = \sqrt{\left(1 - \frac{a}{l}\right)^2 + \left(\frac{l_0}{l} + \frac{b}{l}\right)^2} \quad ,$$

$$\sin\delta = \frac{1 - a/l}{l^*/l} \, , \quad \cos\delta = \frac{l_0/l + b/l}{l^*/l} \, ,$$

$$\frac{F_C}{mg} = \frac{c\,l}{mg}\left(\frac{l^*}{l} - \frac{l_0}{l}\right) \quad .$$

Vor der Definition der Funktionen werden den (konstanten) Problemparametern *(cl)/(mg)* und l_0/l als Konstanten **CLDMG** bzw. **L0DL** die gegebenen Werte zugewiesen. Da in der Funktion $f(\beta)$ mehrere Funktionen enthalten sind, die ebenfalls von der Variablen β abhängen, wird ein Satz von Funktionen definiert, wobei die Reihenfolge der Eingabe so gewählt werden muß, daß bei jeder Definition alle verwendeten Funktionen vorher eingegeben wurden. Die Definition der Funktionen erfolgt über die Option **"Definieren"** des Tastaturmenüs **"f(x) ..."**, wobei vorab die Funktionsvariable auf **BETA** umgestellt wird.

```
!!  "Taschenrechner" MCALCU: Funktionen
!!
!
!  Funktionsvariable:
BETA
!
ADL    = COS(BETA)
~~~
BDL    = SIN(BETA)
~~~
LSDL   = SQRT((1-ADL)^2+(L0DL+BDL)^2)
~~~
SDELTA = (1-ADL)/LSDL
~~~
CDELTA = (L0DL+BDL)/LSDL
~~~
FCDMG  = CLDMG*(LSDL-L0DL)
~~~
F      = ADL/2-FCDMG*(ADL*CDELTA+BDL*SDELTA)
~~~
```

Nebenstehend ist der File aufgelistet, der zum Sichern des Satzes der 7 definierten Funktionen angelegt wurde. Die gewählten Namen dürften im Zusammenhang mit den oben angegebenen Formeln selbsterklärend sein.

Hier soll der Ablauf beschrieben werden, der sich ergibt, wenn aus dem Tastaturmenü **"f(x) ..."** die Option **"Wertetb./Nullst."** ausgewählt wird. Diese Auswahl gestattet die gleichzeitige Auswertung von maximal 4 Funktionen in Form einer Wertetabelle, wobei für eine Funktion zusätzlich die Berechnung von Nullstellen bei jedem Vorzeichenwechsel der Funktionswerte gefordert werden kann. In dem Folgemenü wird angeboten, für die Funktion **F** eine Wertetabelle einschließlich der Nullstellen auszugeben:

```
Wertetabelle, Nullstellen-Berechnung                  ==========RADIAN
==================================                    Einstellung richtig?
                                                      Aendern: Grad/Radian
Bereich
von BETA-anf =  0.000000000
bis BETA-end =  6.283185307
Delta-BETA   =  0.314159265                   ***  Ausgabe:  ***
                                         ===== Werte- Graphik-Fenster ==
J  -  Funktion ausgeben                        Tab.  1    2    3    4
N  -  Funktion nicht ausgeben
0  -  Nullstellenberechnung              Raster
S  -  Nullst., Extremw., Pole            ADL           N
                                         BDL           N
                                         LSDL          J
Stopp bei vollem Bildschirm:  JA         SDELTA        N
Kurvendarstellung:            Farbe      CDELTA        J
                                         FCDMG         J
Graphikfenster (0, 1, 2 oder 4):         F             0
NFENST =  0

| Start Rechng | Bereich | Delta-BETA | NGRAPH    | Stopp/Scroll |
| Grad/Radian  | NFENST  | Ausgabe    | Optionen  | Hilfe        |
```

Dies wurde hier ergänzt um die Ausgabe von Wertetabellen für **LSDL**, **FCDMG** und **CDELTA**. Außerdem ist der angebotene Bereich (**–10 ... +10**), für den die Funktion ausgewertet werden soll, nicht sehr sinnvoll. Er wurde für die periodische Funktion auf $\mathbf{0 \ldots 2\pi}$ verändert (und die Winkelmessung auf **RADIAN** umgestellt). Die Schrittweite muß so gewählt werden, daß keine Nullstelle "übersehen" wird (Algorithmus reagiert auf Vorzeichenwechsel der Funktionswerte). Hier wurde $\pi/\mathbf{10}$ gewählt (gegebenenfalls sollte man zur Vorsicht zusätzlich die graphische Darstellung der Funktion fordern). Für die Option **"Stopp bei vollem Bildschirm"** wurde **"JA"** eingestellt (über **"Stopp/Scroll"**).

Der folgende Bildschirm-Schnappschuß zeigt einen Ausschnitt aus der Wertetabelle. Man sieht, daß zunächst alle Funktionsdefinitionen aufgelistet werden. Die berechneten Nullstellen werden in der Wertetabelle an der Stelle eingefügt, wo sie entdeckt wurden:

```
Funktions-Analyse
=================

ADL    = COS(BETA)
BDL    = SIN(BETA)
LSDL   = SQRT((1-ADL)^2+(LODL+BDL)^2)
SDELTA = (1-ADL)/LSDL
CDELTA = (LODL+BDL)/LSDL
FCDMG  = CLDMG*(LSDL-LODL)
F      = ADL/2-FCDMG*(ADL*CDELTA+BDL*SDELTA)

    BETA              LSDL              CDELTA            FCDMG             F

  0.000000000       1.000000000       1.000000000       0.000000000       0.500000000
  0.314159265       1.309931661       0.999301745       0.309931661       0.177393105
■ 0.495622451 ■■■ 1.480477248 ■■■ 0.996691640 ■■■ 0.480477248 ■■■0.000000000■
  0.628318531       1.599229976       0.992843604       0.599229976      -0.118871998
  0.942477796       1.855387691       0.975007543       0.855387691      -0.350073837
  1.256637061       2.069801692       0.942629685       1.069801692      -0.496775526
  1.570796327       2.236067977       0.894427191       1.236067977      -0.552786405

Return  --->  Weiter                                       ESC  --->  Abbruch
```

Natürlich ist es bei der Funktionsanalyse besonders empfehlenswert, einen Protokoll-File anzulegen, auf den automatisch die wesentlichen Ausgabewerte geschrieben werden.

B1.11 Numerische Integration einer stetigen Funktion

Für die Berechnung des bestimmten Integrals

$$\int_a^b y(x)\,dx$$

kann aus dem Tastaturmenü **"Integral"** die Option **"Best. Integral"** ausgewählt oder bei Arbeit im Eingabefeld Strg-F6 gedrückt werden. Darauf erscheint das folgende Angebot:

```
Numerische Integration einer stetigen Funktion                         RADIAN
==============================================

     Eingabe des Integranden:

         ⌠
         ⎮ SQRT{[1-ADR*COS(X)]^2+[ADR*SIN(X)]^2}*R              dX = ...
         ⌡
     X =

          Integrand Φ der vorigen Eingabe ist noch verfuegbar

                                                  F1   --->  Φ uebernehmen
                                              Strg-G   --->  Grad
                                              Strg-R   --->  Radian
                                                 ESC   --->  Abbruch
```

In diesem Bildschirm-Schnappschuß ist der vom Benutzer zu definierende Integrand bereits eingegeben. Der Integrand ist eine Funktion und darf somit alle definierten Konstanten und alle definierten Funktionen enthalten, die Integrationsvariable ist durch die eingestellte unabhängige Variable vorgegeben (im abgebildeten Schnappschuß: **X**). Nach der Eingabe des Integranden werden die untere und die obere Integrationsgrenze abgefragt.

Die Länge des Integranden ist nicht durch die Breite der Eingabezeile begrenzt (maximale Länge des Integranden: 320 Zeichen). Da der Integrand andere Funktionen enthalten darf, ist bei komplizierten Integranden ein Zerlegen in mehrere Teilfunktionen empfehlenswert.

Es können auch die vorab deklarierten Funktionen, die z. B. für die Funktionsanalyse oder eine Nullstellenberechnung eingegeben wurden, integriert werden. Dafür muß aus dem Tastaturmenü **"Integral"** die Option **"Funktion integr."** gewählt werden. Dann werden alle Funktionen gelistet und die für die Integration gewünschte kann ausgewählt werden.

Die Formeln zur numerischen Integration berechnen die Funktionswerte an mehreren Stellen des Integrationsintervalls, legen durch diese Stützstellen eine Näherungsfunktion für den Integranden und integrieren diese Näherungsfunktion. Die vorausgesetzte Stetigkeit des Integranden kann dabei nicht mit Sicherheit überprüft werden (die Wahrscheinlichkeit, daß bei Unstetigkeitsstellen ein nicht berechenbarer Funktionswert gefunden und eine Fehlermeldung ausgegeben wird, ist nicht so sehr groß). Im Zweifelsfall wird eine Funktionsanalyse (z. B. über das Angebot **"Graphik/Wertetb."** im Tastaturmenü **"f(x) ..."**) empfohlen.

Den beiden häufigsten Fehlerquellen bei der numerischen Integration (Formel "fällt auf die Besonderheiten einer speziellen Funktion herein" bzw. versehentliches Integrieren über eine Unstetigkeitsstelle hinweg) kann am wirksamsten durch die gleichzeitige Berechnung mit unterschiedlichen Integrationsformeln begegnet werden. Im "Taschenrechner" MCALCU wird, wenn nicht vom Programmbenutzer geändert, jedes Integral nach drei unterschiedlichen Formeln ausgewertet.

- Das **Romberg-Verfahren** arbeitet mit fortgesetzter Intervallhalbierung des Integrationsintervalls. Dabei wird nach jeder Intervallhalbierung durch Auswerten aller bis dahin errechneten Näherungen (einer "Romberg-Serie") die jeweils bestmögliche Annäherung erreicht, die mit dieser Anzahl äquidistanter Stützstellen überhaupt möglich ist. Die Rechnung wird beendet, wenn sich ein "Nest" von nicht mehr wesentlich unterschiedlichen Ergebnissen gebildet hat oder die maximale Anzahl von abzuarbeitenden Rombergserien erreicht ist.

- Bei der Anwendung der **Simpsonschen Regel** wird der Integrationsbereich in eine fest vorzugebende Anzahl von NSIMPS Abschnitten (NSIMPS muß eine gerade Zahl sein) gleicher Breite unterteilt. Durch die drei Stützstellen jeweils zweier benachbarter Abschnitte wird eine quadratische Parabel gelegt, und der Integrand $y(x)$ wird durch diese Parabelstücke ersetzt.

- Für die **Gauß-Integration** wird der Integrationsbereich in eine fest vorzugebende Anzahl von NGAUSS Abschnitten gleicher Breite unterteilt. In jedem Abschnitt wird der Integrand durch ein Polynom angenähert, dessen Stützstellen so gewählt werden, daß ein möglichst hochgradiges Polynom exakt erfaßt werden würde. Bei den im Programm MCALCU verwendeten Formeln mit drei Stützstellen pro Abschnitt ist dies ein Polynom 5. Grades. Die Stützstellen liegen in der Abschnittsmitte und links bzw. rechts von der Abschnittsmitte etwa im Abstand $\mathbf{0{,}38725 * h}$ (h - Abschnittsbreite).

Das Romberg-Verfahren verdoppelt in jeder Romberg-Serie die Anzahl der Stützstellen, so daß die Funktionswerte an 2, 4, 8, 16, ... äquidistanten Stellen berechnet werden. Bei periodischen Funktionen (z. B.: $y = \cos 32\, x$) kann dies dazu führen, daß sich immer wieder die gleichen Funktionswerte ergeben, was zu einem zu frühen Abbruch des Verfahrens führt. In diesem Fall würde der Fehler beim Vergleich mit Rechnungen nach Simpson bzw. Gauß durch stark unterschiedliche Resultate auffallen.

Beim Verfahren von Gauß bleiben Unstetigkeitsstellen an den Rändern des Integrationsbereichs unbemerkt, weil dort gar keine Funktionswerte berechnet werden. Nach Simpson und Romberg lösen die Funktionswertberechnungen an diesen Stellen Fehlermeldungen aus. Kritisch sind Unstetigkeitsstellen im Innern des Integrationsbereichs: Da diese Stellen auch bei sehr feiner Unterteilung selten so genau getroffen werden, daß sich ein Fehler bei der Funktionswertberechnung bemerkbar macht, äußern sie sich nur durch im allgemeinen stark voneinander abweichende Resultate der verschiedenen Verfahren und durch Nicht-Konvergenz des Romberg-Verfahrens (man probiere dies z. B. mit der Funktion $y = \tan x$ für das Intervall **0 ... 2,5**, in dem die Unstetigkeitsstelle bei $x = \pi/2$ liegt). In diesen Fällen sollte man sich (z. B. über das Angebot **"Graphik/Wertetb."** im Tastaturmenü **"f(x) ..."**) einen Überblick über den Funktionsverlauf des Integranden verschaffen.

Der Ablauf der numerischen Integration wird durch Strategie-Parameter gesteuert, die voreingestellt sind, aber über die Option **"Strategie-Param."** des Tastatur-Menüs **"Integral"** geändert werden können:

- **EPSABS** und **EPSREL** sind die Abbruchschranken für die Romberg-Integration: Die Rechnung wird beendet, wenn sich die beiden letzten Werte einer Romberg-Serie und der letzte Wert der vorangegangenen Romberg-Serie (ein "Nest") im Absolutbetrag um weniger als EPSABS oder relativ um weniger als EPSREL unterscheiden.
- **MNROMB** ist die Mindestanzahl der auszuführenden Romberg-Serien, die auch dann ausgeführt werden, wenn die "EPSABS-EPSREL-Genauigkeit" schon erreicht wurde.
- **MXROMB** ist die maximale Anzahl auszuführender Rombergserien: Nach MXROMB Serien wird abgebrochen, auch wenn die "EPSABS-EPSREL-Genauigkeit" noch nicht erreicht wurde. Dieser Wert sollte nicht zu groß gewählt werden, da bei jeder Serie die Anzahl auszuwertender Funktionswerte verdoppelt wird. Man bedenke, daß z. B. in der 12. Romberg-Serie bereits 2049 Funktionswerte ausgewertet werden.
- **NSIMPS** ist die Anzahl der Abschnitte, in die das Integrationsintervall für die Simpson--Regel unterteilt wird. Es werden insgesamt **NSIMPS + 1** äquidistante Funktionswerte berechnet, bei **NSIMPS = 0** wird die Simpson-Rechnung nicht ausgeführt.
- **NGAUSS** ist die Anzahl der Abschnitte, in die das Integrationsintervall für die Gauß-Integration unterteilt wird. Insgesamt werden **NGAUSS * 3** Funktionswerte berechnet, bei **NGAUSS = 0** wird die Gauß-Integration nicht ausgeführt.

Die Voreinstellungen sind so gewählt, daß die Romberg-Integration mit relativ großer Genauigkeit ausgeführt wird. Die Simpson-Regel und die Gauß-Integration liefern dagegen wesentlich grobere Näherungen, die eine sehr gute Kontrolle für die Romberg-Rechnung darstellen, weil sie mit Funktionswerten an anderen Stützstellen arbeiten.

Beispiel 1: Die Bogenlänge s einer Zykloide für eine volle Umdrehung eines Rades mit dem Radius R, auf dem ein Punkt im Abstand a vom Radmittelpunkt die Zykloide erzeugt, errechnet sich nach:

$$s = \int_{\varphi=0}^{2\pi} \sqrt{\left(1 - \frac{a}{R}\cos\varphi\right)^2 + \left(\frac{a}{R}\sin\varphi\right)^2}\; R\, d\varphi$$

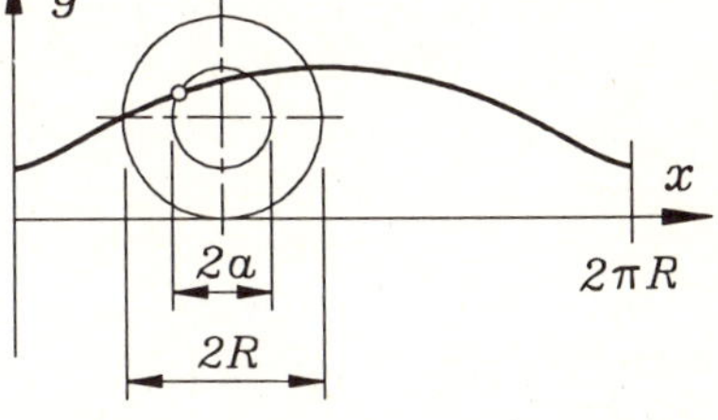

(vgl. Beispiel im Abschnitt 26.2.1, hier mit der Substitution $\varphi = v_0 t / R$). Die Parameter $\boldsymbol{R}$ und $\boldsymbol{a/R}$ werden mit den gewünschten Werten (als **R** bzw. **ADR**) im Konsttn./Variabl.-Speicher abgelegt. Auf die Umstellung der Funktionsvariablen (Voreinstellung: **X**) wird verzichtet. Nach Wahl von **"Best. Integral"** im Tastaturmenü **"Integral"** kann der Integrand so wie in dem eingangs gezeigten Bildschirm-Schnappschuß eingegeben werden. Nach der Festlegung der Integrationsgrenzen (auch dafür sind arithmetische Ausdrücke erlaubt, man darf also für die obere Grenze **2*PI** eingeben) wird die Integration gestartet.

Der folgende Schnappschuß zeigt den Bildschirm mit den Ergebnissen (für die Parameterkombination $\boldsymbol{R = 3}$ und $\boldsymbol{a/R = 0{,}5}$). Das sehr genaue Resultat nach Romberg wird durch die groben Näherungen nach Simpson und Gauß bestätigt:

```
Numerische Integration einer stetigen Funktion                        RADIAN
==============================================

Φ       = SQRT((1-ADR*COS(X))^2+(ADR*SIN(X))^2)*R

Integrationsgrenzen:        a =  0.000000000        b =  6.283185307

                            b                              Anzahl der
                            ⌠                              berechneten
Romberg-Verfahren:          ⎮ Φ(X) dX =  20.04733983       Funktionswerte:
                            ⌡
                            a                                 513

Simpson-Regel,      20 Abschnitte:  |  Gauss-Integration,    10 Abschnitte:
B                                   |  B
⌠                                   |  ⌠
⎮ Φ(X) dX =  20.04744049            |  ⎮ Φ(X) dX =  20.04734656
⌡                                   |  ⌡
A                                   |  A

Weiter ---> Beliebige Taste        F6 ---> Ergebnis ---> Konstantenspeicher
```

Beispiel 2: Es soll der bei einem vollen Steg-Umlauf des nachstehend gezeichneten Planetenrades vom Punkt $\boldsymbol{A}$ zurückgelegten Weg berechnet werden. Das Integral soll für die speziellen Parameter

$$R = 2{,}4 \quad ; \quad r/R = 0{,}5 \quad ; \quad a/r = 2$$

(entspricht der im rechten Bild gezeichneten Bahnkurve) ausgewertet werden.

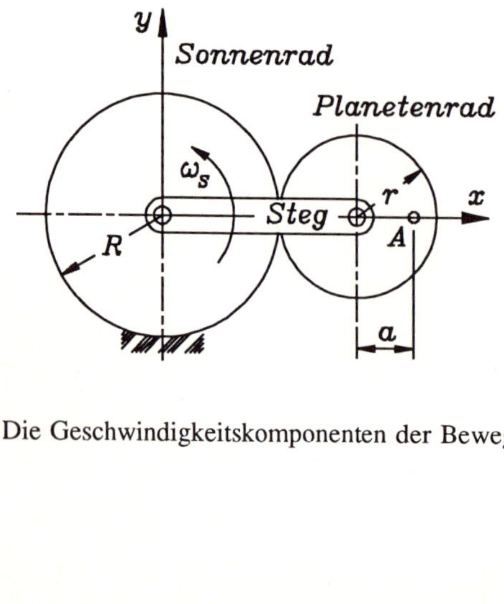

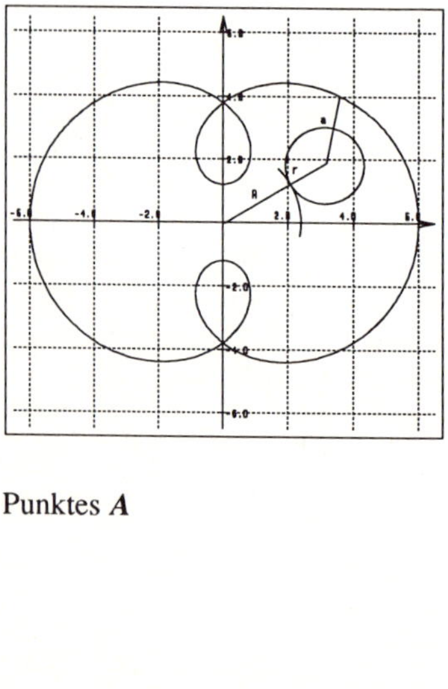

Die Geschwindigkeitskomponenten der Bewegung des Punktes $\boldsymbol{A}$

$$\dot{x} = -R\,\omega_S \left[\left(1 + \frac{r}{R}\right) \sin \omega_S t + \frac{a}{r} \left(1 + \frac{r}{R}\right) \sin\left(1 + \frac{R}{r}\right) \omega_S t \right]$$

$$\dot{y} = R\,\omega_S \left[\left(1 + \frac{r}{R}\right) \cos \omega_S t + \frac{a}{r} \left(1 + \frac{r}{R}\right) \cos\left(1 + \frac{R}{r}\right) \omega_S t \right]$$

(vgl. Lösung der Aufgabe 26.2) müssen in die Integralformel (26.11)

$$s = \int_{\varphi=0}^{2\pi} \sqrt{\dot{x}^2 + \dot{y}^2}\, dt = \int_{\varphi=0}^{2\pi} \sqrt{\left(\frac{\dot{x}}{R\,\omega_S}\right)^2 + \left(\frac{\dot{y}}{R\,\omega_S}\right)^2}\, R\, d\varphi \qquad (\varphi = \omega_S t)$$

eingesetzt werden. Dies legt es nahe, den Integranden als normalen Formelsatz zu deklarieren, was bei komplizierteren Funktionen übersichtlicher, weniger fehleranfällig und leichter modifizierbar ist. Es werden zunächst $\dot{x}$ und $\dot{y}$ als Funktionen definiert und anschließend unter Verwendung dieser beiden Funktionen eine dritte Funktion, die dann als Integrand verwendet wird. Dies hat darüber hinaus den Vorteil, daß diese Funktionen dann auch anderweitig (z. B. für eine Funktionsanalyse) verwendet werden können.

♦ Wechseln in das Eingabefeld und eingeben:

R = 2.4 **<Return>**
RDR = 0.5 **<Return>**
ADR = 2 **<Return>** ... definiert die drei gegebenen Parameter.

♦ Mit **TAB TAB** zum Tastaturmenü wechseln, **"f(x) ..."** und **"Definieren"** wählen:

<Shift-F5> PHI ... ändert die Funktionsvariable,
XPUNKT = ... <F5> ... definiert $\dot{x}\,/\,(R\,\omega_S)$,
YPUNKT = ... <F5> ... definiert $\dot{y}\,/\,(R\,\omega_S)$ und ...
F = sqrt (XPUNKT^2 + YPUNKT^2) * R <Return> ... den Integranden.

♦ Auf **"Radian"** umstellen, aus dem Tastaturmenü **"Integration"** das Angebot **"Funktion integr."** auswählen, alle definierten Funktionen werden gelistet:

b <Return> ... Integrationsgrenzen, untere Grenze bestätigen,
2 * pi <Return> j ... obere Grenze,
<Return> <Return> i ... "Durchblättern" der Funktionen, Auswählen des Integranden, Integration startet:

```
Numerische Integration einer stetigen Funktion                    RADIAN
==============================================

XPUNKT = -(1+RDR)*SIN(PHI)-ADR*(1+RDR)*SIN((1+1/RDR)*PHI)
YPUNKT =  (1+RDR)*COS(PHI)+ADR*(1+RDR)*COS((1+1/RDR)*PHI)
F      = SQRT(XPUNKT^2+YPUNKT^2)*R

Integrationsgrenzen:      A =  0.000000000        B =  6.283185307

                          B                                Anzahl der
                          ⌠                                berechneten
Romberg-Verfahren:        │ F(PHI) dPHI =  48.11361559     Funktionswerte:
                          ⌡
                          A                                  1025

Simpson-Regel,     20 Abschnitte:      │ Gauss-Integration,     10 Abschnitte:
B                                      │ B
⌠                                      │ ⌠
│ F(PHI) dPHI =  48.08966353           │ │ F(PHI) dPHI =  48.11165792
⌡                                      │ ⌡
A                                      │ A
```

B1.12 Differentialgleichungssystem (Anfangswertproblem)

Es können Anfangswertprobleme für ein Differentialgleichungssystem 1. Ordnung

$$\begin{aligned} y_1' &= f_1(x, y_1, y_2, \dots, y_n) \\ y_2' &= f_2(x, y_1, y_2, \dots, y_n) \\ &\vdots \\ y_n' &= f_n(x, y_1, y_2, \dots, y_n) \end{aligned}$$

mit den Anfangsbedingungen

$$\begin{aligned} y_1(x_{ANF}) &= y_{1,ANF} \\ y_2(x_{ANF}) &= y_{2,ANF} \\ &\vdots \\ y_n(x_{ANF}) &= y_{n,ANF} \end{aligned}$$

gelöst werden. Differentialgleichungen höherer Ordnung müssen durch Einführen von zusätzlichen Variablen zu Differentialgleichungen 1. Ordnung gemacht werden (eine Differentialgleichung m-ter Ordnung wird zu m Differentialgleichungen 1. Ordnung, vgl. Abschnitt 28.3.2).

Für die Lösung des Anfangswertproblems wird das **Runge-Kutta-Verfahren 4. Ordnung** benutzt. Die Runge-Kutta-Verfahren ermitteln, am Startpunkt der Rechnung mit den vorgegebenen Anfangswerten beginnend, die Funktionswerte an einem Punkt

$$x_{i+1} = x_i + h$$

aus den Funktionswerten am Punkt x_i, wobei mehrfach die ersten Ableitungen entsprechend der durch die Differentialgleichungen gegebenen Vorschriften im Intervall $x_i \le x \le x_{i+1}$ berechnet werden müssen.

Bei den Runge-Kutta-Formeln 4. Ordnung (vgl. Formelsatz (28.15) im Abschnitt 28.3.1) ist der Fehler proportional zur 5. Potenz der Schrittweite h, ist also bei genügend kleiner Schrittweite sehr klein, bei einer zu großen Schrittweite kann das Verfahren empfindlich reagieren (Abweichungen von der exakten Lösung).

Die Festlegung einer geeigneten Schrittweite ist schwierig, die möglichen Auswertungen von "Schrittbewertungszahlen" liefern bei zahlreichen praktischen Problemen keine befriedigenden Aussagen. Deshalb ist die einfachste Kontrolle der Rechnung immer noch die effektivste: Die Lösung für das Integrationsintervall sollte mehrfach mit unterschiedlichen Schrittweiten berechnet werden. Wenn die Ergebnisse am Intervallende nicht mehr nennenswert voneinander abweichen, ist die Rechnung mit großer Sicherheit "gesund".

Die im Programm MCALCU voreingestellte Einteilung des Integrationsintervalls in 500 äquidistante Abschnitte ist für die meisten praktischen Probleme mehr als ausreichend. Bei großen Integrationsintervallen oder kritischem Lösungsverhalten sollten Testrechnungen mit feinerer Diskretisierung ausgeführt werden.

Die Berechnungsvorschriften, die die Differentialgleichungen definieren, sind nach den Regeln zu bilden, die bereits im Abschnitt B1.9 für Funktionen beschrieben wurden. Der Name einer Differentialgleichung muß allerdings mit dem Zeichen ' enden.

Es kann nur ein Differentialgleichungssystem definiert werden, das (wie die Funktionen) nur als kompletter Block (und nur gemeinsam mit den definierten Funktionen) gelöscht werden kann. Alle definierten Differentialgleichungen (Funktionen, deren Namen mit dem Zeichen ' enden) werden als zum Differentialgleichungssystem zugehörig betrachtet.

Differentialgleichungen können wie die Funktionen editiert, auf einen (editierbaren) File gespeichert und wieder eingelesen werden.

Die einfachste Art, ein Differentialgleichungssystem zu definieren, ist das Annehmen der Option **"Definieren"** im Tastaturmenü **"y'(x,...)"**. Dann werden sämtliche erforderlichen Informationen für ein Anfangswertproblem abgefragt.

Nach der Annahme der Option **"Definieren"** müssen folgende Parameter eingegeben werden:

- Anzahl der Differentialgleichungen **NDGL**,
- Name der unabhängigen Variablen, der identisch ist mit dem Namen der unabhängigen Variablen für die Funktionen (vorbelegt mit **X**) und bei Änderung auch für die übrigen Funktionen gilt,
- Grenzen des Integrationsintervalls x_{ANF} ... x_{END} als **X-anf** bzw. **X-end**,
- Anzahl der Abschnitte **NSTEPS**, in die das Integrationsintervall für den Runge-Kutta-Prozeß unterteilt werden soll (Anzahl der auszuführenden Runge-Kutta-Schritte),
- für jede Variable der (maximal fünfstellige) Name (diese Namen sind mit **Y1**, **Y2**, ... vorbelegt) und deren Anfangswerte an der Stelle x_{ANF}, die im Konsttn./Variabl.-Speicher abgelegt werden.

Der Parameter **NSTEPS** beeinflußt entscheidend die Qualität der numerischen Lösung und sollte nicht zu klein gewählt werden. Da die errechneten Zwischenergebnisse i. a. nicht alle interessieren, wird vor dem Start der Rechnung noch der Parameter **KWETAB** angeboten, mit dem gesteuert werden kann, nach wieviel Runge-Kutta-Schritten die Zwischenergebnisse ausgegeben werden sollen. Alle bei der Definition des Differentialgleichungssystems festgelegten Werte können nachträglich über die entsprechenden Menüangebote modifiziert werden.

Nachdem alle Parameter definiert sind, werden die Differentialgleichungen abgefragt. Dabei werden die Namen der Variablen, ergänzt um das Zeichen ', im Eingabefeld vorgegeben und dürfen nicht verändert werden. Einzugeben sind also nur die rechten Seiten der Differentialgleichungen. Alle benutzten Konstanten und Funktionen müssen vor ihrer Verwendung in einer Differentialgleichung definiert sein, weil die Eingaben sofort einer syntaktischen Kontrolle unterzogen und bei Fehlern abgelehnt werden.

Es ist möglich, "vergessene" Definitionen von Konstanten (nach Drücken der Funktionstaste F7) "nachzuholen". Funktionen, die in den Differentialgleichungen verwendet werden, können ohnehin erst im Zusammenhang mit der Definition der Differentialgleichungen definiert werden, wenn sie von den Variablen des Differentialgleichungssystems abhängig sind. Eine Funktionsdefinition während der Definition eines Differentialgleichungssystems wird durch Drücken der Taste F6 eingeleitet.

Für weitere Informationen wird auf das Hilfe-System des Programms und die nachfolgenden Beispiele verwiesen.

Beispiel 1: Ein dünner Stab der Länge l mit konstantem Querschnitt ist an einem Ende reibungsfrei gelagert. Er wird aus der vertikalen Lage um den Winkel φ_0 ausgelenkt und ohne Anfangsgeschwindigkeit freigegeben. Die freie Schwingung wird durch das Anfangswertproblem

$$\ddot{\varphi} = -\frac{3g}{2l}\sin\varphi \quad ; \quad \varphi(t=0) = \varphi_0 \quad ; \quad \dot{\varphi}(t=0) = 0$$

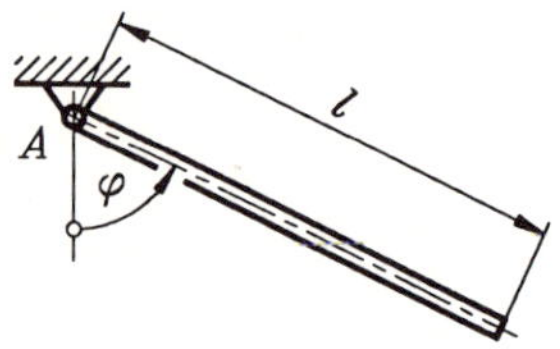

Gegeben: $l = 0{,}5\ m$

(vgl. Beispiel 1 im Abschnitt 29.4.1) beschrieben. Durch Einführen einer zusätzlichen abhängigen Variablen ω wird aus der Differentialgleichung 2. Ordnung ein Differentialgleichungssystem 1. Ordnung:

$$\dot{\omega} = -\frac{3g}{2l}\sin\varphi \quad ; \quad \omega(t=0) = 0 \quad ;$$

$$\dot{\varphi} = \omega \quad ; \quad \varphi(t=0) = \varphi_0 \quad .$$

Dieses Anfangswertproblem wird über die Option **"Definieren"** des Tastaturmenüs **"y'(x,..)"** eingegeben:

```
Definition eines Differentialgleichungssystems 1. Ordnung
==========================================================

Anzahl der Differentialgleichungen:      NDGL =   2

Unabhaengige Variable:     T

Intervall
von T-anf =  0.00000
bis T-end =  30.0000                               Delta-T =  0.06000

Anzahl der Integrationsschritte:     NSTEPS =    500

Abhaengige Variablen
(maximal 5 Zeichen):                      Anfangswerte

1 . Variable:  OMEGA          OMEGA(T-anf) =  0.00000
2 . Variable:  PHI              PHI(T-anf) < 0.000000000> = pi/2


Mit RETURN Angebot bestaetigen oder andere Eingabe
```

Für die Anzahl der Differentialgleichungen wurde **NDGL = 2** eingegeben, der Name der unabhängigen Variablen wurde auf **T** geändert, als Integrationsintervall wurde **0 ... 30** gewählt, für **NSTEPS** (Anzahl der Integrationsschritte) wurde der voreingestellte Wert **500** bestätigt. Die Angebote für die abhängigen Variablen (**Y1** bzw. **Y2**) wurden abgelehnt, die abhängigen Variablen heißen nun **OMEGA** bzw. **PHI**, als Anfangswerte wurden **0** (für **OMEGA**) bzw. $\pi/2$ (Anfangsauslenkung) eingegeben.

Nach Bestätigung der eingegebenen Werte werden die Differentialgleichungen über das Eingabefeld abgefordert, wie es der folgende Bildschirm-Schnappschuß (unmittelbar vor der Eingabe der ersten Differentialgleichung) zeigt.

Wenn die Werte für g und l (Erdbeschleunigung bzw. Pendellänge) nicht als Zahlenwerte in die Differentialgleichungen geschrieben werden sollen, müssen sie vorab als Konstanten definiert worden sein. Man beachte das Angebot, "vergessene" Konstanten-Definitionen nachzuholen. Nach Drücken von F7 würde das Eingabefeld automatisch gelöscht werden, und man könnte die Konstantendefinition

G = 9.81 <Return>

hineinschreiben. Dann ist die Konstante **G** definiert, und es erscheint automatisch wieder die Eingabeaufforderung **OMEGA' =**.

```
J. Dankert       "Taschenrechner"      MCALCU 1.4    | Konsttn./Variabl.:  2

F6   -  Funktion (vor Dgl.-Definition) definieren    | PI     =  3.141592654
F7   -  Konstanten-Definition "nachholen"            | E      =  2.718281828
TAB  -  Wechsel ins Konsttn./Variabl.-Fenster        | OMEGA  =  0.000000000
ESC  -  Dgl.-System-Definition abbrechen             | PHI    =  1.570796327
                                                     | G      =  9.810000000
1. Differentialgleichung:                            | L      =  0.500000000

OMEGA' = - 3 * g / (2 * L) * sin (PHI)

 sin   | cos   | tan   | cot   | Grad/Rad |  Definition eines
 asin  | acos  | atan  | acot  | Demo     |  Differential-
 sinh  | cosh  | tanh  | coth  | abs      |  gleichungssystems
 asinh | acosh | atanh | acoth | sign     |  1. Ordnung
 exp   | x^y   | ln    | lg    | sqrt     |  Unabhaengige
                                          |  Variable:  T
```

Nach der Definition des Anfangswertproblems kann die Submenü-Option **"Loesen"** angenommen werden. Es erscheint ein ähnliches Menü wie bei der Funktionsanalyse, das die Korrektur einiger Eingabewerte und Einstellungen (z. B. die Anzahl der Integrationsschritte **NSTEPS** oder die Interpretation der Winkelfunktionen, die in diesem Fall unbedingt **RADIAN** sein muß) und die Korrektur der voreingestellten Ausgabe-Strategie gestattet.

In diesem Fall wird angeboten, **PHI** und **OMEGA** als Wertetabelle auszugeben (nur jeder zehnte Wert, Voreinstellung für **KWETAB**, kann auch geändert werden) und in zwei Graphik-Fenstern **PHI(T)** bzw. **OMEGA(T)** zu zeichnen. Diese Voreinstellungen können akzeptiert werden, weil nach der Berechnung (im "Letzte-Chance-Menü", vgl. den Abschnitt 1.10: "Analyse von Funktionen") noch einmal eine spezielle Bildschirm-Darstellung definiert werden kann.

Nach **"Start Rechnung"** werden simultan die Wertetabelle geschrieben und die Funktionen gezeichnet. Wenn die Rechnung komplett ist, wird die Größe der Graphik-Fenster automatisch an die berechneten Werte angepaßt, und ein Graphik-Menü bietet dem Benutzer mehrere nützliche Optionen zur Betrachtung der Funktionen (Zoom, einzelnes Fenster bildschirmfüllend, ...). Nach dem Verlassen des Graphik-Menüs erscheint folgendes Menü:

```
 Letzte Chance:   Alle berechneten Werte sind noch gespeichert und werden
                  bei Verlassen dieses Menues (ueber ENDE) geloescht.

 Ausgabe (Werte-Tabelle, Graphik)
                                           ===== Werte- Graphik-Fenster =
 J  -->  Funktion ausgeben                        Tab.  1    2    3    4
 N  -->  Funktion nicht ausgeben
 A  -->  Variable fuer Abszissenachse       Koord.-S.    J    J    J    J
                                            Raster       J    J    J    J
                                            T        J   A    N    A    A
                                            OMEGA    J   N    J    N    N
                                            PHI      J   J    A    J    J

 ESC   --->   Zurueck zum Menue

 Graphik       | Wertetabelle | Graphik + .. |           | Hilfe
 Wtab. > File  | NFENST       | Ausgabe      | Optionen  | ENDE
```

Hier sind schon folgende Modifikationen vorgenommen worden: Die Anzahl der Graphik-Fenster wurde auf 4 erhöht, im Graphik-Fenster 2 ist die unabhängige Variable (Abszissenachse) auf **PHI** umgestellt worden, deshalb wird dort **OMEGA(PHI)** gezeichnet werden (Darstellung in der Phasenebene), in den übrigen Graphik-Fenster wird jeweils **PHI(T)** gezeichnet. Über das Menüangebot **"Graphik + .."** kommt man zu folgender Darstellung:

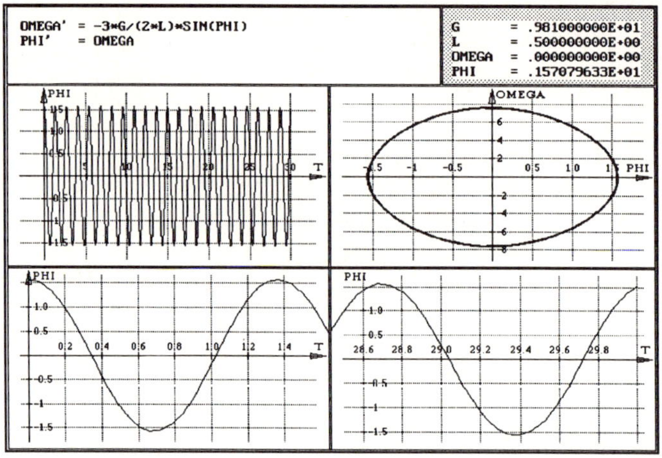

Die Rechnung wurde mit den Parametern $g = 9{,}81\ m/s^2$ und $l = 0{,}5\ m$ ausgeführt, so daß die Zeitachse die Dimension *s* hat. Es ist zu erkennen, daß nach **30** *s* (und immerhin mehr als **20** vollen Schwingungen) keine Änderungen der Amplitude in der graphischen Darstellung sichtbar sind, was besonders in den beiden Zoom-Darstellungen (Anfang bzw. Ende des Integrationsbereichs) in den unteren Fenstern und in der Phasenebene (Fenster oben rechts) deutlich wird, so daß die Rechnung als numerisch "gesund" angesehen werden darf.

Die sicherste Kontrolle für die Richtigkeit von Rechnungen mit physikalisch-technischen Problemen ist die Überprüfung der Einhaltung eines physikalischen Gesetzes, das **nicht** zur Formulierung der Aufgabe genutzt wurde, hier: Amplituden müssen für die ungedämpfte Schwingung konstant sein. Der Energiesatz gestattet sogar noch eine schärfere Kontrolle.

Während das Weg-Zeit-Gesetz $\varphi(t)$ und das Geschwindigkeits-Zeit-Gesetz $\omega(t) = \dot{\varphi}(t)$ für das Pendel mit großen Ausschlägen nur durch die Lösung der behandelten nichtlinearen Differentialgleichung gefunden werden können, ist das Geschwindigkeits-Weg-Gesetz $\omega(\varphi)$ mit Hilfe des Energiesatzes leicht zu formulieren. Damit ist ein Zusammenhang zwischen den beiden berechneten Größen gegeben. Zu jedem Zeitpunkt muß nach dem Energiesatz gelten:

$$-m g \frac{l}{2} \cos\varphi_0 = \frac{1}{2}\left(\frac{1}{3} m l^2\right) \omega^2 - m g \frac{l}{2} \cos\varphi$$

(Null-Potential in Höhe des Aufhängepunktes A, in der Klammer auf der rechten Seite das Massenträgheitsmoment des dünnen Stabes bezüglich A). Für die Anfangsauslenkung $\varphi_0 = \pi/2$ vereinfacht sich dies zu der Beziehung

$$\omega^2 = 3 \frac{g}{l} \cos\varphi \quad ,$$

die für jedes berechnete Wertepaar gelten muß. Man überzeugt sich leicht, daß auch noch am Ende des berechneten Intervalls diese Gleichung zu jedem Zeitpunkt sehr genau erfüllt ist (die Menüoption **"Wertetabelle"** listet alle berechneten Werte).

Neben diesen "physikalischen Kontrollen" sollte stets eine Kontrollrechnung mit feinerer Einteilung des Integrationsintervalls die "numerische Gesundheit" der Rechnung bestätigen.

Beispiel 2: Eine Masse m ist wie skizziert durch zwei Federn gefesselt (Federkonstante jeweils c, Längen der entspannten Federn jeweils b). Sie kann in der vertikalen Führung reibungsfrei gleiten, ihre Bewegung wird jedoch geschwingkeitsproportional gedämpft (Dämpfungskonstante k).

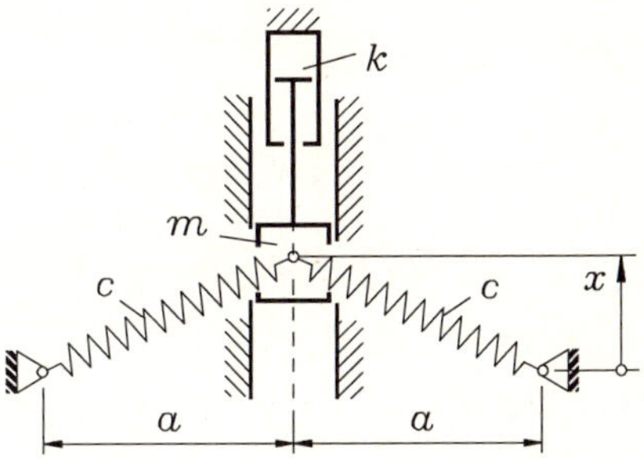

Die Masse wird um x_0 ausgelenkt und zum Zeitpunkt $t_0 = 0$ ohne Anfangsgeschwindigkeit freigelassen.

Gegeben:

$$\frac{mg}{ca} = 0{,}01 \quad ; \quad \frac{b}{a} = 1{,}2 \quad ; \quad \frac{k}{\sqrt{mc}} = 0{,}1 \quad ; \quad \frac{x_0}{a} = 1{,}7 \ .$$

Mit der dimensionslosen Bewegungskoordinate $\bar{x} = x/a$ und der dimensionslosen Zeit

$$\tau = \sqrt{\frac{c}{m}}\, t \quad \Rightarrow \quad \frac{dx}{dt} = a\sqrt{\frac{c}{m}}\,\frac{d\bar{x}}{d\tau} \quad \Rightarrow \quad \frac{d^2x}{dt^2} = a\,\frac{c}{m}\,\frac{d^2\bar{x}}{d\tau^2}$$

kann die freie gedämpfte Schwingung der Masse durch die Differentialgleichung

$$\bar{x}'' + \frac{k}{\sqrt{mc}}\,\bar{x}' + 2\left(\sqrt{1+\bar{x}^2} - \frac{b}{a}\right)\frac{\bar{x}}{\sqrt{1+\bar{x}^2}} + \frac{mg}{ca} = 0$$

beschrieben werden (der Strich steht für die Ableitung nach τ).

Mit der neuen Variablen $\bar{v}$ erhält man das Anfangswertproblem:

$$\bar{x}' = \bar{v} \ ,$$

$$\bar{v}' = -\frac{k}{\sqrt{mc}}\,\bar{v} - 2\left(\sqrt{1+\bar{x}^2} - \frac{b}{a}\right)\frac{\bar{x}}{\sqrt{1+\bar{x}^2}} - \frac{mg}{ca} \ ,$$

$$\bar{x}(t=0) = x_0/a \ ,$$

$$\bar{v}(t=0) = 0 \ .$$

Dieses Anfangswertproblem kann nur numerisch integriert werden. Nachfolgend werden das Weg-Zeit-Gesetz und das Geschwindigkeits-Zeit-Gesetz für das Intervall

$$\mathbf{0 \le \tau \le 60}$$

berechnet und auch das Geschwindigkeits-Weg-Diagramm gezeichnet.

Die Lösung mit dem Programm MCALCU wird in Form von kommentierten Eingabeaktionen beschrieben. Dabei wird vorausgesetzt, daß das Programm gerade gestartet wurde, der Cursor blinkt also im aktiven Eingabefeld, und als erste Aktion werden die Problemparameter als Konstanten definiert (die verwendeten Namen sind selbsterklärend, z. B. steht **MGDCA** für "mg durch ca"):

mgdca = 0.01	**<Return>**	...	definiert die erste Konstante, ...
kdwmc = 0.1	**<Return>**	...	die zweite und ...
bda = 1.2	**<Return>**	...	die dritte.
<TAB> <TAB>		...	wechselt ins Tastaturmenü.
y		...	wählt Menüangebot **"y'(x,..)"**,
<Return>		...	nimmt Option **"Definieren"** an.
2	**<Return>**	←	Anzahl der Differentialgleichungen,
TAU	**<Return>**	←	gewählte unabhängige Variable,
<Return>		...	bestätigt Angebot für **TAU-anf**,
60	**<Return>**	←	Ende des Integrationsintervalls **TAU–end**,
<Return>		...	bestätigt angebotene Anzahl der Integrationsschritte (**500**),
X	**<Return>**	←	Name der 1. Variablen und ...
1.7	**<Return>**	...	Anfangswert **X(TAU-anf)** $= x_0/a =$ **1,7**,
V	**<Return>**	←	Name der 2. Variablen,
<Return>		...	bestätigt Angebot für Anfangswert **V(TAU-anf) = 0**.

```
Definition eines Differentialgleichungssystems 1. Ordnung
=========================================================

Anzahl der Differentialgleichungen:      NDGL =    2

Unabhaengige Variable:     tau

Intervall
von TAU-anf =  0.00000
bis TAU-end =  60.0000                         Delta-TAU =  0.12000

Anzahl der Integrationsschritte:    NSTEPS =    500

Abhaengige Variablen
(maximal 5 Zeichen):                    Anfangswerte

1 . Variable:  x                 X(TAU-anf) =  1.70000
2 . Variable:  v                 V(TAU-anf) =  0.00000



Alle Eingaben richtig? (J/N)
                                          | JA | NEIN |
```

Bildschirm vor der Bestätigung der Werte

j	...	bestätigt Richtigkeit der eingegebenen Werte.
V <Return>	...	definiert die 1. Differentialgleichung (**X' = ...**),

– kdwmc * V – 2 * (sqrt(1+X^2) – bda) * X / sqrt(1+X^2) – mgdca <Return>

	...	definiert die 2. Differentialgleichung (**V' = ...**).
<Return> <Return>	...	nimmt Menüangebot **"y'(x,..)"** und die Option **"Loesen"** an.
<Return>	...	startet die Rechnung,
<Beliebige Taste>	...	wechselt ins Graphikmenü.
u	...	zeichnet die Graphik-Fenster übereinander,
m	...	blendet das Menü aus.

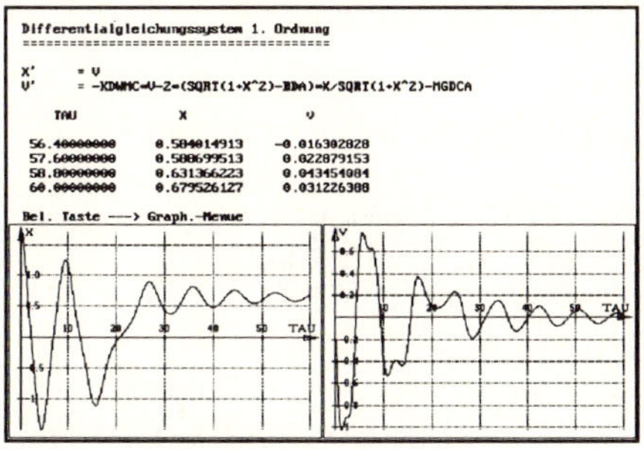

Bildschirm vor Wechsel ins Graphikmenü

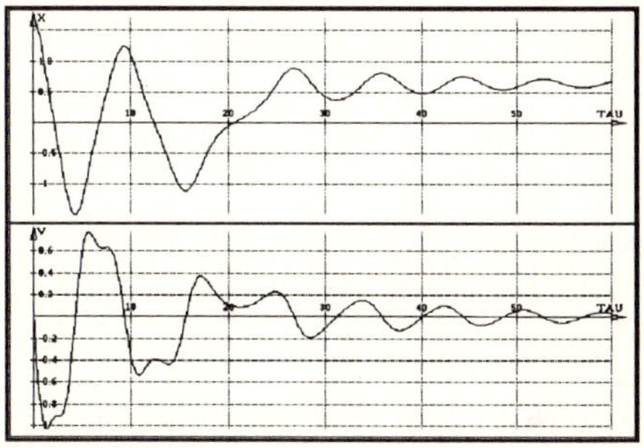

Graphik-Fenster übereinander, Menü ausgeblendet

<Beliebige Taste>	...	blendet das Menü wieder ein,
<ESC>	...	beendet Graphik.
u	...	läßt Cursor im Ausgabemenü erscheinen,
↓ ↓ ↓ ↓ j	...	bewegt Cursor, fordert, daß auch **V** im Graphik-Fenster 1 gezeichnet wird,
↑ ↑ → n ↓ a	...	bewegt Cursor, stellt Variable für Abszissenachse im Graphik-Fenster 2 von **TAU** auf **X** um,
<ESC>	...	wechselt in das Menü zurück.
+	...	nimmt Menüangebot **"Graphik + .."** an,
↓ ↓ <F1> ↓ <F1> ↓ <F1>	...	bewegt Cursor, wählt Konstanten für Ausgabe in Graphik,
<ESC>	...	beendet Auswahl, startet Graphik.
1 2	...	wählt Graphik-Fenster 2,
o g m	...	optimiert Fenstergröße, vergrößert Fenster etwas und blendet Menü aus.

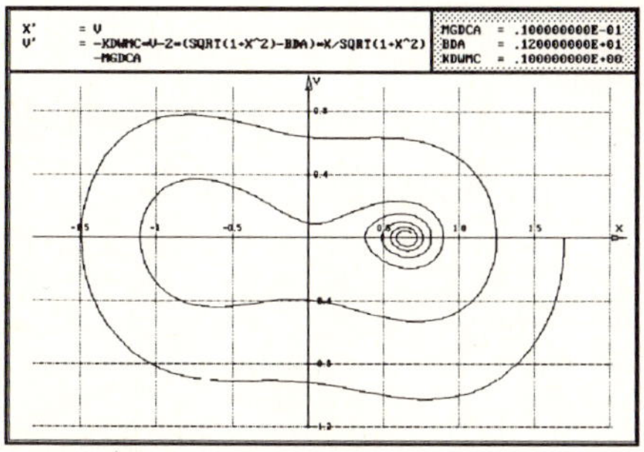

Geschwindigkeits-Weg-Gesetz

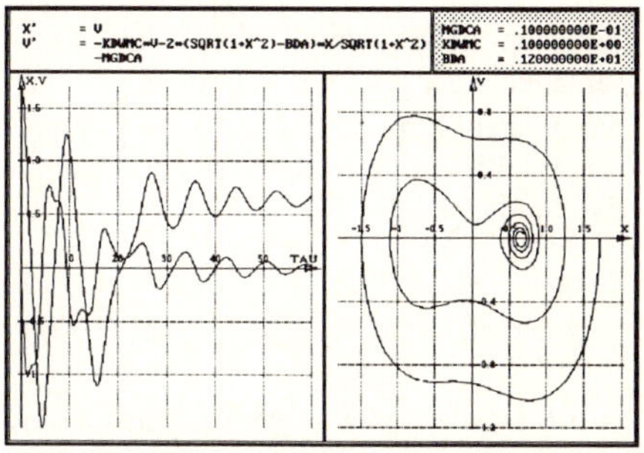

Letzte Graphik vor Beendigung der Rechnung

<Beliebige Taste>	...	blendet das Menü wieder ein,
a m	...	zeigt wieder alle Graphik-Fenster und blendet Menü aus,
<Beliebige Taste>	...	blendet das Menü wieder ein,
<ESC>	...	beendet Graphik,
e j	...	beendet Rechnung, wechselt ins "Taschenrechner"-Menü zurück.

Beispiel 3: Ein Doppelpendel wird definiert durch die beiden Pendelmassen m_1 und m_2, die auf die jeweiligen Schwerpunkte bezogenen Massenträgheitsmomente J_{S1} und J_{S2}, die Schwerpunktabstände von den Drehpunkten s_1 und s_2 und den Abstand l_1 der beiden Drehpunkte voneinander.

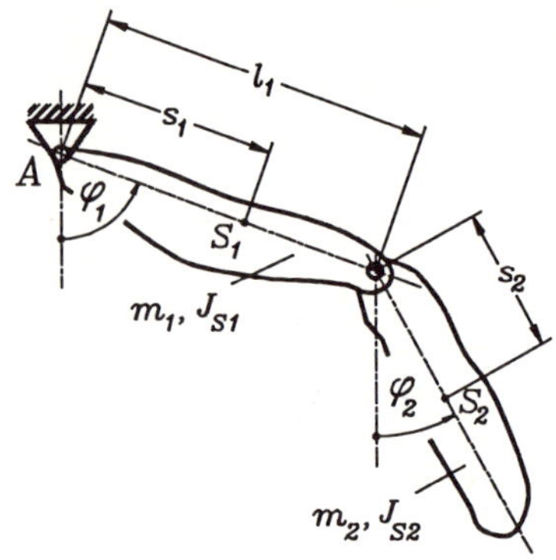

Der Weg zur Herleitung der nachfolgend angegebenen Bewegungs-Differentialgleichungen für die freien Schwingungen dieses Systems mit zwei Freiheitsgraden wurde im Abschnitt 33.4.3 beschrieben:

$$\left[\left(\frac{s_1}{l_1}\right)^2 + \frac{J_{S1}}{m_1 l_1^2} + \frac{m_2}{m_1}\right]\ddot{\varphi}_1 + \left[\frac{m_2}{m_1}\frac{s_2}{l_1}\cos(\varphi_1 - \varphi_2)\right]\ddot{\varphi}_2$$
$$= -\frac{m_2}{m_1}\frac{s_2}{l_1}\dot{\varphi}_2^2\sin(\varphi_1 - \varphi_2) - \left(\frac{s_1}{l_1} + \frac{m_2}{m_1}\right)\frac{g}{l_1}\sin\varphi_1$$

$$\left[\frac{m_2}{m_1}\frac{s_2}{l_1}\cos(\varphi_1 - \varphi_2)\right]\ddot{\varphi}_1 + \left[\frac{m_2}{m_1}\left(\frac{s_2}{l_1}\right)^2 + \frac{J_{S2}}{m_1 l_1^2}\right]\ddot{\varphi}_2$$
$$= \frac{m_2}{m_1}\frac{s_2}{l_1}\dot{\varphi}_1^2\sin(\varphi_1 - \varphi_2) - \frac{m_2}{m_1}\frac{s_2}{l_1}\frac{g}{l_1}\sin\varphi_2$$

Für den nebenstehend skizzierten Spezialfall (zwei schlanke Stäbe gleicher Masse und gleicher Länge) sind die beiden Funktionen $\varphi_1(t)$ und $\varphi_2(t)$ im Intervall $\mathbf{0 \le t \le 10\ s}$ zu ermitteln. Dabei sollen (wie skizziert) die Anfangsbedingungen

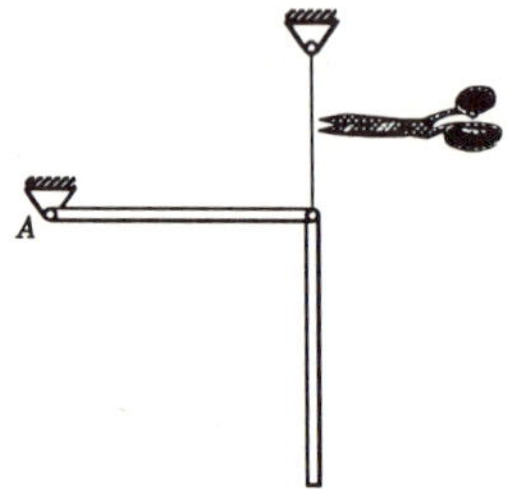

$$\varphi_1(t=0) = \pi/2 \quad , \quad \varphi_2(t=0) = 0 \quad ,$$
$$\dot{\varphi}_1(t=0) = 0 \quad , \quad \dot{\varphi}_2(t=0) = 0$$

und folgende Zahlenwerte verwendet werden:

$$m_2/m_1 = 1 \quad ; \quad J_{S1}/(m_1 l_1^2) = 1/12 \quad ; \quad s_1/l_1 = 1/2 \quad ;$$
$$g/l_1 = 9{,}81\,s^{-2} \quad ; \quad J_{S2}/(m_1 l_1^2) = 1/12 \quad ; \quad s_2/l_1 = 1/2 \quad .$$

Durch Einführen der neuen Variablen

$$\omega_1 = \dot{\varphi}_1 \quad \textit{und} \quad \omega_2 = \dot{\varphi}_2$$
$$\textit{bzw.} \quad \dot{\omega}_1 = \ddot{\varphi}_1 \quad \textit{und} \quad \dot{\omega}_2 = \ddot{\varphi}_2$$

wird aus den beiden Differentialgleichungen 2. Ordnung ein System von 4 Differentialgleichungen 1. Ordnung, von denen allerdings zwei in den Ableitungen gekoppelt sind. Das Differentialgleichungssystem kann z. B. so formuliert werden:

$$\begin{aligned} \dot\varphi_1 &= \omega_1 \\ \dot\varphi_2 &= \omega_2 \\ a_{11}\,\dot\omega_1 + a_{12}\,\dot\omega_2 &= b_1 \\ a_{12}\,\dot\omega_1 + a_{22}\,\dot\omega_2 &= b_2 \end{aligned}$$

mit

$$a_{11} = \left(\frac{s_1}{l_1}\right)^2 + \frac{J_{S1}}{m_1\,l_1^2} + \frac{m_2}{m_1} \quad ,$$

$$a_{12} = \frac{m_2}{m_1}\,\frac{s_2}{l_1}\cos(\varphi_1 - \varphi_2) \quad ,$$

$$a_{22} = \frac{m_2}{m_1}\left(\frac{s_2}{l_1}\right)^2 + \frac{J_{S2}}{m_1\,l_1^2} \quad ,$$

$$b_1 = -\frac{m_2}{m_1}\,\frac{s_2}{l_1}\,\dot\varphi_2^2\sin(\varphi_1 - \varphi_2) - \left(\frac{s_1}{l_1} + \frac{m_2}{m_1}\right)\frac{g}{l_1}\sin\varphi_1 \quad ,$$

$$b_2 = \frac{m_2}{m_1}\,\frac{s_2}{l_1}\,\dot\varphi_1^2\sin(\varphi_1 - \varphi_2) - \frac{m_2}{m_1}\,\frac{s_2}{l_1}\,\frac{g}{l_1}\sin\varphi_2 \quad .$$

Die a_{ij} und b_i werden als Funktionen definiert, so daß die beiden in den Ableitungen gekoppelten Differentialgleichungen entkoppelt werden können, wenn man das Gleichungssystem, das sie darstellen, z. B. nach der Cramerschen Regel auflöst:

$$\dot\omega_1 = \frac{b_1\,a_{22} - b_2\,a_{12}}{\det \bar{A}} \quad ,$$

$$\dot\omega_2 = \frac{a_{11}\,b_2 - a_{12}\,b_1}{\det \bar{A}} \quad mit \quad \det \bar{A} = a_{11}\,a_{22} - a_{12}^2 \quad .$$

Damit ist ein Satz von Funktionen gegeben, der dem Programm MCALCU angeboten werden kann.

Im nebenstehend gelisteten File zur Sicherung der Konstanten erkennt man die Namen, die den 6 Problemparametern gegeben wurden und die Namen für die Variablen. Den 6 Problemparametern wurden die gegebenen Werte zugewiesen, den Variablen die gegebenen Anfangswerte.

```
!! "Taschenrechner" MCALCU: Konstanten !!
PI      =      .314159265358979E+01
E       =      .271828182845905E+01
S1      =      .500000000000000E+00
S2      =      .500000000000000E+00
MDM     =      .100000000000000E+01
J1      =      .833333333333333E-01
J2      =      .833333333333333E-01
GDL     =      .981000000000000E+01
PHI1    =      .157079632679490E+01
OMEG1   =      .000000000000000E+00
PHI2    =      .000000000000000E+00
OMEG2   =      .000000000000000E+00
```

Auch der nachfolgend gelistete File des Satzes von Funktionen, die das Differentialgleichungssystem definieren, dürfte selbsterklärend sein. Als unabhängige Variable wurde **T** definiert. Jede Funktion verwendet nur bereits vorher definierte andere Funktionen:

```
!!  "Taschenrechner" MCALCU: Funktionen  !!
!
!   Funktionsvariable:
T
!
A11     = S1^2+J1+MDM
~~~
A12     = MDM*S2*COS(PHI1-PHI2)
~~~
A22     = MDM*S2^2+J2
~~~
B1      = -MDM*S2*OMEG2^2*SIN(PHI1-PHI2)-(S1+MDM)*GDL*SIN(PHI1)
~~~
B2      = MDM*S2*OMEG1^2*SIN(PHI1-PHI2)-MDM*S2*GDL*SIN(PHI2)
~~~
DET     = A11*A22-A12^2
~~~
PHI1'   = OMEG1
~~~
OMEG1'  = (B1*A22-B2*A12)/DET
~~~
PHI2'   = OMEG2
~~~
OMEG2'  = (A11*B2-A12*B1)/DET
~~~
```

♦ **Man beachte:** Bei der Eingabe von Funktionen und Differentialgleichungen wird stets die syntaktische Richtigkeit überprüft, insbesondere wird darauf geachtet, daß nur Konstanten, Variablen und Funktionen benutzt werden, die bereits **vorher definiert** wurden. Deshalb müssen in diesem Fall (nach der Definition der Konstanten **S1**, **S2**, **MDM**, ...) **die Funktionen A11**, **A12**, ... , **DET vor den Differentialgleichungen**, die diese Funktionen enthalten, definiert werden. Der dabei entstehende Konflikt, daß die Funktionen die Variablen **PHI1**, **PHI2**, **OMEG1** und **OMEG2** enthalten, die normalerweise erst im Zusammenhang mit den Differentialgleichungen (durch Zuweisen ihrer Anfangswerte) definiert werden, kann auf zwei verschiedene Arten gelöst werden:

- Vor der Definition der Funktionen werden die Variablen **PHI1**, **PHI2**, **OMEG1** und **OMEG2** (zweckmäßigerweise gleich mit ihren Anfangswerten) als Konstanten definiert, dann können die Funktionen (vor den Differentialgleichungen) über **"f(x)..."** und **"Definieren"** eingegeben werden.
- Man kann jedoch auch mit dem Menüangebot **"y'(x,..)"** beginnen. In diesem Fall werden zunächst die Anfangswerte abgefragt (und **PHI1**, **PHI2**, **OMEG1** und **OMEG2** werden dabei automatisch definiert). Dann muß man jedoch bei der Abfrage der Differentialgleichungen über die Funktionstaste F6 ("Funktion vor Differentialgleichung definieren") das "Sonderangebot" ansteuern, mit dem Funktionsdefinitionen einzugeben sind, bevor die Differentialgleichungen definiert werden.

Testrechnungen ergaben, daß eine stabile Rechnung über ein Zeitintervall von **10** *s* erst mit etwa **2000** Integrationsschritten erreicht wird. Für die beiden Winkel (dargestellt in den linken Fenstern) und die beiden Winkelgeschwindigkeiten (in den rechten Fenstern) ergeben sich dann folgende Verläufe:

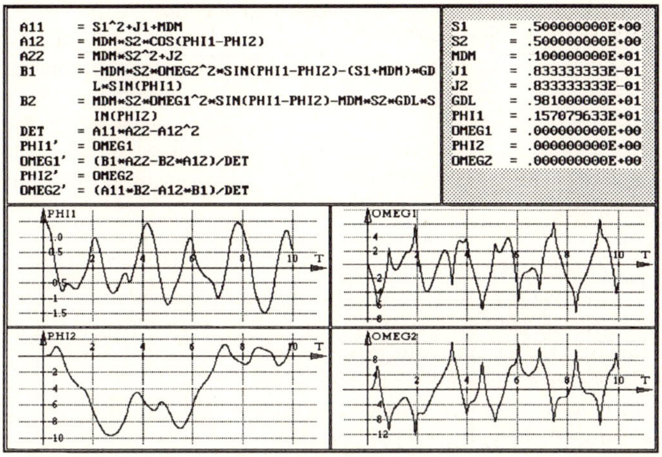

Die Eingabesequenz, mit der dieses Bild erzeugt wurde, ist nachfolgendem Bildschirm-Schnappschuß des Makro-Editors zu entnehmen (vgl. Abschnitt B1.13). Die Eingabe startet im Eingabefenster mit **s1=.5** (Definition der ersten Konstanten), Leerzeichen haben keine Bedeutung, die Sondertasten (wie die Tabulatortaste **!TAB!** oder die Funktionstaste **!F5!**) sind als Wortsymbole von zwei **!** eingerahmt.

```
                        ***  Makro-Editor  ***

s1=.5 !RETURN! s2=.5 !RETURN! mdm=1 !RETURN! j1=1/12 !RETURN!
j2=1/12 !RETURN! gdl=9.81 !RETURN! phi1=pi/2 !RETURN! omeg1=0 !RETURN!
phi2=0 !RETURN! omeg2=0 !RETURN!  !TAB!  !TAB! x !RETURN!
a11=s1^2+j1+mdm !F5! a12=mdm*s2*cos(phi1-phi2) !F5! a22=mdm*s2^2+j2 !F5!
b1=-mdm*s2*omeg2^2*sin(phi1-phi2)-(s1+mdm)*gdl*sin(phi1) !F5!
b2=mdm*s2*omeg1^2*sin(phi1-phi2)-mdm*s2*gdl*sin(phi2) !F5! det=a11
*a22-a12^2 !RETURN! y !RETURN! 4 !RETURN! t !RETURN!  !RETURN!  !RETURN!
2000 !RETURN! phi1 !RETURN!  !RETURN! omeg1 !RETURN!  !RETURN!
phi2 !RETURN!  !RETURN! omeg2 !RETURN!  !RETURN! j omeg1 !RETURN!
(b1*a22-b2*a12)/det !RETURN! omeg2 !RETURN! (a11*b2-a12*b1)/det !RETURN!
!RETURN!  !RETURN! r !RETURN!  !RETURN!
```

Die recht bizarren Funktionsverläufe spiegeln den tatsächlich außerordentlich komplizierten Bewegungsablauf eines solchen Doppelpendels wider. Während das obere Pendel eine recht unregelmäßige Schwingung ausführt, beginnt das untere Pendel mit einem "Salto", dem bald darauf ein "Salto rückwärts" folgt (nebenstehend sind $\varphi_1(t)$ und $\varphi_2(t)$ gemeinsam in einem Graphik-Fenster dargestellt).

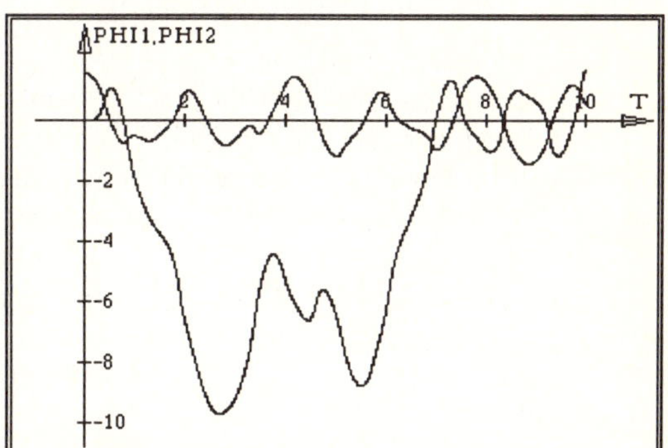

Der komplizierte Formelsatz, der mit dem programminternen mathematischen Parser bei 2000 Runge-Kutta-Schritten 8000 Mal ausgewertet werden muß, schlägt sich natürlich in einer Rechenzeit im Minutenbereich (je nach Schnelligkeit des Computers)

nieder. Andererseits ist diese theoretische Bewegungssimulation der praktischen Simulation überlegen. Nach etwa 4 bis 5 Sekunden weicht auch bei sehr genauer Versuchsdurchführung die berechnete Bewegung von der des Modells ab, was **nicht** an der Berechnung, auch nicht an den Idealisierungen (Reibungsfreiheit, Vernachlässigung von Bewegungswiderständen) liegt. Die Anfangsbedingungen sind jedoch praktisch nie so genau zu realisieren, daß bei Versuchswiederholungen gleichbleibende Resultate über einen längeres Zeitintervall zu erzielen sind. Wenn Theorie und Praxis nicht übereinstimmen, ist das (wie hier) manchmal peinlich für die Praxis.

Beispiel 4: Zwei Massen m_1 und m_2 können auf einer vertikalen bzw. einer horizontalen Führung reibungsfrei gleiten. Sie sind durch eine starre Stange (Masse m_S und Massenträgheitsmoment J_S bezüglich des Schwerpunktes S) gekoppelt. Das gesamte System wird aus der skizzierten Lage ohne Anfangsgeschwindigkeit freigelassen. Für den Bewegungsvorgang soll die Kraft in dem Bolzen berechnet werden, der die Masse m_1 mit der Stange verbindet.

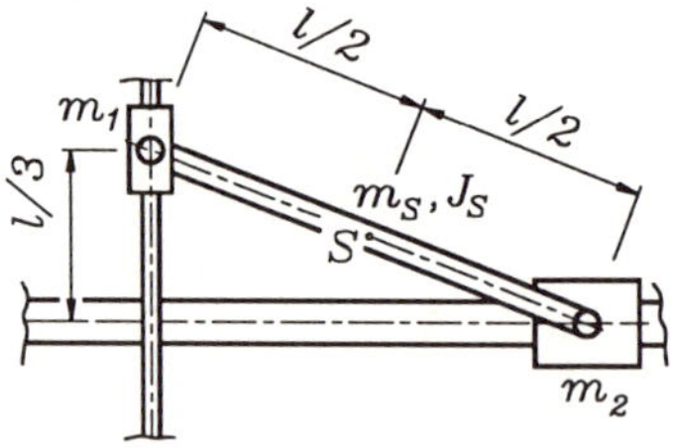

Gegeben: $\dfrac{J_S}{m_S l^2} = \dfrac{1}{12}$; $\dfrac{m_1}{m_S} = 0{,}5$; $\dfrac{m_2}{m_S} = 2$; $\dfrac{g}{l} = 29{,}43\ \dfrac{1}{s^2}$.

Für die nebenstehend skizzierten Koordinaten wurde im Beispiel 4 des Abschnitts 29.5.4 die Bewegungs-Differentialgleichung hergeleitet, wobei die Koordinate φ zur Beschreibung der Lage des Systems genutzt wurde. Mit der Anfangsbedingung für φ, die sich aus der oben skizzierten Lage ablesen läßt, und der zusätzlichen Variablen ω ist also folgendes Anfangswertproblem zu lösen:

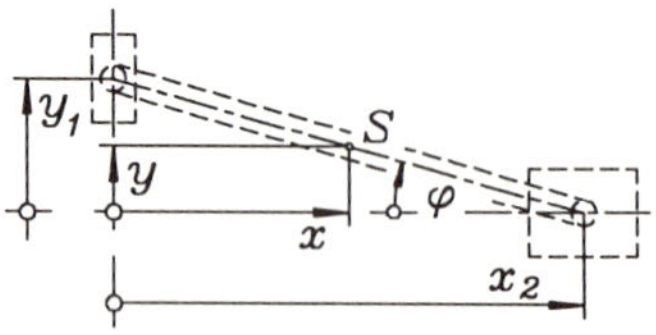

$$\dot{\varphi} = \omega \quad ,$$

$$\dot{\omega} = -\frac{\left(\dfrac{m_2}{m_S} - \dfrac{m_1}{m_S}\right)\omega^2 \sin 2\varphi + \left(2\dfrac{m_1}{m_S} + 1\right)\dfrac{g}{l}\cos\varphi}{\dfrac{1}{2} + 2\dfrac{m_2}{m_S}\sin^2\varphi + 2\dfrac{m_1}{m_S}\cos^2\varphi + 2\dfrac{J_S}{m_S l^2}} \quad ,$$

$$\varphi(t=0) = \arcsin\frac{1}{3} \quad , \qquad \omega(t=0) = 0 \quad .$$

Bei bekanntem Bewegungsgesetz (und damit bekannter Winkelgeschwindigkeit und Winkelbeschleunigung) können über die Zwangsbedingungen nach (29.41)

$$\frac{\ddot{x}}{l} = -\frac{1}{2}(\dot{\omega}\sin\varphi + \omega^2\cos\varphi) \quad , \qquad \frac{\ddot{x}_2}{l} = -\dot{\omega}\sin\varphi - \omega^2\cos\varphi \quad ,$$

$$\frac{\ddot{y}_1}{l} = \dot{\omega}\cos\varphi - \omega^2\sin\varphi$$

die Komponenten der gesuchten Kraft nach (29.42) aufgeschrieben werden:

$$\frac{F_{1x}}{m_S g} = \left(\frac{\ddot{x}}{l} + \frac{m_2}{m_S}\frac{\ddot{x}_2}{l}\right)\frac{l}{g} \quad , \qquad \frac{F_{1y}}{m_S g} = \frac{m_1}{m_S}\left(1 + \frac{\ddot{y}_1}{l}\frac{l}{g}\right) \quad .$$

Sie wurden hier in dimensionsloser Form (Bezugsgröße ist die Gewichtskraft der Stange) formuliert. Entsprechend ergibt sich die gesuchte Kraft in dem Verbindungsbolzen:

$$\frac{F_1(t)}{m_S g} = \sqrt{\left(\frac{F_{1x}}{m_S g}\right)^2 + \left(\frac{F_{1y}}{m_S g}\right)^2} \quad .$$

Natürlich ist es sinnvoll, diese (zeitabhängige) Kraft simultan zur numerischen Lösung des Anfangswertproblems zu berechnen. Dafür werden nach der Definition des Differentialgleichungssystems zusätzliche Funktionen (für die Berechnung der Beschleunigungen, der Kraftkomponenten und der Kraft) definiert. Dabei ergibt sich ein (leicht behebbares) Problem: Die Zwangsbedingungen enthalten neben den numerisch berechneten Ergebnissen für φ und ω auch die Winkelbeschleunigung $\dot{\omega}$, die nur intern als Zwischenergebnis des Runge-Kutta-Prozesses anfällt und nicht für die Benutzung in nachfolgend definierten Funktionen zur Verfügung steht (die "linken Seiten" der Differentialgleichungen mit dem ' am Ende des Namens werden in Funktionsdefinitionen nicht akzeptiert). Ein kleiner Trick hilft: Unmittelbar vor der Eingabe der Differentialgleichung für $\dot{\omega}$ (im nachstehenden Bildschirm-Ausschnitt: **OMEGA'**) wird über die Funktionstaste F6 die Definition einer Funktion eingeleitet (hier als **PHIPP** bezeichnet), die der rechten Seite dieser Differentialgleichung entspricht, um diese unmittelbar danach als **OMEGA' = PHIPP** zu definieren.

```
J. Dankert        "Taschenrechner"        MCALCU 1.4

F6   -  Funktion (vor Dgl.-Definition) definieren      <----  Dieses
F7   -  Konstanten-Definition "nachholen"                     Angebot
TAB  -  Wechsel ins Konsttn./Variabl.-Fenster                 wird
ESC  -  Dgl.-System-Definition abbrechen                      angenommen

2. Differentialgleichung:

OMEGA' =
```

Damit wird erreicht, daß auch die Winkelbeschleunigung (**PHIPP**) in den nachfolgenden Funktionen verwendet werden darf. Der folgende Bildschirm-Schnappschuß zeigt alle Differentialgleichungen und Funktionen in der Reihenfolge, wie sie definiert wurden (rechts sind die Problemparameter und die Anfangsbedingungen zu sehen).

```
PHI'   = OMEGA                                          JS     = .833333333E-01
PHIPP  = -((M2-M1)*OMEGA^2*SIN(2*PHI)+(2*M1+1)*GDL*     M1     = .500000000E+00
         COS(PHI))/(1/2+2*M2*(SIN(PHI))^2+2*M1*(COS     M2     = .200000000E+01
         (PHI))^2+2*JS)                                 GDL    = .294300000E+02
OMEGA' = PHIPP                                          PHI    = .339836909E+00
XPP    = -1/2*(PHIPP*SIN(PHI)+OMEGA^2*COS(PHI))         OMEGA  = .000000000E+00
X2PP   = -PHIPP*SIN(PHI)-OMEGA^2*COS(PHI)
Y1PP   = PHIPP*COS(PHI)-OMEGA^2*SIN(PHI)
F1X    = (XPP+M2*X2PP)/GDL
F1Y    = M1*(1+Y1PP/GDL)
F1     = SQRT(F1X^2+F1Y^2)
```

Ein kompletter Bildschirm-Schnappschuß mit den graphischen Darstellungen der Lösungsfunktionen $\varphi(t)$, $\omega(t)$ und $F_1(t)$ findet sich bei Beispiel 4 im Abschnitt 29.5.4.

B1.13 Makros, Demos

Vom Tastaturmenü aus kann zu jedem Zeitpunkt die Aufzeichnung aller Tastatur-Eingaben als wiederaufrufbares **Makro** gestartet werden. Nachdem die Option **"Definrn."** des Menüangebots **"Makro"** angenommen wurde, wird ein Name für das zu definierende Makro erfragt (maximal sechsstellig, muß mit einem Buchstaben beginnen), anschließend kann (optional) ein kurzer beschreibender Text eingegeben werden, der bei einem späteren Listen aller definierten Makros zusätzlich zu den Makronamen erscheint.

Danach beginnt die Aufzeichnung aller Tastatur-Eingaben, sie endet mit der Eingabe der Tastenkombination ALT-F10. Ein definiertes Makro bleibt auch nach der Beendigung des Programms erhalten.

> Man beachte, daß ein Makro nur die Information speichert, welche Tasten gedrückt wurden, und nicht den Programmstatus. Wenn z. B. die Grad/Rad-Umschaltung des Menüs aufgezeichnet wird, ist die Auswirkung dieser Aktion bei der Abarbeitung des Makros von der gerade gültigen Einstellung abhängig.

- Sicher ist, daß ein unmittelbar nach dem Programmstart aufgezeichnetes Makro, das in einem späteren Programmlauf auch unmittelbar nach dem Programmstart abgearbeitet wird, in jedem Fall das gleiche Ergebnis liefert.

Mit der Option **"Starten"** wird ein definiertes Makro (nach Abfrage des Makronamens) zur Abarbeitung aufgerufen, die Option **"Listen"** listet alle definierten Makros (einschließlich der Kurzbeschreibungen) und bietet an, einzelne nicht mehr benötigte Makros zu löschen.

Mit der Option **"Edit"** wird der Makro-Editor aufgerufen, mit dem Korrekturen an einem (vorher automatisch in eine "lesbare" Form gebrachten) Makro vorgenommen werden können. Hierbei sollte man sich unbedingt vom Hilfe-Angebot unterstützen lassen.

Da alle definierten Konstanten, Funktionen und Formeln ohnehin auf Files gesichert werden können, hat die Makro-Funktion für den "Taschenrechner" MCALCU geringere Bedeutung als z. B. für das im Abschnitt B2 beschriebene Programm MLINEQ. Die Makro-Funktion ist jedoch auch die Basis für die **Demo**-Funktion, die für die Einarbeitung in die Funktionsweise des Programms sehr nützlich sein kann.

Über das Menüangebot **"Demo"** können mehrere automatisch ablaufende Demonstrationen typischer Nutzungsmöglichkeiten des Programms abgerufen werden. Diese werden ständig durch erklärende Ausschriften unterbrochen. Die Länge der Pausen, die für das Durchlesen der Texte vorgesehen ist, orientiert sich an einer Voreinstellung, die über die Option **"Pausenlänge"** geändert werden kann. Natürlich kann man den Ablauf auch über die Pause(Untbr)-Taste der PC-Tastatur jederzeit anhalten (und durch Drücken einer beliebigen anderen Taste fortsetzen).

Der Ablauf einer Demo kann mehrere Minuten dauern, er kann jedoch mit der ESC-Taste jederzeit abgebrochen werden. Dann bleibt der bis dahin erhaltene Programmstatus erhalten (und man könnte den Ablauf gegebenenfalls "von Hand" fortsetzen).

B2 Lineare Gleichungssysteme, Programm MLINEQ

Das Programm MLINEQ löst lineare Gleichungssysteme und berechnet den Wert einer Determinante nach dem GAUSSschen Algorithmus mit Spaltenpivotisierung. Das System

$$\boldsymbol{A}\,\boldsymbol{X} = \boldsymbol{B}$$

mit der quadratischen Matrix $\boldsymbol{A}$ (**N** Zeilen bzw. Spalten) und den Rechteckmatrizen $\boldsymbol{X}$ und $\boldsymbol{B}$ (**N** Zeilen und **NB** Spalten) muß durch Eingabe der Matrizen $\boldsymbol{A}$ und $\boldsymbol{B}$ über die Tastatur oder von einem File definiert werden (bei **NB = 0** wird nur die Determinante von $\boldsymbol{A}$ berechnet).

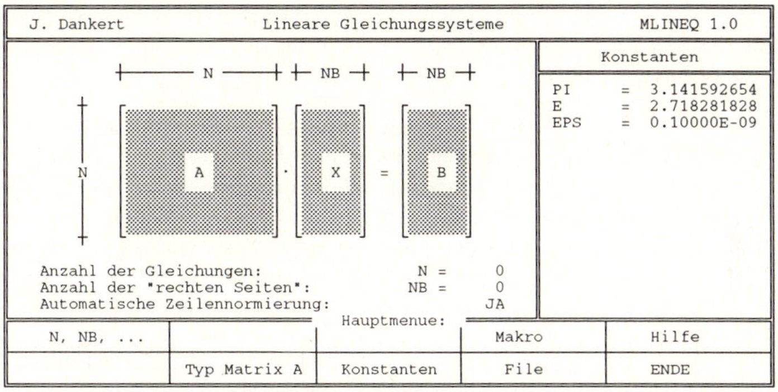

Startmenü (Hauptmenü) des Programms MLINEQ

Zwei Matrixformate für die Matrix $\boldsymbol{A}$ werden unterstützt: Für die **voll besetzte Matrix** müssen **N·N** Elemente eingegeben werden, für **Bandmatrizen**, bei denen nur in der Nähe der Hauptdiagonalen von Null verschiedene Elemente vorkommen, ist in der Regel nur ein kleiner Teil der Gesamt-Elementanzahl einzugeben. Die Tastatureingabe wird durch folgende Möglichkeiten zum Teil erheblich erleichtert:

- Der automatische Vorschub nach Eingabe eines Matrixelements (bei Bandmatrizen nur innerhalb des Bandes) kann mit Shift-Cursor und den "Bild"-Tasten ("Page Up" bzw. "Page Down") für größere Sprünge beliebig modifiziert werden. So kann man durch die (mit Null-Elementen vorbelegte) Matrix "wandern" (noch bequemer natürlich mit einer Maus) und gezielt einzelne Elemente eingeben und falsche Elemente korrigieren.
- Die Matrixelemente können als (annähernd beliebig komplizierte) arithmetische Ausdrücke eingegeben werden (vgl. Abschnitt B1.4). Vorab können Konstanten definiert werden (vgl. Abschnitt B1.3), die in den arithmetischen Ausdrücken verwendet werden dürfen. So ist die Eingabe im Zusammenhang mit der Makro-Technik parametrisierbar.
- Tastatureingaben können als **Makro** aufgezeichnet werden, die dann (mit einem vorzugebenden Wiederholfaktor) zur automatischen Wiederholung dieser Eingabesequenzen abrufbar sind.

Nach der Berechnung können die eingegebenen Matrizen und die Ergebnisse (in beliebiger, vom Benutzer gesteuerten Zusammenstellung) auf einen File ausgegeben werden ("Protokoll"). So wird gesichert, daß nur bei erfolgreicher Rechnung die gewünschten Informationen protokolliert werden.

B2.1 Der Gaußsche Algorithmus

Die Grundidee des Gaußschen Algorithmus ist die Überführung des Gleichungssystems $\boldsymbol{A}\,\boldsymbol{X} = \boldsymbol{B}$ durch fortgesetzte Linearkombination jeweils zweier Gleichungen in das sogenannte "gestaffelte System"

$$\boldsymbol{R}\,\boldsymbol{X} = \boldsymbol{Y}$$

mit der Rechtsdreiecksmatrix $\boldsymbol{R}$ ("Triangularisierung"), aus dem sich die Unbekannten durch "Rückwärtseinsetzen" leicht berechnen lassen. Dabei muß in jedem sogenannten "Eliminationsschritt" durch ein (sich im Prozeß der Rechnung änderndes) Hauptdiagonalelement dividiert werden, das natürlich nicht gleich Null sein darf. Da die Reihenfolge der Gleichungen eines linearen Gleichungssystems beliebig ist, kann man in einem solchen Fall auf eine andere Gleichung ausweichen (Zeilentausch).

Zur Erhöhung der numerischen Stabilität der Rechnung (Minimierung der Auswirkungen der unvermeidlichen Rundungsfehler) geht man noch einen Schritt weiter: In jedem Eliminationsschritt wird diejenige Gleichung als Eliminationsgleichung ausgewählt, die das absolut größte Hauptdiagonalelement (***Pivot***) aller noch verfügbaren Gleichungen liefert (***Pivotisierung***). Wenn sich keine Gleichung mit einem von Null verschiedenen Hauptdiagonalelement finden läßt, ist die Matrix ***singulär*** (ihre Determinante hat den Wert Null), das Gleichungssystem ist nicht (zumindest nicht eindeutig) lösbar.

Der Begriff der "singulären Matrix" ist wegen der Darstellung der Zahlen mit einer begrenzten Anzahl von Stellen im Rechner (und natürlich wegen der damit verbundenen Rundungsfehler) bei der Computerrechnung nicht mit der in der Mathematik üblichen Schärfe zu sehen. Als singulär wird deshalb eine Matrix schon dann angesehen, wenn infolge der genannten Probleme die Lösung des linearen Gleichungssystems praktisch nicht mehr ausführbar ist oder auf ein stark fehlerbehaftetes Ergebnis führen würde ("schlecht konditionierte" Matrix $\boldsymbol{A}$). Es wird deshalb nicht überprüft, ob das Pivot in einem Eliminationsschritt gleich Null ist, sondern ob es "sehr klein" wird.

Zwei Strategien berücksichtigen die Relativität des Begriffs "sehr klein". Vor der Lösung des Gleichungssystems wird jede Zeile durch ihr betragsgrößtes Element dividiert (Zeilennormierung), außerdem wird das Pivot jeder Spalte mit dem Pivot der ersten Spalte verglichen. Eine **Abbruchschranke EPS** steuert die Singularitätsprüfung: Die Rechnung wird mit der Ausschrift "KOEFFIZIENTENMATRIX IST SINGULÄR" abgebrochen, wenn das Pivot einer Spalte kleiner als das EPS-fache Pivot der ersten Spalte wird. Da das Programm MLINEQ mit 8-Byte-Worten für die Darstellung der Gleitkommazahlen arbeitet, ist ein Wert im Bereich **EPS** $= \mathbf{10^{-10} \ldots 10^{-8}}$ sinnvoll (Voreinstellung: **EPS** $= \mathbf{10^{-10}}$).

> Eine singuläre Koeffizientenmatrix eines linearen Gleichungssystems, aus dem Kräfte, Verschiebungen oder andere sinnvolle Größen eines Problems der Technischen Mechanik berechnet werden sollen, deutet immer auf einen Fehler (bei der Aufstellung des Gleichungssystems oder in der Konstruktion) hin.
>
> Es gilt sogar: Eine schlecht konditionierte Koeffizientenmatrix ist im allgemeinen ein sicheres Indiz für eine schlechte Konstruktion.

B2.2 Eingabe der Matrizen

Nach Festlegen des Matrixtyps für die Matrix *A* ("voll besetzt" oder "bandförmig", Voreinstellung ist "voll besetzt") und der Größe der Matrizen (**N**, **NB**, bei bandförmigen Matrizen zusätzlich Angabe der Bandweiten) bietet das Hauptmenü die Optionen für die Eingabe der Matrizen ***A*** bzw. ***B*** an. Bei Wahl der Option **"Tastatur-Eingabe"** erscheint der "Eingabe-Bildschirm":

```
J. Dankert                  Eingabe der Matrix A                MLINEQ 1.0

        8. Spalte    9. Spalte    10. Spalte   11. Spalte    Winkel:  GRAD

 1   0.000000000  0.000000000  0.000000000  0.000000000     Mit Shift-Cursor in
 2   0.000000000  0.000000000  0.000000000  0.000000000     der Matrix bewegen
 3   0.000000000  0.000000000  0.000000000  0.000000000
 4   0.000000000  0.000000000  0.000000000  0.000000000     F1   - Hilfe
 5   1.000000000  0.000000000  0.000000000  0.000000000     F2   - Konstante
 6  -1.000000000  0.000000000  0.000000000  0.000000000            definieren
 7   0.000000000  1.000000000  0.000000000  0.000000000     F3   - Konst.-Fenst.
 8  -1.000000000  0.000000000  1.000000000  0.000000000     F4   - Grad/Radian
 9   1.000000000  0.000000000  2.000000000  0.000000000
10   0.000000000 -1.000000000  0.000000000  1.000000000     Alt-F8 - Makro
11   0.000000000  0.000000000 -1.000000000  0.000000000              starten
12   0.000000000  1.000000000 -1.000000000  0.000000000     Alt-F9 - Makro de-
                                                                     finieren

                                                            ESC - Ende

A(12,11) = - (3 + CDA)                              KAPPA3 =  3.000000000
                                                    COSA   =  0.980580676
                                                    SINA   =  0.196116135
```

Matrix-Fenster

Eingabefeld

Konstanten-Fenster

Im **Matrix-Fenster** ist ein Teil der Matrix zu sehen. Große Matrizen verschieben sich bei der Eingabe "hinter dem Fenster", durch das immer der Ausschnitt zu sehen ist, der das aktuelle Element enthält, in diesem Fall **A(12,11)**.

Im **Eingabefeld** wird der neue Wert für das aktuelle Element angefordert, der als arithmetischer Ausdruck eingegeben werden darf. Dieser darf alle definierten Konstanten enthalten, von denen ein kleiner Ausschnitt im **Konstanten-Fenster** zu sehen ist (mit F3 kann man in dieses Fenster wechseln und alle definierten Konstanten durch "Scrollen" sichtbar machen).

Bei der Eingabe sind alle üblichen Hilfstasten ("Einfügen", "Löschen", Positionstasten, Cursortasten, ...) wirksam, deshalb sind für die Bewegungen im Matrix-Fenster die Shift-Cursor- (für Einzelschritte) und die Bildtasten ("Page Down", "Page Up" für "größere Sprünge") zu benutzen.

Konstanten-Definitionen können nachgeholt oder geändert werden, indem entweder vorab die Taste F2 gedrückt oder (einfacher) eine Eingabe mit einem Gleichheitszeichen in das Eingabefeld geschrieben wird (Syntax der Konstanten-Definition: NAME = ARITHMETISCHER AUSDRUCK).

Nach kompletter Eingabe einer Matrix kann diese über die Option **"File"** des Hauptmenüs als editierbarer File gesichert werden. Man kann jedoch auch zu jedem Zeitpunkt die (auch unter "File" zu findende) Option **"Modell sichern"** annehmen, die alle Informationen des rechnerinternen Modells (Matrizen, Konstanten, Matrixformate, ...) sichert. Diese Files bleiben auch nach dem Programmende (unter dem vom Benutzer angegebenen Namen) erhalten. Beim Wiedereinlesen einer Matrix werden alle vorab für diese Matrix definierten Werte überschrieben, beim Wiedereinlesen eines Modells werden sämtliche vorab eingegebenen Informationen überschrieben.

B2.3 Makro-Technik

Zu jedem Zeitpunkt kann die Aufzeichnung aller Tastatur-Eingaben als wiederaufrufbares **Makro** gestartet werden. Makros werden intern unter einem (vom Benutzer zu definierenden maximal sechsstelligen) Namen gespeichert und können auch in späteren Programmläufen wieder aufgerufen werden (vgl. Abschnitt B1.13).

Die wichtigsten Strategien, die im Programm MLINEQ mit der Makro-Technik verfolgt werden können, sind:

- Die Problem-Parameter werden als Konstanten definiert, anschließend wird die gesamte Eingabe als Makro aufgezeichnet. Dann können (auch in einem späteren Programmlauf) andere Werte für die Konstanten definiert werden, und nach dem Start des Makros werden die Matrizen unter Verwendung der geänderten Werte aufgebaut.
- Sich wiederholende Eingabe-Sequenzen, wie sie speziell beim Aufbau von bandförmigen Matrizen typisch sind, werden einmal als Makro aufgezeichnet, das dann gegebenenfalls mit einem Wiederholfaktor für die Mehrfachabarbeitung gestartet wird.
- Für bestimmte Eingabefolgen (z. B. die Gleichungen, die beim Differenzenverfahren bestimmte Randbedingungen repräsentieren) kann ein Makro-Katalog angelegt werden.
- Es können einfache Abhängigkeiten der Eingabewerte von Variablen berücksichtigt werden, indem man diese als Konstanten definiert und auch deren Wert innerhalb des Makros ändert.

Alle genannten Varianten der Makro-Nutzung werden in den folgenden Abschnitten an geeigneten Beispielen demonstriert.

B2.4 Beispiel: Voll besetzte Matrix *A*

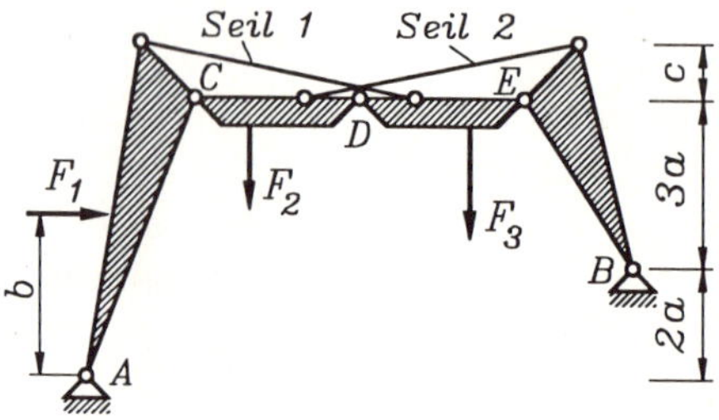

Das nebenstehend skizzierte System besteht aus vier starren Körpern, die untereinander durch Gelenke und zwei einander kreuzende Seile verbunden sind. Es sind die Lager-, Gelenk- und Seilkräfte zu berechnen.

In die Ergebnisse werden die Abmessungen und die Belastungen eingehen, als Problemparameter werden die Abmessungsverhältnisse b/a und c/a und die Werte κ_1, κ_2 und κ_3 gewählt, die die Größe der Kräfte

$$F_1 = \kappa_1 F \quad , \qquad F_2 = \kappa_2 F \quad , \qquad F_3 = \kappa_3 F$$

festlegen. Die Berechnung soll so durchgeführt werden, daß sie leicht modifizierbar hinsichtlich der Abmessungsverhältnisse und der κ-Werte ist.

Das System ist statisch bestimmt, die vier starren Körper werden nach den Regeln der Statik freigeschnitten, und die Kräfte an den Schnittstellen werden angetragen:

Da die Lösung des Gleichungssystems dem Computer übertragen wird, werden die Gleichgewichtsbedingungen gewählt, die besonders einfach aufzuschreiben sind: Kraft-Gleichgewicht in horizontaler und vertikaler Richtung und jeweils das Momenten-Gleichgewicht um den Seilbefestigungspunkt liefern

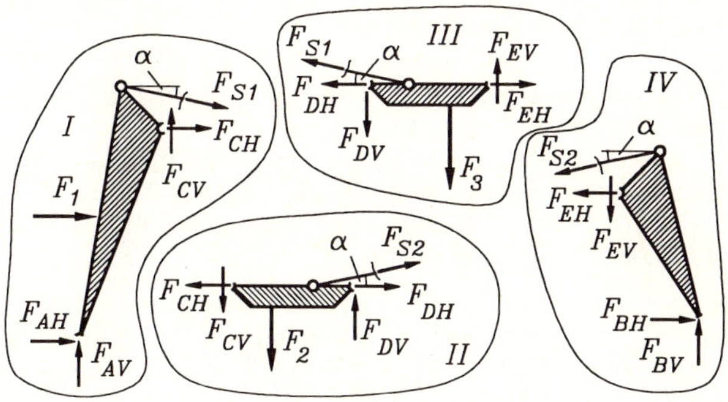

für die vier Teilsysteme ***I*** bis ***IV*** das folgende lineare Gleichungssystem:

$$\begin{bmatrix} \bar{c} & 0 & 1 & 0 & 1 & 0 & 0 & 0 & 0 & 0 & 0 & 0 \\ -\bar{s} & 0 & 0 & 1 & 0 & 1 & 0 & 0 & 0 & 0 & 0 & 0 \\ 0 & 0 & -\left(5+\frac{c}{a}\right) & 1 & -\frac{c}{a} & -1 & 0 & 0 & 0 & 0 & 0 & 0 \\ 0 & \bar{c} & 0 & 0 & -1 & 0 & 1 & 0 & 0 & 0 & 0 & 0 \\ 0 & \bar{s} & 0 & 0 & 0 & -1 & 0 & 1 & 0 & 0 & 0 & 0 \\ 0 & 0 & 0 & 0 & 0 & -2 & 0 & -1 & 0 & 0 & 0 & 0 \\ -\bar{c} & 0 & 0 & 0 & 0 & 0 & -1 & 0 & 1 & 0 & 0 & 0 \\ \bar{s} & 0 & 0 & 0 & 0 & 0 & 0 & -1 & 0 & 1 & 0 & 0 \\ 0 & 0 & 0 & 0 & 0 & 0 & 0 & -1 & 0 & -2 & 0 & 0 \\ 0 & -\bar{c} & 0 & 0 & 0 & 0 & 0 & 0 & -1 & 0 & 1 & 0 \\ 0 & -\bar{s} & 0 & 0 & 0 & 0 & 0 & 0 & 0 & -1 & 0 & 1 \\ 0 & 0 & 0 & 0 & 0 & 0 & 0 & 0 & \frac{c}{a} & -1 & -\left(3+\frac{c}{a}\right) & -1 \end{bmatrix} \begin{bmatrix} F_{S1} \\ F_{S2} \\ F_{AH} \\ F_{AV} \\ F_{CH} \\ F_{CV} \\ F_{DH} \\ F_{DV} \\ F_{EH} \\ F_{EV} \\ F_{BH} \\ F_{BV} \end{bmatrix} = \begin{bmatrix} -F_1 \\ 0 \\ F_1\left(5+\frac{c}{a}-\frac{b}{a}\right) \\ 0 \\ F_2 \\ F_2 \\ 0 \\ F_3 \\ -F_3 \\ 0 \\ 0 \\ 0 \end{bmatrix}$$

$$\textit{mit} \quad \bar{c} = \cos\alpha = \frac{5}{\sqrt{25+(c/a)^2}} \qquad \textit{und} \quad \bar{s} = \sin\alpha = \frac{c/a}{\sqrt{25+(c/a)^2}} \ .$$

Natürlich ist diese Koeffizientenmatrix nicht sehr stark mit Nicht-Null-Elementen besetzt, aber sie zeigt auch keine ausgeprägte Bandstruktur, so daß sie im Programm MLINEQ als "voll besetzt" behandelt wird, wobei die "dünne Belegung" bei der Eingabe ausgenutzt werden kann.

Im Vektor der rechten Seite müssen noch die $\boldsymbol{F}_i = \kappa_i \boldsymbol{F}$ gesetzt werden, um nach Ausklammern von $\boldsymbol{F}$ zu dimensionslosen Größen im Vektor zu kommen. Hier soll (wie bei praktischen Problemen üblich) zusätzlich der Einfluß der einzelnen Kräfte auf die Ergebnisse untersucht werden, indem das Gleichungssystem gleichzeitig für mehrere rechte Seiten gelöst wird. In den ersten drei Spalten der Matrix $\boldsymbol{B}$ wird jeweils nur eine der drei Kräfte mit dem Wert **1** eingetragen, während die beiden anderen Kräfte den Wert Null haben (Rechnen mit

"Einheitslasten"). Die Ergebnisse für kombinierte Belastung lassen sich dann als Linearkombination der Ergebnisse für die Einheitslasten zusammensetzen. Natürlich kann man auch die Ergebnisse für beliebige Lastkombinationen gleich mit berechnen lassen, was hier mit einer vierten Spalte der Matrix $\boldsymbol{B}$ geschehen soll, für die die Belastung mit

$$\kappa_1 = 2 \quad , \quad \kappa_2 = 1 \quad , \quad \kappa_3 = 3$$

gewählt wird, so daß die nebenstehend angegebene Matrix $\boldsymbol{B}$ als rechte Seite des Gleichungssystems in das Programm eingegeben wird.

$$\begin{bmatrix} -1 & 0 & 0 & -\kappa_1 \\ 0 & 0 & 0 & 0 \\ 5+\frac{c}{a}-\frac{b}{a} & 0 & 0 & \kappa_1\left(5+\frac{c}{a}-\frac{b}{a}\right) \\ 0 & 0 & 0 & 0 \\ 0 & 1 & 0 & \kappa_2 \\ 0 & 1 & 0 & \kappa_2 \\ 0 & 0 & 0 & 0 \\ 0 & 0 & 1 & \kappa_3 \\ 0 & 0 & -1 & -\kappa_3 \\ 0 & 0 & 0 & 0 \\ 0 & 0 & 0 & 0 \\ 0 & 0 & 0 & 0 \end{bmatrix}$$

Rechte Seite $\boldsymbol{B}$ des Gleichungssystems

Dieses Gleichungssystem wird mit dem Programm MLINEQ für die Abmessungsverhältnisse

$$b/a = 3 \qquad \text{und} \qquad c/a = 1$$

in folgenden Schritten gelöst:

- Im Hauptmenü werden die Option **"Konstanten"** und darunter die Option **"Definieren"** gewählt, die Parameter werden definiert:

  BDA = 3 <Return>
  CDA = 1 <Return>
  KAPPA1 = 2 <Return>
  KAPPA2 = 1 <Return>
  KAPPA3 = 3 <Return>

- Nach Rückkehr (mit ESC) zum Hauptmenü werden die Option **"Makro"** und darunter die Option **"Definieren"** gewählt. Nach Abfrage des Makronamens und einer (optionalen) Kurzbeschreibung blinkt rechts oben die Ausschrift **"Makro-Definition (Ende mit Alt-F10)"**. Alle nachfolgenden Tastatureingaben werden aufgezeichnet.

- Die Option **"N, NB, ..."** wird gewählt, es werden **N = 12** und **NB = 4** eingegeben, das Angebot zur automatischen Zeilennormierung wird bestätigt.

- Über die Optionen **"A eingeben"** und **"Tastatur-Eingabe"** kommt man zum Matrix-Eingabe-Bildschirm, der einen Ausschnitt der mit Nullen vorbelegten Matrix $\boldsymbol{A}$ zeigt. Zur Vereinfachung der Eingabe werden zunächst die Abkürzungen $\bar{c}$ und $\bar{s}$ definiert:

  CQ = 5 / sqrt (25 + CDA^2) <Return>
  SQ = CDA / sqrt (25 + CDA^2) <Return>

  CQ und **SQ** erscheinen im Konstantenspeicher (rechts unten auf dem Bildschirm), als aktuelles Element wird unverändert **A(1,1)** angezeigt.

- Die Matrix $\boldsymbol{A}$ wird eingegeben:

  CQ <Return> <Return> 1 <Return> <Return> 1 <Return> ...

  Die Null-Elemente brauchen nur durch <Return> bestätigt zu werden. Im weiteren Verlauf der Eingabe wird man ausnutzen, daß größere Passagen von Null-Elementen nicht eingegeben werden müssen, mit wiederholtem Drücken von Shift-Cursor gelangt man zum nächsten Nicht-Null-Element. Matrixelemente, die durch arithmetische Ausdrücke beschrieben werden, sind auch als solche einzugeben, z. B. **A(3, 3)** als **– (5 + CDA)**.

- Nach kompletter Eingabe der Matrix A werden im Hauptmenü die Optionen **"B eingeben"** und **Tastatur-Eingabe"** gewählt. Die Matrix B wird eingegeben.
- Nach Eingabe der Matrix B ist das komplette Gleichungssystem definiert, die Makro-Aufzeichnung wird durch Drücken von Alt-F10 beendet, durch Annahme der Hauptmenü-Option **"Start Rechn."** wird die Rechnung gestartet. Im Ergebnisfenster werden die vier Spalten der Lösungsmatrix X angezeigt.
- Das Ergebnisfenster wird nach Drücken von ESC geschlossen. Im anschließend erscheinenden Ergebnismenü wird die Option **"Protokoll"** gewählt. Der nachstehend aufgelistete Protokollfile wurde durch folgende Aktionen hergestellt:

  Nach Wahl der Option **"Oeffnen"** wird der File-Name für den Protokoll-File abgefragt. Mit der Option **"Textzeile"** wurde die Zeile "Aufgabe im Abschnitt B2.4" eingefügt. Nach Wahl der Option **"Konstanten"** wurden aus dem Konstantenspeicher **BDA**, **CDA**, **KAPPA1**, **KAPPA2** und **KAPPA3** ausgewählt und damit in den Protokollfile übernommen. Nach Rückkehr mit ESC zum Protokoll-Menü wurden die Ausgabemöglichkeiten **"Matrix A"**, **"Matrix B"** und **"Determinante"** abgelehnt, die Option **"Matrix X"** wurde angenommen, anschließend wurde **"File schliessen"** gewählt.

```
21.07.1993            Lineares Gleichungssystem          17:15:20 Uhr

Aufgabe im Abschnitt B2.4

Konstanten:      BDA    =  3.000000000
                 CDA    =  1.000000000
                 KAPPA1 =  2.000000000
                 KAPPA2 =  1.000000000
                 KAPPA3 =  3.000000000

Matrix X:

   I       1. Spalte      2. Spalte      3. Spalte      4. Spalte
   1    -0.860459543    1.147279391    2.167083293    5.927610185
   2     0.860459543    1.402230366    0.382426464    4.270428843
   3    -0.625000000    0.500000000    0.500000000    0.750000000
   4    -0.225000000    0.800000000    0.400000000    1.550000000
   5     0.468750000   -1.625000000   -2.625000000   -8.562500000
   6     0.056250000   -0.575000000    0.025000000   -0.387500000
   7    -0.375000000   -3.000000000   -3.000000000   -12.75000000
   8    -0.112500000    0.150000000   -0.050000000   -0.225000000
   9    -1.218750000   -1.875000000   -0.875000000   -6.937500000
  10     0.056250000   -0.075000000    0.525000000    1.612500000
  11    -0.375000000   -0.500000000   -0.500000000   -2.750000000
  12     0.225000000    0.200000000    0.600000000    2.450000000
```

↑	↑	↑	↑
$\kappa_1 = 1$	$\kappa_1 = 0$	$\kappa_1 = 0$	$\kappa_1 = 2$
$\kappa_2 = 0$	$\kappa_2 = 1$	$\kappa_2 = 0$	$\kappa_2 = 1$
$\kappa_3 = 0$	$\kappa_3 = 0$	$\kappa_3 = 1$	$\kappa_3 = 3$

- Man erkennt, daß das Ergebnis des kombinierten Lastfalls (Spalte 4) durch Kombination der Einheits-Lastfälle (Spalten 1 bis 3) zusammengesetzt werden kann.
- Die Einheits-Lastfälle zeigen den Einfluß der einzelnen Kräfte auf das Ergebnis. Unter anderem ist ersichtlich, daß bei alleiniger Wirkung der Kraft F_1 die Konstruktion nicht tragfähig wäre, weil die Kraft F_{S1} (Seilkraft!) in diesem Fall negativ werden würde.

- Der Vorteil der Aufzeichnung der gesamten Eingabe als Makro zeigt sich erst durch die Möglichkeit, die Berechnung mit geänderten Parametern zu wiederholen. Während die Auswirkungen der Änderung der Belastung nach einer Berechnung der Einheits-Lastfälle leicht abzuschätzen ist, erzwingt eine (im Konstruktionsprozeß besonders typische) Abmessungsänderung eine Neurechnung, weil davon auch die Matrix A des Gleichungssystems betroffen ist. Eine solche Änderung wird nachfolgend beschrieben.

Den Ergebnissen der durchgeführten Berechnung entnimmt man, daß die Seilkräfte und die horizontalen Lagerkraft-Komponenten besonders groß sind, was offensichtlich durch die sehr flache Anbringung der Seile bedingt ist. Durch eine Vergrößerung der Abmessung c auf den doppelten Wert sollen die Seile etwas steiler angebracht werden:

- Über die Option **"Hauptmenü"** kommt man zurück zum Hauptmenü des Programms, dort werden die Optionen **"Konstanten"** und **"Definieren"** gewählt. Eingabe von

  CDA = 2 <Return>

  ändert den Wert dieser Konstanten, mit ESC gelangt man wieder ins Hauptmenü.

- Nach Wahl der Optionen **"Makro"** und **"Starten"** muß der Makroname eingegeben werden, der beim Definieren des Makros vergeben wurde. Wenn man diesen vergessen haben sollte, kann man über die Option **"Listen/Loeschen"** alle für das Programm definierten Makros (einschließlich der Kurzbeschreibungen, soweit diese bei der Definition vergeben wurden) auflisten lassen.

- Nach Eingabe des Makronamens wird das Makro automatisch gestartet, und man sieht im Schnelldurchlauf alle Aktionen über den Bildschirm flimmern, die bei der Eingabe von der Tastatur ausgelöst wurden, wobei die Werte neu berechnet werden. Nach Abarbeitung des Makros kann man wieder **"Start Rechn."** wählen und stellt befriedigt fest, daß die kleine konstruktive Änderung zu einer annähernden Halbierung der oben genannten Kräfte geführt hat.

B2.5 Beispiel: Bandförmige Matrix *A*

Für den skizzierten (zweifach statisch unbestimmt gelagerten) Träger mit konstanter Biegesteifigkeit EI soll die Durchbiegung mit dem Differenzenverfahren berechnet werden.

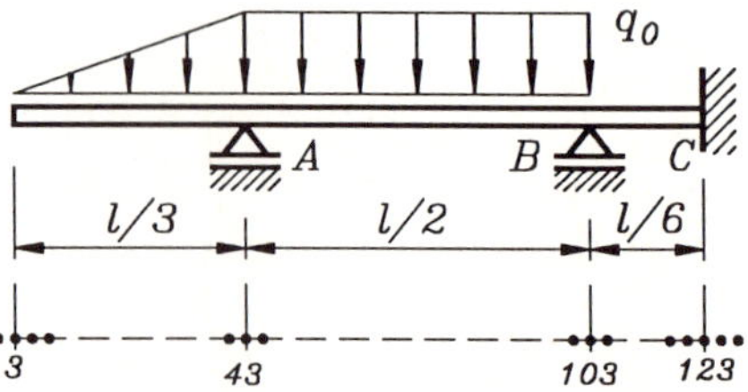

Gegeben: $EI = 2\cdot 10^7\ Ncm^2$; $q_0 = 250\ N/cm$; $l = 120\ cm$.

Bei einer Einteilung der Länge l in $n_A = 120$ Abschnitte ergeben sich nach den im Abschnitt 18.1.2 gegebenen Empfehlungen **125** Gleichungen für **125** Punkte, und die Zwischenstützen A und B liegen genau auf Stützpunkten, wie skizziert haben die Randpunkte die Nummern **3** bzw. **123** und die Zwischenstützen die Nummern **43** bzw. **103**.

Das Gleichungssystem ergibt sich nach der Vorschrift (18.4), der Aufbau der beiden ersten und der beiden letzten Gleichungen ist den Formeln (18.5) bzw. (18.6) zu entnehmen. Die

Gleichungen **43** und **103** (keine Absenkungen an den Zwischenstützen) haben den einfachen Aufbau $v_{43} = 0$ und $v_{103} = 0$:

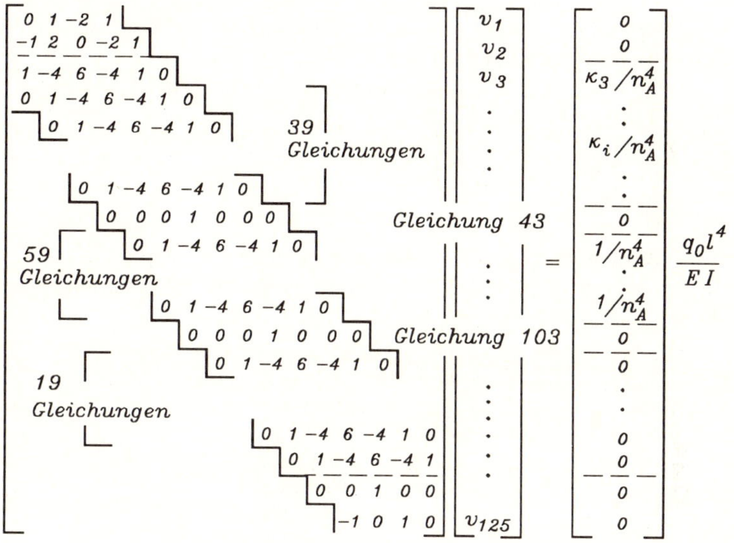

mit $\kappa_i = (i - 3)/40$ für $3 \le i \le 42$.

Natürlich ist ein solches Gleichungssystem nur mit vertretbarem Aufwand in den Computer einzugeben, wenn man die ausgeprägte Bandstruktur der Koeffizientenmatrix und (mit der Makro-Technik) die Tatsache nutzt, daß weit über **90 %** der Gleichungen den gleichen Aufbau haben. Im einzelnen sind folgende Schritte empfehlenswert:

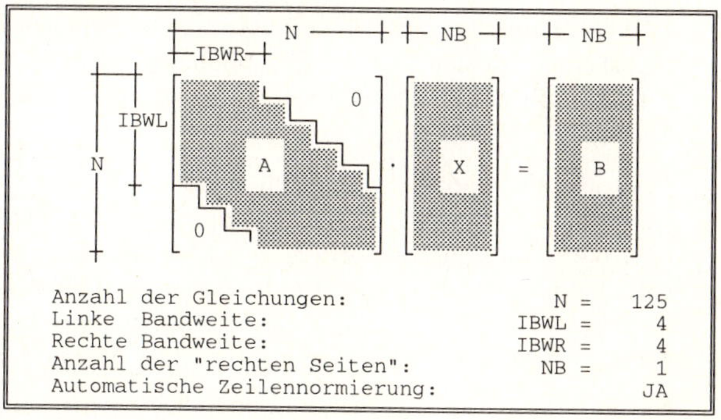

- Im Hauptmenü werden **"Typ Matrix A"** und **"Bandmatrix A"** gewählt. Danach wird über **"N, NB, ..."** das Format der Matrizen einschließlich der Bandweiten definiert, der nebenstehende Bildschirm-Ausschnitt zeigt die bereits eingegebenen Werte. Man beachte, daß bei den (im allgemeinen Fall unterschiedlichen) Bandweiten jeweils das Hauptdiagonalelement mitzählt, so daß für das aktuelle Beispiel **IBWL = IBWR = 4** eingegeben werden muß.
- Nach der Wahl von **"A eingeben"** und **"Tastatur-Eingabe"** zeigt sich ein gegenüber der voll besetzten Matrix leicht modifizierter Eingabe-Bildschirm: Es sind nur die Matrixelemente innerhalb des Bandes erreichbar. Die **15** Elemente der ersten drei Matrixzeilen werden "von Hand" eingegeben.

- Ab Zeile **4** folgen **39** Standard-Zeilen mit gleichem Aufbau. Deshalb wird dafür ein Makro geschrieben:

Alt-F9		... startet Makro-Definition,
STZ	**<Return>**	... wird als Makroname gewählt ("Standardzeile"),
Differenzenverfahren, Standardzeile für Matrix A <Return>		
		... ist die Kurzbeschreibung für das Makro,
0	**<Return>**	
1	**<Return>**	
– 4	**<Return>**	
6	**<Return>**	
– 4	**<Return>**	
1	**<Return>**	
0	**<Return>**	... definiert die Makro-Eingabe-Sequenz,
Alt-F10		... beendet die Makro-Definition.

- Während der Makro-Definition werden die Aktionen auch ausgeführt, so daß Zeile **4** bereits eingegeben ist und noch **38** Zeilen mit dem Standard-Aufbau folgen, die nun mit dem Makro **STZ** erzeugt werden:

Alt-F8		... startet den Dialog zur Makro-Abarbeitung,
F8		... zur Festlegung der Anzahl der Makro-Abarbeitungen,
38		... ist die Anzahl der geforderten Makro-Abarbeitungen,
STZ	**<Return>**	... ist der Name des Makros.

  Die Zeilen **5 ... 42** werden automatisch aufgebaut.

- Nachdem Zeile **43** "von Hand" eingegeben wurde, wird das Makro **STZ** mit dem Wert **59** für "Anzahl der Makro-Abarbeitungen" gestartet und nach Eingabe der Gleichung **103** für weitere **19** Zeilen aktiviert, die letzten drei Zeilen werden "von Hand" ergänzt.

  Natürlich sind auch andere Eingabe-Strategien möglich: Man könnte mit einem einzigen **STZ**-Aufruf den gesamten "Mittelbau" der Matrix erzeugen, dann "zurückwandern" und die Gleichungen **43** und **103** korrigieren. Bei häufiger Arbeit mit dem Differenzenverfahren empfiehlt sich auch die Definition der speziellen Zeilen für Randbedingungen und Zwischenstützen als Makros, so daß man alle typischen Fälle dem einmal definierten Makro-Katalog entnehmen kann.

- Nach Rückkehr zum Hauptmenü werden **"B eingeben"** und **"Tastatur-Eingabe"** gewählt. Nach Eingabe der ersten beiden Werte wird die Eingabe der sich linear verändernden Werte für die Positionen **3 ... 42** zweckmäßig auch mit einem Makro erledigt. Man definiert eine Konstante **I** durch Zuweisung des Anfangswertes **I = 3** und definiert anschließend ein Makro, das dieses **I** für die Berechnung von κ_i benutzt und anschließend den Wert von **I** (vorbereitend für die nächste Makroabarbeitung) erhöht:

I = 3		... legt den Anfangswert fest,
Alt-F9		... startet Makro-Definition,
QI	**<Return>**	... wird als Makroname gewählt,
	<Return>	... keine Kurzbeschreibung für "Wegwerf-Makro",
KI = (I – 3) / 40	**<Return>**	... berechnet κ_i,
KI / 120^4	**<Return>**	... berechnet das Matrixelement für die Position **I**,
I = I + 1	**<Return>**	... inkrementiert **I**,
Alt-F10		... beendet die Makro-Definition.

- Bei der Makro-Definition wurde der Wert für Position **3** bereits berechnet und eingespeichert, so daß das Makro noch **39** Mal abgearbeitet werden muß, was durch

  Alt-F8 F8 39 <Return> QI <Return>

  ausgelöst wird.

- Nach Eingabe der Null für Position **43** werden auch die nächsten (konstanten) **59** Werte über ein Makro eingegeben:

  Alt-F9 Q0 <Return> <Return> 1 / 120^4 <Return> Alt-F10

  ... definiert das Makro, das nun noch **58** Mal abgearbeitet werden muß:

  Alt-F8 F8 58 <Return> Q0 <Return>

- Mit ESC kommt man zum Hauptmenü zurück, **"Start Rechn."** startet die Berechnung, die Ergebnisse für die ersten **15 X**-Werte werden angezeigt, mit den Cursor-Tasten und den Bild-Tasten können die übrigen Werte sichtbar gemacht werden. Da aus dem Vektor der rechten Seite ein Faktor herausgezogen wurde, müssen die **X**-Werte mit diesem Faktor noch multipliziert werden, für den Punkt **3** (linker Trägerrand) erhält man z. B. die Verschiebung

$$v_3 = 0{,}00019232 \, \frac{q_0 \, l^4}{EI} \quad .$$

  Die Ergebnisse repräsentieren die Verschiebungsfunktion für äquidistante Stellen. Auch für diesen Fall bietet das Programm MCALCU die Funktionsanalyse an. Es soll deshalb noch demonstriert werden, wie die errechneten Werte in dieses Programm übertragen werden können.

- Mit ESC kommt man von der Ergebnisanzeige zum Ergebnismenü. Auf die Anfertigung eines Protokolls (siehe Beispiel des Abschnitts B2.4) wird verzichtet, die Optionen **"File"** und **"Matrix X sichern"** werden gewählt. Der Filename für die Matrix wird abgefragt, und die Matrix **X** wird auf einen editierbaren File geschrieben. Es ist empfehlenswert, auch die unter **"File"** angebotene Option **"Modell sichern"** anzunehmen, die alle Informationen des Berechnungsmodells (Matrizen, Konstanten, ...) sichert, so daß bei einer fehlerhaften Rechnung das Modell wieder geladen und korrigiert werden kann. Über **"Ende"** wird das Programm MLINEQ verlassen, und das Programm "Taschenrechner" MCALCU wird gestartet.

- Mit TAB TAB wird in das Tastatur-Menü gewechselt, dort werden **"f(x) ..."** und **"Definit. v. File"** gewählt. Die Frage nach dem Namen für die zu definierende Funktion wird z. B. mit

  VQ <Return>

  (für die dimensionslosen Verschiebungen $\bar{v}$) beantwortet, anschließend wird der im Programm MLINEQ erstellte File ausgewählt. Es erscheint die nebenstehend angegebene Ausschrift und die Aufforderung, den gelesenen äquidistanten Funktionswerten passende Abszissenwerte zuzuordnen. Mit den eingegebenen Werten wird die Trägerlänge l auf den Abszissenbereich **0 ... 120** abgebildet, und der Punkt **1** wird bei **– 2** angesiedelt, so daß alle (nicht interessierenden) Außenpunkte außerhalb des Bereichs

```
      125 Werte vom File gelesen

X-anf    < 0.000000000> = -2
Delta-X  < 0.100000000> =  1
```

0 … 120 liegen. Die angebotene Option, Zwischenpunkte (z. B. für die graphische Darstellung) durch Spline-Interpolation zu ermitteln, darf abgelehnt werden, weil die Anzahl der Punkte auch als Polygonzug die Funktion ausreichend genau repräsentiert.

♦ Prinzipiell können im Programm MCALCU mit "Funktionen vom File" alle Berechnungen wie mit den Funktionen ausgeführt werden, die durch eine Berechnungsvorschrift definiert sind. Man beachte jedoch, daß alle Berechnungen nur die Genauigkeit liefern können, die durch die punktweise Definition der Funktionen möglich sind und daß der Definitionsbereich auf das beim Einlesen (durch Anfangswert, Schrittweite und Anzahl der Funktionswerte) festgelegte Intervall beschränkt ist. Für das behandelte Beispiel sollten sich also alle Operationen (auch die graphische Darstellung) auf den Abszissenbereich **– 2 … 122** beschränken (für weitere Informationen zu den "Funktionen vom File" lese man im Hilfe-System des Programms nach).

"Funktionen vom File" können auch in der Definition weiterer "normaler" Funktionen erscheinen, es können Nullstellen und Extremwerte berechnet werden. Der nachfolgende Bildschirm-Schnappschuß zeigt einige sinnvolle Anwendungen, die mit der Funktion $\bar{v}$ möglich sind:

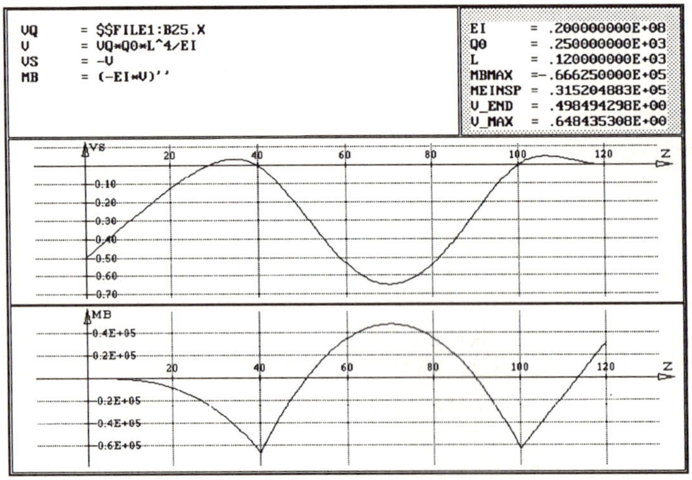

♦ Die Funktion **VQ** weist sich als "Funktion vom File" aus (Filename war 'B25.X'). Für die numerische Auswertung mit den gegebenen Zahlenwerten, die als **EI**, **L** und **Q0** im Konstantenfenster rechts oben zu sehen sind, wurde die Funktion

V = VQ * Q0 * L^4 / EI für $v = \bar{v}\,\dfrac{q_0\,l^4}{EI}$

definiert. Graphisch dargestellt wurde jedoch die Funktion $v^* = -v$, weil positive Durchbiegungen nach unten zählen und so das erwartete Verformungsbild zu sehen ist.

Die vierte in der Funktionsliste links oben zu sehende Funktion ist das Biegemoment $M_b = -EI\,v''$. Da nur die gesamte Berechnungsvorschrift einer Funktion eingeklammert und abgeleitet werden darf (vgl. Abschnitt B1.9), mußte der Faktor **– EI** mit in die Klammer hineingenommen werden, was bei konstanter Biegesteifigkeit ***EI*** erlaubt ist. Bei veränderlicher Biegesteifigkeit (**EI** wäre dann auch eine Funktion) wie im Beispiel des Abschnitts 18.1.3 müßte die Funktion **MB** in zwei Schritten definiert werden:

V2S = (V)''	... bildet die 2. Ableitung der Verschiebung,
MB = – EI * V2S	... definiert das Biegemoment als Funktion.

Das Biegemoment ist in der unteren Skizze des Bildschirm-Schnappschusses dargestellt. Im Konstantenspeicher rechts oben sind als **MBMAX** und **MEINSP** das absolut größte Biegemoment (am Lager *A*) und das Biegemoment an der Einspannung *C* eingetragen, außerdem die Verschiebung **V_END** am linken freien Trägerende und die maximale Verschiebung **V_MAX** im mittleren Trägerbereich. Diese Werte wurden vorher aus der Wertetabelle in den Konstantenspeicher übernommen.

Das Biegemoment (als Sekundärergebnis aus den Verschiebungen ermittelt) gestattet eine einfache Kontrolle der Rechnung. Im rechten Trägerbereich, der keine äußere Last trägt, zeigt sich der erwartete lineare Verlauf, der Wert am Lager *A* ist sogar leicht überprüfbar (Schneiden bei *A* und Gleichgewicht am linken Trägerteil):

$$M_{b,A} = -\left(\frac{1}{2}q_0\frac{l}{3}\right)\left(\frac{1}{3}\frac{l}{3}\right) = -\frac{1}{54}q_0 l^2 = -66\,667\ Ncm \quad .$$

Die Abweichung des numerisch berechneten Wertes vom exakten Wert beträgt **0,06 %**.

B2.6 Determinantenberechnung

Die Berechnung des Wertes der Determinante der Matrix *A* ist nach der Triangularisierung der Matrix nach dem Gauß-Algorithmus nur ein unbedeutender Mehraufwand. Deshalb wird dieser Wert im Ergebnis-Bildschirm nach der Lösung eines Gleichungssystems in jedem Fall zusätzlich angezeigt und mit dem Namen **DET_A** im Konstantenspeicher abgelegt.

Wenn keine Matrix *B* eingegeben wird (der Parameter **NB** - Spaltenzahl dieser Matrix - muß dann Null sein), wird nur der Wert der Determinante der Matrix *A* berechnet.

Bei großen Matrizen kann der Wert der Determinante außerordentlich groß werden, so daß der im Rechner darstellbare Zahlenbereich überschritten wird. In diesem Fall erscheint die nebenstehende Ausschrift. Der unten zu sehende Ausschnitt aus dem Ergebnisbildschirm zeigt den Wert der Determinante und die beiden Werte, die dafür im Konstantenspeicher abgelegt wurden:

```
Der Wert der Determinante ist sehr gross und konnte nicht
als EIN Wert im Konstantenspeicher abgelegt werden.

Es wurden die Konstanten DET_A und DET_EX definiert, aus
denen sich der Determinantenwert der Matrix A nach

          det (A) = DET_A * 10^DET_EX

berechnen laesst.

Weiter   --->   Beliebige Taste
```

```
Determinante der Matrix A:                        | EPS    =  0.10000E-09
                                                  | DET_A  =  0.14096+280
            det (A)   =    0.14096·10^1210        | DET_EX =  930.0000000
```

B3 Der Finite-Elemente-Baukasten FEMSET

Der FEM-Baukasten stellt die wesentlichen Teile eines einfachen Finite-Elemente-Programms als Quellcode zur Verfügung, so daß der Benutzer nur die Routinen ergänzen muß, die einen speziellen Elementtyp betreffen.

Die Unvollständigkeit des Programms (Ausnahmen sind die integrierten Beispielprogramme) setzt die Benutzung eines Compilers oder Interpreters voraus. Deshalb wurde diesem Buch die BASIC-Version des FEM-Baukastens beigelegt, weil BASIC-Interpreter oder -Compiler auf beinahe allen Personal-Computern verfügbar sind (Versionen in den Programmiersprachen C und FORTRAN können über das Internet bezogen werden, siehe Hinweis auf Seite IV).

Natürlich können die so entstehenden Programme den kommerziellen Finite-Elemente-Programmsystemen keine Konkurrenz machen. Der FEM-Baukasten ist in erster Linie für die Lehre konzipiert, obwohl durchaus brauchbare Programme für die Praxis zusammengestellt werden können (und die Autoren würden einigen ihrer ehemaligen Studenten Unrecht tun, wenn hier unerwähnt bliebe, was sie für schöne und nützliche Programme auf der Basis des FEM-Baukastens "zusammengebastelt" haben). Die über das Internet zu beziehenden CAMMPUS-Ergänzungen (erzeugt mit der FORTRAN-Version, die auch einen Graphik-Baustein enthält) genügen für die behandelten Probleme sicher auch gehobenen Ansprüchen.

Folgende Einschränkungen sind bei der Konzeption des FEM-Baukastens FEMSET bewußt in Kauf genommen worden:

- Ein Programm kann nur mit einem Elementtyp arbeiten (gilt nicht für die C-Version). Die meisten praktischen Aufgabenstellungen zielen ohnehin auf nur einen Elementtyp.
- Sämtliche Knoten eines Elements müssen die gleiche Anzahl von Freiheitsgraden haben. Damit scheiden allerdings nur ganz wenige "Exoten" aus der Konkurrenz aus.

Die hier beschriebene BASIC-Version wurde mit einem Befehlssatz geschrieben, der von den weitaus meisten Dialekten dieser Sprache verstanden wird, wobei absichtlich auf die vielfach wesentlich komfortableren Möglichkeiten spezieller BASIC-Versionen verzichtet wurde. Die verfügbaren Bausteine wurden mit einem GWBASIC-Interpreter und dem in MS-DOS 5.0 integrierten QBASIC getestet. Die Programme erwiesen sich sogar auf (BASIC-fähigen) programmierbaren Taschenrechnern mit nur ganz geringfügigen Änderungen als lauffähig.

Die Variablennamen in den festen Programmbausteinen bestehen nur aus zwei Zeichen. Dadurch kann der Benutzer bei Verwendung von Namen mit mehr als zwei Zeichen in den von ihm ergänzten Routinen Namenskollision vermeiden.

Die nachfolgenden Erläuterungen mögen zunächst etwas verwirrend sein, deshalb ist es empfehlenswert, diese nur zu überfliegen und die Benutzung des FEM-Baukastens sofort an einem der ab Abschnitt B3.4 beschriebenen Beispiele zu erproben. Ohne jede Vorarbeit können jedoch die beiden Beispielprogramme **FACHSKEL** und **BALQSKEL** direkt aus dem Hauptmenü von FEMSET gestartet werden.

Im Abschnitt 15.5 findet man die kompletten Eingabewerte für ein Beispiel, das mit dem Programm FACHSKEL berechnet werden kann. Für ein erstes Kennenlernen der FEM-Programme ist ein Nachempfinden dieses Beispiels empfehlenswert. Man beachte, daß die Programme FACHSKEL und BALQSKEL als Ergebnis minimalen "Bastel"-Aufwands entstanden sind und nicht den Benutzungskomfort der übrigen CAMMPUS-Programme haben.

B3.1 Das FEMSET-Konzept

Ein mit dem FEM-Baukasten zusammenzustellendes Programm verwendet stets nur **einen** Elementtyp, der durch folgende **"Element-Charakteristik"** gekennzeichnet werden muß:

KX - **Koordinaten pro Knoten** (zulässige Werte: 1, 2 oder 3): Dieser Parameter legt fest, ob ein ein-, zwei- oder dreidimensionales Problem mit dem Elementtyp behandelt werden kann.

KF - **Freiheitsgrade pro Knoten**: Dieser Parameter bestimmt gemeinsam mit dem folgenden Parameter **KE** die "Qualität" des finiten Elements. Die Anzahl der Freiheitsgrade eines Knoten ist gleich der primär für diesen Knoten anfallenden Ergebnisse (Verschiebungen) und der für den Knoten vorgebbaren Knotenlasten (diese Knotenlasten werden vom Unterprogramm EINGABE automatisch abgefragt).

KE - **Knoten pro Element**.

KP - **Anzahl der vorzugebenden Elementparameter**: Dies können geometrische Parameter (Querschnitt, Dicke, ...), Materialeigenschaften (Elastizitätsmodul, Querkontraktionszahl, thermischer Ausdehnungskoeffizient, ...) oder Elementlasten (Linienlast, Flächenlast, Temperaturerhöhung, ...) sein.

Die wichtigsten Grundbausteine des FEM-Baukastens FEMSET sind in einem **Skelettprogramm** zusammengefaßt:

- Das **Hauptprogramm** (Anweisungsnummern < 2000) steuert den Gesamtablauf, die oben beschriebenen vier Parameter für die Kennzeichnung des Elementtyps müssen hier ergänzt werden (vorgesehen dafür: Anweisungen 1190 ... 1220).
- Das **Unterprogramm EINGABE** (ab Anweisungsnummer 2000), erzeugt das gesamte interne Berechnungsmodell. Dieses Unterprogramm kann ungeändert übernommen werden, empfehlenswert ist jedoch eine Anpassung an das spezielle Problem, so daß z. B. die Eingabeaufforderung "Parameter 1:" durch "Dehnsteifigkeit EA:" ersetzt wird.
- Das **Unterprogramm SYSTEM** (ab Anweisungsnummer 4000) erledigt den Aufbau der Systemsteifigkeits-Beziehung einschließlich der Berücksichtigung der geometrischen Randbedingungen. Dieses Unterprogramm erwartet, daß ab Anweisungsnummer 8000 ein Unterprogramm zum Aufbau der Elementsteifigkeitsbeziehung (mindestens der Elementsteifigkeitsmatrix) bereitsteht. Das Unterprogramm SYSTEM sollte ungeändert übernommen werden, es sei denn, die standardmäßig vorgesehenen Randbedingungen sind nicht ausreichend für ein spezielles Problem.
- Die **Unterprogramme CHOLB und VORRUE** (ab Anweisungsnummer 6000 bzw. 7000) dienen zur Lösung des Gleichungssystems mit symmetrischer positiv definiter Bandmatrix. Diese Unterprogramme sollten ungeändert übernommen werden.
- Das **Unterprogramm RESULT** (ab Anweisungsnummer 5500) gibt die primär anfallenden Ergebnisse aus (Knotenverschiebungen). Dieses Unterprogramm kann ungeändert übernommen werden, empfehlenswert ist jedoch eine Anpassung an das spezielle Problem, so daß z. B. die Ausschrift "Knoten 12, Freiheitsgrad 3, U = ..." ersetzt wird durch "Knoten 12, Biegewinkel PHI = ...".

Zur Komplettierung des Skelettprogramms **müssen** ergänzt werden:

- **Vier Anweisungen** im Hauptprogramm (1190 ... 1220), die die **"Element-Charakteristik" KX, KF, KE, KP** des verwendeten Elements definieren,
- **ein Unterprogramm** (ab Anweisungsnummer 8000), in dem (mindestens) die Elementsteifigkeitsmatrix aufgebaut wird.

Zur Komplettierung des Skelettprogramms **können** ergänzt werden:

- Ein Unterprogramm (ab Anweisungsnummer 9000) zur Ausgabe zusätzlicher (sekundärer) Ergebnisse, die nur im Zusammenhang mit dem verwendeten Elementtyp ermittelt werden können (Stabkräfte, Schnittgrößen, Spannungen, ..., die für diese Berechnungen benötigten Knotenverschiebungen - pro Knoten KF Werte - befinden sich auf dem eindimensionalen Feld B),
- die Behandlung von Elementlasten (Linienlasten, Flächenlasten, ...), die nur im Zusammenhang mit dem verwendeten Elementtyp auf Knotenlasten reduziert werden können (muß dann in dem Unterprogramm, das die Elementsteifigkeitsmatrix aufbaut, mit erledigt werden),
- der FEMSET-Baustein **"File-Ein-Ausgabe"**, der es gestattet, alle einmal eingegebenen Werte auf einen editierbaren File zu sichern und von dort auch wieder einzulesen, wenn das verwendete BASIC-System (wie z. B. QBASIC) die in diesem Baustein verwendeten File-Befehle unterstützt (dieser Baustein wurde nicht in das Skelettprogramm integriert, weil die Syntax der File-Befehle in vielen BASIC-Dialekten anders oder - Taschenrechner-BASIC - solche Befehle gar nicht vorgesehen sind) und
- neben den oben genannten "kosmetischen" Verbesserungen im Ein- und Ausgabeteil des Skelettprogramms alle Erweiterungen, die dem phantasiereichen Programmierer einfallen.

B3.2 Anschluß des Unterprogramms "Elementsteifigkeitsmatrix"

Für das zwingend erforderliche Unterprogramm zur Bereitstellung der Elementsteifigkeitsmatrix gelten folgende Anschlußbedingungen (Hinweis: Die nachfolgend formulierten Bedingungen erweisen sich beim Durcharbeiten der Beispiele als wesentlich leichter verständlich als beim ersten Durchlesen):

- Die Elementnummer wird als Parameter IE übergeben, die zu diesem Element gehörenden Knotennummern KI können dem zweidimensionalen Feld KM als KI = KM(IE,I) entnommen werden (I = 1 ... KE).
- Die zum Knoten KI gehörenden Koordinaten können dem zweidimensionalen Feld XY(KI,J) entnommen werden (J = 1 ... KX). Sie beziehen sich auf ein einheitliches, ansonsten aber vom Programmbenutzer beliebig festzulegendes Koordinatensystem.
- Die Elementparameter (Steifigkeiten, Materialeigenschaften, evtl. Elementlasten, ...) können dem zweidimensionalen Feld EP(IE,K) entnommen werden (K = 1 ... KP). Die

Reihenfolge wird durch ihre Verwendung in diesem Unterprogramm festgelegt und gilt dann auch für die Eingabe.

- Die (symmetrische) Elementsteifigkeitsmatrix ist auf dem (im Unterprogramm SYSTEM bereits definierten) zweidimensionalen Feld EM abzuliefern, das mit KF*KE Zeilen bzw. Spalten vereinbart wurde. Es brauchen nur die Elemente des rechten oberen Dreiecks (einschließlich Hauptdiagonale) berechnet zu werden.
- Wenn auch Elementlasten auf Knotenlasten reduziert werden sollen (Einzellasten an den Knoten werden automatisch abgefragt), müssen die reduzierten Knotenlasten auf dem zweidimensionalen Feld EB abgeliefert werden. Dieses wurde im Unterprogramm SYSTEM mit KE Zeilen und KF Spalten vereinbart, so daß in einer Zeile jeweils die KF reduzierten Knotenlasten eines Elementknotens eingetragen werden können.

B3.3 Arbeiten mit dem Programm FEMSET

FEMSET ist ausschließlich ein Verwaltungsprogramm für die Bausteine und die Beispielprogramme. Nach dem Start des Programms kann man vom **Hauptmenü** aus

- die Beschreibung von FEMSET, Tips zur Nutzung und den Quellcode aller vordefinierten Bausteine zur Ansicht auf den Bildschirm holen,
- die Programme FACHSKEL und BALQSKEL starten (nach Beendigung der Arbeit dieser Programme erscheint wieder das FEMSET-Hauptmenü) und
- ins "Bastelmenü" wechseln.

Im **Bastelmenü** können die einzelnen Bausteine geladen und zu einem "Ensemble" verknüpft werden. Eigene Bausteine können erzeugt und in das Ensemble eingebunden werden, so daß ein komplettes Programm entsteht. Natürlich kann man sich die Bausteine auch auf Files schreiben, wenn man lieber mit einem komfortablen Editor arbeiten möchte.

Wenn vom CAMMPUS-Installationsprogramm ein BASIC-System gefunden wurde, kann direkt aus dem Bastelmenü von FEMSET in das BASIC-System gewechselt werden, wobei ein vorher erzeugtes Ensemble als BASIC-Programm "mitgenommen" wird, um im BASIC-System gestartet werden zu können. Nach Beendigung der Arbeit im BASIC-System gelangt man (bei "Mitnahme" eventuell im BASIC-Editor erfolgter Änderungen des Programms) in das Bastelmenü von FEMSET zurück.

Um mit dem Finite-Elemente-Baukasten eigene Finite-Elemente-Programme erzeugen zu können, ist es nicht erforderlich (allerdings auch nicht schädlich), das vorgegebene Skelettprogramm zu verstehen. Es genügt, die nachfolgenden Beispiele nachzuempfinden.

Deshalb wird auf der nächsten Seite auch nur das (mit zusätzlichen Kommentaren versehene) Hauptprogramm gezeigt. Das für den Benutzer sehr wichtige Unterprogramm "Eingabe des Berechnungsmodells" ist komplett im Abschnitt 15.5 mit einem Beispiel aufgelistet. Der interessierte Leser kann sich über die Option **"Beschreibung"** im Hauptmenü von FEMSET alle übrigen Bausteine des Skelettprogramms mit ebenso ausführlicher Kommentierung ansehen und gegebenenfalls auf einen File ausgeben.

Hauptprogramm des FEMSET-Skelettprogramms:

```
1000  '##############################################
1010  '#  FINITE-ELEMENTE-SKELETT-PROGRAMM           #
1020  '#  (AUTOR: J.DANKERT)                         #
1030  '##############################################
1040  '
1050  DEFINT I-N
1060  DEFDBL A-H
1070  DEFDBL O-Z
```

> Mit I ... N beginnende Variablen sind INTEGER, alle übrigen DOUBLE PRECISION (bei BASIC-Versionen, die diese Anweisungen nicht verstehen, können sie weggelassen und die 3 DOUBLE-PRECISION-Konstanten BN, D0, D1 mit SINGLE-PRECISION-Werten belegt werden)

```
1080 '
1090  BN = 1D+30
1100  D0 = 0#
1110  D1 = 1#
1120 '
1130 'KX - KOORDINATEN PRO KNOTEN
1140 'KF - FREIHEITSGRADE PRO KNOTEN
1150 'KE - ANZAHL DER KNOTEN AN EINEM ELEMENT
1160 'KP - ANZAHL DER PARAMETER PRO ELEMENT
1170 'NZ - ZEILENZAHL DES BILDSCHIRMS
1180 '
1190  KX =
1200  KF =
1210  KE =
1220  KP =
```

> Diese "Element-Charakteristik" MUSS dem aktuellen Problem angepaßt werden!

```
1230  NZ = 25
1240 '
1250 'EINGABE DES BERECHNUNGSMODELLS:
1260  GOSUB 2000
```

> Unterprogramm KANN dem aktuellen Problem angepaßt werden

```
1270 '
1280  CLS
1290  PRINT "  ***********************************"
1300  PRINT "  *       MODELL IST KOMPLETT,      *"
1310  PRINT "  *          ICH RECHNE ...         *"
1320  PRINT "  ***********************************"
1330 '
1340 'AUFBAU DER SYSTEMSTEIFIGKEITS-BEZIEHUNG:
1350  GOSUB 4000
```

> Hierfür MUSS ein Unterprogramm zur Berechnung der Elementsteifigkeitsmatrix ab 8000 bereitgestellt werden (optional einschließlich Elementbelastungsvektor)

```
1360 '
1370 'LOESUNG DES GLEICHUNGSSYSTEMS A*X=B:
1380  NB = 1
1390  MB = N
1400 '
1410 'CHOLESKY-ZERLEGUNG VON A:
1420  GOSUB 6000
1430 '
1440  IF IP = 1 GOTO 1540
1450  PRINT
1460  PRINT "          ***************************"
1470  PRINT "          *   KOEFFIZIENTENMATRIX   *"
1480  PRINT "          *  NICHT POSITIV DEFINIT  *"
1490  PRINT "          ***************************"
1500  PRINT
1510  END
1520 '
1530 'VORWAERTS-RUECKWAERTS-EINSETZEN:
1540  GOSUB 7000
1550 '
1560 'AUSGABE DER KNOTENVERSCHIEBUNGEN:
1570  GOSUB 5500
```

> Unterprogramm KANN dem aktuellen Problem angepaßt werden

```
1580 '
1590 'AUSGABE ZUSAETZLICHER ERGEBNISSE:
1600  GOSUB 9000
```

> Optional, Unterprogramm kann gegebenenfalls leer bleiben

```
1610 '
1620  END
1630 '******************************************
```

B3.4 Beispiel: Knotenverschiebungen eines ebenen Fachwerks

Es soll ein Finite-Elemente-Programm zusammengebaut werden, das die Knotenverschiebungen ebener Fachwerke berechnet.

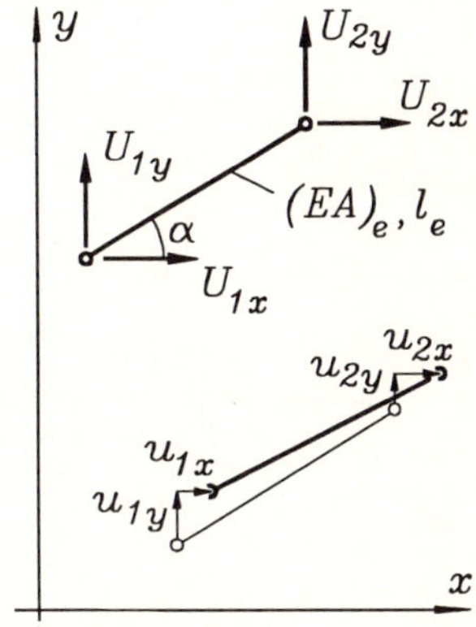

Die Element-Steifigkeitsmatrix für den Fachwerkstab wurde im Abschnitt 15.3 hergeleitet. Sie kann nach Formel (15.3) aufgeschrieben werden, wenn die Länge l_e, der Winkel α und die Dehnsteifigkeit $(EA)_e$ bekannt sind. Die geometrischen Größen l_e und α sind durch die Koordinaten der beiden Elementknoten x_1, y_1, x_2, y_2, die für die Beschreibung der Finite-Elemente-Struktur in jedem Fall eingegeben werden und damit zur Verfügung stehen, eindeutig definiert, so daß nur die Dehnsteifigkeit $(EA)_e$ als Elementparameter definiert werden muß.

♦ Das ebene Fachwerkelement wird also durch folgende **"Element-Charakteristik"** gekennzeichnet:

KX = 2	(zweidimensionales Problem mit den Koordinaten x und y),
KF = 2	(zwei Freiheitsgrade u_x und u_y pro Knoten),
KE = 2	(zwei Knoten pro Element),
KP = 1	(ein Parameter pro Element: Dehnsteifigkeit $(EA)_e$).

Diese Anweisungen sind im Hauptprogramm (1190 ... 1220) zu ergänzen.

♦ Die **Element-Steifigkeitsmatrix** wird ab Anweisungsnummer 8000 eingefügt. Im Skelettprogramm von FEMSET sind bereits die fünf Kommentaranweisungen

```
8000 ' ***************************************
8010 ' *      ELEMENTSTEIFIGKEITSMATRIX      *
8020 ' *         FUER DAS ELEMENT IE         *
8030 ' ***************************************
8040 '
```

enthalten, so daß die nachfolgend aufgelisteten Anweisungen ab 8050 eingefügt werden:

Hauptprogramm:

```
...
...
1190   KX = 2
1200   KF = 2
1210   KE = 2
1220   KP = 1
...
...
```

Mit IE werden aus KM die Knotennummern K1 und K2 entnommen und damit aus XY die Knotenkoordinaten

Unterprogramm "Element-Steifigkeitsmatrix":

```
8050 'KNOTENNUMMERN DES STABS:
8060  K1 = KM(IE,1)
8070  K2 = KM(IE,2)
8080 '
8090 'DEHNSTEIFIGKEIT:
8100  EA = EP(IE,1)
8110 '
8120 'KNOTENKOORDINATEN:
8130  X1 = XY(K1,1)
8140  Y1 = XY(K1,2)
8150  X2 = XY(K2,1)
8160  Y2 = XY(K2,2)
8170 '
8180 'STABLAENGE:
8190  SL = SQR((X2 - X1) ^ 2 + (Y2 - Y1) ^ 2)
8200 '
8210 'COSINUS UND SINUS DES ANSTIEGSWINKELS:
8220  CA = (X2 - X1) / SL
8230  SA = (Y2 - Y1) / SL
```

Elementnummer IE wird dem Unterprogramm übergeben

Erster (und einziger) Elementparameter

Mit I..N beginnen INTEGER-Variable (Anweisung 1050), deshalb SL und nicht L

```
Unterprogramm
"Element-Stei-
figkeitsmatrix"
(Fortsetzung)
```

Man beachte die im Abschnitt B3.2 formulierten Anschlußbedingungen!

```
8240 '
8250  CC = CA * CA * EA / SL
8260  SS = SA * SA * EA / SL
8270  SC = SA * CA * EA / SL
8280 '
8290  EM(1, 1) =   CC
8300  EM(1, 2) =   SC
8310  EM(1, 3) = - CC
8320  EM(1, 4) = - SC
8330  EM(2, 2) =   SS
8340  EM(2, 3) = - SC
8350  EM(2, 4) = - SS
8360  EM(3, 3) =   CC
8370  EM(3, 4) =   SC
8380  EM(4, 4) =   SS
```

```
Es werden nur die
Elemente oberhalb und
auf der Hauptdiagona-
len der Elementstei-
figkeitsmatrix
entsprechend (15.3)
definiert
```

Wenn diese Anweisungen im FEMSET-Skelettprogramm ergänzt werden, ist das Finite-Elemente-Programm für die Berechnung der Knotenverschiebungen eines Fachwerks komplett. Die Strategie, wie dies zu realisieren ist, ist von den Fähigkeiten und Fertigkeiten des Benutzers abhängig:

- Wer mit einem BASIC-System vertraut ist, sollte sich das Skelettprogramm aus FEMSET auf einen File schreiben, um anschließend direkt mit dem BASIC-System und dem vertrauten (und hoffentlich komfortablen) Editor zu arbeiten.
- Wer mit seinem "Lieblings-Editor" arbeiten möchte, kann damit die zu ergänzenden Programmteile schreiben und als ASCII-File speichern. Dieser kann in FEMSET als Programm-Baustein verwendet werden.
- In FEMSET gibt es zwei weitere Möglichkeiten, die individuellen Programmteile zu ergänzen, die nachfolgend beschrieben werden:

****** Modifizieren eines FEMSET-Bausteins *****

Nach dem Start von FEMSET wird **"Basteln"** gewählt und über **"Baustein 1 laden"** und **"Skelettprogramm"** wird der wichtigste FEMSET-Baustein geladen, es erscheint:

```
Ensemble      =      Baustein 1        +      Baustein 2
                     (Skelettprogr)          (          )
```

Diesen Baustein 1 kann man über **"Listen/Editieren"** und **"Baustein 1"** auf dem Bildschirm sichtbar machen. Nachdem man den Text mit den Cursor-Tasten bewegt hat, werden die unvollständigen Zeilen 1190 ... 1220 sichtbar, die nun modifiziert werden sollen:

ESC	... wechselt ins Editiermenü,
1190 KX = 2 <Return>	
1200 KF = 2 <Return>	
1210 KE = 2 <Return>	
1220 KP = 1 <Return>	... ändert die Programmzeilen,
ESC	... schließt das Editiermenü,
ALT	... wechselt in das "Bastelmenü" zurück

Der nachfolgende Bildschirm-Schnappschuß zeigt diese Aktion unmittelbar vor der Eingabe der Zeile 1210 (man erkennt die bereits geänderten Zeilen 1190 und 1200 und die noch unvollständigen Zeilen 1210 und 1220):

```
J. Dankert              Finite-Elemente-Baukasten              MFEMST 1.0
                        ***        FEMSET       ***

1150 'KE - ANZAHL DER KNOTEN AN EINEM ELEMENT
1160 'KP - ANZAHL DER PARAMETER PRO ELEMENT
1170 'NZ - ZEILENZAHL DES BILDSCHIRMS
1180 '
1190  KX = 2
1200  KF = 2
1210  KE =
1220  KP =
1230  NZ = 25
1240 '
1250 'EINGABE DES BERECHNUNGSMODELLS:
1260  GOSUB 2000
1270 '
1280  CLS
 Programmzeile: ====================== ESC ---> Editieren beenden
 1210  KE = 2

 Programmzeilen beginnen mit einer Anweisungsnummer!
 Negative Anweisungsnummer ---> Zeile wird geloescht
```

****** Erzeugen eines neuen FEMSET-Bausteins *****

Die Element-Steifigkeitsmatrix soll als eigenständiger Baustein erzeugt werden. Es werden **"Baustein 2"** und **"Leerer Baustein"** gewählt, und nach **"Listen/Editieren"**, **"Baustein 2"** und **ESC** kann im Editiermenü der Programmtext zeilenweise eingegeben werden. Nach Eingabe der Programmzeilen 8050 ...8380 wird das Editiermenü über **ESC** und **ALT** wieder verlassen.

Damit sind (mit unterschiedlichen Strategien) die individuellen Programmteile in FEMSET-Bausteine eingeflossen: Das modifizierte Skelettprogramm (Baustein 1) enthält die Element-Charakteristik, der gerade erzeugte Baustein 2 die Element-Steifigkeitsmatrix. Beide Bausteine werden nun zum kompletten Finite-Elemente-Programm verknüpft. Nach Wahl von **"Verknuepfen"** und **"Baust1 + Baust2"** stellt FEMSET als Summe der beiden Bausteine ("Ensemble") dieses Programm her, das über **"BASIC starten"** dem BASIC-System übergeben und dort gestartet werden kann.

Eine Testrechnung für das als Beispiel im Abschnitt 15.5 skizzierte Fachwerk mit 10 Stäben und 7 Knoten ergibt unter Verwendung der dort bereits angegebenen Werte (***F* = 1, *a* = 1, *EA* = 210000**) die (hier leicht gerundeten) Ergebnisse:

```
ERGEBNISSE
==========

KNOTEN 1 ,   FREIHEITSGRAD  1 :      U =  0
KNOTEN 1 ,   FREIHEITSGRAD  2 :      U =  0
KNOTEN 2 ,   FREIHEITSGRAD  1 :      U =  0
KNOTEN 2 ,   FREIHEITSGRAD  2 :      U =  0
KNOTEN 3 ,   FREIHEITSGRAD  1 :      U =  1.42857D-05
KNOTEN 3 ,   FREIHEITSGRAD  2 :      U = -3.01913D-05
KNOTEN 4 ,   FREIHEITSGRAD  1 :      U =  0
KNOTEN 4 ,   FREIHEITSGRAD  2 :      U = -2.66199D-05
KNOTEN 5 ,   FREIHEITSGRAD  1 :      U = -4.76190D-06
KNOTEN 5 ,   FREIHEITSGRAD  2 :      U = -2.78103D-05
KNOTEN 6 ,   FREIHEITSGRAD  1 :      U =  1.42857D-05
KNOTEN 6 ,   FREIHEITSGRAD  2 :      U = -7.94302D-05
KNOTEN 7 ,   FREIHEITSGRAD  1 :      U =  1.20121D-05
KNOTEN 7 ,   FREIHEITSGRAD  2 :      U = -7.46683D-05
```

Natürlich ist dieser Ergebnisdruck nicht besonders schön und sollte durch einige kleine Änderungen im Unterprogramm RESULT (ab 5000) an das Problem "Fachwerk" angepaßt werden.

Wenn man nach dem "Ausflug" ins BASIC-System in das Programm FEMSET zurückkehrt, findet man als Ensemble das unter Umständen im BASIC-System modifizierte Programm wieder, das außerdem als ASCII-File gespeichert ist und so auch nach Beendigung der Arbeit von FEMSET erhalten bleibt.

Nach erfolgreichem Test eines neuen Bausteins (hier z. B.: Elementsteifigkeitsmatrix für das ebene Fachwerk) kann dieser den FEMSET-Bausteinen mit der Absicht einer späteren Wiederverwendung hinzugefügt werden. Dafür wären folgende Aktionen sinnvoll:

"Weitere Baustne.", **"Hinzufügen"** und **"Baustein 2"**	wählen, z. B.
FACHELEM	als Namen für den neuen Baustein und
Elementsteifigkeitsmatrix des ebenen Fachwerkstabs	als erläuternden Zusatztext eingeben.

Man kann sich sofort davon überzeugen, daß der Baustein von FEMSET registriert wurde. Nach Wahl von **"Baustein 1 laden"** und **"Weitere Baustne."** wird er mit dem gerade vergebenen Namen und dem erläuternden Zusatztext angeboten (mit ESC wird dieses Menüangebot ohne ausgeführte Aktion geschlossen). Damit ist der Baustein FACHELEM auch in einem späteren Programmlauf verfügbar.

♦ Nachdem nun alle wichtigen Aktionen mit dem Finite-Elemente-Baukasten einmal durchgespielt wurden, kann darauf aufmerksam gemacht werden, daß für das ebene Fachwerk und für den ebenen biegesteifen Rahmen alle benötigten Bausteine (auch die für das gerade behandelte Beispiel) in FEMSET bereits vorhanden sind, so daß der Benutzer bei der Durcharbeitung der folgenden Beispiele von der Arbeit des Eintippens der Bausteine befreit ist.

  Damit ist natürlich auch der gerade gesicherte Baustein FACHELEM überflüssig, und er kann wieder gelöscht werden:

"Weitere Baustne." und **"Loeschen"**	wählen, die definierten Bausteine werden angezeigt (hier nur FACHELEM),
<Return> und **j**	wählt den zu löschenden Baustein aus und bestätigt die Absicht.

♦ Mit den in FEMSET vorhandenen Bausteinen soll noch gezeigt werden, wie ein Programm aus mehr als zwei Bausteinen zusammengebaut wird:

"Baustein 1 laden" **"Skelettprogramm"**	lädt das Skelettprogramm als Baustein 1,
"Baustein 2 laden" **"Fachwerk-Baust."** **"FACHFECH.PZL"**	lädt die Element-Charakteristik (vier Zeilen) für das Fachwerk-Element,
"Listen/Editieren" **"Baustein 2"** **ALT**	zeigt diesen "Mini-Baustein", kehrt zum Menü zurück,
"Verknuepfen" **"Baust1 + Baust 2"**	verknüpft beide Bausteine, wobei immer **Baustein 2 dominiert**, so daß die Zeilen 1190 ... 1220 des Skelettprogramms von denen des Bausteins 2 ersetzt werden,
"Baustein 2 laden" **"Fachwerk-Baust."** **"FACHELMA.PZL"**	lädt die Element-Steifigkeitsmatrix für das Fachwerk-Element,

"Verknuepfen"	**"Ensemble+ Baust 2"**	verknüpft das vorher erzeugte Ensemble mit dem Baustein 2 zu einem neuen Ensemble.

Das erzeugte Ensemble entspricht dem vorher schon einmal erzeugten und getesteten Programm und ist der Ausgangspunkt für die im nächsten Abschnitt vorgesehene Erweiterung.

B3.5 Beispiel: Stabkräfte eines ebenen Fachwerks

Das Programm des Abschnitts B3.4 soll so erweitert werden, daß als Ergebnisse zusätzlich die Stabkräfte ausgegeben werden.

Nach der Berechnung der Verschiebungen stehen diese in dem eindimensionalen Feld **B**. Da zu jedem Knoten zwei Verschiebungen gehören, findet man die beiden Verschiebungen für den Knoten **KI** auf den Positionen **KI*2-1** und **KI*2**. Die zu einem Element **IE** gehörenden vier Knotenverschiebungen können also aus **B** herausgesucht werden, wenn man vorher aus der Koinzidenzmatrix **KM** die zum Element gehörenden Knoten bestimmt.

Über die Element-Steifigkeitsbeziehung (15.3) können mit den vier Knotenverschiebungen die vier Knotenkräfte berechnet werden. Aus den beiden Knotenkräften eines Knotens ergibt sich (nebenstehende Skizze) die Stabkraft.

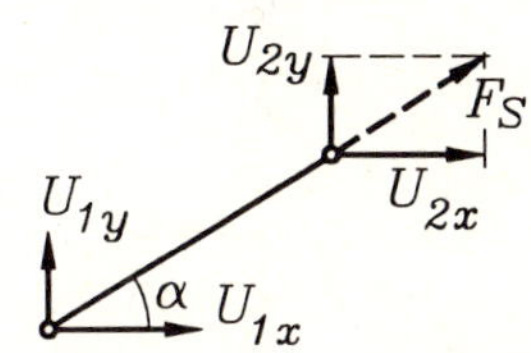

$$F_S = U_{2,x} \cos\alpha + U_{2,y} \sin\alpha \quad .$$

Bei Fachwerkstäben muß dies nur an einem Knoten geschehen, der andere liefert den gleichen Wert.

Das Programm des vorigen Abschnitts ist also zum Beispiel durch folgende Anweisungen (nach Anweisungsnummer 9000 im Unterprogramm "Zusätzliche Ergebnisse") zu ergänzen:

```
9050 CLS
9060 PRINT "STABKRAEFTE:"
9070 PRINT
9080 IZ = 5
9090 '
9100 FOR IE = 1 TO NE
9110   GOSUB 8000
9120   '... LIEFERT DIE ELEMENTSTEIFIGKEITSMATRIX EM,
9130   '    DIE KNOTENNUMMERN K1 UND K2 UND DIE WERTE CA UND SA
9140   '
9150   'KNOTENVERSCHIEBUNGEN:
9160   U1X = B(K1 * 2 - 1)
9170   U1Y = B(K1 * 2)
9180   U2X = B(K2 * 2 - 1)
9190   U2Y = B(K2 * 2)
9200   '
9210   'KNOTENKRAEFTE (KNOTEN K2):
9220   UX = EM(1,3) * U1X + EM(2,3) * U1Y + EM(3,3) * U2X + EM(3,4) * U2Y
9230   UY = EM(1,4) * U1X + EM(2,4) * U1Y + EM(3,4) * U2X + EM(4,4) * U2Y
9240   '
9250   'STABKRAFT:
9260   FS = (UX * CA + UY * SA)
9270   PRINT "STAB " ; IE ; "  FS = " ; FS
9280   '
9290   IZ = IZ + 1
9300   IF IZ >= NZ THEN GOSUB 5800
9310 NEXT IE
9320 IF IZ > 3 THEN GOSUB 5800
```

Bildschirm löschen, Anfangswert für Bildschirmzeilen-Zähler (9050–9080)

Vgl. Programmbaustein im Abschnitt B3.4 (9110)

Knotenverschiebungen des Elements werden aus B herausgesucht. Es genügt, nur die beiden letzten Zeilen der Element-Steifigkeitsbeziehung (15.39 auszuwerten, die die Knotenkräfte des Knotens K2 liefern, ... (9170; 9220–9230)

... aus denen die Stabkraft FS berechnet wird (9260)

Stopp bei vollem Bildschirm (vgl. Skelettprogramm) (9300)

Das Unterprogramm zur Berechnung der Stabkräfte steht in FEMSET als Baustein FACHSTKR.PZL zur Verfügung. Die am Ende des vorigen Abschnitts angegebenen Aktionen zum Erzeugen des Programms müssen damit nur um folgende Schritte ergänzt werden:

"Baustein 2 laden" "Fachwerk-Baust." "FACHSTKR.PZL"
lädt das Unterprogramm zur Stabkraftberechnung,

"Verknuepfen" "Ensemble+ Baust 2" verknüpft das vorher erzeugte Ensemble mit dem Baustein 2 zu einem neuen Ensemble.

Die gleiche Testrechnung wie im vorigen Abschnitt liefert mit diesem Programm zusätzlich die Stabkräfte (hier leicht gerundet angegeben):

```
STABKRAEFTE

STAB  1    FS = -1
STAB  2    FS =  0
STAB  3    FS =  1.66705
STAB  4    FS = -0.55902
STAB  5    FS = -0.75
STAB  6    FS =  0.25
STAB  7    FS =  1.5
STAB  8    FS =  1.11803
STAB  9    FS = -1.11803
STAB 10    FS = -0.5
```

Die Ergebnisse sind leicht nachprüfbar, weil das gewählte Beispiel ein statisch bestimmtes Fachwerk ist.

Natürlich können mit dem FEM-Programm auch statisch unbestimmte Probleme behandelt werden.

- Der mangelnde Komfort des (recht leistungsfähigen) Programms wird besonders bei der Eingabe deutlich, weil falsche Eingaben nicht korrigiert werden können. Natürlich kann die Eingaberoutine beliebig verbessert werden (und dem Leser, der Spaß am Programmieren hat, sind alle Möglichkeiten gegeben, weil die Anschlußroutinen sämtlich im Quelltext zur Verfügung stehen). Ein erster Schritt zur Verbesserung wird von FEMSET angeboten, indem man zusätzlich den Baustein **"File-Ein-Ausgabe"** einbindet (Vorsicht, nicht jeder BASIC-Dialekt versteht die darin verwendeten Anweisungen).

  Das so ergänzte Programm fragt nach dem Start, ob die Eingabe von der Tastatur oder von einem File kommt, und nach der Eingabe über die Tastatur, ob das gesamte Berechnungsmodell auf einen File gesichert werden soll. Dieser Ausgabe-File kann dann beim nächsten Programmlauf als Eingabe-File angeboten werden.

  Das Format dieses editierbaren Files ist selbsterklärend. Man kann ihn also mit einem Editor bearbeiten, Fehler beheben und anspruchsvolle Berechnungsmodelle erzeugen (eventuell mit einem eigenen Programm, das den File erzeugt).

- Das in FEMSET enthaltene lauffähige Beispiel-Programm **FACHSKEL** entspricht dem Programm, dessen Erzeugung in den beiden Abschnitten B3.4 und B3.5 beschrieben wurde (einschließlich der Einbindung des Bausteins **"File-Ein-Ausgabe"**).

  Es wurde zusätzlich im Eingabeteil (entsprechend der im Abschnitt B3.1 gegebenen Empfehlung) leicht modifiziert, zum Beispiel wurde die problemneutrale Eingabeaufforderung

  ELEMENT 1: PARAMETER 1 =

  ersetzt durch

  ELEMENT 1: DEHNSTEIFIGKEIT EA =

B3.6 Beispiel: Verformung des biegesteifen Rahmens mit Einzellasten

Es soll ein Programm zusammengebaut werden, das die Verformungen eines biegesteifen Rahmens berechnet, der ausschließlich durch Einzelkräfte und -momente belastet ist.

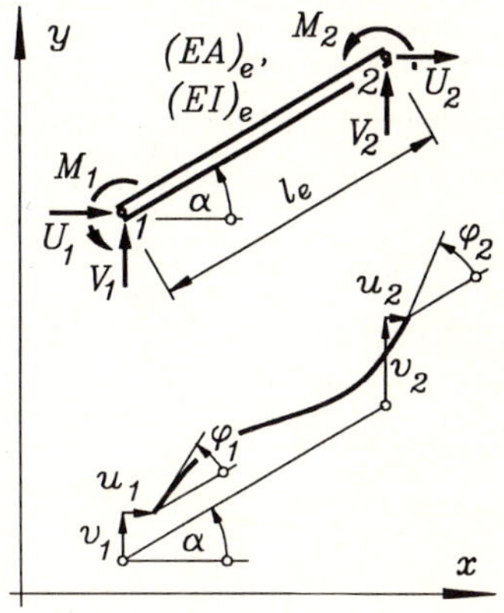

Die Element-Steifigkeitsbeziehung für das finite Rahmenelement, das die nebenstehend skizzierten Knotenverformungen mit den Knotenlasten verknüpft, wurde als Formel (18.15) im Abschnitt 18.2.3 hergeleitet. Die geometrischen Größen (l_e und α) in der Element-Steifigkeitsmatrix sind durch die Knotenkoordinaten gegeben, während die Dehnsteifigkeit $(EA)_e$ und die Biegesteifigkeit $(EI)_e$ als Elementparameter definiert werden müssen.

- Das finite Rahmenelement wird also durch folgende **"Element-Charakteristik"** gekennzeichnet:

KX = 2	(zweidimensionales Problem mit den Koordinaten *x* und *y*),
KF = 3	(drei Freiheitsgrade *u*, *v* und φ pro Knoten),
KE = 2	(zwei Knoten pro Element),
KP = 2	(zwei Parameter pro Element: Dehnsteifigkeit $(EA)_e$ und Biegesteifigkeit $(EI)_e$).

  Diese Anweisungen sind im Hauptprogramm (1190 ... 1220) zu ergänzen.

- Die **Element-Steifigkeitsmatrix** (18.15) kann z. B. durch folgenden Programmbaustein aufgebaut werden:

Hauptprogramm:

```
...
...
1190  KX = 2
1200  KF = 3
1210  KE = 2
1220  KP = 2
...
...
```

Man beachte die im Abschnitt B3.2 formulierten Anschluß-bedingungen!

Unterprogramm "Elementsteifigkeitsmatrix":

```
8050 'KNOTENNUMMERN DES ELEMENTS:
8060  K1 = KM(IE,1)
8070  K2 = KM(IE,2)
8080 '
8090 'BIEGESTEIFIGKEIT, DEHNSTEIFIGKEIT:
8100  EI = EP(IE,1)
8110  EA = EP(IE,2)
8120 '
8130 'KNOTENKOORDINATEN:
8140  X1 = XY(K1,1)
8150  Y1 = XY(K1,2)
8160  X2 = XY(K2,1)
8170  Y2 = XY(K2,2)
8180 '
8190 'ELEMENTLAENGE:
8200  SL = SQR((X2 - X1) ^ 2 + (Y2 - Y1) ^ 2)
8210 '
8220 'COSINUS UND SINUS DES ANSTIEGSWINKELS:
8230  CA = (X2 - X1) / SL
8240  SA = (Y2 - Y1) / SL
8250 '
8260  CC = CA * CA
8270  SS = SA * SA
8280  SC = SA * CA
8290 '
```

Erster bzw. zweiter Elementparameter, für die hier die Reihenfolge festgelegt wird, die dann bei der Eingabe der Element-Parameter beachtet werden muß

Die Elemente oberhalb und auf der Hauptdiagolen der 3*3-Submatrix K11 der Element-Steifigkeitsmatrix nach (18.15) werden berechnet ...

... und auf die 3*3-Submatrix K22 kopiert, ...

... danach müssen zwei Vorzeichen korrigiert werden

Berechnen der 9 Elemente der 3*3-Submatrix K12 nach (18.15)

```
8300 FF = EI / (SL * SL * SL)
8310 AI = EA * SL * SL / EI
8320 '
8330 EM(1, 1) = (AI * CC + 12# * SS) * FF
8340 EM(1, 2) = (AI - 12#) * SC * FF
8350 EM(1, 3) = - 6# * SL * SA * FF
8360 EM(2, 2) = (AI * SS + 12# * CC) * FF
8370 EM(2, 3) = 6# * SL * CA * FF
8380 EM(3, 3) = 4# * SL * SL * FF
8390 '
8400 FOR I = 1 TO 3
8410   FOR J = I TO 3
8420     EM(I+3,J+3) = EM(I,J)
8430   NEXT J
8440 NEXT I
8450 EM(4,6) = - EM(4,6)
8460 EM(5,6) = - EM(5,6)
8470 '
8480 EM(1,4) = - EM(1,1)
8490 EM(1,5) = - EM(1,2)
8500 EM(1,6) =   EM(1,3)
8510 EM(2,4) =   EM(1,5)
8520 EM(2,5) = - EM(2,2)
8530 EM(2,6) =   EM(2,3)
8540 EM(3,4) = - EM(1,3)
8550 EM(3,5) = - EM(2,3)
8560 EM(3,6) =   EM(3,3) * .5#
```

Die vier Programmzeilen zur Ergänzung des Hauptprogramms stehen in FEMSET als Baustein BIEGFECH.PZL, das Unterprogramm zur Berechnung der Elementsteifigkeitsmatrix für den Biegeträger steht als Baustein BIEGELMA.PZL zur Verfügung. Mit einem Programm, das aus dem Skelettprogramm und diesen beiden Bausteinen zusammengesetzt wird, können die **Verformungen** biegesteifer ebener Rahmen berechnet werden.

B3.7 Erweiterung des Programms: Linienlasten, Schnittgrößen

Die im Abschnitt 18.2.3 behandelte Reduktion von Linienlasten, Temperatur- und Anfangsdehnungen auf äquivalente Knotenlasten soll hier an einem Beispiel demonstriert werden. Das im vorigen Abschnitt erzeugte Programm wird erweitert, so daß auch linear veränderliche Linienlasten (Trapezlasten) als Elementlasten zugelassen sind. Dabei werden die in 18.2.3 bereits besprochenen Vereinbarungen getroffen:

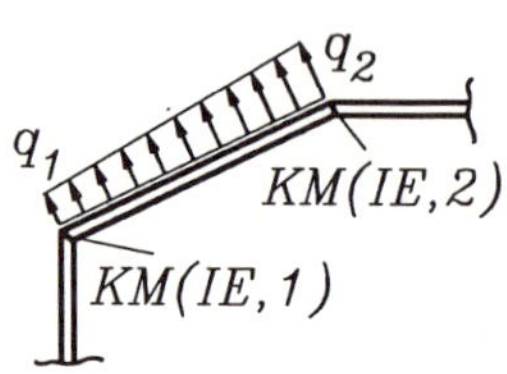

- Am ersten Elementknoten **KM(IE,1)** wirkt q_1, am zweiten Elementknoten **KM(IE,2)** wirkt q_2, beim Fortschreiten vom ersten Elementknoten zum zweiten Elementknoten zeigen die Pfeile positiver Linienlast nach links. Diese Regel ist willkürlich, muß aber nach ihrer Festlegung bei der Programmierung und der Eingabe durchgehend beachtet werden. Welcher Elementknoten der erste ist, entscheidet sich bei der Eingabe: Er wird bestimmt durch die Knotennummer, die für ein Element bei der Eingabe der Koinzidenzmatrix als erste eingegeben wird.

Die beiden Linienlastintensitäten q_1 und q_2 werden im Programm als zusätzliche Elementparameter 3 und 4 verwaltet: In der **"Element-Charakteristik"** ist also der entsprechende Wert ("Anzahl der Parameter pro Element" in Zeile 1220) auf **KP = 4** zu ändern. Die reduzierten Knotenlasten werden in der Subroutine SYSTEM auf die entsprechenden Positionen des

System-Belastungsvektors gespeichert. Darum muß sich der FEMSET-Benutzer also nicht kümmern. Er muß die reduzierten Lasten für die Elemente in dem Feld **EB** bereitstellen, was gemeinsam mit dem Aufbau der Elementsteifigkeitsmatrix geschieht. **EB** ist ein zweidimensionales Feld, das bei einem Element mit zwei Knoten und drei Freiheitsgraden pro Knoten in der ersten Zeile die drei reduzierten Knotenlasten des ersten Elementknotens und in der zweiten Zeile die drei reduzierten Knotenlasten des zweiten Elementknotens aufnimmt.

Das Programm des vorigen Abschnitts ist also im Hauptprogramm zu ändern und im Unterprogramm "Elementsteifigkeitsmatrix" um folgende Anweisungen zu ergänzen:

Hauptprogramm:

```
...
...
1190   KX = 2
1200   KF = 3
1210   KE = 2
1220   KP = 4
...
...
```

Reduktion der Linienlasten nach (18.17) (→ 8620–8700)

Unterprogramm "Elementsteifigkeitsmatrix" (zusätzlich):

```
8580 'LINIENLASTEN:
8590  Q1 = EP(IE,3)
8600  Q2 = EP(IE,4)
8610 '
8620  R1 = (7# * Q1 + 3# * Q2) * SL / 20#
8630  R2 = (3# * Q1 + 7# * Q2) * SL / 20#
8640 '
8650  EB(1,1) = - R1 * SA
8660  EB(1,2) =   R1 * CA
8670  EB(1,3) =   (3# * Q1 + 2# * Q2) * SL * SL / 60#
8680  EB(2,1) = - R2 * SA
8690  EB(2,2) =   R2 * CA
8700  EB(2,3) = - (2# * Q1 + 3# * Q2) * SL * SL / 60#
```

8590–8600: Dritter und vierter Elementparameter

Mit diesen Ergänzungen liefert das Programm korrekte Knotenverschiebungen auch bei linear veränderlichen Linienlasten als Elementbelastungen.

Die Berechnung der Element-Knotenkräfte (als sekundäre Ergebnisse aus den primär anfallenden Knotenverschiebungen) muß nach der erweiterten Element-Steifigkeitsbeziehung (18.16) durchgeführt werden, weil reduzierte Knotenlasten in die Rechnung einbezogen wurden. Die Berechnung der **Schnittgrößen** erfolgt dann nach (18.18). Dies wird in einem Unterprogramm "Zusätzliche Ergebnisse" ab Anweisungsnummer 9000 realisiert:

```
9050   CLS
9060   PRINT "SCHNITTGROESSEN:"
9070   PRINT
9080   IZ = 5
9090 '
9100   FOR IE = 1 TO NE
9110     GOSUB 8000
9120     '... LIEFERT KNOTENNUMMERN K1 UND K2, CA UND SA, DIE
9130     '    REDUZIERTEN KNOTENLASTEN AUF EB UND DAS RECHTE
9140     '    OBERE DREIECK DER ELEMENTSTEIFIGKEITSMATRIX EM
9150     FOR I = 1 TO 6
9160       FOR J = I TO 6
9170         EM(J,I) = EM(I,J)
9180       NEXT J
9190     NEXT I
9200     '
9210     'KNOTENVERSCHIEBUNGEN:
9220     FOR I = 1 TO 3
9230       UV(I)   = B((K1-1)*3+I)
9240       UV(I+3) = B((K2-1)*3+I)
9250     NEXT I
9260     '
9270     'ELEMENTKNOTENLASTEN:
9280     U1  = - EB(1,1)
9290     U2  = - EB(2,1)
9300     V1  = - EB(1,2)
9310     V2  = - EB(2,2)
9320     BM1 = - EB(1,3)
9330     BM2 = - EB(2,3)
```

9050–9080: Bildschirm löschen, Anfangswert für Bildschirmzeilen-Zähler

9100–9110: Vgl. Programmbaustein im Abschnitt B3.6 und die Ergänzung in B3.7

9150–9190: Ergänzen des linken unteren Dreiecks der Element-Steifigkeitsmatrix (Matrix ist symmetrisch)

9220–9250: 6 Knotenverschiebungen des Elements IE werden auf das eindimensionale Feld UV übertragen

9280–9330: Vorbelegen der Element-Knotenlasten mit den negativen reduzierten Knotenlasten entsprechend (18.16)

```
9340     FOR I = 1 TO 6
9350       U1  = U1  + EM(1,I) * UV(I)
9360       U2  = U2  + EM(4,I) * UV(I)
9370       V1  = V1  + EM(2,I) * UV(I)
9380       V2  = V2  + EM(5,I) * UV(I)
9390       BM1 = BM1 + EM(3,I) * UV(I)
9400       BM2 = BM2 + EM(6,I) * UV(I)
9410     NEXT I
9420     '
9430     IF IZ + 8 > NZ THEN GOSUB 5800
9440     '
9450     'AUSGABE DER SCHNITTGROESSEN:
9460     PRINT "ELEMENT "; IE
9470     PRINT "FN1 = "; - U1 * CA - V1 * SA
9480     PRINT "FQ1 = "; - U1 * SA + V1 * CA
9490     PRINT "MB1 = "; - BM1
9500     PRINT "FN2 = ";   U2 * CA + V2 * SA
9510     PRINT "FQ2 = ";   U2 * SA - V2 * CA
9520     PRINT "MB2 = ";   BM2
9530     PRINT
9540     IZ = IZ + 8
9550   NEXT IE
9560   IF IZ > 3 THEN GOSUB 5800
```

Multiplikation der Element-Steifigkeitsmatrix mit dem Element-Knotenverformungsvektor entsprechend (18.16), als Ergebnis entstehen die Element-Knotenlasten

Stopp bei vollem Bildschirm

Die sechs Schnittgrößen des Elements IE ergeben sich aus den Element-Knotenlasten nach (18.18)

Die für die Erweiterung des Programms aus dem vorigen Abschnitt benötigten Bausteine sind in FEMSET als BIEGQERW.PZL (vier Zeilen für das Hauptprogramm und Ergänzungen zum Unterprogramm "Element-Steifigkeitsmatrix") und BIEGSCHN.PZL (Berechnung der Schnittgrößen) verfügbar. Das komplette Programm mit allen besprochenen Erweiterungen wird also aus den Bausteinen "Skelettprogramm", BIEGELMA.PZL (Element-Steifigkeitsmatrix), BIEGQERW.PZL (Erweiterung "Linienlasten") und BIEGSCHN.PZL (Schnittgrößenberechnung) gebildet.

- Bei dem so entstehenden Programm ist dringend zu empfehlen, die Eingabe noch etwas zu verbessern: Da der dritte Elementparameter (Linienlastintensität am ersten Elementknoten) zunächst für alle Elemente abgefragt und anschließend der vierte Elementparameter (Linienlastintensität am zweiten Elementknoten) für alle Elemente abgefragt wird, ist diese Reihenfolge, die für die Steifigkeitsparameter sinnvoll ist, für den Programmbenutzer etwas verwirrend, der sich außerdem die programmierte Reihenfolge merken muß (1. Biegesteifigkeit, 2. Dehnsteifigkeit, 3. Linienlastintensität Q1, 4. Linienlastintensität Q2).

- Das Programm, dessen Herstellung in diesem Abschnitt erläutert wurde, ist in FEMSET als (aus dem Hauptmenü direkt zu startendes) Beispielprogramm **BALQSKEL** enthalten, wobei auch die gerade angedeutete Verbesserung der Parametereingabe realisiert ist: Es werden zunächst die Biegesteifigkeiten für alle Elemente, dann die Dehnsteifigkeiten für alle Elemente und anschließend **elementweise** die Linienlastintensitäten an den beiden Elementknoten abgefragt.

  Auch die Eingabe der äußeren Einzellasten, für die die Reihenfolge "x-Komponente der Einzelkraft, y-Komponente der Einzelkraft, Moment" am Knoten gilt, wurde etwas verbessert. Es werden **FX**, **FY** und **M** abgefragt. Als Vorzeichenvereinbarung für die Einzellasten gilt für alle Knoten: Nach rechts bzw. oben gerichtete Kraftkomponenten und linksdrehende Momente sind positiv.

  Natürlich sind die genannten Verbesserungen geringfügig, obwohl zusätzlich der Baustein "File-Ein-Ausgabe" integriert wurde, der Komfort des Programms bleibt bescheiden, was seine Leistungsfähigkeit aber nicht beeinträchtigt.

Beispiel: Der nebenstehend skizzierte achtfach statisch unbestimmte Rahmen ist durch eine Einzelkraft, ein Einzelmoment und die Trapezlast belastet. Alle Abmessungen sind in ***mm***, die Kraft in ***N***, das Moment in ***Nmm***, die Linienlast in ***N/mm***, die Biegesteifigkeit in ***Nmm***^{2} und die Dehnsteifigkeit in ***N*** angegebenen. Bei konsequenter Beibehaltung dieser Einheiten ergeben sich auch alle Ergebnisse in ***N***, ***mm*** und Kombinationen dieser Einheiten. Nachfolgend sind die Daten, die dem Programm BALQSKEL über die Tastatur einzugeben sind, und die (leicht gerundeten) Ergebnisse aufgelistet:

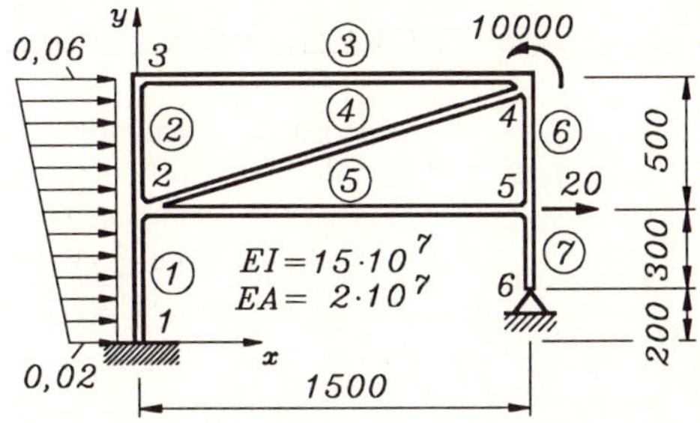


```
Tastatur-Eingabe:            1
Anzahl der Elemente:         7
Anzahl der Knoten:           6
Knotenkoordinaten:           0       0          0   500          0  1000
                          1500    1000       1500   500       1500   200
Topologie:                1  2       2  3       3  4      2  4      2  5      4  5      5  6
Biegesteifigkeiten:       150000000  150000000  150000000  150000000  150000000
                          150000000  150000000
Dehnsteifigkeiten:         20000000   20000000   20000000   20000000   20000000
                           20000000   20000000
Linienlastintensitäten:   -0.02  -0.04      -0.04  -0.06        0  0       0  0
                           0      0          0      0            0  0
Knotenlasten:              4  0  0  10000          5  20  0  0             0
Lager:                     1  123                  6  12                   0
```

```
ERGEBNISSE
==========

KNOTENVERSCHIEBUNGEN:

KNOTEN 1 ,    VERSCHIEBUNG  :    U   =  0
KNOTEN 1 ,    VERSCHIEBUNG  :    V   =  0
KNOTEN 1 ,    BIEGEWINKEL   :    PHI =  0
KNOTEN 2 ,    VERSCHIEBUNG  :    U   =  3.2007
KNOTEN 2 ,    VERSCHIEBUNG  :    V   =  1.5441D-04
KNOTEN 2 ,    BIEGEWINKEL   :    PHI = -4.0067D-03
KNOTEN 3 ,    VERSCHIEBUNG  :    U   =  3.2043
KNOTEN 3 ,    VERSCHIEBUNG  :    V   =  6.9565D-05
KNOTEN 3 ,    BIEGEWINKEL   :    PHI =  1.2697D-03
KNOTEN 4 ,    VERSCHIEBUNG  :    U   =  3.2025
KNOTEN 4 ,    VERSCHIEBUNG  :    V   = -1.4397D-04
KNOTEN 4 ,    BIEGEWINKEL   :    PHI =  7.2147D-03
KNOTEN 5 ,    VERSCHIEBUNG  :    U   =  3.2008
KNOTEN 5 ,    VERSCHIEBUNG  :    V   = -9.2647D-05
KNOTEN 5 ,    BIEGEWINKEL   :    PHI = -6.3025D-03
KNOTEN 6 ,    VERSCHIEBUNG  :    U   =  0
KNOTEN 6 ,    VERSCHIEBUNG  :    V   =  0
KNOTEN 6 ,    BIEGEWINKEL   :    PHI = -1.2853D-02

SCHNITTGROESSEN:

ELEMENT  1
FN1 =      6.1765
FQ1 =     38.1657
MB1 = -9701.7891
FN2 =      6.1765
FQ2 =     23.1657
MB2 =  6047.7514

ELEMENT  2
FN1 =     -3.3939
FQ1 =      1.6981
MB1 =  3033.4072
FN2 =     -3.3939
FQ2 =    -23.3019
MB2 = -1950.8912

ELEMENT  3
FN1 =    -23.3019
FQ1 =      3.3939
MB1 = -1950.8912
FN2 =    -23.3019
FQ2 =      3.3939
MB2 =  3139.8853

SCHNITTGROESSEN (FORTSETZUNG):

ELEMENT  4            ELEMENT  5            ELEMENT  6            ELEMENT  7
FN1 =    20.6899      FN1 =      1.4742     FN1 =     -2.0529     FN1 =     -6.1765
FQ1 =     1.1552      FQ1 =     -4.1236     FQ1 =      3.3085     FQ1 =     21.8343
MB1 =   151.2526      MB1 =  2863.0917      MB1 = -4882.2589     MB1 = -6550.2757
FN2 =    20.6899      FN2 =      1.4742     FN2 =     -2.0529     FN2 =     -6.1765
FQ2 =     1.1552      FQ2 =     -4.1236     FQ2 =      3.3085     FQ2 =     21.8343
MB2 =  1977.8558      MB2 = -3322.2445      MB2 = -3228.0312     MB2 =      0
```

B3.8 Ausgewählte ergänzende Beispiele

Die ausführlich demonstrierten Beispiele in den vorigen Abschnitten zeigten, daß mit FEMSET leistungsfähige Programme zu erzeugen sind, wenn für ein spezielles finites Element folgende Informationen bereitgestellt werden können:

- Element-Charakteristik (vier Informationen, vgl. Abschnitt B3.1),
- Algorithmus zum Aufbau der Element-Steifigkeitsmatrix,
- Algorithmus zum Aufbau des Element-Belastungsvektors (optional),
- Algorithmus zur Erzeugung sekundärer Ergebnisse aus den primär anfallenden Knotenverschiebungen (optional).

Für sehr viele Aufgabenklassen stehen diese Informationen in der Fachliteratur zur Verfügung, eine besonders große Anzahl bereits für die Programmierung aufbereiteter Finite-Elemente-Informationen findet sich zum Beispiel in [3]. Der Benutzer solcher "Element-Kataloge" ist immer gut beraten, sich in die theoretischen Grundlagen einzuarbeiten, die den finiten Elementen zugrunde liegen, ganz besonders wichtig ist die Kenntnis der Näherungsannahmen, die getroffen werden.

Beispiel 1: **Räumliches Fachwerk**

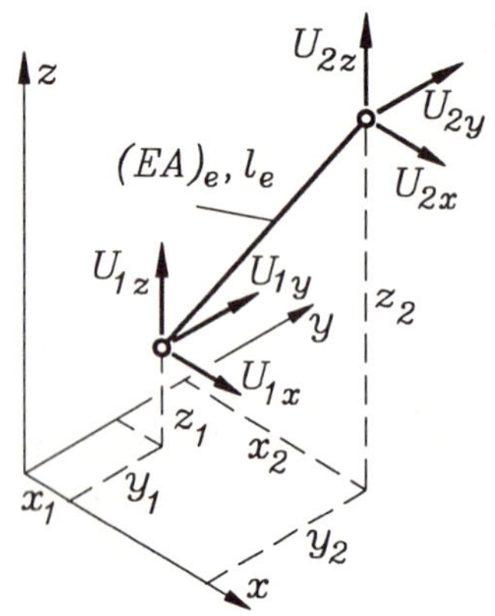

- **Element-Charakteristik:**

  KX = 3 (dreidimensionales Problem),
  KF = 3 (drei Freiheitsgrade u_x, u_y und u_z pro Knoten),
  KE = 2 (zwei Knoten pro Element),
  KP = 1 (ein Parameter pro Element: Dehnsteifigkeit $(EA)_e$).

- Die **Element-Steifigkeitsmatrix** kann z. B. aus [3] entnommen werden (natürlich müßte der Leser, der den Abschnitt 15.3 durchgearbeitet hat, in der Lage sein, die Element-Steifigkeitsbeziehung selbst zu entwickeln). Sie wird hier mit den in diesem Buch üblichen Bezeichnungen aufgeschrieben:

$$\begin{bmatrix} U_{1x} \\ U_{1y} \\ U_{1z} \\ U_{2x} \\ U_{2y} \\ U_{2z} \end{bmatrix} = \left(\frac{EA}{l}\right)_e \begin{bmatrix} c_x^2 & c_x c_y & c_x c_z & -c_x^2 & -c_x c_y & -c_x c_z \\ & c_y^2 & c_y c_z & -c_x c_y & -c_y^2 & -c_y c_z \\ & & c_z^2 & -c_x c_z & -c_y c_z & -c_z^2 \\ & & & c_x^2 & c_x c_y & c_x c_z \\ & & & & c_y^2 & c_y c_z \\ & symm. & & & & c_z^2 \end{bmatrix} \cdot \begin{bmatrix} u_{1x} \\ u_{1y} \\ u_{1z} \\ u_{2x} \\ u_{2y} \\ u_{2z} \end{bmatrix}$$

mit den bereits im Kapitel 8 eingeführten Richtungskosinussen

$$c_x = \cos\alpha_x = \frac{x_2 - x_1}{l_e} \quad , \quad c_y = \cos\alpha_y = \frac{y_2 - y_1}{l_e} \quad , \quad c_z = \cos\alpha_z = \frac{z_2 - z_1}{l_e} \quad ,$$

$$l_e = \sqrt{(x_2 - x_1)^2 + (y_2 - y_1)^2 + (z_2 - z_1)^2} \quad .$$

- Aus den Element-Knotenverschiebungen können über die Element-Steifigkeitsbeziehung die Element-Knotenkräfte berechnet werden. Als sekundäre Ergebnisse interessieren beim räumlichen Fachwerk natürlich die **Stabkräfte**:

$$F_S = U_{2,x}c_x + U_{2,y}c_y + U_{2,z}c_z \quad .$$

Empfehlung: Man baue nach dem Muster, nach dem in den Abschnitten B3.4 und B3.5 ein Finite-Elemente-Programm für das ebene Fachwerk entstand, ein Programm für das räumliche Fachwerk zusammen und teste es, indem man das Beispiel aus dem Abschnitt 8.2 durchrechnet. Wenn sich die richtigen Stabkräfte (als sekundäre Ergebnisse) ergeben, ist mit sehr großer Wahrscheinlichkeit auch die Verschiebungsberechnung korrekt. Die CAMMPUS-Ergänzung FACH3D (s. Seite IV) ist ein komfortables Programm für diese Aufgabenklasse.

Beispiel 2: **St.-Venantsches Torsionsproblem**

Für die Lösung des St.-Venantschen Torsionsproblems für einfach zusammenhängende Querschnittsflächen (21.28) kann aus [2] ein Finite-Elemente-Modell übernommen werden, das sich von allen bisher behandelten Problemen in zwei Punkten unterscheidet:

- Es ist eigentlich ein rein mathematisches Problem (Lösung der Poissonschen Differentialgleichung), die Begriffe "Kraft", "Verschiebung", "Steifigkeitsmatrix" verlieren hier ihre Bedeutung. Sie werden aber (wie üblich) weiter verwendet.
- Die zu berechnende Funktion Φ wird innerhalb des finiten Elements durch einen Näherungsansatz approximiert. Die berechneten Werte an den Knoten sind damit nicht (wie bei den bisher behandelten Problemen) "im Rahmen der Theorie exakt". Man darf deshalb gute Ergebnisse erst bei feinerer Elementeinteilung der Fläche erwarten.

Es wird ein (beliebig in der Ebene zu plazierendes) Dreieckselement mit sechs Knoten verwendet, mit dem auch komplizierte Querschnittskonturen gut nachzubilden sind. Die Element-Knotennumerierung beginnt stets an einem (beliebigen) Eckknoten, muß dann aber (in Reihenfolge und Umlaufsinn) exakt der nachfolgenden Skizze entsprechen.

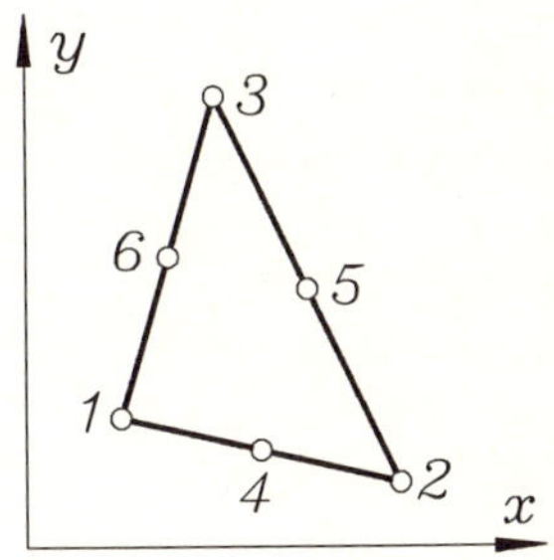

- **Element-Charakteristik:**

  KX = 2 (zweidimensionales Problem),
  KF = 1 (ein Freiheitsgrad Φ pro Knoten),
  KE = 6 (sechs Knoten pro Element),
  KP = 0 (keine Element-Parameter, Element-Definition ausschließlich durch geometrische Größen).

- In die nachfolgend angegebene **Element-Steifigkeitsmatrix K_e** gehen folgende Abkürzungen ein (x_i und y_i sind die Knotenkoordinaten bezüglich des beliebig zu wählenden Koordinatensystems):

$$x_{ij} = x_i - x_j \quad , \quad y_{ij} = y_i - y_j \quad ,$$
$$h_{11} = x_{32}^2 + y_{23}^2 \quad , \quad h_{12} = x_{13}x_{32} + y_{31}y_{23} \quad , \quad h_{22} = x_{13}^2 + y_{13}^2 \quad ,$$

$$h_1^* = h_{11} + h_{12} \quad , \qquad h_2^* = h_{12} + h_{22} \quad , \qquad 2A = x_{21}\,y_{31} - x_{31}\,y_{21} \quad ,$$

$$K_e = \frac{1}{2A}\begin{bmatrix} \frac{1}{2}h_{11} & -\frac{1}{6}h_{12} & \frac{1}{6}h_1^* & \frac{2}{3}h_{12} & 0 & -\frac{2}{3}h_1^* \\ & \frac{1}{2}h_{22} & \frac{1}{6}h_2^* & \frac{2}{3}h_{12} & -\frac{2}{3}h_2^* & 0 \\ & & \frac{1}{2}\left(h_1^* + h_2^*\right) & 0 & -\frac{2}{3}h_2^* & -\frac{2}{3}h_1^* \\ & & & \frac{4}{3}\left(h_1^* + h_{22}\right) & -\frac{4}{3}h_1^* & -\frac{4}{3}h_2^* \\ & & & & \frac{4}{3}\left(h_1^* + h_{22}\right) & \frac{4}{3}h_{12} \\ & & symm. & & & \frac{4}{3}\left(h_1^* + h_{22}\right) \end{bmatrix} .$$

- Nebenstehend ist der **Element-"Belastungsvektor"** $f_{e,red}$ angegeben (reduzierte Elementlasten, Feld **EB** in FEMSET).

$$f_{e,red} = -\frac{A}{3}\begin{bmatrix} 0 \\ 0 \\ 0 \\ 1 \\ 1 \\ 1 \end{bmatrix}$$

- Die Finite-Elemente-Rechnung liefert primär die Knoten-"Verschiebungen" Φ, aus denen als Sekundärergebnis das Torsions-Trägheitsmoment I_t berechnet werden kann:

$$I_t = -\frac{4}{3}\sum_{e=1}^{NE}\left[A\left(\Phi_4 + \Phi_5 + \Phi_6\right)\right]_e \quad ,$$

  wobei über alle Elemente zu summieren ist.

- Die Erfüllung der Randbedingung $\Phi_{Rand} = \mathbf{0}$ entsprechend (21.28) wird realisiert, indem man bei der Finite-Elemente-Rechnung für alle Randpunkte der Querschnittsfläche die "Verschiebung" Φ verhindert.

Nachfolgend sind die Ergebnisse mehrerer Testrechnungen für einen Rechteckquerschnitt mit $h/\,b = 2$ angegeben. Das exakte Ergebnis $I_t = 0{,}229\;h\,b^3$ kann der Tabelle im Abschnitt 21.2 entnommen werden. Man sieht, daß erst mit feiner werdender Elementeinteilung die Ergebnisse nach der Finite-Elemente-Methode befriedigend genau werden:

Torsion eines Rechteck-Querschnitts

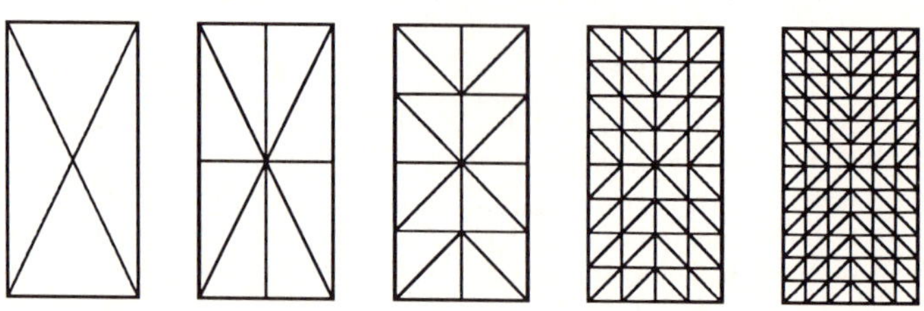

Anzahl der Elemente:	**4**	**8**	**16**	**64**	**144**
Anzahl der Knoten:	**13**	**25**	**45**	**153**	**325**
$\frac{I_t}{h\,b^3}$ =	**0,200**	**0,214**	**0,225**	**0,228**	**0,229**

Bei Berechnungsmodellen mit einer größeren Elementanzahl wird man bemerken, wie lästig (und ab einer gewissen Größenordnung unmöglich) die Eingabe aller Daten, die das Berechnungsmodell beschreiben, "von Hand" ist. Deshalb wurde für die gerade vorgestellte Testrechnung ein zusätzliches Programm geschrieben, welches diese Daten automatisch (auf der Basis sehr weniger Informationen) erzeugte ("Datengenerator") und auf einen File schrieb, der dann von dem FEMSET-Programm gelesen wurde. Die nebenstehende Skizze zeigt das (auf entsprechende Weise) erzeugte Finite-Elemente-Modell, das für die Lösung des Problems im Abschnitt 21.3.2 benutzt wurde.

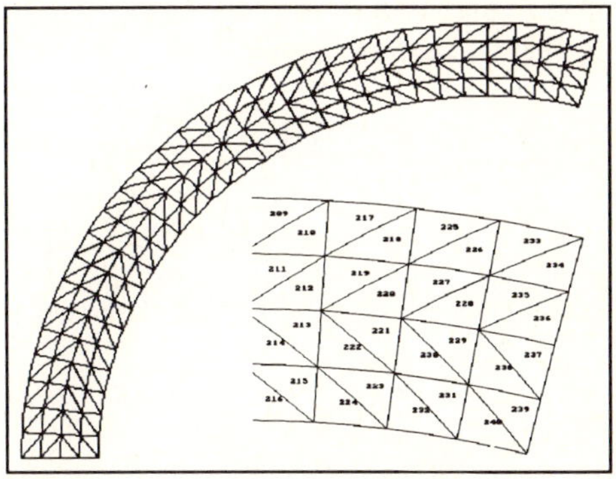

FEM-Modell mit 240 Elementen und 549 Knoten

Bei kommerziellen Finite-Elemente-Programmsystemen gehören Datengeneratoren im allgemeinen zum Lieferumfang. Ihre Qualität bestimmt in hohem Maße den Benutzungskomfort der Programme.

Beispiel 3: Konische Welle

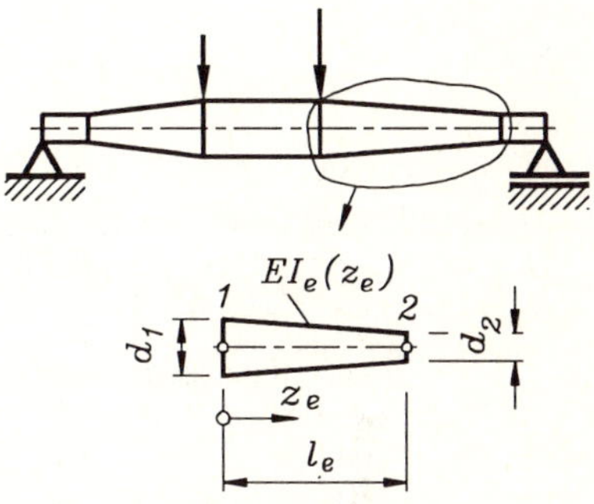

Es soll die Element-Steifigkeitsmatrix für die Berechnung der Verformung von Wellen mit Kreisquerschnitt bei linear veränderlichem Durchmesser bereitgestellt werden. Mit Formel (33.46) im Abschnitt 33.5.3 ist die Berechnungsvorschrift für die Matrixelemente gegeben, wobei für die Biegesteifigkeit

$$EI_e(z_e) = \frac{\pi}{64} d_e^4(z_e) = \frac{\pi}{64}\left[d_1 + (d_2 - d_1)\frac{z_e}{l_e}\right]^4$$

einzusetzen ist. Die zweiten Ableitungen der Ansatzfunktionen ergeben sich aus (33.42):

$$g_1''(z_e) = -\frac{6}{l_e^2} + 12\frac{z_e}{l_e^3} \quad ; \quad g_2''(z_e) = -\frac{4}{l_e} + 6\frac{z_e}{l_e^2} \quad ;$$

$$g_3''(z_e) = \frac{6}{l_e^2} - 12\frac{z_e}{l_e^3} \quad ; \quad g_4''(z_e) = -\frac{2}{l_e} + 6\frac{z_e}{l_e^2} \quad .$$

Damit können die Integrale

$$k_{mn} = \int\limits_{z_e=0}^{l_e} EI_e(z_e)\, g_m''(z_e)\, g_n''(z_e)\, dz_e$$

aufgeschrieben und geschlossen gelöst werden. Dies ist etwas mühsam (für das einfache Problem aber durchaus nicht schwierig) und wird deshalb im allgemeinen numerisch erledigt. Dafür werden bevorzugt die sehr effektiven Quadraturformeln von Gauß verwendet, bei denen n_G (nicht-äquidistante) Stützstellen im Integrationsbereich so liegen, daß ein Polynom

$(2n_G - 1)$-ten Grades exakt integriert wird. Im allgemeinen ist die Genauigkeit der Gauß-Formel für $n_G = 3$ ausreichend, die ein Integral (vgl. z. B. [2]) folgendermaßen nähert:

$$\int_{z=0}^{l} f(z)\,dz \approx \frac{l}{2} \sum_{i=1}^{3} w_i^* f(z_i) \qquad mit \qquad z_i = \frac{l}{2}(1 + \xi_i) \ ,$$

$$\xi_{1,2,3} = -\sqrt{\frac{3}{5}} \ , \ 0 \ , \ \sqrt{\frac{3}{5}} \ ; \qquad w_{1,2,3}^* = \frac{5}{9} \ , \ \frac{8}{9} \ , \ \frac{5}{9} \ .$$

Damit ergeben sich die Matrixelemente der Element-Steifigkeitsmatrix aus der Summe

$$k_{mn} \approx \frac{l_e}{2} \sum_{i=1}^{3} w_i^* \, EI_e(z_i)\, g_m''(z_i)\, g_n''(z_i) \qquad mit \qquad z_i = \frac{l_e}{2}(1 + \xi_i) \ .$$

Dies ist einfach zu programmieren, wenn die ξ_i-Werte, die die Lage der Stützstellen bestimmen, und die Gewichtskoeffizienten w_i^* vorab initialisiert werden. Durch die folgenden Programmbausteine könnte die Element-Steifigkeitsmatrix aufgebaut werden:

```
1242 'GEWICHTE UND PUNKTE FUER GAUSS-INTEGRATION:
1244  GOSUB 9800                            <-- Aufruf beim Programmstart
1246 '

9800 '===========================================
9810 'GEWICHTE UND PUNKTE FUER GAUSS-INTEGRATION:
9820 '
9830  NGAU  = 3                             <-- Anzahl der Gauß-Punkte
9840 '
9850  XG(1) = - SQR (.6#)                   <-- Stützstellen und
9860  XG(2) = 0#                                Gewichtskoeffizienten für
9870  XG(3) = - XG(1)                           Quadraturformel
9880  WG(1) = 5# / 9#
9890  WG(2) = 8# / 9#                       <--
9900  WG(3) = WG(1)
9910  '
9920  PI = ATN (1#) * 4#                    <-- Genauer Wert für π
```

Hauptprogramm:

```
1190  KX = 1
1200  KF = 2
1210  KE = 2
1220  KP = 3
```

Element-Charakteristik: Eindimensional, zwei Freiheitsgrade pro Knoten, zwei Knoten pro Element, drei Elementparameter

Unterprogramm "Elementsteifigkeitsmatrix":

```
8050 'KNOTENNUMMERN DES ELEMENTS:
8060  K1 = KM(IE,1)
8070  K2 = KM(IE,2)
8080 '
8090 'E-MODUL, DURCHMESSER 1, DURCHMESSER 2:
8100  EMOD = EP(IE,1)        <-- Drei Elementparameter:
8110  DD1  = EP(IE,2)        <--   * Elastizitätsmodul,
8120  DD2  = EP(IE,3)        <--   * Durchmesser am Elementknoten 1
8130 '                             * Durchmesser am Elementknoten 2
8140 'KNOTENKOORDINATEN:
8150  X1 = XY(K1,1)
8160  X2 = XY(K2,1)
8170 '
8180 'ELEMENTLAENGE:
8190  SL = ABS (X2 - X1)
8200 '
8210  FOR I = 1 TO 4         <-- Nullsetzen aller
8220    FOR J = I TO 4             Elemente der Element-
8230      EM(I,J) = 0#             Steifigkeitsmatrix
8240    NEXT J
8250  NEXT I                 <--
8260 '
8270 'SCHLEIFE UEBER NGAU GAUSSPUNKTE:          z_i und EI(z_i)
8280  FOR IJ= 1 TO NGAU
8290    ZI = (1# + XG(IJ)) * SL * .5#      <--
8300    EI = EMOD * ((DD1+(DD2 - DD1) * ZI / SL)^4) * PI/64#
8310 '
```

Werte für die Ansatzfunktionen (→ 8320–8350)

Auf jedes Matrixelement der Element-Steifigkeitsmatrix wird ein "Gauß-Summand" addiert. (→ 8390–8430)

```
8320    GG(1) = (12# * ZI / SL - 6#) / SL ^ 2
8330    GG(2) = ( 6# * ZI / SL - 4#) / SL
8340    GG(3) = - GG(1)
8350    GG(4) = ( 6# * ZI / SL - 2#) / SL
8360 '
8370    WS = WG (IJ) * EI * SL * .5#
8380 '
8390    FOR I=1 TO 4
8400      FOR J=I TO 4
8410        EM(I,J) = EM(I,J) + GG(I) * GG(J) * WS
8420      NEXT J
8430    NEXT I
8440  NEXT IJ
```

Da die Ansatzfunktion für die Biegeverformung (Polynom 3. Grades) nicht die exakte Lösung für die Welle mit veränderlicher Biegesteifigkeit beschreiben kann, erhält man eine Näherungslösung, die mit feinerer Elementeinteilung besser wird. Dies soll an nebenstehend skizziertem Beispiel demonstriert werden.

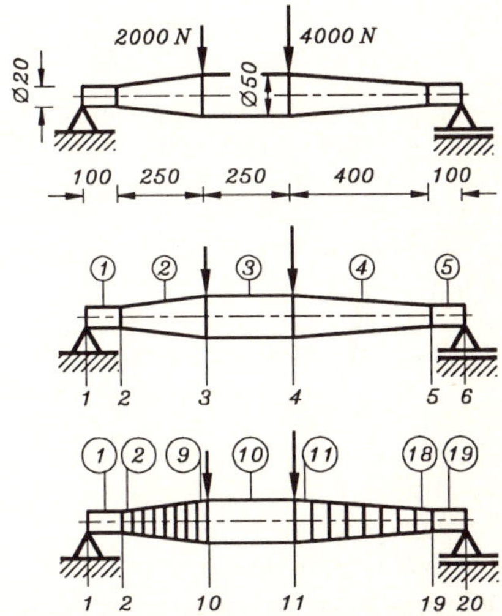

Für die "natürliche" Einteilung der Welle in 5 Elemente (6 Knoten) ergeben sich die Vertikalverschiebungen für die Punkte 2 bis 5, die der nachfolgenden Tabelle zu entnehmen sind. Eine feinere Elementeinteilung ist nur für die beiden Bereiche mit veränderlichem Durchmesser sinnvoll, weil bei konstanter Biegesteifigkeit die Verformung von den Ansatzfunktionen exakt nachgebildet werden kann. Die untere Skizze zeigt eine entsprechend verfeinerte Elementeinteilung (insgesamt 19 Elemente).

Die Ergebnisse ändern sich bei feinerer Einteilung, bei insgesamt 35 Elementen entsprechen die in der rechten Tabellenspalte angegebenen Werte den exakten Verschiebungen. Die Abweichungen bei groberer Einteilung sind nicht auf die numerische Integration zurückzuführen, bei verbesserten Quadraturformeln ergeben sich praktisch die gleichen Ergebnisse.

5 Elemente		19 Elemente		35 Elemente	
i	$v_i[mm]$	i	$v_i[mm]$	i	$v_i[mm]$
2	2,6343	2	2,8191	2	2,8192
3	5,3599	10	5,5266	18	5,5267
4	6,2512	11	6,4244	19	6,4245
5	2,9708	19	3,1985	35	3,1986

Das Ergebnis macht noch einmal auf eine Konsequenz aufmerksam, die besonders bei der Benutzung fertiger Programme zur Finite-Elemente-Methode unbedingt zu beachten ist:

Wegen des Näherungscharakters der Finite-Elemente-Methode ist die Kenntnis der Eigenschaften (Ansatzfunktionen) der verwendeten Elemente nötig, um eine sinnvolle Elementeinteilung ("Vernetzung") vornehmen zu können.

Anhang C (Beispiele zu den CAMMPUS-Ergänzungen)

Die über das Internet zu beziehenden CAMMPUS-Ergänzungen (siehe Hinweis auf Seite IV) sind in dem auf dem gleichen Wege zu erhaltenden "CAMMPUS-Update-Manual" ausführlich dokumentiert. Zahlreiche Beispiele zu Problemen der Technischen Mechanik erläutern (ähnlich wie im Anhang B dieses Buches) die Anwendung der Programme, deren Menüführung ohnehin weitgehend selbsterklärend ist.

Deshalb sollen hier nur einige einfache Berechnungsmodelle zu den in den Kapiteln 15, 18 und 33 behandelten Finite-Elemente-Problemen gezeigt werden, die mit den CAMMPUS-Ergänzungen berechnet wurden. Die FEM-Programme (erzeugt mit der FORTRAN-Version des FEM-Baukastens FEMSET) gestatten die graphische Ausgabe des Berechnungsmodells und der Ergebnisse (in beliebiger Zusammenstellung, die vom Programm-Benutzer gewählt wird) auf den Bildschirm und auf PostScript-Files. Letztere können mit der "Encapsulated-PostScript"-Option erzeugt werden, so daß sie zum Beispiel von Textverarbeitungsprogrammen eingebunden werden können (Beispiele findet man in diesem Buch auf den Seiten 78, 186 und 748), es sind jedoch auch (eventuell mehrseitige, DIN A3 oder DIN A4) Files zu erzeugen, die direkt zu PostScript-Druckern geschickt werden können (Beispiele dafür auf den folgenden Seiten). Spezielle Informationen (z. B.: Zugstab, Druckstab, Nullstab) werden durch Farben vermittelt, die die Darstellungen auf dem Bildschirm und mit Farb-Druckern besonders aussagekräftig machen.

J. Dankert — Finite-Elemente-Baukasten FEMSET — STAB2D

Knotenverformungen

Knoten	Verschiebung u	Verschiebung v
1	0.000000000	0.000000000
2	-0.001187213	-0.003802767
3	0.008569092	-0.023315380
4	-0.004208079	-0.013315380
5	-0.009832106	-0.012091026
6	0.000000000	0.000000000
7	0.000000000	0.000000000

Stabkraefte

Stab	Stabkraft	Stab	Stabkraft
1	-0.118721367	6	0.116538350
2	0.000000000	7	-0.102210895
3	-1.000000000	8	-0.806068463
4	-0.151043289	9	-0.441542209
5	0.116538350	10	-0.714761239

Zweifach statisch unbestimmtes Fachwerk

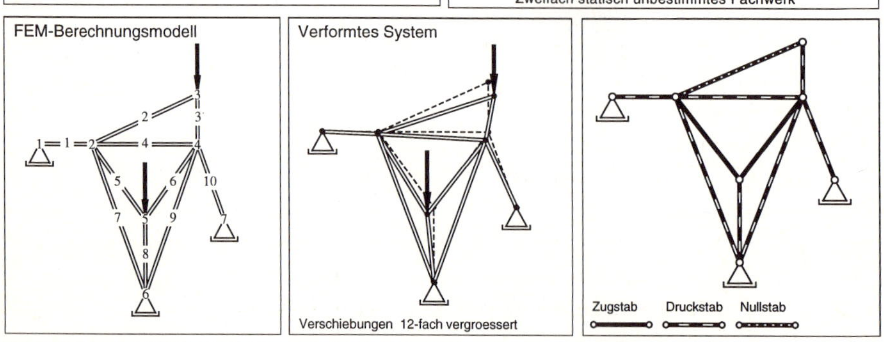

J. Dankert **Finite-Elemente-Baukasten FEMSET** 11.07.1995 RAHMEN2D

FEM-Berechnungsmodell

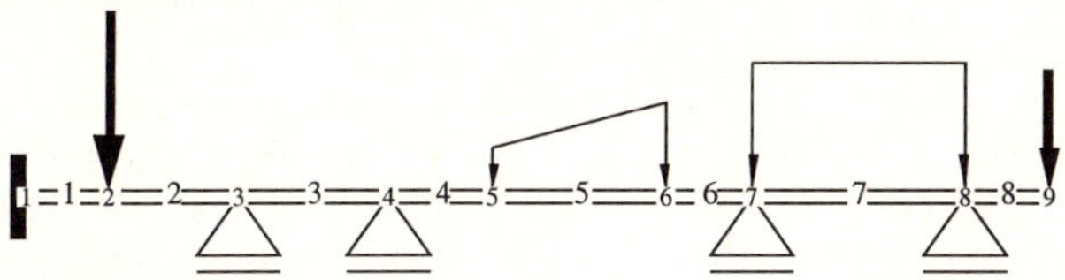

Knotenverformungen

Knoten	Verschiebung u	Verschiebung v	Biegewinkel phi
1	0.000000000	0.000000000	0.000000000
2	0.000000000	-3.087846835	-0.011585646
3	0.000000000	0.000000000	0.019330142
4	0.000000000	0.000000000	-0.034095690
5	0.000000000	-11.87306509	-0.047647776
6	0.000000000	-8.874411930	0.057415329
7	0.000000000	0.000000000	0.012439029
8	0.000000000	0.000000000	-0.011753369
9	0.000000000	-9.017340379	-0.061753369

Biegetraeger,

einfaches Beispiel fuer das Programm RAHMEN2D

Verformtes System

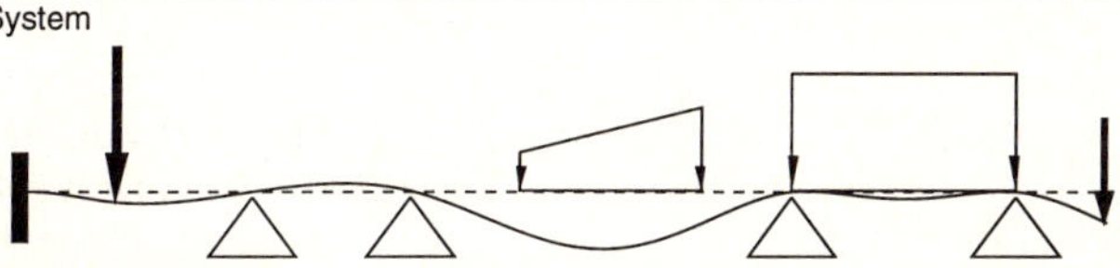

Verschiebungen 10-fach vergroessert

Schnittgroessen

Element	Knoten	Normalkraft	Querkraft	Biegemoment
1	1	0.000000000	4630.277468	-555712.9114
	2	0.000000000	4630.277468	370342.5823
2	2	0.000000000	-1369.722532	370342.5823
	3	0.000000000	-1369.722532	-40574.17721
3	3	0.000000000	-1093.744257	-40574.17721
	4	0.000000000	-1093.744257	-434322.1097
4	4	0.000000000	2866.457262	-434322.1097
	5	0.000000000	2866.457262	253627.6332
5	5	0.000000000	2866.457262	253627.6332
	6	0.000000000	-4533.542738	93543.87127
6	6	0.000000000	-4533.542738	93543.87127
	7	0.000000000	-4533.542738	-813164.6763
7	7	0.000000000	8776.329353	-813164.6763
	8	0.000000000	-8723.670647	-800000.0000
8	8	0.000000000	4000.000000	-800000.0000
	9	0.000000000	4000.000000	0.000000000

Biegemoment

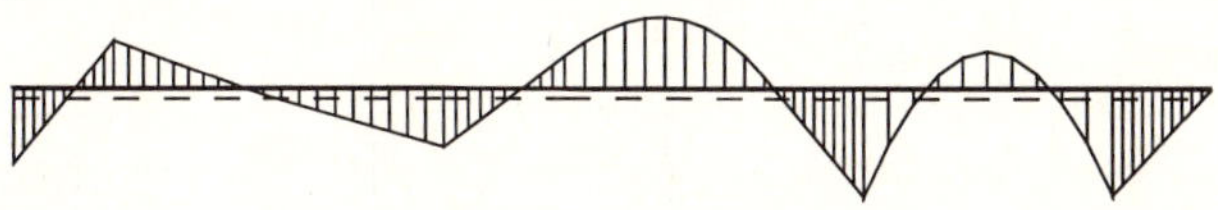

Querkraft

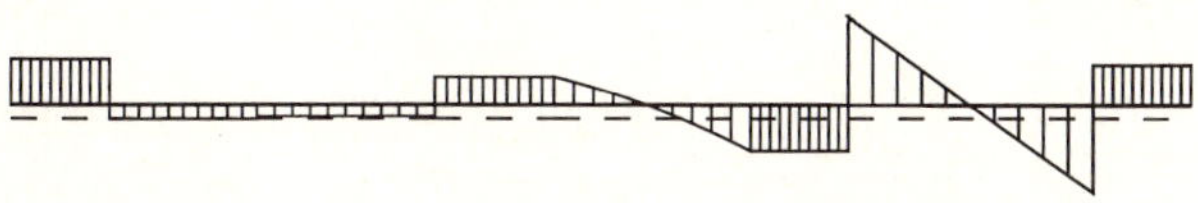

J. Dankert **Finite-Elemente-Baukasten FEMSET** 11.07.1995 RAHMEN2D

FEM-Berechnungsmodell

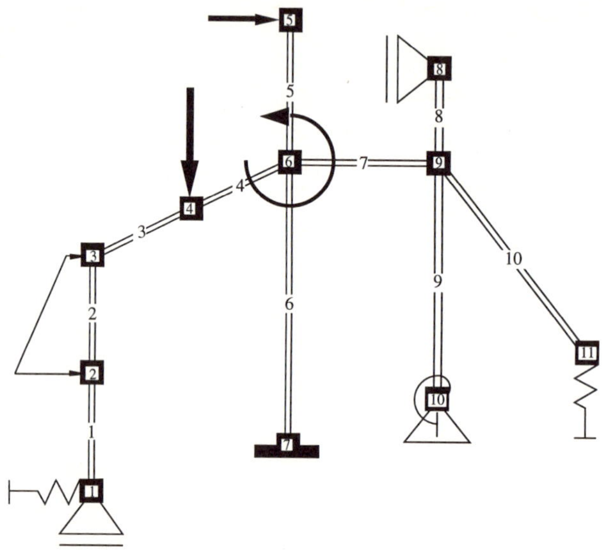

Knotenlasten

Knoten	Kraft Fx	Kraft Fy	Moment M
4	0.000000000	-15.00000000	0.000000000
5	10.00000000	0.000000000	0.000000000
6	0.000000000	0.000000000	5000.000000

Knotenverformungen

Knoten	Verschiebung u	Verschiebung v	Biegewinkel phi
1	0.083761538	0.000000000	-0.000820348
2	0.259764740	-0.000152057	-0.000471342
3	0.317688347	-0.000304114	-0.000292378
4	0.353299851	-0.071849271	-0.000024799
5	0.799718404	-0.000337949	-0.002607505
6	0.317466966	-0.000337949	0.000392495
7	0.000000000	0.000000000	0.000000000
8	0.000000000	0.000188011	0.002152368
9	0.317246497	0.000188011	0.000453962
10	0.000000000	0.000000000	-0.001178524
11	0.377631423	0.045453978	-0.57822E-06

Biegesteifes ebenes Tragwerk (Demonstrationsbeispiel)

Belastung: Einzelkraefte, Einzelmomente, trapezfoermige Linienlast

Lagerung: Loslager, Festlager, Einspannung, Federn, Drehfeder

J. Dankert

Finite-Elemente-Baukasten FEMSET

Seite 2
RAHMEN2D

Schnittgroessen

Element	Knoten	Normalkraft	Querkraft	Biegemoment
1	1	-12.16454196	1.675230770	0.000000000
	2	-12.16454196	1.675230770	418.8076924
2	2	-12.16454196	1.675230770	418.8076924
	3	-12.16454196	-8.324769230	-620.7179484
3	3	-12.88604851	7.157347118	-620.7179484
	4	-12.88604851	7.157347118	979.7135210
4	4	-6.177844574	-6.259060747	979.7135210
	6	-6.177844574	-6.259060747	-419.8550095
5	5	0.000000000	10.00000000	0.000000000
	6	0.000000000	10.00000000	3000.000000
6	6	-11.26496180	3.626796072	-1186.162624
	7	-11.26496180	3.626796072	989.9150198
7	6	-14.69797316	8.429503763	-1233.692386
	9	-14.69797316	8.429503763	1295.158743
8	8	0.000000000	-12.73804784	0.000000000
	9	0.000000000	-12.73804784	-2547.609568
9	9	7.520424197	1.959925320	-979.7269550
	10	7.520424197	1.959925320	0.235704770
10	9	0.727263652	0.545447739	-272.7238696
	11	0.727263652	0.545447739	0.000000000

Biegemoment

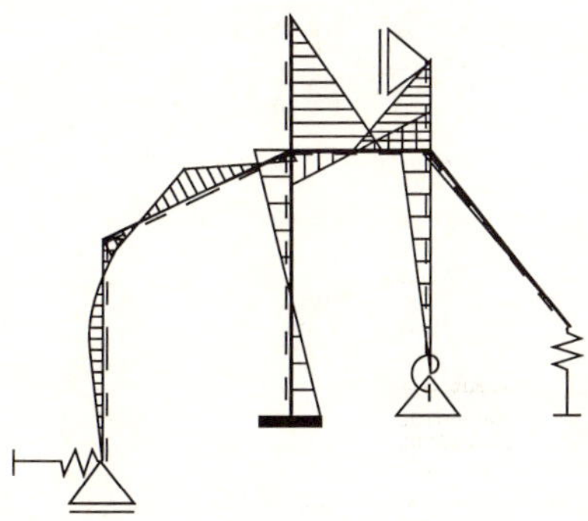

Normalkraft

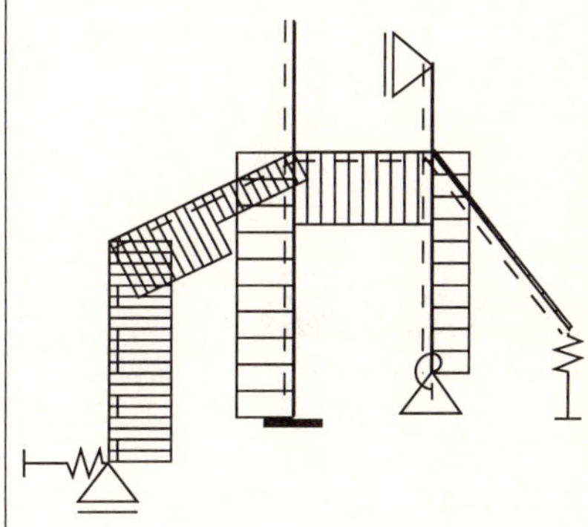

Querkraft

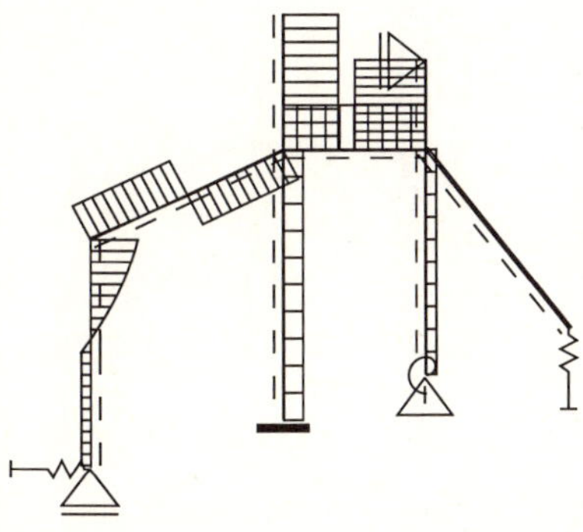

Verformtes System

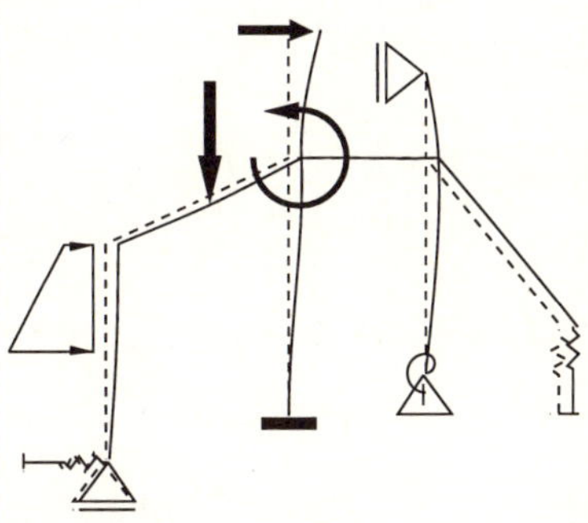

Verschiebungen 88-fach vergroessert

J. Dankert **Finite-Elemente-Baukasten FEMSET** 11.07.1995 FACH3D

FEM-Berechnungsmodell

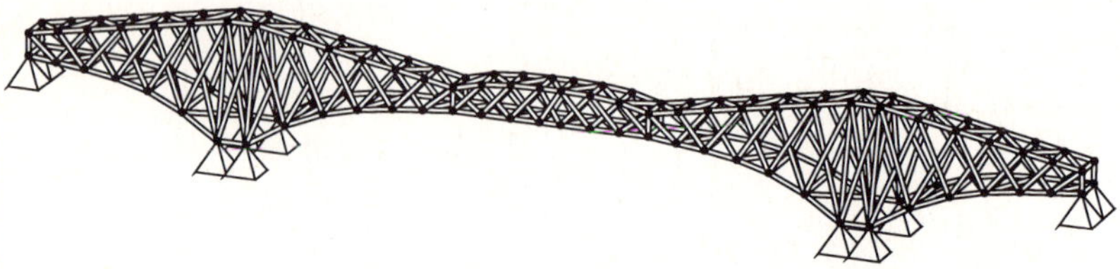

Untersuchung der Tragkonstruktion einer Bruecke
FEM-Modell: 3D-Fachwerk mit 400 Elementen

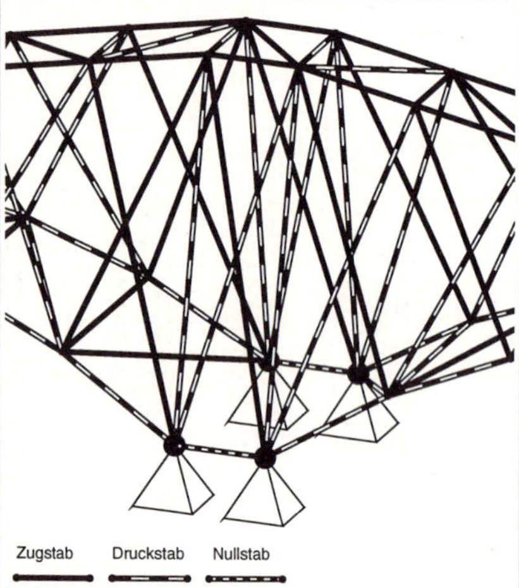

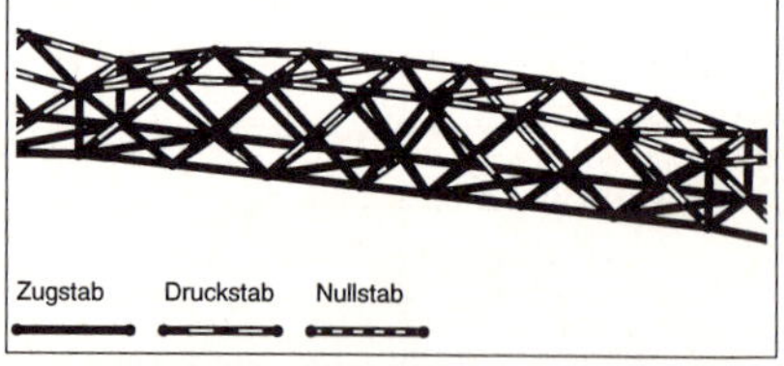

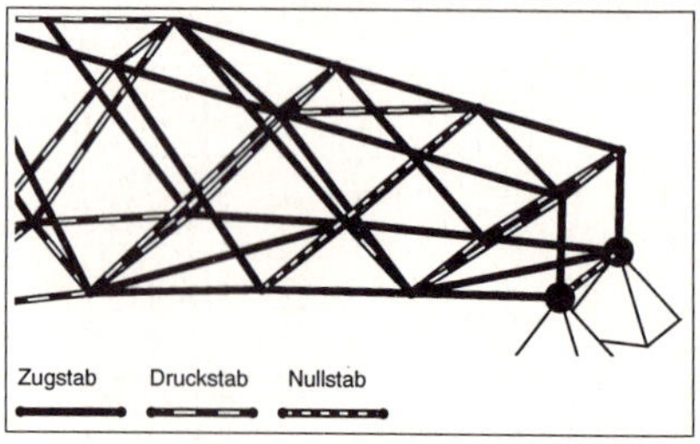

Verformtes System

Verschiebungen 285-fach vergroessert

Lastannahme: Eigengewicht + "Zwei einander begegnende Zuege"

J. Dankert **Finite-Elemente-Baukasten FEMSET** Seite 2 FACH3D

FEM-Berechnungsmodell

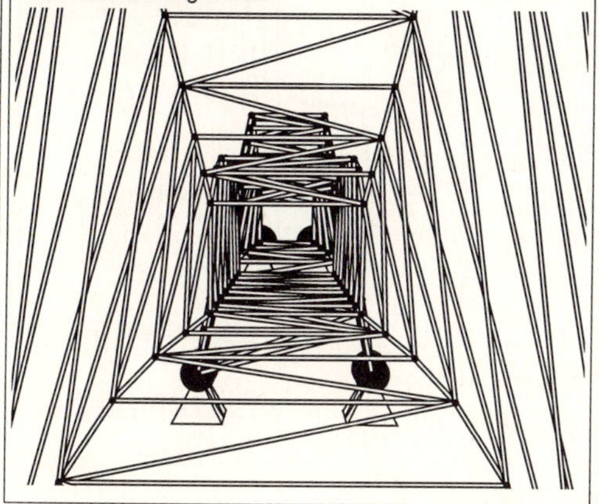

"Die Sicht des Lokfuehrers"

FEM-Berechnungsmodell

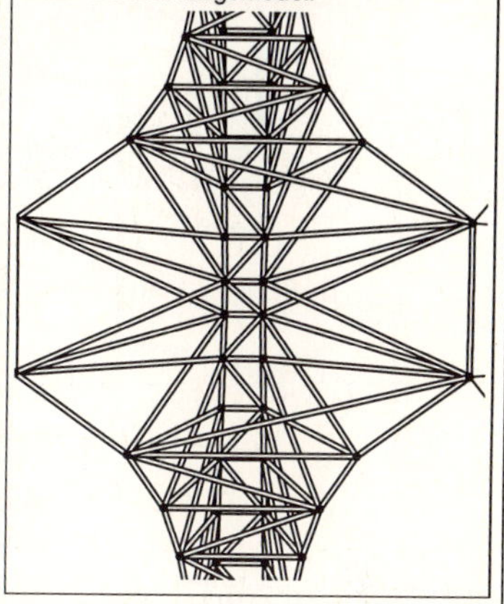

Blick vom Lager nach oben

Stabkraefte

Stab	Stabkraft	Stab	Stabkraft	Stab	Stabkraft	Stab	Stabkraft
1	0.739090881	46	-1.707422347	91	-11.53441906	136	-0.048984740
2	-0.991479965	47	1.459272122	92	5.696533829	137	0.050442534
3	4.007491165	48	-1.399090365	93	3.226183490	138	-0.051544536
4	0.746774535	49	6.611760635	94	-0.530347570	139	0.055213143
5	0.000000000	50	-1.157306242	95	-10.91078876	140	-0.064356313
6	1.922093653	51	1.556830300	96	4.991167606	141	0.063203966
7	2.399465296	52	-3.002120258	97	0.770178119	142	-0.015831644
8	2.762909212	53	7.513278982	98	-4.574907905	143	0.369266717
9	-1.437141945	54	-2.335089663	99	-6.454005740	144	-0.007795659
10	1.271430851	55	-0.557850799	100	-1.403458797	145	0.239993717
11	1.682688280	56	0.261863575	101	6.138262358	146	-0.021636004
12	3.950828952	57	0.000000000	102	0.000000000	147	-0.145247418
13	-0.910610048	58	-2.017232927	103	-5.981586177	148	-0.447613813
14	2.189305036	59	0.000000000	104	-1.403458797	149	-0.149504548
15	-0.073274740	60	-0.280615287	105	-6.673217013	150	0.000000000
16	5.723516334	61	-0.143202665	106	2.551749366	151	-0.899324438
17	-1.716387209	62	-0.246806147	107	7.671797405	152	1.418796760
18	1.464773128	63	-0.044135068	108	0.177263261	153	-7.389567472
19	-1.254368986	64	-0.314153417	109	0.533365147	154	1.201744844
20	6.746589585	65	-0.005469736	110	-14.06446324	155	-0.316763753
21	-1.161668930	66	-0.199922899	111	8.096220126	156	2.679568558
22	1.598773974	67	0.035451901	112	-0.672531489	157	-8.508425308
23	-2.731381113	68	-0.075819152	113	-2.480936789	158	1.730530121
24	7.671768834	69	-0.270603452	114	-11.66895944	159	0.278449436
25	-2.311297606	70	-0.312429600	115	5.533472487	160	3.418659929
26	-0.649911257	71	0.015753412	116	3.165177723	161	-8.618979130
27	0.169476779	72	-0.009424037	117	-0.528344939	162	0.635969442
28	0.000000000	73	0.009627620	118	-10.99801084	163	-0.383044010
29	-2.005655183	74	-0.008925186	119	4.797611104	164	4.683927831
30	0.700123776	75	0.009905056	120	0.765884097	165	-9.155358903
31	-0.944359902	76	-0.005764882	121	-4.507053228	166	0.627476026
32	4.590964613	77	0.005764882	122	-6.553865331	167	0.574598711
33	0.700123776	78	-0.121824351	123	-1.540128500	168	4.800783994
34	0.000000000	79	0.129447062	124	6.047925152	169	-8.629666905
35	1.887127914	80	-0.143046963	125	0.000000000	170	-0.323004129
36	2.760689472	81	0.172972080	126	-6.017639558	171	0.576906029
37	2.668606737	82	-0.208745329	127	-1.582078829	172	4.652552466
38	-1.410856285	83	0.259277220	128	-6.551477993	173	-8.538224531
39	1.286100926	84	7.823741336	129	2.446905761	174	0.346968212
40	1.826350752	85	0.231593344	130	-0.026043013	175	1.667556323
41	3.856866973	86	0.516814597	131	0.025270689	176	3.356153590
42	-0.921972514	87	-13.90960782	132	-0.023970888	177	-7.472311900
43	2.178169627	88	8.272502211	133	0.023827760	178	-0.212002839
44	-0.072824728	89	-0.651662548	134	-0.031474436	179	1.119348445
45	5.606847529	90	-2.528869407	135	0.031474436	180	2.612816351

J. Dankert **Finite-Elemente-Baukasten FEMSET** 11.07.1995 RAHMEN3D

FEM-Berechnungsmodell

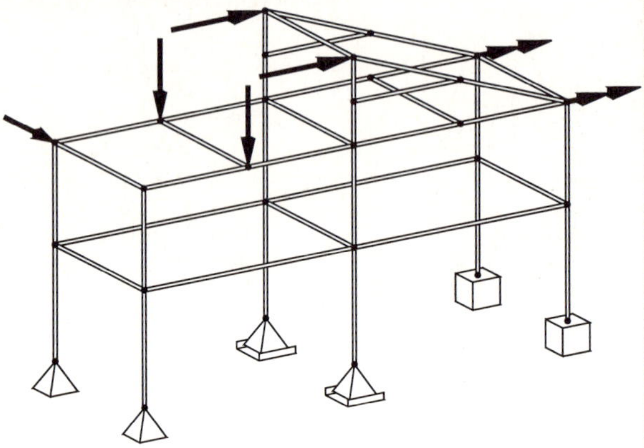

Traggeruest mit biege-, dehn- und torsions-steifen Elementen

Belastung:

Einzelkraefte, Einzel-momente

Verformtes System

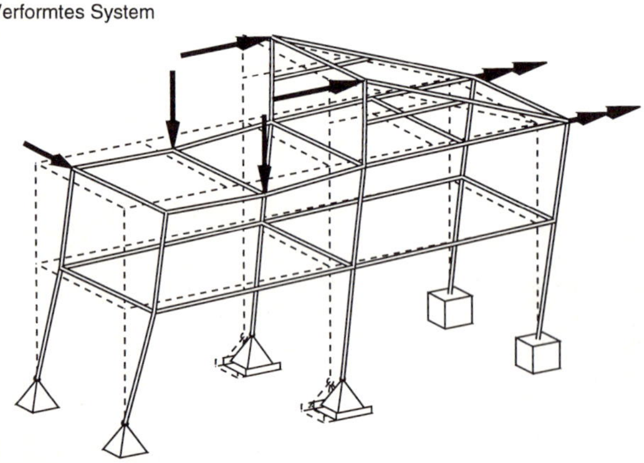

Verschiebungen 2.8-fach vergroessert

Verformtes System

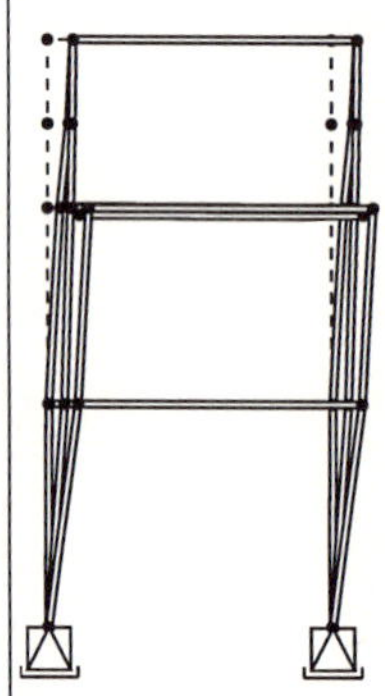

Verschiebungen 2.0-fach vergr.

Schnittmomente

				Moment Mbyq	Moment Mbzq	Tors.-Momt.
Element	1,	Knoten	1:	0.000000000	0.000000000	0.000000000
		Knoten	7:	-2893.573433	-1248.594349	0.000000000
Element	2,	Knoten	2:	0.000000000	0.000000000	0.000000000
		Knoten	8:	-2893.601251	-1887.859385	0.000000000
Element	3,	Knoten	3:	0.000000000	0.000000000	0.000000000
		Knoten	9:	-1543.846256	0.000000000	0.000000000
Element	4,	Knoten	4:	0.000000000	0.000000000	0.000000000
		Knoten	10:	-1543.846814	0.000000000	0.000000000
Element	5,	Knoten	5:	-51.52208687	4198.849290	132.5240830
		Knoten	11:	385.9117851	-2357.658525	132.5240830
Element	6,	Knoten	6:	-51.52209039	5946.701370	132.5240493
		Knoten	12:	385.9117922	-3560.337080	132.5240493
Element	7,	Knoten	7:	-3680.695562	-217.0637957	-51.53440726
		Knoten	8:	3680.680726	217.0612303	-51.53440726

J. Dankert

Finite-Elemente-Baukasten FEMSET

11.07.1995
RAHMEN3D

FEM-Berechnungsmodell

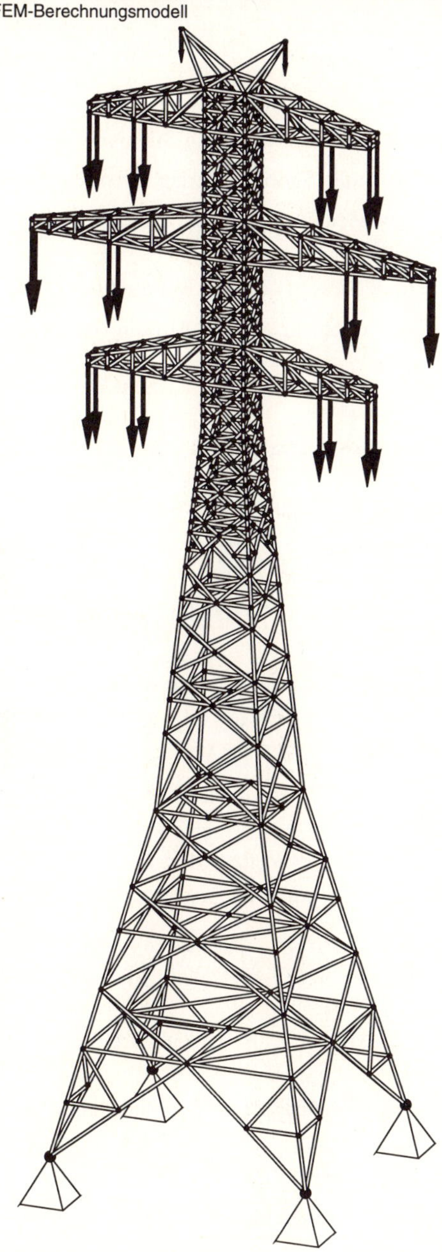

Hochspannungsmast an der Hetlinger Schanze

Verformtes System

Verschiebungen 3351-fach vergroessert

Finite-Elemente-Modell:
1772 biege-, dehn- und torsionssteife Elemente,
Zeit fuer Loesung des Gleichungssystems (3666 Gleichungen): 593 Sek. auf PC 486/66

Belegarbeit im Fach "Numerische Methoden"

Bearbeiter:
Oliver Ruehmkorf,
Rafal Rydz,
Martin Staffenski

Literatur

Im Text zitierte Bücher:

[1] G. Köhler, H. Rögnitz: Maschinenteile. B. G. Teubner Verlag Stuttgart, 1992.

[2] J. Dankert: Numerische Methoden der Mechanik. Springer-Verlag Wien/New York, 1977.

[3] H. R. Schwarz: FORTRAN-Programme zur Methode der finiten Elemente. B. G. Teubner Verlag Stuttgart, 1991.

[4] R. Grammel: Der Kreisel. Verlag Friedrich Vieweg & Sohn Braunschweig, 1920.

[5] Dubbel: Taschenbuch für den Maschinenbau. Springer-Verlag Berlin/Heidelberg, 1987.

Lehrbücher zur Technischen Mechanik (Auswahl):

B. Assmann: Technische Mechanik (3 Bände). R. Oldenbourg Verlag München, 1984/85.

E. Brommundt, G. Sachs: Technische Mechanik - Eine Einführung -. Springer-Verlag Berlin/Heidelberg/New York, 1988.

D. Gross, W. Hauger, W. Schnell: Technische Mechanik (4 Bände). Springer-Verlag Berlin/Heidelberg/New York, 1992/93.

P. Gummert, K.-A. Reckling: Mechanik. Verlag Friedrich Vieweg & Sohn Braunschweig/Wiesbaden, 1987.

H. G. Hahn: Technische Mechanik fester Körper. Carl Hanser Verlag München/Wien, 1990.

G. Holzmann, H. Meyer, G. Schumpich: Technische Mechanik (3 Bände). B. G. Teubner Verlag Stuttgart, 1990/91.

K. Kabus: Mechanik und Festigkeitslehre. Carl Hanser Verlag München/Wien, 1988.

H. Klepp, Th. Lehmann: Technische Mechanik (2 Bände). Dr. Alfred Hüthig Verlag Heidelberg, 1987.

K. Magnus, H. H. Müller: Grundlagen der Technischen Mechanik. B. G. Teubner Verlag Stuttgart, 1988.

E. Mönch: Einführungsvorlesung Technische Mechanik. R. Oldenbourg Verlag München, 1986.

E. Pestel: Technische Mechanik (3 Bände). BI Wissenschaftsverlag Mannheim/Wien/Zürich, 1988 - 1992.

H. D. Motz: Ingenieur-Mechanik. VDI-Verlag Düsseldorf, 1991.

H. Waller: Technische Mechanik kurzgefaßt. Bibliographisches Institut Mannheim/Wien/Zürich, 1987.

Index